SPECTRAL ATLAS
of
POLYCYCLIC AROMATIC
COMPOUNDS
Vol. 2

SPECTRAL ATLAS of POLYCYCLIC AROMATIC COMPOUNDS Vol. 2

including data on physico-chemical properties,
occurrence and biological activity

Edited by

W. Karcher, Joint Research Centre
(Ispra Establishment, Italy)
Commission of the European Communities

with contributions from
S. Ellison, (Laboratory of the Government Chemist, UK)
M. Ewald, P. Garrigues
(Laboratory of Molecular Photophysics and Photochemistry VA 348 CNRS, F)
E. Gevers, (TNO, Technology for Society, Zeist, NL)
J. Jacob, (Biochem. Institut für Umweltcarcinogene, FRG)

KLUWER ACADEMIC PUBLISHERS
DORDRECHT / BOSTON / LONDON

for the
Commission of the European Communities

Library of Congress Cataloging in Publication Data

ISBN 0-7923-0008-4

Publication arrangements by
Commission of the European Communities
Directorate-General Telecommunications, Information Industries and Innovation, Scientific and Technical Communications Service, Luxembourg

Lay-out: Reproduction service J.R.C. PETTEN
Design frontcover: Reproduction service J.R.C. ISPRA

EUR 11050
© 1988 ECSC, EEC, EAEC, Brussels and Luxembourg

LEGAL NOTICE
Neither the Commission of the European Communities nor any person acting on behalf of the Commission is responsible for the use which might be made of the following information.

Published by Kluwer Academic Publishers,
P.O. Box 17, 3300 AA Dordrecht, The Netherlands.

Kluwer Academic Publishers incorporates the publishing programmes of
D. Reidel, Martinus Nijhoff, Dr W. Junk and MTP Press.

Sold and distributed in the U.S.A. and Canada
by Kluwer Academic Publishers,
101 Philip Drive, Norwell, MA 02061, U.S.A.

In all other countries, sold and distributed
by Kluwer Academic Publishers Group,
P.O. Box 322, 3300 AH Dordrecht, The Netherlands.

All Rights Reserved
No part of the material protected by this copyright notice may be reproduced or
utilized in any form or by any means, electronic or mechanical,
including photocopying, recording or by any information storage and
retrieval system, without written permission from the copyright owner.

Printed in The Netherlands

Table of contents

Preface	vi
1. Introduction	1
2. Information for Users	4
A. Physicochemical Properties — 4	
B. Crystallography — 5	
C. Occurrence — 5	
D. Biological Activity — 5	
E. Spectral Measurements — 6	
3. Acknowledgements	15
4. Data Presentation	16
A. Physicochemical Properties — 16	
B. Crystallography — 26	
C. Occurrence — 31	
D. Biological Activity — 45	
E. Spectra	56
5. References	830
6. Index	846
7. Glossary	864

Preface

Polycyclic Aromatic Compounds (PAC) are a broad class of compounds whose wide distribution in the environment results from incomplete combustion processes of fossil fuels in power generator, industrial plant and domestic heating, from car exhaust gas and from tobacco smoke.

Many PACs are biologically active and in particular many of the PACs with three or more fused rings are carcinogenic.

Currently there is concern of the occurrence of these pollutants at ppb (ug.kg^{-1}) level. However the predicted 2 to 3% annual increase in the rate of their release into the environment could lead to ppm (ug.g^{-1}) levels in the next century. The move towards stricter control of these pollutants brings with it the need for accurate monitoring of their environmental occurrence.

Reliable identification and quantification of these compounds in complex environmental samples depends greatly on the availability of reference values for their physicochemical and biochemical properties.

This second volume results from a close collaboration within the General Directorate for Science, Research and Development of the Commission of the European Communities between the Joint Research Centre, Ispra Establishment, the Community Bureau of Reference and expert laboratories of the Member States.

It extends the work of the first volume to a further 45 PACs and a broader range of properties and will be of assistance to all those engaged in research on the physical, chemical and biological behaviour of this important class of chemicals whose occurrence extends from the human environment to interstellar matter.

                              P. Fasella
                              Director General
                              General Directorate for Science,
                              Research and Development

1. **Introduction**

As by-products of the combustion of fossil fuels, polycyclic aromatic compounds (PAC) are ubiquitous in the human environment. Because of their carcinogenic or mutagenic properties, their identification and control in air, water, soils and food is warranted to protect human health and implement environmental quality standards.

Ideally, pure samples of each individual compound needing identification and quantitation should be available to the analyst for comparison and instrumental calibration. However, due to the enormous number of compounds which are encountered, this situation is unlikely to be attained in the foreseeable future. Instead, the widespread availability of high quality molecular spectra and related data represents a more realistic and practical alternative. For instance, UV and fluorescence spectra can facilitate determination by HPLC and low temperature fluorescence spectra can sometimes be used in Shpol'skii matrices to identify and determine certain isomers without prior separation. Mass spectra are of course extremely valuable for the combination of GC with MS, although isomer differentiation is not usually possible with this technique. For the unambigous identification of isomers and metabolites NMR spectra are very useful and IR spectra are traditionally valuable for "finger printing".

In order to obtain a data collection based on identical materials, all spectra were newly determined using samples of well defined purity. Table 1 gives an inventory of the materials studied in the order of presentation in this volume. Care was taken wherever possible to employ standard conditions for the measurement of the spectra. The range of solvents used was minimised and the concentrations and other operating conditions were kept approximately constant within a technique.

The present collection is the second volume published in the form of a "Spectral Atlas of PAC" and contains the spectra of about 45 new compounds, ·i.e.

- 18 polycyclic aromatic hydrocarbons (PAH) (fluorene, benzofluorenes dibenzopyrenes, dibenzofluoranthenes, etc.)
- 10 N-heterocyles (acridines, benz- and dibenz-acridines, dibenzocarbazoles)
- 17 methylated PAH (methylanthracenes and methylbenz(a)anthracenes, methylcholanthrene.

As in the first volume, the Atlas presents the following spectra, determined largely under standardised experimental conditions:

- UV-spectra
- Fluorescence (emission and excitation spectra at room temperature)
- Fluorescence and Phosphorescence Shpol'skii spectra at 15K
- Mass spectra (magnetic and quadrupole spectra)
- NMR spectra (proton- and carbon-13 spectra)
- IR-spectra (taken in solution and in KBr-pellets).

As before, we have chosen to group all the spectra for each compound on consecutive pages, rather than keeping all spectra of the same type together as is common in data collections. We hope, thereby, to make the task of the user that much easier when seeking the available data on a particular compound.

Table 1: Inventory of compounds

Compound	Chem. Formula	Mass number	m.p. (°C)	Purity (g/g)	CAS Nr.	BCR - RM-Nr.
Naphthalene	$C_{10}H_8$	128	81	0.999	91-20-3	
Acenaphthylene	$C_{12}H_8$	152	92-93	0.998	208-96-8	
Acenaphthene	$C_{12}H_{10}$	154	95	0.997	83-32-9	
9H-Fluorene	$C_{13}H_{10}$	166	115-116	0.994	86-73-7	
Acridine	$C_{13}H_9N$	179	110	0.996	260-94-6	
2-Methylanthracene	$C_{15}H_{12}$	192	203	0.999	2498-76-2	
9-Methylanthracene	$C_{15}H_{12}$	192	79	0.999	2381-16-0	
11H-Benzo(b)fluorene	$C_{17}H_{12}$	216	213.5	0.994	243-17-4	
7H-Benzo(c)fluorene	$C_{17}H_{12}$	216	126.5	0.91	205-12-9	
Triphenylene	$C_{18}H_{12}$	228	199	0.998	217-59-4	270
Naphthacene	$C_{18}H_{12}$	228	357	0.999	92-24-0	
Benz(a)acridine	$C_{17}H_{11}N$	229	131	0.998	225-11-6	157
Benz(c)acridine	$C_{17}H_{11}N$	229	107.4	0.998	225-51-4	158
1-Methylbenz(a)anthracene	$C_{19}H_{14}$	242	138.6	0.993	2498-77-3	93
2-Methylbenz(a)anthracene	$C_{19}H_{14}$	242	146-147	0.982	2498-76-2	
3-Methylbenz(a)anthracene	$C_{19}H_{14}$	242	159-161	0.972	2498-75-1	
4-Methylbenz(a)anthracene	$C_{19}H_{14}$	242	193	0.985	316-49-4	
5-Methylbenz(a)anthracene	$C_{19}H_{14}$	242	154	0.992	2319-96-2	
6-Methylbenz(a)anthracene	$C_{19}H_{14}$	242	125	0.991	316-14-3	
7-Methylbenz(a)anthracene	$C_{19}H_{14}$	242	134	0.987	2541-69-7	
8-Methylbenz(a)anthracene	$C_{19}H_{14}$	242	158	0.999	2381-31-9	
9-Methylbenz(a)anthracene	$C_{19}H_{14}$	242	151	0.992	2381-16-0	
10-Methylbenz(a)anthracene	$C_{19}H_{14}$	242	139	0.994	2381-15-9	
11-Methylbenz(a)anthracene	$C_{19}H_{14}$	242	117.5	0.995	6111-78-0	
12-Methylbenz(a)anthracene	$C_{19}H_{14}$	242	138	0.990	2422-79-9	
Perylene	$C_{20}H_{12}$	252	277.5	0.998	198-55-0	
3, 9-Dimethylbenz(a)anthracene	$C_{20}H_{16}$	256	186	0.988	316-51-8	
6, 8-Dimethylbenz(a)anthracene	$C_{20}H_{16}$	256	143	0.990	317-64-6	
7,12-Dimethylbenz(a)anthracene	$C_{20}H_{16}$	256	122	0.989	57-97-6	
13H-Dibenzo(a, i) carbazole	$C_{20}H_{13}N$	267	221	0.995	239-64-5	
7H-Dibenzo (c,g) carbazole	$C_{20}H_{13}N$	267	158	0.997	194-59-2	266
3-Methylcholanthrene	$C_{21}H_{16}$	268	179	0.993	56-49-5	
Dibenzo (k, mno) fluoranthene	$C_{22}H_{12}$	276	150	0.992	203-25-8	
Indeno (1, 2, 3-cd) fluoranthene	$C_{22}H_{12}$	276	262	0.998	193-43-1	267
Picene	$C_{22}H_{14}$	278	364	0.998	213-46-7	168
Pentacene	$C_{22}H_{14}$	278	300 (dec.)	0.99	135-48-8	
Dibenz (a, c) acridine	$C_{21}H_{13}N$	279	203.4	0.999	215-62-3	155
Dibenz (a, h) acridine	$C_{21}H_{13}N$	279	226.1	0.999	226-36-8	153
Dibenz (a, i) acridine	$C_{21}H_{13}N$	279	207.5	0.998	226-92-6	152
Dibenz (a, j) acridine	$C_{21}H_{13}N$	279	217	0.998	224-42-0	154
Dibenz (c, h) acridine	$C_{21}H_{13}N$	279	190.6	0.994	224-53-3	156
Coronene	$C_{24}H_{12}$	300	439	0.998	191-07-1	272
Dibenzo (a, e) fluoranthene	$C_{24}H_{14}$	302	232	0.998	5385-75-1	265
Dibenzo (a, k) fluoranthene	$C_{24}H_{14}$	302	229	0.993	84030-79-5	
Dibenzo (a, h) pyrene	$C_{24}H_{14}$	302	317	0.992	189-64-0	159
Dibenzo (a, i) pyrene	$C_{24}H_{14}$	302	282	0.997	189-55-9	268
Naphtho (2, 3-k) fluoranthene	$C_{24}H_{14}$	302	299-300	0.992	207-18-1	

Occasionally, for technical or practical reasons, a particular spectrum is not illustrated and where appropriate, this is indicated and explained in the experimental section below, under the respective methods.

Further, as the sources, distribution and biological effects of these ubiquitous pollutants are of considerable importance in the assessment of their total impact on health, a representative selection of the available data (up to the end of 1986) on occurrence and mutagenic or carcinogenic activity are summarised in tabular form for each of the compounds.

In view of the increasing use of basic physicochemical properties, such as water solubility, octanol/water distribution coefficient, vapour pressure etc. for assessing environmental fate and distribution and human and ecological exposure risks, the corresponding data section has been significantly extended.

It is the intention, to continue and expand the present data collection. A third volume of the "Spectral Atlas on PAC" is in preparation, focusing mainly on nitro-, oxygen- and sulphur derivatives of PAC and some matabolites.

W. Karcher
JRC Ispra
May 1988

2. Information for Users

A. Physicochemical Properties

The melting points given in Table 1 for BCR certified reference materials and repeated with the spectra were determined by Differential Scanning Calorimetry using the same materials as were used for the spectra measurements. The melting points of indium (0.999999 g/g) and lead (0.99999 g/g), were used as references for calibration and the values shown are the means of at least six individual measurements. For the other compounds the melting points were determined using coventional melting point apparatus.

For methylderivatives, most melting and boiling points in table 2A were collected from literature (6, 21).

Besides melting and boiling points, tables 2 and 2A also give information an heat of vaporization, molecular connectivity, which can be used for estimating boiling points and related thermodynamic properties, retention indices and length/breadth ratio (L/B). The GC retention indices are based on standard reference values (naphthalene = 200, phenanthrene = 300, chrysene = 400, picene = 500), introduced by Lee and co-workers (13). LC retention values were determined for a polymeric C_{18} column (Wise and co-workers, ref. 22).

Table 3 presents an overview on vapour pressures, enthalpies of sublimation and fusion, sublimation entropies, where available, and on Henry constants. In tables 4-4b, data on water solubility, octanol/water and soil/water distribution coefficients are collected in view of their importance for assessing the distribution and fate of organic pollutants in the biosphere.

These distribution coefficients are defined as follows:

(i) $Kow = \dfrac{\text{concentration in octanol phase}}{\text{concentration in aqueous phase}}$

(ii) $Kp = \dfrac{\text{concentration in soil or sediment}}{\text{concentration in aqueous phase}}$

(iii) Koc = Kp for organic soil/sediment fraction

Vowles (20) has developed some simple equations for deriving Kp and Koc from Kow values of PAH:

(iv) log Kp = 1.15 log Kow — 2.53
(v) log Koc = 1.20 log Kow — 1.13 (parent PAH)
(vi) log Koc = 0.774 log Kow + 0.37 (for alkylnaphthalenes)

In addition, tables 4-4b present some values for molar/molecular volume and surface area, which can be used in solubility estimations (14, 16, 18).

Finally, table 4c shows bioaccumulation and degradation factors for some selected PAH (4, 260).

B. **Crystallography**

For photophysical applications, structure-activity studies, and more general theoretical considerations, crystallographic parameters and C - C bond lengths may also be of interest. Therefore, tables 5 to 5c list the crystal parameters of PAH, methylderivatives, heterocycles and other derivatives, including crystal symmetry, lattice parameters and angles, space group and number of molecules per unit cell. Through the references, further data on C - C distances and angles are accessible for more detailed structural investigations.

C. **Occurrence**

As a comprehensive assessment of the health effects of these important pollutants must be based on both occurrence and on biological hazard effects, a survey on the major sources and environmental distributions of PAH as well as an indication of their mutagenic and carcinogenic activities is included for each of the compounds. This review of the literature is not intended as an exhaustive survey but should facilitate the overall assessment of occurrence and of potential health risks. For more detailed information, the user is referred to the recent relevant monographs (6, 425, 431) and special evaluation studies (447).

The data are presented in tabulated format for convenience and grouped under four main headings:

- mobile sources (car exhaust, engine oils, crude oils)

- stationary sources (coal, oil, wood and peat combustion, coke ovens, tars, etc.)

- environmental domains (air, water, soil)

- foodstuffs (smoked meat, fish, vegetables, etc.)

D. **Biological Activity**

The biological data are also summarised in tables, subdivided into bacterial mutagenicity data (Ames' tests), mammalian cell tests and animal carcinogenicity data (animal studies).

The data presented for the Ames test are based on results obtained with metabolic activation (S-9 mixture) and when comparing results of different origin, it should be borne in mind that the purities and experimental conditions used in these tests can vary considerably.

The test strains or cell types used for the mutagenicity tests and the animal species studied for carcinogenicity or toxicity effects are also given. Whenever possible, carcinogenicity data also indicate the mode of application of the corresponding substance. Table 1a summarises the codes used in the tables for biological activities.

Table 1a. Key to tabulated biological activities.

Result	Mode of application	IARC Evaluation
+ positive (+) weakly pos. ± inconclusive — negative	(a) epicutaneous (b) subcutaneous/intramuscular (c) oral (d) respiratory tract (e) others (intravenous, intraperitoneal, etc.) t.i. tumor initiation	+ sufficient evidence (+) limited evidence ± inadequate data — no evidence for animal carcinogenicity O not evaluated

The last column indicates the classifications for animal carcinogenicity which were issued by the International Agency for Research on Cancer, Lyon as a result of an international evaluation exercise (447).

E. **Spectral Measurements**

1. **Materials**

Part of the materials included in this volume were prepared in the context of an EC research and development programme for reference materials and applied metrology* (87) (see table 1b). The materials were obtained by multistage synthesis and purification and their preparation and purity characterization is described elsewhere. One criterion of the programme for reference materials is a purity greater than 0.99 g/g and for most substances the purity is in excess of 0.995 g/g. The substances which were not available as reference materials were either obtained by purification of commercial materials (mostly using preparative HPLC or column chromatography) or custom synthesized. All solvents used were spectroscopic grade and were mostly used without further purification.

2. **Measurement of Spectra**

As a general rule, the spectra were recorded under standardised conditions which are described individually below. A standardised layout for the presentation of the spectra has also been adopted and each illustrated spectrum also has included with it a table of relevant quantitative or qualitative reference data. The names of all substances used follow IUPAC nomenclature rules (also

(*) As certified reference materials, they are available through the Community Bureau of Reference (200, rue de la Loi, 1049 Brussels - see table 1a)

the structures illustrated) except where other (trivial) names are better known (e.g. dibenzo(a,h)pyrene instead of the recommended dibenzo(b,def)chrysene); in these cases, the IUPAC name is also given.

In the reference information, the molecular formula, relative molecular mass M_r (formerly known as molecular weight), Chemical Abstracts Service Registry Number, the measured purity expressed as a mass fraction and the melting point of the actual sample used are also given to complete the record. Spectra are arranged for individual compounds in sequence, following an order of ascending relative molecular mass (M_r) and alphabetic order within isomeric series.

2.1 Ultraviolet Spectroscopy (UV)

All spectra were recorded on a model 555 UV/VIS spectrophotometer (Perkin-Elmer Corp.) at room temperature using fresh solutions prepared in spectroscopic grade cyclohexane at concentrations less than 5 mg l^{-1}. (For pentacene, where a good spectrum could not be obtained in cyclohexane due to poor solubility, benzene was used as solvent instead). Solutions were measured in 1 cm quartz stoppered cuvettes against a reference of pure cyclohexane and spectra were recorded at spectral slit width of 1-2 nm, chosen, so as to achieve adequate resolution without sacrificing the signal to noise ratio, over the region 210-600 nm. The relatively weak region at long wavelengths was in some cases replotted with the ordinate scale multiplied by a factor of 10 or 5 to improve the utility of the spectrum as a reference. The spectrophotometer was calibrated against a reference holmium glass for wavelength accuracy and aqueous potassium nitrate solution for absorbance.

2.2 Emission Spectroscopy

a. Room Temperature Fluorescence (FL)

A Perkin-Elmer MPF-44 spectrofluorometer was used for room temperature fluorescence measurements. All samples were dissolved and diluted in cyclohexane in a concentration range less than 5.10^{-7} M, allowing the recording of real fluorescence spectra, free from undesirable effects (screen effect, self-absorption). Spectral slit widths were chosen according to the fluorescence properties of each compound, so as to provide" a compromise between a good signal to noise ratio and maintaining the intrinsic resolution of the room temperature fluorescence bandwidths.

(i) Correction of the fluorescence emission spectrum

Each measured fluorescence intensity is multiplied by an instrumental correction factor $Q(\lambda)$. $Q(\lambda)$ is a function of the observation wavelength. This correction factor $Q(\lambda)$ is obtained as described in the Perkin Elmer manual, using xenon light through the excitation monochromator as reference source of light. The fluorescence intensity $I_F(\lambda)$, measured before correction, is multiplied "off line" by $Q(\lambda)$. The digitalization of the correction process was used for better convenience (see below § iii).

(ii) Correction of the fluorescence excitation spectrum

The corrected fluorescence excitation spectrum was generated on line by the spectrofluorometer. The correction was done electronically in real time by a resident quantum counter (Rhodamine B). For each molecule it was checked that the absorbance was sufficiently small at each wavelength to insure that the fluorescence intensity is a linear function of the absorbance, i.e. $A = e(\lambda).c.l$, $e(\lambda)$ is the molar absorption coefficient, c the molar concentration and l the optical path. The corrected fluorescence excitation spectrum should match with the absorption spectrum of the solute molecule.

(iii) Processing of the fluorescence spectra in this volume (excitation and emission).

Direct recorded fluorescence spectra were processed as follows:

- digitalization of the analogic spectrum through a Numonics 2200 digitalizer,

- smoothing of the corrected spectrum (see above § i for emission and § ii for excitation) and normalization to a standard format for printing,

- plotting the spectrum through a 7470A Hewlett-Packard plotter.

Note the following remarks:

- ordinate scale is linear for fluorescence intensity given in arbitrary units,

- as a result of the precited signal processing, the recorded analogic noise is not present on the published spectra. However the smoothing procedure introduces acceptable (but in some case noticeable) reduction in the spectrum resolution and slight change in the relative intensities of the peaks. So the relative fluorescence intensities given for the emission spectrum under the figure are true corrected values before smoothing procedure.

- for four compounds, acenaphtylene, acridine, pentacene and indeno(1,2,3-cd)fluoranthene no fluorescence was detected.

b. High Resolution Shpol'skii Spectrometry (HRS)

Low temperature emission (fluorescence and phosphorescence) spectra were recorded with a spectrofluorometer built from commercial components (88,89). Excitation was provided by the light of a Xenon lamp (XBO 450 W Osram) dispersed by a monochromator (model H 25, dispersion 3nm/mm Jobin-Yvon) and focussed on the front surface of the polycrystalline solution to be analyzed.

Luminescence emission was observed at 90° through a one meter scanning spectrometer (model HR 1000, dispersion 0.8 nm/mm, Jobin-Yvon) operating at a bandpass of 0.4 nm or 0.08 nm/mm. Detection was provided by a photomultiplier (EMI 9789 QB) and spectra were stored on the hard disk of an IBM-XT microcomputer. Spectra were plotted on a 7470 A Hewlett-Packard plotter.

Fused silica tubes containing the solutions of aromatic compounds in n-alkanes (volume 40 μl) were attached to the cold head of a closed cycle crygenerator (CTI, Cryogenics 21 SC) operating at a temperature of 15 K. Preliminary fast freezing of the solutions at 77 K in liquid nitrogen gave satisfactory conditions for observing the Shpol'skii Effect, i.e. well resolved emission spectra with bandwidths of the peaks of about 0.1 nm (88,89).

The concentration of the solutions of polycyclic aromatic hydrocarbons were adjusted at about 2×10^{-6} M (i.e. below 1 mg/l). At this concentration level, the formation of aggregates is minimized and the reproducibility of fluorescence intensity is not altered (90,91). For some very weak emiting aromatic compounds, a higher concentration was used (nevertheless lower than 2 mg/l) in order to obtain a sufficient signal to noise ratio. Some compounds are well known to exhibit weak fluorescence or no fluorescence at all (acenaphtylene, acridine, pentacene).

The choice of the n-alkane solvent is very important for the analysis of natural complex mixtures (92,93). The solvents were chosen so that the molecular dimensions of the aromatic molecule and the n-alkane chain were quite similar. Several solvents were tested for all the studied aromatic compounds (n-pentane up to n-decane). However n-alkanes with odd number of carbons were generally avoided (such as n-heptane, n-nonane) since their crystal lattice exhibits often more than one molecule per lattice and increases the number of possible substitutional sites i.e. the number of quasilines.

The suitable Shpol'skii solvent for an aromatic compound was defined as producing well resolved spectra with a small number of quasilines. The presented spectra have been chosen according to this criteria after testing several solvents for a studied aromatic compound.

Low molecular weight aromatic compounds (naphthalene, fluorene, acenaphtene) exibit sharp emission peaks superimposed over broad bands since such compounds do not fit properly in a n-alkane matrix (94).

The HRS-spectrum of 12-methylbenz(a)anthracene shown in this volume is an improved version, replacing the corresponding spectrum pictured in the first edition.

Finally, in the series, where a phosphorescence or a fluorescence spectrum is not shown, this should be taken as evidence for the absence of such a spectrum under the conditions used.

2.3. Mass Spectrometry

The mass spectra of condensed aromatic hydrocarbons are usually rather simple, yet fragment intensities are strongly dependent on instrument or operating conditions. At the conceptual stage of this Atlas, it was considered to be most valuable to illustrate the spectra obtained by both quadrupole and magnetic instruments.

All spectra were studied under electron impact conditions at a voltage of 70 eV. In general, especially for the magnetic spectra, both GCMS and direct inlet techniques were used and the most reliable or representative spectrum chosen for illustration in this Atlas. The spectra were replotted using the following criteria; all fragments with intensities greater than 1.0% of the base peak are plotted and all fragments with intensities greater than 2% are listed together with all doubly charged fragments detected (irrespective of their intensities).

2.4 Nuclear Magnetic Resonance Spectroscopy

The importance of NMR for structure determination has long been recognised yet relatively few spectra of large aromatic molecules such as the polycyclic aromatics are to be found in NMR data collections. This must be due, at least in part, to the difficulties both in obtaining good, well resolved spectra and in their interpretation and assignment.

Standardisation of solvents is particularly difficult because of the low solubilities of PAH. This can become especially important with carbon-13 spectra because the already low natural abundance of 13-C (1.1%) leads to yet further reduction in signal strength.

a) Proton NMR Spectra

For this collection, proton NMR spectra were obtained on a JEOL GX-270 NMR instrument operating at 270.17 MHz, using a switchable (doubletuned) 5 mm carbon/proton probe (except Picene, run on a 10 mm probe in DMSO-d6 at 100°C). The sample temperature was 300K (ambient) for all proton spectra except where otherwise specified. The solvent was chloroform-d1 (unless stated otherwise); the field/frequency lock signal was provided by the solvent deuterium resonance.

Spectra were acquired in 16384 data points in the FT mode using a spectral width of 4055 Hz (15 ppm) with quadrature detection, giving an acquisition time of 2.02 sec. Phase cycling (8-shift cycle) was used to eliminate instrumental artefacts. The pulse width was 5 μs (25°) and a relaxation delay of 2s was used giving a total repetition time of 4.04 sec. 32-256 scans were accumulated as required.

The FID was zero-filled from 16K to 32K data points before transformation to give a final digital resolution of 0.25 Hz. No weighting (sensitivity or resolution enhancement) was applied prior to transformation of the FID.

Chemical shifts where referenced to internal tetramethylsilane.
Assignment of the spectra followed as normal; extensive use was made of 2-dimensional methods to confirm assignments, supported by single-frequency decoupling (including difference decoupling) and qualitative nuclear Overhauser effect measurement via 1-dimensional difference spectroscopy where necessary.

Two-dimensional proton-proton correlation spectra (COSY) (not provided, but used for assignment) were obtained using the Jeener pulse sequence (90-t1-90-(acquire)) (95). Typical acquisition parameters were: Spectral width 400-70 Hz in 256 data points (F2) by 128 points (F1), giving an acquisition time of 0.2-0.4 sec. A relaxation delay of ca. 2.5s was used. Both pulses were set to 18 μs (90°). Phase cycling was used to provide quadrature detection in F1 and suppress axial peaks. 4 Scans per t1 increment were found sufficient for most purposes, giving a total experiment time of ca. 20 minutes. An additional experiment was used to provide long-range coupling information using the sequence 90°-t1 + t2-90°-t2-acquire, with t2 set to 200 ms. A pi/5-shifted sine bell weighting was used in both dimensions on Fourier transformation. The data matrix was displayed in absolute value mode. Symmetrisation was employed to suppress artefacts in F2.

Analysis of closely coupled spin systems used a version of the analysis program LAOCOON (96) running on an IBM-PC-AT microcomputer. Simulations were performed until a reasonable visual match (judged from bar-chart plots) was obtained. Assignment of all the individual lines observed to calculated lines (better than 90% of calculated transitions were assigned) and iterative refinement of parameters followed. Typical error estimates were 0.2 Hz for coupling constants and chemical shifts. For most of the methylbenz(a)anthracenes no NMR spectra of good quality could be obtained due to insufficient material. The lacking spectra are to be made available in the following volume of the series.

b) ^{13}C-NMR

Carbon-13 NMR spectra were obtained on a JEOL GX-270 NMR instrument operating at 67.8 MHz (for carbon: 270MHz for 1H). Spectra were acquired in 16384 data points in the FT mode using a spectral width of 1760 Hz (260 ppm) with quadrature detection, giving an acquisition time of 0.47s. Phase cycling (8-shift cycle) was used to eliminate instrumental artefacts. The pulse width was 10 us (10°) and a relaxation delay of 2s was used giving a total repetition time of 2.47s. Fully decoupled spectra used broadband proton decoupling centred at 5 ppm (from tetramethylsilane (TMS)) in the proton spectrum with the power level reduced by 45% between acquisitions to minimise sample heating. Single frequency off-resonance decoupled spectra used a proton irradiation frequency equivalent to 14 ppm from TMS in the proton spectrum. Fully coupled spectra used gated broadband proton decoupling to retain nuclear Overhauser enhancement. Typically, twice as many scans were accumulated for the coupled and off-resonance spectra as for the fully decoupled spectrum (20000-32000 scans).

The sample temperature was 300K (ambient) for all carbon spectra except where otherwise specified. The solvent was chloroform-d1 (unless stated otherwise); the field/frequency lock signal was provided by the solvent deuterium resonance.

The FID was zero-filled from 16K to 32K data points before transforming to give a final digital resolution of 1.1 Hz. Exponential weighting equivalent to 1.1 Hz line-broadening was applied prior to transformation of the fully coupled and fully decoupled spectra; a 2.5-3 Hz weighting was used for the off resonance spectra. Chemical shifts were referenced to internal tetramethylsilane.

Two-dimensional carbon-proton correlation spectra (not provided, but used for assignment) were obtained using the pulse sequence of Bax and Morris (97), with the modification of Bax (98) used for one-bond correlations to remove proton homonuclear coupling. Typical acquisition parameters were: Carbon width 1000-2000 Hz in 1024 data points, proton width 400-700 Hz (64 data points); a relaxation delay of 2.5s was used. Carbon 90° pulse, 22 μs, proton 90° pulse 40 μs. A pi/5-shifted sine bell weighting was used in both dimensions after 16-128 scans for each time increment. For one-bond correlations a 160 Hz coupling was assumed; for long-range correlations 8 Hz was assumed (giving good 3-bond C-H correlations).

For dibenzo (a,e)-and-(a,e)pyrene, which were included in Vol. I, improved ^{13}C-NMR spectra together with their respective assignments are presented in this collection, replacing the earlier spectra given in the previous volume.

Due to insufficient material, good quality-^{13}C-NMR spectra were unattainable for some methyl-and dimethylbenz(a)anthracene. It is the intention to include these missing spectra in a following volume of the "spectal Atlas".

2.5 Infrared Spectroscopy

Spectra were recorded in both solid phase and solution using a model 5MX IR spectrophotometer (Nicolet).

a) For solid phase, the samples were pressed in the form of 5 mm halide pellets (KBr) at an approximate concentration of 0.5 - 1%. These spectra cover the region 4000-500 cm^{-1} without a break but may exhibit effects originating from the halide or the means of pressing. In many cases, low concentrations were preferable in order to obtain regular, unskewed band shapes.

b) For solution spectra, both tetrachloroethylene for the region 4000-1400 cm^{-1} and carbon disulphide for the region 1400-400 cm^{-1} were used as solvents. This procedure overcomes blank areas due to the solvents. The solutions were as concentrated as possible to minimise other solvent effects, but the exact concentrations were not measured. A 0.2 mm fixed pathlength cell with KBr windows with a compensated solvent reference beam was used throughout at room temperature.

In the replotting and presentation of the spectra, the range 2800-2000 cm^{-1} is not shown as none of the materials have vibrations in this region. In the supplementary information, major bands are assigned, where possible, to their respective vibrations.

No spectrum in solution is given for pentacene due to poor solubilities in the solvents used and the resulting poor quality of the spectra obtained. KBr pellet spectra are however illustrated for all compounds.

2.6 References and Index

Literature references are arranged in consecutive blocks, mostly in alphabetical order, corresponding to the main headings of physicochemical properties (A), crystallography (B), occurrence (C), biological activities (D) and spectral measurements (E). In the index, cross reference is made to all PAC compounds appearing in this and the previous volume, to facilitate access to the information and spectra contained in the first two volumes of the "Spectral Atlas on PAC".

Table 1b: List of PAC Reference Materials (Community Bureau of Reference)*

Material Number	Compound	CRM-No	Compound
CRM 046	Benzo(b)chrysene	337	Dibenzo(b,d)furane
CRM 047	Benzo(b)fluoranthene	338	4H-Cyclophenanthrene-4-one
CRM 048	Benzo(k)fluoranthene	339	6H-Benzo(c,d)pyrene-6-one
CRM 049	Benzo(j)fluoranthene	340	Benzo(b)naphtho(1,2-d)-furene
CRM 050	Benzo(e)pyrene	341	Benzo(b)naphtho(2,1-a)-furene
CRM 051R	Benzo(a)pyrene	342	Benzo(a)fluorenone
CRM 052	Benzo(ghi)perylene	343	3-Hydroxybenzo(a)-pyrene
CRM 053	Indeno(1,2,3-cd)pyrene		
CRM 077	1-Methylchrysene		
CRM 078	2-Methylchrysene		
CRM 079	3-Methylchrysene		
CRM 080	4-Methylchrysene		
CRM 081R	5-Methylchrysene		
CRM 082	6-Methylchrysene		
CRM 091	Anthanthrene		
CRM 092	10-Azabenzo(a)pyrene		
CRM 093	1-Methylbenz(a)anthracene		
CRM 094	Dibenz(a,c)anthracene		
CRM 095	Dibenz(a,j)anthracene		
CRM 096	Dibenzo(a.l)pyrene		
CRM 097	Benzo(a)fluoranthene		
CRM 133	Dibenzo(a,e)pyrene		
CRM 134	Benzo(c)phenanthrene		
CRM 135	Benzo(b)naphtho(2,1-d)thiophene		
CRM 136	Benzo(b)naphtho(2,3-d)thiophene		
CRM137	Benzo(b)naphtho(1,2-d)thiophene		
CRM 138	Dibenzo(a,h)anthracene		
CRM 139	Benzo(ghi)fluoranthene		
CRM 140	Benzo(c)chrysene		
CRM 152	Dibenz(a,i)acridine		
CRM 153	Dibenz(a,h)acridine		
CRM 154	Dibenz(a,j)acridine		
CRM 155	Dibenz(a,c)acridine		
CRM 156	Dibenz(c,h)acridine		
CRM 157	Benz(a)acridine		
CRM 158	Benz(c)acridine		
CRM 159	Dibenzo(a,h)pyrene		
CRM 160	Fluoranthene		
CRM 168	Picene		
CRM 177	Pyrene		
CRM 265	Dibenzo(a,e)fluoranthene		
CRM 266	7H-Dibenzo(c,g)carbazole		
CRM 267	Indeno(1,2,3-cd)fluoranthene		
CRM 268	Dibenzo(a,i)pyrene		
CRM 269	Chrysene		
CRM 270	Triphenylene		
CRM 271	Benz(a)anthracene		
CRM 272	Coronene		
CRM 305	1-Nitropyrene		
CRM 306	1-Nitronaphtalene		
CRM 307	2-Nitronaphtalene		
CRM 308	9-Nitroanthracene		
CRM 309	6-Nitrochrysene		
CRM 310	3-Nitrofluoranthene		
CRM 311	6-Nitrobenzo(a)pyrene		
CRM 312	2-Nitro-7-Methoxy-Naphtho(2,1-b)-furan		

* available from: Commission of the European Communities, DG XII, Community Bureau of Reference (BCR), Rue de la Loi, 200, B-1049 Brussels.

3. Acknowledgements

The work is being sponsored by the Community Bureau of Reference of the Commission of the EC and is carried out by the Joint Research Centre, Ispra Establishment in collaboration with:

- the Biochemical Institute for Environmental Carcinogens, Ahrensburg (FRG)
- the University of Bordeaux, Groupe d'Oceanographie Physicochimique (France)
- the Laboratory of the Government Chemist, London (UK)
- the Netherlands Organisation for Applied Scientific Research, Div. Technology for Society, Zeist (Netherlands).

Thanks are due also to J. van Eijk (JRC Ispra) for the measurement of some UV-spectra, to G.G. Versluis-de Haan (TNO Zeist) for measurement of the quadrupole mass spectra and to O. Druez and C. Berlin (Univ. of Bordeaux for assistance in the handling of computerized spectra and for measurement of the room temperature spectra.

Finally, we want to express our gratitude to Mr. P. de Hoe of the documentation and edition service, JRC Ispra for continuous support and Artestampa, Daverio (Varese) for the efficient preparation of the type set version.

4. Data Presentation

A. Physicochemical Properties

Table 2: Basic Data of Parent PAH

Compound	Chemical Formula	Mw	M.p. (Karcher)	B.p. (°C) (Grimmer/ White)	Resonance energy (eV) (Herndon)	Heat of vaporization (KJ/mol) (White)	Retention Index GC (Lee)	Retention Index LC (log)(Wise)	Molecular connectivity X (White)	Molecular connectivity X (Wise)	Length/Breadth Ratio (Wise)
Naphthalene	$C_{10}H_8$	128.17	81	218	1.325	43.2 (46*)	200.00	2.00	3.405		1.24**
Acenaphthylene	$C_{12}H_8$	152.20	95	270	1.325	50.4*	244.63		4.149		1.08**
Acenaphthene	$C_{12}H_{10}$	154.21	96.2	279		51.1*	251.29		4.445		1.11**
Fluorene	$C_{13}H_{10}$	166.22	115-116	294		58.2* (52.7*)	268.17	2.70	4.611	4.612	1.57
Phenanthrene	$C_{14}H_{10}$	178.23	100.5	338	1.924	52.7*	300.00	3.00	4.815	4.815	1.46
Anthracene	$C_{14}H_{10}$	178.23	216.4	340	1.606	52.4*	301.69	3.20	4.809	4.809	1.57
4H-Cyclopenta(def)phenanthrene	$C_{15}H_{10}$	190.25	81.4	359		58.1*	322.08	3.22	5.356		1.31**
Fluoranthene	$C_{16}H_{10}$	202.26	108.8	383	2.184	66.5 (60.2*)	344.01	3.37	5.565	5.565	1.22
Pyrene	$C_{16}H_{10}$	202.26	150.4	393	2.099	65.8 (61*)	351.22	3.58	5.559	5.559	1.27
Benzo(a)fluorene	$C_{17}H_{12}$	216.28		403		62.5*	366.74	3.72	6.022	6.022	1.68
Benzo(b)fluorene	$C_{17}H_{12}$	216.28	213.5	398		62.7*	369.39	3.84	6.017	6.017	1.78
Benzo(c)fluorene	$C_{17}H_{12}$	216.28	126.5	406				3.49		6.022	1.34
Benzo(ghi)fluoranthene	$C_{18}H_{10}$	226.28	128.4	422		64.7*	389.60	3.96			1.18
Cyclopenta(cd)pyrene	$C_{18}H_{10}$	226.29	170	439		65.4*	396.54	3.94	6.309		1.21
Benzo(c)phenanthrene	$C_{18}H_{12}$	228.29	66.1	431	2.477	64.9*	391.39	3.64	—		1.22
Chrysene	$C_{18}H_{12}$	228.29	253.8	425	2.477	65.8*	400.00	4.10	6.303	6.226	1.72
Benz(a)anthracene	$C_{18}H_{12}$	228.29	160.7	429	2.313	65.6*	398.50	4.00	6.226	6.226	1.58
Triphenylene	$C_{18}H_{12}$	228.29	199	440	2.652	65.8*	400.00	3.70	6.220	6.220	1.12
Naphthacene	$C_{18}H_{12}$	228.29	357	481	1.819	66.6*	408.30	4.51	6.232	6.232	1.89
Benzo(b)fluoranthene	$C_{20}H_{12}$	252.31	168.3	480		69.9*	441.74	4.29	6.976	6.976	1.40
Benzo(j)fluoranthene	$C_{20}H_{12}$	252.31	165.4	481		69.8*	440.92	4.24	6.976	6.976	1.39
Benzo(k)fluoranthene	$C_{20}H_{12}$	252.31	215.7	496		71.1*	492.56	4.42	6.970	6.970	1.48
Benzo(a)pyrene	$C_{20}H_{12}$	252.31	178.1	493	2.579	70.8*	453.44	4.53	6.976	6.976	1.50
Benzo(e)pyrene	$C_{20}H_{12}$	252.31	178.7	497	2.842	71.3*	450.73	4.28	6.975	6.976	1.12
Perylene	$C_{20}H_{12}$	252.31	277.5	510*	2.651	72.5*	456.22	4.33	6.976	6.976	1.27
3-Methylcholanthrene	$C_{21}H_{14}$	266.34	179	547		76.1*	468.44	4.80	7.685		—
Anthanthrene	$C_{22}H_{12}$	276.34	264	542	3.098	75.8*	503.89	4.93	7.714	7.714	1.35
Benzo(ghi)perylene	$C_{22}H_{12}$	276.34	278.3	531			501.32	4.73	7.720		1.12
Indeno (1, 2, 3-cdfluoranthene	$C_{22}H_{12}$	276.34	262	534				4.93	—		1.62
Indeno (1, 2, 3-cd)pyrene	$C_{22}H_{12}$	276.34	163.6	535				4.84	—		1.40
Dibenz(a,c)anthracene	$C_{22}H_{14}$	278.35	205.6	535	3.076	75.2*	495.01	4.40	7.637	7.637	1.24
Dibenz(a,h)anthracene	$C_{22}H_{14}$	278.35	266.6	535	2.958	75.2*	495.45	4.73	7.631	7.631	1.79
Dibenz(a,j)anthracene	$C_{22}H_{14}$	278.35	197.3	531	2.958			4.56	—		1.47
Benzo(b)chrysene	$C_{22}H_{14}$	278.35	126.1	541*		75.4*	497.66	5.00	7.631	7.631	1.84
Picene	$C_{22}H_{14}$	278.35	364	519	2.004	75.7*	500.00	5.10	7.637	7.637	1.99
Pentacene	$C_{22}H_{14}$	278.35	300*	529*		74.4*	486.81		7.619		2.18
Coronene	$C_{24}H_{12}$	300.36	439	590	3.516						1.00
Dibenzo(a,e)pyrene	$C_{24}H_{14}$	302.38	244.4	592				4.97		8.387	1.24
Dibenzo(a,h)pyrene	$C_{24}H_{14}$	302.38	317	596				6.00		8.381	1.73
Dibenzo(a,i)pyrene	$C_{24}H_{14}$	302.38	282	594				5.76		8.381	1.73
Dibenzo(a,l)pyrene	$C_{24}H_{14}$	302.38	162.4	595				4.93		8.387	1.18

*(calculated) **(Hites)

Table 2A: Physicochemical Properties of Methylated - PAH.

Isomer	Form.	Mw	m.p. (°C)	b.p. (°C)	aqueous solubility (log. mol. sol.)	ΔH (KJ/mol)	Retention Index GC	Retention Index LC	X (White)	X (Wise)	L/B
1-Methylnaphthalene	$C_{11}H_{10}$	142.20	-22	245	-3.705	48.1*	221.04		3.822		1.21**
2-Methylnaphthalene	$C_{11}H_{10}$	142.20	34.5	241	-3.748	47.8*	218.14		3.815		1.38**
1,2-Dimethylnaphthalene	$C_{12}H_{12}$	156.23	-1.6	271		50.6*	246.49				
1,3-Dimethylnaphthalene	$C_{12}H_{12}$	156.23	-6/-5	265	-4.292	50.0*	240.25				
1,4-Dimethylnaphthalene	$C_{12}H_{12}$	156.23	7.5	268	-4.193	50.3*	243.57				
1,5-Dimethylnaphthalene	$C_{12}H_{12}$	156.23	81	269	-4.679	50.4*	244.98				
1,6-Dimethylnaphthalene	$C_{12}H_{12}$	156.23	-16.9	266		48.77	240.72				
1,7-Dimethylnaphthalene	$C_{12}H_{12}$	156.23	-13.9	263		48.77	240.66				
1,8-Dimethylnaphthalene	$C_{12}H_{12}$	156.23	65	276*		50.9*	249.52				
2,3-Dimethylnaphthalene	$C_{12}H_{12}$	156.23	105	268	-4.716	49.0	243.55				
2,6-Dimethylnaphthalene	$C_{12}H_{12}$	156.23	108	262	-4.888	48.71	237.58				
2,7-Dimethylnaphthalene	$C_{12}H_{12}$	156.23	96.5	262		48.77	237.71				
1,4,5-Trimethylnaphthalene	$C_{13}H_{14}$	170.26		285	-4.923	52.5*	265.9				
2,3,5-Trimethylnaphthalene	$C_{13}H_{14}$	170.26	101	293*		52.4*	265.24				
2,3,6-Trimethylnaphthalene	$C_{13}H_{14}$	170.26		293*		52.4*	265.24				
1-Methylacenaphthylene	$C_{13}H_{10}$	140.22		318*		54.8*	289.03	3.15			1.40
1-Methylfluorene	$C_{14}H_{12}$	180.25	87	318		54.7*	288.21	3.24			1.73
2-Methylfluorene	$C_{14}H_{12}$	180.25	104-105					3.10			1.35
4-Methylfluorene	$C_{14}H_{12}$	180.25	71	302*		53.15*	272.38				1.36**
9-Methylfluorene	$C_{14}H_{12}$	180.25	46-47	359		58.2*	323.9	3.39		5.022	1.45
1-Methylphenanthrene	$C_{15}H_{12}$	192.26	123	355		57.9*	320.17	3.71	5.206	5.029	1.58
2-Methylphenanthrene	$C_{15}H_{12}$	192.26	57-59	352		57.8*	319.46	3.29	5.226	5.029	1.37
3-Methylphenanthrene	$C_{15}H_{12}$	192.26	65	355*		58.2*	323.17	3.26	5.226	5.226	1.25
4-Methylphenanthrene	$C_{15}H_{12}$	192.26	52-52.5	355		58.2*	323.06	3.34	5.232	5.226	1.25
9-Methylphenanthrene	$C_{15}H_{12}$	192.26	90-91					3.79		5.232	1.4
1,8-Dimethylphenanthrene	$C_{16}H_{14}$	206.29	101-102					4.01		5.649	1.71
2,7-Dimethylphenanthrene	$C_{16}H_{14}$	206.29	141					3.57		5.637	1.26
3,6-Dimethylphenanthrene	$C_{16}H_{14}$	206.29	86	355*	-6.691	58.2*	323.33	3.41	5.226	5.637	1.41
1-Methylanthracene	$C_{15}H_{12}$	192.26	203	353*	-5.868	58.0*	321.57	3.71	5.220	5.226	1.74
2-Methylanthracene	$C_{15}H_{12}$	192.26	79	361*	-6.566	58.8*	329.13	3.41	5.232	5.220	1.38
9-Methylanthracene	$C_{15}H_{12}$	192.26	182-184	389*		61.4*	355.49	3.63		5.232	1.23
9,10-Dimethylanthracene	$C_{16}H_{14}$	206.29	254.4	461*		68.0*	422.87	4.43		5.655	1.71
1-Methylchrysene	$C_{19}H_{14}$	242.32	230.2	457*		67.6*	418.80	4.52		6.643	1.85
2-Methylchrysene	$C_{19}H_{14}$	242.32								6.643	

Continued to Table 2A

Isomer	Form.	Mw	m.p. (°C)	b.p. (°C)	acqueous solubility (log. mol. sol.)	ΔH (KJ/mol)	Retention Index GC	Retention Index LC	X (White)	X (Wise)	L/B
3-Methylchrysene	$C_{19}H_{14}$	242.32	171.9	456*		67.6*	418.10	4.29		6.643	1.63
4-Methylchrysene	$C_{19}H_{14}$	242.32	150.6	459*		67.8*	420.83	4.18		6.637	1.51
5-Methylchrysene	$C_{19}H_{14}$	242.32	117.7	458*		67.7*	419.68	4.14		6.637	1.78
6-Methylchrysene	$C_{19}H_{14}$	242.32	160.161	459*		67.8*	420.61	4.14		6.643	1.48
1-Methylbenz(a)anthracene	$C_{19}H_{14}$	242.32	138.6	452*		67.2*	414.37	4.14	—	6.643	1.47
2-Methylbenz(a)anthracene	$C_{19}H_{14}$	242.32	203	451*		67.1*	413.78	4.09	—	6.631	1.50
3-Methylbenz(a)anthracene	$C_{19}H_{14}$	242.32	159-61	454*		67.4*	416.63	4.39		6.631	1.71
4-Methylbenz(a)anthracene	$C_{19}H_{14}$	242.32	193	458*		67.7*	419.67	4.33		6.637	1.64
5-Methylbenz(a)anthracene	$C_{19}H_{17}$	242.32	154	457*		67.6*	418.72	4.28		6.637	1.43
6-Methylbenz(a)anthracene	$C_{19}H_{14}$	242.32	125	455*		67.5*	417.57	4.10		6.637	1.38
7-Methylbenz(a)anthracene	$C_{19}H_{14}$	242.32	134	457*		68.1*	423.14	4.14	6.642	6.643	1.50
8-Methylbenz(a)anthracene	$C_{19}H_{14}$	242.32	158			67.5*	417.56	4.19		6.637	1.57
9-Methylbenz(a)anthracene	$C_{19}H_{14}$	242.32	151	454*		67.4*	416.50	4.39		6.631	1.71
10-Methylbenz(a)anthracene	$C_{19}H_{14}$	242.32	139			—	—	4.24		6.637	1.59
11-Methylbenz(a)anthracene	$C_{19}H_{14}$	242.32	117.5	450*		67.0*	412.72	4.13		6.637	1.45
12-Methylbenz(a)anthracene	$C_{19}H_{14}$	242.32	138	457*		67.7*	419.39	4.10		6.643	1.51
1, 12-Dimethylbenz(a)anthracene	$C_{20}H_{16}$	256.35	186	476*		69.4*	436.82	4.18			—
3, 9-Dimethylbenz(a)anthracene	$C_{20}H_{16}$	256.35	143			—	—	4.80			1.84
6, 8-Dimethylbenz(a)anthracene	$C_{20}H_{16}$	256.35	122			—	—	4.42			1.38
7, 12-Dimethylbenz(a)anthracene	$C_{21}H_{18}$	270.38	106-107	483*		70.1*	443.38	4.26		9.771**	1.46
1, 7, 12-Trimethylbenz(a)anthracene	$C_{19}H_{14}$	242.32		454*				4.18			—
1-Methyltriphenylene	$C_{20}H_{16}$	256.35		471*				3.73			1.13**
1, 3-Dimethyltriphenylene	$C_{21}H_{18}$	270.38		486*				—			—
1, 6, 11-Trimethyltriphenylene	$C_{19}H_{14}$	242.32	141.4-9					—			—
1-Methylbenzo(c)phenanthrene	$C_{19}H_{14}$	242.32	69.5-70					3.62			1.21
2-Methylbenzo(c)phenanthrene	$C_{19}H_{14}$	242.32	54-54.5					3.83			1.17
3-Methylbenzo(c)phenanthrene	$C_{19}H_{14}$	242.3	65-66					4.01			1.36
4-Methylbenzo(c)phenanthrene	$C_{19}H_{14}$	242.32						4.04			1.36
5-Methylbenzo(c)phenanthrene	$C_{19}H_{14}$	242.32						3.97			1.22
6-Methylbenzo(c)phenanthrene	$C_{19}H_{14}$	242.32						3.94			1.12
1-Methylfluoranthene	$C_{19}H_{12}$	240.30						3.68		5.982	1.13
3-Methylfluoranthene	$C_{19}H_{12}$	240.30						3.84		5.982	1.33
7-Methylfluoranthene	$C_{19}H_{12}$	240.30						3.76		5.982	1.22
8-Methylfluoranthene	$C_{19}H_{12}$	240.30						3.80		5.976	1.36
1-Methylpyrene	$C_{19}H_{12}$	240.30	71-72	410		63.2*	373.55	3.98	5.976	5.976	1.27
2-Methylpyrene	$C_{19}H_{12}$	240.30	143-143.5	410		62.8*	370.15	4.05		5.982	1.38
4-Methylpyrene	$C_{19}H_{12}$	240.30	54-54.5	410		62.8*	369.54	3.96	5.970	5.970	—
11-Methylbenzo(a)fluorene	$C_{18}H_{14}$	230.31	147.5-148.5	402*		62.5*	367.04	—		5.976	1.10

Isomer	Form.	Mw	m.p. (°C)	b.p. (°C)	acqueous solubility (log. mol. sol.)	ΔH (KJ/mol)	Retention Index		X		L/B
							GC	LC	(White)	(Wise)	
1-Methylbenzo(a)pyrene	$C_{21}H_{14}$	266.34						4.88		7.387	1.51
2-Methylbenzo(a)pyrene	$C_{21}H_{14}$	266.34						4.94		7.381	1.60
3-Methylbenzo(a)pyrene	$C_{21}H_{14}$	266.34						4.89		7.387	1.50
4-Methylbenzo(a)pyrene	$C_{21}H_{14}$	266.34						4.81			1.50
5-Methylbenzo(a)pyrene	$C_{21}H_{14}$	266.34						4.61		7.387	1.30
6-Methylbenzo(a)pyrene	$C_{21}H_{14}$	266.34						4.68		7.392	1.48
7-Methylbenzo(a)pyrene	$C_{21}H_{14}$	266.34						4.72		7.387	1.50
8-Methylbenzo(a)pyrene	$C_{21}H_{14}$	266.34						4.95		7.381	1.62
9-Methylbenzo(a)pyrene	$C_{21}H_{14}$	266.34						4.77		7.381	1.51
10-Methylbenzo(a)pyrene	$C_{21}H_{14}$	266.34						4.69		7.387	1.41
11-Methylbenzo(a)pyrene	$C_{21}H_{14}$	266.34						4.63		7.387	1.33

*(calculated)

**(Hites)

Table 3: Vapour pressures, Enthalpies of Sublimation, Fusion and Henry Constants

PAH	Vapour pressure at 25°C (Pa) (De Kruif-1980)	Enthalpy of sublimation at (25°C) (KJ. mol.$^{-1}$)(De Kruif-1980)	Entropy of sublimation at 25°C (J. mol.$^{-1}$ K^{-1}) (Murray)	Enthalpy of fusion (KJ mol.$^{-1}$) (Casellato)	Henry Constant (Atm. m^3 mol^{-1})	Henry Constant (K Pa m^3 mol^{-1}) (Mackay)
Naphthalene	10.9** (8.8)***	72.6 + 0.6	—	—	4.5 × 10^{-3}	0.043 +.004
Acenaphthene	5.96 × 10^{-1**}	—	—	—	2.4 × 10^{-4}	0.024 +.002
9H-Fluorene	8.86 × 10^{-2*}	—	—	—	7.4 × 10^{-5}	0.0085 +.002
Phenanthrene	1.8 + 0.1 × 10^{-2}	92.5 + 2	—	16.7 + 0.3	2.7 × 10^{-4}	0.004 +.008
Anthracene	7.5 + 0.7 × 10^{-4}	104.5 + 1.5	—	28.8 + 1.1	1.8 × 10^{-6}	0.006 +.003
Fluoranthene	2.54 × 10^{-1**}	—	—	18.9 + 0.3	1.95 × 10^{-3}	0.22 +.03
Pyrene	8.86 × 10^{-4**}	—	—	—	1.3 × 10^{-5}	0.002 +.002
Benz(a)anthracene	7.3 + 1.3 × 10^{-6}	123.3 + 3	192.4	21.4 + 0.15	1.2 × 10^{-6}	
	1.2 × 10^{-5*}	113.4 + 2.3*				
Chrysene	5.7 + 2 × 10^{-7}	131 + 4	—	26.1 + 0.1	6.7 × 10^{-7}	
Triphenylene	2.3 + 0.7 × 10^{-6}	126.5 + 4	—	—	1.3 × 10^{-7}	
Naphthacene	9.3 + 4 × 10^{-9}	143.7 + 5	—	—	2.1 × 10^{-8}	
Benzo(a)pyrene	8.4 × 10^{-7*}	118.3 + 2.2*	183.6	16.6 + 0.3	2.7 × 10^{-7}	
Benzo(e)pyrene	4 × 10^{-7*}	119 + 2.3*	186.5	—	1 × 10^{-7}	
Benzo(k)fluoranthene	6 × 10^{-7}	130.1*	208.3	—	2 × 10^{-6}	
Benzo(ghi)perylene	6 × 10^{-8}	127.7 + 2.3*	—	—	2 × 10^{-7}	
Dibenz(a,c)anthracene	1.3 + 0.6 × 10^{-9}	159 + 6	—	25.8 + 0.3	1.6 × 10^{-10}	
Dibenz(a,h)anthracene	3.7 + 1.8 × 10^{-10}	162 + 6	—	31.2 + 0.5	2 × 10^{-9}	
Pentacene	1.0 + 0.8 × 10^{-13}	184 + 10	—	—	—	
Coronene	5 × 10^{-11*}	135.9 + 3.1*	174.4	—	1 × 10^{-9}	
1-Methylnaphthalene	8.84**	—	—	—	4.4 × 10^{-4}	0.045 +.004
2-Methylnaphthalene	7.24**	—	—	—	4 × 10^{-4}	

* Extrapolated from experimental data obtained at temperatures between 50 and 240°C (Murray-1974).

** Mackay (1981).

*** Lane (1980): Anthracene 3.8 × 10^{-2} Pa; Fluorene 4.7 × 10^{-4} Pa (22°C)

Table 4: Water Solubility and Distribution Coefficients

Compound	Solubility (mmol/l) (Pearlman)	Log Kow (Miller)	Log Kow (Govers)	Log Koc (Karickhoff)	Log Koc (Govers)	Volumes Molecular (Å³)	Volumes Molar (cm³ mol.)	Molec. Surface Area (Å²)
Naphthalene	2.4×10^{-1}	3.35	3.36	3.11	2.97-3.0	126.9	148	155.8
Acenaphthene	2.9×10^{-2}	3.92				148.4	173	180.8
9H-Fluorene	1.2×10^{-2}	4.18	4.12			160.4	188	194.0
Phenanthrene	7.2×10^{-3}	4.57	4.57	4.08	4.36	169.5	199	198
Anthracene	3.7×10^{-4}	4.54	4.57	4.20	4.42	170.3	197	202.2
Fluoranthene	1.3×10^{-3}	5.22	5.17			187.7	217	218.6
Pyrene	7.2×10^{-4}	5.18	5.17	4.83	4.92	186	214	213.5
7H-Benzo(a)fluorene	2.1×10^{-4}	5.32	5.69			203.8	240	240.3
11H-Benzo(b)fluorene	9.25×10^{-6}	5.75	5.69			203.8	240	240.3
7H-Benzo(c)fluorene			5.69					
Benz(a)anthracene	4.8×10^{-5}	5.91	5.84			212.9	248	244.3
Chrysene	1.3×10^{-5}	5.79	5.84			212.1	251	240.2
Triphenylene	1.8×10^{-4}		5.69			211.3		236
Naphthacene	4.4×10^{-6}		5.90	5.81	5.81			
Benzo(c)phenanthrene			5.84					
Benzo(b)fluoranthene	6×10^{-6}		6.44			230.3		260.8
Benzo(j)fluoranthene	1×10^{-5}		6.44			230.3		259.7
Benzo(k)fluoranthene	3×10^{-6}		6.44			231.1		265.0
Benzo(a)pyrene	1.5×10^{-5}	5.98	6.44			228.6	263	255.6
Benzo(e)pyrene	2.5×10^{-5}		6.44			227.8		251.5
Perylene	1.2×10^{-5}	6.50	6.44			227.8	263	251.5
Cholanthrene	1.4×10^{-5}					234.8		269.2
Benzo(ghi)perylene	2×10^{-5}	7.10	7.04			244.3	277	266.9

Continued to Table 4

Compound	Solubility (mmol/l) (Pearlman)	Log Kow		Log Koc		Volumes		Molec. Surface Area (Å²)
		(Miller)	(Govers)	(Karickhoff)	(Govers)	Molecular (Å³)	Molar (cm³ mol.)	
Indeno(1,2,3-cd)pyrene	6.9 × 10⁻⁷		7.04			246.8		276.3
Anthanthrene			7.04					
Benzo(b)chrysene			7.11					
Dibenz(a,c)anthracene	8.2 × 10⁻⁵	7.19	7.11				300	
Dibenz(a,h)anthracene	1.8 × 10⁻⁶	7.19	7.11	6.22 (64.02-6.29)	6.31*	255.4	300	286.5
Dibenz(a,j)anthracene	4.3 × 10⁻⁵	7.19	7.11			255.4	300	286.5
Pentacene			7.11					
Picene	1.2 × 10⁻⁵		7.11					
Coronene	4.66 × 10⁻⁷	7.64	7.64			260.8	292	282.4

Isomer	Water Solubility (mmol/l)	Log Kow	Log Koc/ Log Kp (Vowles)	Molecular Volume (Å³)	Molar Volume (cm³/mol.)	Surface Area (Å²)
1-Methylnaphthalene	2.10⁻¹	3.87	1.96 ± .03*	142.6	170	174.9
2-Methylnaphthalene	1.8.10⁻¹	3.86	2.0 ± .03*	142.8	170	177.7
1, 3-Dimethylnaphthalene	5.1.10⁻²	4.42		158.5	199	196.8
1, 4-Dimethylnaphthalene	7.3.10⁻²	4.37		158.2	199	194.1
1, 5-Dimethylnaphthalene	2.2.10⁻²	4.38		158.2	199	194.1
2, 3-Dimethylnaphthalene	1.9.10⁻²	4.40		158.3	199	196.2
2, 6-Dimethylnaphthalene	1.3.10⁻²	4.31		158.7	199	199.2
1, 4, 5-Trimethylnaphthalene	1.2.10⁻²	4.90		170.7	214	204.4
5-Methylchrysene	2.6.10⁻⁴			225.0		253.7
6-Methylchrysene	2.7.10⁻⁴			227.7		259.3
2-Methylanthracene	1.6.10⁻⁴	5.07		186.2		224
9-Methylanthracene	1.4.10⁻³	5.07	4.71	184.9	219	216.1
9, 10-Dimethylanthracene	2.7.10⁻⁴	—	—	199.5	—	230.1
1-Methylbenz(a)anthracene	2.3.10⁻⁴			225.8		257.9
7-Methylbenz(a)anthracene	4.5.10⁻⁵			227.5		258.3
12-Methylbenz(a)anthracene	2.1.10⁻⁴	5.98	5.35	224.8		253.3
7,12-Dimethylbenz(a)anthracene	2.1.10⁻⁴			239.4		267.3
5, 6-Dimethylchrysene	9.8.10⁻⁵	7.11		239.5		267.8
3-Methylcholanthrene	8.3.10⁻⁶	(6.42)	6.09	250.7	296	291

Table 4b: Water Solubility and Related Properties of Heterocyclic Aromatic Compounds

Compound	Water Solubility (mmol/l)	B.p. (°C)	log Kow (10)	log Koc (Saibjic)	Molecular Volume ($Å^3$)	Surface Area ($Å^2$)	Ref.
Carbazole	$7.2 \cdot 10^{-3}$	355	3.29	2.19-3.41	156.0	186.7	Zachara (1987)
Acridine	$2.6 \cdot 10^{-1}$ (0.21)	346	3.4/3.16		165.4	197.3	
Benz(c)acridine			4.45 (25)				Krasnoshkeva (1984)
Benzo(a)carbazole	$1.7 \pm 0.2 \times 10^{-3}$						
Benzo(c)carbazole	$3.5 \pm 0.6 \times 10^{-3}$						
7H-Dibanzo(a,g)carbazole	$1.2 \pm 0.1 \times 10^{-5}$						
13H-Dibenzo(a,i)carbazole	$3.9 \cdot 10^{-5}$ ($1.2 \cdot 10^{-5}$)		6.40		242.6	279.1	Pearlman (1984)
7H-Dibenzo(c,g)carbazole	$2.4 \cdot 10^{-4}$ ($2.2 \cdot 10^{-5}$)			3.97-6.19	237.5	267.0	Krasnoskheva (1984)
Dibenz(a,h)acridine	$5.7 \cdot 10^{-4}$		5.25 (25)		251.3	284.5	
Benzo(f)quinoline	$4.4 \cdot 10^{-1}$	350			164.6	192.9	
Benzo(b)thiophene	$9.7 \cdot 10^{-1}$	221	9.12		118.1	146.9	
Dibenzo thiophene	$5.6 \cdot 10^{-3}$	332	4.38	2.92-4.05	163.4	193.6	
Dibenzofuran	$3.9 \cdot 10^{-2}$	287	4.12 (26)		152.4	183.8	

PAH	Bioaccumulation Factors				Degradation		Log Kow (Govers)
	Algae	Fish	Rat (% Retention)	Activat. Sludge	Photodegradat. (% CO_2)	Activat. Sludge (% CO_2)	
Naphthalene	$0.13 \cdot 10^3$	30	0.1	10^3	30.0	9.0	3.36
Anthracene	$7.77 \cdot 10^3$	910	0.7	$6.7 \cdot 10^3$	16.0	0.3	4.57
Phenanthrene	$1.76 \cdot 10^3$	1760	0.1	$0.9 \cdot 10^3$	24.2	39.6	4.57
Benz(a)anthracene	$3.18 \cdot 10^3$	350	0.4	$24 \cdot 10^3$	25.3	0.1	5.84
Benzo(a)pyrene	$3.3 \cdot 10^3$	350	1.4	$10.1 \cdot 10^3$	26.5	0.1	6.44
Perylene	$2.01 \cdot 10^3$	10	2.1	$22.9 \cdot 10^3$	41.3	0.1	6.44
Dibenz(a,h)anthracene	$2.38 \cdot 10^3$	10	0.9	$42 \cdot 10^3$	45.3	0.1	7.11

B. Crystallography

Table 5: Crystal Parameters of Parent PAH

PAH	Formula	Crystal symmetry	Lattice parameters (Å) a	b	c	Lattice angle (β°)	Space group	Molecules per Unit Cell	Ref.
Naphthalene	$C_{10}H_8$	monoclinic	8.235	6.003	8.658	122°55'	$C_{2h}^5 (P2_1/a)$	2	Abrahams (1949)
Acenaphthylene	$C_{12}H_8$	orthorhombic	7.679	7.845	14.110		(Pba 2)	4	Cser (1974)
Acenaphthylene (dimer)	$(C_{12}H_8)_2$	monoclinic (m.p. 307°C)	7.81	4.86	20.16	92	$C_{2h}^5 (P2_1/n)$	2	Dunitz (1949)
		monoclinic (m.p. 234°C)	9.91	13.81	12.14	106	$C_{2h}^5 (P2_1/n)$	4	
Acenaphtene	$C_{12}H_{10}$	orthorhombic	8.3	13.98	7.3		$C_{2v}^5 (Pcm\ 2_1)$	4	Kitaigorodski (1960)
Diphenylene	$C_{12}H_{10}$	monoclinic	19.60	10.50	5.84		$C_{2h}^5 (P2_1/a)$	6	Waser (1944)
Fluorene	$C_{13}H_{10}$	orthorhombic	8.49	5.721	18.97		$D_{2h}^{16} (Pnam)$		Burd (1955)
Phenanthrene	$C_{14}H_{10}$	monoclinic	8.4744	6.172	9.4805	98°1'			Peters (1966)
Anthracene	$C_{14}H_{10}$	monoclinic	8.561	6.036	11.163	124°42'	$C_{2h}^5 (P2_1/a)$	2	Acta Cryst. (1956)
Fluoranthene	$C_{16}H_{14}$	monoclinic	18.48	6.205	22.11	121°45'	$C_{2h}^5 (P2_1/c)$	4	Chakrabarti (1955)
Pyrene	$C_{16}H_{10}$	monoclinic	13.60	9.24	8.37	100.2	$C_{2h}^5 (P2_1/a)$	4	Robertson (1947)
Benzo(g,h,i) fluoranthene	$C_{18}H_{10}$	monoclinic	19.03	4.762	15.81	128°53'	$C_{2h}^5 (P2_1/a)$	4	Enrlich (1956)
Benzo(c)phenanthrene	$C_{18}H_{12}$	orthorhombic	14.60	14.09	5.76		$C_{2v}^7 (Pmn)$	4	Iball (1938)
			14.69	14.19	5.75		$V^4 (P2_12_12_1)$	4	Harnik (1951)
Benz(a)anthracene	$C_{18}H_{12}$	monoclinic	7.95	6.56	12.12	100.5	$C_2^2 (P2_1)$	2	Friedlander (1956)
Chrysene	$C_{18}H_{12}$	monoclinic	8.34	6.18	25.0	115.8	$C_{2h}^6 (I2/c)$	4	Iball (1933)
Triphenylene	$C_{18}H_{12}$	orthorhombic	13.2	16.7	5.2		$(P2_12_12_1)$	4	Yerkess (1969)
7H - Indeno (1,2,3-jk)fluorene	$C_{19}H_{11}$	orthorhombic	8.298	19.974	7.367		(Pnma)	4	Dietrich (1975)
Benzo(a)pyrene	$C_{20}H_{12}$	1. orthorhombic	7.59	7.69	22.38		$V^4 (P2_12_12_1)$	4	Iball (1976)
		2. monoclinic	4.535	20.40	13.49	97	$C_{2h}^5 (P2_1/c)$	4	Iball (1976)
Perylene	$C_{20}H_{12}$	monoclinic	11.27	10.82	10.26	100.55	$C_{2h}^5 (P2_1/a)$	4	Camerman (1964)
3-Methylcholanthrene	$C_{21}H_{14}$	monoclinic	4.86	11.31	27.7	116.5	$C_{2h}^5 (P2_1/c)$	4	Iball (1936)
11H-Indeno (2,1-a)phenanthrene	$C_{21}H_{14}$	orthorhombic	7.9	6.28	26.8		$C_{2v}^{17} (Aba)$		Barnal (1935)
Benzo(g,h,i)perylene	$C_{22}H_{12}$	monoclinic	11.72	11.88	9.89	98.5	$C_{2h}^5 (P2_1/a)$	4	White (1948)
Dibenz(a,h)anthracene	$C_{22}H_{14}$	1. orthorhombic	8.26	11.47	15.24		$D_{2h}^{15} (Pcab)$	4	Iball (1975)
		2. monoclinic	6.59	7.84	14.17	103.5	$C_{2h}^5 (P2_2/m)$	2	Iball (1933)
Pentacene	$C_{22}H_{14}$	triclinic	7.90	6.06	16.01	101.9 112.6 85.8	(P1)	2	Campbell (1962)
Picene	$C_{22}H_{14}$	orthorhombic	8.21	6.16	28.8		$C_{2v}^{17} (Aba)$		Barnal (1935)

PAH	Formula	Crystal symmetry	Lattice parameters (Å)			Lattice angle (β°)	Space group	Molecules per Unit Cell	Ref.
			a	b	c				
Picene	$C_{22}H_{14}$	orthorhombic	8.21	6.16	28.8		C_{2v}^{17} (Aba)		Barnal (1935)
Benzo(g)chrysene	$C_{22}H_{14}$	monoclinic	17.46	14.24	5.83	94	$C_{2h}^{5}(P2_1/a)$		Harnik (1951)
Dibenzo(c.g)phenanthrene	$C_{22}H_{14}$	monoclinic					$C_{2h}^{5}(P2_1/a)$		Harnik (1951)
Coronene	$C_{24}H_{12}$	monoclinic	16.10	4.695	10.15	110.8	$C_{2h}^{5}(P2_1/a)$	2	Robertson (1944/1945)
Dibenzo(a,j)perylene	$C_{28}H_{14}$	monoclinic	26.17	8.94	19.57	105.1	(A2/a)	12	Mc Intosh (1952)
Dibenzo(g,p)chrysene	$C_{26}H_{16}$	monoclinic	16.51	5.23	20.52	107.8	(A2/a)	4	Lipscomb (1959)
Ovalene	$C_{32}H_{14}$	monoclinic	17.731	7.693	12.191	97.15	$C_{2h}^{5}(P2_1/n)$	4	Herbstein (1979)
5,6 - Dihydrodibenz(a,h)anthracene	$C_{22}H_{16}$	monoclinic	19.47	4.70	10.12	105	$C_{2h}^{5}(P2_1/a)$	2	Iball (1958)
		orthorhombic	9.49	6.77	11.38	91°29'	$C_{2h}^{5}(P2_1/a)$ $(P2_12_12_1)$	2	Wei (1972)
5,6 - Dihydrodibenz(a,j)anthracene	$C_{22}H_{16}$	monoclinic	8.465	15.082	11.616	101.13	$C_{2h}^{5}(P2_1/c)$	4	
5,10 - Dimethoxy-Benzo(j)fluoranthene	$C_{22}H_{16}O_2$	triclinic	12.1434	8.0864	30.6369	94.52 96.63 104.28	(P1)	8	Briant (1984)
			15.486	16.878	6.301			4	
Benz(a)anthracene-trans-1,2-diol	$C_{18}H_{14}O_2$	monoclinic	14.399	7.942	11.579	100.93	$(P2_1/c)$	4	Zacharias (1979)
Benz(a)anthracene-trans-10,11-diol	$C_{18}H_{14}O_2$	tetragond	18.905	18.905	7.529		$P4_2/n$	8	Zacharias (1979)

Table 5a Crystal Parameters of Methylated PAH

Compound	Form.	Crystal symmetry	Lattice parameters a	b	c	Lattice Angle	Space group	Molecules per Unit Cell	Ref.
1,5-Dimethylnaphthalene	$C_{12}H_{12}$	monoclinic	6.18	8.91	16.77	101.4	C_{2h}^5 ($P2_1/c$)	4	Ferraris (1972)
2,6-Dimethylnaphthalene	$C_{12}H_{12}$	orthorhombic	7.54	6.07	20.20		V_h^{15} (Pbca)	4	Wykoff (1960)
2,6-Diphenylnaphthalene	$C_{22}H_{18}$	orthorhombic	8.24	6.28	31.36		V_h^{15} (Pcab)	4	
1,2-Dimethylphenanthrene	$C_{16}H_{14}$	orthorhombic	8.28	6.35	21.8		C_{2v}^{17} (Aba)		
1,2,7-Trimethylphenanthrene	$C_{17}H_{16}$	orthorhombic	7.9	6.4	24.4		C_{2v}^{17} (Aba)		
6,12-Dimethylanthanthrene	$C_{24}H_{16}$	monoclinic	22.17	5.229	13.458	105.21	C_{2h}^5 ($P2_1/c$)	4	(Iball-1974)
1,8-Dimethylpicene	$C_{24}H_{18}$	monoclinic	8.16	6.36	15.35	84	C_{2h}^5 ($P2_1$)	2	
1-Methylbenz(a)anthracene	$C_{19}H_{14}$	monoclinic	8.491	7.138	10.500	95.06	C_{2h}^5 ($P2_1$)	2	Jones (1979)
2-Methylbenz(a)anthracene	$C_{19}H_{14}$	monoclinic	6.811	7.706	24.326	92.34	C_{2h}^5 ($P2_1/n$)	4	Briant (1985)
5-Methylbenz(a)anthracene									
7-Methylbenz(a)anthracene	$C_{19}H_{14}$	monoclinic (pseudoorthombic)	24.20	5.77	94.4	90	C_{2h}^5 ($P2_1/a$)	(40)	Mason (1956)
8-Methylbenz(a)anthracene	$C_{19}H_{14}$	monoclinic (pseudoorthorh)	8.21	6.53	48.8	90	C_{2h}^4 ($P2/c$) P2a	8	Iball (1938)
11-Methylbenz(a)anthracene	$C_{19}H_{14}$	orthorhombic	48.516	6.527	8.226	92.15	D_{2h}^{15} (Pbca)	8	Walker (1986)
12-Methylbenz(a)anthracene	$C_{19}H_{14}$	monoclinic	14.339	14.521	12.303	94.8	C_{2h}^5 ($P2_1$)	8	Mason (1956)
1,12-Dimethylbenz(a)anthracene	$C_{20}H_{16}$	monoclinic	9.269	7.442	9.182	96.65	C_{2h}^5 ($P2_1$)	2	Jones (1976)
3,9-Dimethylbenz(a)anthracene	$C_{20}H_{16}$	monoclinic	8.432	8.328	9.963	101.23	C_{2h}^5 ($P2_1$)	2	Jones (1978)
7,12-Dimethylbenz(a)anthracene	$C_{20}H_{16}$	orthorhombic	14.069	7.664	25.871		C_{2h}^5 ($P2_1/n$)	4	Briant (1986)
1,12-Dimethylbenzo(c)phenanthrene	$C_{20}H_{16}$	orthorhombic	7.62	8.62	21.11		C_{2v}^9 ($P2_1$nb) (Pbna)	4	Sayre (1960)
1-Methyltriphenylene	$C_{19}H_{14}$	orthorhombic	15.42	12.165	7.234		($P2_12_12_1$)	4	Hirshfeld (1983)
2-Methyltriphenylene	$C_{19}H_{14}$	orthorhombic	15.2	11.6	7.31		($P2_12_12_1$ of C_12_12)	4	Yerkess (1969)
1,3-Dimethyltriphenylene	$C_{20}H_{16}$	orthorhombic	16.9	14.6	5.31		(Pbca)	4	Yerkess (1969)
			22.4	17.5	7.26	103	($P2_1/c$)	8	Yerkess (1969)
1,6,11-Trimethyltriphenylene	$C_{21}H_{18}$	monoclinic	89.7	19.2	8.16	98.4	($P2_1$)	4	Yerkess (1969)
1,3,6,11-Tetramethyltriphenylene	$C_{22}H_{20}$	monoclinic	16.9	7.41	12.2	105	($P2_1/c$)	4	Yerkess (1969)
			8.53	22.4	8.74		($P2_1$)	4	Yerkess (1969)
2,3,6,7,10,11-Hexamethyltriphenylene	$C_{24}H_{24}$	monoclinic	8.42	20.8	10.2	100	($P2_1$)	4	Yerkess (1969)

Compound	Form.	Crystal symmetry	Lattice parameters			Lattice Angle	Space group	Molecules per Unit Cell	Ref.
			a	b	c				
Carbazole	$C_{12}H_9N$	orthorhombic	7.76	5.74	19.15		$C_{2h}^5 (P2_1a)$	4	Kurahashi (1966)
		orthorhombic	7.779	5.722	19.15		(Pnam)	4	Robinson (1969)
Acridine	$C_{13}H_9N$	monoclinic	11.375	5.988	13.647	98°58'	$C_{2h}^5 (P2_1/n)$	4	Philips (1956)
		monoclinic	16.292	18.831	6.072	95.4		8	Philips (1960)
Dibenzo(a,g)carbazole	$C_{20}H_{13}N$	orthorhombic	31.10	9.65	26.61		$D_{2h}^{15} (Pbca)$	24	Iball (1936)
Dibenzo (a,i)carbazole	$C_{20}H_{13}N$	orthorhombic	14.07	6.10	15.36		$D_2^5 (A2_122)$	4	Iball (1936)
Dibenzo(c,g)carbazole	$C_{20}H_{13}N$	orthorhombic (pseudotetragonal)	10.27	10.26	50.5		$D_2^7 (F222)$	16	Iball (1936)
Dibenzo(c,g)carbazole	$C_{20}H_{13}N$	monoclinic	14.63	7.64	12.08		$C_{2h}^2 (P2_1/m)$	4	Iball (1936)
Dibenzo(b,h)carbazole	$C_{20}H_{13}N$	monoclinic	14.05	12.02	8.4	114°14'		4	Wykoff (1961)
Dibenz(a,h)acridine	$C_{21}H_{13}N$	orthorhombic	28.607	11.83	4.14		$C_{2v}^9 (Pna2_1)$	4	Mason (1960)
Dibenz(a,h)acridine	$C_{21}H_{13}N$	monoclinic	12.87	3.86	13.91	105.5	(Pa)	2	Mason (1956)
Dibenz(a,j)acridine	$C_{21}H_{13}N$	monoclinic	5.00	18.1	15.25	93	$(P2_1)$	2	Mason (1956)
Dibenz(c,h)acridine	$C_{21}H_{13}N$	orthorhombic	28.65	3.86	13.91		$(Pua2_1)$	4	Mason (1956)
Phenazine	$C_{12}H_8N_2$	monoclinic	13.22	5.061	7.088	109°13'	$C_{2h}^5 (P2_1/a)$	2	Herbstein (1952)
Dibenzothiophene	$C_{12}H_8S$	monoclinic	8.67^{+1}	6.0^{+1}	18.7^{+2}	113.9	$C_{2h}^5 (P2_1/a)$	4	Schaffrin (1970)

Table 5c: Crystal Parameters of Substituted PAH (Wykoff)

Compound	Crystal symmetry	Lattice parameters			Lattice Angle	Space group	Molecules per Unit Cell	Ref.
		a	b	c				
2,6-Dinitronaphthalene	monoclinic	15.6	5.2	6.2	117.5	$C_{2h}^5 (P2_1/a)$	2	Wykoff (1960)
1,5-Dinitronaphthalene	monoclinic	7.81	16.02	3.62	101.5	$C_{2h}^5 (P2_1/a)$	2	Wykoff (1960)
1,2,6,8-Tetranitronaphthalene	monoclinic	27.5	9.63	17.1	93	$C_{2h}^5 (P2_1/a)$	16	Wykoff (1960)
1,5-Dichloronaphthalene	monoclinic	15.0	4.1	14.2	92°56'	$C_{2h}^6 (A2/a)$	4	Wykoff (1960)
1,8-Dichloronaphthalene	monoclinic	15.0	4.1	14.2		$C_{2h}^6 (P2_1/c)$	4	Wykoff (1960)
1,8-Dinitronaphthalene	orthorhombic	11.39	15.15	5.40		$V^4 (P2_12_12_1)$	4	Wykoff (1960)
1,3,5,7-Tetranitronaphthalene	orthorhombic	10.3	11	10		$V_{2h}^{11} (Pbcm)$	4	Wykoff (1960)
2,5,7,8-Tetranitronaphthalene	orthorhombic	10.3	12.3	18		$V_{2h}^{15} (Pcab)$	8	
1,3,8-Trimitronaphthalene	monoclinic	8.42	7.6	17.0	110	$C_{2h}^5 (P2_1/c)$	4	
1,3,4,8-Tetranitronaphthalene	orthorhombic	26.3	7.77	5.55		$V_{2h}^{18} (Pnam)$	4	
1,5-Dichloroanthracene	monoclinic	19.0	4.05	14.4	95°10'	$a_{2h}^6 (A2/a)$	4	

Table 6: Parent PAH
Naphthalene, Acenaphtenes and Naphthacene

Matrix	Occurrence	Naphthalene	Acenaphthylene	Acenaphthene	Naphthacene
Mobile sources	- car exhaust - crude oils - motor oils - motor fuels	(179) (326) (293) (179)	(179, 342, 344) (326) — (179)	(179) (326) — (179)	
Stationary sources	- coal/oil comb. - wood/peat. comb. - coal conversion - industr. effluents - waste incineration - coal tar, pitch, carbon black	(113,203,279,336) (113, 232) (200, 364) (163, 292, 338) (253, 266) (124, 287, 369)	(113,203,279,336) (113, 232) (364) (171, 366) (207, 266, 271) (114,286,318,369)	(113,203,225,266) (113, 292) (200,241,362,364) (171, 338, 366) (266, 271) (124, 287, 369)	(336) — — (138, 336) — (284, 290, 336)
Environment	- air - water - sediments - soil	(213, 338) (171, 277, 300) (109, 259, 351) (355)	(225) (171, 277, 300) (109, 168) —	(144, 338) (171,277,300,335) (109,168,259,351) (355)	(237, 381)
Indoor pollution	- tobacco smoke - indoor air - work place	(326, 327) — (119, 163)	(314, 326, 327) (317) (119, 163, 336)	(326, 327) — (171, 362)	(327) — (164, 381)
Food	- smoked meat - fish/smoked fish - vegetables - others	— (257, 259, 320)	(157) (109, 352)	— (109,259,288,352)	— — (363) (290, 380)

Fluorene and Benzofluorenes

	Matrices		Fluorene	Benzo(a)fluorene	Benzo(b)fluorene	Benzo(c)fluorene
Fossil Fuels	Mobile sources	- car exhaust - motor oils - motor fuels - crude oils	(140,178,179,344) (293) (140, 367) (179, 200, 326)	(140,178,179,340,342) (189, 289, 293) (140, 178) (200)	(140,178,179,340,342) (289, 293) (140, 178) (190*, 200)	(178) (293) — (190*)
	Station. sources	- coal/oil combustion - coal conversion - wood combustion - waste incineration - industr. effluents - tars, pitch, carbon black	(111,113,193,225,276) (173, 241, 364) (113, 232) (207, 227, 253) (135, 338) (124,137,287,368)	(193*, 239, 336) (173, 241, 364) — (207) (309, 328, 338) (124, 137, 287)	(193*,225,239,248,336) (173, 241, 364) — (207, 227, 253) (309, 328, 338) (124, 287)	(193*) (124)
Environment	Outdoor	- air - water - soils - sediments	(239, 337) (198, 300, 339) (355, 357) (168, 187, 259)	(174,239,247,337,340) (286, 300, 309) (267) (176,178,187,265)	(174,239,247,337) (286, 300, 309) (267) (187, 265)	(239, 247) (187)
	Indoor	- work place - tobacco smoke Food: - smoked meat. - fish - vegetables - others	(26, 163) (199, 327) (157) (259, 320, 353) — —	(118, 163, 336) (166, 246) — (177*, 353) — —	(118, 163, 336) (246) — (177*, 353) — (267)	— (218,246,325) — (177*) — —

* No Isomer identification

	Matrices	Occurrence	Triphenylene	Perylene	3-Methylcholanthrene
Fossil Fuels	Mobile Sources	- car exhaust - motor oils - motor fuels - crude oils	(180, 218, 342, 344) (189, 190, 293) (179, 180) (190, 326)	(140, 179, 180, 252) (189, 191, 289) (140, 179, 180, 367) (191, 200, 326)	— (148) — (378)
Fossil Fuels	Station. Sources	- coal/oil combustion - coal conversion - wood/peat. combustion - waste incineration - industrial effl. - tars, pitch, carbon black	(128, 193, 225) (203, 370) (303) (163, 227) (116, 118, 137, 163, 203) (126, 226, 238, 297, 309)	(111, 128, 193, 225, 336) (173, 200, 230, 370) (102, 303) (207, 227) (116, 118, 326) (126, 287, 326)	(111, 225) (200, 369) (207, 301, 302) (172, 207) (135) (207, 318)
Environment	Outdoor	- air - water - soils - sediments/sewage sludge	(116, 120, 340) (277, 300, 309) (169, 267, 355) (122, 265)	(174, 213, 219, 239, 247) (100, 204) (267) (174, 176, 178, 187)	(127, 239) (379) — (154, 261)

Environment	Indoor	- work place
		- tobacco smoke
		- indoor air
		- foods:
		  smoked meat
		  fish/smoked fish
		  vegetables
		  others
			(116, 163, 362)
			(325)
			
			(262)
			(109, 352)
			(240, 262)
			(262, 267)
				(116, 118, 164, 336, 362)
				(182, 246)
				(269)
				
				(157, 254)
				(157, 259, 352)
				(174, 240, 337)
				(157, 246)
					(148)
					—
					—
					
					(299)
					—
					(149)
					(157)

Table 7: Occurrence of some five-and six-ring PAH

Matrix	Occurrence	Dibenz(a,i) anthracene	Pentacene	Picene	Coronene	Indeno (1,2,3-cd) fluoranthene	Dibenzo(a,e) fluoranthene	Pentaphene, Dibenzo(k,mno) fluoranthene, Naphtho(1,2-k), Naphtho(2,3-k) fluoranthene
Mobile sources	- car exhaust - crude oils - motor oils - motor fuels	(170)		(179, 180) (200) — (179)	(180,197,252,344) (181, 190) (191, 289) (179)	(328)	— — (191) —	
Stationary sources	- coal/oil comb. - wood/peat comb. - coal conversion - waste inciner. - industr. effl. - coal tar, pitch, carbon black	(188)	(225, 266) — (378) (207) (378) (309)	(191,193,188) (203) (200) (207) (173) (204,210,238,326)	(128,193,225) (304) (362) — (118,135,163,362) (210,238,287,356)	(193,225,188) (328) — (103) (103) (126)	(193, 225*) (303) — — (287) (318)	(188) (382)
Environment	- air - water - sediments - soil - minerals	(150) — (268) —	(150, 340) (309) — — —	(239, 340) (130) (168) — (361)	(111,174,196,239) (187,194,198,277) (176,178,267) (168) —	(150, 239) — (178, 274) — —	(150, 239) (130) (274, 361) (123, 168) (361)	(150)
Indoor pollution	- tobacco smoke - indoor air - work place	(246,247,283,327)	(234, 235)	(319)	(273, 325) (118,163,362)	(319)	(319, 325)	
Food	- smoked meat - fish/smoked fish - vegetables - others	— — (267, 268)		(161) (244) — (244)	(254) (186,261,291) (184, 357) (185)	(380) (380)		

Isomer	Fossil Fuels				Environment/Food	
	Mobile Sources	Ref.	Station Sources	Ref.	Compartment	Ref.
Dibenzo(a,e)pyrene	- car exhaust - petroleum products	(255) (145, 263)	- coal/oil combustion - coal conversion - waste incineration - coal tar	(225, 276) (129) (225, 264) (115, 249)	- air - sediments - indoor air - tobacco smoke	(110) (334) (273) (319, 326, 325)
Dibenzo(a,h)pyrene	- car exhaust - motor fuel	(180) (180)	- coal/oil combustion - wood/peat comb. - coal conversion - coal - coal tar (138, 139, 238, 315) - industr. effluents	(111, 225) (328) (129, 362) (370) (135, 171)	- air - waste water - sediments - tobacco smoke - smoked foods	(217, 220, 370) (306) (332) (214, 256, 319, 325) (291)
Dibenzo(a,i)pyrene	- car exhaust - motor oil - petroleum products	(216) (191) (145)	- coal/oil combustion - coal conversion - coal tar - industrial effluents	(111,188, 225) (129, 362, 370) (115, 138, 315) (135)	- air - indoor air - tobacco smoke - smoked fish	(220, 246) (273) (325, 359) (271)
Dibenzo(a,l)pyrene	- diesel exhaust - petroleum products	(342, 344) (145)	- wood/peat combustion - coal conversion	(328) (129)	- air - indoor air - tobacco smoke - smoked fish	(239, 247) (273) (319, 325, 329) (271)
Dibenzo(e,l)pyrene	- motor fuel	(179)	- wood/peat combustion - coal tar	(328)* (382)	- sediments - tobacco smoke	(176) (325)

*Isomer identification uncertain

Table 7a: Acridine, Benz-and Dibenz-acridines

Matrix	Occurrence	Acridine	Benz(a) acridine	Benz(c)acridine	Dibenz(a,c) acridine	Dibenz(a,h) acridine	Dibenz(a,j) acridine	Dibenz(c,h) acridine
Mobile sources	- car exhaust - crude oils	(128) (341)	(128, 367)	(128, 313, 367)	—	(128, 313)*	(313)*	—
Stationary sources	- coal/oil comb. - coal conversion - industr. effl. - coal tar, pitch	(188, 336) (176, 310, 364) (135, 285) (126, 228)	(136, 188) (230, 364) (312) (238)	(188) (129, 176, 230, 364) — (238)	(126)*	(188) (176, 230) (176, 230) (126)*	(188) (230, 364)* (230, 364)* (126)*	(126)*
Environment	- air - water - sediments/soil	(128, 239, 285)* — —	(128, 311) (250) (331)	(311) (309, 356) (309)		(142, 260, 311) — 	(142, 311, 312) (309)	(128, 260) —
Indoor pollution	- tobacco smoke - work place	(152, 326) (163, 362)	(312)	(326)		(347, 348, 375)	(347, 348, 375)	
Food	- smoked meat - fish/smoked fish - others	— (353) 	(295) — (295)	(188)		(295) (224) (188, 195, 295)	(295) (224) (188, 195, 295)	(188, 195)

*Isomer identification uncertain

Matrix	Occurrence	Dibenzo(a,g) carbazole	Dibenzo(a,i) carbazole	Dibenzo(a,def) carbazole	Dibenzo(b,def) carbazole	Dibenzo(c,g) carbazole
Fossil Fuels	- coal/oil combustion - wood combustion - coal conversion - waste incineration - industrial effluents - coal tar, carbon black - crude oils, petroleum	(300)* (364)* (155) (126)* (153, 165, 223)	(300, 373)* (205, 364, 372) — (337) (126*, 373) (153, 165, 223)	(300)* (337)	(300)* (337)	(111, 135, 151, 153) (300)* (124, 364)* (172) (111, 135) (126*, 318) (153)
Environment	- air - water - sediments		(205)	(337)	(337)	(336) (272) —
Indoor	- work place - tobacco smoke - food (fish)	(347)	(231)	(337)	(337)	(135) (219, 322, 347) (288)

*Isomer identification uncertain

Table 7b: Methylderivatives
Methyl and Dimethylanthracene

Isomer	Fossil Fuels				Environment	
	Mobile Sources	Ref.	Station Sources	Ref.	Compartment	Ref.
1-methylanthracene	- car exhaust - crude oil	(243) (298)	- coal conversion - waste incineration - coal tar, pitch, carbon black	(200) (253*, 343) (284, 298, 376)	- air - water - soil - sediments - tobacco smoke	(246, 247) (169) (169) (169) (246, 322)
2-methylanthracene	- car exhaust - motor oil - motor fuel - crude oils	(179, 243, 344) (191) (179) (200, 298)	- coal/oil combustion - coal conversion - wood/peat combustion - waste incineration - coal tar, pitch carbon black	(193, 252, 358) (200) (304) (207, 253) (284, 287, 298, 376)	- air - water - soil - sediments - work environment - tobacco smoke	(246, 247) (169, 286, 300) (169) (169) (362) (246, 322)
9-methylanthracene	- car exhaust - crude oils	(243) (200)	- coal/oil combustion - coal conversion - waste incineration - carbon black, tar	(273) (200) (253) (284, 309)	- air - water - tobacco smoke	(377) (309) (246, 314, 322)
9,10-dimethylanthracene			- coal/oil combustion - coal conversion - waste incineration - coal tar	(248) (230, 362) (253) (126)	- air - tobacco smoke	(377) (246, 314)

*Isomer identification uncertain

Isomer	Fossil Fuels				Environment	
	Mobile Sources	Ref.	Station Sources	Ref.	Compartment	Ref.
1-methylnaphthalene	- car exhaust - motor fuel - crude oil	(179) (179) (155, 326)	- coal/oil combustion - coal conversion - waste incineration - industrial effluents - coal tar, asphalt - coal	(225) (200, 292, 362) (207, 253) (116, 338) (126, 155, 287) (155)	- air - water - soil/sediments - work place - tobacco smoke - food (fish)	(266, 338) (112, 169, 309) (351, 169, 259) (116, 362) (322, 327) (259, 353)
2-methylnaphthalene	- car exhaust - motor fuel - crude oil	(179) (179) (326)	- coal/oil combustion - coal conversion - waste incineration - industrial effl. - coal tar	(225) (200, 292, 362) (207, 253) (116, 388) (126, 287, 209)	- air - water - sediment/soil - work place - tobacco smoke - food (fish)	(266, 338) (169, 286, 300, 309) (109, 169, 259, 351) (116, 362) (322, 327) (109, 259, 352)
1-methylfluorene	- car exhaust - motor fuel	(179) (179)	- industr. effluents - waste incineration - coal tar	(117) (207) (287)	- air - soil - tobacco smoke - work place	(239) (169) (322, 327) (117)
2-methylfluorene	- car exhaust - motor fuel	(179) (179)	- industrial effluents - waste incineration - coal tar	(117) (207) (287)	- air - soil - tobacco smoke - work place	(239) (169) (314, 322, 327) (117)
3-methylfluorene					- tobacco smoke	(322, 327)
4-methylfluorene					- tobacco smoke	(322, 327)
9-methylfluorene	- heavy oil - industrial effl.	(298) (117)	- air - bitumen	(239) (298)	- work place - tobacco smoke	(117) (322, 327)

Continued

Isomer	Fossil Fuels				Environment	
	Mobile Sources	Ref.	Station Sources	Ref.	Compartment	Ref.
1-methylfluoranthene			- air	(246)	- tobacco smoke	(246, 322)
2-methylfluoranthene			- air	(246)	- tobacco smoke	(246, 322, 346)
3-methylfluoranthene			- air	(246)		
7-methylfluoranthene			- air	(246)	- tobacco smoke	(246)
8-methylfluoranthene			- air	(246)	- tobacco smoke	(246, 322, 346)

Isomer	Fossil Fuels				Environment	
	Mobile Sources	Ref.	Stationary Sources	Ref.	Compartment	Ref.
1-methylphenanthrene	- car exhaust - motor oil - motor fuel - heavy oils	(179) (191, 289) (179) (298)	- coal combustion - wood combustion - coal conversion - industrial effluents - bitumen	(193, 358) (304) (200, 362) (338, 362) (298)	- air - water - sediment - work place - tobacco smoke - food (vegetables), (fish)	(246, 338) (286, 300) (259, 351) (362) (314, 322) (240, 259)
2-methylphenanthrene	- car exhaust - motor oil - motor fuel - heavy oils	(179, 344) (191, 289) (179) (298)	- coal combustion - wood combustion - coal conversion - bitumen	(188, 193) (304) (362)	- air - tobacco smoke - food (vegetables)	(246) (246, 322) (240)
3-methylphenanthrene	- car exhaust - motor oil - motor fuel	(179, 344) (191, 289) (179)	- coal combustion - wood combustion - coal conversion	(193) (304) (362)	- air - tobacco smoke - fish	(246) (246, 314, 322) (353)*
4-methylphenanthrene	- motor oil - diesel exhaust	(191) (211)	- coal combustion - coal tar	(188) (287)	- tobacco smoke - fish	(332) (353)
9-methylphenanthrene	- car exhaust - motor oil - motor fuel	(179) (191) (179)	- coal combustion - wood combustion - coal tar	(188) (304) (287)	- air - fish	(246) (353)

Methyl-and some Dimethylbenz(a)anthracenes

Isomer	Fossil Fuels	Ref.	Environment	Ref.	Others	Ref.
1-methylbenz(a)anthracene	- waste incineration - motor oil - crude oil - coal conversion - coal tar	(207) (191) (141) (362) (309)	- air - water - sedimentary rock	(377) (309) (166)	- tobacco smoke	(319)
2-methylbenz(a)anthracene	- crude oil	(141)	- air - sedimentary rock	(377) (166)	- tobacco smoke	(246,247)
3-methylbenz(a)anthracene	- crude oil	(141)	- urban dust - sedimentary rock	(166) (166)	- tobacco smoke	(246, 247, 327)
4-methylbenz(a)anthracene	- crude oil	(141)	- urban dust	(166)	- tobacco smoke	(246, 247)
5-methylbenz(a)anthracene	- crude oil	(141)	- urban dust - sedimentary rock	(166) (166)	- tobacco smoke	(246, 247, 327, 346)
6-methylbenz(a)anthracene	- crude oil	(141)	- air - urban dust - sedimentary rock	(377) (166) (166)	- tobacco smoke	(246, 247)
7-methylbenz(a)anthracene	- crude oil	(141)	- coal/wood combustion - sedimentary rock	(342) (166)	- tobacco smoke - mineral oil	(247) (157)
8-methylbenz(a)anthracene	- waste incineration - crude oil	(207) (141)	- air - sedimentary rock	(377) (166)	- tobacco smoke	(247)
9-methylbenz(a)anthracene	- coal tar - crude oil	(309) (141)	- urban dust - water - sedimentary rock	(166) (309) (166)	- tobacco smoke	(247)

Isomer	Fossil Fuels	Ref.	Environment	Ref.	Others	Ref.
10-methylbenz(a)anthracene	- crude oil	(141)	- urban dust - sedimentary rock	(166) (166)	- tobacco smoke	(246, 247)
11-methylbenz(a)anthracene	- waste incineration - coaltar - crude oil	(207) (309) (141)	- air - urban dust - water - sedimentary rock	(377) (166) (309) (166)		
12-methylbenz(a)anthracene	- motor oil - coal conversion - crude oil	(191) (362) (141)	- coal/wood combustion - sedimentary rock	(342) (166)	- mineral oil	(157)
7,12-dimethylbenz(a)anthracene	- coal combustion - coal conversion - waste incineration - industrial effluents - petroleum - carbon blach - tar	(111, 276) (306) (253) (135, 306) (232, 302) (318) (376)	- air - water - sediments	(377) (263, 306) (208)	- smoked food - fish - mineral oil - tobacco smoke	(291, 299) (307) (157) (154a)
9,10-dimethylbenz(a)anthracene	- crude oil	(141)	- water	(201)	- tobacco smoke	(327)

Methylpyrenes

Isomer	Fossil Fuels				Environment			Indoor	Ref.
	Mobile Sources	Ref.	Station Sources	Ref.	Compartm.	Ref.			
1-methylpyrene	- car exhaust - motor oil - motor fuel - crude oil - heavy oils	(179, 344) (191, 289) (179) (326) (298)	- coal combustion - coal conversion - wood comb. - industr. effl. - coal tar, bitumen	(188,193,358) (200, 362) (304) (116) (287, 298)	- air - water	(246) (286, 300)		- work place - tobacco smoke - fish	(116, 342) (322, 327, 346) (353)
2-methylpyrene	- motor oil - crude oil - heavy oils	(289) (326) (298)	- air - coal conversion	(246) (362)	- work place	(352)		- tobacco smoke - fish	(322, 327, 346) (353)
3-methylpyrene	- car exhaust - motor fuel	(179) (179)	- coal conversion	(362)				- fish	(353)
4-methylpyrene	- car exhaust - motor oil - motor fuel - crude oil - heavy oils	(179) (191) (179) (326) (298)	- coal combustion - wood combustion - coal tar - bitumen	(188, 358) (304) (287) (298)	- air - water	(246) (286)		- work place - tobacco smoke - fish	(117) (322, 327, 346) (353)

* Isomer identification uncertain

Part D Biological Activities

Table 8: Parent PAH

Compound	Mutagenicity (Ames Test)			Animal Carcinogenicity			IARC Evaluation
	Result	Test Strain	Ref.	Result	Animal Species	Ref.	(447)
Naphthalene	—	TA 98, 100	(520, 429)	—		(476)	0
	—	TA 98, 100	(476)				
		TA 1535, 1537					
	—	TM 67	(450)				
Acenaphthylene	+	TM 67	(450)				0
	—	TA 98, TA 100	(429)				
Acenaphthene	+	TA 98, 100	(520)				0
	+	TM 67	(450)				
	—	TA 98, 100	(429)				
Triphenylene	+	TA 98	(427)	±		(402)	±
	+	TA 100	(478, 506, 515)	±	Mouse (a)	(443, 495)	
	+	TM 67	(450)	—	Mouse (a)	(410)	
Picene	+	TA 98, 100	(506)	+		(495)	0
Coronene	+	TA 98, TA 100	(429, 437)	—	Mouse (a)	(521)	±
	±	TA 98	(490)	±	Mouse (a)	(508)	
	—	TA 98	(478)				
	—	TM 677	(450)				
Dibenzo(a,c)-fluoranthene	+	TA 98, TA 100	(451)	+	Mouse (a)	(439)	(+)
				+	Mouse (a)	(461)	
Indeno(1,2,3-cd)fluoranthene	+	TA 98, TA 100	(452)				

45

Fluorene and Benzofluorenes, Perylene, Methylcholanthrene

Compound	Mutagenic Activity (Ames Test)			Mammalian Cell Tests			Animal Carcinogenicity			IARC Evaluation
	Result	Bact. Strain	Ref.	Result	Cell Type	Ref.	Result	Animal species	Ref.	(447)
Fluorene	— —	TA 98, TA 100 TA 1535, 1537 TM 677	(465, 466, 476) (450)	—	Primary rat hepatocytes (unsched. DNA synth.)	(488)	— — ±	Mouse (a) Mouse (b) Rat (c)	(454) (493) (477)	±
Benzo(a)fluorene	— ± +	TA 98, TA 100 TA 1535/37/38 TA 98, TA 100 TA 100	(490) (466) (427)				± + +	Mouse (a) Mouse (a) Mouse (b)	(406) (468) (406)	±
Benzo(b)fluorene	+ — — ±	TM 677 TA 98, TA 100 TA 1535/37/38 TA 98 TA 98, TA 100	(450) (490) (437) (466)			—	+	Mouse (a)	(468)	±
Benzo(c)fluorene	±	TA 98, TA 100	(466)				— +	Mouse (a) Mouse (a)	(404) (468)	±
Perylene	+ + + — +	TA 98 TA 100 TM 677 TA 98, 100 TA 1535/37/38 TA 98, TA 100	(440) (465) (450, 482) (490) (429)	+ —	Chinese hamster (V 79) cells Human lymphoblastoid cells (TK6)	(485) (482)	— —	Mouse (a) Mouse (a) t.i.	(509) (443)	±

Compound	Mutagenic Activity (Ames Test)			Mammalian Cell Tests				Animal Carcinogenicity			IARC Evaluation
	Result	Bact. Strain	Ref.	Result	Cell Type	Ref.	Result	Animal species	Ref.		(447)
3-Methylcholanthrene	+	TA 98	(490)	+	Syrian hamster embryo cells	(444)	+	Mouse (a)	(412, 422, 433)		
	+	TA 100	(411, 476)		(V 79)	(522)	+	Mouse (a) t.i.	(471)		
	+	TA 1537/38	(426)	+	(V 79)	(473)	+	Rat (b)	(501)		
	+	TM 677	(450)	+	Hamster fetal brain/lung cells		+	Hamster (c)	(503)		
	+	TA 1535/37/38	(401, 504)				+	Rabbit (e)	(438)		
							+	Rat (c)	(445)		

Dibenzopyrenes

Isomer	Mutagenicity (Ames test)			Carcinogenicity (Animal studies)			IARC Evaluation
	Result	Bacterial Strain	Ref.	Result	Animal Species	Ref.	(447)
Dibenzo(a,e)pyrene	+ + +	TA 100 TA 1537, 1538 TA 1535/37/38	(465) (1504) (334)	+ +	Mouse (a) Mouse (b)	(439, 465) (419)	+
Dibenzo(a,h)pyrene	+ +	TA 100 TA 98, TA 100	(465) (514)	+ + +	Mouse (a) Mouse (b) Rat (b)	(405, 420, 439, 457, 465, 481) (419, 442, 457) (421, 510)	+
Dibenzo(a,i)pyrene	+ + + + +	TA 98 TA 100 TA 153 E. coli TA 1535/37/38	(514) (465, 475, 476) (504) (448) (334)	+ + + +	Mouse (a) Mouse (b) Hamster (b) Hamster (d)	(439, 463, 465, 491) (460, 491) (512) (499)	+
Dibenzo(a,l)pyrene	+	TA 98, TA 100	(451)	+ +	Mouse (a) Mouse (b)	(439, 474) (419, 463, 512)	+
Dibenzo(e,l)pyrene	—	TA 98, TA 100	(465)	— —	Mouse (a)	(465) (419)	(not evaluated) 0

Table 8a N: Heterocycles

Isomer	Mutagenicity (Ames Test)			Carcinogenicity (Animal Studies)			IARC Evaluation
	Result	Bact. Strain	Ref.	Result	Animal Species	Ref.	(447)
Acridin	+	TA 90, TA 1537	(428)	—	Mouse	(454)	0
	—	TA 98, TA 100		—	Mouse (a) t.i.	(496)	
	(+)	E. coli	(428)				
	+	TA 1537	(427)				
	—	TA 1535/37/38	(415)				
		TA 1975/77/78					
Benz(a)acridine	(+)	TA 100	(424)	±	Mouse (a)	(459)	±
	±	TA 98	(440)	—	Mouse (a)	(434)	
	±	TA 98	(451)				
	+	TA 100					
Benz(c)acridine	+	TA 100	(408, 481)	+	Mouse (a)	(459)	(+)
	±	TA 98, TA 100	(451)	+	Mouse (a)	(434)	
				+	rat (c)	(434)	
				(+)	Mouse (c)	(423)	
Dibenz(a,h)- acridine	+	TA 100	(451, 456)	+	Mouse (a)	(405, 410)	+
	±	TA 98	(451)	+	Mouse (b)	(404)	
	—	TA 98, TA 100	(490)	+	Mouse (c)	(405)	
		TA 1535/36/37		+	Mouse (c)	(400)	
Dibenz(a,c)- acridine	+	TA 100	(451)	+	Mouse (a)	(410)	0
	+	TA 98					
Dibenz(a,j)- acridine	+	TA 98, TA 100	(451)	+	Mouse (a)	(405, 410, 458, 472, 517)	+
	+	TA 98	(440)		Mouse (b)	(472)	
	+	TA 100	(408, 456)	+	Mouse (c)	(405)	
	—	TA 98, TA 100	(490)				
		TA 1535/36/37					
Dibenz(a,j)- acridine	+	TA 98, TA 100	(451)	+	Mouse (a)	(405, 410, 458, 472, 517)	+
	+	TA 98	(440)	+	Mouse (b)	(472)	
	+	TA 100	(408, 456)	+	Mouse (c)	(405)	
	—	TA 98, TA 100	(490)				
		TA 1535/36/37					
Dibenz(a,i)- acridine	+	TA 98, TA 100	(506)	+		(495)	0
Dibenz(a,h)- acridine	+	TA 100	(451)	+	Mouse (a)	(458)	0
	±	TA 98					

Continued

Isomer	Mutagenicity (Ames Test)			Carcinogenicity (Animal Studies)			IARC Evaluation
	Result	Bact. Strain	Ref.	Result	Animal Species	Ref.	(447)
Dibenzo(a,g)-carbazole				+	Mouse (a,b)	(412)	0
Dibenzo(a,i)-carbazole				+	Mouse (a,b)	(414)	0
Dibenzo(c,g)-carbazole	+	TA 98, TA 100	(452)	+	Mouse (a,b)	(414)	+
	±	TA 98	(490)	+	Mouse (a)	(412, 455, 458)	
	—	TA 98	(440)	+	Mouse (a)	(400)	

Table 8b: Methylated PAH

Isomer	Mutagenicity (Ames Test)			Carcinogenicity (Animal Studies)		
	Result	Test Strain	Ref.	Result	Animal Species	Ref.
1-Methylnaphthalene	+	TM 677	(450)			
	—	TA 98, TA 100	(429)			
2-Methylnaphthalene	—	TA 98, 100	(429)			
3-Methylpyrene	+	TM 677	(450)			

Isomer	Mutagenicity (Ames test)			Mamm. Cell Tests			IARC Evaluation action (447)
	Result	Bact. Strain	Ref.	Result	Test system	Ref.	
ethylphenanthrene	—	TA 100	(409,466,479)	+	Human lymphoblastoid cells (TK6)	(409)	0
ethylfluorene	—	TA 100	(466)				0
ethylfluorene	—	TA 100	(466)				0
ethylfluorene	—	TA 100	(466)				0
ethylfluorene	—	TA 100	(466)				0
ethylfluorene	+	TA 100	(466)				0

Methylanthracenes, -phenanthrenes and -fluorenes

Isomer	Mutagenicity (Ames test)			Mamm. Cell Tests				Carcinogenicity			IARC Evaluation action (447)
	Result	Bact. Strain	Ref.	Result	Test system	Ref.	Result	Animal Spec.		Ref.	
1-Methylanthracene	—	TA 98, 100	(466, 469)	+	Human lymphoblastoid cells (TK6)	(409)	—	Mouse (a) t.i.		(469)	0
2-Methylanthracene	—	TA 98, 100	(466, 469)	+	Human lymphoblastoid cells (TK6)	(409)	—	Mouse (a) t.i.		(469)	0
9-Methylanthracene	+	TM 677	(409, 450)								
	—	TA 98, 100	(466, 460)	—	Human lymphoblastoid cells (TK6)	(409)	—	Mouse (a) t.i.		(469)	0
	+	TM 677	(409, 450)								
9,10-Dimethyl-anthracene	+	TA 98, 100	(466, 469)	+	Human lymphoblastoid cells (TK6)	(409)	+	Mouse (a) t.i.		(469)	0
	+	TA 98, 100 TA 1535/37/38	(401)								
1-Methylphenanthrene	+	TA 100	(466, 470)	+	Human lymphoblastoid cells	(409)	—	Mouse (a)		(467)	±
	+	TM 677	(450)	+	Unsched. DNA-synthesis (rat hepatocytes)	(507)					
2-Methylphenanthrene	+	TA 100	(409, 479)	+	Human lymphoblastoid cells (TK6)	(409)					0
	—	TA 100	(466)								
	+	TM 677	(450)								
3-Methylphenanthrene	—	TA 100	(409, 466, 479)								

Methyl and 7,12-Dimethylbenz(a)anthracene

Isomer	Mutagenicity (Ames Test)			Carcinogenicity (Animal Studies)		
	Result	Test Strain	Ref.	Result	Animal Species	Ref.
1-Methylbenz(a)-anthracene	+	TA 100	(409,424,479)	—	Mouse (a,b)	(425)
				—	Mouse (b)	(402)
				—	rat (b)	(446)
2-Methylbenz(a)-anthracene	+	TA 100	(409,424,479)	—	Mouse (a)	(431)
				±		(435)
3-Methylbenz(a)-anthracene	+	TA 100	(409,424,479)	—	Mouse (a)	(431, 435)
4-Methylbenz(a)-anthracene	+	TA 100	(409,424,479)	+	Mouse (a)	(431)
				±		(435)
				—	rat (b) t.i.	(436)
5-Methylbenz(a)-anthracene	+	TA 100	(409,424,479)	+	Mouse (a)	(431)
				±		(435)
6-Methylbenz(a)-anthracene	+	TA 100	(424, 479)	+	Mouse (a)	(431)
				±		(435)
7-Methylbenz(a)-anthracene	+	TA 100	(411,424, 476,479)	+	Mouse (a)	(422,431,498)
				+	Mouse (a) t.i.	(466)
				+	rat (c)	(422)
8-Methylbenz(a)-anthracene	+	TA 100	(409,424,479)	+	Mouse (a)	(431, 435)
9-Methylbenz(a)-anthracene	+	TA 100	(409,424,479)	+	Mouse (a)	(431)
				±		(435)
10-Methylbenz(a)-anthracene	+	TA 100	(409,424,479)	+	Mouse (a)	(431)
				+	rat (b) t.i.	(436)
11-Methylbenz(a)-anthracene	+	TA 100	(409,424,479)	+	Mouse (a)	(431)
				±		(435)
12-Methylbenz(a)-anthracene	+	TA 100	(409,424,479)	+	Mouse (a)	(498,500)
				±		(435)
5,7-Dimethylbenz(a)-anthracene				+	Mouse (a) t.i.	(466)
7,12-Dimethyl-benz (a)anthracene	+	TA 100	(499,411,424 431,476)	+	Mouse (a)	(412,421,431, 498)
	+	TA 98, 100, 1535, 1537, 1538	(401,426)	+	rat (c)	(422)
	+	TM 677	(450)			
5,7,12-Trimethyl-benz(a)anthracene				+	Mouse (a) t.i.	(466)

Methylfluoranthene and Methylbenzo(a)pyrenes

Isomer	Mutagenicity (Ames Test)			Carcinogenicity (Animal Studies)			IARC Evaluation (447)
	Result	Bact. Strain	Ref.	Result	Animal Species	Ref.	
1-Methylbenz(a)pyrene	+	TA 100	(479)	+	Mouse (a) t.i.	(466)	0
2-Methylbenz(a)pyrene	+	TA 100	(479)	+	Mouse (a) t.i.	(466)	0
3-Methylbenz(a)pyrene	+	TA 100	(479)	+	Mouse (a) t.i.	(466)	0
4-Methylbenz(a)pyrene	+	TA 100	(479)	+	Mouse (a) t.i.	(466)	0
5-Methylbenz(a)pyrene	+	TA 100	(479)	+	Mouse (a) t.i.	(466)	0
6-Methylbenz(a)pyrene	+	TA 100	(479)	+	Mouse (a)	(422)	0
				+	Mouse (a)	(466)	
				+	Mouse (a) t.i.	(466)	
				+	rat (c)	(422)	
7-Methylbenz(a)pyrene	+	TA 100	(479)	—	Mouse (a) t.i.	(466)	
				+	rat (b) t.i.	(436)	
8-Methylbenz(a)pyrene	+	TA 100	(479)	±	Mouse (a) t.i.	(466)	0
9-Methylbenz(a)pyrene	+	TA 100	(479)	—	Mouse (a) t.i.	(466)	0
10-Methylbenz(a)pyrene	+	TA 100	(479)	—	Mouse (a) t.i.	(466)	0
11-Methylbenz(a)pyrene	+	TA 100	(479)	+	Mouse (a) t.i.	(466)	0
12-Methylbenz(a)pyrene	+	TA 100	(479)	+	Mouse (a) t.i.	(466)	0
1-Methylbenz(a)pyrene	+	TA 98, 100	(479)	+	Mouse (a) t.i.	(466)	0
2-Methylfluoranthene	+	TA 98, 100	(464, 466)	+	Mouse (a)	(441)	(+)
				+	Mouse (a) t.i.	(466)	
				±	Mouse (a)	(441)	±
3-Methylfluoranthene	+	TA 98, 100	(464, 466)	+	Mouse (a) t.i.	(466)	
7-Methylfluoranthene	+	TA 98, 100	(466)	±	Mouse (a) t.i.	(466)	0
8-Methylfluoranthene	+	TA 98, 100	(466)	±	Mouse (a) t.i.	(466)	0

Table 1: Inventory of compounds

Compound	Chem. Formula	Mass number	m.p. (°C)	Purity (g/g)	CAS Nr.	Page
Naphthalene	$C_{10}H_8$	128	81	0.999	91-20-3	56
Acenaphthylene	$C_{12}H_8$	152	92-93	0.998	208-96-8	74
Acenaphthene	$C_{12}H_{10}$	154	95	0.997	83-32-9	88
Fluorene	$C_{13}H_{10}$	166	115-116	0.994	86-73-7	108
Acridine	$C_{13}H_9N$	179	110	0.996	260-94-6	124
Methylanthracene	$C_{15}H_{12}$	192	203	0.999	2498-76-2	138
Methylanthracene	$C_{15}H_{12}$	192	79	0.999	2381-16-0	157
11H-Benzo(b)fluorene	$C_{17}H_{12}$	216	213.5	0.994	243-17-4	174
H-Benzo(c)fluorene	$C_{17}H_{12}$	216	126.5	0.91	205-12-9	192
Triphenylene	$C_{18}H_{12}$	228	199	0.998	217-59-4	210
Naphthacene	$C_{18}H_{12}$	228	357	0.999	92-24-0	228
Benz(a)acridine	$C_{17}H_{11}N$	229	131	0.998	225-11-6	242
Benz(c)acridine	$C_{17}H_{11}N$	229	107.4	0.998	225-51-4	260
Methylbenz(a)anthracene	$C_{19}H_{14}$	242	138.6	0.993	2498-77-3	278
Methylbenz(a)anthracene	$C_{19}H_{14}$	242	146-147	0.982	2498-76-2	296
Methylbenz(a)anthracene	$C_{19}H_{14}$	242	159-161	0.972	2498-75-1	304
Methylbenz(a)anthracene	$C_{19}H_{14}$	242	193	0.985	316-49-4	318
Methylbenz(a)anthracene	$C_{19}H_{14}$	242	154	0.992	2319-96-2	332
Methylbenz(a)anthracene	$C_{19}H_{14}$	242	125	0.991	316-14-3	346
Methylbenz(a)anthracene	$C_{19}H_{14}$	242	134	0.987	2541-69-7	360
Methylbenz(a)anthracene	$C_{19}H_{14}$	242	158	0.999	2381-31-9	374
Methylbenz(a)anthracene	$C_{19}H_{14}$	242	151	0.992	2381-16-0	388
0-Methylbenz(a)anthracene	$C_{19}H_{14}$	242	139	0.994	2381-15-9	402
1-Methylbenz(a)anthracene	$C_{19}H_{14}$	242	117.5	0.995	6111-78-0	416
2-Methylbenz(a)anthracene	$C_{19}H_{14}$	242	138	0.990	2422-79-9	430
Perylene	$C_{20}H_{12}$	252	277.5	0.998	198-55-0	446
9-Dimethylbenz(a)anthracene	$C_{20}H_{16}$	256	186	0.988	316-51-8	464
8-Dimethylbenz(a)anthracene	$C_{20}H_{16}$	256	143	0.990	317-64-6	482
12-Dimethylbenz(a)anthracene	$C_{20}H_{16}$	256	122	0.989	57-97-6	498
3H-Dibenzo(a, i) carbazole	$C_{20}H_{13}N$	267	221	0.995	239-64-5	516
H-Dibenzo (c,g) carbazole	$C_{20}H_{13}N$	267	158	0.997	194-59-2	534
Methylcholanthrene	$C_{21}H_{16}$	268	179	0.993	56-49-5	552
Dibenzo (k, mno) fluoranthene	$C_{22}H_{12}$	276	150	0.992	203-25-8	570
Indeno (1, 2, 3-cd) fluoranthene	$C_{22}H_{12}$	276	262	0.998	193-43-1	588
Picene	$C_{22}H_{14}$	278	364	0.998	213-46-7	602
Pentacene	$C_{22}H_{14}$	278	300 (dec.)	0.99	135-48-8	620
Dibenz (a, c) acridine	$C_{21}H_{13}N$	279	203.4	0.999	215-62-3	628
Dibenz (a, h) acridine	$C_{21}H_{13}N$	279	226.1	0.999	226-36-8	646
Dibenz (a, i) acridine	$C_{21}H_{13}N$	279	207.5	0.998	226-92-6	664
Dibenz (a, j) acridine	$C_{21}H_{13}N$	279	217	0.998	224-42-0	682
Dibenz (c, h) acridine	$C_{21}H_{13}N$	279	190.6	0.994	224-53-3	700
Coronene	$C_{24}H_{12}$	300	439	0.998	191-07-1	718
Dibenzo (a, e) fluoranthene	$C_{24}H_{14}$	302	232	0.998	5385-75-1	736
Dibenzo (a, k) fluoranthene	$C_{24}H_{14}$	302	229	0.993	84030-79-5	754
Dibenzo (a, h) pyrene	$C_{24}H_{14}$	302	317	0.992	189-64-0	774
Dibenzo (a, i) pyrene	$C_{24}H_{14}$	302	282	0.997	189-55-9	792
Naphtho (2, 3-k) fluoranthene	$C_{24}H_{14}$	302	299-300	0.992	207-18-1	812

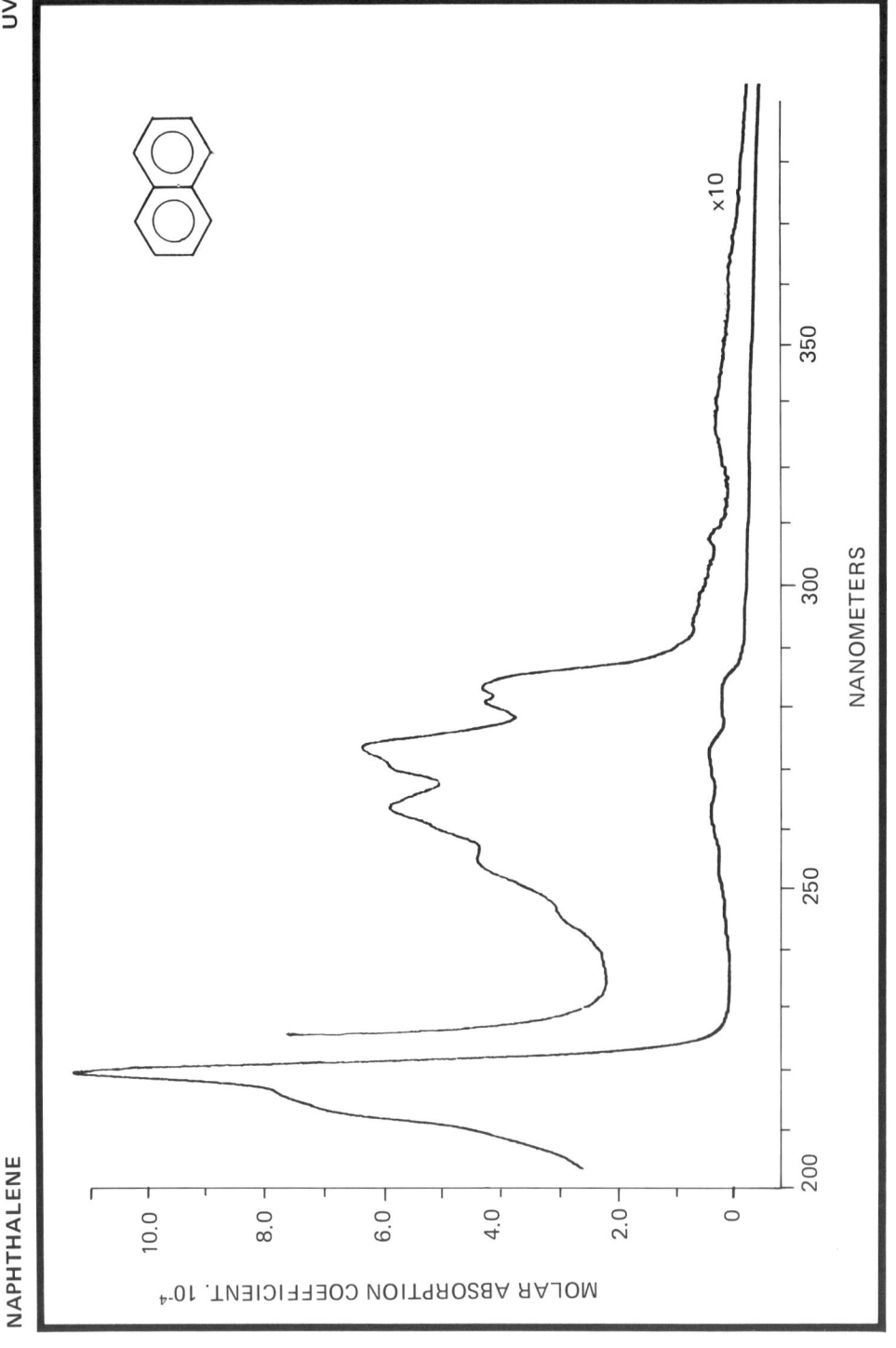

Wavelength (nm)	Molar absorption coefficient (l. mol^{-1} cm^{-1} × 10^{-4})	Wavelength (nm)	Molar absorption coefficient (l. mol^{-1} cm^{-1} × 10^{-4})
221.4	11.6	276.0	0.67
258.6 (sh)	0.46	283.5	0.45
266.0	0.62	286.0	0.46
		311.1	0.08

Original spectrum determined by JRC Ispra (CEC)

Spectrometer	: Perkin - Elmer 555	Formula	: C$_{10}$H$_8$
Solvent	: Cyclohexane	M$_r$	: 128.17 u
Concentration	: 1.36 mg/l	CAS Nr.	: 91 - 20 - 3
Cell Length	: 1.000 cm	Purity	: 0.999 g/g
Slit width	: 1 nm	m.p.	: 81°C

NAPHTHALENE

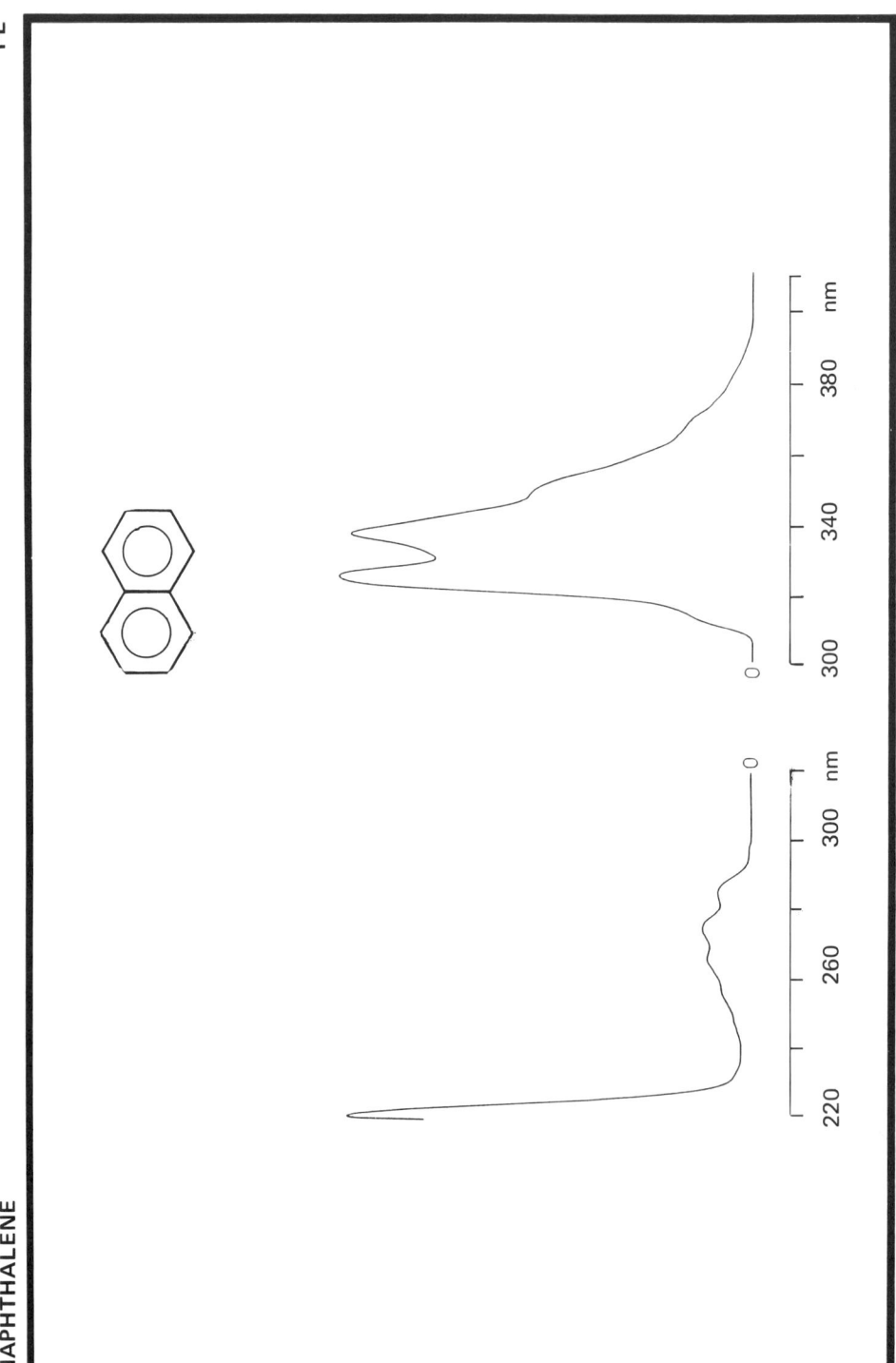

Wavelength (nm)	Relative intensity
312 (sh)	15.5
322.5	100
336	97
348 (sh)	54

Original spectrum produced by Physico-chemical oceanography group-University of Bordeaux I (F)

Instrument	: Perkin-Elmer MPF-44		**Formula**	: $C_{10}H_8$
Solvent	: Cyclohexane		M_r	: 128.17 u
Concentration	: 0.064 mg.l^{-1}		**CAS Nr.**	: 91 - 20 - 3
Spectrum	: **excitation**	**emission**	**Purity**	: 0.999 g/g
Fixed wavelength	: 322 nm	275 nm	**m.p.**	: 81°C
Excitation slit	: 2 nm	10 nm		
Emission slit	: 10 nm	2 nm		

NAPHTHALENE

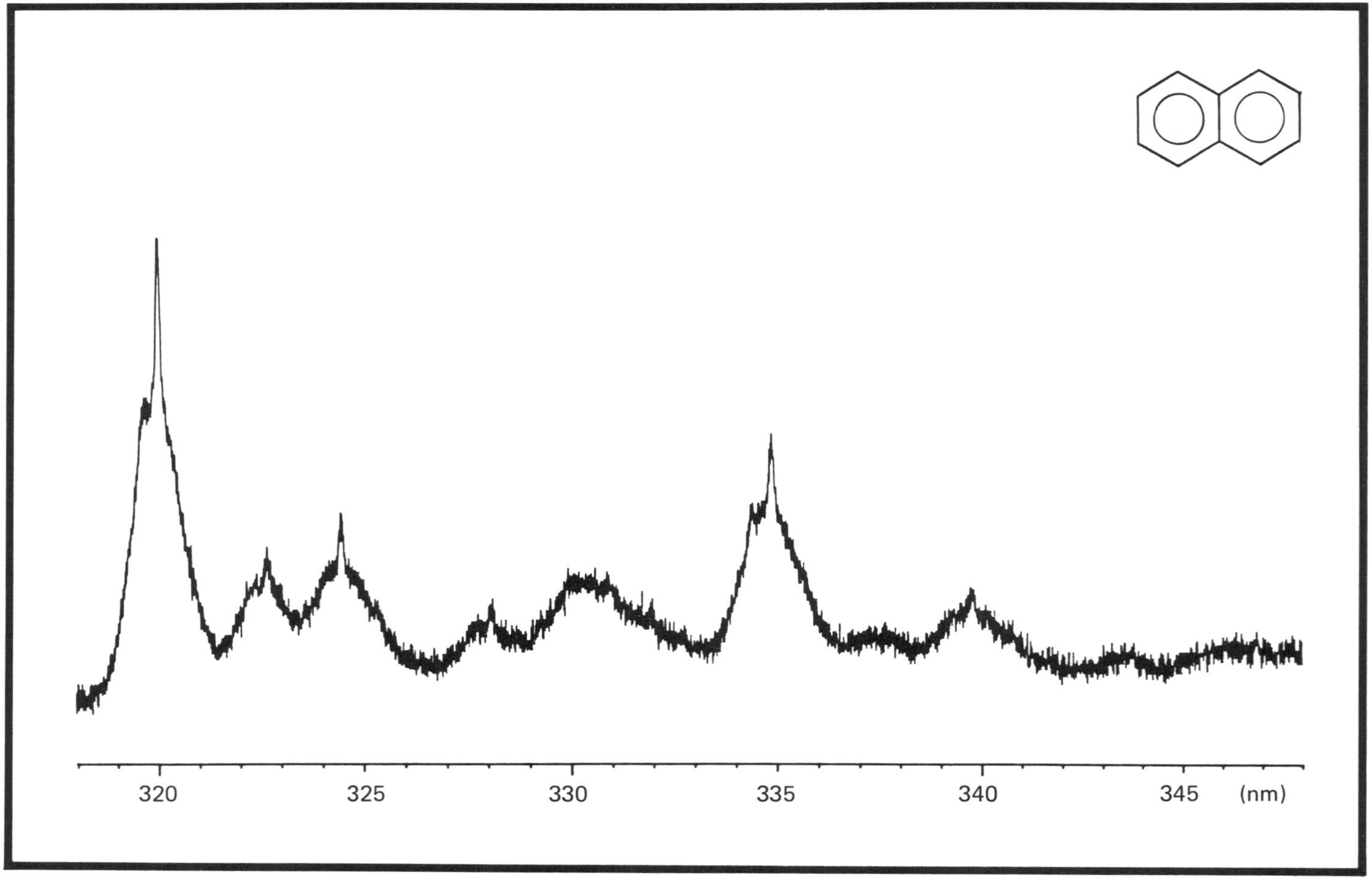

Fluorescence Wavelength (nm)   **Intensity (%)**

319.8   100

Source	: 450W Xenon lamp
Excitation monochromator	: Jobin-Yvon H20
Emission monochromator	: Jobin-Yvon HR1000
Excitation wavelength (slits)	: 279.2 (9) nm
Emission slits	: 0.04 nm
Temperature	: 15 K
Solvent	: n-pentane
Concentration	: 0.64 mg l^{-1}

Formula	: $C_{10}H_8$
M$_r$	: 128.17 u
CAS Nr.	: 91 - 20 - 3
Purity	: 0.999 g/g
m.p.	: 81°C

Original spectrum determined by Physico-chemical oceanography group-University of Bordeaux I (F)

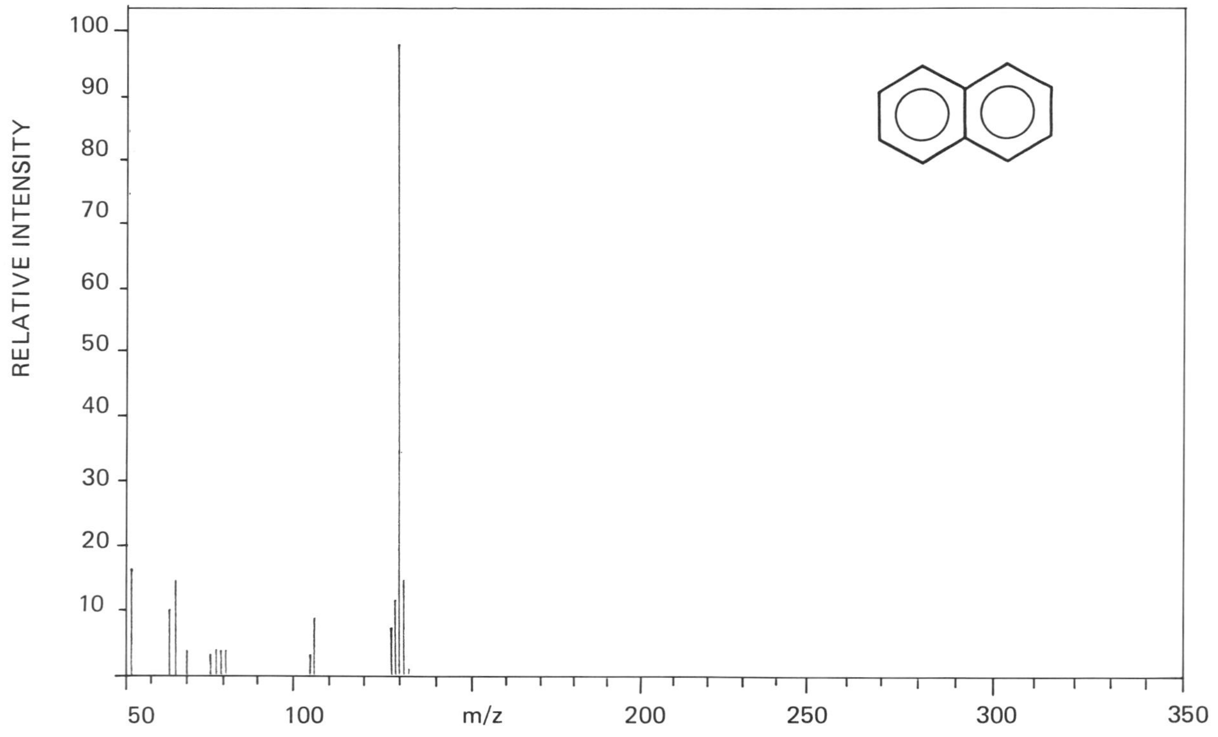
RELATIVE INTENSITY
100
90
80
70
60
50
40
30
20
10
50
100
m/z
200
250
300
350

m/z	relative intensity	m/z	relative intensity
50	16	77	5
51	18	101	4
63	11	102	8
64	16	126	8
67	5	127	13
74	4	128	100
75	5	129	16
76	5	130	1.6

Original spectrum determined by Biochem. Institut, Ahrensburg (D)

Spectrometer	: Varian MAT 111
Inlet System	: Direct Inlet
Source Temperature	: 200°C
Source Voltage	: 70 eV
Formula	: $C_{10}H_8$
M_r	: 128.17 u
m/z	: 128.06 u
CAS Nr.	: 91 - 20 - 3
Purity	: 0.999 g/g
m.p.	: 81°C

NAPHTHALENE

MS (q)

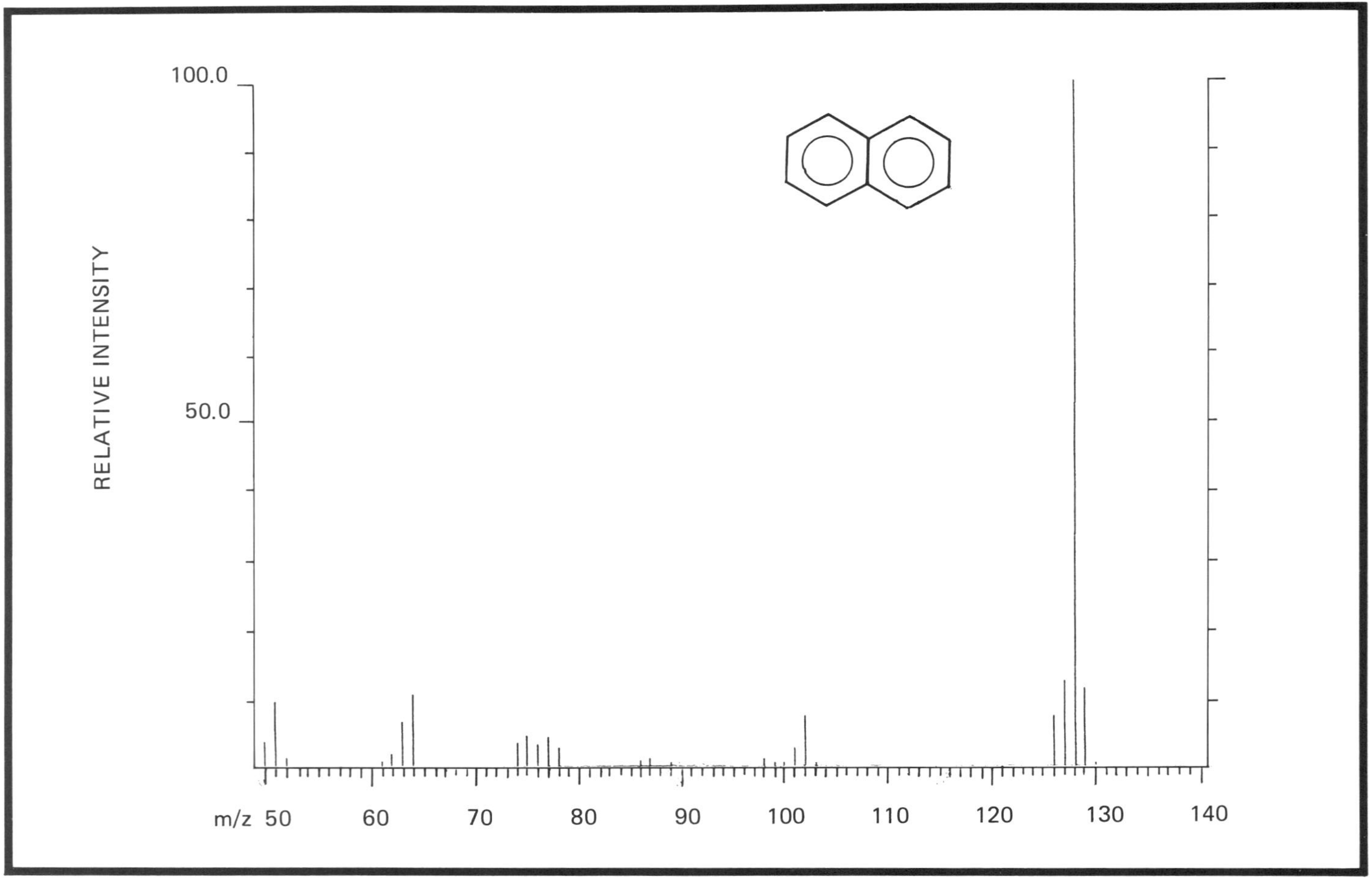

m/z	relative intensity	m/z	relative intensity
50	3.8	101	2.7
51	9.6	102	7.4
63	6.7	126	7.4
64	10.6	127	12.6
74	3.5	128	100.0
75	4.4	129	11.3
76	3.2	130	0.6
77	4.3		
78	2.6		

Original spectrum determined by ITC - TNO, Zeist (NL)

Spectrometer	: Finnigan 4500 - Quadrupole	**Formula**	: $C_{10}H_8$
Inlet System	: capill. GC/MS	M_r	: 128.17 u
Source Temperature	: 400 K	**m/z**	: 128.06 u
Source Voltage	: 70 eV	**CAS Nr.**	: 91 - 20 - 3
		Purity	: 0.999 g/g
		m.p.	: 81°C

NAPHTHALENE

1H-NMR

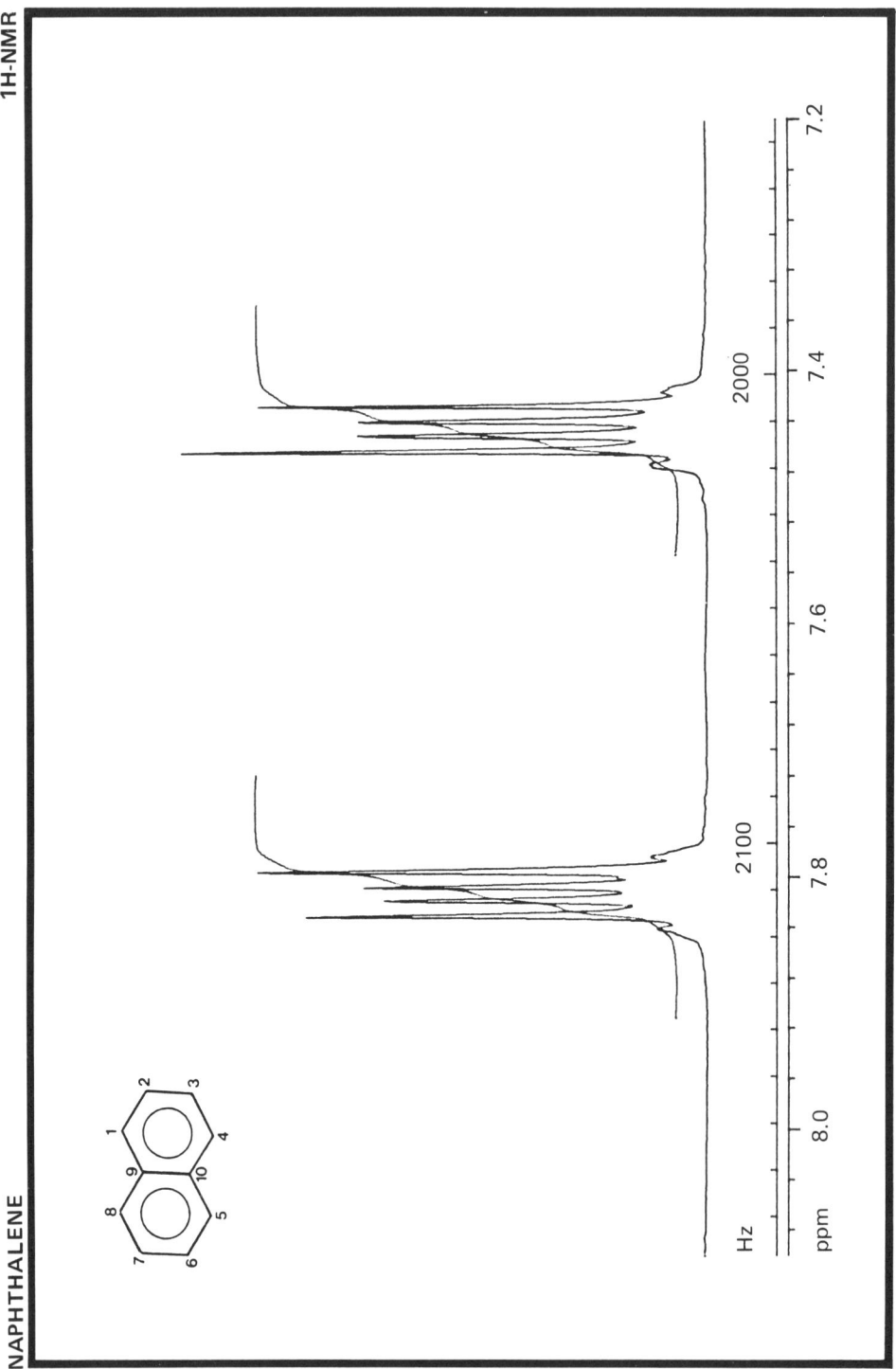

Proton No.	Chemical shift (ppm)	Coupling constants (Hz)
1=4=5=8	7.81	J(1,2)=8.2 J(1,3)=1.4
2=3=6=7	7.44	J(2,3)=6.6

Spectrometer	: JEOL GX - 270
Solvent	: $CDCl_3$
Concentration	: 85 mg/ml

Original spectrum determined by Laboratory of the Goverment Chemist, London (UK)

Formula	: $C_{10}H_8$
M_r	: 128.17 u
CAS Nr.	: 91 - 20 - 3
Purity	: 0.999 g/g
m.p.	: 81°C

NAPHTHALENE

13C-NMR

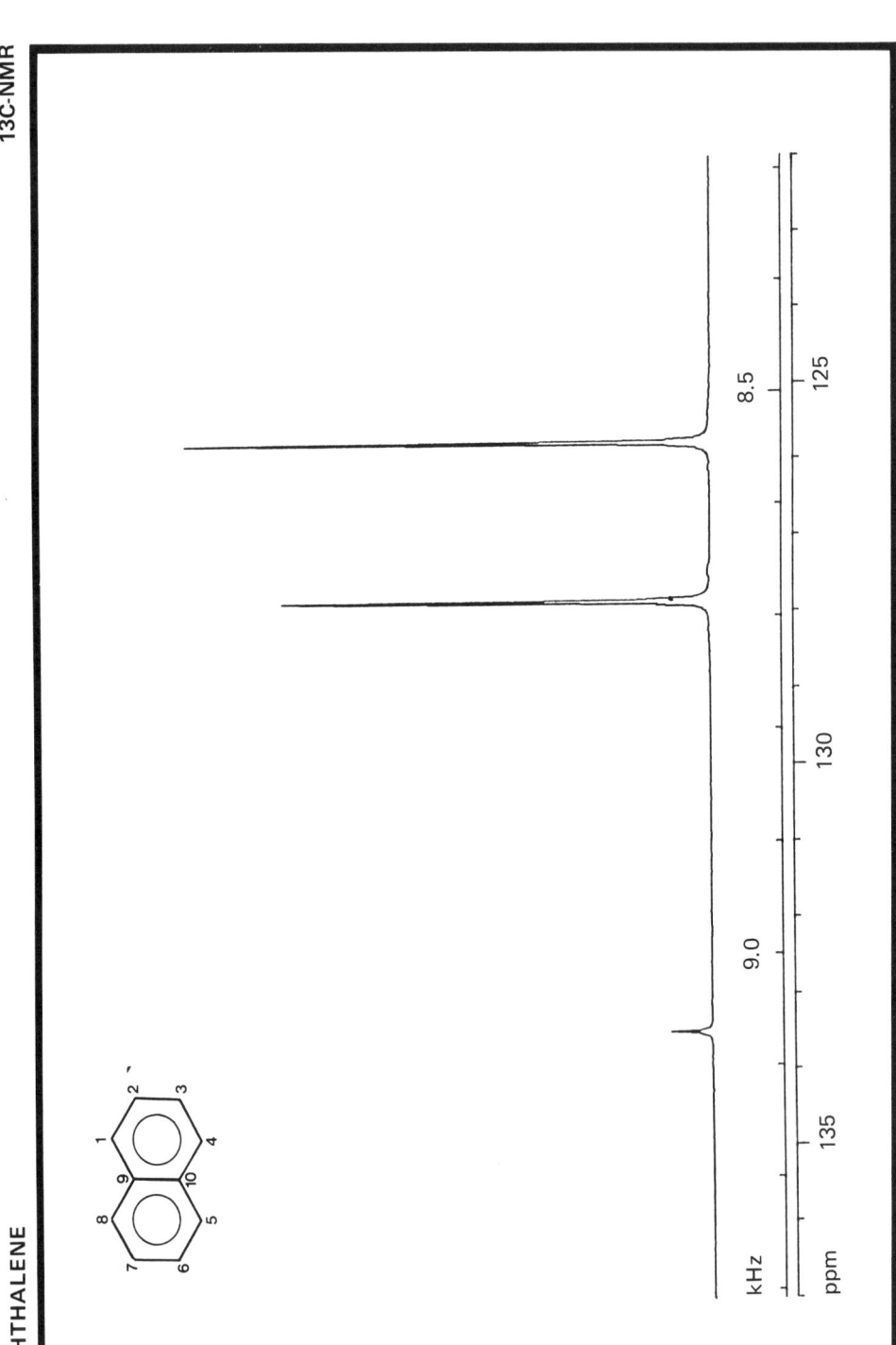

Signal	Intensity (%)	Chemical Shift (ppm)	Carbon No.
1	8 s	133.50	9=10
2	81 d	127.87	1=4=5=8
3	100 d	125.80	2=3=6=7

Original spectrum determined by Laboratory of the Goverment Chemist, London (UK)

Spectrometer	: JEOL GX - 270 (67.8 MHz)	**Formula**	: $C_{10}H_8$
Solvent	: $CDCl_3$	**M_r**	: 128.17 u
Concentration	: 85 mg/ml	**CAS Nr.**	: 91 - 20 - 3
Pulse (angle)	: 10 µs (40°)	**Purity**	: 0.999 g/g
Accumulations	: $\overline{4400}$	**m.p.**	: 81°C
Repeat time	: 2.47 s		

NAPHTHALENE

IR (KBr)

Frequency (cm⁻¹)	Assignment	Frequency (cm⁻¹)	Assignment
3059:	C - H stretch	959:	
1593:	C=C stretch	845:	C - H wagging deformation
1505:		799:	
		789:	
1389:		617:	
1271:		482:	ring deformation
1209:		473:	
1123:	C - C stretch		

Original spectrum determined by Biochem. Institut, Ahrensburg (D)

Spectrometer	: Nicolet 5 MX	Formula	: $C_{18}H_8$
Sample	: KB disc	M_r	: 128.17 u
Reference	: Air	CAS Nr.	: 91 - 20 - 3
Resolution	: 1.7 cm⁻¹ (maximum)	Purity	: 0.999 g/g
		m.p.	: 81°C

NAPHTHALENE

IR (s)

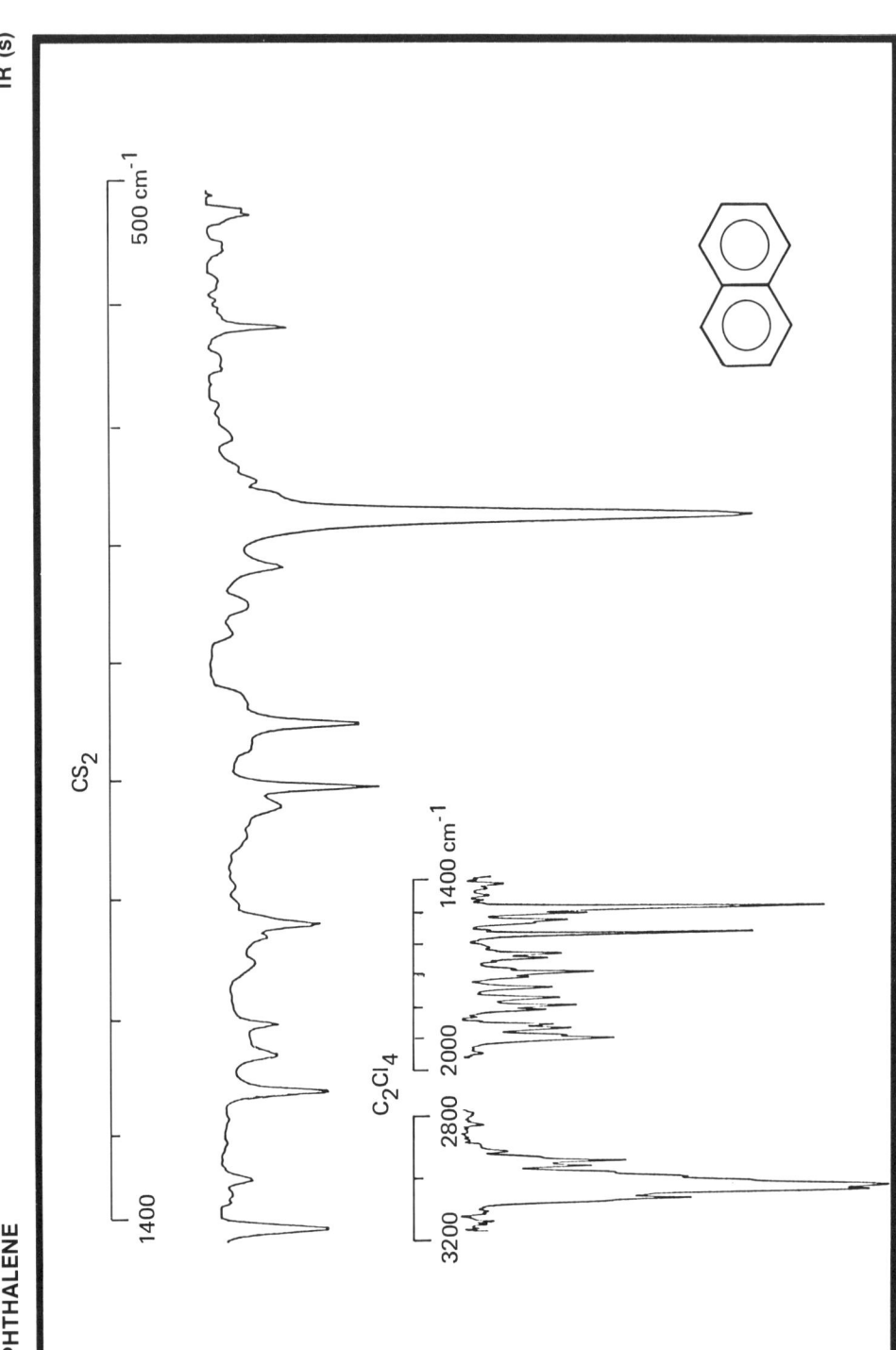

Frequency (cm⁻¹)	Assignment	Frequency (cm⁻¹)	Assignment
3092:		957:	
3069:	C - H stretch	824:	C - H
3054:		781:	wagging
2956:			deformation
1944:		619:	ring
1833:		521:	deformation
1723:			
1597:	C=C stretch		
1514:			
1389:			
1267:			
1127:	(C - C stretch)		

Original spectrum determined by Biochem. Institut, Ahrensburg (D)

Spectrometer	: Nicolet 5 MX	**Formula**	: $C_{10}H_8$
Cell	: 0.2 mm (KBr)	**M_r**	: 128.17 u
Solvents	: C_2Cl_4 (3.200 - 1.400 cm⁻¹)	**CAS Nr.**	: 91 - 20 - 3
	CS_2 (1.400 - 500 cm⁻¹)	**Purity**	: 0.999 g/g
Resolution	: 1.7 cm⁻¹ (maximum)	**m.p.**	: 81°C

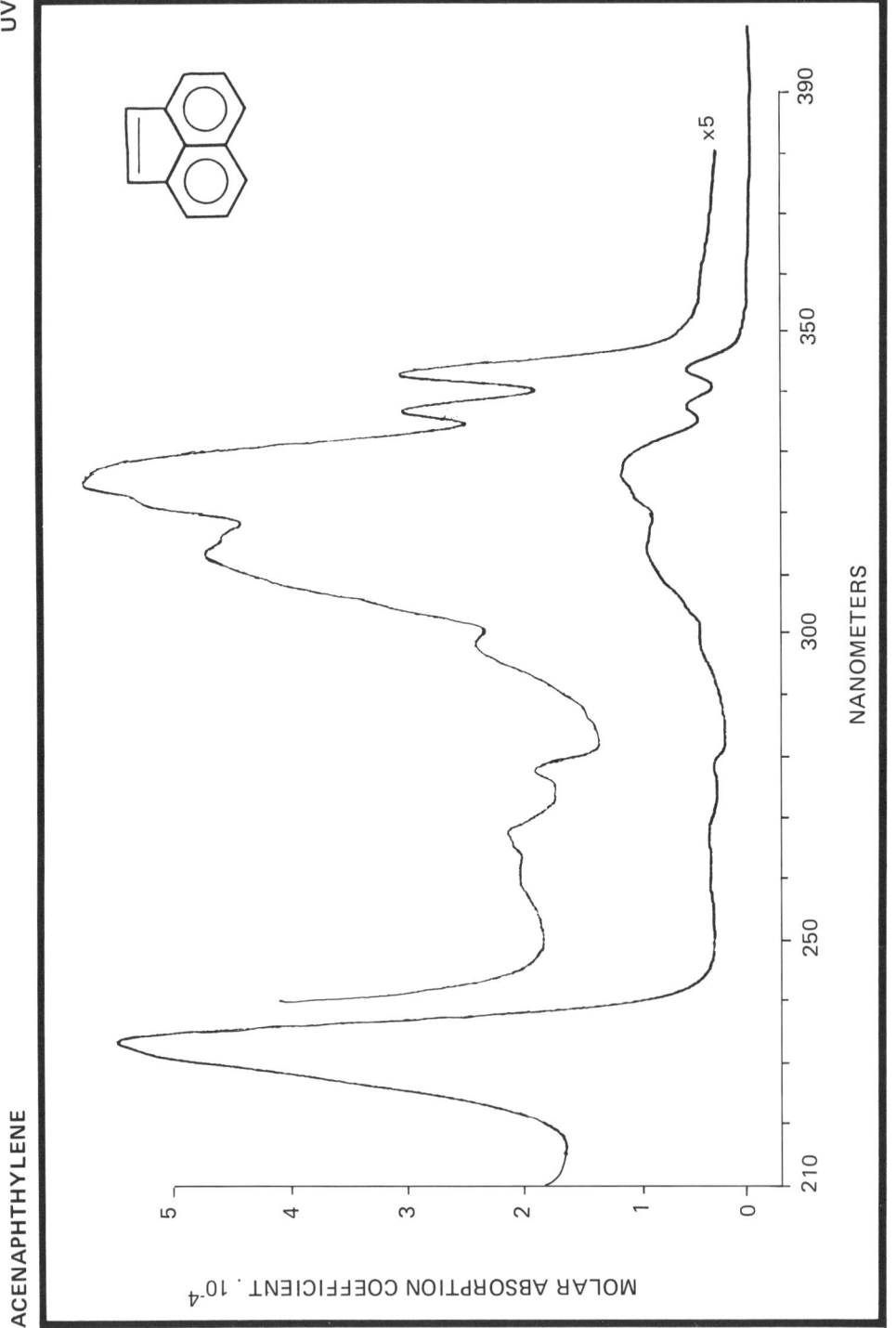

Wavelength (nm)	Molar absorption coefficient (l. mol⁻¹ cm⁻¹ × 10⁻⁴)	Wavelength (nm)	Molar absorption coefficient (l. mol⁻¹ cm⁻¹ × 10⁻⁴)
213.1	1.6	311.1	0.9
230.8	5.52	323.0	1.1
265.1	0.34	334.0	0.52
275.0	0.3	338.8	0.52
295.5	0.4		

Original spectrum determined by JRC Ispra (CEC)

Spectrometer	: Perkin - Elmer 555	Formula	: $C_{12}H_8$
Solvent	: Cyclohexane	M_r	: 152.20 u
Concentration	: 5.85 mg/l	CAS Nr.	: 208 - 96 - 8
Cell Length	: 1.000 cm	Purity	: 0.998 g/g
Slit width	: 1 nm	m.p.	: 92 - 93°C

ACENAPHTHYLENE MS (m)

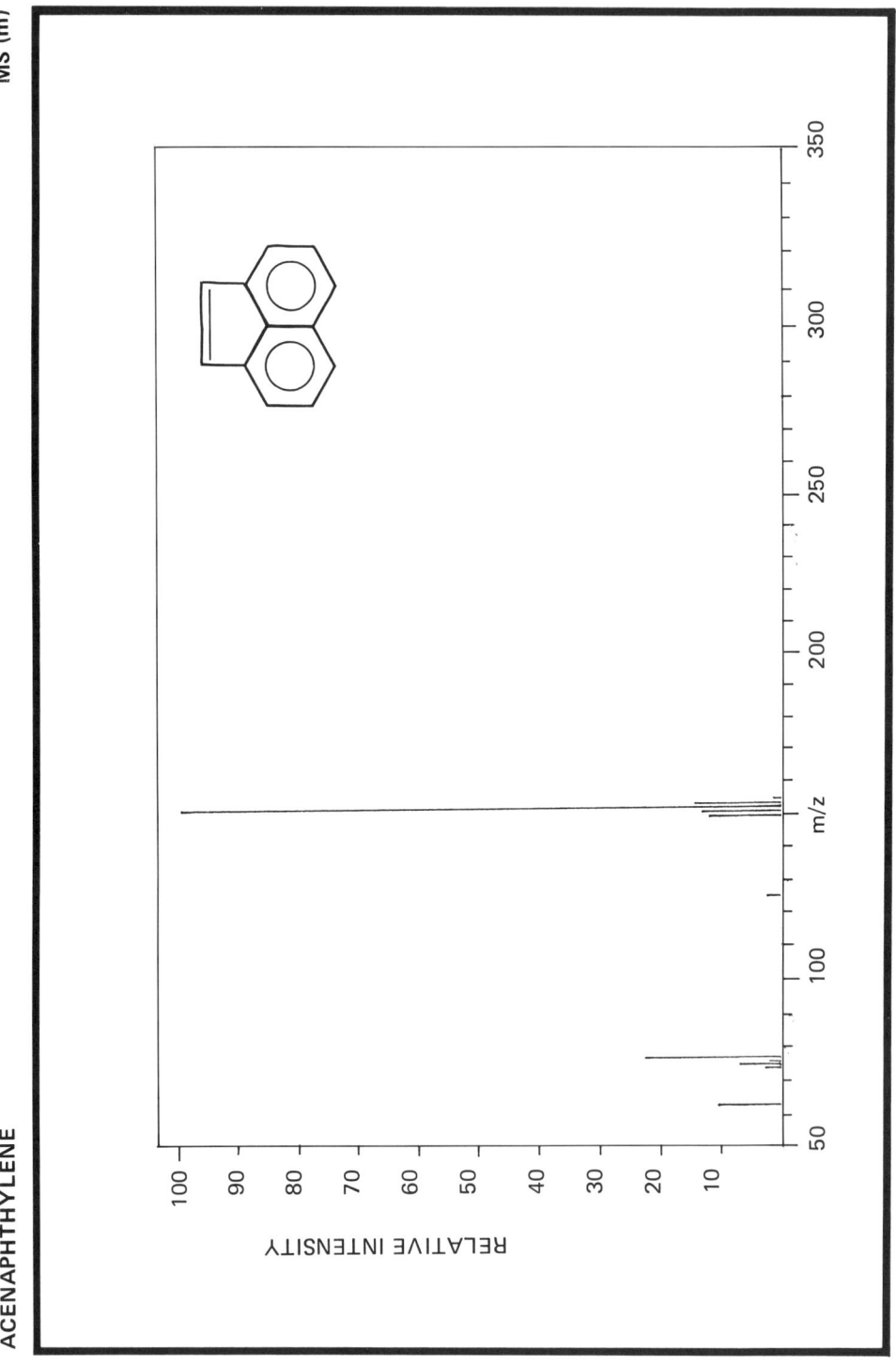

m/z	relative intensity	m/z	relative intensity
63	11	126	3
74	3	150	13
75	7	151	14
75.5	3	152	100
76	23	153	15
		154	1.8

Original spectrum determined by Biochem. Institut, Ahrensburg (D)

Spectrometer	: Varian MAT 111
Inlet System	: Direct Inlet
Source Temperature	: 200°C
Source Voltage	: 70 eV

Formula	: $C_{12}H_8$
M_r	: 152.20 u
m/z	: 152.06 u
CAS Nr.	: 208 - 96 - 8
Purity	: 0.998 g/g
m.p.	: 92 - 93°C

ACENAPHTHYLENE

MS (q)

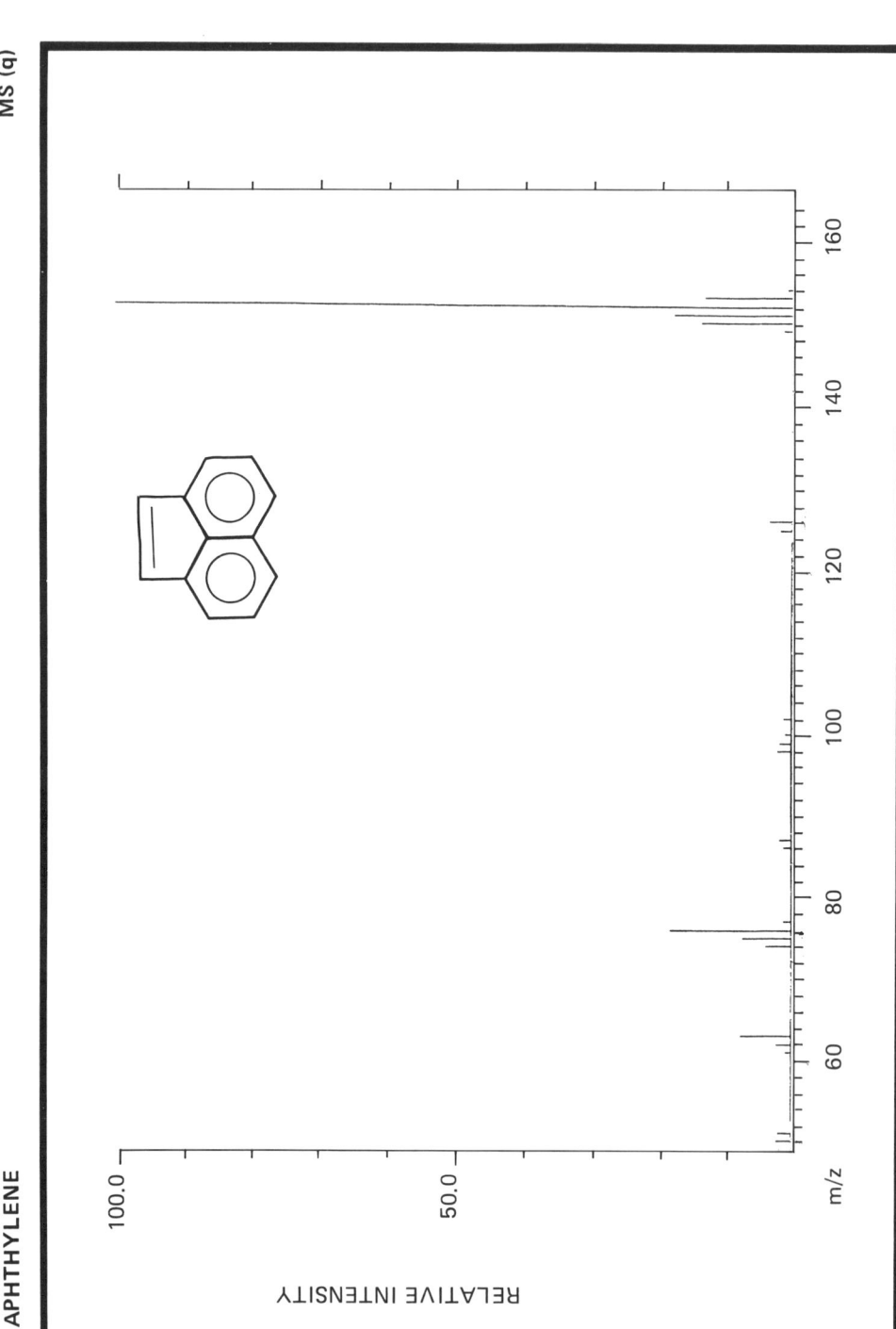

m/z	relative intensity		m/z	relative intensity
62	2.0		126	3.2
63	7.5		150	13.6
74	3.6		151	17.5
75	7.1		152	100.0
76	17.7		153	13.0
			154	0.8

Original spectrum determined by ITC - TNO, Zeist (NL)

Spectrometer	: Finnigan 4500 - Quadrupole
Inlet System	: capill. GC/MS
Source Temperature	: 400 K
Source Voltage	: 70 eV

Formula	: $C_{12}H_8$
M_r	: 128.17 u
m/z	: 128.06 u
CAS Nr.	: 208 - 96 - 8
Purity	: 0.998 g/g
m.p.	: 92 - 93°C

ACENAPHTHYLENE   1H-NMR

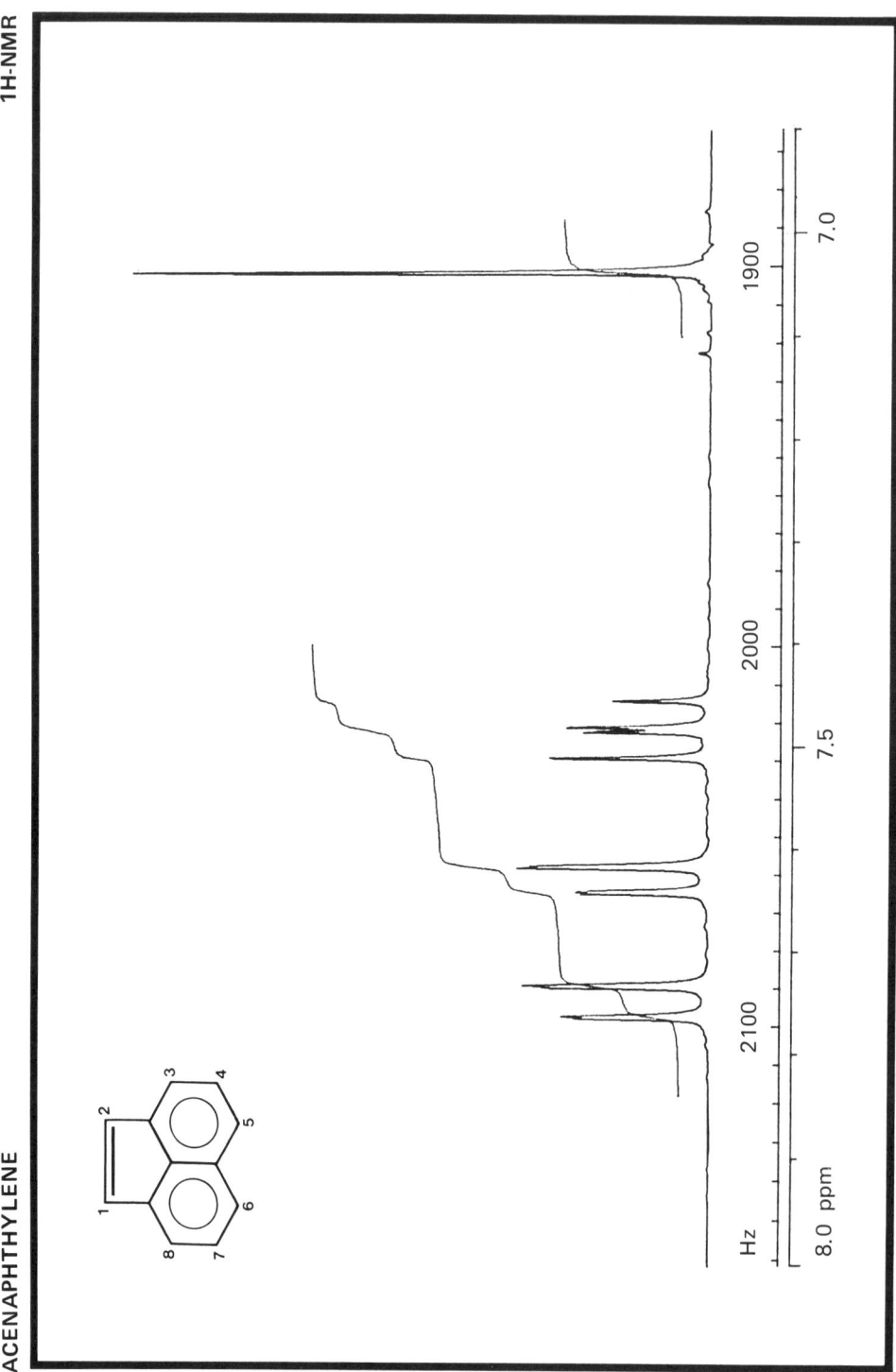

80

Proton No.	Chemical shift (ppm)	Coupling constants (Hz)
1 = 2	7.04	
3 = 8	7.63	J(3,4) = J(7,8) = 7.0
		J(3,5) = J(6,8) = 0.6
4 = 7	7.48	J(4,5) = J(6,7) = 8.2
5 = 6	7.75	

Original spectrum determined by Laboratory of the Goverment Chemist, London (UK)

Spectrometer : JEOL GX - 270
Solvent : $CDCl_3$
Concentration : 91 mg/ml

Formula : $C_{12}H_8$
M_r : 152.20 u
CAS Nr. : 208 - 96 - 8
Purity : 0.998 g/g
m.p. : 92 - 93°C

ACENAPHTHYLENE

13C-NMR

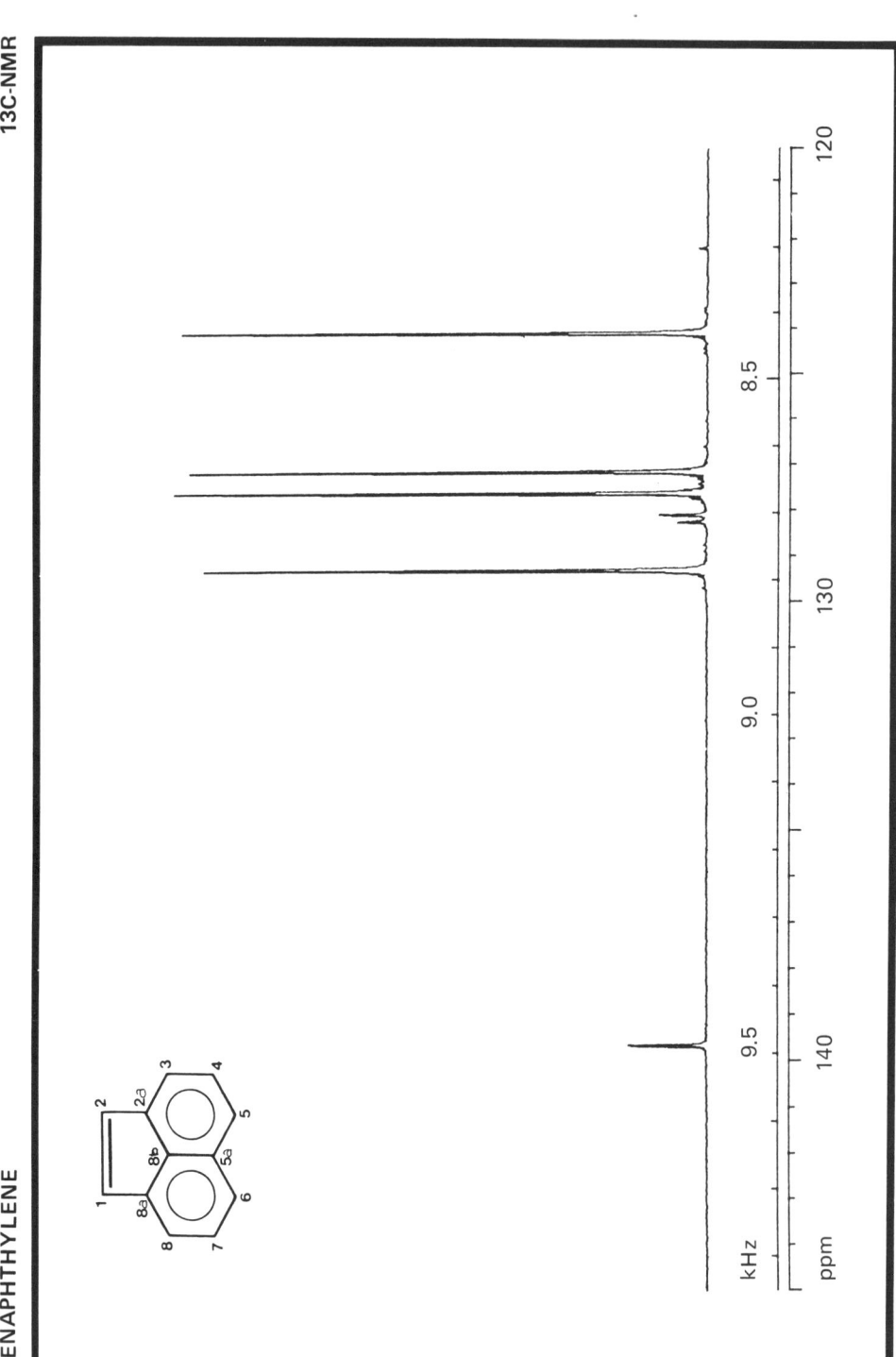

Signal	Intensity (%)	Chemical Shift (ppm)	Carbon No.
1	15 s	139.66	2a = 8b
2	94 d	129.33	1 = 2
3	5 s	128.28	8b
4	9 s	128.11	5a
5	100 d	127.63	4 = 7
6	97 d	127.18	5 = 6
7	98 d	124.11	3 = 8

Original spectrum determined by Laboratory of the Goverment Chemist, London (UK)

Spectrometer	: JEOL GX - 270 (67.8 MHz)	Formula	: $C_{12}H_8$
Solvent	: $CDCl_3$	M_r	: 152.20 u
Concentration	: 91 mg/ml	CAS Nr.	: 208 - 96 - 8
Pulse (angle)	: 10 μs (40°)	Purity	: 0.998 g/g
Accumulations	: 10,000	m.p.	: 92 - 93°C
Repeat time	: 2.47 s		

ACENAPHTHYLENE

IR (KBr)

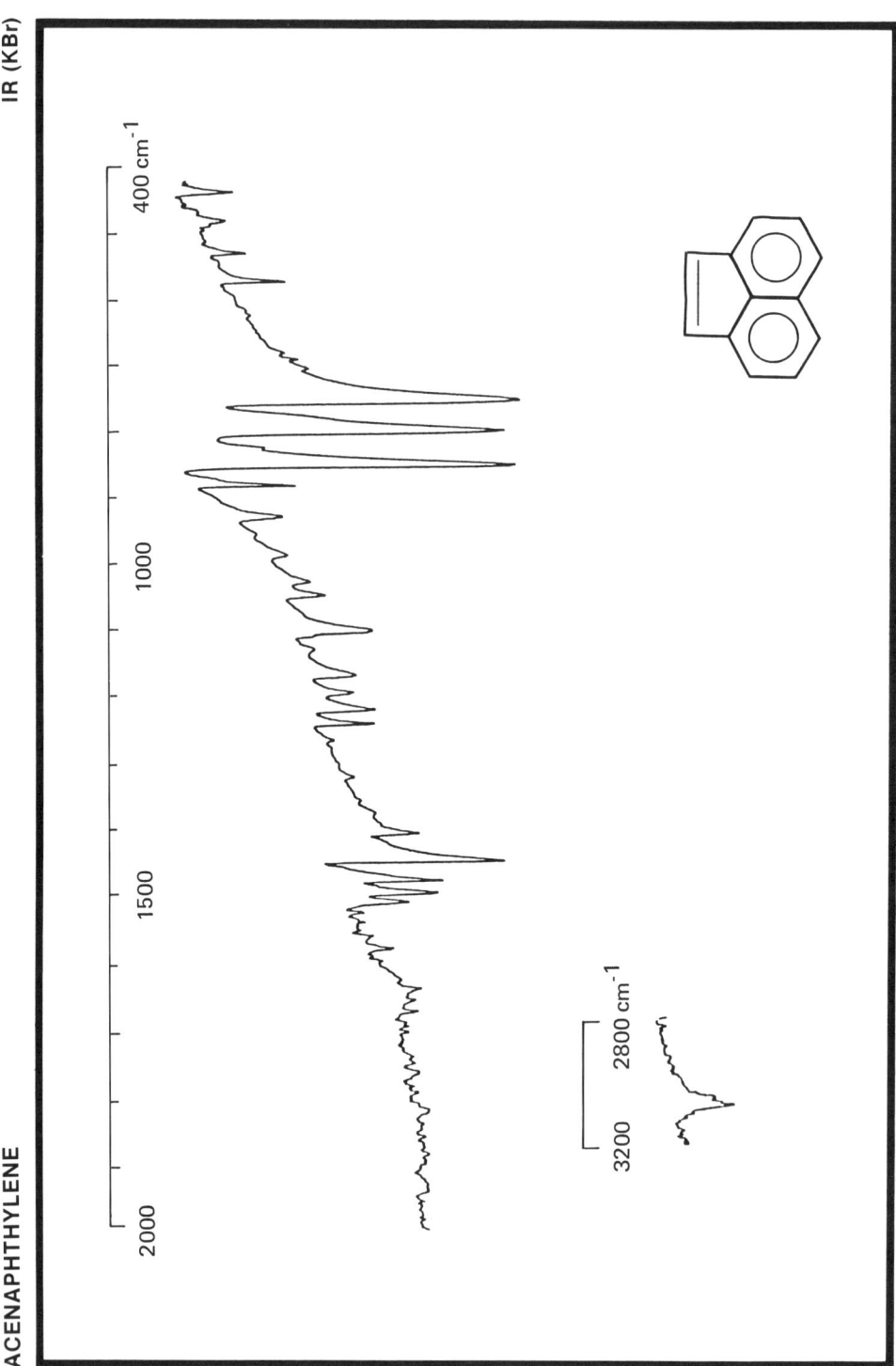

Frequency (cm⁻¹)	Assignment	Frequency (cm⁻¹)	Assignment
3061:	aromatic C - H stretch	912:	aromatic C - H wagging deformation
1491:		864:	
1456:	C = C stretch	828:	
1426:		804:	
1387		774:	
1223:	(C - C stretch)	727:	
1202		552:	ring deformation
1177		509:	
1150		459:	
1080		415:	
1030			

Original spectrum determined by Biochem. Institut, Ahrensburg (D)

Spectrometer	: Nicolet 5 MX	Formula	: $C_{12}H_8$
Sample	: KBr disc	M_r	: 152.20 u
Reference	: Air	CAS Nr.	: 208 - 96 - 8
Resolution	: 1.7 cm⁻¹ (maximum)	Purity	: 0.998 g/g
		m.p.	: 92 - 93°C

ACENAPHTHYLENE

IR (s)

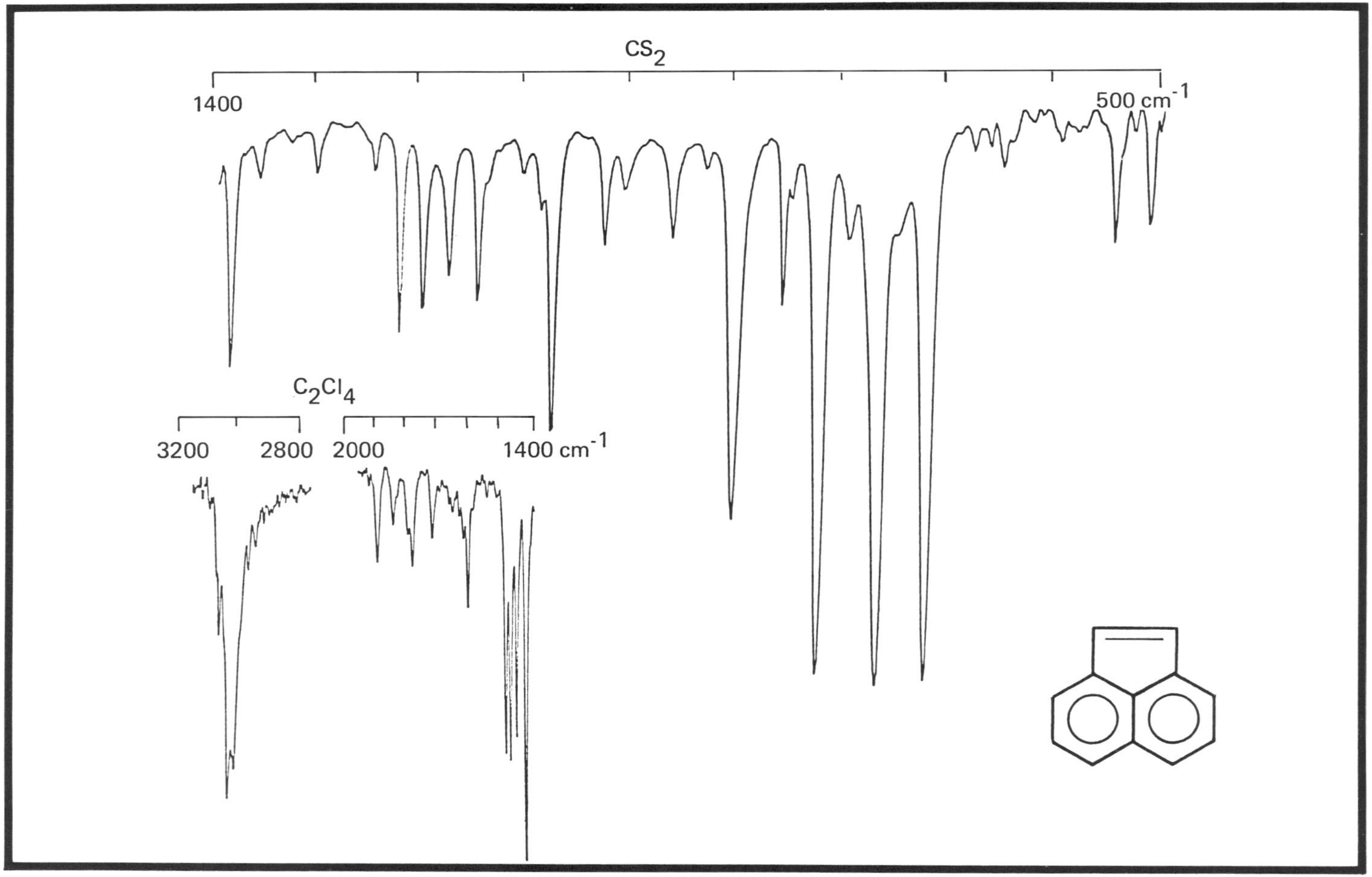

Frequency (cm⁻¹)	Assignment	Frequency (cm⁻¹)	Assignment
3102:		1177:	
3063:	aromatic	1150:	
3042:	C - H stretch	1080:	
1925:		909:	
1806:			
1622:		864:	aromatic
1493:		829:	C - H
1478:	C=C stretch	774:	wagging
1456:		727:	deformation
1426:			
1387:			
1223:	(C - C stretch)		
1202:			

Original spectrum determined by Biochem. Institut, Ahrensburg (D)

Spectrometer	: Nicolet 5 MX	**Formula**	: $C_{12}H_8$
Cell	: 0.2 mm (KBr)	M_r	: 152.20 u
Solvents	: C_2Cl_4 (3.200 - 1.400 cm⁻¹)	**CAS Nr.**	: 208 - 96 - 8
	CS_2 (1.400 - 500 cm⁻¹)	**Purity**	: 0.998 g/g
Resolution	: 1.7 cm⁻¹ (maximum)	**m.p.**	: 92 - 93°C

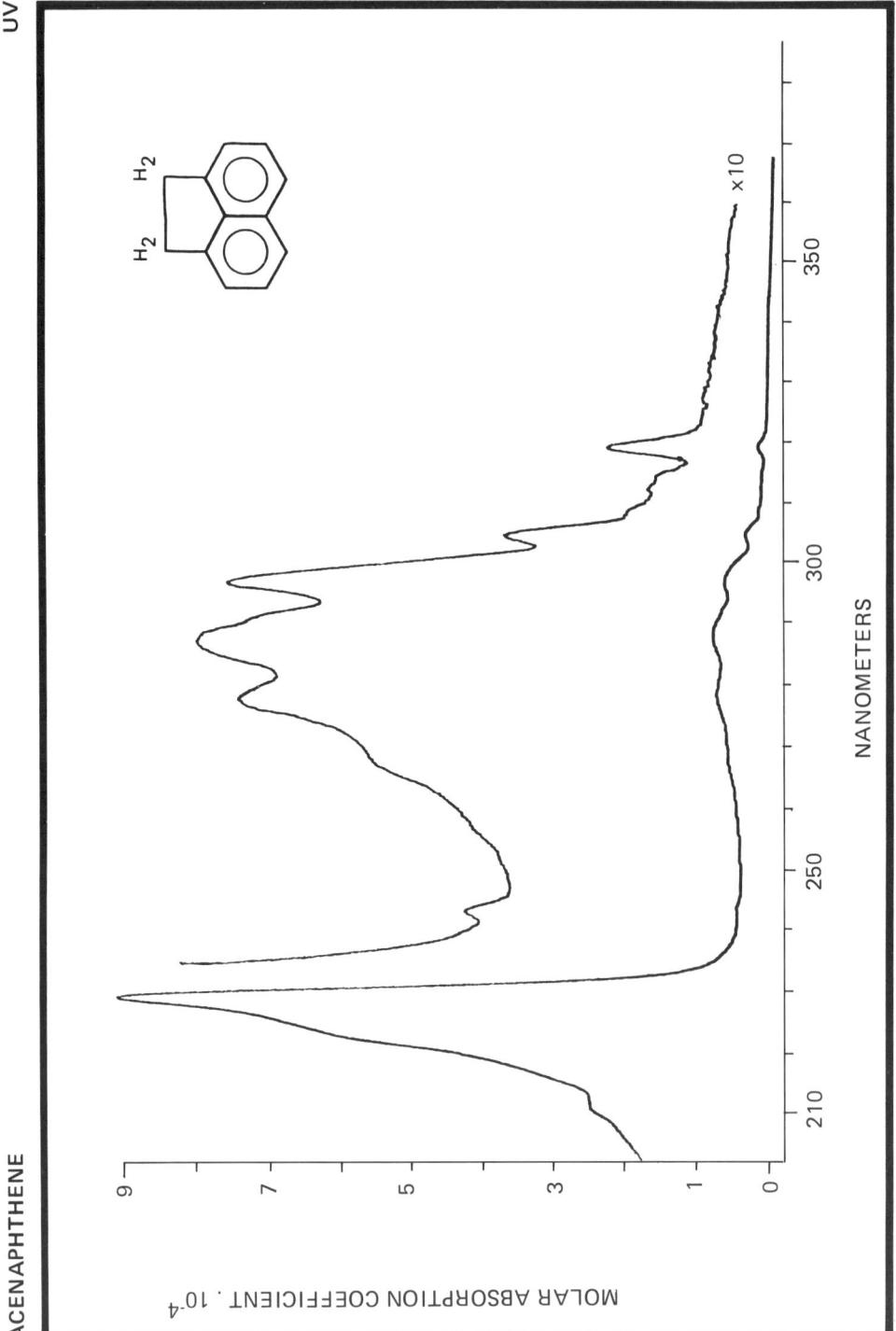

Wavelength (nm)	Molar absorption coefficient (l. mol⁻¹ cm⁻¹ × 10⁻⁴)	Wavelength (nm)	Molar absorption coefficient (l. mol⁻¹ cm⁻¹ × 10⁻⁴)
211.7 (sh)	2.3	288.4	0.75
228.7	8.9	298.3	0.9
243.6	0.4	306.2	0.3
278.4	0.7	320.5	0.16

Original spectrum determined by JRC Ispra (CEC)

Spectrometer	: Perkin - Elmer 555
Solvent	: Cyclohexane
Concentration	: 1.88 mg/l
Cell Length	: 1.000 cm
Slit width	: 1 nm

Formula	: $C_{12}H_{10}$
M_r	: 154.21 u
CAS Nr.	: 83 - 32 - 9
Purity	: 0.997 g/g
m.p.	: 95°C

ACENAPHTHENE

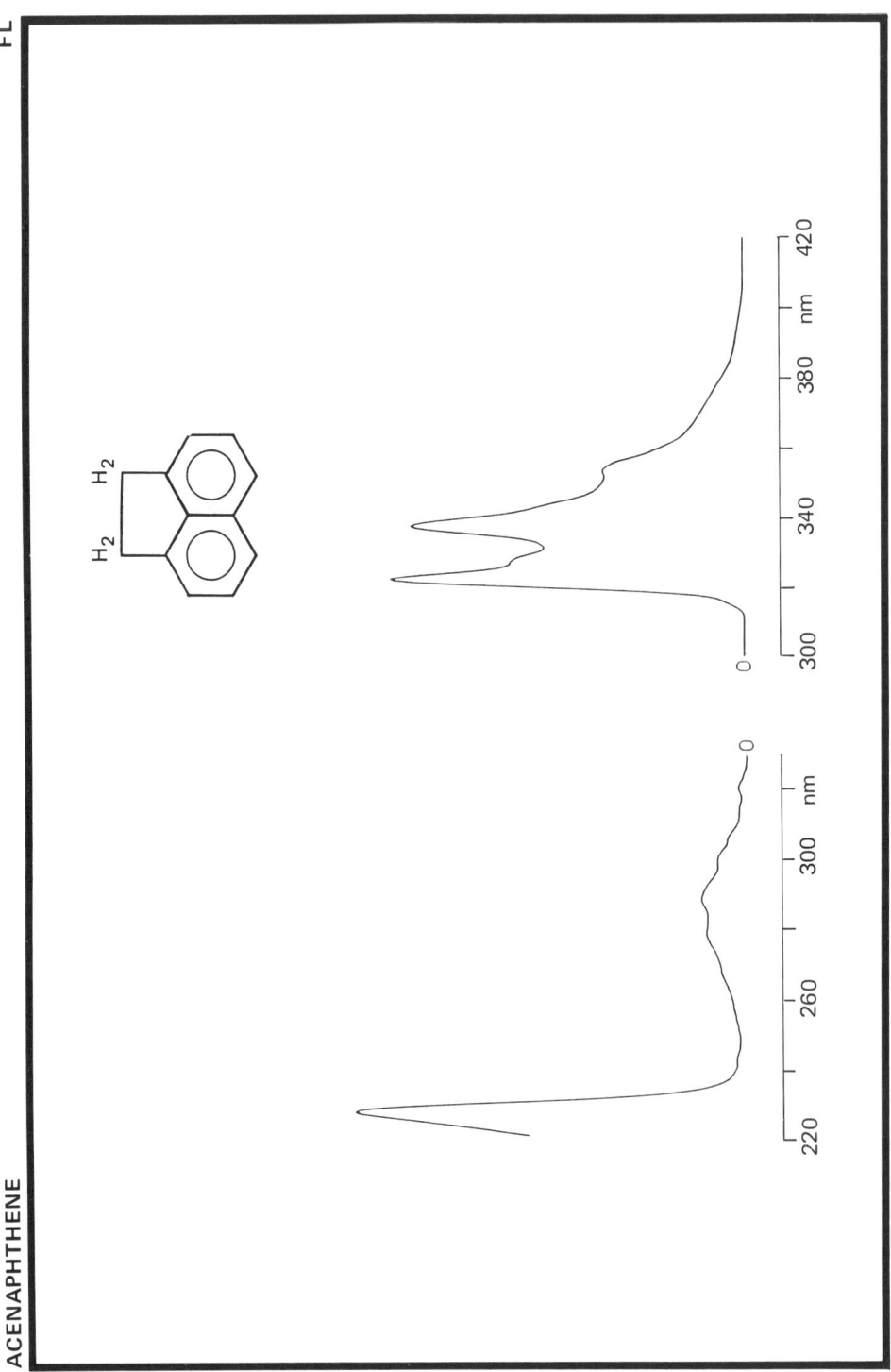

Wavelength (nm)	Relative intensity
321.5	100
327	55
337	84.5
354.5	33.5

Original spectrum produced by Physico-chemical oceanography group-University of Bordeaux I (F)

Instrument	: Perkin-Elmer MPF-44		**Formula**	: $C_{12}H_{10}$
Solvent	: Cyclohexane		M_r	: 154.21 u
Concentration	: 0.078 mg.l^{-1}		**CAS Nr.**	: 83 - 32 - 9
Spectrum	: **excitation**	**emission**	**Purity**	: 0.997 g/g
Fixed wavelength	: 337 nm	289 nm	**m.p.**	: 95°C
Excitation slit	: 2 nm	8 nm		
Emission slit	: 8 nm	2 nm		

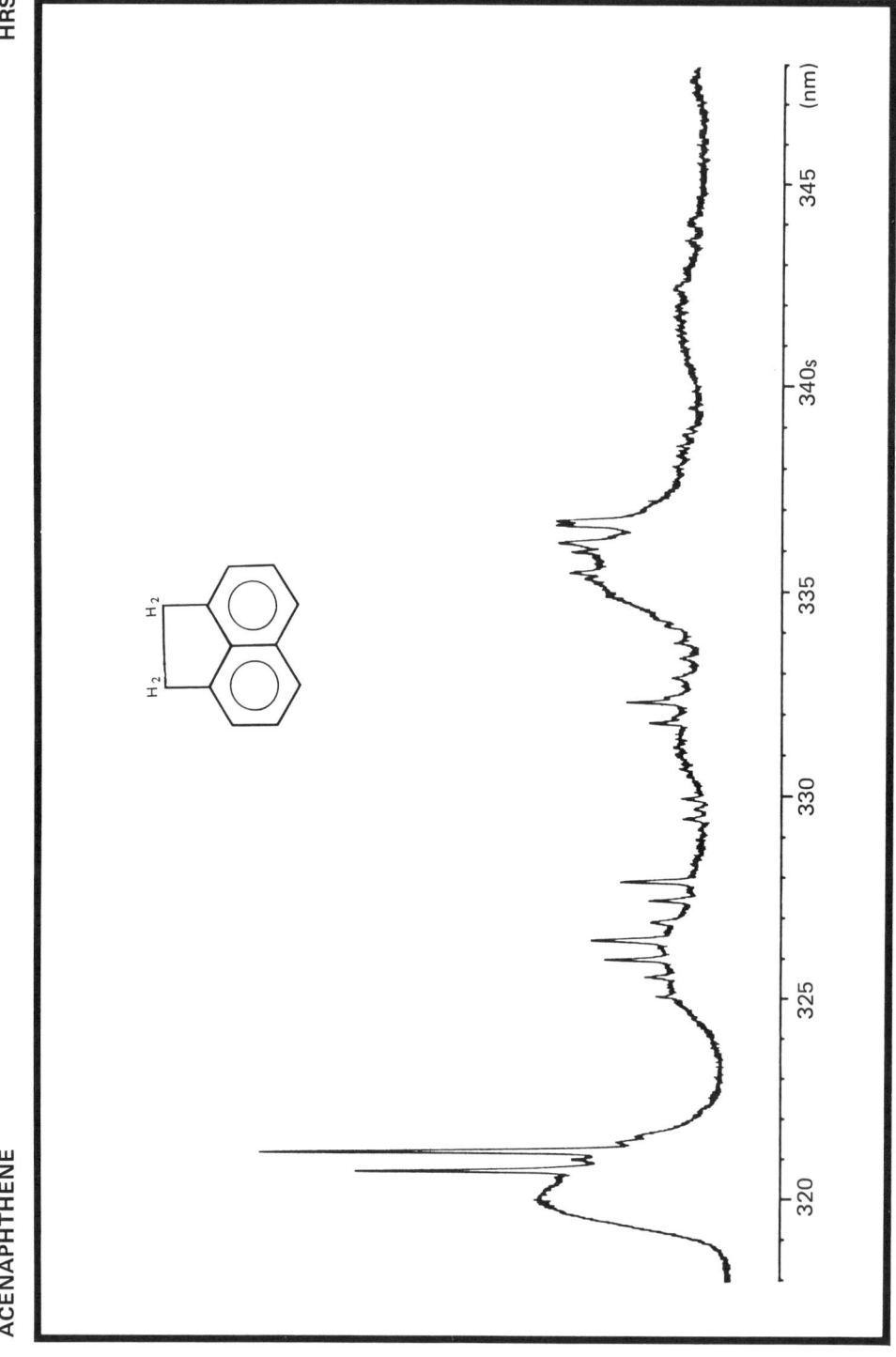

Fluorescence Wavelength (nm)	Intensity (%)
320.6	80
321	100

Original spectrum determined by Physico-chemical oceanography group-University of Bordeaux I (F)

Source	: 450W Xenon lamp	Formula	: $C_{12}H_{10}$
Excitation monochromator	: Jobin-Yvon H20	M_r	: 154.21 u
Emission monochromator	: Jobin-Yvon HR1000	CAS Nr.	: 83 - 32 - 9
Excitation wavelength (slits)	: 302 (9) nm	Purity	: 0.997 g/g
Emission slits	: 0.04 nm	m.p.	: 95°C
Temperature	: 15 K		
Solvent	: n-hexane		
Concentration	: 0.77 mg l^{-1}		

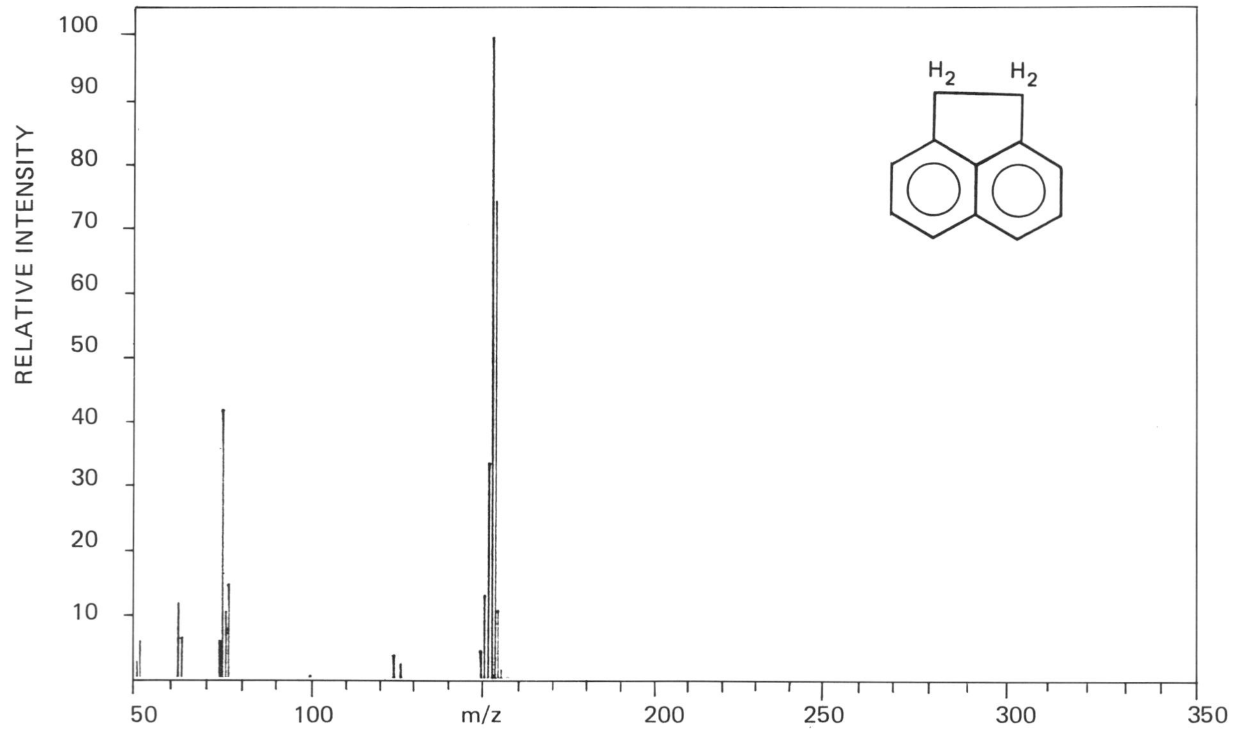
100
90
80
70
60
50
40
30
20
10
RELATIVE INTENSITY
50
100
m/z
200
250
300
350
H2
H2

m/z	relative intensity	m/z	relative intensity
51	3	126	4
52	6	128	3
63	12	150	5
64	7	151	14
76	6	152	35
76.5	43	153	100
77	11	154	76
77.5	15	155	12
		156	2.2

Original spectrum determined by Biochem. Institut, Ahrensburg (D)

Spectrometer	: Varian MAT 111
Inlet System	: Direct Inlet
Source Temperature	: 200°C
Source Voltage	: 70 eV

Formula	: $C_{12}H_{10}$
M_r	: 154.21 u
m/z	: 154.06 u
CAS Nr.	: 83 - 32 - 9
Purity	: 0.997 g/g
m.p.	: 95°C

ACENAPHTHENE

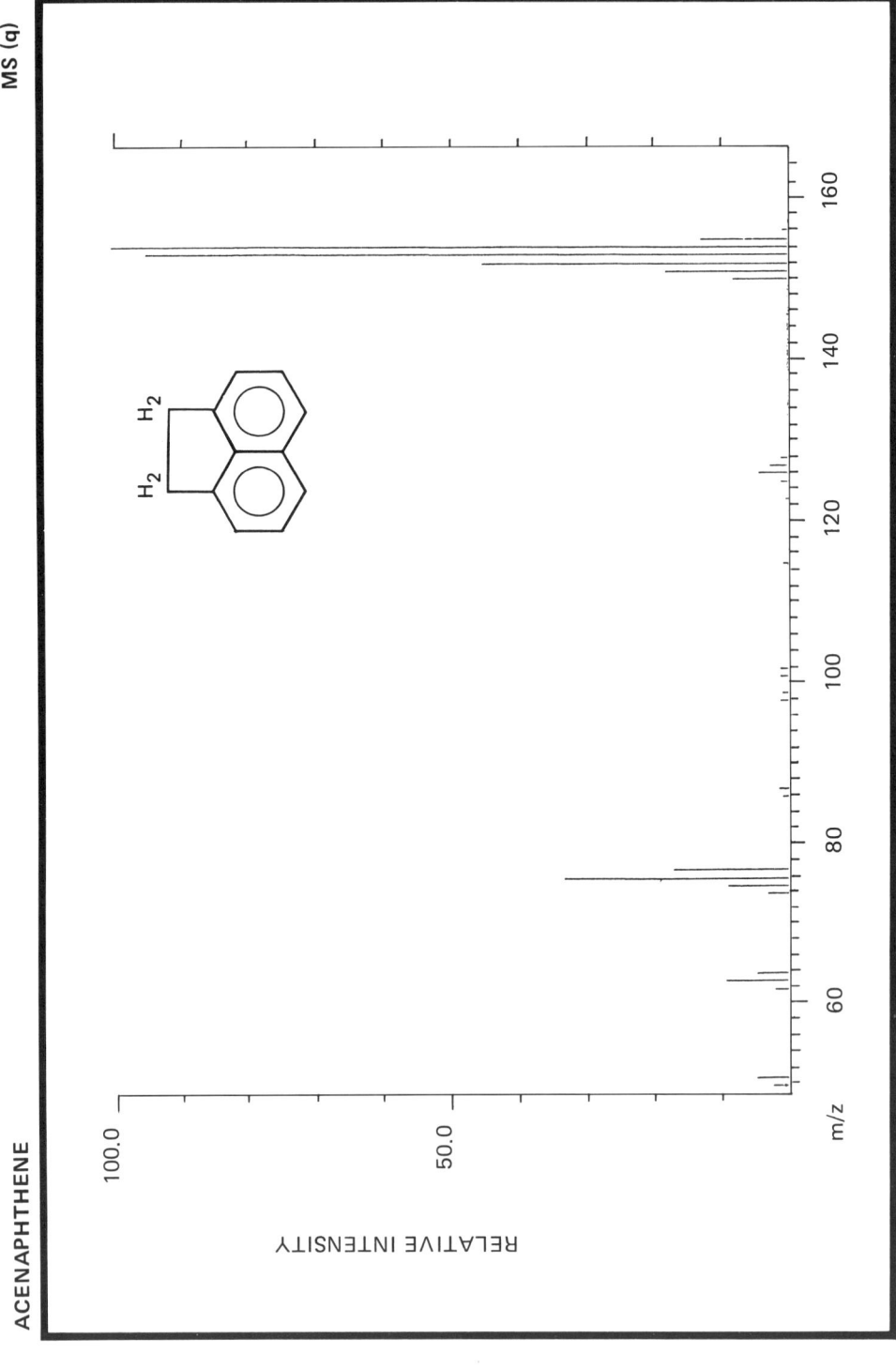

m/z	relative intensity	m/z	relative intensity
50	2.5	126	4.2
51	4.7	127	2.8
62	2.2	128	1.1
63	9.2	150	8.0
64	4.8	151	17.9
74	3.2	152	45.1
75	8.9	153	94.7
76	33.0	154	100.0
77	16.9	155	12.6
		156	0.7

Original spectrum determined by ITC - TNO, Zeist (NL)

Spectrometer	: Finnigan 4500 - Quadrupole
Inlet System	: capill. GC/MS
Source Temperature	: 400 K
Source Voltage	: 70 eV

Formula	: $C_{12}H_{10}$
M_r	: 154.21 u
m/z	: 154.06 u
CAS Nr.	: 83 - 32 - 9
Purity	: 0.997 g/g
m.p.	: 95°C

ACENAPHTHENE

1H-NMR

Proton No.	Chemical shift (ppm)	Coupling constants (Hz)
1 = 2	3.37	J(1,8) = J(2,3) = 0.8
		J(1,6) = J(2,5) = 0.6
3 = 8	7.26	J(3,4) = J(7,8) = 6.8
		J(3,5) = J(6,8) = 0.7
4 = 7	7.42	J(4,5) = J(6,7) = 8.3
5 = 6	7.57	

Spectrometer	: JEOL GX - 270
Solvent	: CDCl$_3$
Concentration	: 63 mg/ml

Original spectrum determined by Laboratory of the Goverment Chemist, London (UK)

Formula	: C$_{12}$H$_{10}$
M$_r$	: 154.21 u
CAS Nr.	: 83 - 32 - 9
Purity	: 0.997 g/g
m.p.	: 95°C

ACENAPHTHENE

13C-NMR

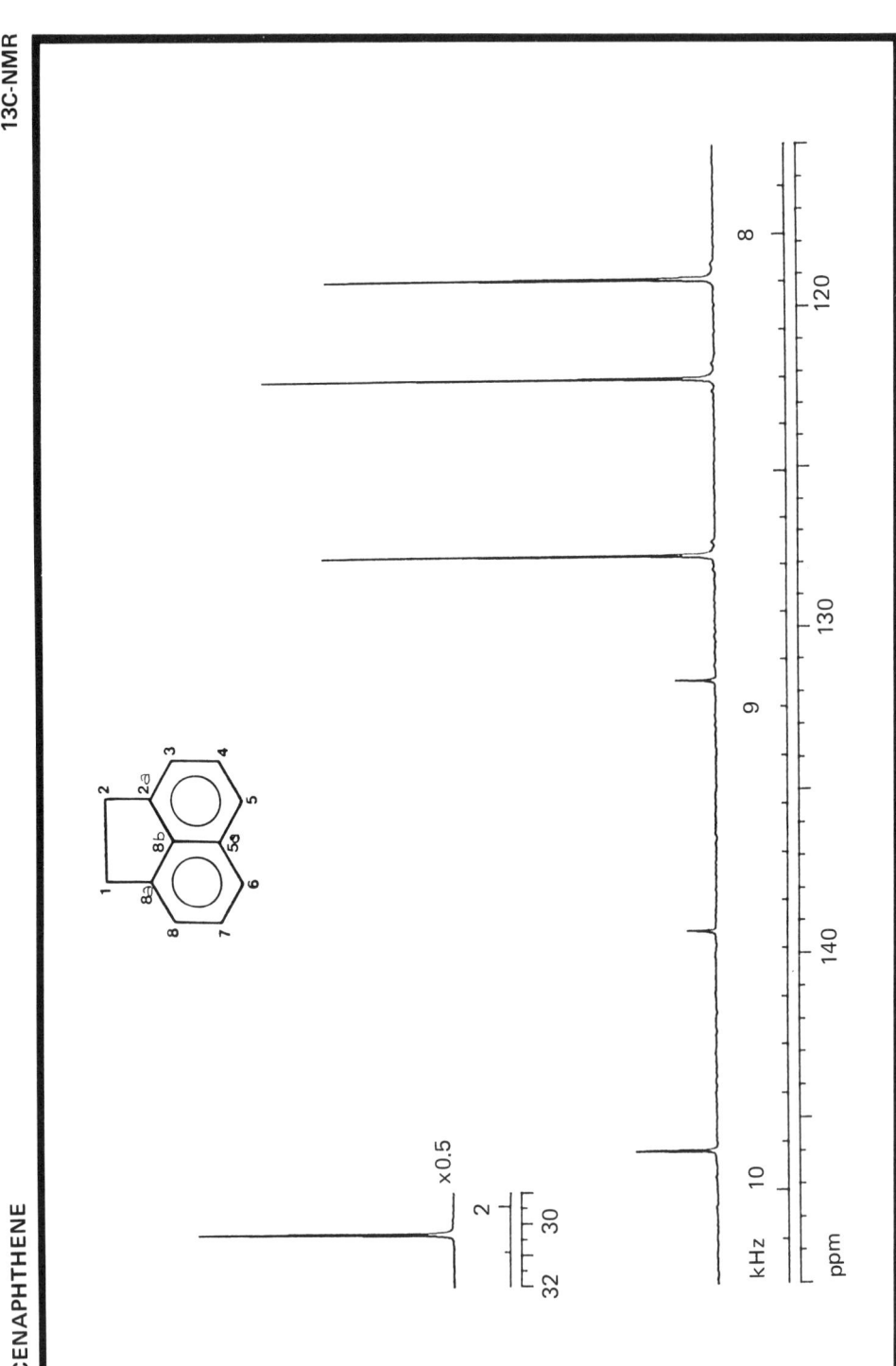

Signal	Intensity (%)	Chemical Shift (ppm)	Carbon No.
1	15 s	145.98	2a = 8a
2	5 s	139.31	8b
3	7 s	131.65	5a
4	71 d	127.80	4 = 7
5	82 d	122.23	5 = 6
6	71 d	119.16	3 = 8
7	100 t	30.34	1 = 2

Original spectrum determined by Laboratory of the Goverment Chemist, London (UK)

Spectrometer	: JEOL GX - 270 (67.8 MHz)		Formula	: $C_{12}H_{10}$
Solvent	: $CDCl_3$		M_r	: 154.21 u
Concentration	: 63 mg/ml		CAS Nr.	: 83 - 32 - 9
Pulse (angle)	: 10 μs (40°)		Purity	: 0.997 g/g
Accumulations	: 6000		m.p.	: 95°C
Repeat time	: 2.47 s			

ACENAPHTHENE

IR (KBr)

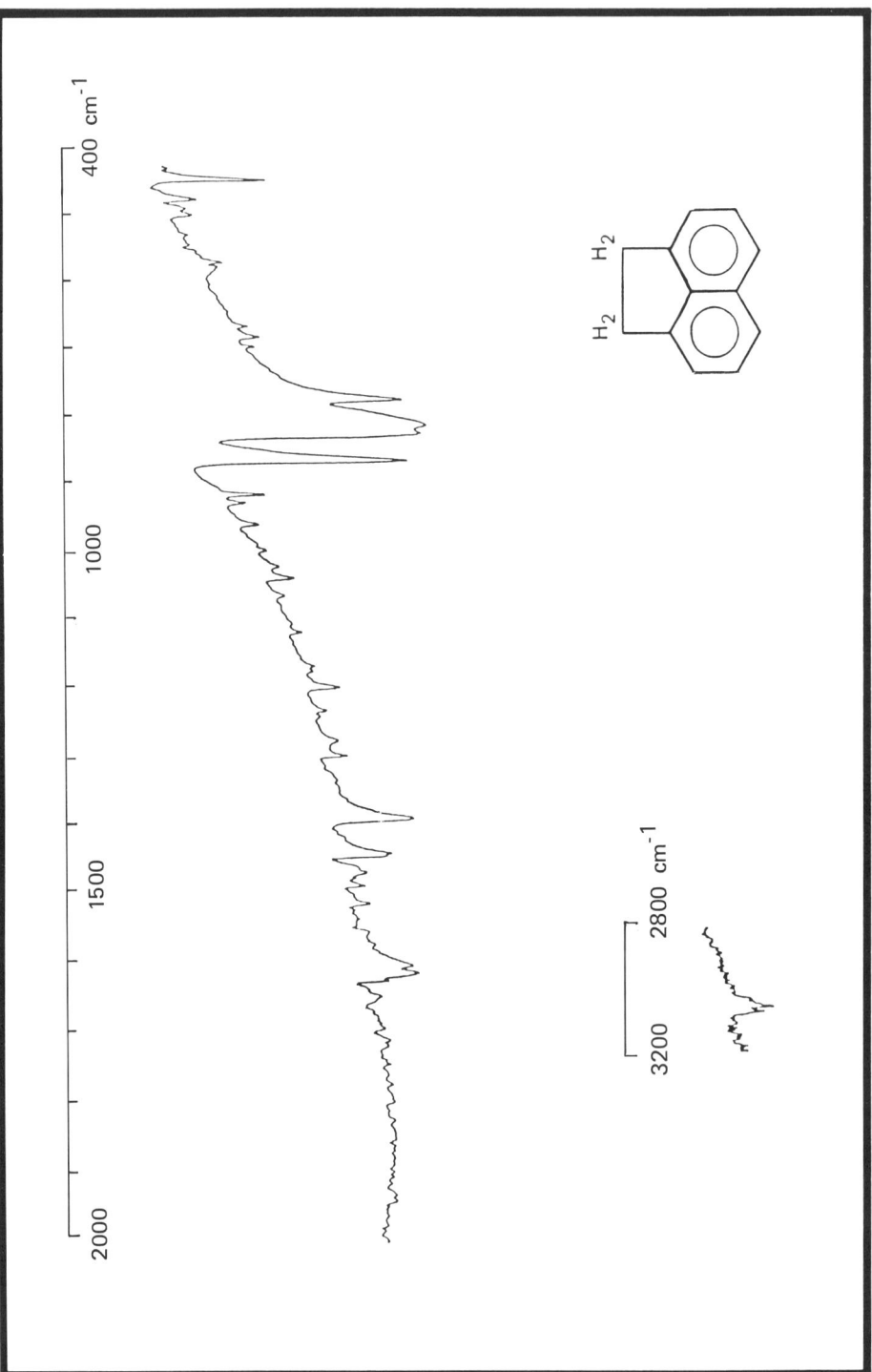

Frequency (cm⁻¹)	Assignment	Frequency (cm⁻¹)	Assignment
3054:	C - H stretch	895:	C - H wagging deformation
1603:		839:	
1591:	C=C stretch	797:	
1422:		785:	
		747:	
1368		448:	ring deformation
		417:	

Original spectrum determined by Biochem. Institut, Ahrensburg (D)

Spectrometer	: Nicolet 5 MX	**Formula**	: $C_{17}H_{10}$
Sample	: KBr disc	M_r	: 154.21 u
Reference	: Air	**CAS Nr.**	: 83 - 32 - 9
Resolution	: 1.7 cm⁻¹ (maximum)	**Purity**	: 0.997 g/g
		m.p.	: 95°C

ACENAPHTHENE

IR (s)

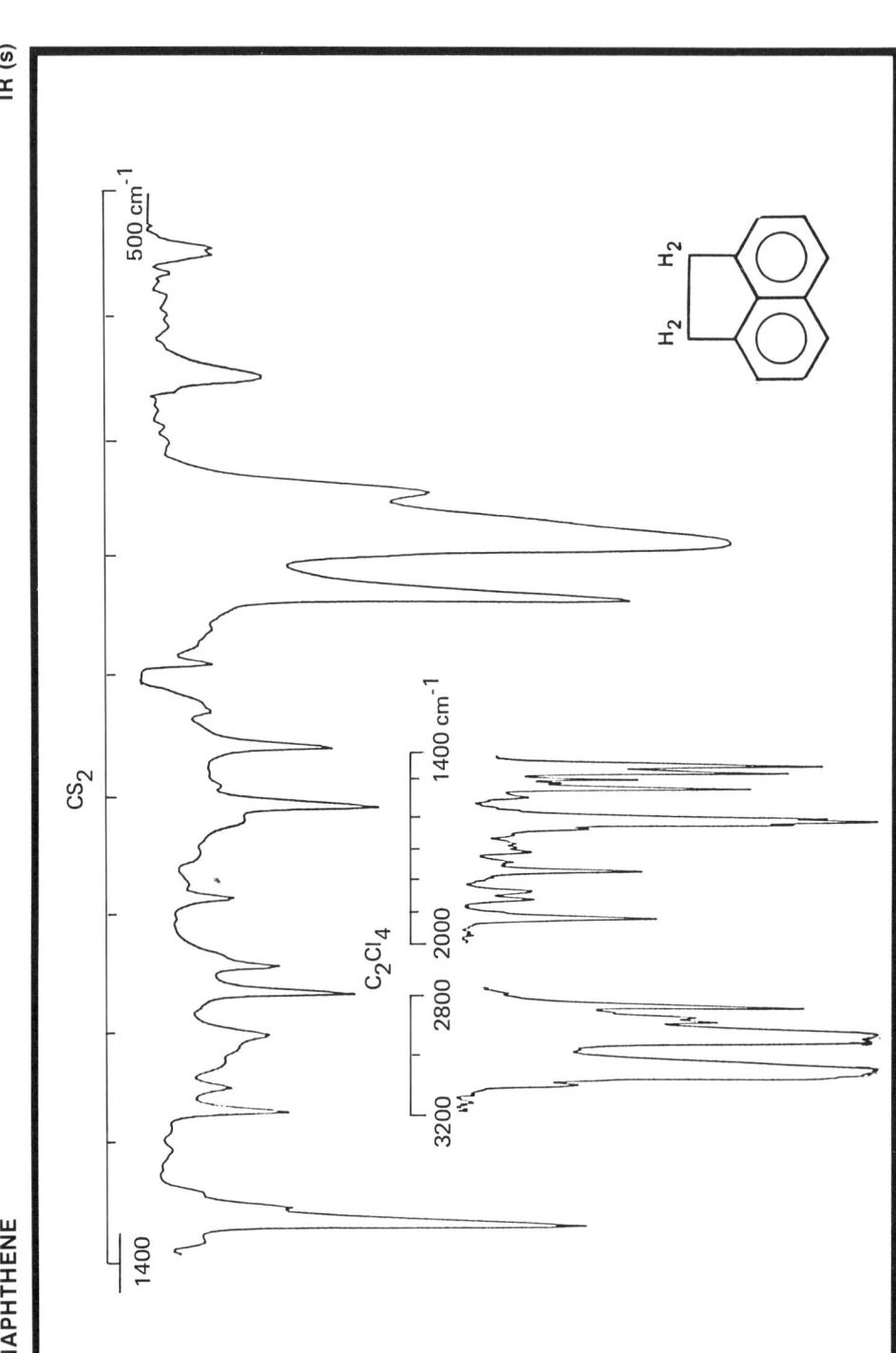

Frequency (cm⁻¹)	Assignment	Frequency (cm⁻¹)	Assignment
3040:	aromatic C - H stretch	1275	
		1171	
2938:	(asymetr. C - H stretch: - CH₂)	1013	
2924:		964	
2839:		964	
1919		835:	aromatic C - H wagging
1769		783	
1617:	C=C stretch	747:	deformation
1607:		650:	ring deformation
1595:		550	
1499:		554:	
1449:			
1426:			
1377			

Original spectrum determined by Biochem. Institut, Ahrensburg (D)

Spectrometer	: Nicolet 5 MX	Formula	: $C_{12}H_{10}$
Cell	: 0.2 mm (KBr)	M_r	: 154.21 u
Solvents	: C_2Cl_4 (3.200 - 1.400 cm⁻¹) CS_2 (1.400 - 500 cm⁻¹)	CAS Nr.	: 83 - 32 - 9
		Purity	: 0.997 g/g
Resolution	: 1.7 cm⁻¹ (maximum)	m.p.	: 95°C

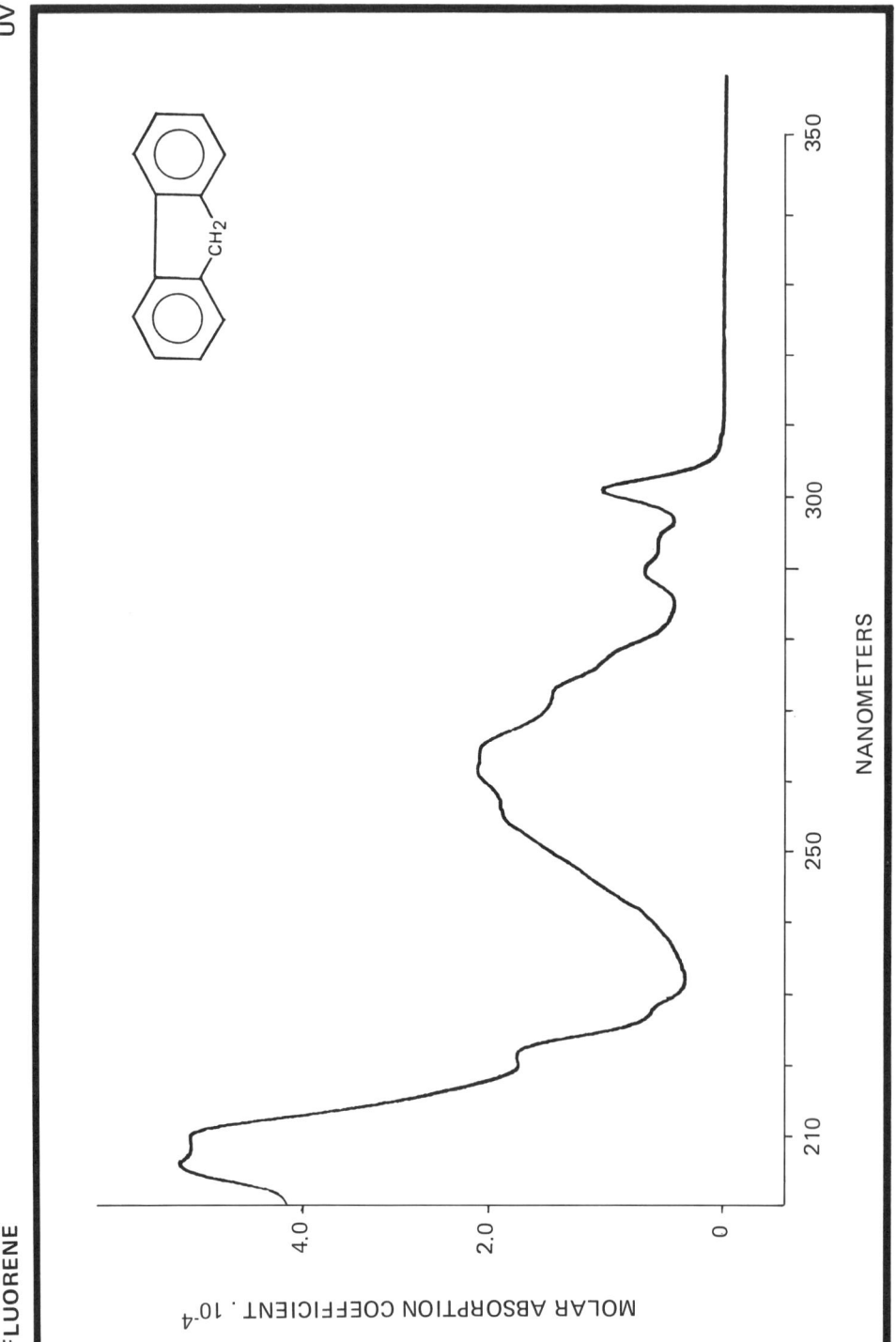

Wavelength (nm)	Molar absorption coefficient (l. mol⁻¹ cm⁻¹ × 10⁻⁴)	Wavelength (nm)	Molar absorption coefficient (l. mol⁻¹ cm⁻¹ × 10⁻⁴)
205.1	4.8	262.7	2.1
219.8 (sh)	1.8	283.8	0.4
230.3	0.3	288.5	0.64
256.1 (sh)	1.9	295.6 (sh)	0.45
261.0	2.13	301.0	1.04

Original spectrum determined by JRC Ispra (CEC)

Spectrometer	: Perkin - Elmer 555	**Formula**	: $C_{13}H_{10}$
Solvent	: Cyclohexane	**M_r**	: 166.22 u
Concentration	: 4.3 mg/l	**CAS Nr.**	: 86 - 73 - 7
Cell Length	: 1.000 cm	**Purity**	: 0.994 g/g
Slit width	: 1 nm	**m.p.**	: 115 - 116°C

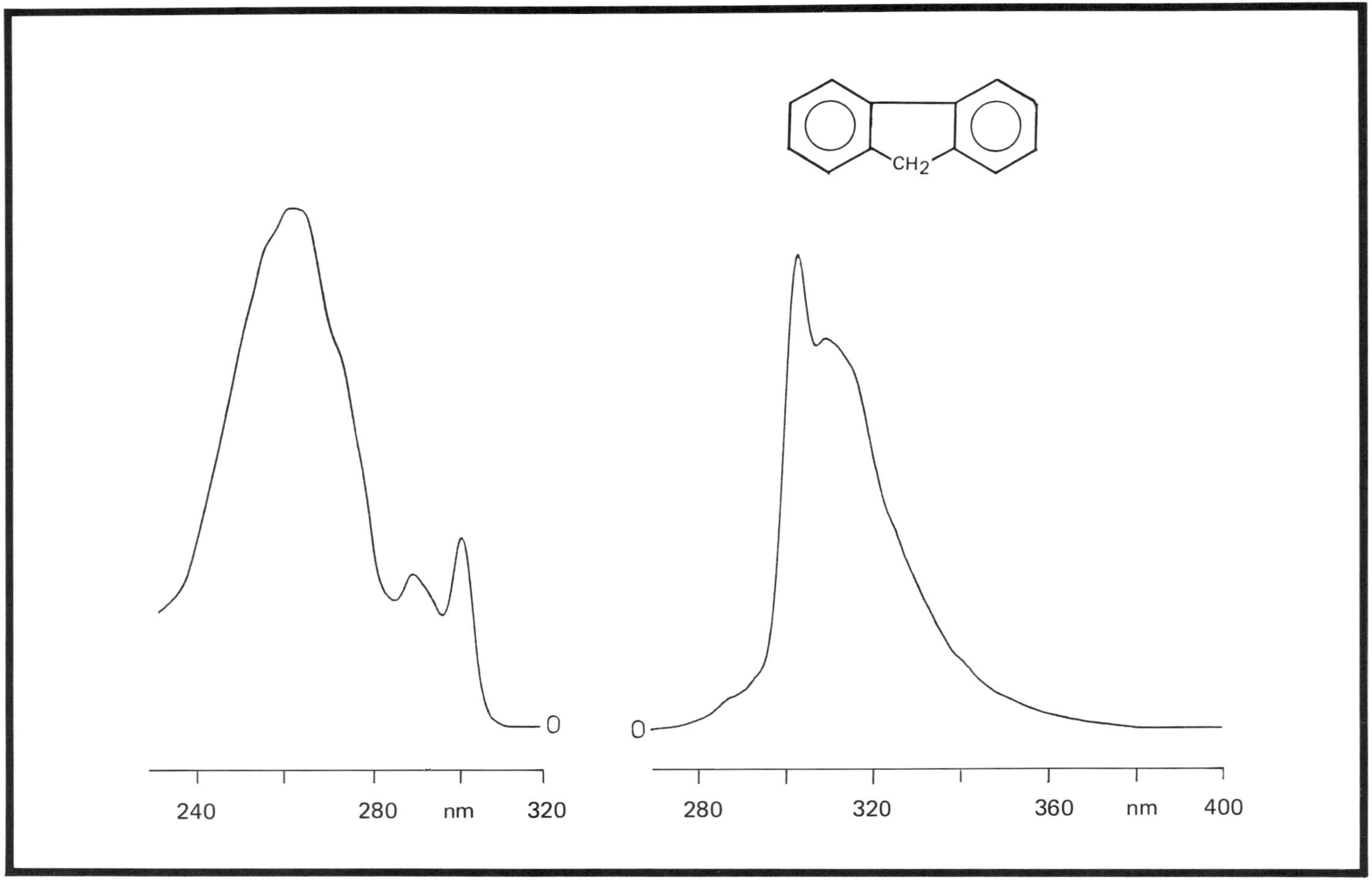
CH2
0
240
280
nm
320
0
280
320
360
nm
400

Wavelength (nm)	Relative intensity
302	100
309	76.5

Original spectrum produced by Physico-chemical oceanography group-University of Bordeaux I (F)

Instrument	: Perkin-Elmer MPF-44		**Formula**	: $C_{13}H_{10}$
Solvent	: Cyclohexane		M_r	: 166.22 u
Concentration	: 0.083 mg.l^{-1}		**CAS Nr.**	: 86 - 73 - 7
Spectrum	: **excitation**	**emission**	**Purity**	: 0.994 g/g
Fixed wavelength	: 309 nm	262 nm	**m.p.**	: 115 - 116°C
Excitation slit	: 2 nm	4 nm		
Emission slit	: 6 nm	2 nm		

9H - FLUORENE

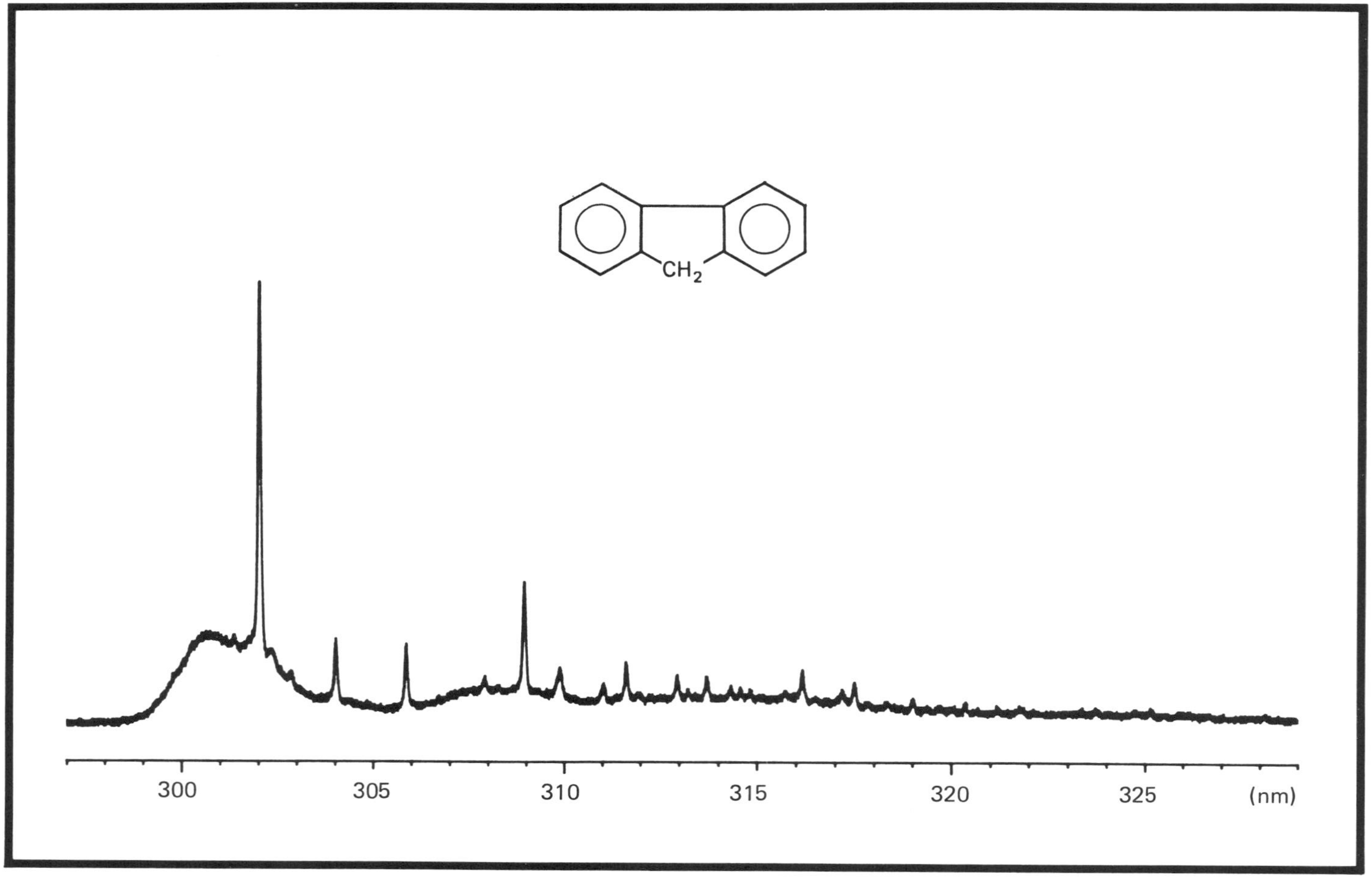

Fluorescence Wavelength (nm)	Intensity (%)
301.8	100
303.8	20
308.8	33

Original spectrum determined by Physico-chemical oceanography group-University of Bordeaux I (F)

Source	: 450W Xenon lamp		**Formula**	: $C_{13}H_{10}$
Excitation monochromator	: Jobin-Yvon H20		M_r	: 166.22 u
Emission monochromator	: Jobin-Yvon HR1000		**CAS Nr.**	: 86 - 73 - 7
Excitation wavelength (slits)	: 266 (9) nm		**Purity**	: 0.994 g/g
Emission slits	: 0.04 nm		**m.p.**	: 115.5°C
Temperature	: 15 K			
Solvent	: n-hexane			
Concentration	: 0.332 mg/l			

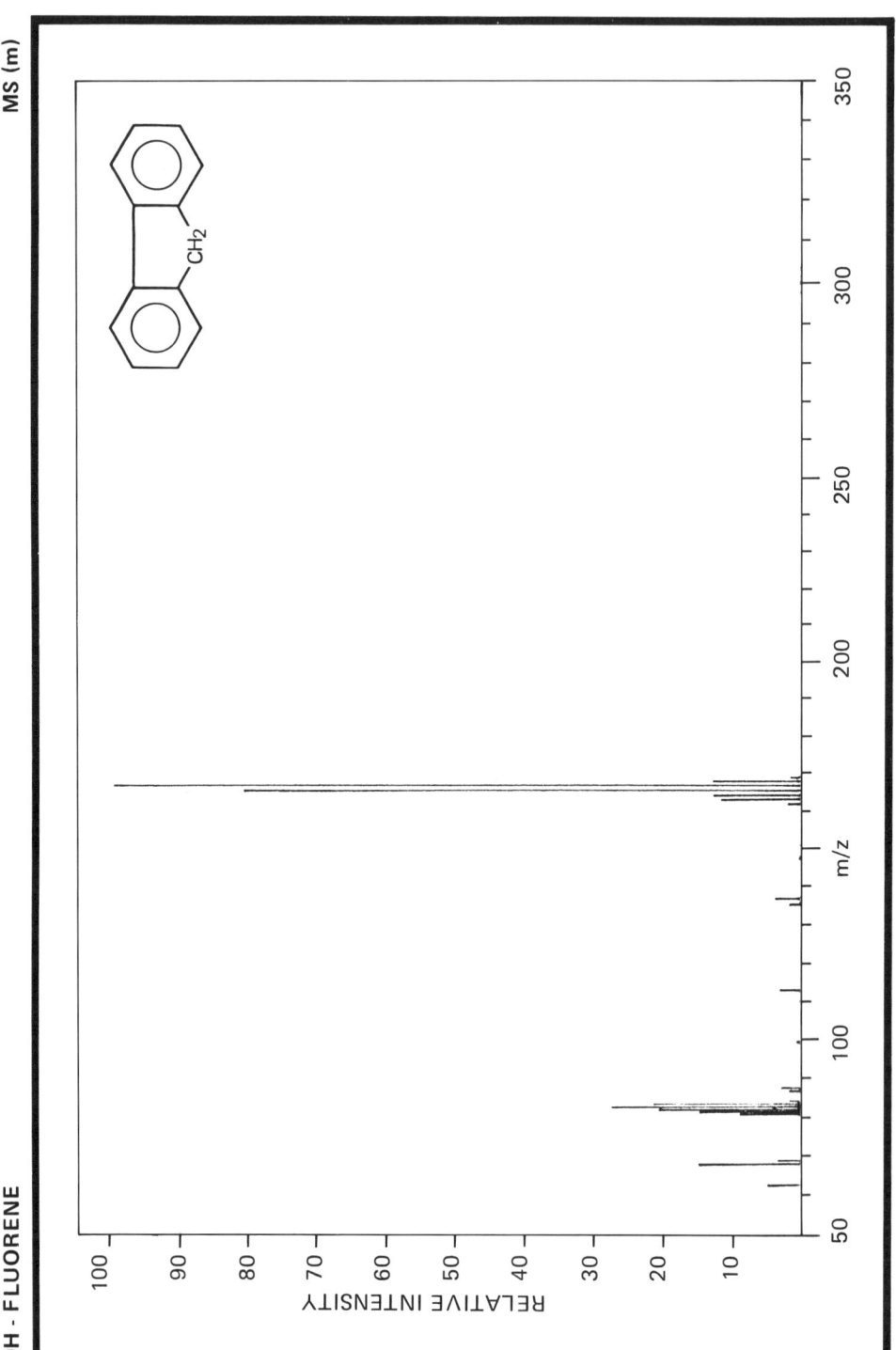

m/z	relative intensity	m/z	relative intensity
63	5.0	115	3.0
69	15.0	138	2.0
69.5	3.0	139	4.0
81.5	9.0	162	3.0
82	15.0	163	12.0
82.5	21.0	164	13.0
83	28.0	165	81.0
83.5	22.0	166	100.0
84	2.0	167	13.0
87	2.0	168	1.9
88	3.0		

Original spectrum determined by Biochem. Institut, Ahrensburg (D)

Spectrometer	: Varian MAT 111	**Formula**	: $C_{13}H_{10}$
Inlet System	: Direct Inlet	M_r	: 166.22 u
Source Temperature	: 200°C	**m/z**	: 166.07 u
Source Voltage	: 70 eV	**CAS Nr.**	: 86 - 73 - 7
		Purity	: 0.994 g/g
		m.p.	: 115 - 116°C

9H - FLUORENE

MS (q)

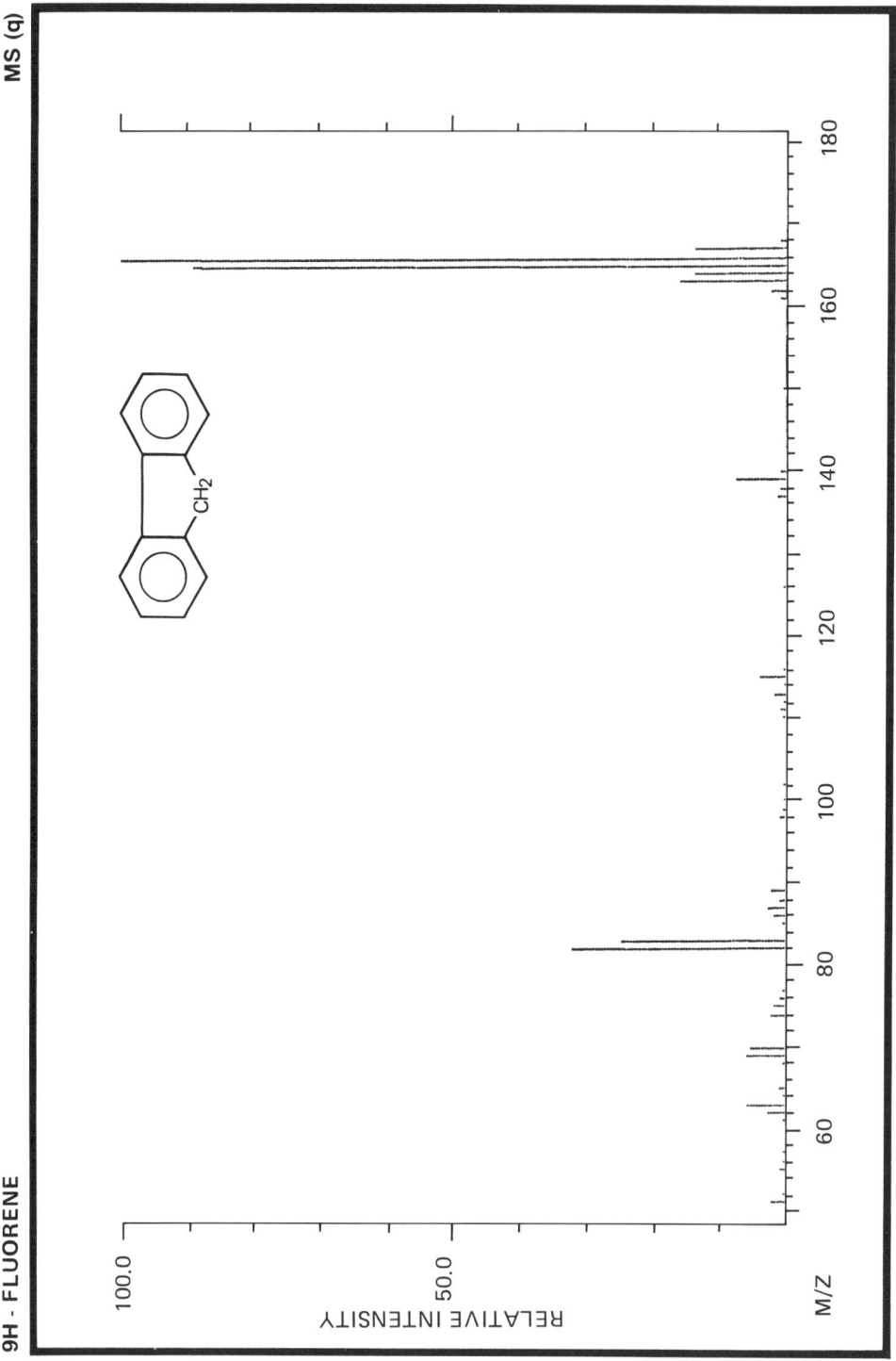

m/z	relative intensity	m/z	relative intensity
51	2.2	115	4.1
62	2.5	139	7.4
63	5.6	162	2.4
69	5.7	163	15.8
70	5.3	164	13.5
74	2.3	165	89.2
82	32.0	166	100.0
83	24.9	167	13.9
87	2.6	168	0.9
89	2.3		

Original spectrum determined by ITC - TNO, Zeist (NL)

Spectrometer	: Finnigan 4021 - Quadrupole	**Formula**	: $C_{13}H_{10}$
Inlet System	: capill. GC/MS	**M$_r$**	: 166.22 u
Source Temperature	: 247°C	**m/z**	: 166.07 u
Source Voltage	: 70 eV	**CAS Nr.**	: 86 - 73 - 7
		Purity	: 0.994 g/g
		m.p.	: 115 - 116°C

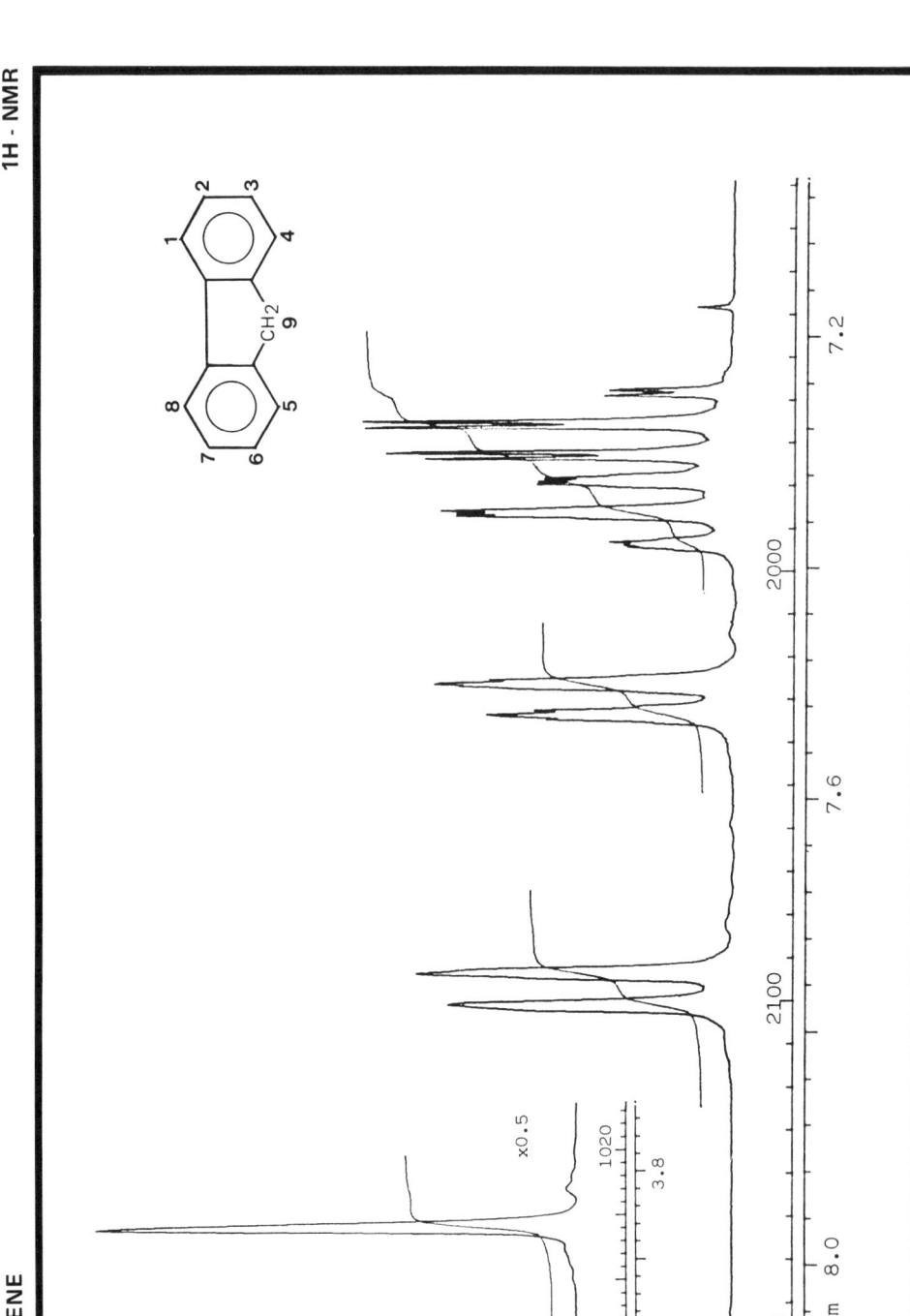

Proton No.	Chemical shift (ppm)	Coupling constants (Hz)	
1 = 8	7.59	J(1,2) = 7.6;	J(1,3) = 1.1
		J(1,4) = 0.8;	J(1,9) = 0.9
2 = 7	7.29	J(2,3) = 7.4;	J(2,4) = 1.1
3 = 6	7.36	J(3,4) = 7.7;	J(3,9) = 0.7
4 = 5	7.77	J(4,9) = 0.3	
9	3.86		

Original spectrum determined by Laboratory of the Goverment Chemist, London (UK)

Spectrometer : JEOL GX - 270
Solvent : CDCl$_3$
Concentration : 50 mg/l

Formula : C$_{13}$H$_{10}$
M$_r$: 166.22 u
CAS Nr. : 86 - 73 - 7
Purity : 0.994 g/g
m.p. : 115-116°C

9H - FLUORENE
13C - NMR

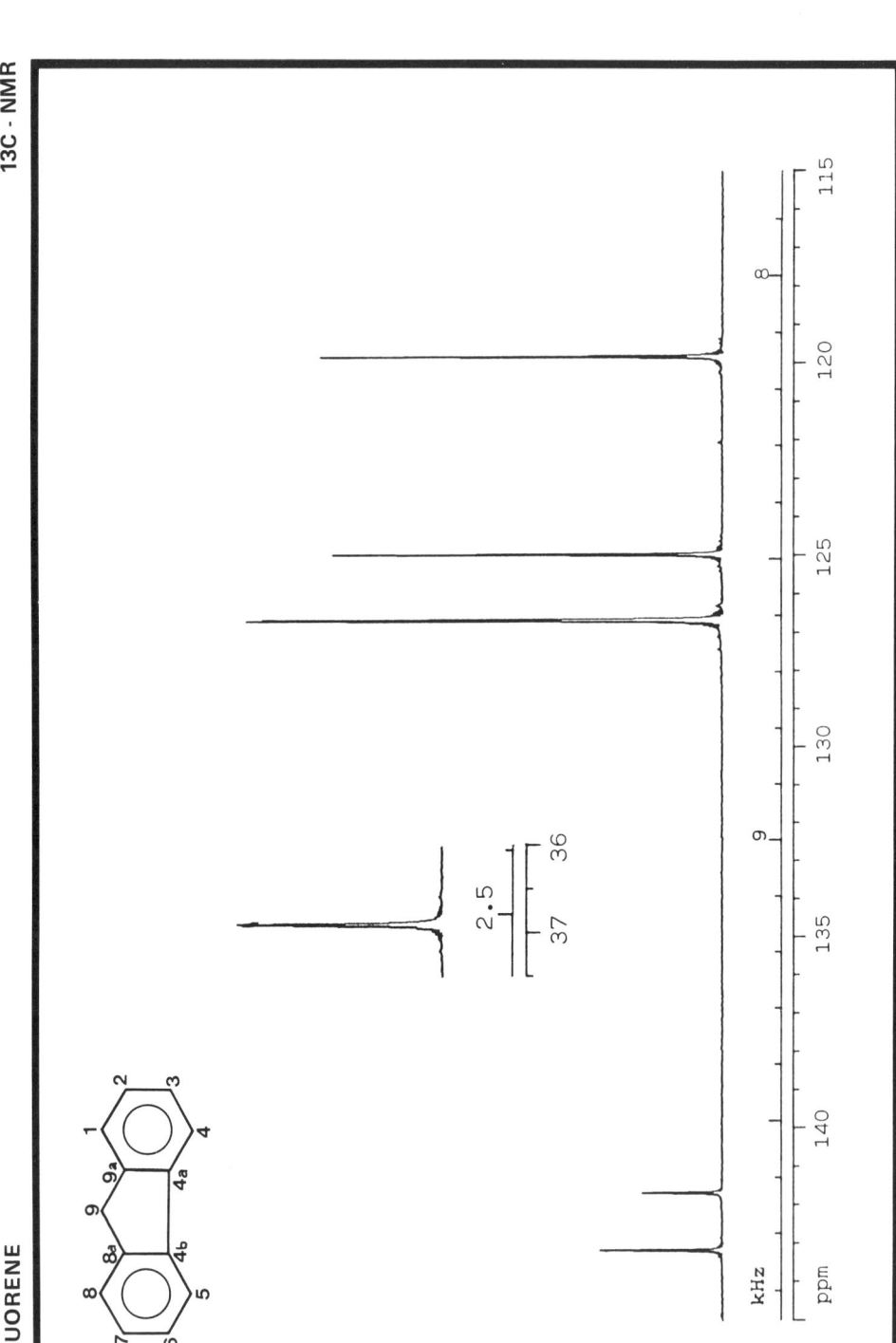

Signal	Intensity (%)	Chemical Shift (ppm)	Carbon No.
1	31.5 s	143.20	8a = 9a
2	19.4 s	141.71	4a = 4b
3	89.7 d	126.70	3 = 6
4	94.5 d	126.67	2 = 7
5	100.0 d	124.99	1 = 8
6	99.2 d	119.85	4 = 5
7	57.2 t	36.90	9

Original spectrum determined by Laboratory of the Goverment Chemist, London (UK)

Spectrometer	: JEOL GX - 270 (67.8 MHz)		Formula	: $C_{13}H_{10}$
Solvent	: $CDCl_3$		M_r	: 166.22 u
Concentration	: 50 mg/ml		CAS Nr.	: 86 - 73 - 7
Pulse (angle)	: 10 μs (40°)		Purity	: 0.994 g/g
Accumulations	: 18.000		m.p.	: 115.5°C
Repeat time	: 2.47 s			

9H - FLUORENE   IR (KBr)

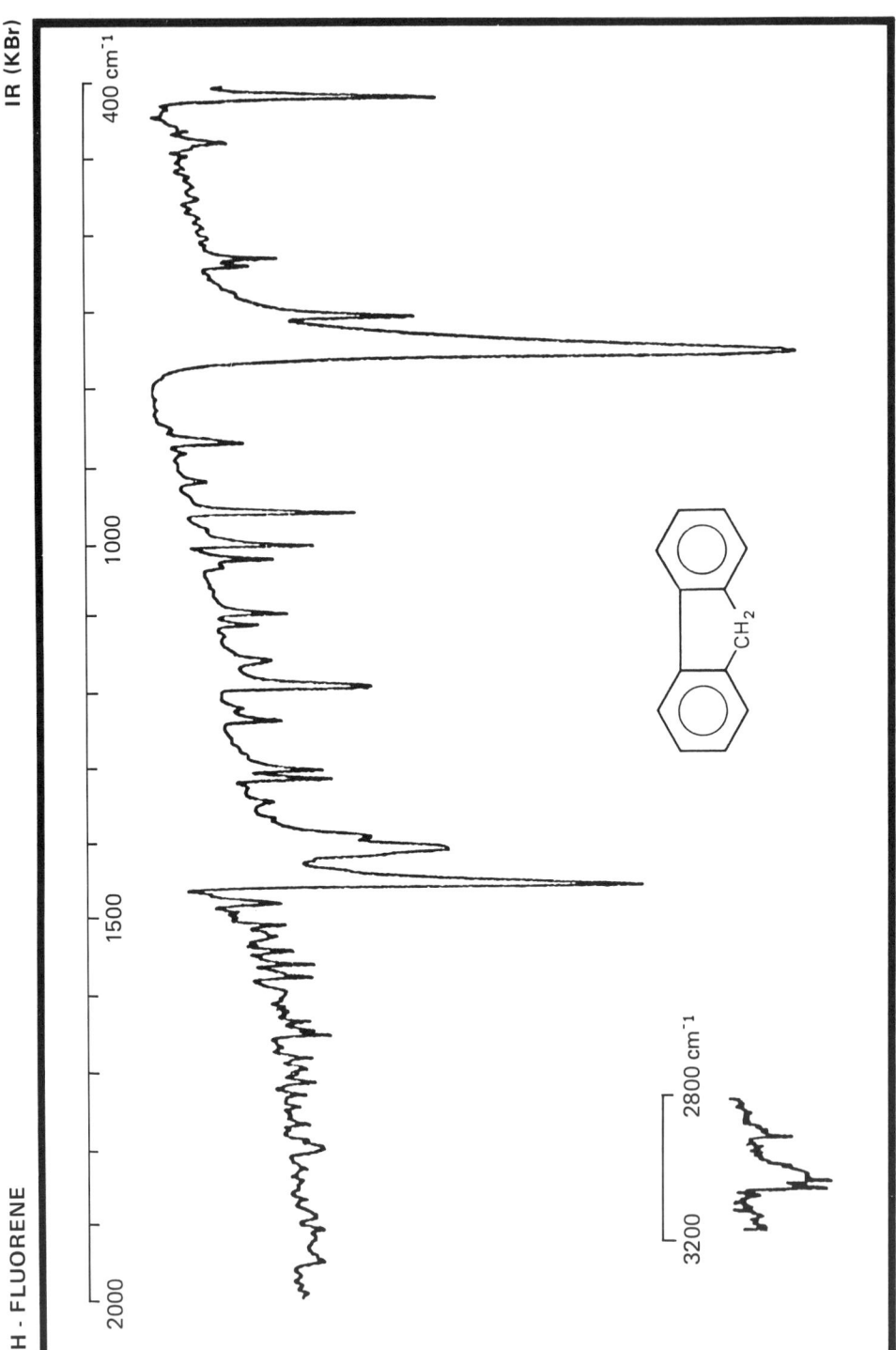

Frequency (cm⁻¹)	Assignment	Frequency (cm⁻¹)	Assignment
3059:	C - H stretch	999:	
3038:		953:	
1447:	C=C stretch	737:	C - H wagging deformation
1402:		696:	
1310:	C - C stretch	411:	ring deformation
1298:			
1190:			

Original spectrum determined by Biochem. Institut, Ahrensburg (D)

Spectrometer	: Nicolet 5 MX	**Formula**	: $C_{13}H_{10}$
Sample	: KBr disc (⌀5 mm, thickness 0.4 mm)	**M_r**	: 166.22 u
Reference	: Air	**CAS Nr.**	: 86 - 73 - 7
Resolution	: 1.7 cm⁻¹ (maximum)	**Purity**	: 0.994 g/g
		m.p.	: 115 - 116°C

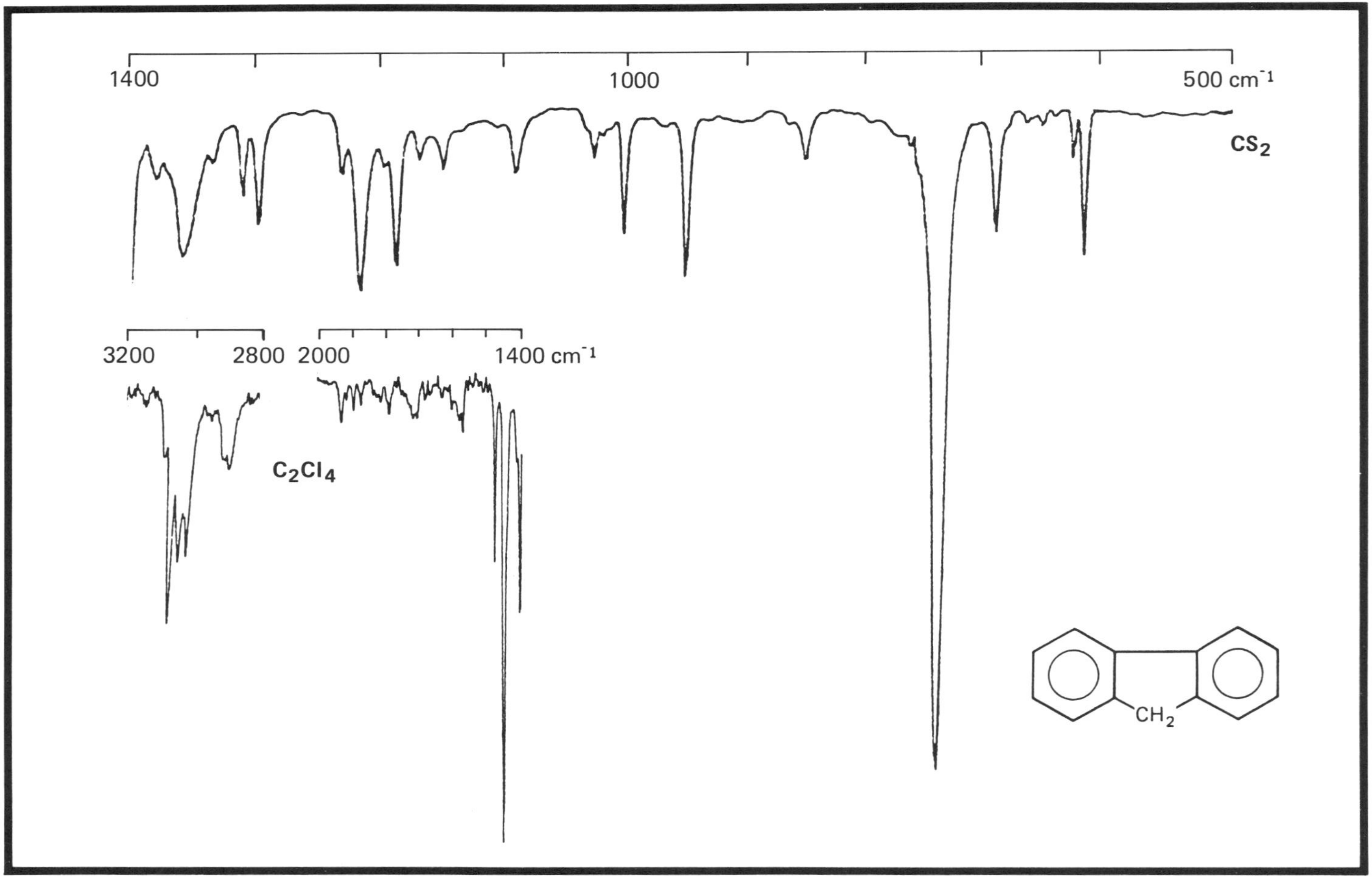
1400
1000
500 cm⁻¹
CS_2
3200
2800
2000
1400 cm⁻¹
C_2Cl_4
CH_2

Frequency (cm⁻¹)	Assignment	Frequency (cm⁻¹)	Assignment
3094:	aromatic	1186:	
3069:	C - H stretch	1092:	
3044:		1003:	
3020:			
		953:	aromatic
2917:	C - H stretch	739:	C - H wagging deformation
2899:	(CH₂ - group)	692:	
			ring deformation
1480:	C=C stretch	621:	
1453:			
1404:			
1310:	C - C stretch		
1298:			
1215:			

Original spectrum determined by Biochem. Institut, Ahrensburg (D)

Spectrometer	: Nicolet 5 MX	**Formula**	: $C_{13}H_{10}$
Cell	: 0.2 mm (KBr)	**M$_r$**	: 166.22 u
Solvents	: C_2Cl_4 (3.200 - 1.400 cm⁻¹)	**CAS Nr.**	: 86 - 73 - 7
	: CS_2 (1.400 - 500 cm⁻¹)	**Purity**	: 0.994 g/g
Resolution	: 1.7 cm⁻¹ (maximum)	**m.p.**	: 115 - 116°C

ACRIDINE

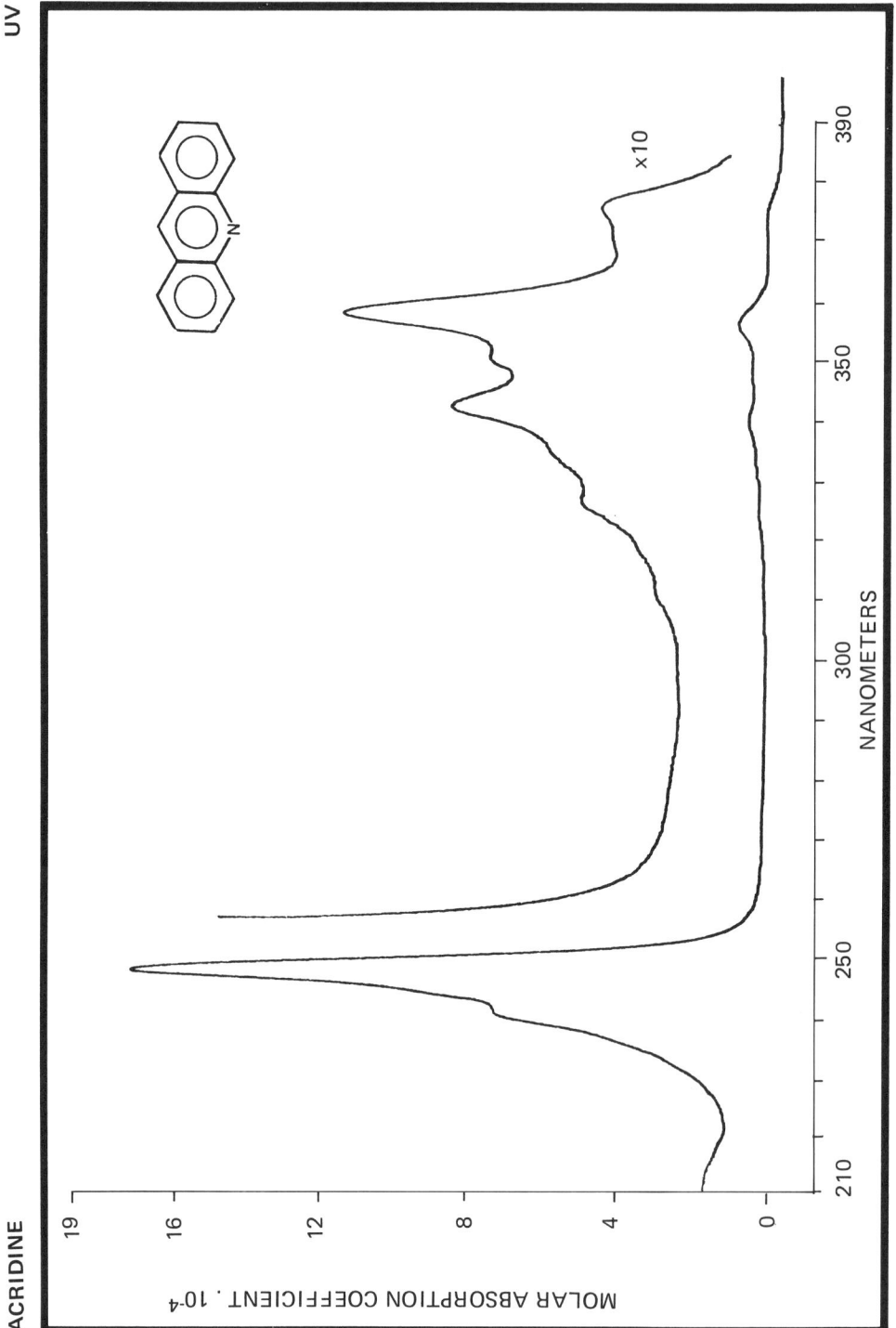

Wavelength (nm)	Molar absorption coefficient (l. mol⁻¹ cm⁻¹ × 10⁻⁴)	Wavelength (nm)	Molar absorption coefficient (l. mol⁻¹ cm⁻¹ × 10⁻⁴)
211	1.72	326.5 (sh)	0.41
242.4 (sh)	7.5	340	0.77
249.3	17.8	350 (sh)	0.68
273	0.2	356.5	1.07
311	0.22	358	0.96
		373	0.35

Original spectrum determined by JRC Ispra (CEC)

Spectrometer	: Perkin - Elmer 555
Solvent	: Cyclohexane
Concentrations	: 1.74 mg/l
Cell Length	: 1.000 cm
Slit width	: 1 nm

Formula	: $C_{13}H_9N$
M_r	: 179.22 u
CAS Nr.	: 260 - 94 - 6
Purity	: 0.996 g/g
m.p.	: 110°C

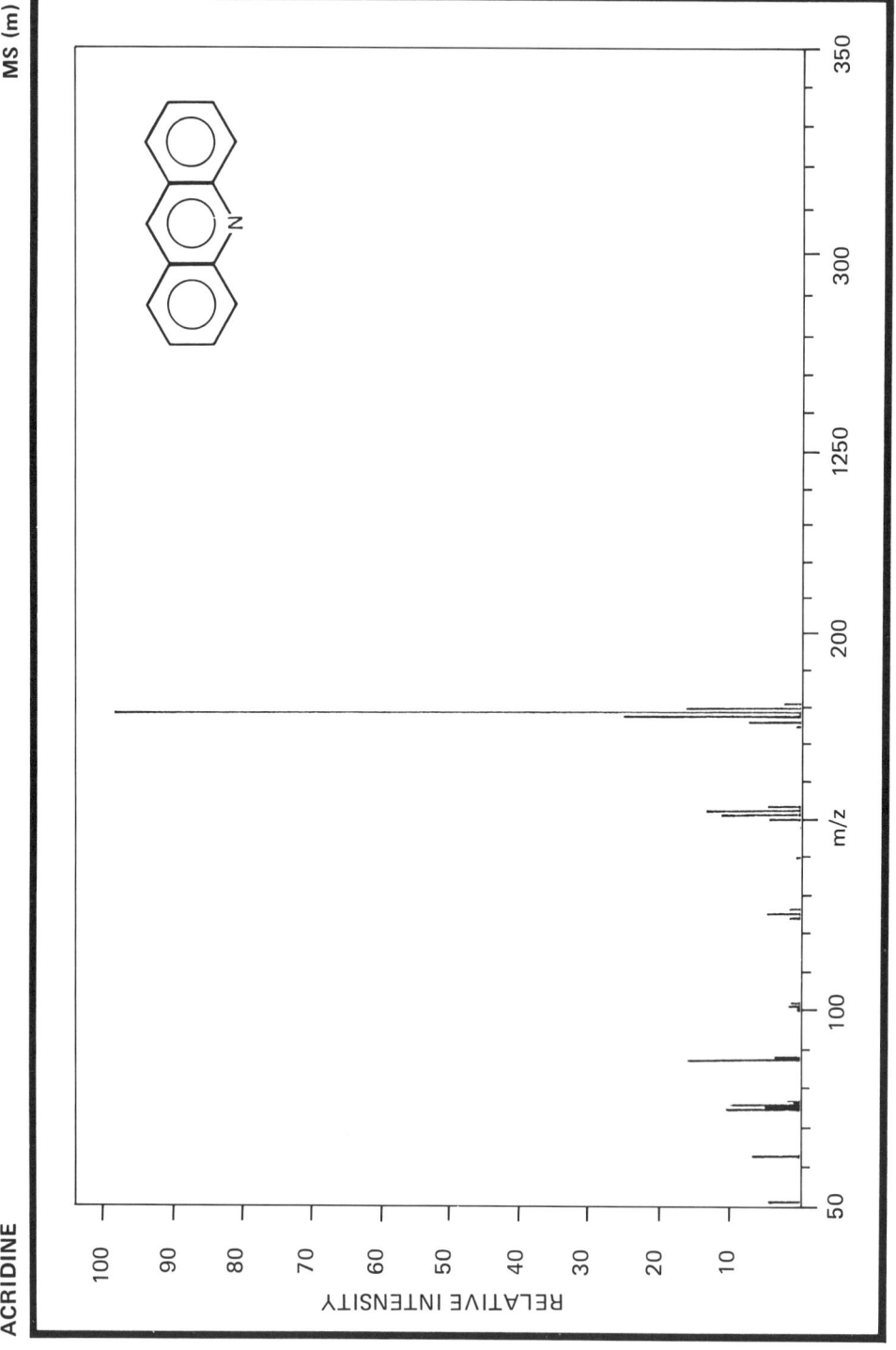

m/z	relative intensity	m/z	relative intensity
51	5.0	127	2.0
63	7.0	150	5.0
75	11.0	151	12.0
75.5	5.0	152	14.0
76	10.0	153	5.0
77	2.0	177	8.0
89	17.0	178	26.0
89.5	4.0	179	100.0
125	2.0	180	17.0
126	5.0	181	2.4

Original spectrum determined by Biochem. Institut, Ahrensburg (D)

Spectrometer	: Varian MAT 111	Formula	: $C_{13}H_9N$
Inlet System	: Direct Inlet	M_r	: 179.22 u
Source Temperature	: 200°C	m/z	: 179.08 u
Source Voltage	: 70 eV	CAS Nr.	: 260 - 94 - 6
		Purity	: 0.996 g/g
		m.p.	: 110°C

ACRIDINE

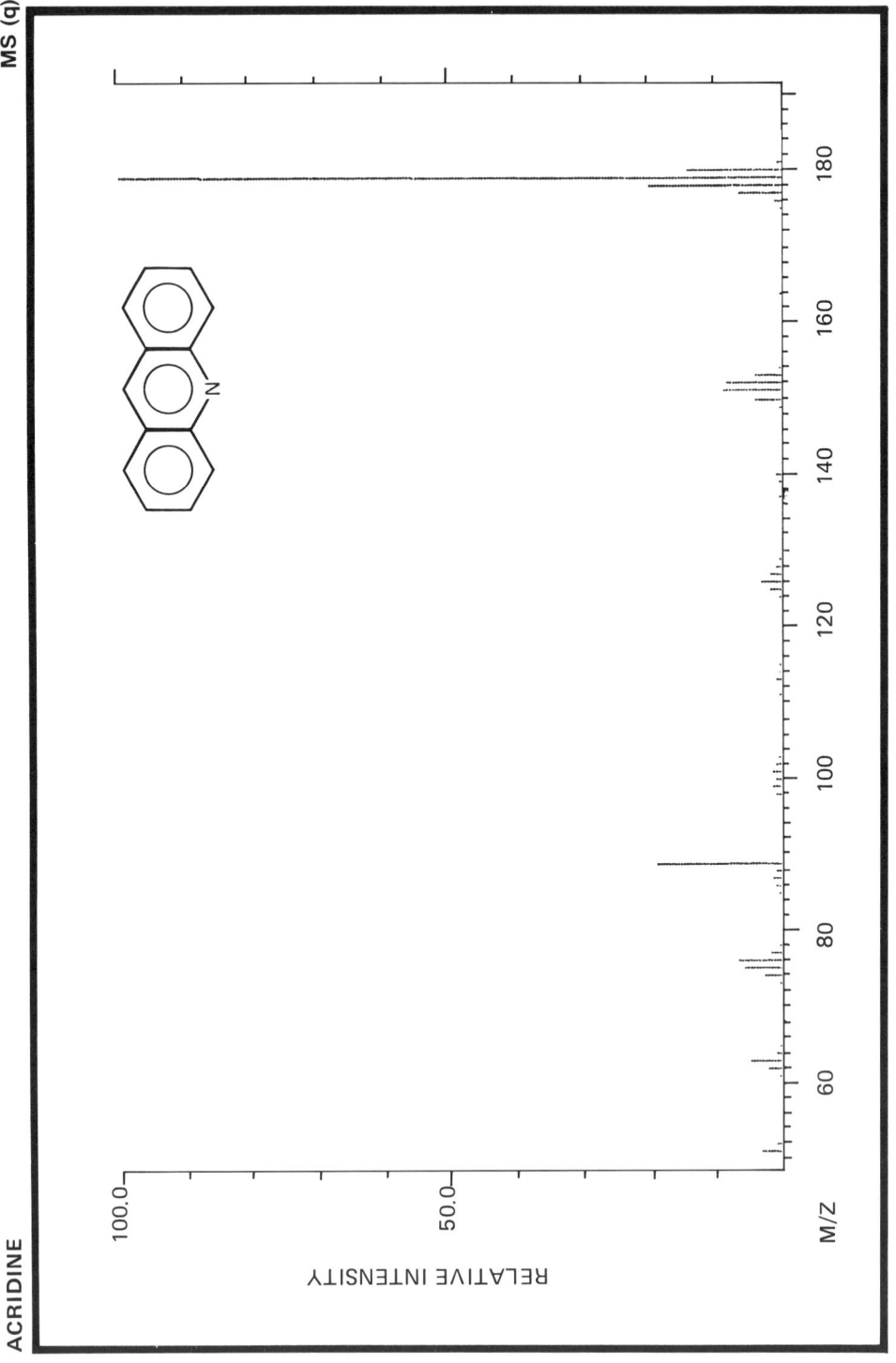

m/z	relative intensity	m/z	relative intensity
51	3.1	150	4.1
62	2.1	151	9.0
63	5.1	152	8.2
74	2.7	153	4.1
75	5.5	177	6.7
76	6.7	178	20.4
89	19.0	179	100.0
126	2.9	180	14.3
		181	1.1

Original spectrum determined by ITC - TNO, Zeist (NL)

Spectrometer	: Finnigan 4021 - Quadrupole
Inlet System	: capill. GC/MS
Source Temperature	: 247°C
Source Voltage	: 70 eV

Formula	: $C_{13}H_9N$
M_r	: 179.22 u
m/z	: 179.08 u
CAS Nr.	: 260 - 94 - 6
Purity	: 0.996 g/g
m.p.	: 110°C

ACRIDINE 1H - NMR

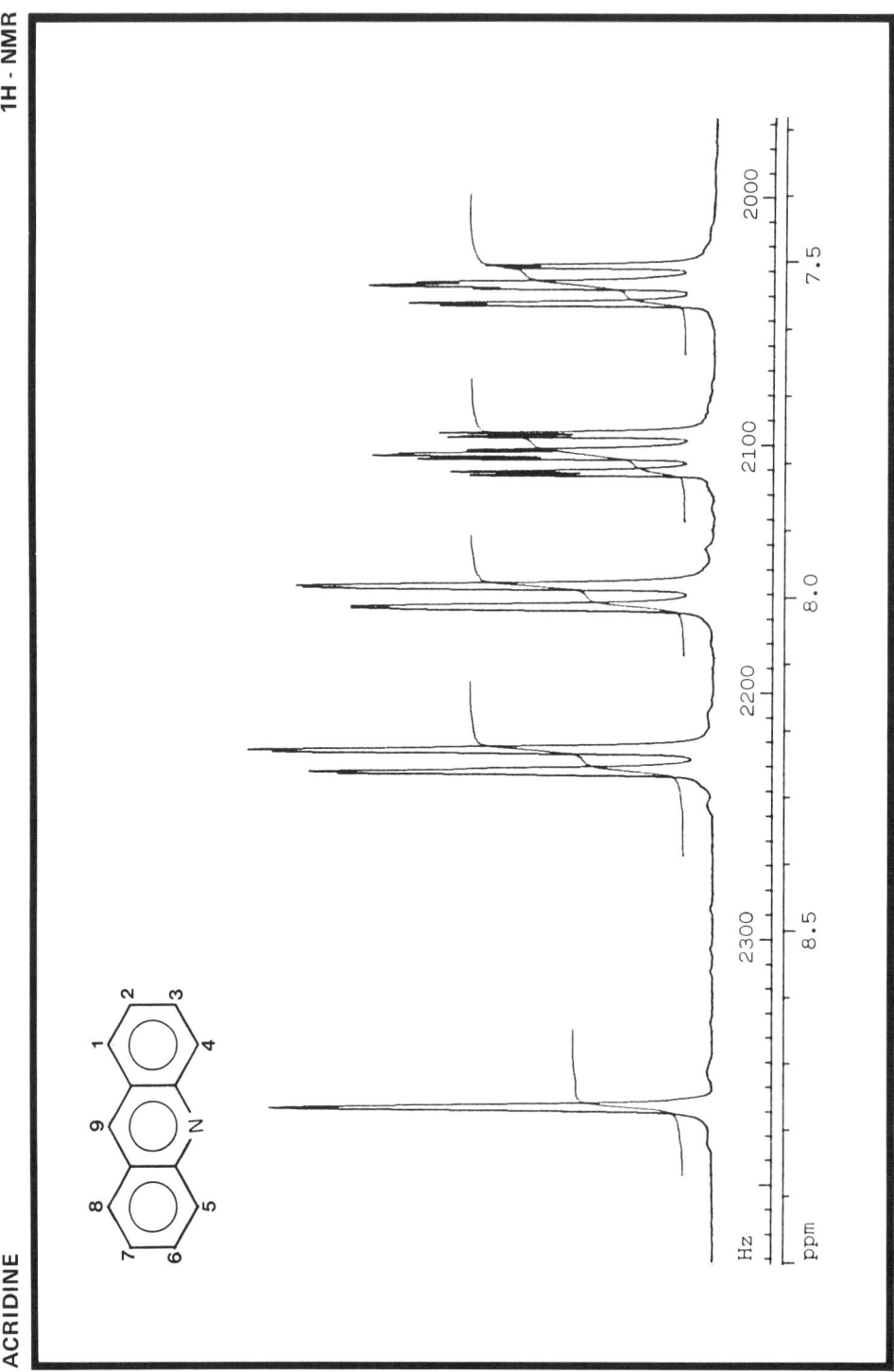

Proton No.	Chemical shift (ppm)	Coupling constants (Hz)
1 = 8	8.00	J(1,2) = 8.6 J(1,3) = 0.9
2 = 7	7.79	J(2,3) = 6.8; J(2,4) = 1.2
3 = 6	7.53	J(3,4) = 8.5
4 = 5	8.24	
9	8.77	

Original spectrum determined by Laboratory of the Goverment Chemist, London (UK)

Spectrometer	: JEOL GX - 270	**Formula**	: $C_{13}H_9N$
Solvent	: $CDCl_3$	M_r	: 179.22 u
Concentration	: 14 mg/ml	**CAS Nr.**	: 260 - 94- 6
		Purity	: 0.996 g/g
		m.p.	: 110°C

ACRIDINE

13C - NMR

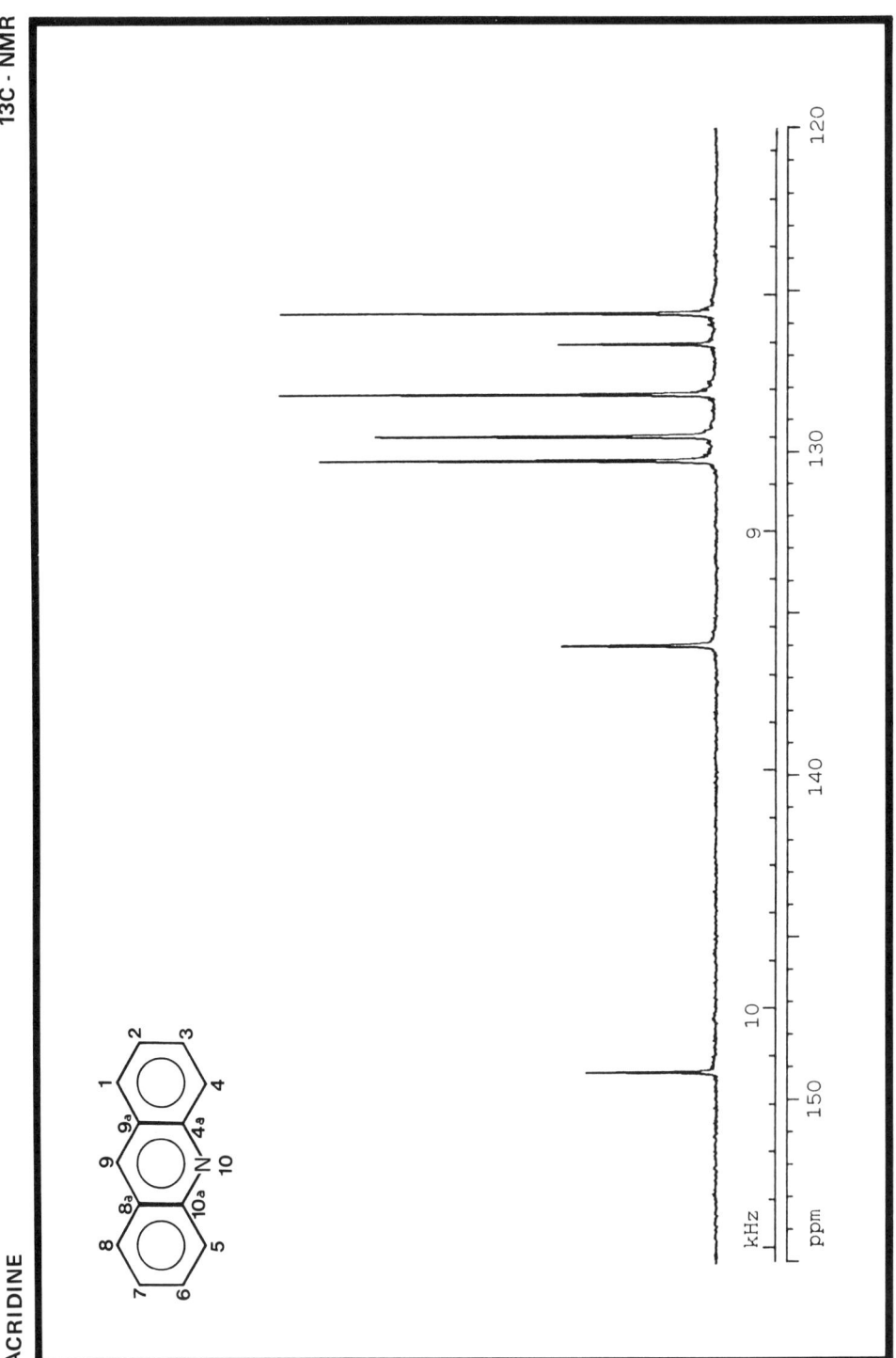

Signal	Intensity (%)	Chemical Shift (ppm)	Carbon No.
1	29.6 s	149.16	4a = 10a
2	35.3 d	136.00	9
3	90.9 d	130.26	3 = 6
4	78.0 d	129.50	4 = 5
5	100. d	128.20	1 = 8
6	36.1 s	126.64	8a = 9a
7	125.7 d	125.69	2 = 7

Original spectrum determined by Laboratory of the Goverment Chemist, London (UK)

Spectrometer : JEOL GX - 270 (67.8 MHz)
Solvent : CDCl$_3$
Concentration : 14 mg/ml
Pulse (angle) : 10 µs (40°)
Accumulations : 16.384
Repeat time : 2.47 s

Formula : C$_{13}$H$_9$N
M$_r$: 179.22 u
CAS Nr. : 260 - 94 - 6
Purity : 0.996 g/g
m.p. : 110°C

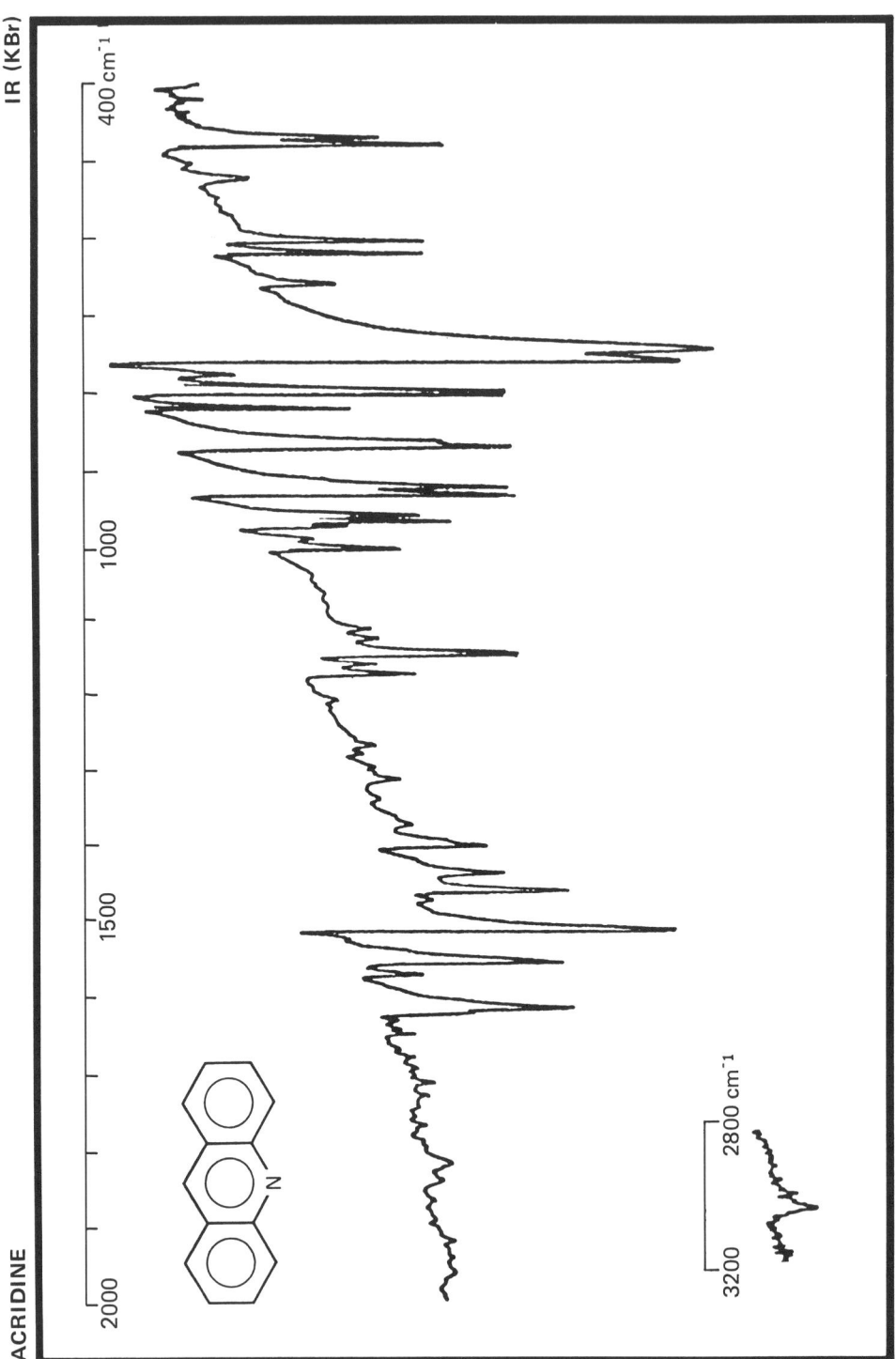

Frequency (cm^{-1})	Assignment	Frequency (cm^{-1})	Assignment
3047:	C - H stretch	999:	
		961:	
1617:		953:	
1555:	C=C stretch	924:	
1512:	and	914:	
1460:	C=N stretch	862:	C - H
1435:		814:	wagging
1400:		792:	deformation
1171	C - C stretch	748:	
1140	C - N stretch	733:	
		615:	ring
		600:	deformation
		476:	
		467:	

Original spectrum determined by Biochem. Institut, Ahrensburg (D)

Spectrometer	: Nicolet 5 MX	Formula	: $C_{13}H_9N$
Sample	: KBr disc (5 mm, thickness 0.4 mm)	M_r	: 179.22 u
Reference	: Air	CAS Nr.	: 260 - 94 - 6
Resolution	: 1.7 cm^{-1} (maximum)	Purity	: 0.996 g/g
		m.p.	: 110°C

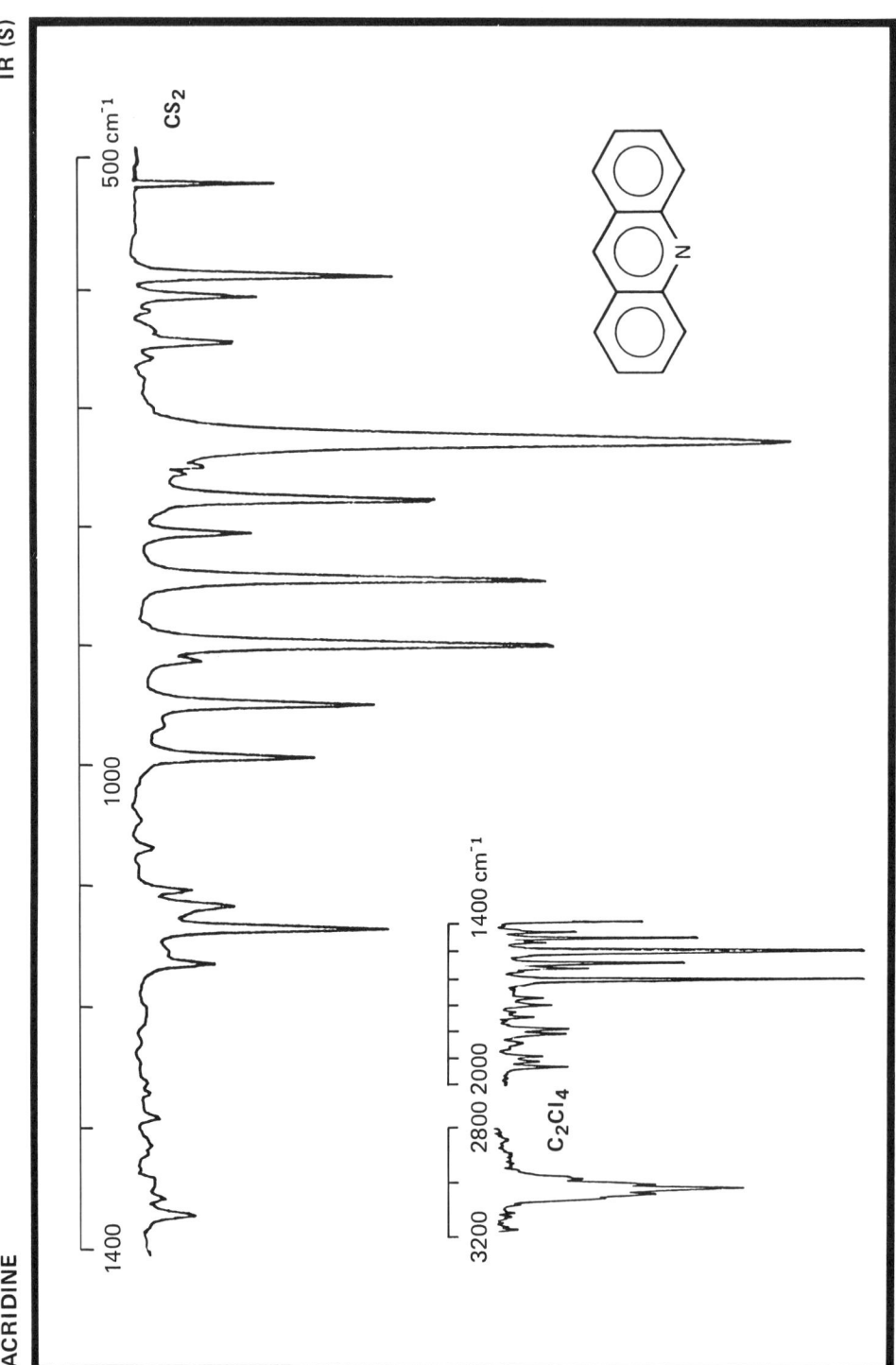

Frequency (cm⁻¹)	Assignment	Frequency (cm⁻¹)	Assignment
3088	C - H	999	
3074	stretch	955	
3056		907	
3036			
3015		853	C - H
		814	wagging
1622	C=C	787	deformation
1578	stretch	735	
1557	and		
1516	C=N stretch	656	
1464		617	
1441		600	ring
1402		525	deformation
1140	C - C stretch		
	(C - N stretch)		

Original spectrum determined by Biochem. Institut, Ahrensburg (D)

Spectrometer	: Nicolet 5 MX	**Formula**	: $C_{13}H_9N$
Cell	: 0.2 mm (KBr)	M_r	: 179.22 u
Solvents	: C_2Cl_4 (3.200 - 1.400 cm⁻¹)	**CAS Nr.**	: 260 - 94 - 6
	CS_2 (1.400 - 500 cm⁻¹)	**Purity**	: 0.996 g/g
Resolution	: 1.7 cm⁻¹ (maximum)	**m.p.**	: 110°C

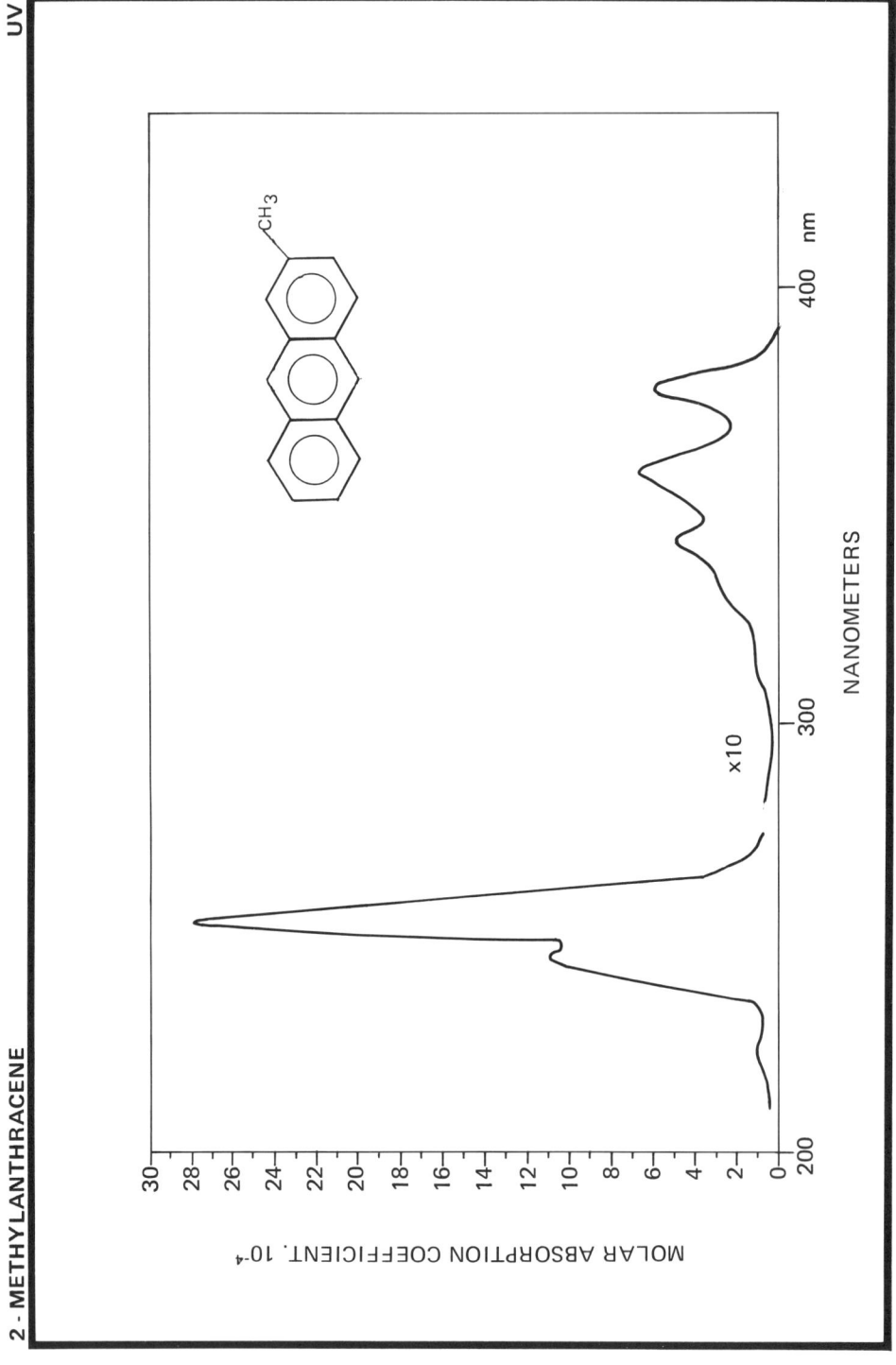

Wavelength (nm)	Molar absorption coefficient (l. mol^{-1} cm^{-1} x 10^{-4})	Wavelength (nm)	Molar absorption coefficient (l. mol^{-1} cm^{-1} x 10^{-4})
248	10.23	340	0.479
256.5	27.54	358	0.692
		377	0.617

Original spectrum determined by Biochem. Institut, Ahrensburg (D)

Spectrometer	: Zeiss PMQ II
Solvent	: Cyclohexane
Concentration	: 0.2 mg/l
Cell Length	: 0.500 cm
Slit width	: 2 nm
Formula	: $C_{15}H_{12}$
M_r	: 192.26 u
CAS Nr.	: 2498 - 76 - 2
Purity	: 0.999 g/g
m.p.	: 203°C

2-METHYLANTHRACENE

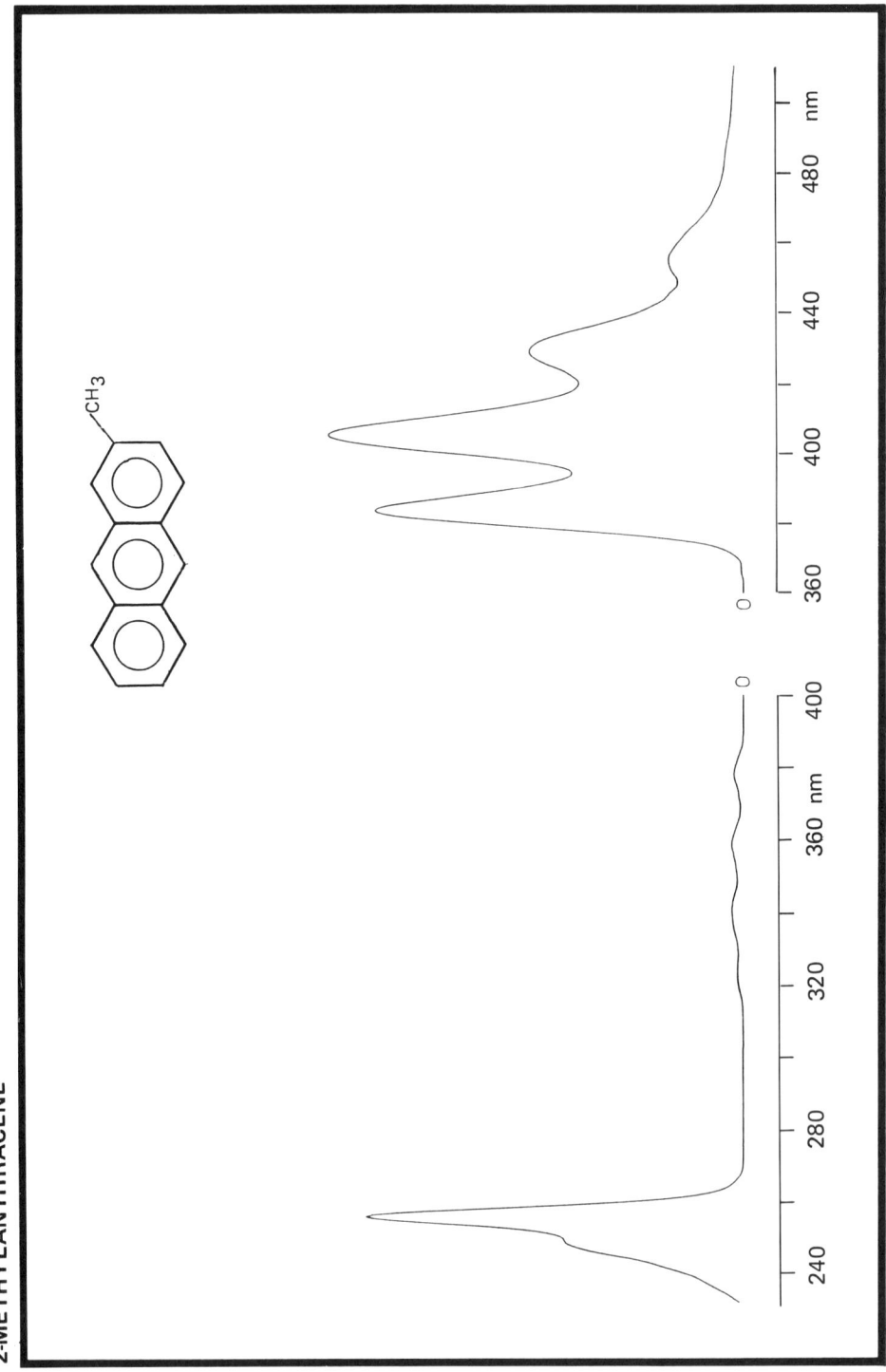

Wavelength (nm)	Relative intensity
383	90
404.5	100
428	51.5

Original spectrum produced by Physico-chemical oceanography group-University of Bordeaux I (F)

Instrument	: Perkin-Elmer MPF-44	**Formula**	: $C_{15}H_{12}$
Solvent	: Cyclohexane	**M$_r$**	: 192.26 u
Concentration	: For emission spectrum: 0.096 mg.l^{-1}	**CAS Nr.**	: 2498 - 76 - 2
	For excitation spectrum: 0.019 mg.l^{-1}		
Spectrum	: **excitation**	**emission**	
Fixed wavelength	: 404.5 nm	255.5 nm	**Purity** : 0.999 g/g
Excitation slit	: 2 nm	4 nm	**m.p.** : 203°C
Emission slit	: 8 nm	2 nm	

2 - METHYLANTHRACENE

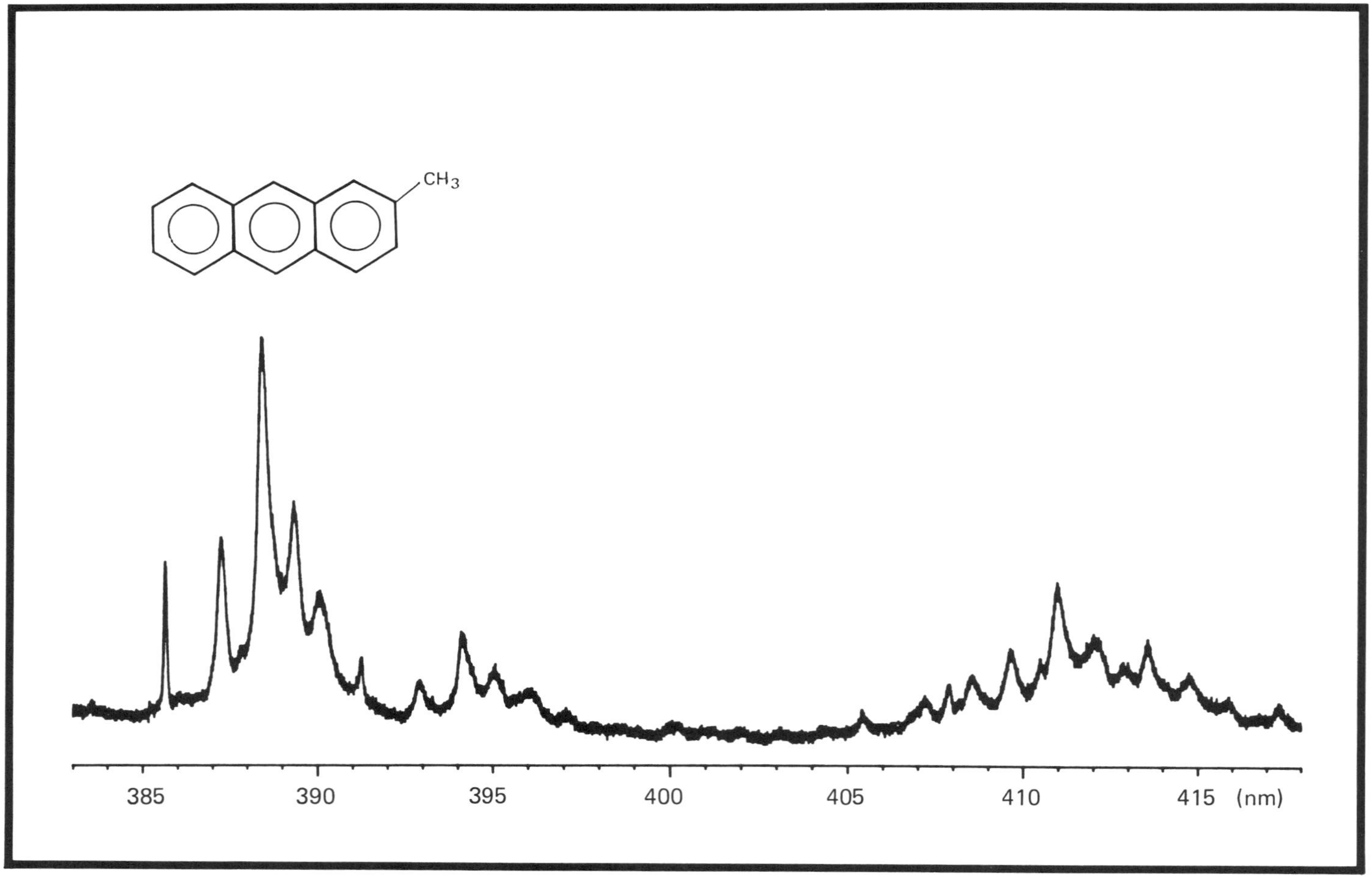

Fluorescence Wavelength (nm)	Intensity (%)
385.4	45
387.0	51
388.2	100
389.1	60
389.9	38
393.9	28

Original spectrum determined by Physico-chemical oceanography group-University of Bordeaux I (F)

Source	: 450W Xenon lamp		**Formula**	: $C_{15}H_{12}$
Excitation monochromator	: Jobin-Yvon H20		**M$_r$**	: 192.26 u
Emission monochromator	: Jobin-Yvon HR1000		**CAS Nr.**	: 2498 - 76 - 2
Excitation wavelength (slits)	: 363 (9) nm		**Purity**	: 0.999 g/g
Emission slits	: 0.04 nm		**m.p.**	: 203°C
Temperature	: 15 K			
Solvent	: n-octane			
Concentration	: 0.384 mg/l			

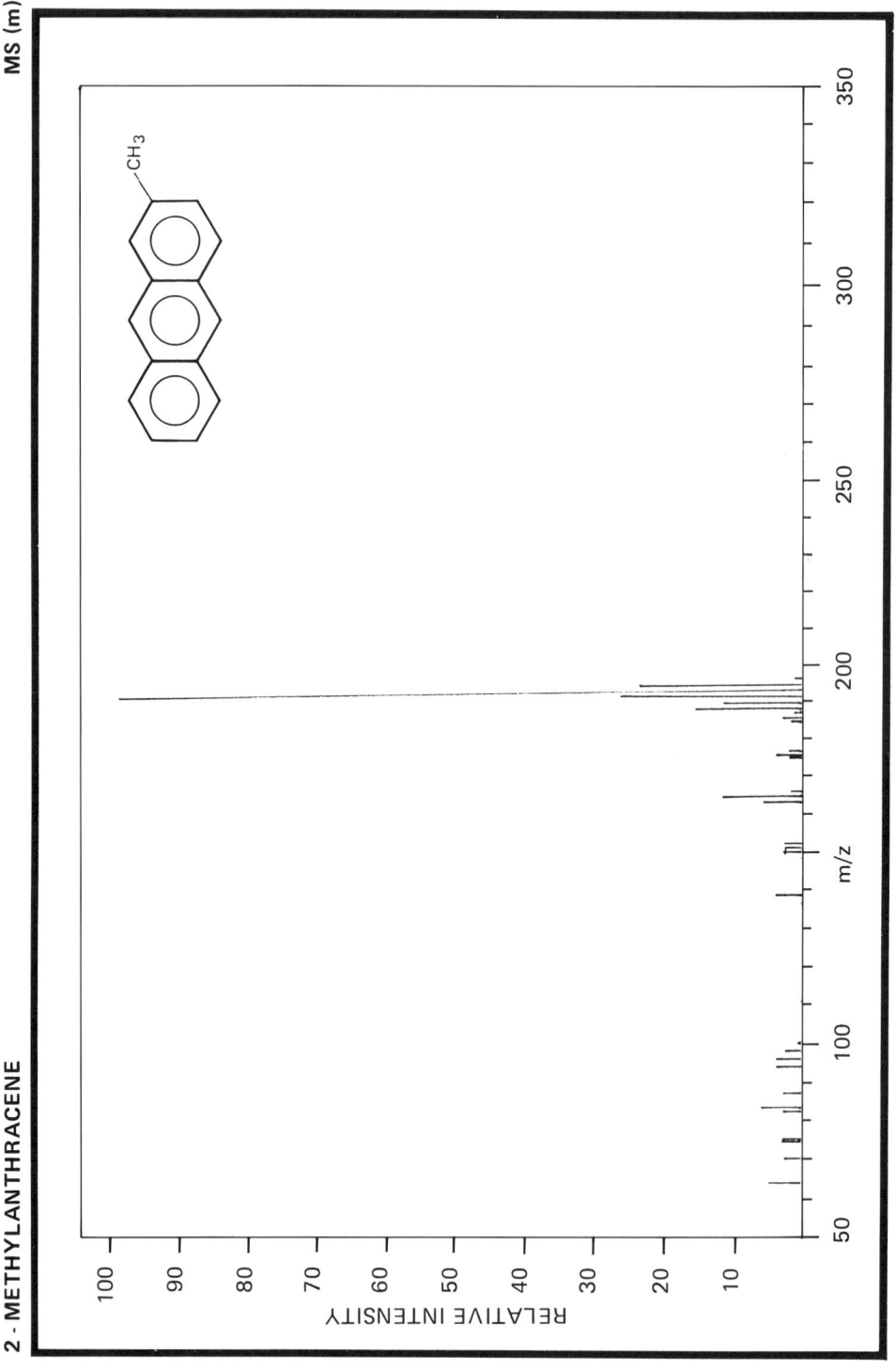

m/z	relative intensity	m/z	relative intensity
50	4.0	151	3.0
64	5.0	152	3.0
70	3.0	163	6.0
75	3.0	165	12.0
76	3.0	176	4.0
82	3.0	187	2.0
83	6.0	188	3.0
87	3.0	189	16.0
95	4.0	190	12.0
97	4.0	191	27.0
99	3.0	192	100.0
139	4.0	193	24.0
150	3.0	194	1.5

Original spectrum determined by Biochem. Institut, Ahrensburg (D)

Spectrometer : Varian MAT 111
Inlet System : Direct Inlet
Source Temperature : 200°C
Source Voltage : 70 eV

Formula : $C_{15}H_{12}$
M$_r$: 192.26 u
m/z : 192.09 u
CAS Nr. : 2498 - 76 - 2
Purity : 0.999 g/g
m.p. : 203°C

2 - METHYLANTHRACENE

MS (q)

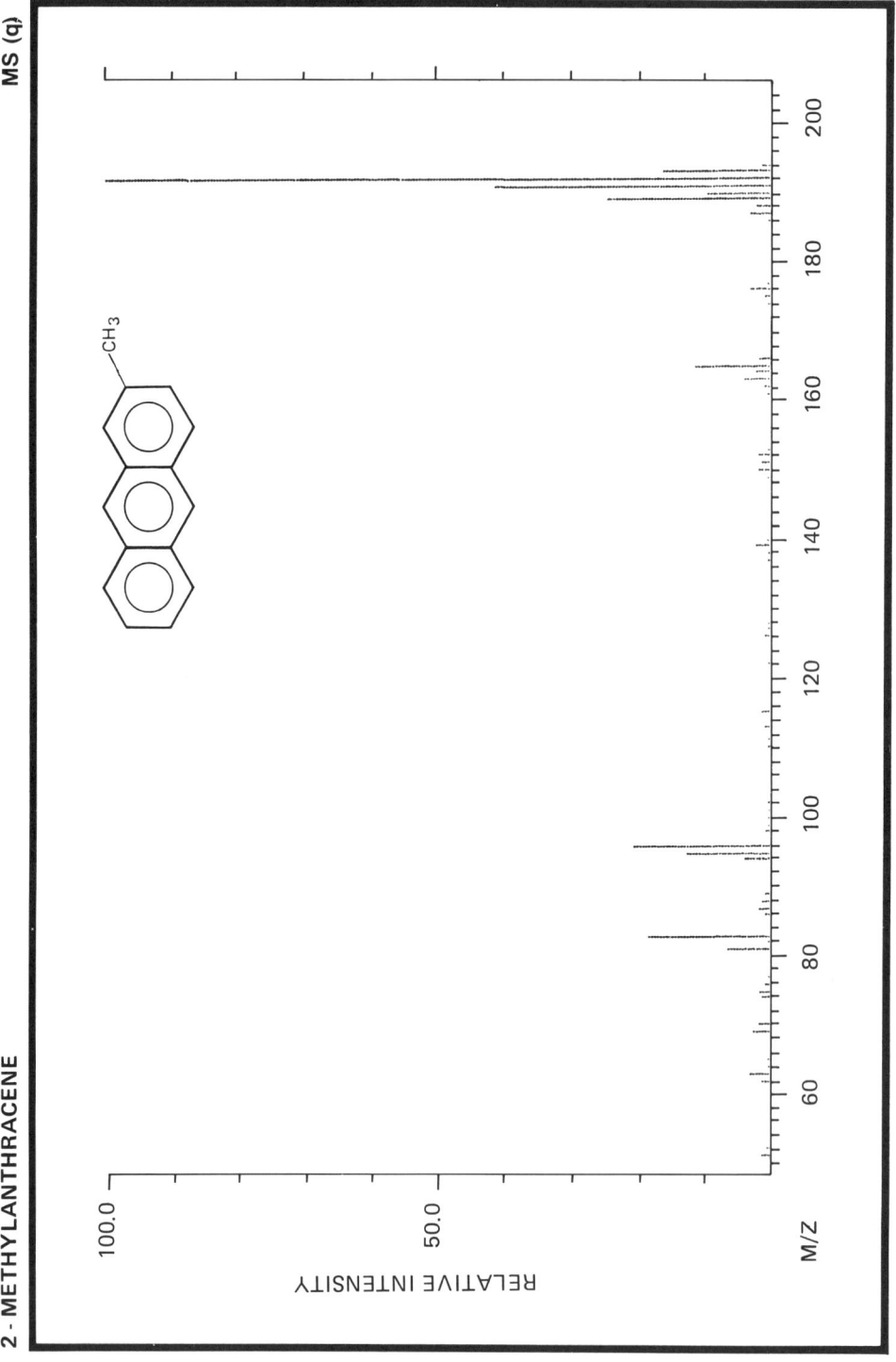

m/z	relative intensity	m/z	relative intensity
63	3.1	165	11.3
69	2.7	176	3.0
81	6.8	187	3.0
83	18.6	188	2.1
94	4.1	189	24.6
95	12.8	190	9.8
96	20.9	191	41.6
139	2.1	192	100.0
163	3.9	193	16.2
164	2.3	194	1.3

Original spectrum determined by ITC - TNO, Zeist (NL)

Spectrometer	: Finnigan 4021 - Quadrupole	**Formula**	: $C_{15}H_{12}$
Inlet System	: capill. GC/MS	M_r	: 192.26 u
Source Temperature	: 247°C	**m/z**	: 192.09 u
Source Voltage	: 70 eV	**CAS Nr.**	: 2498 - 76 - 2
		Purity	: 0.999 g/g
		m.p.	: 203°C

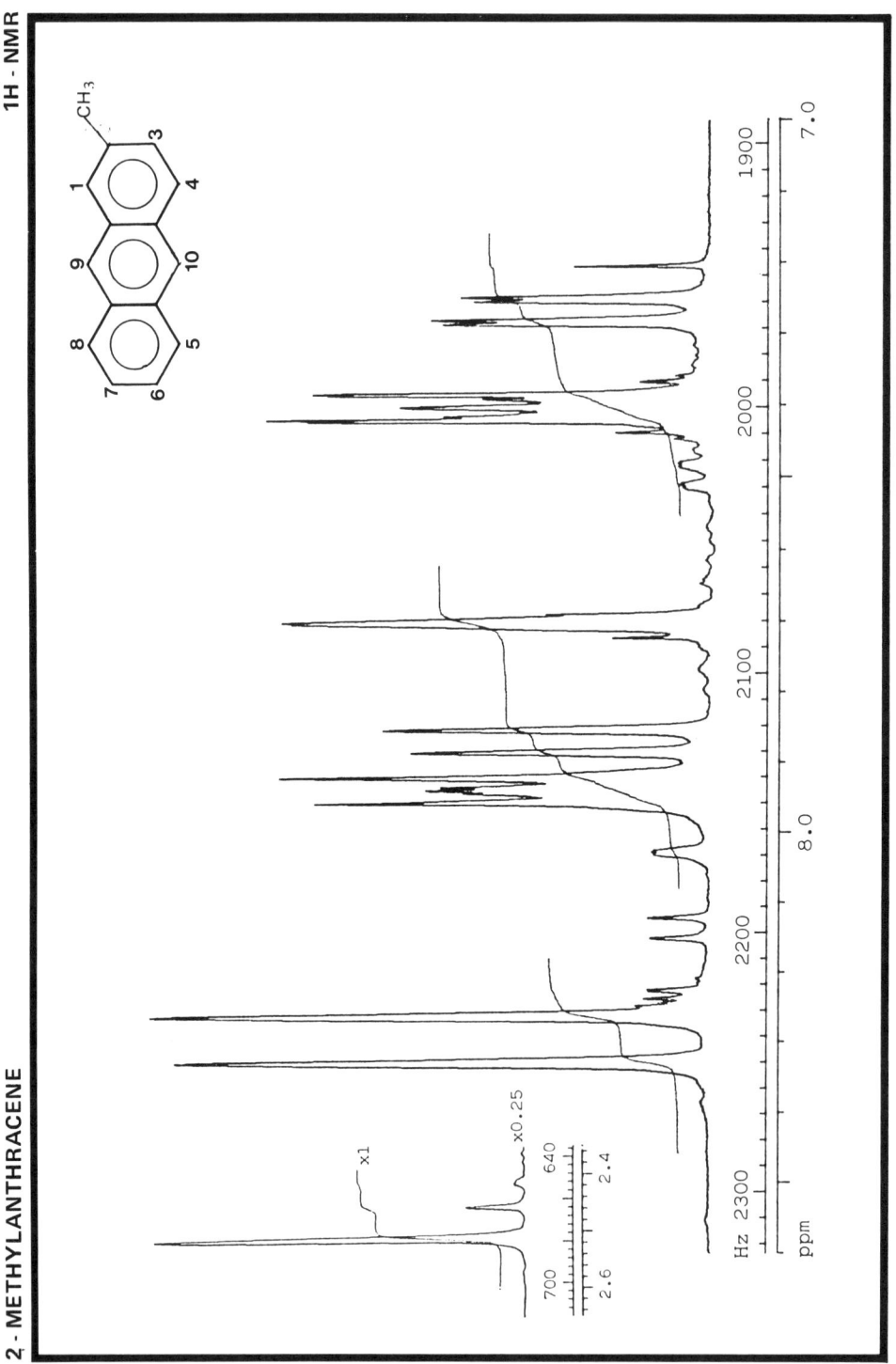

Proton No.	Chemical shift (ppm)	Coupling constants (Hz)
1	7.70	J(1,3) = 1.5
2-Methyl	2.51	
3	7.27	J(3,4) = 8.7
4	7.87	
5	7.99	J(5,6) = 8.0; J(5,7) = 1.7
		J(5,8) = 0.7
6	7.45	J(6,7) = 6.9; J(6,8) = 1.9
7	7.46	J(7,8) = 7.8
8	8.00	
9*	8.33	
10*	8.26	

*Assignments may be interchanged

Original spectrum determined by Laboratory of the Goverment Chemist, London (UK)

Spectrometer : JEOL GX - 270
Solvent : $CDCl_3$
Concentration : 12 mg/ml

Formula : $C_{15}H_{12}$
M$_r$: 192.26 u
CAS Nr. : 2498 - 76 - 2
Purity : 0.999 g/g
m.p. : 203°C

2 - METHYLANTHRACENE

13C - NMR

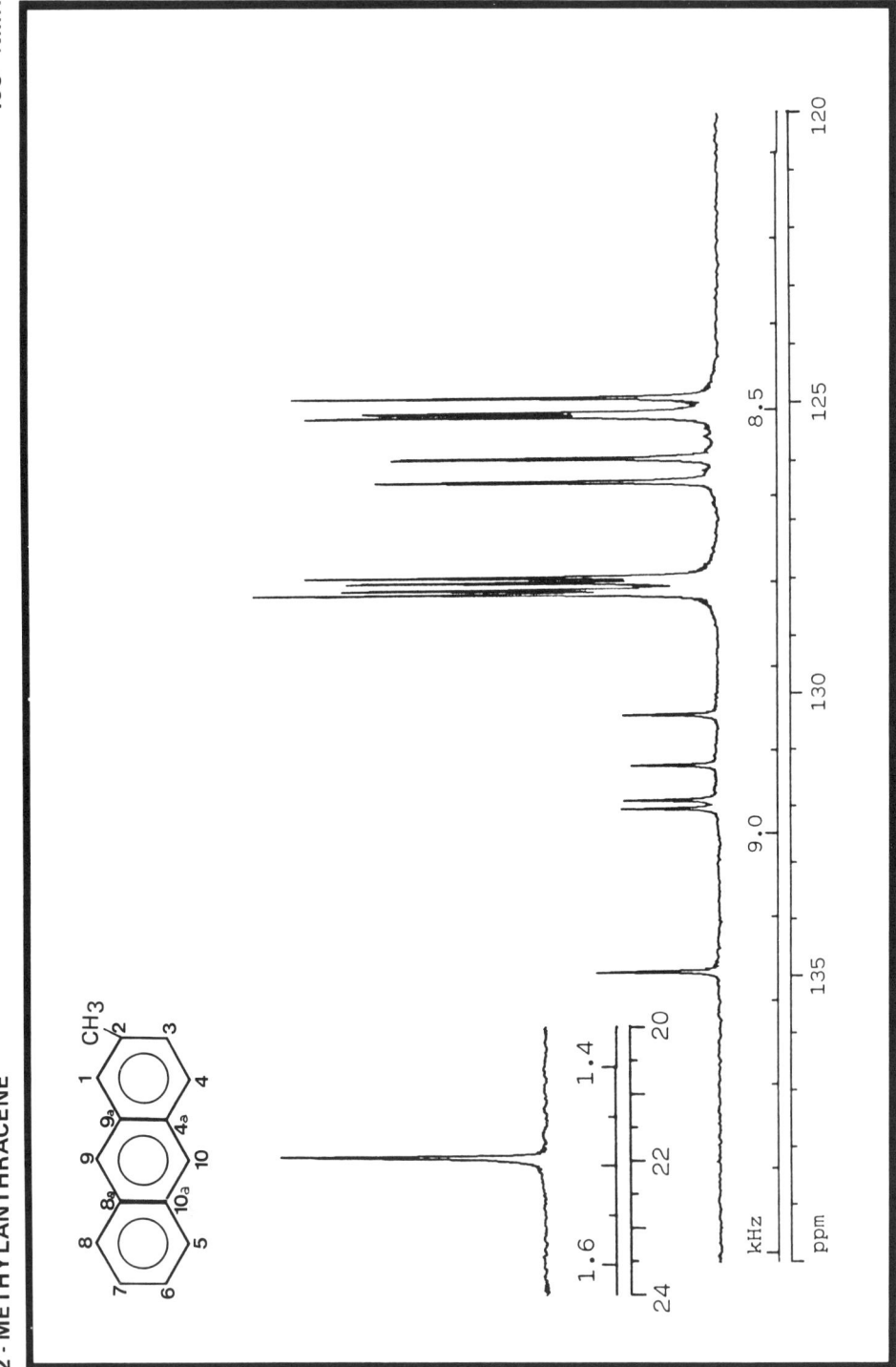

Signal	Intensity (%)	Chemical Shift (ppm)	Carbon No.
1	12 s	134.91	2
2	9 s	132.03	8a
3	9 s	131.89	9a
4	8 s	131.27	10a
5	9 s	130.37	4a
6	45 d	128.25	3
7	36 d	128.19	5+
8	36 d	128.06	8+
9	40 d	127.97	4
10	33 d	126.32	1
11	32 d	125.94	10
12	40 d	125.23	6*
13	34 d	125.15	9
14	41 d	124.90	7*
15	24 q	21.97	2-Me

Original spectrum determined by Laboratory of the Goverment Chemist, London (UK)

Spectrometer	: JEOL GX - 270 (67.8 MHz)		Formula	: $C_{15}H_{12}$
Solvent	: $CDCl_3$		M_r	: 192.26 u
Concentration	: 12 mg/ml		CAS Nr.	: 2498 - 76 - 2
Pulse (angle)	: 10 µs (40°)		Purity	: 0.999 g/g
Accumulations	: 16.384		m.p.	: 203°C
Repeat time	: 2.47 s			

* May be interchanged
+ May be interchanged

2 - METHYLANTHRACENE

IR (KBr)

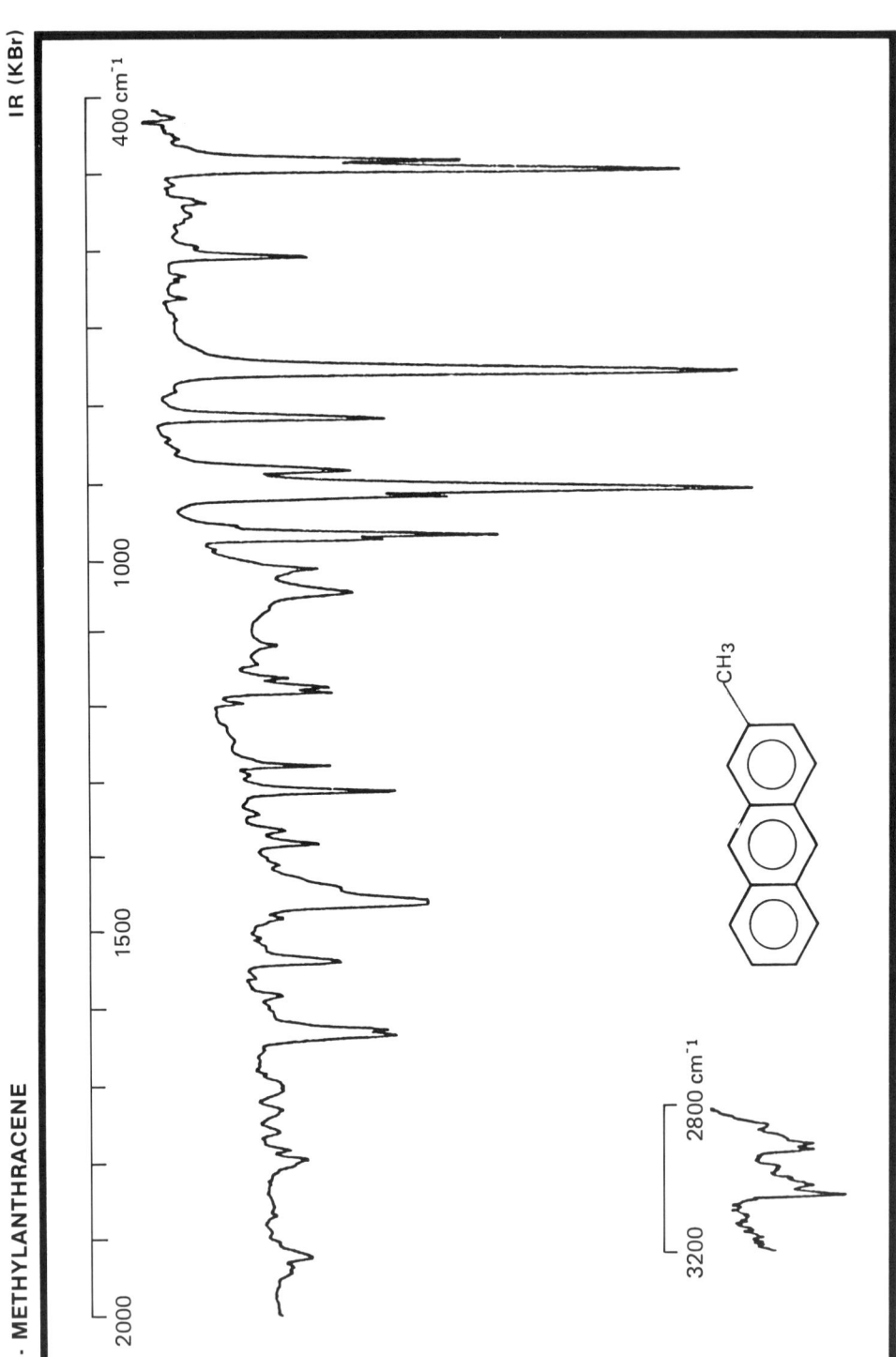

152

Frequency (cm⁻¹)	Assignment	Frequency (cm⁻¹)	Assignment
3050:	aromatic	1038:	
3025:	C - H stretch	963:	aromatic
		955:	C - H wagging deformation
2928:	-CH₃ sym.	905:	
2911:	C - H stretch	891:	
1634:		870:	
1626:	C=C stretch	802:	
1537:		737:	
1453:	-CH₃ asym. deformation	594:	ring deformation
		475:	
		463:	
1377:	-CH₃ sym. deformation		
1306:			
1271:			
1172:	C - C stretch		
1165:			

Original spectrum determined by Biochem. Institut, Ahrensburg (D)

Spectrometer	: Nicolet 5 MX	**Formula**	: $C_{15}H_{12}$
Sample	: KBr disc (5 mm, thickness 0.4 mm)	**M$_r$**	: 192.26 u
Reference	: Air	**CAS Nr.**	: 2498 - 76 - 2
Resolution	: 1.7 cm⁻¹ (maximum)	**Purity**	: 0.999 g/g
		m.p.	: 203°C

2 - METHYLANTHRACENE

IR (S)

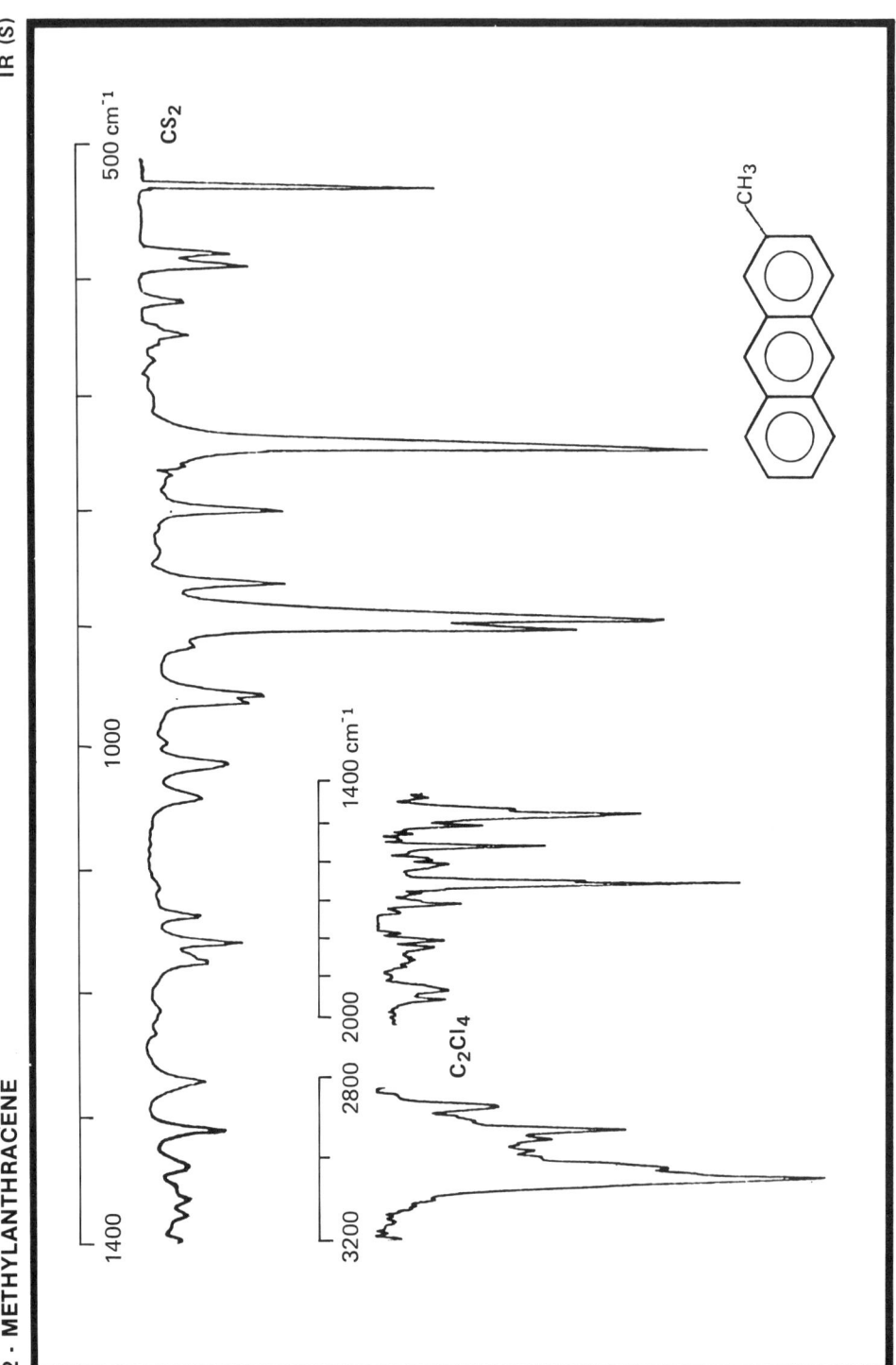

Frequency (cm⁻¹)	Assignment	Frequency (cm⁻¹)	Assignment
3054:	aromatic C - H stretch	1007	
		957	
2920:	- CH₃ sym.	949	
	C - H stretch		
		891:	aromatic
1640:		882:	
1540:	C=C stretch	856:	C - H
		795:	wagging
1456:	- CH₃ asym.	737:	deformation
	deformation		
1370:	- CH₃ sym.	590:	ring
1360:	deformation	581:	deformation
1310:			
		525:	
1171			
1154	C - C stretch		
1136			

Original spectrum determined by Biochem. Institut, Ahrensburg (D)

Spectrometer	: Nicolet 5 MX	**Formula**	: $C_{15}H_{12}$
Cell	: 0.2 mm (KBr)	**M$_r$**	: 192.26 u
Solvents	: C_2Cl_4 (3.200 - 1.400 cm⁻¹)	**CAS Nr.**	: 2498 - 76 - 2
	CS_2 (1.400 - 500 cm⁻¹)	**Purity**	: 0.999 g/g
Resolution	: 1.7 cm⁻¹ (maximum)	**m.p.**	: 203°C

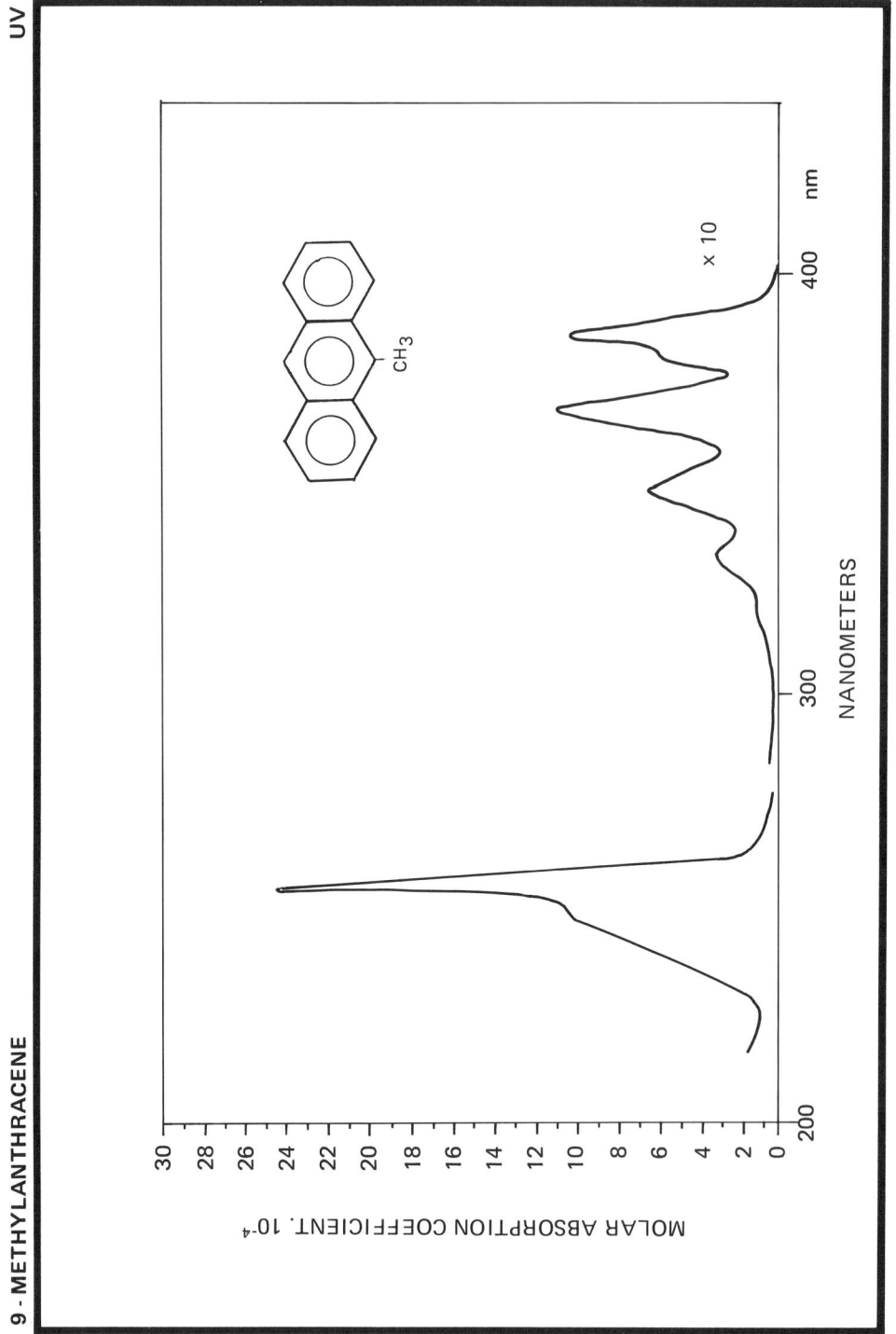

Wavelength (nm)	Molar absorption coefficient (l. mol⁻¹ cm⁻¹ × 10⁻⁴)	Wavelength (nm)	Molar absorption coefficient (l. mol⁻¹ cm⁻¹ × 10⁻⁴)
251	10.47	348	0.676
256	23.99	365	1.148
317	0.133	386.5	1.148
331	0.331		

Original spectrum determined by Biochem. Institut, Ahrensburg (D)

Spectrometer	: Zeiss PMQ II	Formula	: $C_{15}H_{12}$
Solvent	: Cyclohexane	M_r	: 192.26 u
Concentration	: 0.2 mg/l	CAS Nr.	: 2381 - 16 - 0
Cell Length	: 0.500 cm	Purity	: 0.999 g/g
Slit width	: 2 nm	m.p.	: 79°C

9-METHYLANTHRACENE

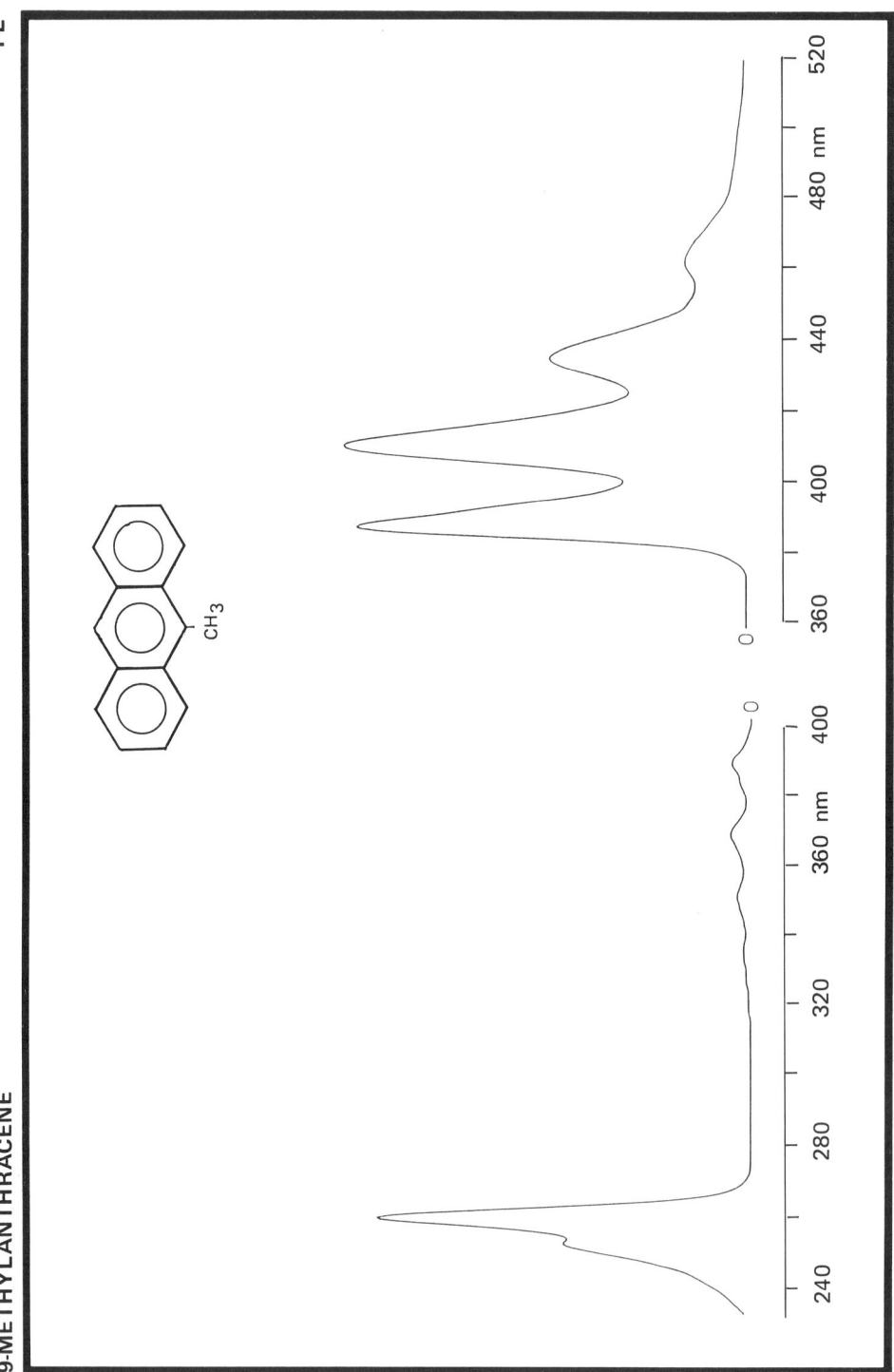

Wavelength (nm)	Relative intensity
388	100
411	98
436	48

Original spectrum produced by Physico-chemical oceanography group-University of Bordeaux I (F)

Instrument	: Perkin-Elmer MPF-44	**Formula**	: $C_{15}H_{12}$
Solvent	: Cyclohexane	M_r	: 192.26 u
Concentration	: Emission spectrum: 0.096 mg.l^{-1}	**CAS-Nr.**	: 2381 - 16 - 0
	Excitation spectrum: 0.019 mg.l^{-1}		
Spectrum	: **excitation**	**emission**	
Fixed wavelength	: 411 nm	257 nm	**Purity** : 0.999 g/g
Excitation slit	: 2 nm	4 nm	**m.p.** : 79°C
Emission slit	: 8 nm	2 nm	

9 - METHYLANTHRACENE

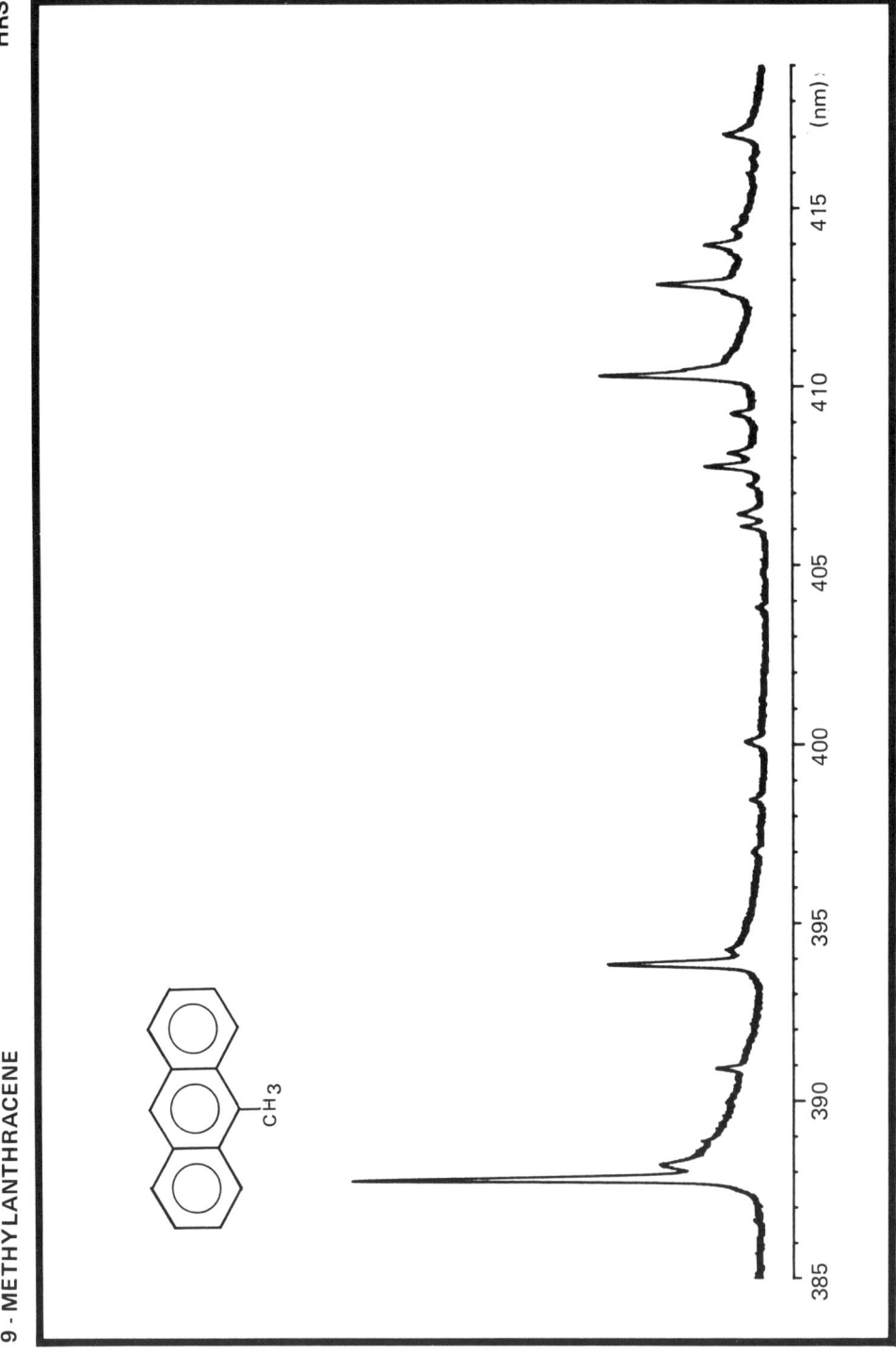

Fluorescence Wavelength (nm)	Intensity (%)
387.6	100.0
388	26.4
393.7	38.8
410.1	40.4

Original spectrum determined by Physico-chemical oceanography group-University of Bordeaux I (F)

Source	: 45OW Xenon lamp
Excitation monochromator	: Jobin-Yvon H20
Emission monochromator	: Jobin-Yvon HR1000
Excitation wavelength (slits)	: 368 (9) nm
Emission slits	: 0.04 nm
Temperature	: 15 K
Solvent	: n-hexane
Concentration	: 0.368 mg/l

Formula	: $C_{15}H_{12}$
M_r	: 192.26 u
CAS Nr.	: 2381 - 16 - 0
Purity	: 0.999 g/g
m.p.	: 79°C

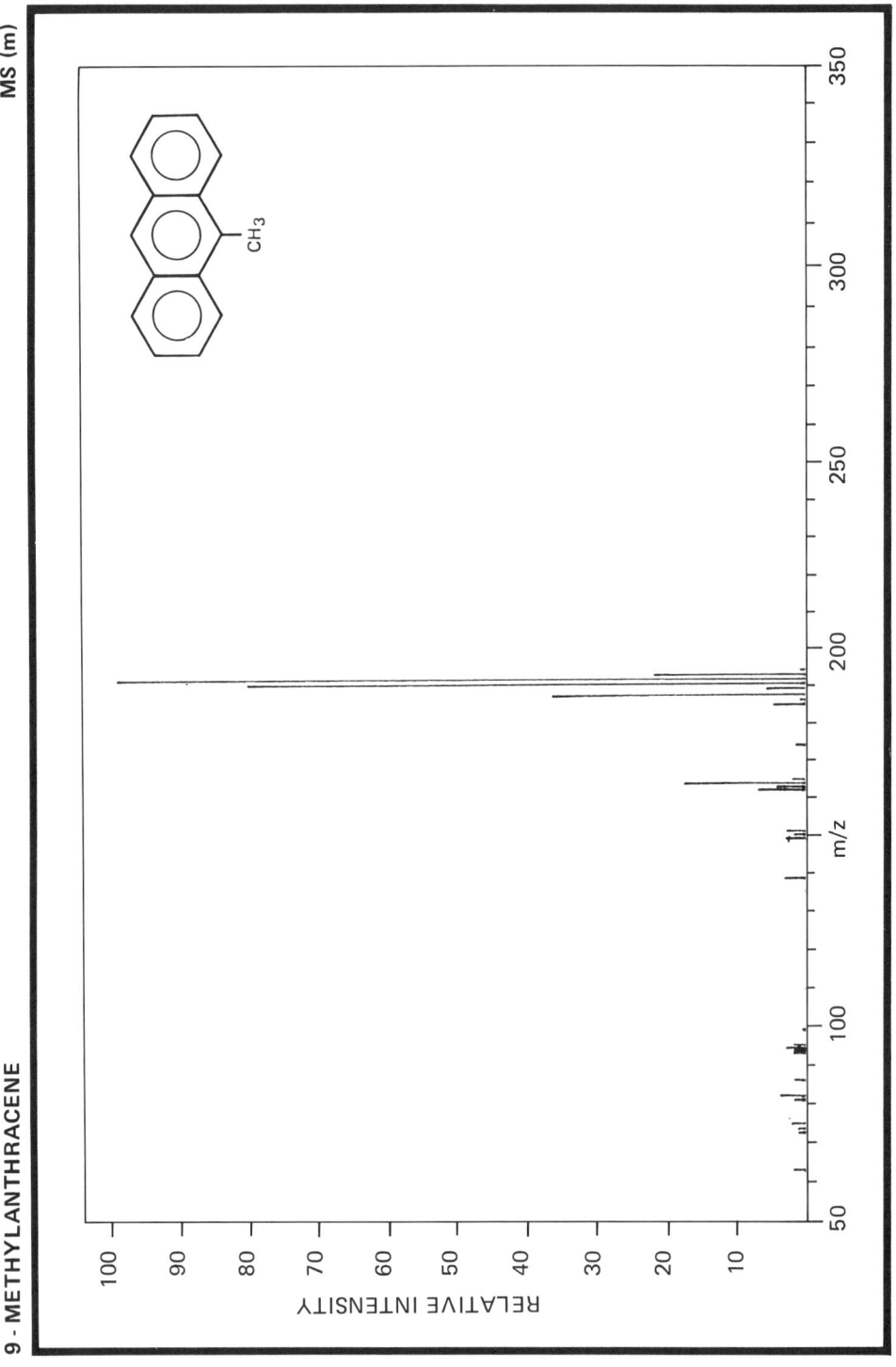

m/z	relative intensity	m/z	relative intensity
64	2.0	163	7.0
82	2.0	164	4.0
83	4.0	165	18.0
95	2.0	176	2.0
95.5	2.0	187	5.0
96	3.0	188	1.0
96.5	2.0	189	37.0
139	3.0	190	6.0
150	3.0	191	81.0
151	2.0	192	100.0
152	3.0	193	22.0
		194	0.6

Original spectrum determined by Biochem. Institut, Ahrensburg (D)

Spectrometer	: Varian MAT 111	Formula	: $C_{15}H_{12}$
Inlet System	: GC/MS	M_r	: 192.26 u
Source Temperature	: 200°C	m/z	: 192.09 u
Source Voltage	: 70 eV	CAS Nr.	: 2381 - 16 - 0
		Purity	: 0.999 g/g
		m.p.	: 79°C

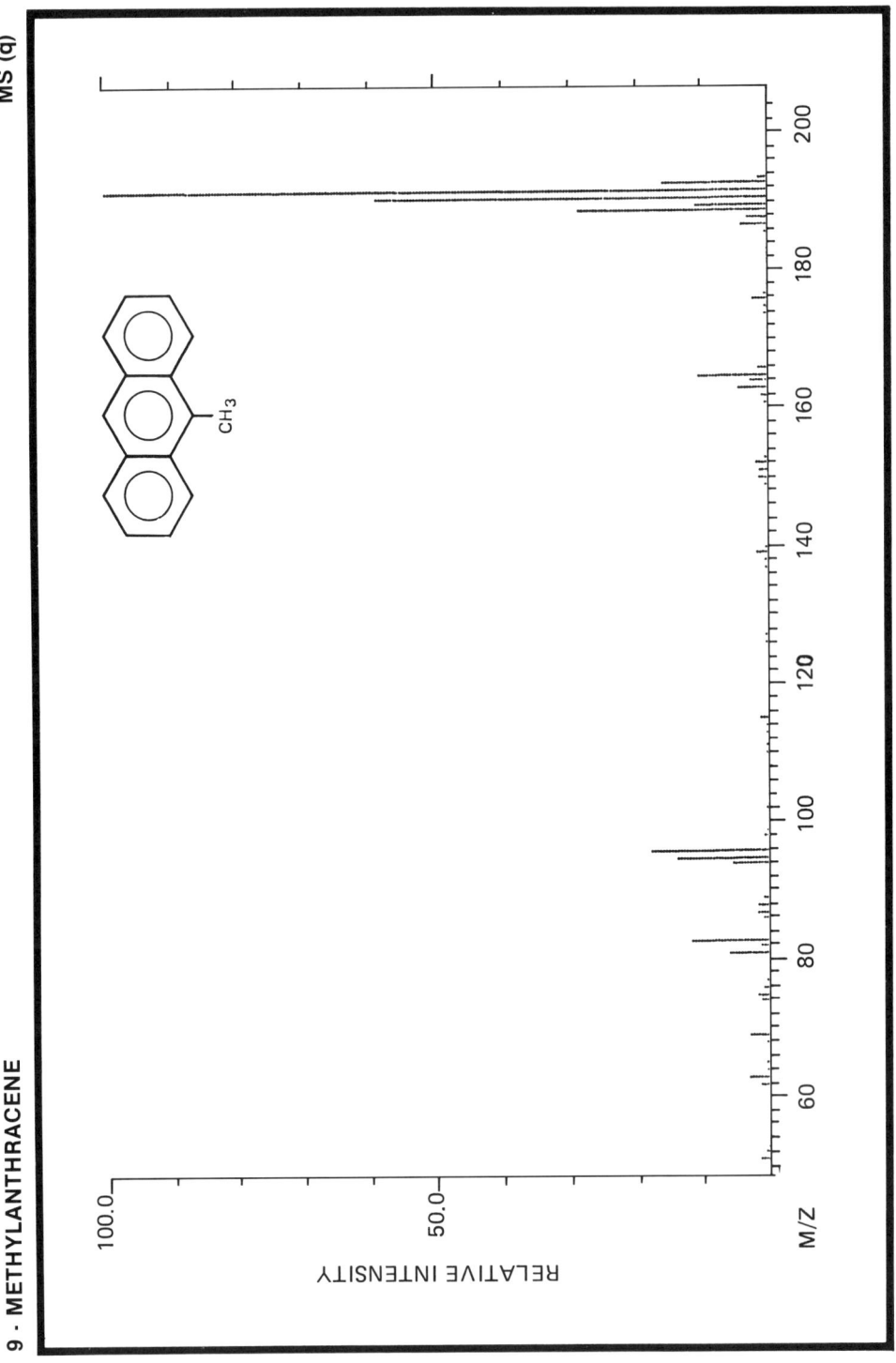

m/z	relative intensity	m/z	relative intensity
63	3.0	176	2.2
69	3.0	187	3.8
81	6.0	188	3.2
83	12.0	189	28.7
94	5.8	190	11.2
95	14.0	191	58.0
96	18.3	192	100.0
163	4.2	193	15.7
164	2.7	194	1.2
165	10.1		

Original spectrum determined by ITC - TNO, Zeist (NL)

Spectrometer	: Finnigan 4021 - Quadrupole	Formula	: $C_{15}H_{12}$
Inlet System	: capill. GC/MS	M_r	: 192.26 u
Source Temperature	: 247°C	m/z	: 192.09 u
Source Voltage	: 70 eV	CAS Nr.	: 2381 - 16 - 0
		Purity	: 0.999 g/g
		m.p.	: 79°C

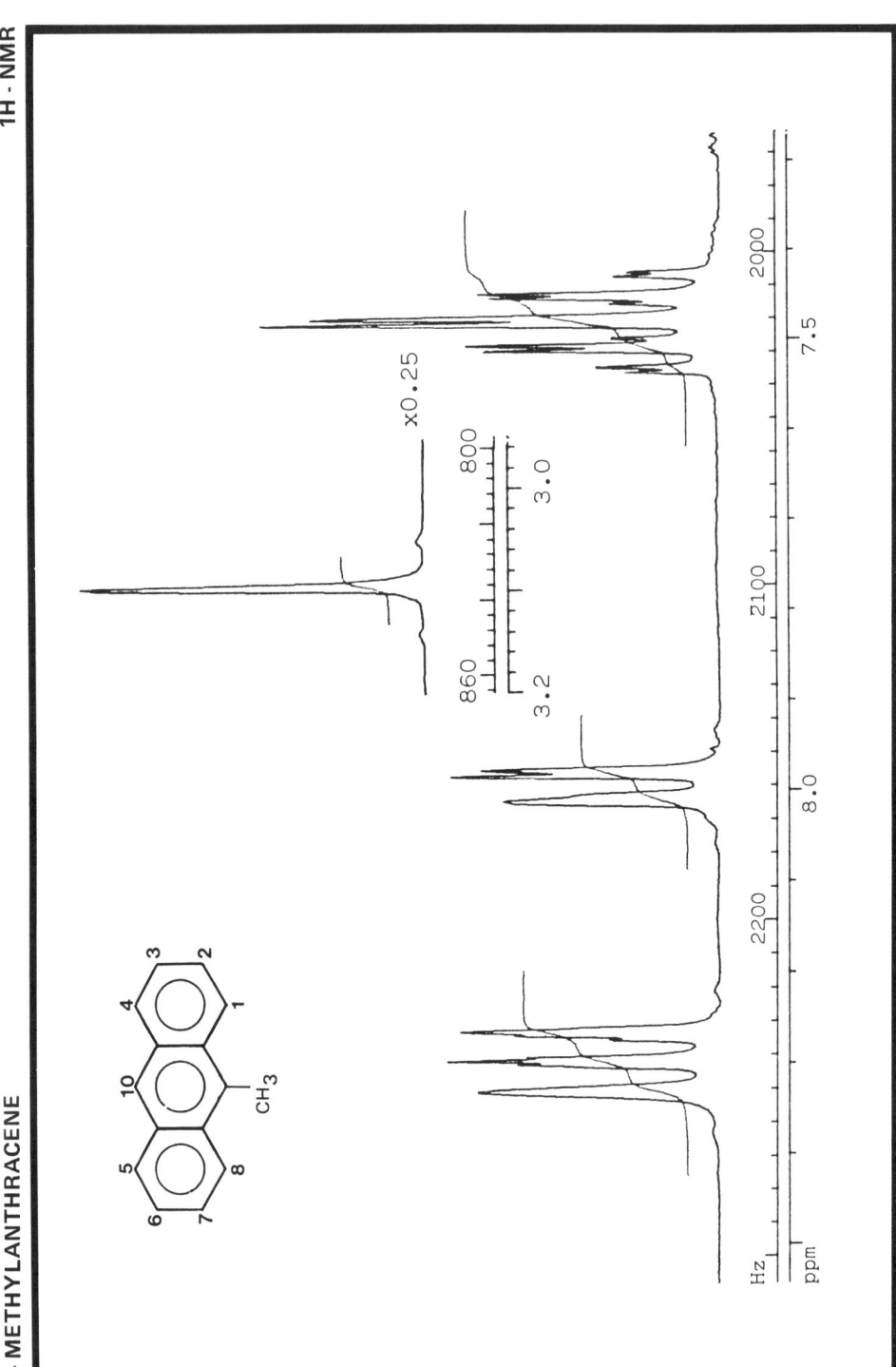

Proton No.	Chemical shift (ppm)	Coupling constants (Hz)
1 = 8	8.28	J(1,2) = 8.9; J(1,3) = 1.5
2 = 7	7.59	J(2,3) = 7.59; J(2,4) = 1.4
3 = 6	7.46	J(3,4) = 8.2
4 = 5	7.99	
9-Methyl	3.09	
10	8.33	

Original spectrum determined by Laboratory of the Goverment Chemist, London (UK)

Spectrometer	: JEOL GX - 270		Formula	: $C_{15}H_{12}$
Solvent	: $CDCl_3$		M_r	: 192.26 u
Concentration	: 12 mg/ml		CAS Nr.	: 2381 - 16 - 0
			Purity	: 0.999 g/g
			m.p.	: 79°C

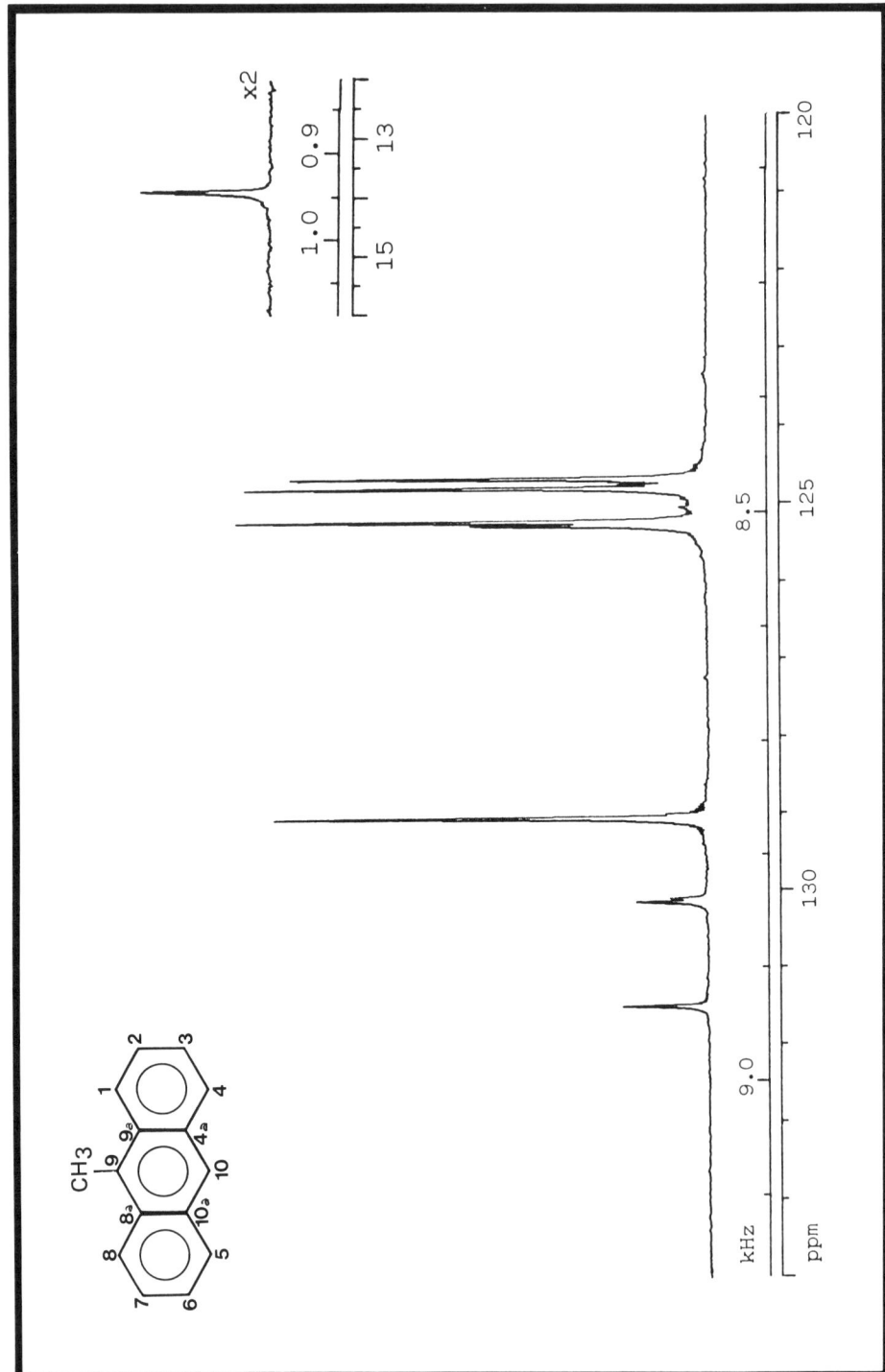

Signal	Intensity (%)	Chemical Shift (ppm)	Carbon No.
1	16 s	131.51	8a = 9a
2	13 s	130.15	4a = 10a
3	7 s	130.10	9
4	79 d	129.06	4 = 5
5	43 d	125.28	10
6	86 d	125.23	2 = 7
7	84 d	124.80	3 = 6
8	76 d	124.68	1 = 8
9	10 q	13.90	9-Me

Original spectrum determined by Laboratory of the Goverment Chemist, London (UK)

Spectrometer	: JEOL GX - 270 (67.8 MHz)	Formula	: $C_{15}H_{12}$
Solvent	: $CDCl_3$	M_r	: 192.26 u
Concentration	: 12 mg/ml	CAS Nr.	: 2381 - 16 - 0
Pulse (angle)	: 10 µs (40°)	Purity	: 0.999 g/g
Accumulations	: 16.384	m.p.	: 79°C
Repeat time	: 2.47 s		

9 - METHYLANTHRACENE

IR (KBr)

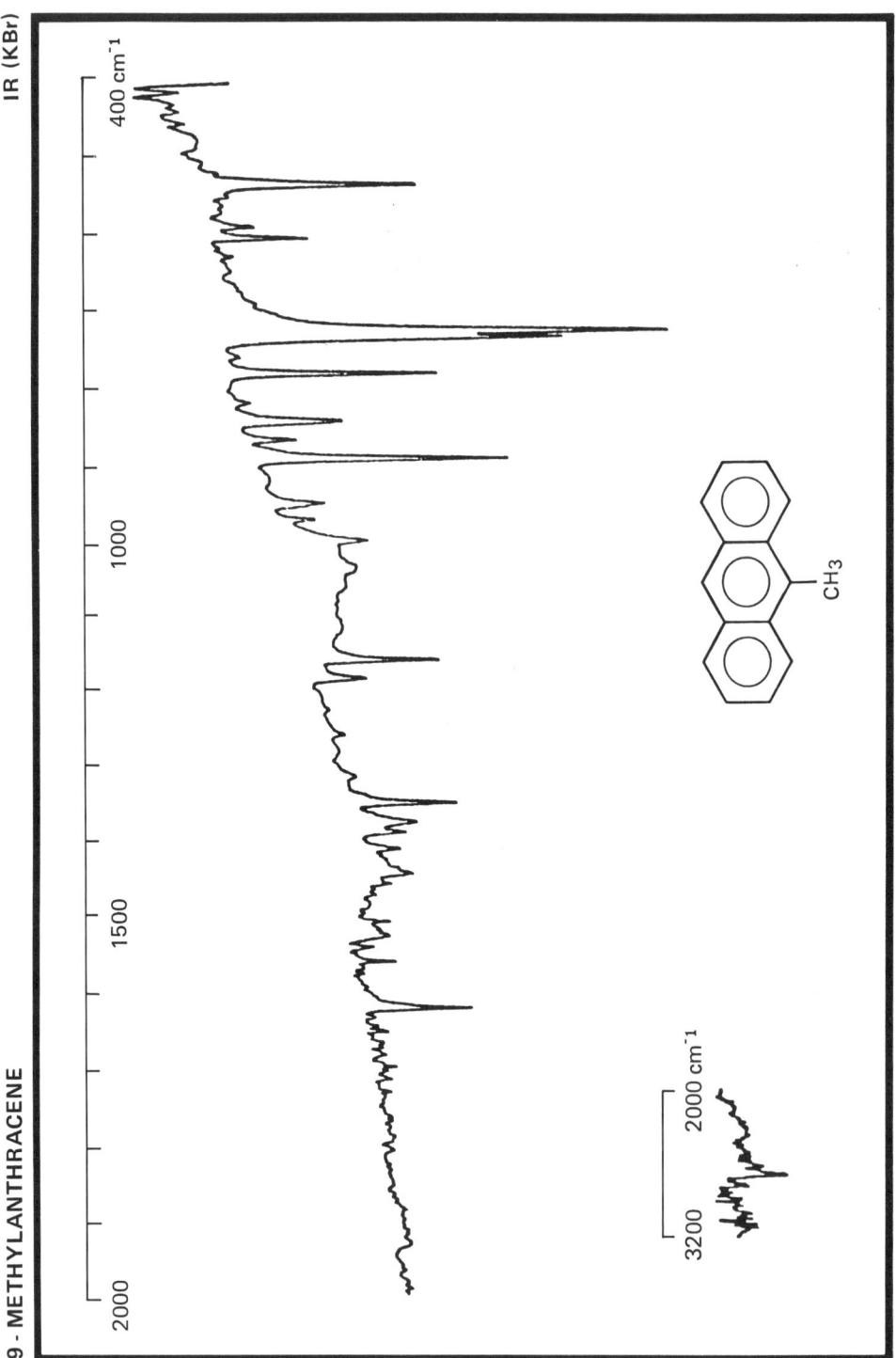

Frequency (cm⁻¹)	Assignment	Frequency (cm⁻¹)	Assignment
3050 :	aromatic C - H stretch	887:	aromatic C - H
(2910):	(- CH₃ sym. C - H stretch)	839:	
		777:	wagging deformation
		731:	
1622 :	C=C stretch	723:	
1474 :			
1451 :	- CH₃ asym. deformation	625	
1443 :		602:	ring deformation
		532:	
1373 :	- CH₃ sym. deformation		
1348 :			
1159 :	C - C stretch		

Original spectrum determined by Biochem. Institut, Ahrensburg (D)

Spectrometer : Nicolet 5 MX
Sample : KBr disc (5 mm, thickness 0.4 mm)
Reference : Air
Resolution : 1.7 cm⁻¹ (maximum)

Formula : $C_{15}H_{12}$
M_r : 192.26 u
CAS Nr. : 2381 - 16 - 0
Purity : 0.999 g/g
m.p. : 79°C

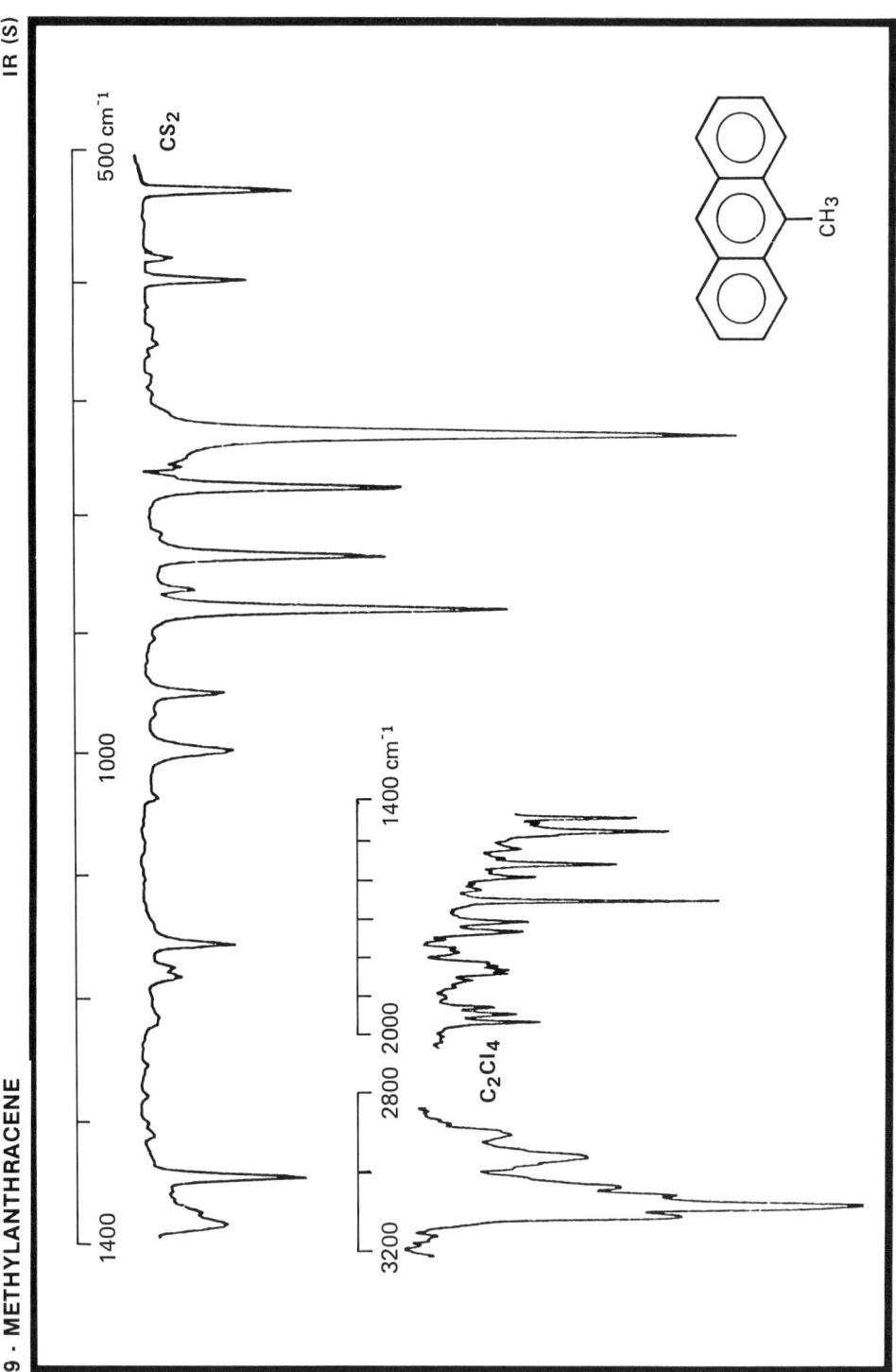

Frequency (cm⁻¹)	Assignment	Frequency (cm⁻¹)	Assignment
3086:	aromatic	999	
3056:	C - H stretch	951	
2935:	- CH₃ sym.	878:	aromatic
2871:	C - H stretch	833:	C - H
1624:	C=C stretch	773:	wagging
1528:		729:	deformation
1442:	- CH₃ asym.	601:	ring
1410:	deformation	530:	deformation
1346:	- CH₃ sym.		
	deformation		
1157:	C - C stretch		

Original spectrum determined by Biochem. Institut, Ahrensburg (D)

Spectrometer	: Nicolet 5 MX	**Formula**	: $C_{15}H_{12}$
Cell	: 0.2 mm (KBr)	**M**$_r$	: 192.26 u
Solvents	: C_2Cl_4 (3.200 - 1.400 cm⁻¹)	**CAS Nr.**	: 2381 - 16 - 0
	CS_2 (1.400 - 500 cm⁻¹)	**Purity**	: 0.999 g/g
Resolution	: 1.7 cm⁻¹ (maximum)	**m.p.**	: 79°C

11H - BENZO (b) FLUORENE

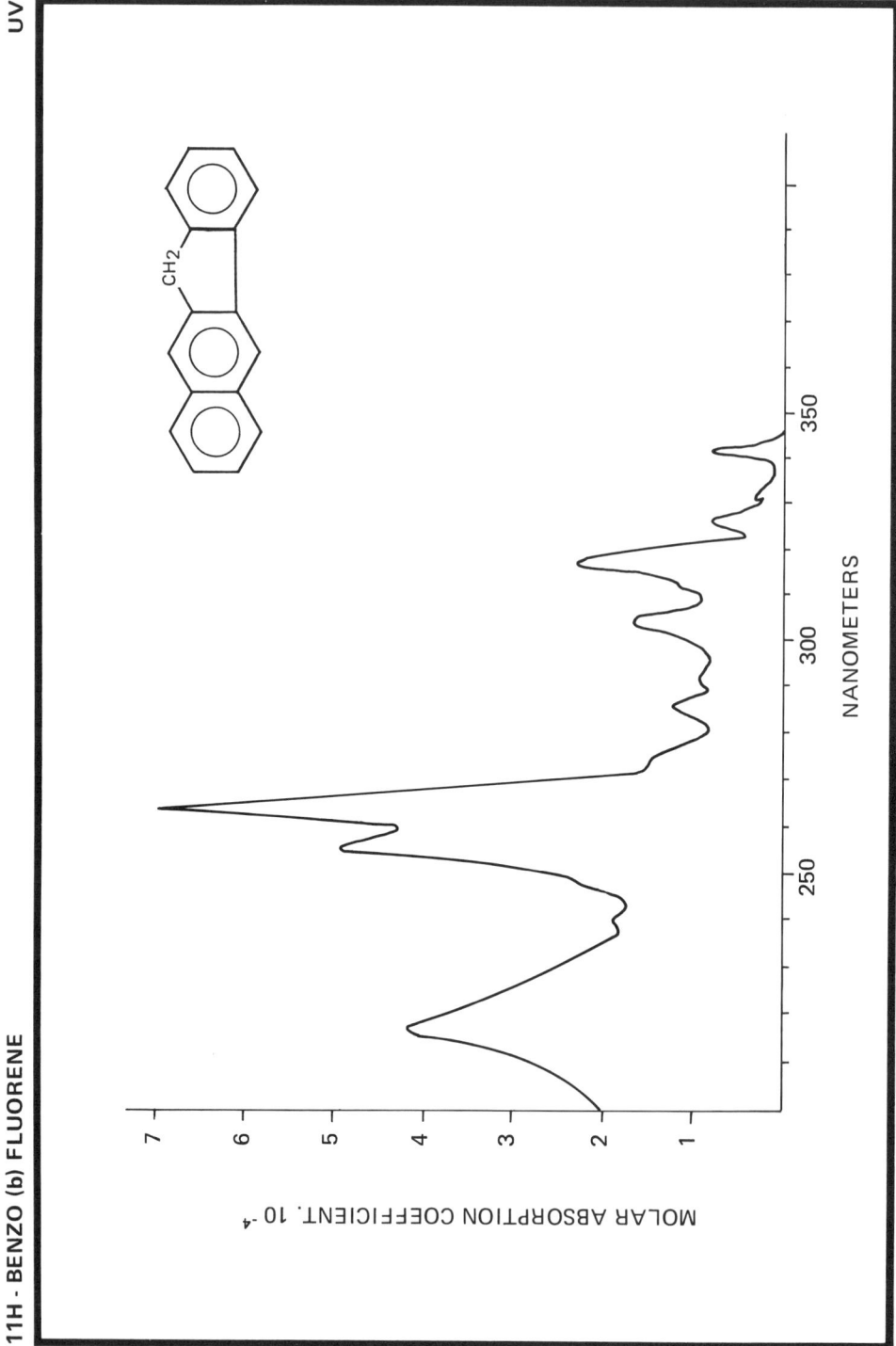

Wavelength (nm)	Molar absorption coefficient (l. mol⁻¹ cm⁻¹ × 10⁻⁴)	Wavelength (nm)	Molar absorption coefficient (l. mol⁻¹ cm⁻¹ × 10⁻⁴)
217.0	4.21	291.2	0.94
239.2	1.90	303.2	1.70
255.2	4.94	316.8	2.29
264.2	6.89	325	0.79
272.5 (sh)	1.49	332.1	0.27
284.9	1.24	341.0	0.84

Original spectrum determined by Biochem. Institut, Ahrensburg (D)

Spectrometer	: Perkin - Elmer 555	Formula	: $C_{17}H_{12}$
Solvent	: Cyclohexane	M_r	: 216.28 u
Concentration	: 21.04 mg/l	CAS Nr.	: 243 - 17 - 4
Cell Length	: 1.000 cm	Purity	: 0.994 g/g
Slit width	: 1 nm	m.p.	: 213.5°C

11H-BENZO(b)FLUORENE

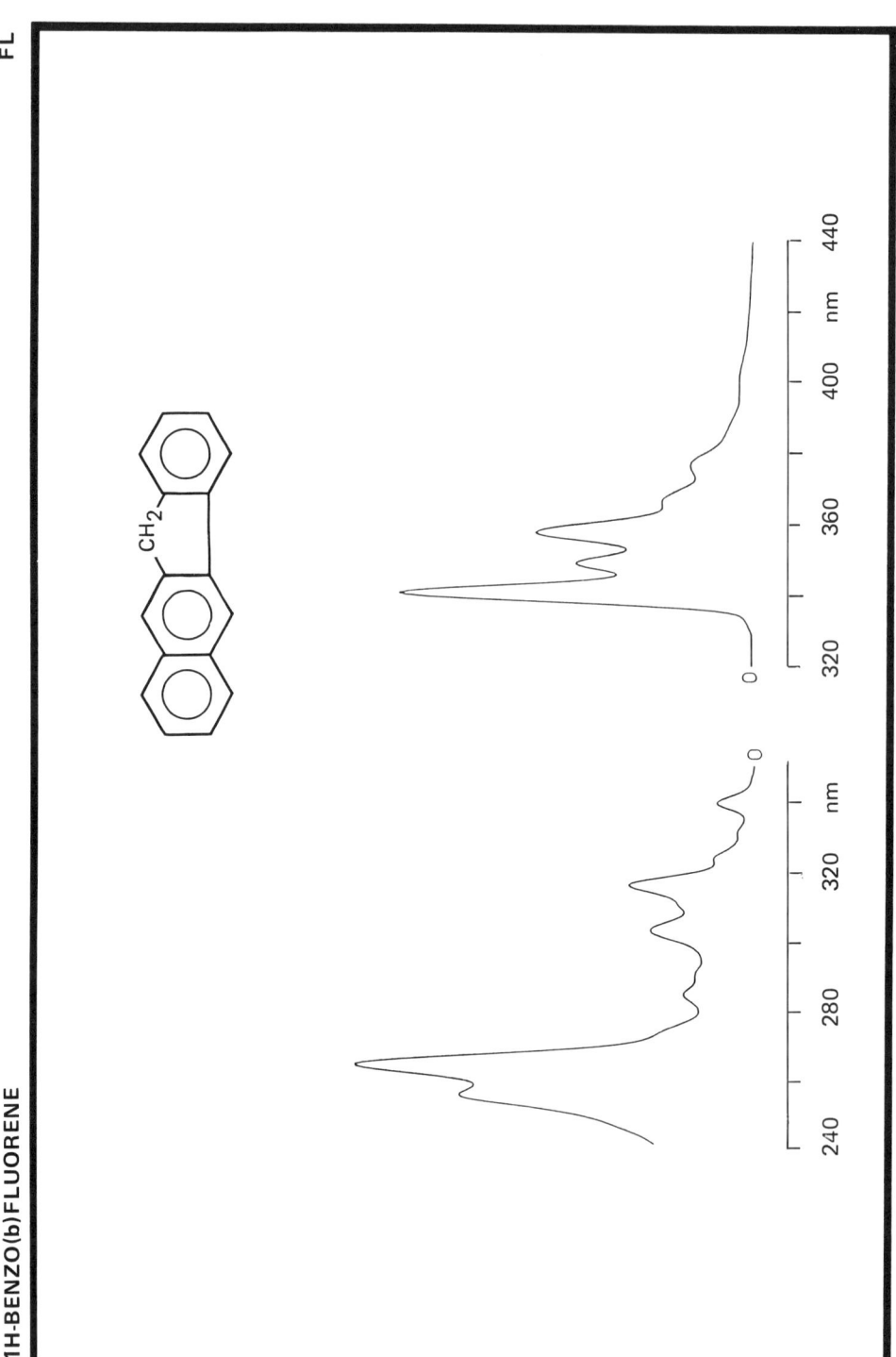

Wavelength (nm)	Relative intensity
340.5	100
349.5	45
357.5	56.5
367	21.5
377	15

Original spectrum produced by Physico-chemical oceanography group-University of Bordeaux I (F)

Instrument	: Perkin-Elmer MPF-44	**Formula**	: $C_{17}H_{12}$
Solvent	: Cyclohexane	**M_r**	: 216.28 u
Concentration	: 0.054 mg.l^{-1}	**CAS Nr.**	: 243 - 17 - 4
Spectrum	: **excitation**	**emission**	
		Purity	: 0.994 g/g
Fixed wavelength	: 358 nm	304 nm	
		m.p.	: 213°C
Excitation slit	: 2 nm	4 nm	
Emission slit	: 4 nm	2 nm	

11 H - BENZO (b) FLUORENE

Fluorescence Wavelength (nm)	Intensity (%)
339.7	77
340.0	62
340.1	100
349.1	32

Original spectrum determined by Physico-chemical oceanography group-University of Bordeaux I (F)

Source	: 450W Xenon lamp	Formula	: $C_{17}H_{12}$
Excitation monochromator	: Jobin-Yvon H20	M_r	: 216.28 u
Emission monochromator	: Jobin-Yvon HR1000	CAS Nr.	: 243 - 17 - 4
Excitation wavelength (slits)	: 258 (9) nm	Purity	: 0.994 g/g
Emission slits	: 0.04 nm	m.p.	: 213.5°C
Temperature	: 15 K		
Solvent	: n-octane		
Concentration	: 0.432 mg/l		

1·1H - BENZO (b) FLUORENE

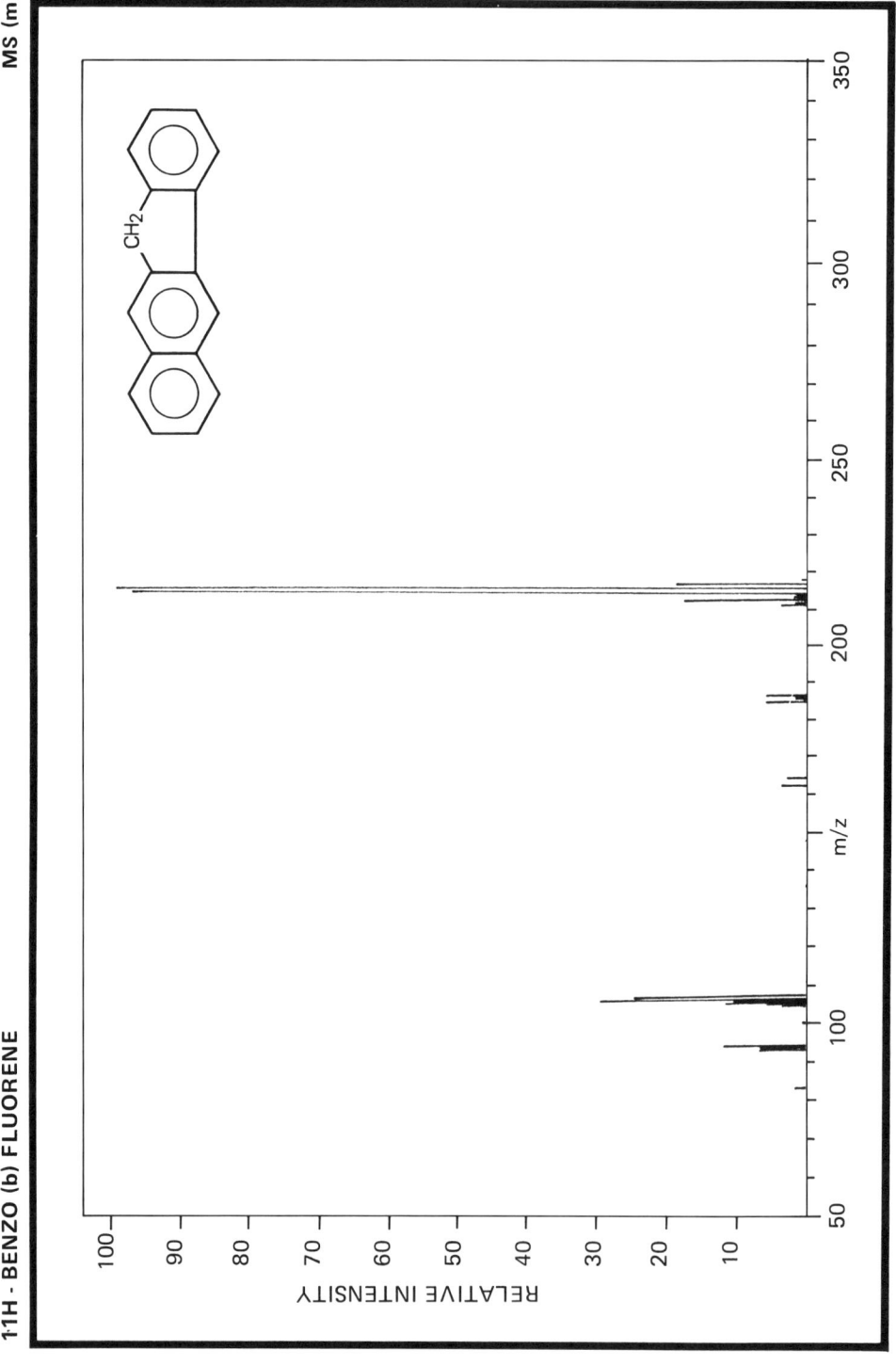

m/z	relative intensity	m/z	relative intensity
82	2.0	165	3.0
93.5	7.0	187	6.0
94	7.0	188	2.0
94.5	12.0	189	6.0
105.5	4.0	211	4.0
106	6.0	213	18.0
106.5	12.0	214	2.0
107	11.0	215	98.0
107.5	30.0	216	100.0
108	25.0	217	19.0
163	4.0	218	1.0

Original spectrum determined by Biochem. Institut, Ahrensburg (D)

Spectrometer	: Varian MAT 111
Inlet System	: GC/MS
Source Temperature	: 200°C
Source Voltage	: 70 eV

Formula	: $C_{17}H_{12}$
M_r	: 216.28 u
m/z	: 216.09 u
CAS Nr.	: 243 - 17 - 4
Purity	: 0.994 g/g
m.p.	: 213.5°C

11H - BENZO (b) FLUORENE

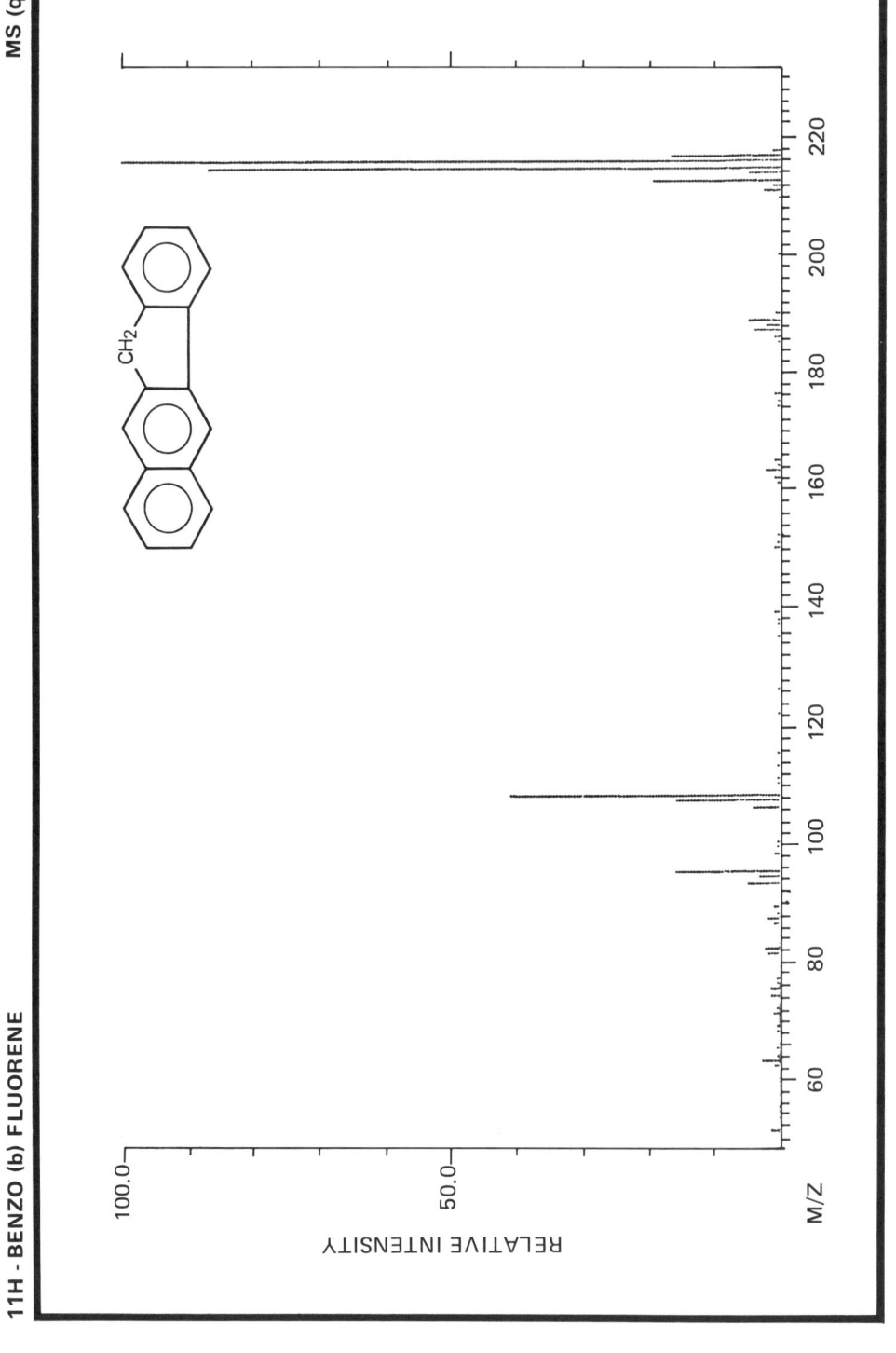

m/z	relative intensity	m/z	relative intensity
63	2.5	187	4.1
82	2.4	188	2.8
93	4.6	189	4.9
94	3.1	211	2.7
95	16.0	213	19.6
106	3.9	214	4.8
107	15.8	215	87.0
108	40.8	216	100.0
163	2.3	217	16.8
		218	1.5

Original spectrum determined by ITC - TNO, Zeist (NL)

Spectrometer	: Finnigan 4021 - Quadrupole
Inlet System	: capill. GC/MS
Source Temperature	: 247°C
Source Voltage	: 70 eV

Formula	: $C_{17}H_{12}$
M_r	: 216.28 u
m/z	: 216.09 u
CAS Nr.	: 243 - 17 - 4
Purity	: 0.994 g/g
m.p.	: 213.5°C

11H - BENZO (b) FLUORENE

1H - NMR

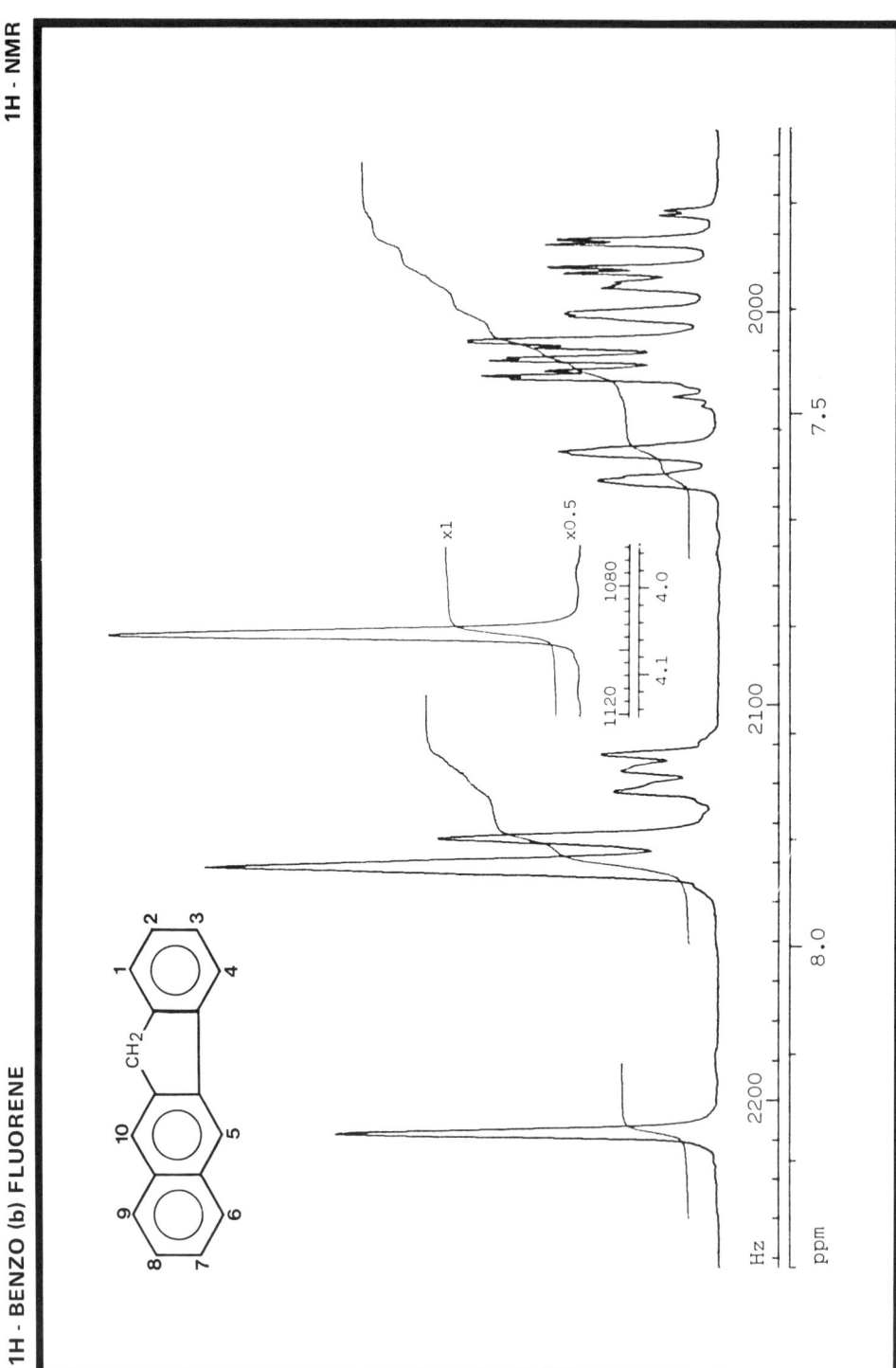

Proton No.	Chemical shift (ppm)	Coupling constants (Hz)
1	7.56	$J(1,2) = 7.8$; $J(1,3) = 0.8$
		$J(1,4) = 0.8$
2	7.41	$J(2,3) = 7.5$; $J(2,4) = 1.2$
3	7.35	$J(3,4) = 7.7$
4	7.93	
5	8.18	
6	7.84	$J(6,7) = 8.3$; $J(6,8) = 1.3$
7	7.45	$J(7,8) = 6.9$; $J(7,9) = 1.5$
8	7.46	$J(8,9) = 8.2$
9	7.93	
10	7.93	
11	4.05	

Original spectrum determined by Laboratory of the Goverment Chemist, London (UK)

Spectrometer	: JEOL GX - 270
Solvent	: CDCl$_3$
Concentration	: 14 mg/ml

Formula	: C$_{17}$H$_{12}$
M$_r$	: 216.28 u
CAS Nr.	: 243 - 17 - 4
Purity	: 0.994 g/g
m.p.	: 213°C

11H - BENZO (b) FLUORENE — 13C - NMR

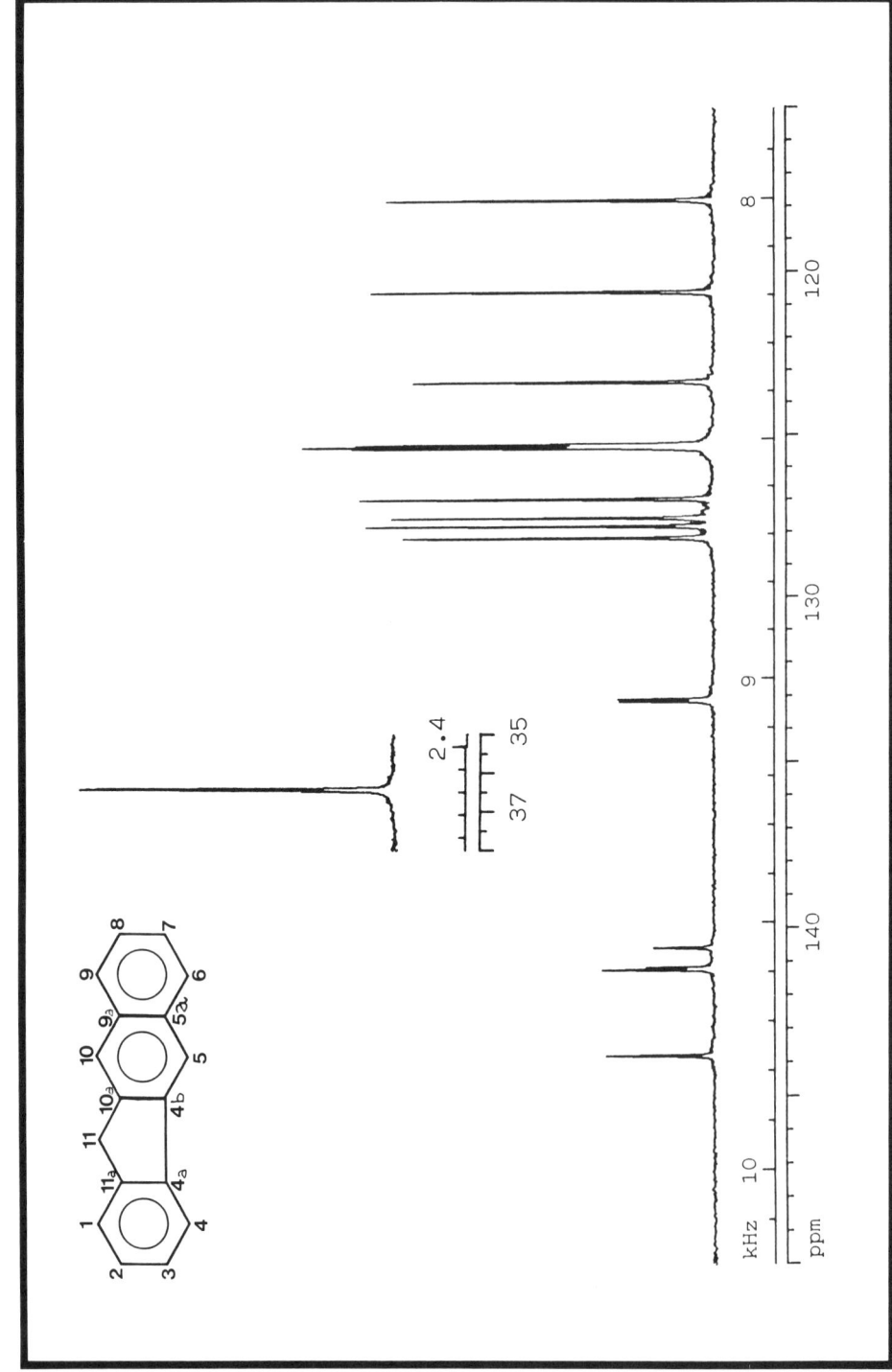

Signal	Intensity (%)	Chemical Shift (ppm)	Carbon No.
1	26.3 s	143.80	11a
2	27.3 s	141.24	10a
3	16.4 s	141.17	4a
4	14.6 s	140.57	4b
5	22.9 s	133.17	9a
6	23.2 s	133.09	5a
7	75.5 d	128.17	9
8	84.6 d	127.82	6
9	78.4 d	127.57	2
10	85.9 d	126.99	3
11	87.8 d	125.39	7*
12	100.0 d	125.34	8*
13	87.0 d	125.29	1
14	73.2 d	123.38	10
15	83.3 d	120.61	4
16	79.4 d	123.81	5
17	69.7 t	36.44	11

Original spectrum determined by Laboratory of the Goverment Chemist, London (UK)

Spectrometer	: JEOL GX - 270 (67.8 MHz)		Formula	: $C_{17}H_{12}$
Solvent	: $CDCl_3$		M_r	: 216.28 u
Concentration	: 14 mg/ml		CAS Nr.	: 243 - 17 - 4
Pulse (angle)	: 10 µs (40°)		Purity	: 0.994 g/g
Accumulations	: 19000		m.p.	: 213.5°C
Repeat time	: 2.47 s			

* May be interchanged

11H · BENZO (b) FLUORENE

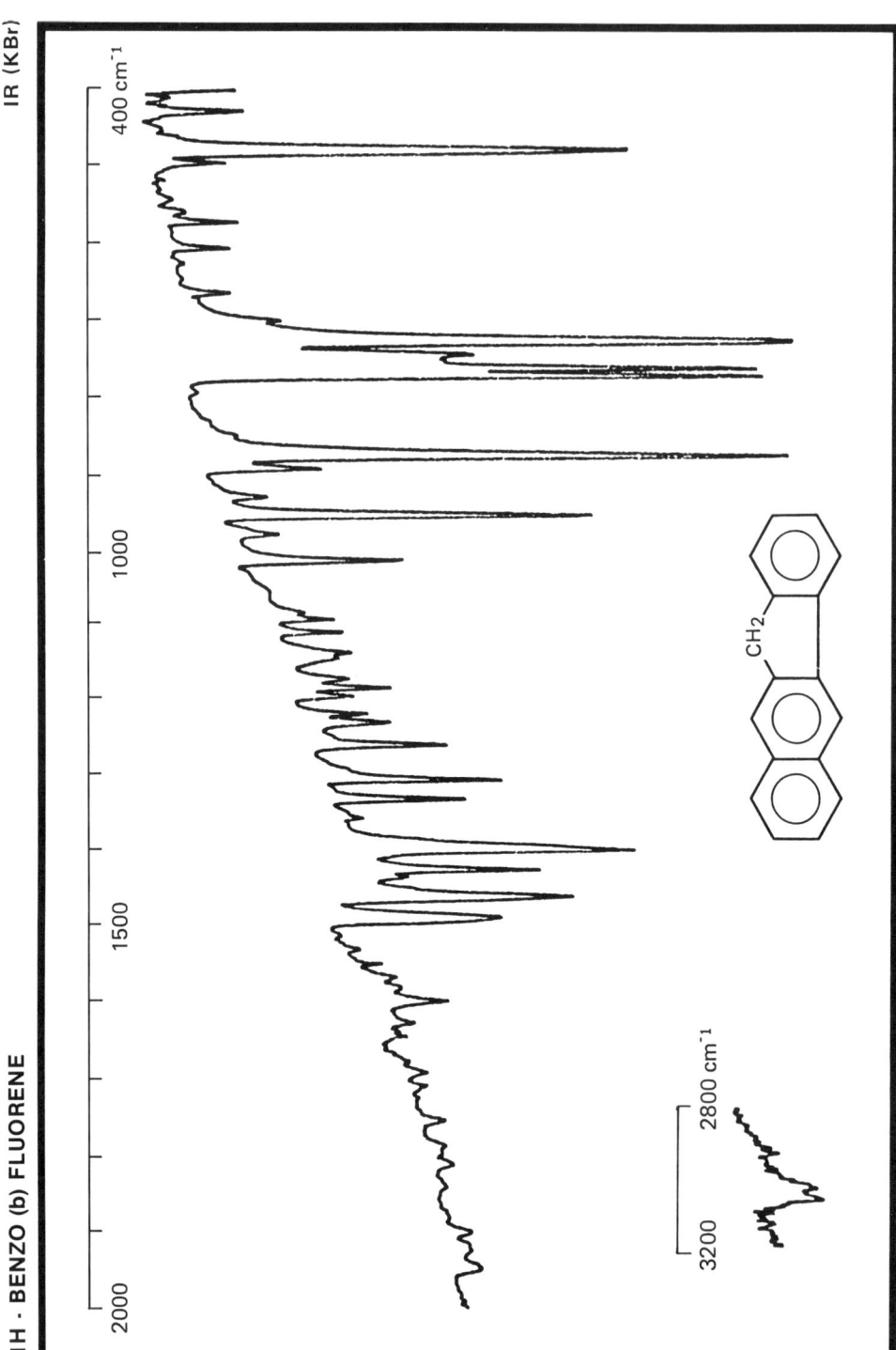

IR (KBr)

Frequency (cm⁻¹)	Assignment	Frequency (cm⁻¹)	Assignment
3056:	C - H stretch	953:	C - H wagging deformation
3025:			
1607:		874:	
1497:		772:	
1476:	C=C stretch	762:	
1435:		725:	
1408:		475:	ring deformation
1340:	C - C stretch		
1316:			
1267:			
1017:			

Original spectrum determined by Biochem. Institut, Ahrensburg (D)

Spectrometer	: Nicolet 5 MX	Formula	: $C_{17}H_{12}$
Sample	: KBr disc	M_r	: 216.28 u
Reference	: Air	CAS Nr.	: 243 - 17 - 4
Resolution	: 1.7 cm⁻¹ (maximum)	Purity	: 0.994 g/g
		m.p.	: 213.5°C

11H - BENZO (b) FLUORENE

IR (S)

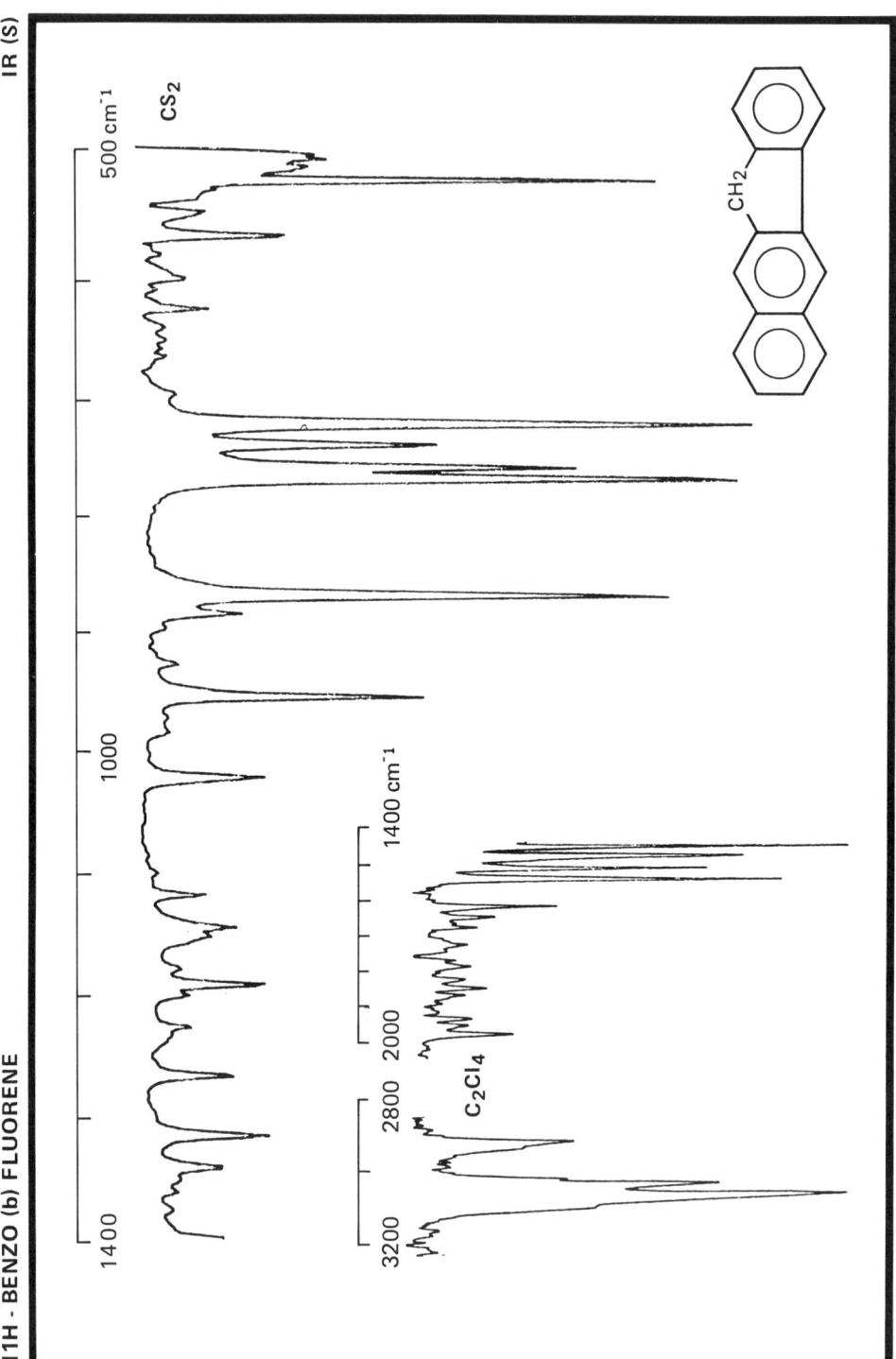

Frequency (cm⁻¹)	Assignment	Frequency (cm⁻¹)	Assignment
3083:	aromatic	953	
3059:	C - H stretch		
3021:	C - H stretch	868:	C - H
2899:	(CH$_2$ - group)	770:	wagging
		760:	deformation
1580:		741:	
1505:		723:	
1472:		569:	ring
1437:	C=C stretch	525:	deformation
1410:			
1314			
1265	C - C stretch		
1188			
1017			

Original spectrum determined by Biochem. Institut, Ahrensburg (D)

Spectrometer	: Nicolet 5 MX	**Formula**	: C$_{17}$H$_{12}$
Cell	: 0.2 mm (KBr)	M$_r$	: 216.28 u
Solvents	: C$_2$Cl$_4$ (3.200 - 1.400 cm⁻¹)	**CAS Nr.**	: 243 - 17 - 4
	CS$_2$ (1.400 - 500 cm⁻¹)	**Purity**	: 0.994 g/g
Resolution	: 1.7 cm⁻¹ (maximum)	**m.p.**	: 213.5°C

7H - BENZO(c)FLUORENE

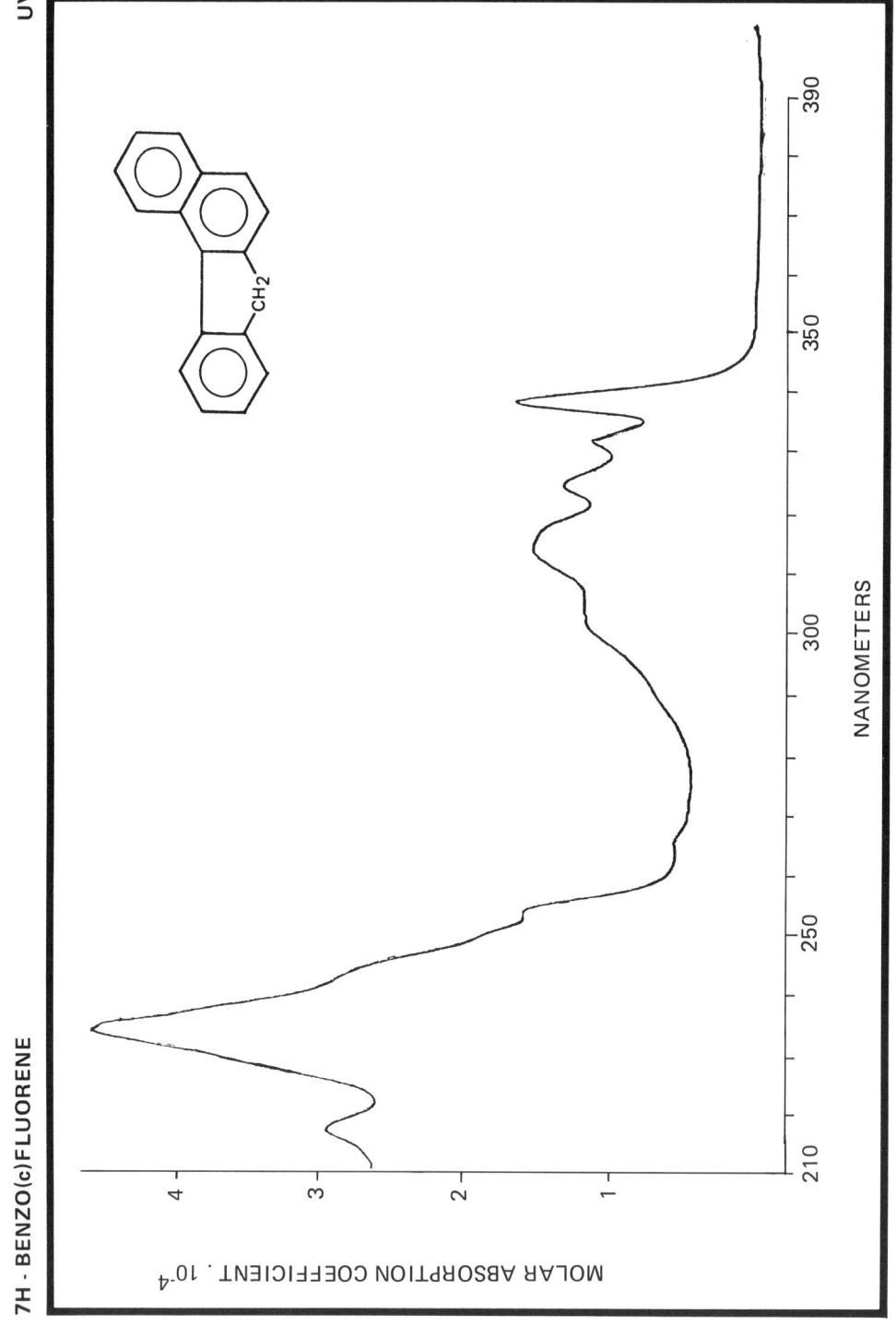

Wavelength (nm)	Molar absorption coefficient (l. mol⁻¹ cm⁻¹ x 10⁻⁴)	Wavelength (nm)	Molar absorption coefficient (l. mol⁻¹ cm⁻¹ x 10⁻⁴)
214.3	2.9	310.8	1.5
231.4	4.5	321.1	1.3
250.9	1.6	328.5	1.1
262.3	0.53	335.6	1.7

Original spectrum determined by JRC Ispra (CEC)

Spectrometer	: Perkin - Elmer 555	Formula	: $C_{17}H_{12}$
Solvent	: Cyclohexane	M_r	: 216.28 u
Concentration	: 4.4 mg/l	CAS Nr.	: 205 - 12 - 9
Cell Length	: 1.000 cm	Purity	: 0.91 g/g
Slit width	: 1 nm	m.p.	: 126.5°C

7H-BENZO(c)FLUORENE

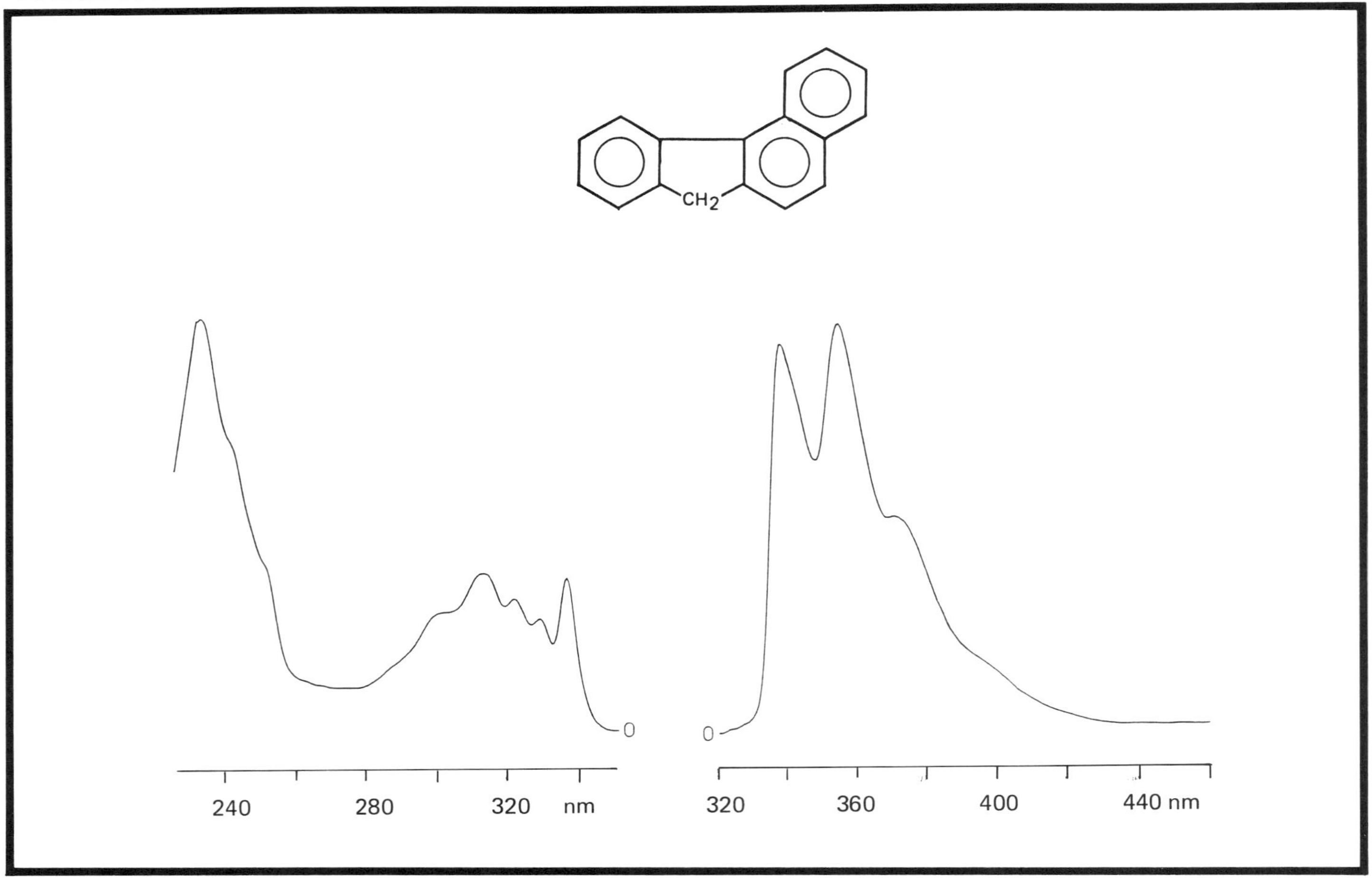

Wavelength (nm)	Relative intensity
337.5	99
354.5	100
371	50.5

Original spectrum produced by Physico-chemical oceanography group-University of Bordeaux I (F)

Instrument	: Perkin-Elmer MPF-44		**Formula**	: $C_{17}H_{12}$
Solvent	: Cyclohexane		**M$_r$**	: 216.28 u
Concentration	: 0.108 mg.l^{-1}		**CAS Nr.**	: 205 - 12 - 9
Spectrum	: **excitation**	**emission**	**Purity**	: 0.91 g/g
Fixed wavelength	: 354.5 nm	311 nm	**m.p.**	: 126.5°C
Excitation slit	: 2 nm	4 nm		
Emission slit	: 8 nm	2 nm		

7H - BENZO (c) FLUORENE

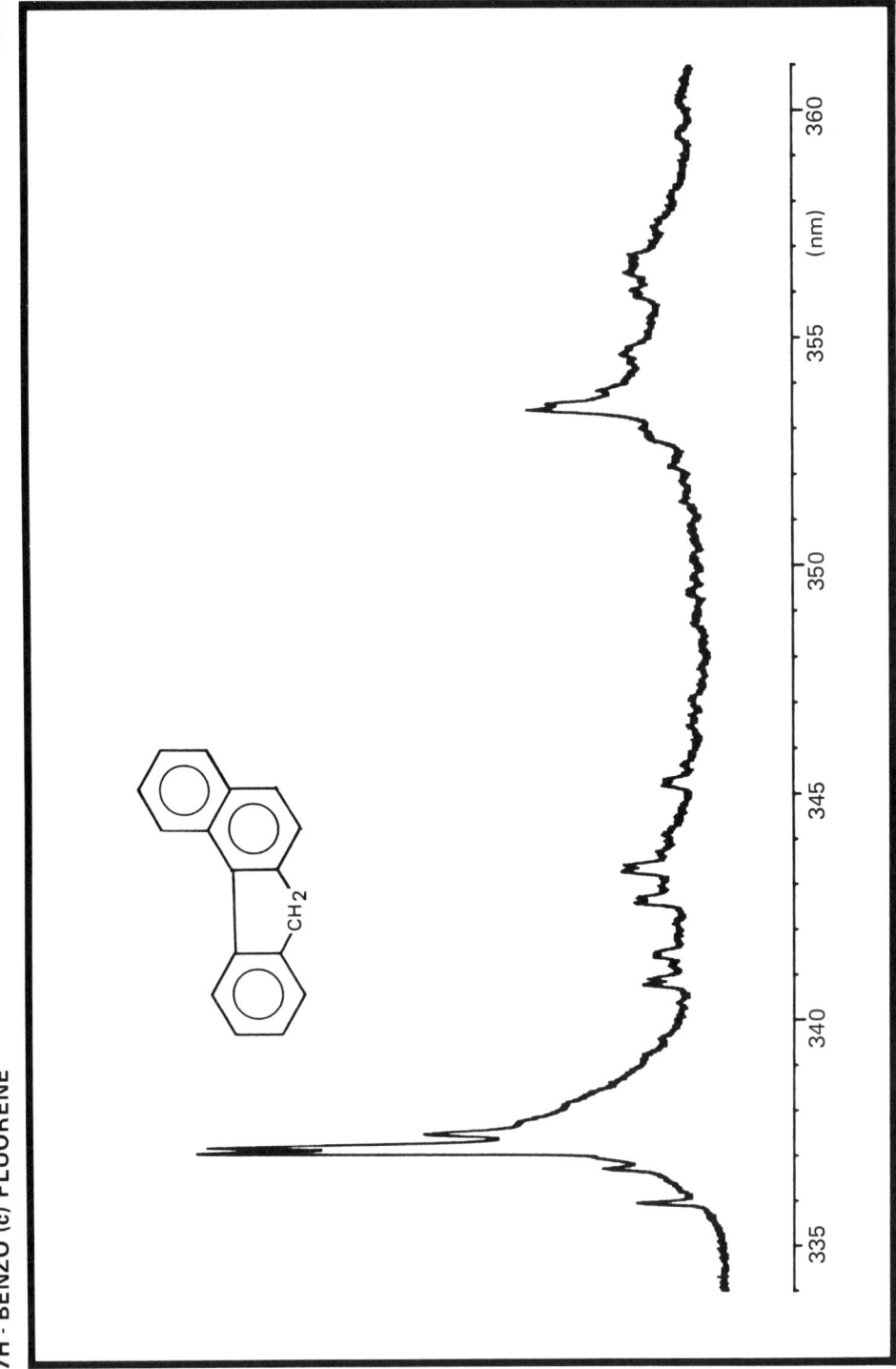

Fluorescence Wavelength (nm)	Intensity (%)
336.5	24
336.9	100
337.1	98
337.4	57

Original spectrum determined by Physico-chemical oceanography group-University of Bordeaux I (F)

Source	: 450W Xenon lamp	Formula	: $C_{17}H_{12}$
Excitation monochromator	: Jobin-Yvon H20	M_r	: 216.28 u
Emission monochromator	: Jobin-Yvon HR1000	CAS Nr.	: 205 - 12 - 9
Excitation wavelength (slits)	: 300 (9) nm	Purity	: 0.91 g/g
Emission slits	: 0.04 nm	m.p.	: 126.5°C
Temperature	: 15 K		
Solvent	: n-octane		
Concentration	: 0.432 mg/l		

7H - BENZO (c) FLUORENE

m/z	relative intensity	m/z	relative intensity
82	2.0	187	6.0
93.5	9.0	188	4.0
94	7.0	189	7.0
94.5	22.0	211	4.0
105.5	4.0	213	24.0
106	7.0	214	4.0
107	10.0	215	87.0
107.5	30.0	216	100.0
108	23.0	217	22.0
163	3.0	218	3.2
165	3.0		

Original spectrum determined by Biochem. Institut, Ahrensburg (D)

Spectrometer	: Varian MAT 111		Formula	: $C_{17}H_{12}$
Inlet System	: Direct Inlet		M_r	: 216.28 u
Source Temperature	: 200°C		m/z	: 216.09 u
Source Voltage	: 70 eV		CAS Nr.	: 205 - 12 - 9
			Purity	: 0.91 g/g
			m.p.	: 126.5°C

7H - BENZO (c) FLUORENE

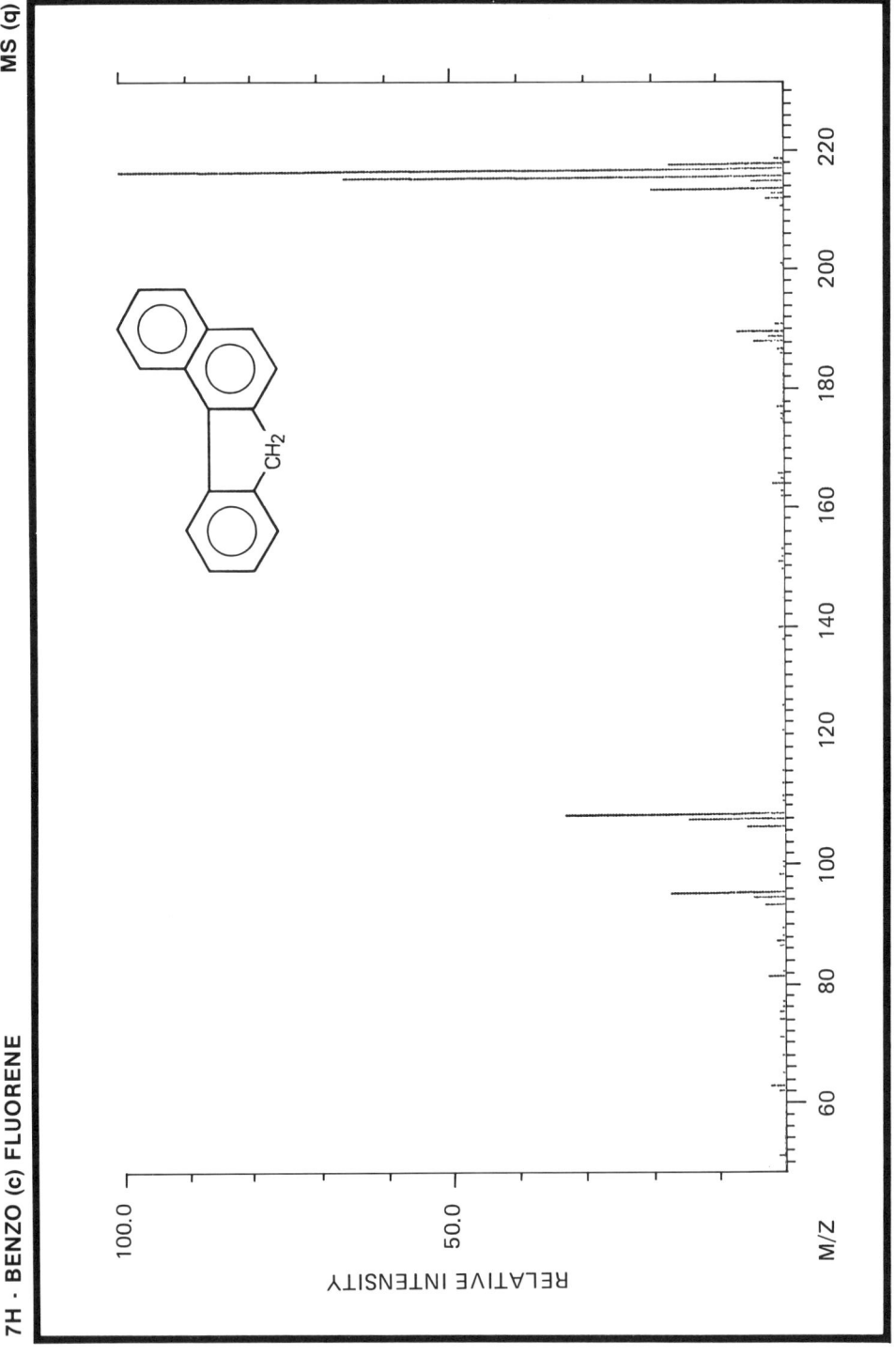

m/z	relative intensity	m/z	relative intensity
81	2.8	187	4.2
93	2.9	188	2.3
94	4.7	189	7.0
95	17.1	211	2.9
106	5.9	213	19.9
107	14.6	214	4.9
108	33.2	215	66.1
		216	100.0
		217	17.0
		218	1.5

Original spectrum determined by ITC - TNO, Zeist (NL)

Spectrometer	: Finnigan 4021 - Quadrupole
Inlet System	: capill. GC/MS
Source Temperature	: 247°C
Source Voltage	: 70 eV
Formula	: $C_{17}H_{12}$
M_r	: 216.28 u
m/z	: 216.09 u
CAS Nr.	: 205 - 12 - 9
Purity	: 0.91 g/g
m.p.	: 126.5°C

7H - BENZO (c) FLUORENE

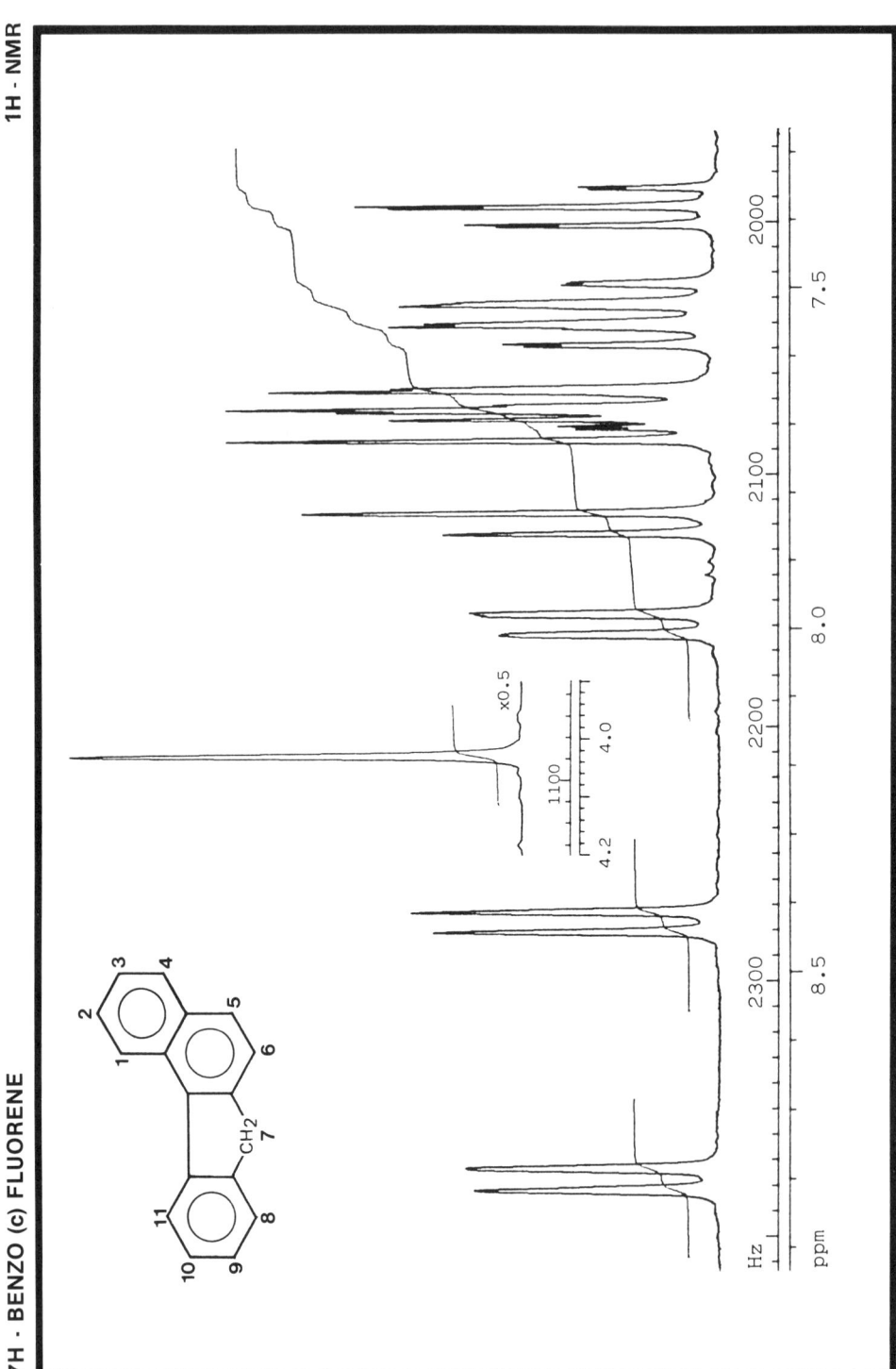

Proton No.	Chemical shift (ppm)	Coupling constants (Hz)
1	8.76	$J(1,2) = 8.3$; $J(1,3) = 0.7$
2	7.63	$J(2,3) = 7.2$; $J(2,4) = 1.1$
3	7.51	$J(3,4) = 7.9$
4	7.95	
5	7.84	$J(5,6) = 8.4$
6	7.70	
7	4.03	
8	7.62	$J(8,9) = 7.7$; $J(8,10) = 0.8$
9	7.34	$J(9,10) = 7.6$; $J(9,11) = 0.5$
10	7.48	$J(10,11) = 7.8$
11	8.39	

Original spectrum determined by Laboratory of the Goverment Chemist, London (UK)

Spectrometer	: JEOL GX - 270		Formula	: $C_{17}H_{12}$
Solvent	: $CDCl_3$		M_r	: 216.28 u
Concentration	: 9 mg/ml		CAS Nr.	: 205 - 12 - 9
			Purity	: 0.91 g/g
			m.p.	: 126.5°C

7H - BENZO (c) FLUORENE   13C - NMR

Signal	Intensity (%)	Chemical Shift (ppm)	Carbon No.
1	18.1 s	144.23	7a
2	13.8 s	142.85	11a
3	17.9 s	142.35	6a
4	10.1 s	136.13	11b
5	17.3 s	133.46	4a
6	13.3 s	129.68	11c
7	95.9 d	129.18	4
8	91.1 d	127.70	5
9	85.9 d	126.91	10
10	82.0 d	126.48	2
11	100.0 d	125.77	9
12	91.6 d	125.01	3
13	92.7 d	124.88	8
14	97.0 d	123.73	1
15	78.2 d	123.28	6
16	90.4 d	122.91	11
17	89.0 d	37.79	7

Original spectrum determined by Laboratory of the Goverment Chemist, London (UK)

Spectrometer	: JEOL GX - 270 (67.8 MHz)	Formula	: $C_{17}H_{12}$
Solvent	: $CDCl_3$	M_r	: 216.28 u
Concentration	: 9 mg/ml	CAS Nr.	: 205 - 12 - 9
Pulse (angle)	: 10 µs (40°)	Purity	: 0.91 g/g
Accumulations	: 40000	m.p.	: 126.5°C
Repeat time	: 2.47 s		

7H - BENZO (c) FLUORENE   IR (KBr)

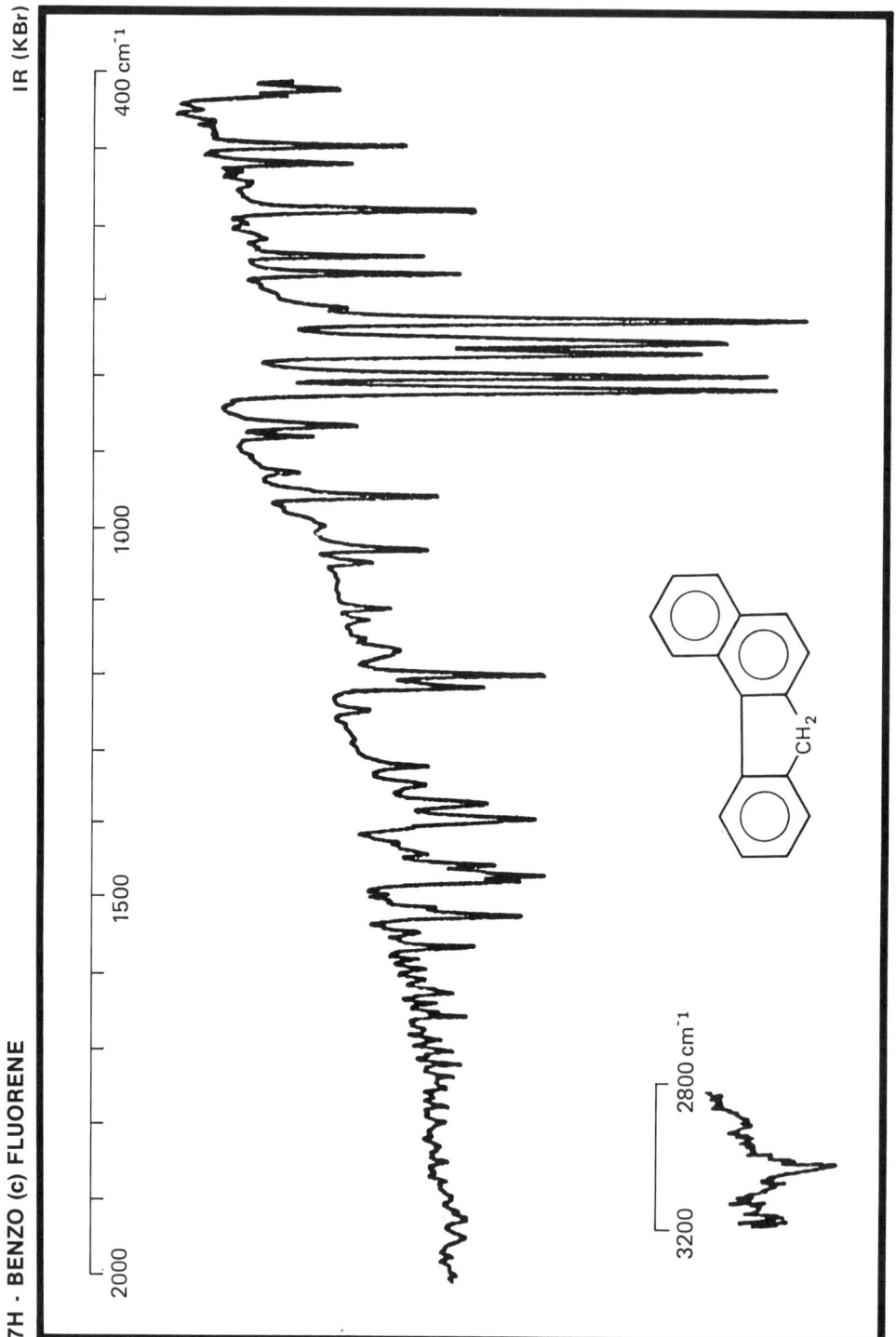

Frequency (cm⁻¹)	Assignment	Frequency (cm⁻¹)	Assignment
3046:	C - H stretch	945:	
1520:		851:	C - H
1472:		804:	wagging
1464:	C=C stretch	785:	deformation
		756:	
		743:	
1208:		712:	
1192:	C - C stretch	650:	
1020:		627:	
		565:	
		505:	
		482:	ring deformation
		411:	

Original spectrum determined by Biochem. Institut, Ahrensburg (D)

Spectrometer	: Nicolet 5 MX	Formula	: $C_{17}H_{12}$
Sample	: KBr disc	M_r	: 216.28 u
Reference	: Air	CAS Nr.	: 205 - 12 - 9
Resolution	: 1.7 cm⁻¹ (maximum)	Purity	: 0.91 g/g
		m.p.	: 126.5°C

7H - BENZO (c) FLUORENONE   IR (S)

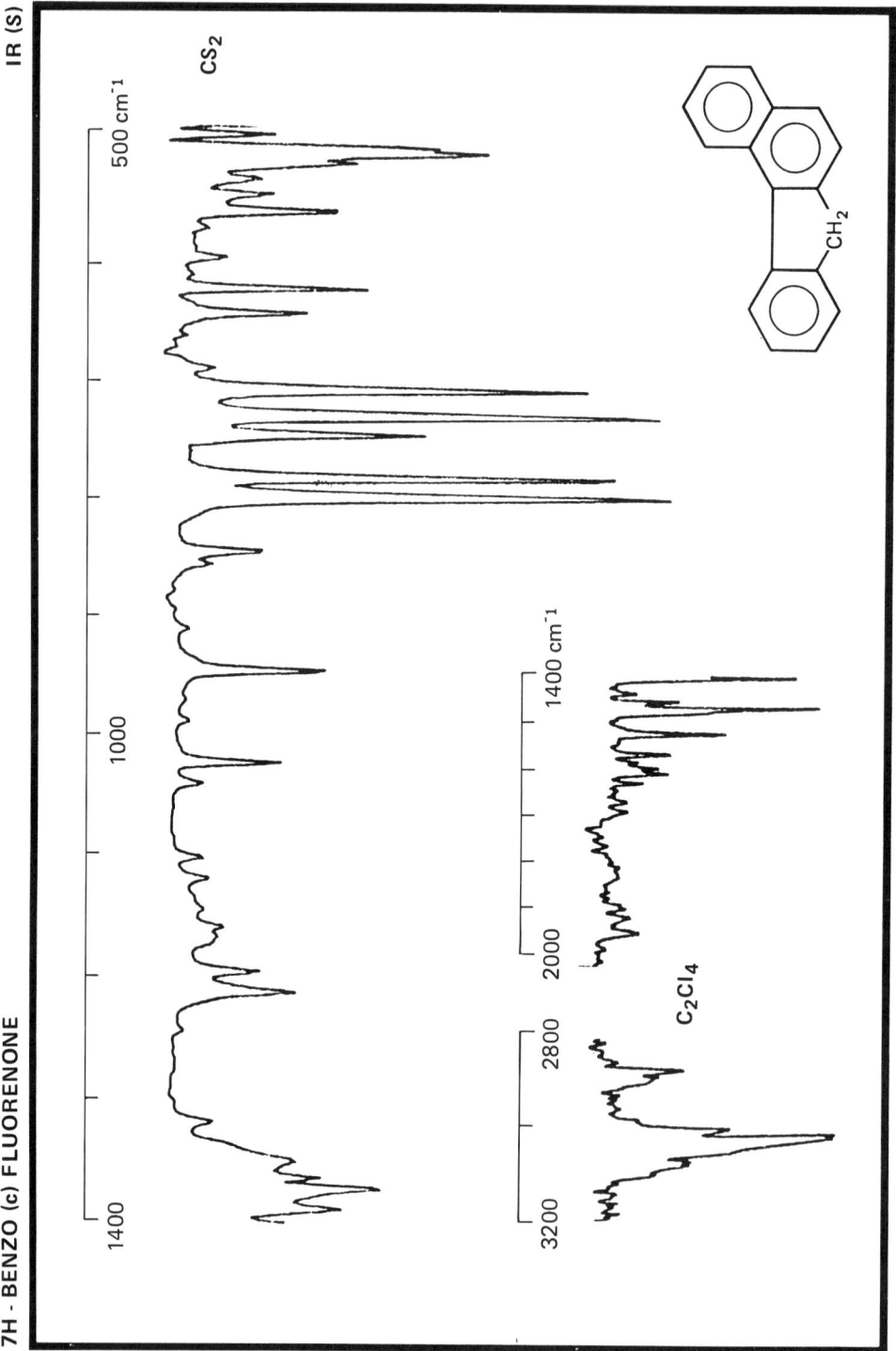

Frequency (cm⁻¹)	Assignment	Frequency (cm⁻¹)	Assignment
3096:		945:	
3054:	C - H stretch	847:	C - H
3022:		802:	wagging
1520:		785:	deformation
1466:		750:	
1451:	C=C stretch	733:	
1402:		712:	
1208:		648:	ring
1190:	C - C stretch	629:	deformation
1020:		563:	
		517:	

Original spectrum determined by Biochem. Institut, Ahrensburg (D)

Spectrometer	: Nicolet 5 MX	**Formula**	: $C_{17}H_{12}$
Cell	: 0.2 mm (KBr)	**M$_r$**	: 216.28 u
Solvents	: C_2Cl_4 (3.200 - 1.400 cm⁻¹)	**CAS Nr.**	: 205 - 12 - 9
	CS_2 (1.400 - 500 cm⁻¹)	**Purity**	: 0.91 g/g
Resolution	: 1.7 cm⁻¹ (maximum)	**m.p.**	: 126.5°C

TRIPHENYLENE

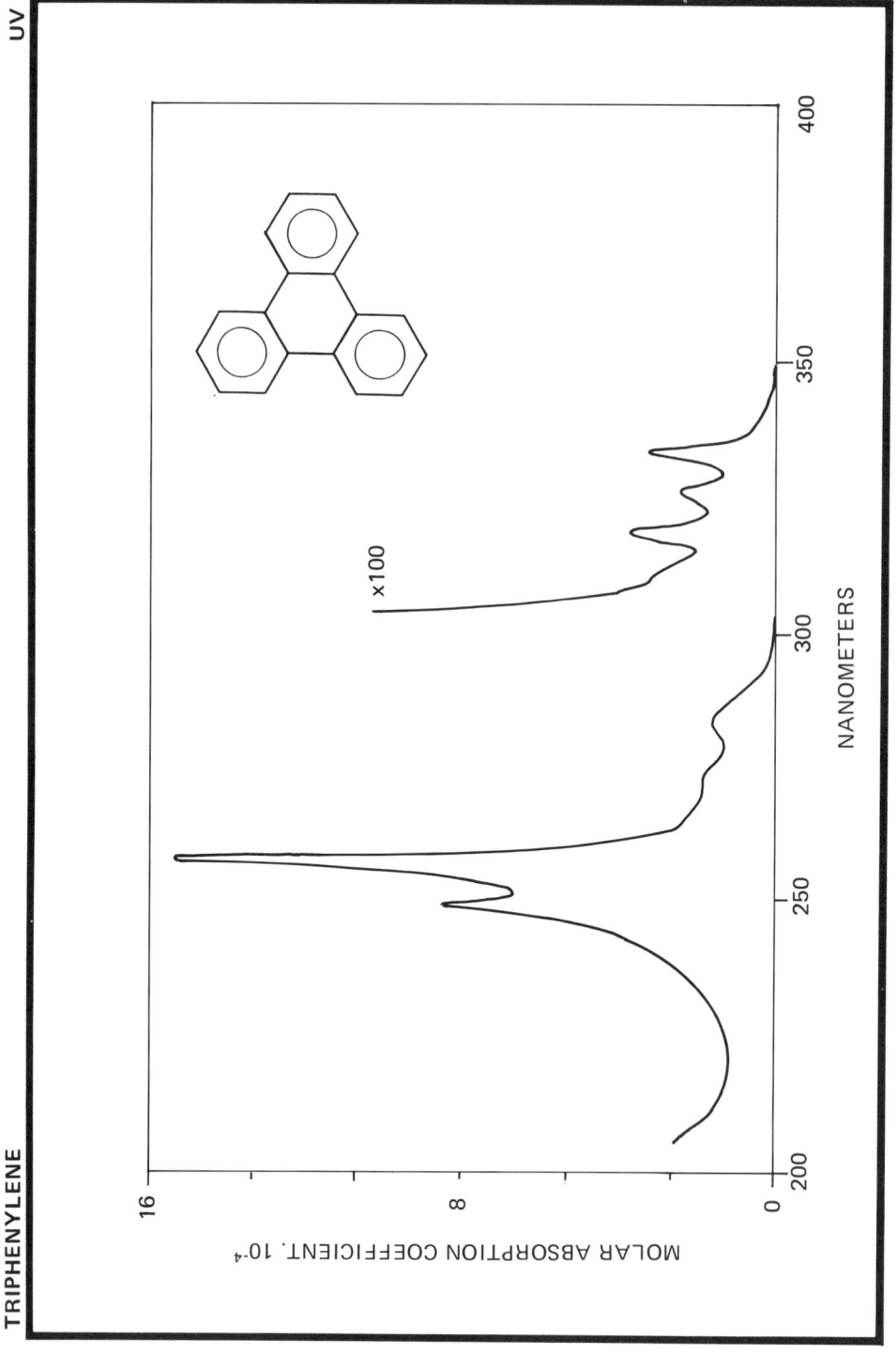

Wavelength (nm)	Molar absorption coefficient (l. mol⁻¹ cm⁻¹ × 10⁻⁴)	Wavelength (nm)	Molar absorption coefficient (l. mol⁻¹ cm⁻¹ × 10⁻⁴)
249.6	8.55	312.9	0.033
258.2	15.61	320.2	0.038
273.6	1.95	328.0	0.025
285.2	1.74	340.2	0.008

Original spectrum determined by Biochem. Institut, Ahrensburg (D)

Spectrometer	: Perkin - Elmer 555	Formula	: $C_{18}H_{12}$
Solvent	: Cyclohexane	M_r	: 228.29 u
Concentration	: 36 mg/l	CAS Nr.	: 217 - 59 - 4
Cell Length	: 1.000 cm	Purity	: 0.997_7 g/g
Slit width	: 1 nm	m.p.	: 199°C

TRIPHENYLENE FL

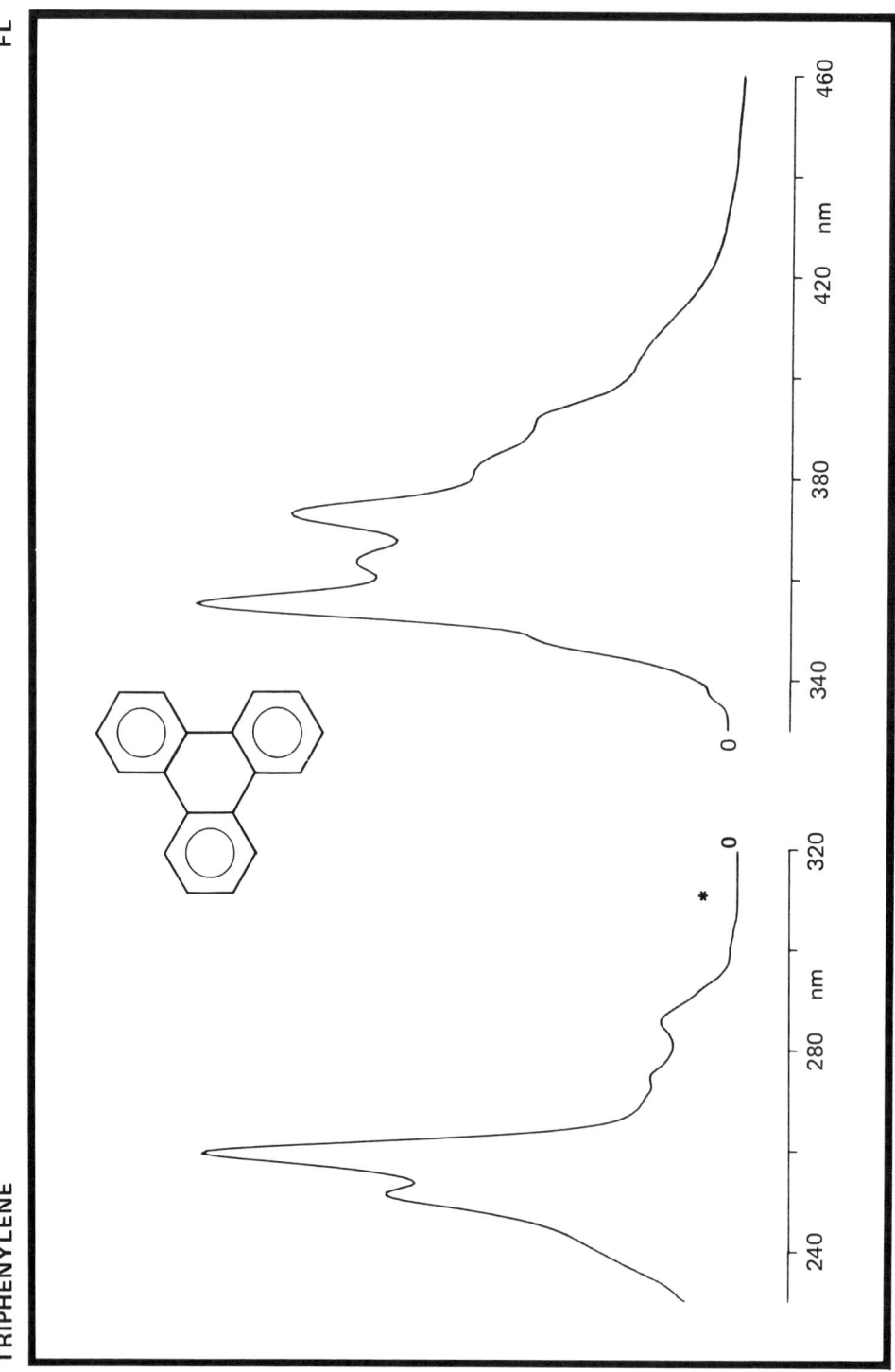

Wavelength (nm)	Relative intensity
347 (sh)	36.5
353.5	100
362	64.5
371	77
380.5 (sh)	43.5
390 (sh)	34.5

Original spectrum determined by Physico-chemical oceanography group-University of Bordeaux I (F)

Instrument	: Perkin-Elmer MPF-44		Formula	: $C_{18}H_{12}$
Solvent	: Cyclohexane		M_r	: 228.29 u
Concentration	: 114 µg/l		CAS Nr.	: 217 - 59 - 4
Spectrum	: **excitation**	**emission**	Purity	: 0.997_7 g/g
Fixed wavelength	: 371 nm	258 nm	m.p.	: 199°C
Excitation slit	: 2 nm	8 nm		
Emission slit	: 6 nm	2 nm		

* First excitation bands not recorded due to very low ϵ

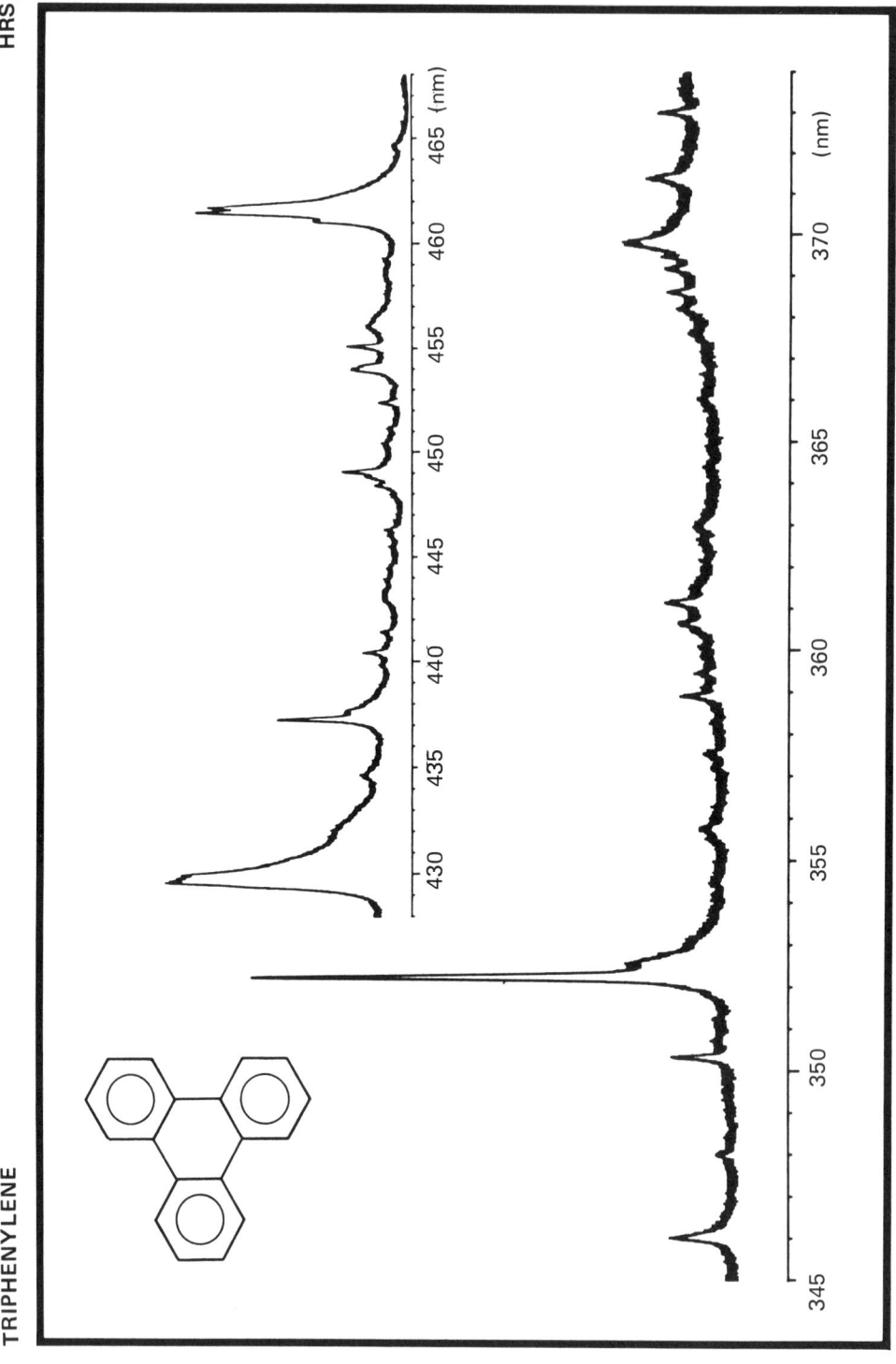

Fluorescence Wavelength (nm)	Intensity (%)	Phosphorescence Wavelength (nm)	Intensity (%)
345.8	14	429.5	100
350.1	14	437.1	54
352.1	100	461.4	87
		461.6	82

Original spectrum determined by Physico-chemical oceanography group-University of Bordeaux I (F)

Source	: 450W Xenon lamp
Excitation monochromator	: Jobin-Yvon H20
Emission monochromator	: Jobin-Yvon HR1000
Excitation wavelength (slits)	: 263 (9) nm
Emission slits	: 0.04 nm (0.08)
Temperature	: 15 K
Solvent	: n-hexane
Concentration	: 1.14 mg/l
Formula	: $C_{18}H_{12}$
M_r	: 228.29 u
CAS Nr.	: 217 - 59 - 4
Purity	: 0.997_7 g/g
m.p.	: 199°C

TRIPHENYLENE

MS (m)

m/z	relative intensity	m/z	relative intensity
76	3.0	113.5	19.0
88	4.0	11	21.0
89	10.0	202	2.0
100	12.0	224	6.0
101	14.0	225	9.0
111	2.0	226	28.0
111.5	6.0	227	18.0
112	19.0	228	100.0
112.5	16.0	229	19.0
113	38.0	230	2.0

Original spectrum determined by Biochem. Institut, Ahrensburg (D)

Spectrometer	: Varian MAT 111	**Formula**	: $C_{18}H_{12}$
Inlet System	: GC/MS	**M_r**	: 228.29 u
Source Temperature	: 200°C	**m/z**	: 228.09 u
Source Voltage	: 70 eV	**CAS Nr.**	: 217 - 59 - 4
		Purity	: 0.997_7 g/g
		m.p.	: 199°C

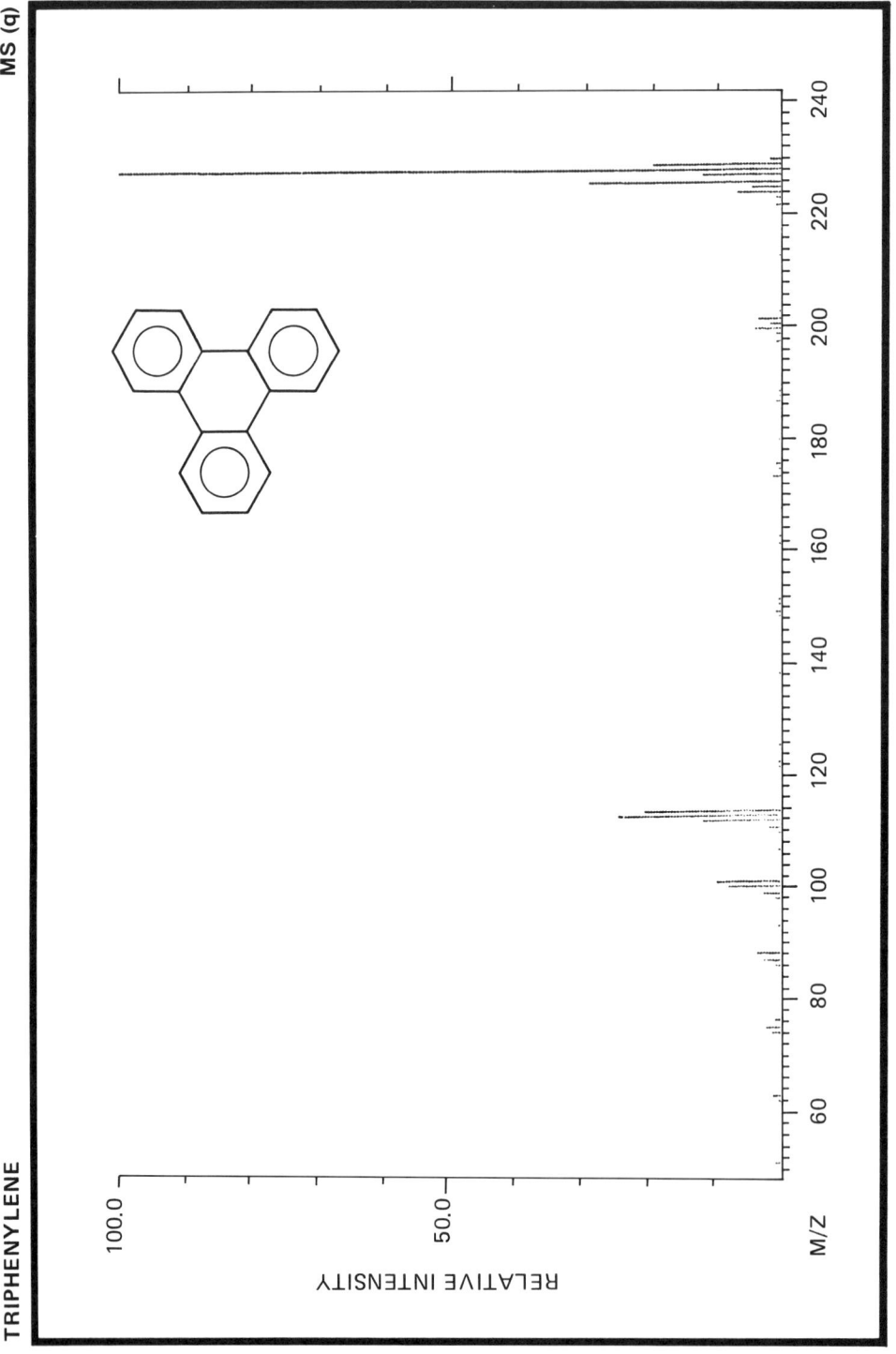

m/z	relative intensity	m/z	relative intensity
75	2.1	200	4.1
87	2.5	202	3.5
88	3.6	224	6.6
99	2.7	225	4.3
100	8.0	226	28.9
101	9.6	227	11.7
112	11.7	228	100.0
113	24.7	229	19.2
114	20.9	230	1.9

Original spectrum determined by ITC - TNO, Zeist (NL).

Spectrometer	: Finnigan 4021 - Quadrupole	Formula	: $C_{18}H_{12}$
Inlet System	: capill. GC/MS	M_r	: 228.29 u
Source Temperature	: 247°C	m/z	: 228.09 u
Source Voltage	: 70 eV	CAS Nr.	: 217 - 59 - 4
		Purity	: 0.997_7 g/g
		m.p.	: 199°C

TRIPHENYLENE   1H - NMR

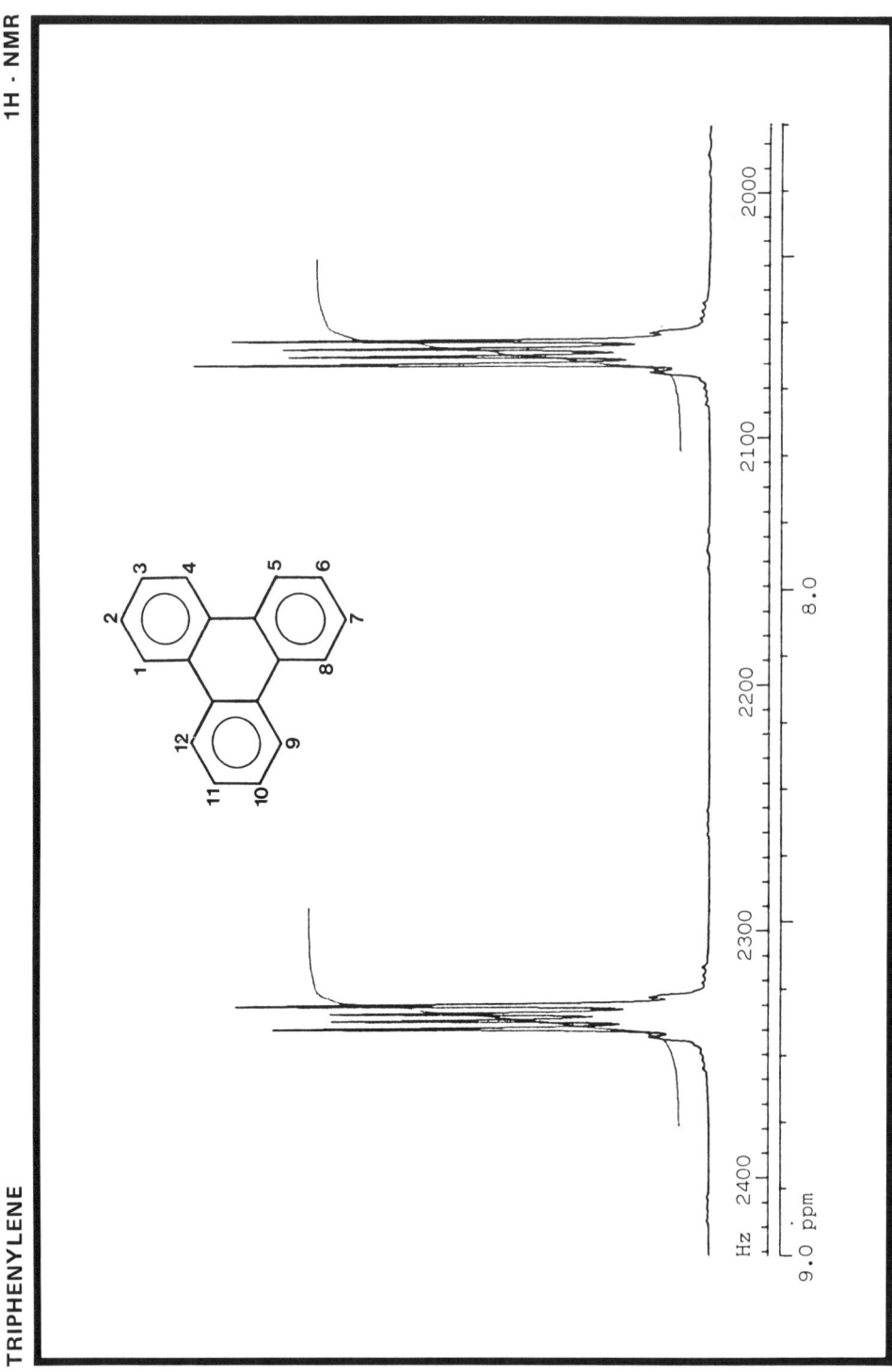

Proton No.	Chemical shift (ppm)	Coupling constants (Hz)
1 = 4 = 5 = 8 = 9 = 12	8.64	$J(1,2) = 8.3$; $J(1,3) = 1.4$
2 = 3 = 6 = 7 = 10 = 11	7.65	$J(2,3) = 6.4$

Original spectrum determined by Laboratory of the Goverment Chemist, London (UK)

Spectrometer	: JEOL GX - 270		Formula	: $C_{18}H_{12}$
Solvent	: $CDCl_3$		M_r	: 228.29
Concentration	: 11 mg/ml		CAS Nr.	: 217 - 59 - 4
			Purity	: 0.997_7 g/g
			m.p.	: 199°C

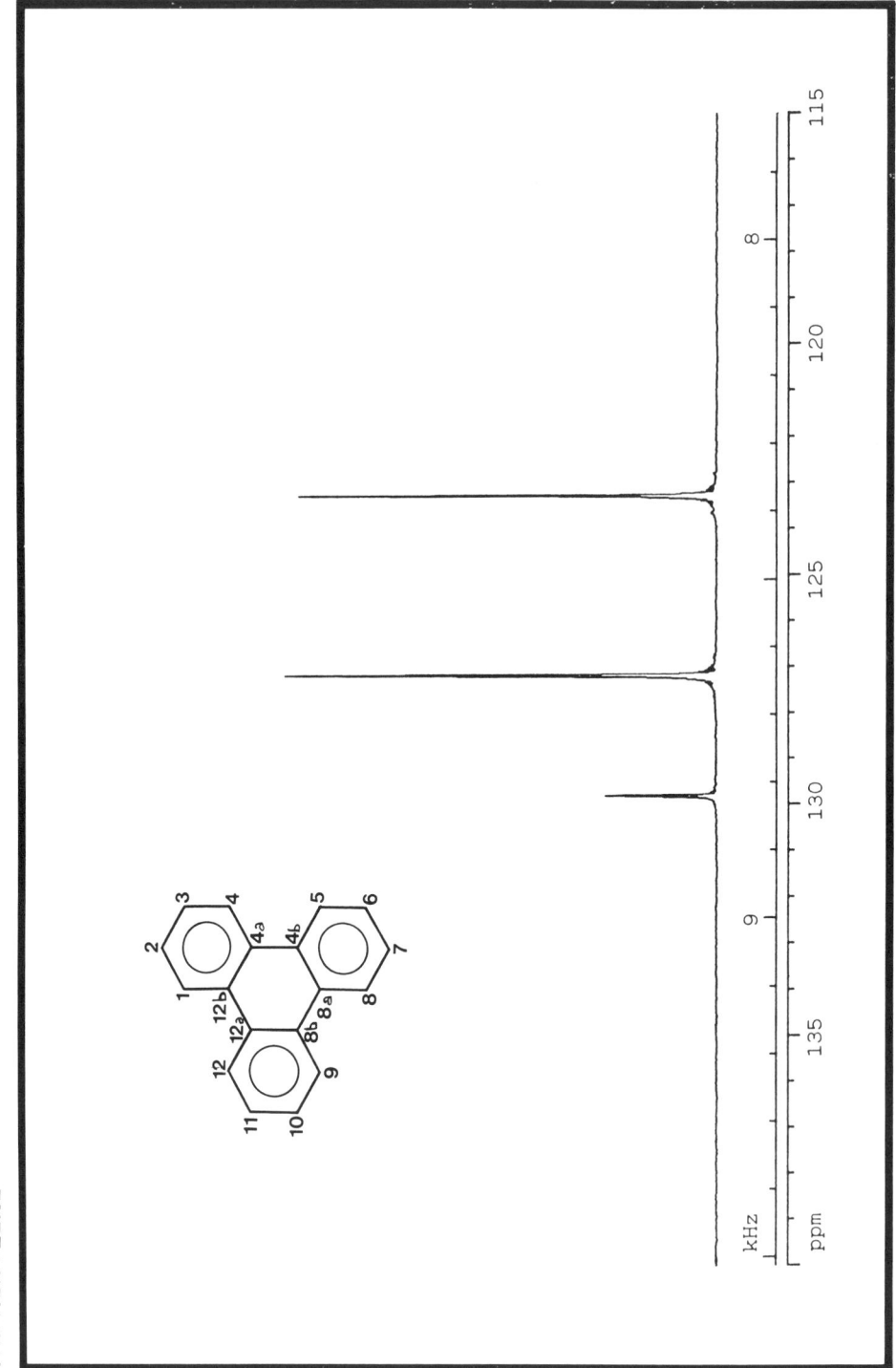

Signal	Intensity (%)	Chemical Shift (ppm)	Carbon No.
1	25.7 s	129.82	4a = 4b = 8a = 8b = 12a = 12b
2	100.0 d	127.20	2 = 3 = 6 = 7 = 10 = 11
3	96.8 d	123.29	1 = 4 = 5 = 8 = 9 = 12

Original spectrum determined by Laboratory of the Goverment Chemist, London (UK)

Spectrometer	: JEOL GX - 270 (67.8 MHz)	Formula	: $C_{18}H_{12}$
Solvent	: $CDCl_3$	M_r	: 228.29 u
Concentration	: 11 mg/ml	CAS Nr.	: 217 - 59 - 4
Pulse (angle)	: 10 μs (40°)	Purity	: 0.997_7 g/g
Accumulations	: 18000	m.p.	: 199°C
Repeat time	: 2.47 s		

TRIPHENYLENE

IR (KBr)

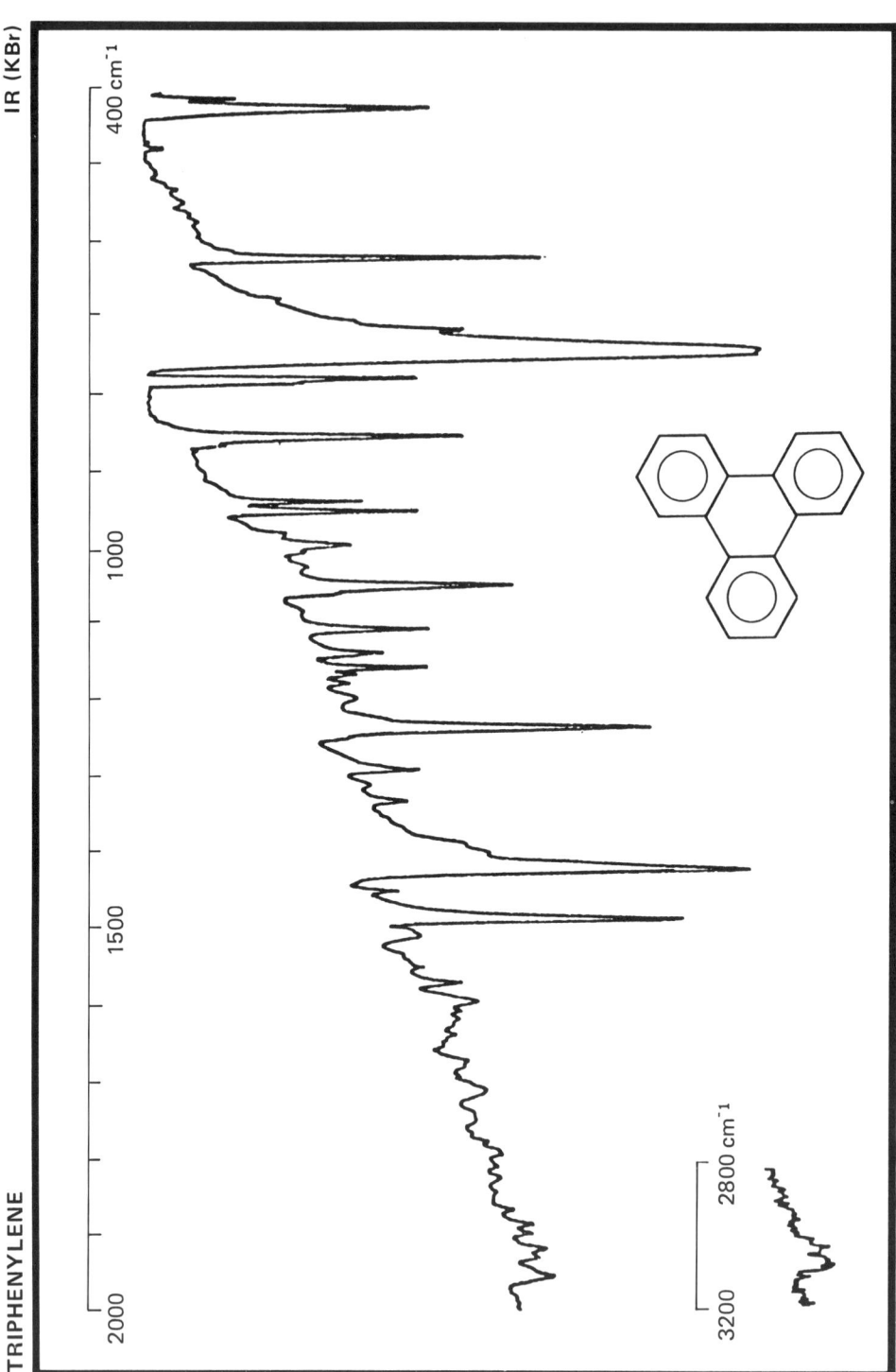

Frequency (cm⁻¹)	Assignment	Frequency (cm⁻¹)	Assignment
3069:	C - H stretch	951	
		936	
1497:		851:	C - H wagging deformation
1433:	C=C stretch	774:	
1244:	C - C stretch	741:	
1161:		710:	
1109:		619:	ring deformation
1051:		421:	

Original spectrum determined by Biochem. Institut, Ahrensburg (D)

Spectrometer	: Nicolet 5 MX	**Formula**	: $C_{18}H_{12}$
Sample	: KBr disc (5 mm, thickness 0.4 mm)	**M$_r$**	: 228.29 u
Reference	: Air	**CAS Nr.**	: 217 - 59 - 4
Resolution	: 1.7 cm⁻¹ (maximum)	**Purity**	: 0.997_7 g/g
		m.p.	: 199°C

TRIPHENYLENE

IR (S)

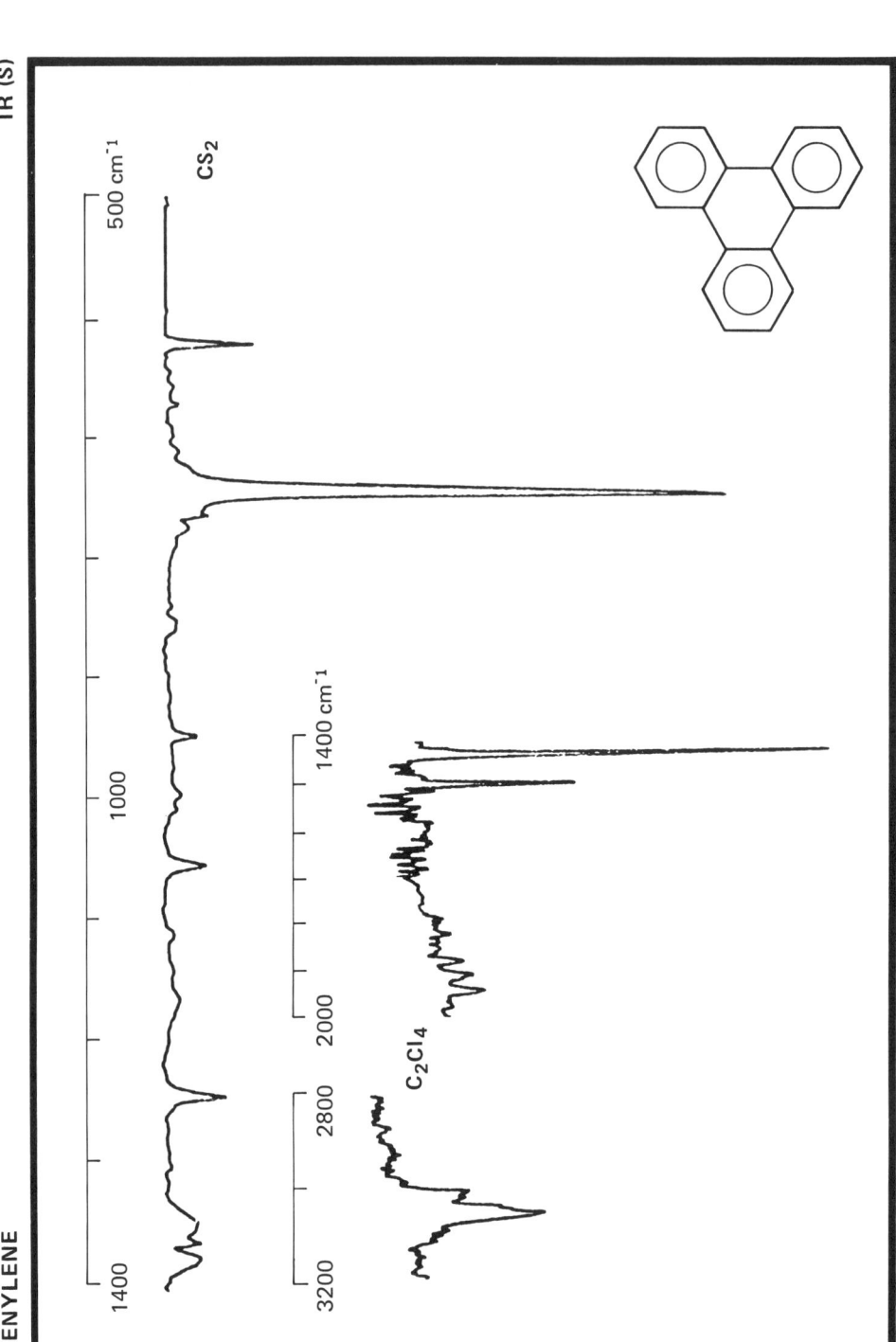

Frequency (cm⁻¹)	Assignment	Frequency (cm⁻¹)	Assignment
3064:	C - H stretch	1051:	
3030:		741:	C - H wagging deformation
1497:	C=C stretch	619:	ring deformation
1435:			
1242	C - C stretch		

Original spectrum determined by Biochem. Institut, Ahrensburg (D)

Spectrometer	: Nicolet 5 MX	**Formula**	: $C_{18}H_{12}$
Cell	: 0.2 mm (KBr)	**M$_r$**	: 228.29 u
Solvents	: C_2Cl_4 (3.200 - 1.400 cm⁻¹)	**CAS Nr.**	: 217 - 59 - 4
	CS_2 (1.400 - 500 cm⁻¹)	**Purity**	: 0.9977 g/g
Resolution	: 1.7 cm⁻¹ (maximum)	**m.p.**	: 199°C

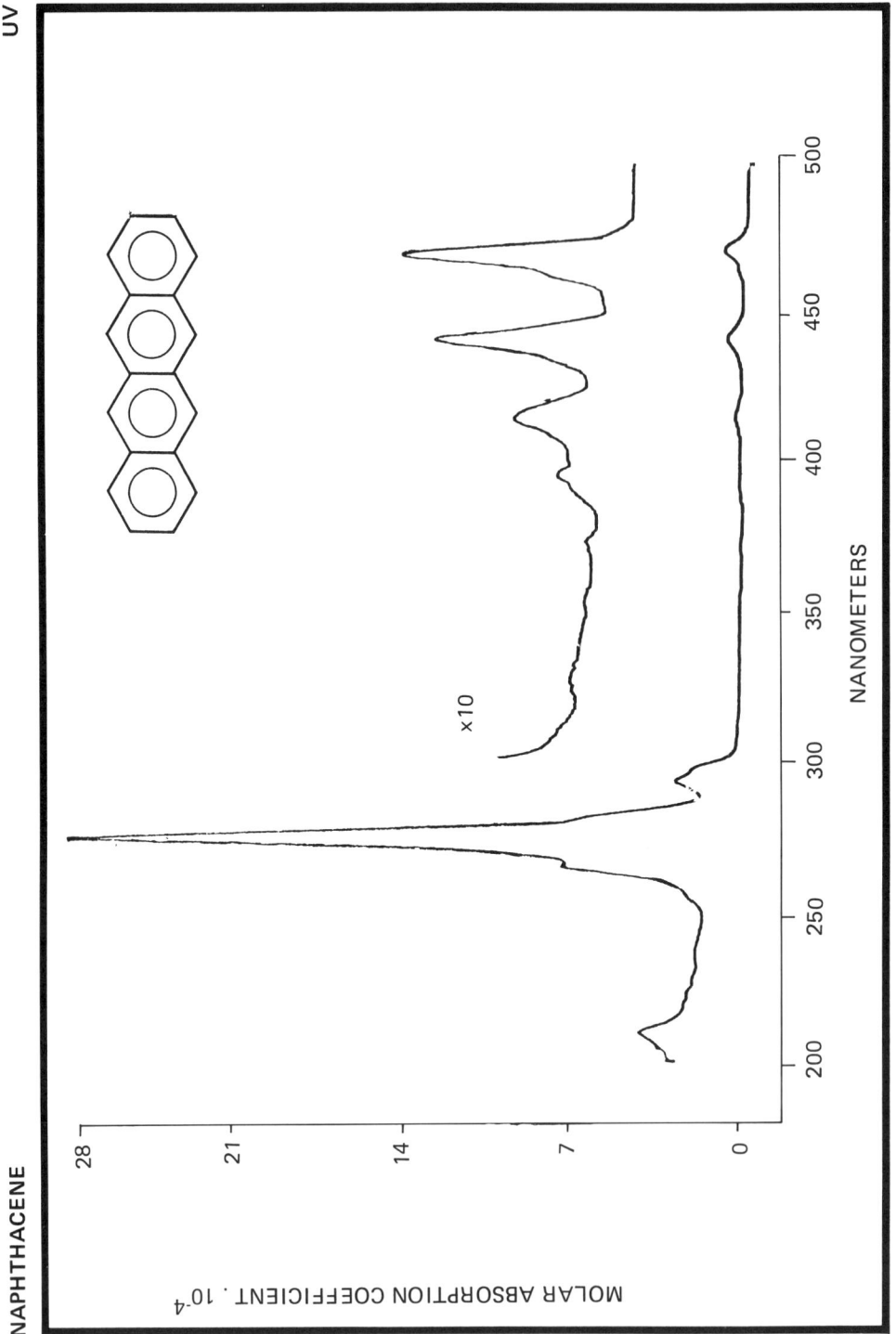

Wavelength (nm)	Molar absorption coefficient (l. mol⁻¹ cm⁻¹ x 10⁻⁴)	Wavelength (nm)	Molar absorption coefficient (l. mol⁻¹ cm⁻¹ x 10⁻⁴)
210.3	4.1	373.0	0.1
265.3 (sh)	7.2	395.0	0.25
274.9	28.4	414.5	0.3
293.4	2.8	440.0	0.63
297.5 (sh)	2.7	469.8	0.76

Original spectrum determined by JRC Ispra (CEC)

Spectrometer : Perkin - Elmer 555
Solvent : Cyclohexane
Concentration : 1.2 mg/l
Cell Length : 1.000 cm
Slit width : 1 nm

Formula : $C_{18}H_{12}$
M_r : 228.29 u
CAS Nr. : 92 - 24 - 0
Purity : 0.999 g/g
m.p. : 357°C

NAPHTHACENE

FL

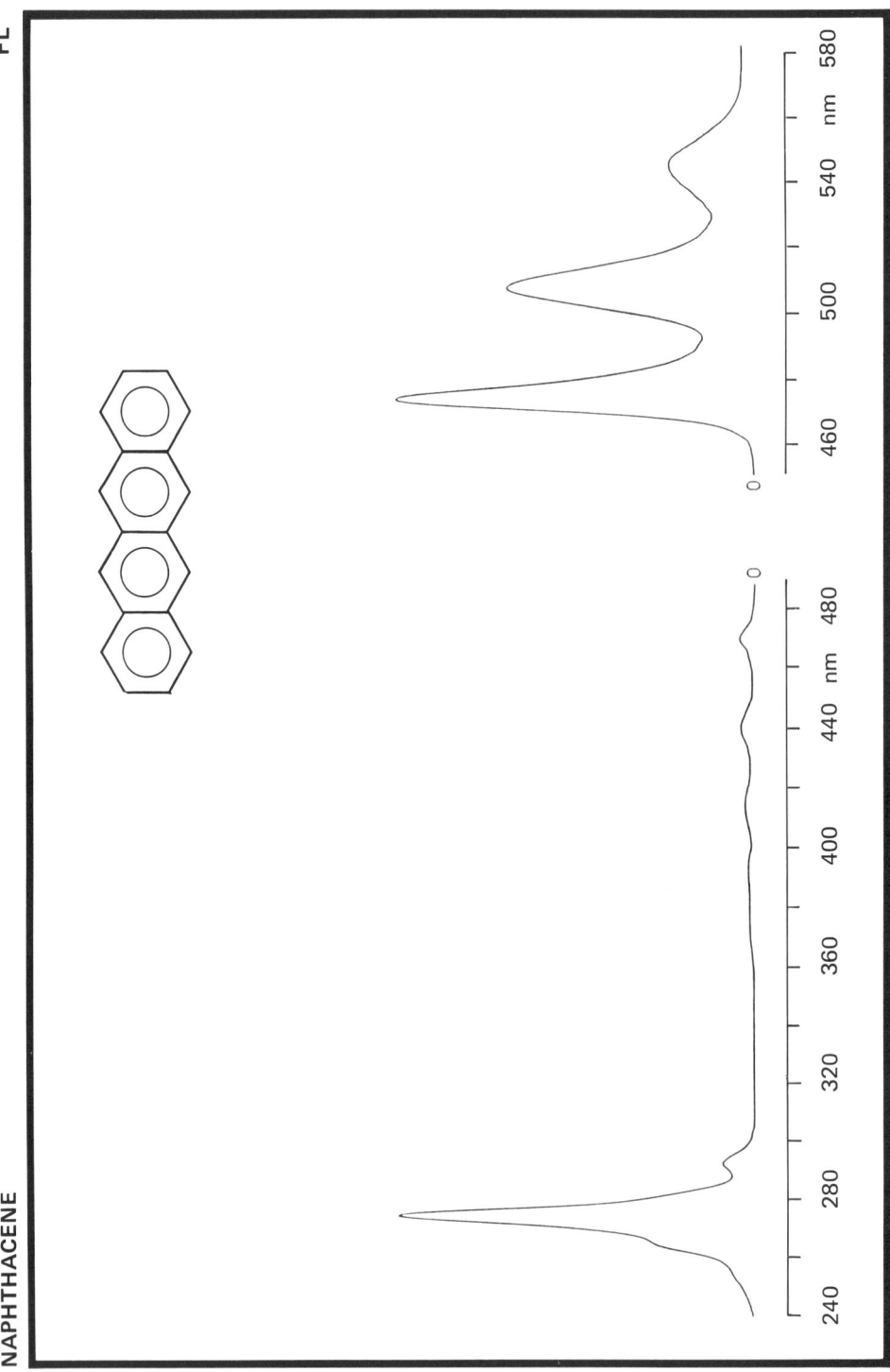

Wavelength (nm)	Relative intensity
472	100
505.5	64.5
543	21.5

Original spectrum produced by Physico-chemical oceanography group-University of Bordeaux I (F)

Instrument	: Perkin-Elmer MPF-44		**Formula**	: $C_{18}H_{12}$
Solvent	: Cyclohexane		**M_r**	: 228.29 u
Concentration	: 0.456 mg.l^{-1}		**CAS Nr.**	: 92 - 24 - 0
Spectrum	: **excitation**	**emission**	**Purity**	: 0.999 g/g
Fixed wavelength	: 505.5 nm	294 nm	**m.p.**	: 357°C
Excitation slit	: 2 nm	8 nm		
Emission slit	: 8 nm	2 nm		

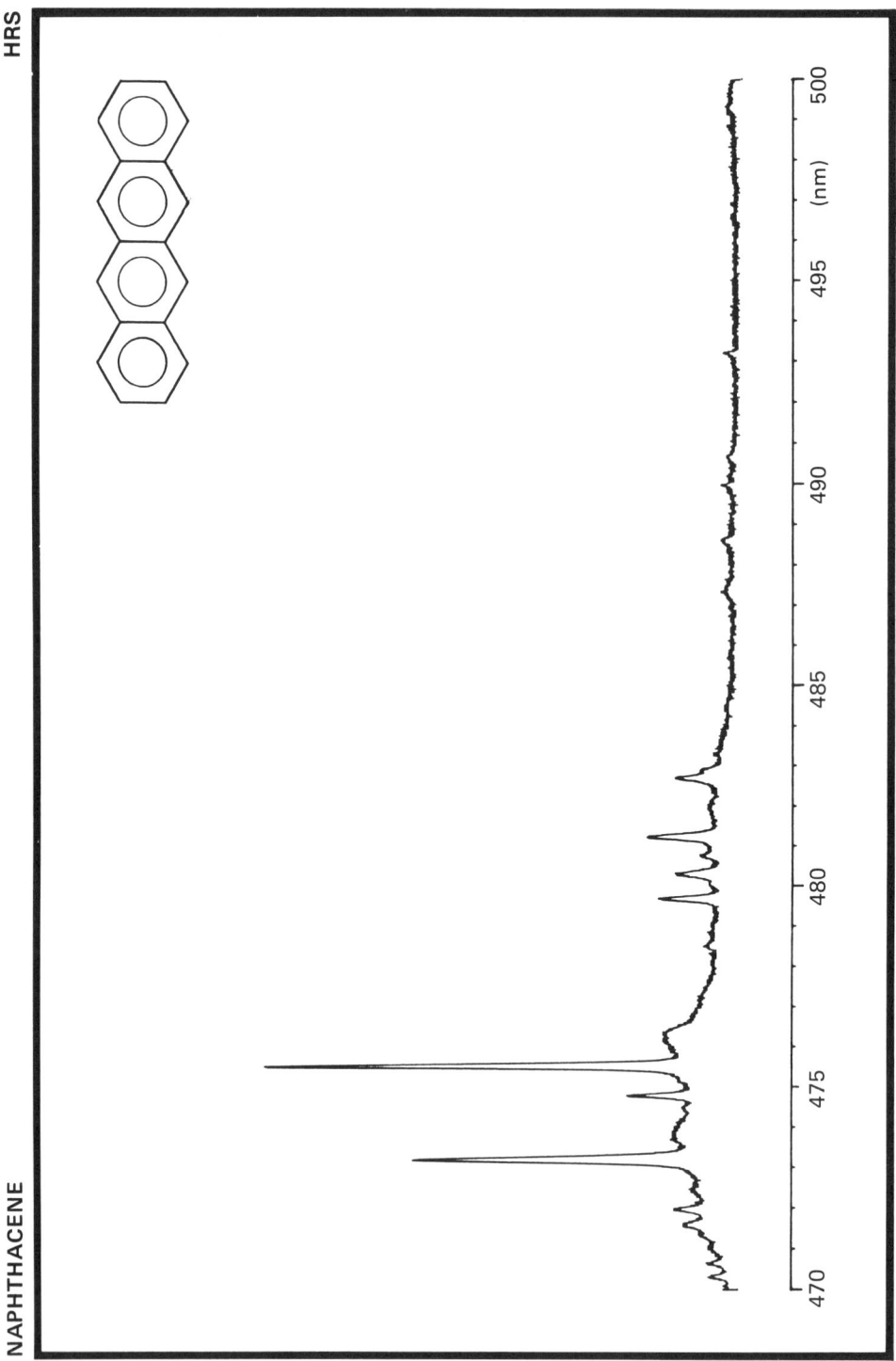

Fluorescence Wavelength (nm)	Intensity (%)
473.0	69
475.4	100

Original spectrum determined by Physico-chemical oceanography group-University of Bordeaux I (F)

Source	: 450W Xenon lamp	**Formula**	: $C_{18}H_{12}$
Excitation monochromator	: Jobin-Yvon H20	**M$_r$**	: 228.29 u
Emission monochromator	: Jobin-Yvon HR1000	**CAS Nr.**	: 92 - 24 - 0
Excitation wavelength (slits)	: 289 (9) nm	**Purity**	: 0.999 g/g
Emission slits	: 0.04 nm	**m.p.**	: 357°C
Temperature	: 15 K		
Solvent	: n-octane		
Concentration	: 1.14 mg l^{-1}		

NAPHTHACENE

MS (m)

m/z	relative intensity	m/z	relative intensity
76	4	200	3
89	5	202	3
100	5	224	2
100.5	2	225	5
101	7	226	25
112	6	227	6
112.5	2	228	100
113	17	229	22
113.5	4	230	2
114	31		
114.5	5		

Original spectrum determined by Biochem. Institut, Ahrensburg (D)

Spectrometer	: Varian MAT 111
Inlet System	: capill. GC/MS
Source Temperature	: 200°C
Source Voltage	: 70 eV

Formula	: $C_{18}H_{12}$
M_r	: 228.29 u
m/z	: 228.09 u
CAS Nr.	: 92 - 24 - 0
Purity	: 0.999 g/g
m.p.	: 357°C

NAPHTHACENE

MS (q)

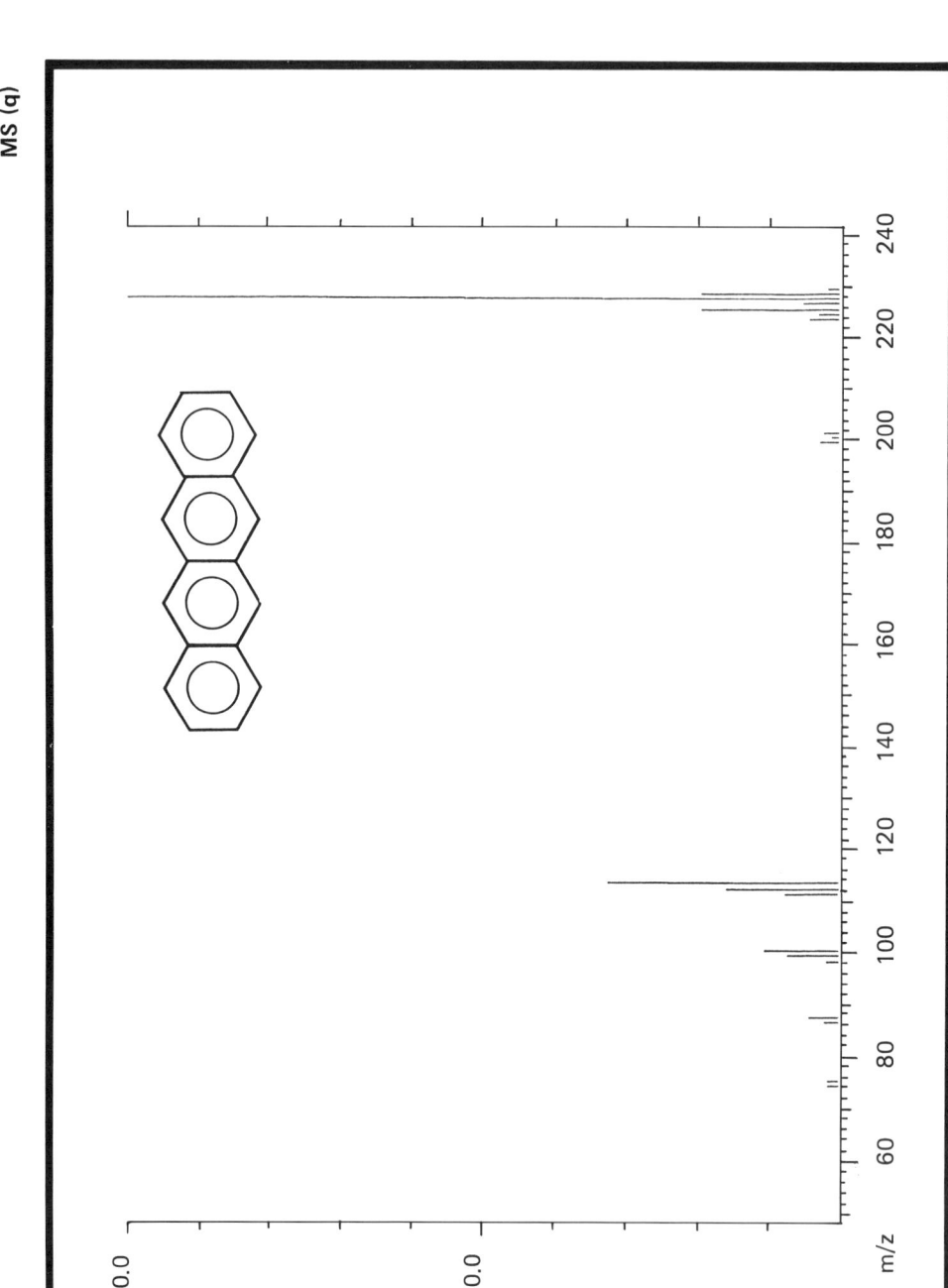

m/z	relative intensity	m/z	relative intensity
75	1.7	202	2.3
76	1.5	224	4.5
87	2.1	225	3.2
88	4.2	226	19.7
100	7.5	227	9.3
101	10.5	228	100.0
112	7.7	229	19.7
113	16.0	230	1.9
114	32.6		

Original spectrum determined by ITC - TNO, Zeist (NL)

Spectrometer	: Finnigan 4500 - Quadrupole	Formula	: $C_{18}H_{12}$
Inlet System	: capill. GC/MS	M_r	: 228.29 u
Source Temperature	: 400 K	m/z	: 228.09 u
Source Voltage	: 70 eV	CAS Nr.	: 92 - 24 - 0
		Purity	: 0.999 g/g
		m.p.	: 357°C

NAPHTHACENE

IR (KBr)

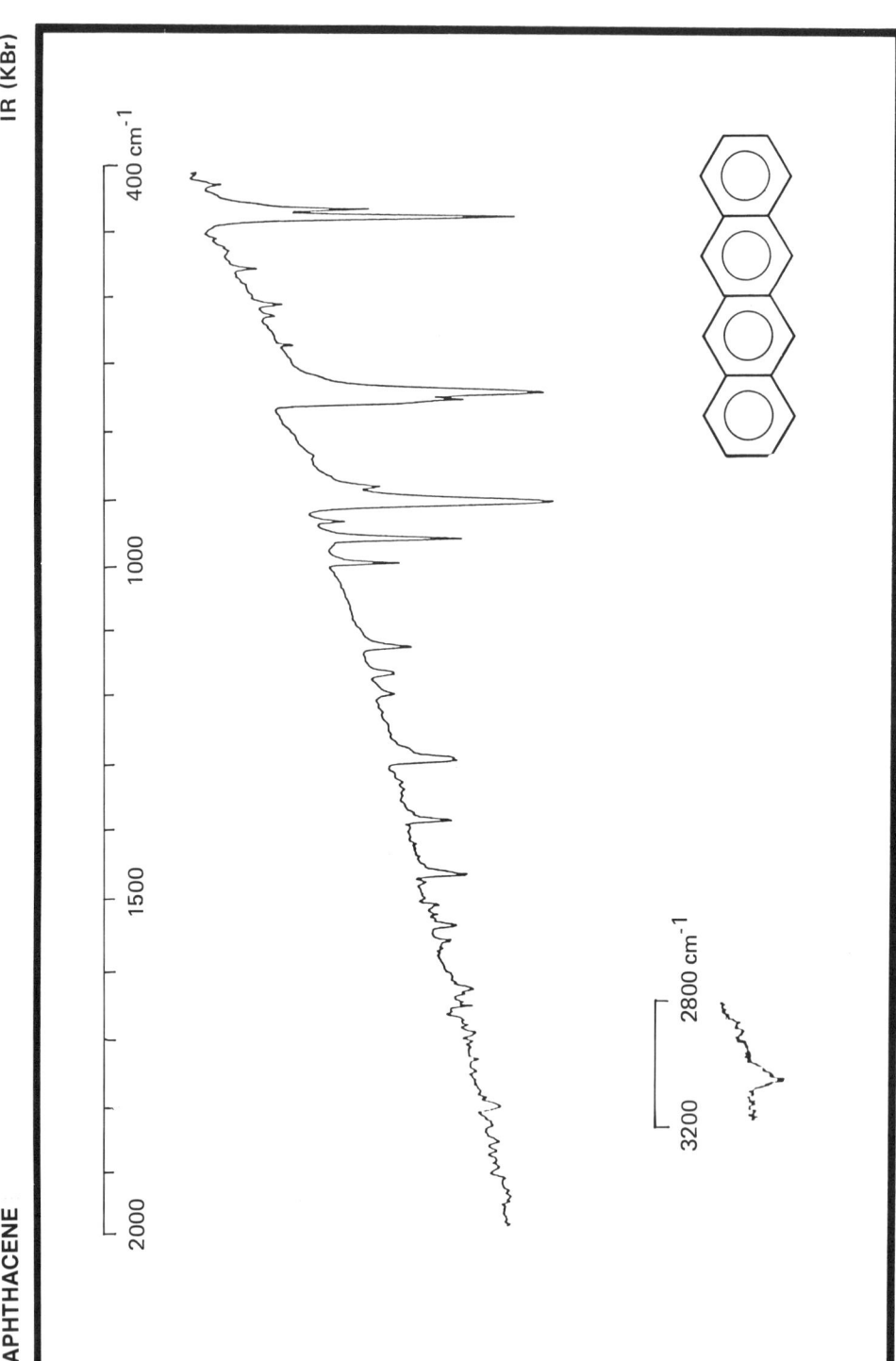

Frequency (cm⁻¹)	Assignment	Frequency (cm⁻¹)	Assignment
3044:	C - H stretch	995	
		959	
1462:	C = C stretch	903:	C - H wagging deformation
		880:	
1387		750:	
1296		741:	
1163:	C - C stretch		
1123:		471:	ring deformation
		457:	

Original spectrum determined by Biochem. Institut, Ahrensburg (D)

Spectrometer : Nicolet 5 MX
Sample : KBr disc (⌀5 mm, thickness 0.4 mm)
Reference : Air
Resolution : 1.7 cm⁻¹ (maximum)

Formula : $C_{18}H_{12}$
M_r : 228.29 u
CAS Nr. : 92 - 24 - 0
Purity : 0.999 g/g
m.p. : 357°C

NAPHTHACENE

IR (s)

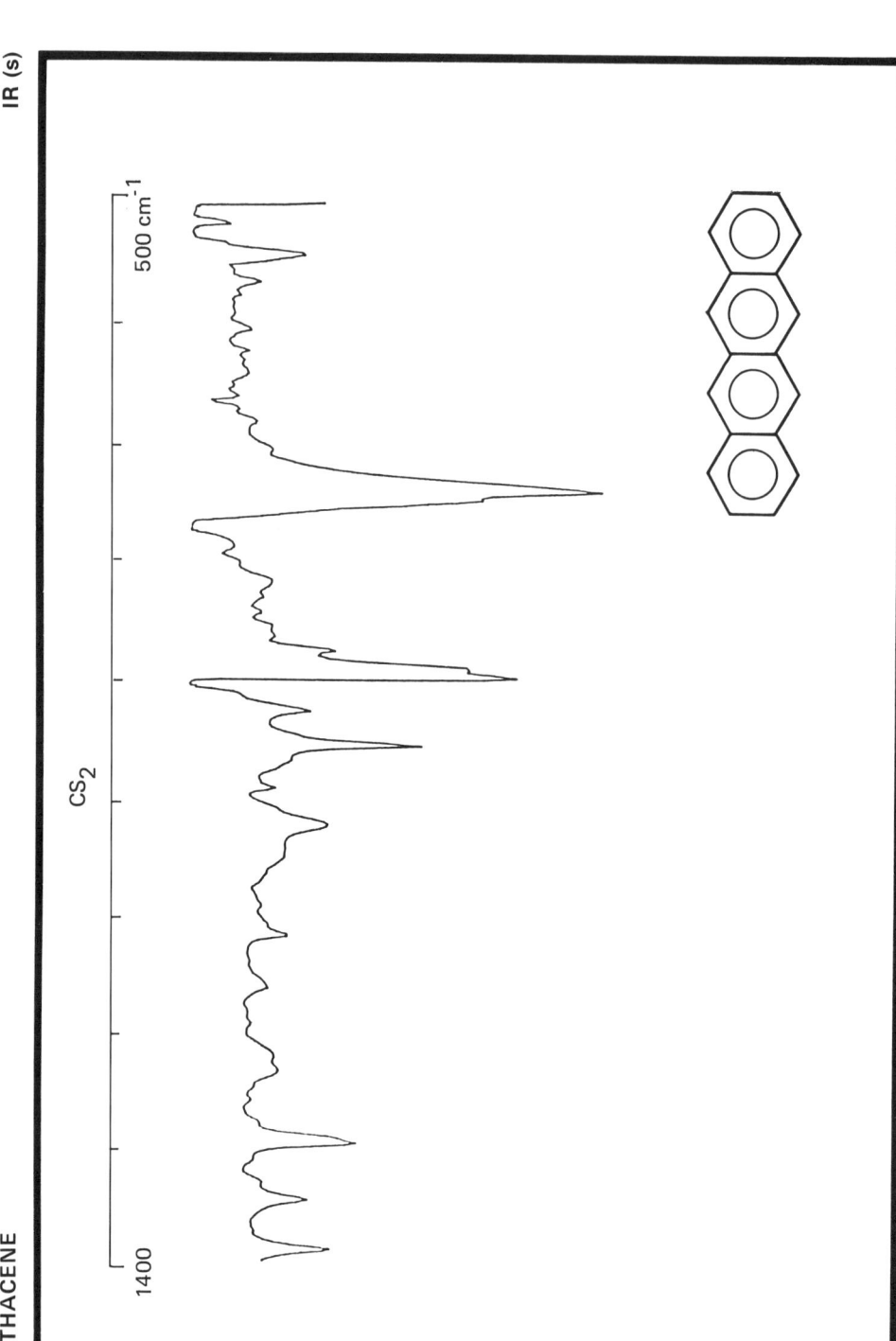

Frequency (cm⁻¹)	Assignment	Frequency (cm⁻¹)	Assignment
*)		959	
		932	
1387		901:	C - H
1345		885:	wagging
1296	(C - C stretch)	882:	deformation
1026		822:	
		750:	
		740:	
		544:	ring deformation

Original spectrum determined by Biochem. Institut, Ahrensburg (D)

Spectrometer	: Nicolet 5 MX	**Formula**	: $C_{18}H_{12}$
Cell	: 0.2 mm (KBr)	**M_r**	: 228.29 u
Solvents	: C_2Cl_4 (3.200 - 1.400 cm⁻¹)	**CAS Nr.**	: 92 - 24 - 0
	CS_2 (1.400 - 500 cm⁻¹)	**Purity**	: 0.999 g/g
Resolution	: 1.7 cm⁻¹ (maximum)	**m.p.**	: 357°C

* (due to poor solubility in C_2Cl_4 no bands available above 1.400 cm⁻¹)

BENZ (a) ACRIDINE

Wavelength (nm)	Molar absorption coefficient (l. mol⁻¹ cm⁻¹ × 10⁻⁴)	Wavelength (nm)	Molar absorption coefficient (l. mol⁻¹ cm⁻¹ × 10⁻⁴)
202.5	2.55	315.9	0.51
224.4	3.95	330.1	0.63
235.0	2.90	345.6	0.77
242.2	2.62	363.2	1.07
275.8	6.01	372.8	0.29
286.1	5.89	382.2	1.38

Original spectrum determined by JRC Ispra (CEC)

Spectrometer	: Perkin - Elmer 555
Solvent	: Cyclohexane
Concentration	: 5 mg.l⁻¹ (0.5 mg.l⁻¹)
Cell Length	: 1.000 cm
Slit width	: 1 nm

Formula	: $C_{17}H_{11}N$
M_r	: 229.28 u
CAS Nr.	: 225 - 11 - 6
Purity	: 0.997_7 g/g
m.p.	: 131°C

BENZ(a)ACRIDINE

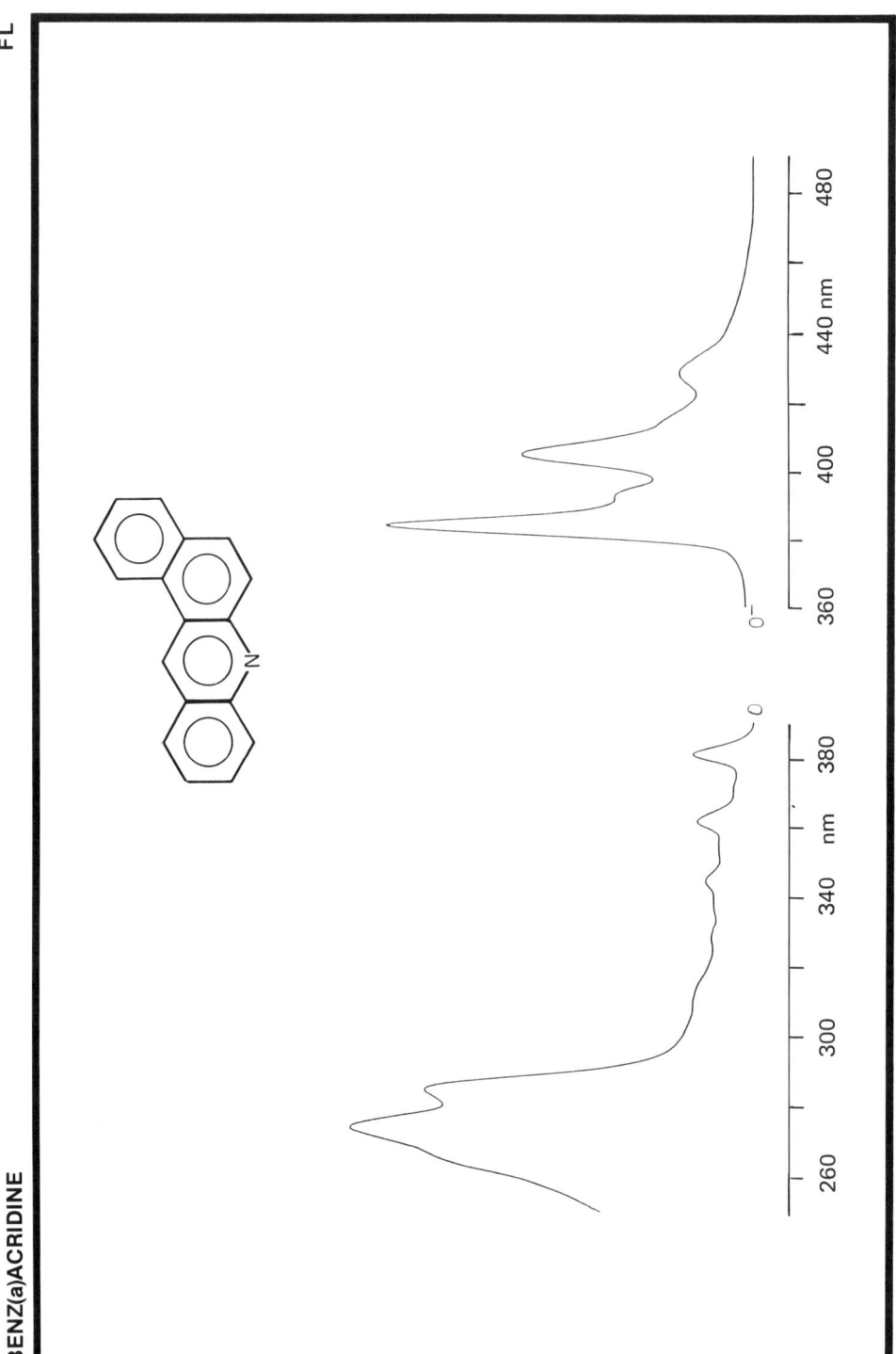

Wavelength (nm)	Relative intensity
383	100
393 (sh)	34.5
404	59.5
427	18.5

Original spectrum produced by Physico-chemical oceanography group-University of Bordeaux I (F)

Instrument	: Perkin-Elmer MPF-44		**Formula**	: $C_{17}H_{11}N$
Solvent	: Cyclohexane		M_r	: 229.28 u
Concentration	: 0.160 mg.l^{-1}		**CAS Nr.**	: 225 - 11 - 6
Spectrum	: **excitation**	**emission**	**Purity**	: 0.997$_7$ g/g
Fixed wavelength	: 404 nm	285 nm	**m.p.**	: 131°C
Excitation slit	: 2 nm	4 nm		
Emission slit	: 8 nm	2 nm		

BENZ (a) ACRIDINE

Fluorescence Wavelength (nm)	Intensity (%)
382.1	29
382.6	92
383	100
385.8	20
386.1	35
388.3	20

Original spectrum determined by Physico-chemical oceanography group-University of Bordeaux I (F)

Source	: 450W Xenon lamp		Formula	: $C_{17}H_{11}N$
Excitation monochromator	: Jobin-Yvon H20		M_r	: 229.28 u
Emission monochromator	: Jobin-Yvon HR1000		CAS Nr.	: 225 - 11 - 6
Excitation wavelength (slits)	: 287 (9) nm		Purity	: 0.997_7 g/g
Emission slits	: 0.04 nm		m.p.	: 131°C
Temperature	: 15 K			
Solvent	: n-octane			
Concentration	: 0.458 mg.l^{-1}			

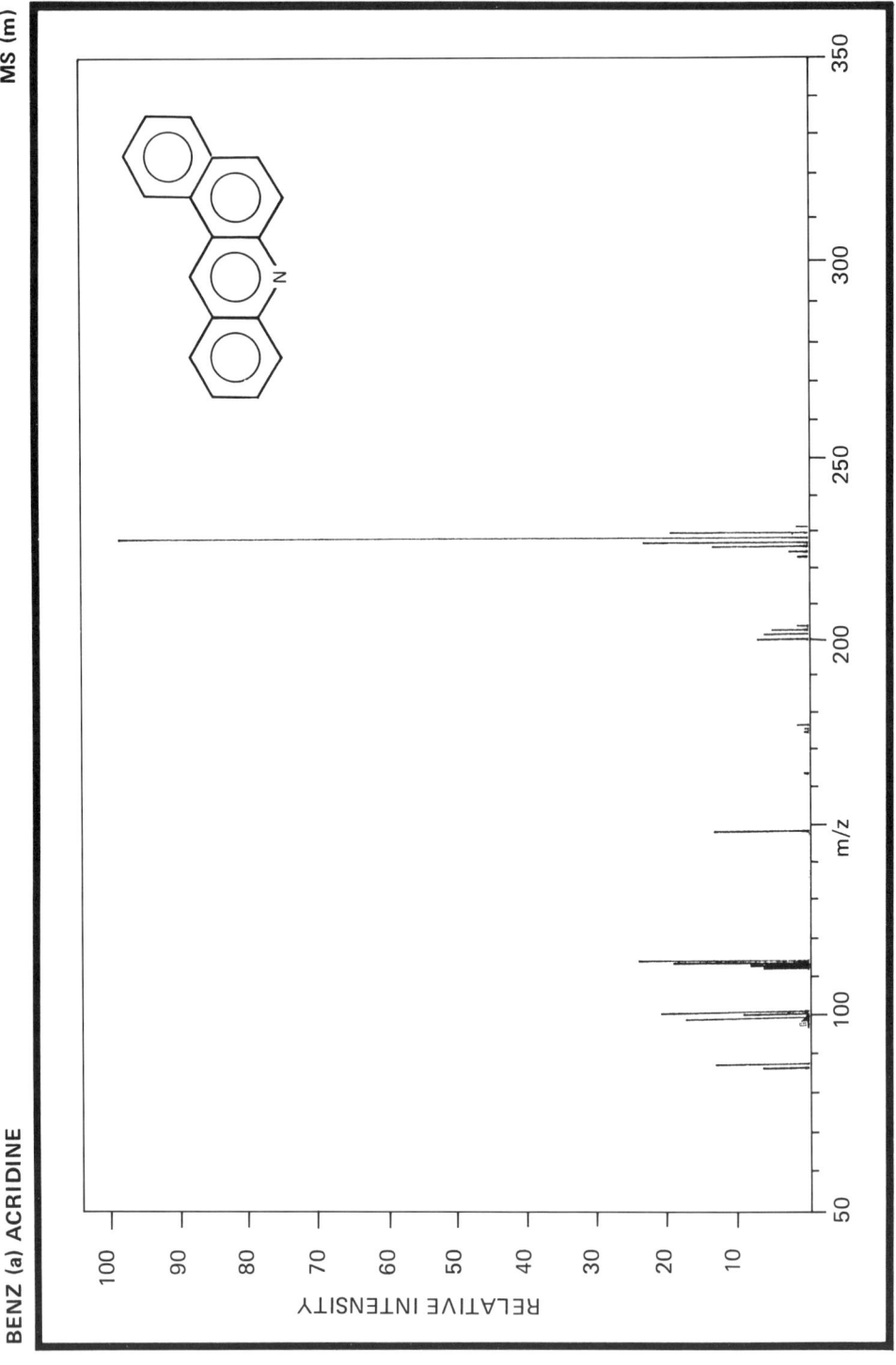

m/z	relative intensity	m/z	relative intensity
88	7	149	14
89	14	176	2
99	2	200	8
99.5	2	201	7
100	18	202	6
100.5	11	226	3
101	23	227	14
113	7	228	24
113.5	9	229	100
114	20	230	20
114.5	25	231	2.3

Original spectrum determined by Biochem. Institut, Ahrensburg (D)

Spectrometer	: Varian MAT 111		**Formula**	: $C_{17}H_{11}N$
Inlet System	: Direct Inlet		**M_r**	: 229.28 u
Source Temperature	: 200°C		**m/z**	: 229.09 u
Source Voltage	: 70 eV		**CAS Nr.**	: 225 - 11 - 6
			Purity	: 0.997_7 g/g
			m.p.	: 131°C

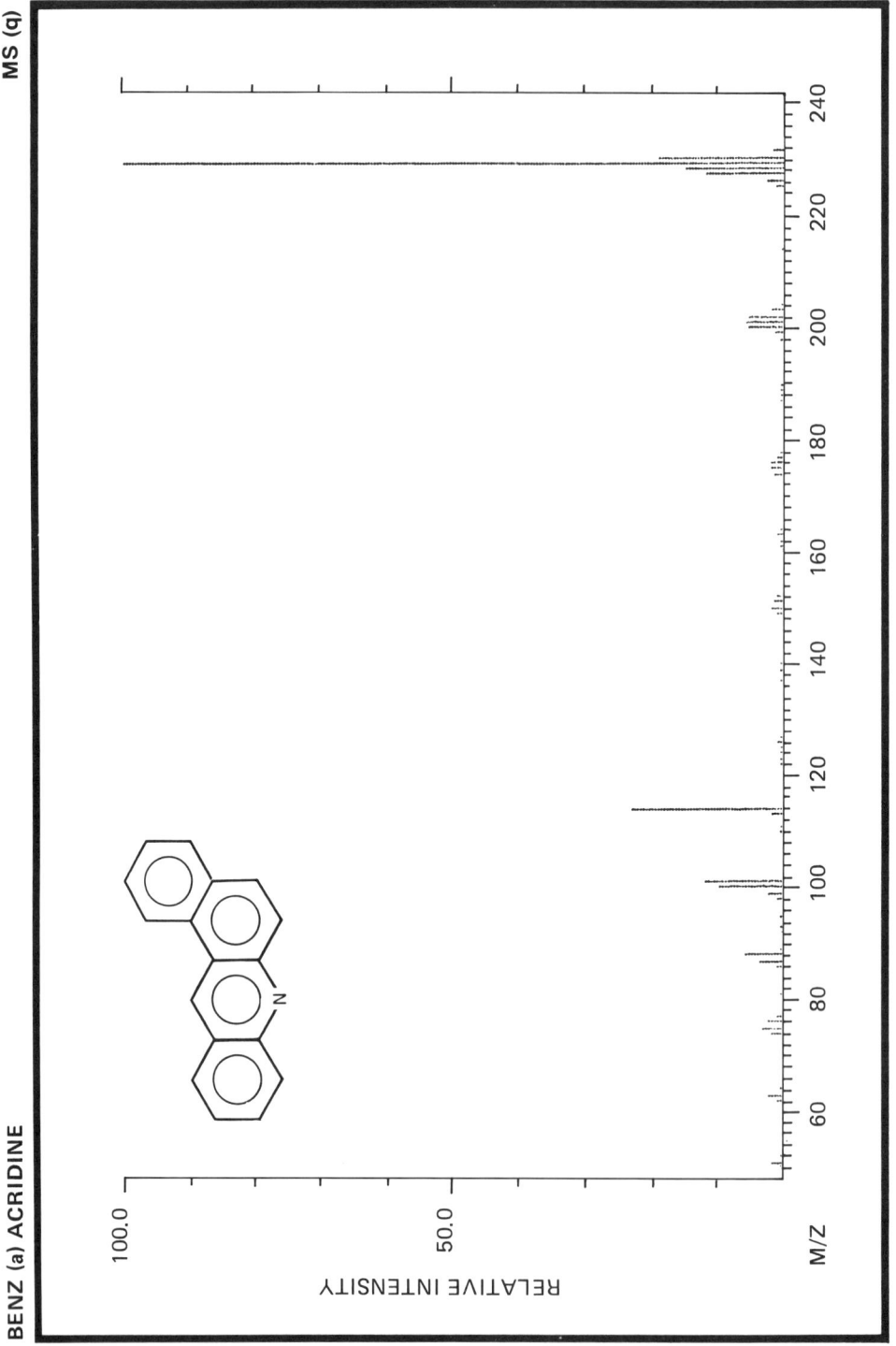

m/z	relative intensity	m/z	relative intensity
63	2.0	200	5.2
75	2.9	201	5.6
76	2.0	202	5.2
87	3.6	226	2.8
88	5.9	227	11.7
99	2.1	228	15.0
100	9.5	229	100.0
101	11.8	230	19.2
114	22.9	231	1.7

Original spectrum determined by ITC - TNO, Zeist (NL)

Spectrometer : Finnigan 4021 - Quadrupole
Inlet System : capill. GC/MS
Source Temperature : 247°C
Source Voltage : 70 eV

Formula : $C_{17}H_{11}N$
M_r : 229.28 u
m/z : 229.09 u
CAS Nr. : 225 - 11 - 6
Purity : 0.9977 g/g
m.p. : 131°C

BENZ (a) ACRIDINE

1H - NMR

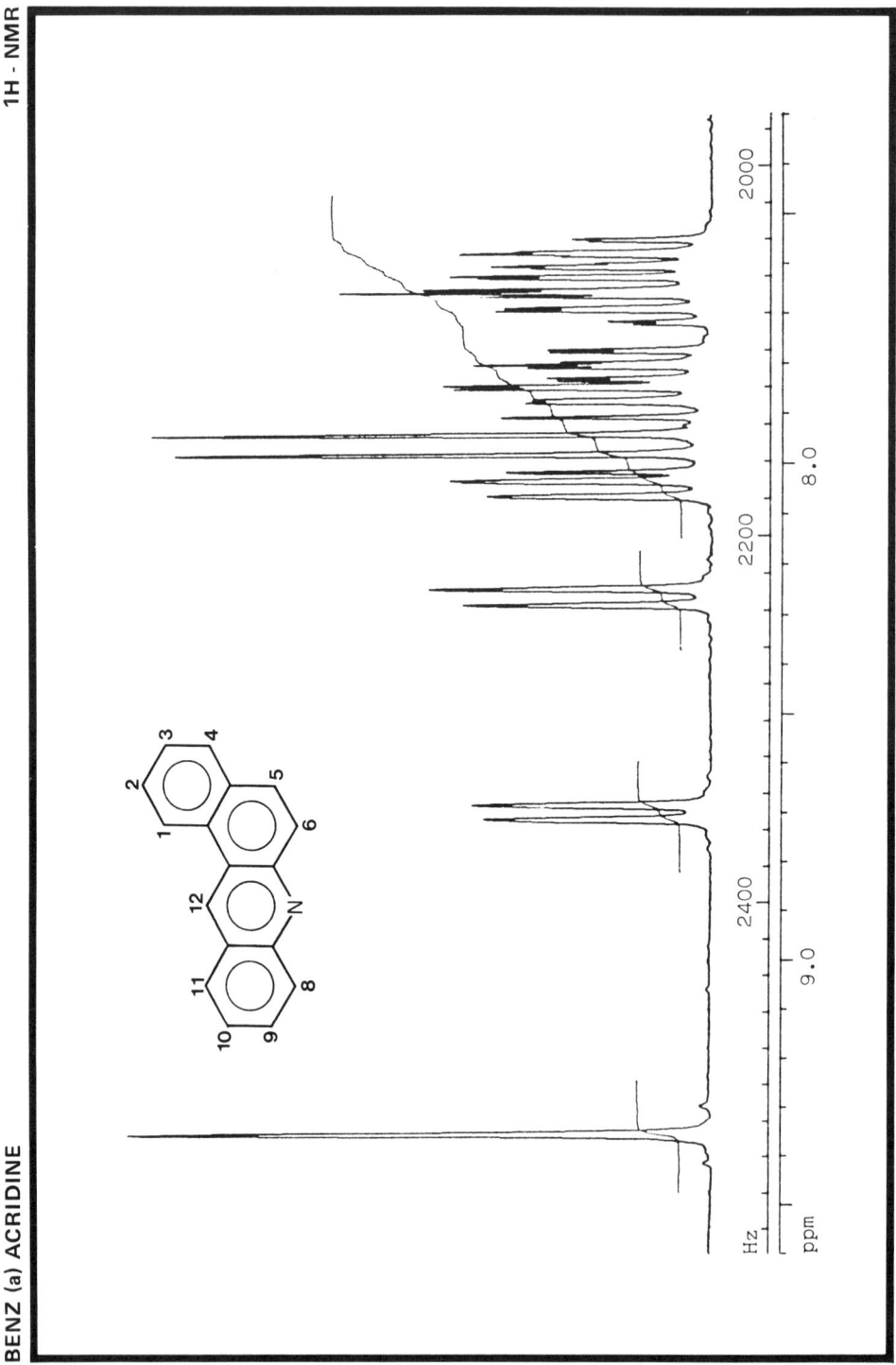

Proton No.	Chemical shift (ppm)	Coupling constants (Hz)	
1	8.70	J(1,2) = 8.2;	J(1,3) = 0.3
2	7.63	J(2,3) = 7.9;	J(2,4) = 0.9
3	7.69	J(3,4) = 8.1	
4	7.86		
5	7.93	J(5,6) = 9.4	
6	7.99		
8	8.26	J(8,9) = 8.6;	J(8,10) = 0.6
9	7.80	J(9,10) = 6.9;	J(9,11) = 0.9
10	7.58	J(10,11) = 8.4	
11	8.05		
12	9.35		

Original spectrum determined by Laboratory of the Goverment Chemist, London (UK)

Spectrometer	: JEOL GX - 270	Formula	: $C_{17}H_{11}N$
Solvent	: $CDCl_3$	M_r	: 229.28 u
Concentration	: 8 mg/ml	CAS Nr.	: 225 - 11 - 6
		Purity	: 0.997_7 g/g
		m.p.	: 131°C

BENZ (a) ACRIDINE

13C - NMR

Signal	Intensity (%)	Chemical Shift (ppm)	Carbon No.
1	14.1 s	149.39	7a
2	16.4 s	148.23	6a
3	78.9 d	132.50	5
4	22.3 s	131.29	4a
5	67.2 d	130.46	9
6	98.2 d	130.06	8
7	26.1 s	130.01	12b
8	81.3 d	129.10	12*
9	82.5 d	128.86	4*
10	73.4 d	128.48	6
11	82.4 d	128.26	11
12	100.0 d	127.70	2†
13	91.6 d	127.45	3†
14	18.9 s	126.53	11a
15	87.6 d	126.04	10
16	15.6 s	124.18	12a
17	78.8 d	122.90	1

Original spectrum determined by Laboratory of the Goverment Chemist, London (UK)

Spectrometer	: JEOL GX - 270 (67.8 MHz)	Formula	: $C_{17}H_{11}N$
Solvent	: $CDCl_3$	M_r	: 229.28 u
Concentration	: 8 mg/ml	CAS Nr.	: 225 - 11 - 6
Pulse (angle)	: 10 µs (40°)	Purity	: 0.997_7 g/g
Accumulations	: 32000	m.p.	: 131°C
Repeat time	: 2.47 s		

* † May be interchanged

255

BENZ (a) ACRIDINE

IR (KBr)

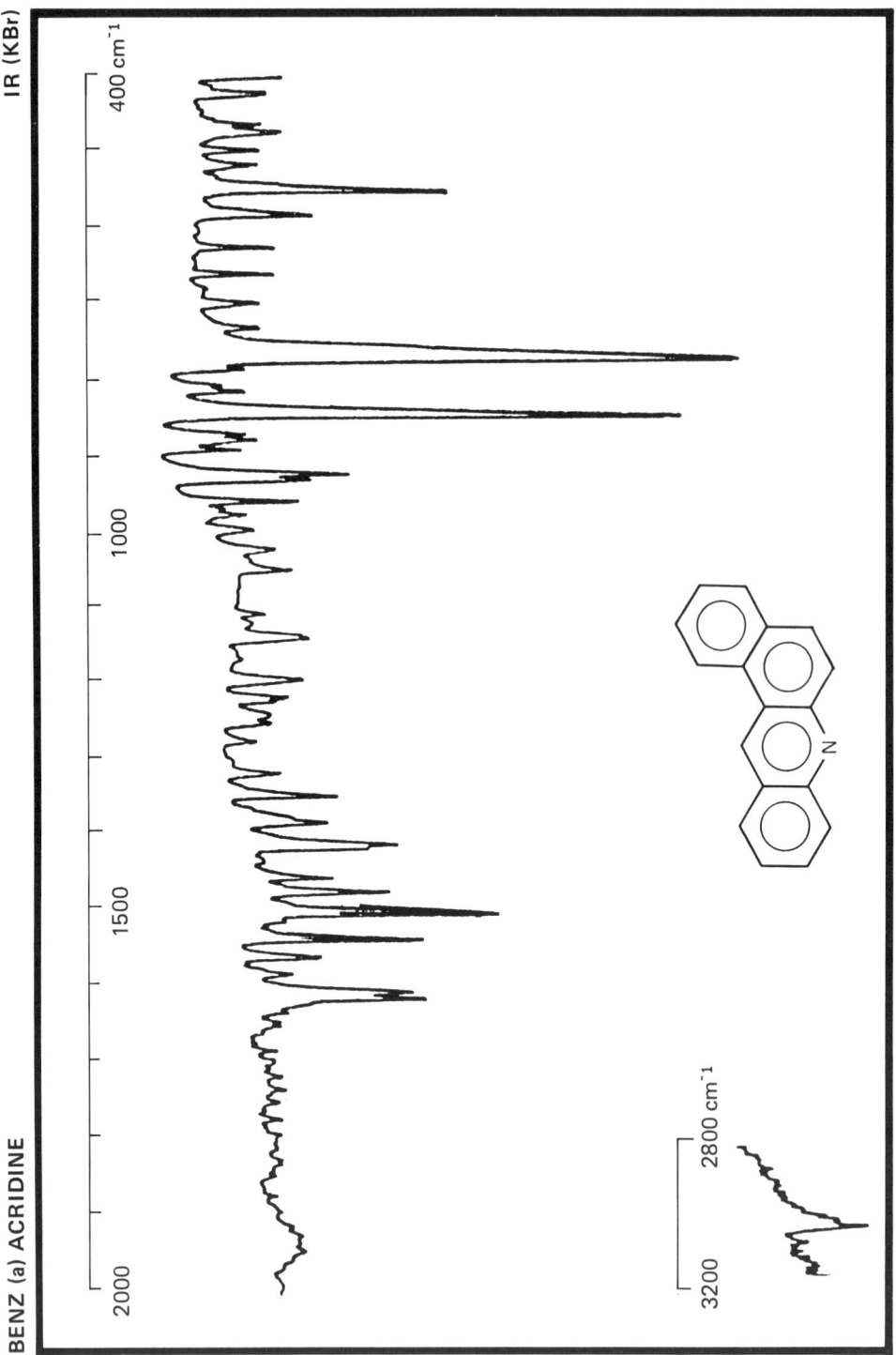

Frequency (cm⁻¹)	Assignment	Frequency (cm⁻¹)	Assignment
3059:	C - H stretch	826:	C - H wagging
		752:	deformation
1615:	C=C		
1607:	stretch	575:	
1563:	and	542:	ring
1537:	C=N stretch	471:	deformation
1474:		419:	
1456:		399:	
1410:			
1381			
1345	C - C stretch/		
1188	C - N stretch		
1130			

Original spectrum determined by Biochem. Institut, Ahrensburg (D)

Spectrometer	: Nicolet 5 MX	**Formula**	: $C_{17}H_{11}N$
Sample	: KBr disc (5 mm, thickness 0.4 mm)	**M$_r$**	: 229.28 u
Reference	: Air	**CAS Nr.**	: 225 - 11 - 6
Resolution	: 1.7 cm⁻¹ (maximum)	**Purity**	: 0.997$_7$ g/g
		m.p.	: 131°C

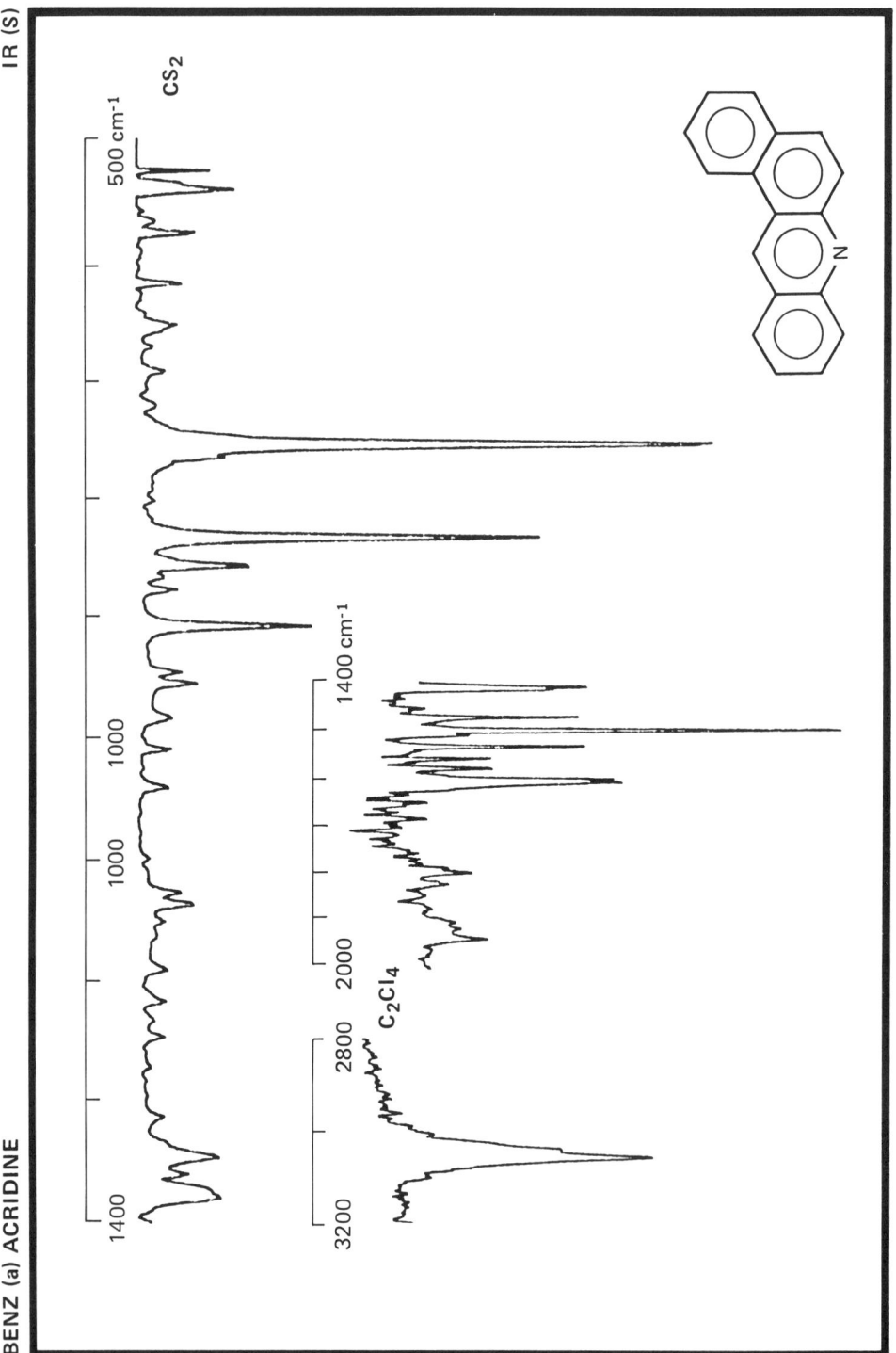

Frequency (cm⁻¹)	Assignment	Frequency (cm⁻¹)	Assignment
3096:		905:	
3061:	C - H stretch	855:	C - H wagging
3044:		829:	deformation
1615:		750:	
1615:	C=C stretch		
1601:	and	617:	
1586:		575:	ring
1563:	C=N stretch	540:	deformation
1537:		525:	
1474:			
1410:			

Original spectrum determined by Biochem. Institut, Ahrensburg (D)

Spectrometer	: Nicolet 5 MX	Formula	: $C_{17}H_{11}N$
Cell	: 0.2 mm (KBr)	M_r	: 229.28 u
Solvents	: C_2Cl_4 (3.200 - 1.400 cm⁻¹)	CAS Nr.	: 225 - 11 - 6
	CS_2 (1.400 - 500 cm⁻¹)	Purity	: 0.997_7 g/g
Resolution	: 1.7 cm⁻¹ (maximum)	m.p.	: 131°C

BENZ (c) ACRIDINE

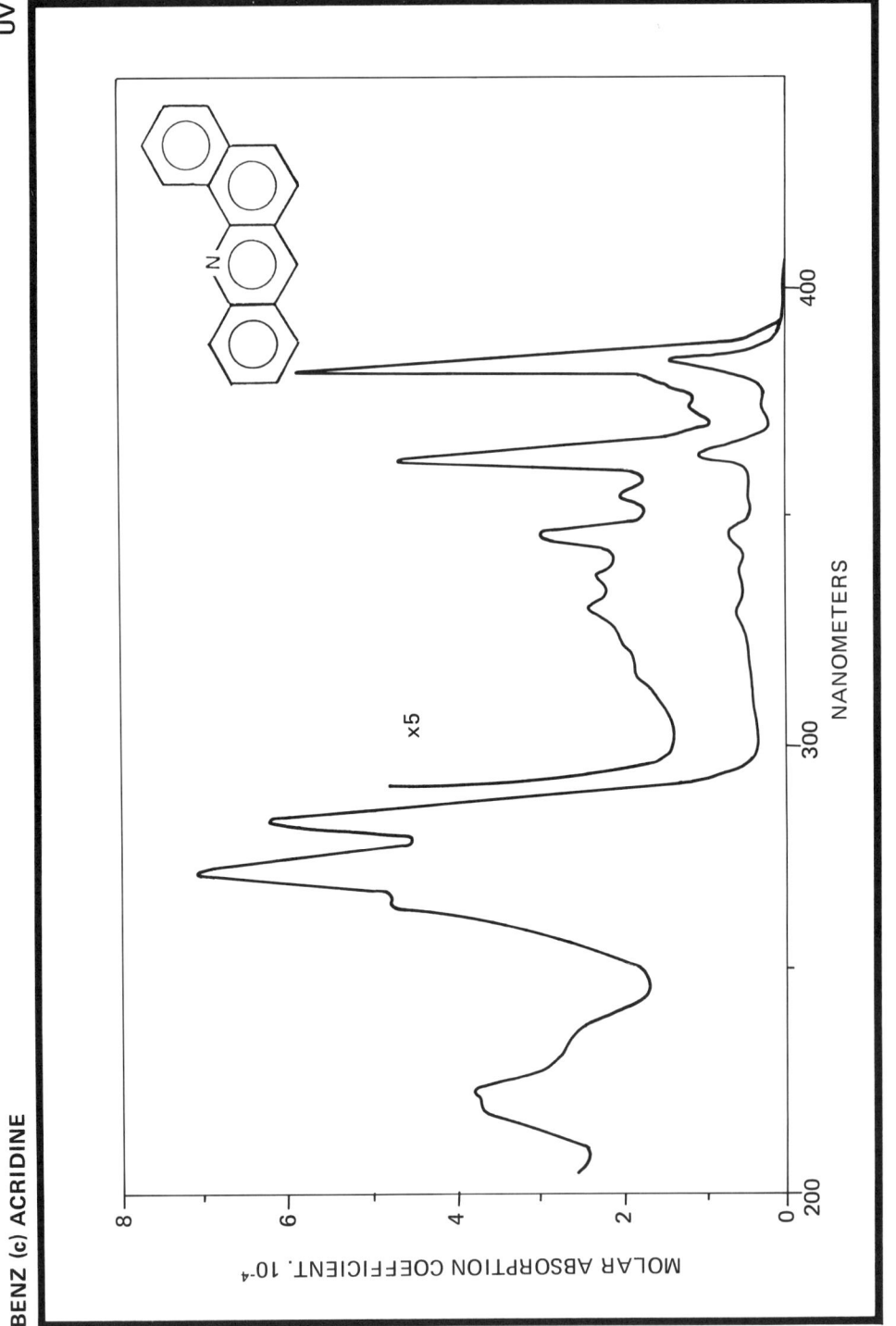

Wavelength (nm)	Molar absorption coefficient (l. mol⁻¹ cm⁻¹ x 10⁻⁴)	Wavelength (nm)	Molar absorption coefficient (l. mol⁻¹ cm⁻¹ x 10⁻⁴)
220.4	3.67	331.4	0.60
224.6	3.79	339.0	0.58
266.4	4.78	347.2	0.76
274.9	7.12	355.8	0.50
285.8	6.26	365.0	1.17
316.9	0.45	375.2	0.31
		384.5	1.50

Original spectrum determined by Biochem. Institut, Ahrensburg (D)

Spectrometer	: Perkin - Elmer 555	**Formula**	: $C_{17}H_{11}N$
Solvent	: Cyclohexane	**M_r**	: 229.28 u
Concentration	: 32.2 mg/l (3.2 mg/l)	**CAS Nr.**	: 225 - 51 - 4
Cell Length	: 1.000 cm	**Purity**	: 0.998_4 g/g
Slit width	: 2 nm	**m.p.**	: 107.4°C

BENZ (c) ACRIDINE

Wavelength (nm)	Relative intensity
385	100
407	60.5
431	19.5

Original spectrum determined by Physico-chemical oceanography group-University of Bordeaux I (F)

Instrument	: Perkin-Elmer MPF-44		**Formula**	: $C_{17}H_{11}N$
Solvent	: Cyclohexane		**M$_r$**	: 229.28 u
Concentration	: 160 µg/l		**CAS Nr.**	: 225 - 51 - 4
Spectrum	: **excitation**	**emission**	**Purity**	: 0.9984 g/g
Fixed wavelength	: 407 nm	286 nm	**m.p.**	: 107.4°C
Excitation slit	: 2 nm	4 nm		
Emission slit	: 4 nm	2 nm		

BENZ (c) ACRIDINE

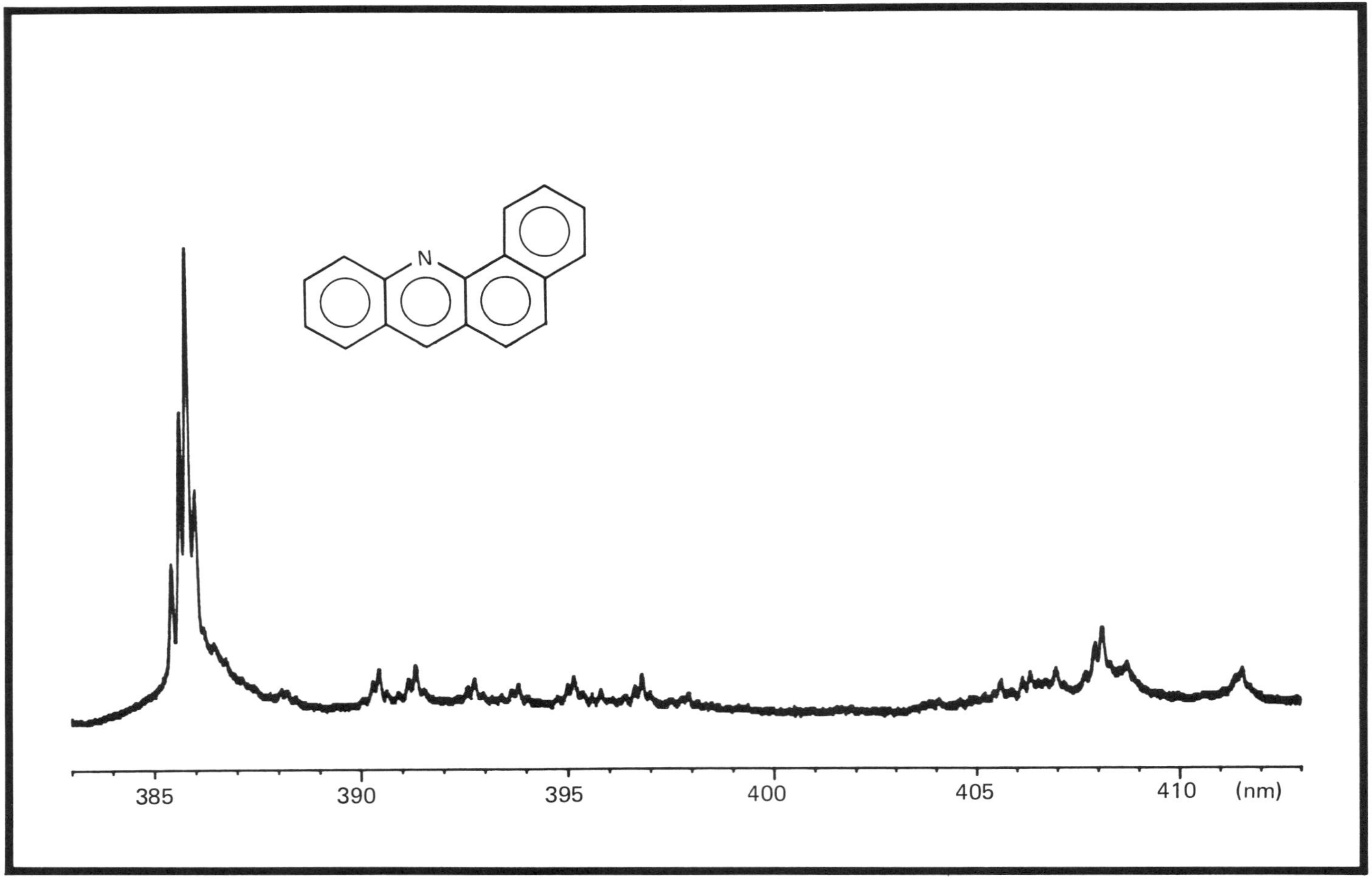

Fluorescence Wavelength (nm)	Intensity (%)
385.2	34
385.4	66
385.6	100
385.8	49

Original spectrum determined by Physico-chemical oceanography group-University of Bordeaux I (F)

Source	: 450W Xenon lamp
Excitation monochromator	: Jobin-Yvon H20
Emission monochromator	: Jobin-Yvon HR1000
Excitation wavelength (slits)	: 287 (9) nm
Emission slits	: 0.04 nm
Temperature	: 15 K
Solvent	: n-octane
Concentration	: 0.458 mg.l^{-1}
Formula	: $C_{17}H_{11}N$
M_r	: 229.28 u
CAS Nr.	: 225 - 51 - 4
Purity	: 0.9984 g/g
m.p.	: 107.4°C

BENZ (c) ACRIDINE

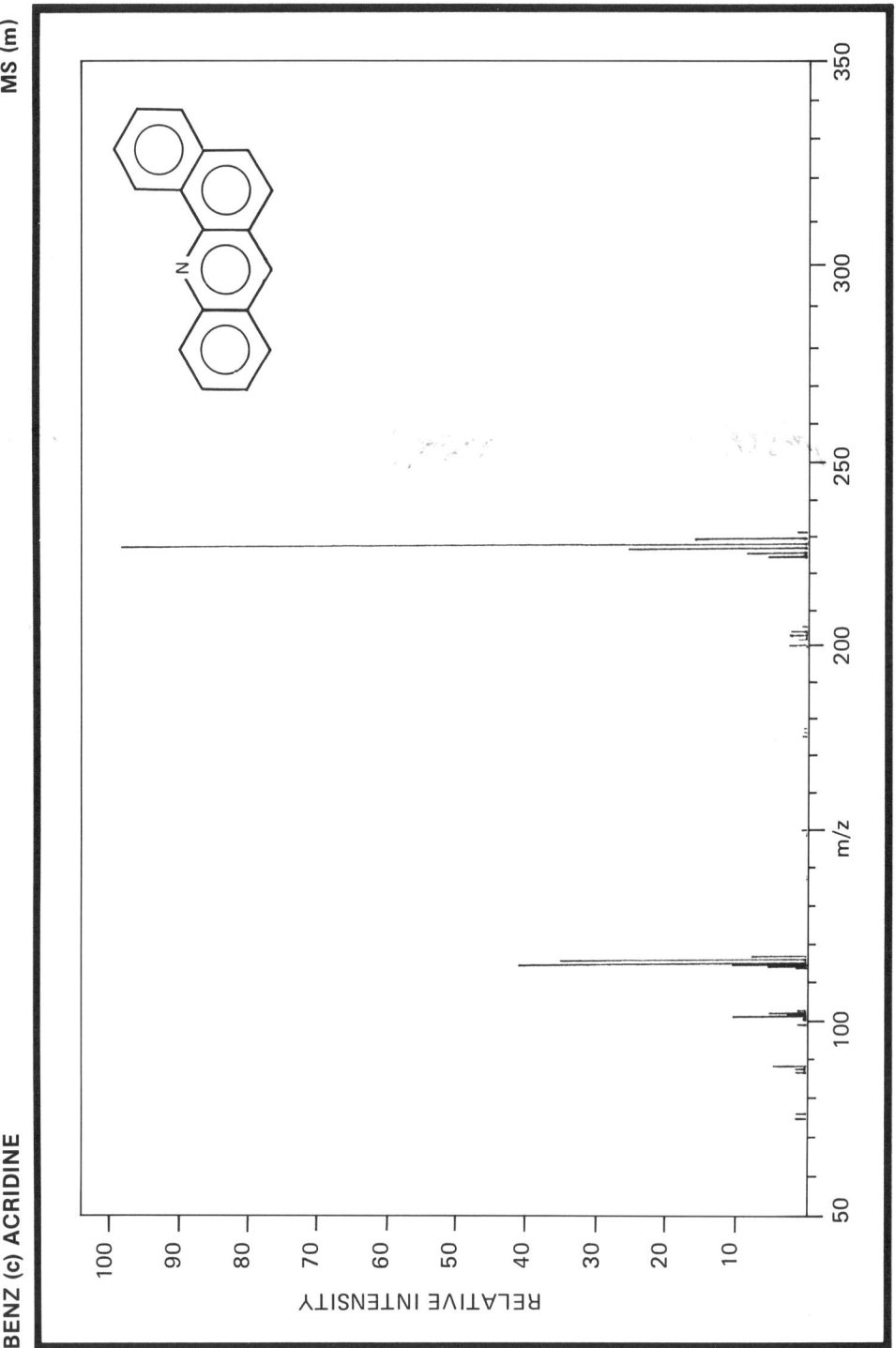

m/z	relative intensity	m/z	relative intensity
75.5	2.0	200	3.0
76.5	2.0	201	2.0
87.5	2.0	202	3.0
88	2.0	203	3.0
88.5	5.0	226	6.0
100.5	11.0	227	9.0
101	3.0	228	26.0
101.5	6.0	229	100.0
113.5	6.0	230	17.0
114	11.0	231	2.0
114.5	42.0		
115	36.0		
115.5	8.0		

Original spectrum determined by Biochem. Institut, Ahrensburg (D)

Spectrometer	: Varian MAT 111	Formula	: $C_{17}H_{11}N$
Inlet System	: GC/MS	M_r	: 229.28 u
Source Temperature	: 200°C	m/z	: 229.09 u
Source Voltage	: 70 eV	CAS Nr.	: 225 - 51 - 4
		Purity	: 0.9984 g/g
		m.p.	: 107.4°C

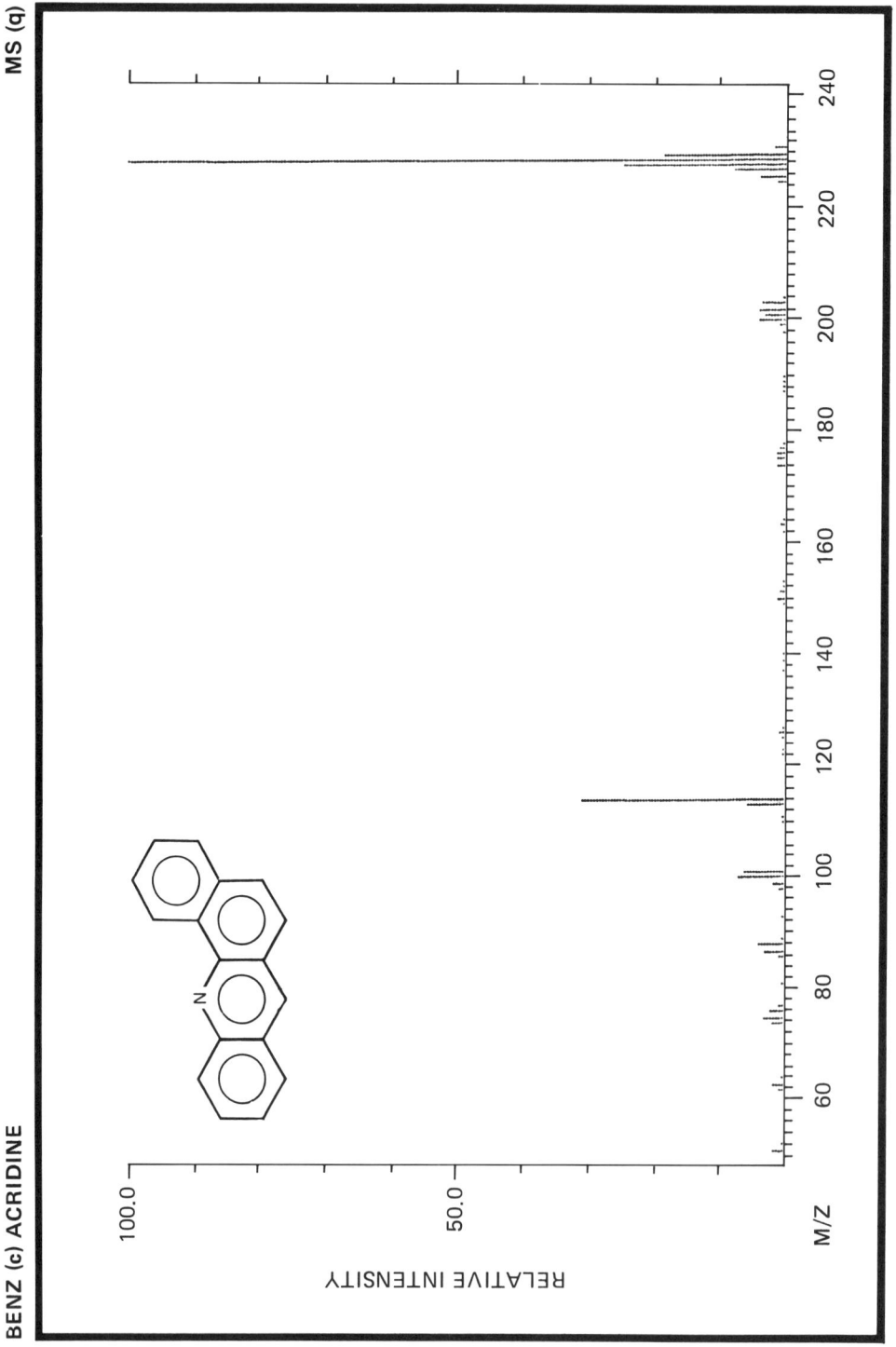

m/z	relative intensity	m/z	relative intensity
75	2.9	200	4.0
76	2.0	201	3.1
87	3.2	202	3.8
88	3.8	203	3.4
100	7.1	226	4.0
101	6.0	227	7.9
113	5.6	228	24.6
114	30.7	229	100.0
		230	18.4
		231	1.6

Original spectrum determined by ITC - TNO, Zeist (NL)

Spectrometer	: Finnigan 4021 - Quadrupole	Formula	: $C_{17}H_{11}N$
Inlet System	: capill. GC/MS	M_r	: 229.34 u
Source Temperature	: 247°C	m/z	: 229.09 u
Source Voltage	: 70 eV	CAS Nr.	: 225 - 51 - 4
		Purity	: 0.9984 g/g
		m.p.	: 107.4°C

BENZ (c) ACRIDINE

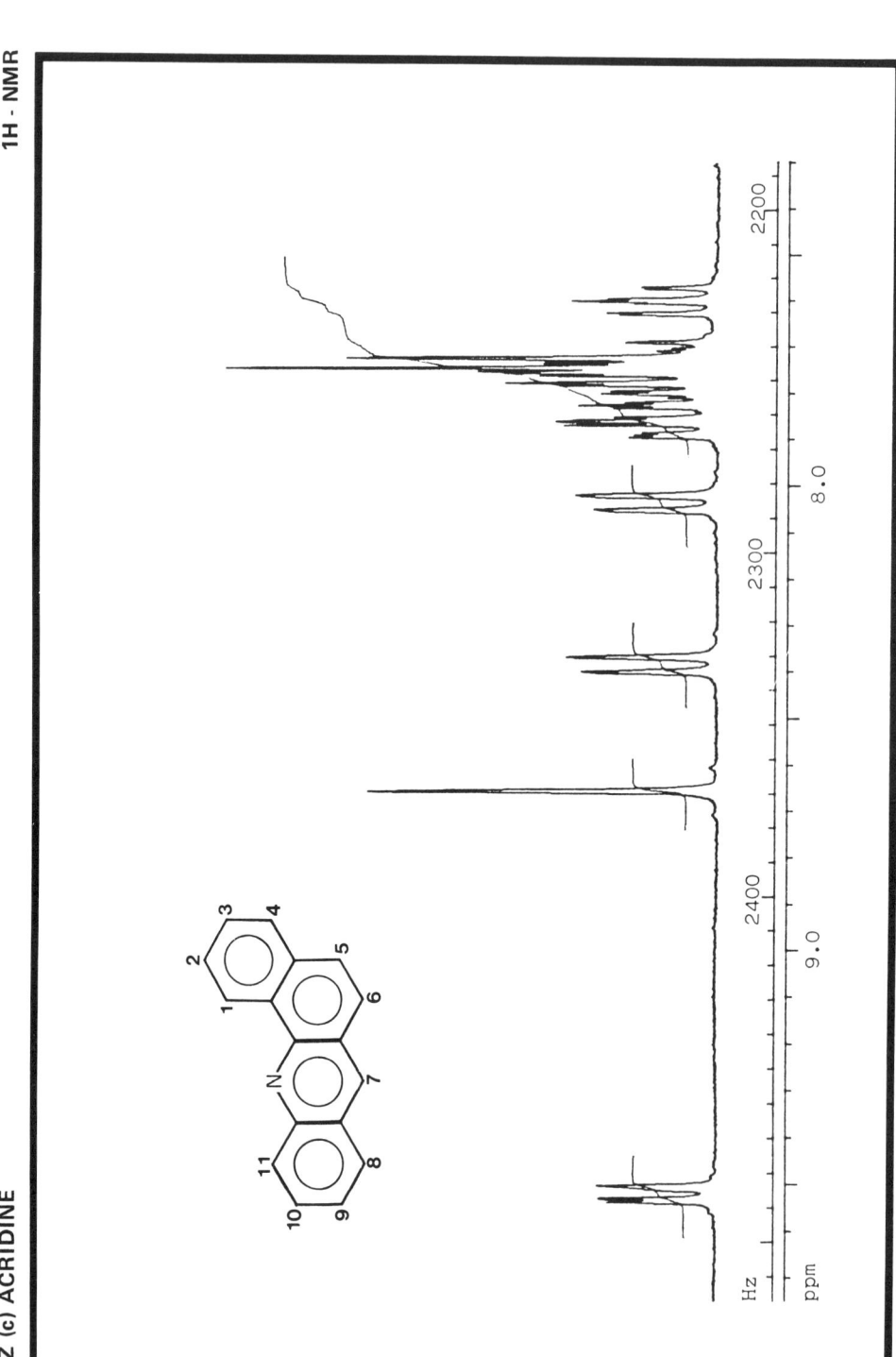

Proton No.	Chemical shift (ppm)	Coupling constants (Hz)
1	9.52	$J(1,2) = 7.8$; $J(1,3) = 1.3$
		$J(1,4) = 0.7$
2	7.78	$J(2,3) = 7.1$; $J(2,4) = 1.4$
3	7.74	$J(3,4) = 7.3$
4	7.88	
5	7.71	$J(5,6) = 9.2$
6	7.75	
7	8.65	$J(7,11) = 0.6$
8	8.03	$J(8,9) = 8.3$; $J(8,10) = 1.2$
		$J(8,11) = 0.7$
9	7.60	$J(9,10) = 6.8$; $J(9,11) = 1.1$
10	7.83	$J(10,11) = 8.6$
11	8.38	

Original spectrum determined by Laboratory of the Goverment Chemist, London (UK)

Spectrometer : JEOL GX - 270
Solvent : $CDCl_3$
Concentration : 8 mg/ml

Formula : $C_{17}H_{11}N$
M_r : 229.28 u
CAS Nr. : 225 - 51 - 4
Purity : 0.9984 g/g
m.p. : 107.4°C

BENZ (c) ACRIDINE

13C - NMR

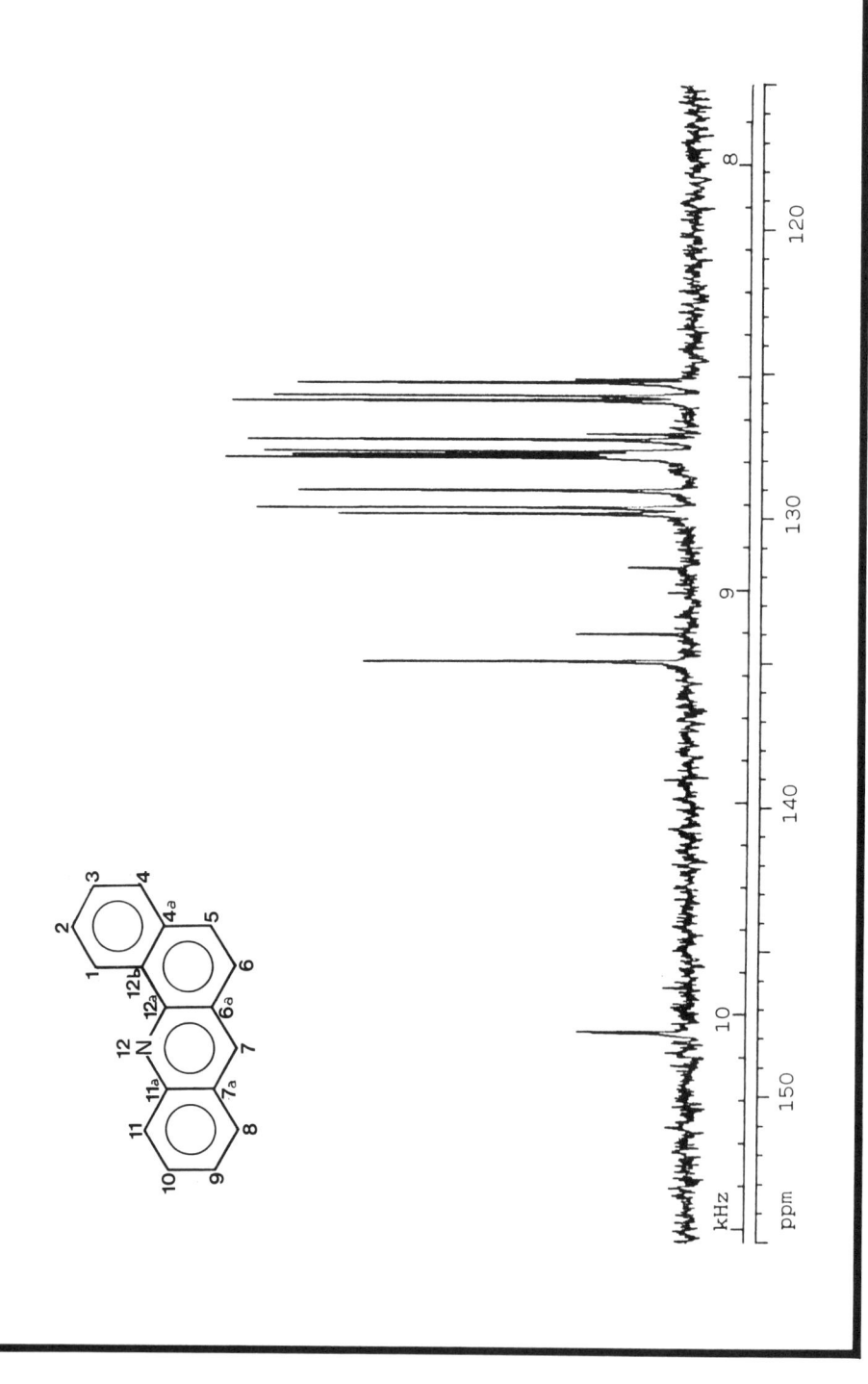

Signal	Intensity (%)	Chemical Shift (ppm)	Carbon No.
1	19.8 s	147.82	11a*
2	23.3 s	147.77	12a*
3	70.2 d	134.93	7
4	24.0 s	133.98	4a
5	12.9 s	131.69	12b
6	75.7 d	129.82	10
7	93.3 d	129.62	11
8	84.3 d	129.03	3
9	100.0 d	127.88	8
10	85.7 d	127.77	4
11	91.8 d	127.66	5
12	95.4 d	127.26	2
13	22.2 s	127.07	7a
14	98.6 d	125.92	9+
15	89.9 d	125.74	6+
16	84.5 d	125.30	1
17	24.5 s	125.17	6a

Original spectrum determined by Laboratory of the Goverment Chemist, London (UK)

Spectrometer	: JEOL GX - 270 (67.8 MHz)
Solvent	: $CDCl_3$
Concentration	: 8 mg/ml
Pulse (angle)	: 10 µs (40°)
Accumulations	: 25.000
Repeat time	: 2.47 s

Formula	: $C_{17}H_{11}N$
M_r	: 229.28 u
CAS Nr.	: 225 - 51 - 4
Purity	: 0.9984 g/g
m.p.	: 107.4°C

+ May be interchanged
*

BENZ (c) ACRIDINE

IR (KBr)

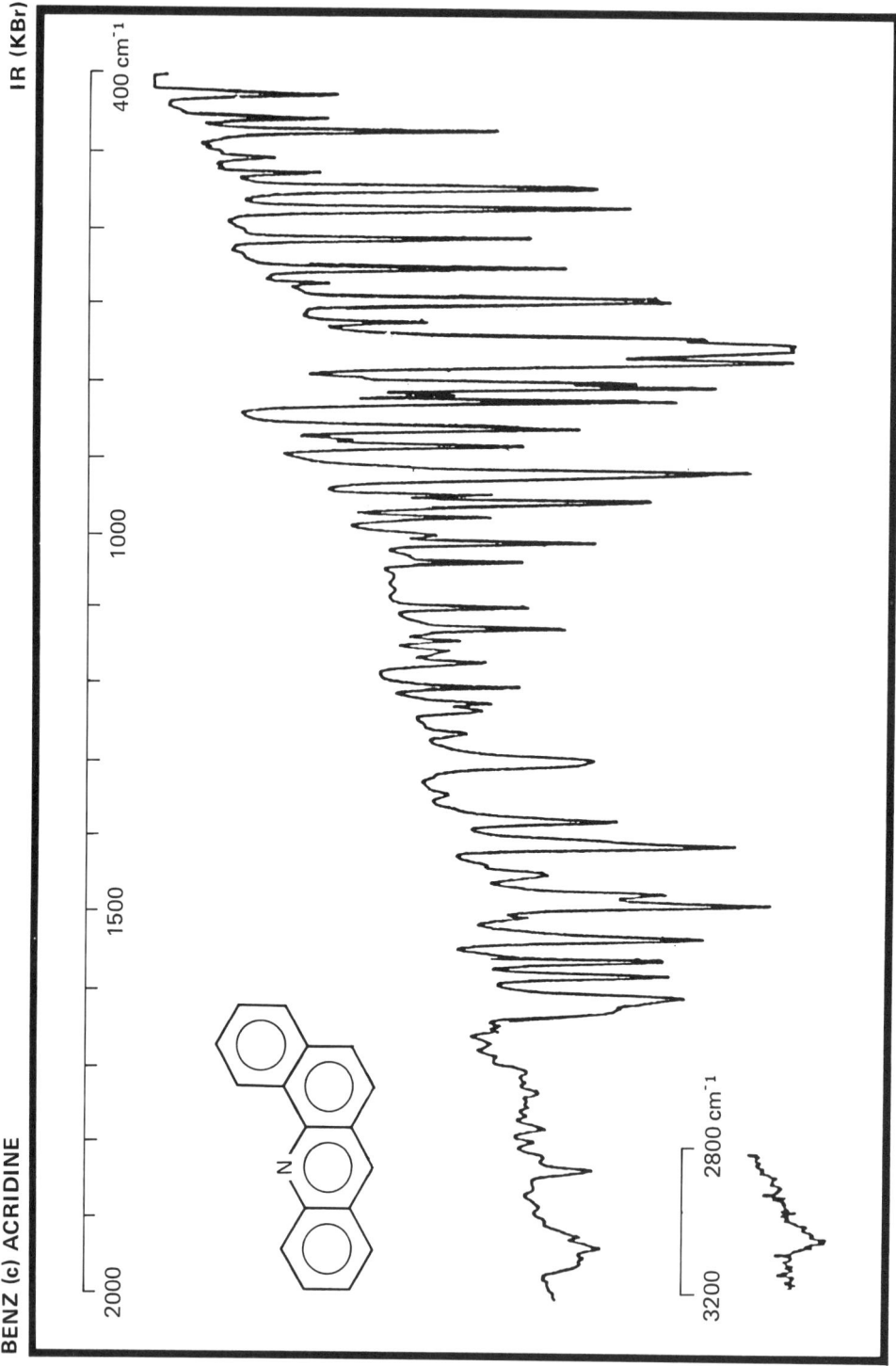

Frequency (cm⁻¹)	Assignment	Frequency (cm⁻¹)	Assignment
3044:	C - H stretch	955	
		918	
1611:			
1582:		858:	C - H
1563:	C=C stretch	824:	wagging
1535:	and	804:	deformation
1493:	C=N stretch	799:	
1478:		772:	
1414:		756:	
1381		694:	
1302:	C - C stretch/	652	
1206:	C - N stretch	613	ring
1128:		576:	deformation
1100:		550	
1038:		475	
1013:		426:	

Original spectrum determined by Biochem. Institut, Ahrensburg (D)

Spectrometer	: Nicolet 5 MX	Formula	: $C_{17}H_{11}N$
Sample	: KBr disc (5 mm, thickness 0.4 mm)	M_r	: 229.28 u
Reference	: Air	CAS Nr.	: 225 - 51 - 4
Resolution	: 1.7 cm⁻¹ (maximum)	Purity	: 0.998_4 g/g
		m.p.	: 107.4°C

BENZ (c) ACRIDINE

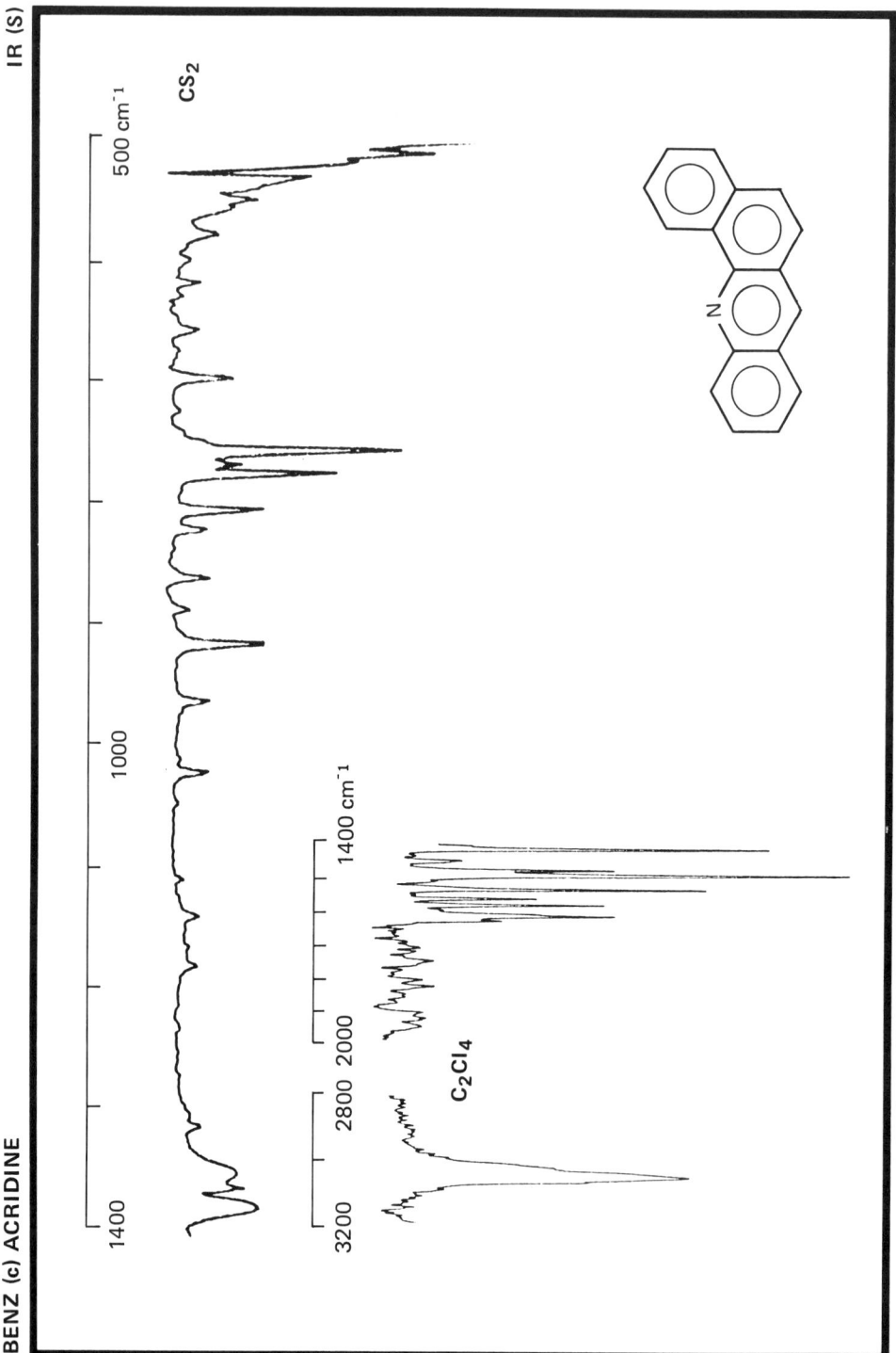

IR (S)

Frequency (cm⁻¹)	Assignment	Frequency (cm⁻¹)	Assignment
3056:	C - H stretch	907:	
		855:	C - H
1730:		799:	wagging
1618:	C=C stretch	770:	deformation
1613:		752:	
1584:			
1564:		692:	
1537:		650:	ring
1493:		610:	deformation
1478:		509:	
1414:		500:	
1370:	C - C		
1328:	C - N stretch		

Original spectrum determined by Biochem. Institut, Ahrensburg (D)

Spectrometer	: Nicolet 5 MX	Formula	: $C_{17}H_{11}N$
Cell	: 0.2 mm (KBr)	M_r	: 229.28 u
Solvents	: C_2Cl_4 (3.200 - 1.400 cm⁻¹)	CAS Nr.	: 225 - 51 - 4
	CS_2 (1.400 - 500 cm⁻¹)	Purity	: 0.998_4 g/g
Resolution	: 1.7 cm⁻¹ (maximum)	m.p.	: 107.4°C

1-METHYLBENZ[a]ANTHRACENE

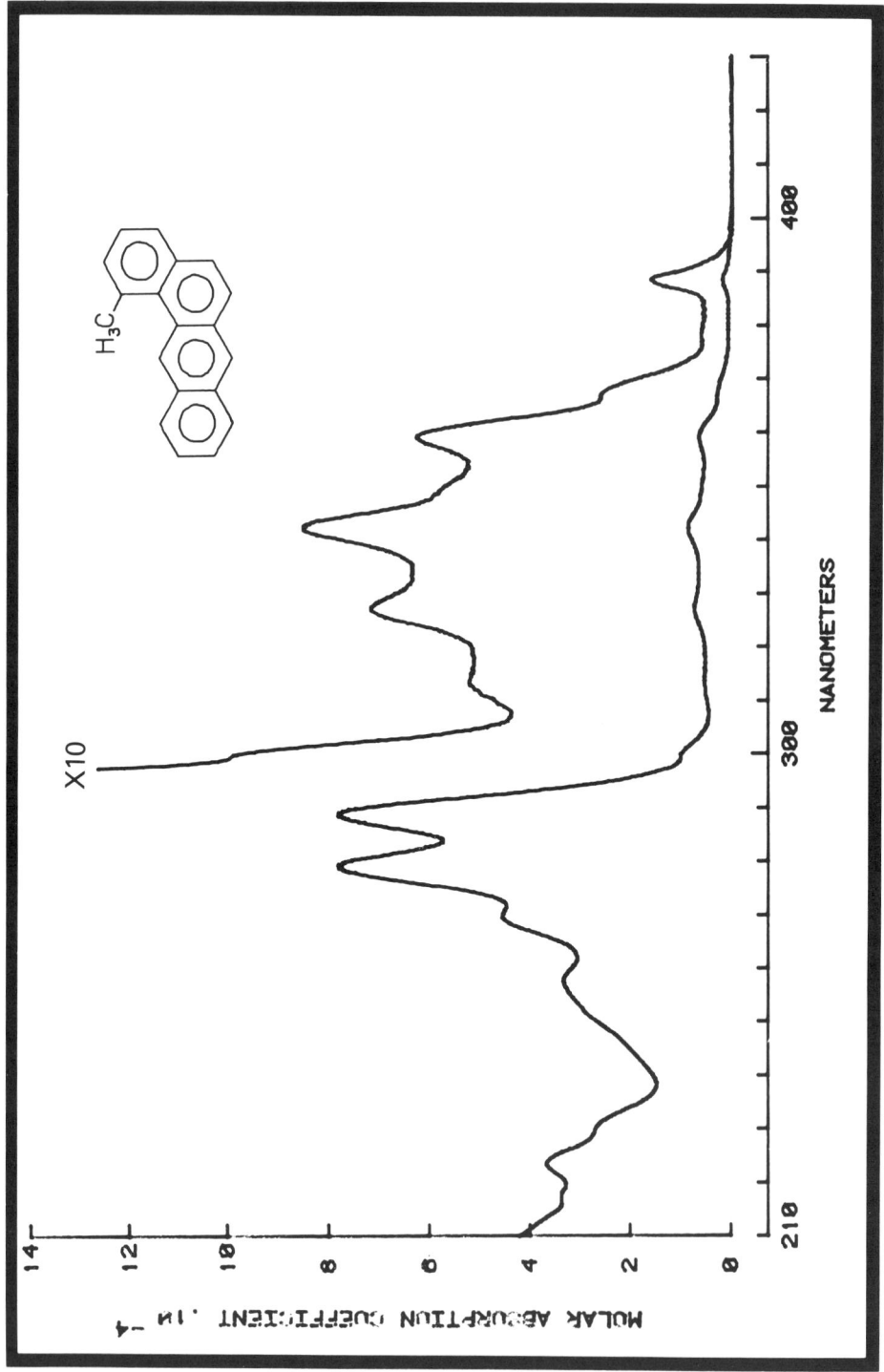

Wavelength	Molar absorption coefficient	Wavelength	Molar absorption coefficient
(nm)	(l mol^{-1} cm^{-1} 10^{-4})	(nm)	(l mol^{-1} cm^{-1} 10^{-4})
224	3.64	314	0.420
230 (sh)	2.65	326	0.710
257.5	3.31	342	0.847
270	4.53	358.5	0.624
279	7.80	368 (sh)	0.259
289	7.80	388	0.158
299 (sh)	0.990		

Original spectrum determined by JRC Ispra (CEC)

Spectrometer	: Perkin-Elmer 555
Solvent	: Cyclohexane
Concentration	: 5.73 mg l^{-1}
Cell length	: 1.000 cm
Slit width	: 1 nm

Formula	: C$_{19}$H$_{14}$
M$_r$	: 242.32 u
CA N^0	: 2498-77-3
Purity	: 0.996 g/g
m.p.	: 138.6 °C

1-METHYLBENZ[a]ANTHRACENE

Wavelength (nm)	Relative intensity
388.5	100
411.5	69
435	28

Original spectrum produced by: Physico-chemical oceanography group, LA 348-CNRS, University of Bordeaux I (F)

Instrument	: Perkin-Elmer MPF-44	**Formula**	: $C_{19}H_{14}$
Solvent	: Cyclohexane	M_r	: 242.32 u
Concentration	: 0.254 mg l^{-1}	**CA N°**	: 2498-77-3
Spectrum	: **excitation** **emission**	**Purity**	: 0.996 g/g
Fixed wavelength	411 nm 279 nm	**m.p.**	: 138.6°C
Excitation slit	2 nm 4 nm		
Emission slit	4 nm 2 nm		

1-METHYLBENZ[a]ANTHRACENE

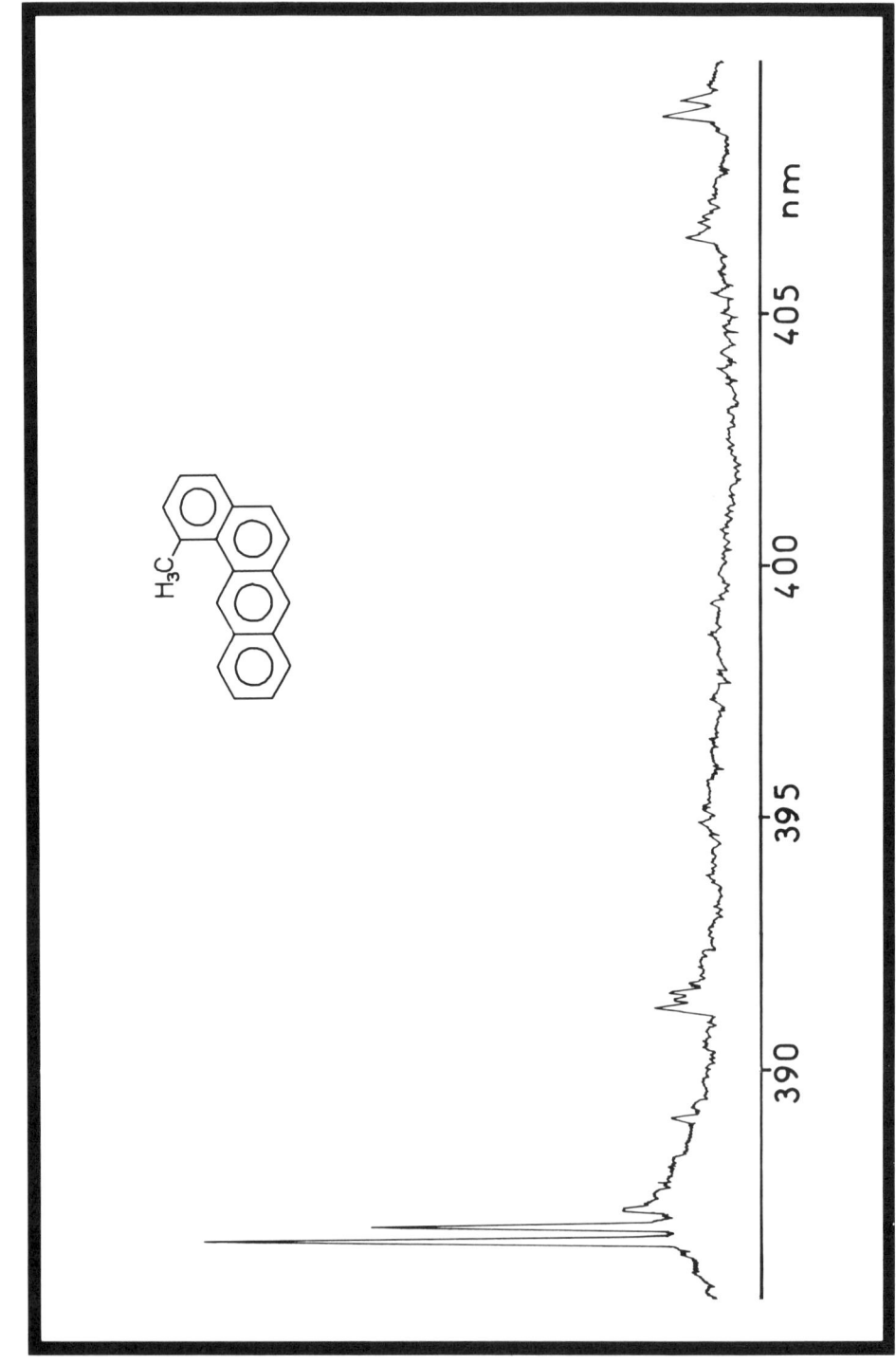

Fluorescence Wavelength (nm)

386.6
386.9

Original spectrum produced by: Physico-chemical oceanography group
University of Bordeaux I (F)

Source	: 450W Xenon lamp
Excitation monochromator	: Jobin-Yvon H20
Emission monochromator	: Jobin-Yvon HR1000
Excitation wavelength (slits)	: 291 (4) nm
Emission slits	: 0.08 nm
Temperature	: 15 K
Solvent	: n-octane
Concentration	: 0.496 mg l^{-1}

Formula	: $C_{19}H_{14}$
M_r	: 242.32 u
CA N^0	: 2498-77-3
Purity	: 0.996 g/g
m.p.	: 138.6^{0}C

1-METHYLBENZ[a]ANTHRACENE MS(q)

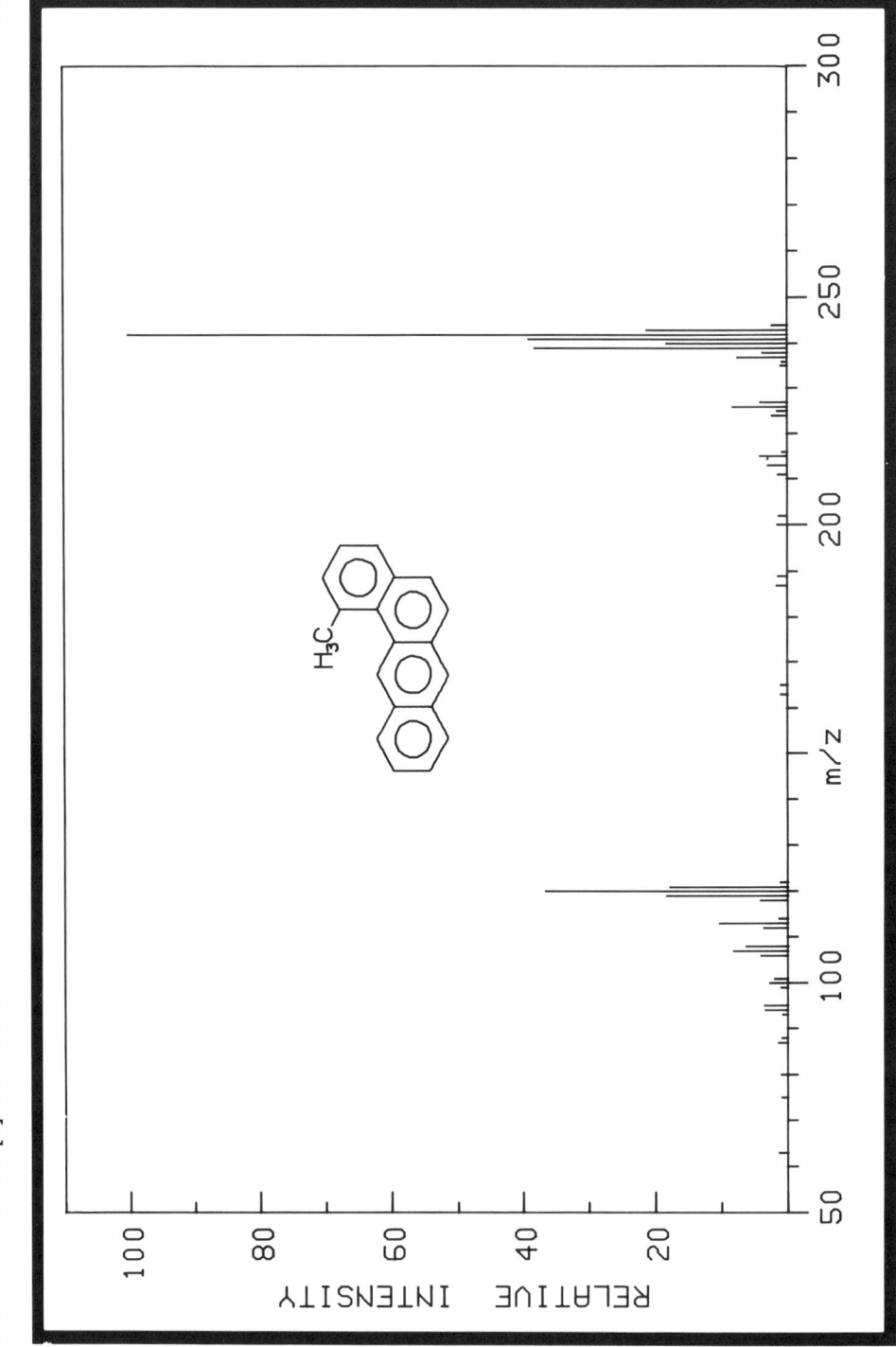

m/z	relative intensity		m/z	relative intensity
94	3.3		213	2.9
95	3.4		215	4
100	2.7		224	2.3
101	2		226	8.1
106	3.9		227	3.9
107	8.1		237	7.4
108	6.2		238	3.6
112	3.5		239	38.1
113	10.3		240	18.2
118	4		241	39
119	18.3		242	100
120	36.6		243	21.2
121	17.8		244	2.3

Original spectrum determined by JRC Ispra (CEC)

Spectrometer	: Ribermag R10-10C quadrupole		**Formula**	: $C_{19}H_{14}$
Inlet system	: GC/MS		**M_r**	: 242.32 u
Source temperature	: 200°C		**m/z**	: 242.11 u
Source voltage	: 70eV		**CA N°**	: 2498-77-3
			Purity	: 0.996 g/g
			m.p.	: 138.6°C

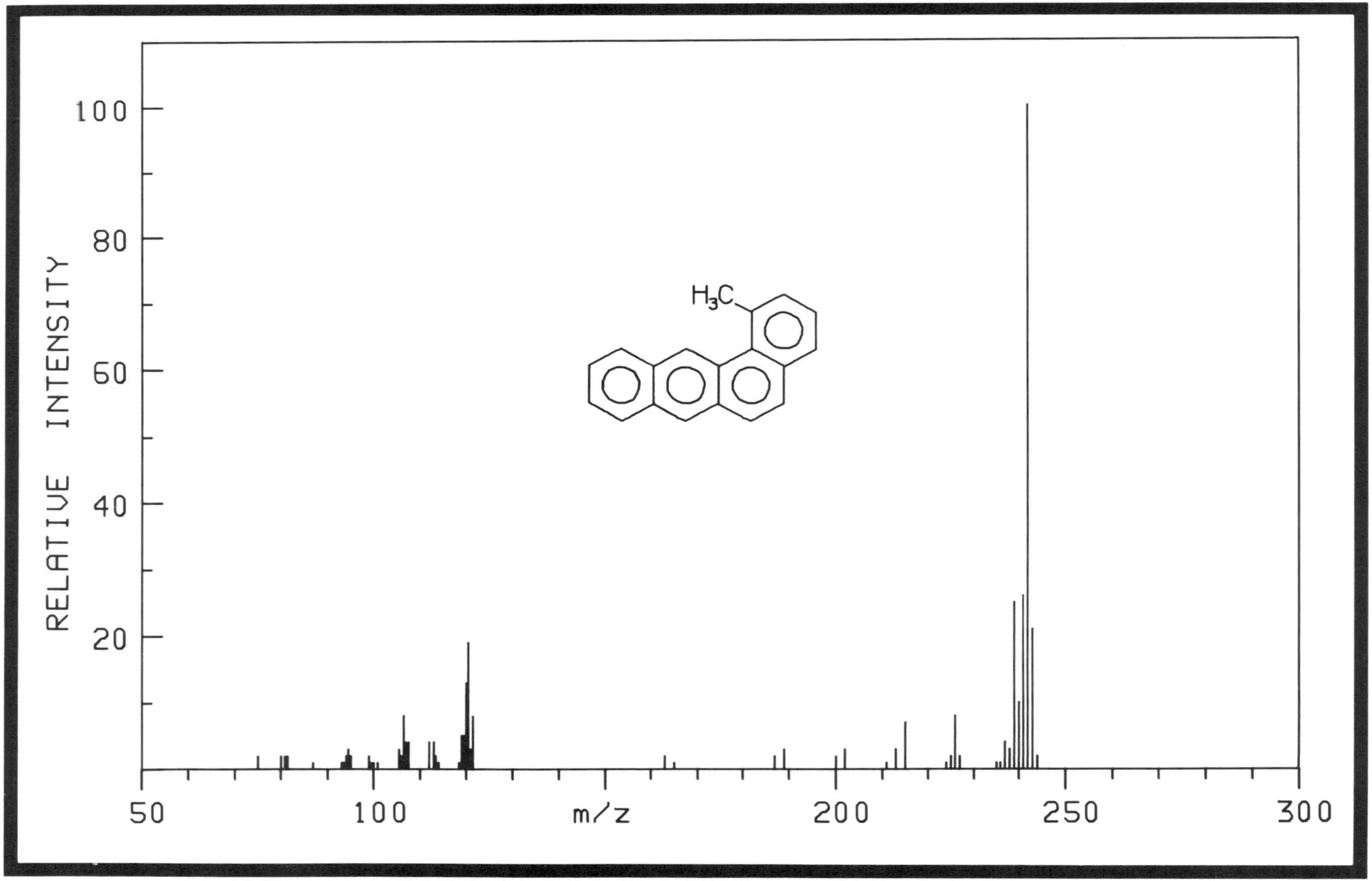

1-METHYLBENZ[a]ANTHRACENE

MS(m)

m/z	relative intensity	m/z	relative intensity
81.5	2	121	3
93.5	1	121.5	8
94.5	3	189	3
99.5	1	202	3
105.5	3	213	3
106.5	8	215	7
107	4	226	8
107.5	4	237	4
112	4	238	3
113	4	239	25
113.5	2	240	10
118.5	1	241	26
119	5	242	100
119.5	5	243	21
120	13	244	2
120.5	19		

Original spectrum produced by: Biochemical Institute for Environmental Carcinogens, Ahrensburg (FRG)

Spectrometer	: Varian MAT 112S	Formula	: $C_{19}H_{14}$
Inlet system	: Solid probe	M_r	: 242.32 u
Source temperature	: 200°C	m/z	: 242.11 u
Source voltage	: 70eV	CA N°	: 2498-77-3
		Purity	: 0.996 g/g
		m.p.	: 138.6°C

1-METHYLBENZ[a]ANTHRACENE

^{1}H-NMR

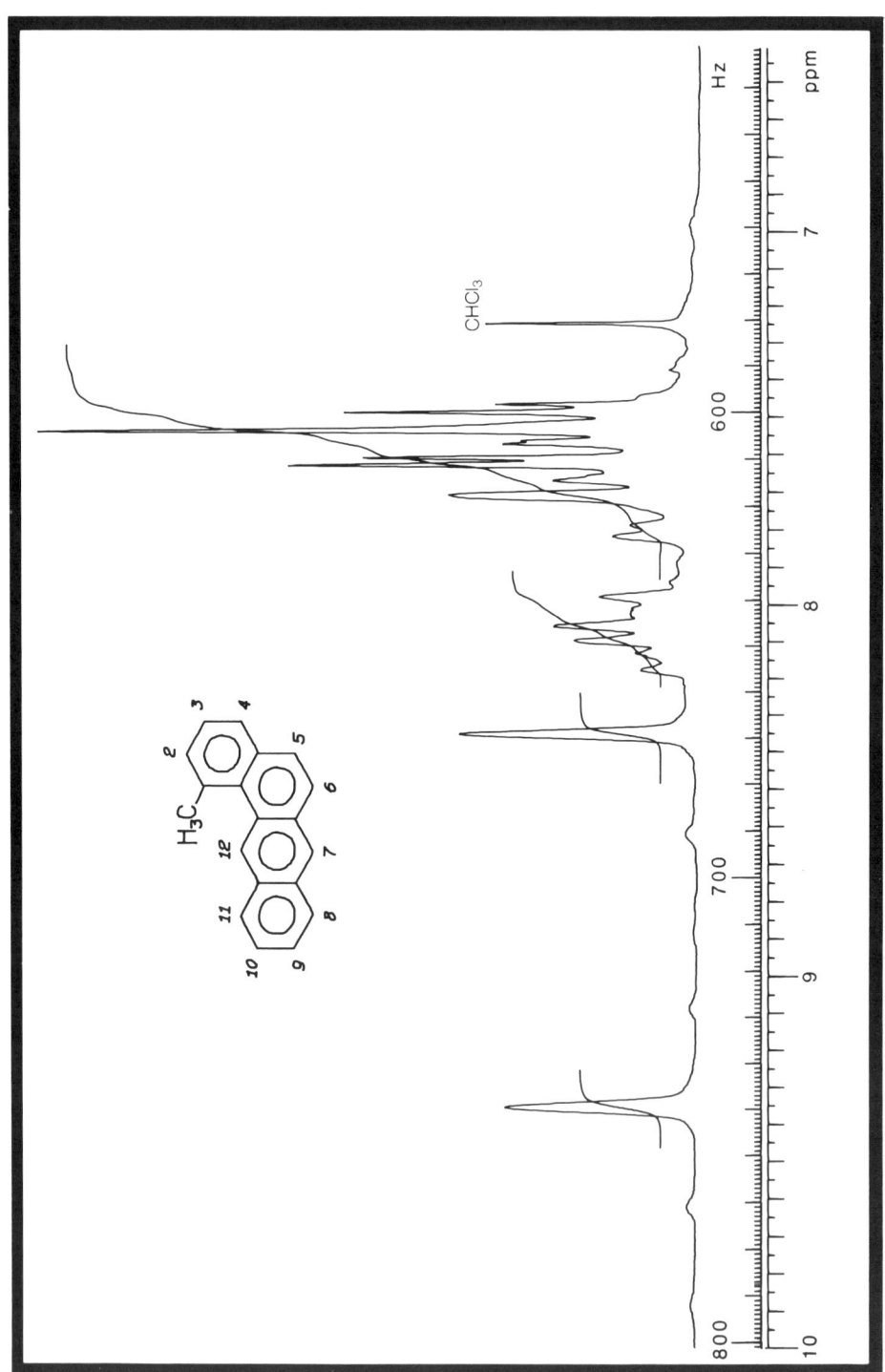

Chemical shift (ppm)	Integral	Chemical shift (ppm)	Integral
9.355 (H$_{12}$)	1.000	7.708	1.092
8.352 (H$_7$)	1.000	7.668	0.515
8.179	0.235	7.626	0.797
8.132	0.256	7.608	0.538
8.097	0.427	7.571	0.36
8.059	0.488	7.563	0.211
8.032	0.076	7.535	1.591
8.025	0.078	7.487	0.657
8.01	0.103	7.466	0.543
7.979	0.364	7.374	0.082
7.817	0.345	3.26 (CH$_3$ not shown)	
7.788	0.233		

Original spectrum determined by JRC Ispra (CEC)

Spectrometer	: Bruker WP80	Formula	: C$_{19}$H$_{14}$
Solvent	: CDCl$_3$	M$_r$	: 242.32 u
Concentration	: 19 g l^{-1}	CA N^o	: 2498-77-3
Pulse (angle)	: 3 µs (90°)	Purity	: 0.996 g/g
Accumulations	: 1250	m.p.	: 138.6 ^{o}C
Repeat time	: 11 s		

1-METHYLBENZ[a]ANTHRACENE

^{13}C-NMR

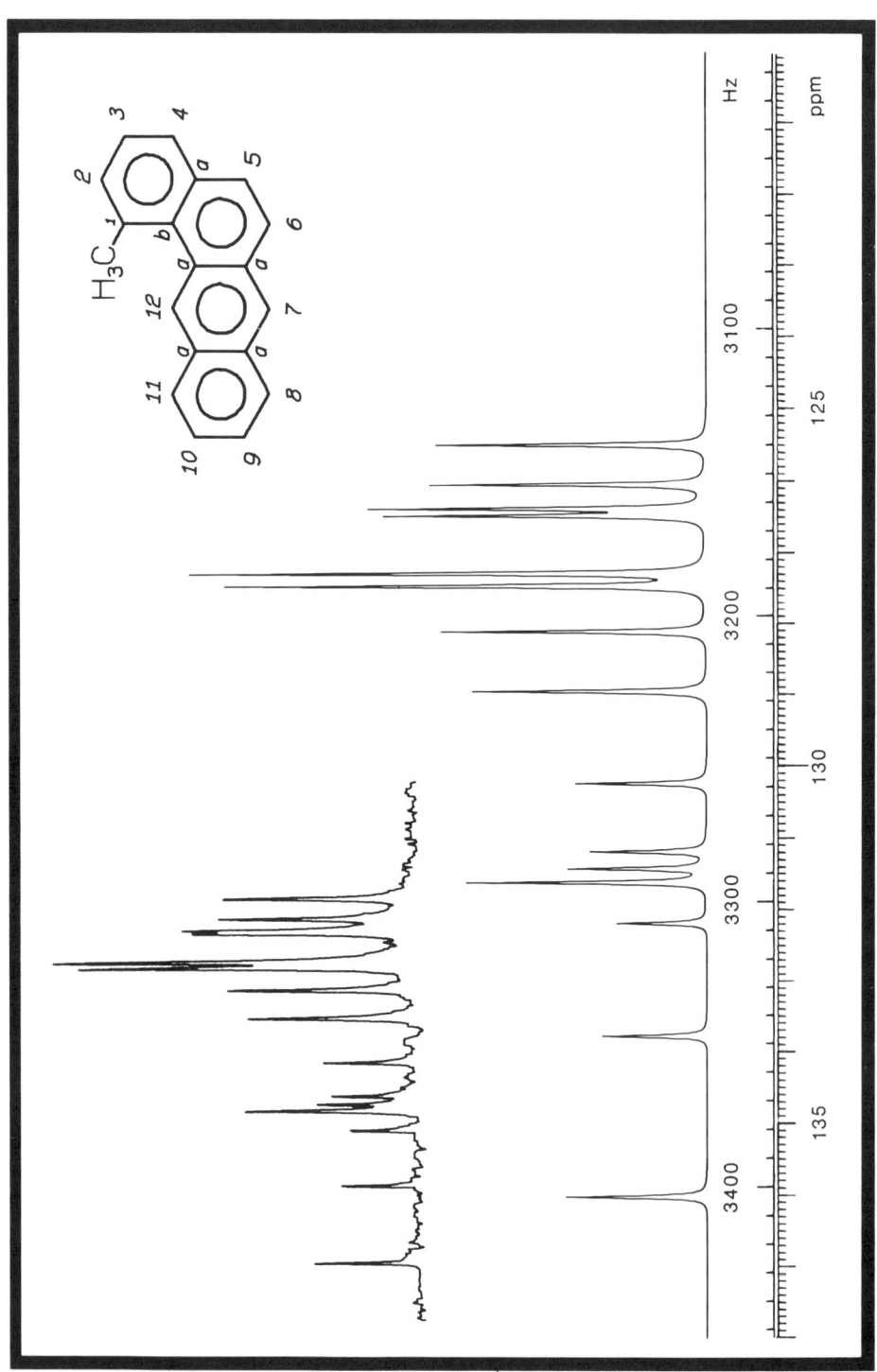

Signal	Intensity	Chemical shift (ppm)	Carbon No.
1	0.28	136.0	1
2	0.21	133.7	4a or 6a
3	0.18	132.1	6a or 4a
4	0.47	131.6	2
5	0.27	131.4	12a
6	0.23	131.1	7a
7	0.26	130.2	12b
8	0.46	128.9	8 or 11 or 4
9	0.52	128.0	(11 or 8 or 4) and 11a?
10	0.93	127.4	7 and (4 or 8 or 11)
11	1.00	127.2	12 and (5 or 6)
12	0.61	126.4	5 or 6 or 3
13	0.64	126.3	3 or 10
14	0.54	126.0	10 or 9 or 3
15	0.53	125.4	9 or 10

Original spectrum (inset) produced by: Laboratory of the Government Chemist, London (UK)

Spectrometer	:	JEOL PFT-100 (25 MHz)	Formula	: $C_{19}H_{14}$
Solvent	:	$CDCl_3$	M_r	: 242.32 u
Concentration	:	12 g l^{-1}	CA N^o	: 2498-77-3
Pulse (angle)	:	9 μs (29^0)	Purity	: 0.996 g/g
Accumulations	:	25000	m.p.	: 138.6^{0}C
Repeat time	:	4 s		

1-METHYLBENZ[a]ANTHRACENE

IR (KBr)

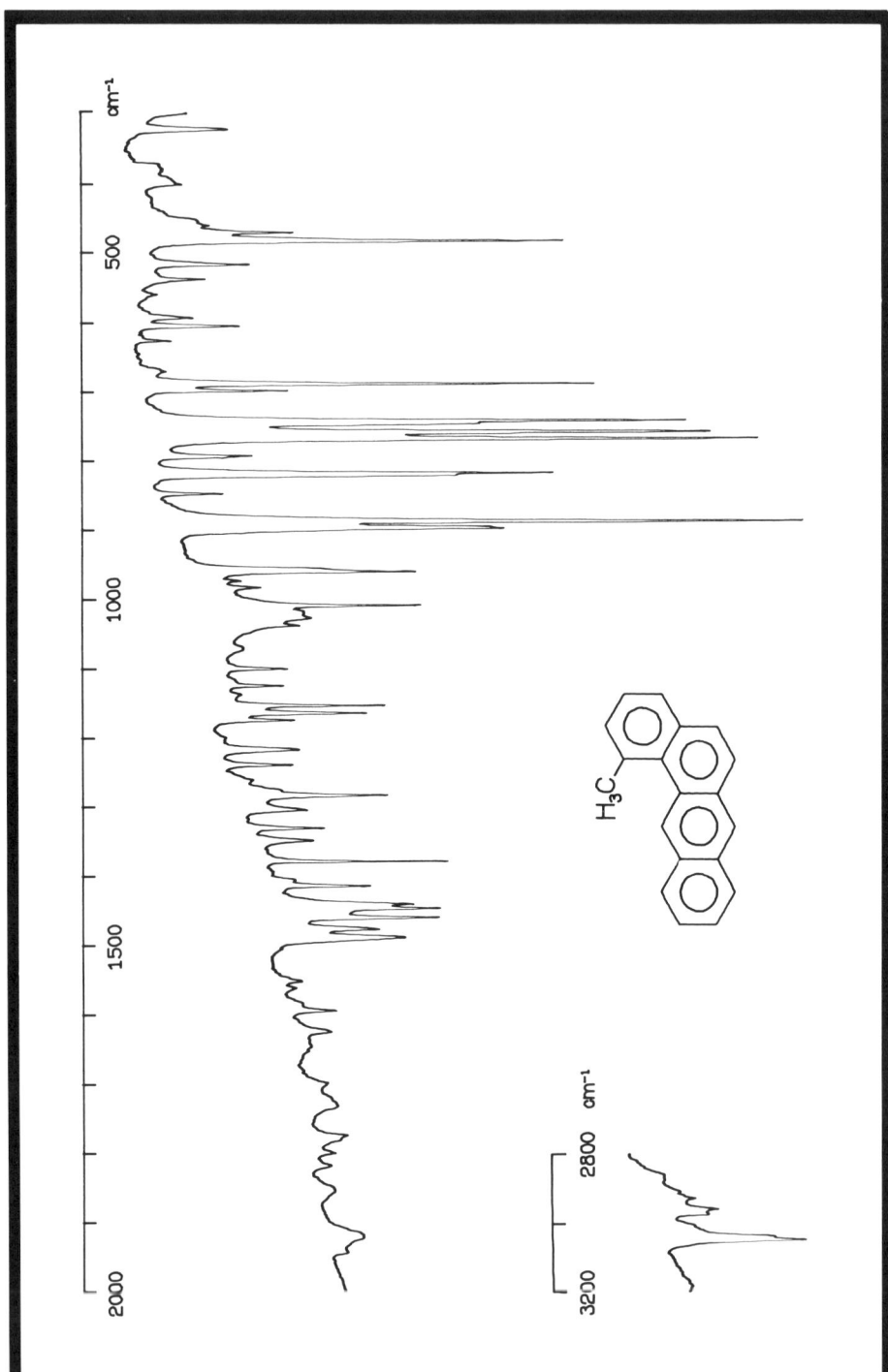

Frequency (cm^{-1})	Assignment	Frequency (cm^{-1})	Assignment
3049	C-H stretch	1165	
2959	-CH$_3$ asym. C-H stretch	1150	
2860	-CH$_3$ sym. C-H stretch	1008	
		959	
1488	C=C stretch	897	
1476		887	aromatic C-H wagging deformation
		816	
		768	
1460	-CH$_3$ asym. deformation	758	
1446		742	
1377	-CH$_3$ sym. deformation	688	ring deformation
		482	
1283	in-plane H-rocking	323	

Spectrometer	: Perkin-Elmer 580B	Formula	: C$_{19}$H$_{14}$
Sample	: 13 mm KBr disc	M$_r$	: 242.32 u
Reference	: Air	CA N^o	: 2498-77-3
Resolution	: 1.7 cm^{-1} maximum	Purity	: 0.996 g/g
		m.p.	: 138.6 ^{o}C

1-METHYLBENZ[a]ANTHRACENE

IR(s)

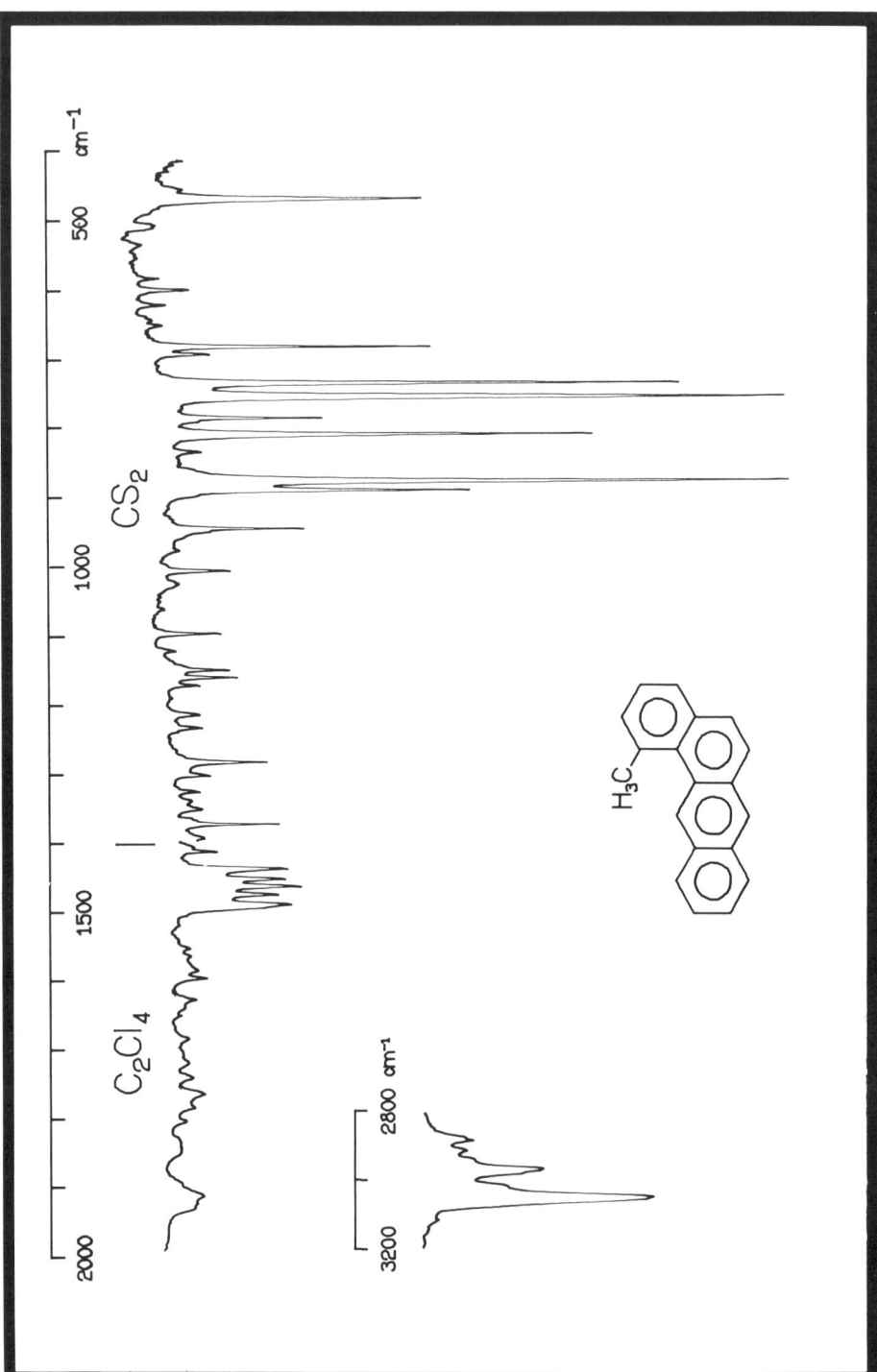

Frequency (cm^{-1})	Assignment	Frequency (cm^{-1})	Assignment
3050	aromatic C—H str.	1285	in-plane H rocking deformation
2964	—CH$_3$ asym. C—H str.	950	
2912	—CH$_3$ sym. C—H str.	895	
2879		881	aromatic C—H wagging deformation
1629	C=C stretch	814	
1491		790	
1477		760	
		739	
1465	—CH$_3$ asym. deformation	686	ring deformation
1453		473	
1438	—CH$_3$ sym. deformation		
1376			

Spectrometer	Perkin-Elmer 580B	Formula	C$_{19}$H$_{14}$
Cell	0.2 mm (KBr)	M$_r$	242.32 u
Solvents	C$_2$Cl$_4$ (4000-1400 cm^{-1})	CA N^0	2498-77-3
	CS$_2$ (1400- 400 cm^{-1})	Purity	0.996 g/g
Resolution	1.7 cm^{-1} maximum	m.p.	138.6 ^{0}C

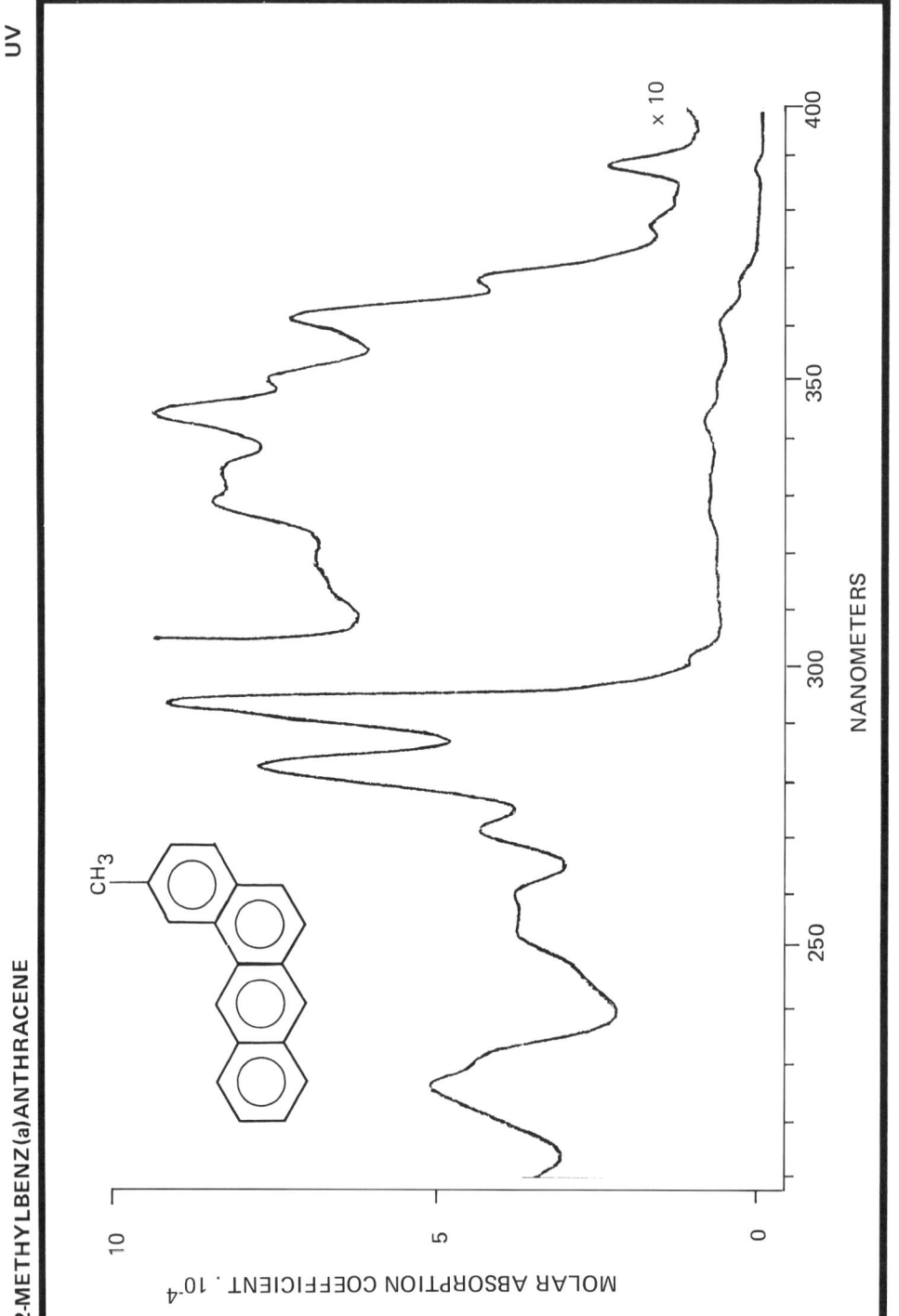

Wavelength (nm)	Molar absorption coefficient (l. mol⁻¹ cm⁻¹ × 10⁻⁴)	Wavelength (nm)	Molar absorption coefficient (l. mol⁻¹ cm⁻¹ × 10⁻⁴)
204.5	3.53	327	0.76
224.9	4.8	332.5	0.76
252.7	3.6	342.5	0.85
258.8	3.7		
269.5	4.2	348.8	0.68
280.2	7.7	359	0.64
291.7	9.13	366.2	0.36
320.5 (sh)	1.05	387	0.16

Original spectrum determined by JRC Ispra (CEC)

Spectrometer	: Perkin - Elmer 555		Formula	: $C_{19}H_{14}$
Solvent	: Cyclohexane		M_r	: 242.32 u
Concentration	: 2.0 mg/l		CAS Nr.	: 2498 - 76 - 2
Cell Length	: 1.000 cm		Purity	: 0.982 g/g
Slit width	: 1 nm		m.p.	: 146 - 147°C

2-METHYLBENZ(a)ANTHRACENE

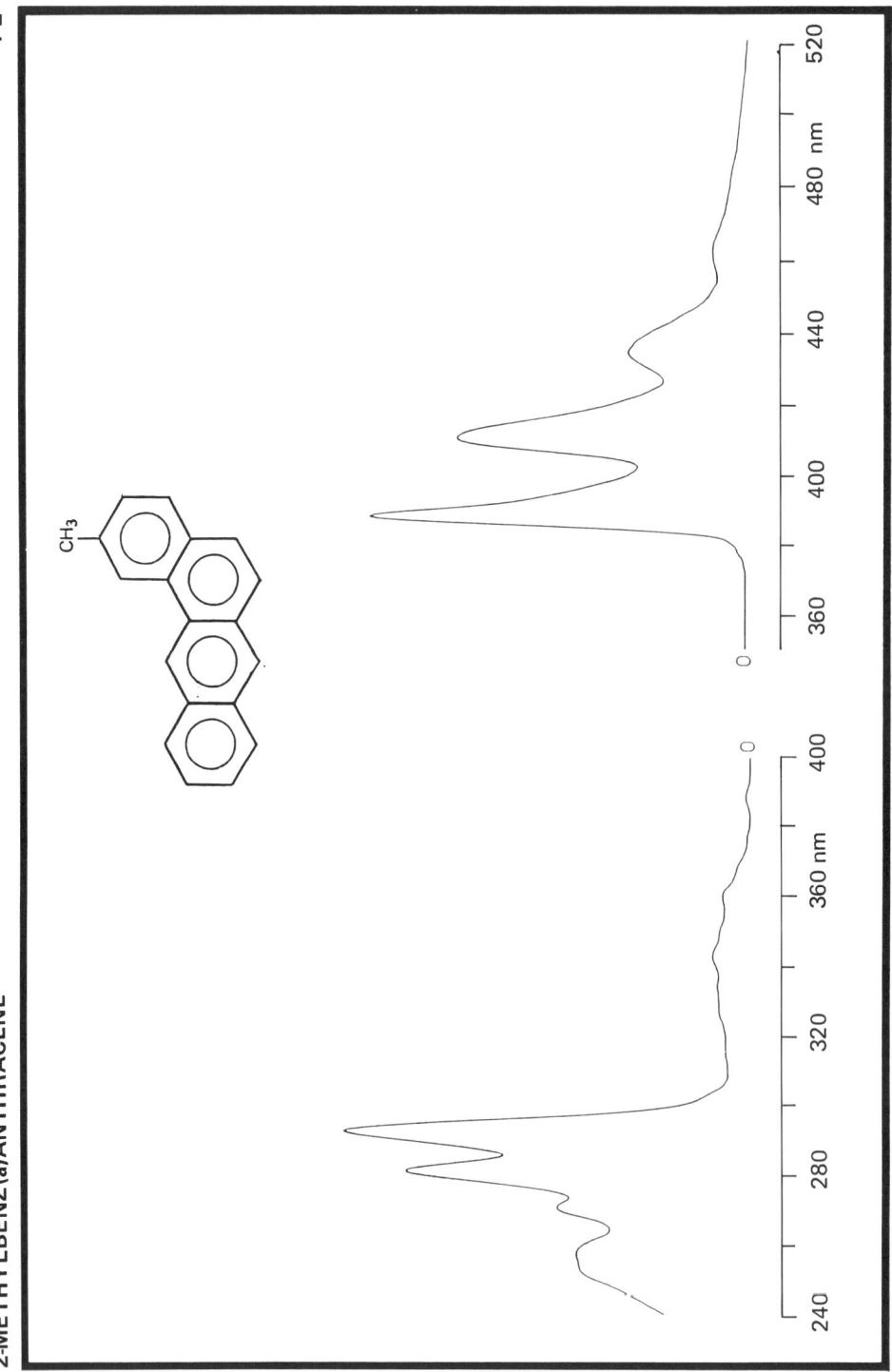

Wavelength (nm)	Relative intensity
388	100
410	71.5
435.5	29

Original spectrum produced by Physico-chemical oceanography group-University of Bordeaux I (F)

Instrument	: Perkin-Elmer MPF-44	**Formula**	: $C_{19}H_{14}$
Solvent	: Cyclohexane	**M_r**	: 242.32 u
Concentration	: 0.121 mg.l^{-1}	**CAS Nr.**	: 2498 - 76 - 2
Spectrum	: **excitation** **emission**	**Purity**	: 0.982 g/g
Fixed wavelength	: 410 nm 291 nm	**m.p.**	: 146 - 147°C
Excitation slit	: 2 nm 4 nm		
Emission slit	: 8 nm 2 nm		

2 - METHYLBENZ (a) ANTHRACENE

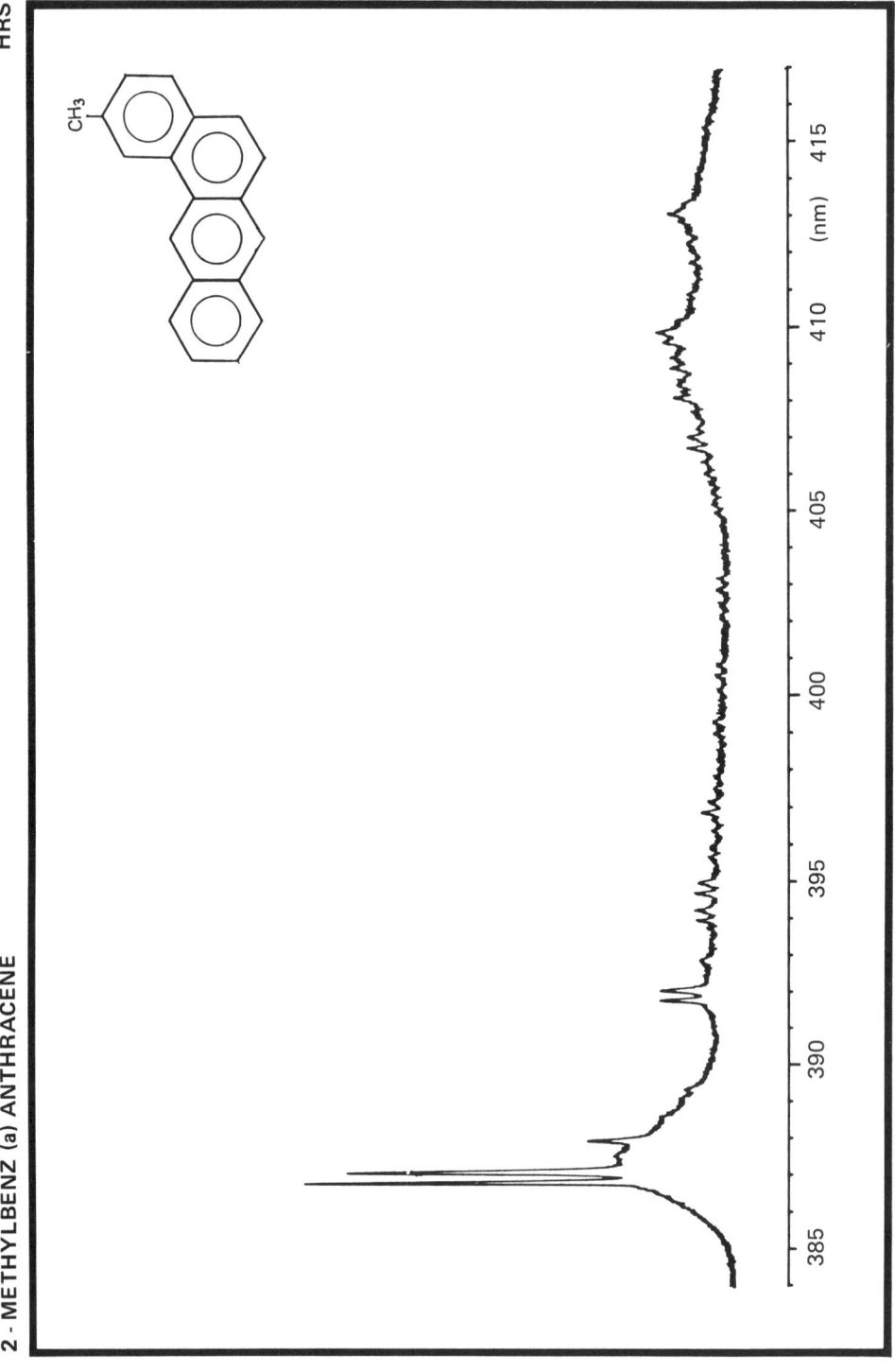

Fluorescence Wavelength (nm)   Intensity (%)

Wavelength	Intensity
386.7	100
387	90
387.8	34
391.6	18
391.6	18

Original spectrum determined by Physico-chemical oceanography group-University of Bordeaux I (F)

Source	: 45OW Xenon lamp	Formula	: $C_{19}H_{14}$
Excitation monochromator	: Jobin-Yvon H20	M_r	: 242.32 u
Emission monochromator	: Jobin-Yvon HR1000	CAS Nr.	: 2498 - 76 - 2
Excitation wavelength (slits)	: 294 (9) nm	Purity	: 0.982 g/g
Emission slits	: 0.04 nm	m.p.	: 146 - 147°C
Temperature	: 15 K		
Solvent	: n-octane		
Concentration	: 0.48 mg l^{-1}		

2-METHYLBENZ(a)ANTHRACENE

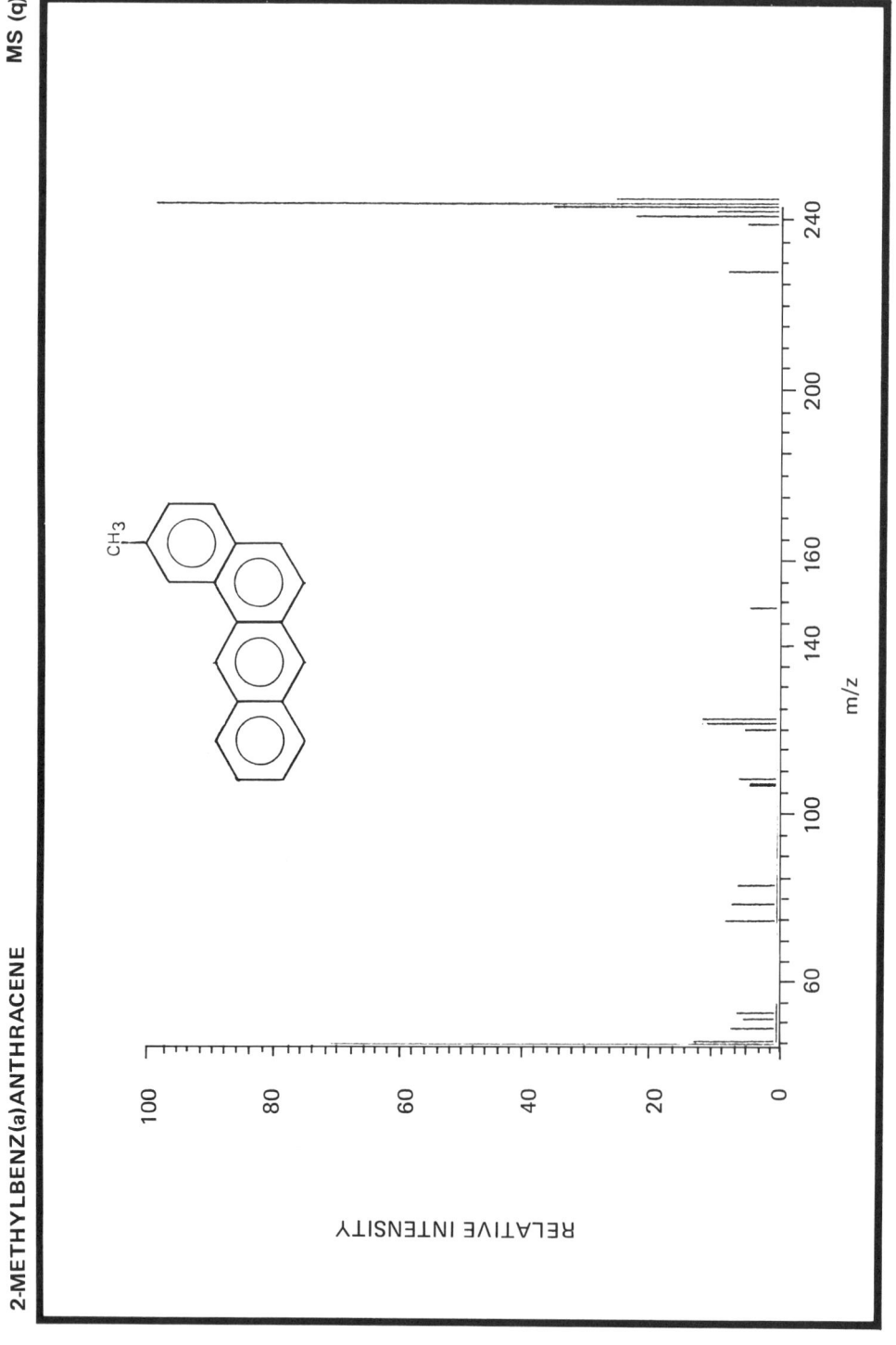

m/z	relative intensity	m/z	relative intensity
77	7	147	4
81	6	226	8
105	4	237	5
106	4	239	23
107	6	240	10
118	5	241	36
120	12	242	100
121	12	243	26
		242	2

Original spectrum determined by JRC Ispra (CEC)

Spectrometer	: Hewlett Packard 5970	**Formula**	: $C_{19}H_{14}$
Inlet System	: GC/MS	**M$_r$**	: 242.32 u
Source Temperature	: 280°C	**m/z**	: 242.11 u
Source Voltage	: 70 eV	**CAS Nr.**	: 2498 - 76 - 2
		Purity	: 0.998$_2$ g/g
		m.p.	: 146 - 147°C

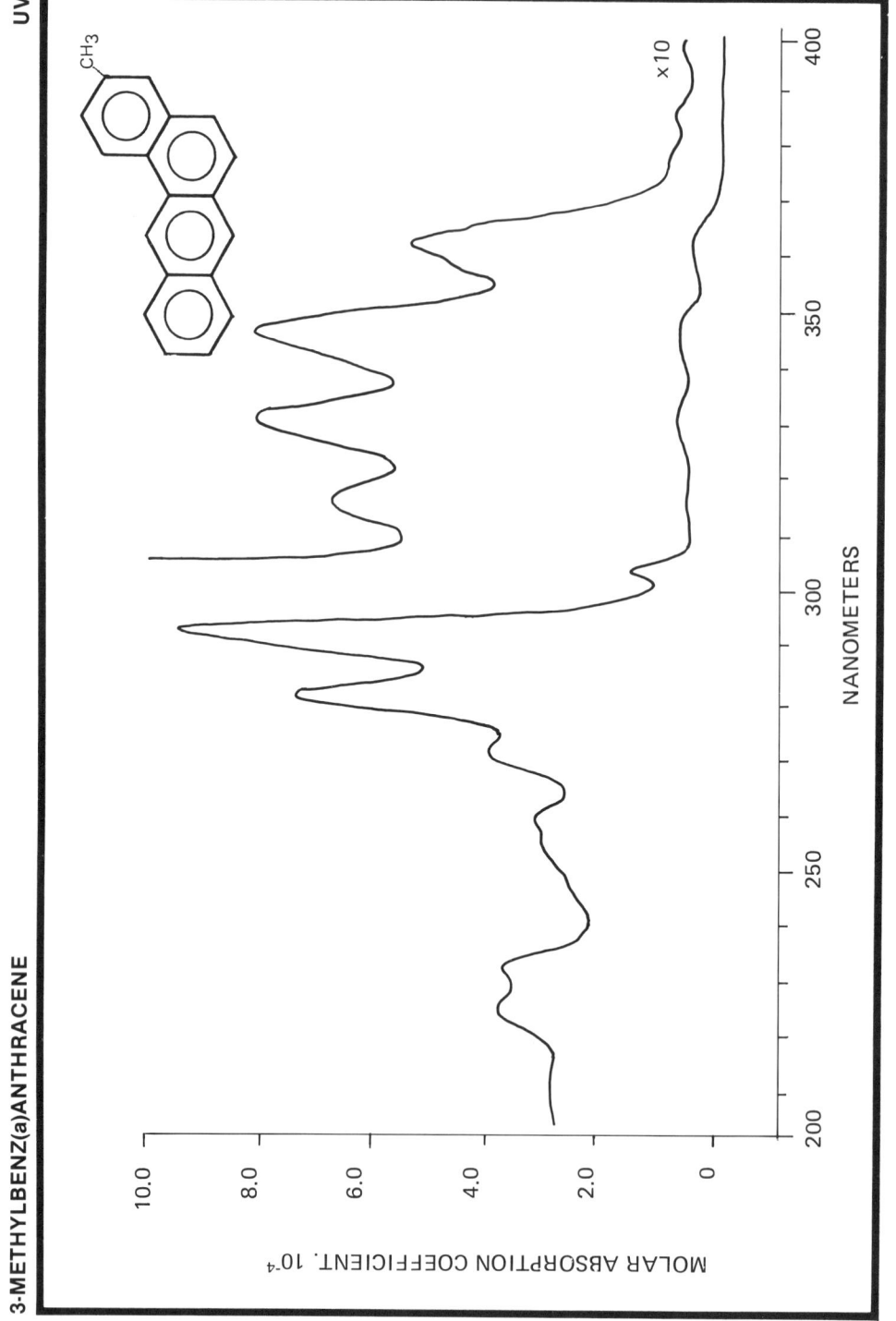

Wavelength (nm)	Molar absorption coefficient (l. mol⁻¹ cm⁻¹ × 10⁻⁴)	Wavelength (nm)	Molar absorption coefficient (l. mol⁻¹ cm⁻¹ × 10⁻⁴)
210.4	2.8	301.4	1.6
222.7	3.7	315.5	0.6
229.3	3.65	328.8	0.73
257.9	3.1	344.7	0.73
269.2	3.9	361.3	0.46
279.3	7.2	385.0	0.002
	9.3		0.002

Original spectrum determined by JRC Ispra (CEC)

Spectrometer	: Perkin - Elmer 555	Formula	: $C_{19}H_{14}$
Solvent	: Cyclohexane	M_r	: 242.32 u
Concentration	: 30 mg/l	CAS Nr.	: 2498 - 75 - 1
Cell Length	: 1.000 cm	Purity	: 0.972 g/g
Slit width	: 1 nm	m.p.	: 159 - 161°C

3-METHYLBENZ(a)ANTHRACENE

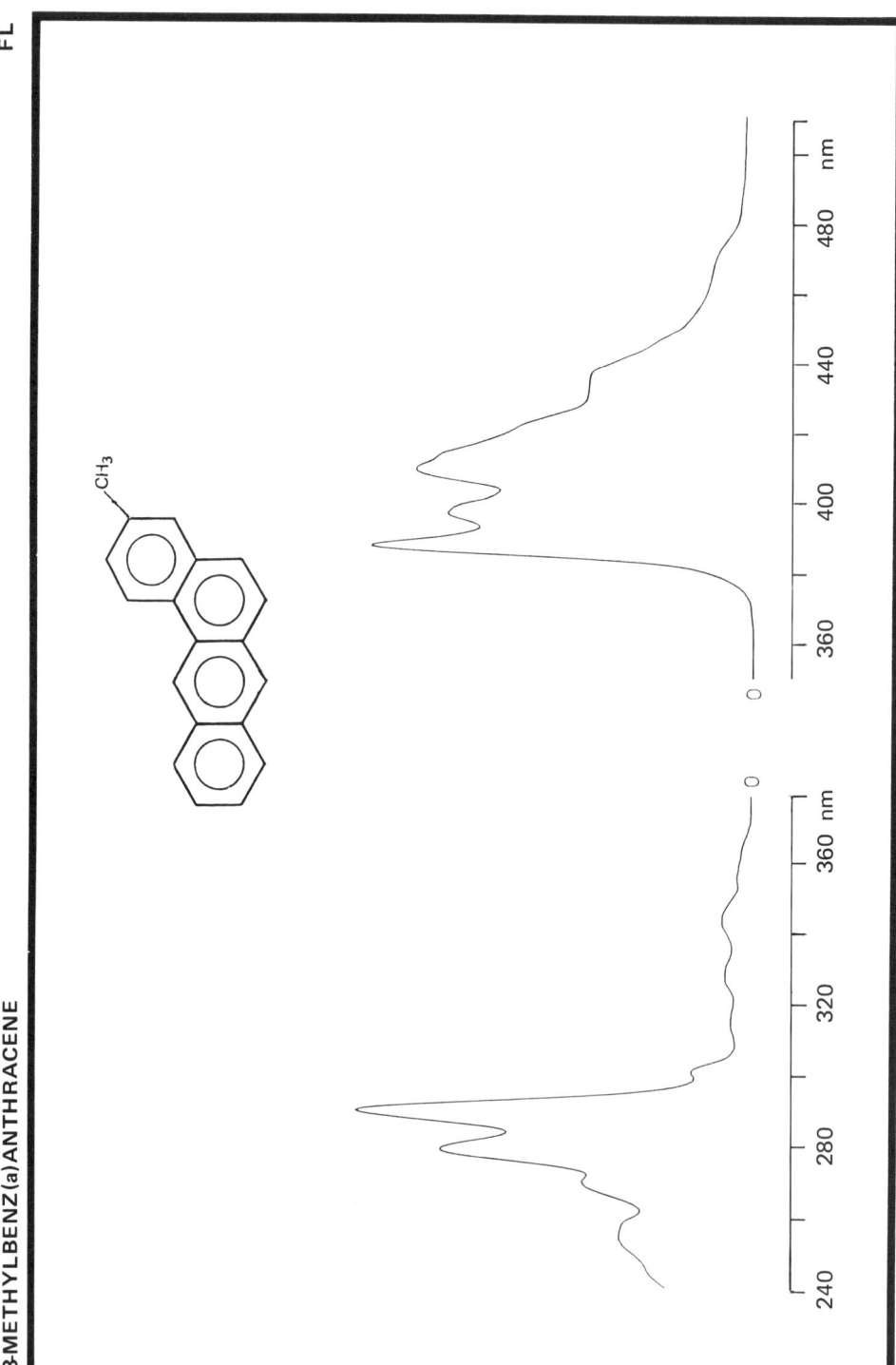

Wavelength (nm)	Relative intensity
386.5	100
396	73
408	81.5
433 (sh)	38.5

Original spectrum produced by Physico-chemical oceanography group-University of Bordeaux I (F)

Instrument	: Perkin-Elmer MPF-44		Formula	: $C_{19}H_{14}$
Solvent	: Cyclohexane		M_r	: 242.32 u
Concentration	: 0.121 mg.l^{-1}		CAS Nr.	: 2498 - 75 - 1
Spectrum	: **excitation**	**emission**	Purity	: 0.972 g/g
Fixed wavelength	: 408 nm	290 nm	m.p.	: 159 - 161°C
Excitation slit	: 2 nm	4 nm		
Emission slit	: 8 nm	2 nm		

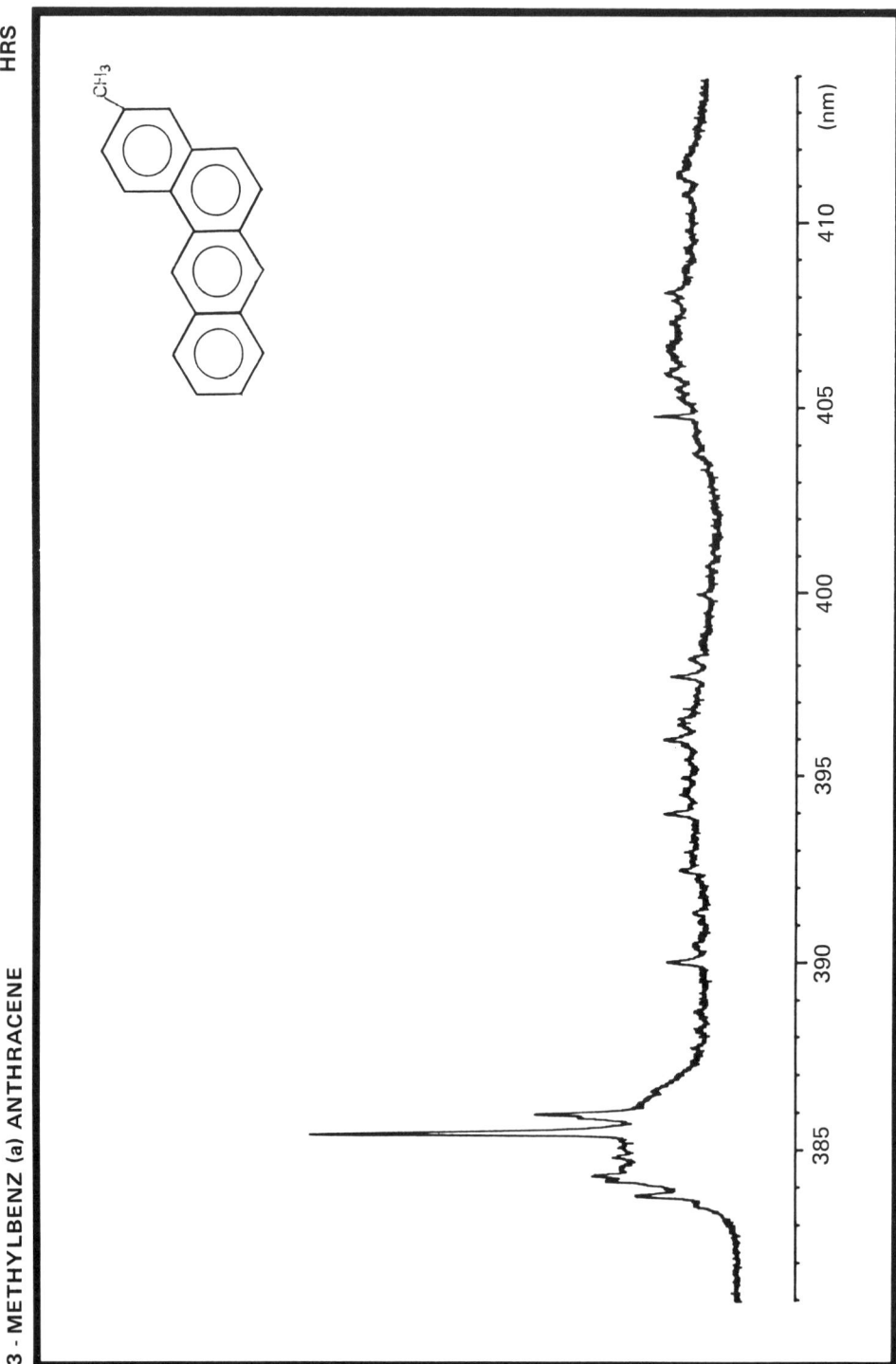

Fluorescence Wavelength (nm)	Intensity (%)
383.7	25
385.4	100
385.8	48

Original spectrum determined by Physico-chemical oceanography group-University of Bordeaux I (F)

Source	: 45OW Xenon lamp	Formula	: $C_{19}H_{14}$
Excitation monochromator	: Jobin-Yvon H20	M_r	: 242.32 u
Emission monochromator	: Jobin-Yvon HR1000	CAS Nr.	: 2498 - 75 - 1
Excitation wavelength (slits)	: 294 (9) nm	Purity	: 0.972 g/g
Emission slits	: 0.04 nm	m.p.	: 159 - 161°C
Temperature	: 15 K		
Solvent	: n-Octane		
Concentration	: 0.28 mg l^{-1}		

3-METHYLBENZ(a)ANTHRACENE

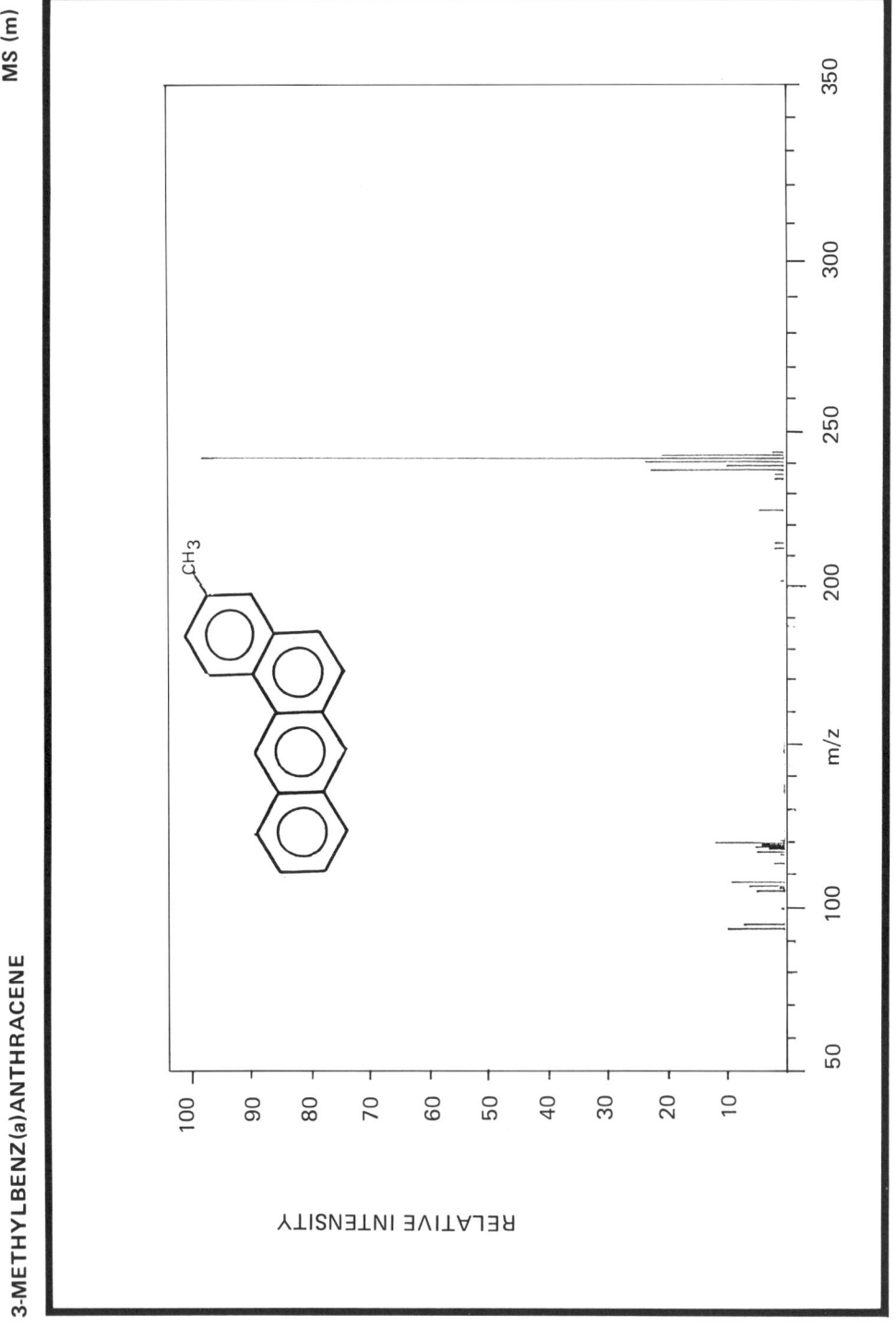

m/z	relative intensity	m/z	relative intensity
94.5	10	121	12
95	7	213	2
106.5	5	215	2
107	1	226	5
107.5	6	237	2
108.5	9	238	2
113	2	239	23
118.5	5	240	10
119	3	241	24
119.5	5	242	100
120	4	243	21
120.5	4	244	2.2

Original spectrum determined by Biochem. Institut, Ahrensburg (D)

Spectrometer	: Varian MAT 111	Formula	: $C_{19}H_{14}$
Inlet System	: Direct Inlet	M_r	: 242.32 u
Source Temperature	: 200°C	m/z	: 242.11 u
Source Voltage	: 70 eV	CAS Nr.	: 2498 - 75 - 1
		Purity	: 0.972 g/g
		m.p.	: 159 - 161°C

3-METHYLBENZ(a)ANTHRACENE MS (m)

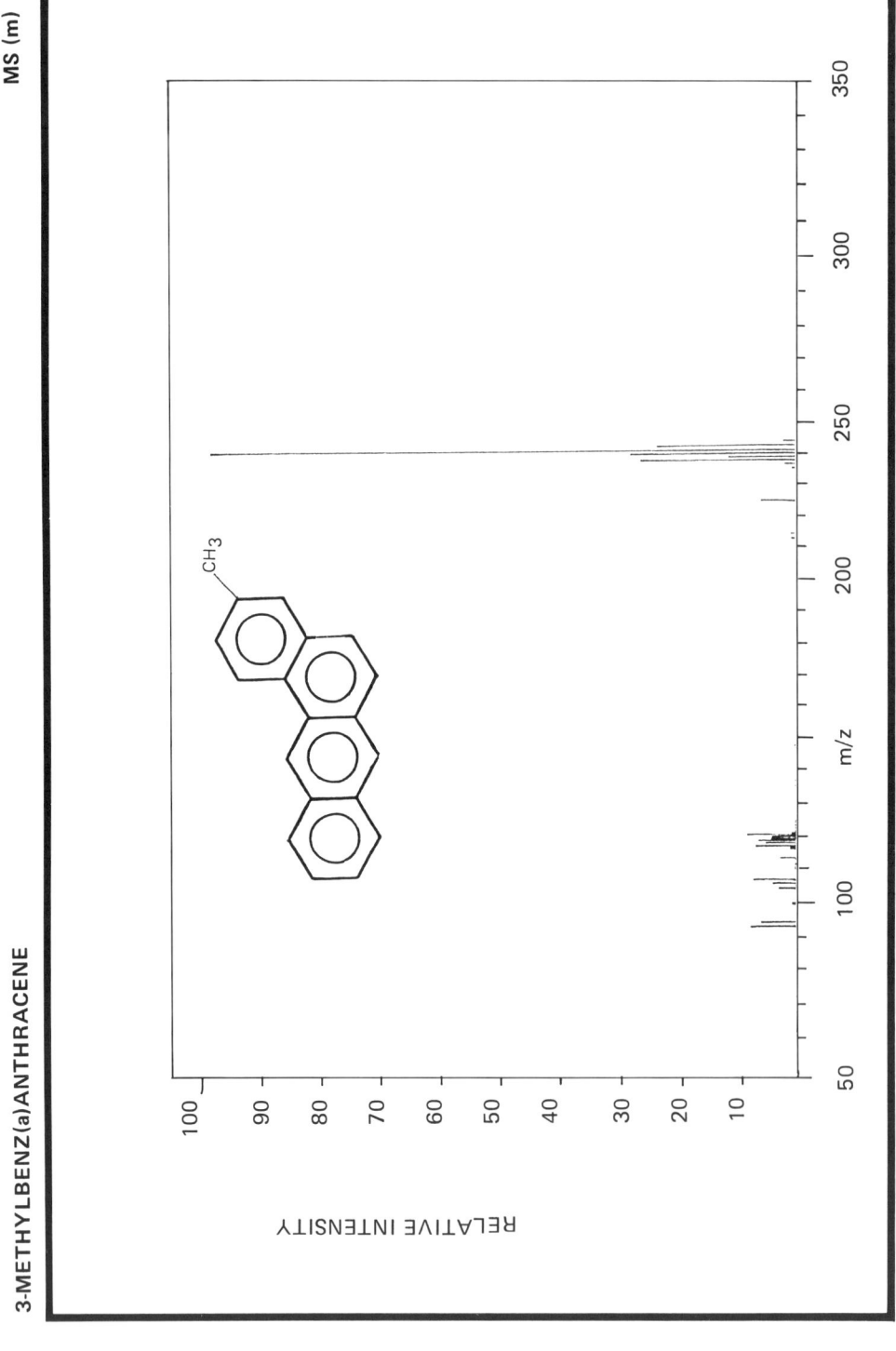

m/z	relative intensity	m/z	relative intensity
94.5	8	120.5	4
95	6	121	8
106.5	3	226	6
107.5	4	238	2
108.5	7	239	27
113	3	240	12
118	1	241	29
118.5	7	242	100
119	5	243	24
119.5	6	244	2.6
120	4		

Original spectrum determined by Biochem. Institut, Ahrensburg (D)

Spectrometer	: Varian MAT 111	Formula	: $C_{19}H_{14}$
Inlet System	: capill. GC/MS	M_r	: 242.32 u
Source Temperature	: 200°C	m/z	: 242.11 u
Source Voltage	: 70 eV	CAS Nr.	: 2498 - 75 - 1
		Purity	: 0.972 g/g
		m.p.	: 159 - 161°C

3 - METHYLBENZ (a) ANTHRACENE

IR (KBr)

Frequency (cm⁻¹)	Assignment	Frequency (cm⁻¹)	Assignment
3044:	aromatic C - H stretch	953:	aromatic C - H wagging deformation
2913:	- CH₃ sym.	887:	
2861:	C - H stretch	885:	
1613:	C=C stretch	843:	
1499:		810:	
1339:	- CH₃ sym. deformation	739:	
		687:	ring deformation
		542:	
		475:	
		459:	
		428:	

Original spectrum determined by Biochem. Institut, Ahrensburg (D)

Spectrometer	: Nicolet 5 MX	**Formula**	: $C_{19}H_{14}$
Sample	: KBr disc (φ 5 thickness 0.4 mm)	**M$_r$**	: 242.32 u
Reference	: Air	**CAS Nr.**	: 2498 - 75- 1
Resolution	: 1.7 cm⁻¹ (maximum)	**Purity**	: 0.972 g/g
		m.p.	: 159 - 161°C

3 - METHYLBENZ (a) ANTHRACENE   IR (s)

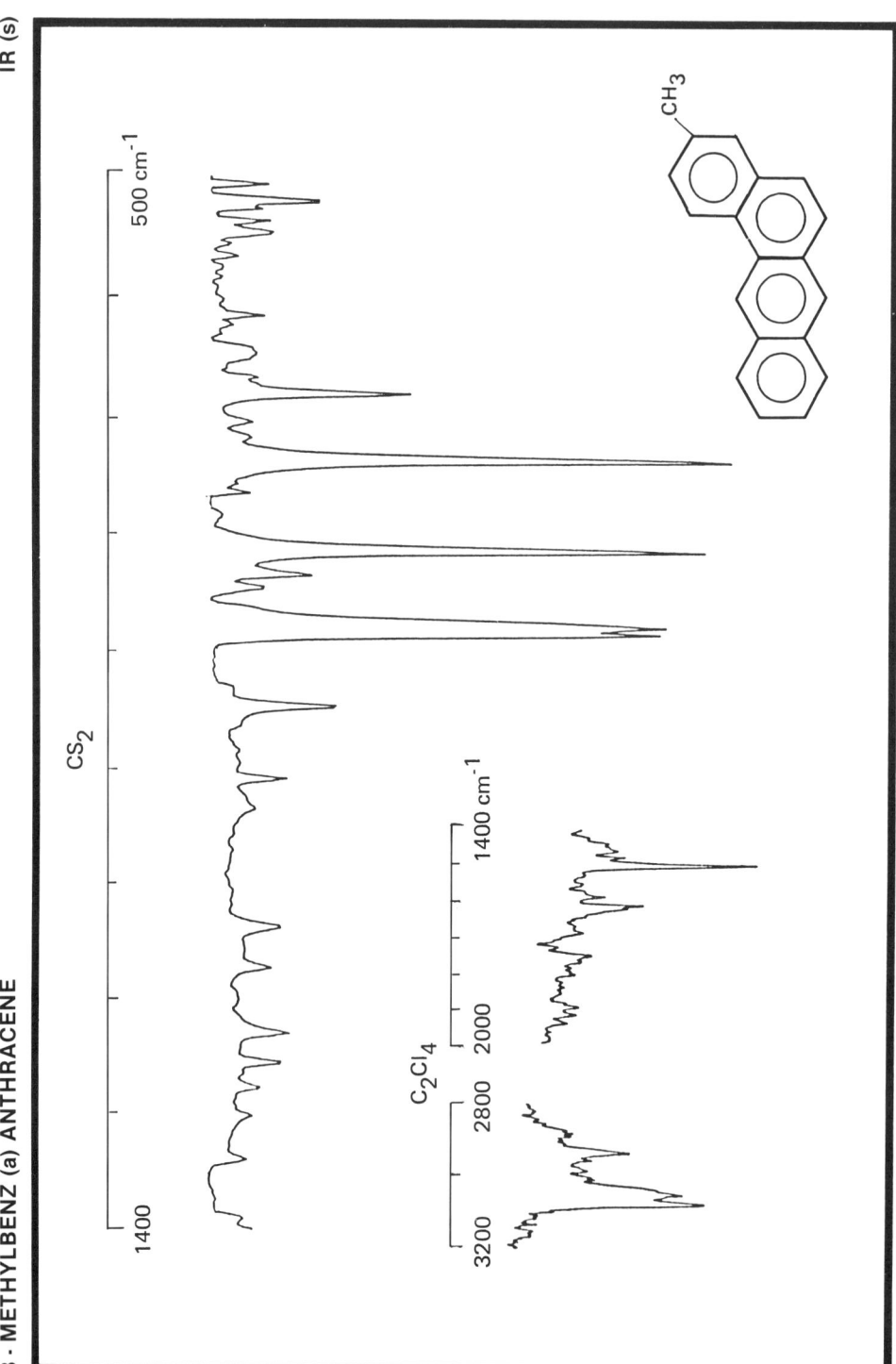

Frequency (cm⁻¹)	Assignment	Frequency (cm⁻¹)	Assignment
3056:	aromatic	949:	
3032:	C - H stretch	887:	aromatic
		882:	C - H
2920:	- CH₃ asym.	839:	wagging
2868:	C - H stretch	818:	deformation
		741:	
1615:	C=C stretch	683:	ring
1501:		542:	deformation
		519:	

Original spectrum determined by Biochem. Institut, Ahrensburg (D)

Spectrometer	: Nicolet 5 MX
Cell	: 0.2 mm (KBr)
Solvents	: C₂Cl₄ (3.200 - 1.400 cm⁻¹)
	CS₂ (1.400 - 500 cm⁻¹)
Resolution	: 1.7 cm⁻¹ (maximum)

Formula	: C₁₉H₁₄
M_r	: 242.32 u
CAS Nr.	: 2498 - 75 - 1
Purity	: 0.972 g/g
m.p.	: 159 - 161°C

4-METHYLBENZ(a)ANTHRACENE

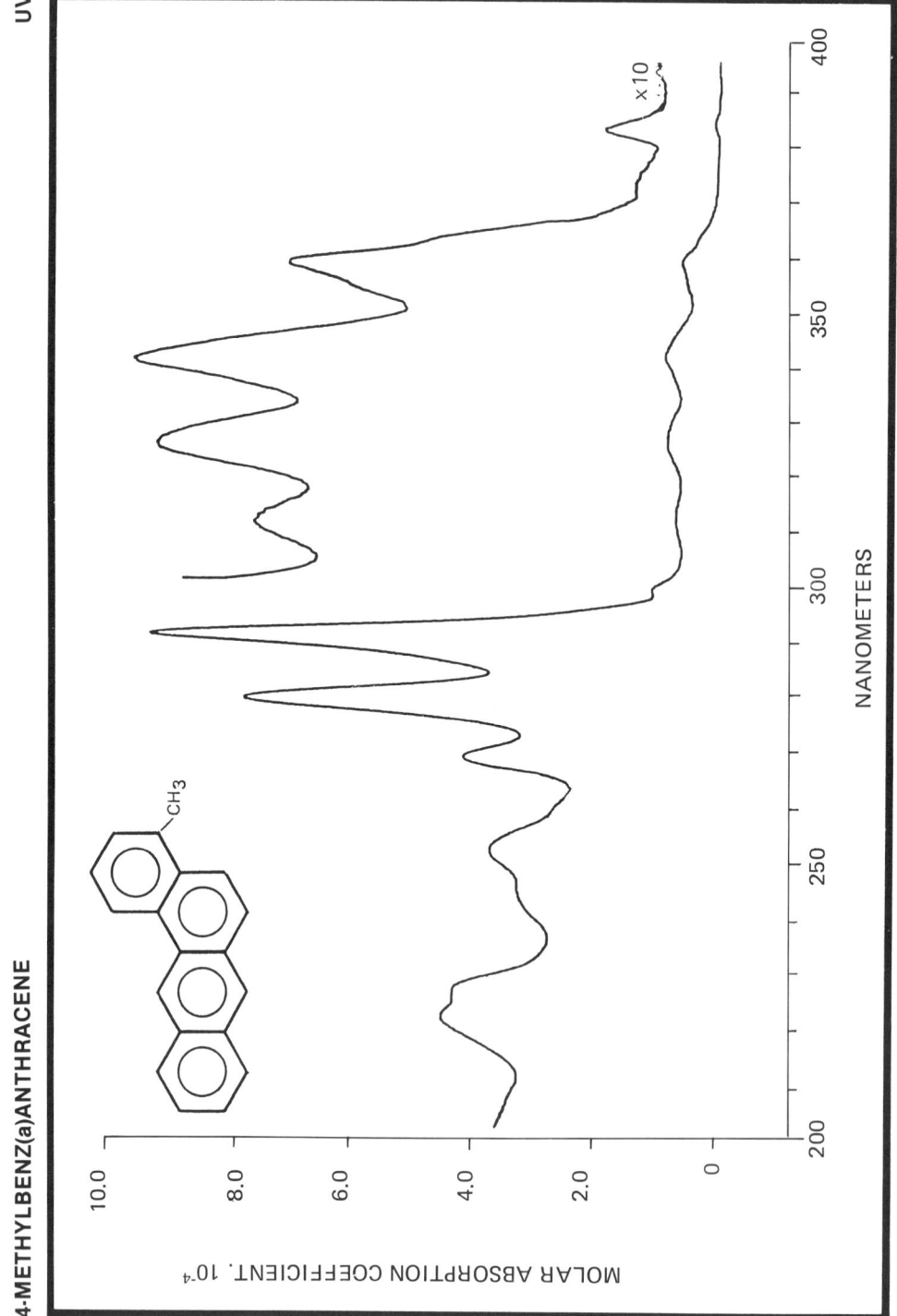

Wavelength (nm)	Molar absorption coefficient (l. mol⁻¹ cm⁻¹ × 10⁻⁴)	Wavelength (nm)	Molar absorption coefficient (l. mol⁻¹ cm⁻¹ × 10⁻⁴)
204.0	3.3	301.8	1.06
224.7	4.3	316.1	0.7
229.4	4.2	330.2	0.8
254.2	3.6	345.0	0.85
272.1	4.1	362.0	0.6
282.3	7.8	388.0	0.1
293.6	9.4		

Original spectrum determined by JRC Ispra (CEC)

Spectrometer	: Perkin - Elmer 555
Solvent	: Cyclohexane
Concentration	: 2.0 mg/l
Cell Length	: 1000 cm
Slit width	: 1 nm

Formula	: $C_{19}H_{14}$
M_r	: 242.32 u
CAS Nr.	: 316 - 49 - 4
Purity	: 0.985 g/g
m.p.	: 193°C

4-METHYLBENZ(a)ANTHRACENE

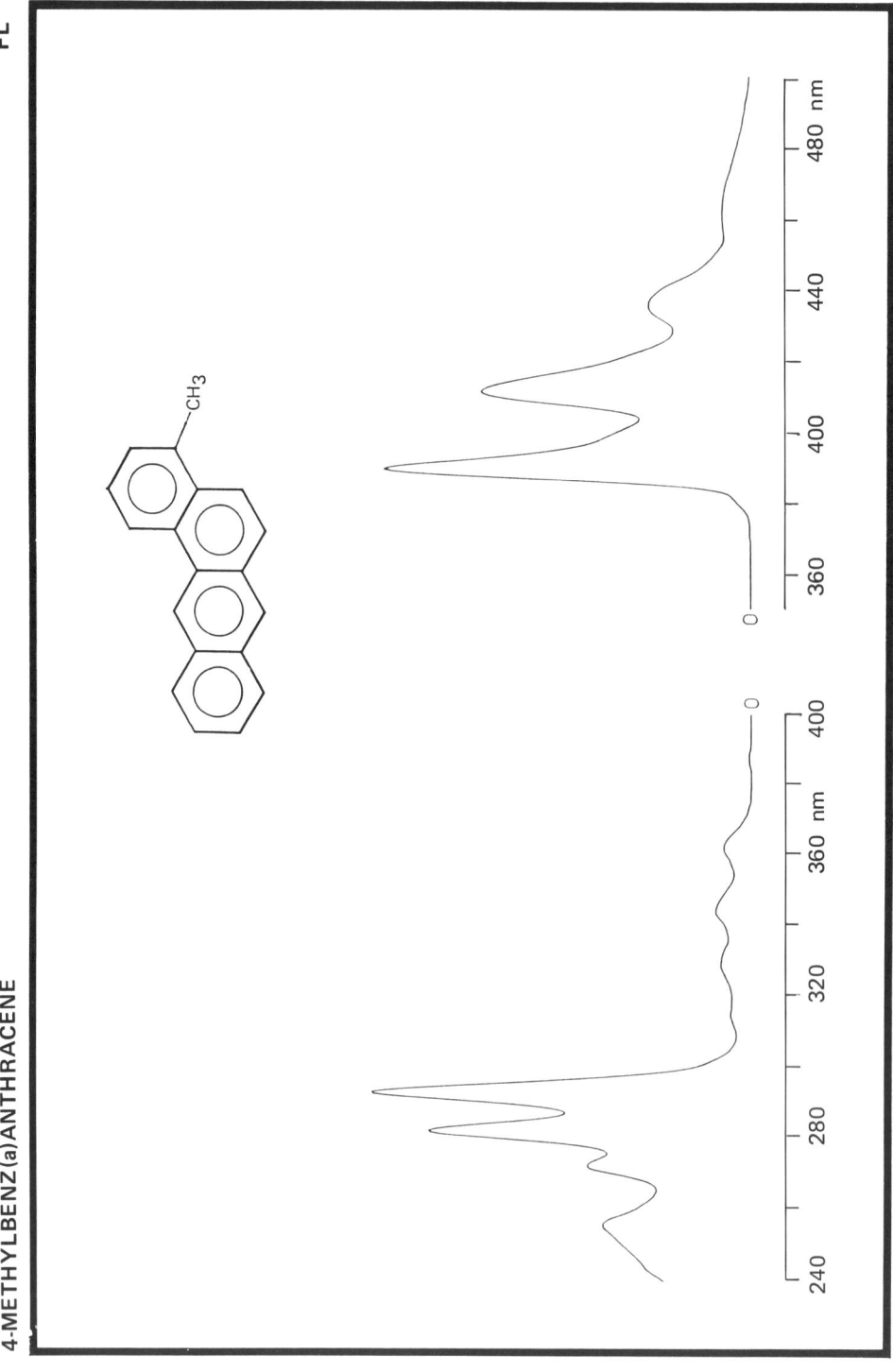

Wavelength (nm)	Relative intensity
388.5	100
410.5	68
435	26

Original spectrum produced by Physico-chemical oceanography group-University of Bordeaux I (F)

Instrument	: Perkin-Elmer MPF-44		**Formula**	: $C_{19}H_{14}$
Solvent	: Cyclohexane		**M$_r$**	: 242.32 u
Concentration	: 0.121 mg.l^{-1}		**CAS Nr.**	: 316 - 49 - 4
Spectrum	: **excitation**	**emission**	**Purity**	: 0.985 g/g
Fixed wavelength	: 410 nm	294 nm	**m.p.**	: 193°C
Excitation slit	: 2 nm	4 nm		
Emission slit	: 8 nm	2 nm		

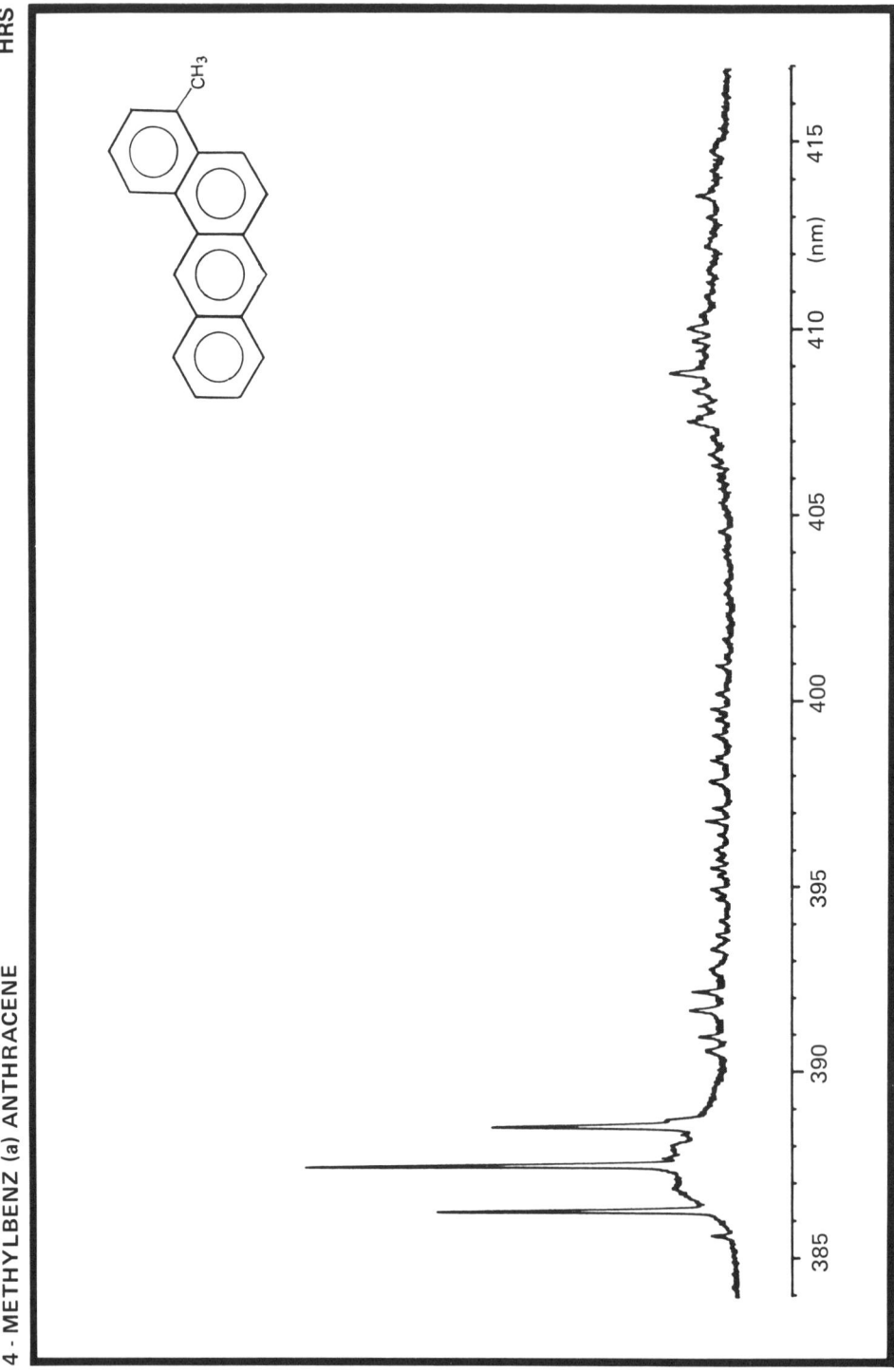

Fluorescence Wavelength (nm)	Intensity (%)
386.1	70
387.3	100
388	57

Original spectrum determined by Physico-chemical oceanography group-University of Bordeaux I (F)

Source	: 450W Xenon lamp	**Formula**	: $C_{19}H_{14}$
Excitation monochromator	: Jobin-Yvon H20	**M_r**	: 242.32 u
Emission monochromator	: Jobin-Yvon HR1000	**CAS Nr.**	: 316 - 49 - 4
Excitation wavelength (slits)	: 294 (9) nm	**Purity**	: 0.985 g/g
Emission slits	: 0.04 nm	**m.p.**	: 193°C
Temperature	: 15 K		
Solvent	: n-Octane		
Concentration	: 0.48 mg l⁻¹		

4-METHYLBENZ(a)ANTHRACENE

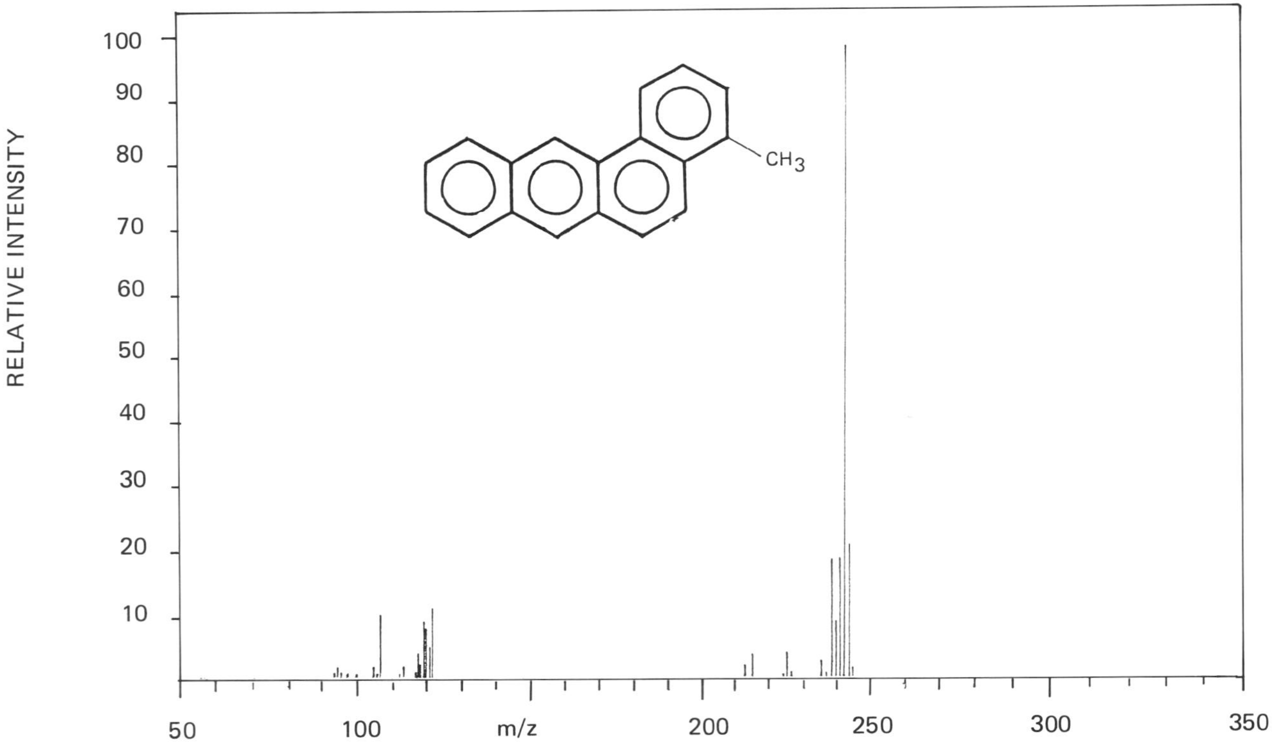

MS (m)

m/z	relative intensity	m/z	relative intensity
94.5	2	213	2
106.5	2	215	4
107	1	226	4
107.5	10	237	3
113	2	238	1
118.5	4	239	19
119	2	240	9
119.5	9	241	19
120	8	242	100
120.5	5	243	21
121	11	244	2.1

Original spectrum determined by Biochem. Institut, Ahrensburg (D)

Spectrometer : Varian MAT 111
Inlet System : Direct Inlet
Source Temperature : 200°C
Source Voltage : 70 eV

Formula : $C_{19}H_{14}$
M_r : 242.32 u
m/z : 242.11 u
CAS Nr. : 316 - 49 - 4
Purity : 0.985 g/g
m.p. : 193°C

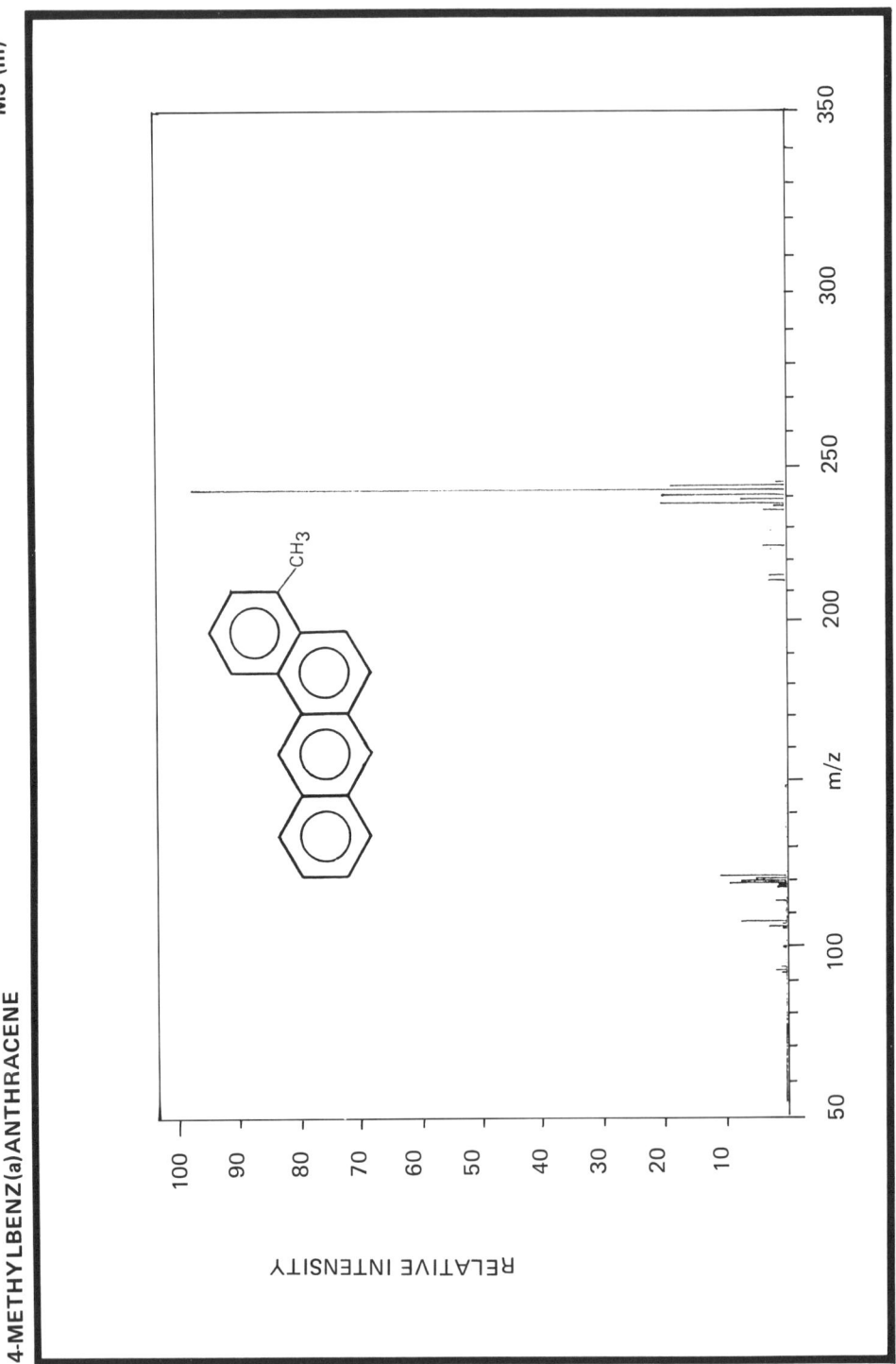

m/z	relative intensity	m/z	relative intensity
94.5	2	213	3
106.5	3	215	3
107	1	226	4
107.5	8	237	4
113	2	238	2
118.5	2	239	21
119	2	240	8
119.5	10	241	21
120	8	242	100
120.5	6	243	20
121	12	244	2.2

Original spectrum determined by Biochem. Institut, Ahrensburg (D)

Spectrometer	: Varian MAT 111
Inlet System	: capill. GC/MS
Source Temperature	: 200°C
Source Voltage	: 70 eV

Formula	: $C_{19}H_{14}$
M_r	: 242.32 u
m/z	: 242.11 u
CAS Nr.	: 316 - 49 - 4
Purity	: 0.985 g/g
m.p.	: 193°C

4-METHYLBENZ(a)ANTHRACENE

IR (KBr)

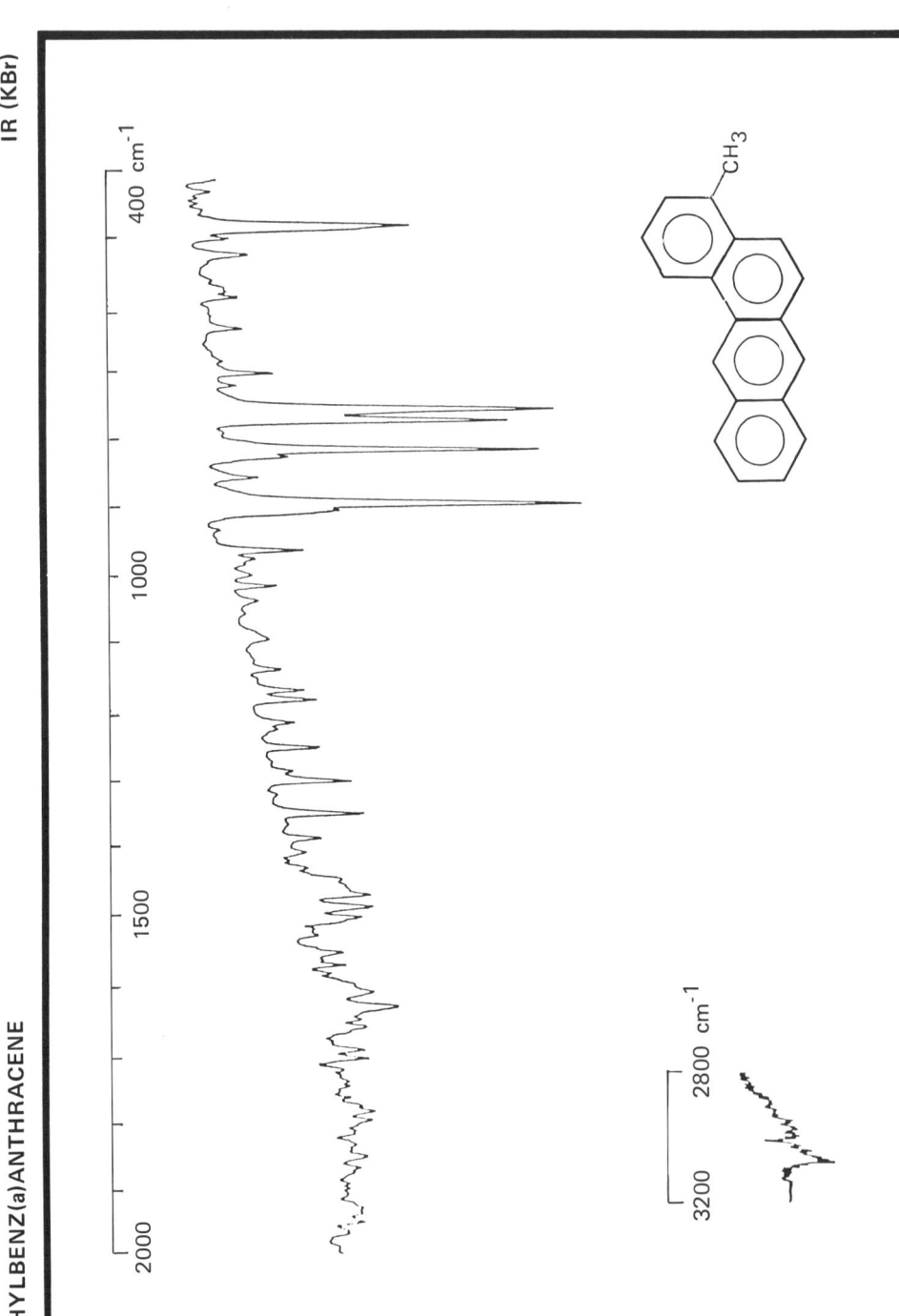

Frequency (cm⁻¹)	Assignment	Frequency (cm⁻¹)	Assignment
3059:	aromatic C - H stretch	953	aromatic
2959:	- CH₃ asym. C - H stretch	893: 884:	C - H wagging deformation
1622: 1493: 1478:	C=C stretch	814: 802: 758: 741:	
1460:	- CH₃ asym. deformation		
1381: 1292:	- CH₃ sym. deformation	467:	ring deformation

Original spectrum determined by Biochem. Institut, Ahrensburg (D)

Spectrometer	: Nicolet 5 MX	Formula	: C₁₉H₁₄
Sample	: KBr disc	M_r	: 242.32 u
Reference	: Air	CAS Nr.	: 316 - 49 - 4
Resolution	: 1.7 cm⁻¹ (maximum)	Purity	: 0.985 g/g
		m.p.	: 193°C

4 - METHYLBENZ (a) ANTHRACENE

IR (s)

Frequency (cm⁻¹)	Assignment	Frequency (cm⁻¹)	Assignment
3054:	aromatic	949	
	C - H stretch	880:	aromatic
2969:	- CH₃ asym.	799:	C - H
2951:	C - H stretch	750:	wagging
2930	- CH₃ sym.	741:	deformation
2868:	C - H stretch		
1919:		519:	
1763:		507:	ring
1622:	C=C stretch	502:	deformation
1551:			
1495:			
1481:			
1460:	- CH₃ asym.		
	deformation		

Original spectrum determined by Biochem. Institut, Ahrensburg (D)

Spectrometer	: Nicolet 5 MX	**Formula**	: $C_{19}H_{14}$
Cell	: 0.2 mm (KBr)	**M_r**	: 242.32 u
Solvents	: C_2Cl_4 (3.200 - 1.400 cm⁻¹)	**CAS Nr.**	: 316 - 49 - 4
	CS_2 (1.400 - 500 r	**Purity**	: 0.985 g/g
Resolution	: 1.7 cm⁻¹ (maximı	**m.p.**	: 193°C

5 - METHYLBENZ (a) ANTHRACENE   UV

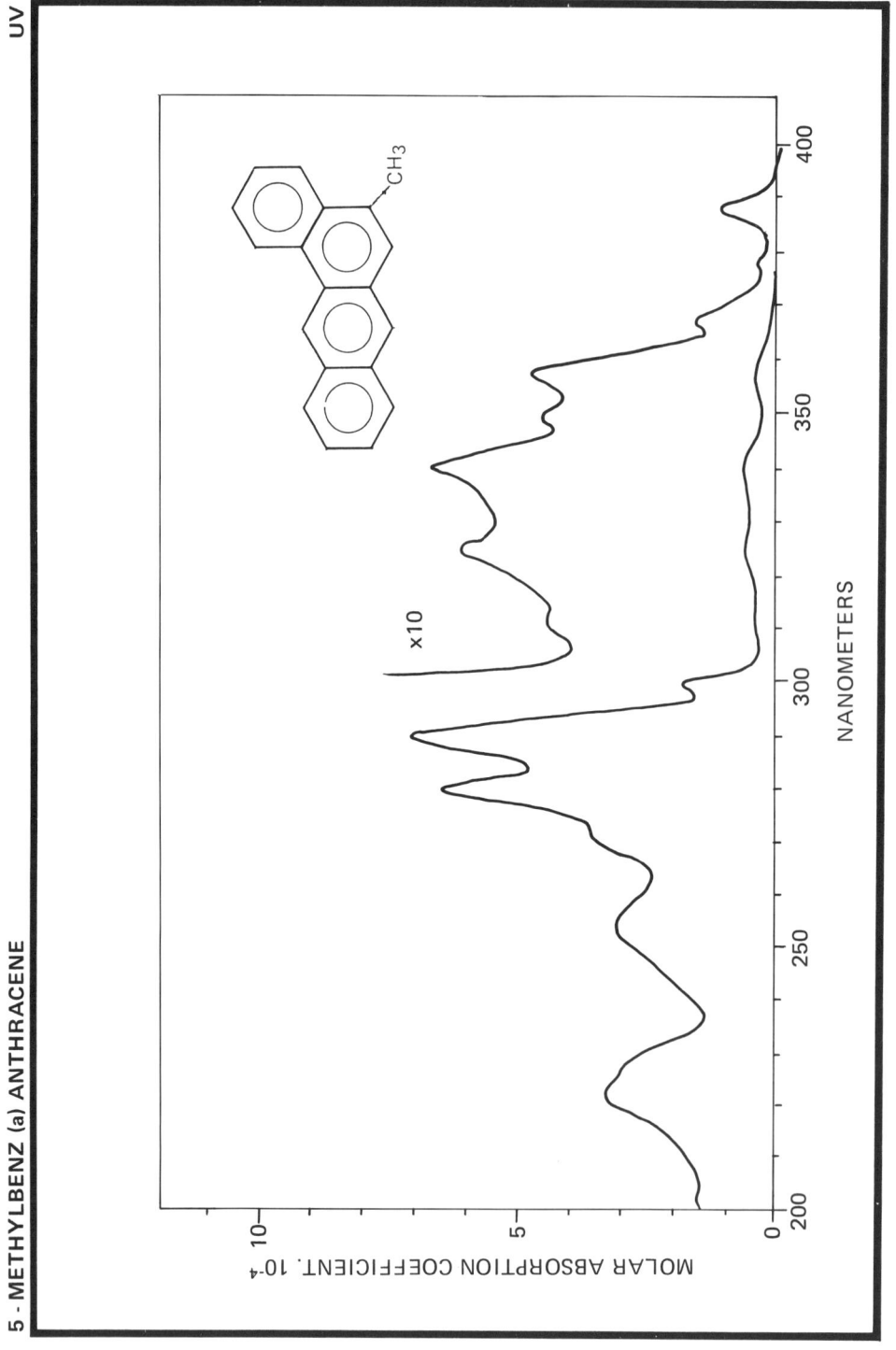

Wavelength (nm)	Molar absorption coefficient (l. mol⁻¹ cm⁻¹ × 10⁻⁴)	Wavelength (nm)	Molar absorption coefficient (l. mol⁻¹ cm⁻¹ × 10⁻⁴)
202	1.56	299	1.88
222	3.35	312 (sh)	0.445
227 (sh)	3.01	325	0.61
254	3.18	340	0.675
270	3.65	349	0.451
280	6.47	357	0.47
291	7.26	377	0.04
		387	0.104

Original spectrum determined by Biochem. Institut, Ahrensburg (D)

Spectrometer	: Perkin - Elmer 555	Formula	: $C_{19}H_{14}$
Solvent	: Cyclohexane	M_r	: 242.32 u
Concentration	: 21.5 mg/l (2.2 mg/l)	CAS Nr.	: 2319 - 96 - 2
Cell Length	: 1.000 cm	Purity	: 0.992 g/g
Slit width	: 1 nm	m.p.	: 154°C

5-METHYLBENZ(a)ANTHRACENE

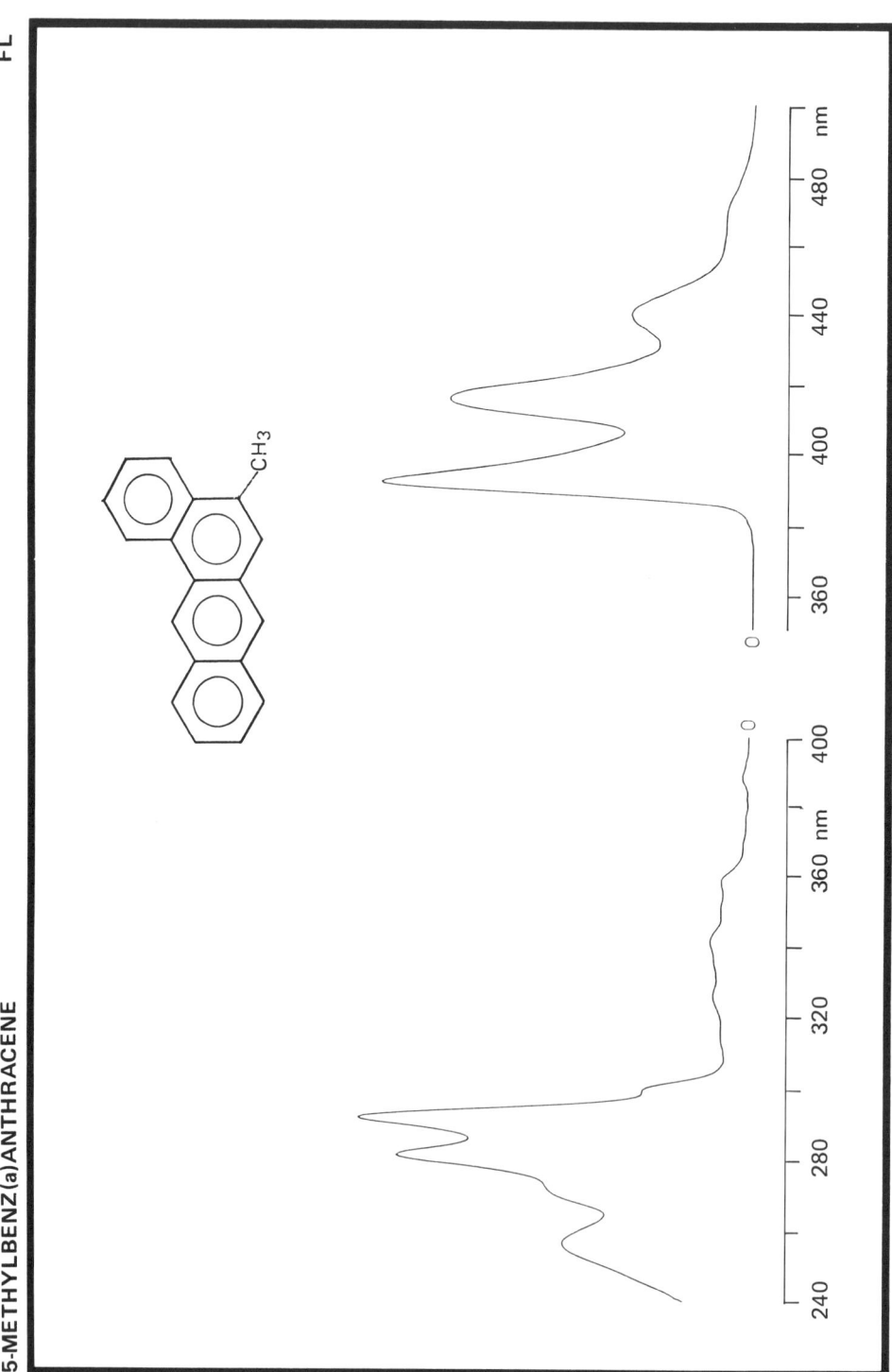

Wavelength (nm)	Relative intensity
389.5	100
412	73
438	30.5

Original spectrum produced by Physico-chemical oceanography group-University of Bordeaux I (F)

Instrument	: Perkin-Elmer MPF-44	Formula	: $C_{19}H_{14}$
Solvent	: Cyclohexane	M_r	: 242.32 u
Concentration	: 0.121 mg.l^{-1}	CAS Nr.	: 2319 - 96 - 2
Spectrum	: **excitation**	**emission**	Purity	: 0.992 g/g
Fixed wavelength	: 412 nm	291 nm	m.p.	: 154°C
Excitation slit	: 2 nm	4 nm		
Emission slit	: 8 nm	2 nm		

5 - METHYLBENZ (a) ANTHRACENE

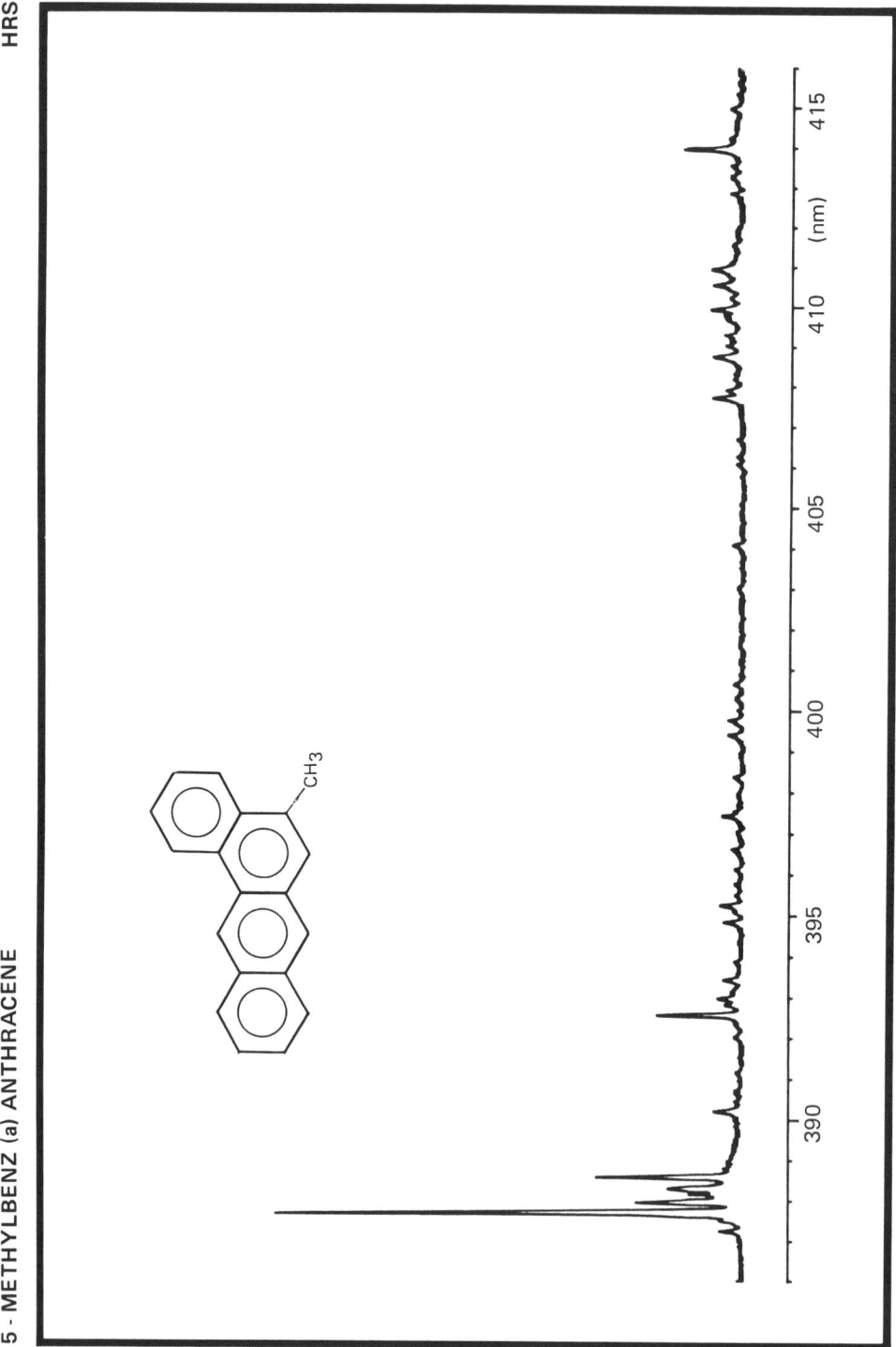

Fluorescence Wavelength (nm)	Intensity (%)
387.5	100
387.8	23
388.4	31

Original spectrum determined by Physico-chemical oceanography group-University of Bordeaux I (F)

Source	: 450W Xenon lamp
Excitation monochromator	: Jobin-Yvon H20
Emission monochromator	: Jobin-Yvon HR1000
Excitation wavelength (slits)	: 294 (9) nm
Emission slits	: 0.04 nm
Temperature	: 15 K
Solvent	: n-octane
Concentration	: 0.484 mg/l

Formula	: $C_{19}H_{14}$
M_r	: 242.32 u
CAS Nr.	: 2319 - 96 - 2
Purity	: 0.992 g/g
m.p.	: 154°C

5 - METHYLBENZ (a) ANTHRACENE   MS (m)

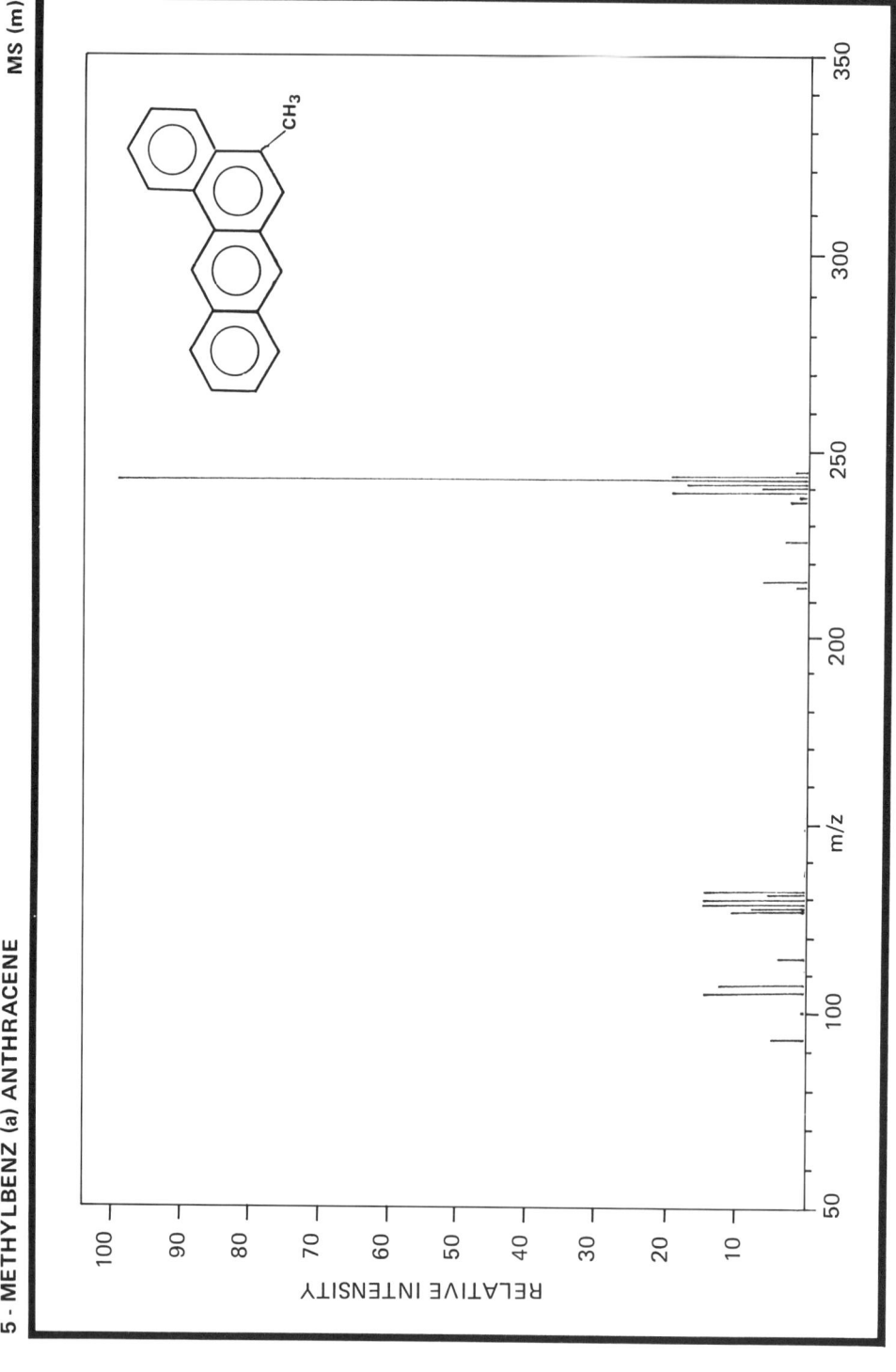

m/z	relative intensity	m/z	relative intensity
95	6.0	213	2.0
107.5	15.0	215	7.0
108.5	13.0	226	4.0
113	4.0	237	3.0
118.5	11.0	238	1.0
119	8.0	239	20.0
119.5	15.0	240	7.0
120	15.0	241	18.0
120.5	6.0	242	100.0
121	15.0	243	20.0
		244	2.0

Original spectrum determined by Biochem. Institut, Ahrensburg (D)

Spectrometer	: Varian MAT 111
Inlet System	: Direct Inlet
Source Temperature	: 200°C
Source Voltage	: 70 eV

Formula	: $C_{19}H_{14}$
M_r	: 242.32 u
m/z	: 242.11 u
CAS Nr.	: 2319 - 96 - 2
Purity	: 0.992 g/g
m.p.	: 154°C

5 - METHYLBENZ (a) ANTHRACENE MS (m)

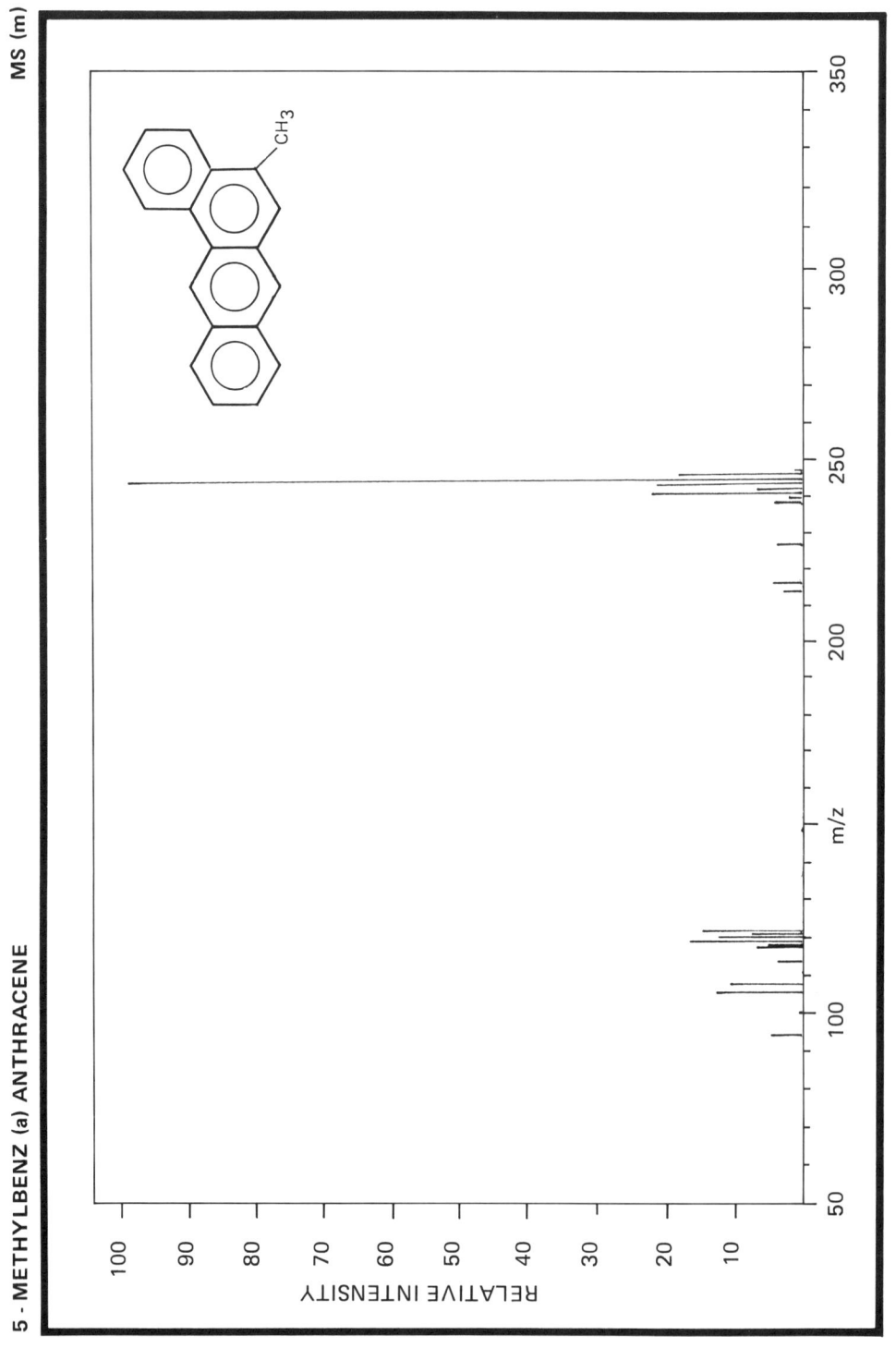

m/z	relative intensity	m/z	relative intensity
95	5.0	213	3.0
107.5	13.0	215	5.0
108.5	11.0	226	4.0
113	4.0	237	4.0
118.5	7.0	238	2.0
119	5.0	239	21.0
119.5	17.0	240	7.0
120	13.0	241	22.0
120.5	8.0	242	100.0
121	15.0	243	19.0
		244	2.3

Spectrometer	: Varian MAT 111	Formula	: $C_{19}H_{14}$
Inlet System	: GC/MS	M_r	: 242.32 u
Source Temperature	: 200°C	m/z	: 242.11 u
Source Voltage	: 70 eV	CAS Nr.	: 2319 - 96 - 2
		Purity	: 0.992 g/g
		m.p.	: 154°C

Original spectrum determined by Biochem. Institut, for Environmental Carcinogens, Ahrensburg (D)

5 - METHLBENZ (a) ANTHRACENE

IR (KBr)

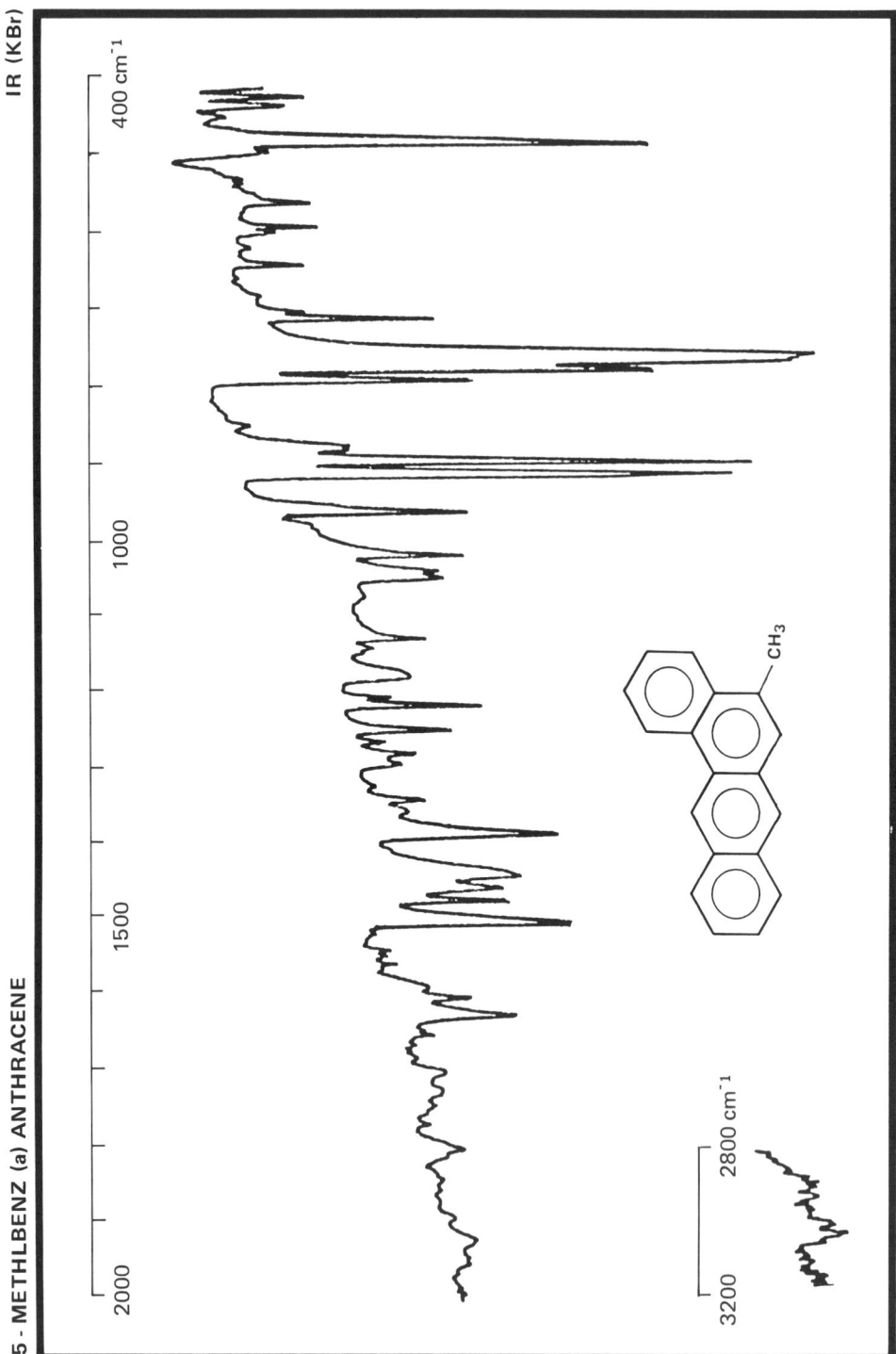

Frequency (cm⁻¹)	Assignment	Frequency (cm⁻¹)	Assignment
3056:	aromatic	1044:	(C - C stretch)
3027:	C - H stretch	1034:	
		1013:	
2940:	- CH₃ asym.	955:	aromatic
	C - H stretch	901:	C - H
1626:	C=C stretch	885:	wagging
1504:		781:	deformation
1474:		764:	
1441:	- CH₃ asym. deformation		
1385:	- CH₃ sym. deformation	698:	ring deformation
1276:		465:	
1213:			

Original spectrum determined by Biochem. Institut, Ahrensburg (D)

Spectrometer	: Nicolet 5 MX	Formula	: $C_{19}H_{14}$
Sample	: KBr disc (⌀5 mm, thickness 0.4 mm)	M_r	: 242.32 u
Reference	: Air	CAS Nr.	: 2319 - 96 - 2
Resolution	: 1.7 cm⁻¹ (maximum)	Purity	: 0.992 g/g
		m.p.	: 154°C

5 - METHYLBENZ (a) ANTHRACENE

IR (S)

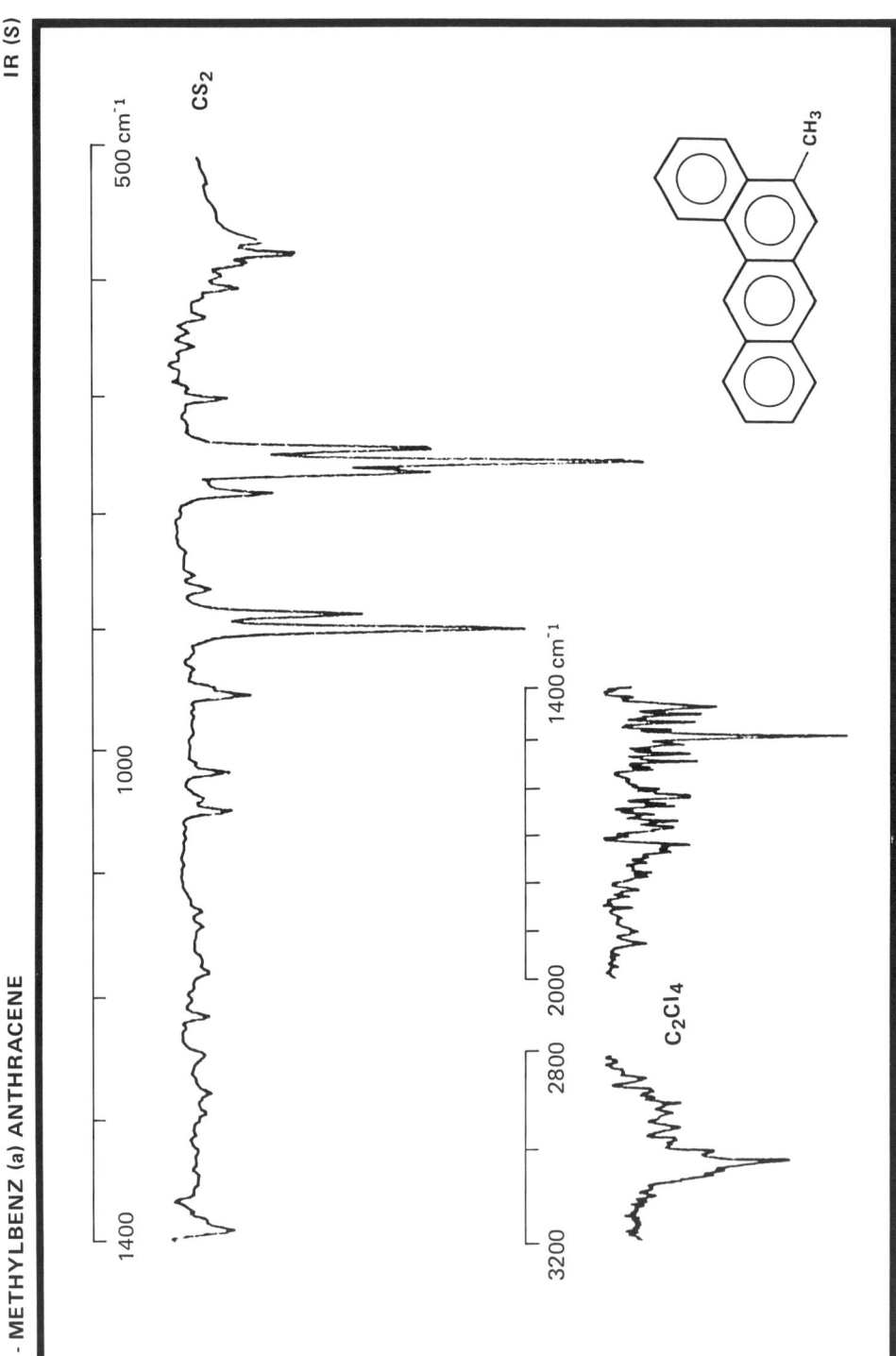

Frequency (cm⁻¹)	Assignment	Frequency (cm⁻¹)	Assignment
3057:	aromatic C - H stretch	949:	
2940:	- CH₃ asym. C - H stretch	895: 882: 777: 760: 752: 751:	aromatic C - H wagging deformation
1630: 1507:	C=C stretch		
		570:	(ring deformation)

Original spectrum determined by Biochem. Institut, Ahrensburg (D̂)

Spectrometer	: Nicolet 5 MX
Cell	: 0.2 mm (KBr)
Solvents	: C₂Cl₄ (3.200 - 1.400 cm⁻¹) CS₂ (1.400 - 500 cm⁻¹)
Resolution	: 1.7 cm⁻¹ (maximum)

Formula	: C₁₉H₁₄
M$_r$	: 242.32 u
CAS Nr.	: 2319 - 96 - 2
Purity	: 0.992 g/g
m.p.	: 154°C

6 - METHYLBENZ (a) ANTHRACENE

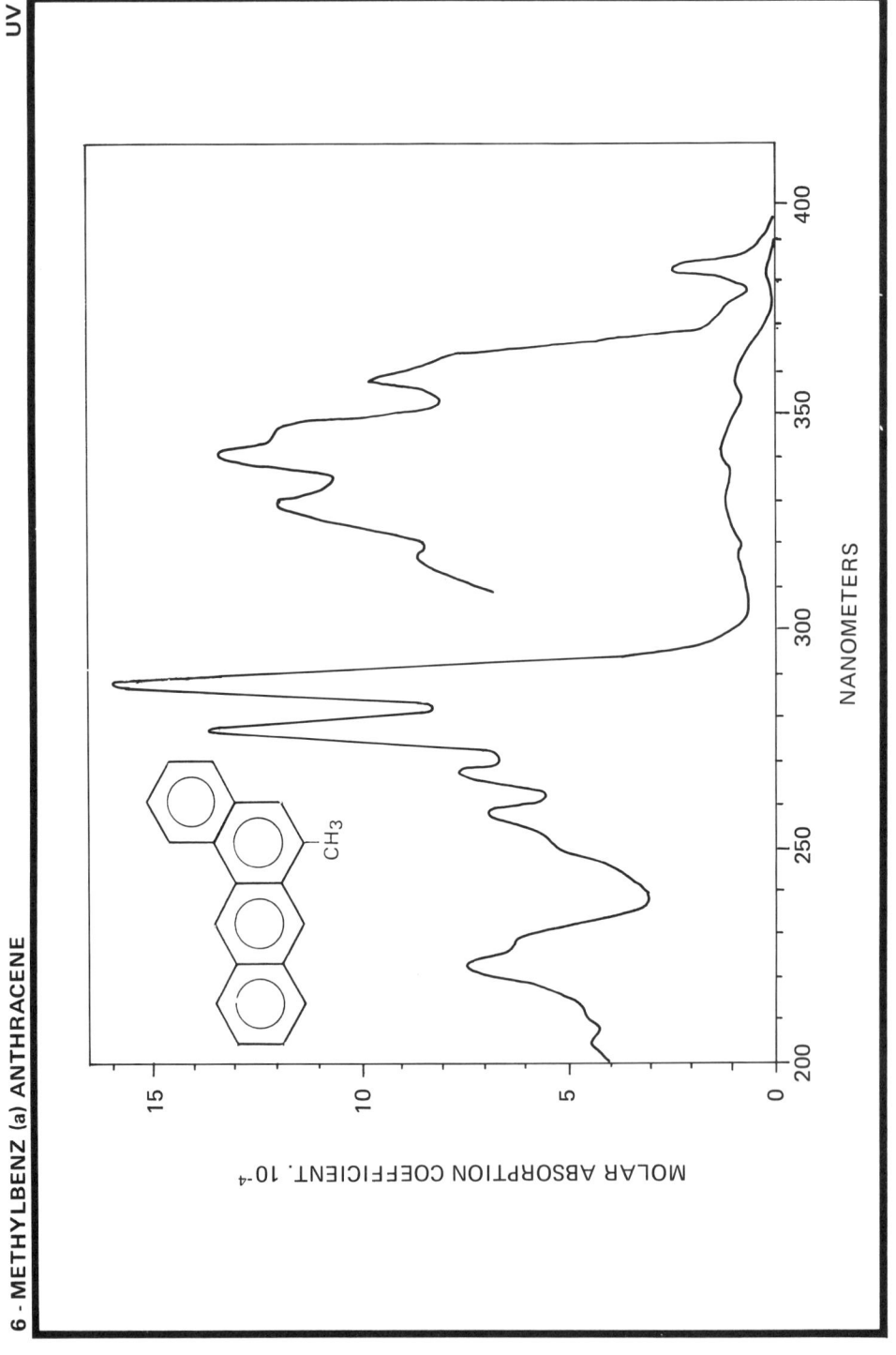

Wavelength (nm)	Molar absorption coefficient (l. mol⁻¹ cm⁻¹ × 10⁻⁴)	Wavelength (nm)	Molar absorption coefficient (l. mol⁻¹ cm⁻¹ × 10⁻⁴)
204	4.35	317	0.86
223	7.3	331	1.20
228 (sh)	6.22	342	1.34
259	6.9	347 (sh)	1.20
268	7.6	359	0.98
278.5	13.75	384.5	0.26
289	16.00		

Original spectrum determined by Biochem. Institut, Ahrensburg (D)

Spectrometer	: Perkin - Elmer 555	Formula	: $C_{19}H_{14}$
Solvent	: Cyclohexane	M_r	: 242.32 u
Concentration	: 4.5 mg/l (4.5 mg/l)	CAS Nr.	: 316 - 14 - 3
Cell Length	: 1.000 cm	Purity	: 0.991 g/g
Slit width	: 1 nm	m.p.	: 125°C

6-METHYLBENZ(a)ANTHRACENE

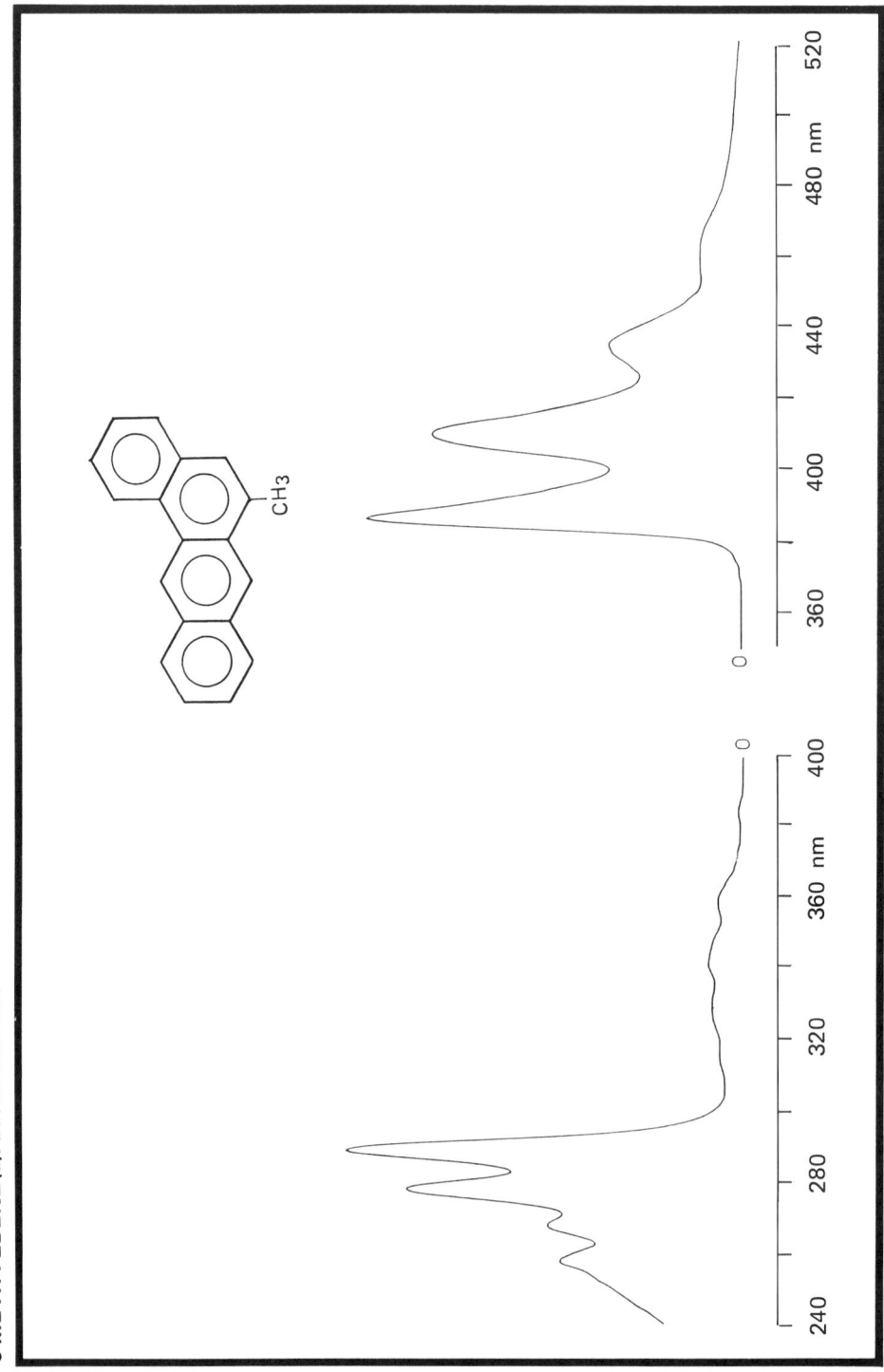

Wavelength (nm)	Relative intensity
386	100
409.5	73.5
434	31

Original spectrum produced by Physico-chemical oceanography group-University of Bordeaux I (F)

Instrument	: Perkin-Elmer MPF-44	**Formula**	: $C_{19}H_{14}$
Solvent	: Cyclohexane	**M_r**	: 242.32 u
Concentration	: 0.121 mg.l^{-1}	**CAS Nr.**	: 316 - 14 - 3
Spectrum	: **excitation** **emission**	**Purity**	: 0.991 g/g
Fixed wavelength	: 409 nm 290 nm	**m.p.**	: 125°C
Excitation slit	: 2 nm 4 nm		
Emission slit	: 8 nm 2 nm		

6 - METHYLBENZ (a) ANTHRACENE

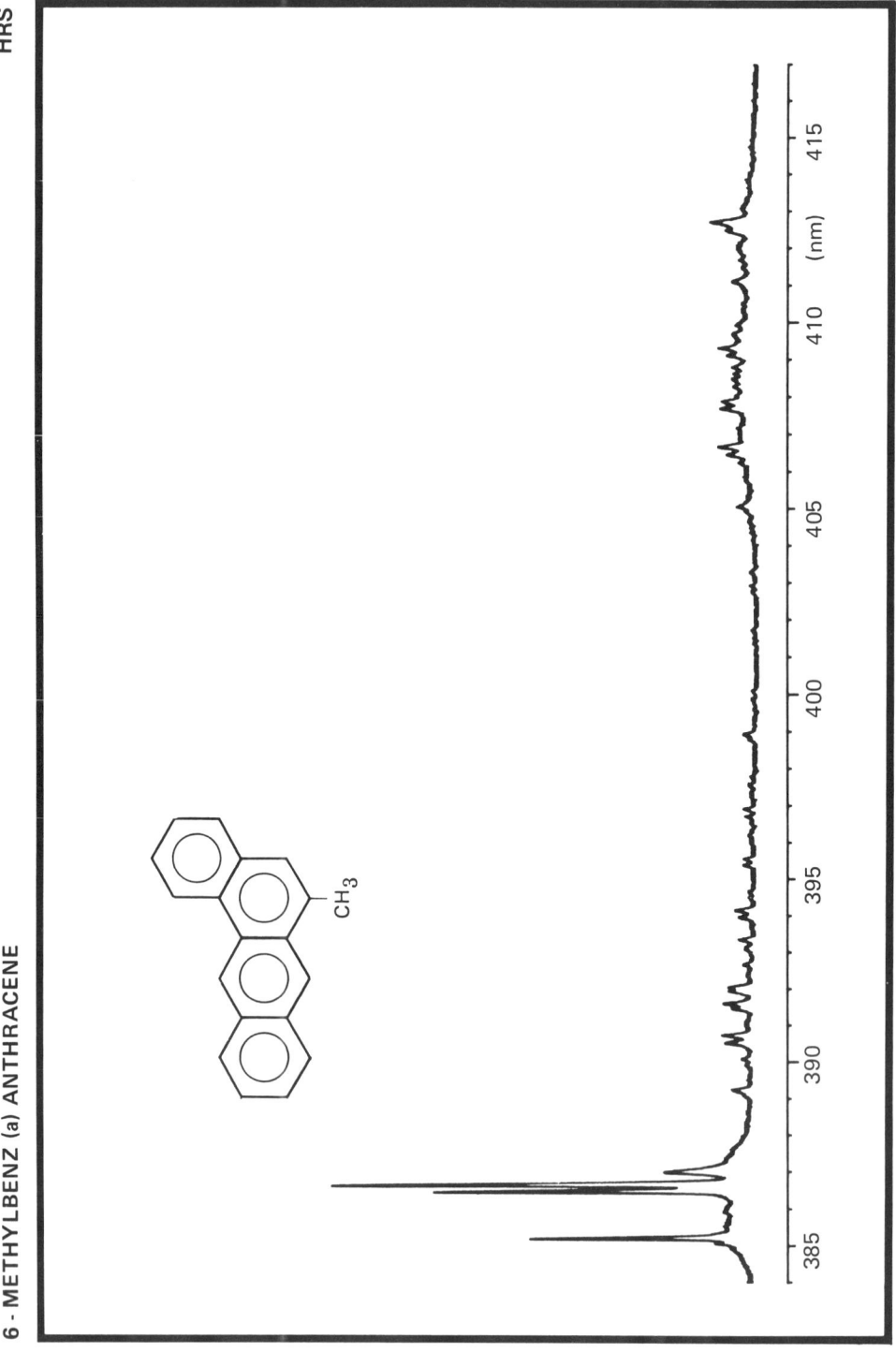

Fluorescence Wavelength (nm)	Intensity (%)
385.0	54
386.3	76
386.5	100
386.8	22

Original spectrum determined by Physico-chemical oceanography group-University of Bordeaux I (F)

Source	: 45OW Xenon lamp
Excitation monochromator	: Jobin-Yvon H20
Emission monochromator	: Jobin-Yvon HR1000
Excitation wavelength (slits)	: 284 (9) nm
Emission slits	: 0.04 nm
Temperature	: 15 K
Solvent	: n-octane
Concentration	: 0.484 mg/l

Formula	: $C_{19}H_{14}$
M_r	: 242.32 u
CAS Nr.	: 316 - 14 - 3
Purity	: 0.991 g/g
m.p.	: 125°C

6 - METHYLBENZ (a) ANTHRACENE

MS (m)

m/z	relative intensity	m/z	relative intensity
94	7.0	120	21.0
95	7.0	120.5	19.0
105.5	5.0	121	7.0
106	4.0	121.5	20.0
106.5	12.0	122	4.0
107	2.0	213	2.0
107.5	18.0	215	3.0
108	7.0	226	5.0
112	3.0	237	3.0
112.5	3.0	239	16.0
113	6.0	240	9.0
118	4.0	241	22.0
118.5	5.0	242	100.0
119	12.0	243	18.0
119.5	9.0	244	2.2

Original spectrum determined by Biochem. Institut, Ahrensburg (D)

Spectrometer	: Varian MAT 111
Inlet System	: Direct Inlet
Source Temperature	: 200°C
Source Voltage	: 70 eV

Formula	: $C_{19}H_{14}$
M$_r$	: 242.32 u
m/z	: 242.11 u
CAS Nr.	: 316 - 14 - 3
Purity	: 0.991 g/g
m.p.	: 125°C

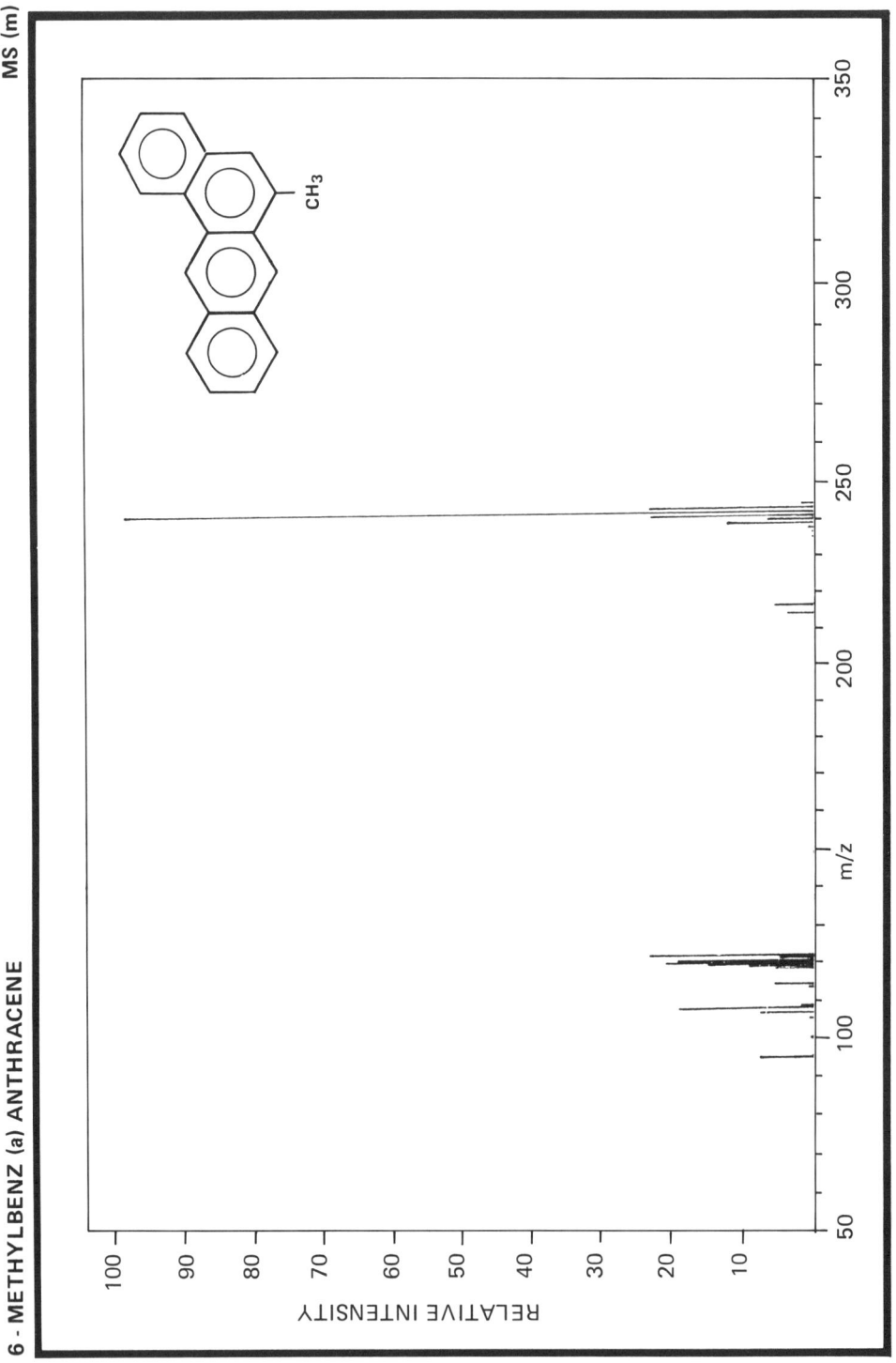

m/z	relative intensity	m/z	relative intensity
95	8.0	121.5	24.0
106.5	8.0	213	4.0
107.5	20.0	215	6.0
108	2.0	226	7.0
113	6.0	239	13.0
118.5	6.0	240	7.0
119	10.0	241	24.0
119.5	16.0	242	100.0
120	22.0	243	24.0
120.5	20.0	244	2.0
121	5.0		

Original spectrum determined by Biochem. Institut, Ahrensburg (D)

Spectrometer	: Varian MAT 111	Formula	: $C_{19}H_{14}$
Inlet System	: GC/MS	M_r	: 242.32 u
Source Temperature	: 200°C	m/z	: 242.11 u
Source Voltage	: 70 eV	CAS Nr.	: 316 - 14 - 3
		Purity	: 0.991 g/g
		m.p.	: 125°C

6 - METHYLBENZ (a) ANTHRACENE

IR (KBr)

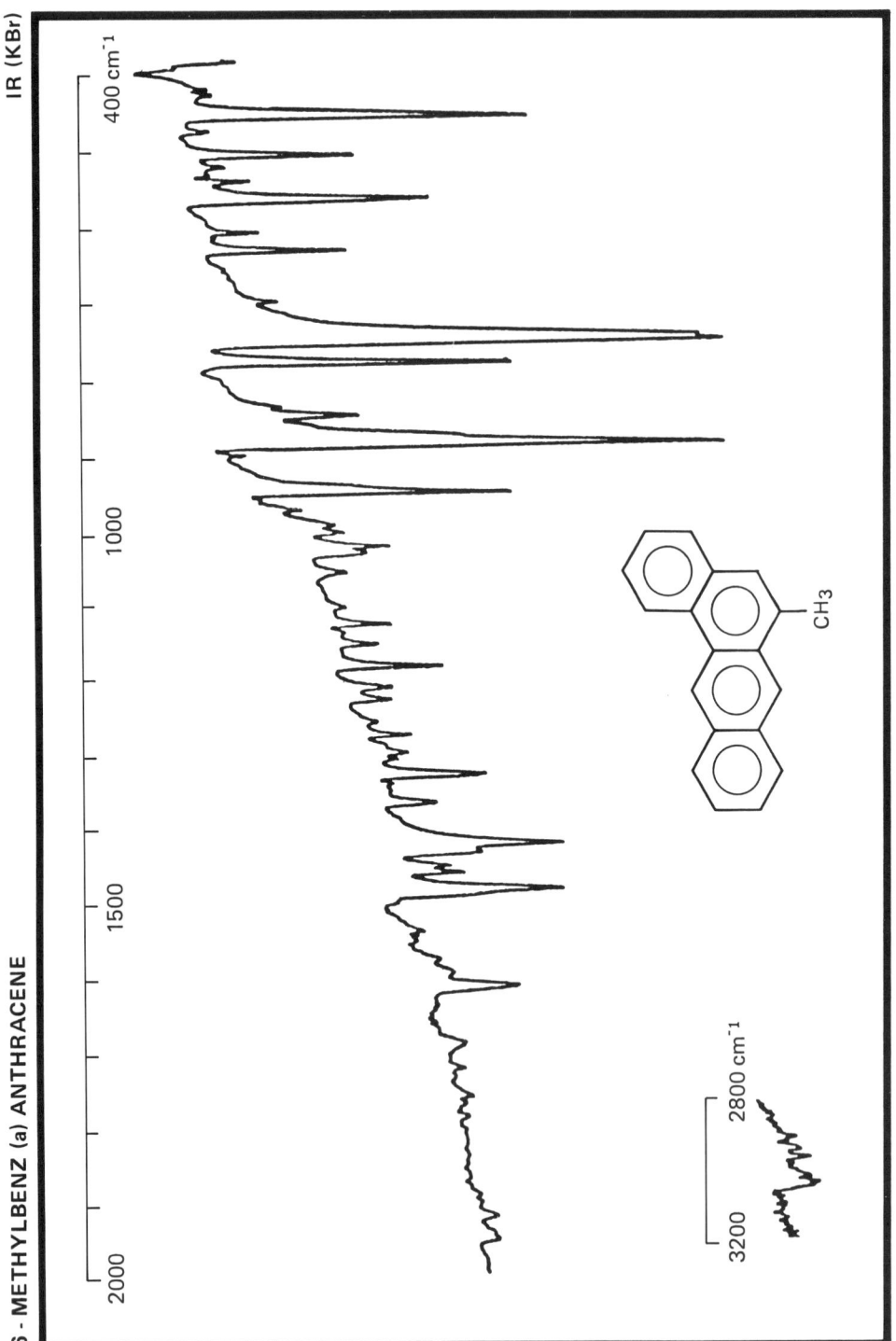

Frequency (cm⁻¹)	Assignment	Frequency (cm⁻¹)	Assignment
3030:	aromatic C - H stretch	957:	aromatic C - H wagging deformation
2960:	CH₃ - sym.	889:	
	C - H stretch	765:	
1624:	C=C stretch	754:	
1495:		748:	
1431:	- CH₃ asym. deformation	642:	ring deformation
		620:	
1337:	- CH₃ sym. deformation	575:	
		520:	
		471:	
1192:	C - C stretch	471:	

Original spectrum determined by Biochem. Institut, Ahrensburg (D)

Spectrometer	: Nicolet 5 MX	**Formula**	: $C_{19}H_{14}$
Sample	: KBr disc (⌀5 mm, thickness 0.4 mm)	**M$_r$**	: 242.32 u
Reference	: Air	**CAS Nr.**	: 316 - 14 - 3
Resolution	: 1.7 cm⁻¹ (maximum)	**Purity**	: 0.991 g/g
		m.p.	: 125°C

6 - METHYLBENZ (a) ANTHRACENE

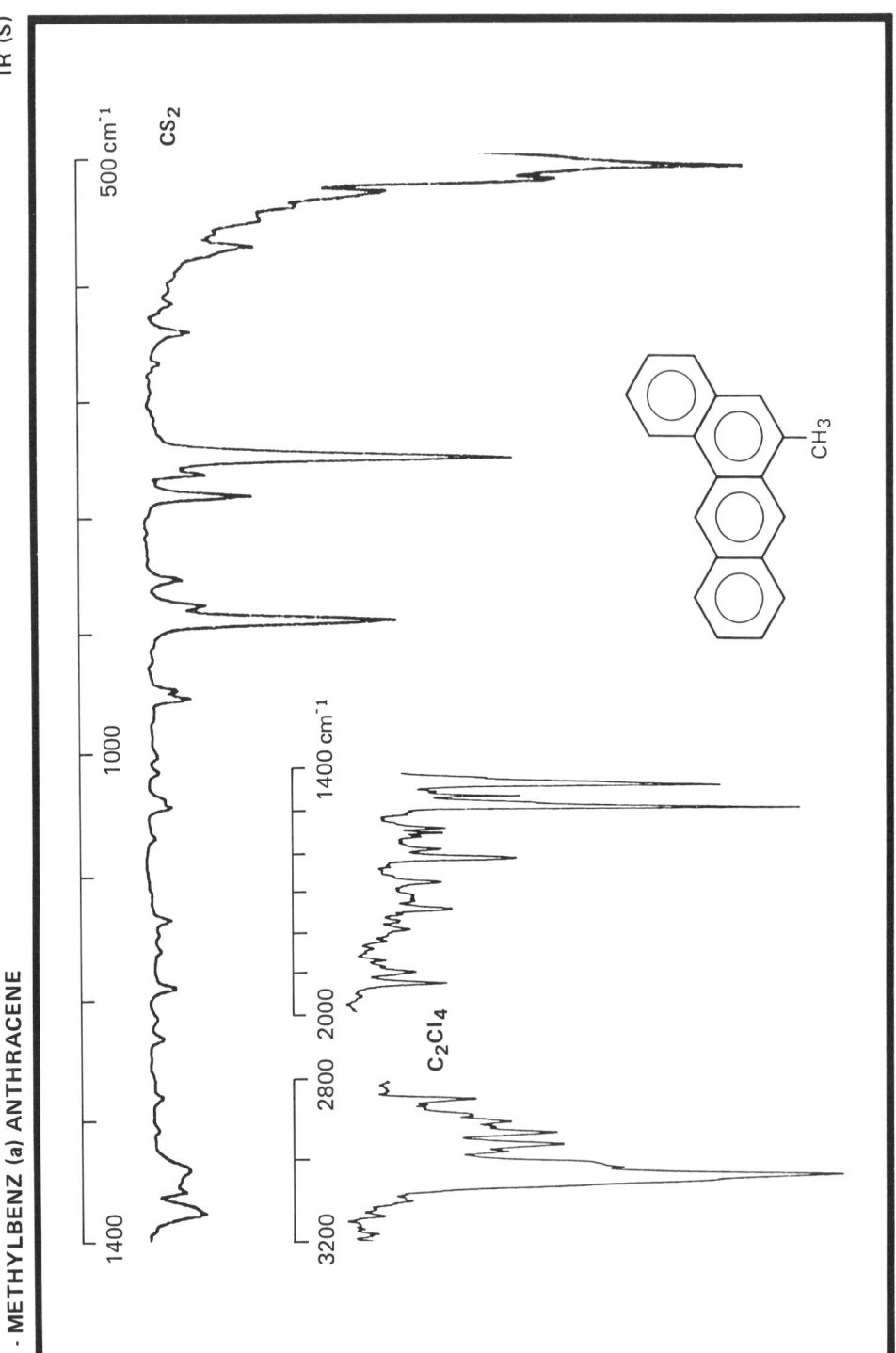

Frequency (cm⁻¹)	Assignment	Frequency (cm⁻¹)	Assignment
3057:	aromatic C - H stretch	883:	aromatic
2973:	- CH₃ - asym.	779:	C - H
2944:	C - H stretch	762:	wagging
		747:	deformation
1620: ⎤	C=C stretch	507:	ring deformation
1497: ⎦			
1445:	- CH₃ asym. deformation		
1340:	- CH₃ sym. deformation		

Original spectrum determined by Biochem. Institut, Ahrensburg (D)

Spectrometer : Nicolet 5 MX
Cell : 0.2 mm (KBr)
Solvents : C₂Cl₄ (3.200 - 1.400 cm⁻¹)
CS₂ (1.400 - 500 cm⁻¹)
Resolution : 1.7 cm⁻¹ (maximum)

Formula : C₁₉H₁₄
M_r : 242.32 u
CAS Nr. : 316 - 14 - 3
Purity : 0.991 g/g
m.p. : 125°C

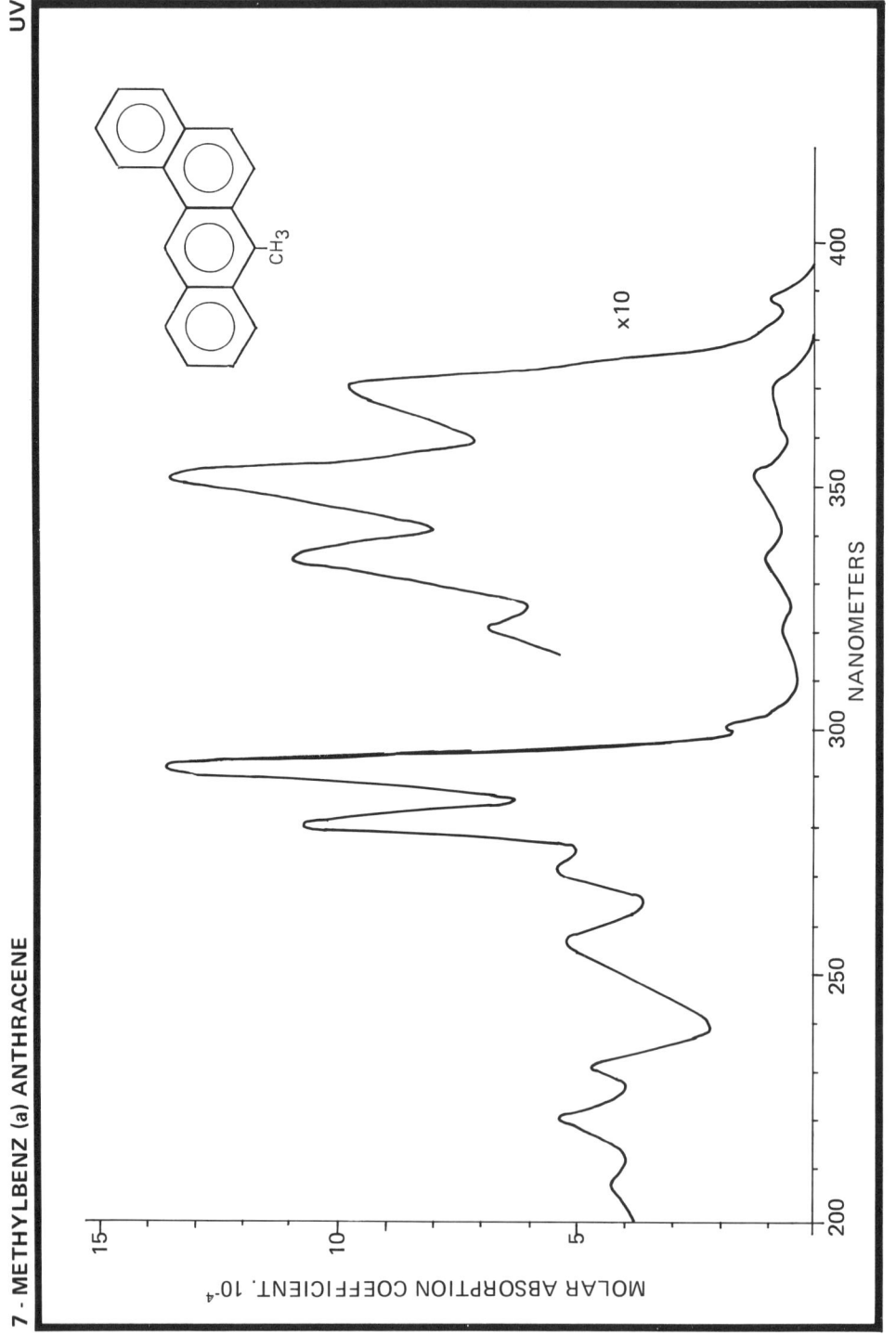

Wavelength (nm)	Molar absorption coefficient (l. mol⁻¹ cm⁻¹ × 10⁻⁴)	Wavelength (nm)	Molar absorption coefficient (l. mol⁻¹ cm⁻¹ × 10⁻⁴)
208	4.2	293	13.7
221	5.35	301	1.89
232	4.69	321	0.69
268	5.27	336	1.10
271	5.48	352	1.37
281	10.70	381	0.99
		389	0.10

Original spectrum determined by Biochem. Institut, Ahrensburg (D)

Spectrometer	: Perkin - Elmer 555
Solvent	: Cyclohexane
Concentration	: 37.5 mg/l (3.8 mg/l)
Cell Length	: 1.000 cm
Slit width	: 1 nm
Formula	: $C_{19}H_{14}$
M_r	: 242.32 u
CAS Nr.	: 2541 - 69 - 7
Purity	: 0.987 g/g
m.p.	: 134°C

7-METHYLBENZ(a)ANTHRACENE

FL

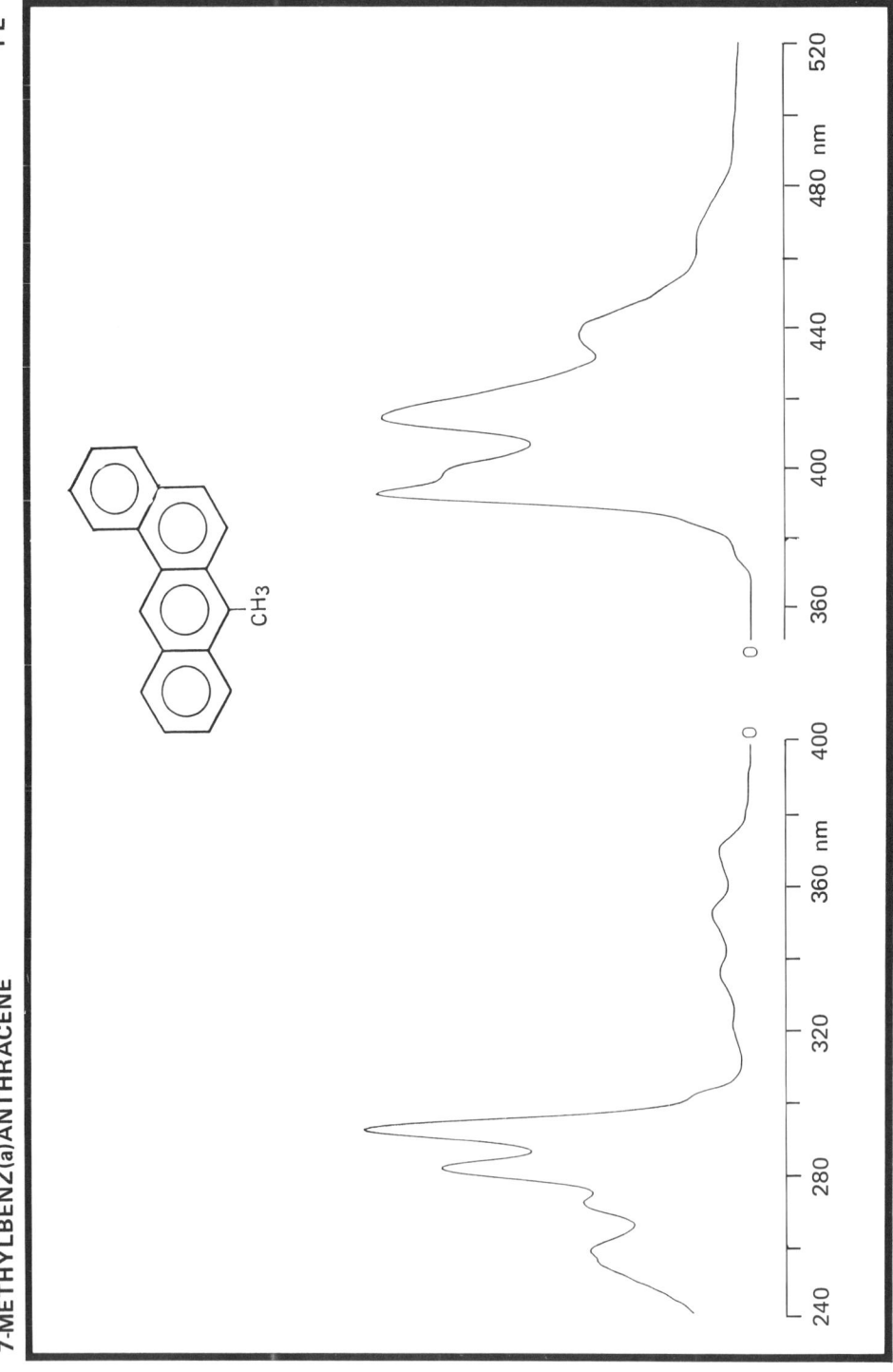

Wavelength (nm)	Relative intensity
390.5	100
397 (sh)	72.5
412.5	90
437	40

Original spectrum produced by Physico-chemical oceanography group-University of Bordeaux I (F)

Instrument	: Perkin-Elmer MPF-44		**Formula**	: $C_{19}H_{14}$
Solvent	: Cyclohexane		M_r	: 242.32 u
Concentration	: 0.121 mg.l^{-1}		**CAS Nr.**	: 2541 - 69 - 7
Spectrum	: **excitation**	**emission**	**Purity**	: 0.987 g/g
Fixed wavelength	: 412 nm	293 nm	**m.p.**	: 134°C
Excitation slit	: 2 nm	4 nm		
Emission slit	: 8 nm	2 nm		

7 - METHYLBENZ (a) ANTHRACENE

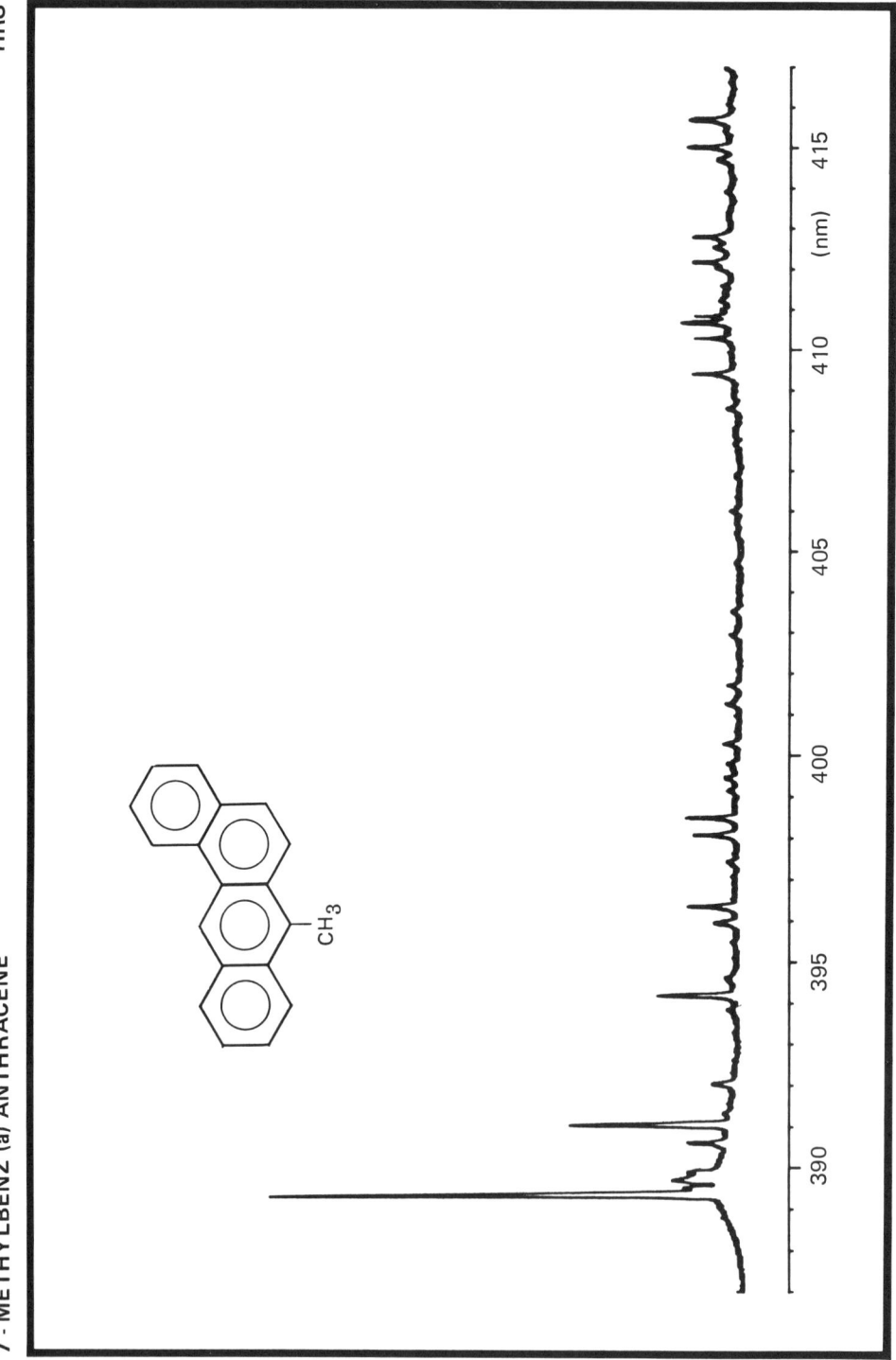

Fluorescence Wavelength (nm)	Intensity (%)
389.2	100
390.9	37
394	18

Original spectrum determined by Physico-chemical oceanography group-University of Bordeaux I (F)

Source	: 45OW Xenon lamp	Formula	: $C_{19}H_{14}$
Excitation monochromator	: Jobin-Yvon H20	M_r	: 242.32 u
Emission monochromator	: Jobin-Yvon HR1000	CAS Nr.	: 2541 - 69 - 7
Excitation wavelength (slits)	: 294 (9) nm	Purity	: 0.987 g/g
Emission slits	: 0.04 nm	m.p.	: 134°C
Temperature	: 15 K		
Solvent	: n-octane		
Concentration	: 0.484 mg/l		

7 - METHYLBENZ (a) ANTHRACENE MS (m)

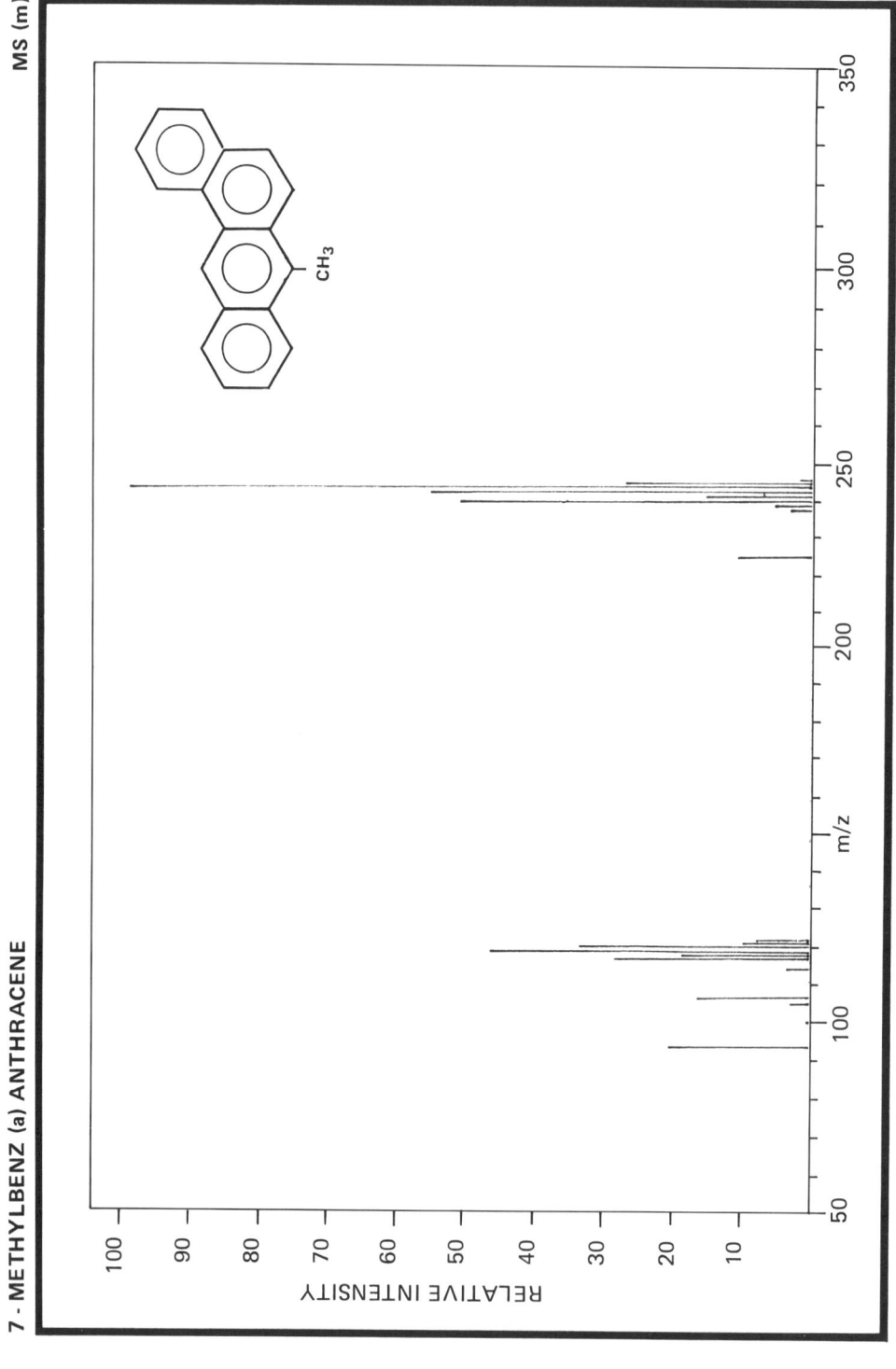

m/z	relative intensity	m/z	relative intensity
95	21.0	226	11.0
107.5	3.0	237	3.0
108.5	17.0	238	5.0
113	4.0	239	52.0
118.5	29.0	240	16.0
119	18.0	241	56.0
119.5	47.0	242	100.0
120	34.0	243	28.0
120.5	10.0	244	2.6
121	8.0		

Original spectrum determined by Biochem. Institut, Ahrensburg (D)

Spectrometer	: Varian MAT 111		Formula	: $C_{19}H_{14}$
Inlet System	: GC/MS		M_r	: 242.32 u
Source Temperature	: 200°C		m/z	: 242.11 u
Source Voltage	: 70 eV		CAS Nr.	: 2541 - 69 - 7
			Purity	: 0.987 g/g
			m.p.	: 134°C

7 - METHYLBENZ (a) ANTHRACENE

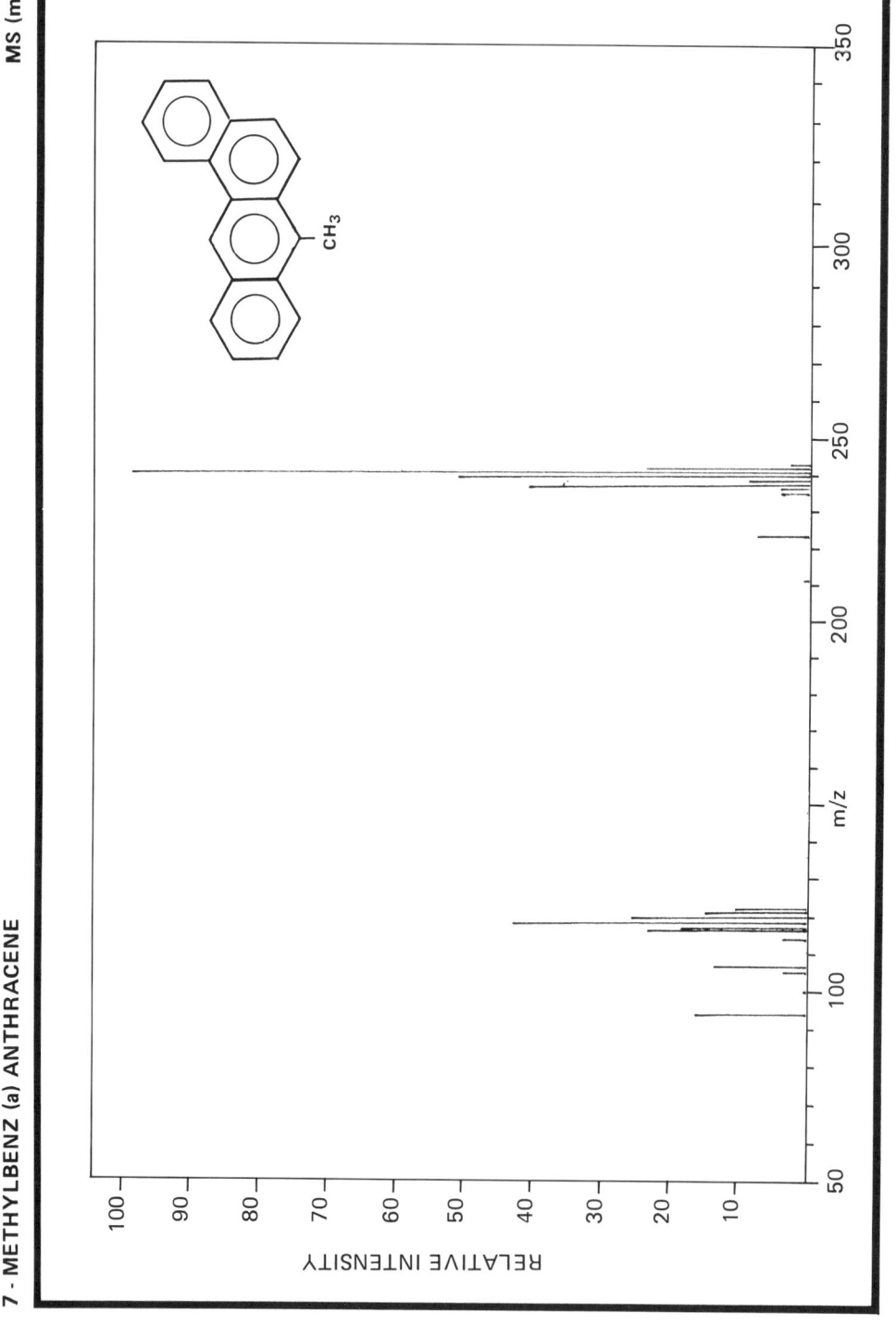

m/z	relative intensity
95	17.0
107.5	4.0
108.5	14.0
113	4.0
118.5	24.0
119	19.0
119.5	44.0
120	27.0
120.5	16.0
121	12.0

m/z	relative intensity
226	8.0
237	4.0
238	4.0
239	42.0
240	10.0
241	52.0
242	100.0
243	24.0
244	2.9

Original spectrum determined by Biochem. Institut, Ahrensburg (D)

Spectrometer	: Varian MAT 111
Inlet System	: Direct Inlet
Source Temperature	: 200°C
Source Voltage	: 70 eV

Formula	: $C_{19}H_{14}$
M_r	: 242.32 u
m/z	: 242.11 u
CAS Nr.	: 2541 - 69 - 7
Purity	: 0.987 g/g
m.p.	: 134°C

7 - METHYLBENZ (a) ANTHRACENE

IR (KBr)

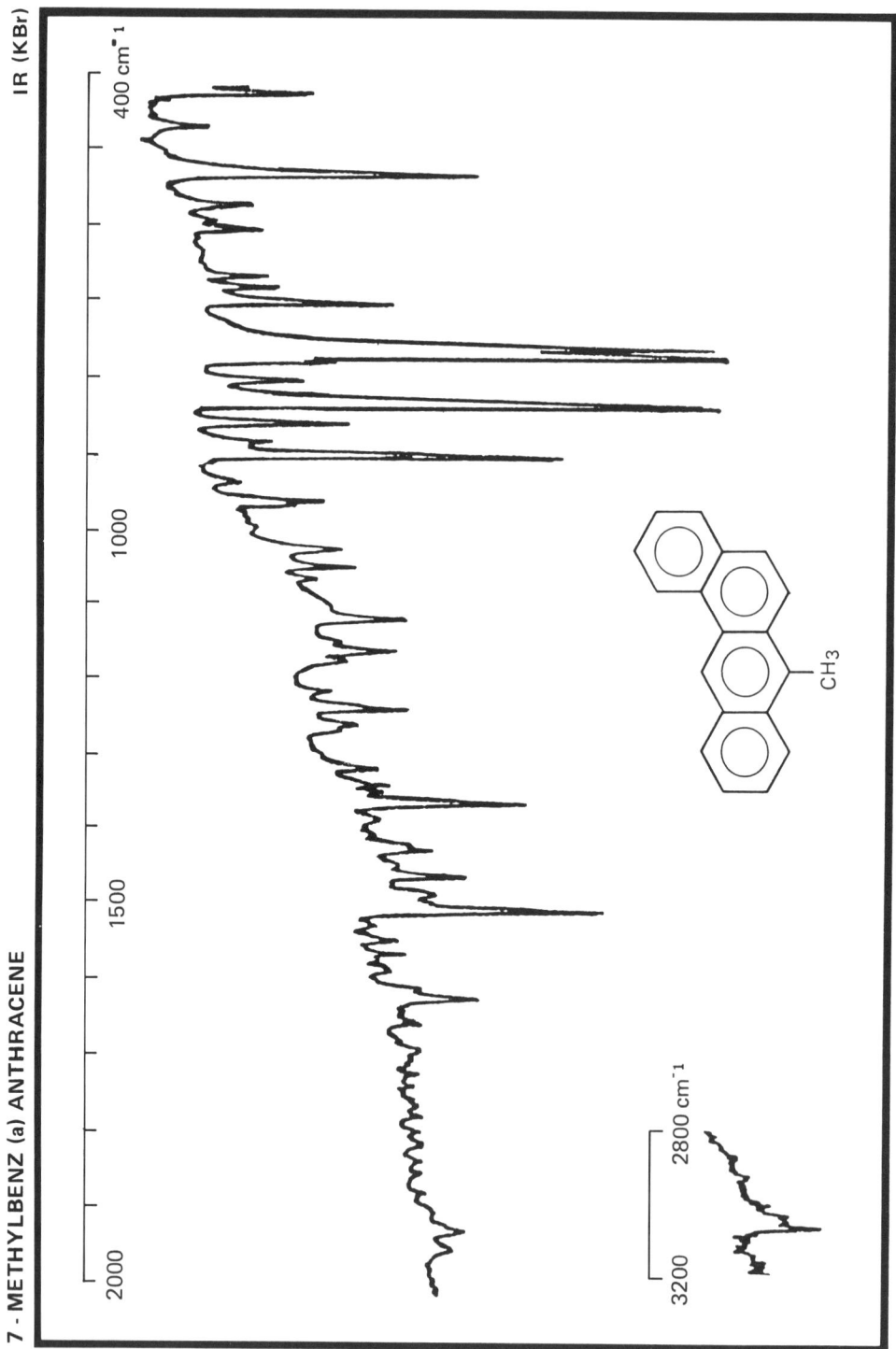

Frequency (cm⁻¹)	Assignment	Frequency (cm⁻¹)	Assignment
3063:	aromatic C - H stretch	945:	aromatic C - H wagging deformation
2930:	- CH₃ asym. C - H stretch	882: 841: 816: 748:	
1618: 1497:	C=C stretch		
1454:	- CH₃ asym. deformation	683: 513: 409:	ring deformation
1354:	- CH₃ sym. deformation		
1229: 1152: 1107:	C - C stretch		

Original spectrum determined by Biochem. Institut, Ahrensburg (D)

Spectrometer	: Nicolet 5 MX	**Formula**	: $C_{19}H_{14}$
Sample	: KBr disc (⌀5 mm, thickness 0.4 mm)	**M_r**	: 242.32 u
Reference	: Air	**CAS Nr.**	: 2541 - 69 - 7
Resolution	: 1.7 cm⁻¹ (maximum)	**Purity**	: 0.987 g/g
		m.p.	: 134°C

7 - METHYLBENZ (a) ANTHRACENE   IR (S)

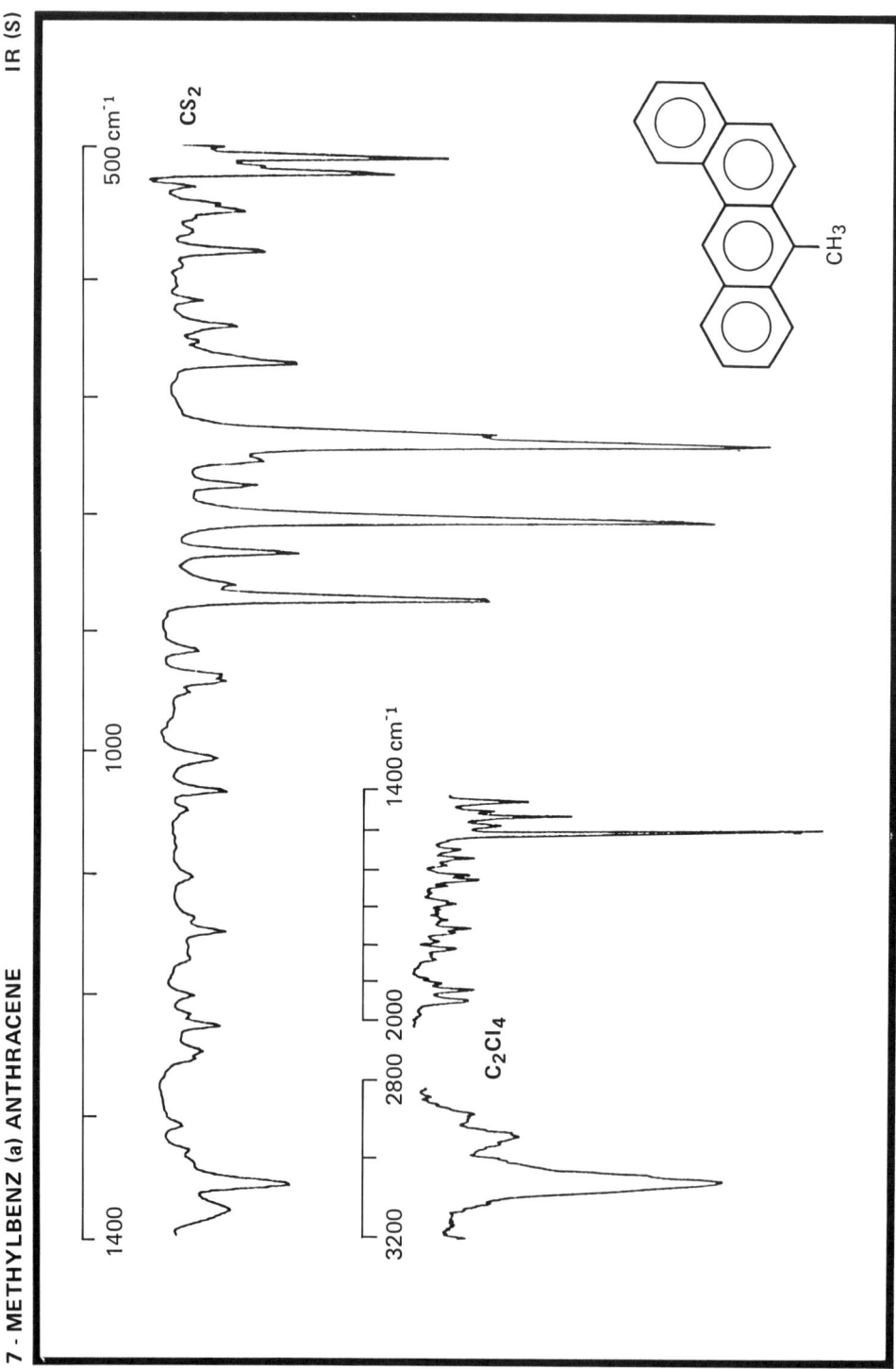

Frequency (cm⁻¹)	Assignment	Frequency (cm⁻¹)	Assignment
3063:	aromatic	878:	aromatic
	C - H stretch	839:	C - H
2934:	- CH₃ asym.	810:	wagging
	C - H stretch	745:	deformation
		737:	
1503:	C=C stretch	681:	
1456:	CH₃ asym.	650:	ring
1416:	deformation	588:	deformation
		525:	
		511:	

Original spectrum determined by Biochem. Institut, Ahrensburg (D)

Spectrometer : Nicolet 5 MX
Cell : 0.2 mm (KBr)
Solvents : C_2Cl_4 (3.200 - 1.400 cm⁻¹)
CS_2 (1.400 - 500 cm⁻¹)
Resolution : 1.7 cm⁻¹ (maximum)

Formula : $C_{19}H_{14}$
M_r : 242.32 u
CAS Nr. : 2541 - 69 - 7
Purity : 0.987 g/g
m.p. : 134°C

8 - METHYLBENZ (a) ANTHRACENE UV

Wavelength (nm)	Molar absorption coefficient (l. mol⁻¹ cm⁻¹ × 10⁻⁴)	Wavelength (nm)		Molar absorption coefficient (l. mol⁻¹ cm⁻¹ × 10⁻⁴)
211	2.25	300		0.83
222	3.40	317	(sh)	0.45
231	3.15	331		0.67
261	3.25	346.5		0.76
269	4.12	361		0.57
279	7.45	385		0.08
290	9.15			

Original spectrum determined by Biochem. Institut, Ahrensburg (D)

Spectrometer	: Perkin - Elmer 555	Formula	: $C_{19}H_{14}$
Solvent	: Cyclohexane	M_r	: 242.32 u
Concentration	: 22.5 mg/l (2.3 mg/l)	CAS Nr.	: 2381 - 31 - 9
Cell Length	: 1.000 cm	Purity	: 0.999 g/g
Slit width	: 1 nm	m.p.	: 158°C

8-METHYLBENZ(a)ANTHRACENE

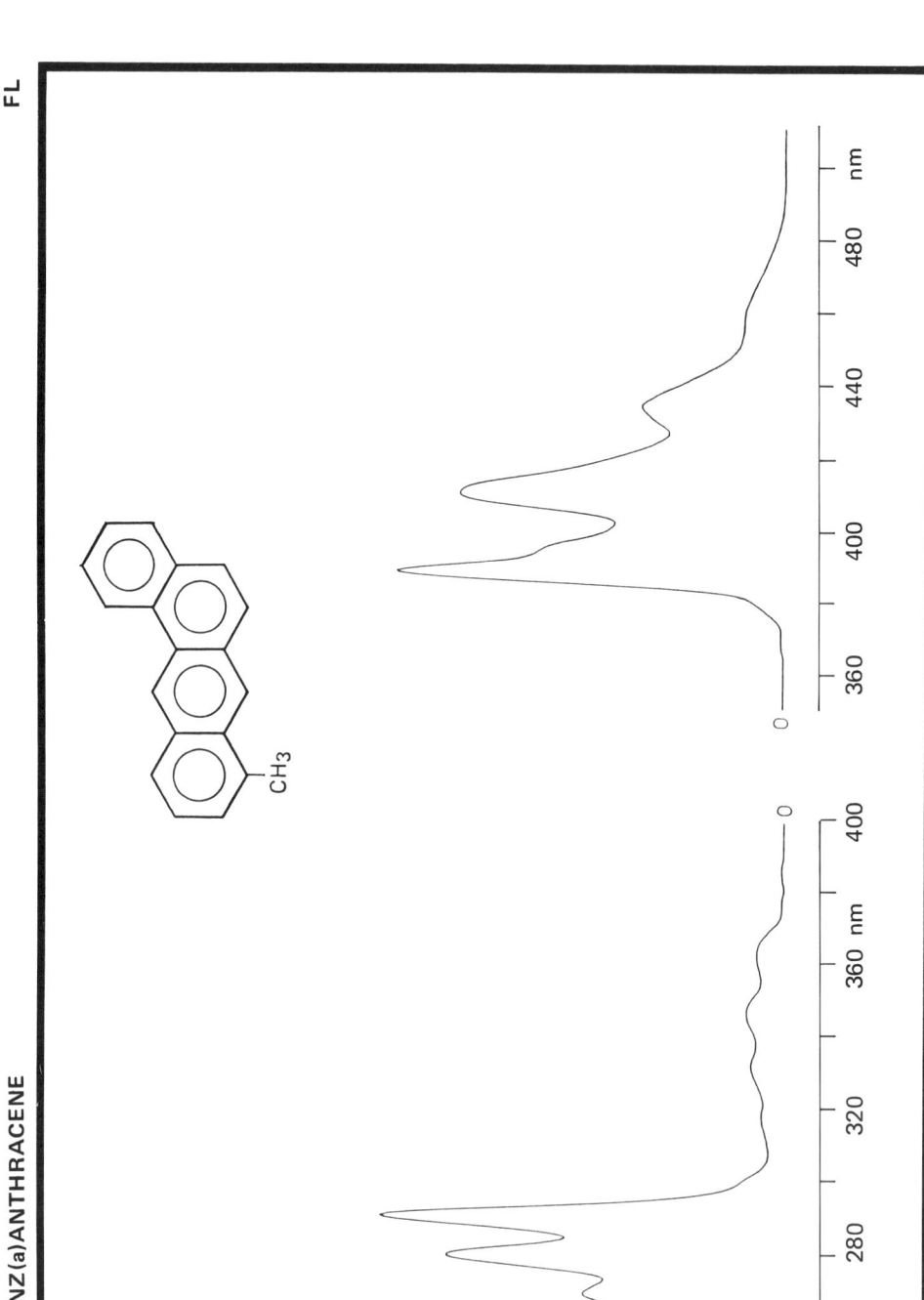

Wavelength (nm)	Relative intensity
386.5	100
393 (sh)	56
408.5	77
433	33

Original spectrum produced by Physico-chemical oceanography group-University of Bordeaux I (F)

Instrument	: Perkin-Elmer MPF-44		**Formula**	: $C_{19}H_{14}$
Solvent	: Cyclohexane		**M_r**	: 242.32 u
Concentration	: 0.121 mg.l^{-1}		**CAS Nr.**	: 2381 - 31 - 9
Spectrum	: **excitation**	**emission**	**Purity**	: 0.999 g/g
Fixed wavelength	: 408.5 nm	291 nm	**m.p.**	: 158°C
Excitation slit	: 2 nm	4 nm		
Emission slit	: 8 nm	2 nm		

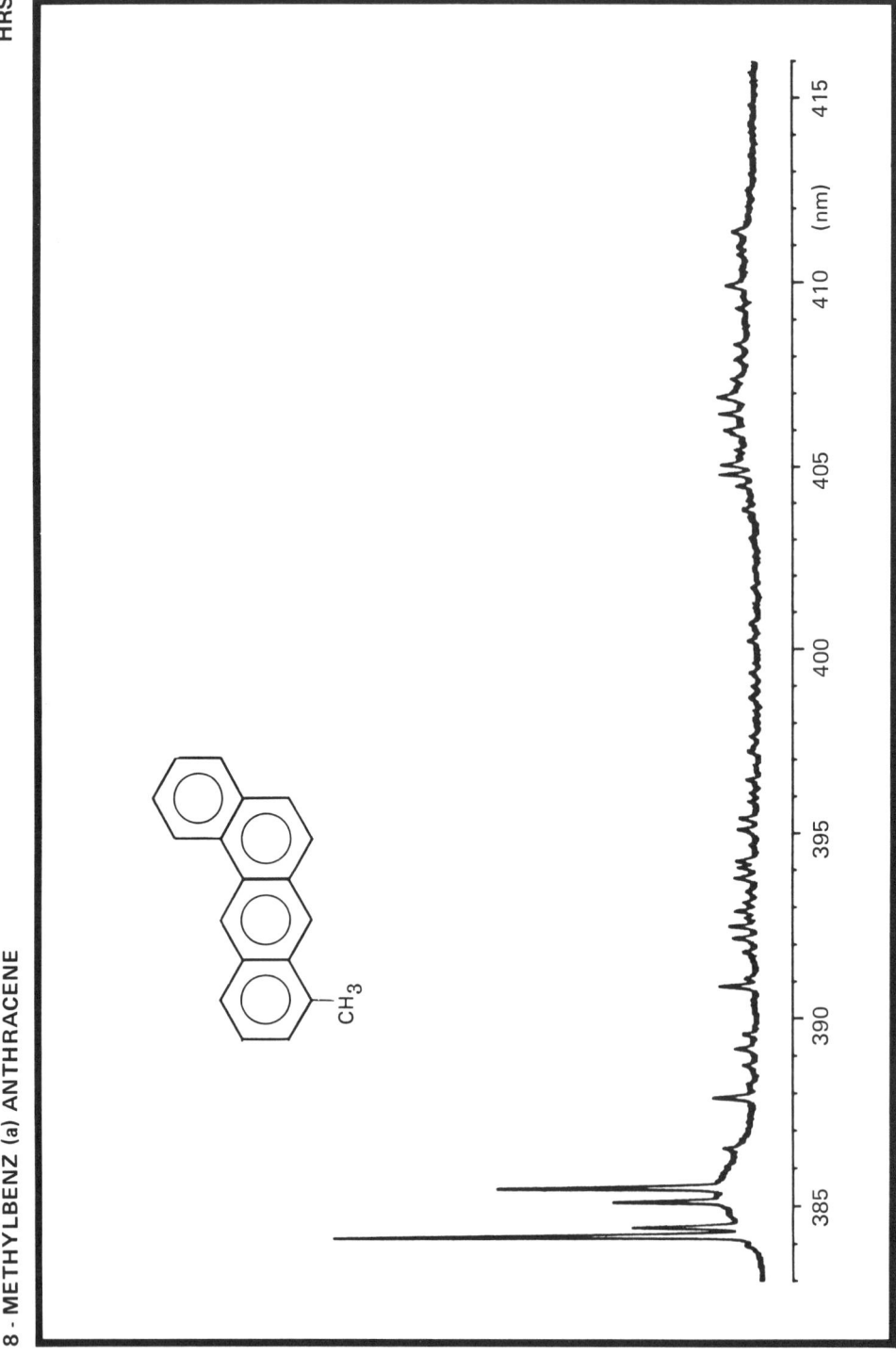

Fluorescence Wavelength (nm)	Intensity (%)
384.0	100
384.9	35
385	62

Original spectrum determined by Physico-chemical oceanography group-University of Bordeaux I (F)

Source	: 45OW Xenon lamp	Formula	: $C_{19}H_{14}$
Excitation monochromator	: Jobin-Yvon H20	M_r	: 242.32 u
Emission monochromator	: Jobin-Yvon HR1000	CAS Nr.	: 2381 - 31 - 9
Excitation wavelength (slits)	: 284 (9) nm	Purity	: 0.999 g/g
Emission slits	: 0.04 nm	m.p.	: 158°C
Temperature	: 15 K		
Solvent	: n-octane		
Concentration	: 0.484 mg/l		

8 - METHYLBENZ (a) ANTHRACENE

MS (m)

m/z	relative intensity	m/z	relative intensity
95	5.0	215	4.0
106.5	5.0	226	7.0
107	3.0	237	4.0
107.5	9.0	238	1.0
113	2.0	239	21.0
119	5.0	240	5.0
119.5	7.0	241	26.0
120	6.0	242	100.0
120.5	3.0	243	18.0
121	6.0	244	1.7

Original spectrum determined by Biochem. Institut, Ahrensburg (D)

Spectrometer : Varian MAT 111
Inlet System : Direct Inlet
Source Temperature : 200°C
Source Voltage : 70 eV

Formula : $C_{19}H_{14}$
M_r : 242.32 u
m/z : 242.11 u
CAS Nr. : 2381 - 15 - 9
Purity : 0.999 g/g
m.p. : 158°C

8 - METHYLBENZ (a) ANTHRACENE

MS (m)

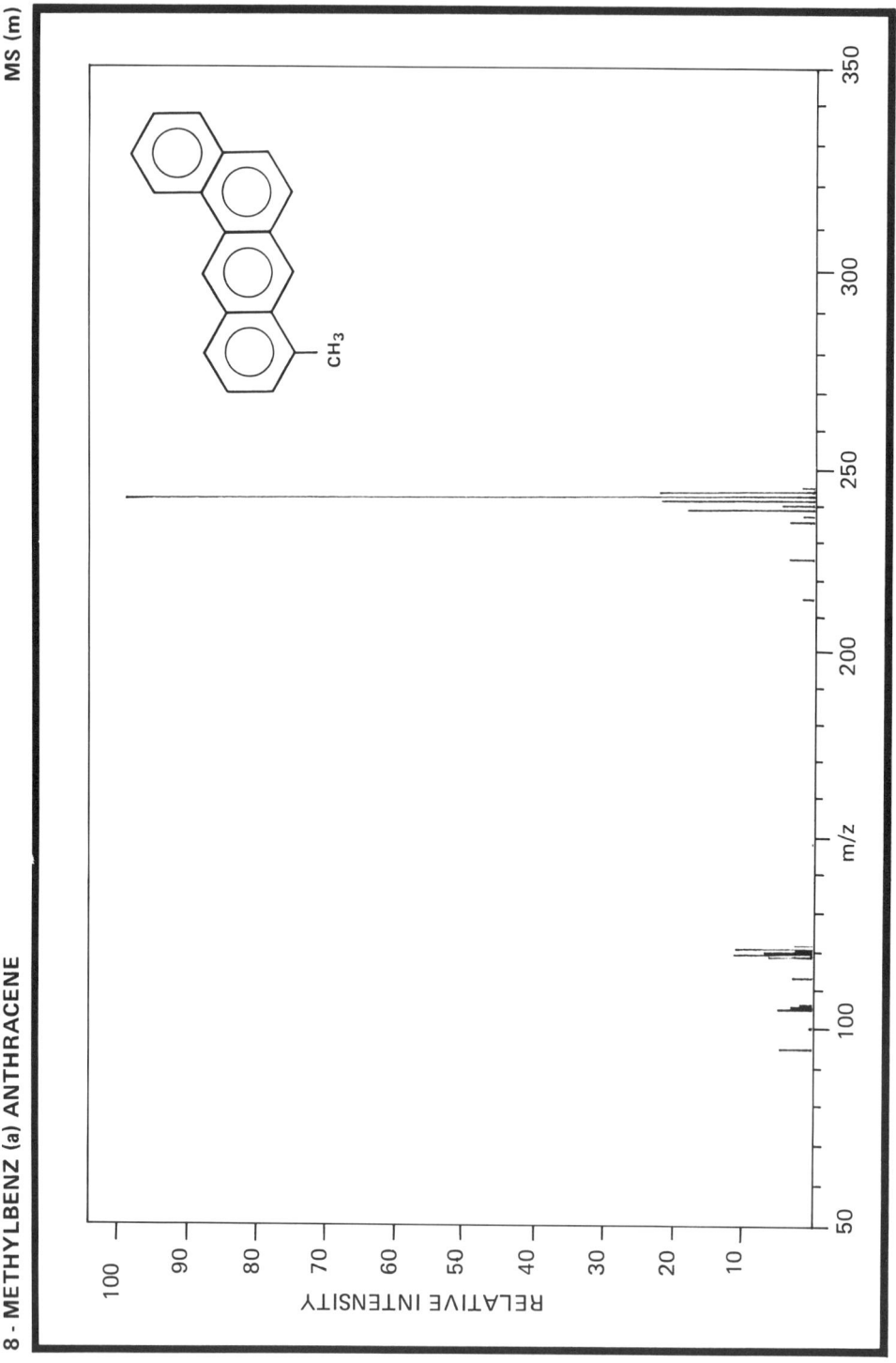

m/z	relative intensity	m/z	relative intensity
95	5.0	215	2.0
106.5	5.0	226	4.0
107	3.0	237	4.0
107.5	2.0	238	2.0
113	3.0	239	19.0
119	7.0	240	5.0
119.5	12.0	241	23.0
120	8.0	242	100.0
120.5	3.0	243	23.0
121	12.0	244	1.8
121.5	3.0		

Original spectrum determined by Biochem. Institut, Ahrensburg (D)

Spectrometer	: Varian MAT 111	Formula	: $C_{19}H_{14}$
Inlet System	: GC/MS	M_r	: 242.32 u
Source Temperature	: 200°C	m/z	: 242.11 u
Source Voltage	: 70 eV	CAS Nr.	: 2381 - 31 - 9
		Purity	: 0.999 g/g
		m.p.	: 158°C

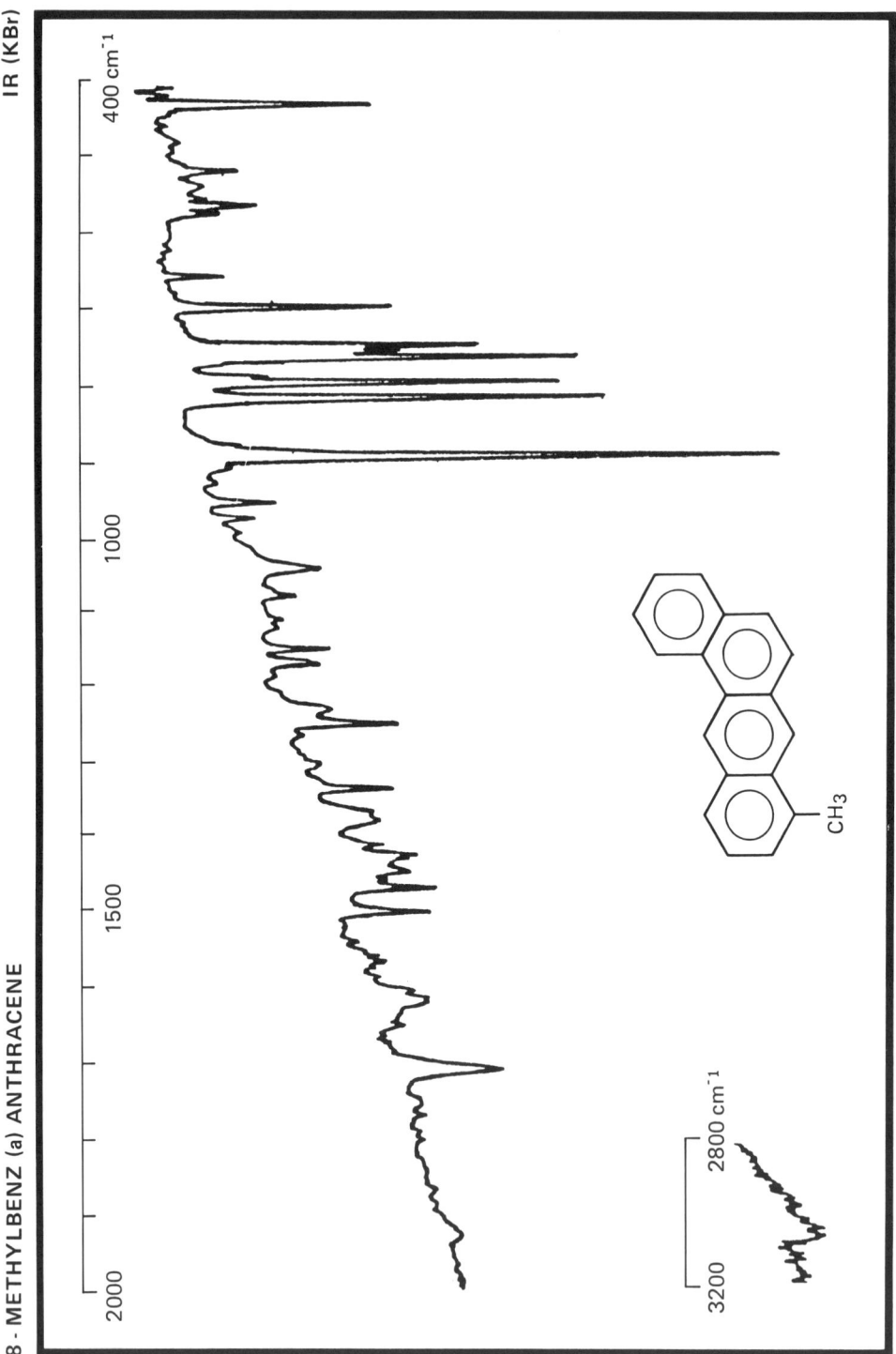

Frequency (cm⁻¹)	Assignment	Frequency (cm⁻¹)	Assignment
3048:	aromatic C - H stretch	885: 808:	aromatic C - H wagging deformation
		789:	
1710:		756:	
1610:	C=C stretch	747:	
1501:		741:	
1470:			
1445:	- CH₃ asym. deformation	689:	ring deformation
1415:		648:	
		526:	
1370:	- CH₃ sym. deformation	511:	
1333:		424:	
1244	C - C stretch		

Original spectrum determined by Biochem. Institut, Ahrensburg (D)

Spectrometer	: Nicolet 5 MX	Formula	: $C_{19}H_{14}$
Sample	: KBr disc (φ5 mm, thickness 0.4 mm)	M_r	: 242.32 u
Reference	: Air	CAS Nr.	: 2381 - 31 - 9
Resolution	: 1.7 cm⁻¹ (maximum)	Purity	: 0.999 g/g
		m.p.	: 158°C

8 - METHYLBENZ (a) ANTHRACENE

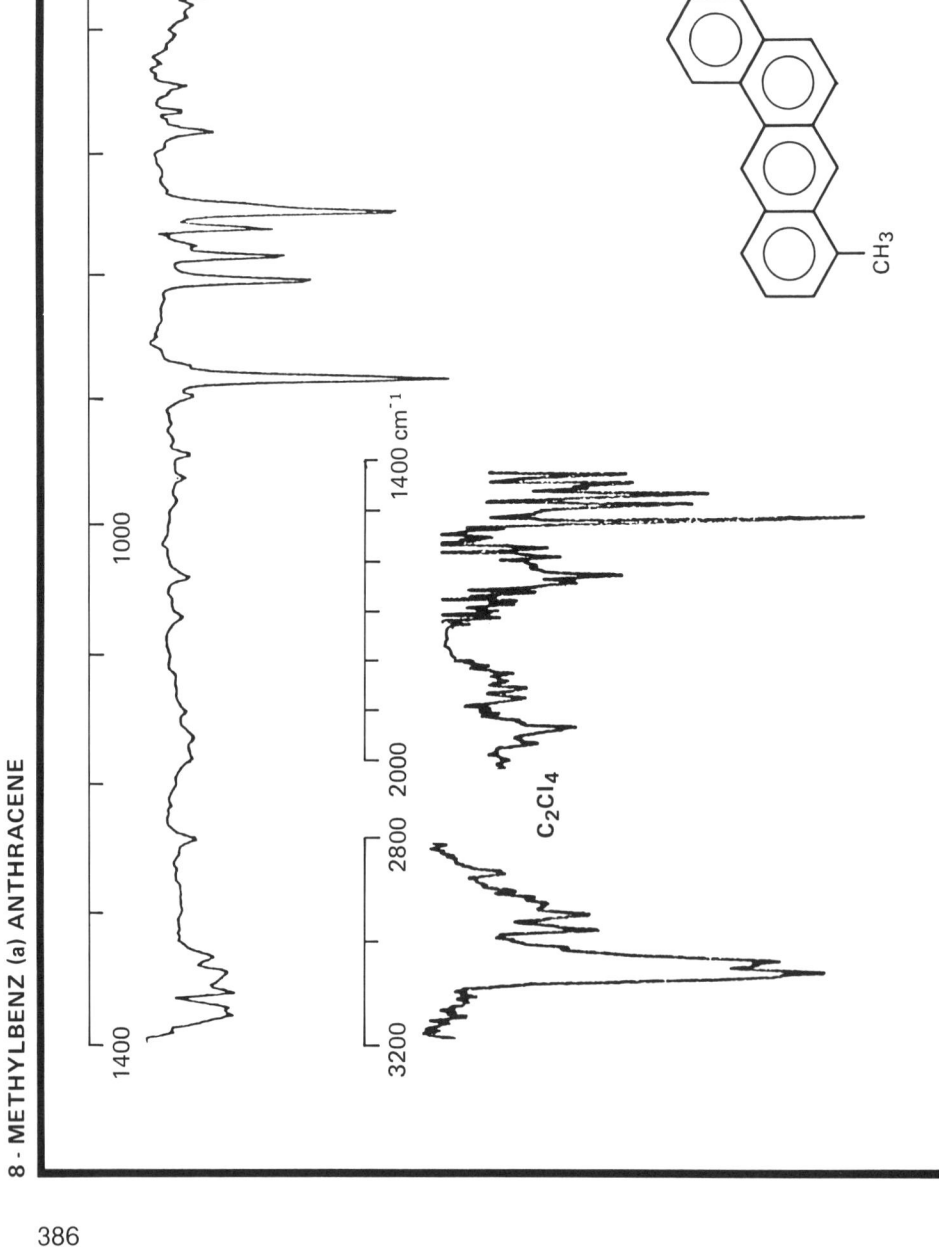

Frequency (cm⁻¹)	Assignment	Frequency (cm⁻¹)	Assignment
3063:	aromatic	882:	aromatic
3040:	C - H stretch	802:	C - H
		783:	wagging
2978:	- CH₃ asym.	762:	deformation
2945:	C - H stretch	748:	
1617:			
1516:	C=C stretch		
1480:		525:	ring
1461:	- CH₃ asym.	509:	deformation
1431:	deformation		
1415:			
1368:	- CH₃ sym.		
1335:	deformation		

Original spectrum determined by Biochem. Institut, Ahrensburg (D)

Spectrometer	: Nicolet 5 MX	**Formula**	: $C_{19}H_{14}$
Cell	: 0.2 mm (KBr)	**M_r**	: 242.32 u
Solvents	: C_2Cl_4 (3.200 - 1.400 cm⁻¹)	**CAS Nr.**	: 2381 - 31 - 9
	CS_2 (1.400 - 500 cm⁻¹)	**Purity**	: 0.999 g/g
Resolution	: 1.7 cm⁻¹ (maximum)	**m.p.**	: 158°C

9-METHYLBENZ(a)ANTHRACENE

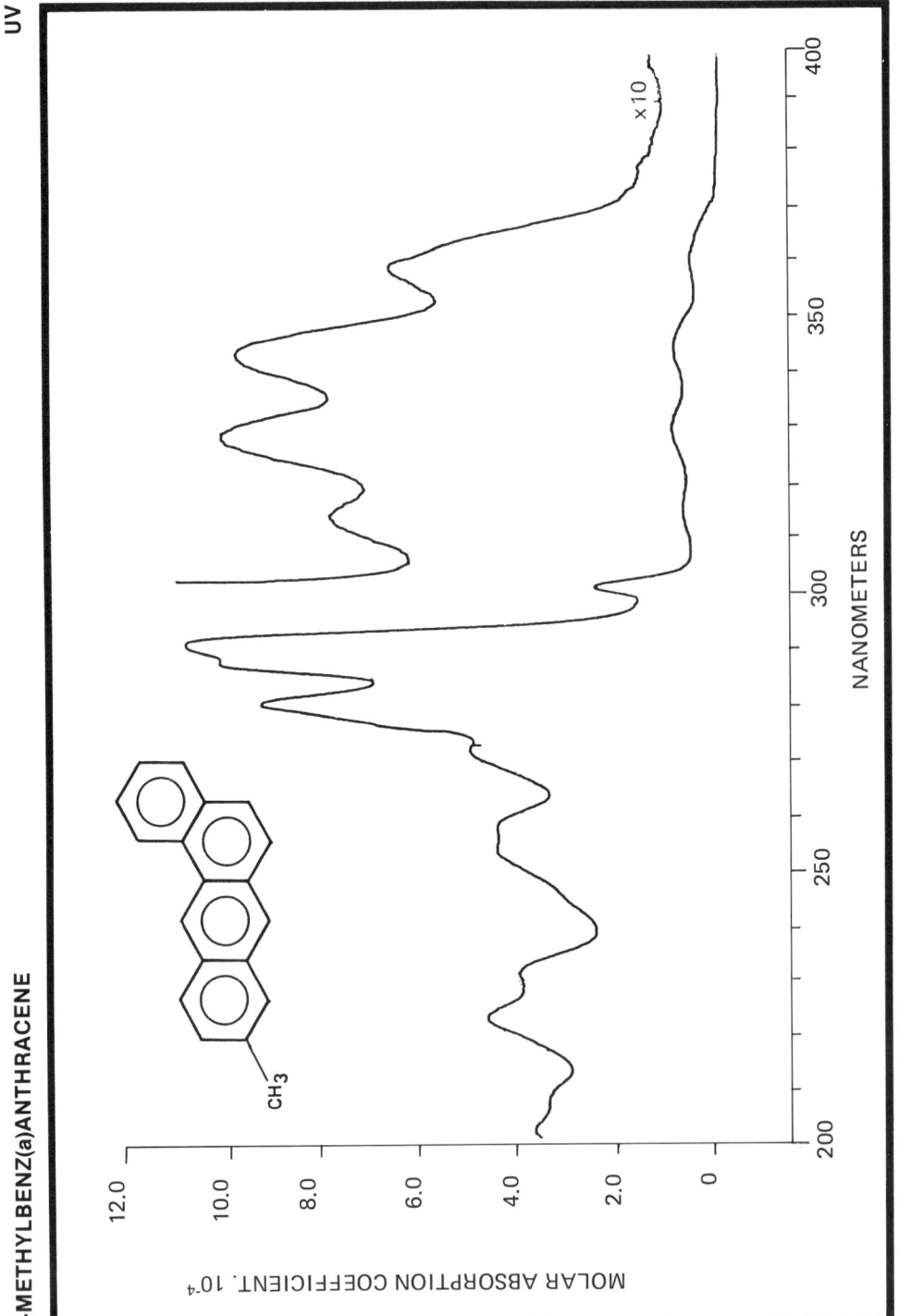

Wavelength (nm)	Molar absorption coefficient (l. mol⁻¹ cm⁻¹ × 10⁻⁴)	Wavelength (nm)	Molar absorption coefficient (l. mol⁻¹ cm⁻¹ × 10⁻⁴)
203.3	3.59	287.0	10.21
222.9	4.66	290.5	10.93
230.4	4.07	300.7	2.53
252.6	4.53	315.0	0.67
257.1	4.50	329.0	0.88
270.2 (sh)	5.04	344.0	0.84
280.1	9.35	360.0	0.54

Original spectrum determined by JRC Ispra (CEC)

Spectrometer	: Perkin - Elmer 555	**Formula**	: $C_{19}H_{14}$
Solvent	: Cyclohexane	**M_r**	: 242.32 u
Concentration	: 1.8 mg/l	**CAS Nr.**	: 2381 - 16 - 0
Cell Length	: 1.000 cm	**Purity**	: 0.992 g/g
Slit width	: 1 nm	**m.p.**	: 151°C

9-METHYLBENZ(a)ANTHRACENE

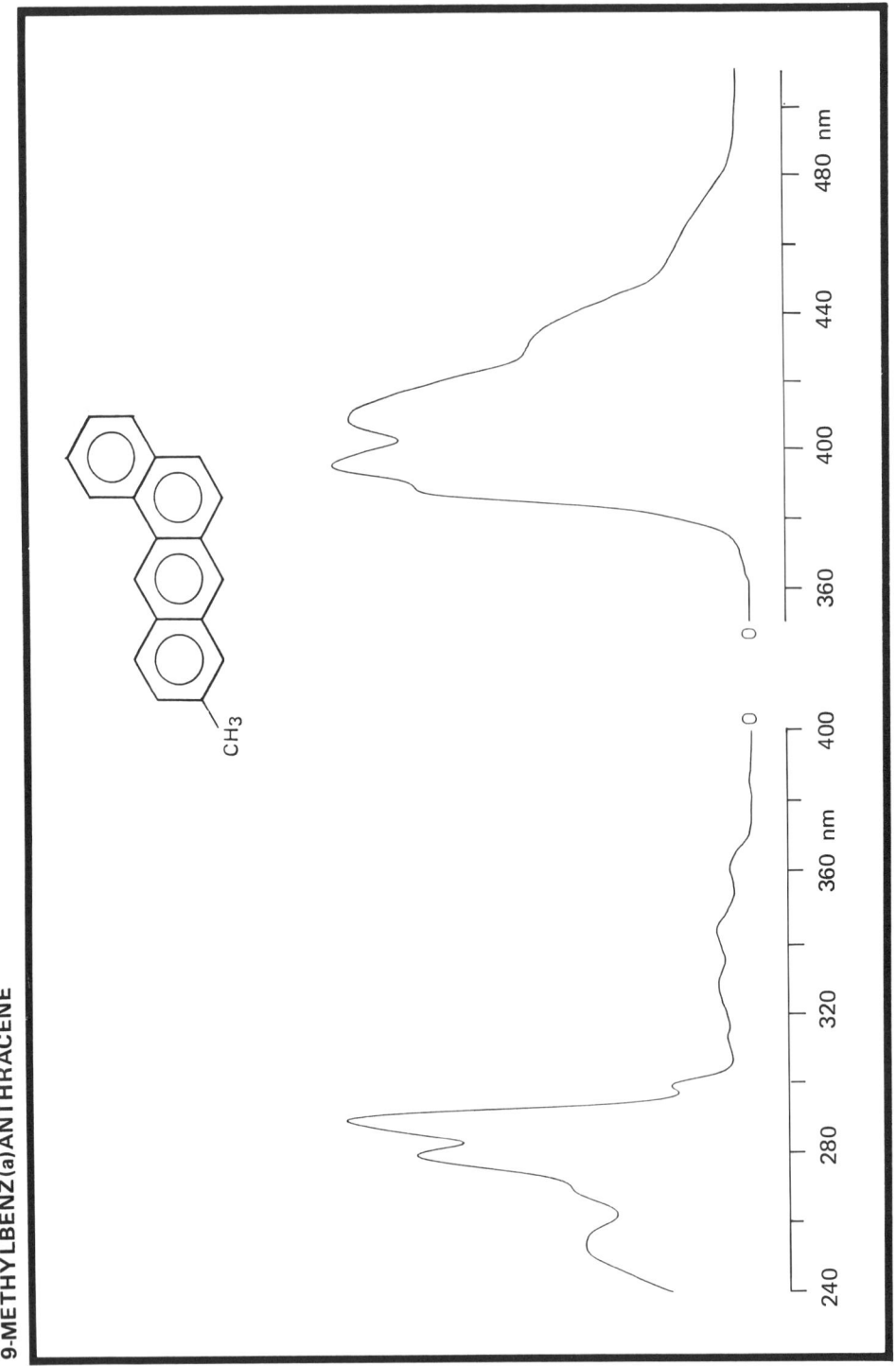

Wavelength (nm)	Relative intensity
387.5 (sh)	82
396	100
408	95
432 (sh)	51

Original spectrum produced by Physico-chemical oceanography group-University of Bordeaux I (F)

Instrument	: Perkin-Elmer MPF-44		**Formula**	: $C_{19}H_{14}$
Solvent	: Cyclohexane		**M$_r$**	: 242.32 u
Concentration	: 0.121 mg.l^{-1}		**CAS Nr.**	: 2381 - 16 - 0
Spectrum	**excitation**	**emission**	**Purity**	: 0.992 g/g
Fixed wavelength	: 408 nm	290 nm	**m.p.**	: 151°C
Excitation slit	: 2 nm	8 nm		
Emission slit	: 10 nm	2 nm		

9 - METHYLBENZ (a) ANTHRACENE

Fluorescence Wavelength (nm)	Intensity (%)
384	100
390.8	38
392.1	44
395	38

Original spectrum determined by Physico-chemical oceanography group-University of Bordeaux I (F)

Source	: 45OW Xenon lamp	Formula	: $C_{19}H_{14}$
Excitation monochromator	: Jobin-Yvon H20	M_r	: 242.32 u
Emission monochromator	: Jobin-Yvon HR1000	CAS Nr.	: 2381 - 16 - 0
Excitation wavelength (slits)	: 294 (9) nm	Purity	: 0.992 g/g
Emission slits	: 0.04 nm	m.p.	: 151°C
Temperature	: 15 K		
Solvent	: n-octane		
Concentration	: 0.484 mg l^{-1}		

9-METHYLBENZ(a)ANTHRACENE   MS (m)

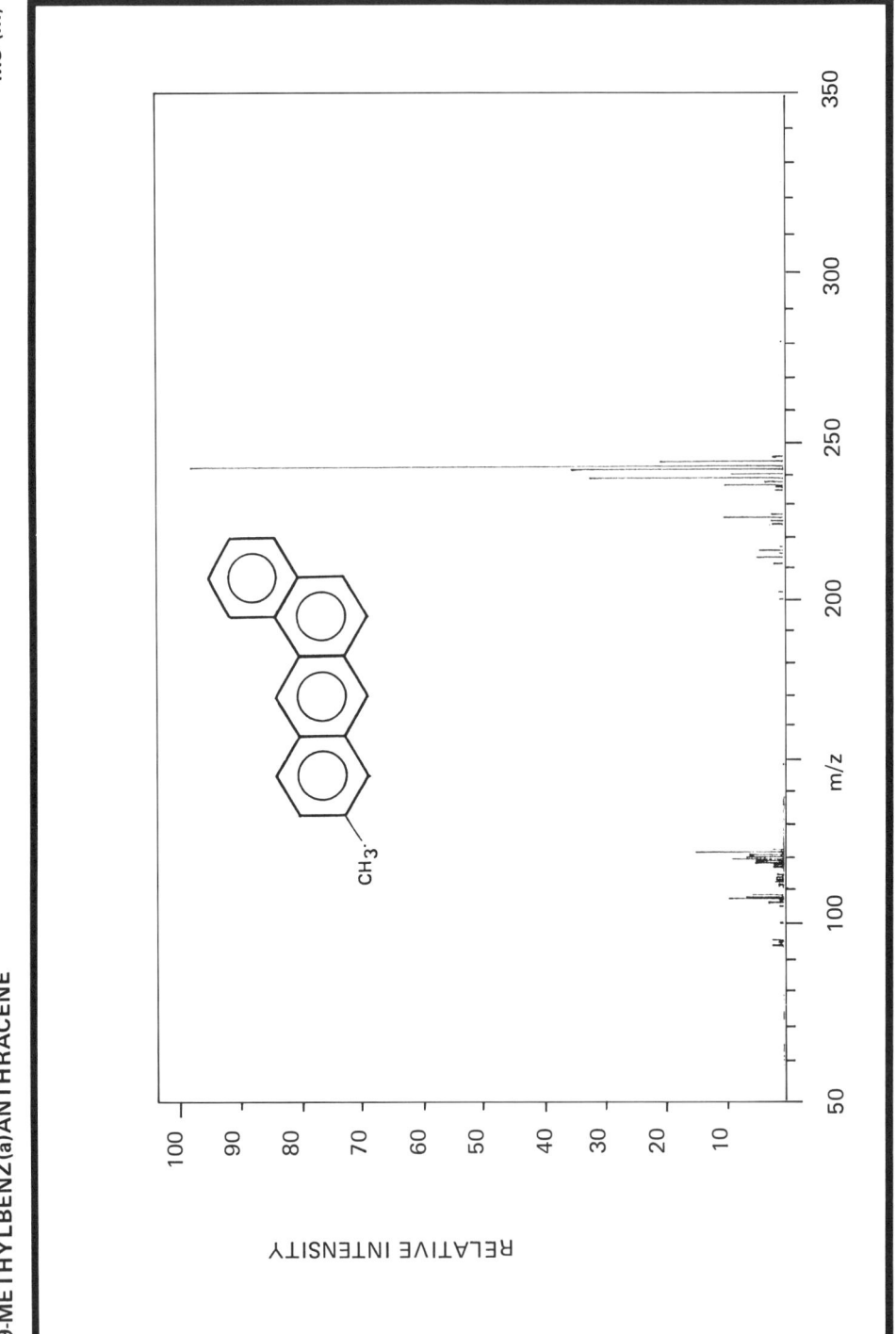

m/z	relative intensity	m/z	relative intensity
94	2	213	5
95	2	215	4
106.5	3	224	2
107.5	9	225	2
108	6	226	10
108.5	5	237	10
112.5	2	238	3
113	2	239	33
113.5	2	240	9
114	2	241	36
118.5	5	242	100
119	5	243	21
119.5	9	244	2.0
120	7		
120.5	6		
121	15		

Original spectrum determined by Biochem. Institut, Ahrensburg (D)

Spectrometer	: Varian MAT 111	Formula	: $C_{19}H_{14}$
Inlet System	: Direct Inlet	M_r	: 242.32 u
Source Temperature	: 200°C	m/z	: 242.11 u
Source Voltage	: 70 eV	CAS Nr.	: 2381 - 16 - 0
		Purity	: 0.992 g/g
		m.p.	: 151°C

9-METHYLBENZ(a)ANTHRACENE — MS (m)

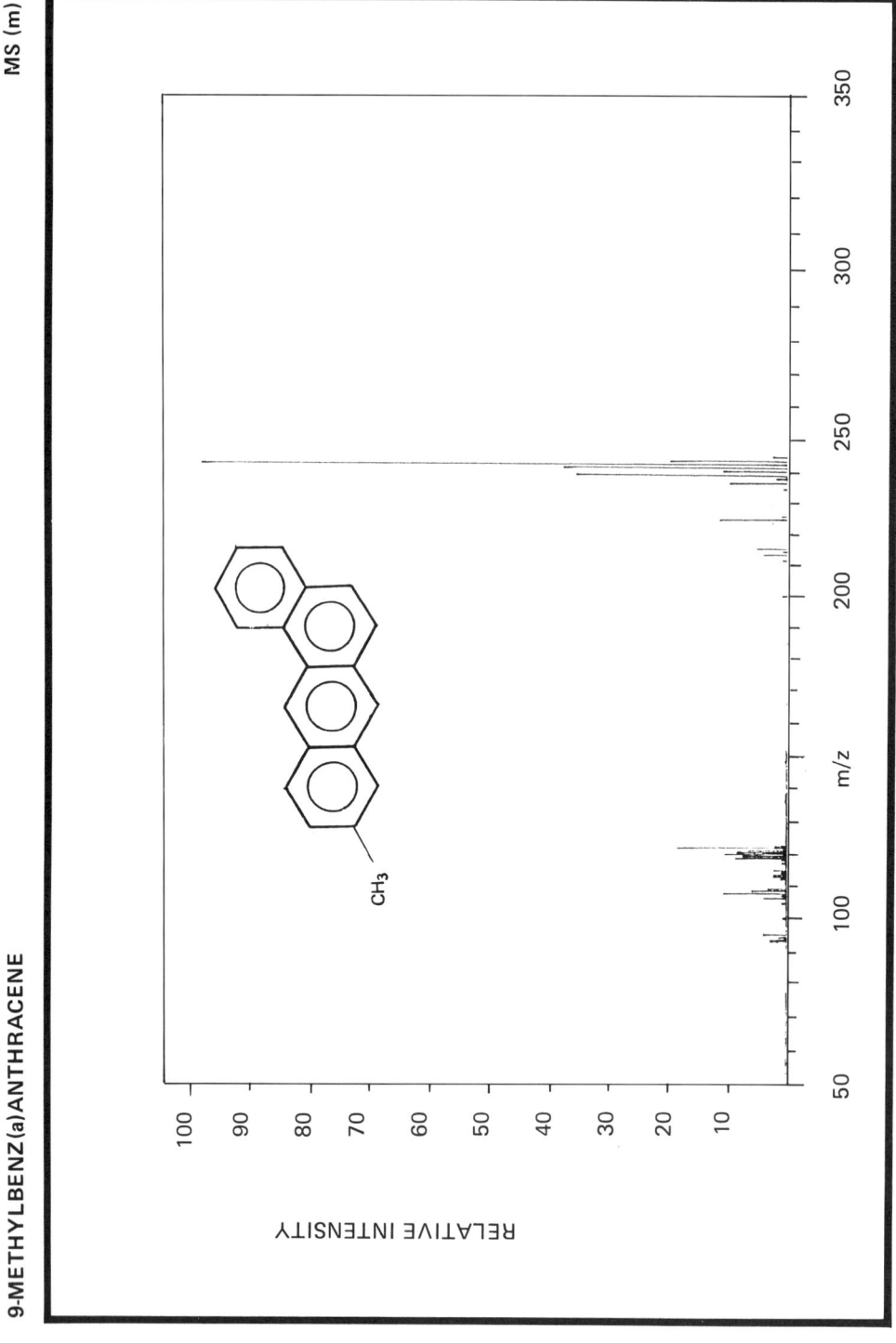

m/z	relative intensity	m/z	relative intensity
94	3	120.5	7
94.5	2	121	19
95	4	121.5	2
106.5	4	213	4
107.5	11	215	5
108	6	226	12
108.5	3	237	10
112.5	2	238	2
113	2	239	36
114	2	240	11
118.5	9	241	38
119	8	242	100
119.5	11	243	20
120	9	244	3.0

Original spectrum determined by Biochem. Institut, Ahrensburg (D)

Spectrometer	: Varian MAT 111	Formula	: $C_{19}H_{14}$
Inlet System	: capill. GC/MS	M_r	: 242.32 u
Source Temperature	: 200°C	m/z	: 242.11 u
Source Voltage	: 70 eV	CAS Nr.	: 2381 - 16 - 0
		Purity	: 0.992 g/g
		m.p.	: 151°C

9 - METHYLBENZ (a) ANTHRACENE

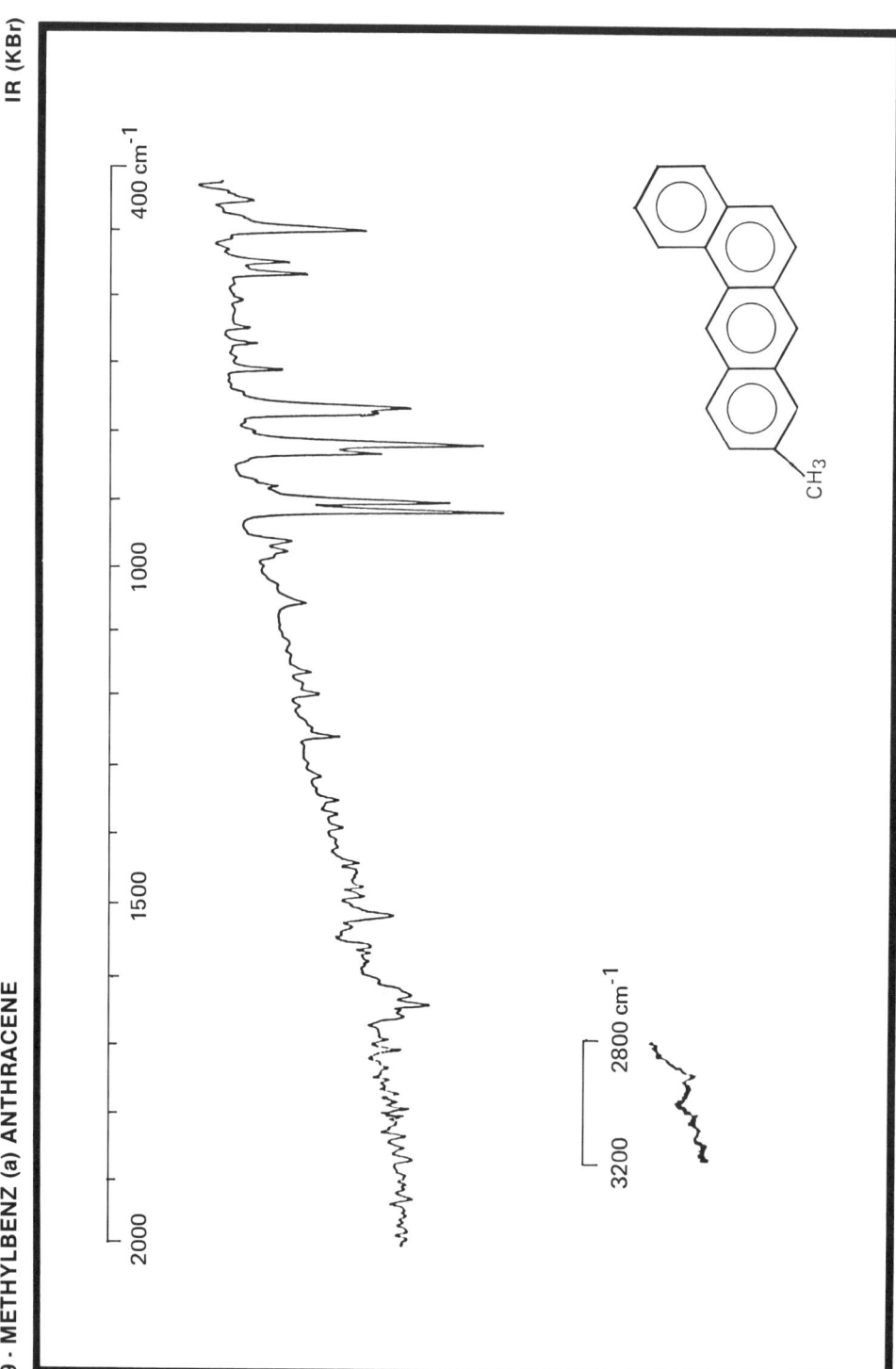

Frequency (cm⁻¹)	Assignment
3056:	aromatic C - H stretch
3005:	C - H stretch
2917:	- CH₃ sym.
2863:	C - H stretch
1632:	C=C stretch
1503:	
1238:	(C - C stretch)

Frequency (cm⁻¹)	Assignment
962:	
945:	
899:	aromatic C - H wagging deformation
885:	
814:	
799:	
754:	
745:	
689:	ring deformation
546:	
527:	
475:	

Original spectrum determined by Biochem. Institut, Ahrensburg (D)

Spectrometer	: Nicolet 5 MX
Sample	: KBr disc (φ 5 thickness 0.4 mm)
Reference	: Air
Resolution	: 1.7 cm⁻¹ (maximum)

Formula	: $C_{19}H_{14}$
M$_r$	: 242.32 u
CAS Nr.	: 2381 - 16 - 0
Purity	: 0.992 g/g
m.p.	: 151°C

9 - METHYLBENZ (a) ANTHRACENE   IR (s)

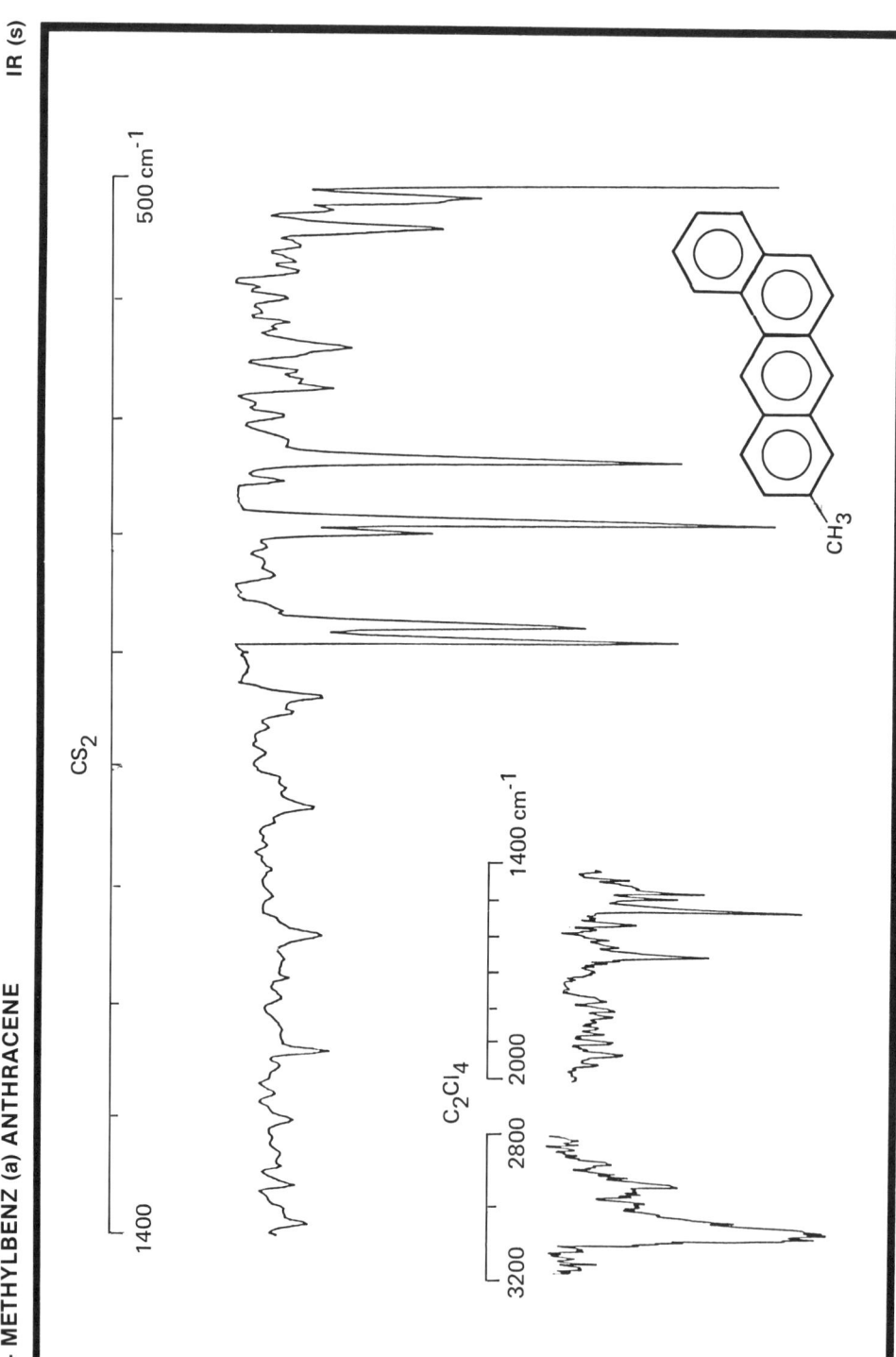

Frequency (cm⁻¹)	Assignment	Frequency (cm⁻¹)	Assignment
3054:	aromatic	1036:	
3042:		943:	
3034:	C - H stretch		
3015:		893:	aromatic
		882:	C - H
2920:	- CH₃ sym. C - H stretch	804:	wagging
		795:	deformation
1634:		743:	
1549:	C=C stretch	683:	ring
1507:		648:	deformation
1474:		542:	
1458:		512:	
1237:	C - C stretch		
1142:			

Original spectrum determined by Biochem. Institut, Ahrensburg (D)

Spectrometer : Nicolet 5 MX
Cell : 0.2 mm (KBr)
Solvents : C₂Cl₄ (3.200 - 1.400 cm⁻¹)
    CS₂ (1.400 - 500 cm⁻¹)
Resolution : 1.7 cm⁻¹ (maximum)

Formula : C₁₉H₁₄
M_r : 242.32 u
CAS Nr. : 2381 - 16 - 0
Purity : 0.992 g/g
m.p. : 151°C

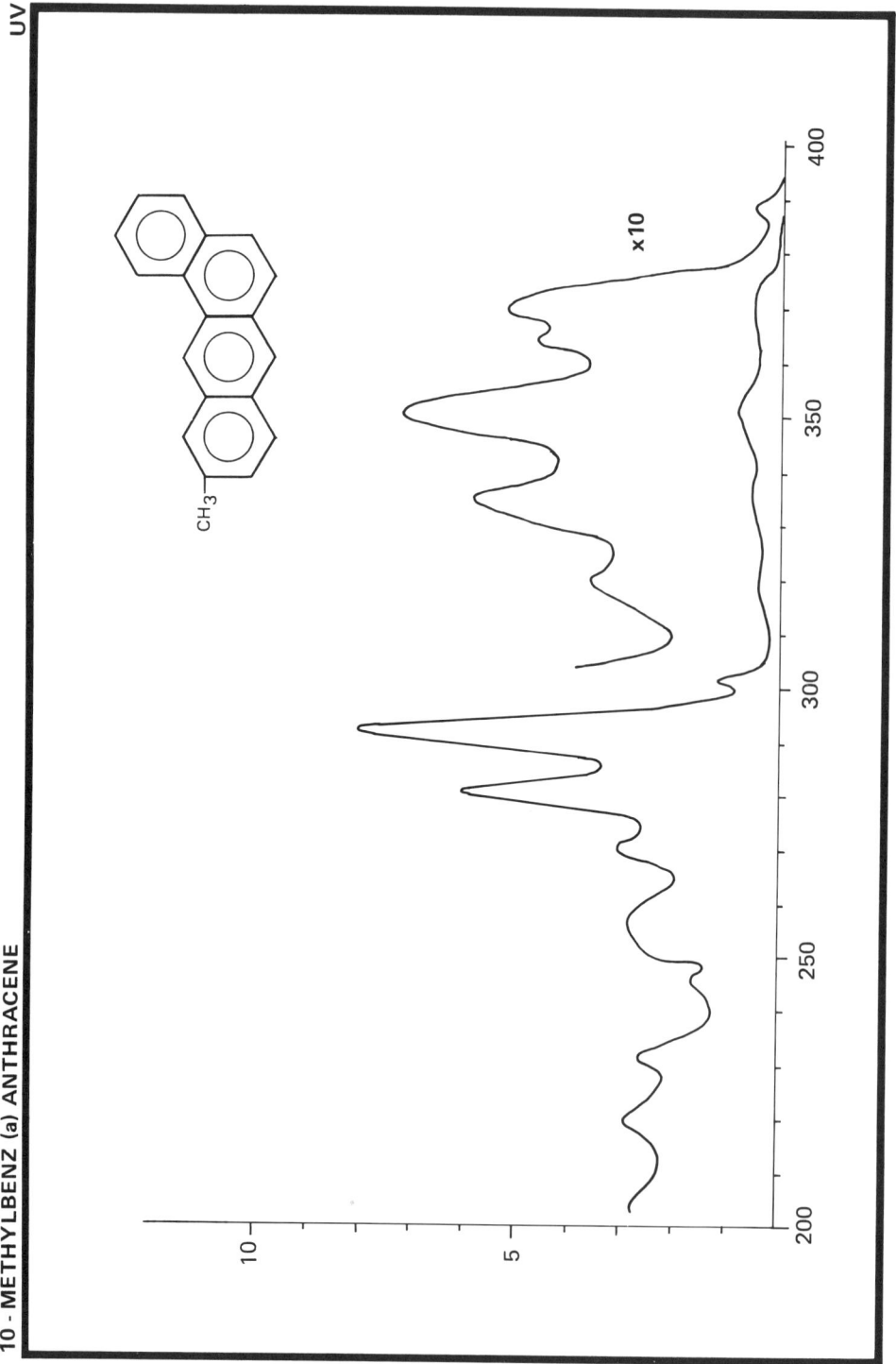

Wavelength (nm)	Molar absorption coefficient (l. mol⁻¹ cm⁻¹ × 10⁻⁴)	Wavelength (nm)	Molar absorption coefficient (l. mol⁻¹ cm⁻¹ × 10⁻⁴)
200	2.8	301	1.11
221	3.0	320	0.36
232	2.67	335	0.58
257.5	2.91	352	0.72
271	3.01	365	0.46
281	6.04	370	0.52
292	8.01	388	0.05

Original spectrum determined by Biochem. Institut, Ahrensburg (D)

Spectrometer	: Perkin - Elmer 555
Solvent	: Cyclohexane
Concentration	: 19 mg/l (2 mg/l)
Cell Length	: 1.000 cm
Slit width	: 1 nm
Formula	: $C_{19}H_{14}$
M_r	: 242.32 u
CAS Nr.	: 2381 - 15 - 9
Purity	: 0.994 g/g
m.p.	: 139°C

10-METHYLBENZ(a)ANTHRACENE

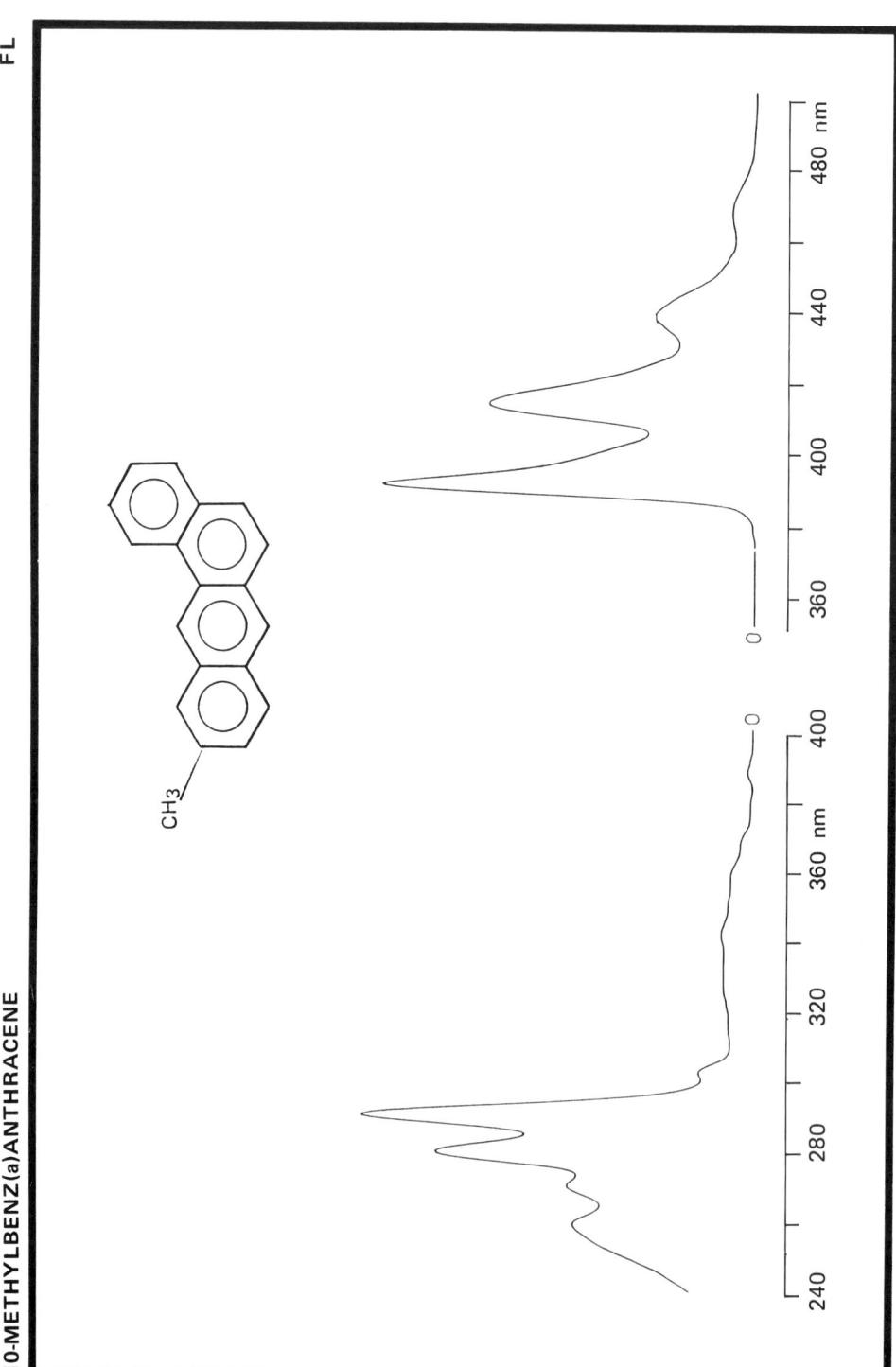

Wavelength (nm)	Relative intensity
388	100
410.5	66
436	24.5

Original spectrum produced by Physico-chemical oceanography group-University of Bordeaux I (F)

Instrument	: Perkin-Elmer MPF-44	Formula	: $C_{19}H_{14}$
Solvent	: Cyclohexane	M_r	: 242.32 u
Concentration	: 0.121 mg.l^{-1}	CAS Nr.	: 2381 - 15 - 9
Spectrum	: **excitation**	Purity	: 0.994 g/g
Fixed wavelength	: 410.5 nm emission 290.5 nm	m.p.	: 139°C
Excitation slit	: 2 nm 4 nm		
Emission slit	: 8 nm 2 nm		

10 - METHYLBENZ (a) ANTHRACENE

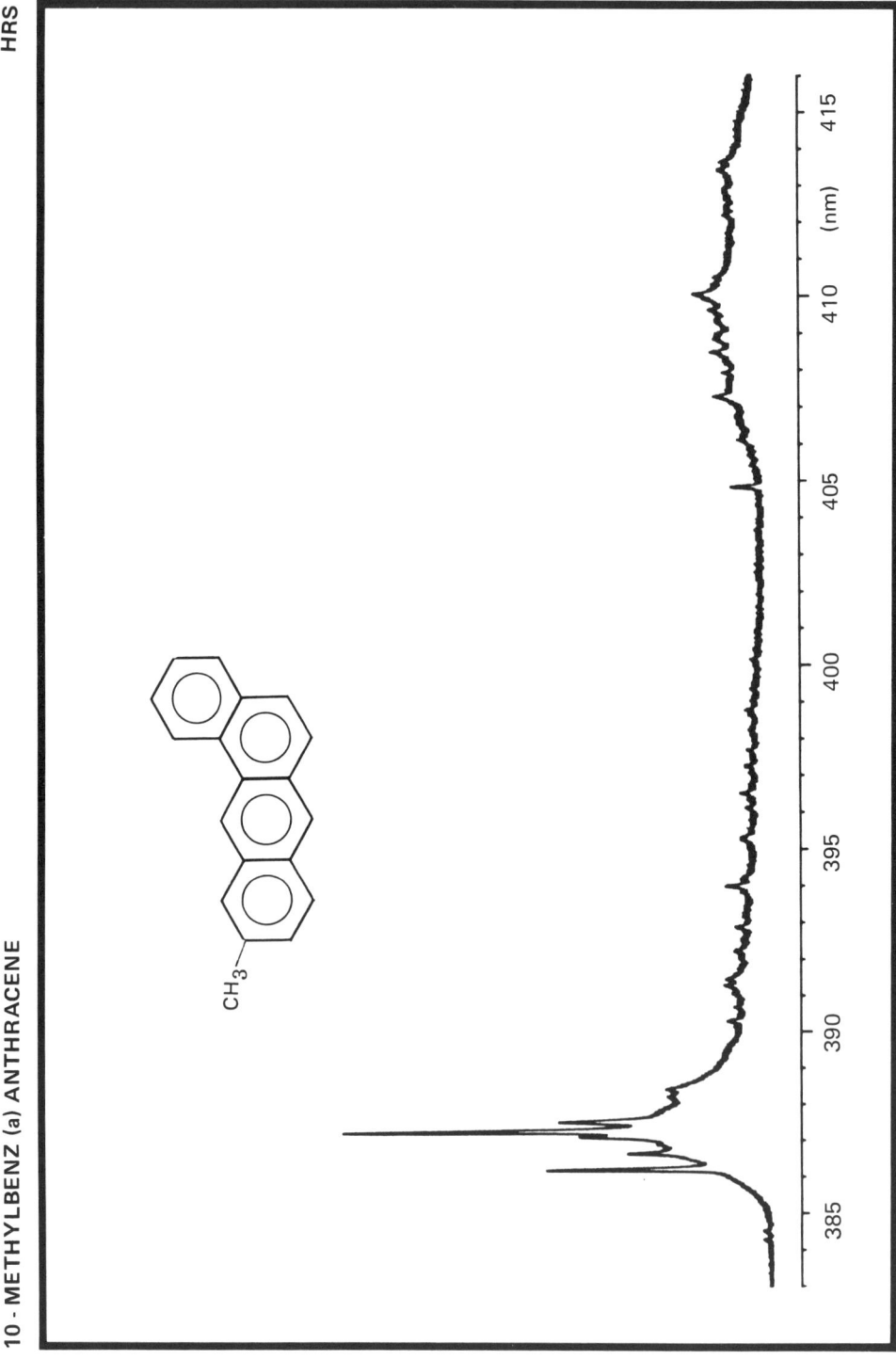

Fluorescence Wavelength (nm)	Intensity (%)
386.0	52
396.5	34
386.9	45
387.1	100
387.4	50

Original spectrum determined by Physico-chemical oceanography group-University of Bordeaux I (F)

Source	: 450W Xenon lamp	Formula	: $C_{19}H_{14}$
Excitation monochromator	: Jobin-Yvon H20	M_r	: 242.32 u
Emission monochromator	: Jobin-Yvon HR1000	CAS Nr.	: 2381 - 15 - 9
Excitation wavelength (slits)	: 284 (9) nm	Purity	: 0.994 g/g
Emission slits	: 0.04 nm	m.p.	: 139°C
Temperature	: 15 K		
Solvent	: n-octane		
Concentration	: 0.484 mg/l		

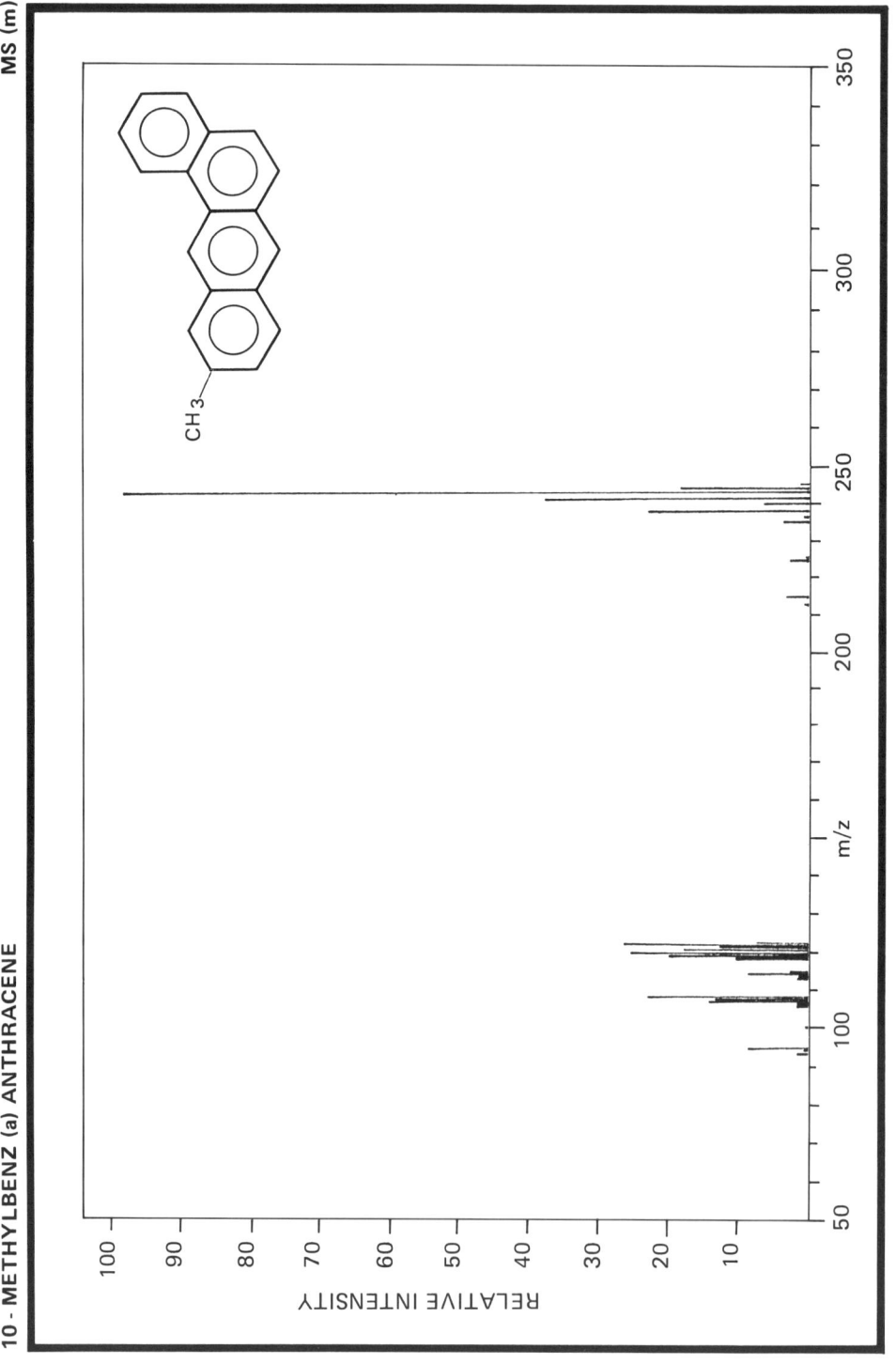

m/z	relative intensity	m/z	relative intensity
94	2.0	120	19.0
94.5	1.0	120	14.0
95	9.0	121	28.0
106.5	2.0	121.5	9.0
107	2.0	215	4.0
107.5	15.0	226	3.0
108	14.0	237	4.0
108.5	24.0	238	1.0
112.5	2.0	239	24.0
113	2.0	240	7.0
113.5	9.0	241	39.0
114	3.0	242	100.0
118.5	11.0	243	19.0
119	21.0	244	2.2
119.5	27.0		

Original spectrum determined by Biochem. Institut, Ahrensburg (D)

Spectrometer	: Varian MAT 111
Inlet System	: Direct Inlet
Source Temperature	: 200°C
Source Voltage	: 70 eV

Formula	: $C_{19}H_{14}$
M_r	: 242.32 u
m/z	: 242.11 u
CAS Nr.	: 2381 - 15 - 9
Purity	: 0.994 g/g
m.p.	: 139°C

10 - METHYLBENZ (a) ANTHRACENE MS (m)

m/z	relative intensity	m/z	relative intensity
94	3.0	120	20.0
94.5	2.0	120.5	12.0
95	12.0	121	31.0
106.5	4.0	121.5	12.0
107	4.0	215	5.0
107.5	17.0	226	5.0
108	11.0	237	5.0
108.5	21.0	238	2.0
112.5	4.0	239	25.0
113	2.0	240	10.0
113.5	12.0	241	36.0
114	5.0	242	100.0
118.5	15.0	243	20.0
119	22.0	244	3.0
119.5	31.0		

Original spectrum determined by Biochem. Institut, Ahrensburg (D)

Spectrometer	: Varian MAT 111		Formula	: $C_{19}H_{14}$
Inlet System	: GC/MS		M_r	: 242.32 u
Source Temperature	: 200°C		m/z	: 242.11 u
Source Voltage	: 70 eV		CAS Nr.	: 2381 - 15 - 9
			Purity	: 0.994 g/g
			m.p.	: 139°C

10 - METHYLBENZ (a) ANTHRACENE

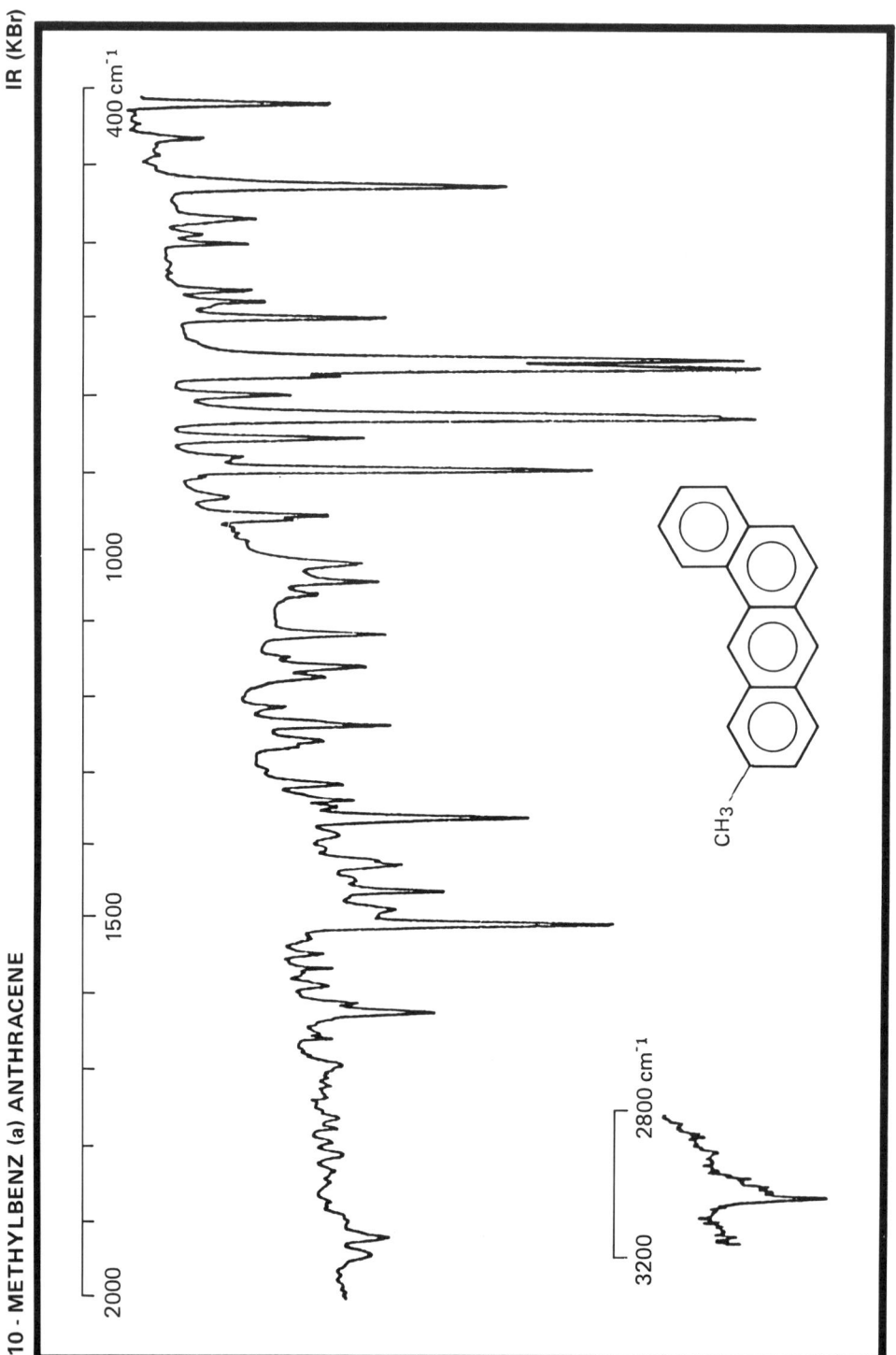

Frequency (cm⁻¹)	Assignment	Frequency (cm⁻¹)	Assignment
3063:	aromatic C - H stretch	945:	aromatic C - H wagging deformation
1618:	C=C stretch	881:	
1501:		841:	
1456:	- CH₃ asym. deformation	816:	
1418:		748:	
		739:	ring deformation
1354:	- CH₃ sym. deformation	683:	
		513:	
		409:	
1227:	C - C stretch		

Original spectrum determined by Biochem. Institut, Ahrensburg (D)

Spectrometer	: Nicolet 5 MX	Formula	: $C_{19}H_{14}$
Sample	: KBr disc	M_r	: 242.32 u
Reference	: Air	CAS Nr.	: 2381 - 15 - 9
Resolution	: 1.7 cm⁻¹ (maximum)	Purity	: 0.994 g/g
		m.p.	: 139°C

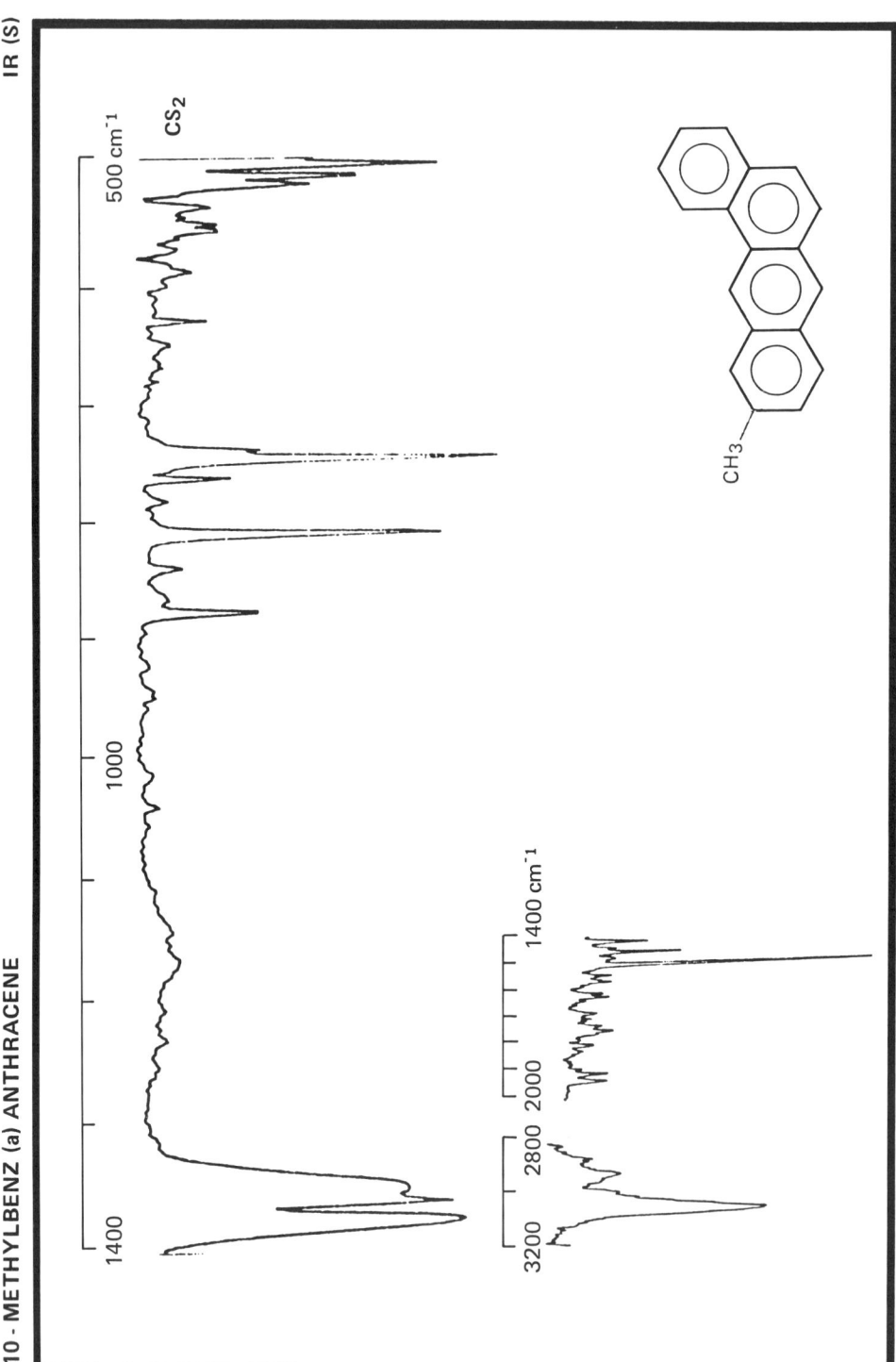

Frequency (cm⁻¹)	Assignment	Frequency (cm⁻¹)	Assignment
3067:	aromatic C - H stretch		in-plane H rocking
2929:	- CH₃ asym. C - H stretch		
2879:	- CH₃ sym. C - H stretch		
		876:	aromatic
		810:	C - H
1515:	C=C stretch		wagging deformation
		745:	
		737:	
1469:	- CH₃ asym. deformation	519:	ring deformation
1423:		513:	
1373:	- CH₃ sym. deformation	503:	
1360:			

Original spectrum determined by Biochem. Institut, Ahrensburg (D)

Spectrometer	: Nicolet 5 MX	Formula	: $C_{19}H_{14}$
Cell	: 0.2 mm (KBr)	M_r	: 242.32 u
Solvents	: C_2Cl_4 (3.200 - 1.400 cm⁻¹)	CAS Nr.	: 2381 - 15 - 9
	CS_2 (1.400 - 500 cm⁻¹)	Purity	: 0.994 g/g
Resolution	: 1.7 cm⁻¹ (maximum)	m.p.	: 139°C

11-METHYLBENZ(a)ANTHRACENE

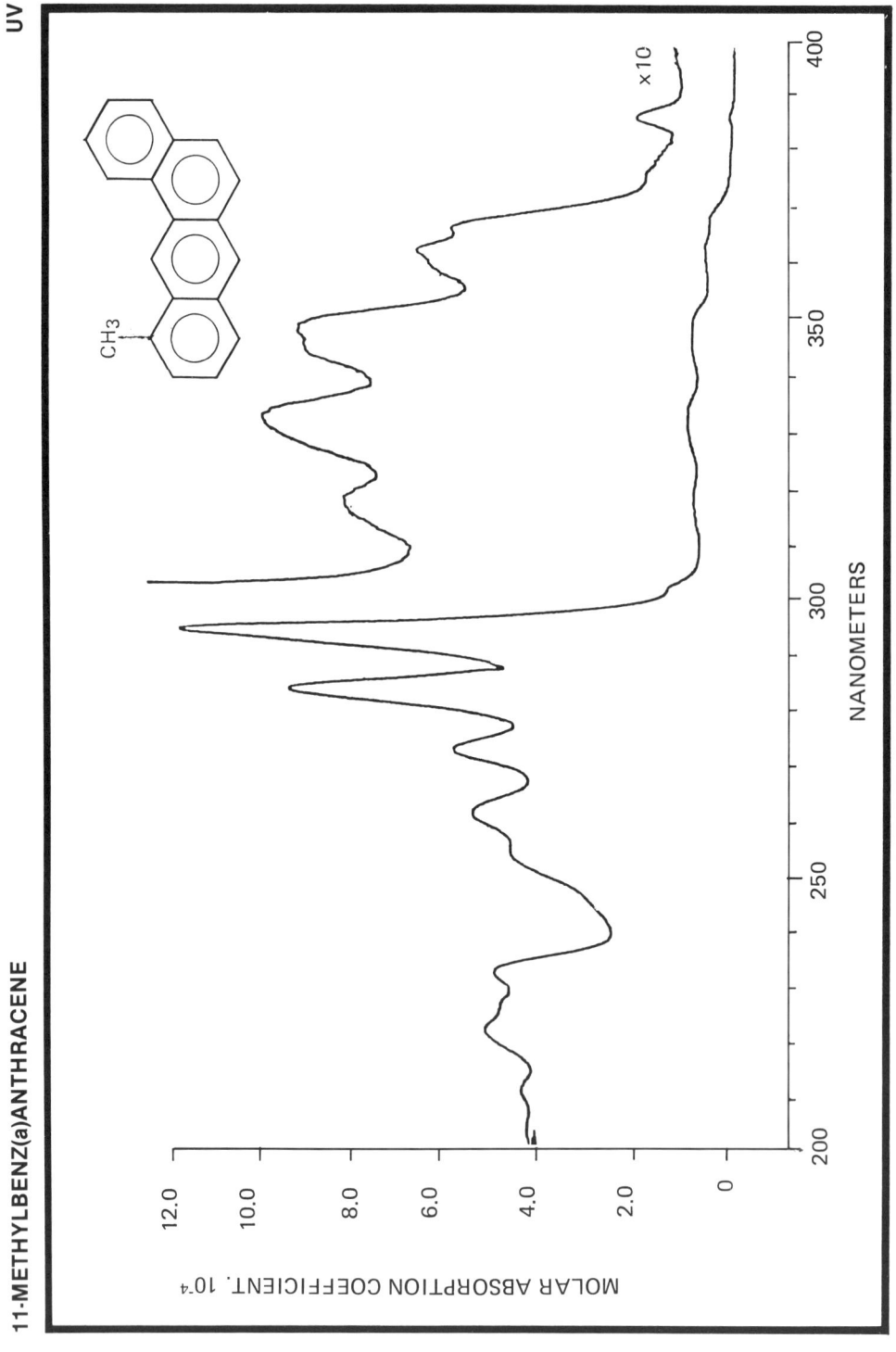

Wavelength (nm)	Molar absorption coefficient (l. mol⁻¹ cm⁻¹ x 10⁻⁴)	Wavelength (nm)	Molar absorption coefficient (l. mol⁻¹ cm⁻¹ x 10⁻⁴)
204.0	4.0	285.7	4.64
210.6	4.2	292.5	11.8
220.9	4.8	317.0	0.7
231.4	5.0	331.0	0.85
259.8	5.34	347.0	0.8
270.7	5.75	361.0	0.53
281.0	9.3	386.0	0.09

Original spectrum determined by JRC Ispra (CEC)

Spectrometer	: Perkin - Elmer 555	Formula	: $C_{19}H_{14}$
Solvent	: Cyclohexane	M_r	: 242.32 u
Concentration	: 1.7 mg/l	CAS Nr.	: 6111 - 78 - 0
Cell Length	: 1.000 cm	Purity	: 0.995 g/g
Slit width	: 1 nm	m.p.	: 117.5°C

11-METHYLBENZ(a)ANTHRACENE

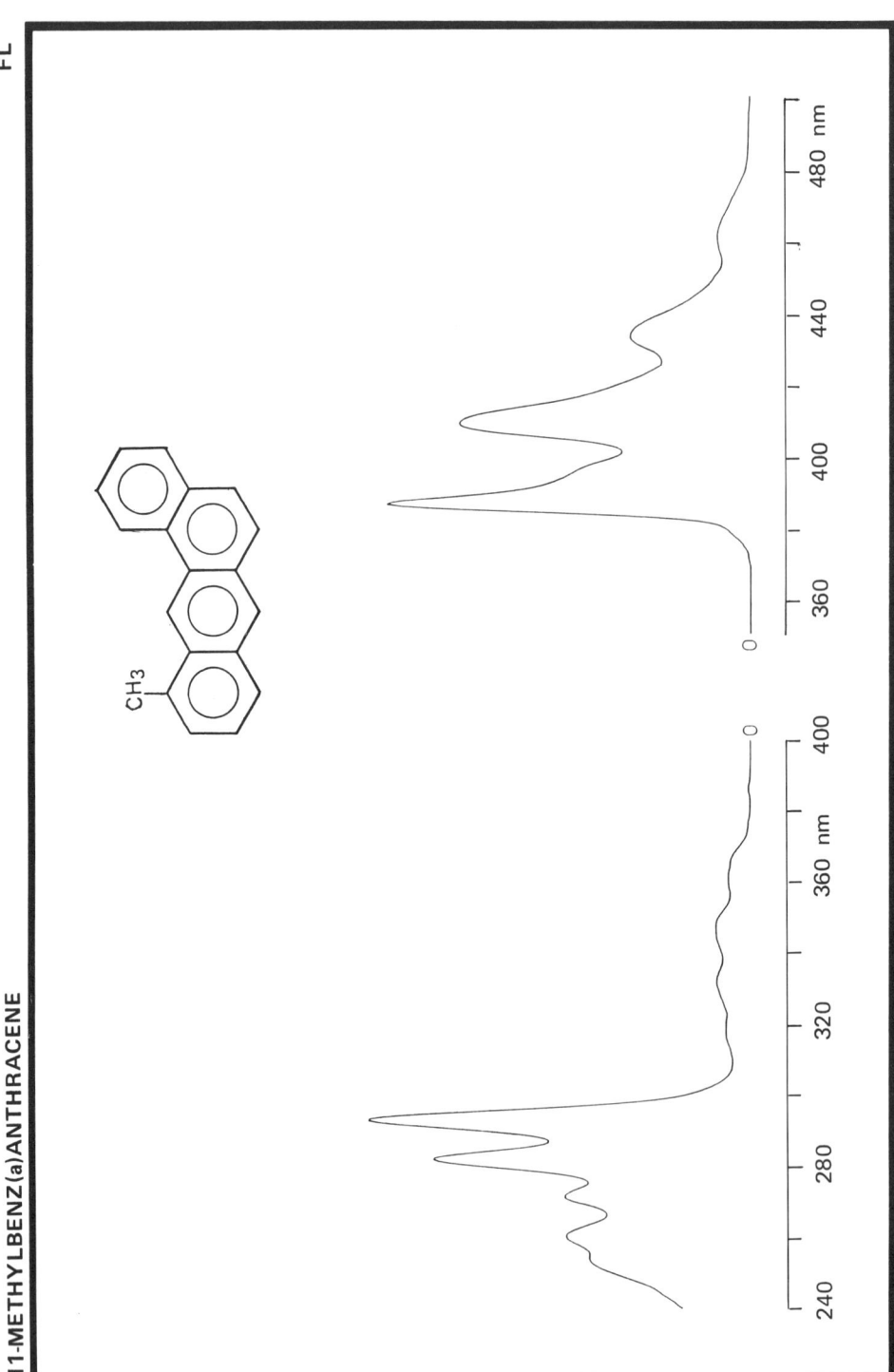

Wavelength (nm)	Relative intensity
386.5	100
396 (sh)	41
408	71
434	30

Original spectrum produced by Physico-chemical oceanography group-University of Bordeaux I (F)

Instrument	: Perkin-Elmer MPF-44	**Formula**	: $C_{19}H_{14}$
Solvent	: Cyclohexane	**M$_r$**	: 242.32 u
Concentration	: 0.121 mg.l^{-1}	**CAS Nr.**	: 6111 - 78 - 0
Spectrum	: **excitation**	**emission**	**Purity** : 0.995 g/g
Fixed wavelength	: 408 nm	292.5 nm	**m.p.** : 117.5°C
Excitation slit	: 2 nm	4 nm	
Emission slit	: 8 nm	2 nm	

11 - METHYLBENZ (a) ANTHRACENE

Fluorescence Wavelength (nm)	Intensity (%)
384.3	13
385.5	100
385.8	36
386.6	50

Original spectrum determined by Physico-chemical oceanography group-University of Bordeaux I (F)

Source	: 450W Xenon lamp	**Formula**	: $C_{19}H_{14}$
Excitation monochromator	: Jobin-Yvon H20	**M$_r$**	: 242.32 u
Emission monochromator	: Jobin-Yvon HR1000	**CAS Nr.**	: 6111 - 78 - 0
Excitation wavelength (slits)	: 294 (9) nm	**Purity**	: 0.995 g/g
Emission slits	: 0.04 nm	**m.p.**	: 117.5°C
Temperature	: 15 K		
Solvent	: n-octane		
Concentration	: 0.484 mg l^{-1}		

11-METHYLBENZ(a)ANTHRACENE

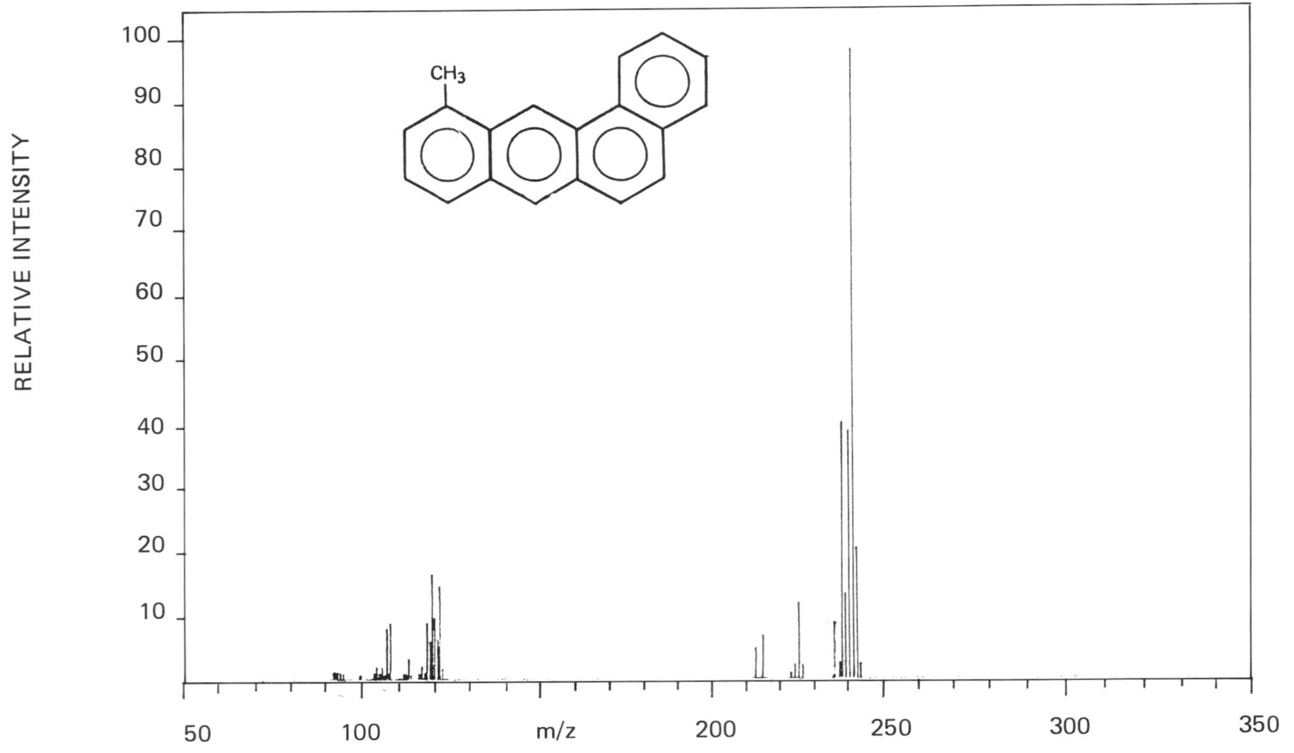

MS (m)

m/z	relative intensity		m/z	relative intensity
107.5	8		213	5
108.5	9		215	7
113	3		226	12
118.5	9		237	9
119	6		238	3
119.5	17		239	41
120	10		240	14
120.5	7		241	40
121	15		242	100
			243	21
			244	3.0

Original spectrum determined by Biochem. Institut, Ahrensburg (D)

Spectrometer	: Varian MAT 111
Inlet System	: Direct Inlet
Source Temperature	: 200°C
Source Voltage	: 70 eV

Formula	: $C_{19}H_{14}$
M_r	: 242.32 u
m/z	: 242.11 u
CAS Nr.	: 6111 - 78 - 0
Purity	: 0.995 g/g
m.p.	: 117.5°C

11-METHYLBENZ(a)ANTHRACENE

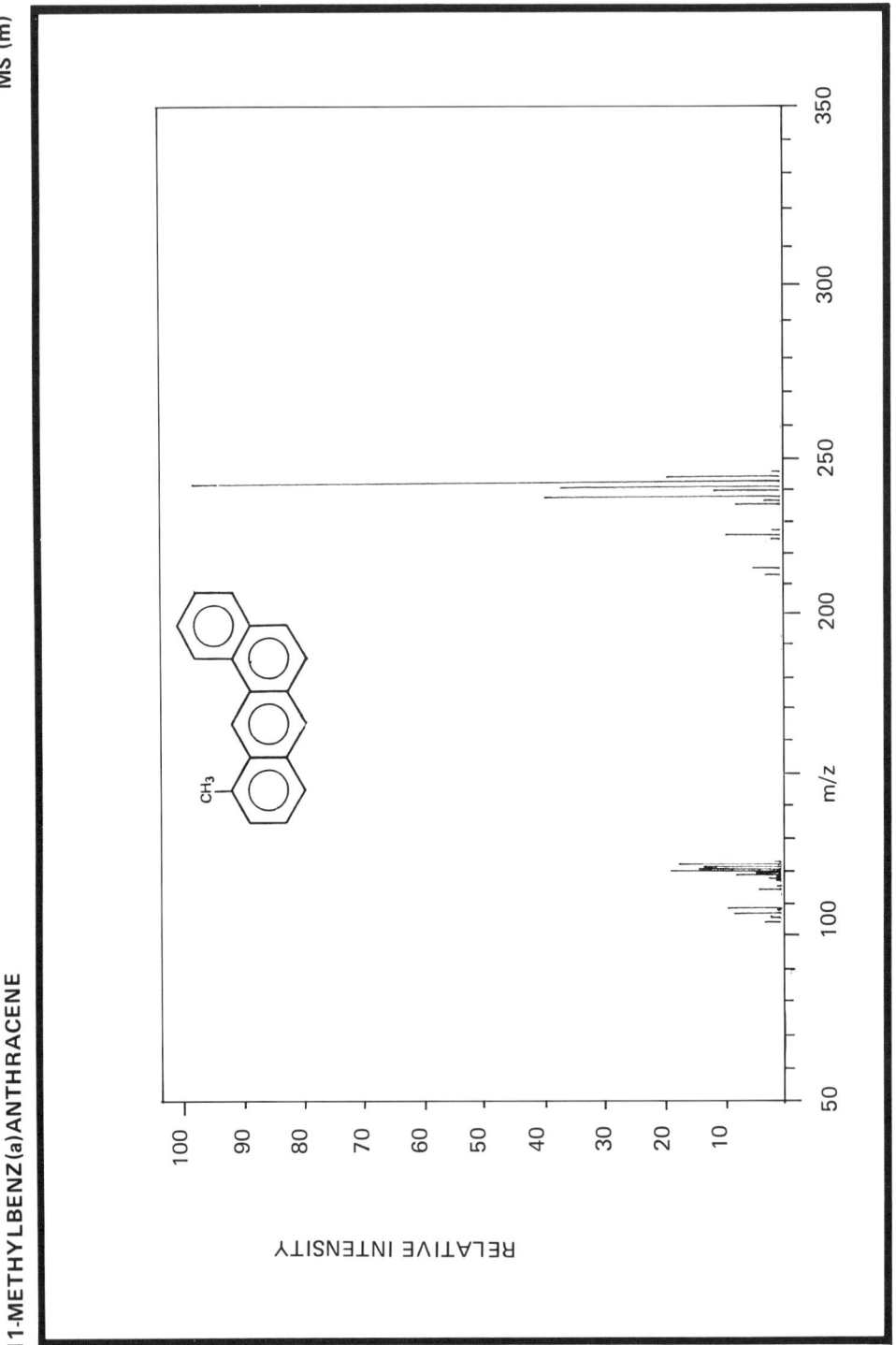

m/z	relative intensity	m/z	relative intensity
105.5	3	213	3
107.5	8	215	5
108.5	9	226	10
113	4	237	8
118.5	8	238	3
119	4	239	40
119.5	19	240	12
120	14	241	38
120.5	13	242	100
121	17	243	20
		244	2.0

Original spectrum determined by Biochem. Institut, Ahrensburg (D)

Spectrometer	: Varian MAT 111
Inlet System	: capill. GC/MS
Source Temperature	: 200°C
Source Voltage	: 70 eV

Formula	: $C_{19}H_{14}$
M_r	: 242.32 u
m/z	: 242.11 u
CAS Nr.	: 6111 - 78 - 0
Purity	: 0.995 g/g
m.p.	: 117.5°C

11 - METHYLBENZ (a) ANTHRACENE

IR (KBr)

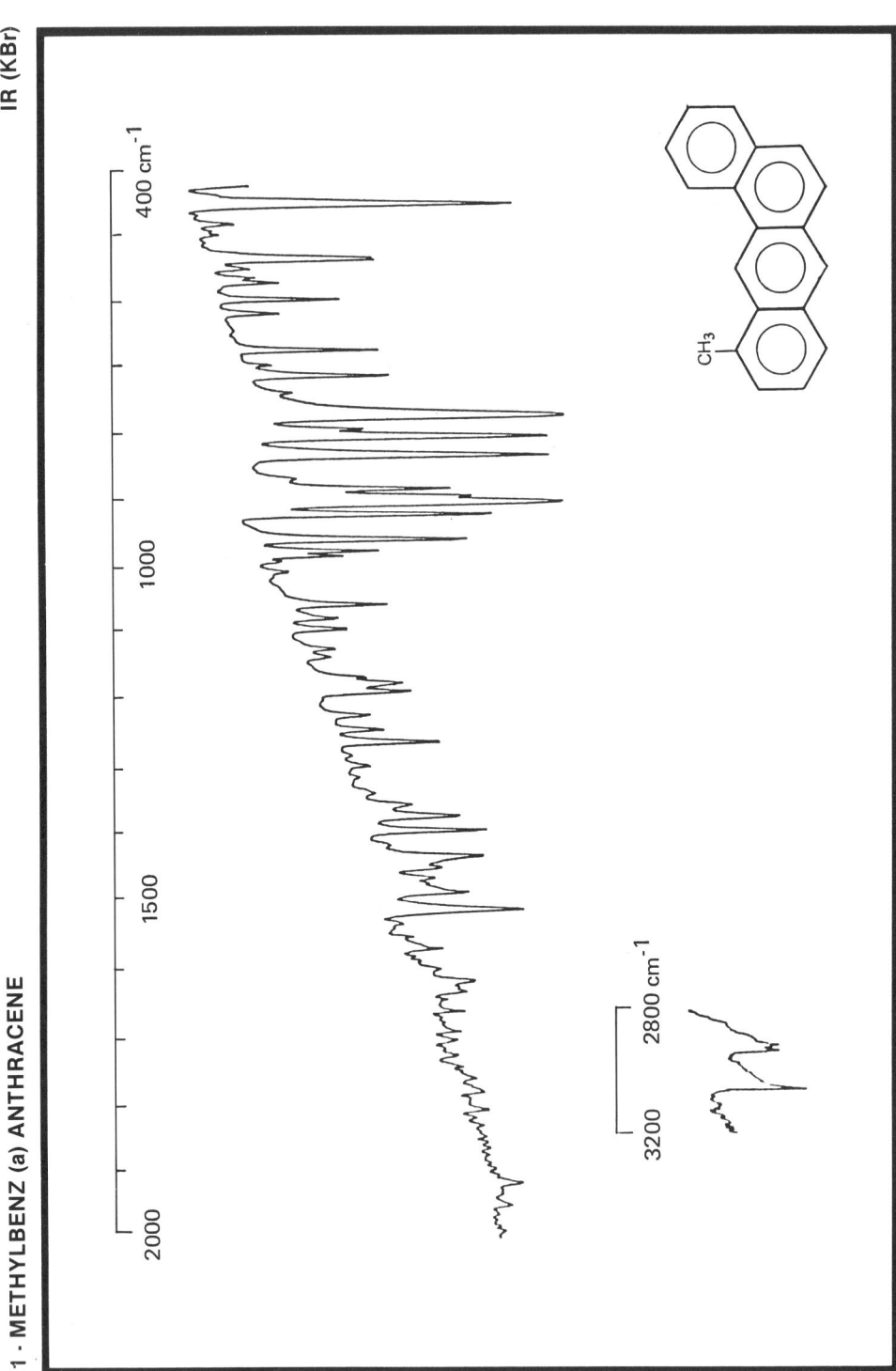

Frequency (cm⁻¹)	Assignment	Frequency (cm⁻¹)	Assignment
3056:	aromatic	1038	
	C - H stretch	964	
2928:	(- CH₃ sym.	939	
	C - H stretch)	901:	aromatic
		882:	
1501:		873:	C - H
1472:	C=C stretch	860:	wagging
		810:	deformation
1417:	- CH₃ asym.	781:	
1375:	deformation	768:	
1354:	- CH₃ sym.	747:	
	deformation	685	ring
		646	deformation
1240	C - C stretch	571:	
1167:		509:	
1155:		426:	

Original spectrum determined by Biochem. Institut, Ahrensburg (D)

Spectrometer	: Nicolet 5 MX	Formula	: $C_{19}H_{14}$
Sample	: KBr disc (φ 5 thickness 0.4 mm)	M_r	: 242.32 u
Reference	: Air	CAS Nr.	: 6111 - 78 - 0
Resolution	: 1.7 cm⁻¹ (maximum)	Purity	: 0.995 g/g
		m.p.	: 117.5°C

11 - METHYLBENZ (a) ANTHRACENE

IR (s)

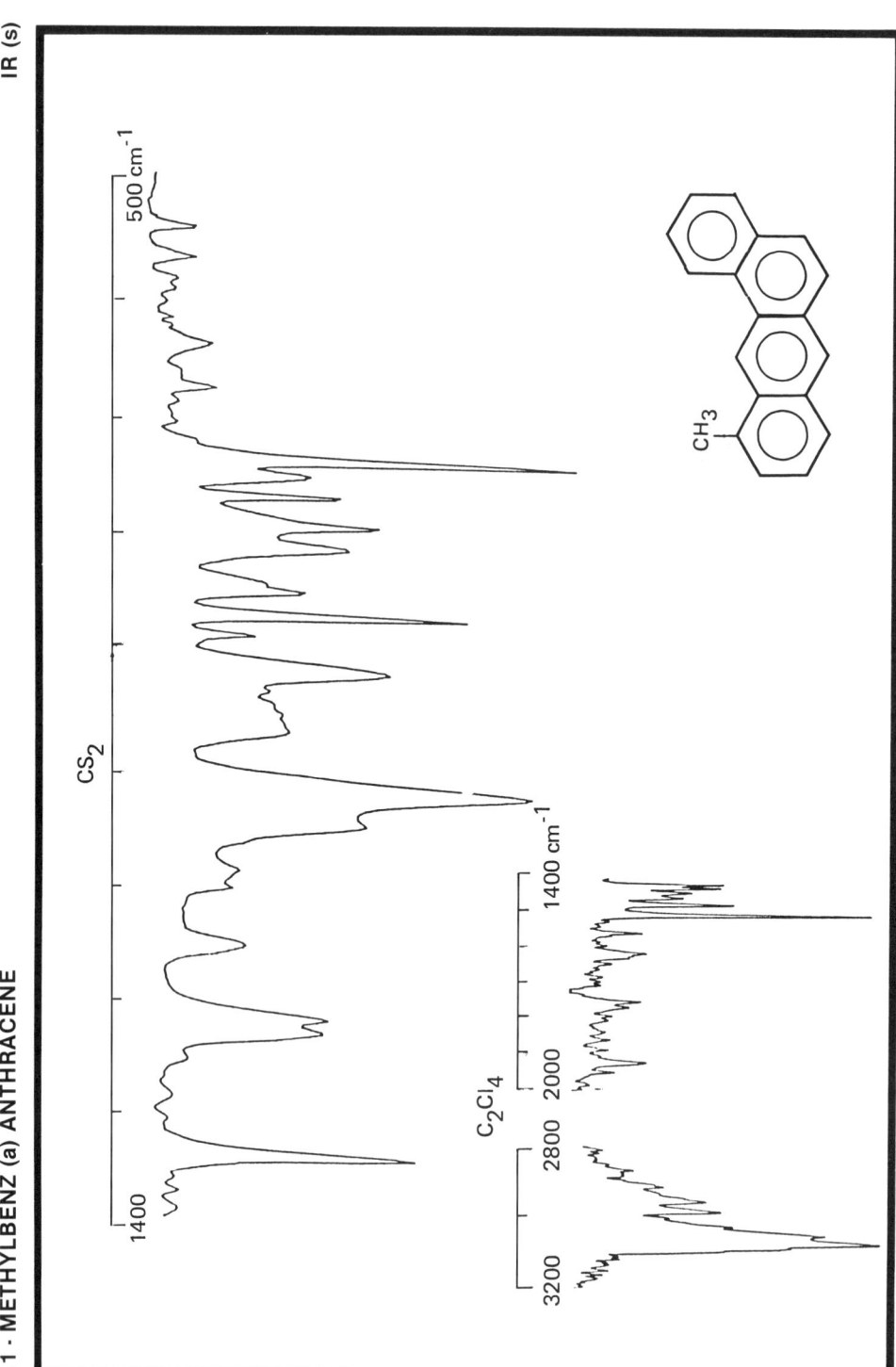

Frequency (cm⁻¹)	Assignment	Frequency (cm⁻¹)	Assignment
3052:	aromatic	1345:	- CH₃ sym. deformation
3032:	C - H stretch	1235:	C - C stretch
3015:		1161:	
2974:	- CH₃ asym.	1026:	
2946:	C - H stretch	926	
2905:	- CH₃ sym.	897:	aromatic
2859:	C - H stretch	880:	
1917		859:	C - H
1750		804:	wagging
1613:		779:	deformation
1555:	C=C stretch	762:	
1503:		748:	
1472:		685:	ring deformation
1453:		646:	
1437:	- CH₃ asym.		
1424:	deformation		
1414:			

Original spectrum determined by Biochem. Institut, Ahrensburg (D)

Spectrometer	: Nicolet 5 MX
Cell	: 0.2 mm (KBr)
Solvents	: C₂Cl₄ (3.200 - 1.400 cm⁻¹)
	CS₂ (1.400 - 500 cm⁻¹)
Resolution	: 1.7 cm⁻¹ (maximum)

Formula	: C₁₉H₁₄
M_r	: 242.32 u
CAS Nr.	: 6111 - 78 - 0
Purity	: 0.995 g/g
m.p.	: 117.5°C

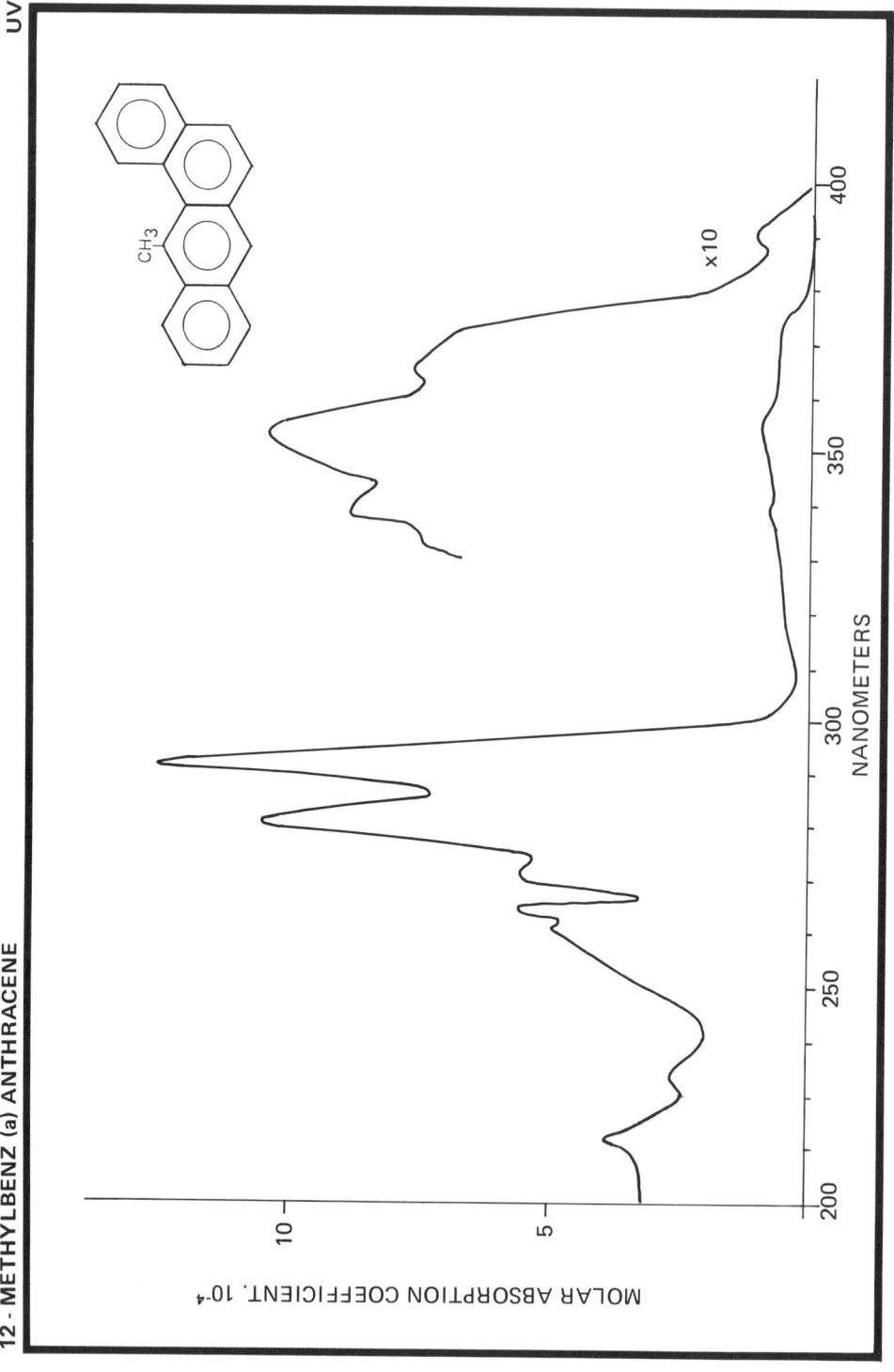

Wavelength (nm)	Molar absorption coefficient (l. mol⁻¹ cm⁻¹ x 10⁻⁴)	Wavelength (nm)	Molar absorption coefficient (l. mol⁻¹ cm⁻¹ x 10⁻⁴)
210	3.2	281	10.54
222	3.9	291	12.63
234	2.63	338	0.89
261 (sh)	4.91	353	1.04
264	5.61	366	0.77
271	5.54	391	0.12

Original spectrum determined by Biochem. Institut, Ahrensburg (D)

Spectrometer	: Perkin - Elmer 555	Formula	: $C_{19}H_{14}$
Solvent	: Cyclohexane	M_r	: 242.32 u
Concentration	: 33 mg/l (3 mg/l)	CAS Nr.	: 2422 - 79 - 9
Cell Length	: 1.000 cm	Purity	: 0.99 g/g
Slit width	: 2 nm	m.p.	: 138°C

12-METHYLBENZ(a)ANTHRACENE

Wavelength (nm)	Relative intensity
396	100
417.5	96
440 (sh)	45

Original spectrum determined by Physico-chemical oceanography group, LA 348-CNRS, University of Bordeaux I (F)

Instrument	: Perkin-Elmer MPF-44	**Formula**	: $C_{19}H_{14}$
Solvent	: Cyclohexane	M_r	: 242.32 u
Concentration	: 0.100 mg/l^{-1}	**CAS Nr.**	: 2422 - 79 - 9
Spectrum	: **excitation** **emission**	**Purity**	: 0.990 g/g
Fixed wavelength	: 417 nm 292 nm	**m.p.**	: 138°C
Excitation slit	: 2 nm 4 nm		
Emission slit	: 8 nm 2 nm		

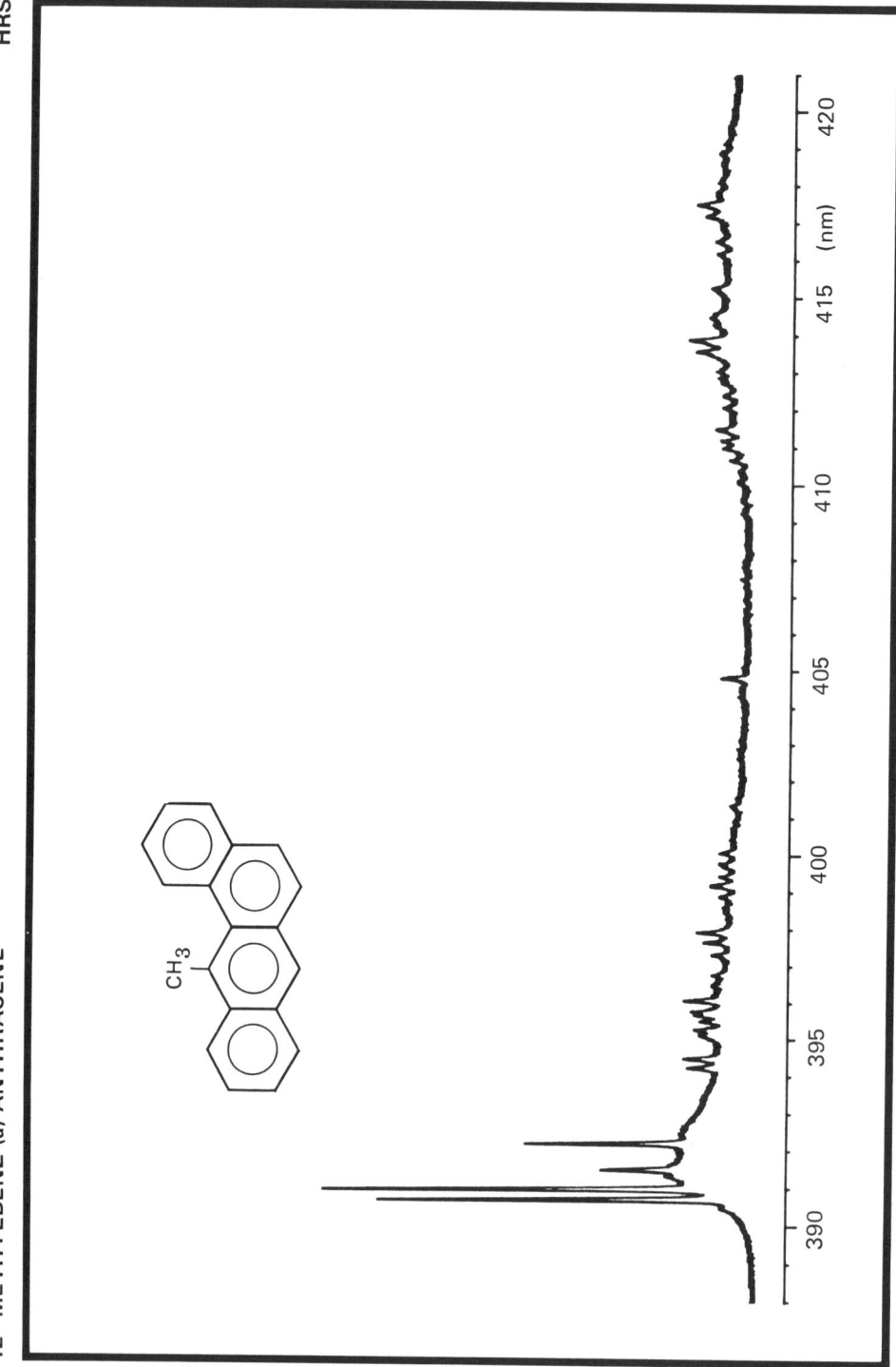

Fluorescence Wavelength (nm)	Intensity (%)
390.5	87
390.8	100
391.3	36
392.0	54

Original spectrum determined by Physico-chemical oceanography group-University of Bordeaux I (F)

Source	: 450W Xenon lamp	Formula	: $C_{19}H_{14}$
Excitation monochromator	: Jobin-Yvon H20	M_r	: 242.32 u
Emission monochromator	: Jobin-Yvon HR1000	CAS Nr.	: 2422 - 79 - 9
Excitation wavelength (slits)	: 294 (9) nm	Purity	: 0.99 g/g
Emission slits	: 0.04 nm	m.p.	: 138°C
Temperature	: 15 K		
Solvent	: n-octane		
Concentration	: 0.484 mg/l		

12 - METHYLBENZ (a) ANTHRACENE

MS (m)

m/z	relative intensity	m/z	relative intensity
95	5.0	215	9.0
107.5	5.0	226	6.0
108.5	13.0	237	6.0
113.5	7.0	238	2.0
118.5	12.0	239	36.0
119	17.0	240	19.0
119.5	32.0	241	52.0
120	17.0	242	100.0
120.5	3.0	243	26.0
121	11.0	244	1.9

Original spectrum determined by Biochem. Institut, Ahrensburg (D)

Spectrometer	: Varian MAT 111
Inlet System	: Direct Inlet
Source Temperature	: 200°C
Source Voltage	: 70 eV

Formula	: $C_{19}H_{14}$
M_r	: 242.32 u
m/z	: 242.11 u
CAS Nr.	: 2422 - 79 - 9
Purity	: 0.990 g/g
m.p.	: 138°C

12-METHYLBENZ(a)ANTHRACENE

m/z	relative intensity	m/z	relative intensity
94	5.1	226	5.1
99	3.2	227	3.2
107	7	237	8.3
108	3.2	238	1.4
113	7	239	40.1
118	1.4	240	17.2
119	17.2	241	47.9
120	31.9	242	100
121	10.2	243	22.3
213	3.8	244	2.5

Original spectrum determined by JRC Petten (CEC)

Spectrometer	: Ribermag R10-10C quadrupole		**Formula**	: $C_{19}H_{14}$
Inlet System	: GC/MS		**M_r**	: 242.32 u
Source Temperature	: 200°C		**m/z**	: 242.11 u
Source Voltage	: 70 eV		**CAS Nr.**	: 2422 - 79 - 9
			Purity	:
			m.p.	:

12 - METHYLBENZ(a)ANTHRACENE 1H-NMR

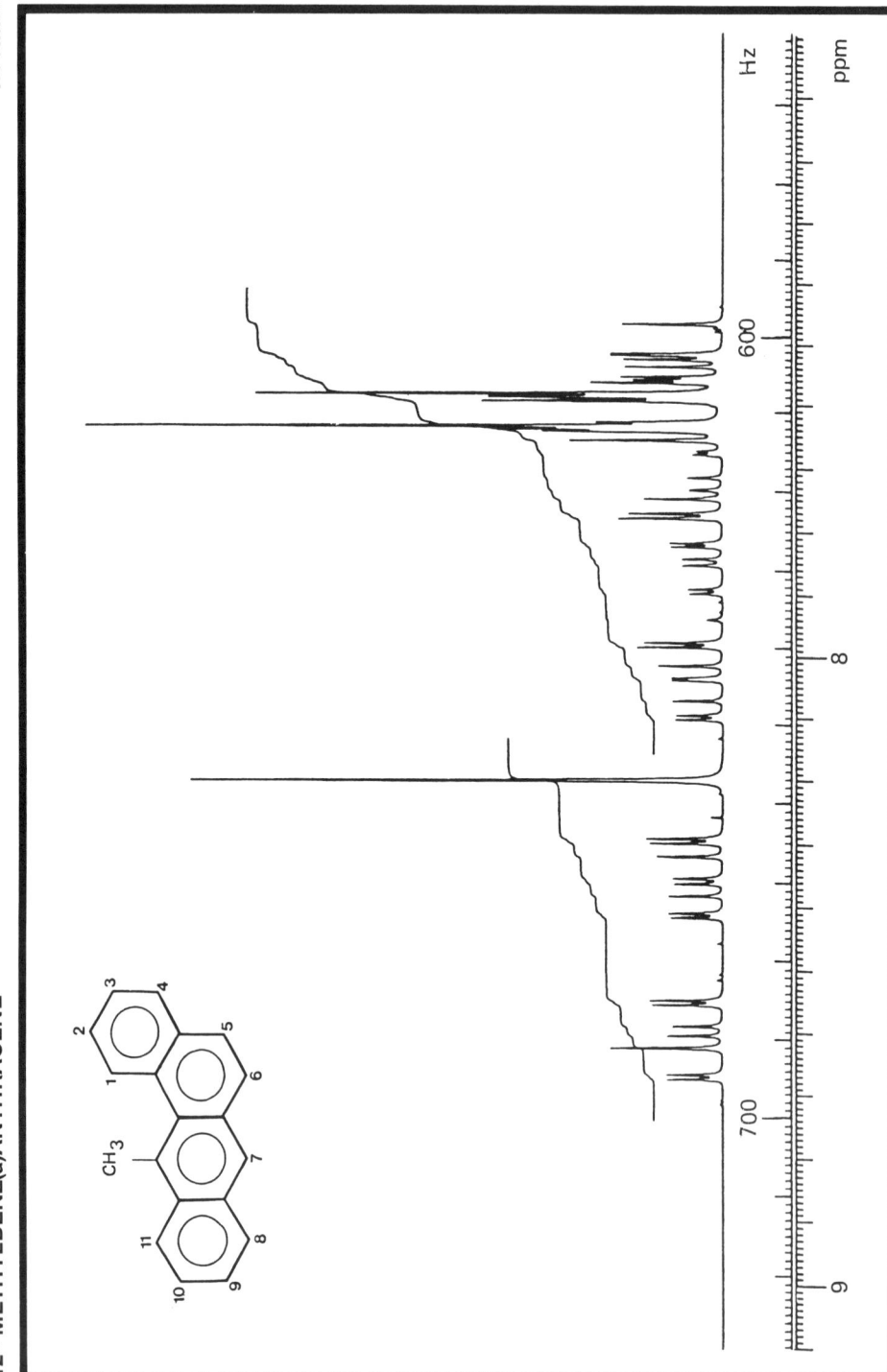

Proton No.	Chemical shift (ppm)	Coupling constants (Hz)
1	8.61	J(1,2) = 7.6
2	7.58	J(1,3) = 2.1
3	7.58	J(1,4) = 0.5
4	7.82	J(2,3) = 7.0
5	7.54	J(2,4) = 1.3
6	7.67	J(3,4) = 8.1
7	8.20	J(5,6) = 9.3
8	8.03	J(8,9) = 8.2
9	7.57	J(8,10) = 1.2
10	7.62	J(8,11) = 0.6
11	8.35	J(9,10) = 7.1
* CH$_3$	* 3.40	J(9,11) = 1.3
		J(10,11) = 8.2

Original spectrum determined by JRC Petten (CEC)

Spectrometer	: Bruker WP80
Solvent	: CDCl$_3$
Concentration	: 10 g/l^{-1}

Formula	: C$_{19}$H$_{14}$
M$_r$	: 242.32
CAS Nr.	: 2422 - 79 - 9
Purity	: 0.990 g/g
m.p.	: 138°C

* (not shown)

12 - METHYLBENZ(a)ANTHRACENE

IR (KBr)

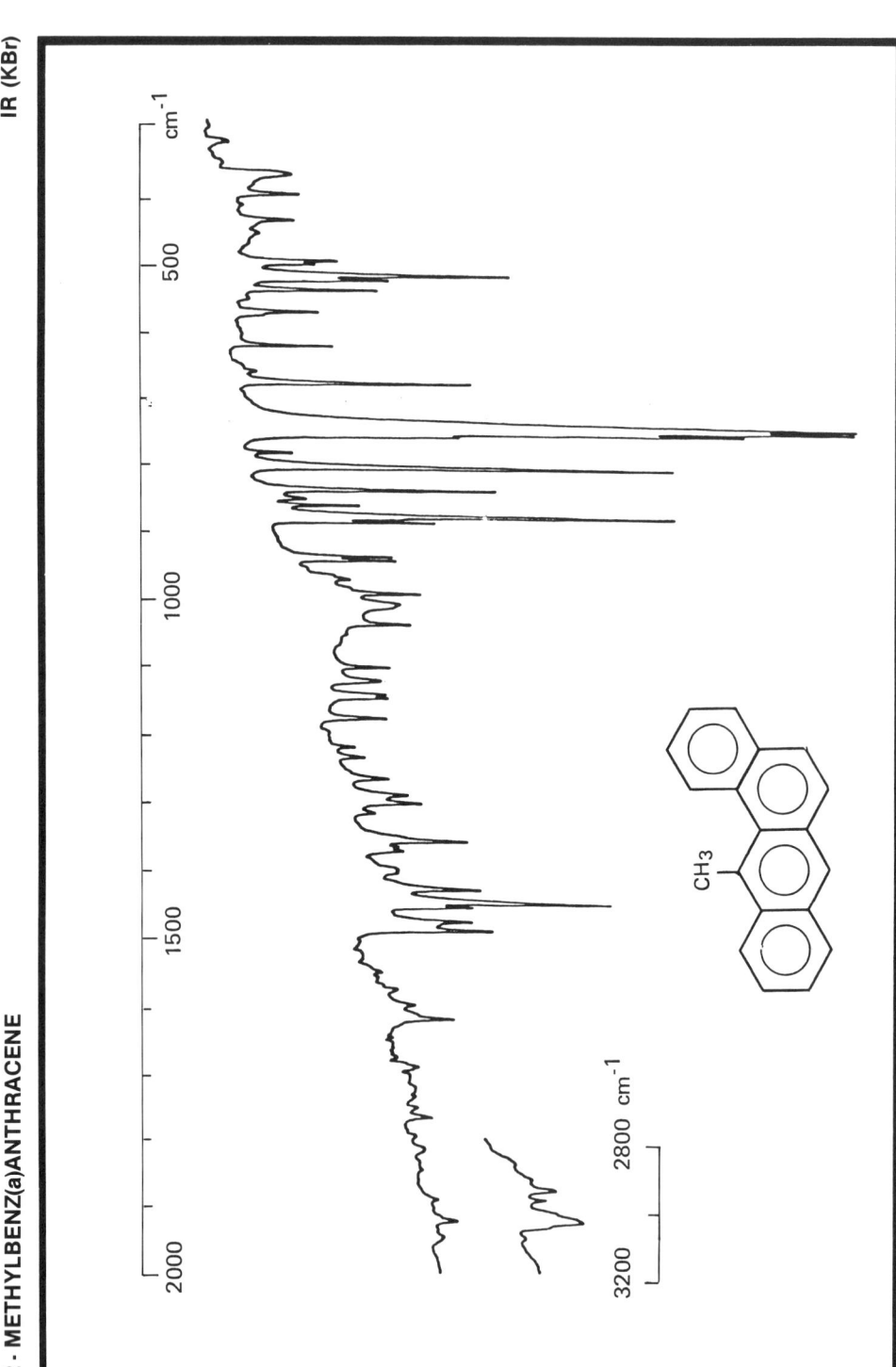

Frequency (cm⁻¹)	Assignment	Frequency (cm⁻¹)	Assignment
3051:	aromatic C - H stretch	884:	C - H wagging deformation
		846:	
		813:	
2984:	- CH₃ asym.	761:	
2955:	C - H stretch	757:	
		741:	
1621:		687:	ring deformation
1493:	C=C stretch	526:	
1480:			
1452:	- CH₃ asym. deformation		
1434:			
1364:	- CH₃ sym. deformation		

Original spectrum determined by JRC Petten (CEC)

Spectrometer	: Perkin-Elmer 580B
Sample	: 13 mm KBr disc
Reference	: Air
Resolution	: 1.7 cm⁻¹ (maximum)

Formula	: $C_{19}H_{14}$
M_r	: 242.32 u
CAS Nr.	: 2422 - 79 - 9
Purity	: 0.990 g/g
m.p.	: 138°C

12 - METHYLBENZ(a)ANTHRACENE

IR (s)

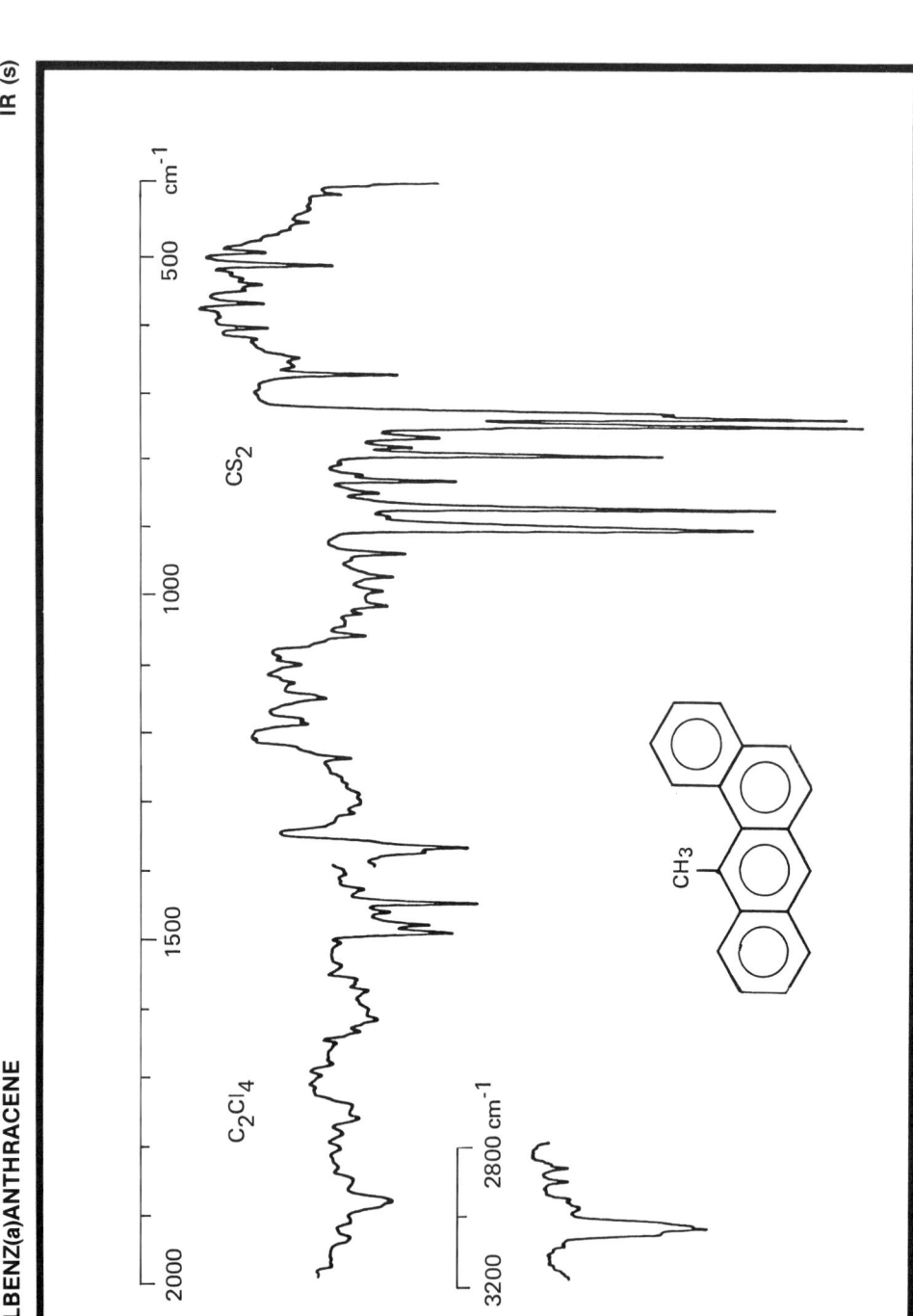

444

Frequency (cm⁻¹)	Assignment	Frequency (cm⁻¹)	Assignment
3050:	aromatic C - H stretch	909:	aromatic C - H wagging deformation
		880:	
		842:	
2919:	- CH₃ sym. C - H stretch	802:	
2880:		757:	
		746:	
1623:			
1496:	C=C stretch	685:	ring deformation
1485:		524:	
1453:	- CH₃ asym. deformation		
1373:	- CH₃ sym. deformation		

Original spectrum determined by JRC Petten (CEC)

Spectrometer	: Perkin-Elmer 580B	**Formula**	: $C_{19}H_{14}$
Cell	: 0.2 mm (KBr)	**M_r**	: 242.32 u
Solvents	: C_2Cl_4 (4.000 - 1.400 cm⁻¹)	**CAS Nr.**	: 2498 - 77 - 3
	CS_2 (1.400 - 400 cm⁻¹)	**Purity**	: 0.990 g/g
Resolution	: 1.7 cm⁻¹ (maximum)	**m.p.**	: 138°C

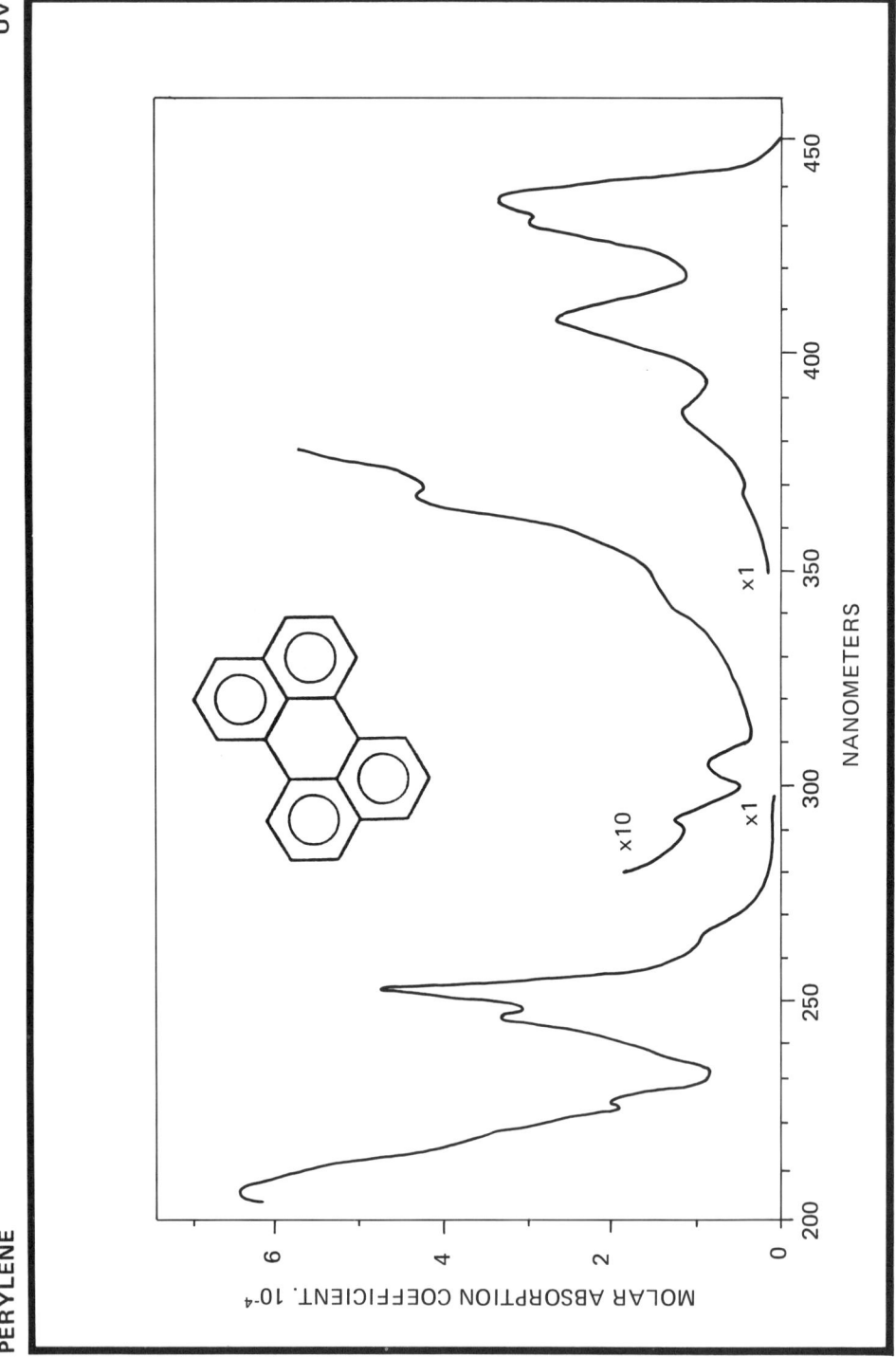

Wavelength (nm)	Molar absorption coefficient (l. mol^{-1} cm^{-1} x 10^{-4})	Wavelength (nm)	Molar absorption coefficient (l. mol^{-1} cm^{-1} x 10^{-4})
206.2	6.41	368.2 (sh)	0.45
227.2 (sh)	2.00	386.9	1.23
245.6	3.31	408.2	2.72
252.9	4.80	430.6 (sh)	3.02
291.7	0.13	436.2	3.80

Original spectrum determined by Biochem. Institut, Ahrensburg (D)

Spectrometer	: Perkin - Elmer 555	Formula	: $C_{20}H_{12}$
Solvent	: Cyclohexane	M_r	: 252.32 u
Concentration	: 20.1 mg/l	CAS Nr.	: 198 - 55 - 0
Cell Length	: 1.000 cm	Purity	: 0.998 g/g
Slit width	: 1 nm	m.p.	: 277.5°C

PERYLENE

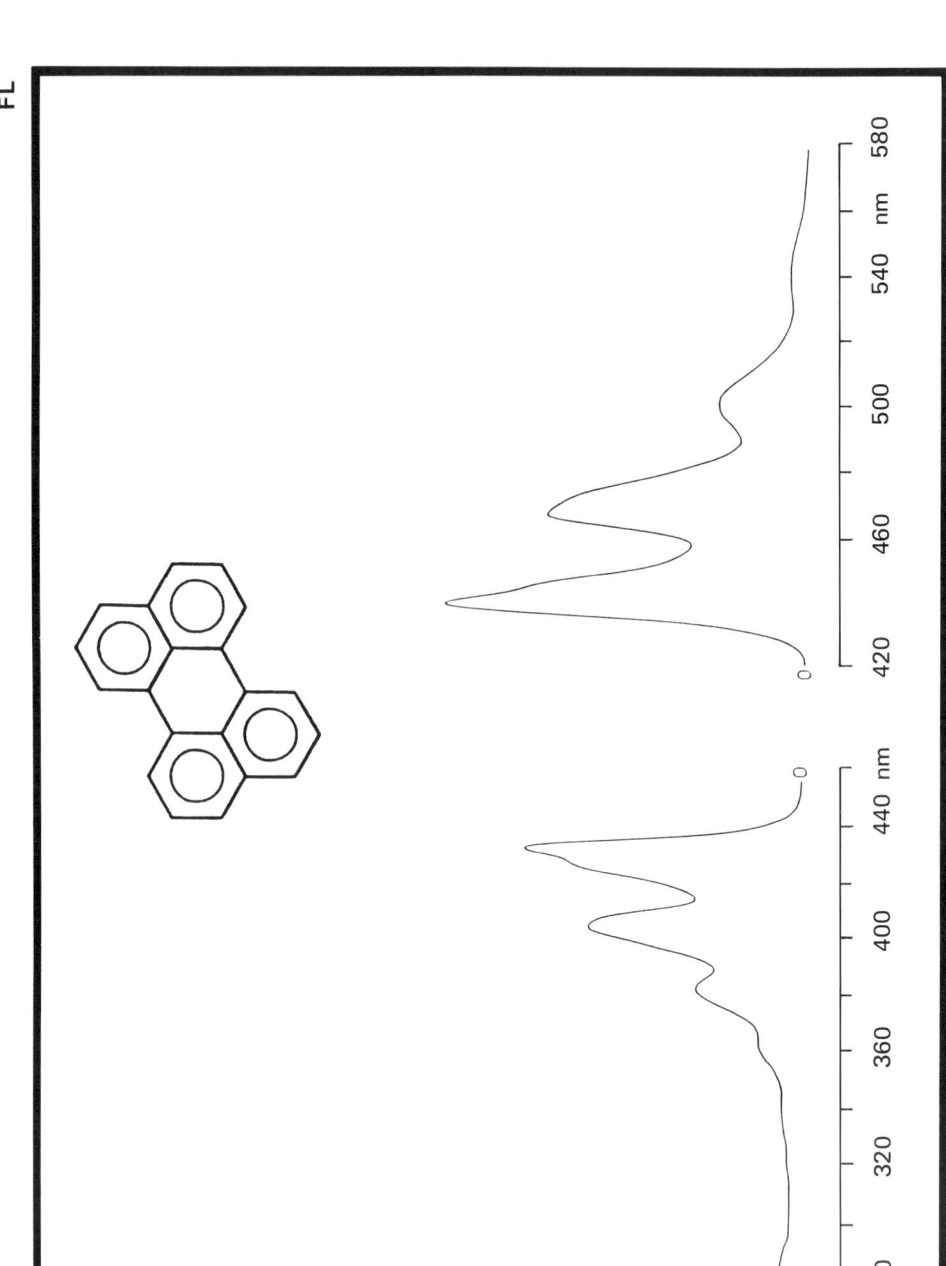

Wavelength (nm)	Relative intensity
438	100
454 (sh)	78.5
466	67.5
500	22.5

Original spectrum produced by Physico-chemical oceanography group-University of Bordeaux I (F)

Instrument	: Perkin-Elmer MPF-44	**Formula**	: $C_{20}H_{12}$
Solvent	: Cyclohexane	**M$_r$**	: 252.32 u
Concentration	: 0.126 mg.l^{-1}	**CAS Nr.**	: 198 - 55 - 0
Spectrum	: **excitation**	**emission**	**Purity** : 0.998 g/g
Fixed wavelength	: 466 nm	408 nm	**m.p.** : 277.5°C
Excitation slit	: 2 nm	4 nm	
Emission slit	: 4 nm	2 nm	

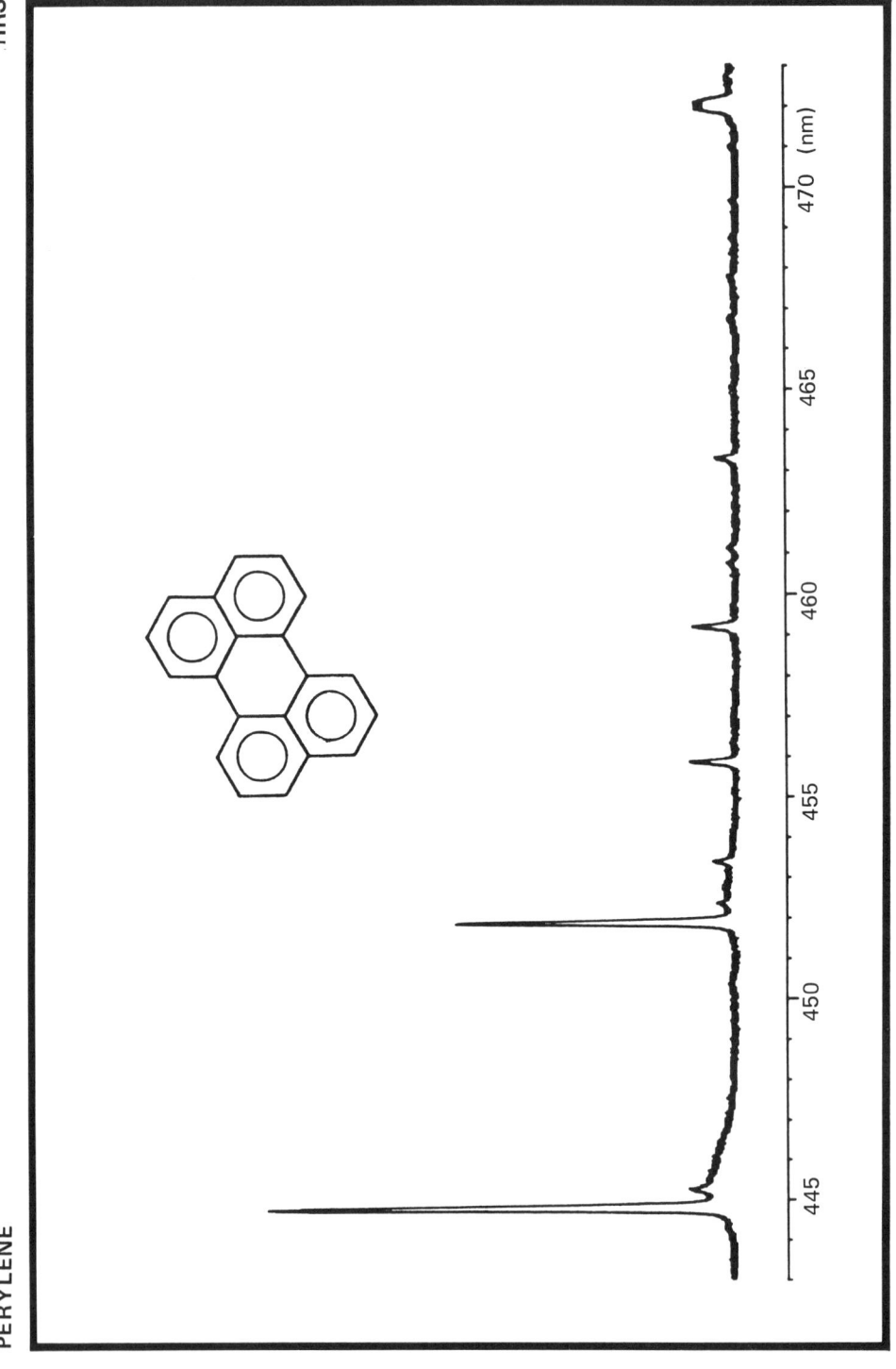

PERYLENE

Fluorescence Wavelength (nm)	Intensity (%)
444.6	100
451.6	60

Original spectrum determined by Physico-chemical oceanography group-University of Bordeaux I (F)

Source	: 450W Xenon lamp	Formula	: $C_{20}H_{12}$
Excitation monochromator	: Jobin-Yvon H20	M_r	: 252.32 u
Emission monochromator	: Jobin-Yvon HR1000	CAS Nr.	: 198 - 55 - 0
Excitation wavelength (slits)	: 418 (9) nm	Purity	: 0.998 g/g
Emission slits	: 0.04 nm	m.p.	: 277.5°C
Temperature	: 15 K		
Solvent	: n-octane		
Concentration	: 0.504 mg/l		

PERYLENE

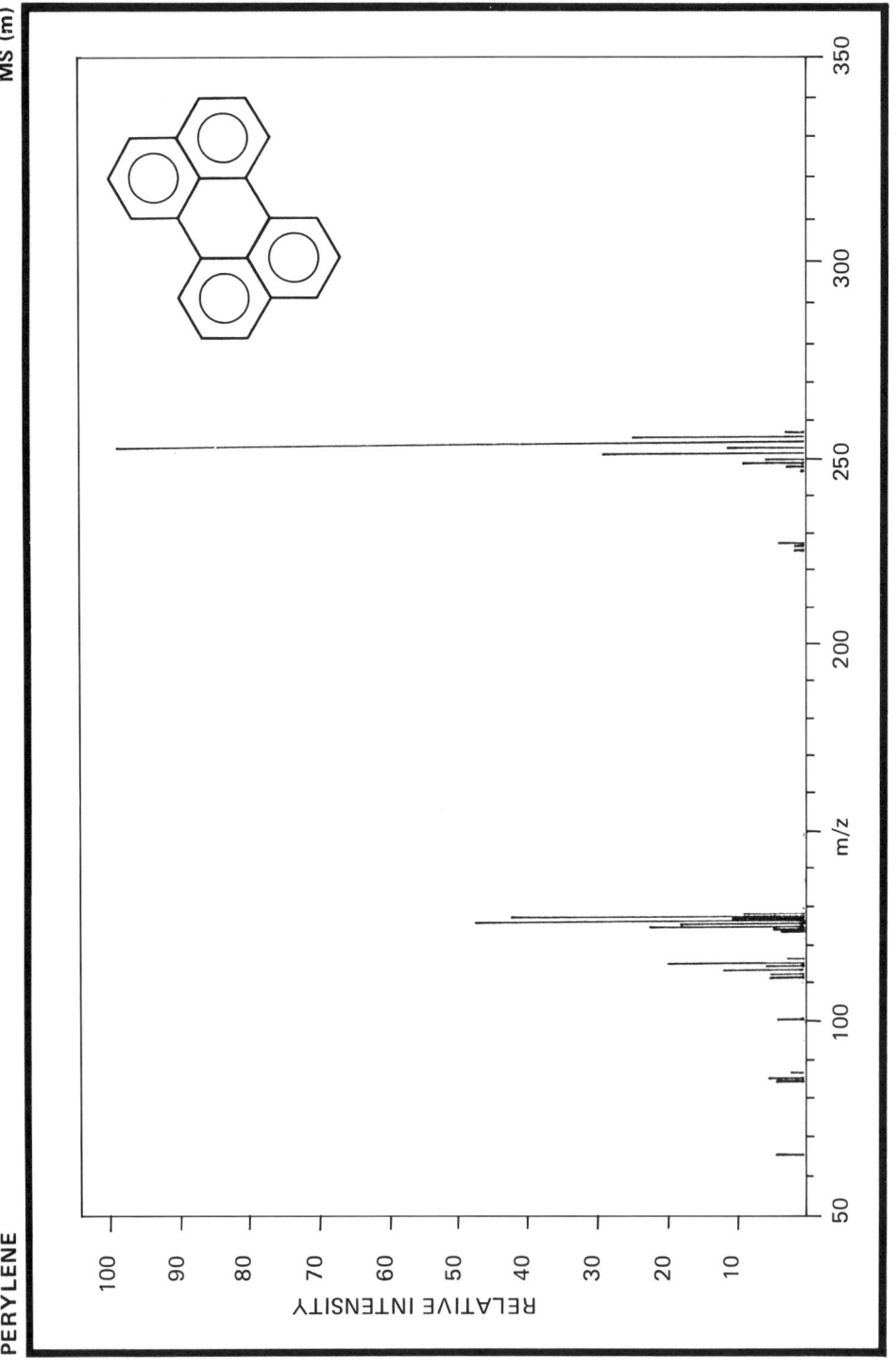

m/z	relative intensity	m/z	relative intensity
65	4.0	125	48.0
84	4.0	125.5	11.0
84.5	5.0	126	43.0
85	2.0	126.5	9.0
100	4.0	224	2.0
111	5.0	225	2.0
111.5	5.0	226	4.0
112	12.0	247	3.0
112.5	6.0	248	9.0
113	20.0	249	6.0
113.5	3.0	250	29.0
123	4.0	251	11.0
123.5	5.0	252	100.0
124	23.0	253	25.0
124.5	18.0	254	3.0

Original spectrum determined by Biochem. Institut, Ahrensburg (D)

Spectrometer	: Varian MAT 111
Inlet System	: Direct Inlet
Source Temperature	: 200°C
Source Voltage	: 70 eV

Formula	: $C_{20}H_{12}$
M_r	: 252.32 u
m/z	: 252.09 u
CAS Nr.	: 198 - 55 - 0
Purity	: 0.998 g/g
m.p.	: 277.5°C

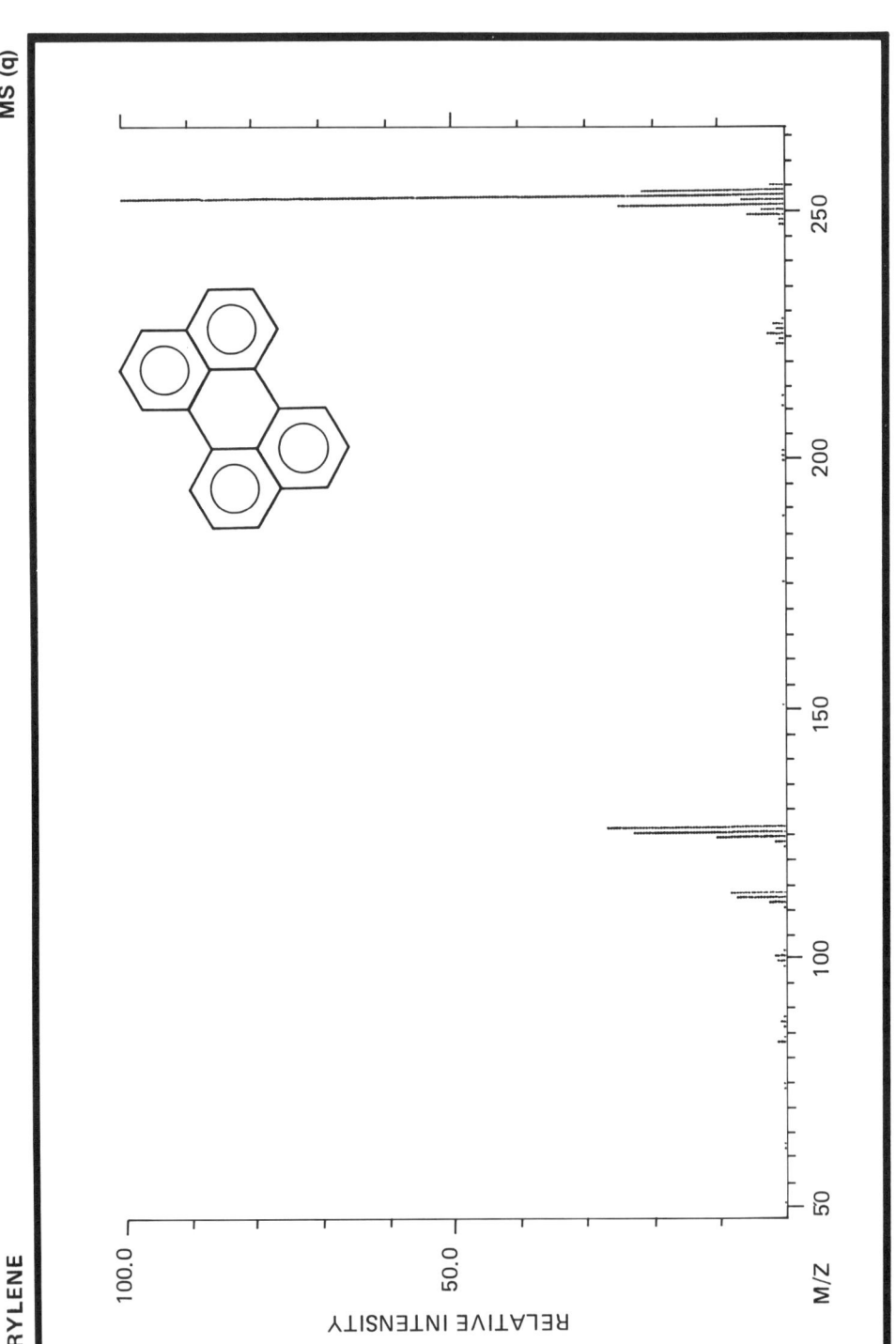

m/z	relative intensity	m/z	relative intensity
111	2.6	248	5.8
112	7.4	249	3.6
113	8.2	250	25.2
124	10.6	251	6.5
125	23.0	252	100.0
126	26.7	253	21.7
224	2.8	254	2.2

Original spectrum determined by ITC - TNO, Zeist (NL)

Spectrometer	: Finnigan 4021 - Quadrupole
Inlet System	: capill. GC/MS
Source Temperature	: 247°C
Source Voltage	: 70 eV
Formula	: $C_{20}H_{12}$
M_r	: 252.32 u
m/z	: 252.09 u
CAS Nr.	: 198 - 55 - 0
Purity	: 0.998 g/g
m.p.	: 277.5°C

PERYLENE 1H - NMR

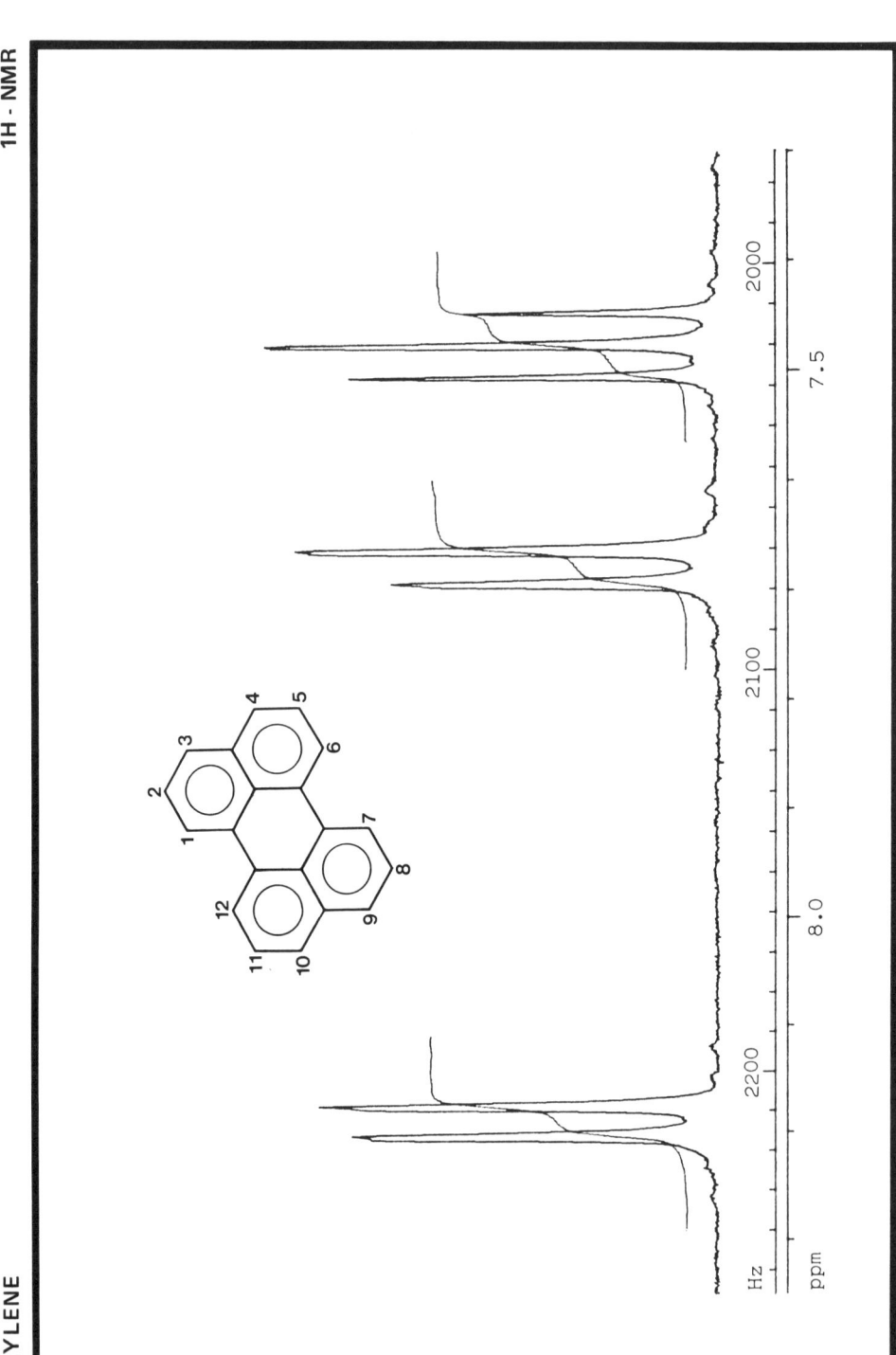

Proton No.	Chemical shift (ppm)	Coupling constants (Hz)
1=6=7=12	8.19	J(1,2)=7.6; J(1,3)=0.7
2=5=8=11	7.48	J(2,3)=8.1
3=4=9=10	7.68	

Original spectrum determined by Laboratory of the Goverment Chemist, London (UK)

Spectrometer	: JEOL GX - 270
Solvent	: CDCl$_3$
Concentration	: 4 mg/ml

Formula	: C$_{20}$H$_{12}$
M$_r$	: 252.32 u
CAS Nr.	: 198 - 55 - 0
Purity	: 0.998 g/g
m.p.	: 277.5°C

PERYLENE

13C - NMR

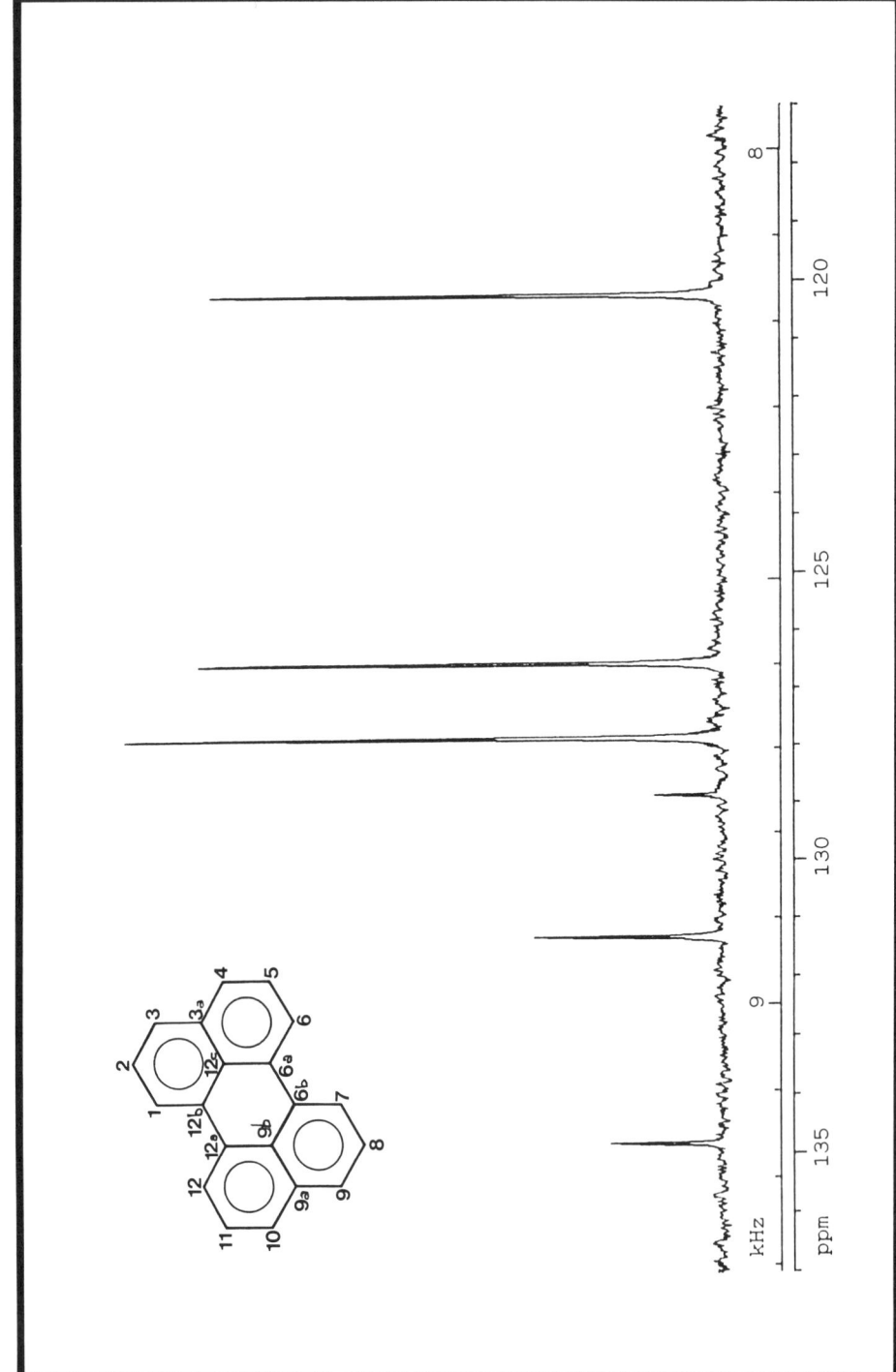

Signal	Intensity (%)	Chemical Shift (ppm)	Carbon No.
1	18.5 s	134.83	3a = 9a
2	31.3 s	131.32	6a = 6b = 12a = 12b
3	11.1 s	128.87	9b = 12c
4	100.0 d	127.87	3 = 4 = 9 = 10
5	87.4 d	126.58	2 = 5 = 8 = 11
6	85.0 d	120.23	1 = 6 = 7 = 12

Original spectrum determined by Laboratory of the Goverment Chemist, London (UK)

Spectrometer	: JEOL GX - 270 (67.8 MHz)	**Formula**	: $C_{20}H_{12}$
Solvent	: $CDCl_3$	**M_r**	: 252.32 u
Concentration	: 4 mg/ml (sat.)	**CAS Nr.**	: 198 - 55 - 0
Pulse (angle)	: 10 µs (40°)	**Purity**	: 0.998 g/g
Accumulations	: 16000	**m.p.**	: 277.5°C
Repeat time	: 2.47 s		

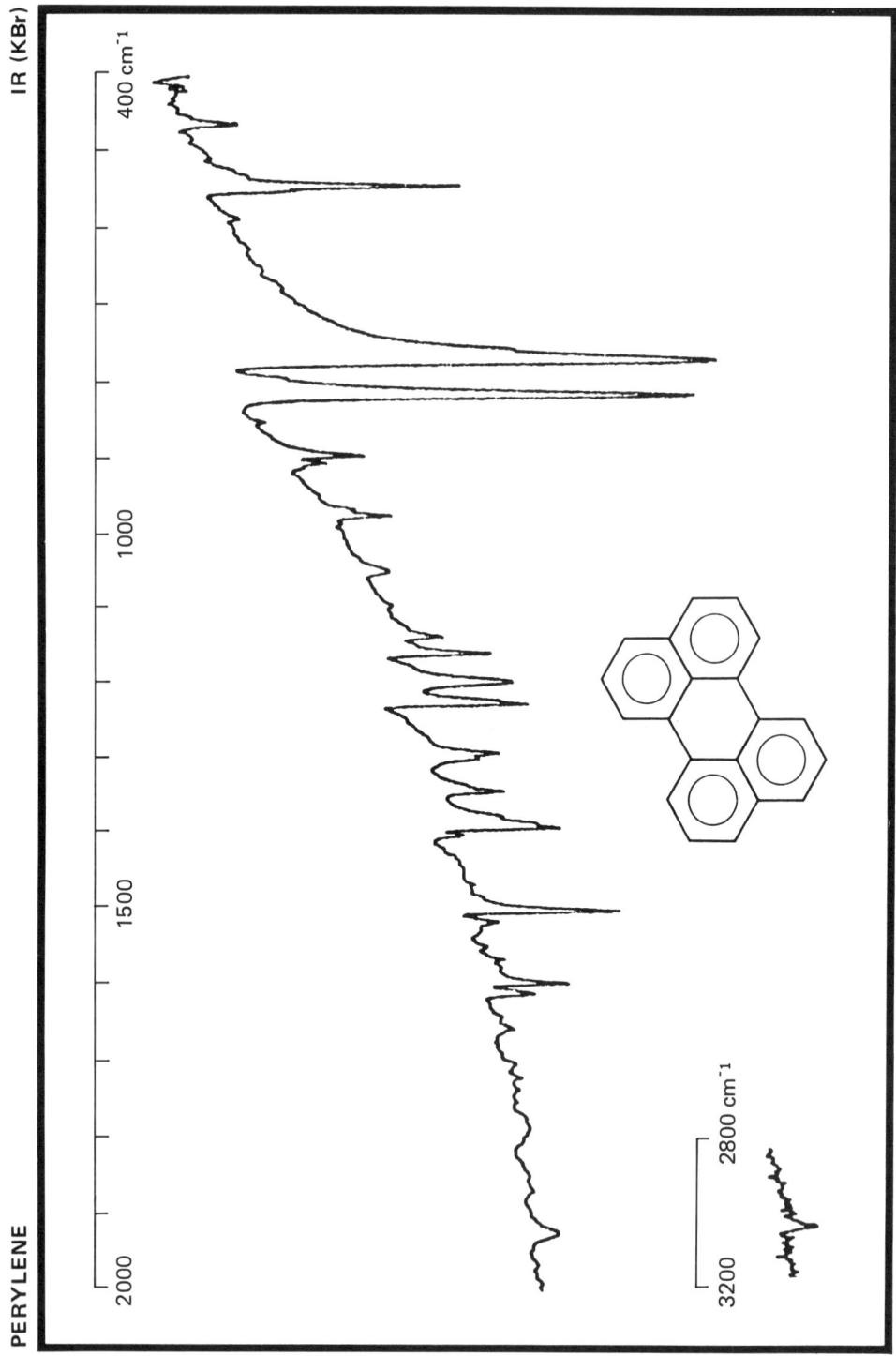

Frequency (cm⁻¹)	Assignment	Frequency (cm⁻¹)	Assignment
3050:	C - H stretch	966:	C - H wagging deformation
1603:		889:	
1591:	C = C stretch	810:	
1493:		766:	
1381			
1331			
1281	C - C stretch	540:	ring deformation
1215			
1186			
1146			

Original spectrum determined by Biochem. Institut, Ahrensburg (D)

Spectrometer	: Nicolet 5 MX	**Formula**	: $C_{20}H_{12}$
Sample	: KBr disc (ø5 mm, thickness 0.4 mm)	M_r	: 252.32 u
Reference	: Air	**CAS Nr.**	: 198 - 55 - 0
Resolution	: 1.7 cm⁻¹ (maximum)	**Purity**	: 0.998 g/g
		m.p.	: 277.5°C

PERYLENE

IR (s)

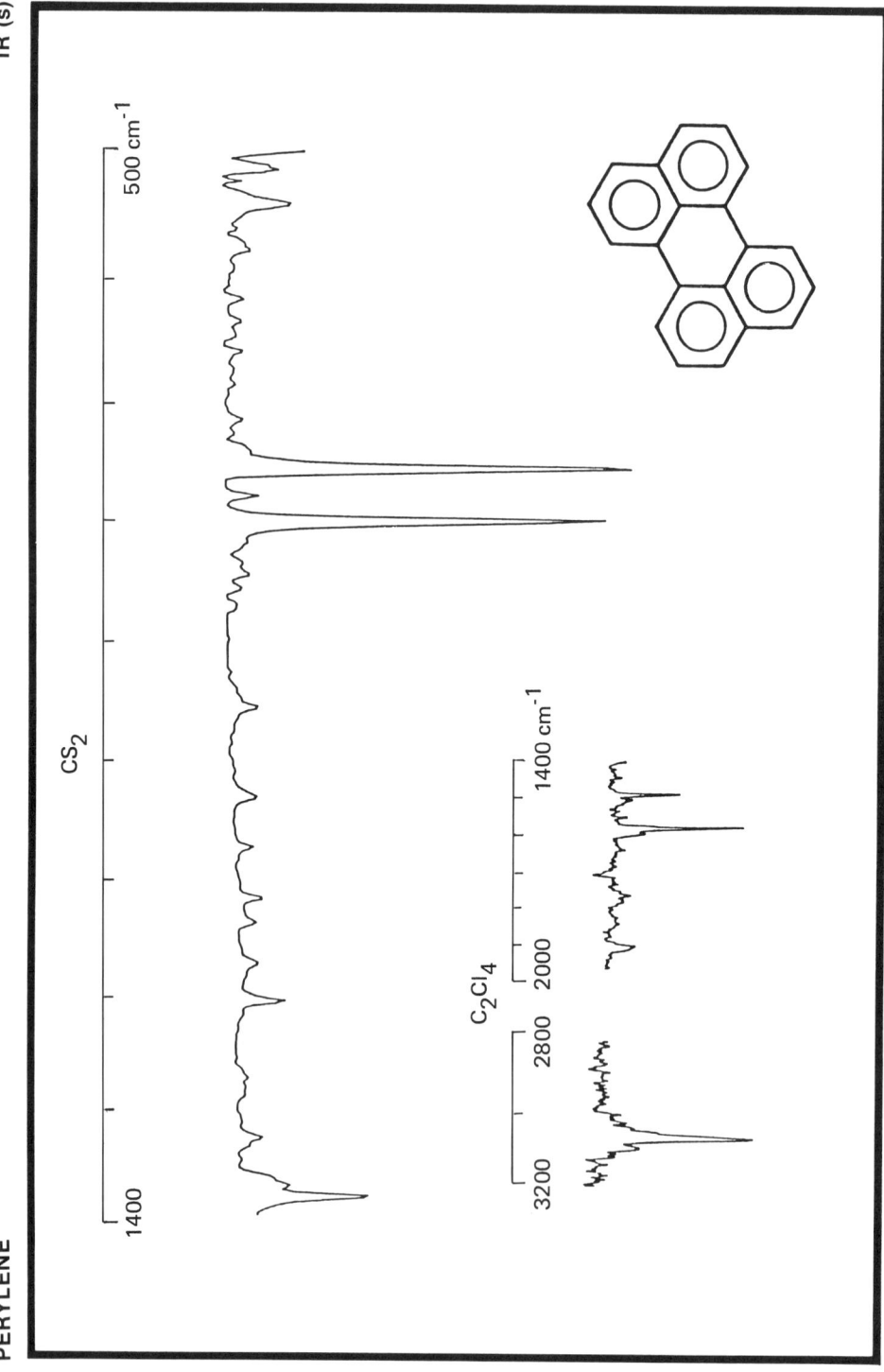

Frequency (cm⁻¹)	Assignment	Frequency (cm⁻¹)	Assignment
3056:	C - H stretch	812:	C - H wagging deformation
		770:	
1593:	C=C stretch		
1495:		544:	ring deformation
1381	C - C stretch		
1213			

Original spectrum determined by Biochem. Institut, Ahrensburg (D)

Spectrometer	: Nicolet 5 MX	**Formula**	: $C_{20}H_{12}$
Cell	: 0.2 mm (KBr)	**M$_r$**	: 252.32 u
Solvents	: C_2Cl_4 (3.200 - 1.400 cm⁻¹)	**CAS Nr.**	: 198 - 55 - 0
	CS_2 (1.400 - 500 cm⁻¹)	**Purity**	: 0.998 g/g
Resolution	: 1.7 cm⁻¹ (maximum)	**m.p.**	: 277.5°C

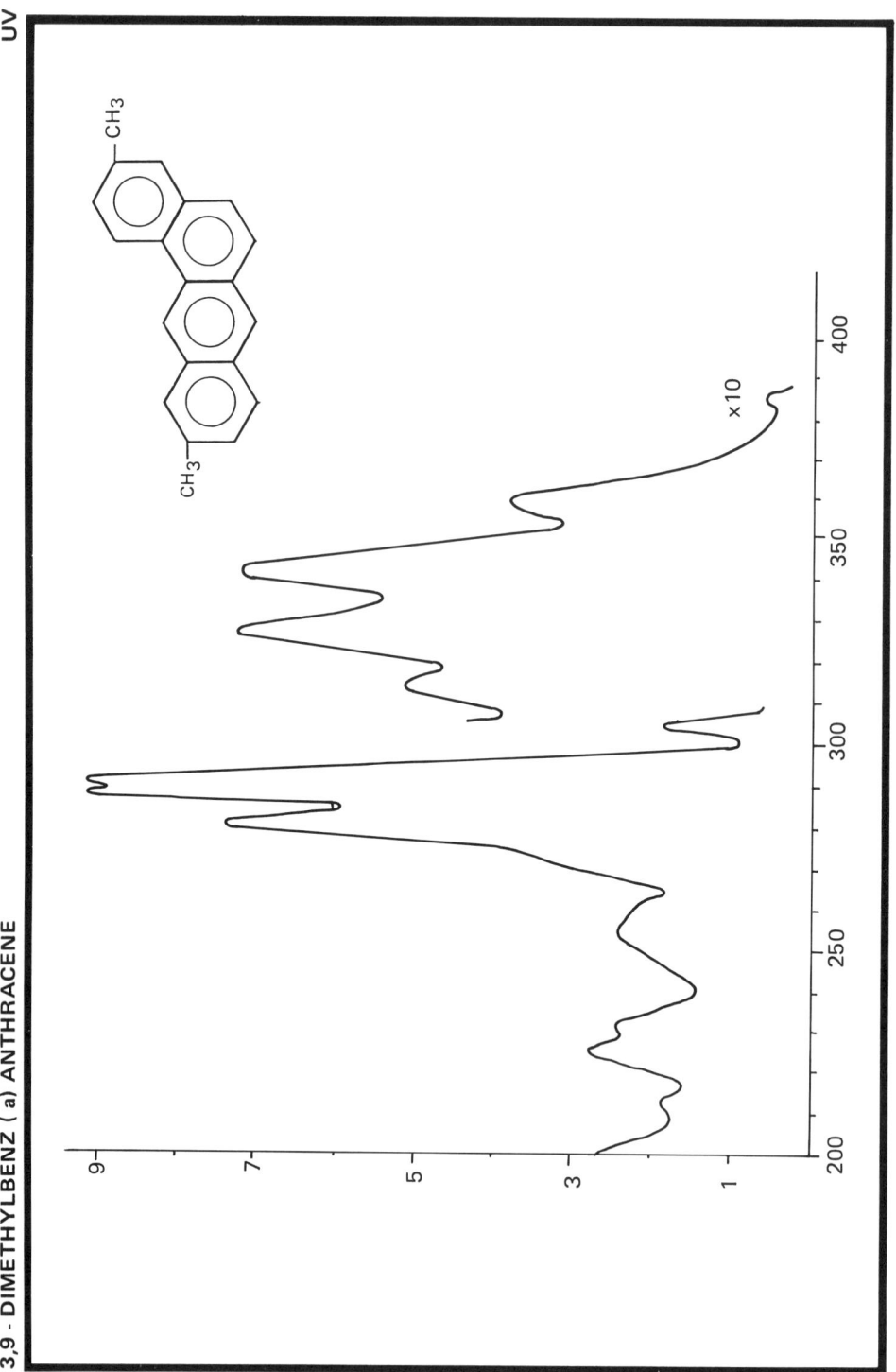

Wavelength (nm)	Molar absorption coefficient (l. mol⁻¹ cm⁻¹ x 10⁻⁴)	Wavelength (nm)	Molar absorption coefficient (l. mol⁻¹ cm⁻¹ x 10⁻⁴)
200	2.50	292	9.12
224	2.84	303	1.85
231	2.62	316	0.51
254	2.60	330	0.74
258 (sh)	2.50	344.5	0.72
271 (sh)	3.55	360.6	0.38
281	7.4	379 (sh)	0.032
289	9.22	386.5	0.034

Original spectrum determined by Biochem. Institut, Ahrensburg (D)

Spectrometer	: Perkin - Elmer 555	Formula	: $C_{20}H_{16}$
Solvent	: Cyclohexane	M_r	: 256.35 u
Concentration	: 21.3 mg/l (21 mg/l)	CAS Nr.	: 316 - 51 - 8
Cell Length	: 1.000 cm	Purity	: 0.988 g/g
Slit width	: 1 nm	m.p.	: 186°C

3,9-DIMETHYLBENZ(a)ANTHRACENE

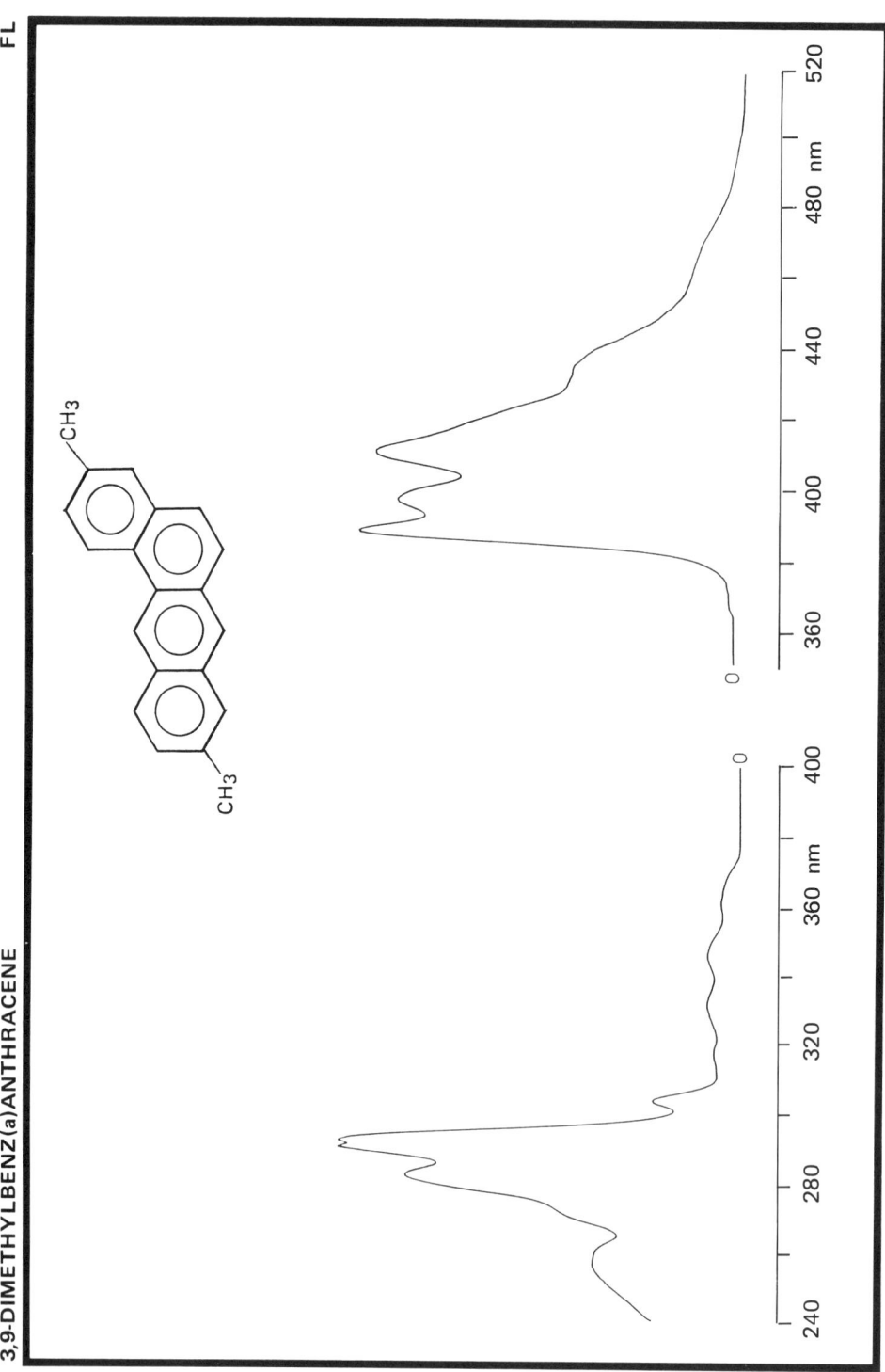

Wavelength (nm)	Relative intensity
388	100
397.5	83.5
410	90
435 (sh)	41

Original spectrum produced by Physico-chemical oceanography group-University of Bordeaux I (F)

Instrument	: Perkin-Elmer MPF-44		**Formula**	: $C_{20}H_{16}$
Solvent	: Cyclohexane		**M_r**	: 256.36 u
Concentration	: 0.128 mg.l^{-1}		**CAS Nr.**	: 316 - 51 - 8
Spectrum	: **excitation**	**emission**	**Purity**	: 0.988 g/g
Fixed wavelength	: 410 nm	292 nm	**m.p.**	: 186°C
Excitation slit	: 2 nm	8 nm		
Emission slit	: 10 nm	2 nm		

3,9 - DIMETHYLBENZ (a) ANTHRACENE

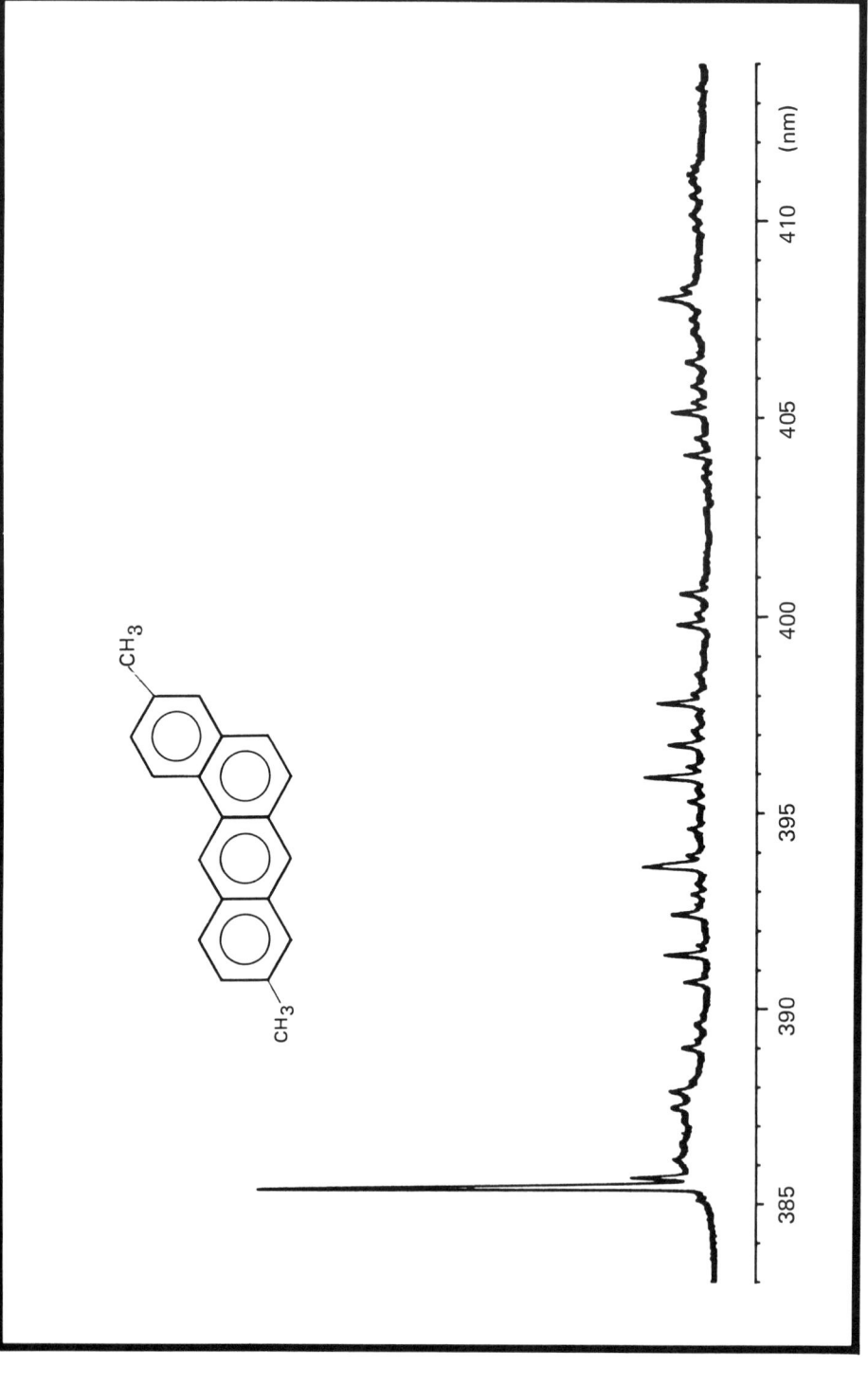

Fluorescence Wavelength (nm)	Intensity (%)
385.3	100
385.5	19

Original spectrum determined by Physico-chemical oceanography group-University of Bordeaux I (F)

Source	: 450W Xenon lamp	Formula	: $C_{20}H_{16}$
Excitation monochromator	: Jobin-Yvon H20	M_r	: 256.35 u
Emission monochromator	: Jobin-Yvon HR1000	CAS Nr.	: 316 - 51 - 8
Excitation wavelength (slits)	: 294 (9) nm	Purity	: 0.988 g/g
Emission slits	: 0.04 nm	m.p.	: 186°C
Temperature	: 15 K		
Solvent	: n-decane		
Concentration	: 0.537 mg/l		

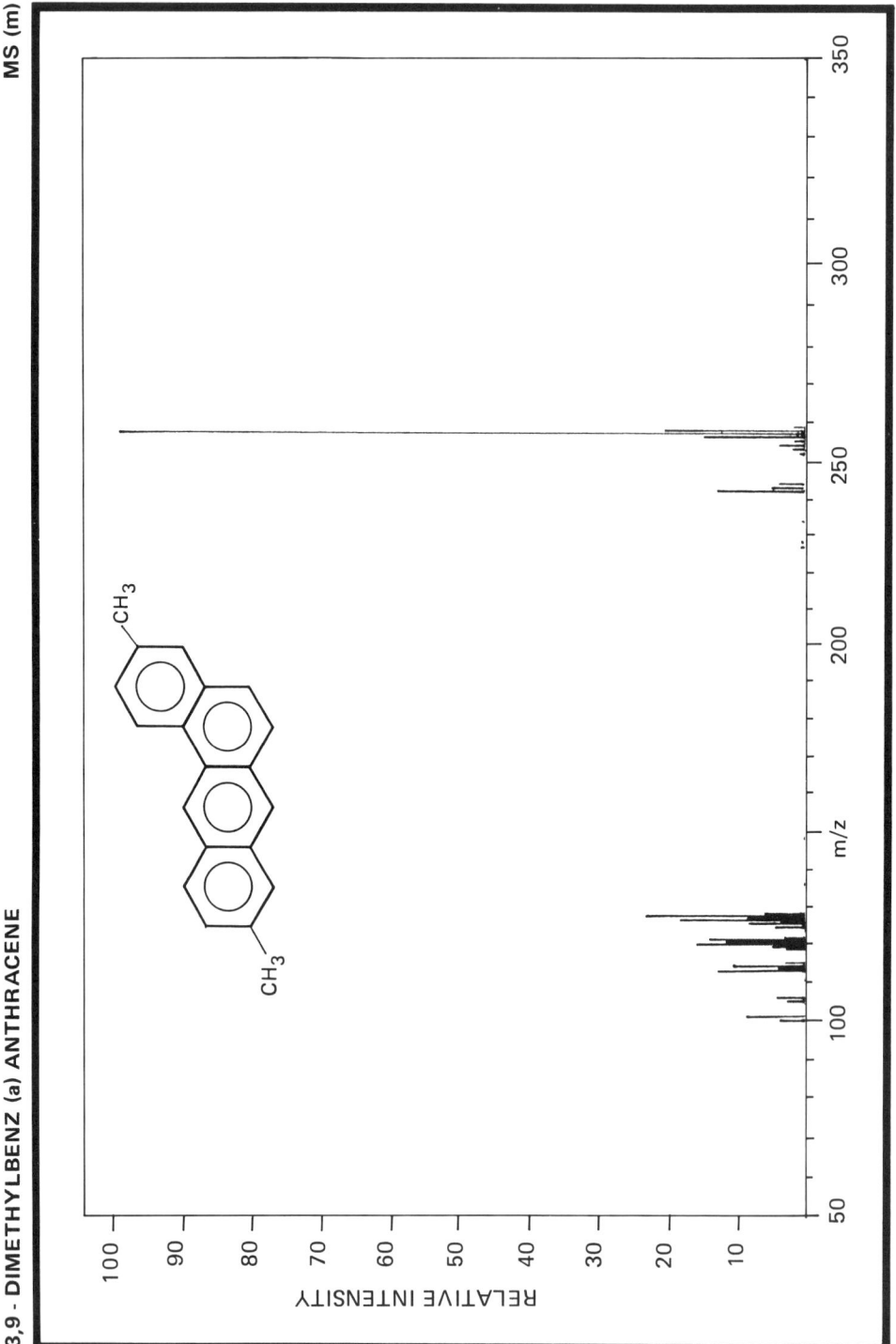

m/z	relative intensity	m/z	relative intensity
100	4.0	126.5	4.0
101	9.0	127	19.0
106.5	3.0	127.5	9.0
107.5	4.0	128	24.0
113	13.0	128.5	7.0
113.5	4.0	241	13.0
114	11.0	242	5.0
114.5	3.0	243	4.0
119.5	3.0	252	2.0
120	5.0	253	4.0
120.5	16.0	254	2.0
121	12.0	255	15.0
121.5	14.0	256	100.0
122	3.0	257	21.0
125	5.0	258	1.7
126	9.0		

Original spectrum determined by Biochem. Institut, Ahrensburg (D)

Spectrometer : Varian MAT 111
Inlet System : Direct Inlet
Source Temperature : 200°C
Source Voltage : 70 eV

Formula : $C_{20}H_{16}$
M_r : 256.35 u
m/z : 256.13 u
CAS Nr. : 316 - 51 - 8
Purity : 0.998 g/g
m.p. : 186°C

3.9 - DIMETHYLBENZ (a) ANTHRACENE

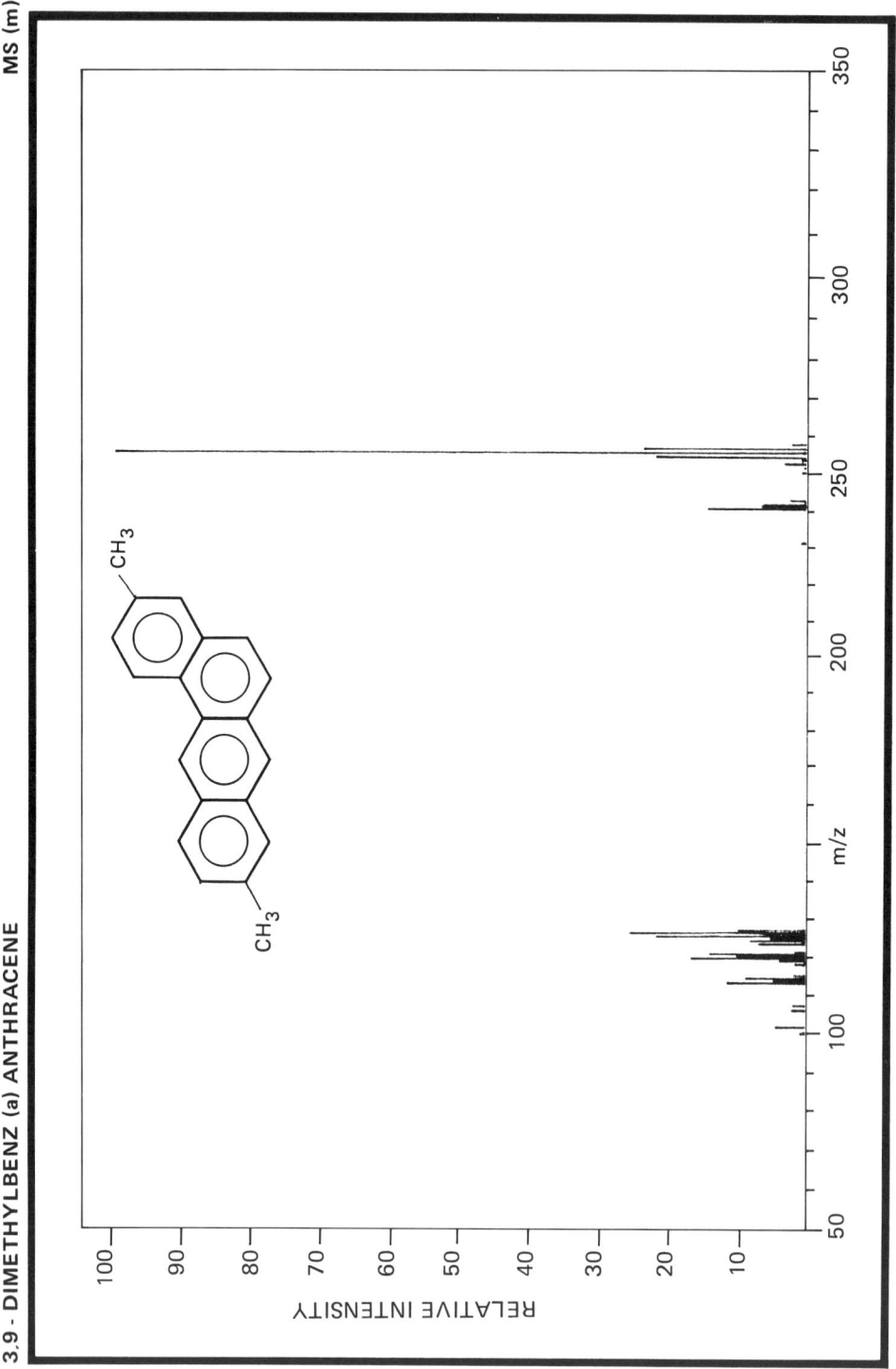

m/z	relative intensity	m/z	relative intensity
100	1.0	126.5	5.0
101	5.0	127	22.0
106.5	2.0	127.5	10.0
107.5	2.0	128	26.0
113	12.0	128.5	10.0
113.5	5.0	241	15.0
114	9.0	242	7.0
114.5	2.0	243	3.0
119.5	2.0	252	1.0
120	4.0	253	3.0
120.5	17.0	254	1.0
121	10.0	255	22.0
121.5	14.0	256	100.0
122	2.0	257	24.0
125	7.0	258	2.4
126	8.0		

Original spectrum determined by Biochem. Institut, for Environmental Carcinogens, Ahrensburg (D)

Spectrometer	: Varian MAT 111	Formula	: $C_{20}H_{16}$
Inlet System	: GC/MS	M_r	: 256.35 u
Source Temperature	: 200°C	m/z	: 256.13 u
Source Voltage	: 70 eV	CAS Nr.	: 316 - 51 - 8
		Purity	: 0.988 g/g
		m.p.	: 186°C

3,9 - DIMETHYLBENZ (a) ANTHRACENE

1H - NMR

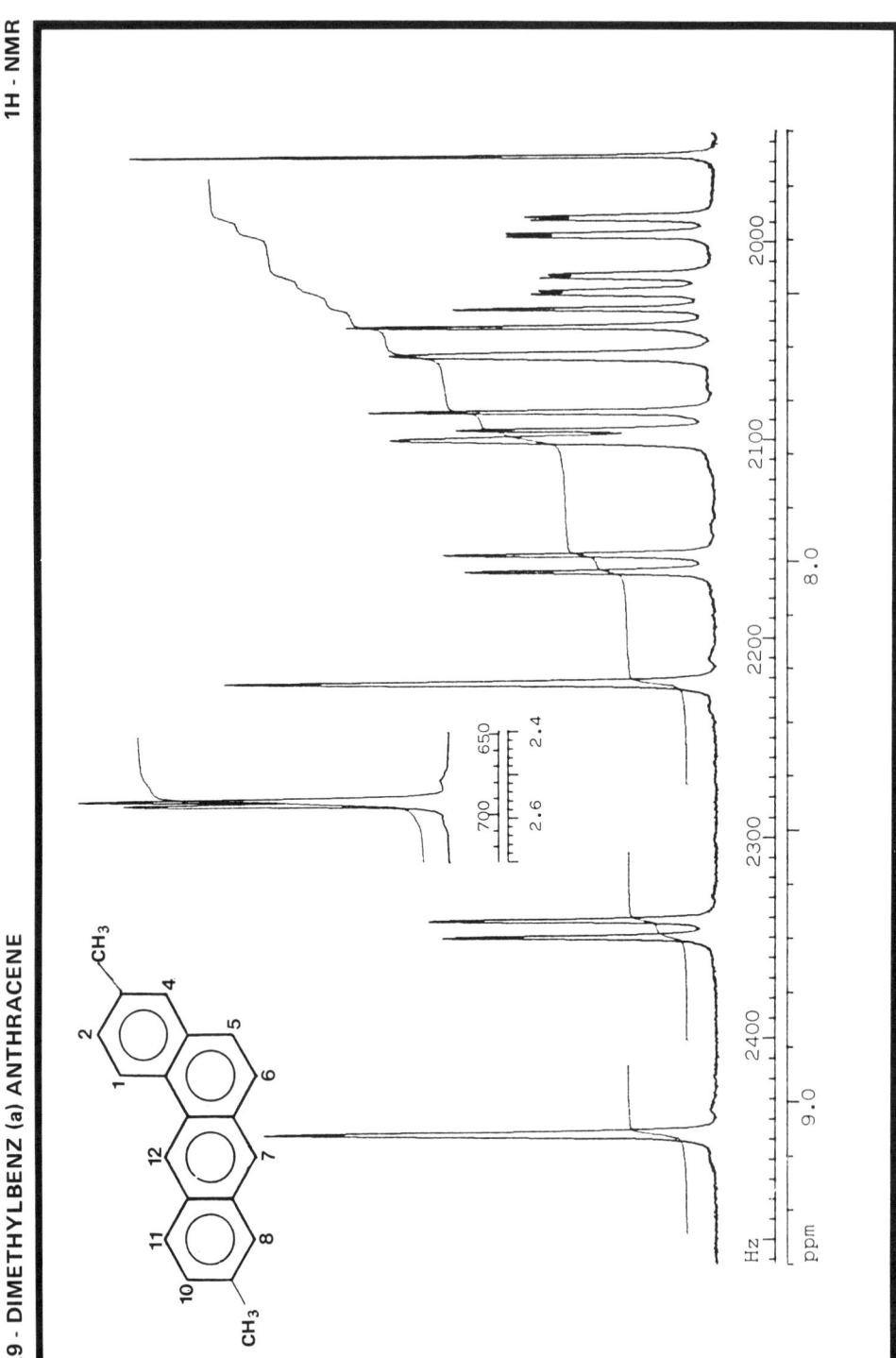

Proton No.	Chemical shift (ppm)	Coupling constants (Hz)
1	8.68	$J(1,2) = 8.4$
2	7.48	$J(2,4) = 1.7$
4	7.61	
5	7.54	$J(5,6) = 9.2$
6	7.74	
7	8.22	
8	7.77	$J(8,10) = 1.6$
10	7.37	$J(10,11) = 8.4$
11	8.00	
12	9.06	
3-Methyl*	2.57	
9-Methyl*	2.56	

*Assignments may be interchanged

Original spectrum determined by Laboratory of the Goverment Chemist, London (UK)

Spectrometer	: JEOL GX - 270
Solvent	: CDCl$_3$
Concentration	: 12 mg/ml

Formula	: C$_{20}$H$_{16}$
M$_r$	: 256.35 u
CAS Nr.	: 316 - 51 - 8
Purity	: 0.998 g/g
m.p.	: 186°C

3,9-DIMETHYLBENZ (a) ANTHRACENE

13C - NMR

Signal	Intensity (%)	Chemical Shift (ppm)	Carbon No.
1	20	136.64	3
2	21	135.24	9
3	18	132.10	7a
4	16	131.98	4a
5	18	130.67	6a
6	17	130.53	11a
7	60	128.44	4
8	51	128.36	12a and 12b*
9	46	128.31	2 and 10
10	53	128.17	11
11	51	127.38	6
12	46	126.83	5
13	50	126.26	8
14	45	125.85	7
15	52	122.76	1
16	49	120.90	12
17	37	21.92	3-Methyl+
18	30	21.40	9-Methyl+

Spectrometer	: JEOL GX - 270 (67.8 MHz)		Formula	: $C_{20}H_{16}$
Solvent	: $CDCl_3$		M_r	: 256.35 u
Concentration	: 40 mg/ml		CAS Nr.	: 316 - 51 - 8
Pulse (angle)	: 10 μs (40°)		Purity	: 0.988 g/g
Accumulations	: 9,338		m.p.	: 186°C
Repeat time	: 2.47 s			

Original spectrum determined by Laboratory of the Goverment Chemist, London (UK)

* Carbons 12a and 12b are assigned to this signal. It is possible that one of the two overlaps with another of signals 7-10.
+ Assignments may be interchanged.

3,9 - DIMETHYLBENZ (a) ANTHRACENE

IR (KBr)

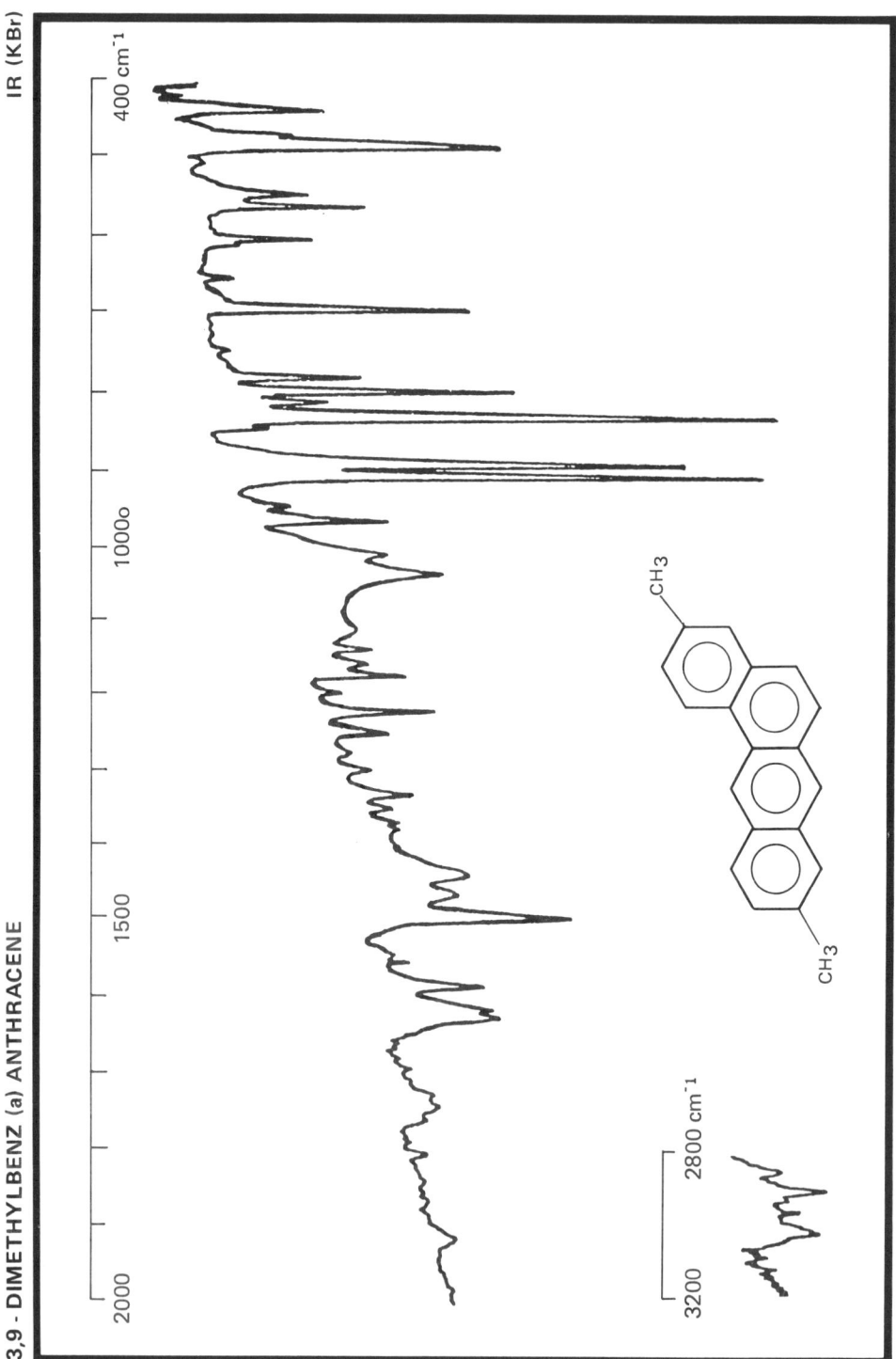

Frequency (cm⁻¹)	Assignment	Frequency (cm⁻¹)	Assignment
3030:	aromatic C - H stretch	963:	aromatic C - H wagging deformation
2980:		901:	
		883:	
	- CH$_3$ asym. C - H stretch	824:	
		804:	
	- CH$_3$ sym. C - H stretch	791:	
		774:	
2913:		685:	
2860:		596:	ring deformation
1634:	C=C stretch	554:	
1622:		538:	
1591:		477:	
1501:		430:	
1441:	- CH$_3$ asym. deformation		
1355:	- CH$_3$ sym. deformation		
1330:			
1223:	C - C stretch		
1177:			
1036:			

Original spectrum determined by Biochem. Institut, Ahrensburg (D)

Spectrometer	: Nicolet 5 MX	Formula	: C$_{20}$H$_{16}$
Sample	: KBr disc (⌀5 mm, thickness 0.4 mm)	M$_r$	: 256.35 u
Reference	: Air	CAS Nr.	: 316 - 51 - 8
Resolution	: 1.7 cm⁻¹ (maximum)	Purity	: 0.988 g/g
		m.p.	: 186°C

3,9 - DIMETHYLBENZ (a) ANTHRACENE

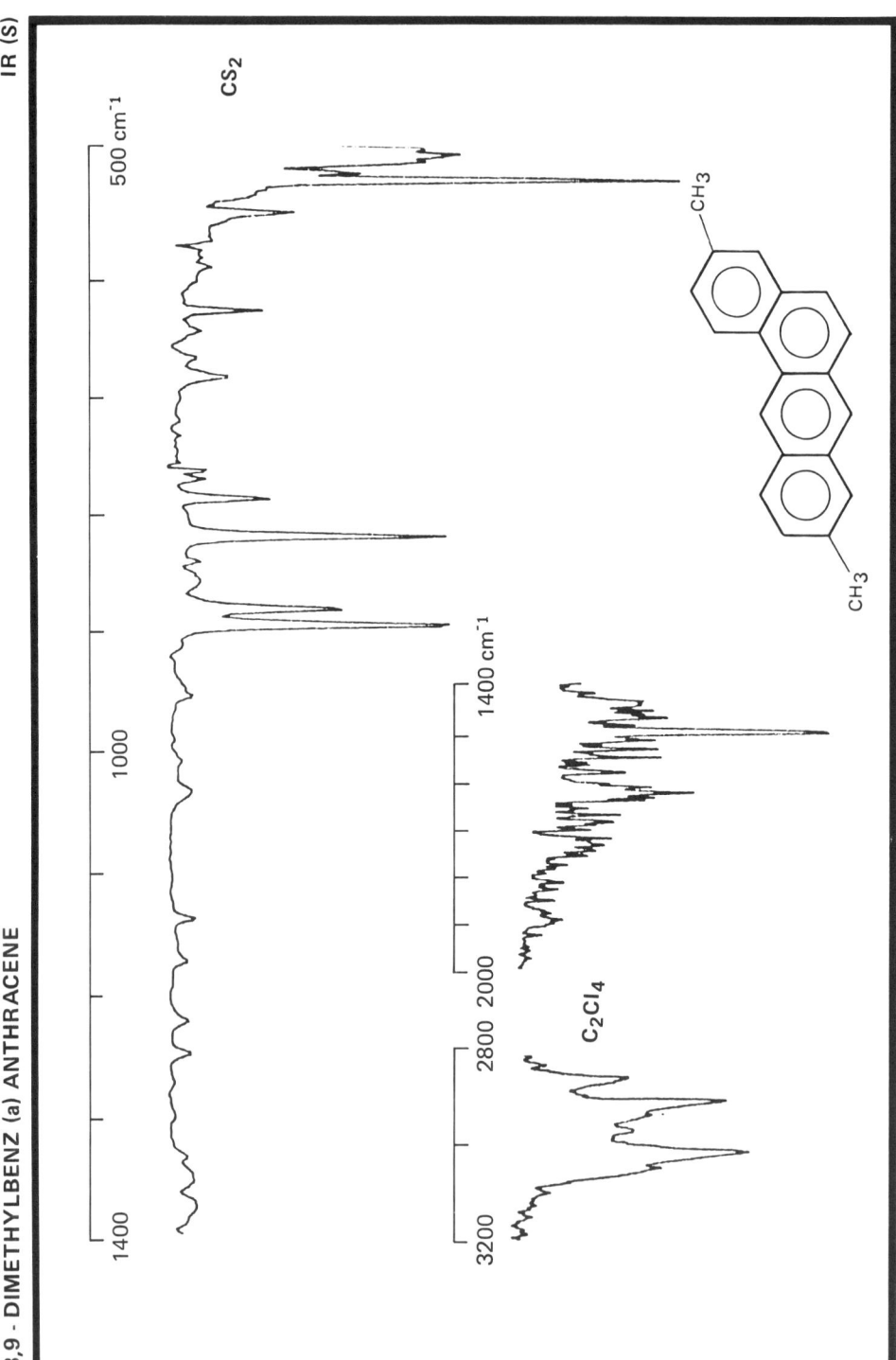

Frequency (cm⁻¹)	Assignment	Frequency (cm⁻¹)	Assignment
3052 :	aromatic C - H stretch	893:	aromatic
(2979):	- CH₃ asym. C - H stretch	882: 818:	C - H wagging deformation
2922 :	- CH₃ sym.	785:	
2865 :	C - H stretch		
1628 :	C=C stretch	629:	ring deformation
1505 :		550:	
1464 :	- CH₃ asym. deformation	525:	
1445 :			
1376 :	- CH₃ sym. deformation		
1352 :			
1335 :			

Original spectrum determined by Biochem. Institut, Ahrensburg (D)

Spectrometer	: Nicolet 5 MX	**Formula**	: C₂₀H₁₆
Cell	: 0.2 mm (KBr)	**Mᵣ**	: 256.35 u
Solvents	: C₂Cl₄ (3.200 - 1.400 cm⁻¹) CS₂ (1.400 - 500 cm⁻¹)	**CAS Nr.**	: 316 - 51 - 8
		Purity	: 0.988 g/g
Resolution	: 1.7 cm⁻¹ (maximum)	**m.p.**	: 186°C

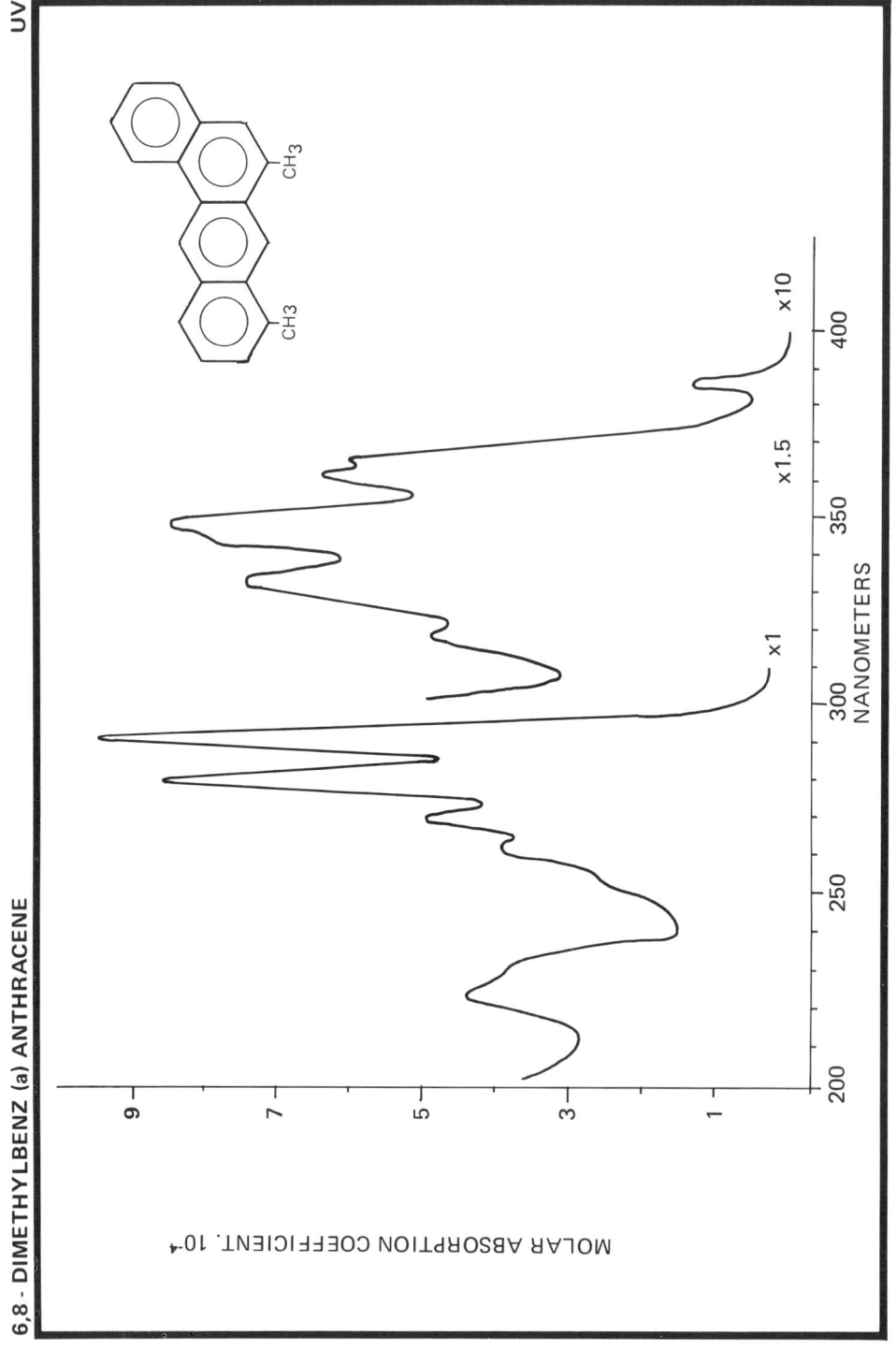

Wavelength (nm)	Molar absorption coefficient (l. mol^{-1} cm^{-1} × 10^{-4})	Wavelength (nm)	Molar absorption coefficient (l. mol^{-1} cm^{-1} × 10^{-4})
200	3.5	319	0.49
225	4.35	333.4	0.75
231 (sh)	3.85	348.5	0.85
262	3.97	361.6	0.64
270	5.0	366 (sh)	0.60
280.5	8.65	386	0.15
291.5	9.48		

Original spectrum determined by Biochem. Institut, Ahrensburg (D)

Spectrometer	: Perkin - Elmer 555	Formula	: $C_{20}H_{16}$
Solvent	: Cyclohexane	M_r	: 256.35 u
Concentrations	: 27.7 and 2.8 mg/l	CAS Nr.	: 317 - 64 - 6
Cell Length	: 1.000 cm	Purity.	: 0.99 g/g
Slit width	: 2 nm	m.p.	: 143°C

6,8-DIMETHYLBENZ(a)ANTHRACENE

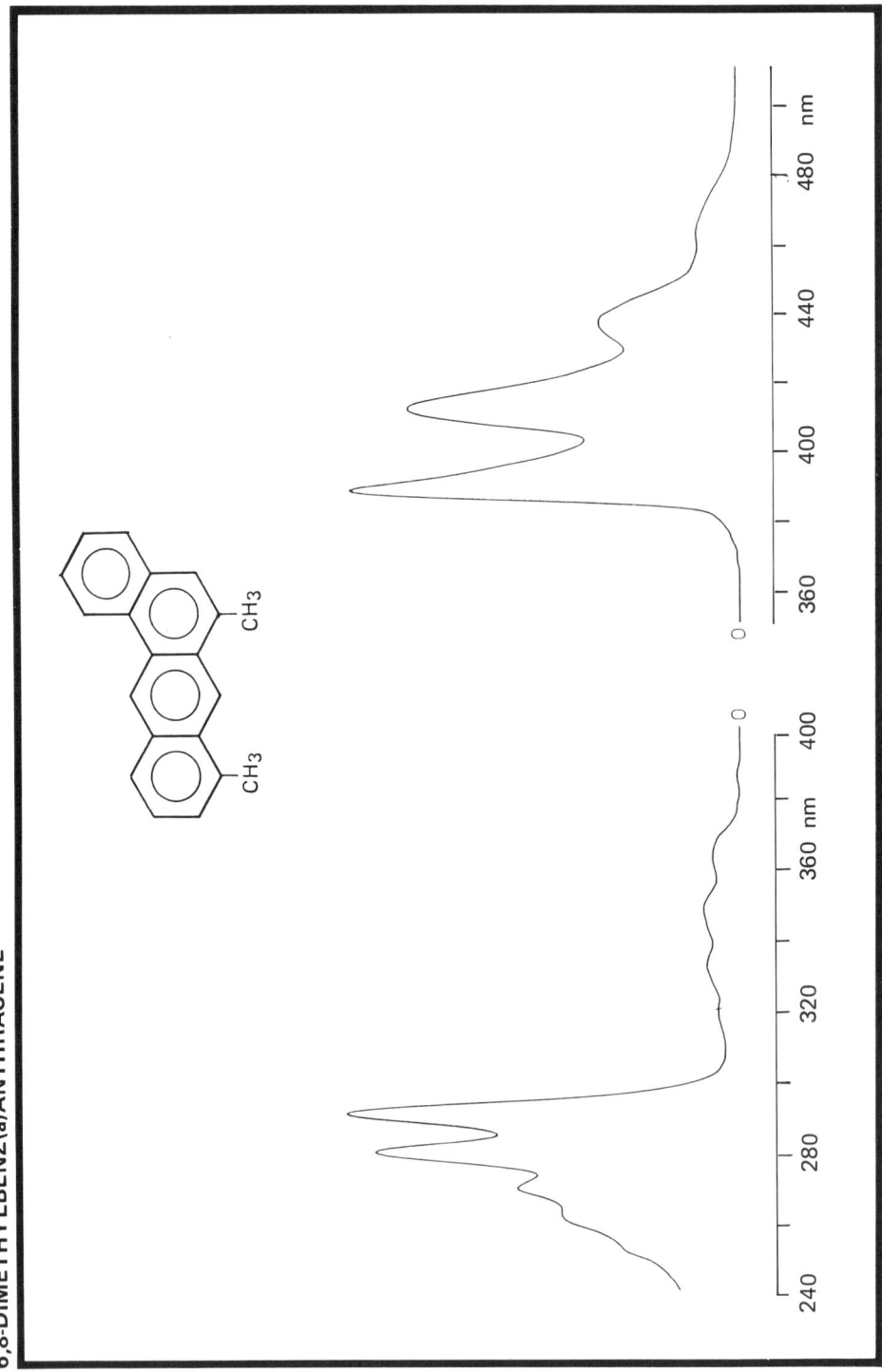

Wavelength (nm)	Relative intensity
387	100
410.5	79.5
435	33.5

Original spectrum produced by Physico-chemical oceanography group-University of Bordeaux I (F)

Instrument	: Perkin-Elmer MPF-44		**Formula**	: $C_{20}H_{16}$
Solvent	: Cyclohexane		**M$_r$**	: 256.35 u
Concentration	: 0.128 mg.l^{-1}		**CAS Nr.**	: 317 - 64 - 6
Spectrum	: **excitation**	**emission**	**Purity**	: 0.99 g/g
Fixed wavelength	: 410 nm	291.5 nm	**m.p.**	: 143°C
Excitation slit	: 2 nm	4 nm		
Emission slit	: 8 nm	2 nm		

6,8 - DIMETHYLBENZ (a) ANTHRACENE

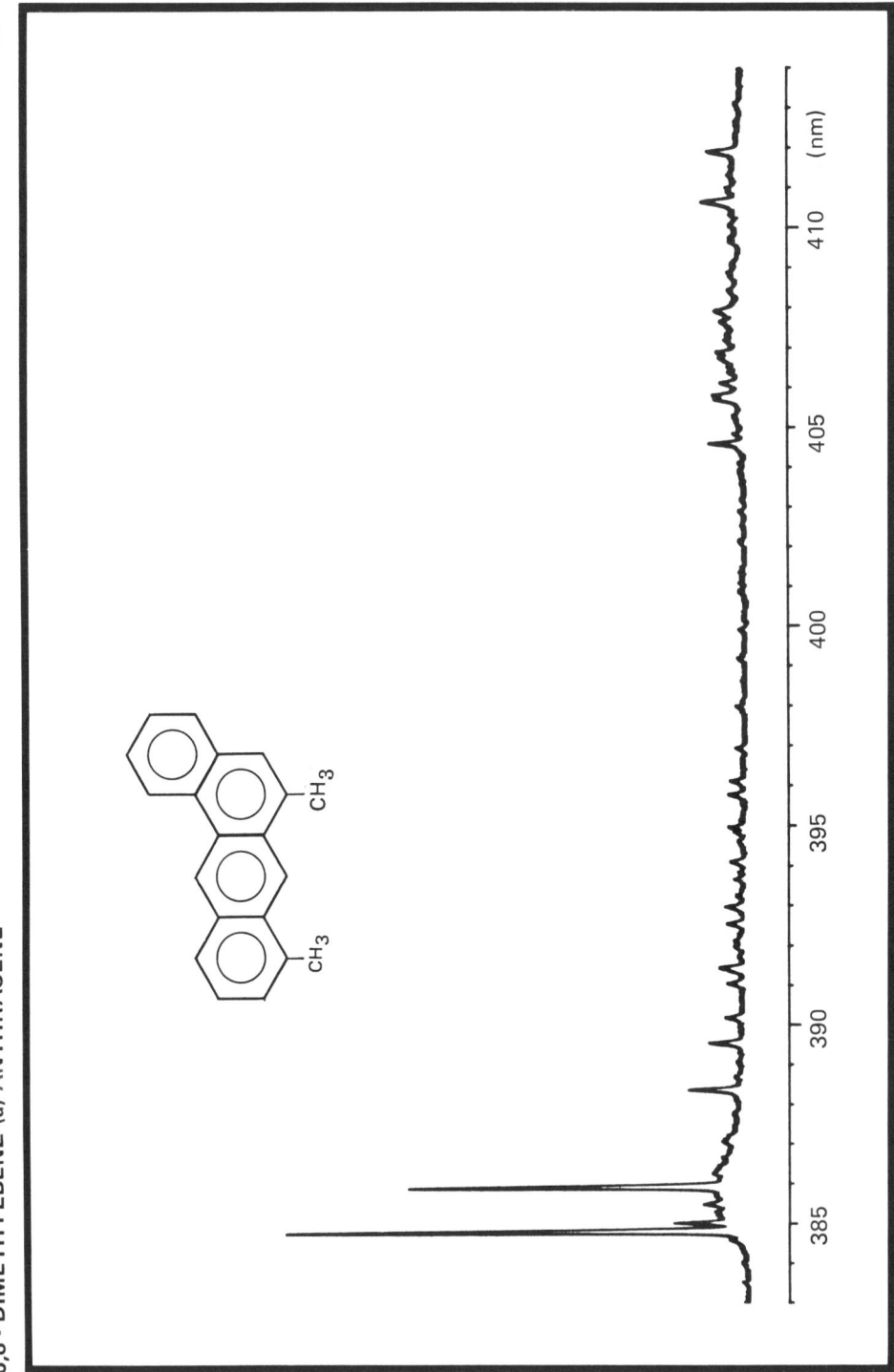

Fluorescence Wavelength (nm)	Intensity (%)
384.6	100
384.9	16
385.7	74

Original spectrum determined by Physico-chemical oceanography group-University of Bordeaux I (F)

Source	: 450W Xenon lamp	Formula	: $C_{20}H_{16}$
Excitation monochromator	: Jobin-Yvon H20	M_r	: 256.35 u
Emission monochromator	: Jobin-Yvon HR1000	CAS Nr.	: 317 - 64 - 6
Excitation wavelength (slits)	: 294 (9) nm	Purity	: 0.99 g/g
Emission slits	: 0.04 nm	m.p.	: 143°C
Temperature	: 15 K		
Solvent	: n-octane		
Concentration	: 0.512 mg/l		

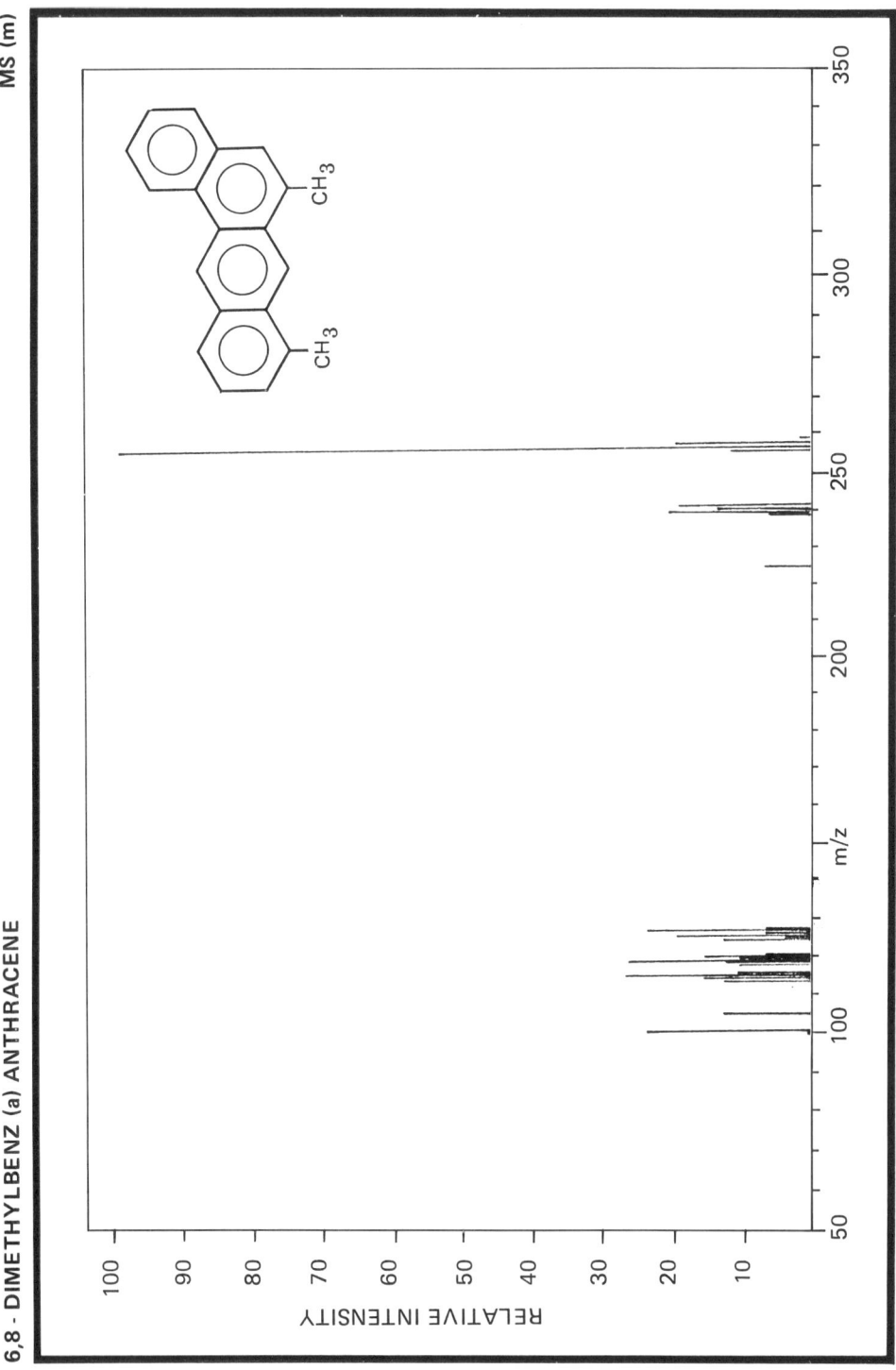

m/z	relative intensity	m/z	relative intensity
101	24.0	126.5	4.0
107.5	13.0	127	20.0
113.5	16.0	127.5	7.0
114	27.0	128	24.0
114.5	11.0	128.5	7.0
118.5	11.0	226	7.0
119	13.0	238	6.0
119.5	27.0	239	20.0
120	11.0	240	14.0
120.5	16.0	241	20.0
121	7.0	255	12.0
126	13.0	256	100.0
126.5	4.0	257	20.0
		258	2.0

Original spectrum determined by Biochem. Institut, for Environmental Carcinogens, Ahrensburg (D)

Spectrometer	: Varian MAT 111	Formula	: $C_{20}H_{16}$
Inlet System	: Direct Inlet	M_r	: 256.35 u
Source Temperature	: 200°C	m/z	: 256.13 u
Source Voltage	: 70 eV	CAS Nr.	: 317 - 64 - 6
		Purity	: 0.990 g/g
		m.p.	: 143°C

6,8 - DIMETHYLBENZ (a) ANTHRACENE   MS (m)

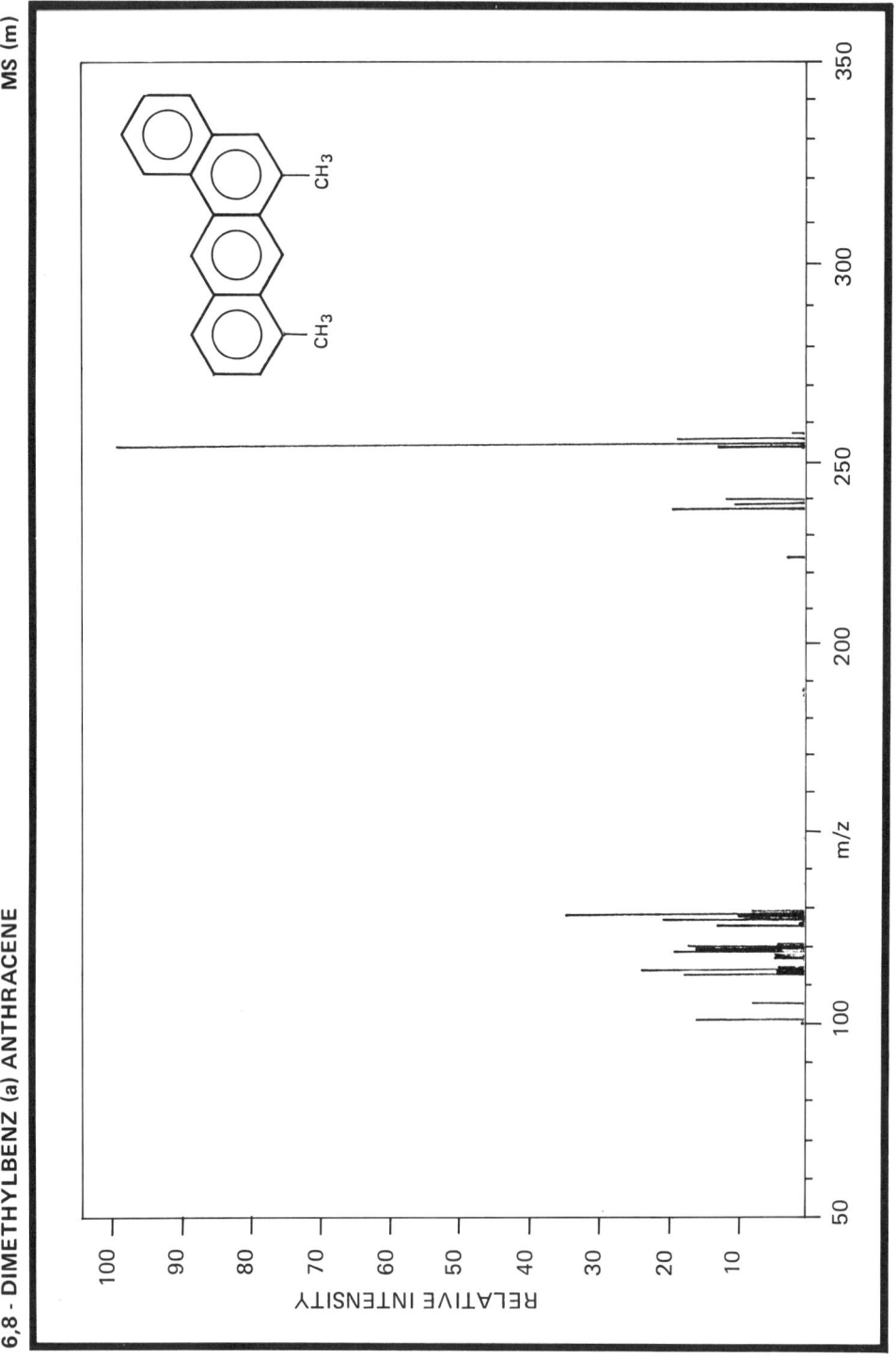

m/z	relative intensity	m/z	relative intensity
101	16.0	126.5	1.0
107.5	8.0	127	21.0
113	18.0	127.5	10.0
113.5	4.0	128	35.0
114	24.0	128.5	8.0
114.5	4.0	226	3.0
118.5	5.0	239	20.0
119	5.0	240	11.0
119.5	19.0	241	12.0
120	16.0	255	13.0
120.5	17.0	256	100.0
121	4.0	257	19.0
126	13.0	258	2.1

Original spectrum determined by Biochem. Institut, Ahrensburg (D)

Spectrometer	: Varian MAT 111	Formula	: $C_{20}H_{16}$
Inlet System	: GC/MS	M_r	: 256.35 u
Source Temperature	: 200°C	m/z	: 256.13 u
Source Voltage	: 70 eV	CAS Nr.	: 317 - 64 - 6
		Purity	: 0.990 g/g
		m.p.	: 143°C

6,8 - DIMETHYLBENZ (a) ANTHRECENE

1H - NMR

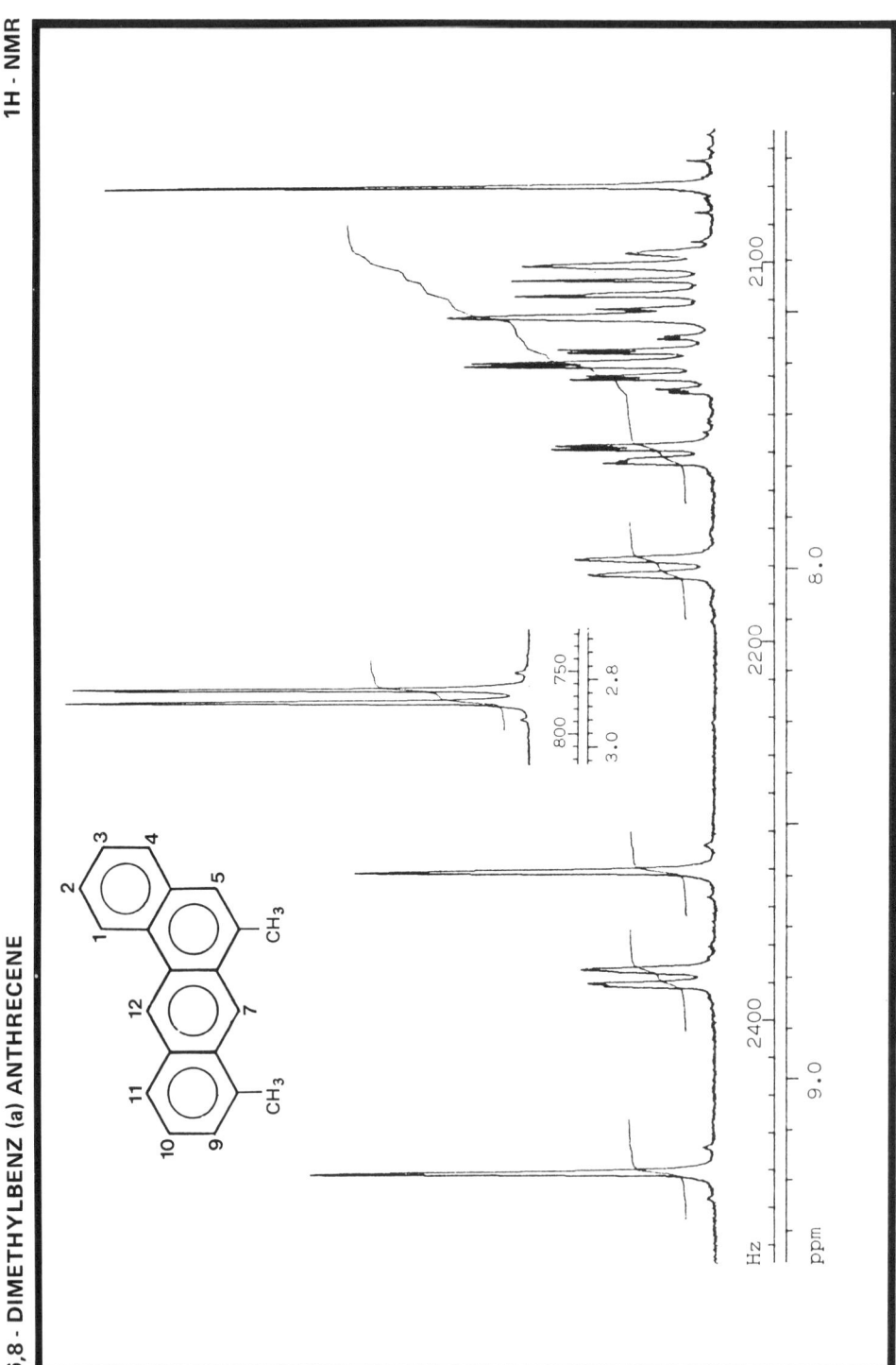

Proton No.	Chemical shift (ppm)	Coupling constants (Hz)
1	8.80	$J(1,2) = 8.2$; $J(1,3) = 0.6$
2	7.62	$J(2,3) = 7.6$; $J(2,4) = 1.3$
3	7.58	$J(3,4) = 7.8$
4	7.77	
5	7.51	$^4J(5,6\text{-Me}) = 1.0$
6-Methyl	2.83	
7	8.58	
8-Methyl	2.87	
9	7.40	$J(9,10) = 7.0$; $J(9,11) = 0.1$
10	7.46	$J(10,11) = 8.1$
11	7.99	
12	9.18	

Original spectrum determined by Laboratory of the Goverment Chemist, London (UK)

Spectrometer : JEOL GX - 270
Solvent : CDCl$_3$
Concentration : 9 mg/ml

Formula : C$_{20}$H$_{16}$
M$_r$: 256.35 u
CAS Nr. : 317 - 64 - 6
Purity : 0.990 g/g
m.p. : 143°C

6,8 - DIMETHYLBENZ (a) ANTHRACENE

IR (KBr)

Frequency (cm⁻¹)	Assignment	Frequency (cm⁻¹)	Assignment
3027:	aromatic C - H stretch	1240	(C - C stretch)
		1205	
		1032	
2971:	- CH₃ asym. C - H stretch	943	
2900:	- CH₃ sym. C - H stretch	897:	aromatic C - H wagging deformation
2880:		783:	
		752:	
1732:		745:	
1626:	C=C stretch	708:	
1497:		642:	ring deformation
1445:	- CH₃ asym. deformation	573:	
1435:		415:	
1381:	- CH₃ sym. deformation		

Original spectrum determined by Biochem. Institut, Ahrensburg (D)

Spectrometer	: Nicolet 5 MX	Formula	: $C_{20}H_{16}$
Sample	: KBr disc (⌀5 mm, thickness 0.4 mm)	M_r	: 256.35 u
Reference	: Air	CAS Nr.	: 317 - 64 - 6
Resolution	: 1.7 cm⁻¹ (maximum)	Purity	: 0.990 g/g
		m.p.	: 143°C

6,8 - DIMETHYLBENZ (a) ANTHRACENE   IR (S)

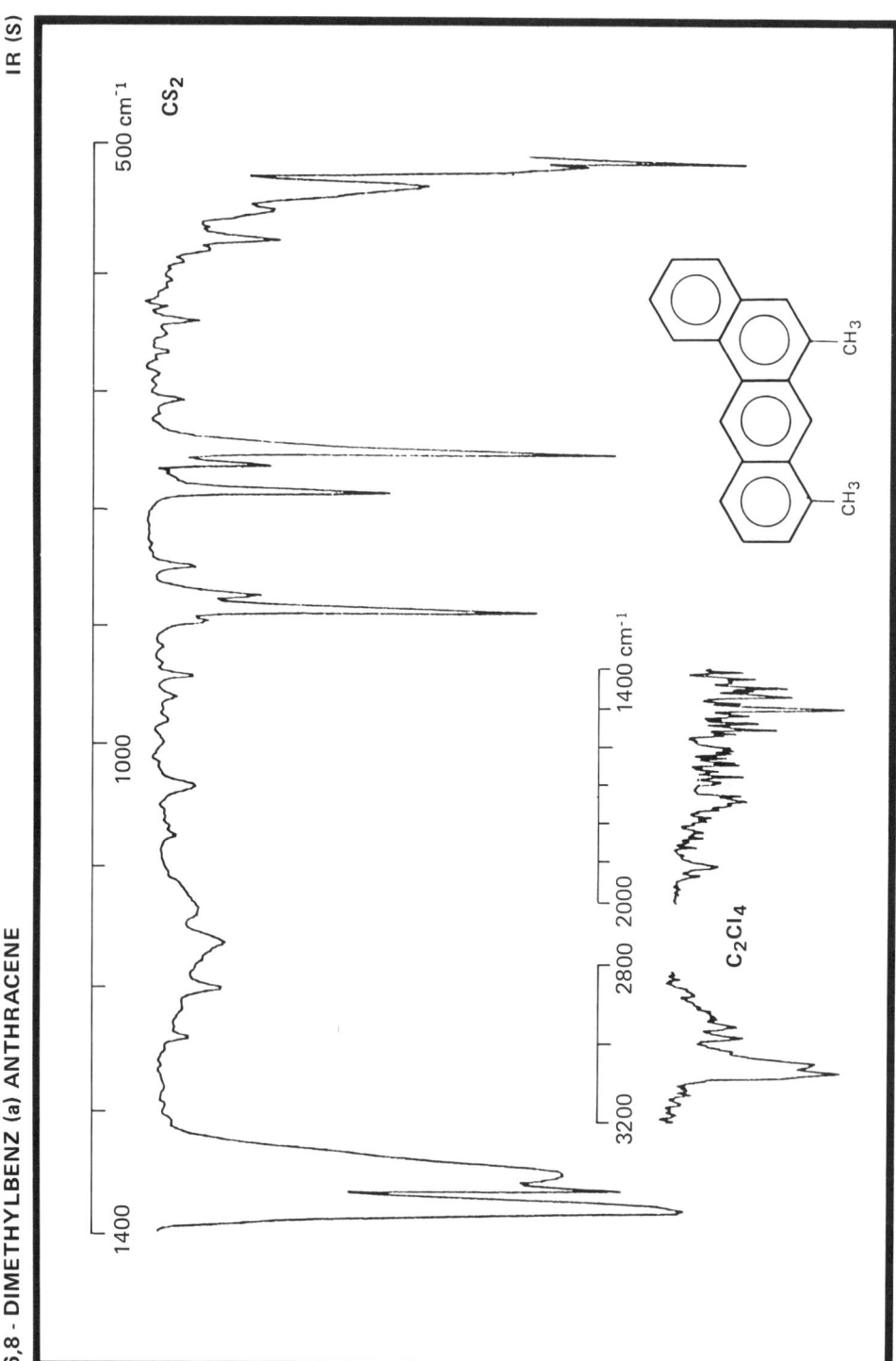

Frequency (cm⁻¹)	Assignment	Frequency (cm⁻¹)	Assignment
3057:	aromatic C - H stretch	1205:	(C - C stretch)
3036:			
2974:	- CH₃ asym. C - H stretch	883:	aromatic C - H wagging deformation
2946:		783:	
		748:	
2860:	- CH₃ sym.		
2860:	- CH₃ sym. C - H stretch		
1502:	C=C stretch	529:	ring deformation
		507:	
1450:	- CH₃ asym. deformation		
1377:	- CH₃ sym. deformation		
1360:			

Original spectrum determined by Biochem. Institut, Ahrensburg (D)

Spectrometer	: Nicolet 5 MX	**Formula**	: $C_{20}H_{16}$
Cell	: 0.2 mm (KBr)	M_r	: 256.35 u
Solvents	: C_2Cl_4 (3.200 - 1.400 cm⁻¹)	**CAS Nr.**	: 317 - 64 - 6
	CS_2 (1.400 - 500 cm⁻¹)	**Purity**	: 0.990 g/g
Resolution	: 1.7 cm⁻¹ (maximum)	**m.p.**	: 143°C

7,12 - DIMETHLBENZ (a) ANTHRACENE

Fluorescence Wavelength (nm)	Intensity (%)
397	100
398.2	68

Original spectrum determined by Physico-chemical oceanography group-University of Bordeaux I (F)

Source	: 450W Xenon lamp
Excitation monochromator	: Jobin-Yvon H20
Emission monochromator	: Jobin-Yvon HR1000
Excitation wavelength (slits)	: 294 (9) nm
Emission slits	: 0.04 nm
Temperature	: 15 K
Solvent	: n-octane
Concentration	: 0.517 mg l^{-1}

Formula	: $C_{20}H_{16}$
M_r	: 256.35 u
CAS Nr.	: 57 - 97 - 6
Purity	: 0.989 g/g
m.p.	: 122°C

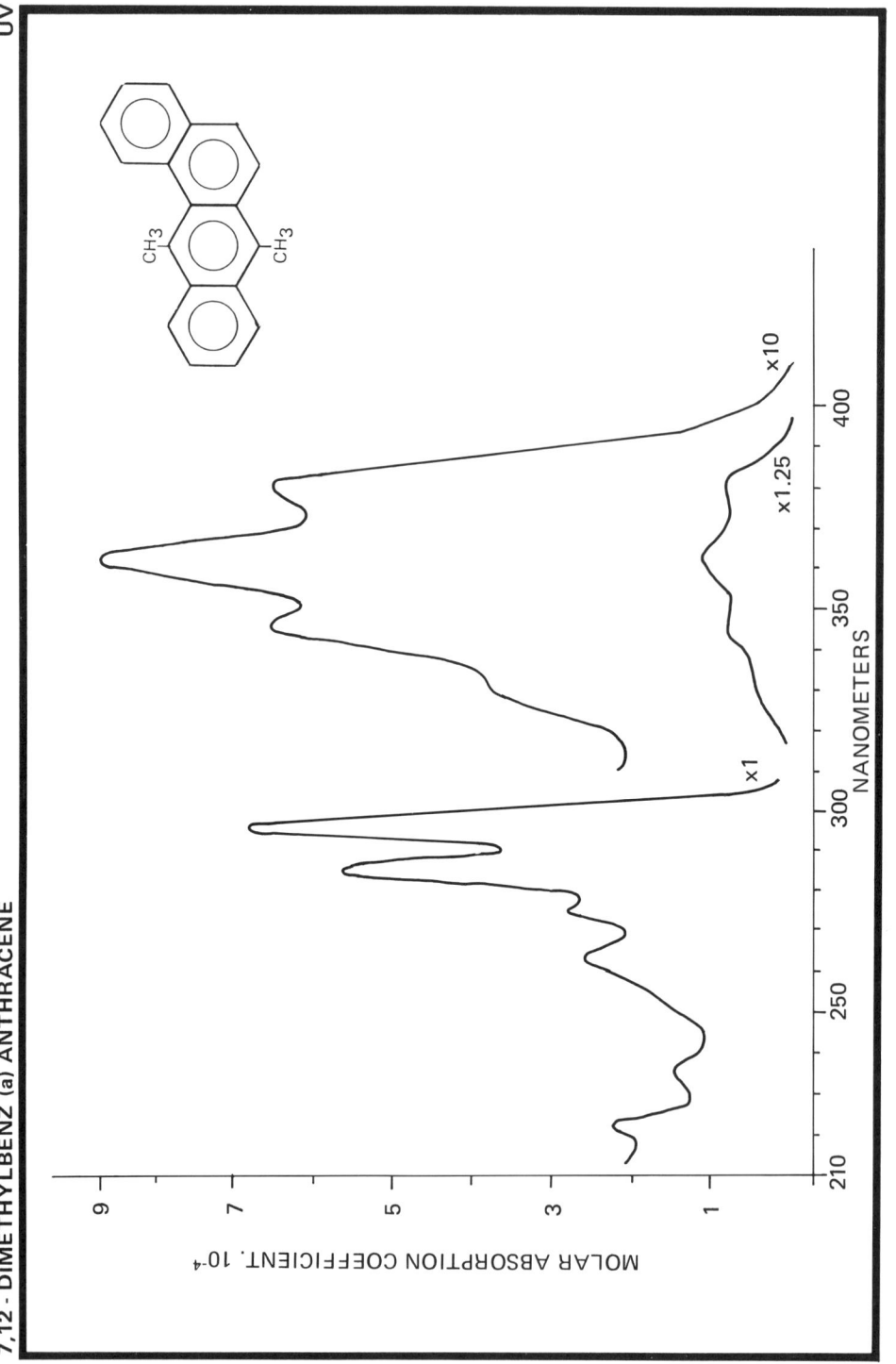

Wavelength (nm)	Molar absorption coefficient (l. mol^{-1} cm^{-1} × 10^{-4})	Wavelength (nm)	Molar absorption coefficient (l. mol^{-1} cm^{-1} × 10^{-4})
212	2.1	286	5.72
223	2.2	297	6.96
234	1.52	322 (sh)	0.38
263	2.27	346	0.65
265.5	2.75	363	0.87
276	2.92	381	0.65

Original spectrum determined by Biochem. Institut, Ahrensburg (D)

Spectrometer	: Perkin - Elmer 555
Solvent	: Cyclohexane
Concentration	: 25 mg/l (2 mg/l)
Cell Length	: 1.000 cm
Slit width	: 1 nm
Formula	: $C_{20}H_{16}$
M_r	: 256.35 u
CAS Nr.	: 57 - 97 - 6
Purity	: 0.989 g/g
m.p.	: 122°C

7,12-DIMETHYLBENZ(a)ANTHRACENE

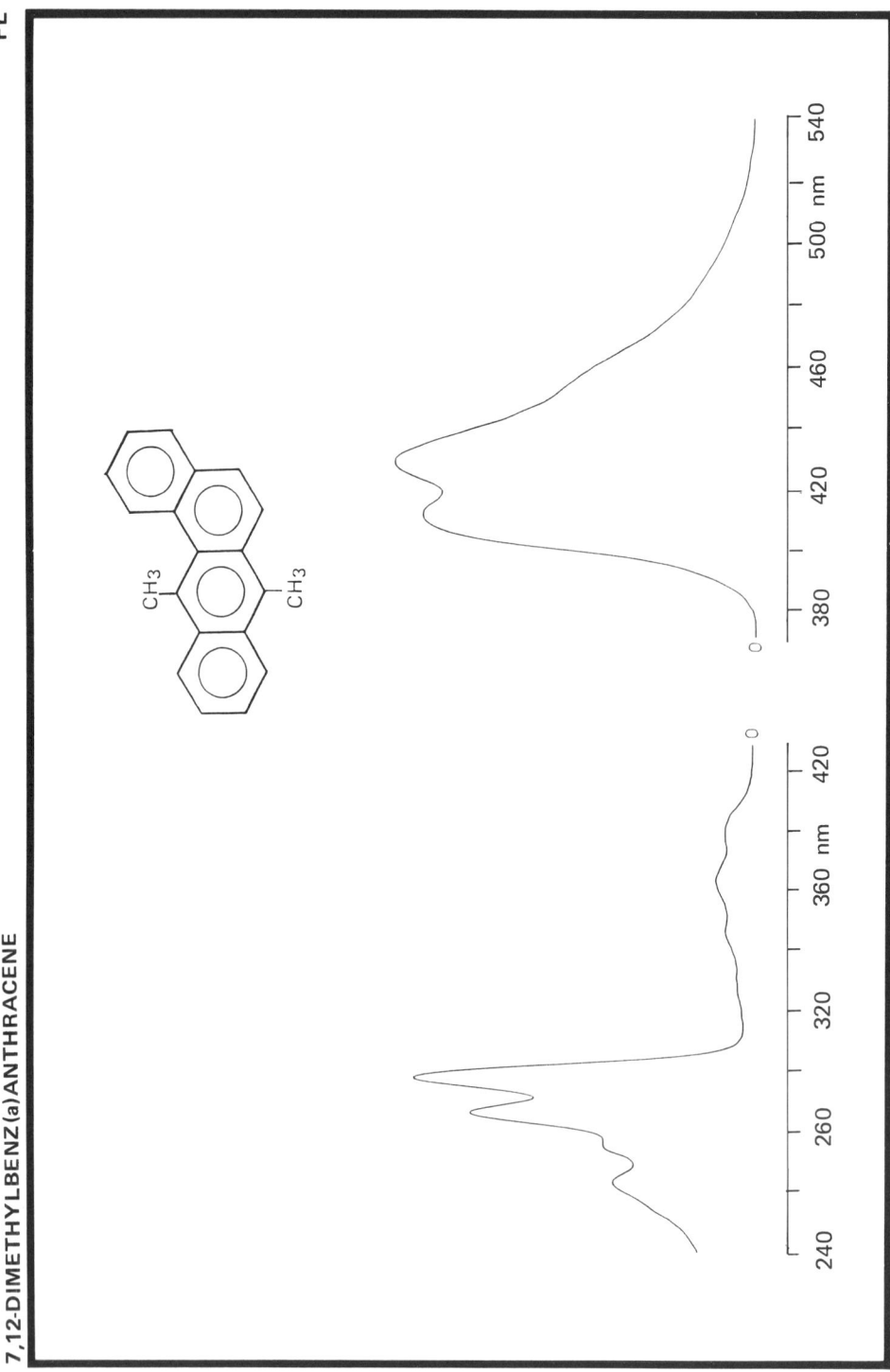

Wavelength (nm)	Relative intensity
408	92.5
426	100

Original spectrum produced by Physico-chemical oceanography group-University of Bordeaux I (F)

Instrument	: Perkin-Elmer MPF-44	Formula	: $C_{20}H_{16}$
Solvent	: Cyclohexane	M_r	: 256.35 u
Concentration	: 0.128 mg.l^{-1}	CAS Nr.	: 57 - 97 - 6
Spectrum	: excitation emission	Purity	: 0.989 g/g
Fixed wavelength	: 426 nm 298 nm	m.p.	: 122°C
Excitation slit	: 2 nm 10 nm		
Emission slit	: 10 nm 2 nm		

7,12 - DIMETHYLBENZ (a) ANTHRACENE MS (m)

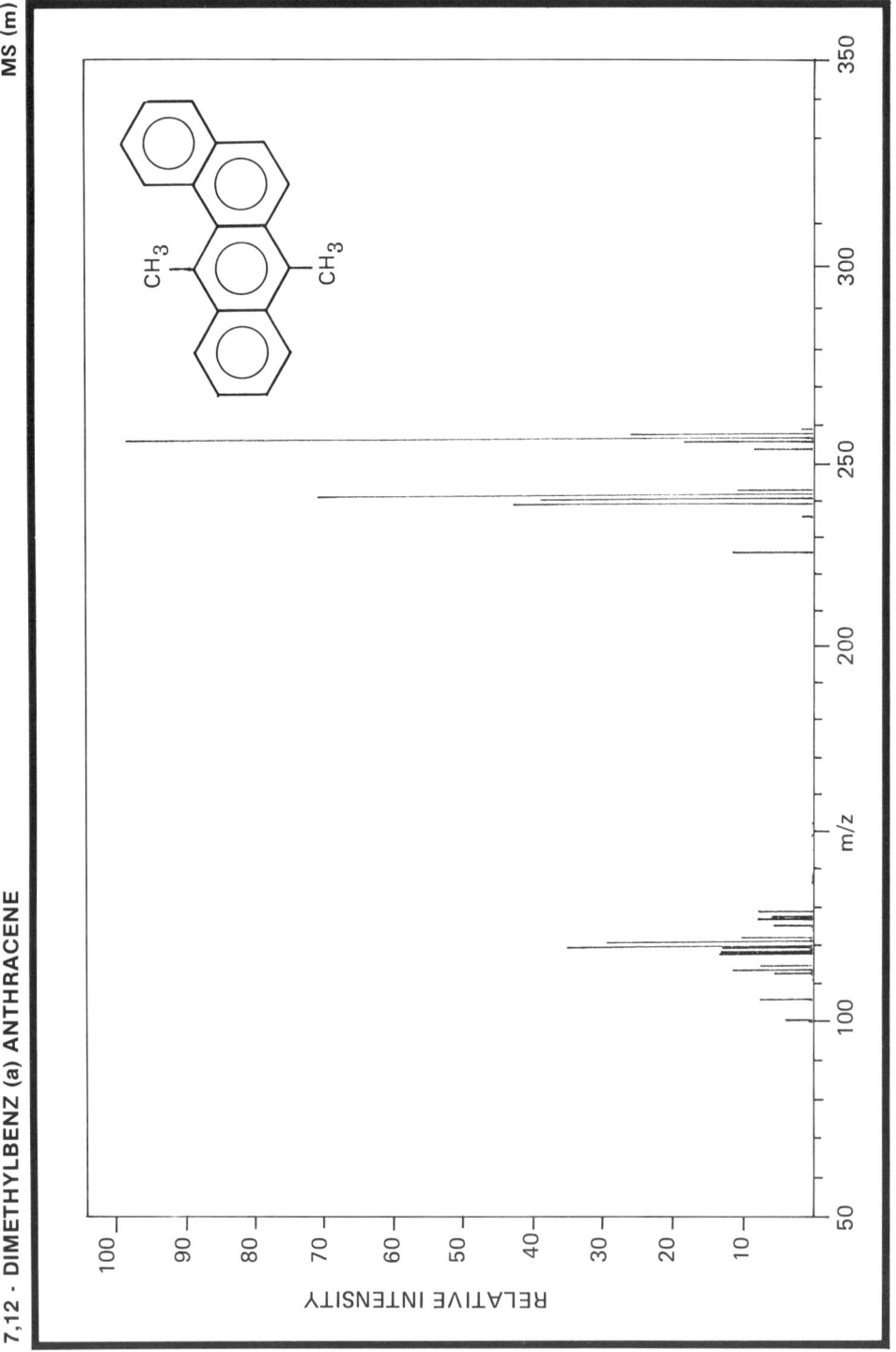

m/z	relative intensity	m/z	relative intensity
100	4.0	127	6.0
107	8.0	128	8.0
112	6.0	226	12.0
113	12.0	237	2.0
114	8.0	239	44.0
119	14.0	240	40.0
119.5	14.0	241	72.0
120	36.0	242	11.0
120.5	32.0	253	9.0
121	12.0	255	19.0
125	6.0	256	100.0
126.5	8.0	257	27.0
		258	2.1

Original spectrum determined by Biochem. Institut, Ahrensburg (D)

Spectrometer	: Varian MAT 111
Inlet System	: Direct Inlet
Source Temperature	: 200°C
Source Voltage	: 70 eV

Formula	: $C_{20}H_{16}$
M_r	: 256.35 u
m/z	: 256.13 u
CAS Nr.	: 57 - 97 - 6
Purity	: 0.989 g/g
m.p.	: 122°C

7,12 - DIMETHYLBENZ (a) ANTHRACENE

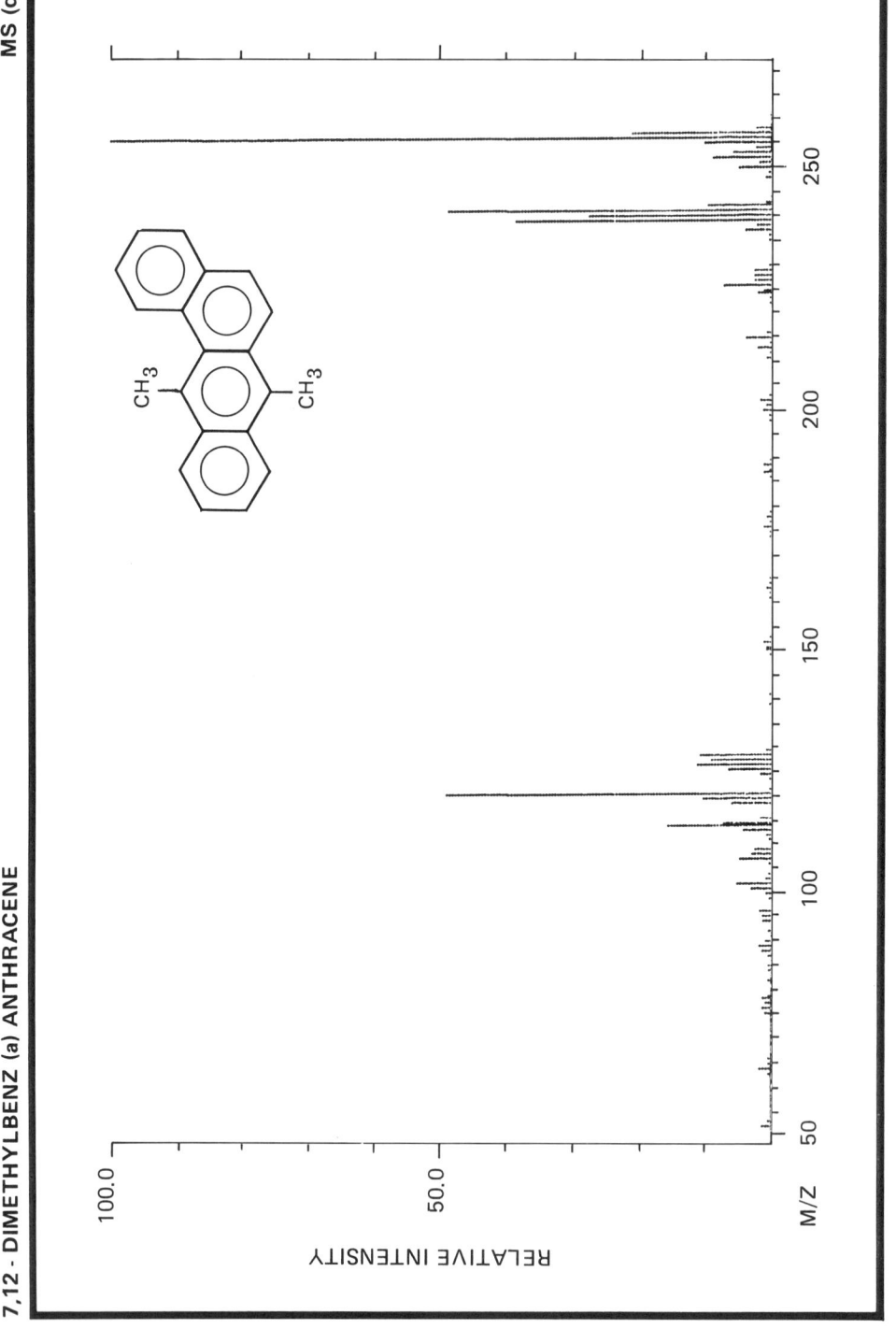

m/z	relative intensity	m/z	relative intensity
100	3.3	226	7.3
101	5.3	227	2.6
106	4.9	228	2.6
107	3.0	229	2.6
108	2.8	237	4.0
112	4.6	238	2.1
113	15.8	239	38.8
114	7.5	240	27.7
118	6.0	241	48.8
119	10.5	242	9.6
120	49.2	250	4.8
125	6.7	252	9.0
126	11.6	253	5.8
127	9.1	254	2.4
128	10.9	255	10.0
213	2.4	256	100.0
215	3.8	257	21.1
224	2.1	258	2.2

Original spectrum determined by ITC - TNO, Zeist (NL)

Spectrometer	: Finnigan 4021 - Quadrupole
Inlet System	: capill. GC/MS
Source Temperature	: 247°C
Source Voltage	: 70 eV

Formula	: $C_{20}H_{16}$
M_r	: 256.35 u
m/z	: 256.13 u
CAS Nr.	: 57 - 97 - 6
Purity	: 0.989 g/g
m.p.	: 122°C

7,12 - DIMETHYLBENZ (a) ANTHRACENE

1H - NMR

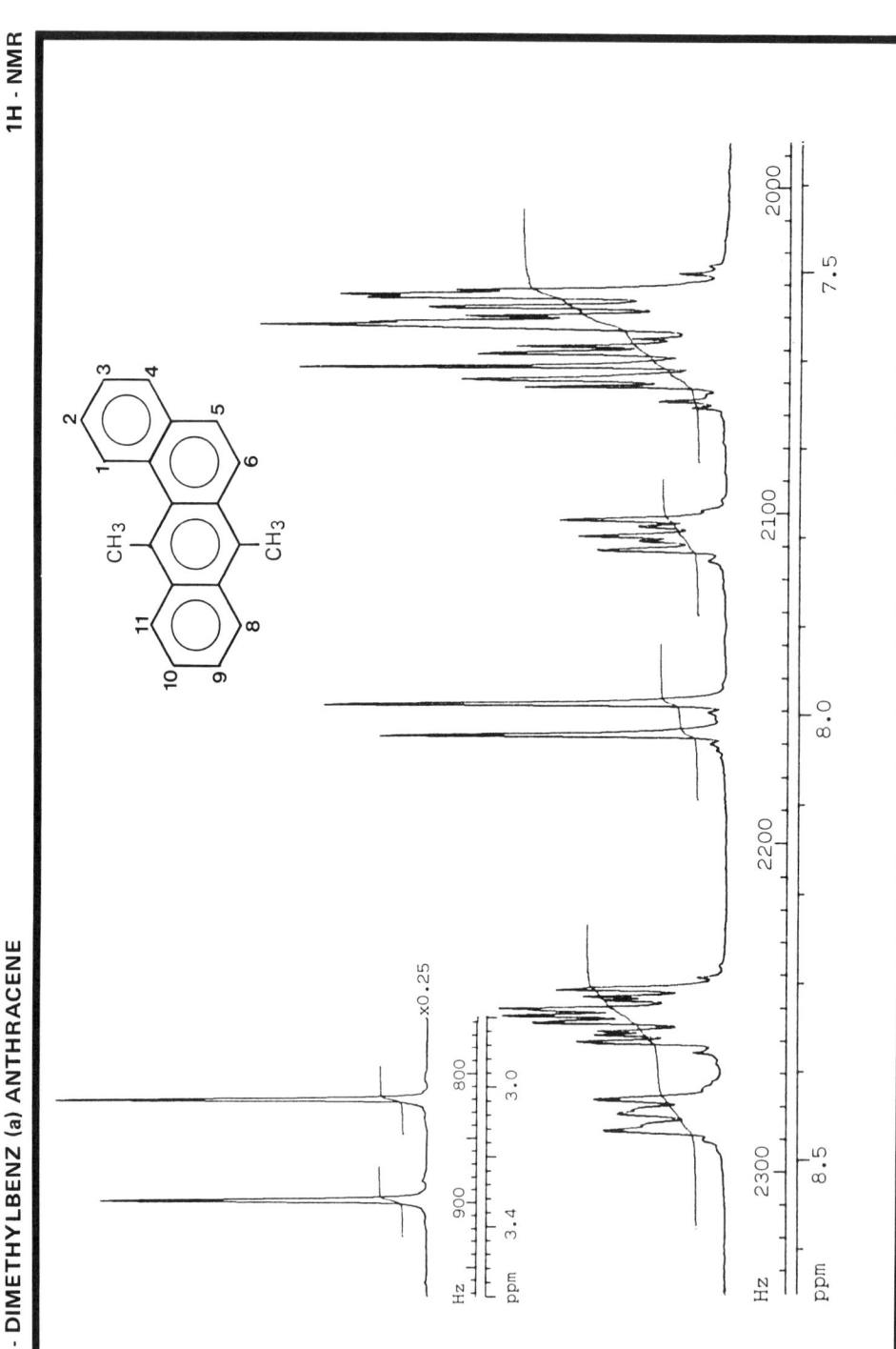

Proton No.	Chemical shift (ppm)	Coupling constants (Hz)
1	8.45	J(1,2) = 8.4; J(1,3) = 1.6
2	7.55	J(2,3) = 6.9; J(2,4) = 1.2
3	7.53	J(3,4) = 8.4
4	7.80	
5	7.54	J(5,6) = 9.4
6	8.00	
8	8.32	J(8,9) = 8.2; J(8,10) = 1.4
9	7.59	J(9,10) = 6.9; J(9,11) = 1.4
10	7.62	J(10,11) = 8.4
11	8.35	

Original spectrum determined by Laboratory of the Goverment Chemist, London (UK)

Spectrometer	: JEOL GX - 270	Formula	: $C_{20}H_{16}$
Solvent	: $CDCl_3$	M_r	: 256.35 u
Concentration	: 10 mg/ml	CAS Nr.	: 57 - 97 - 6
		Purity	: 0.989 g/g
		m.p.	: 122°C

7,12 - DIMETHYLBENZ (a) ANTHRACENE

13C - NMR

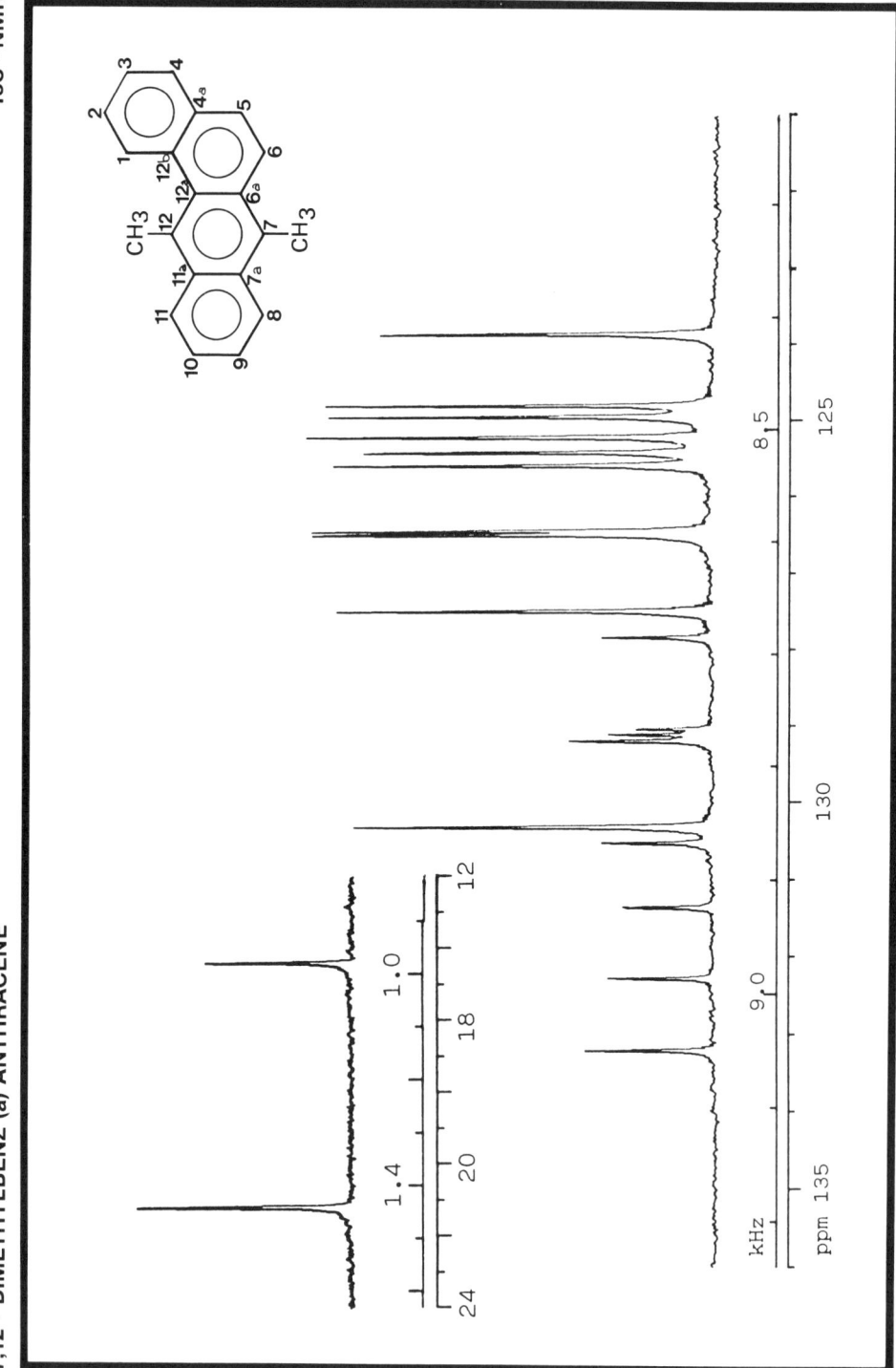

Signal	Intensity (%)	Chemical Shift (ppm)	Carbon No.
1	5.3 s	133.20	4a
2	4.3 s	132.27	11a
3	3.7 s	131.35	12b
4	4.6 s	130.51	7a
5	14.3 d	130.31	1
6	5.9 s	129.18	12
7	4.3 s	129.11	6a
8	3.2 s	129.04	12a
9	4.5 s	127.84	7
10	14.9 d	127.49	4
11	16.0 d	126.50	5
12	16.0 d	126.45	3
13	15.1 d	125.58	11*
14	13.9 d	125.42	9*
15	16.2 d	125.21	10*
16	15.3 d	124.95	8
17	15.4 d	124.80	2
18	13.3 d	123.87	6
19	7.4 q	21.20	12-Me
20	5.0 q	14.39	7-Me

Original spectrum determined by Laboratory of the Goverment Chemist, London (UK)

Spectrometer	: JEOL GX - 270 (67.8 MHz)	Formula	: $C_{20}H_{16}$
Solvent	: $CDCl_3$	M_r	: 256.35 u
Concentration	: 10 mg/ml	CAS Nr.	: 57 - 97 - 6
Pulse (angle)	: 10 µs (40°)	Purity	: 0.989 g/g
Accumulations	: 30,000	m.p.	: 122°C
Repeat time	: 2.47 s		

* May be interchanged

7,12 - DIMETHYLBENZ (a) ANTHRACENE

IR (KBr)

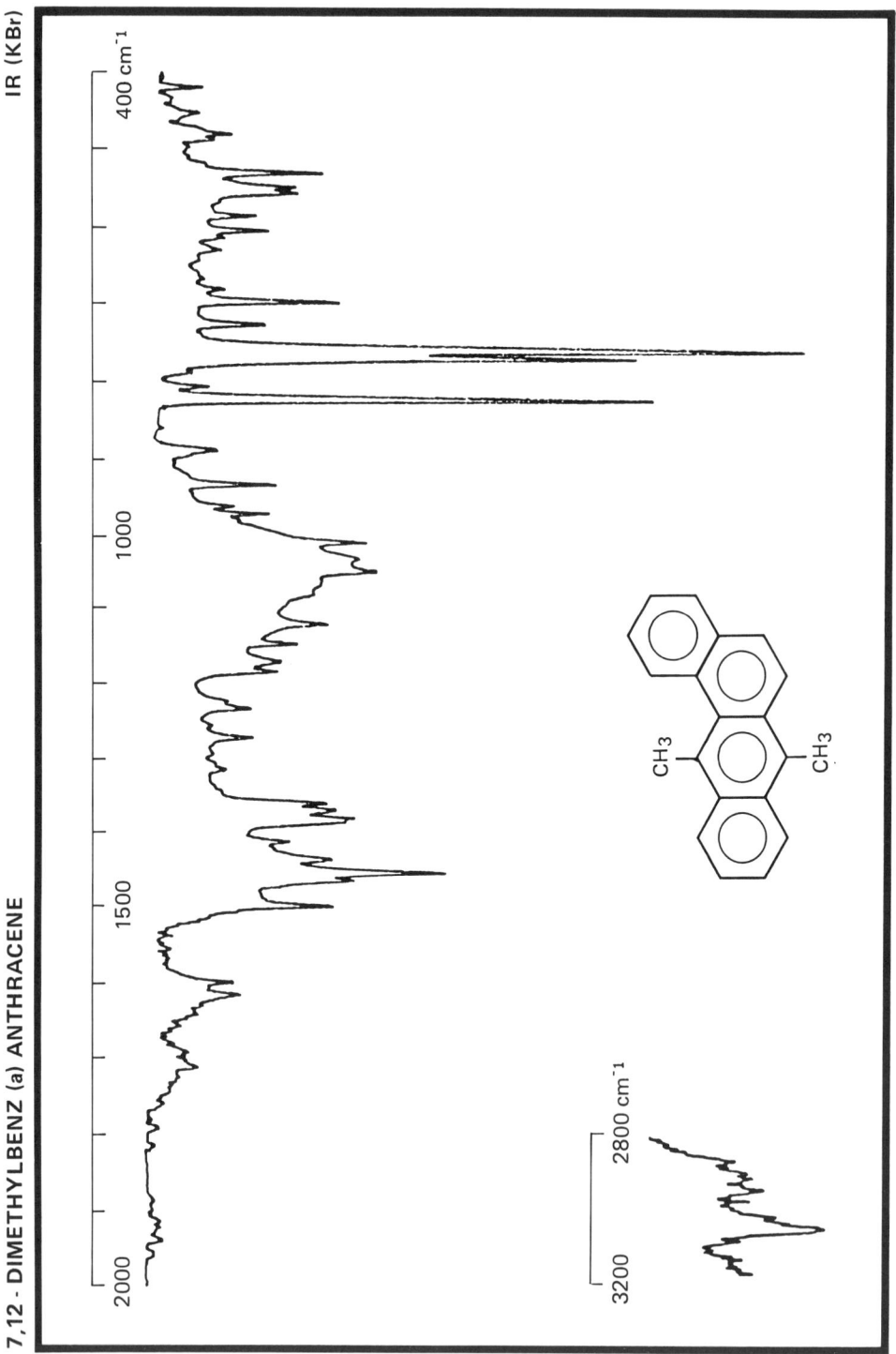

Frequency (cm⁻¹)	Assignment	Frequency (cm⁻¹)	Assignment
3063 :	aromatic C - H stretch	1024	(C - C stretch)
		1001	
(2970) :	- CH₃ asym. C - H stretch	924	
2905 :	- CH₃ sym. C - H stretch	810:	aromatic C - H wagging deformation
2895 :		756:	
		745:	
1620 :	C=C stretch	684:	ring deformation
1600 :		521:	
1499 :			
1451 :	- CH₃ asym. deformation		
1385 :	- CH₃ sym. deformation		
1370 :			
1358 :			

Original spectrum determined by Biochem. Institut, Ahrensburg (D)

Spectrometer	: Nicolet 5 MX	Formula	: $C_{20}H_{16}$
Sample	: KBr disc (⌀5 mm, thickness 0.4 mm)	M_r	: 256.35 u
Reference	: Air	CAS Nr.	: 57 - 97 - 6
Resolution	: 1.7 cm⁻¹ (maximum)	Purity	: 0.989 g/g
		m.p.	: 122°C

7,12 - DIMETHYLBENZ (a) ANTHRACENE — IR (S)

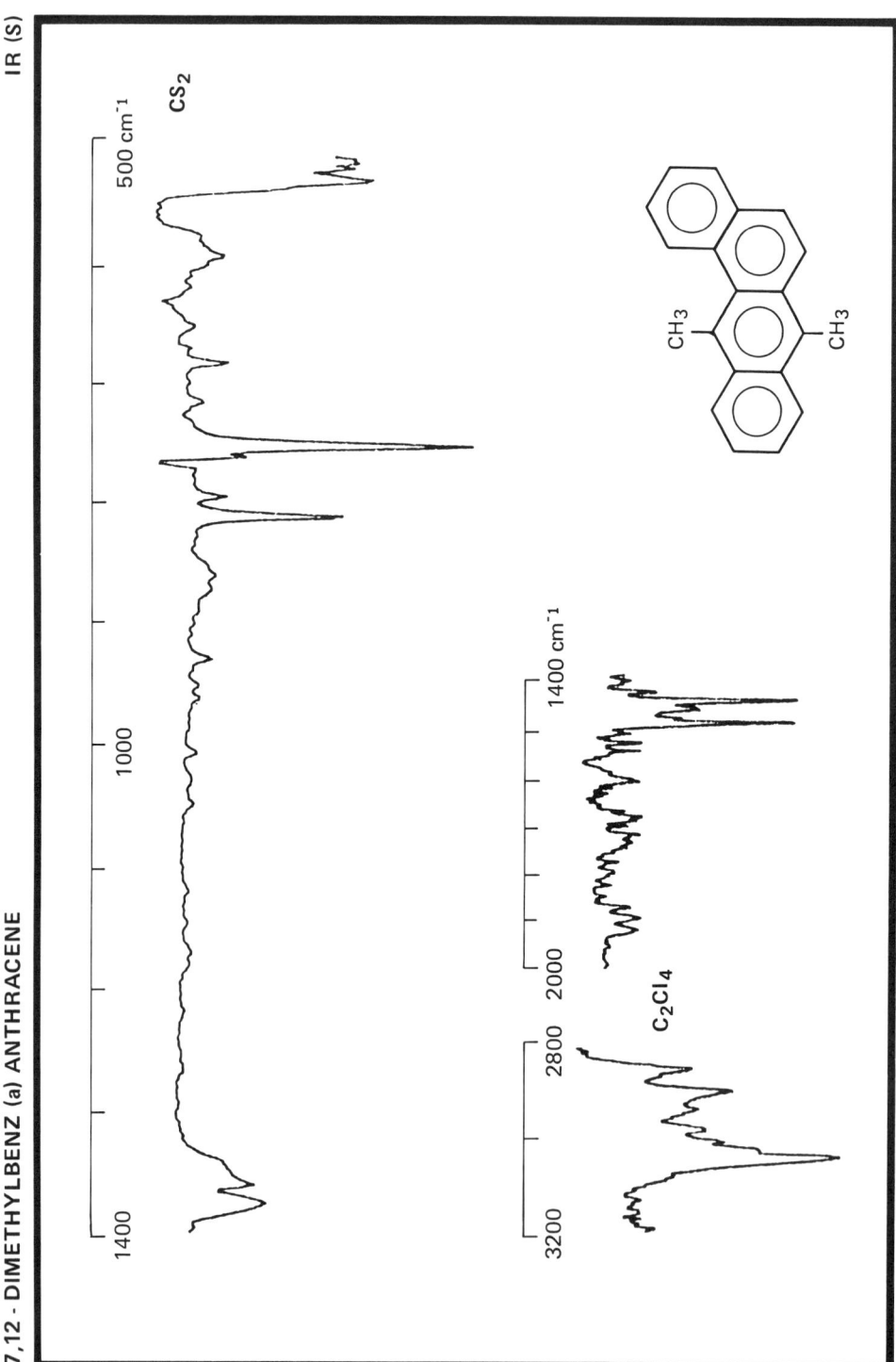

Frequency (cm⁻¹)	Assignment	Frequency (cm⁻¹)	Assignment
3073 :	aromatic C - H stretch	(925)	
(2990):	- CH₃ asym. C - H stretch	806 :	aromatic C - H wagging deformation
2920 :	- CH₃ sym. C - H stretch	791 :	
2874 :		758 :	
		748 :	
1501 :	C=C stretch	529 :	ring deformation
1453 :	- CH₃ asym. deformation		
1375 :	- CH₃ sym. deformation		
1360 :			

Original spectrum determined by Biochem. Institut, Ahrensburg (D)

Spectrometer	: Nicolet 5 MX	**Formula**	: $C_{20}H_{16}$
Cell	: 0.2 mm (KBr)	**M_r**	: 256.35 u
Solvents	: C_2Cl_4 (3.200 - 1.400 cm⁻¹)	**CAS Nr.**	: 57 - 97 - 6
	CS_2 (1.400 - 500 cm⁻¹)	**Purity:**	: 0.989 g/g
Resolution	: 1.7 cm⁻¹ (maximum)	**m.p.**	: 122°C

13H - DIBENZO (a,i) CARBAZOLE

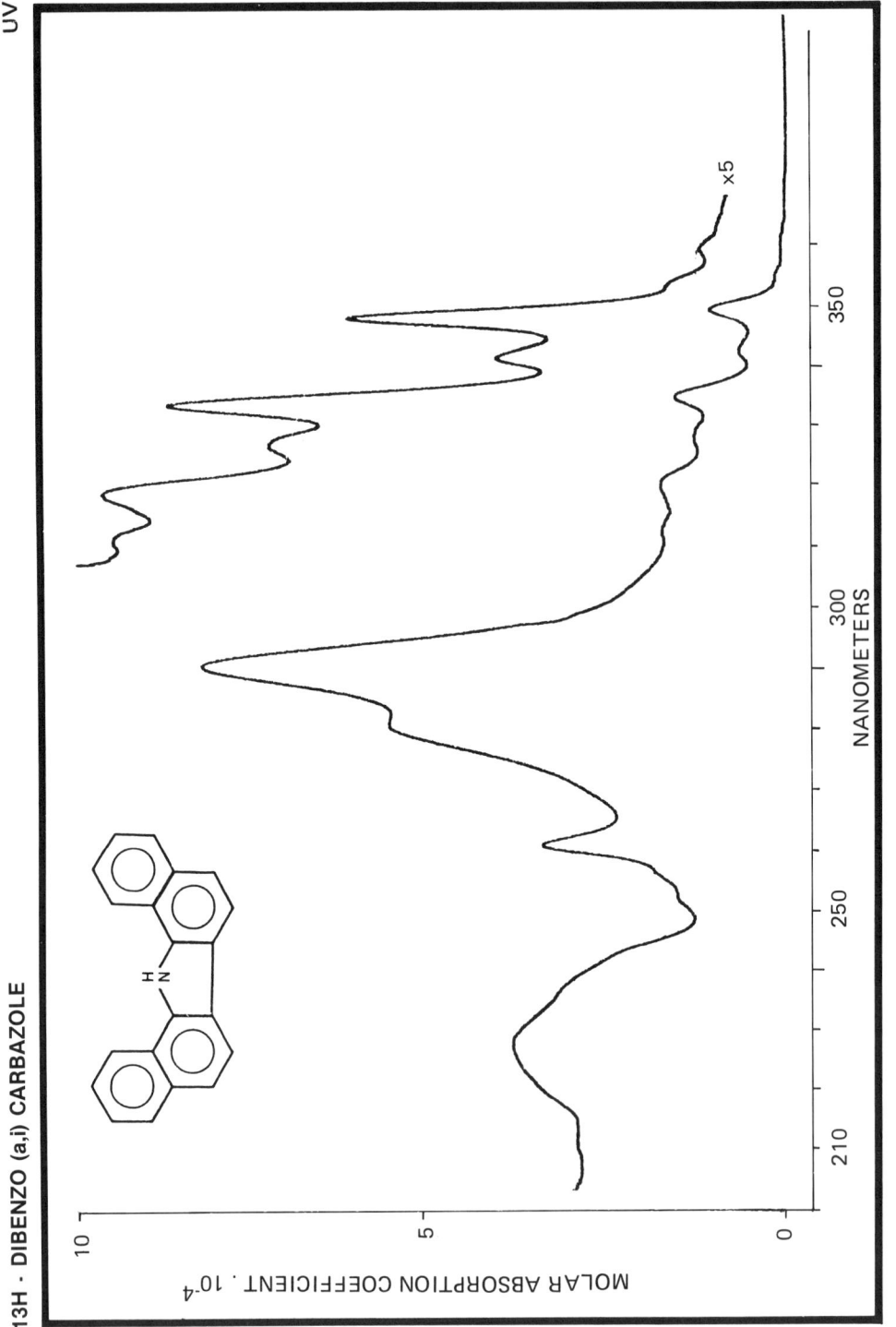

Wavelength (nm)	Molar absorption coefficient (l. mol^{-1} cm^{-1} x 10^{-4})	Wavelength (nm)	Molar absorption coefficient (l. mol^{-1} cm^{-1} x 10^{-4})
223.8	3.8	325.5	1.3
251 (sh)	1.5	332.1	1.6
257.3	3.4	339.5	0.6
280 (sh)	5.6	346.6	1.03
287.4	8.3	352.5 (sh)	0.1
310.2	1.7	358.5	0.04
317.7	1.75		

Original spectrum determined by JRC Ispra (CEC)

Spectrometer	: Perkin - Elmer 555	Formula	: $C_{20}H_{13}N$
Solvent	: Cyclohexane	M_r	: 267.33 u
Concentration	: 3.2 mg/l	CAS Nr.	: 239 - 64 - 5
Cell Length	: 1.000 cm	Purity	: 0.995 g/g
Slit width	: 1 nm	m.p.	: 221°C

DIBENZO (a,i) CARBAZOLE

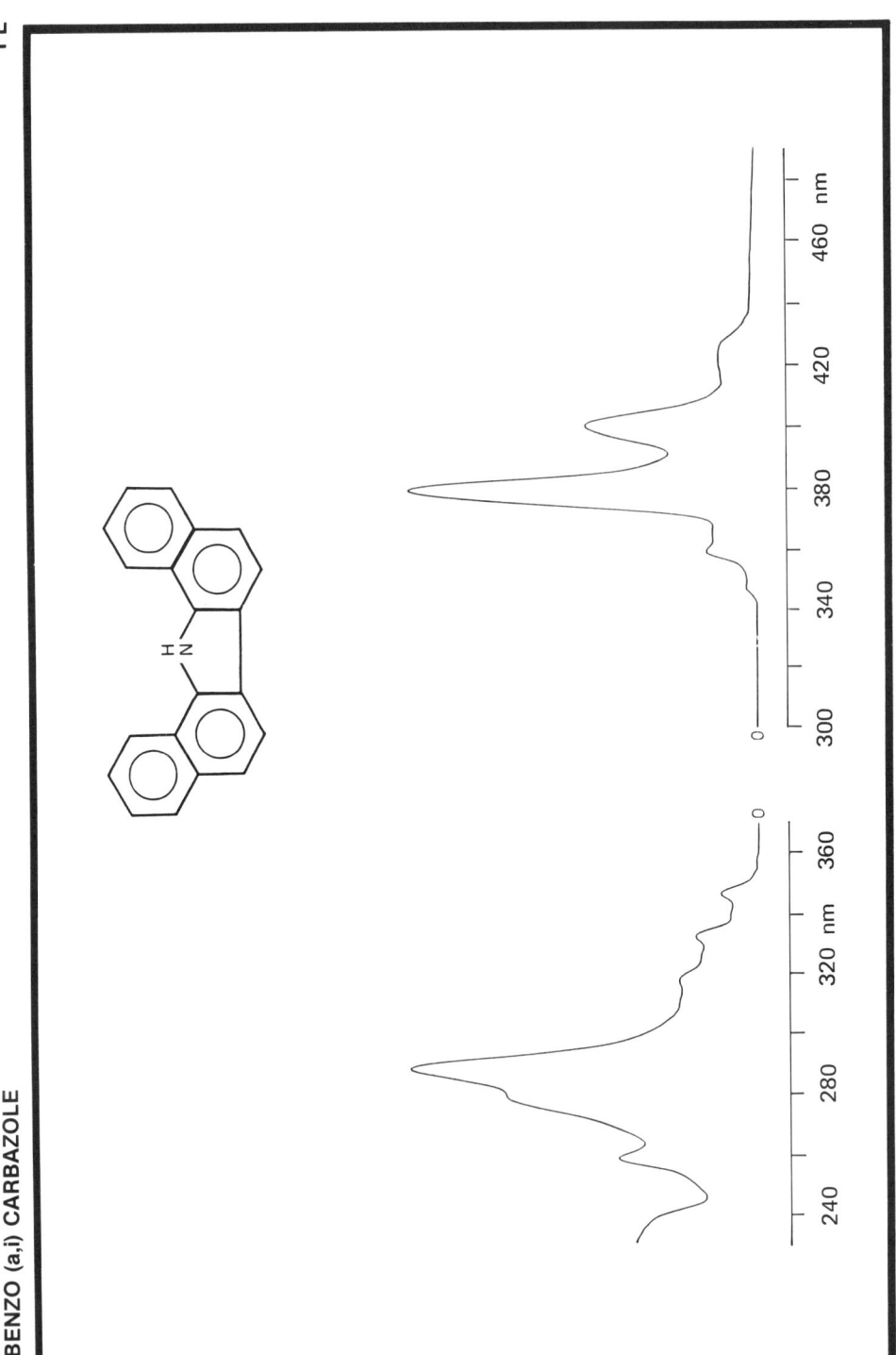

Wavelength (nm)	Relative intensity
347.5 (sh)	4
359	16.5
378	100
400	48.5
424 (sh)	12

Instrument	: Perkin-Elmer MPF-44		**Formula**	: $C_{20}H_{13}N$
Solvent	: Cyclohexane		M_r	: 267.33 u
Concentration	: 0.067 mg.l^{-1}		**CAS Nr.**	: 239 - 64 - 5
Spectrum	: **excitation**	**emission**	**Purity**	: 0.995 g/g
Fixed wavelength	: 378 nm	288 nm	**m.p.**	: 221°C
Excitation slit	: 2 nm	4 nm		
Emission slit	: 4 nm	2 nm		

Original spectrum produced by Physico-chemical oceanography group-University of Bordeaux I (F)

13 H - DIBENZ (a,i) CARBAZOLE

HRS

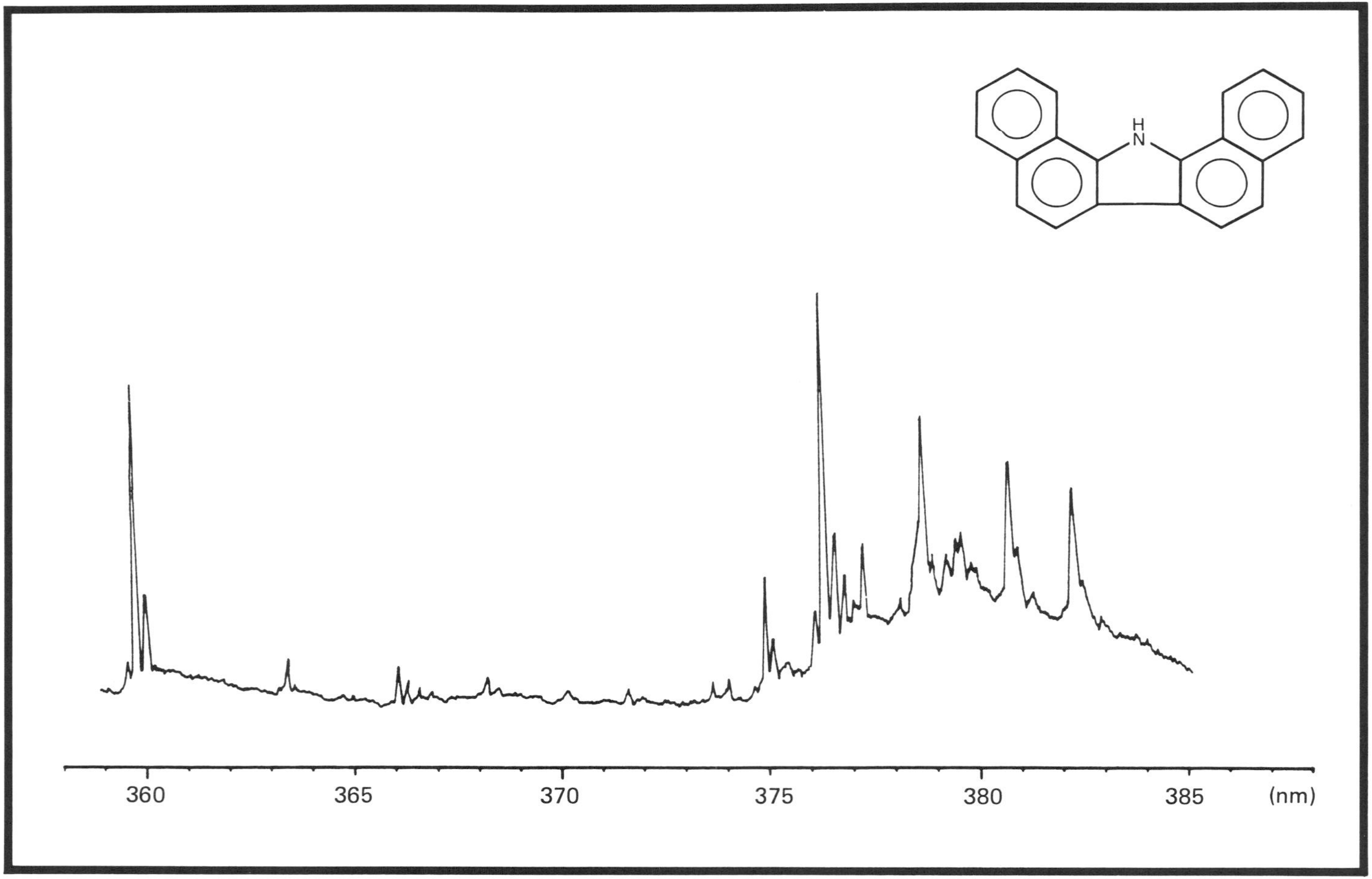

Fluorescence Wavelength (nm)	Intensity (%)
359.6	82
376.1	91
378.5	100
380.6	97

Original spectrum determined by Physico-chemical oceanography group-University of Bordeaux I (F)

Source	: 450W Xenon lamp
Excitation monochromator	: Jobin-Yvon H20
Emission monochromator	: Jobin-Yvon HR1000
Excitation wavelength (slits)	: 290 (9) nm
Emission slits	: 0.04 nm
Temperature	: 15 K
Solvent	: n-Decane
Concentration	: 0.54 mg l^{-1}

Formula	: $C_{20}H_{13}N$
M_r	: 267.33 u
CAS Nr.	: 239 - 64 - 5
Purity	: 0.995 g/g
m.p.	: 221°C

13H - DIBENZO(a,i)CARBAZOLE

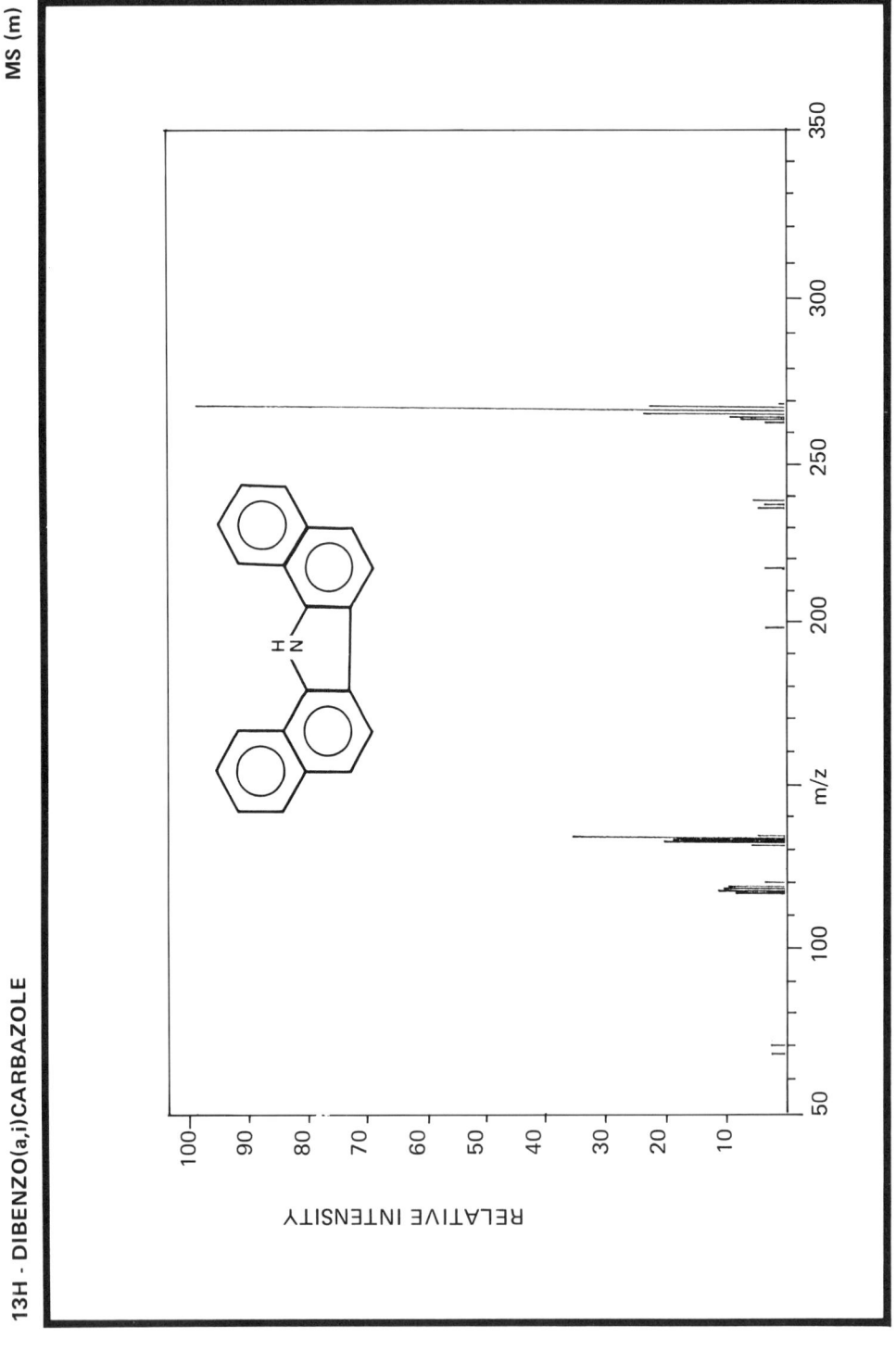

m/z	relative intensity	m/z	relative intensity
69	3	199	4
71	3	218	4
118	9	237	5
118.5	12	238	4
119	11	239	6
119.5	10	263	4
120.5	4	264	8
131.5	6	265	10
132.5	21	266	25
133	19	267	100
133.5	37	268	24
134	5	269	2.2

Original spectrum determined by Biochem. Institut, Ahrensburg (D)

Spectrometer	: Varian MAT 111	Formula	: $C_{20}H_{13}N$
Inlet System	: capill. GC/MS	M_r	: 267.33 u
Source Temperature	: 200°C	m/z	: 267.10 u
Source Voltage	: 70 eV	CAS Nr.	: 239 - 64 - 5
		Purity	: 0.995 g/g
		m.p.	: 221°C

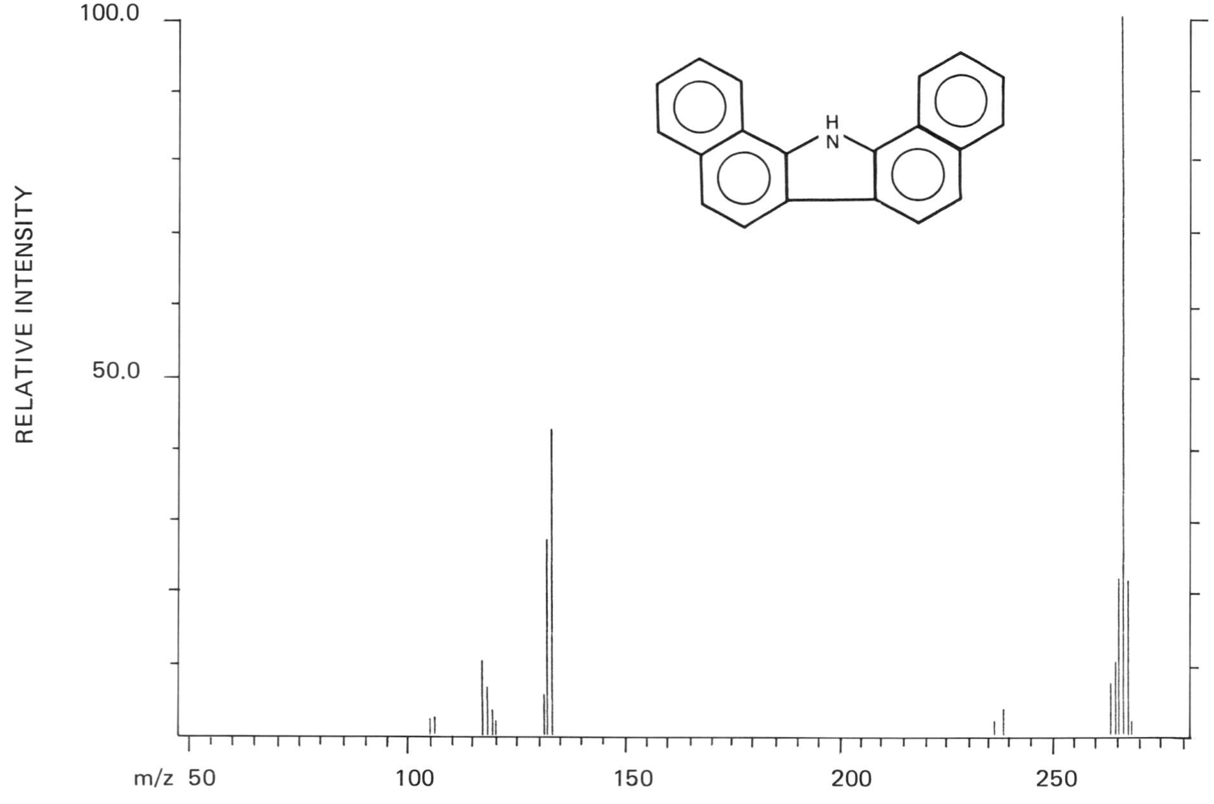

13H-DIBENZ(a,i)CARBAZOLE

MS (q)

m/z	relative intensity	m/z	relative intensity
106	2.5	237	2.1
107	2.8	230	3.6
118	10.7	264	7.4
119	7.0	265	10.4
120	3.6	266	21.8
121	2.1	267	100.0
132	5.8	268	21.5
133	27.4	269	2.2
134	42.7		

Original spectrum determined by ITC - TNO, Zeist (NL)

Spectrometer : Finnigan 4500 - Quadrupole
Inlet System : capill. GC/MS
Source Temperature : 400 K
Source Voltage : 70 eV

Formula : $C_{20}H_{13}N$
M_r : 267.33 u
m/z : 267.10 u
CAS Nr. : 239 - 64 - 5
Purity : 0.995 g/g
m.p. : 221°C

13H-DIBENZ(a,i)CARBAZOLE

1H-NMR

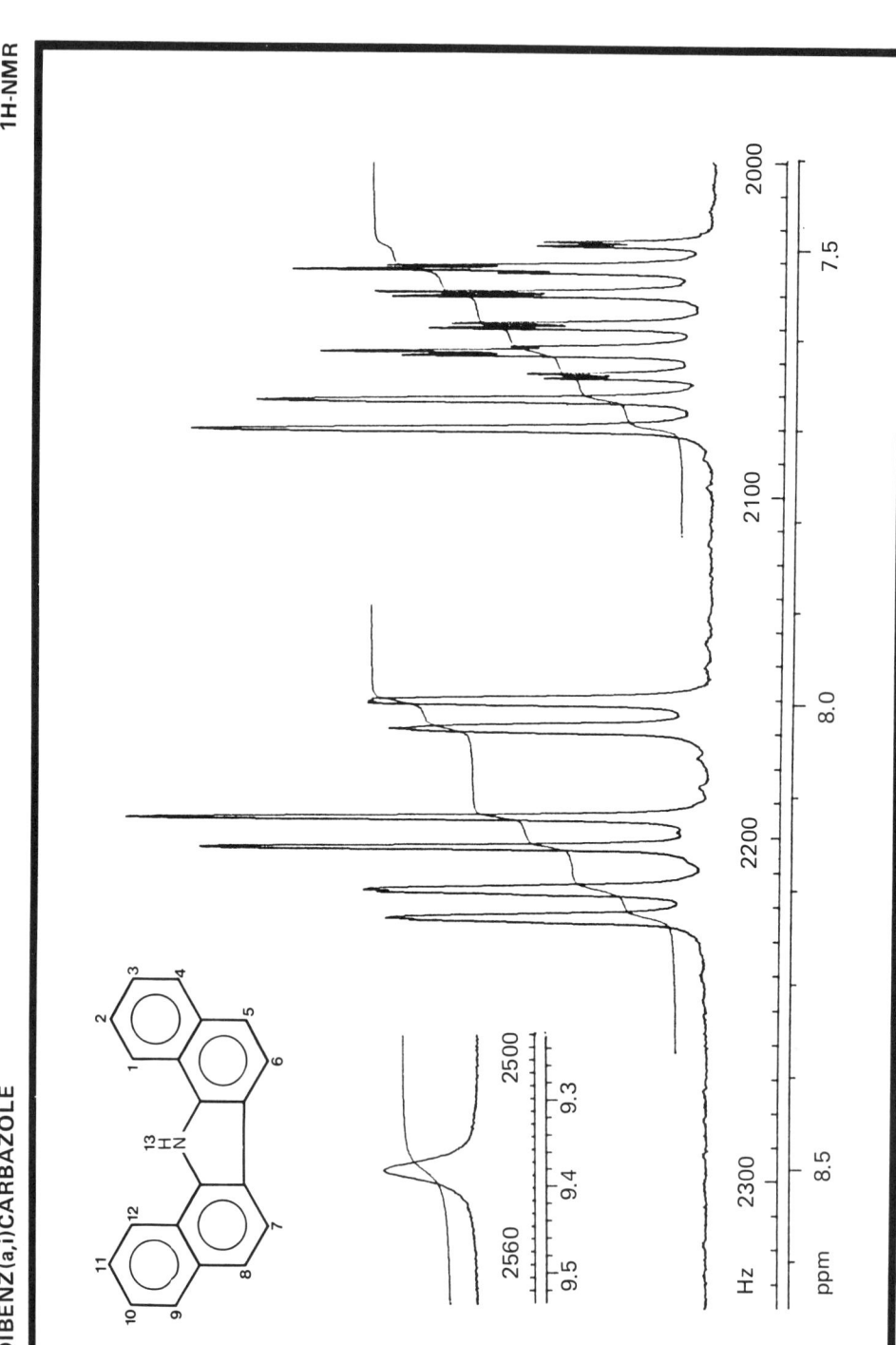

Proton No.	Chemical shift (ppm)	Coupling constants (Hz)	
1 = 12	8.21	J(1,2) = 8.1	J(1,3) = 1.2
		J(1,4) = 0.6	J(1,5) = 0.6
		J(2,3) = 6.9	J(2,4) = 1.4
2 = 11	7.61	J(3,4) = 8.1	
3 = 10	7.52	J(4,5) = 0.5	
4 = 9	8.01	J(5,6) = 8.7	
5 = 8	7.68		
6 = 7	8.14	(Additional splitting of 0.5)	
13	9.35 (broad)		

Original spectrum determined by Laboratory of the Goverment Chemist, London (UK)

Spectrometer : JEOL GX - 270
Solvent : CDCl$_3$
Concentration : 33 mg/ml

Formula : C$_{20}$H$_{13}$N
M$_r$: 267.33 u
CAS Nr. : 239 - 64 - 5
Purity : 0.995 g/g
m.p. : 221°C

13H-DIBENZO(a,i)CARBAZOLE 13C-NMR

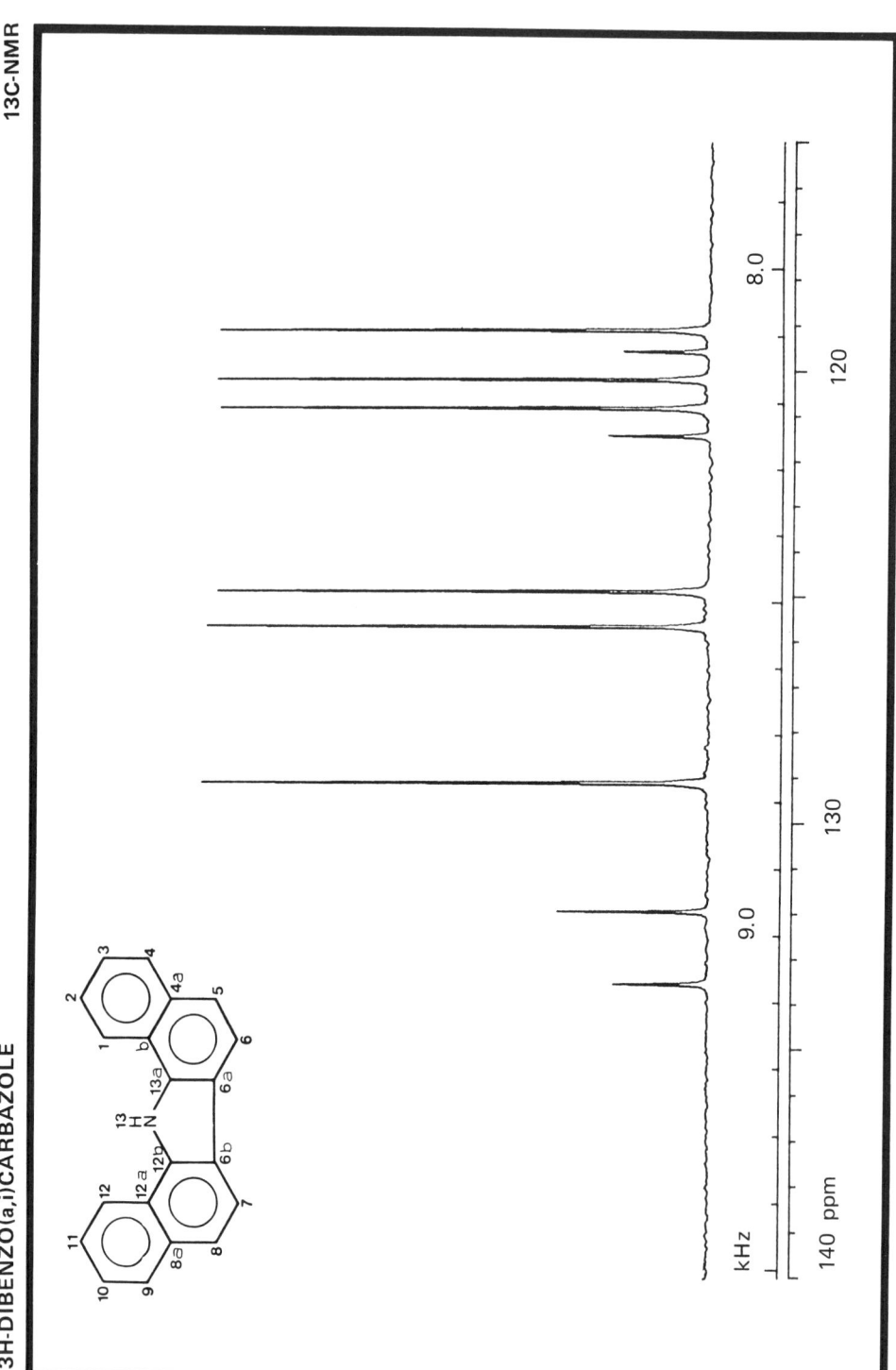

Signal	Intensity (%)	Chemical Shift (ppm)	Carbon No.
1	19 s	133.55	13a = 12b
2	30 s	131.95	4a = 8a
3	100 d	129.12	4 = 9
4	99 d	125.67	2 = 11
5	97 d	124.90	3 = 10
6	20 s	121.43	13b = 12a
7	96 d	120.83	5 = 8
8	97 d	120.20	1 = 12
9	17 s	119.57	6a = 6b
10	97 d	119.11	6 = 7

Original spectrum determined by Laboratory of the Government Chemist, London (UK)

Spectrometer	: JEOL GX - 270 (67.8 MHz)	Formula	: $C_{20}H_{13}N$
Solvent	: $CDCl_3$	M_r	: 267.33 u
Concentration	: 33 mg/ml	CAS Nr.	: 239 - 64 - 5
Pulse (angle)	: 10 μs (40)	Purity	: 0.995 g/g
Accumulations	: 14000	m.p.	: 221°C
Repeat time	: 2.47 s		

13H - DIBENZO (a,i) CARBAZOLE

IR (KBr)

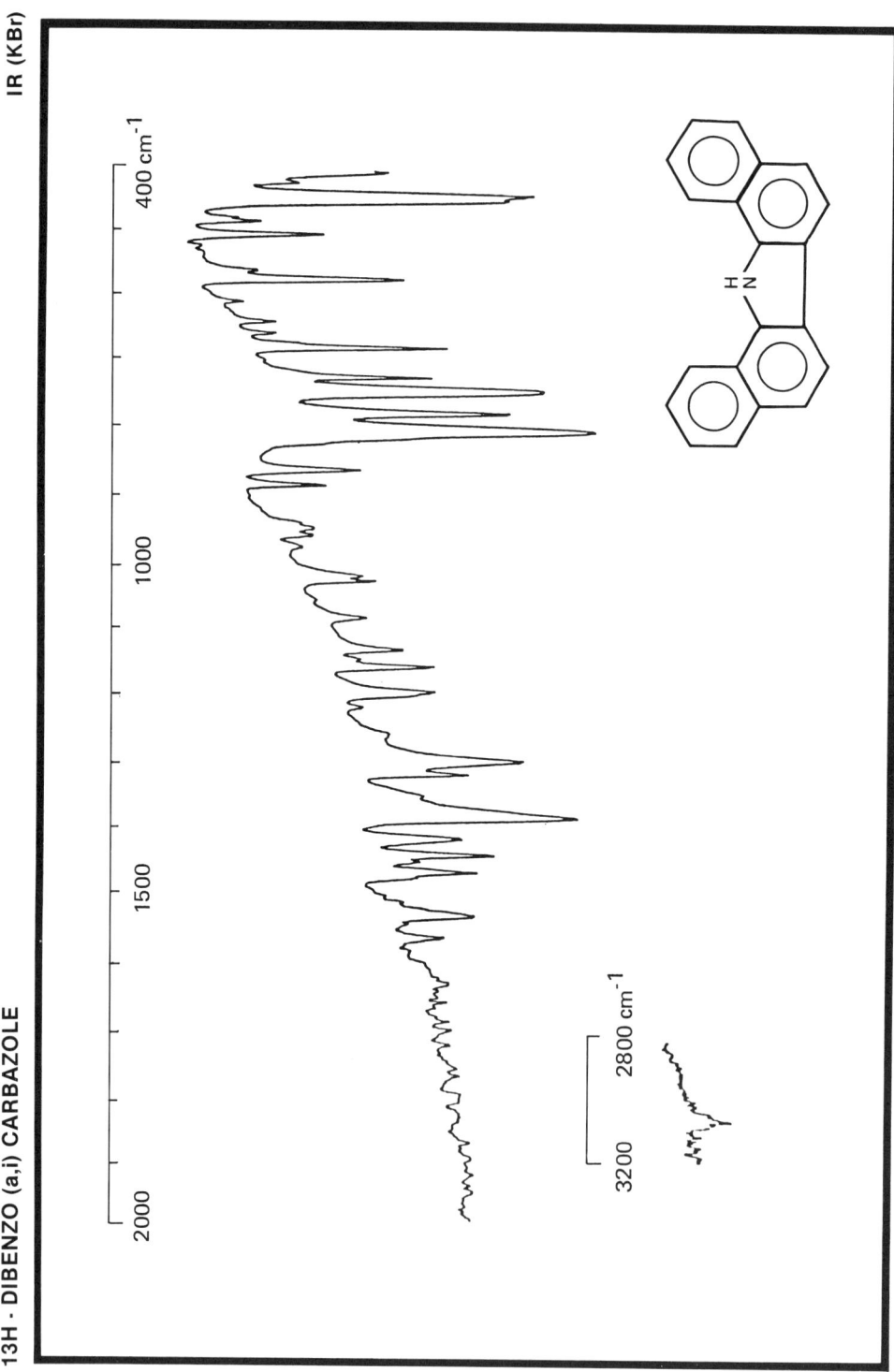

530

Frequency (cm⁻¹)	Assignment
3056:	C - H stretch
1559:	
1528:	C = C stretch
1464:	
1416:	
1387:	
1321:	N - H
1300:	bending
1196:	
1157:	
1130:	
1082:	
1026:	

Frequency (cm⁻¹)	Assignment
1019	aromatic
883:	C - H
802:	wagging
775:	deformation
743:	
723:	
677:	
571:	ring
557:	deformation
500:	
478:	
446:	
438:	

Original spectrum determined by Biochem. Institut, Ahrensburg (D)

Spectrometer	: Nicolet 5 MX
Sample	: KBr disc (φ 5 thickness 0.4 mm)
Reference	: Air
Resolution	: 1.7 cm⁻¹ (maximum)

Formula	: $C_{20}H_{13}N$
M$_r$	: 267.33 u
CAS Nr.	: 239 - 64 - 5
Purity	: 0.995 g/g
m.p.	: 221°C

13H - DIBENZO (a,i) CARBAZOLE

IR (s)

Frequency (cm⁻¹)	Assignment	Frequency (cm⁻¹)	Assignment
3480:	N - H stretch	883:	C - H
3065:	C - H stretch	855:	wagging
3054:		799:	deformation
1528:		774:	
1474:	C=C stretch	735:	
1441:		675:	ring
1387:		567:	deformation
1319:	N - H	517:	
1304:	bending	511:	
1298:		502:	
1202			
1155			
1130			

Original spectrum determined by Biochem. Institut, Ahrensburg (D)

Spectrometer	: Nicolet 5 MX	**Formula**	: $C_{20}H_{13}N$
Cell	: 0.2 mm (KBr)	M_r	: 267.33 u
Solvents	: C_2Cl_4 (3.200 - 1.400 cm⁻¹)	**CAS Nr.**	: 239 - 64 - 5
	CS_2 (1.400 - 500 cm⁻¹)	**Purity**	: 0.995 g/g
Resolution	: 1.7 cm⁻¹ (maximum)	**m.p.**	: 221°C

7H - DIBENZO (c,g) CARBAZOLE

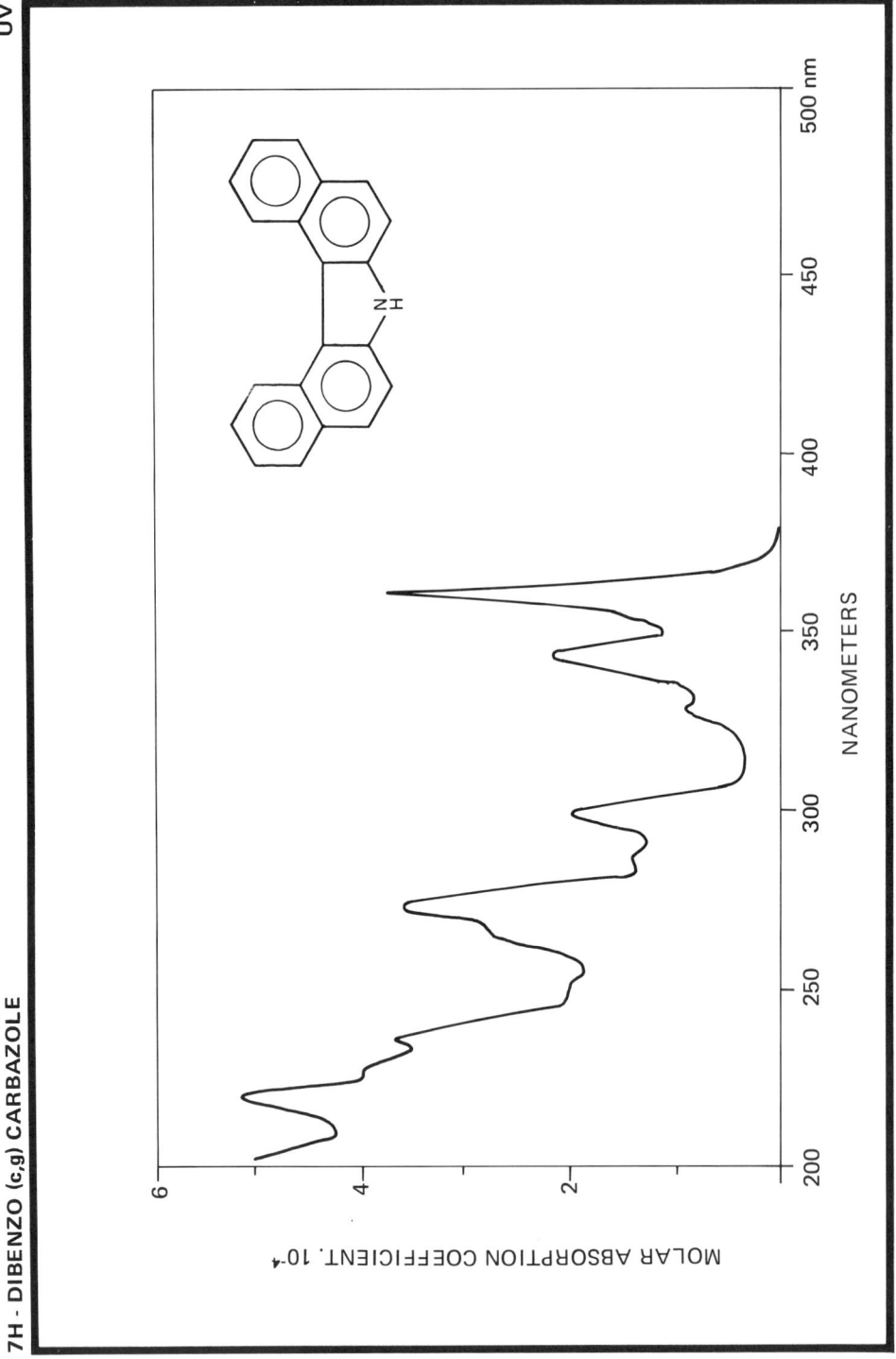

Wavelength (nm)	Molar absorption coefficient (l. mol^{-1} cm^{-1} × 10^{-4})	Wavelength (nm)	Molar absorption coefficient (l. mol^{-1} cm^{-1} × 10^{-4})
222.2	5.15	300.2	2.05
230.2 (sh)	3.91	330.2	0.87
238.2	3.64	344.8	2.18
250.2	2.05	356.5 (sh)	1.55
274.2	3.60	362.2	3.74
287.2	1.40		

Original spectrum determined by Biochem. Institut, Ahrensburg (D)

Spectrometer	: Perkin - Elmer 555	Formula	: $C_{20}H_{13}N$
Solvent	: Cyclohexane	M_r	: 267.33 u
Concentration	: 26 mg/l	CAS Nr.	: 194 - 59 - 2
Cell Length	: 1.000 cm	Purity	: 0.966$_6$ g/g
Slit width	: 1 nm	m.p.	: 158°C

DIBENZO (c,g) CARBAZOLE

Wavelength (nm)	Relative intensity
364.5	100
384.5	92
405	41

Original spectrum determined by Physico-chemical oceanography group, LA 348-CNRS, University of Bordeaux I (F)

Instrument	: Perkin-Elmer MPF-44		**Formula**	: $C_{20}H_{13}N$
Solvent	: Cyclohexane		M_r	: 267.33 u
Concentration	: 67 µg/l		**CAS Nr.**	: 194 - 59 - 2
Spectrum	: **excitation**	**emission**	**Purity**	: 0.996_6 g/g
Fixed wavelength	: 384.5 nm	345 nm	**m.p.**	: 158°C
Excitation slit	: 2 nm	4 nm		
Emission slit	: 6 nm	2 nm		

DIBENZO (c,g) CARBAZOLE

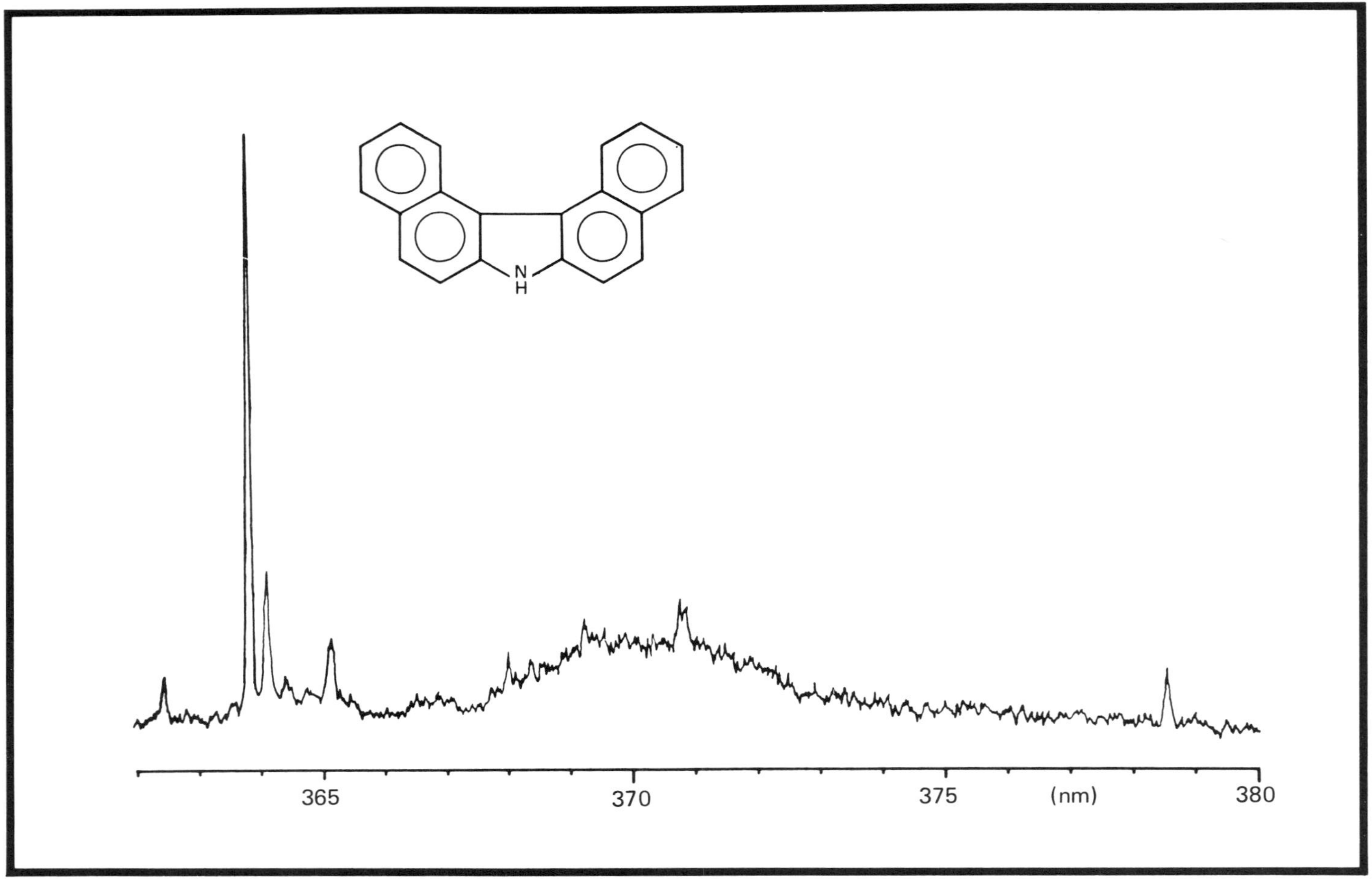

Fluorescence Wavelength (nm)	Intensity (%)
362.6	8
363.4	100
364	23
365.1	12

Original spectrum determined by Physico-chemical oceanography group-University of Bordeaux I (F)

Source	: 450W Xenon lamp	Formula	: $C_{20}H_{13}N$
Excitation monochromator	: Jobin-Yvon H20	M_r	: 267.33 u
Emission monochromator	: Jobin-Yvon HR1000	CAS Nr.	: 194 - 59 - 2
Excitation wavelength (slits)	: 301 (9) nm	Purity	: 0.996_6 g/g
Emission slits	: 0.04 nm	m.p.	: 158°C
Temperature	: 15 K		
Solvent	: n-decane		
Concentration	: 0.267 mg/l		

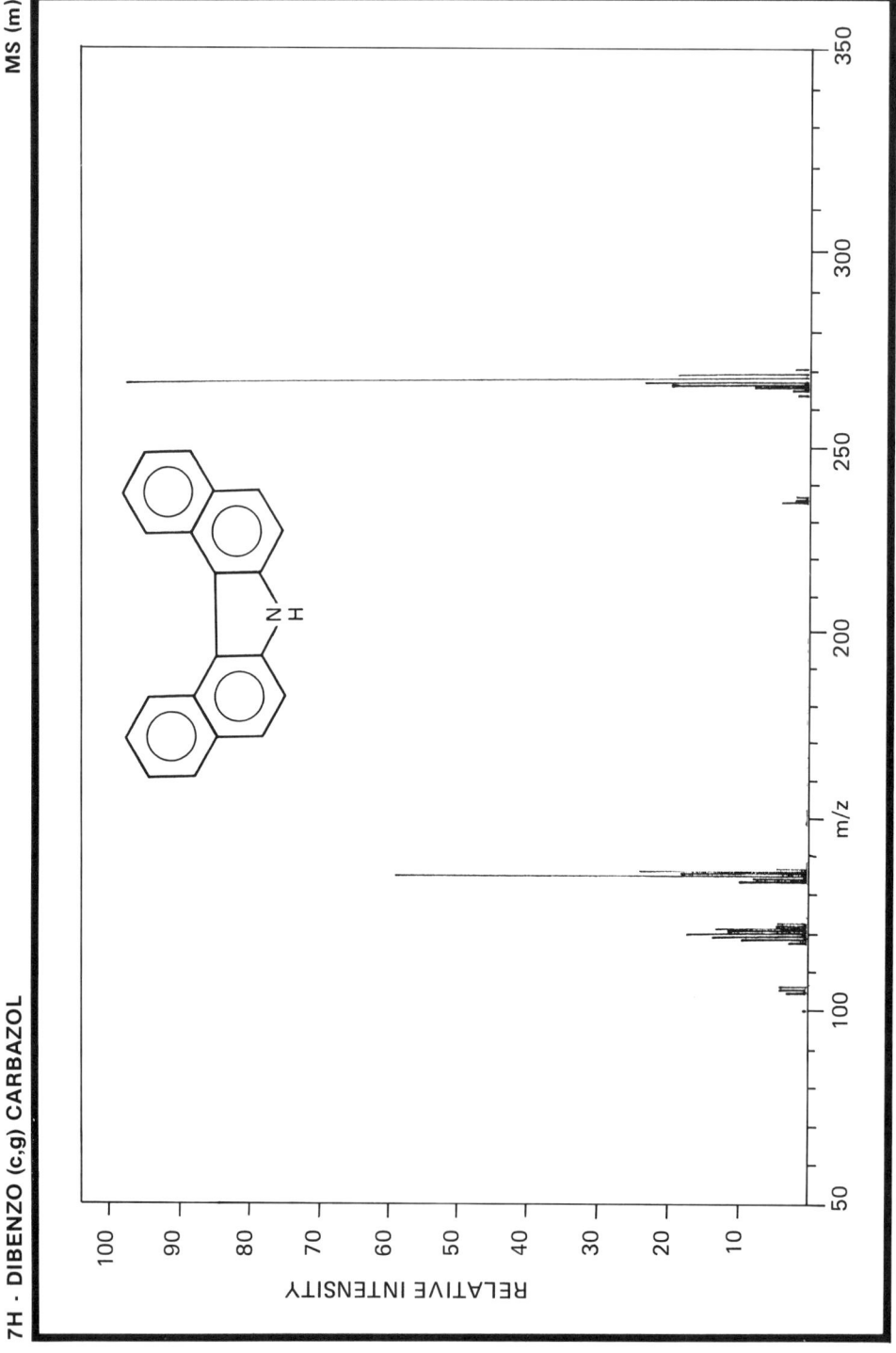

m/z	relative intensity	m/z	relative intensity
105.5	3.0	134	19.0
106	4.0	134.5	25.0
106.5	4.0	135	5.0
118	3.0	237	4.0
118.5	10.0	238	2.0
119	14.0	239	2.0
119.5	18.0	262	2.0
120	12.0	263	3.0
120.5	14.0	264	9.0
121	5.0	265	21.0
121.5	5.0	266	25.0
132.5	10.0	267	100.0
133	8.0	268	20.0
133.5	60.0	269	2.0

Original spectrum determined by Biochem. Institut, Ahrensburg (D)

Spectrometer	: Varian MAT 111	Formula	: $C_{20}H_{13}N$
Inlet System	: GC/MS	M_r	: 267.33 u
Source Temperature	: 200°C	m/z	: 267.10 u
Source Voltage	: 70 eV	CAS Nr.	: 194 - 59 - 2
		Purity	: 0.996 g/g
		m.p.	: 158°C

7H - DIBENZO (c,g) CARBAZOLE

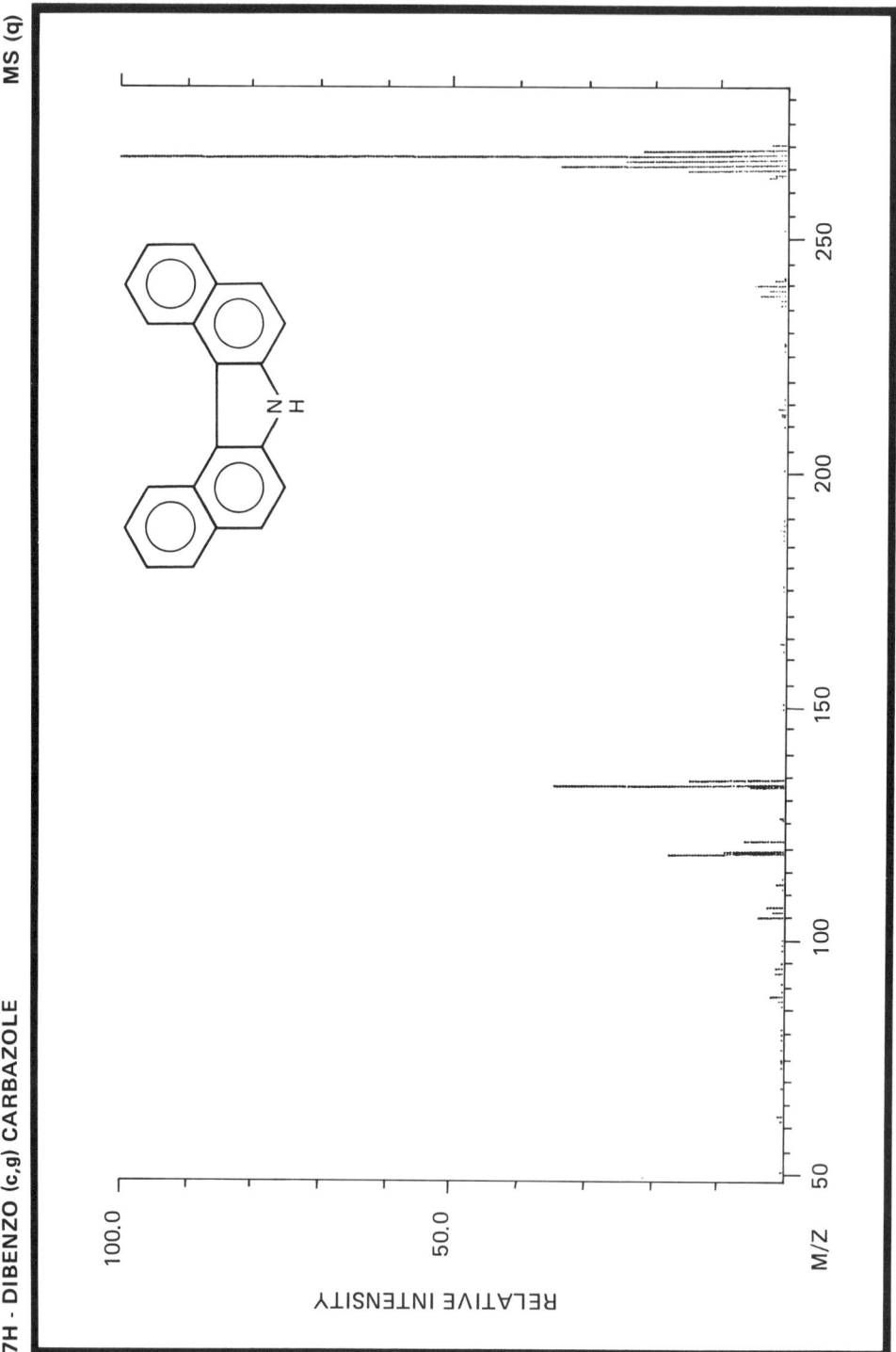

m/z	relative intensity	m/z	relative intensity
88	2.1	237	3.8
105	4.2	238	2.8
107	2.7	239	4.8
118	17.8	262	2.8
119	9.1	264	15.2
121	6.3	265	33.8
132	5.4	266	24.0
133	34.6	267	100.0
134	14.5	268	21.7
		269	2.3

Original spectrum determined by ITC - TNO, Zeist (NL)

Spectrometer	: Finnigan 4021 - Quadrupole
Inlet System	: capill. GC/MS
Source Temperature	: 247°C
Source Voltage	: 70 eV

Formula	: $C_{20}H_{13}N$
M_r	: 267.33 u
m/z	: 267.10 u
CAS Nr.	: 194 - 59 - 2
Purity	: 0.996$_6$ g/g
m.p.	: 158°C

7H - DIBENZO (c,g) CARBAZOLE

1H - NMR

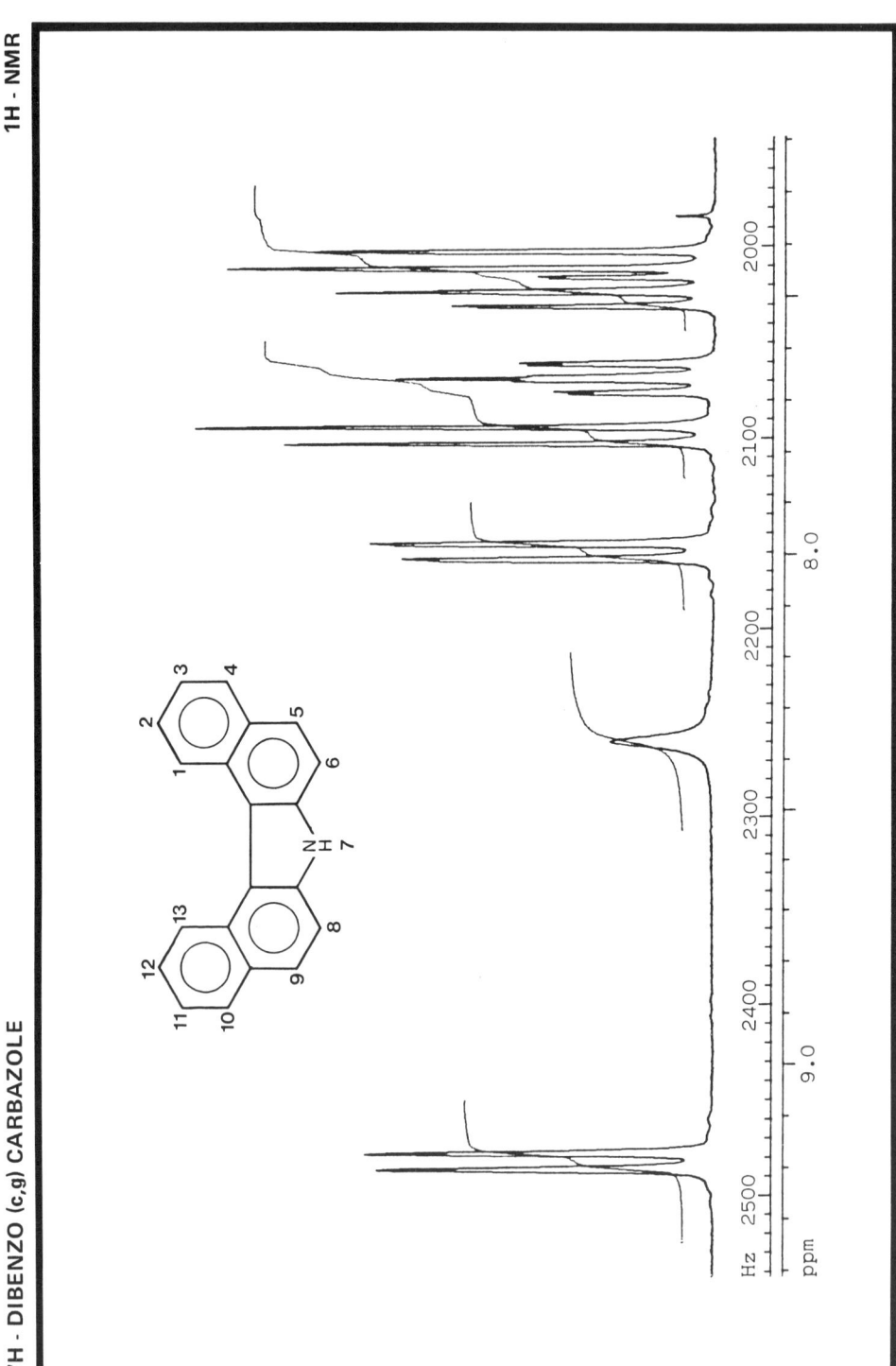

Proton No.	Chemical shift (ppm)	Coupling constants (Hz)
1 = 13	9.19	$J(1,2)=8.4$; $J(1,3)=7.7$
2 = 12	7.66	$J(2,3)=7.0$; $J(2,4)=1.2$
3 = 11	7.49	$J(3,4)=8.1$
4 = 10	7.99	
5 = 9	7.77	$J(5,6)=8.7$
6 = 8	7.43	
7	8.37 (variable)	

Original spectrum determined by Laboratory of the Goverment Chemist, London (UK)

Spectrometer	: JEOL GX - 270
Solvent	: $CDCl_3$
Concentration	: 12 mg/ml
Formula	: $C_{20}H_{13}N$
M_r	: 267.33 u
CAS Nr.	: 194 - 59 - 2
Purity	: 0.996_6 g/g
m.p.	: 158°C

7H - DIBENZO (c,g) CARBAZOLE — 13C - NMR

Signal	Intensity (%)	Chemical Shift (ppm)	Carbon No.
1	23.6 s	136.18	6a = 7a
2	27.4 s	130.01	4a = 9a
3	34.9 s	129.25	13a = 13d
4	98.4 d	129.18	4 = 10
5	80.1 d	126.85	5 = 9
6	100.0 d	125.44	2 = 12
7	90.0 d	125.21	1 = 13
8	91.3 d	123.29	3 = 11
9	15.9 s	117.77	13b = 13c
10	83.5 d	112.57	6 = 8

Original spectrum determined by Laboratory of the Goverment Chemist, London (UK)

Spectrometer	: JEOL GX - 270 (67.8 MHz)	Formula	: $C_{20}H_{13}N$
Solvent	: $CDCl_3$	M_r	: 267.33 u
Concentration	: 12 mg/ml	CAS Nr.	: 194 - 59 - 2
Pulse (angle)	: 10 μs (40°)	Purity	: 0.996_6 g/g
Accumulations	: 20000	m.p.	: 158°C
Repeat time	: 2.47 s		

7H - DIBENZO (c,g) CARBAZOLE

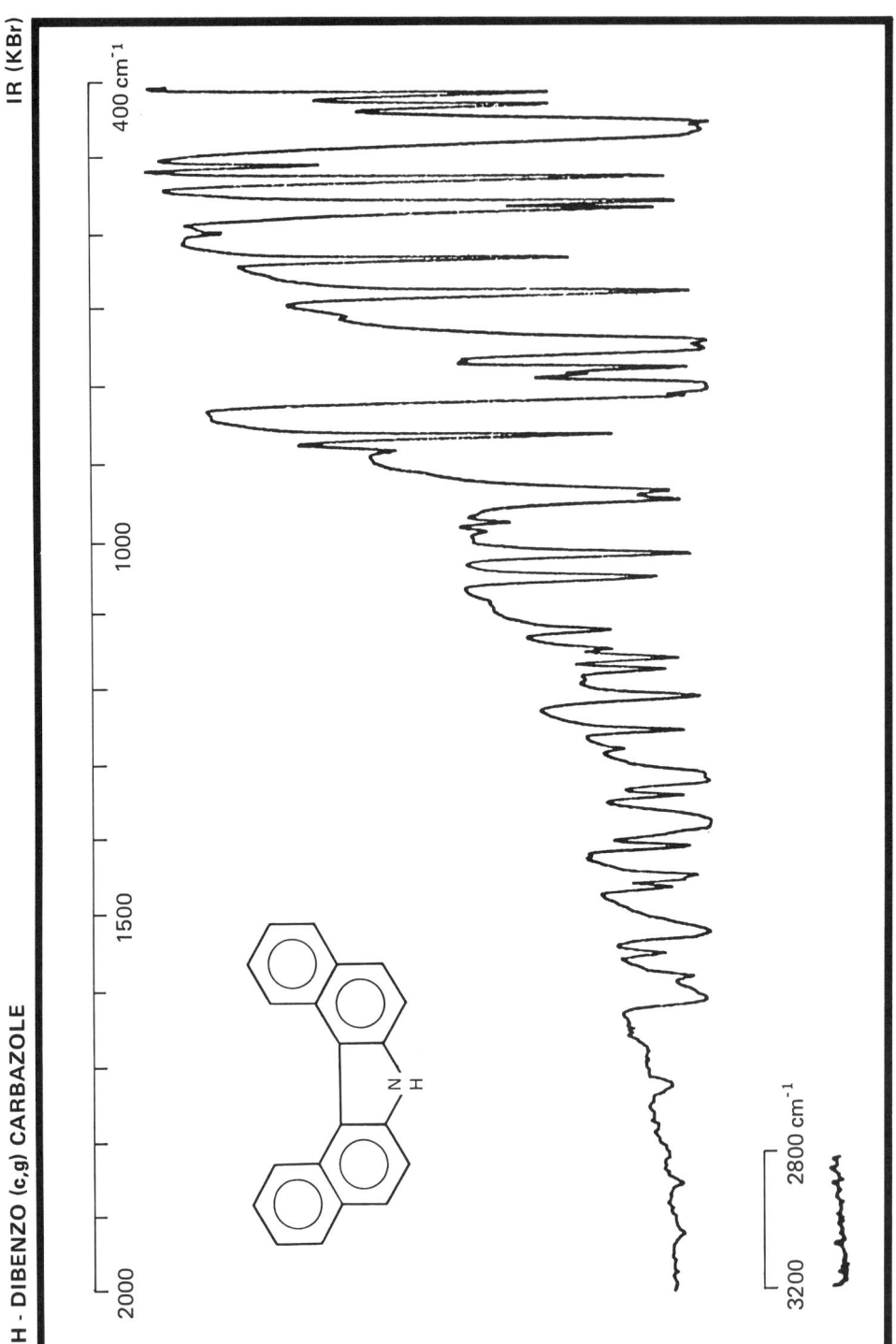

Frequency (cm⁻¹)	Assignment	Frequency (cm⁻¹)	Assignment
3061:	C - H stretch	1155:	
1613:		1115:	
1584:		1013:	
1524:	C=C stretch		
1466:		943:	
1451:		932:	
		857:	C - H
1381:		799:	wagging
1343:		772:	deformation
1323:	N - H bending	748:	
		739:	
1254		673:	
1208		625:	
		525:	
		461:	ring
		430:	deformation
		413:	

Original spectrum determined by Biochem. Institut, Ahrensburg (D)

Spectrometer	: Nicolet 5 MX	Formula	: $C_{20}H_{13}N$
Sample	: KBr disc (ø5 mm, thickness 0.4 mm)	M_r	: 267.33 u
Reference	: Air	CAS Nr.	: 194 - 59 - 2
Resolution	: 1.7 cm⁻¹ (maximum)	Purity	: 0.996_6 g/g
		m.p.	: 158°C

7H - DIBENZO (c,g) CARBAZOLE

IR (S)

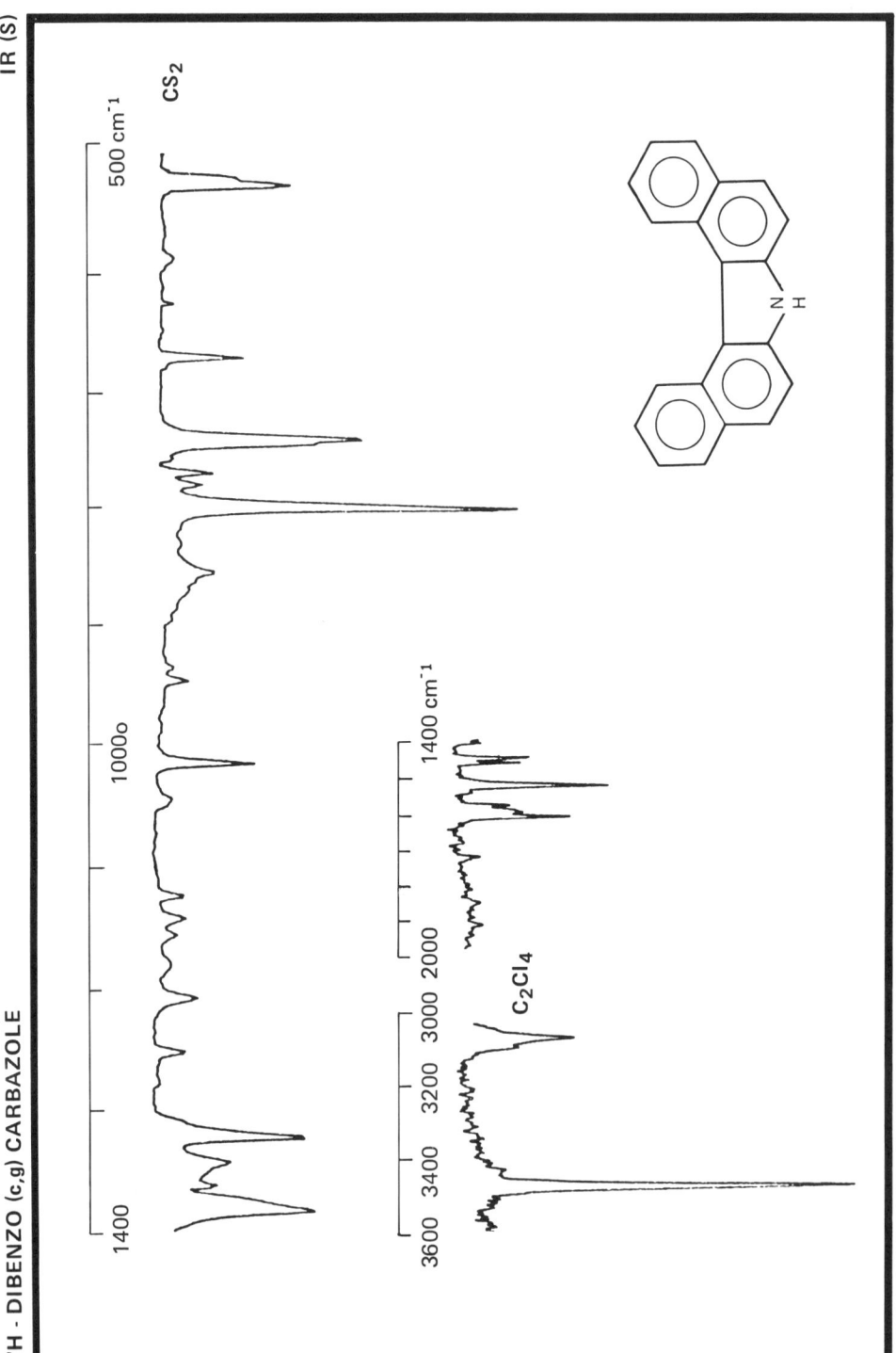

550

Frequency (cm⁻¹)	Assignment	Frequency (cm⁻¹)	Assignment
3474:	N - H stretch	1252:	
3077:	C - H stretch	1206:	
3061:		1140:	
1618:		1123:	
1584:		1012:	
1532:	C=C stretch	797:	C - H wagging
1466:		770:	deformation
1451:		741:	
1381:	N - H bending	673:	ring
1341:		529:	deformation
1321:			

Original spectrum determined by Biochem. Institut, Ahrensburg (D)

Spectrometer	: Nicolet 5 MX	**Formula**	: $C_{20}H_{13}N$
Cell	: 0.2 mm (KBr)	**M$_r$**	: 267.33 u
Solvents	: C_2Cl_4 (3.200 - 1.400 cm⁻¹)	**CAS Nr.**	: 194 - 59 - 2
	CS_2 (1.400 - 500 cm⁻¹)	**Purity**	: 0.996₆ g/g
Resolution	: 1.7 cm⁻¹ (maximum)	**m.p.**	: 158°C

3-METHYLCHOLANTHRENE*

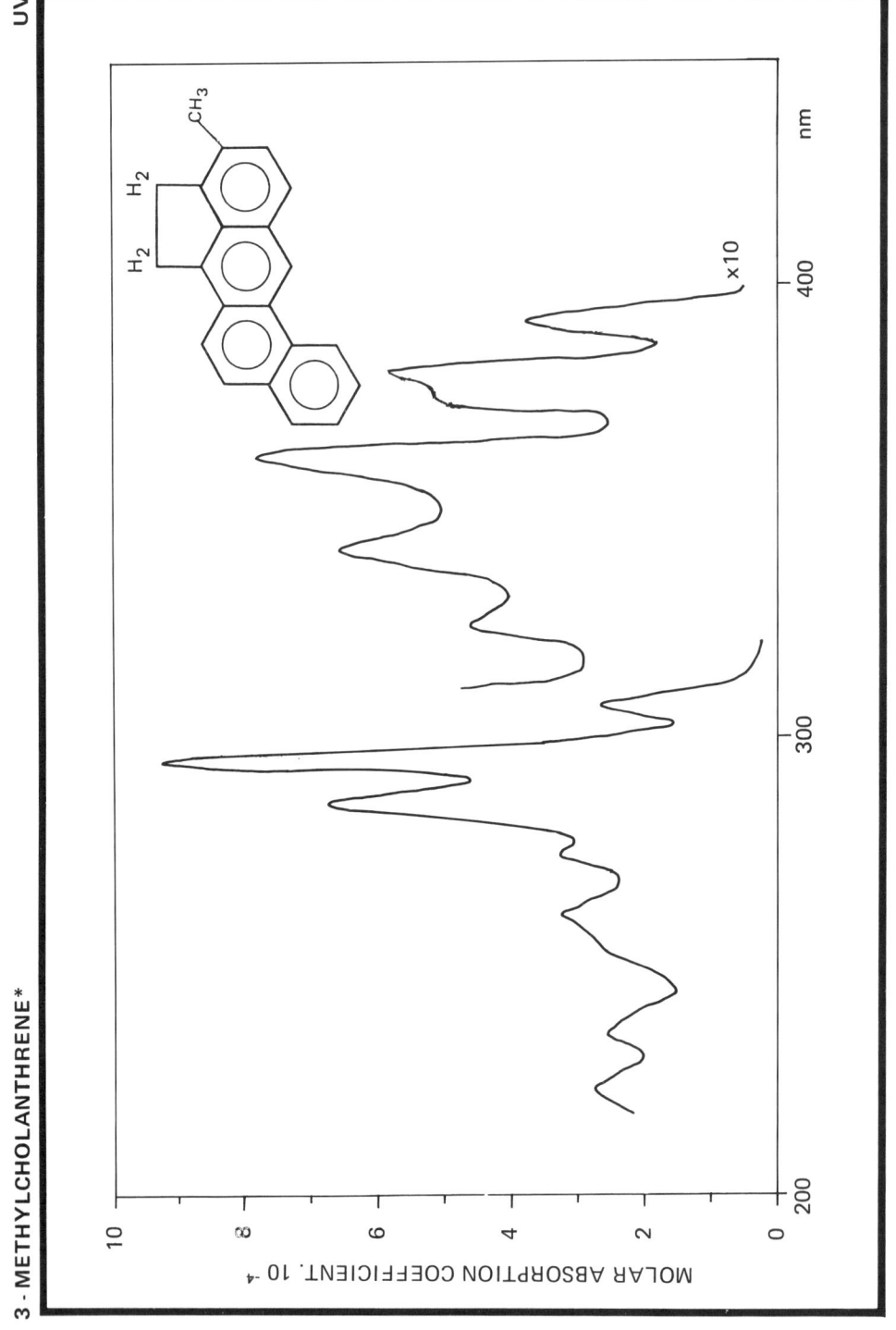

Wavelength (nm)	Molar absorption coefficient (l. mol⁻¹ cm⁻¹ × 10⁻⁴)	Wavelength (nm)	Molar absorption coefficient (l. mol⁻¹ cm⁻¹ × 10⁻⁴)
223	2.69	305	2.51
256	2.57	328	0.40
262	3.16	343	0.603
274	3.16	360	0.724
285	6.61	374	0.457
297.5	9.33	380	0.525
		392.5	0.316

Original spectrum determined by Biochem. Institut, Ahrensburg (D)

Spectrometer	: Zeiss PMQ II	Formula	: $C_{21}H_{16}$
Solvent	: Cyclohexane	M_r	: 268.38 u
Concentration	: 0.1 mg/l	CAS Nr.	: 56 - 49 - 5
Cell Length	: 0.500 cm	Purity	: 0.993 g/g
Slit width	: 2 nm	m.p.	: 179°C

3-METHYLCHOLANTHRENE*

Wavelength (nm)	Relative intensity
393.5	100
417	73.5
443	30.5

Original spectrum produced by Physico-chemical oceanography group-University of Bordeaux I (F)

Instrument	: Perkin-Elmer MPF-44		**Formula**	: $C_{21}H_{16}$
Solvent	: Cyclohexane		**M$_r$**	: 268.38 u
Concentration	: 0.132 mg.l^{-1}		**CAS Nr.**	: 56 - 49 - 5
Spectrum	: **excitation**	**emission**	**Purity**	: 0.993 g/g
Fixed wavelength	: 417 nm	297 nm	**m.p.**	: 179°C
Excitation slit	: 2 nm	4 nm		
Emission slit	: 8 nm	2 nm		

3 - METHYLCHOLANTHRENE*

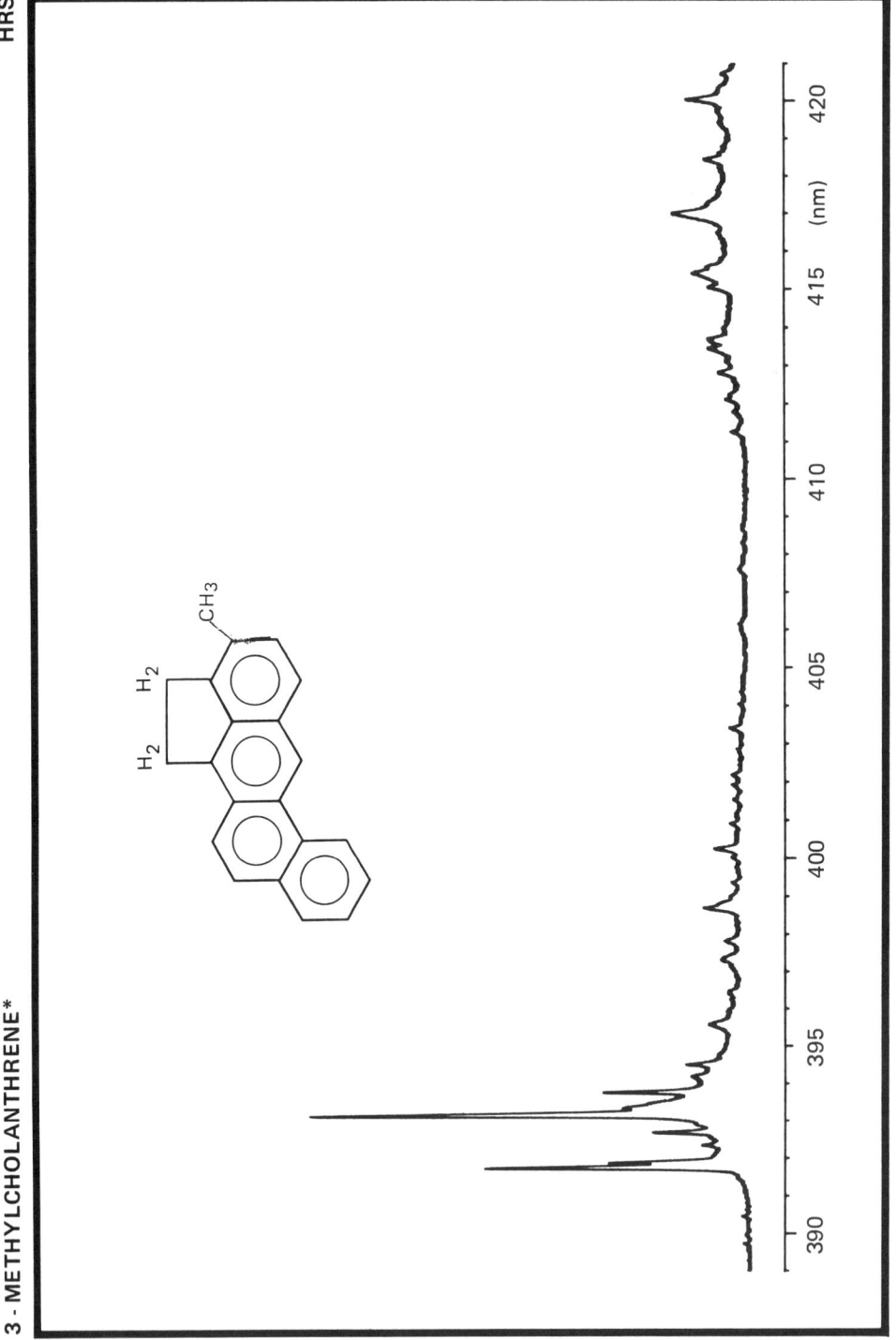

Fluorescence Wavelength (nm)	Intensity (%)
391.6	60
391.7	32
392.5	22
393	100
393.6	34

Original spectrum determined by Physico-chemical oceanography group-University of Bordeaux I (F)

Source	: 45OW Xenon lamp	Formula	: $C_{21}H_{16}$
Excitation monochromator	: Jobin-Yvon H20	M_r	: 268.38 u
Emission monochromator	: Jobin-Yvon HR1000	CAS Nr.	: 56 - 49 - 5
Excitation wavelength (slits)	: 300 (9) nm	Purity	: 0.993 g/g
Emission slits	: 0.04 nm	m.p.	: 179°C
Temperature	: 15 K		
Solvent	: n-octane		
Concentration	: 0.528 mg/l		

3 - METHYLCHOLANTHRENE*

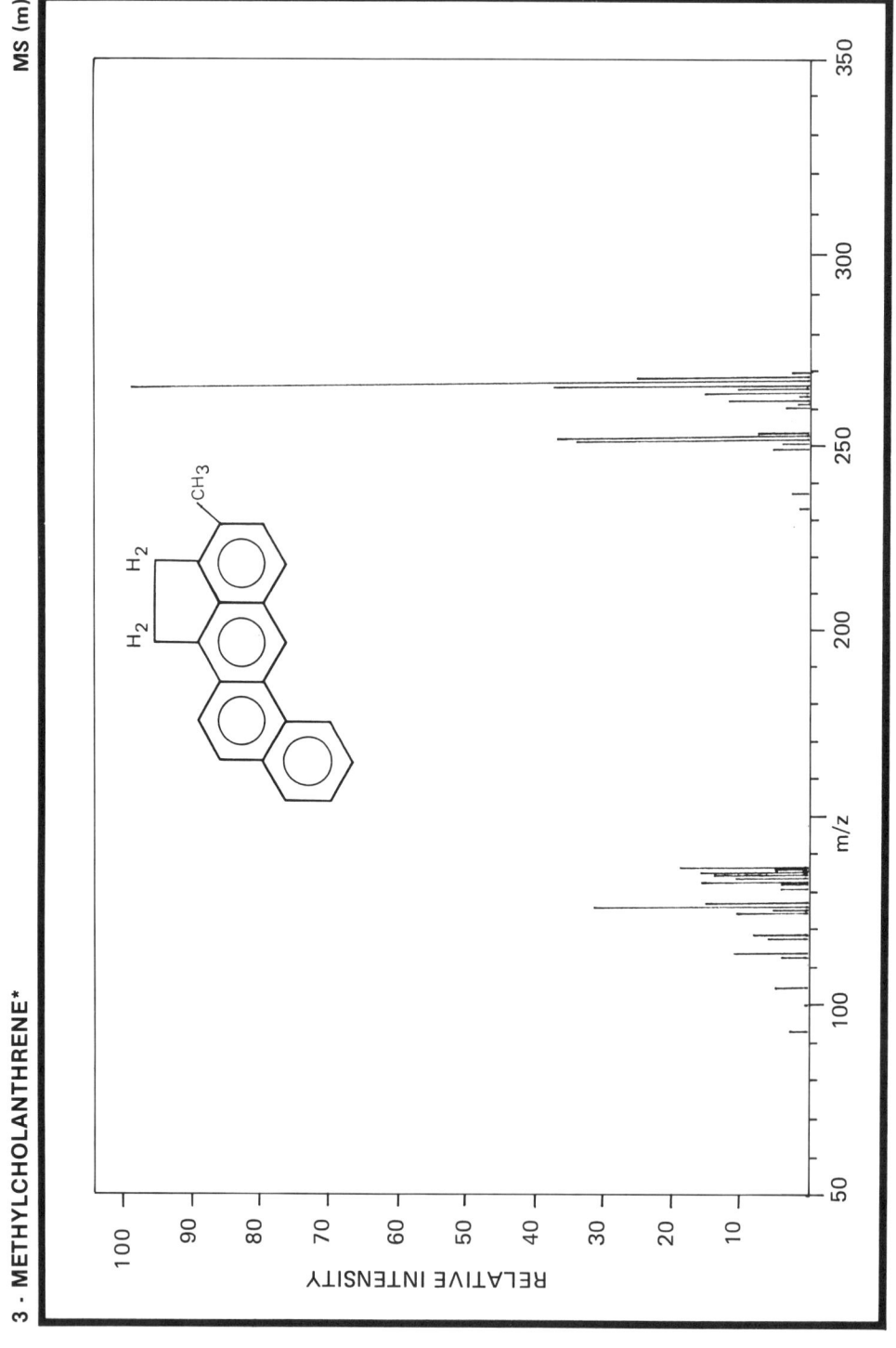

m/z	relative intensity	m/z	relative intensity
95	3.0	237	2.0
107	5.0	239	2.0
112.5	4.0	250	6.0
113	11.0	251	5.0
118.5	6.0	252	5.0
119.5	8.0	253	38.0
125.5	11.0	254	8.0
126	5.0	261	4.0
126.5	32.0	263	12.0
127	16.0	264	2.0
130.5	4.0	265	16.0
131	4.0	266	11.0
131.5	16.0	267	38.0
132	11.0	268	100.0
132.5	14.0	269	26.0
133	16.0	270	3.7
135	5.0		
134	19.0		

Original spectrum determined by Biochem. Institut, Ahrensburg (D)

Spectrometer	: Varian MAT 111
Inlet System	: Direct Inlet
Source Temperature	: 200°C
Source Voltage	: 70 eV

Formula	: $C_{21}H_{16}$
M_r	: 268.38 u
m/z	: 268.13 u
CAS Nr.	: 56 - 49 - 5
Purity	: 0.993 g/g
m.p.	: 179°C

3 - METHYLCHOLANTHRENE*

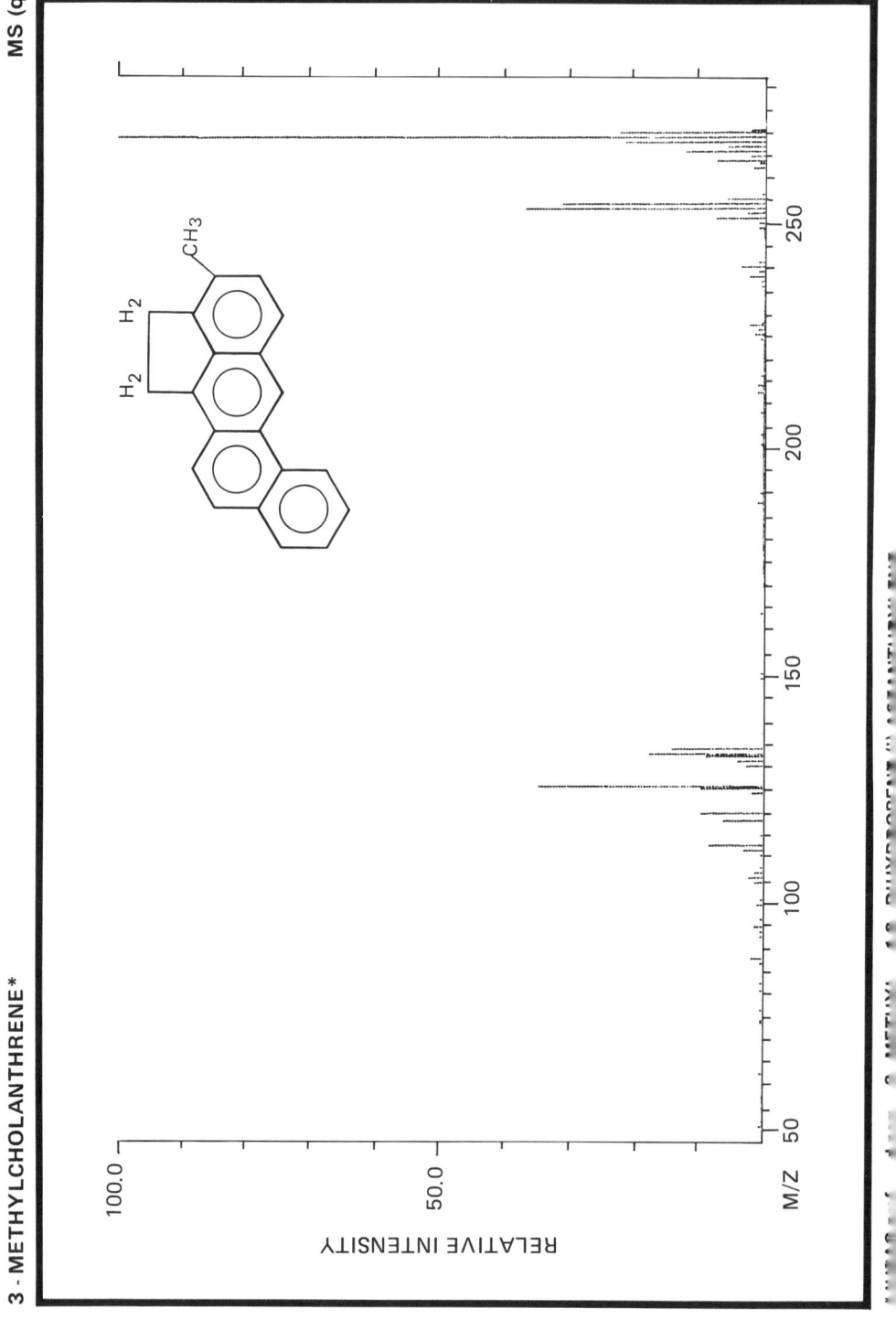

m/z	relative intensity		m/z	relative intensity
106	2.4		239	3.3
112	2.9		250	7.4
113	8.4		251	2.5
118	6.2		252	36.8
120	9.6		253	31.1
125	9.8		254	5.8
126	34.6		263	7.6
130	2.6		264	2.1
131	3.9		265	12.3
132	8.9		266	5.9
133	17.5		267	21.7
134	14.3		268	100.0
226	2.2		269	22.6
237	2.0		270	2.3

Original spectrum determined by ITC - TNO, Zeist (NL)

Spectrometer	: Finnigan 4021 - Quadrupole
Inlet System	: capill. GC/MS
Source Temperature	: 247°C
Source Voltage	: 70 eV

Formula	: $C_{21}H_{16}$
M_r	: 268.38 u
m/z	: 268.13 u
CAS Nr.	: 56 - 49 - 5
Purity	: 0.993 g/g
m.p.	: 179°C

3 - METHYLCHOLANTHRENE*

1H - NMR

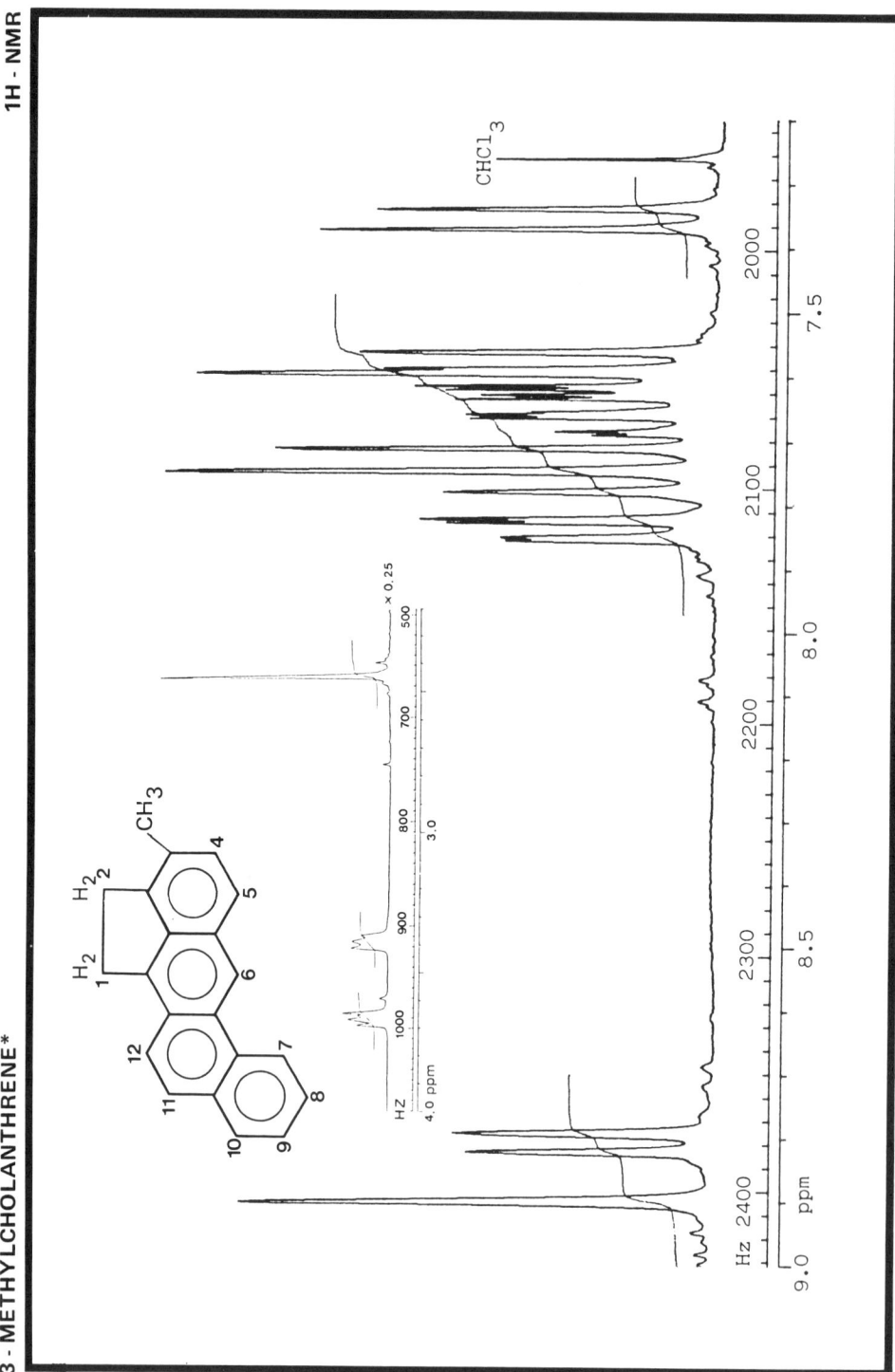

Proton No.	Chemical shift (ppm)	Coupling constants (Hz)
1	3.66	$J(1,2) + J(1,2) = 12$ (not analysed)
2	3.39	
3-Me	2.44	
4	7.36	$J(4,5) = 8.5$
5	7.76	
6	8.90	
7	8.81	$J(7,8) = 8.5$; $J(7,9) = 0.1$
8	7.66	$J(8,9) = 7.1$; $J(8,10) = 1.3$
9	7.59	$J(9,10) = 7.9$
10	7.84	
11	7.58	$J(11,12) = 9.3$
12	7.73	

Original spectrum determined by Laboratory of the Goverment Chemist, London (UK)

Spectrometer	: JEOL GX - 270
Solvent	: $CDCl_3$
Concentration	: 9 mg/l

Formula	: $C_{21}H_{16}$
M_r	: 268.34 u
CAS Nr.	: 56 - 49 - 5
Purity	: 0.993 g/g
m.p.	: 179°C

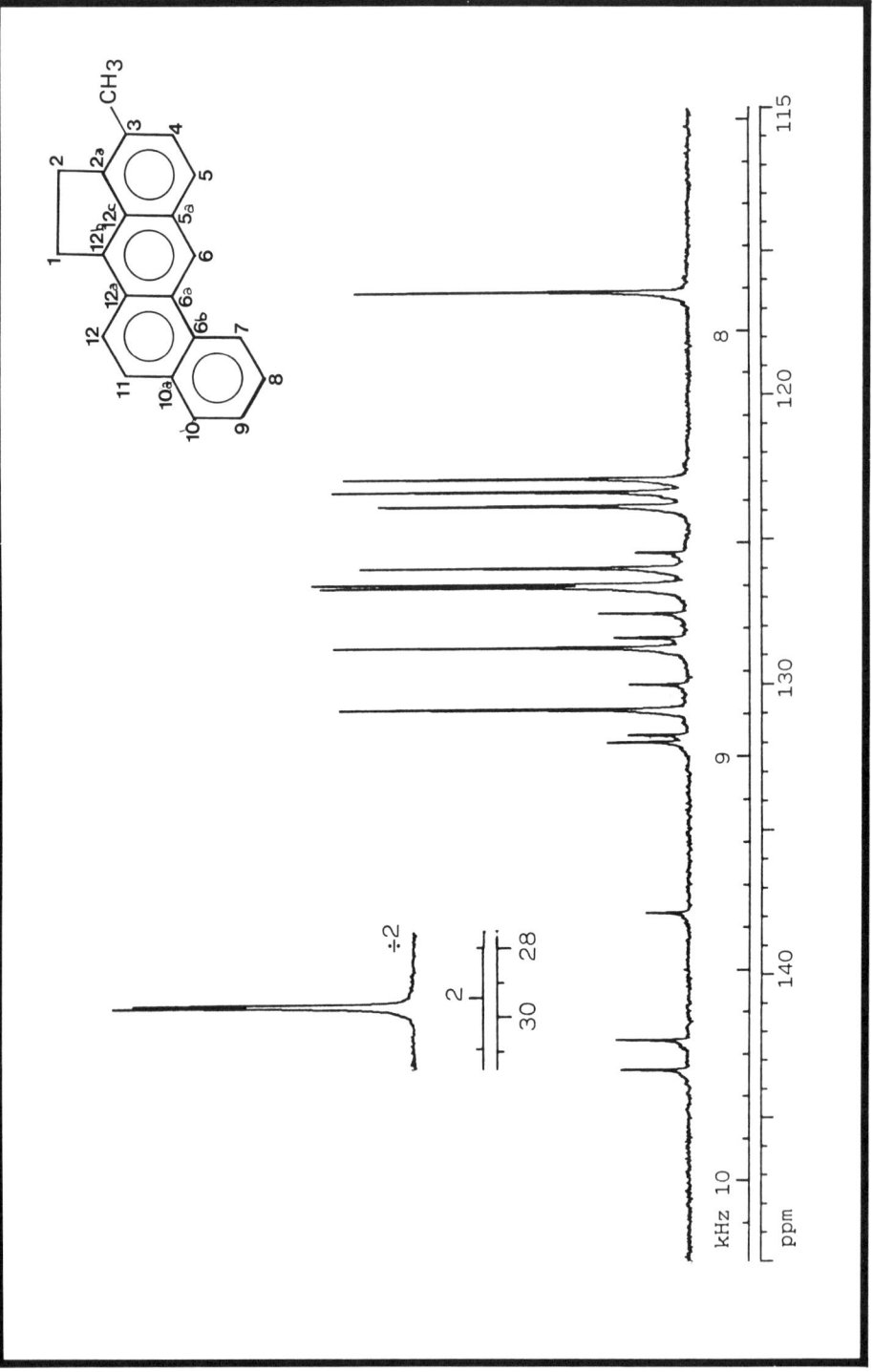

Signal	Intensity (%)	Chemical Shift (ppm)	Carbon No.
1	16.6 s	143.31	2b
2	17.8 s	142.27	12b
3	10.5 s	137.84	12c
4	19.9 s	131.95	10a
5	14.8 s	131.72	6b
6	85.3 d	130.83	4
7	14.6 s	129.99	6a
8	86.7 d	128.71	10
9	18.3 s	128.38	5a
10	22.2 s	127.54	3
11	89.9 d	126.64	8
12	91.7 d	126.53	9
13	80.4 d	125.96	11
14	13.0 s	125.45	12a
15	75.8 d	123.82	12
16	86.9 d	123.33	7
17	84.3 d	122.87	5
18	81.5 d	116.40	6
19	100. t	29.66	1*
20	90.8 t	29.61	2*
21	44.0 q	18.54	3-Me

Original spectrum determined by Laboratory of the Goverment Chemist, London (UK)

Spectrometer	: JEOL GX - 270 (67.8 MHz)	Formula	: $C_{21}H_{16}$
Solvent	: $CDCl_3$	M_r	: 268.38 u
Concentration	: 9 mg/ml	CAS Nr.	: 56 - 49 - 5
Pulse (angle)	: 10 µs (40°)	Purity	: 0.993 g/g
Accumulations	: 33000	m.p.	: 179°C
Repeat time	: 2.47 s		

* May be interchanged

3 - METHYLCHOLANTHRENE*

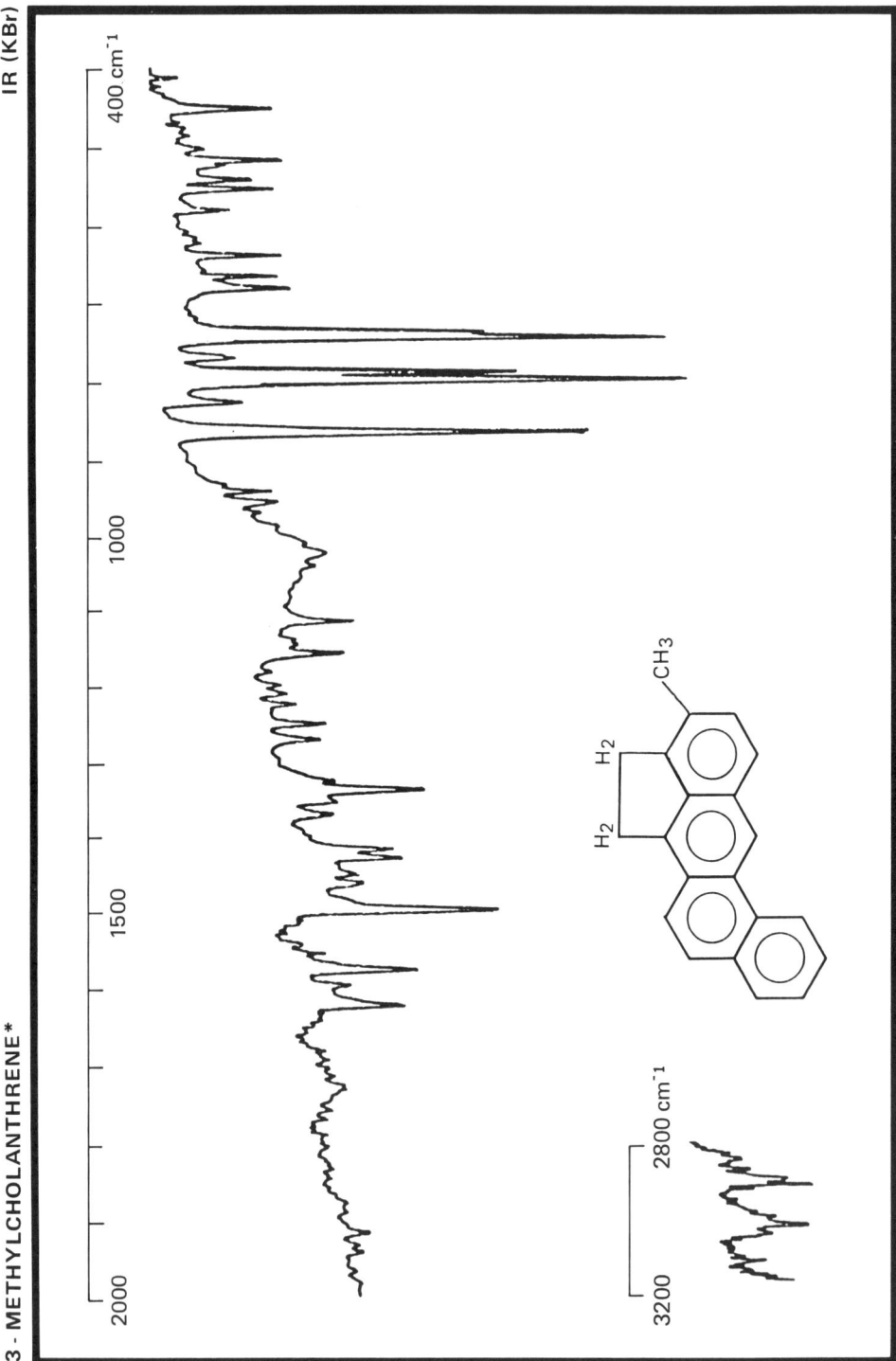

Frequency (cm⁻¹)	Assignment	Frequency (cm⁻¹)	Assignment
3038:	aromatic C - H stretch	868: 802: 793: 748:	aromatic C - H wagging deformation
2926:	- CH₃ asym. C - H stretch		
2860: 2840:	- CH₃ sym. C - H stretch	685: 642: 556: 519: 451:	ring deformation
1628:	C=C stretch		
1580:			
1435: 1422:	- CH₃ asym. deformation		
1345:	- CH₃ sym. deformation		
1163: 1121:	C - C stretch		

Original spectrum determined by Biochem. Institut, Ahrensburg (D)

Spectrometer	: Nicolet 5 MX	Formula	: $C_{21}H_{16}$
Sample	: KBr disc (ø5 mm, thickness 0.4 mm)	M_r	: 268.34 u
Reference	: Air	CAS Nr.	: 56 - 49 - 5
Resolution	: 1.7 cm⁻¹ (maximum)	Purity	: 0.993 g/g
		m.p.	: 179°C

3 - METHYLCHOLANTHRENE*

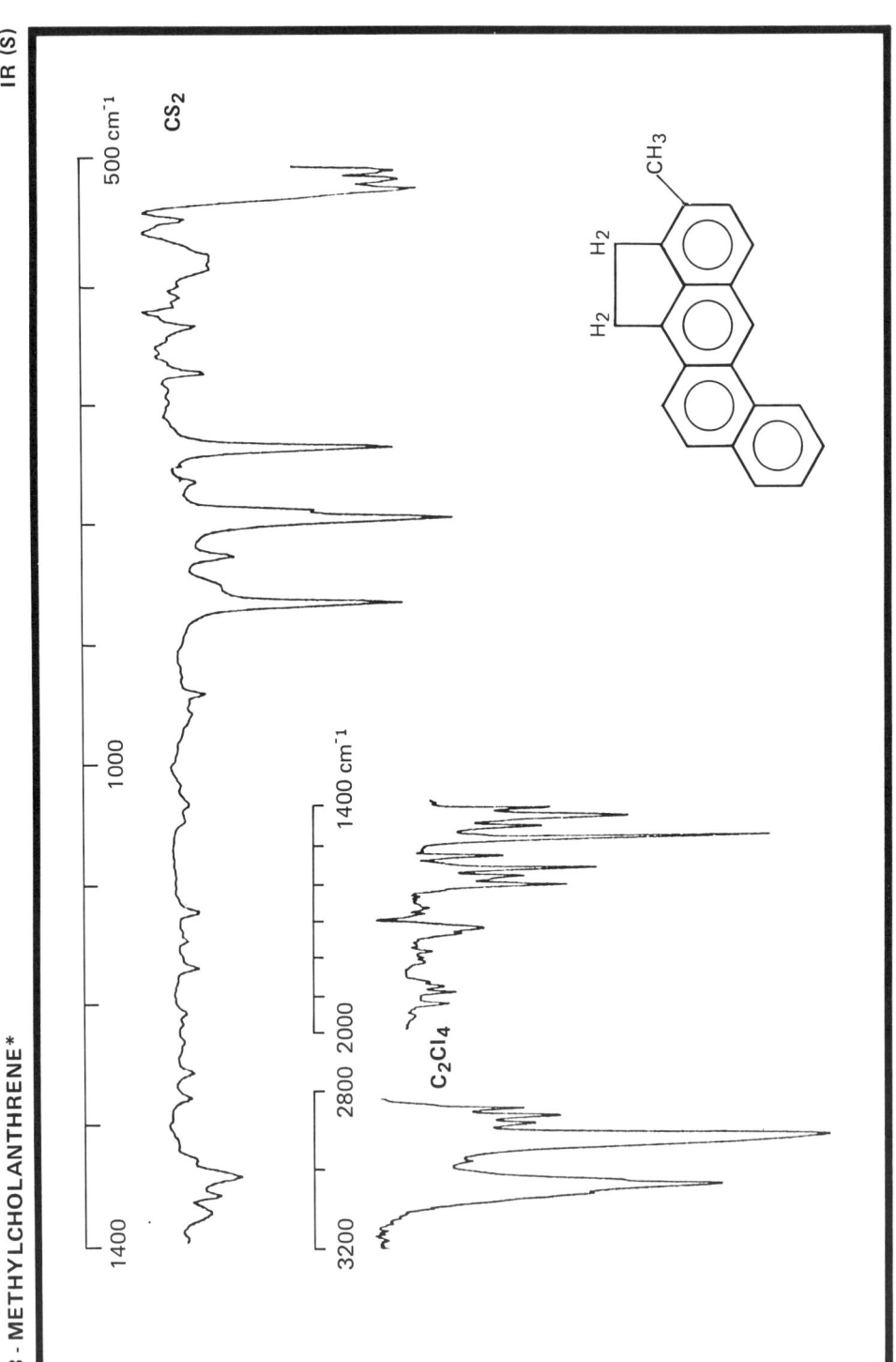

Frequency (cm⁻¹)	Assignment	Frequency (cm⁻¹)	Assignment
3044:	aromatic C - H stretch	870:	aromatic C - H wagging deformation
		831:	
		802:	
2920:	- CH₃ asym. C - H stretch	797:	
2870:	- CH₃ sym. C - H stretch	745:	
1628:			
1584:	C=C stretch	642:	ring deformation
1505:		529:	
1447:	- CH₃ asym. deformation	521:	
		451:	
1373:			
1360:	- CH₃ sym. deformation		
1345:			

Original spectrum determined by Biochem. Institut, Ahrensburg (D)

Spectrometer	: Nicolet 5 MX	**Formula**	: $C_{21}H_{16}$
Cell	: 0.2 mm (KBr)	M_r	: 268.34 u
Solvents	: C_2Cl_4 (3.200 - 1.400 cm⁻¹)	**CAS Nr.**	: 56 - 49 - 5
	CS_2 (1.400 - 500 cm⁻¹)	**Purity**	: 0.993 g/g
Resolution	: 1.7 cm⁻¹ (maximum)	**m.p.**	: 179°C

DIBENZO(k, mno)FLUORANTHENE*

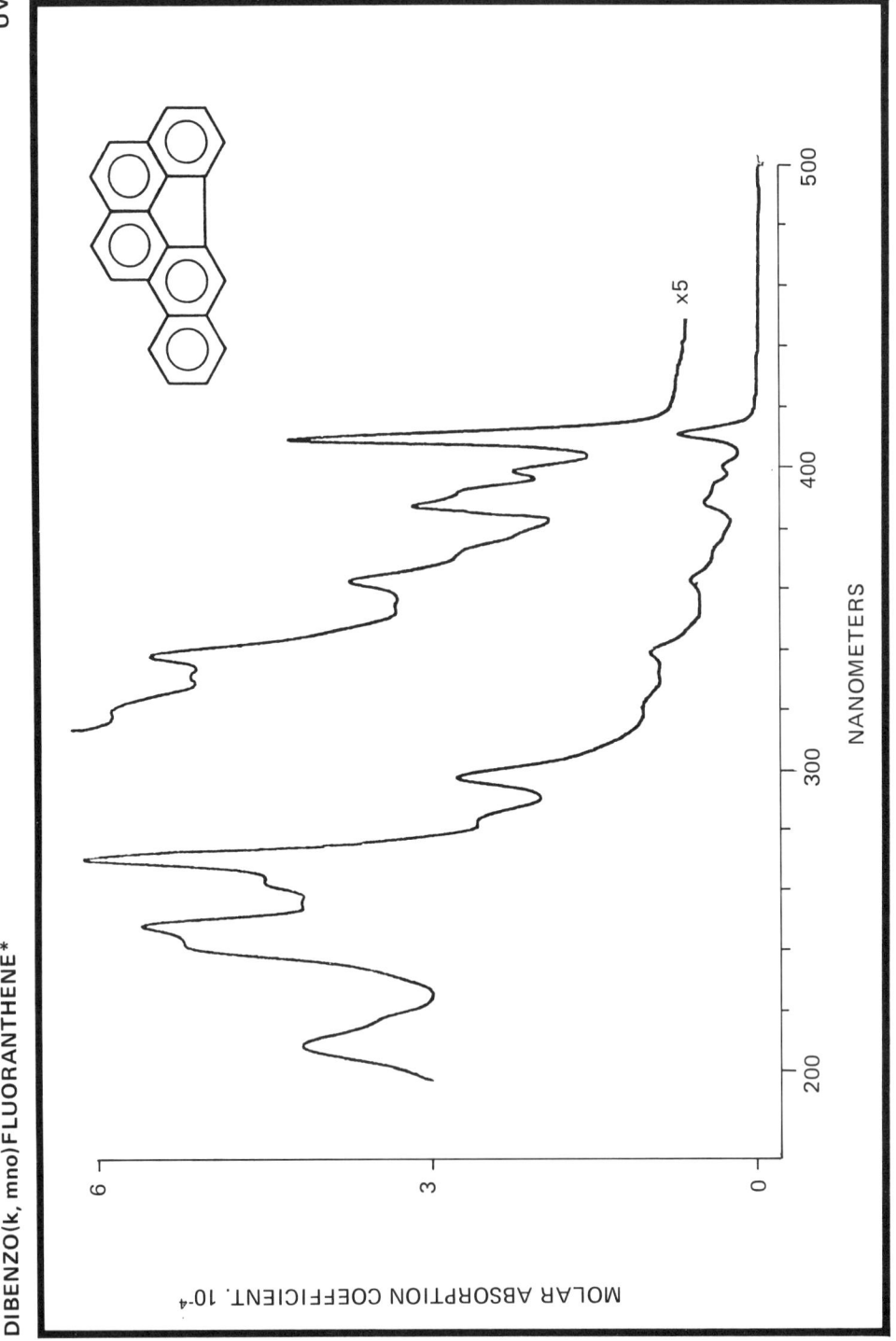

*IUPAC preferred name: INDENO [4,3,2,1-cdef]CHRYSENE

Wavelength (nm)	Molar absorption coefficient (l. mol⁻¹ cm⁻¹ × 10⁻⁴)	Wavelength (nm)	Molar absorption coefficient (l. mol⁻¹ cm⁻¹ × 10⁻⁴)
210.7	4.9	338.5	1.1
250.3	6.7	362.6	0.68
264.4	5.4	387.8	0.55
272.4	7.4	399.5	0.33
284.7	3.1	410.3	0.81
299.0	3.4		

Original spectrum determined by JRC Ispra (CEC)

Spectrometer	: Perkin - Elmer 555	Formula	: $C_{22}H_{12}$
Solvent	: Cyclohexane	M_r	: 276.34 u
Concentration	: 4.1 mg/l	CAS Nr.	: 203 - 25 - 8
Cell Length	: 1.000 cm	Purity	: 0.992 g/g
Slit width	: 1 nm	m.p.	: 150°C

DIBENZO(k,mno)FLUORANTHENE*

Wavelength (nm)	Relative intensity
411.5	100
423.5	17.5
438	54.5
467	17

Instrument	: Perkin-Elmer MPF-44
Solvent	: Cyclohexane
Concentration	: 0.151 mg.l^{-1}
Spectrum	: **excitation** / **emission**
Fixed wavelength	: 438 nm / 300 nm
Excitation slit	: 2 nm / 4 nm
Emission slit	: 8 nm / 2 nm

Original spectrum produced by Physico-chemical oceanography group-University of Bordeaux I (F)

Formula	: $C_{22}H_{12}$
M_r	: 276.34 u
CAS Nr.	: 203 - 25 - 8
Purity	: 0.992 g/g
m.p.	: 150°C

DIBENZO (k, mno) FLUORANTHENE*

Fluorescence Wavelength (nm)	Intensity (%)
410.1	100
410.5	34
411.3	62
411.6	32

Original spectrum determined by Physico-chemical oceanography group-University of Bordeaux I (F)

Source	: 450W Xenon lamp
Excitation monochromator	: Jobin-Yvon H20
Emission monochromator	: Jobin-Yvon HR1000
Excitation wavelength (slits)	: 310 (9) nm
Emission slits	: 0.04 nm
Temperature	: 15 K
Solvent	: n-octane
Concentration	: 0.604 mg l^{-1}

Formula	: $C_{22}H_{14}$
M_r	: 276.34 u
CAS Nr.	: 203 - 25 - 8
Purity	: 0.992 g/g
m.p.	: 150°C

DIBENZO(k,mno)FLUORANTHENE*

MS (m)

m/z	relative intensity	m/z	relative intensity
124	4	138	25
125	6	138.5	10
136	6	274	19
136.5	5	275	22
137	14	276	100
137.5	9	277	22
		278	2.6

Spectrometer : Varian MAT 111
Inlet System : capill. GC/MS
Source Temperature : 200°C
Source Voltage : 70 eV

Original spectrum determined by Biochem. Institut, Ahrensburg (D)

Formula : $C_{22}H_{12}$
M_r : 276.34 u
m/z : 276.09 u
CAS Nr. : 203 - 25 - 8
Purity : 0.992 g/g
m.p. : 150°C

DIBENZO(k,mno)FLUORANTHENE*

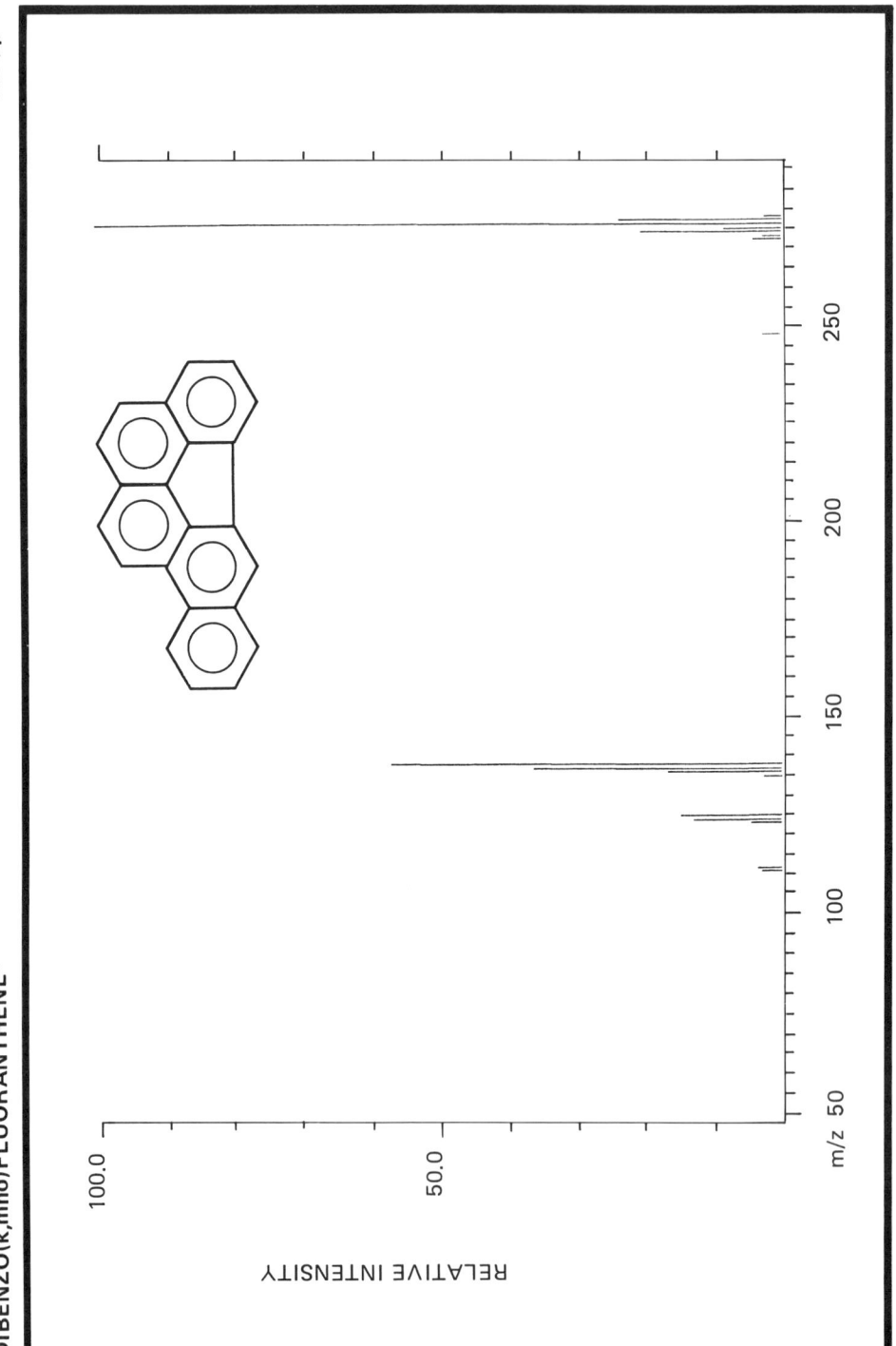

MS (q)

m/z	relative intensity	m/z	relative intensity
111	3.1	248	2.9
112	3.7	272	4.3
123	4.7	273	2.8
124	13.1	274	20.5
125	15.0	275	8.6
135	3.0	276	100.0
136	16.8	277	23.6
137	36.4	278	2.7
138	57.1		

Original spectrum determined by ITC - TNO, Zeist (NL)

Spectrometer	: Finnigan 4500 - Quadrupole	**Formula**	: $C_{22}H_{12}$
Inlet System	: capill. GC/MS	**M$_r$**	: 276.34 u
Source Temperature	: 400 K	**m/z**	: 276.09 u
Source Voltage	: 70 eV	**CAS Nr.**	: 203 - 25 - 8
		Purity	: 0.992 g/g
		m.p.	: 150°C

DIBENZO(k,mno)FLUORANTHENE*

1H-NMR

Proton No.	Chemical shift (ppm)	Coupling constants (Hz)		
1	7.86			
2	7.86			
3	7.79	$J(3,4)=8.1$	$J(3,5)=0.5$	
4	7.62	$J(4,5)=7.1$		
5	8.00			
6	8.25	$J(6,10)=0.7$	$J(6,7)=0.6$	
7	8.01	$J(7,8)=7.9$	$J(7,9)=1.5$	
		$J(7,10)=0.7$		
8	7.55	$J(8,9)=7.1$	$J(8,10)=1.4$	
9	7.64	$J(9,10)=8.0$		
10	8.54			
11	8.39	$J(11,12)=8.6$		
12	7.92			

Original spectrum determined by Laboratory of the Goverment Chemist, London (UK)

Spectrometer	: JEOL GX - 270	Formula	: $C_{22}H_{12}$
Solvent	: $CDCl_3$	M_r	: 276.34 u
Concentration	: 64 mg/ml	CAS Nr.	: 203 - 25 - 8
		Purity	: 0.992 g/g
		m.p.	: 150°C

DIBENZO(k,mno)FLUORANTHENE*

13C - NMR

Signal	Intensity (%)	Chemical Shift (ppm)	Carbon No.
1	18 s	136.57	5a
2	15 s	135.65	5b*
3	19 s	135.62	10e*
4	22 s	135.09	6a
5	15 s	132.81	10d
6	12 s	132.14	10c
7	88 d	131.21	7
8	25 s	131.16	10a
9	82 d	128.11	4
10	24 s	127.81	2a
11	80 d	127.24	9
12	26 s	126.35	12a
13	100 d	126.12	2
14	94 d	126.07	8
15	87 d	125.77	3
16	78 d	125.26	6
17	84 d	125.06	1
18	77 d	124.49	12
19	31 s	124.46	10b
20	72 d	123.10	10
21	74 d	122.27	11
22	88 d	122.16	5

Original spectrum determined by Laboratory of the Goverment Chemist, London (UK)

Spectrometer	: JEOL GX - 270 (67.8 MHz)		Formula	: $C_{22}H_{12}$
Solvent	: $CDCl_3$		M_r	: 276.34 u
Concentration	: 64 mg/ml		CAS Nr.	: 203 - 25 - 8
Pulse (angle)	: 10 μs (40°)		Purity	: 0.992 g/g
Accumulations	: 10000		m.p.	: 150°C
Repeat time	: 2.47 s			

DIBENZO(k,mno)FLUORANTHENE*

IR (KBr)

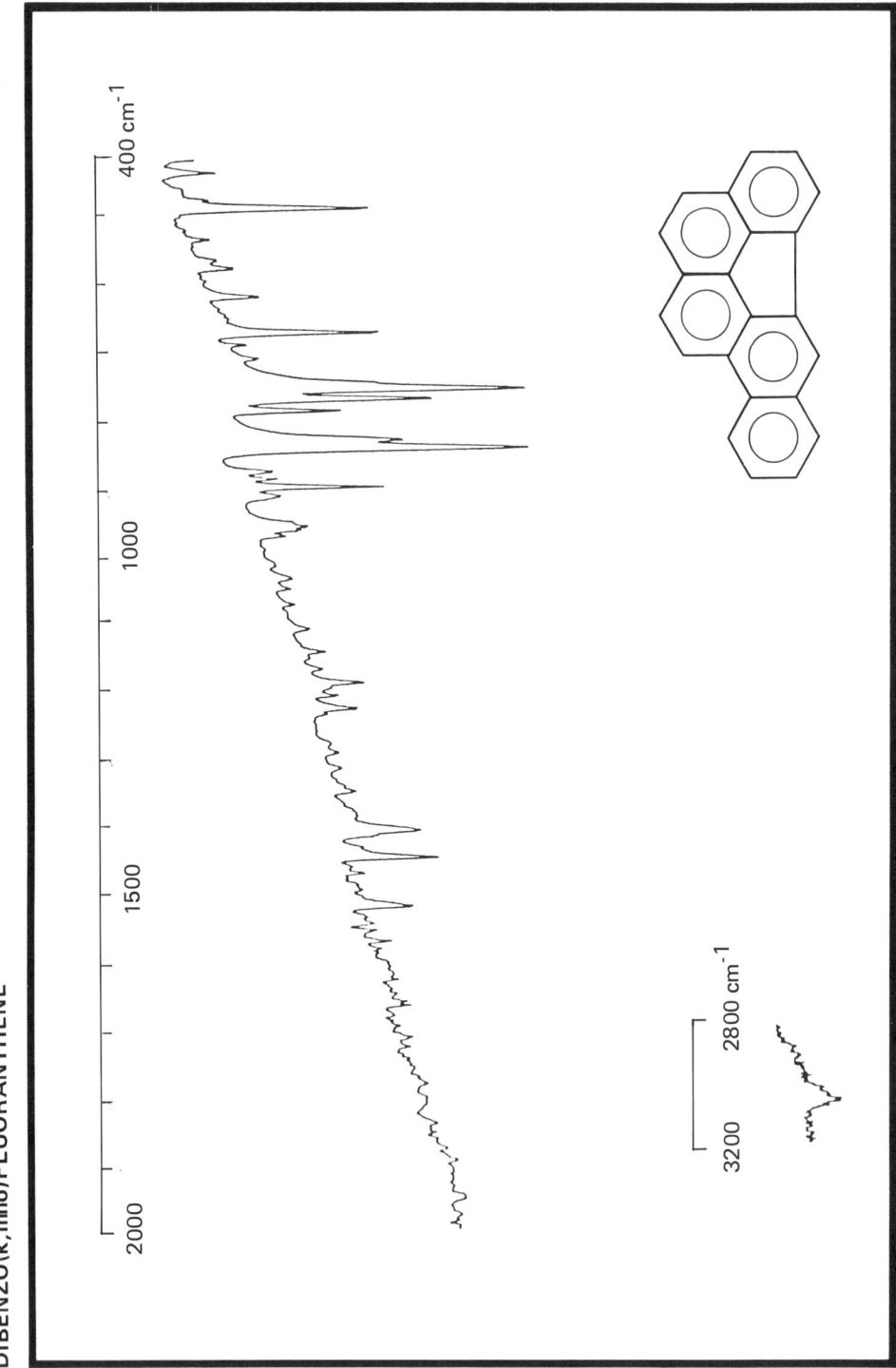

Frequency (cm^{-1})	Assignment	Frequency (cm^{-1})	Assignment
3042:	C - H stretch	941:	C - H
1505:		882:	wagging
1435:	C=C stretch	822:	deformation
1395:		810:	
		766:	
		748:	
		733:	
		650:	ring
		471:	deformation

Original spectrum determined by Biochem. Institut, Ahrensburg (D)

Spectrometer	: Nicolet 5 MX	**Formula**	: $C_{22}H_{12}$
Sample	: KB disc	**M$_r$**	: 276.34 u
Reference	: Air	**CAS Nr.**	: 203 - 25 - 8
Resolution	: 1.7 cm^{-1} (maximum)	**Purity**	: 0.992 g/g
		m.p.	: 150°C

DIBENZO(k,mno)FLUORANTHENE*

IR (s)

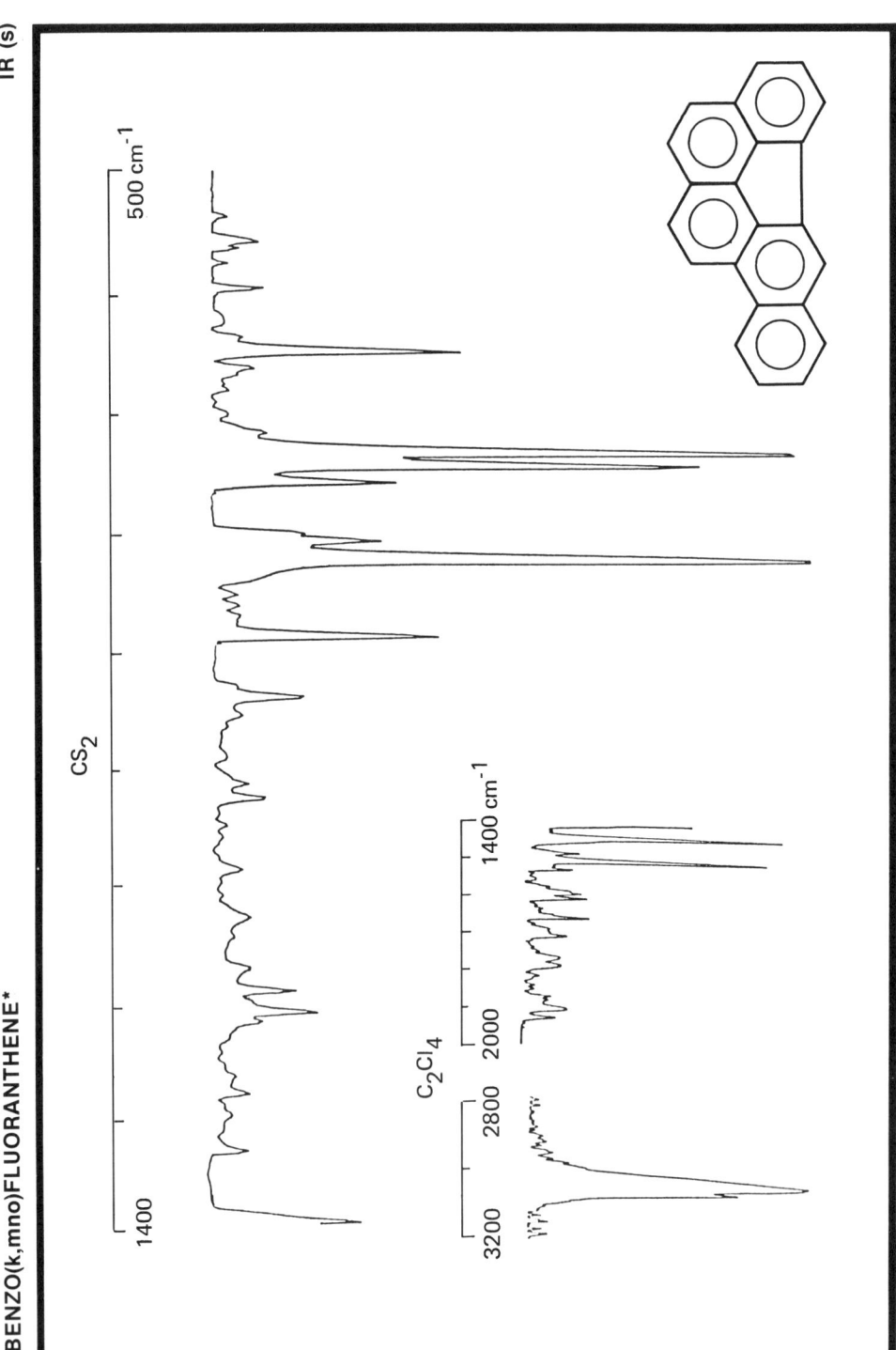

Frequency (cm⁻¹)	Assignment	Frequency (cm⁻¹)	Assignment
3073:	C - H stretch	945:	C - H wagging deformation
3048:		893:	
1665:		826:	
1505:		812:	
1437:	C=C stretch	764:	
1397:		748:	ring deformation
1215:		737:	
1196:		723:	
1034:		654:	

Original spectrum determined by Biochem. Institut, Ahrensburg (D)

Spectrometer	: Nicolet 5 MX	**Formula**	: $C_{22}H_{12}$
Cell	: 0.2 mm (KBr)	**M$_r$**	: 276.34 u
Solvents	: C_2Cl_4 (3.200 - 1.400 cm⁻¹)	**CAS Nr.**	: 203 - 25 - 8
	CS_2 (1.400 - 500 cm⁻¹)	**Purity**	: 0.992 g/g
Resolution	: 1.7 cm⁻¹ (maximum)	**m.p.**	: 150°C

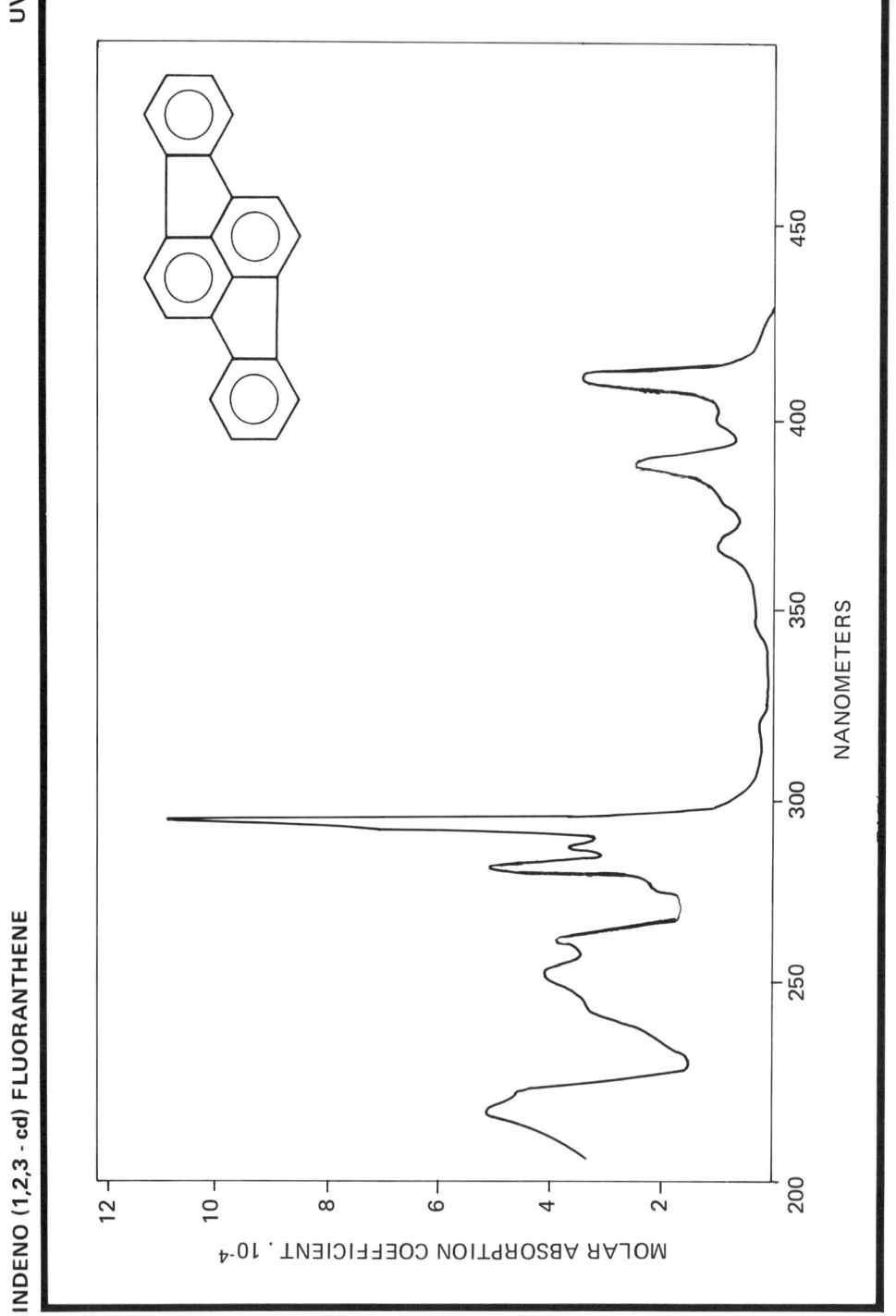

Wavelength (nm)	Molar absorption coefficient (l. mol⁻¹ cm⁻¹ × 10⁻⁴)	Wavelength (nm)	Molar absorption coefficient (l. mol⁻¹ cm⁻¹ × 10⁻⁴)
218.2	5.29	294.1	11.34
222.7	4.84	317.8	0.32
254.2	4.41	350.2	0.40
263.4	4.00	367.6	1.15
271.2	1.88	380.2	1.80
277.0	2.29	388.2	2.74
282.4	5.38	401.7	1.19
288.2	3.95	411.5	3.82

Original spectrum determined by Biochem. Institut, Ahrensburg (D)

Spectrometer	: Perkin - Elmer 555	Formula	: $C_{22}H_{12}$
Solvent	: Cyclohexane	M_r	: 276.34 u
Concentration	: 17.9 mg/l	CAS Nr.	: 193 - 43 - 1
Cell Length	: 1.000 cm	Purity	: 0.997_8 g/g
Slit width	: 1 nm	m.p.	: 262°C

INDENO (1,2,3 - cd) FLUORANTHENE   MS (m)

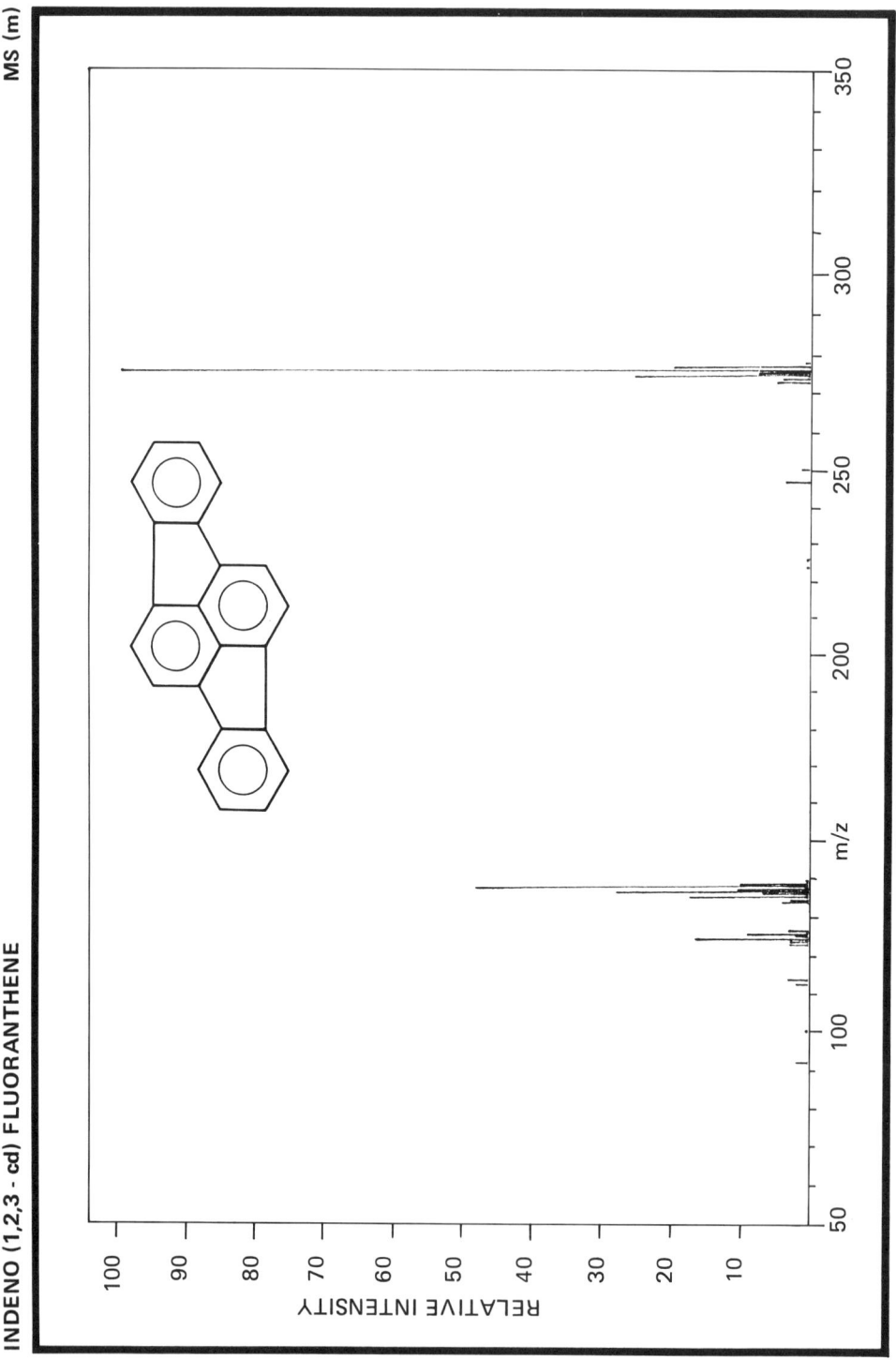

m/z	relative intensity	m/z	relative intensity
112	2.0	137	29.0
113	3.0	137.5	11.0
123	3.0	138	49.0
123.5	3.0	138.5	10.0
124	17.0	248	4.0
124.5	2.0	272	5.0
125	9.0	273	4.0
125.5	3.0	274	26.0
135	4.0	275	8.0
135.5	3.0	276	100.0
136	18.0	277	20.0
136.5	7.0	278	1.3

Original spectrum determined by Biochem. Institut, Ahrensburg (D)

Spectrometer	: Varian MAT 111
Inlet System	: GC/MS
Source Temperature	: 200°C
Source Voltage	: 70 eV

Formula	: $C_{22}H_{12}$
M_r	: 276.34 u
m/z	: 276.09 u
CAS Nr.	: 193 - 43 - 1
Purity	: 0.997_8 g/g
m.p.	: 262°C

INDENO (1,2,3 - cd) FLUORANTHENE

MS (q)

m/z	relative intensity	m/z	relative intensity
112	2.9	248	2.6
123	2.6	272	4.2
124	7.4	273	2.4
125	8.5	274	18.2
136	7.8	275	6.1
137	17.2	276	100.0
138	29.3	277	23.5
		278	2.8

Original spectrum determined by ITC - TNO, Zeist (NL)

Spectrometer	: Finnigan 4021	**Formula**	: $C_{22}H_{12}$
Inlet System	: capill. GC/MS	M_r	: 276.34 u
Source Temperature	: 247°C	m/z	: 276.09 u
Source Voltage	: 70 eV	**CAS Nr.**	: 193 - 43 - 1
		Purity	: 0.997_8 g/g
		m.p.	: 262°C

INDENO (1,2,3 – cd) FLUORANTHENE 1H - NMR

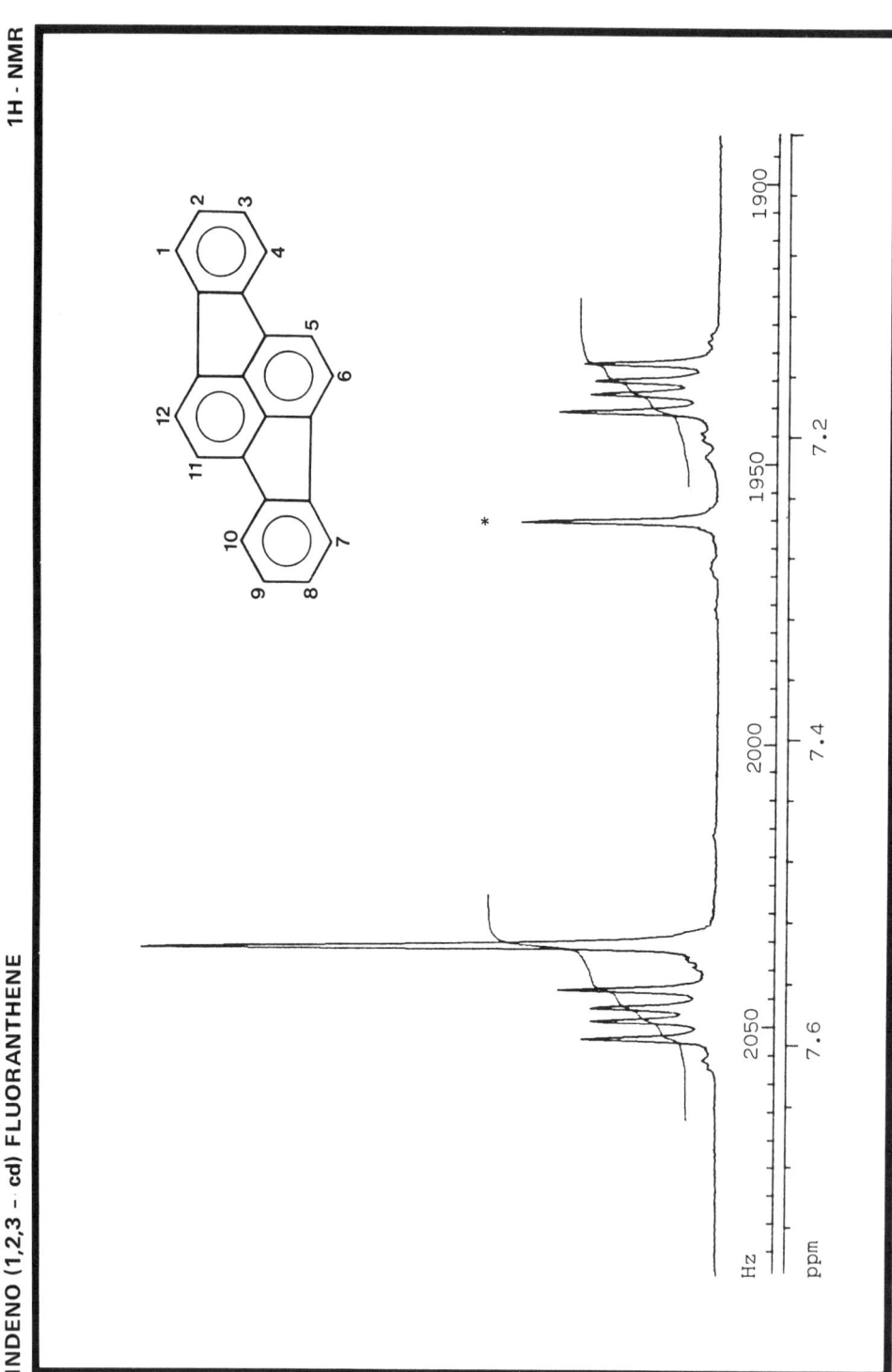

Proton No.	Chemical shift (ppm)	Coupling constants (Hz)
1 = 4 = 7 = 10	7.58	$J(1,2) = 7.5$; $J(1,3) = 1.2$
2 = 3 = 8 = 9	7.17	$J(2,3) = 7.7$
5 = 6 = 11 = 12	7.54	

Original spectrum determined by Laboratory of the Goverment Chemist, London (UK)

Spectrometer	: JEOL GX - 270
Solvent	: $CDCl_3$
Concentration	: 6 mg/ml

Formula	: $C_{22}H_{12}$
M_r	: 276.34 u
CAS Nr.	: 193 - 43 - 1
Purity	: 0.997_8 g/g
m.p.	: 262°C

INDENO (1, 2, 3 - CD) FLUORANTHENE

13C - NMR

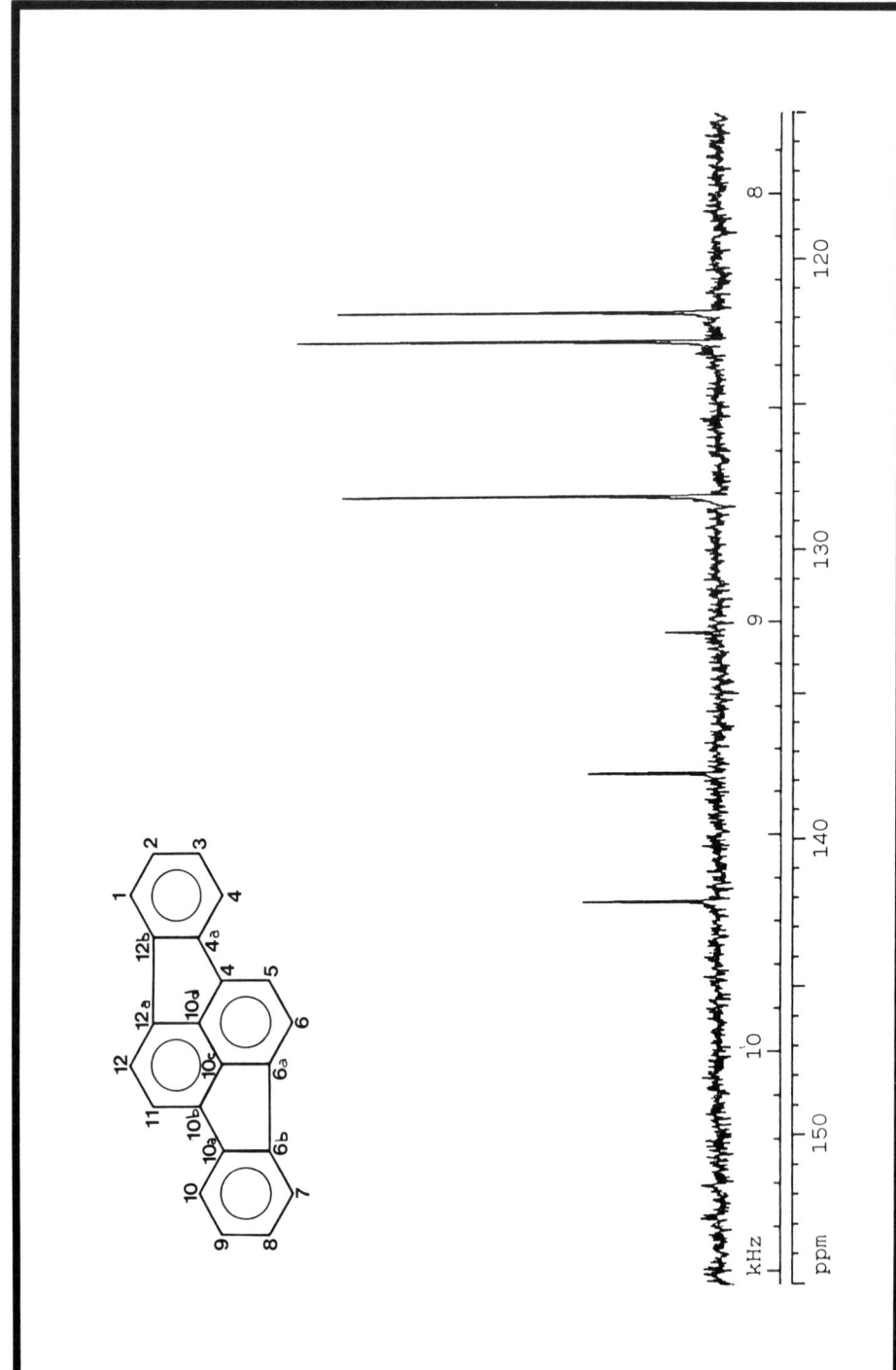

Signal	Intensity (%)	Chemical Shift (ppm)	Carbon No.
1	33 s	142.12	4a = 6b = 10a = 12b
2	31 s	137.76	4b = 6a = 10b = 12a
3	13 s	132.87	10c = 10d
4	89 d	128.16	2 = 3 = 8 = 9
5	100 d	122.81	1 = 4 = 7 = 10
6	90 d	121.83	5 = 6 = 11 = 12

Original spectrum determined by Laboratory of the Goverment Chemist, London (UK)

Spectrometer	: JEOL GX - 270 (67.8 MHz)	Formula	: $C_{22}H_{12}$
Solvent	: $CDCl_3$	M_r	: 276.34 u
Concentration	: 6 mg/ml	CAS Nr.	: 193 - 43 - 1
Pulse (angle)	: 10 μs (40°)	Purity	: 0.997_8 g/g
Accumulations	: 45000	m.p.	: 262°C
Repeat time	: 2.47 s		

INDENO (1,2,3 - cd) FLUORANTHENE

IR (KBr)

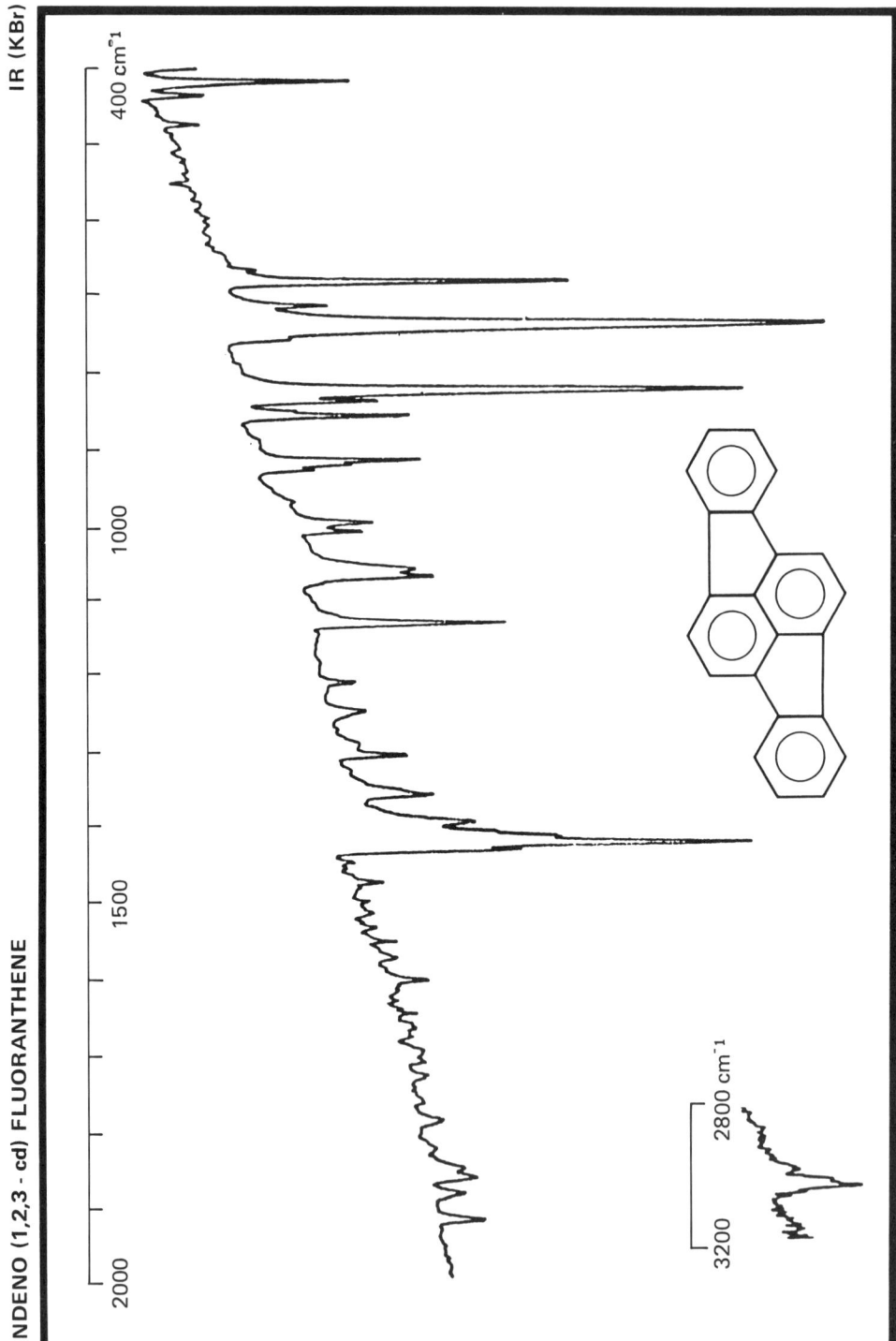

Frequency (cm⁻¹)	Assignment	Frequency (cm⁻¹)	Assignment
3056:	C - H stretch	922	
1433:	C=C stretch	864:	C - H wagging deformation
		833:	
1146:	C - C stretch	747:	
1084:		687:	
1073:			
		417:	ring deformation

Original spectrum determined by Biochem. Institut, Ahrensburg (D)

Spectrometer	: Nicolet 5 MX	**Formula**	: $C_{22}H_{12}$
Sample	: KBr disc	M_r	: 276.34 u
Reference	: Air	**CAS Nr.**	: 193 - 43 - 1
Resolution	: 1.7 cm⁻¹ (maximum)	**Purity**	: 0.997_8 g/g
		m.p.	: 262°C

INDENO (1,2,3 - cd) FLUORANTHENE

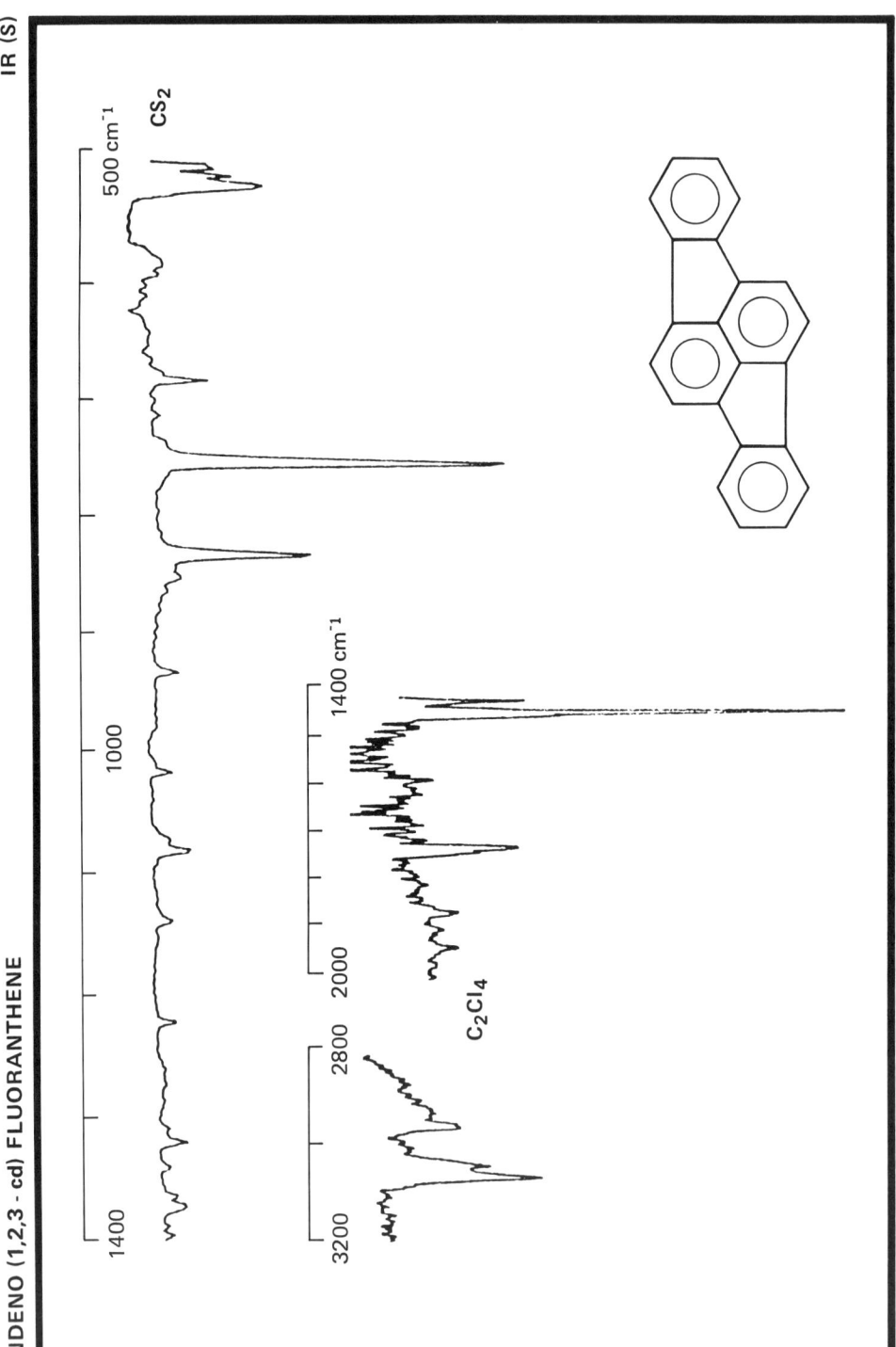

Frequency (cm⁻¹)	Assignment	Frequency (cm⁻¹)	Assignment
3061:	C - H stretch	833:	C - H wagging deformation
3040:		756:	
2961		689	
1728			
1433:	C=C stretch	529:	ring deformation
1408:			

Original spectrum determined by Biochem. Institut, Ahrensburg (D)

Spectrometer	: Nicolet 5 MX	**Formula**	: $C_{22}H_{12}$
Cell	: 0.2 mm (KBr)	M_r	: 276.34 u
Solvents	: C_2Cl_4 (3.200 - 1.400 cm⁻¹)	**CAS Nr.**	: 193 - 43 - 1
	CS_2 (1.400 - 500 cm⁻¹)	**Purity**	: 0.997_8 g/g
Resolution	: 1.7 cm⁻¹ (maximum)	**m.p.**	: 262°C

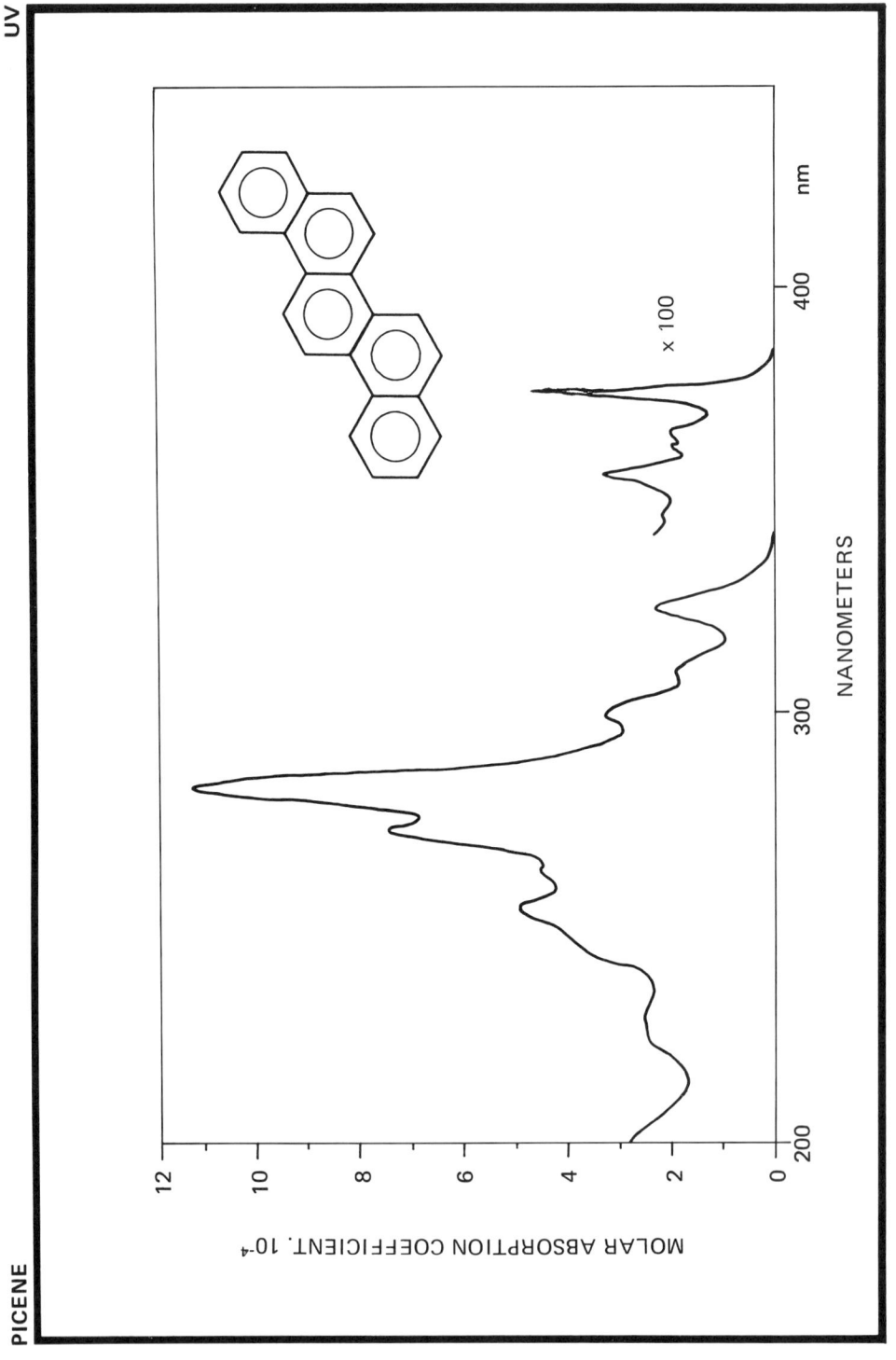

Wavelength (nm)	Molar absorption coefficient (l. mol⁻¹ cm⁻¹ × 10⁻⁴)	Wavelength (nm)	Molar absorption coefficient (l. mol⁻¹ cm⁻¹ × 10⁻⁴)
231.2	2.52	325.5	2.39
255.5	5.03	348.2	0.043
273.8	7.43	356.2	0.068
283.8	11.29	363.2	0.04
300.4	3.31	367.0	0.04
311.0	1.92	374.7	0.071

Original spectrum determined by Biochem. Institut, Ahrensburg (D)

Spectrometer	: Perkin - Elmer 555	Formula	: $C_{22}H_{14}$
Solvent	: Cyclohexane	M_r	: 278.35 u
Concentration	: 9.2 mg/l	CAS Nr.	: 213 - 46 - 7
Cell Length	: 1.000 cm	Purity	: 0.998 g/g
Slit width	: 1 nm	m.p.	: 364°C

PICENE   FL

Wavelength (nm)	Relative intensity
376	95
388.5	45
397	100
420	43
445	11.5

Original spectrum produced by Physico-chemical oceanography group-University of Bordeaux I (F)

Instrument	: Perkin-Elmer MPF-44	Formula	: $C_{22}H_{14}$
Solvent	: Cyclohexane	M_r	: 278.35 u
Concentration	: 0.139 mg.l^{-1}	CAS Nr.	: 213 - 46 - 7
Spectrum	: excitation emission	Purity	: 0.998 g/g
Fixed wavelength	: 397 nm 284 nm	m.p.	: 364°C
Excitation slit	: 2 nm 8 nm		
Emission slit	: 10 nm 2 nm		

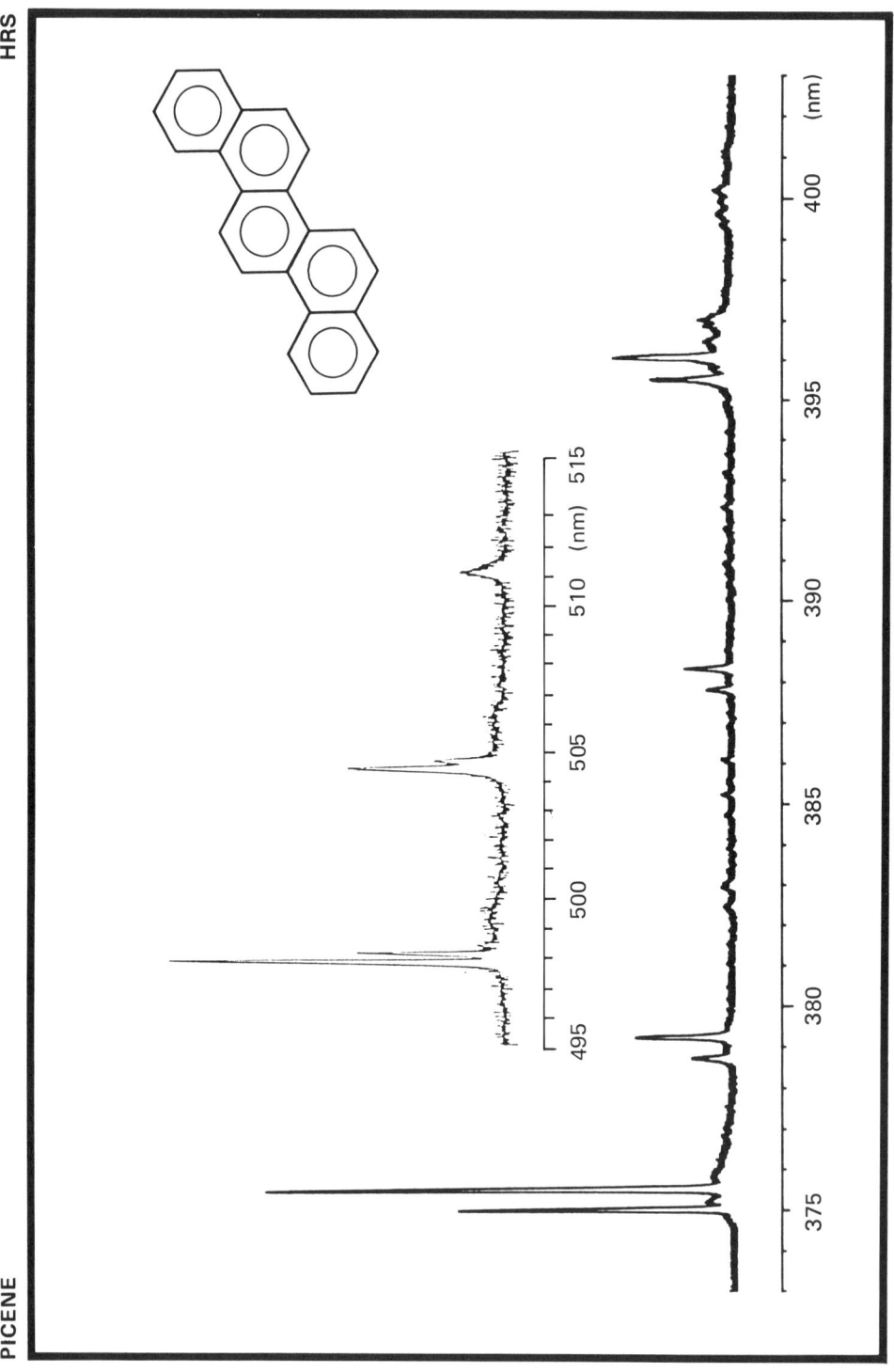

Fluorescence Wavelength (nm)	Intensity (%)	Phosphorescence Wavelength (nm)	Intensity (%)
374.8	59	497.5	100
375.3	100	497.8	46
379	22	504	48
395.3	18		
395.9	26		

Original spectrum determined by Physico-chemical oceanography group-University of Bordeaux I (F)

Source	: 450W Xenon lamp		Formula	: $C_{22}H_{14}$
Excitation monochromator	: Jobin-Yvon H20		M_r	: 278.35 u
Emission monochromator	: Jobin-Yvon HR1000		CAS Nr.	: 213 - 46 - 7
Excitation wavelength (slits)	: 290 (9) nm		Purity	: 0.998 g/g
Emission slits	: 0.04 nm		m.p.	: 364°C
Temperature	: 15 K			
Solvent	: n-octane			
Concentration	: 0.556 mg.l^{-1}			

PICENE

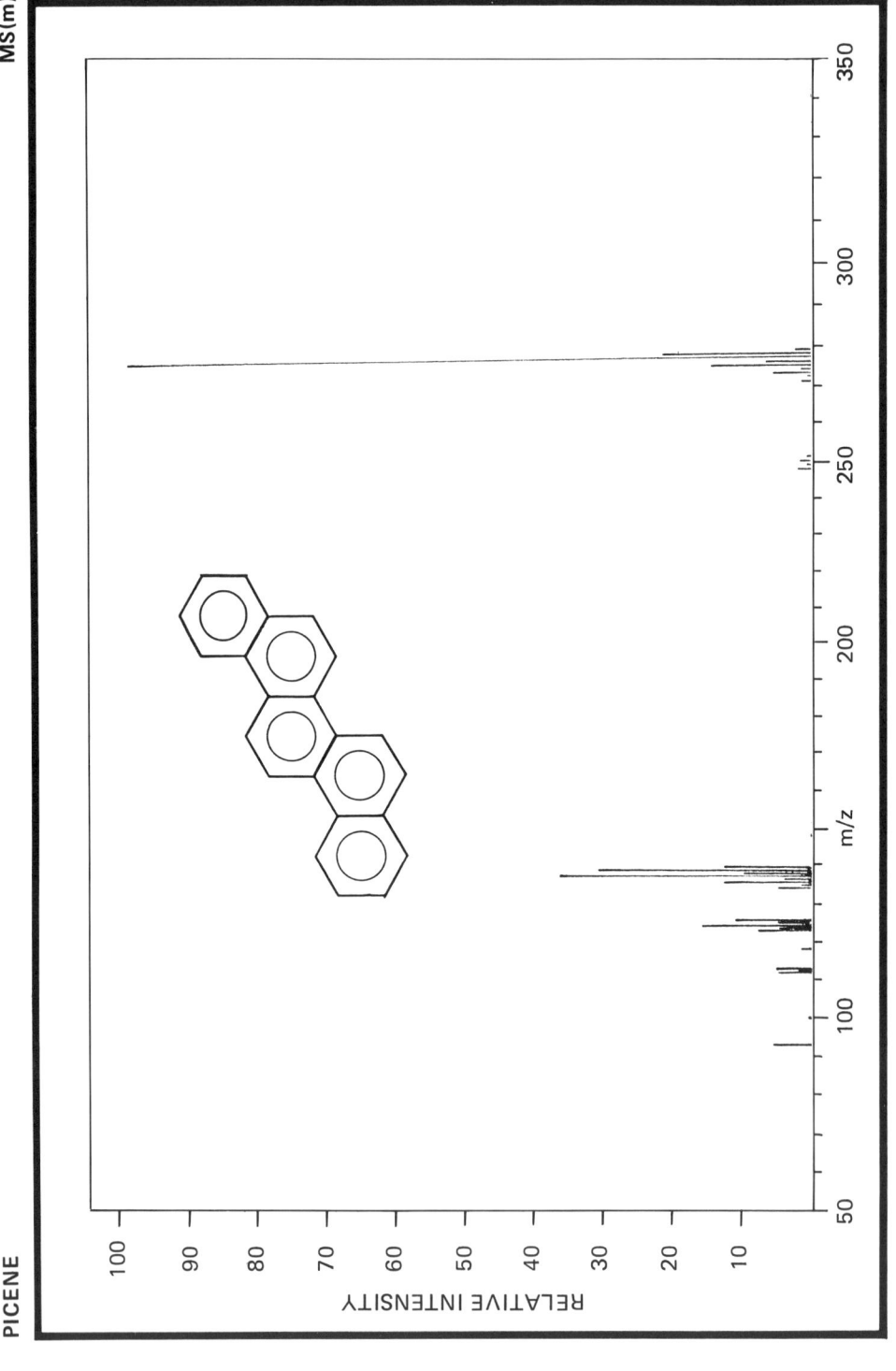

m/z	relative intensity	m/z	relative intensity
93	6.0	137.5	4.0
112.5	5.0	138	37.0
113	2.0	138.5	100
113.5	5.0	139	31.0
123.5	6.0	139.5	13.0
124	5.0	274	6.0
124.5	16.0	275	2.0
125	5.0	276	15.0
125.5	11.0	277	7.0
136	5.0	278	100.0
136.5	2.0	279	22.0
137	13.0	280	2.9

Original spectrum determined by Biochem. Institut, Ahrensburg (D)

Spectrometer	: Varian MAT 111	Formula	: $C_{22}H_{14}$
Inlet System	: Direct Inlet	M_r	: 278.35 u
Source Temperature	: 200°C	m/z	: 278.11 u
Source Voltage	: 70 eV	CAS Nr.	: 213 - 46 - 7
		Purity	: 0. 998 g/g
		m.p.	: 364°C

PICENE

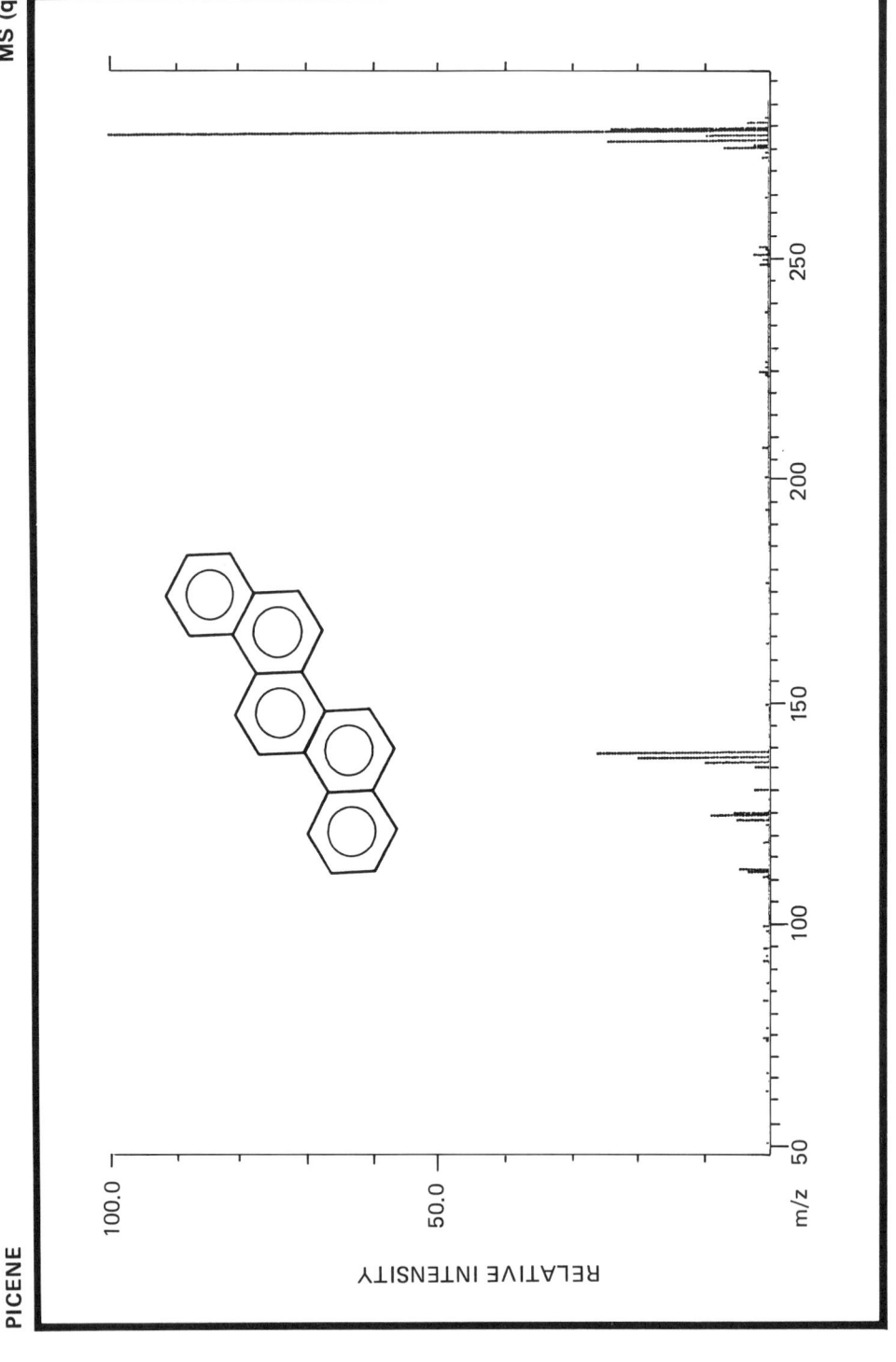

m/z	relative intensity	m/z	relative intensity
112	3.1	250	2.4
113	4.3	274	6.8
124	4.7	275	2.2
125	8.8	276	24.2
126	5.1	277	9.1
131	2.3	278	100.0
136	2.3	279	24.0
137	9.7	280	3.0
138	19.7		
139	26.0		

Original spectrum determined by ITC - TNO, Zeist (NL)

Spectrometer	: Finnigan 4021 - Quadrupole
Inlet System	: capill. GC/MS
Source Temperature	: 247°C
Source Voltage	: 70 eV

Formula	: $C_{22}H_{14}$
M_r	: 278.35 u
m/z	: 278.11 u
CAS Nr.	: 213 - 46 - 7
Purity	: 0.998 g/g
m.p.	: 364°C

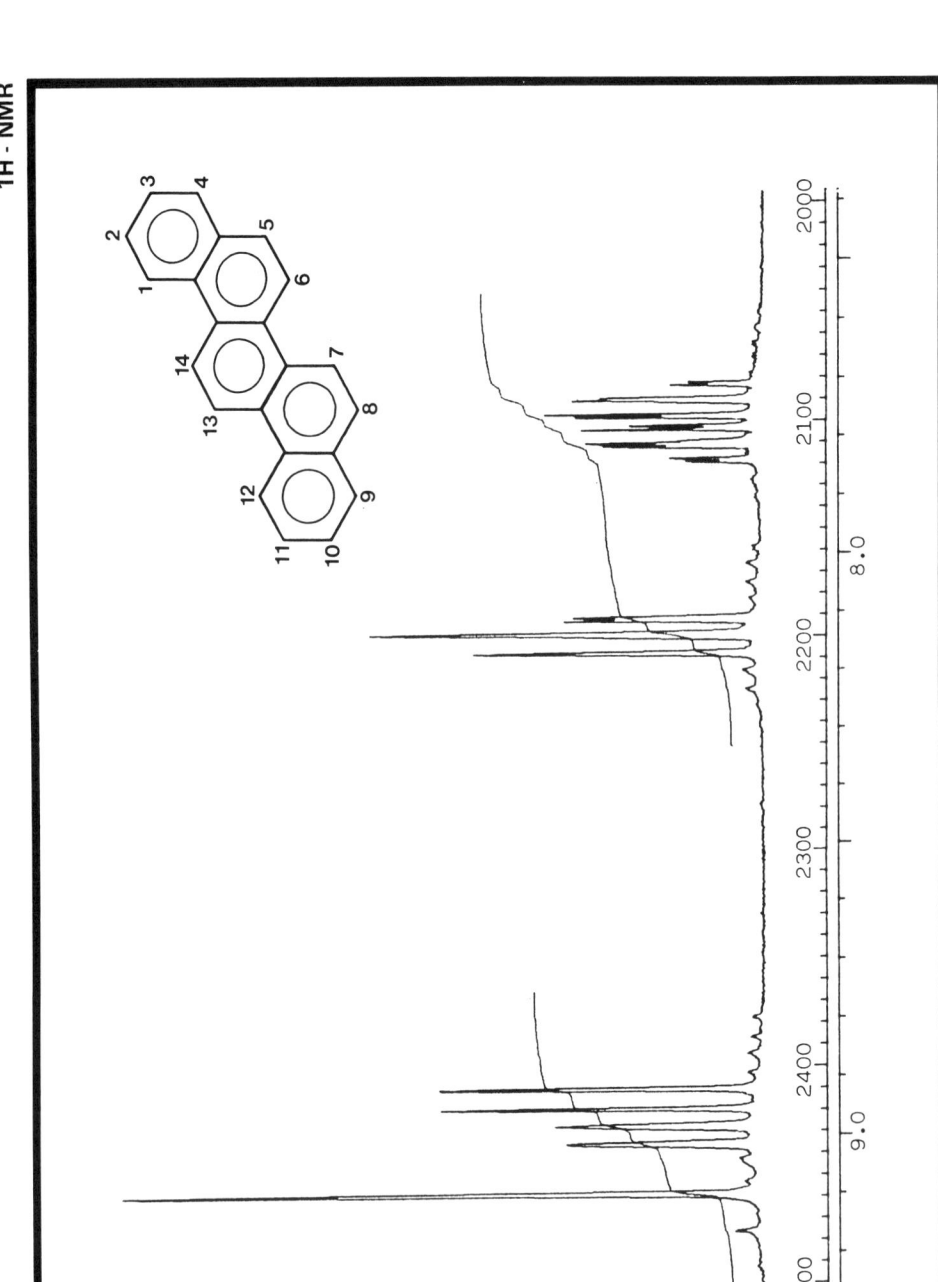

Proton No.	Chemical shift (ppm)	Coupling constants (Hz)	
1 = 12	9.00	J(1,2) = 8.3;	J(1,3) = 1.0
2 = 11	7.81	J(2,3) = 7.22;	J(2,4) = 0.9
3 = 10	7.74	J(3,4) = 7.3	
4 = 9	8.13		
5 = 8	8.15	J(5,6) = 9.4	
6 = 7	8.93		
13 = 14	9.10		

Original spectrum determined by Laboratory of the Goverment Chemist, London (UK)

Spectrometer	: JEOL GX - 270	Formula	: $C_{22}H_{14}$
Solvent	: DMSO-d6 (at 100°C)	M_r	: 278.35 u
Concentration	: 8 mg/ml	CAS Nr.	: 213 - 46 - 7
		Purity	: 0.998 g/g
		m.p.	: 364°C

PICENE

13C - NMR

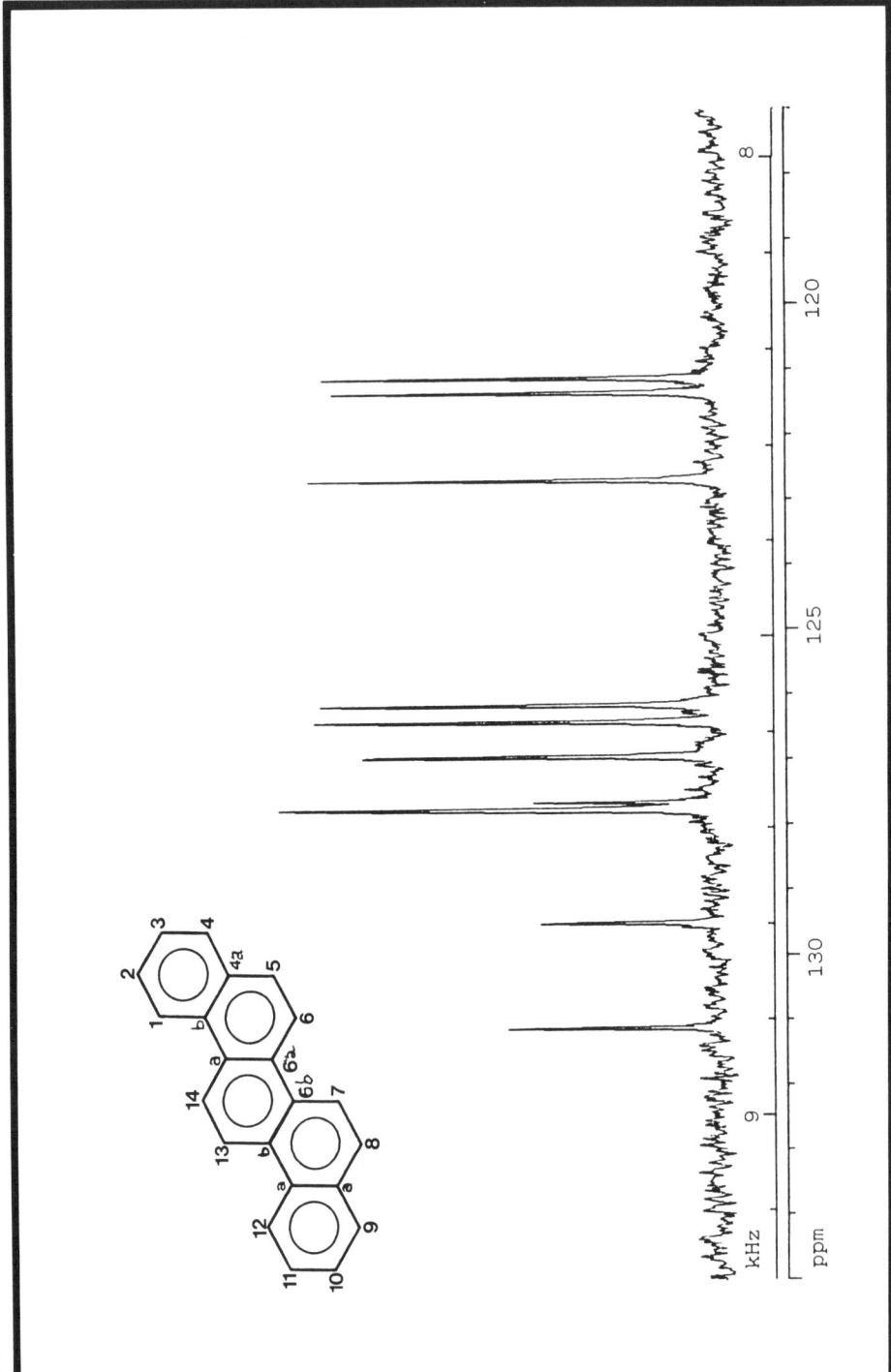

Signal	Intensity (%)	Chemical Shift (ppm)	Carbon No.
1	48 s	131.12	4a = 8a
2	40 s	129.51	12a = 14b
3	100 d	127.76	4 = 9 and 6a = 6b (s)
4	41 s	127.66	12b = 14a
5	80 d	126.97	5 = 8
6	92 d	126.41	2 = 11
7	90 d	126.16	3 = 10
8	93 d	122.70	1 = 12
9	87 d	121.35	13 = 14
10	89 d	121.13	6 = 7

Original spectrum determined by Laboratory of the Goverment Chemist, London (UK)

Spectrometer	: JEOL GX - 270 (67.8 MHz)	Formula	: $C_{22}H_{14}$
Solvent	: Dimethylsulphoxide - d_6	M_r	: 278.35 u
Concentration	: 8 mg/ml (at 100°C)	CAS Nr.	: 213 - 44 - 7
Pulse (angle)	: 10 μs (40°)	Purity	: 0.998 g/g
Accumulations	: 36000	m.p.	: 364°C
Repeat time	: 2.47 s		

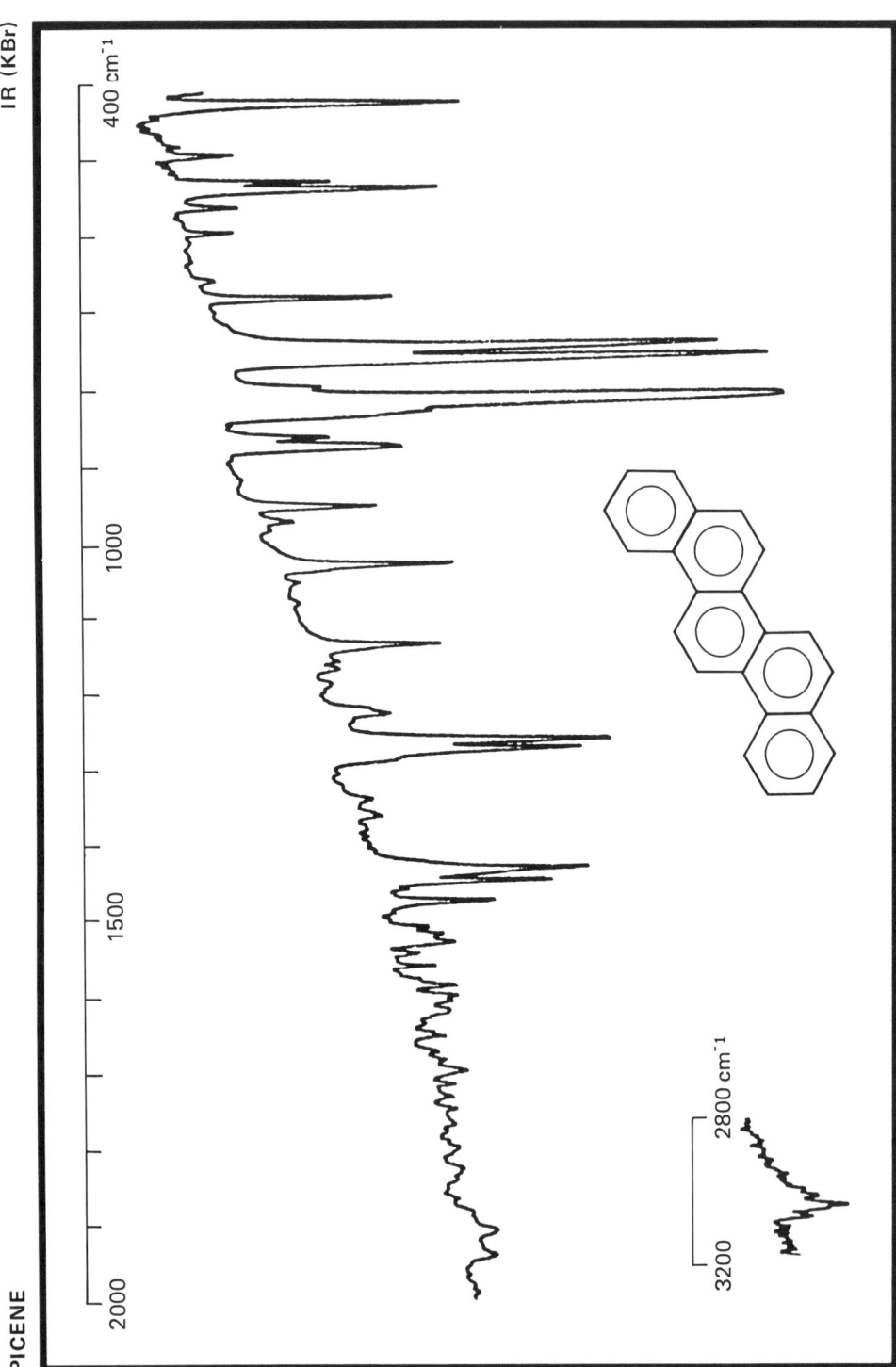

PICENE IR (KBr)

Frequency (cm⁻¹)	Assignment
3052:	C - H stretch
1474:	
1449:	C=C stretch
1431:	
1275:	
1265:	C - C stretch
1134:	
1024:	

Frequency (cm⁻¹)	Assignment
947:	C - H wagging deformation
868:	
810:	
756:	
739:	
671:	ring deformation
527:	
517:	
417:	

Original spectrum determined by Biochem. Institut, Ahrensburg (D)

Spectrometer : Nicolet 5 MX
Sample : KBr disc (φ5 mm, thickness 0.4 mm)
Reference : Air
Resolution : 1.7 cm⁻¹ (maximum)

Formula : $C_{22}H_{14}$
M_r : 278.35 u
CAS Nr. : 213 - 46 - 7
Purity : 0.998 g/g
m.p. : 364°C

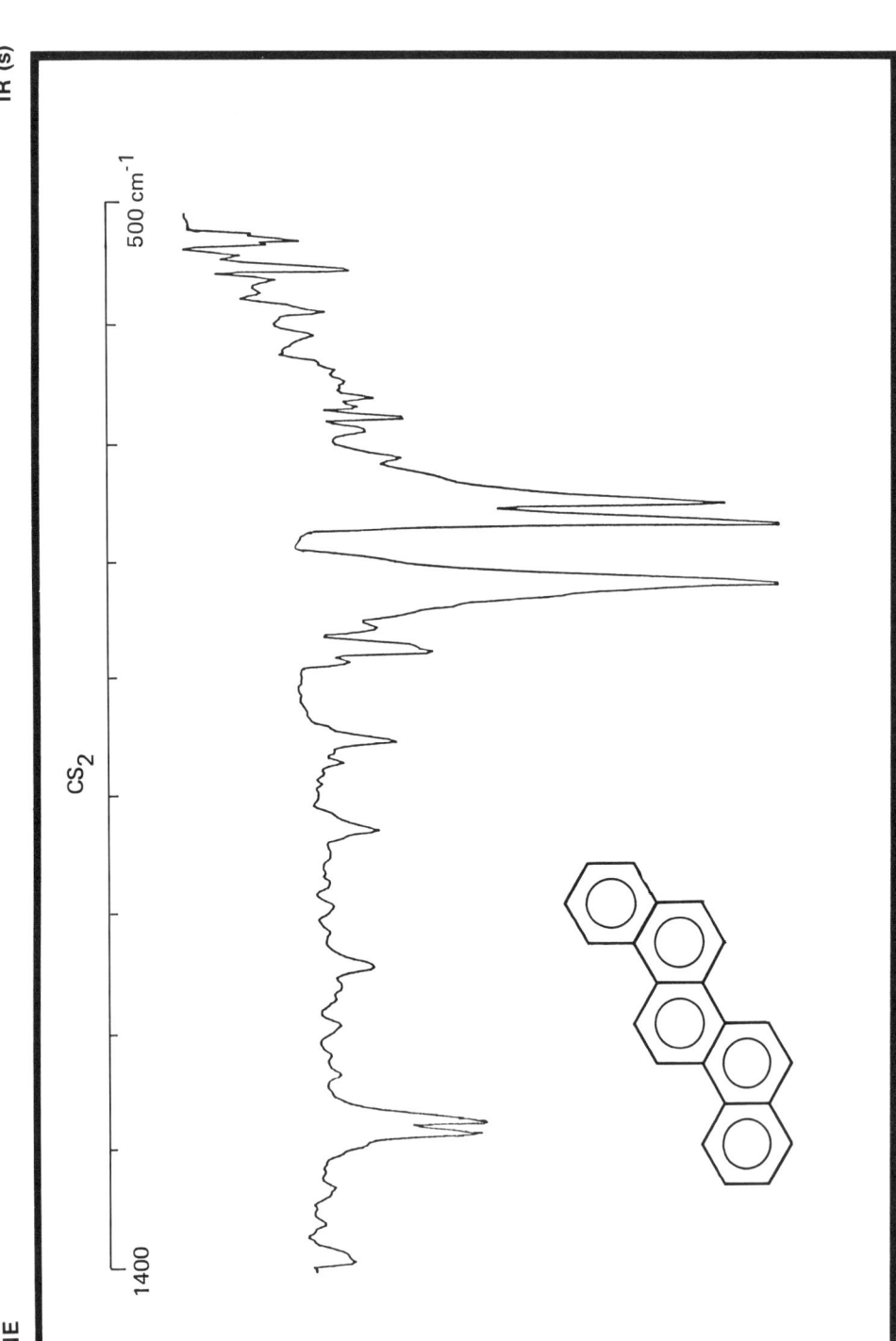

Frequency (cm^{-1})	Assignment	Frequency (cm^{-1})	Assignment
*)		947	
		868:	C - H
		802:	wagging
		754:	deformation
1275		737:	
1265		673:	ring
1138	C - C stretch	546:	deformation
1024		521:	

Original spectrum determined by Biochem. Institut, Ahrensburg (D)

Spectrometer	: Nicolet 5 MX	**Formula**	: $C_{22}H_{14}$
Cell	: 0.2 mm (KBr)	M_r	: 278.35 u
Solvents	: C_2Cl_4 (3.200 - 1.400 cm^{-1})	**CAS Nr.**	: 213 - 46 - 7
	CS_2 (1.400 - 500 cm^{-1})	**Purity**	: 0.998 g/g
Resolution	: 1.7 cm^{-1} (maximum)	**m.p.**	: 364°C

* (due to poor solubility in C_2Cl_4 no data available above 1.400 cm^{-1})

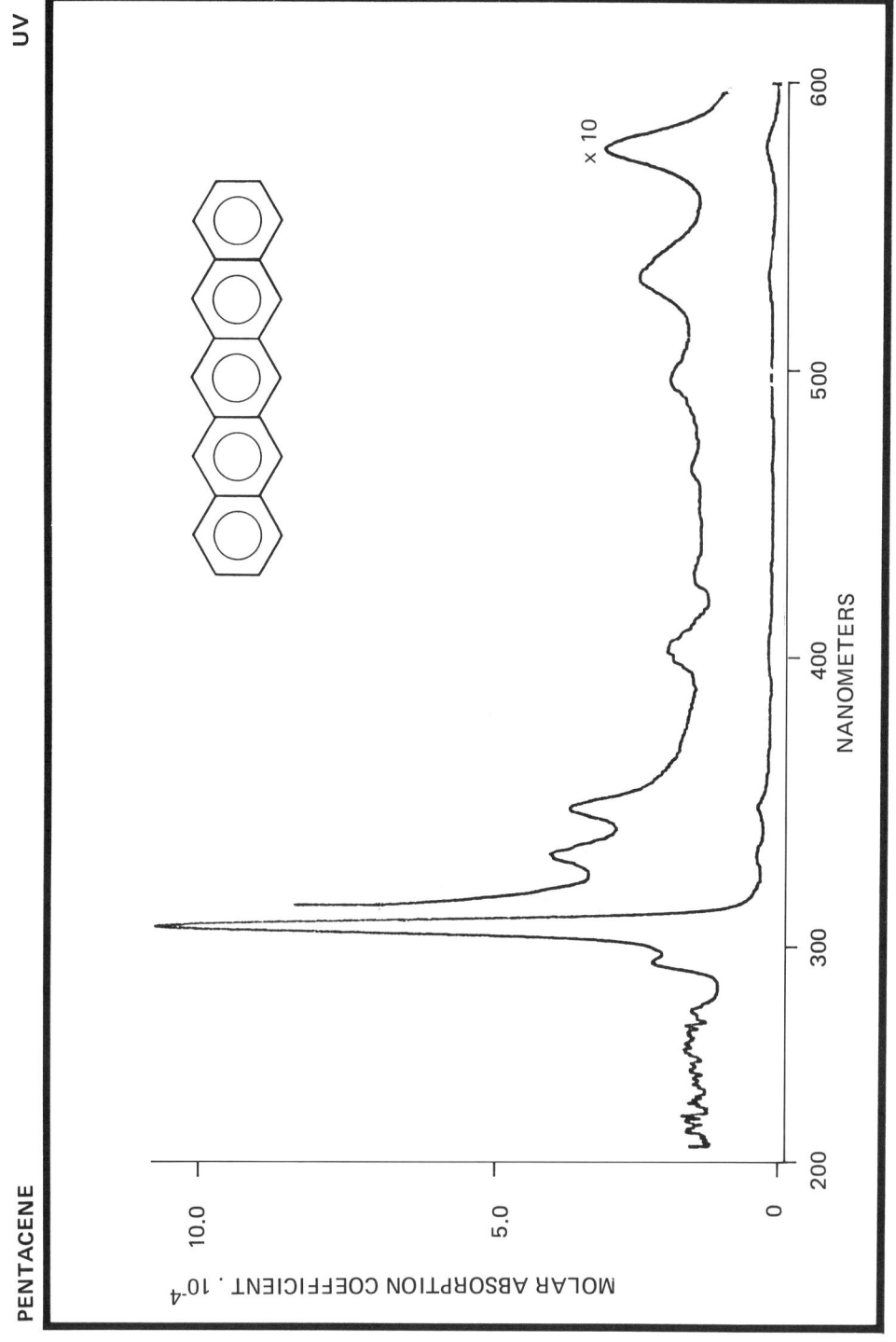

Wavelength (nm)	Molar absorption coefficient (l. mol⁻¹ cm⁻¹ × 10⁻⁴)	Wavelength (nm)	Molar absorption coefficient (l. mol⁻¹ cm⁻¹ × 10⁻⁴)
279.5	3.4	412	0.05
290.8	2.6	445	0.12
302.9	11.1	474	0.15
328.6	0.25	533	0.2
399	0.1	577	0.3

Original spectrum determined by Biochem. Institut, Ahrensburg (D)

Spectrometer	: Perkin - Elmer 555	Formula	: $C_{22}H_{14}$
Solvent	: Benzene	M_r	: 278.35 u
Concentration	: 2.6 mg/l	CAS Nr.	: 135 - 48 - 4
Cell Length	: 1.000 cm	Purity	: 0.99 g/g
Slit width	: 1 nm	m.p.	: 300°C (dec)

PENTACENE   MS (m)

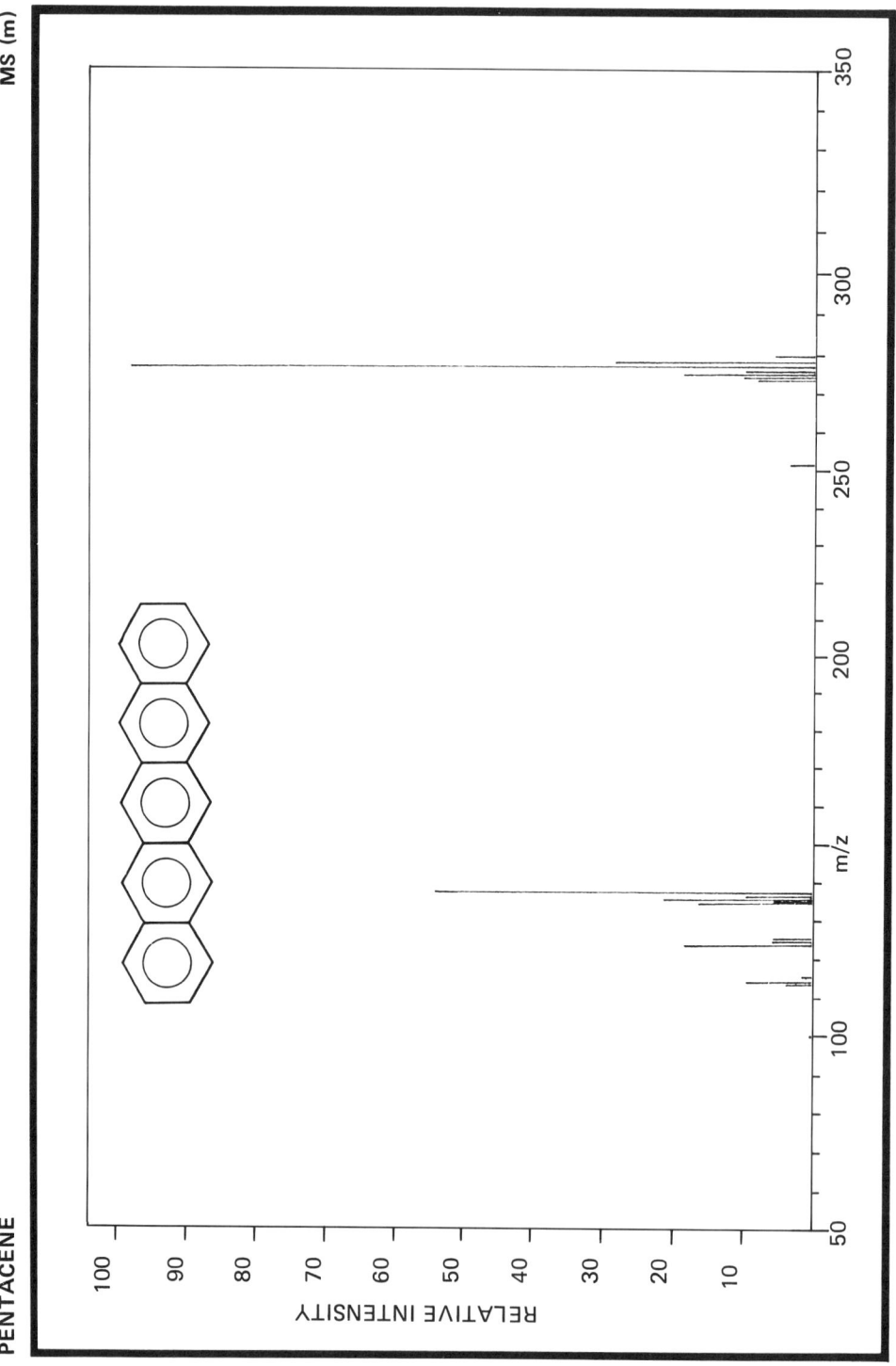

m/z	relative intensity	m/z	relative intensity
112.5	4.0	252	4.0
113	10.0	274	9.0
125	19.0	275	11.0
125.5	6.0	276	20.0
126	6.0	277	11.0
137	17.0	278	100.0
137.5	6.0	279	30.0
138	22.0	279	30.0
138.5	10.0	280	7.0
139	56.0		

Original spectrum determined by Biochem. Institut, Ahrensburg (D)

Spectrometer	: Varian MAT 111	Formula	: $C_{22}H_{14}$
Inlet System	: Direct Inlet	M_r	: 278.35 u
Source Temperature	: 200°C	m/z	: 278.11 u
Source Voltage	: 70 eV	CAS Nr.	: 135 - 48 - 8
		Purity	:
		m.p.	: > 300°C (dec.)

PENTACENE MS (m)

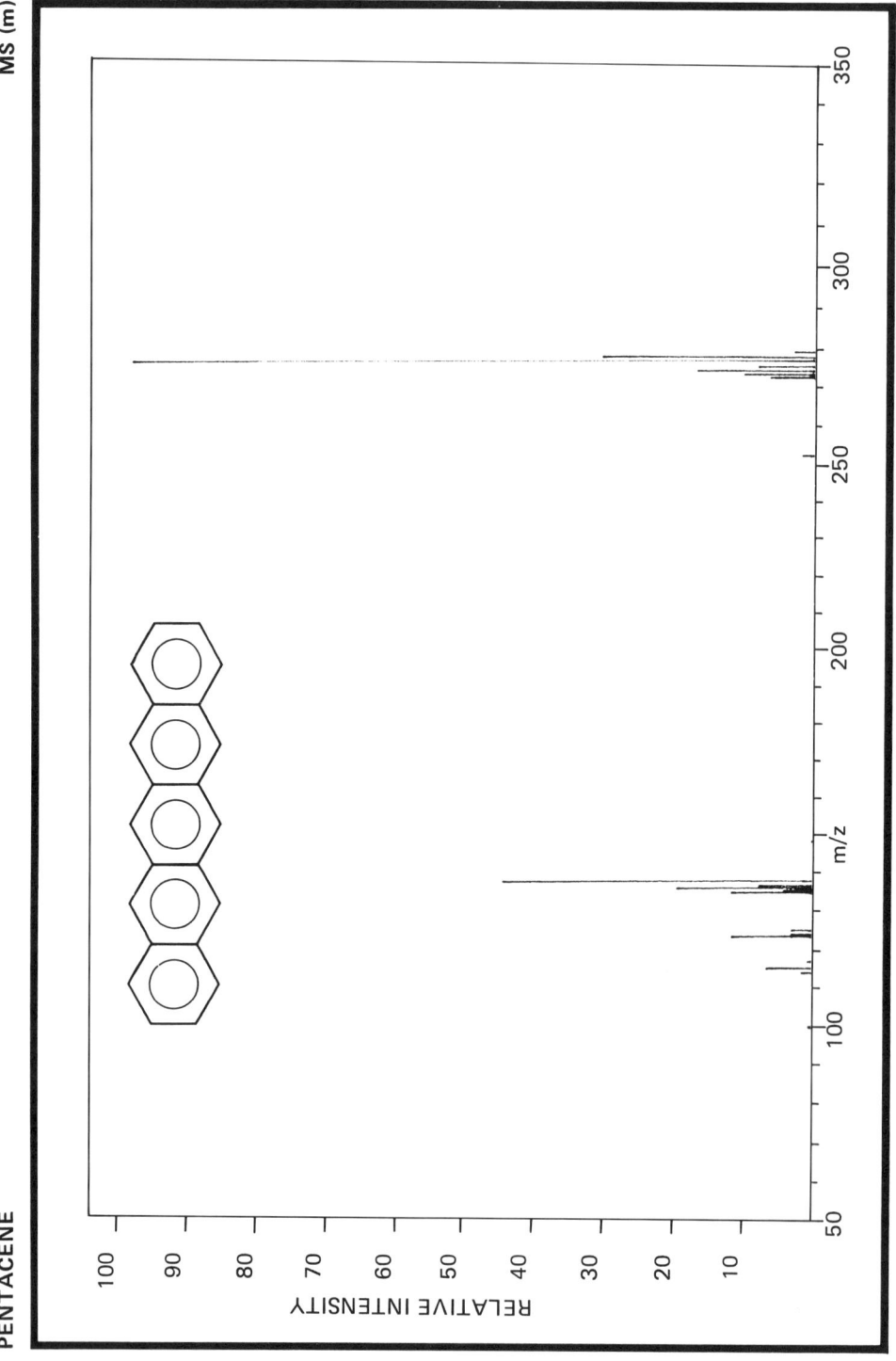

m/z	relative intensity	m/z	relative intensity
112.5	2.0	252	2.0
113	7.0	274	7.0
125	12.0	275	11.0
125.5	3.0	276	18.0
126	3.0	277	9.0
137	12.0	278	100.0
137.5	4.0	279	32.0
138	20.0	280	32.0
139	45.0		

Original spectrum determined by Biochem. Institut, Ahrensburg (D)

Spectrometer	: Varian MAT 111
Inlet System	: GC/MS
Source Temperature	: 200°C
Source Voltage	: 70 eV

Formula	: $C_{22}H_{14}$
M_r	: 278.35 u
m/z	: 278.11 u
CAS Nr.	: 135 - 48 - 8
Purity	: 0.99 g/g
m.p.	: > 300°C (dec.)

PENTACENE　　　　IR (KBr)

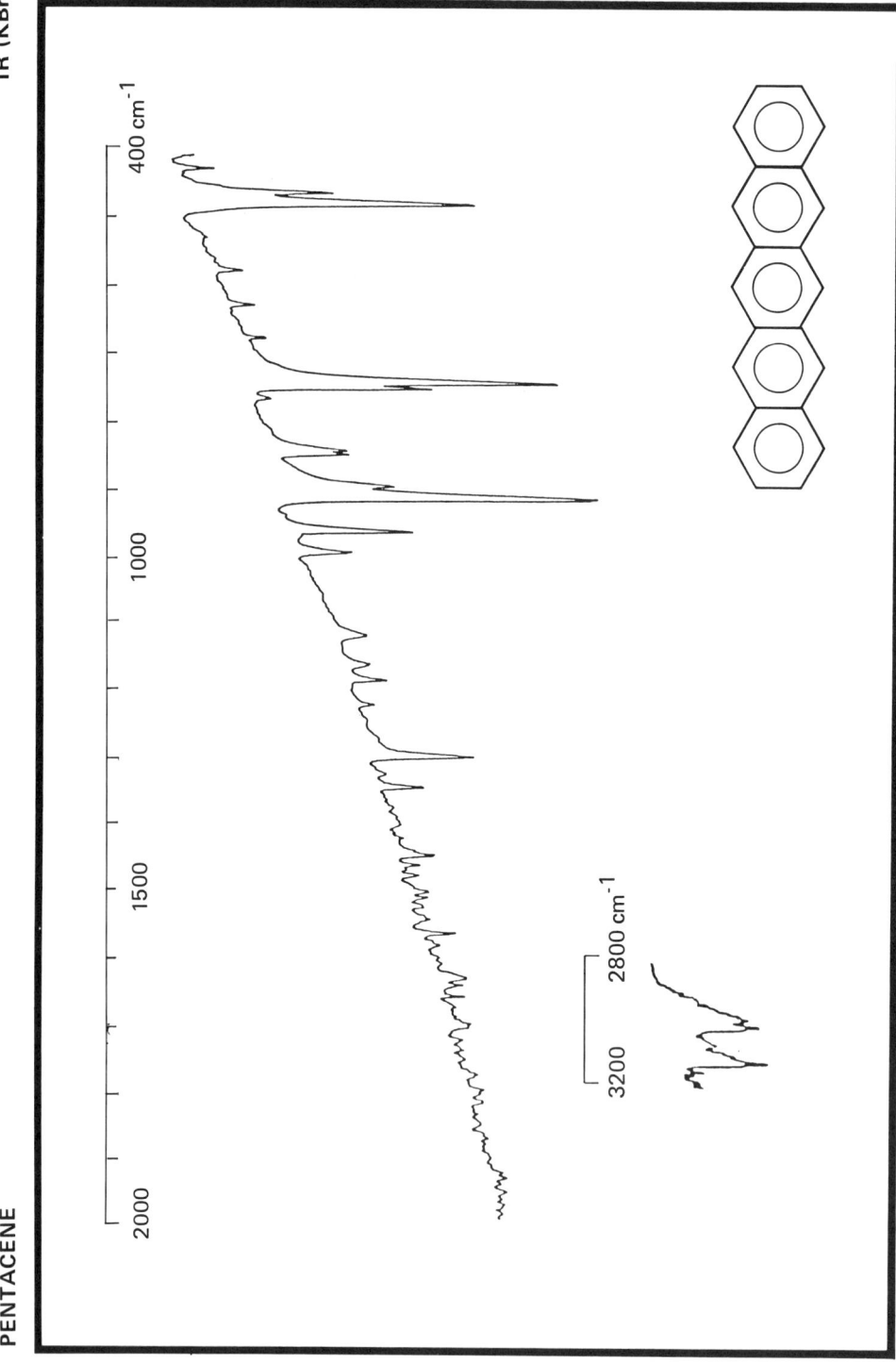

Frequency (cm⁻¹)	Assignment	Frequency (cm⁻¹)	Assignment
3072:	C - H stretch	907:	C - H
3005:		891:	wagging
1345		843:	deformation
1296	C - C stretch	837:	
990		743:	
959			
		469:	ring
		453:	deformation

Original spectrum determined by Biochem. Institut, Ahrensburg (D)

Spectrometer	: Nicolet 5 MX	**Formula**	: $C_{22}H_{14}$
Sample	: KBr disc	M_r	: 278.35 u
Reference	: Air	**CAS Nr.**	: 135 - 48 - 8
Resolution	: 1.7 cm⁻¹ (maximum)	**Purity**	: 0.99 g/g
		m.p.	: 300°C

DIBENZ (a,c) ACRIDINE

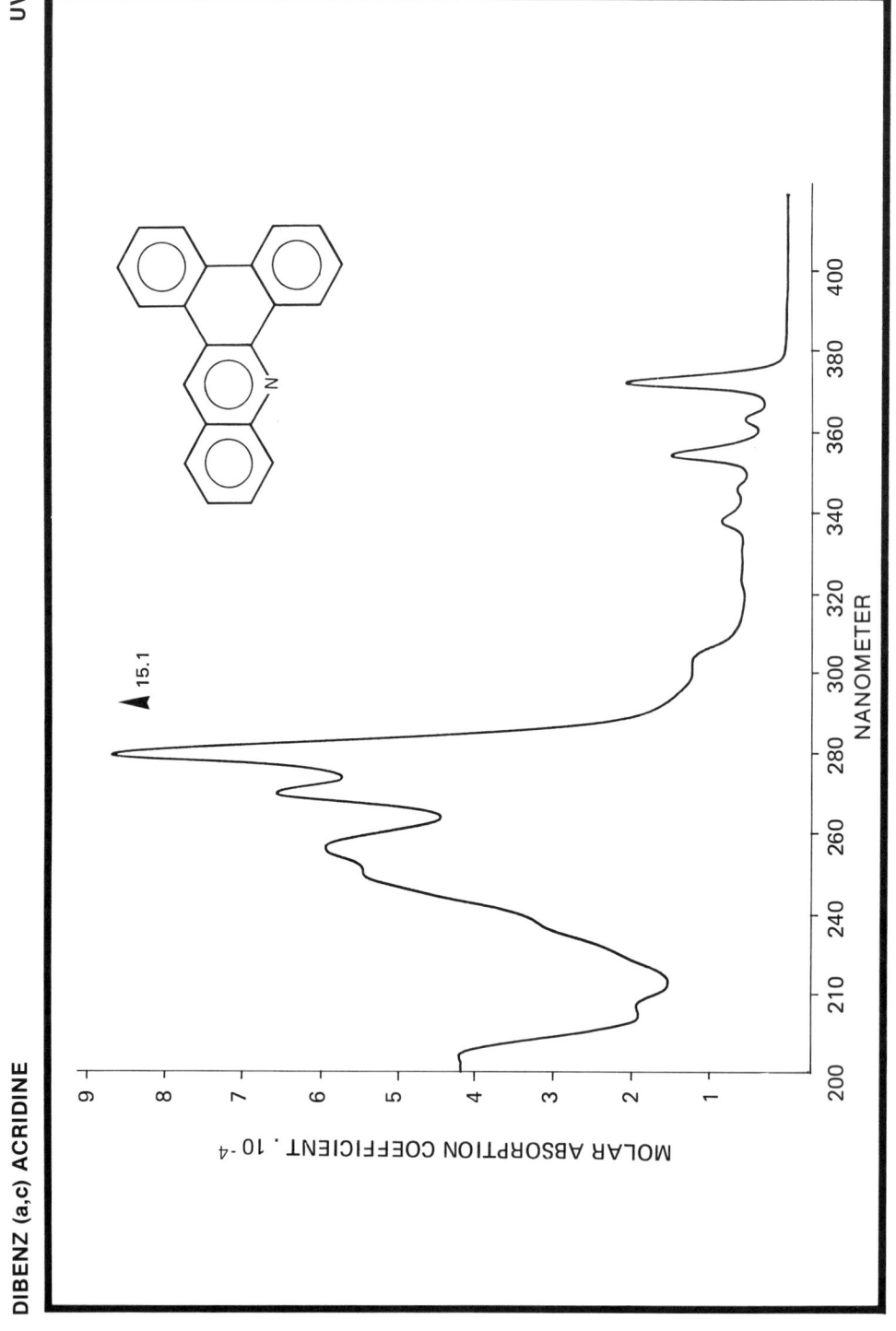

Wavelenght (nm)	Molar absorption coefficient (l. mol.⁻¹ cm⁻¹ × 10⁻⁴)	Wavelength	Molar absorption coefficient (l. mol.⁻¹ cm⁻¹ × 10⁻⁴)
205.9 (sh)	4.20	303.5	1.23
217.9	1.93	339.1	0.86
257.9	5.98	347.1	0.66
271.5	6.60	356.0	1.51
281.4	15.10	365.1	0.56
		374.2	2.09

Original spectrum determined by JRC Ispra (CEC)

Spectrometer	: Perkin - Elmer 555
Solvent	: Cyclohexane
Concentration	: 5 mg.l⁻¹
Cell Length	: 1.000 cm
Slit width	: 1 nm

Formula	: $C_{21}H_{13}N$
M_r	: 279.34 u
CAS Nr.	: 215 - 62 - 3
Purity	: 0.998_5 g/g
m.p.	: 203.4°C

DIBENZO (a,c) ACRIDINE

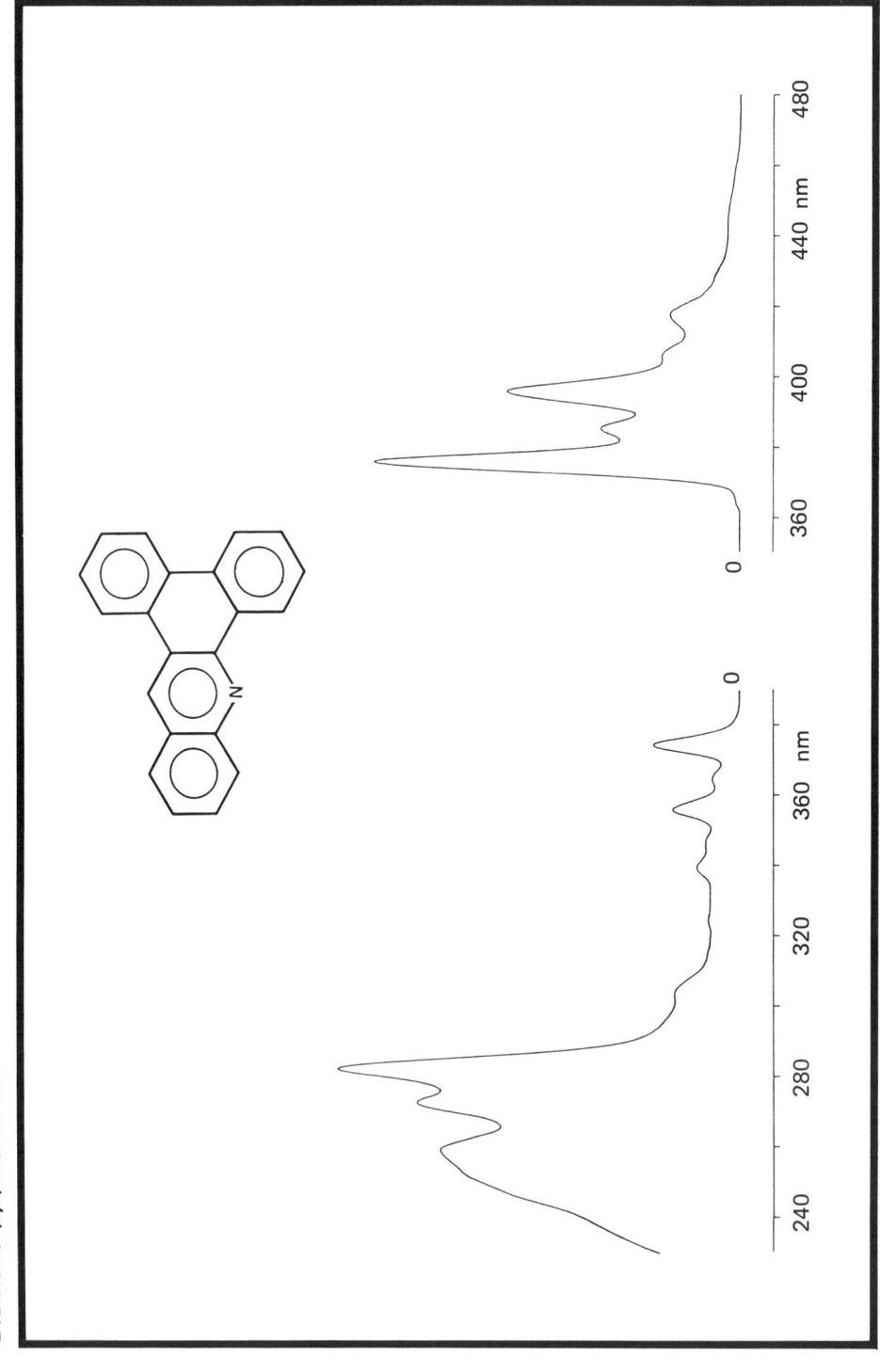

Wavelength (nm)	Relative intensity
374.5	100
385.5	36
395	60
406	19
417.5	17.5

Original spectrum determined by Physico-chemical oceanography group-University of Bordeaux I (F)

Instrument	: Perkin-Elmer MPF-44		Formula	: $C_{21}H_{13}N$
Solvent	: Cyclohexane		M_r	: 279.34 u
Concentration	: 106 µg/l		CAS Nr.	: 215 - 62 - 3
Spectrum	: **excitation**	**emission**	Purity	: 0.998_5 g/g
Fixed wavelength	: 395 nm	281 nm	m.p.	: 203°C
Excitation slit	: 2 nm	4 nm		
Emission slit	: 4 nm	2 nm		

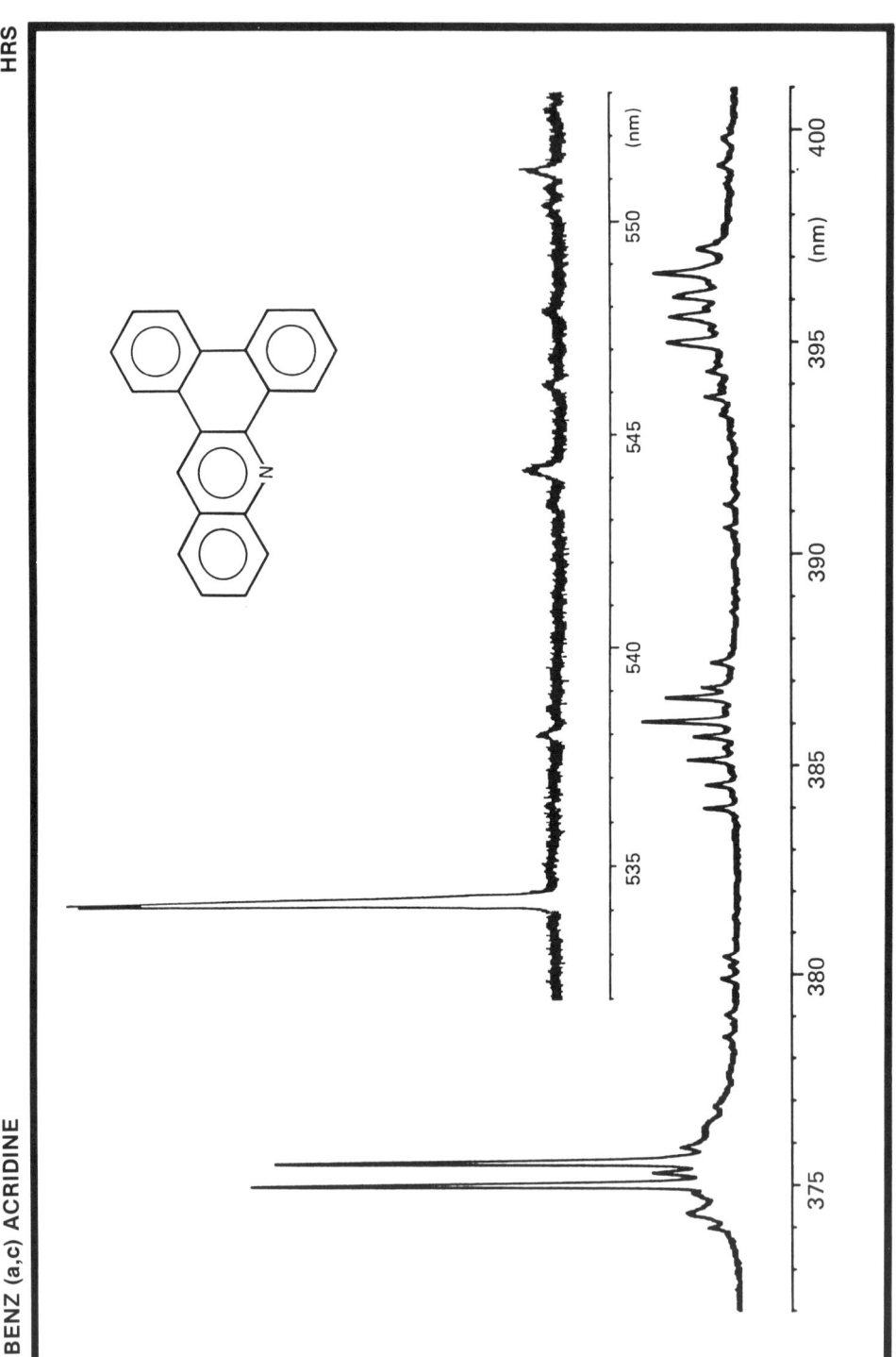

Fluorescence Wavelength (nm)	Intensity (%)	Phosphorescence Wavelength (nm)	Intensity (%)
374.8	100	534	100
375.1	18		
375.4	95		

Original spectrum determined by Physico-chemical oceanography group-University of Bordeaux I (F)

Source	: 450W Xenon lamp
Excitation monochromator	: Jobin-Yvon H20
Emission monochromator	: Jobin-Yvon HR1000
Excitation wavelength (slits)	: 288 (9) nm
Emission slits	: 0.04 nm (0.08)
Temperature	: 15 K
Solvent	: n-octane
Concentration	: 0.558 mg.l^{-1}

Formula	: $C_{21}H_{13}N$
M_r	: 279.34 u
CAS Nr.	: 215 - 62 - 3
Purity	: 0.998$_5$ g/g
m.p.	: 203.4°C

DIBENZ (a,c) ACRIDINE

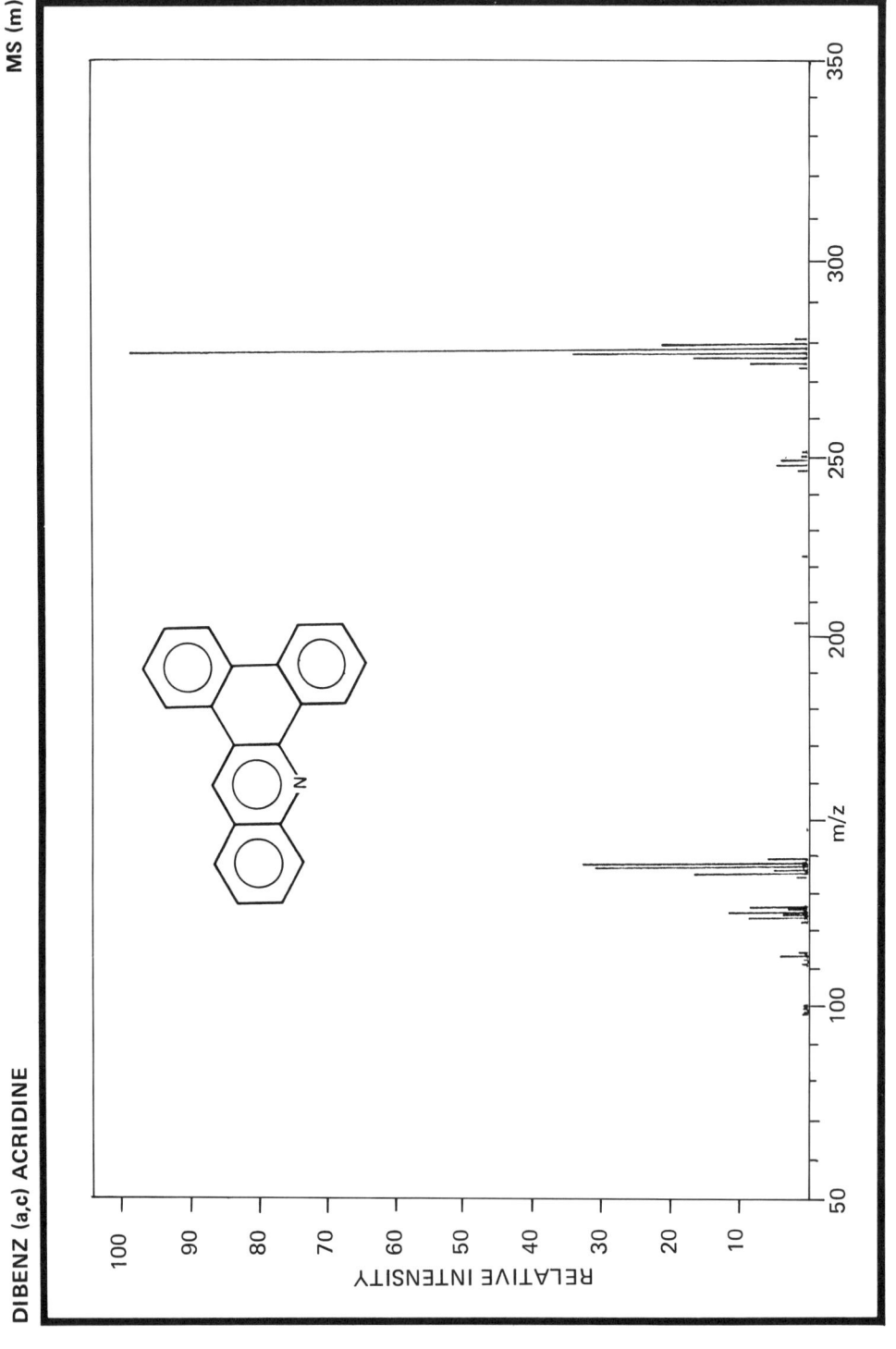

m/z	relative intensity		m/z	relative intensity
112	4.0		249	5.0
			250	4.0
123.5	9.0		275	2.0
124	4.0		276	9.0
124.5	12.0		277	17.0
125	3.0		278	35.0
			279	100.0
138	17.0		280	22.0
138.5	5.0		281	2.0
139	31.0			
139.5	33.0			
140	6.0			

Original spectrum determined by Biochem. Institut, Ahrensburg (D)

Spectrometer	: Varian MAT 111	Formula	: $C_{21}H_{13}N$
Inlet System	: GC/MS	M_r	: 279.34 u
Source Temperature	: 200°C	m/z	: 279.10 u
Source Voltage	: 70 eV	CAS Nr.	: 215 - 62 - 3
		Purity	: 0.998_5 g/g
		m.p.	: 203.4°C

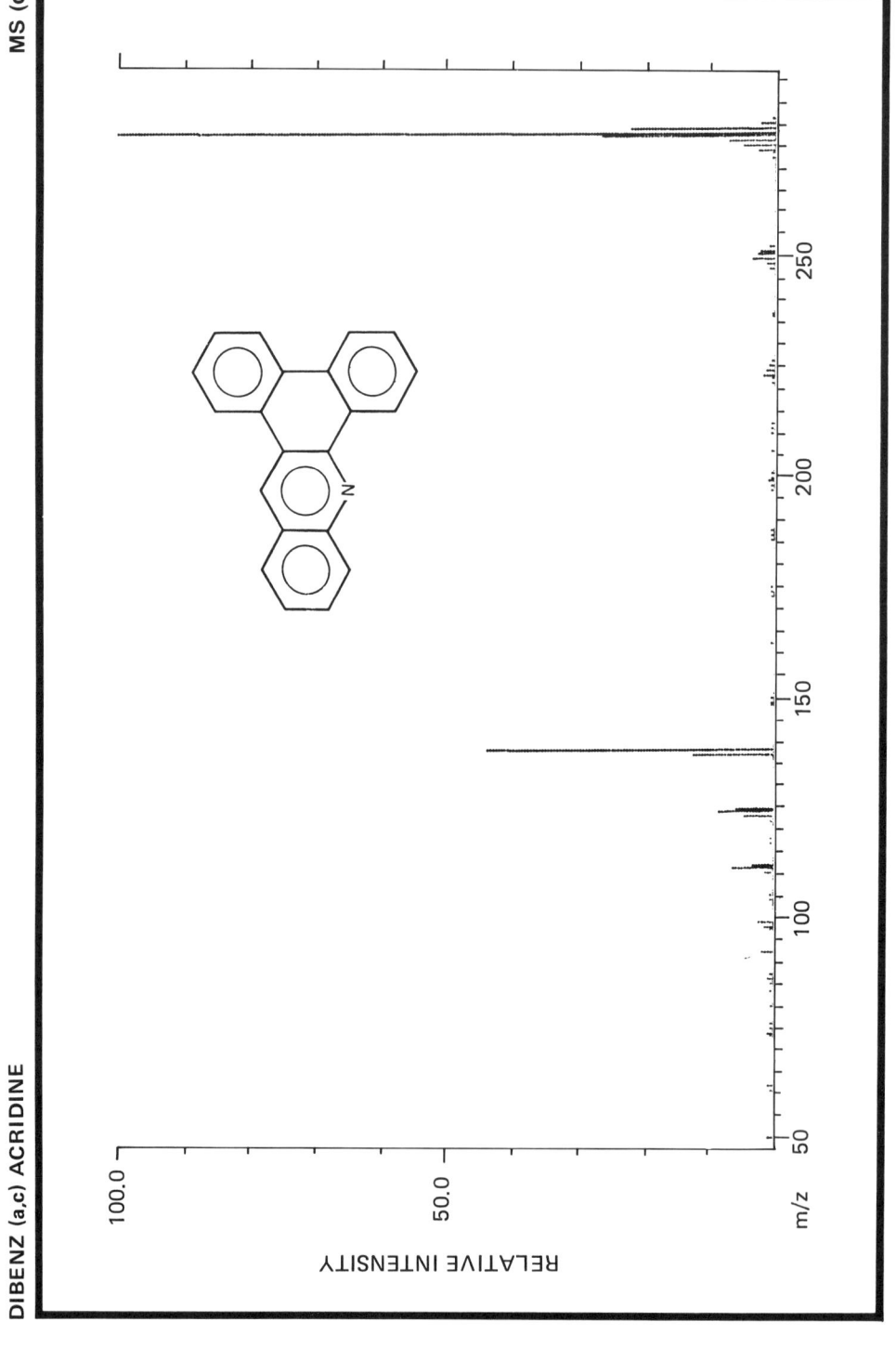

m/z	relative intensity		m/z	relative intensity
100	2.2		250	3.4
112	6.2		251	2.7
113	3.2		252	2.0
124	4.4		275	2.8
125	8.5		276	4.9
126	5.9		277	7.1
138	12.5		278	26.5
139	43.7		279	100.0
			280	22.1
			281	2.4

Original spectrum determined by ITC - TNO, Zeist (NL)

Spectrometer	: Finnigan 4021 - Quadrupole
Inlet System	: capill. GC/MS
Source Temperature	: 247°C
Source Voltage	: 70 eV

Formula	: $C_{21}H_{13}N$
M_r	: 279.34 u
m/z	: 279.10 u
CAS Nr.	: 215 - 62 - 3
Purity	: 0.998_5 g/g
m.p.	: 203.4°C

DIBENZ (a,c) ACRIDINE

1H - NMR

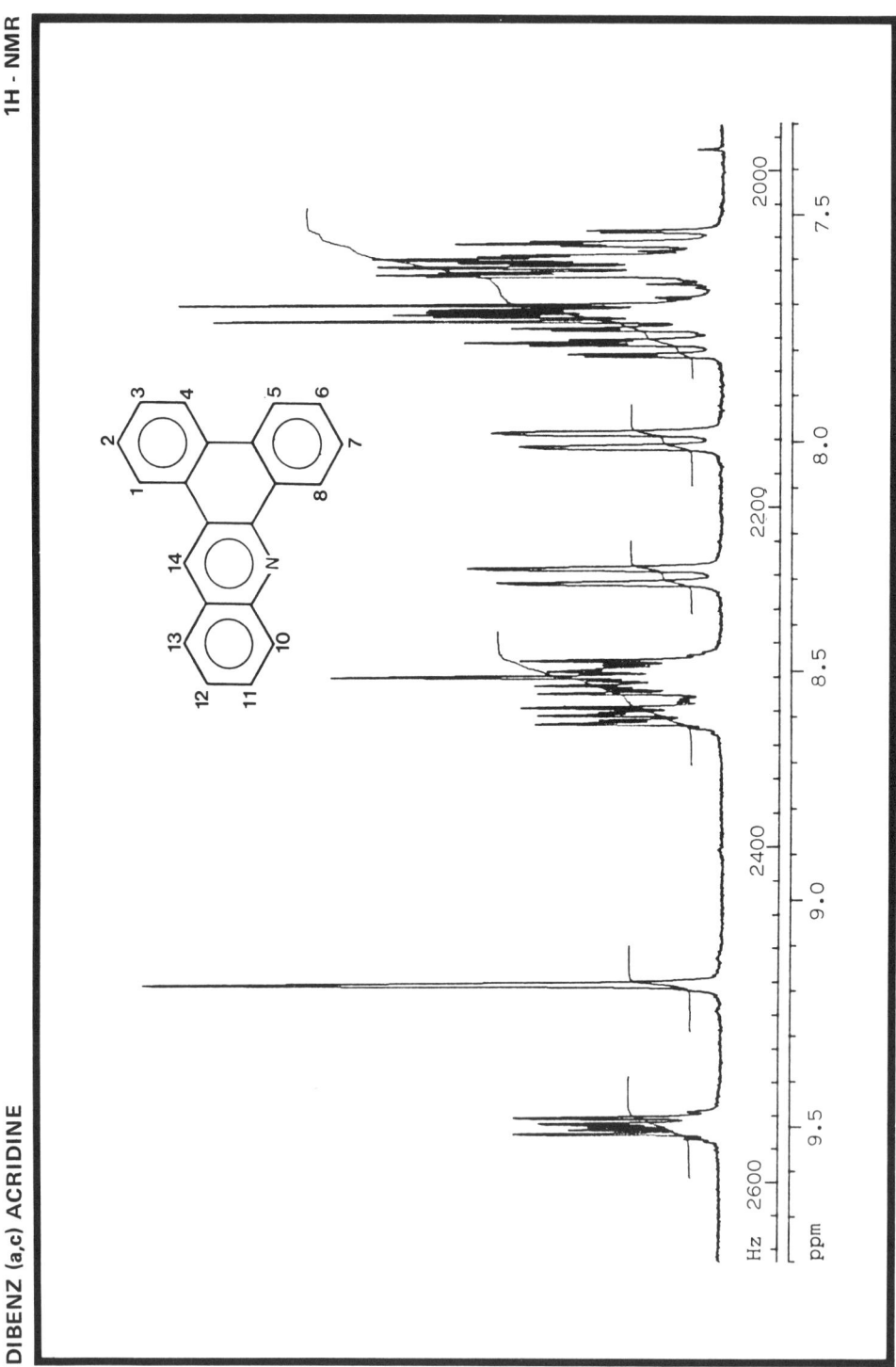

Proton No.	Chemical shift (ppm)	Coupling constants (Hz)	
1	8.60	J(1,2) = 8.0;	J(1,3) = 1.4
2	7.63	J(2,3) = 7.2;	J(2,4) = 1.1
3	7.61	J(3,4) = 8.4	
4	8.53		
5	8.50	J(5,6) = 9.0;	J(5,7) = 0.5
6	7.719	J(6,7) = 7.2;	J(6,8) = 2.1
7	7.717	J(7,8) = 7.6	
8	9.50		
10	8.29	J(10,11) = 8.6;	J(10,12) = 1.0
11	7.78	J(11,12) = 6.9;	J(11,13) = 1.0
12	7.57	J(12,13) = 8.2	
13	7.99		
14	9.19		

Original spectrum determined by Laboratory of the Goverment Chemist, London (UK)

Spectrometer	: JEOL GX - 270		Formula	: $C_{21}H_{13}N$
Solvent	: $CDCl_3$		M_r	: 279.34 u
Concentration	: 10 mg/ml		CAS Nr.	: 215 - 62 - 3
			Purity	: 0.998_5 g/g
			m.p.	: 203.4°C

DIBENZ (a,c) ACRIDINE

13C - NMR

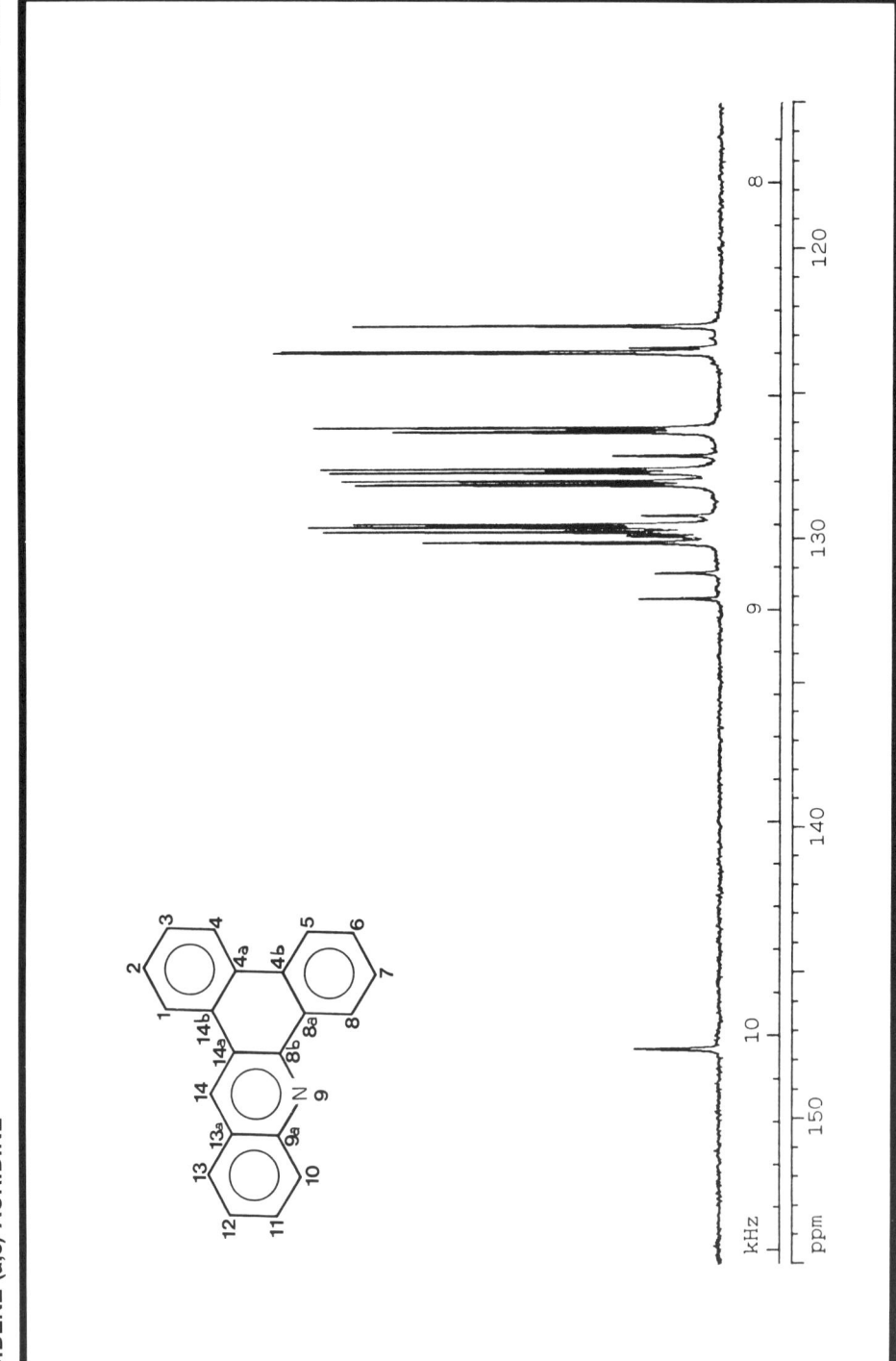

Signal	Intensity (%)	Chemical Shift (ppm)	Carbon No.
1	13.9 s	147.63	8b*
2	16.9 s	147.60	9a*
3	20.0 s	132.07	4b
4	15.2 d	131.18	8a
5	67.8 d	130.12	14
6	18.7 s	129.90	14b
7	95.5 d	129.76	11
8	95.4 d	129.59	6
9	85.2 d	129.49	10
10	16.9 s	129.19	4a
11	86.9 d	128.15	3
12	90.3 d	128.01	13
13	91.7 d	127.70	7
14	96.7 d	127.58	2
15	26.2 s	127.14	13a
16	74.3 d	126.31	8
17	100.0 d	126.17	12
18	87.6 d	123.92	1
19	90.3 d	123.56	4
20	20.2 s	123.42	14a
21	88.8 d	122.66	5

Original spectrum determined by Laboratory of the Goverment Chemist, London (UK)

Spectrometer	: JEOL GX - 270 (67.8 MHz)
Solvent	: CDCl$_3$
Concentration	: 10 mg/ml
Pulse (angle)	: 10 μs (40°)
Accumulations	: 25000
Repeat time	: 2.47 s

Formula	: C$_{21}$H$_{13}$N
M$_r$	: 279.34 u
CAS Nr.	: 215 - 62 - 3
Purity	: 0.998$_5$ g/g
m.p.	: 203.4°C

* May be interchanged

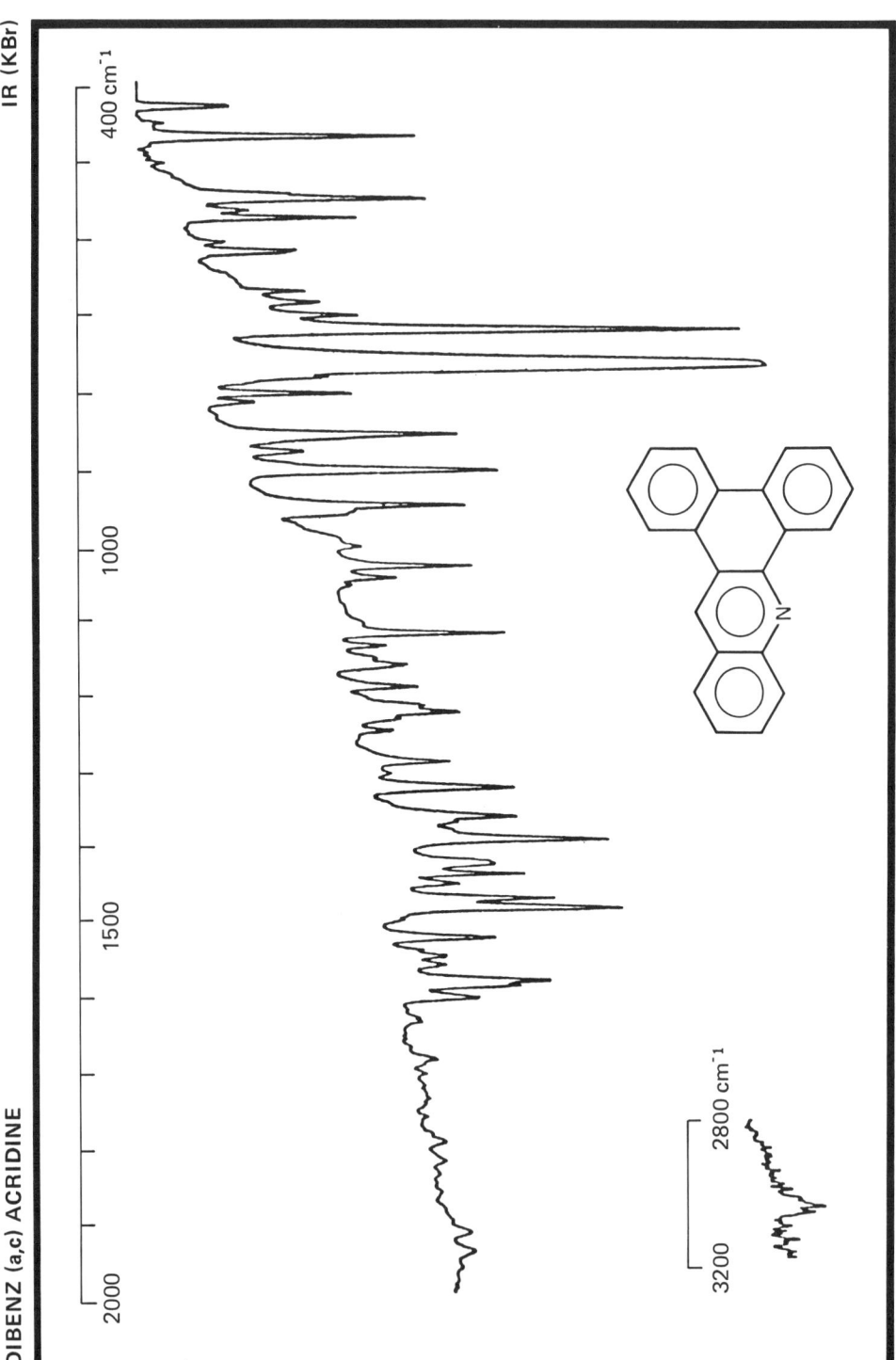

Frequency (cm⁻¹)	Assignment	Frequency (cm⁻¹)	Assignment
3054:	C - H stretch	951	
		905	
1491:		855:	C - H wagging deformation
1458:	C=C stretch and	802:	
1412:	C=N stretch	766:	
1381		720:	
1343			
1128	C - C stretch/	552	
1036	C - N stretch	471:	ring deformation

Original spectrum determined by Biochem. Institut, Ahrensburg (D)

Spectrometer	: Nicolet 5 MX	**Formula**	: $C_{21}H_{13}N$
Sample	: KBr disc (⌀5 mm, thickness 0.4 mm)	**M_r**	: 279.37 u
Reference	: Air	**CAS Nr.**	: 215 - 62 - 3
Resolution	: 1.7 cm⁻¹ (maximum)	**Purity**	: 0.9985 g/g
		m.p.	: 203.4°C

DIBENZ (a,c) ACRIDINE

IR (s)

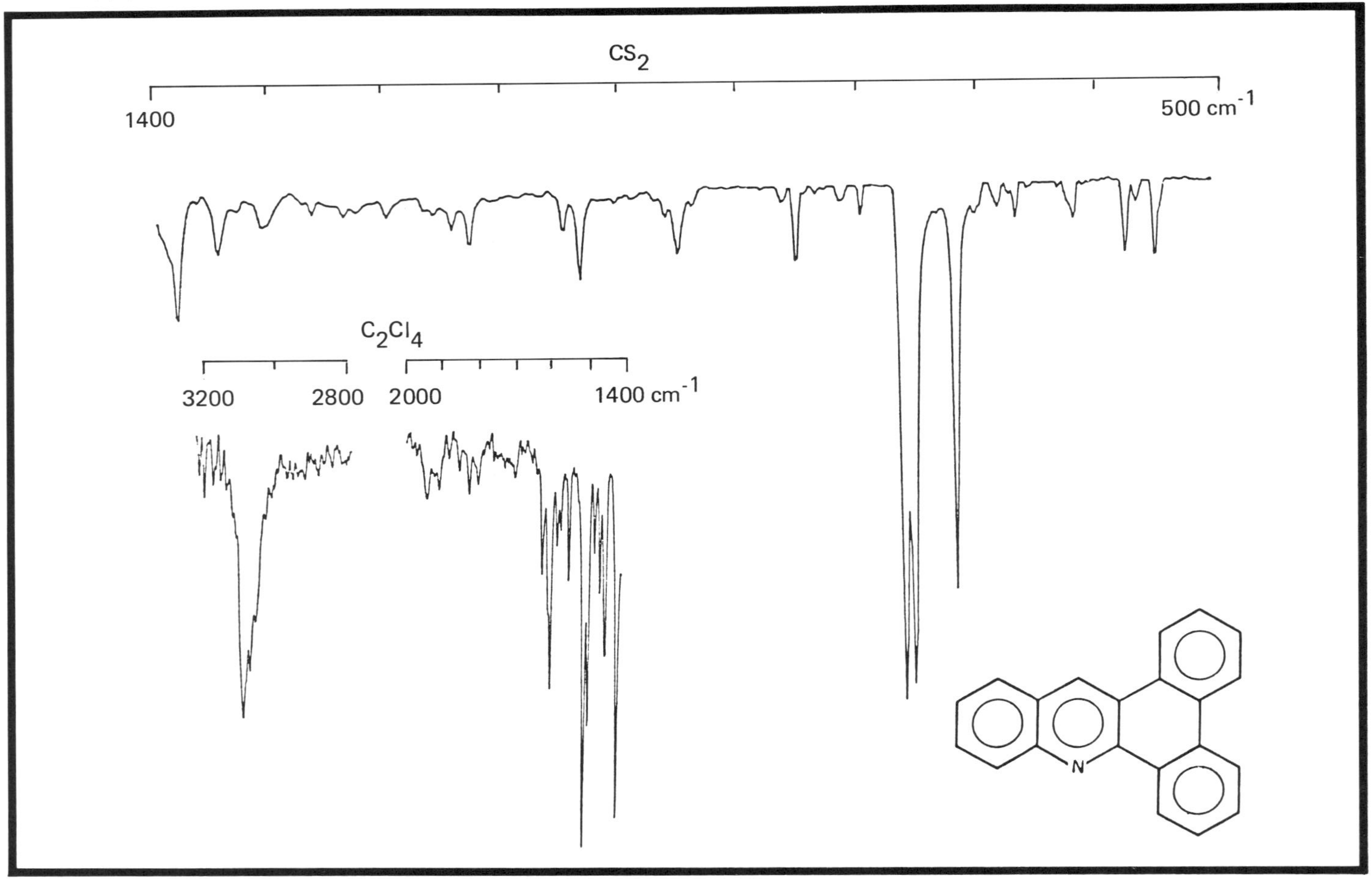

Frequency (cm⁻¹)	Assignment	Frequency (cm⁻¹)	Assignment
3075:		953:	
3054:	C - H stretch		
3040:		853:	C - H
1599:		766:	wagging
1505:	C = C	758:	deformation
1493:	stretch	721:	
1445:		575:	ring
1412:		550:	deformation
1379			
1343	C - Cl		
1036:	C - N stretch		

Original spectrum determined by Biochem. Institut, Ahrensburg (D)

Spectrometer	: Nicolet 5 MX	Formula	: $C_{21}H_{13}N$
Cell	: 0.2 mm (KBr)	M_r	: 279.37 u
Solvents	: C_2Cl_4 (3.200 - 1.400 cm⁻¹)	CAS Nr.	: 215 - 62 - 3
	CS_2 (1.400 - 500 cm⁻¹)	Purity	: 0.998_5 g/g
Resolution	: 1.7 cm⁻¹ (maximum)	m.p.	: 203.4°C

DIBENZ (a,h) ACRIDINE

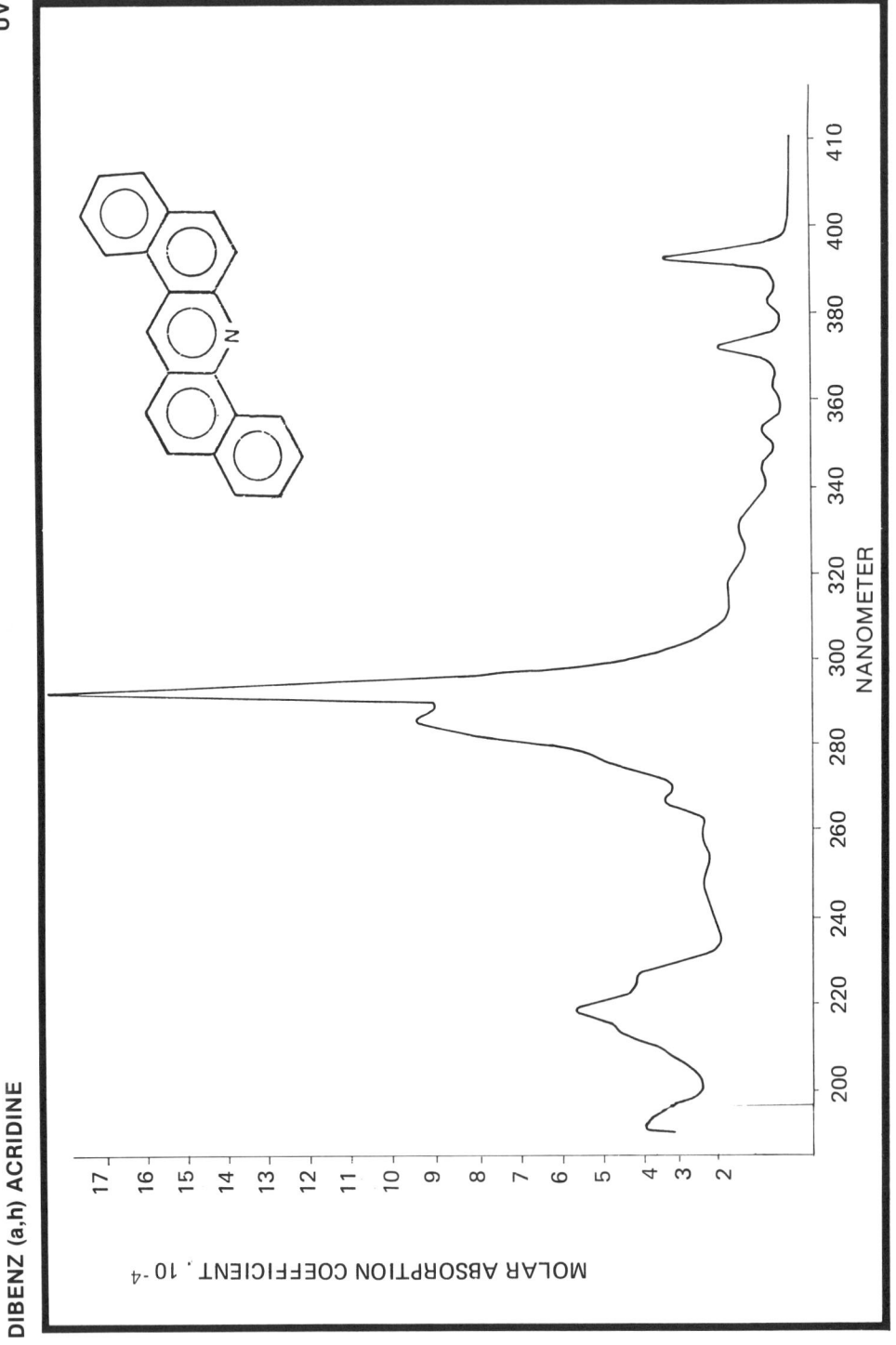

Wavelenght (nm)	Molar absorption coefficient (l. mol.⁻¹ cm⁻¹ × 10⁻⁴)	Wavelength	Molar absorption coefficient (l. mol.⁻¹ cm⁻¹ × 10⁻⁴)
221.0	5.21	318.0	1.57
227.8	3.73	331.6	1.26
249.3	2.15	346.3	0.71
260.5	2.16	354.7	0.71
268.7	3.04	364.4	0.43
288.8	8.97	373.3	1.79
295.8	18.30	383.8	0.58
		393.9	3.02

Original spectrum determined by JRC Ispra (CEC)

Spectrometer : Perkin - Elmer 555
Solvent : Cyclohexane
Concentration : 5 mg.l⁻¹
Cell Length : 1.000 cm
Slit width : 1 nm

Formula : $C_{21}H_{13}N$
M_r : 279.34 u
CAS Nr. : 226 - 36 - 8
Purity : 0.998_6 g/g
m.p. : 226.1°C

DIBENZ (a,h) ACRIDINE

Wavelength (nm)	Relative intensity
394	100
405	25
417	47
428 (sh)	12.5
442	12

Original spectrum determined by Physico-chemical oceanography group-University of Bordeaux I (F)

Instrument	: Perkin-Elmer MPF-44	**Formula**	: $C_{21}H_{13}N$
Solvent	: Cyclohexane	**M$_r$**	: 279.34 u
Concentration	: 106 µg/l	**CAS Nr.**	: 226 - 36 - 8
Spectrum	: **excitation**	**Purity**	: 0.998_6 g/g
Fixed wavelength	: 417 nm **emission** 295.5 nm	**m.p.**	: 226.1°C
Excitation slit	: 2 nm 4 nm		
Emission slit	: 4 nm 2 nm		

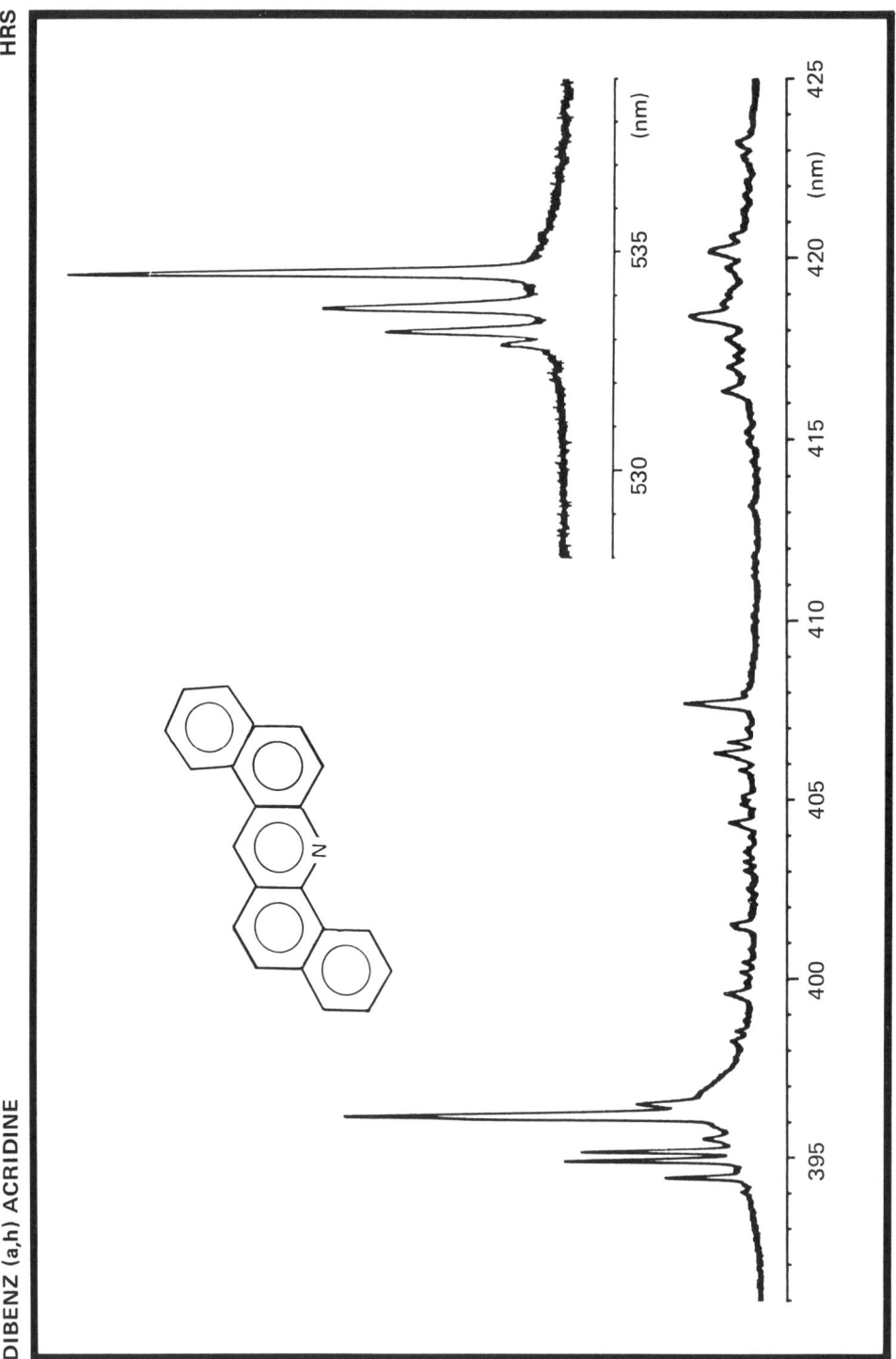

DIBENZ (a,h) ACRIDINE

Fluorescence Wavelength (nm)	Intensity (%)	Phosphorescence Wavelength (nm)	Intensity (%)
394.2	24	533	37
394.7	48	533.5	49
395	44	534.3	100
396	100		
396.3	30		

Original spectrum determined by Physico-chemical oceanography group-University of Bordeaux I (F)

Source	: 450W Xenon lamp
Excitation monochromator	: Jobin-Yvon H20
Emission monochromator	: Jobin-Yvon HR1000
Excitation wavelength (slits)	: 303 (9) nm
Emission slits	: 0.04 nm (0.08)
Temperature	: 15 K
Solvent	: n-decane
Concentration	: 0.558 mg.l^{-1}

Formula	: $C_{21}H_{13}N$
M_r	: 279.34 u
CAS Nr.	: 226 - 36 - 8
Purity	: 0.998$_6$ g/g
m.p.	: 226.1°C

DIBENZ (a,h) ACRIDINE

MS (m)

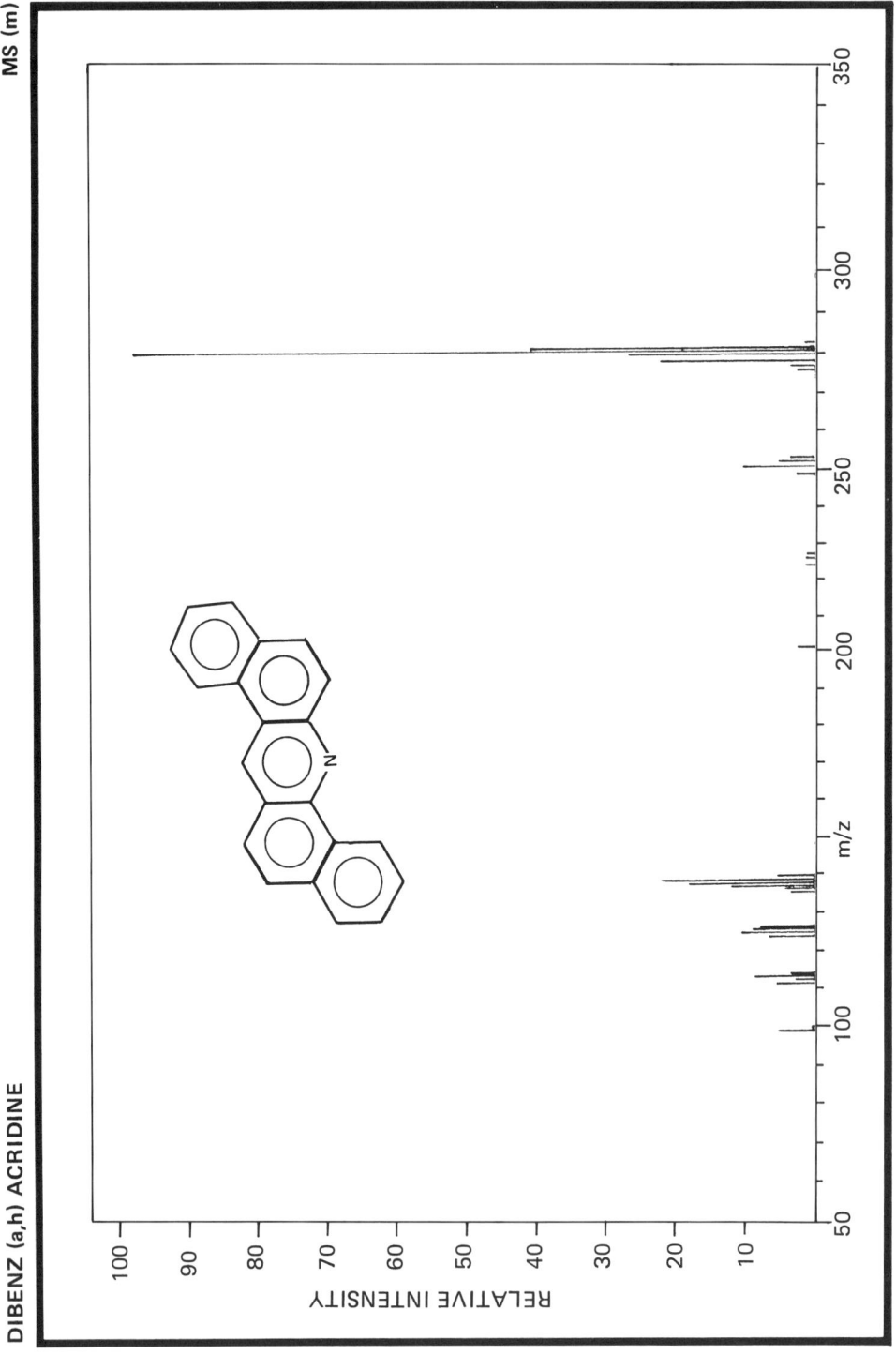

m/z	relative intensity	m/z	relative intensity
99.5	6.0	139.5	23.0
111.5	6.0	140	6.0
112	3.0	249	3.0
112.5	9.0	250	11.0
113	4.0	251	6.0
124	7.0	252	4.0
125	11.0	275	3.0
125.5	9.0	276	4.0
126	8.0	277	23.0
137	4.0	278	28.0
138	5.0	279	100.0
138.5	13.0	280	42.0
139	19.0	281	2.2

Original spectrum determined by Biochem. Institut, Ahrensburg (D)

Spectrometer	: Varian MAT 111	Formula	: $C_{21}H_{13}N$
Inlet System	: GC/MS	M_r	: 279.34 u
Source Temperature	: 200°C	m/z	: 279.10 u
Source Voltage	: 70 eV	CAS Nr.	: 226 - 36 - 8
		Purity	: 0.998_6 g/g
		m.p.	: 226.1°C

DIBENZ (a,h) ACRIDINE

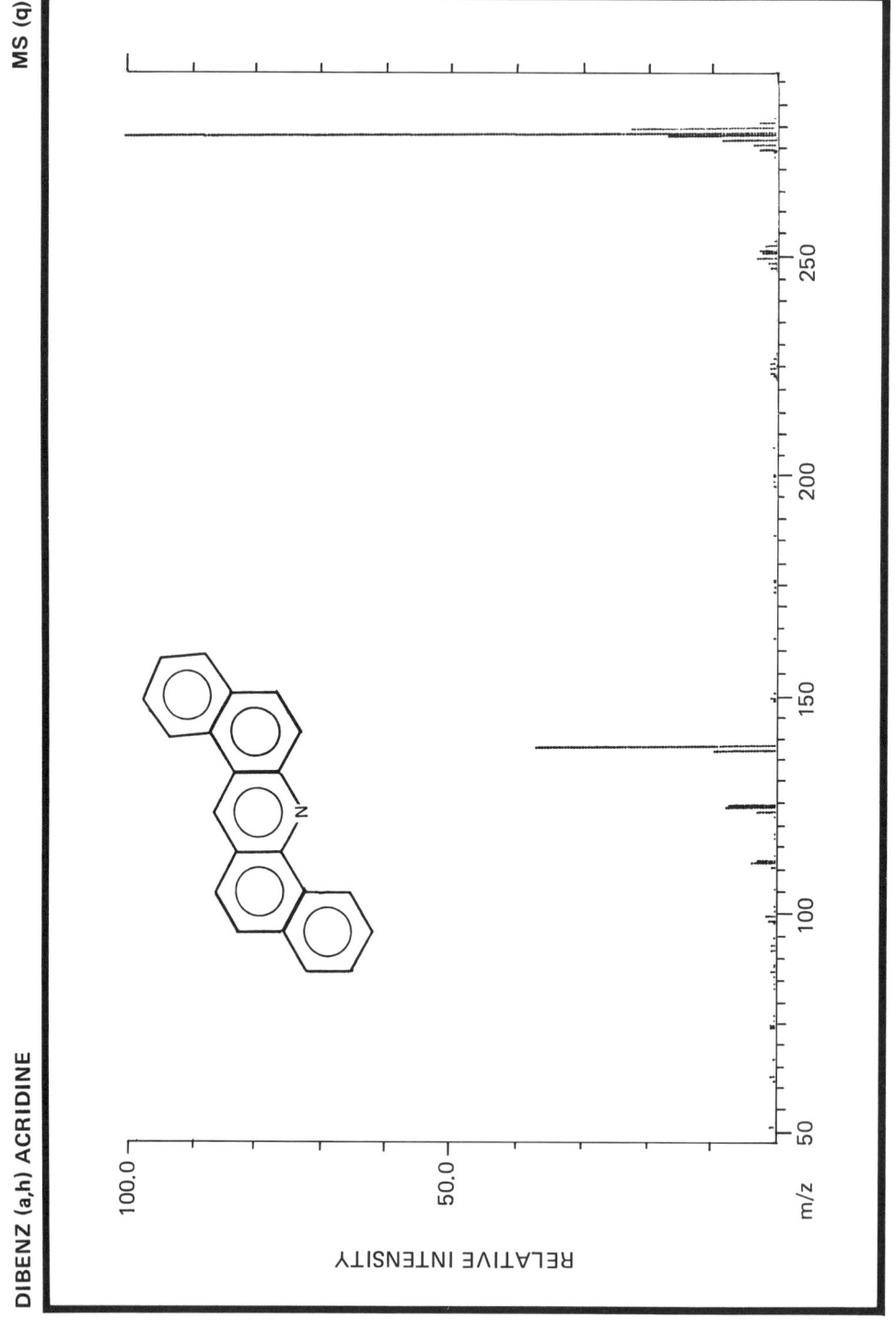

m/z	relative intensity	m/z	relative intensity
112	4.1	251	2.0
113	3.1	252	2.6
124	2.9	275	2.6
125	8.1	276	3.5
126	7.3	277	8.4
138	9.7	278	16.8
139	31.2	279	100.0
250	3.2	280	22.6
		281	2.6

Original spectrum determined by ITC - TNO, Zeist (NL)

Spectrometer : Finnigan 4021 - Quadrupole
Inlet System : capill. GC/MS
Source Temperature : 247°C
Source Voltage : 70 eV

Formula : $C_{21}H_{13}N$
M_r : 279.34 u
m/z : 279.10 u
CAS Nr. : 226 - 36 - 8
Purity : 0.998_6 g/g
m.p. : 226.1°C

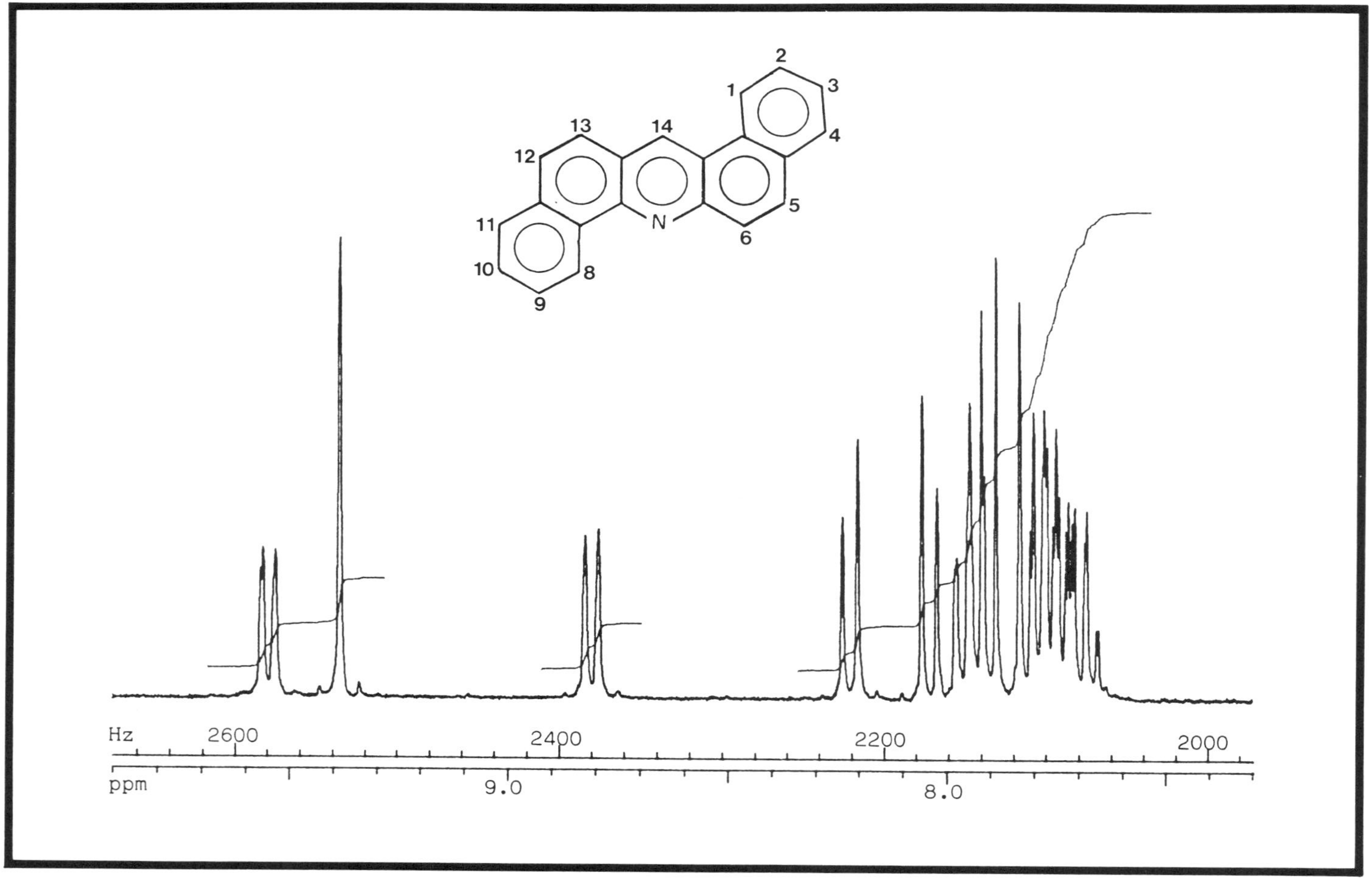

DIBENZ (a,h) ACRIDINE 1H - NMR

Proton No.	Chemical shift (ppm)	Coupling constants (Hz)
1	8.80	J(1,2) = 7.9; J(1,3) = 1.3
2	7.75	J(2,3) = 7.5; J(2,4) = 1.5
3	7.69	J(3,4) = 7.9
4	7.97	
5	8.04	J(5,6) = 9.4
6	8.22	
8	9.55	J(8,9) = 8.0; J(8,10) = 1.7
9	7.76	
10	7.76	Overlap precludes analysis
11	7.93	J(10,11) ∠ = 9
12	7.82	J(12,13) = 8.9
13	7.91	
14	9.39	

Original spectrum determined by Laboratory of the Goverment Chemist, London (UK)

Spectrometer	: JEOL GX - 270	**Formula**	: $C_{21}H_{13}N$
Solvent	: $CDCl_3$	M_r	: 279.34 u
Concentration	: 14 mg/ml	**CAS Nr.**	: 226 - 36 - 8
		Purity	: 0.998_6 g/g
		m.p.	: 226.1°C

DIBENZ (a,h) ACRIDINE

13C - NMR

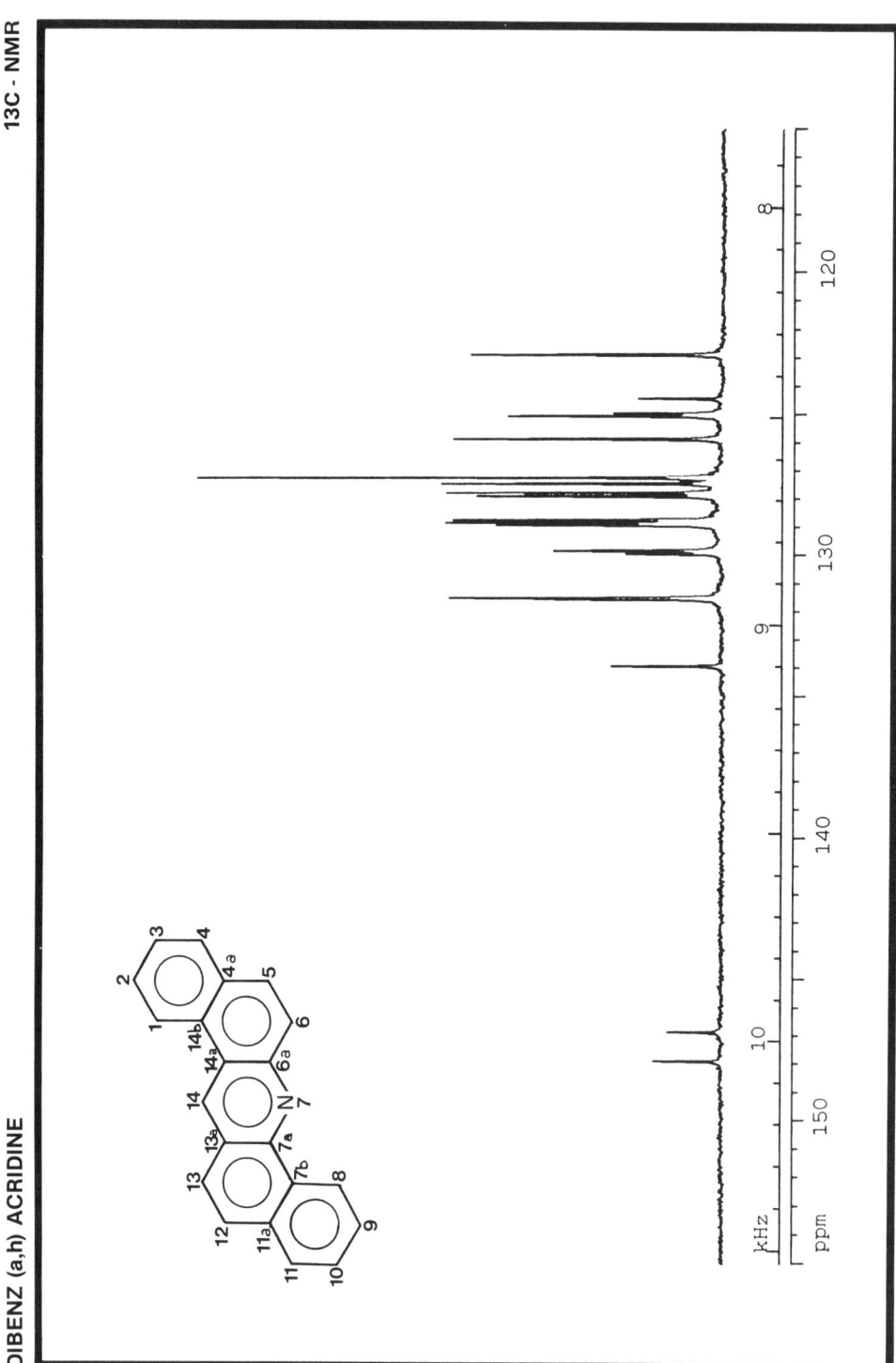

Signal	Intensity (%)	Chemical Shift (ppm)	Carbon No.
1	13.1 s	147.90	6a
2	10.3 s	146.87	7a
3	21.3 s	133.93	11a
4	32.1 s	133.56	7b and 4a
5	51.9 d	131.51	5
6	18.6 s	129.96	14b
7	32.3 d	129.83	14
8	43.1 d	128.93	6
9	52.7 d	128.85	4
10	51.3 d	128.74	10
11	46.8 d	127.90	12
12	52.5 d	127.78	11
13	53.5 d	127.45	3
14	100.0 d	127.22	2 and 9
15	51.2 d	125.86	13
16	41.1 d	125.06	8
17	21.0 s	124.95	13a
18	16.4 s	124.44	14a
19	47.9 d	122.87	1

Original spectrum determined by Laboratory of the Goverment Chemist, London (UK)

Spectrometer	: JEOL GX - 270 (67.8 MHz)
Solvent	: CDCl$_3$
Concentration	: 14 mg/ml
Pulse (angle)	: 10 µs (40°)
Accumulations	: 36000
Repeat time	: 2.47 s
Formula	: C$_{21}$H$_{13}$N
M$_r$	: 279.34 u
CAS Nr.	: 226 - 36 - 8
Purity	: 0.998$_6$ g/g
m.p.	: 226.1°C

DIBENZ (a,h) ACRIDINE

IR (KBr)

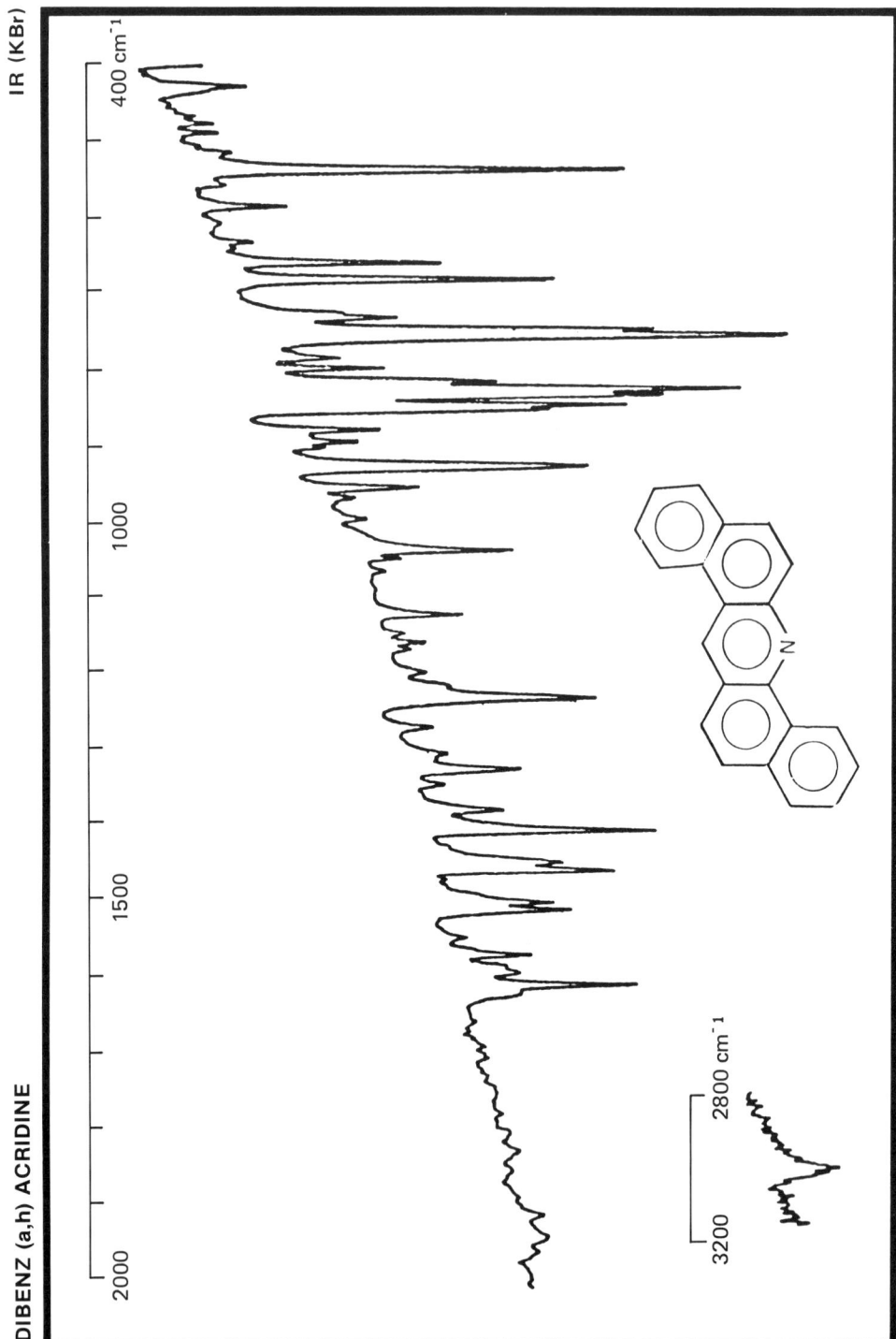

Frequency (cm⁻¹)	Assignment	Frequency (cm⁻¹)	Assignment
3044:	C - H stretch	912	C - H wagging
1605:	C=C stretch	831:	
1507:		810:	
1497:		741	
1454:		669	
1443:		650	
1109	C - C stretch/	530:	ring deformation
1024	C - N stretch		

Original spectrum determined by Biochem. Institut, Ahrensburg (D)

Spectrometer	: Nicolet 5 MX	Formula	: $C_{21}H_{13}N$
Sample	: KBr disc (ø5 mm, thickness 0.4 mm)	M_r	: 279.34 u
Reference	: Air	CAS Nr.	: 226 - 36 - 8
Resolution	: 1.7 cm⁻¹ (maximum)	Purity	: 0.998_6 g/g
		m.p.	: 226.1°C

DIBENZ (a,h) ACRIDINE

IR (S)

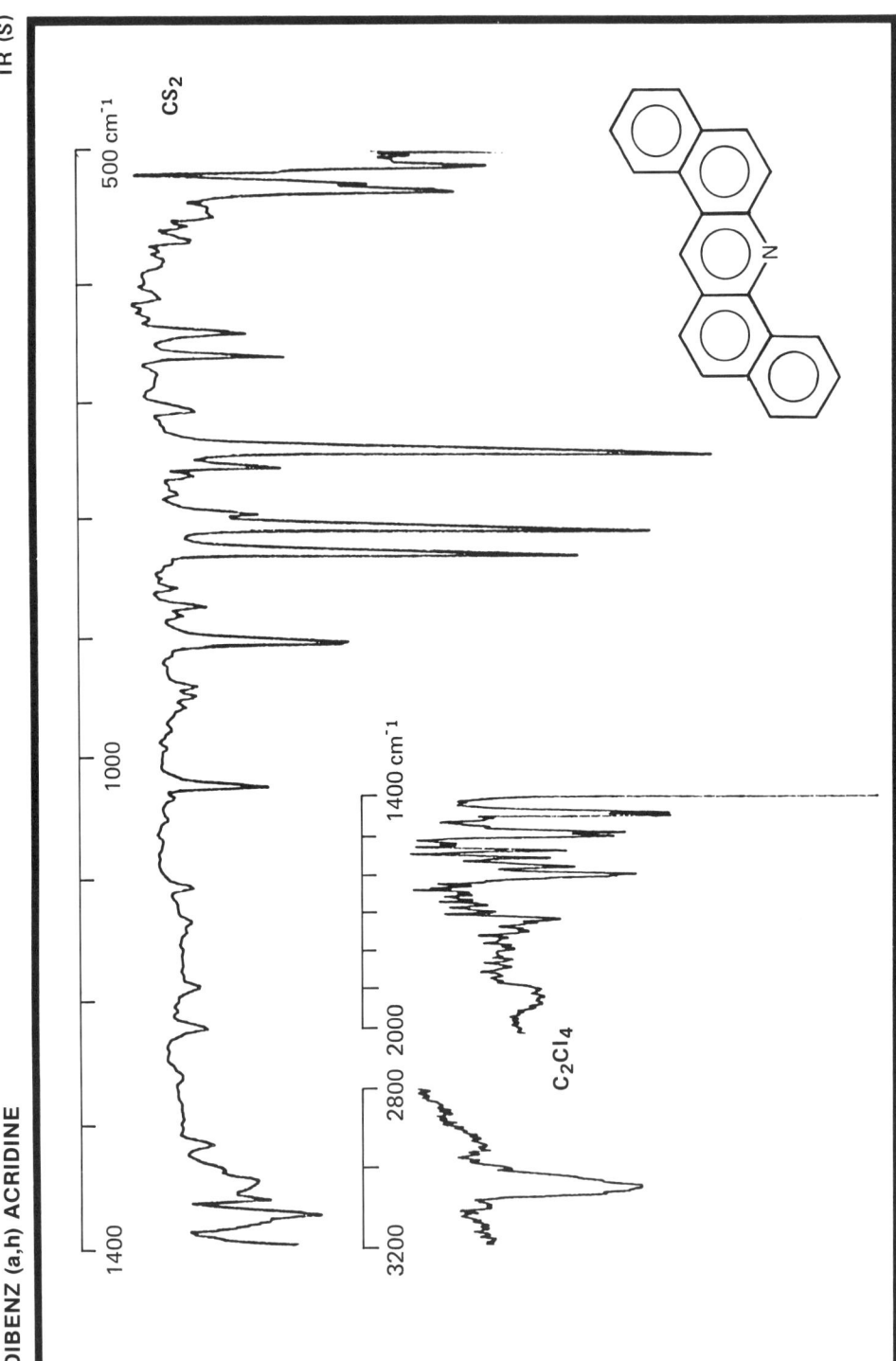

Frequency (cm⁻¹)	Assignment	Frequency (cm⁻¹)	Assignment
3054:	C - H stretch	907:	C - H wagging deformation
1611:		831:	
1607:		810:	
1508:	C=C stretch	747:	
1497:		669:	
1453:		650:	
1445:			
1372:	C - C stretch/	532:	ring deformation
1024:	C - N stretch	511:	

Original spectrum determined by Biochem. Institut, Ahrensburg (D)

Spectrometer	: Nicolet 5 MX		Formula	: $C_{21}H_{13}N$
Cell	: 0.2 mm (KBr)		M_r	: 279.34 u
Solvents	: C_2Cl_4 (3.200 - 1.400 cm⁻¹)		CAS Nr.	: 226 - 36 - 8
	CS_2 (1.400 - 500 cm⁻¹)		Purity	: 0.998_6 g/g
Resolution	: 1.7 cm⁻¹ (maximum)		m.p.	: 226.1°C

DIBENZ (a,i) ACRIDINE

UV

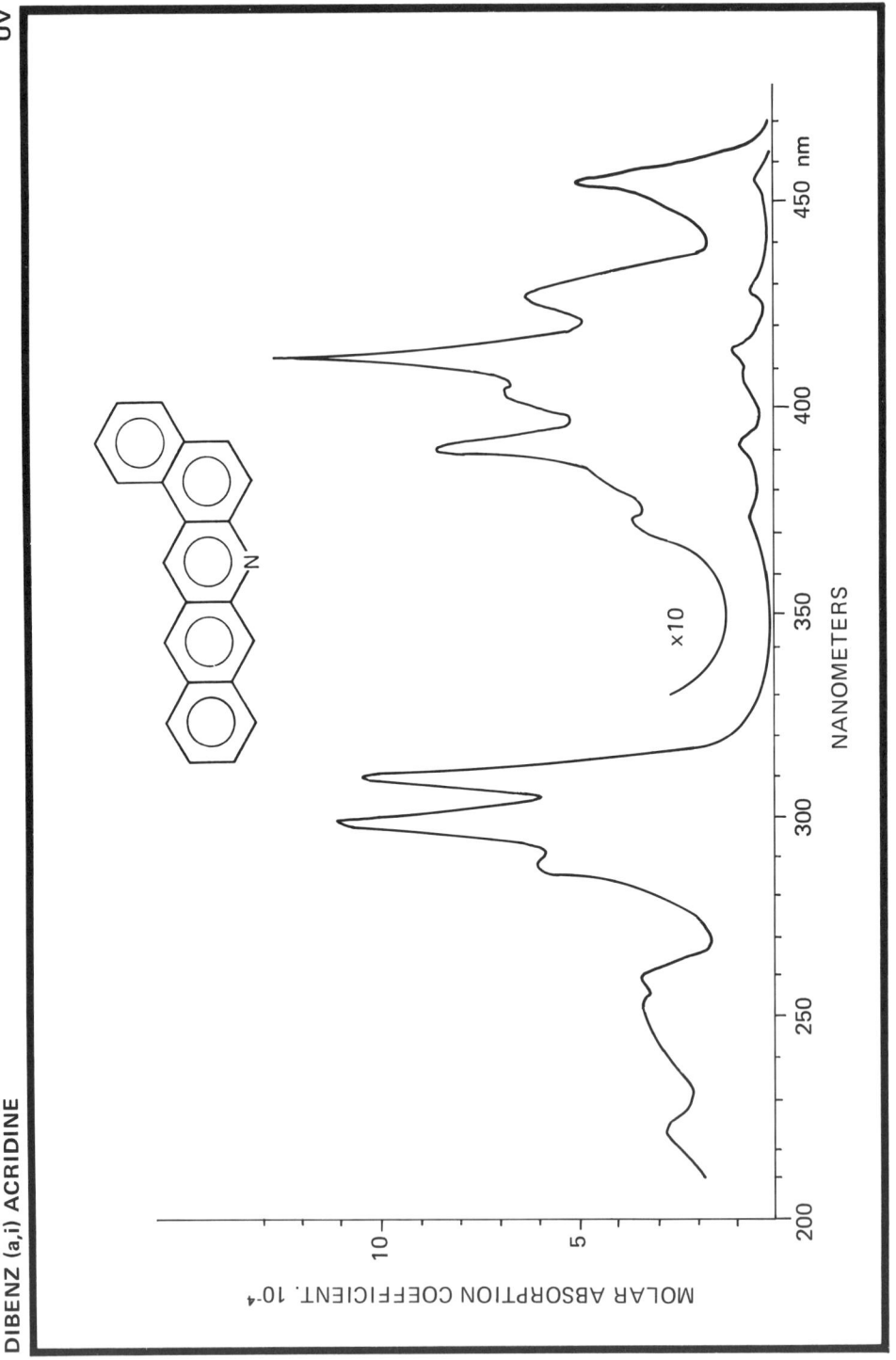

Wavelength (nm)	Molar absorption coefficient (l. mol⁻¹ cm⁻¹ x 10⁻⁴)	Wavelength (nm)	Molar absorption coefficient (l. mol⁻¹ cm⁻¹ x 10⁻⁴)
221	2.86	371	0.36
252	3.40	391	0.87
260	3.40	403	0.69
288	6.17	413	1.28
299	11.17	427	0.64
310	10.54	455	0.50

Original spectrum determined by Biochem. Institut, Ahrensburg (D)

Spectrometer	: Perkin - Elmer 555	Formula	: $C_{21}H_{13}N$
Solvent	: Cyclohexane	M_r	: 279.34 u
Concentration	: 5 mg.l⁻¹	CAS Nr.	: 226 - 92 - 6
Cell Length	: 1.000 cm	Purity	: 0.998 g/g
Slit width	: 1 nm	m.p.	: 207.5°C

DIBENZ (a,i) ACRIDINE

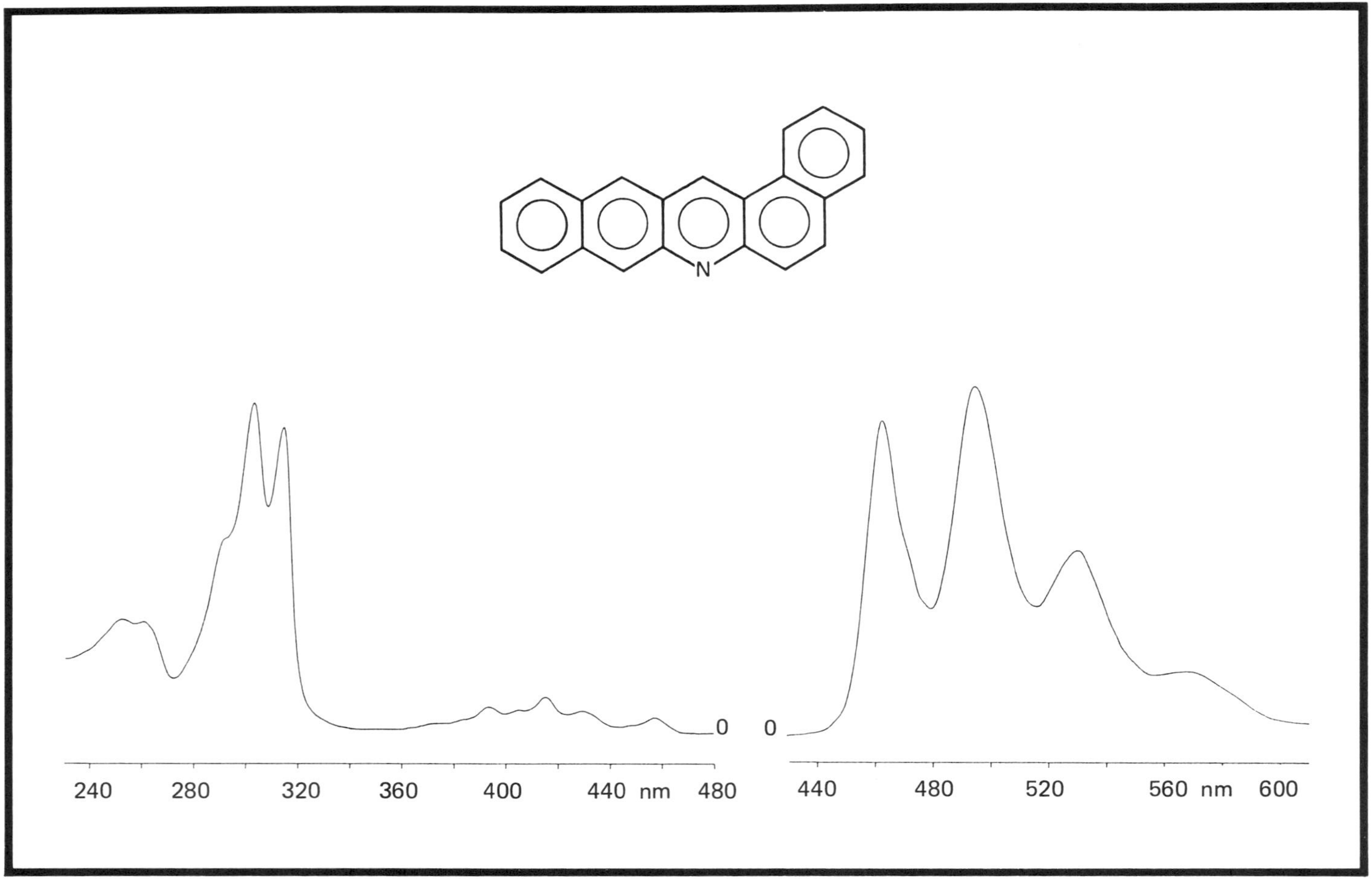

Wavelength (nm)	Relative intensity
458.5	92.5
491.5	100
527	50

Original spectrum determined by Physico-chemical oceanography group-University of Bordeaux I (F)

Instrument	: Perkin-Elmer MPF-44		**Formula**	: $C_{21}H_{13}N$
Solvent	: Cyclohexane		M_r	: 279.34 u
Concentration	: 106 µg/l		**CAS Nr.**	: 226 - 92 - 6
Spectrum	: **excitation**	**emission**	**Purity**	: 0.998 g/g
Fixed wavelength	: 491.5 nm	311 nm	**m.p.**	: 207.5°C
Excitation slit	: 4 nm	8 nm		
Emission slit	: 8 nm	2 nm		

DIBENZO (a,i) ACRIDINE

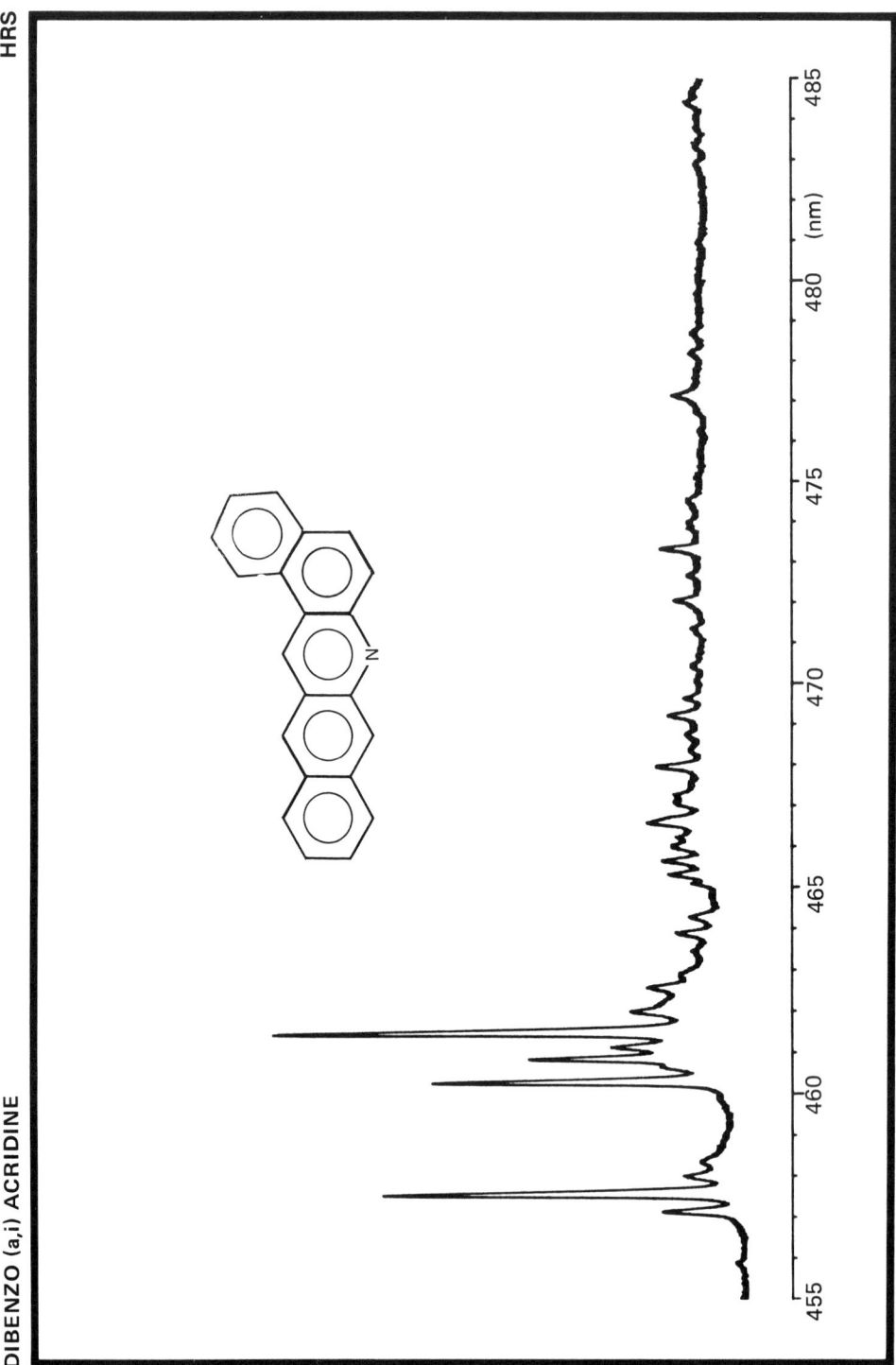

Fluorescence Wavelength (nm)	Intensity (%)
457	18
457.4	77
460.1	66
460.7	46
461.3	100

Original spectrum determined by Physico-chemical oceanography group-University of Bordeaux I (F)

Source	: 45OW Xenon lamp	Formula	: $C_{21}H_{13}N$
Excitation monochromator	: Jobin-Yvon H20	M_r	: 279.34 u
Emission monochromator	: Jobin-Yvon HR1000	CAS Nr.	: 226 - 92 - 6
Excitation wavelength (slits)	: 316 (9) nm	Purity	: 0.998 g/g
Emission slits	: 0.04 nm	m.p.	: 207.5°C
Temperature	: 15 K		
Solvent	: n-decane		
Concentration	: 0.558 mg.l^{-1}		

DIBENZ (a,j) ACRIDINE

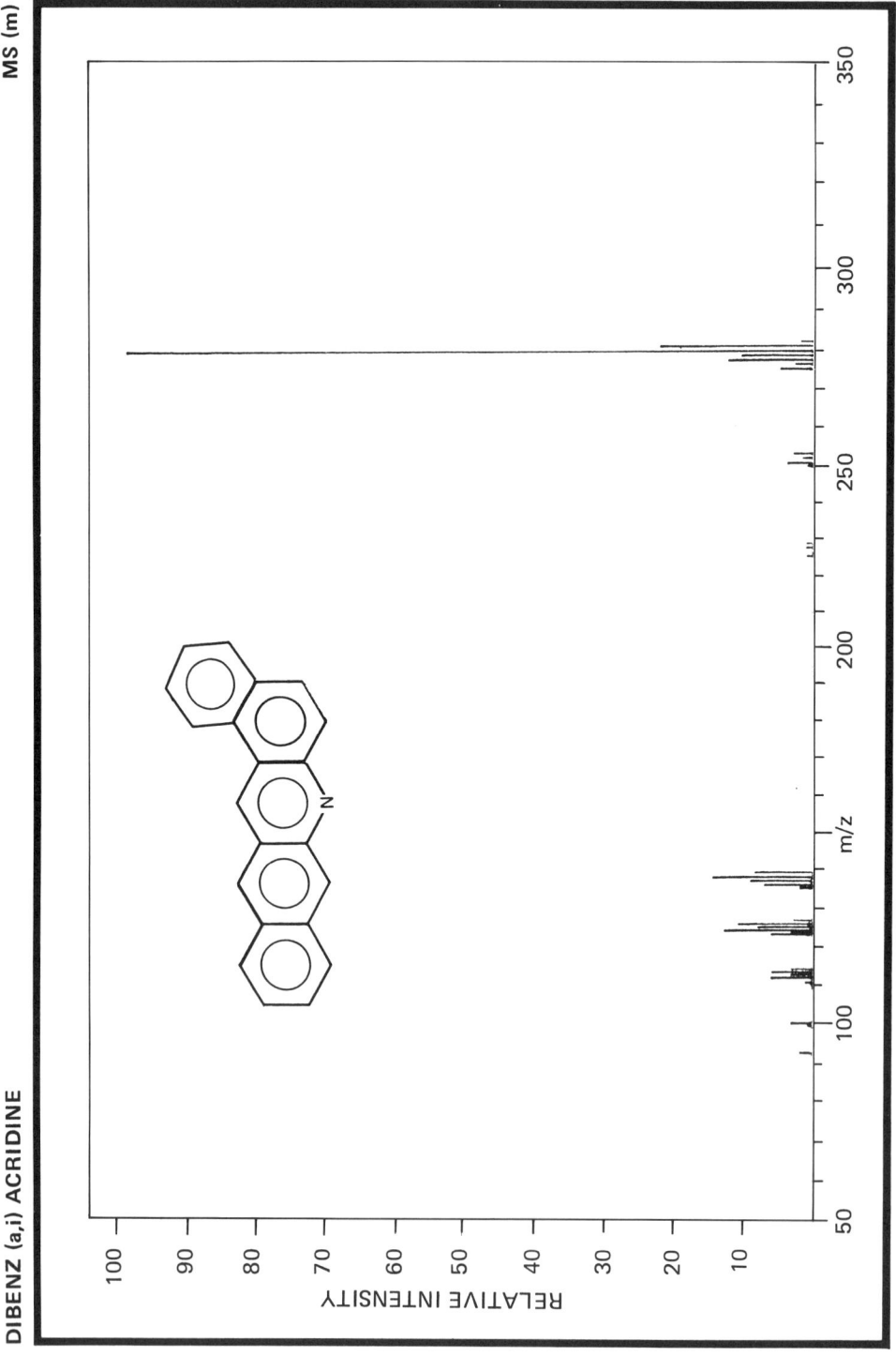

m/z	relative intensity	m/z	relative intensity
100.5	3.0	139.5	15.0
112.5	6.0	140	9.0
113	3.0	250	4.0
114	3.0	251	2.0
124.5	6.0	252	3.0
125	3.0	275	5.0
125.5	13.0	276	3.0
126	8.0	277	13.0
126.5	11.0	278	11.0
127	3.0	279	100.0
138	2.0	280	23.0
138.5	7.0	281	2.3
139	9.0		

Original spectrum determined by Biochem. Institut, Ahrensburg (D)

Spectrometer : Varian MAT 111
Inlet System : Direct Inlet
Source Temperature : 200°C
Source Voltage : 70 eV

Formula : $C_{21}H_{13}N$
M_r : 279.34 u
m/z : 279.10 u
CAS Nr. : 226 - 92 - 6
Purity : 0.998 g/g
m.p. : 207.5°C

DIBENZ (a,j) ACRIDINE

MS (q)

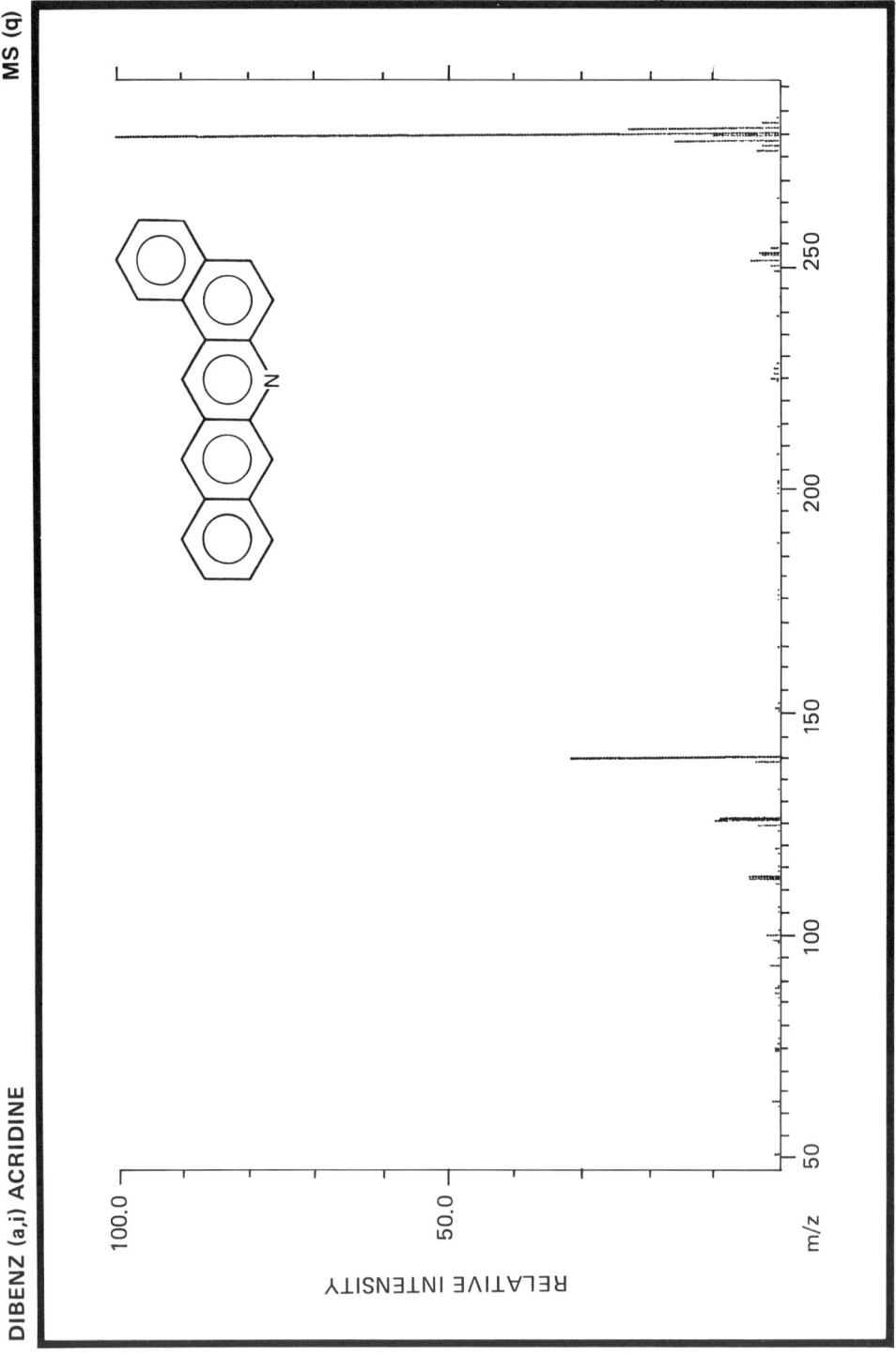

m/z	relative intensity		m/z	relative intensity
100	2.0		250	4.6
112	4.7		251	2.6
113	4.9		252	3.2
124	3.3		275	3.5
125	10.0		276	2.6
126	9.4		277	15.8
138	4.1		278	10.0
139	31.6		279	100.0
			280	23.0
			281	2.7

Original spectrum determined by ITC - TNO, Zeist (NL)

Spectrometer	: Finnigan 4021 - Quadrupole
Inlet System	: capill. GC/MS
Source Temperature	: 247°C
Source Voltage	: 70 eV

Formula	: $C_{21}H_{13}N$
M_r	: 279.34 u
m/z	: 279.10 u
CAS Nr.	: 226 - 92 - 6
Purity	: 0.998 g/g
m.p.	: 207.5°C

DIBENZ (a,j) ACRIDINE   1H - NMR

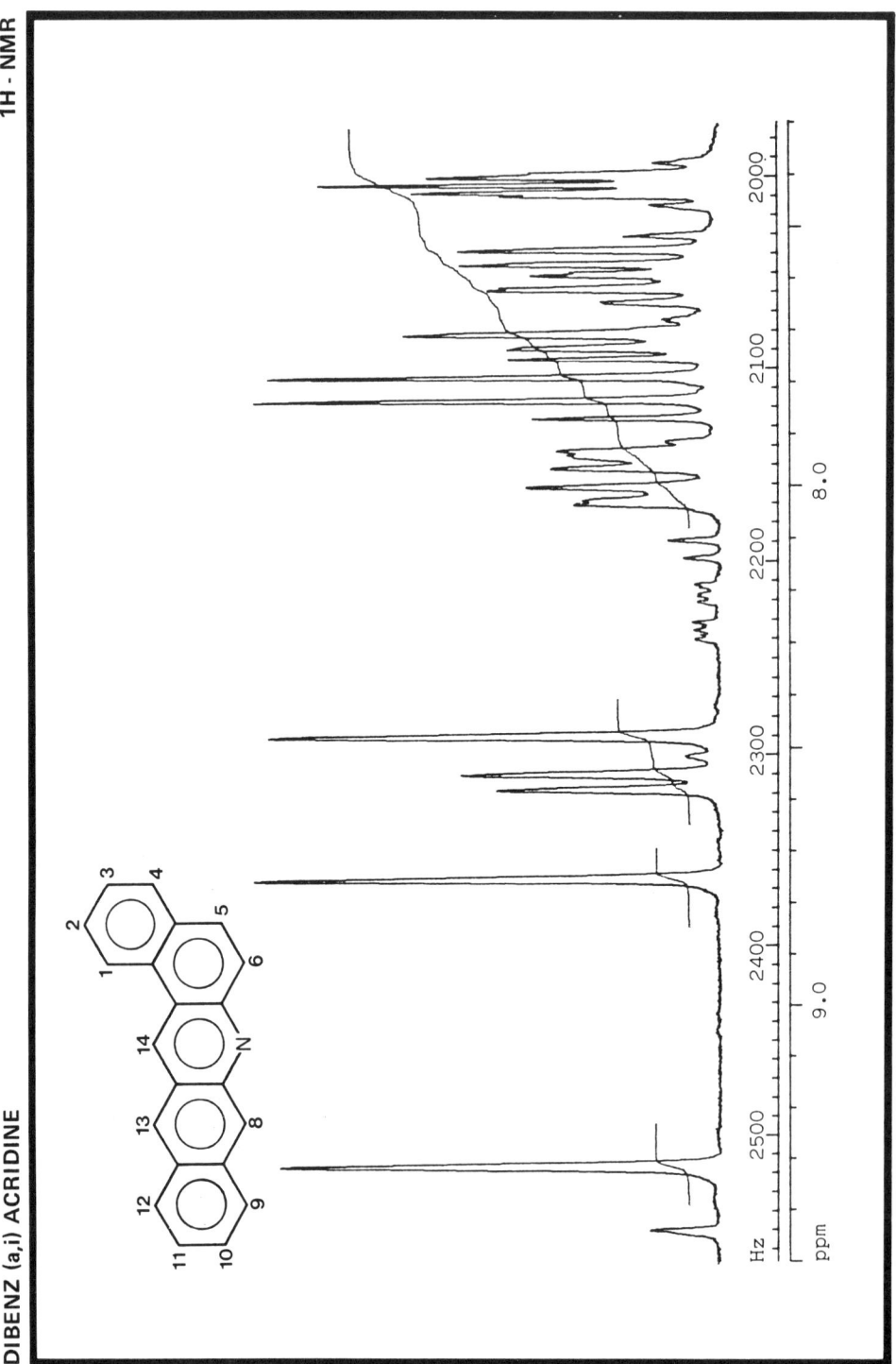

Proton No.	Chemical shift (ppm)	Coupling constants (Hz)
1	8.56	J(1,2) = 8.2; J(1,3) = 1.2
2	7.62	J(2,3) = 7.4; J(2,4) = 0.3
3	7.55	J(3,4) = 7.7
4	7.72	
5	7.78	J(5,6) = 9.5
6	7.85	
8	8.75	
9	8.02	J(9,10) = 7.5; J(9,11) = 2.1
		J(9,12) = 0.4
10	7.43	J(10,11) = 7.1; J(10,12) = 1.0
11	7.40	J(11,12) = 8.4
12	7.95	
13	8.47	
14	9.44	

Original spectrum determined by Laboratory of the Goverment Chemist, London (UK)

Spectrometer : JEOL GX - 270
Solvent : $CDCl_3$
Concentration : 12 mg/ml

Formula : $C_{21}H_{13}N$
M_r : 279.34 u
CAS Nr. : 226 - 92 - 6
Purity : 0.998 g/g
m.p. : 207.5°C

DIBENZ (a,i) ACRIDINE

13C - NMR

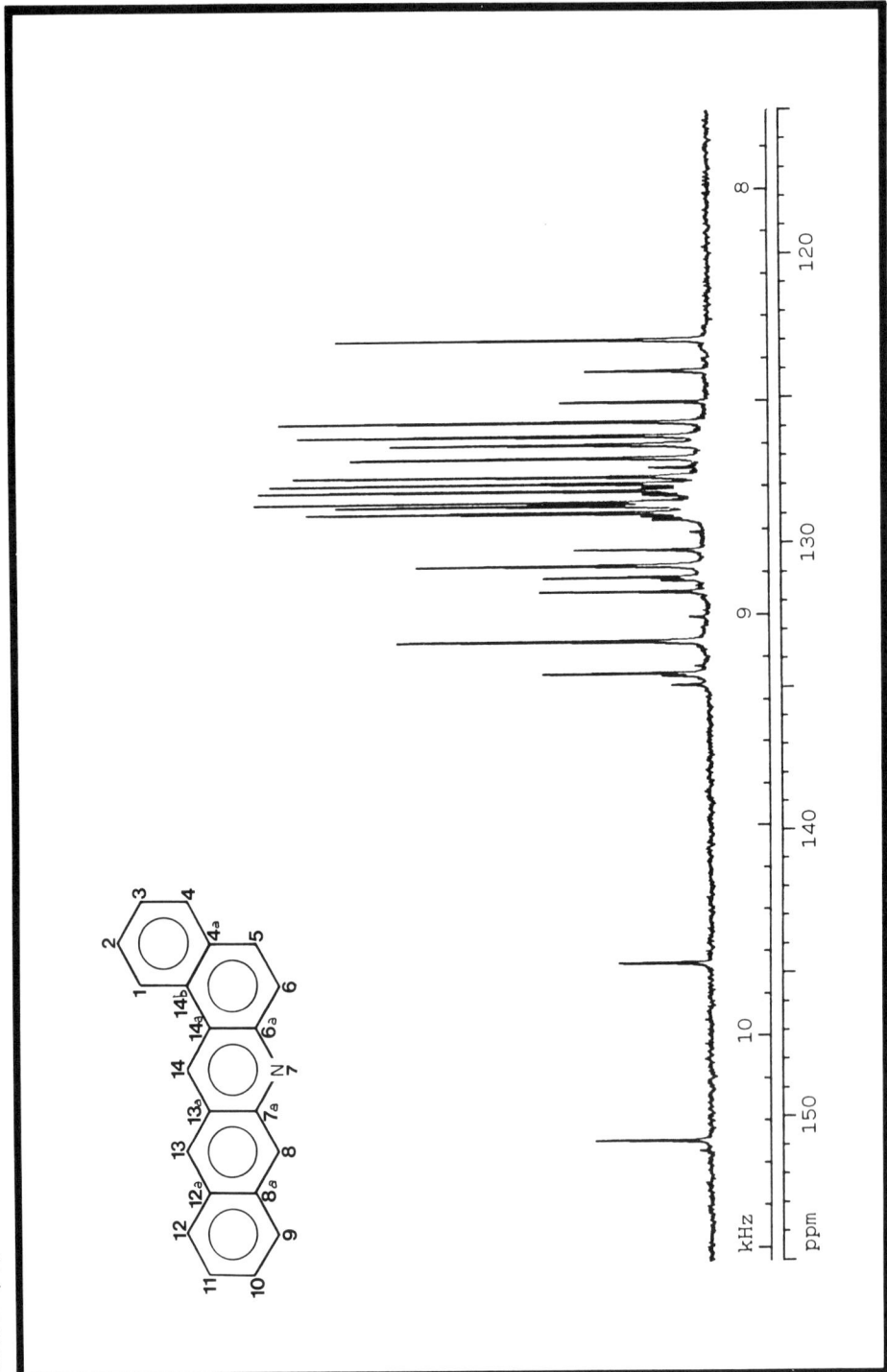

Signal	Intensity (%)	Chemical Shift (ppm)	Carbon No.
1	25.6 s	150.82	6a
2	20.3 s	144.64	7a
3	36.7 s	134.48	8a
4	68.7 d	133.38	5
5	37.2 s	131.65	12a
6	36.5 s	131.16	4a
7	64.2 d	130.75	14
8	29.7 s	130.21	14b
9	88.6 d	128.93	4
10	81.9 d	128.69	6
11	100.0 d	128.57	9*
12	99.0 d	128.19	12*
13	96.6 d	127.95	3
14	91.5 d	127.70	2
15	78.6 d	127.07	13
16	69.9 d	126.59	8
17	90.3 d	126.29	10+
18	99.0 d	125.82	11+
19	32.7 s	125.14	13a
20	27.1 s	124.06	14a
21	81.7 d	122.97	1

Original spectrum determined by Laboratory of the Goverment Chemist, London (UK)

Spectrometer	: JEOL GX - 270 (67.8 MHz)	Formula	: $C_{21}H_{13}N$
Solvent	: $CDCl_3$	M_r	: 279.34 u
Concentration	: 12 mg/ml	CAS Nr.	: 226 - 92 - 6
Pulse (angle)	: 10 μs (40°)	Purity	: 0.998 g/g
Accumulations	: 36000	m.p.	: 207.5°C
Repeat time	: 2.47 s		

* May be interchanged

DIBENZ (a, i) ACRIDINE

IR (KBr)

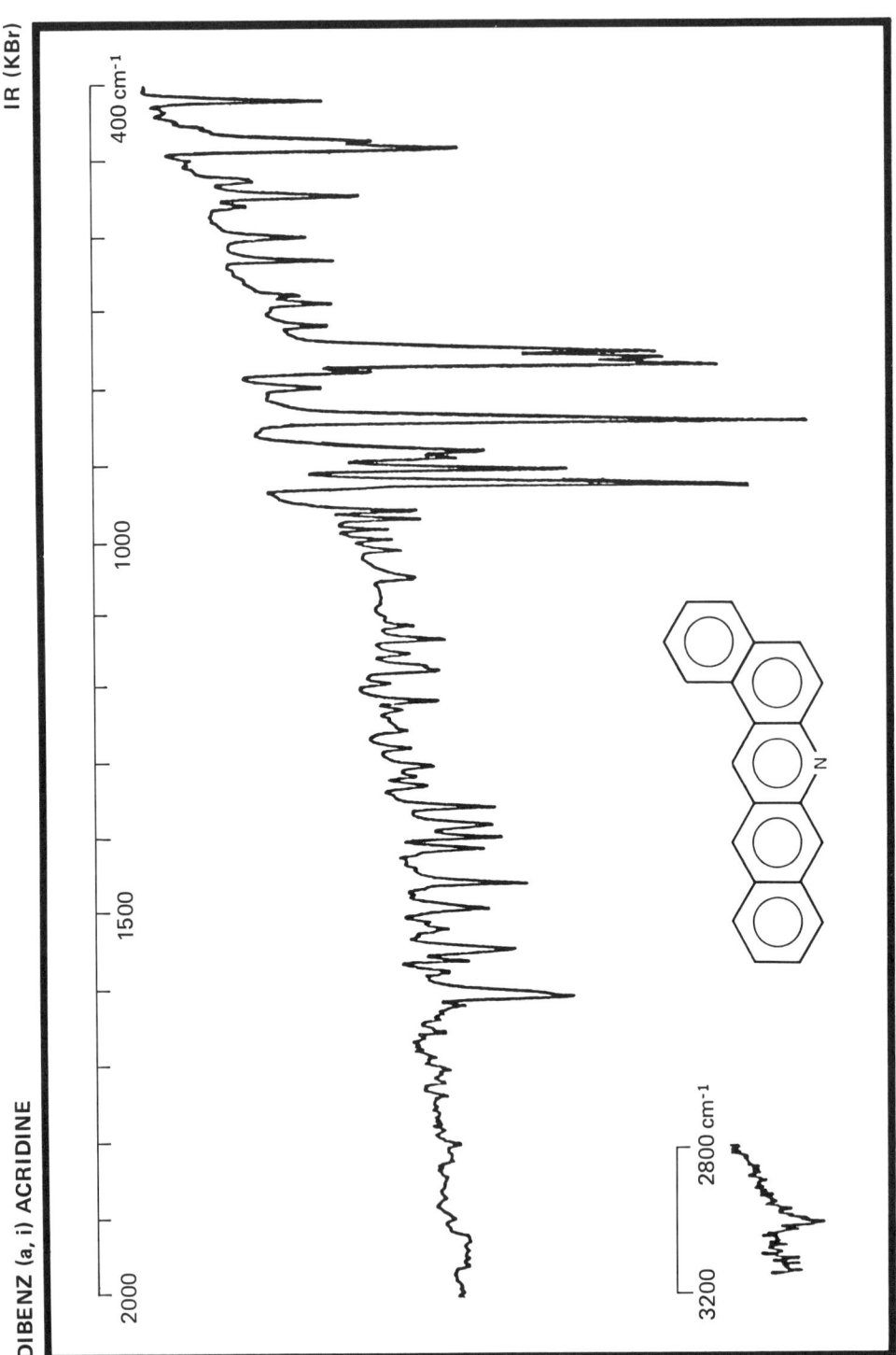

Frequency (cm⁻¹)	Assignment	Frequency (cm⁻¹)	Assignment
30:		910:	C - H wagging deformation
1605:	C - H stretch	891:	
		830:	
1541:		756:	
1456:	C=C stretch and	748:	
1408:	C=N stretch	741:	ring deformation
1393:		536:	
1377:		477:	
1354:		419:	

Original spectrum determined by Biochem. Institut, Ahrensburg (D)

Spectrometer	: Nicolet 5 MX	Formula	: $C_{21}H_{11}N$
Sample	: KBr disc (ϕ 5 mm, thickness 0.4 mm)	M_r	: 279.34 u
Reference	: Air	CAS Nr.	: 226 - 92 - 6
Resolution	: 1.7 cm⁻¹ (maximum)	Purity	: 0.998 g/g
		m.p.	: 207.5°C

DIBENZ (a, i) ACRIDINE

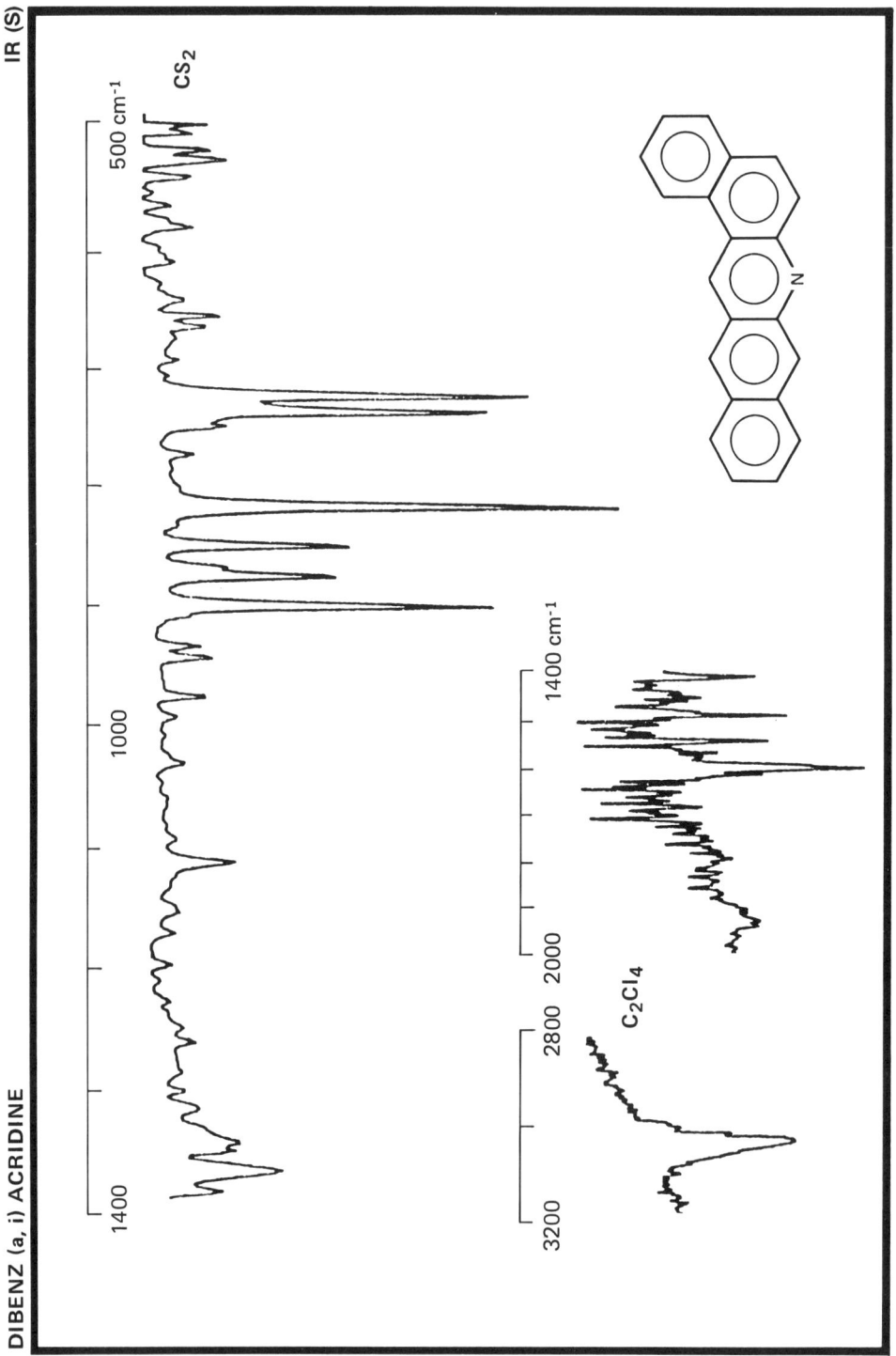

Frequency (cm⁻¹)	Assignment	Frequency (cm⁻¹)	Assignment
3057:	C - H stretch	907:	C - H wagging deformation
1607:	C=C stretch	885:	
1547:		860:	
1493:		828:	
1408:		748:	
1375	C - C stretch/		
1123	C - N stretch		

Spectrometer	: Nicolet 5 MX
Cell	: 0.2 mm (KBr)
Solvents	: C$_2$Cl$_4$ (3.200 - 1.400 cm⁻¹)
	CS$_2$ (1.400 - 500 cm⁻¹)
Resolution	: 1.7 cm⁻¹ (maximum)

Formula	: C$_{21}$H$_{11}$N
M$_r$	: 279.34 u
CAS Nr.	: 226 - 92 - 6
Purity	: 0.998 g/g
m.p.	: 207.5°C

Original spectrum determined by Biochem. Institut, Ahrensburg (D)

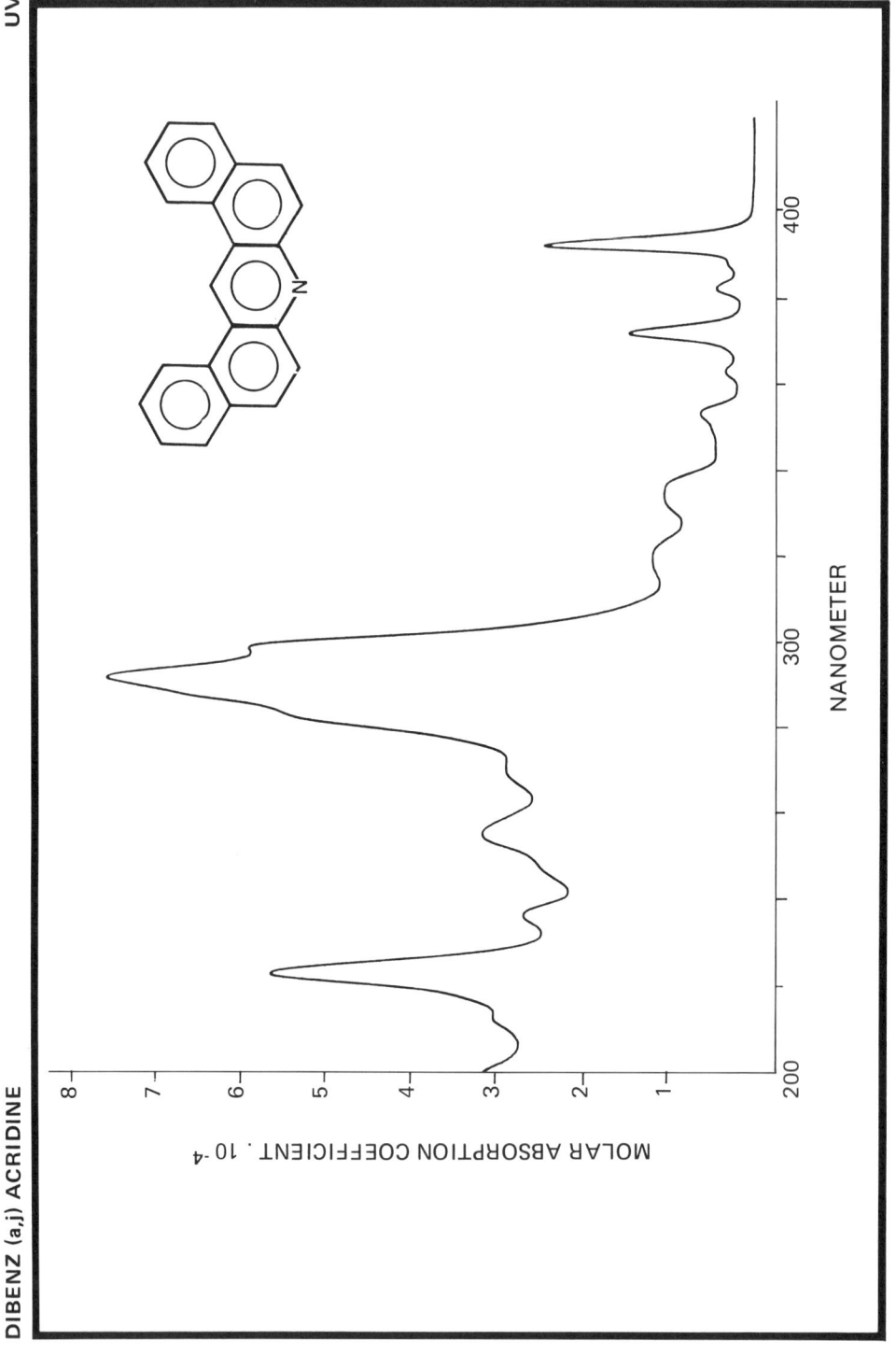

Wavelenght (nm)	Molar absorption coefficient (l. mol.$^{-1}$ cm^{-1} × 10^{-4})	Wavelength	Molar absorption coefficient (l. mol.$^{-1}$ cm^{-1} × 10^{-4})
225.5	5.67	335.5	1.04
238.2	2.67	336.5	1.04
257.1	3.16	354.1	0.63
273.2	2.85	363.7	0.33
294.7	7.69	372.6	1.48
301.3 (sh)	5.94	382.9	0.45
321.4	1.18	392.9	2.47

Original spectrum determined by JRC Ispra (CEC)

Spectrometer : Perkin - Elmer 555
Solvent : Cyclohexane
Concentration : 5 mg.l^{-1}
Cell Length : 1.000 cm
Slit width : 1 nm

Formula : $C_{21}H_{13}N$
M$_r$: 279.34 u
CAS Nr. : 242 - 42 - 0
Purity : 0.998$_4$ g/g
m.p. : 216°C

DIBENZ (a,j) ACRIDINE

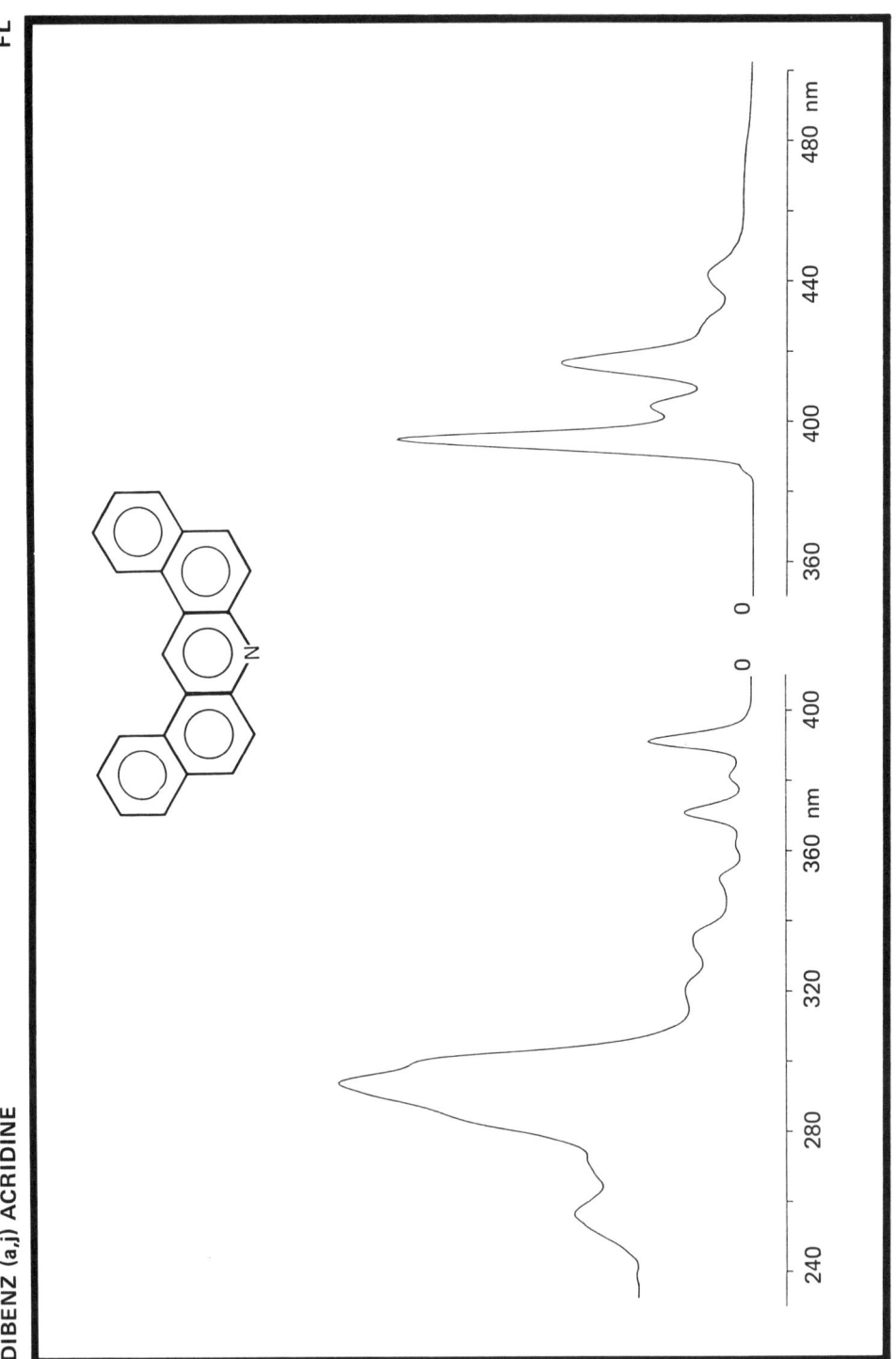

Wavelength (nm)	Relative intensity
393	100
404	26
415.5	48.5
426 (sh)	12
440.5	11.5

Original spectrum determined by Physico-chemical oceanography group-University of Bordeaux I (F)

Instrument	: Perkin-Elmer MPF-44	**Formula**	: $C_{21}H_{13}N$
Solvent	: Cyclohexane	M_r	: 279.34 u
Concentration	: 106 µg/l	**CAS Nr.**	: 224 - 42 - 0
Spectrum	: **excitation**	**emission**	
Fixed wavelength	: 415.5 nm	293 nm	**Purity** : 0.998_4 g/g
Excitation slit	: 2 nm	4 nm	**m.p.** : 217°C
Emission slit	: 4 nm	2 nm	

DIBENZ (a,j) ACRIDINE

Fluorescence Wavelength (nm)	Intensity (%)	Phosphorescence Wavelength (nm)	Intensity (%)
392.8	17	518	100
393.9	100		
405.1	18		

Original spectrum determined by Physico-chemical oceanography group-University of Bordeaux I (F)

Source	: 450W Xenon lamp
Excitation monochromator	: Jobin-Yvon H20
Emission monochromator	: Jobin-Yvon HR1000
Excitation wavelength (slits)	: 306 (9) nm
Emission slits	: 0.04 nm (0.08)
Temperature	: 15 K
Solvent	: n-decane
Concentration	: 0.558 mg.l^{-1}

Formula	: $C_{21}H_{13}N$
M_r	: 279.34 u
CAS Nr.	: 224 - 42 - 0
Purity	: 0.9984 g/g
m.p.	: 217°C

DIBENZ (a,j) ACRIDINE   MS (m)

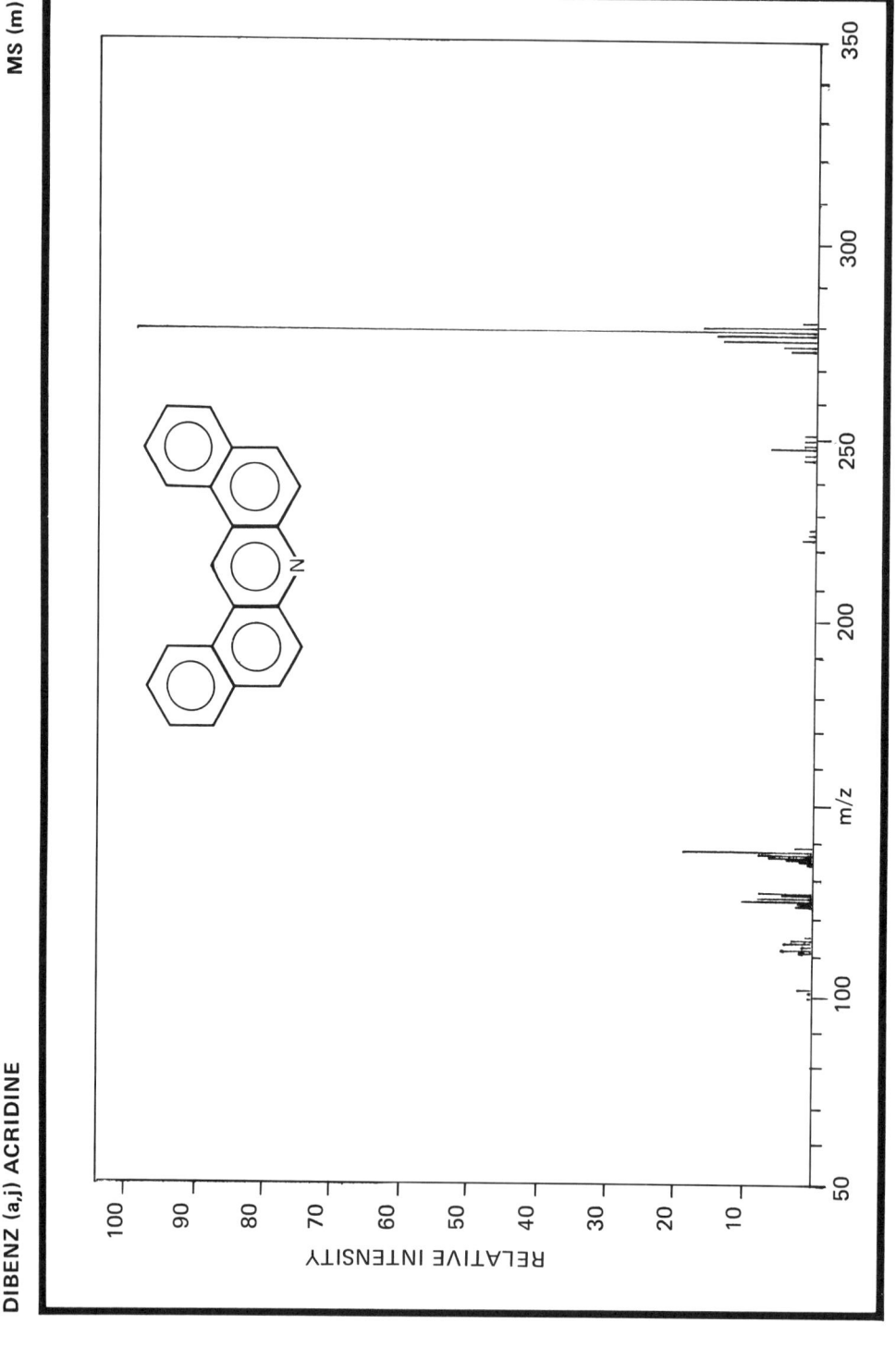

m/z	relative intensity		m/z	relative intensity
100.5	2.0		139.5	20.0
112	4.0		140	3.0
113	4.0		249	7.0
113.5	3.0		250	2.0
123.5	3.0		251	2.0
124	3.0		252	2.0
124.5	11.0		275	4.0
125	8.0		276	5.0
125.5	5.0		277	14.0
126	8.0		278	15.0
138	4.0		279	100.0
138.5	7.0		280	17.0
139	8.0		281	1.8

Original spectrum determined by Biochem. Institut, Ahrensburg (D)

Spectrometer	: Varian MAT 111
Inlet System	: GC/MS
Source Temperature	: 200°C
Source Voltage	: 70 eV

Formula	: $C_{21}H_{13}N$
M_r	: 279.34 u
m/z	: 279.10 u
CAS Nr.	: 224 - 42 - 0
Purity	: 0.998_4 g/g
m.p.	: 217°C

DIBENZ (a,j) ACRIDINE MS (q)

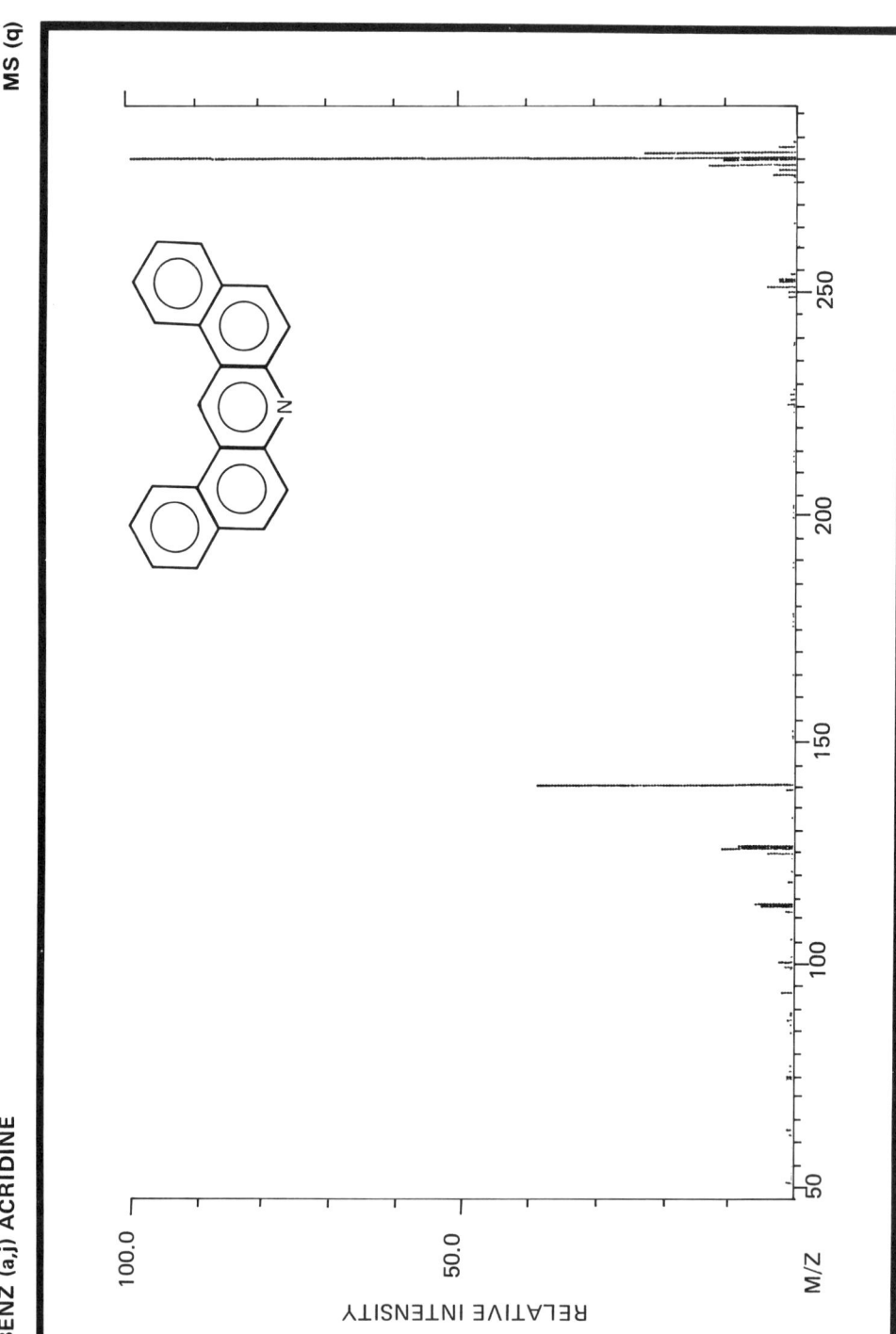

m/z	relative intensity		m/z	relative intensity
100	2.0		250	4.6
112	4.9		251	2.6
113	5.8		252	2.9
124	4.1		275	3.6
125	10.8		276	2.7
126	8.4		277	13.2
139	38.8		278	11.2
			279	100.0
			280	22.8
			281	2.5

Original spectrum determined by ITC - TNO, Zeist (NL)

Spectrometer	: Finnigan 4021 - Quadrupole
Inlet System	: capill. GC/MS
Source Temperature	: 247°C
Source Voltage	: 70 eV

Formula	: $C_{21}H_{13}N$
M_r	: 279.34 u
m/z	: 279.10 u
CAS Nr.	: 224 - 42 - 0
Purity	: 0.998_4 g/g
m.p.	: 217°C

DIBENZ (a,j) ACRIDINE

1H - NMR

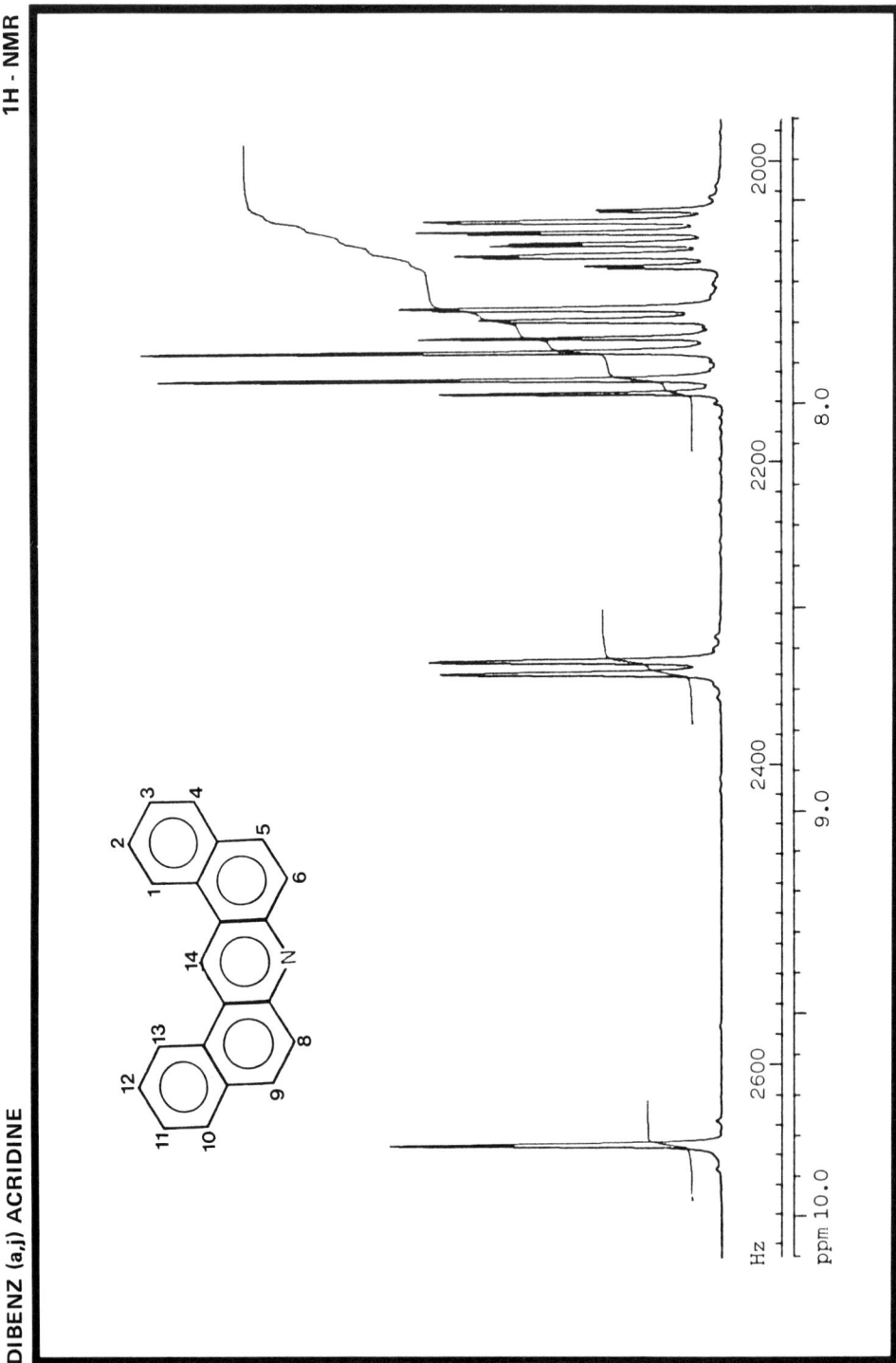

Proton No.	Chemical shift (ppm)	Coupling constants (Hz)
1 = 13	8.64	$J(1,2) = 8.2$; $J(1,3) = 0.3$
2 = 12	7.63	$J(2,3) = 7.3$; $J(2,4) = 1.2$
3 = 11	7.55	$J(3,4) = 7.7$
4 = 10	7.78	
5 = 9	7.86	$J(5,6) = 9.2$
6 = 8	7.95	
14	9.82	

Original spectrum determined by Laboratory of the Goverment Chemist, London (UK)

Spectrometer	: JEOL GX - 270
Solvent	: $CDCl_3$
Concentration	: 5 mg/ml

Formula	: $C_{21}H_{13}N$
M_r	: 279.34 u
CAS Nr.	: 224 - 42 - 0
Purity	: 0.998_4 g/g
m.p.	: 217°C

DIBENZ (a,j) ACRIDINE IE

13C - NMR

Signal	Intensity (%)	Chemical Shift (ppm)	Carbon No.
1	20.8 s	148.46	6a = 7a
2	90.5 d	132.02	5 = 9
3	29.2 s	131.56	4a = 9a
4	22.3 s	130.08	14b = 13a
5	99.6 d	128.97	4 = 10
6	88.9 d	128.16	6 = 8
7	88.9 d	127.53	3 = 11
8	100.0 d	127.36	2 = 12
9	29.2 d	124.84	14
10	21.4 s	123.80	14a = 13b
11	88.7 d	122.77	1 = 13

Original spectrum determined by Laboratory of the Goverment Chemist, London (UK)

Spectrometer	: JEOL GX - 270 (67.8 MHz)	Formula	: $C_{21}H_{13}N$
Solvent	: $CDCl_3$	M_r	: 279.34 u
Concentration	: 5 mg/ml	CAS Nr.	: 224 - 42 - 0
Pulse (angle)	: 10 μs (40°)	Purity	: 0.998_4 g/g
Accumulations	: 32000	m.p.	: 217°C
Repeat time	: 2.47 s		

DIBENZ (a,j) ACRIDINE

IR (KBr)

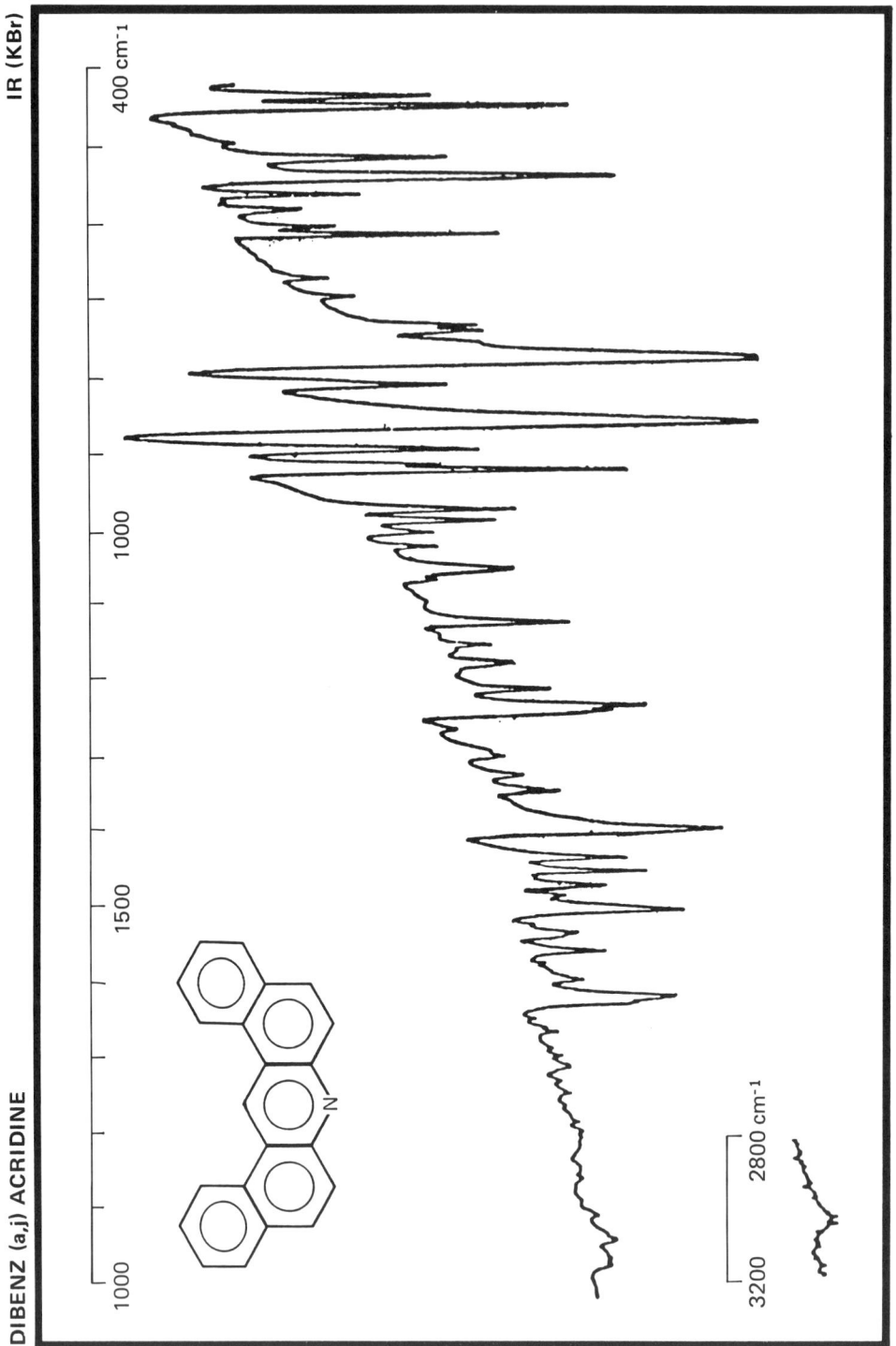

Frequency (cm⁻¹)	Assignment	Frequency (cm⁻¹)	Assignment
3030:	C - H stretch	963:	
1607:		947:	
1487:	C=C stretch	895:	C - H
1454:	and	866:	wagging
1435:	C=N stretch	833:	deformation
1414:		783:	
		752:	
1215:	C - C stretch/	590:	
1103:	C - N stretch	515:	
1032:			
		492:	ring
		428:	deformation
		415:	

Original spectrum determined by Biochem. Institut, Ahrensburg (D)

Spectrometer : Nicolet 5 MX
Sample : KBr disc (⌀5 mm, thickness 0.4 mm)
Reference : Air
Resolution : 1.7 cm⁻¹ (maximum)

Formula : $C_{21}H_{13}N$
M_r : 279.34 u
CAS Nr. : 224 - 42 - 0
Purity : 0.998_4 g/g
m.p. : 217°C

DIBENZ (a,j) ACRIDINE

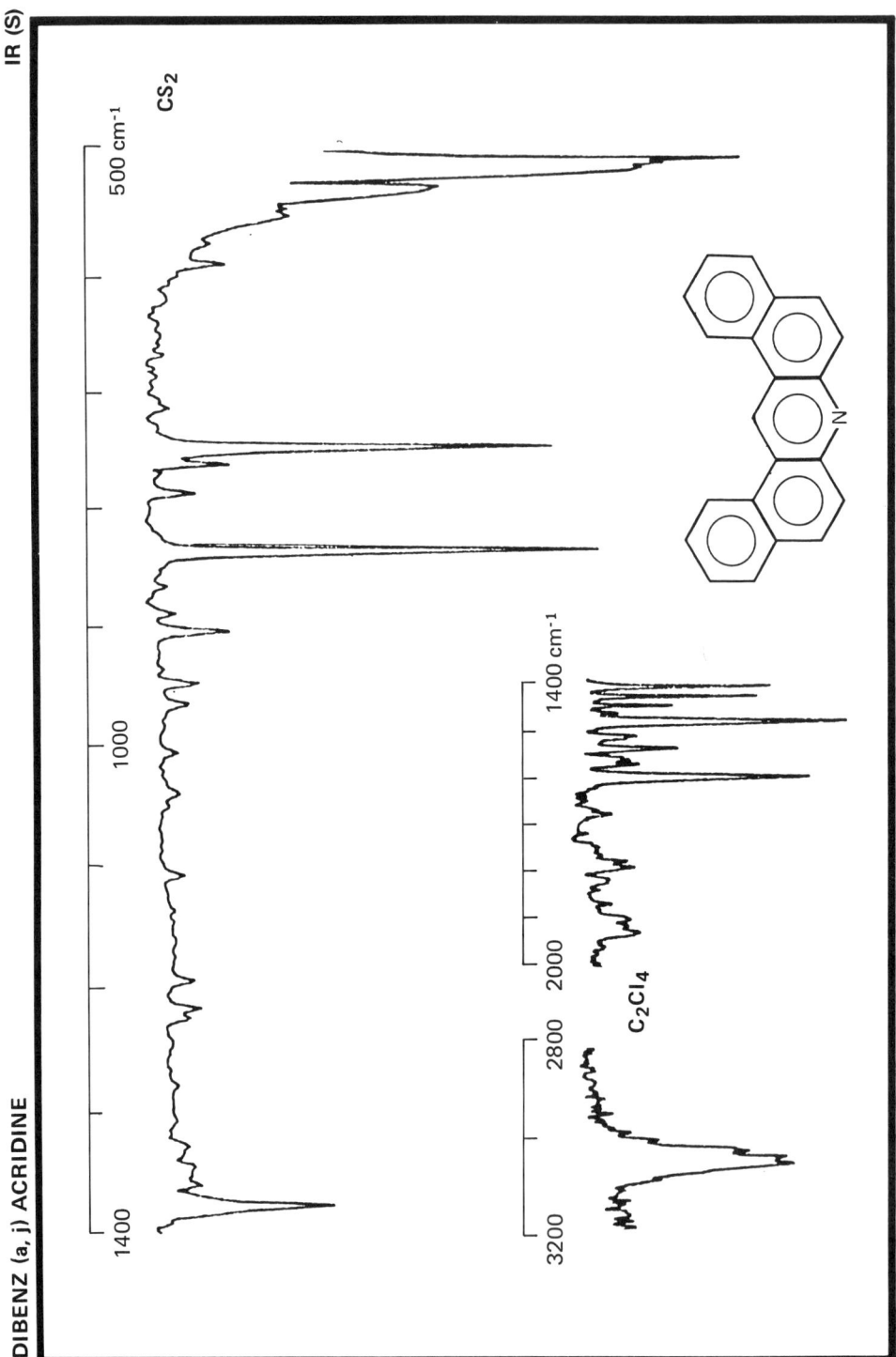

Frequency (cm⁻¹)	Assignment	Frequency (cm⁻¹)	Assignment
3071:		897:	C - H wagging deformation
3056:	C - H stretch	835:	
3040:		748:	
1489:		529:	ring deformation
1454:	C=C stretch	507:	
1435:			
1414:			
1377:	C - C stretch C - N		

Original spectrum determined by Biochem. Institut, Ahrensburg (D)

Spectrometer : Nicolet 5 MX
Cell : 0.2 mm (KBr)
Solvents : C_2Cl_4 (3.200 - 1.400 cm⁻¹)
　　　　　　CS_2 (1.400 - 500 cm⁻¹)
Resolution : 1.7 cm⁻¹ (maximum)

Formula : $C_{21}H_{13}N$
M_r : 279.34 u
CAS Nr. : 224 - 42 - 0
Purity : 0,984 g/g
m.p. : 217°C

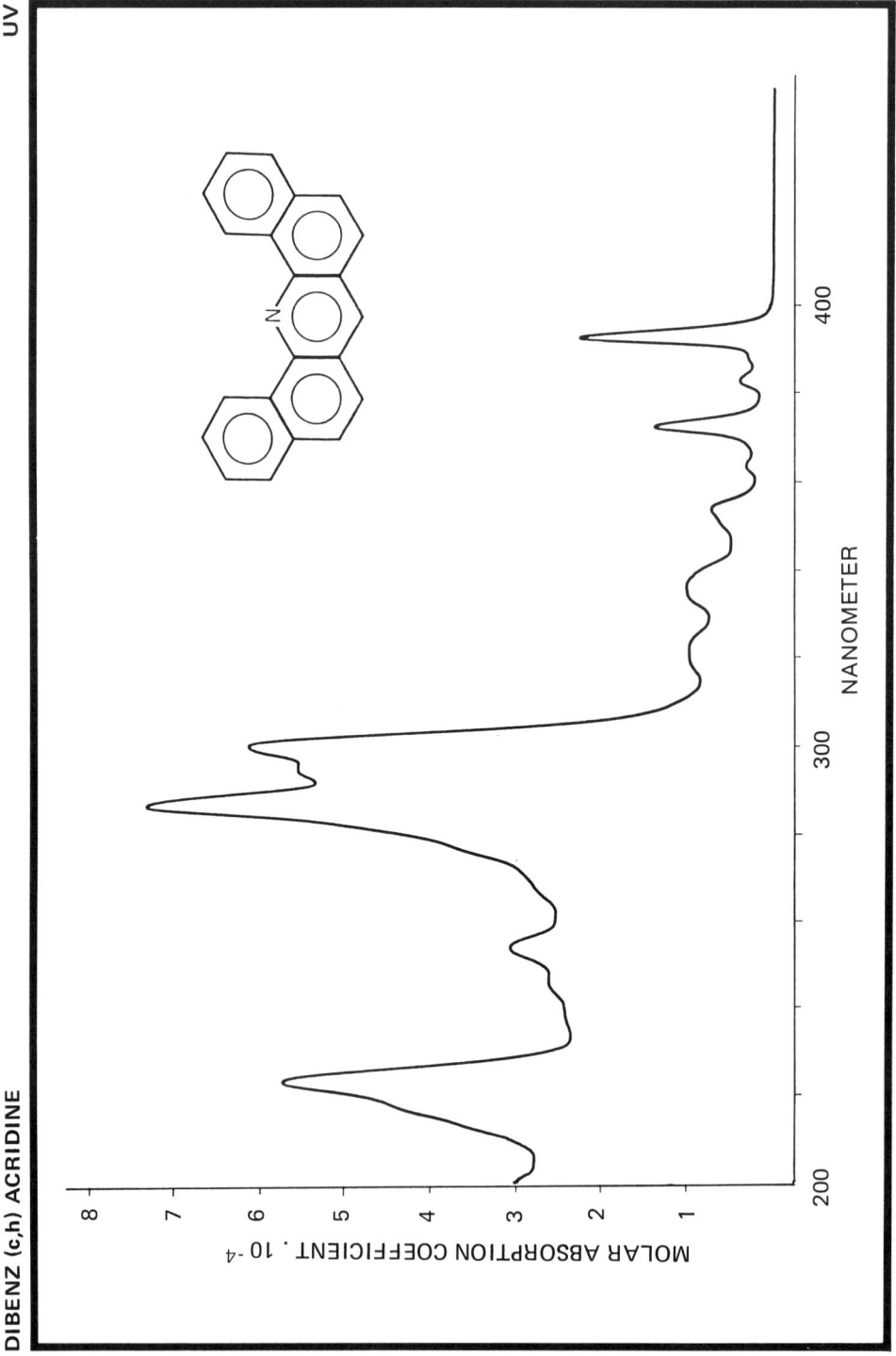

DIBENZ (c,h) ACRIDINE

Wavelenght (nm)	Molar absorption coefficient (l. mol.⁻¹ cm⁻¹ × 10⁻⁴)	Wavelength	Molar absorption coefficient (l. mol.⁻¹ cm⁻¹ × 10⁻⁴)
224.6	5.61	337.1	0.97
247.3	2.49	337.7	0.97
255.6	2.96	355.2	0.71
288.7	7.20	365.1	0.30
297.2	5.39	373.8	1.35
302.1	5.99	384.3	0.39
323.7	0.95	394.3	2.20

Original spectrum determined by JRC Ispra (CEC)

Spectrometer	: Perkin - Elmer 555
Solvent	: Cyclohexane
Concentration	: 5 mg.l⁻¹
Cell Length	: 1.000 cm
Slit width	: 1 nm

Formula	: $C_{21}H_{13}N$
M$_r$	: 279.34 u
CAS Nr.	: 224 - 53 - 3
Purity	: 0.993$_6$ g/g
m.p.	: 190.6°C

DIBENZ (c,h) ACRIDINE

Wavelength (nm)	Relative intensity
394.5	100
405.5	26
417.5	48.5
429 (sh)	12
443	12

Original spectrum determined by Physico-chemical oceanography group-University of Bordeaux I (F)

Instrument	: Perkin-Elmer MPF-44	Formula	: $C_{21}H_{13}N$
Solvent	: Cyclohexane	M_r	: 279.34 u
Concentration	: 106 µg/l	CAS Nr.	: 224 - 53 - 3
Spectrum	: **excitation**	Purity	: 0.993 g/g
Fixed wavelength	: 417.5 nm **emission** 302 nm	m.p.	: 190.6°C
Excitation slit	: 2 nm 4 nm		
Emission slit	: 4 nm 2 nm		

DIBENZ (c,h) ACRIDINE

Fluorescence Wavelength (nm)	Intensity (%)	Phosphorescence Wavelength (nm)	Intensity (%)
392.7	40	520.8	39
395.9	100	522.9	100
407.4	25		

Original spectrum determined by Physico-chemical oceanography group-University of Bordeaux I (F)

Source	: 45OW Xenon lamp	Formula	: $C_{21}H_{13}N$
Excitation monochromator	: Jobin-Yvon H20	M_r	: 279.34 u
Emission monochromator	: Jobin-Yvon HR1000	CAS Nr.	: 224 - 53 - 3
Excitation wavelength (slits)	: 305 (9) nm	Purity	: 0.993_6 g/g
Temperature	: 15 K	m.p.	: 190.6°C
Solvent	: n-octane		
Concentration	: 0.558 mg l^{-1}		

DIBENZ (c,h) ACRIDINE

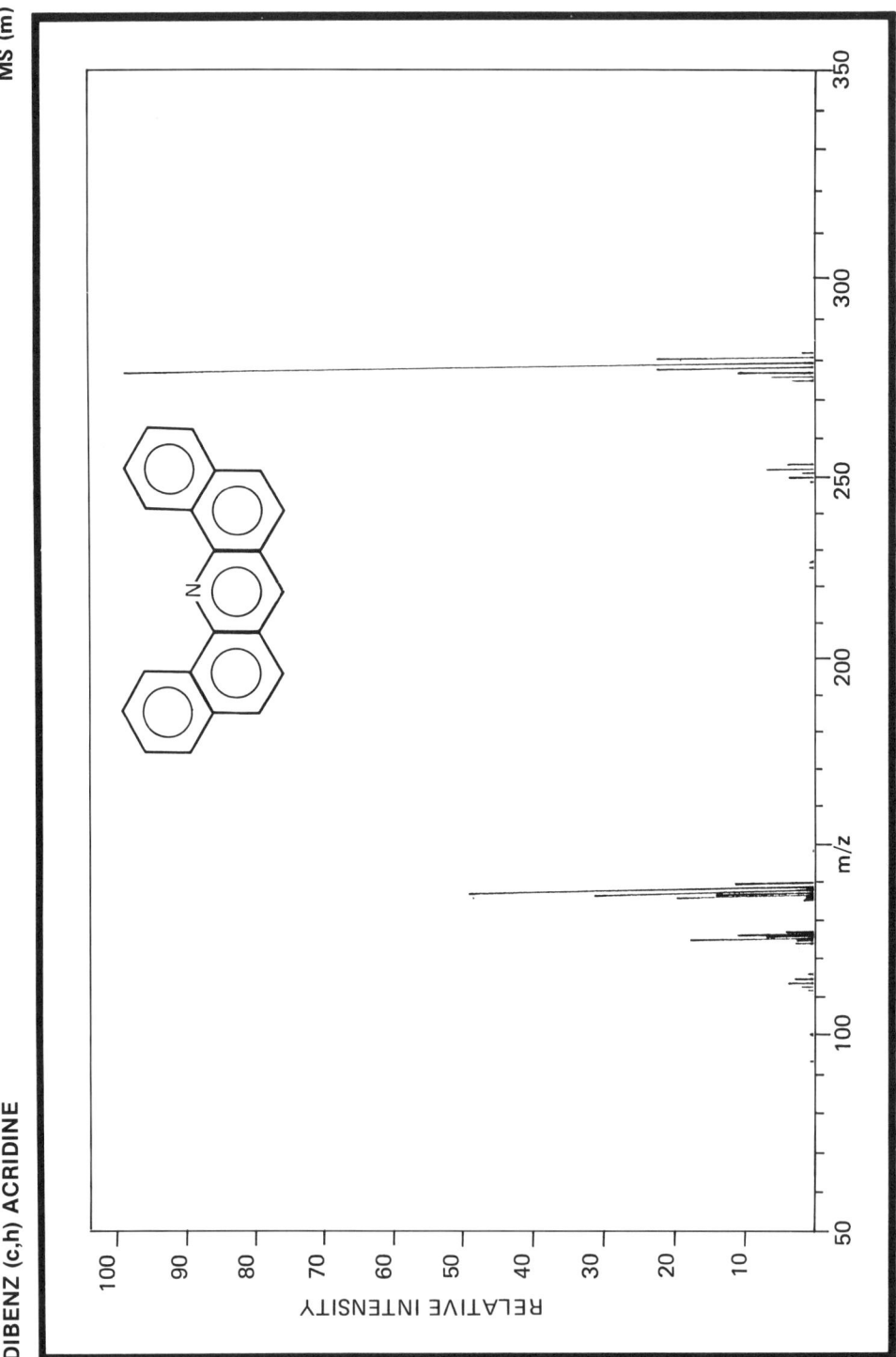

m/z	relative intensity	m/z	relative intensity
112	2.0	139.5	50.0
112.5	4.0	140	12.0
113.5	3.0	250	4.0
124.5	3.0	251	2.0
125	3.0	252	7.0
125.5	18.0	253	4.0
126	7.0	275	4.0
126.5	11.0	276	6.0
127	4.0	277	11.0
138	20.0	278	23.0
138.5	14.5	279	100.0
139	32.0	280	23.0
		281	2.1

Original spectrum determined by Biochem. Institut, Ahrensburg (D)

Spectrometer	: Varian MAT 111	Formula	: $C_{21}H_{13}N$
Inlet System	: GC/MS	M_r	: 279.34 u
Source Temperature	: 200°C	m/z	: 279.10 u
Source Voltage	: 70 eV	CAS Nr.	: 224 - 53 - 3
		Purity	: 0.993 g/g
		m.p.	: 190.6°C

DIBENZ (c,h) ACRIDINE

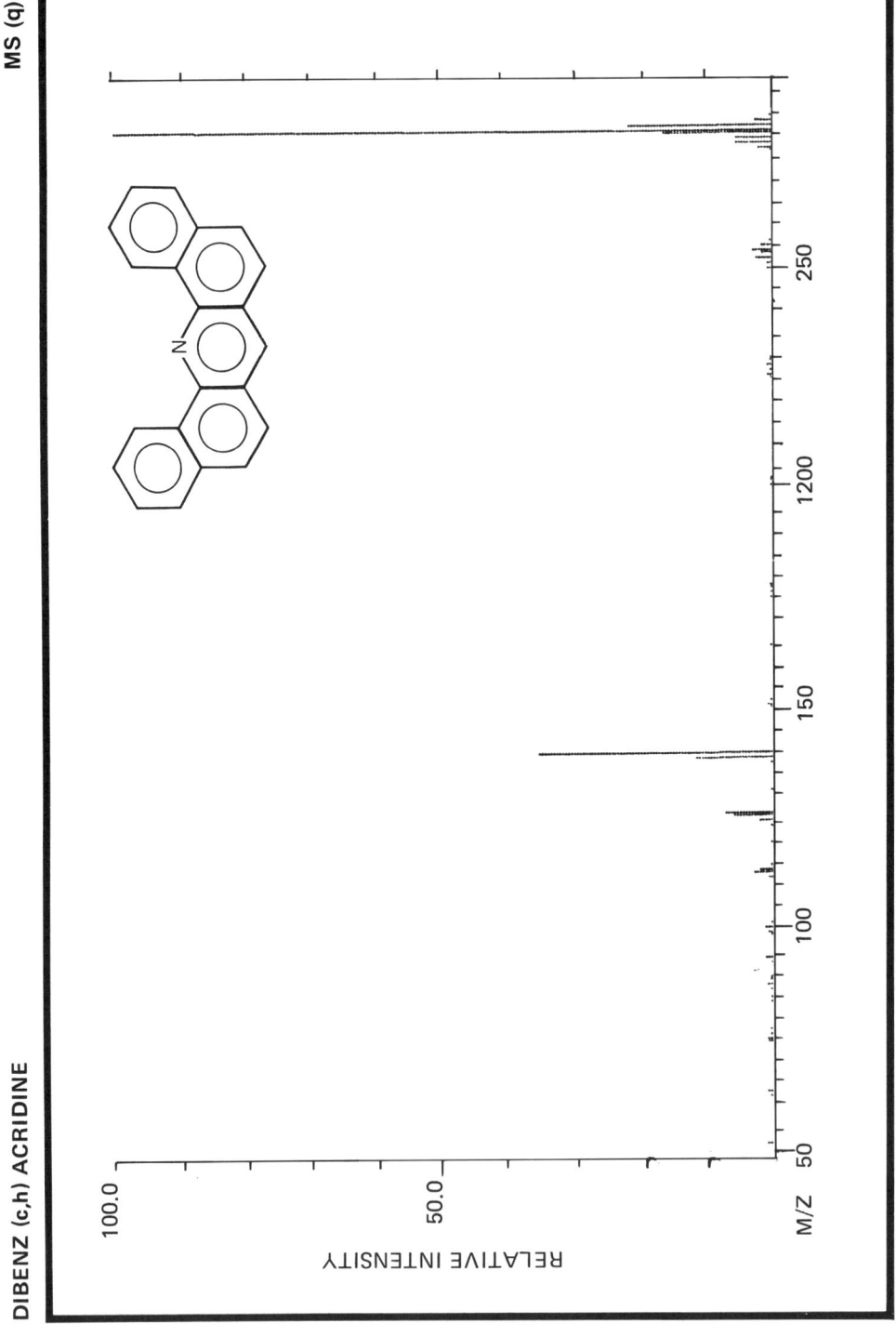

m/z	relative intensity	m/z	relative intensity
112	2.9	250	2.7
113	2.4	252	3.2
124	2.2	275	2.0
125	6.1	276	5.8
126	7.6	277	5.9
138	12.0	278	16.8
139	35.9	279	100.0
		280	22.2
		281	2.5

Original spectrum determined by ITC - TNO, Zeist (NL)

Spectrometer	: Finnigan 4021 - Quadrupole	Formula	: $C_{21}H_{13}N$
Inlet System	: capill. GC/MS	M_r	: 279.34 u
Source Temperature	: 247°C	m/z	: 279.10 u
Source Voltage	: 70 eV	CAS Nr.	: 224 - 53 - 3
		Purity	: 0.993 g/g
		m.p.	: 190.6°C

DIBENZ (c,h) ACRIDINE

1H - NMR

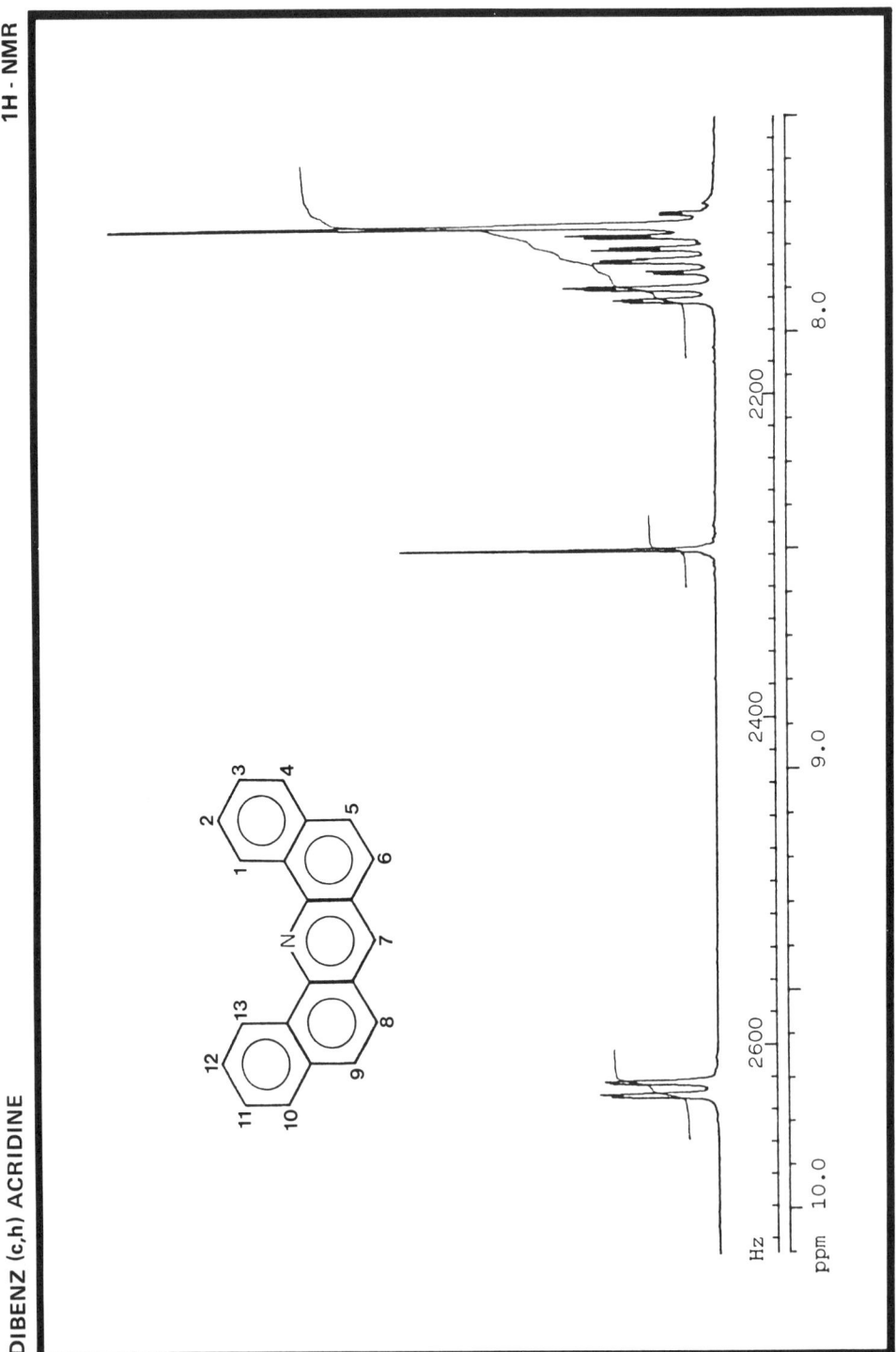

Proton No.	Chemical shift (ppm)	Coupling constants (Hz)	
1 = 13	9.72	J(1,2) = 8.3;	J(1,3) = 1.0
2 = 12	7.83	J(2,3) = 7.0;	J(2,4) = 1.1
3 = 11	7.76	J(3,4) = 7.9	
4 = 10	7.91		
5 = 9	7.76	J(5,6) n.d.	
6 = 8	7.76		
7	8.50		

Original spectrum determined by Laboratory of the Goverment Chemist, London (UK)

Spectrometer : JEOL GX - 270
Solvent : $CDCl_3$
Concentration : 5 mg/ml

Formula : $C_{21}H_{13}N$
M$_r$: 279.34 u
CAS Nr. : 224 - 53 - 3
Purity : 0.993$_6$ g/g
m.p. : 190.6°C

DIBENZ (c,h) ACRIDINE

13C - NMR

Signal	Intensity (%)	Chemical Shift (ppm)	Carbon No.
1	20.8 s	145.94	13b = 14a
2	33.9 d	134.50	7
3	35.4 s	133.88	4a = 9a +
4	27.2 s	132.00	13a = 14b +
5	94.8 d	128.60	3 = 11
6	92.3 d	127.89	4 = 10
7	100.0 d	127.63	5 = 9
8	95.2 d	127.11	2 = 12
9	92.1 d	125.52	6 = 8
10	39.1 s	125.40	6a = 7a
11	65.5 d	125.25	1 = 13

Original spectrum determined by Laboratory of the Goverment Chemist, London (UK)

Spectrometer	: JEOL GX - 270 (67.8 MHz)	Formula	: $C_{21}H_{13}N$
Solvent	: $CDCl_3$	M_r	: 279.34 u
Concentration	: 5 mg/ml	CAS Nr.	: 224 - 53 - 3
Pulse (angle)	: 10 µs (40°)	Purity	: 0.993 g/g
Accumulations	: 32000	m.p.	: 190.6°C
Repeat time	: 2.47 s		

+ May be interchanged

DIBENZ (c,h) ACRIDINE

IR (KBr)

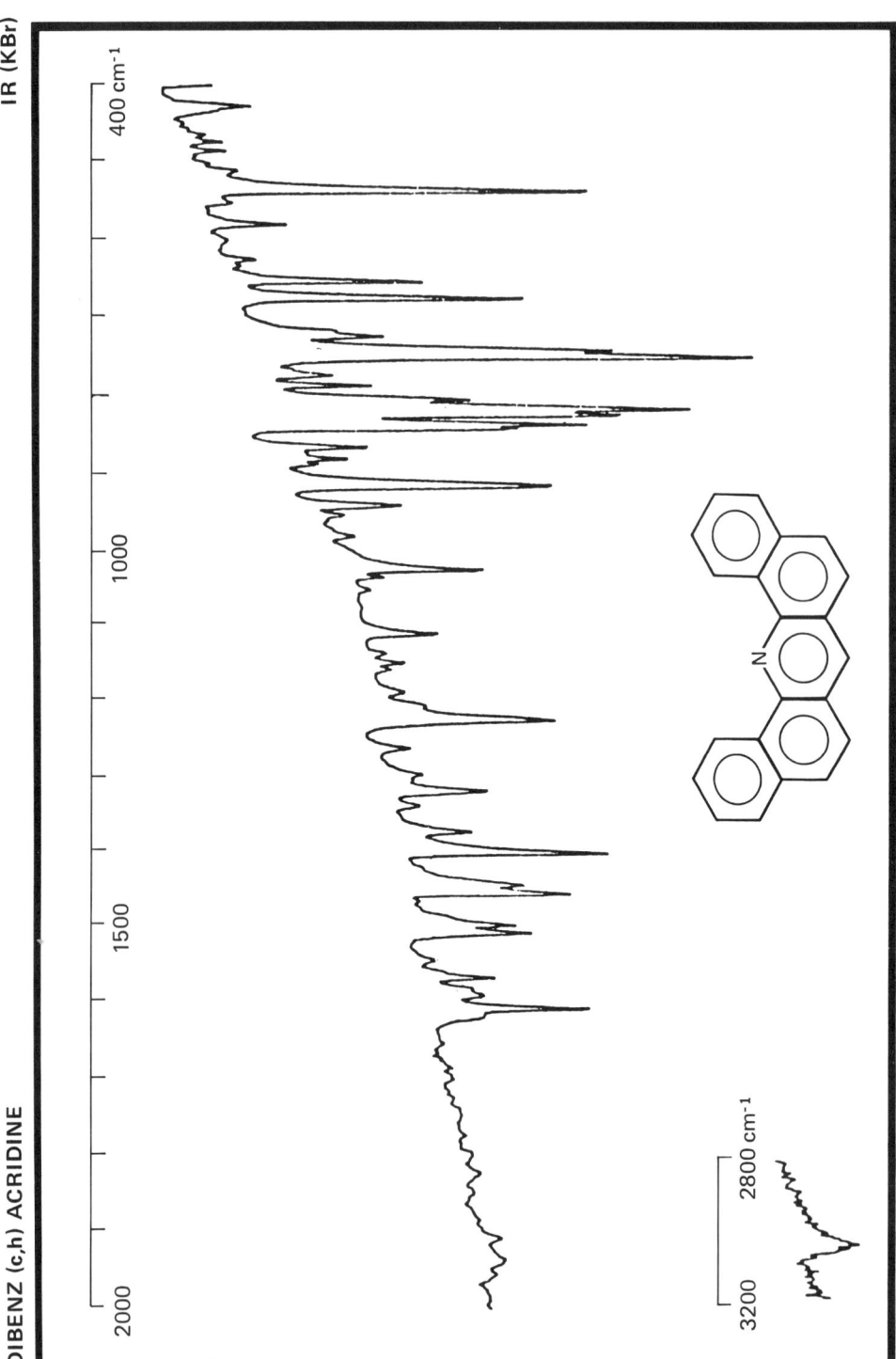

Frequency (cm⁻¹)	Assignment	Frequency (cm⁻¹)	Assignment
3044:	C - H stretch	990	
1508:		914	
1478:	C = C stretch	818:	
1474:	and	797:	
1447:	C = N stretch	752:	C - H
		745:	wagging
		714:	deformation
1397	C - C stretch/	652	
1213	C - N stretch	563	ring
		434:	deformation

Original spectrum determined by Biochem. Institut, Ahrensburg (D)

Spectrometer	: Nicolet 5 MX	**Formula**	: $C_{21}H_{13}N$
Sample	: KBr disc (⌀5 mm, thickness 0.4 mm)	**M$_r$**	: 279.34 u
Reference	: Air	**CAS Nr.**	: 224 - 53 - 3
Resolution	: 1.7 cm⁻¹ (maximum)	**Purity**	: 0.993$_6$ g/g
		m.p.	: 190.6°C

DIBENZ (c,h) ACRIDINE

IR (S)

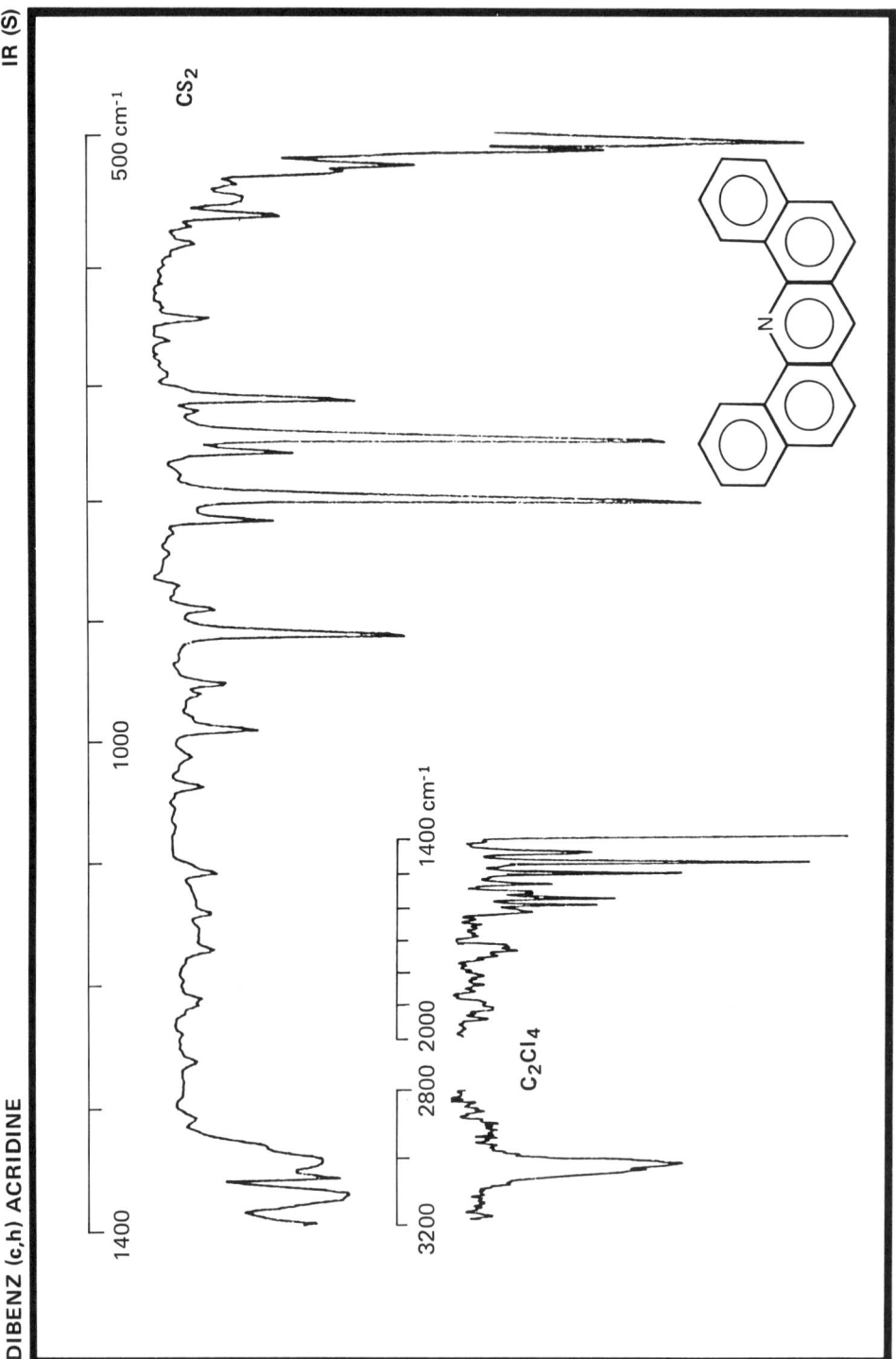

Frequency (cm⁻¹)	Assignment	Frequency (cm⁻¹)	Assignment
3052:	C - H stretch	990:	
1609:		910:	
1589:		818:	C - H wagging deformation
1510:	C = C stretch	799:	
1478:		762:	
1445:		748:	
		718:	
1373:	C - Cl	525:	ring deformation
1360:	C - N stretch	511:	
1346:		503:	

Original spectrum determined by Biochem. Institut, Ahrensburg (D)

Spectrometer	: Nicolet 5 MX	**Formula**	: $C_{21}H_{13}N$
Cell	: 0.2 mm (KBr)	**M$_r$**	: 279.34 u
Solvents	: C_2Cl_4 (3.200 - 1.400 cm⁻¹)	**CAS Nr.**	: 224 - 53 - 3
	CS_2 (1.400 - 500 cm⁻¹)	**Purity**	: 0.9936 g/g
Resolution	: 1.7 cm⁻¹ (maximum)	**m.p.**	: 190.6°C

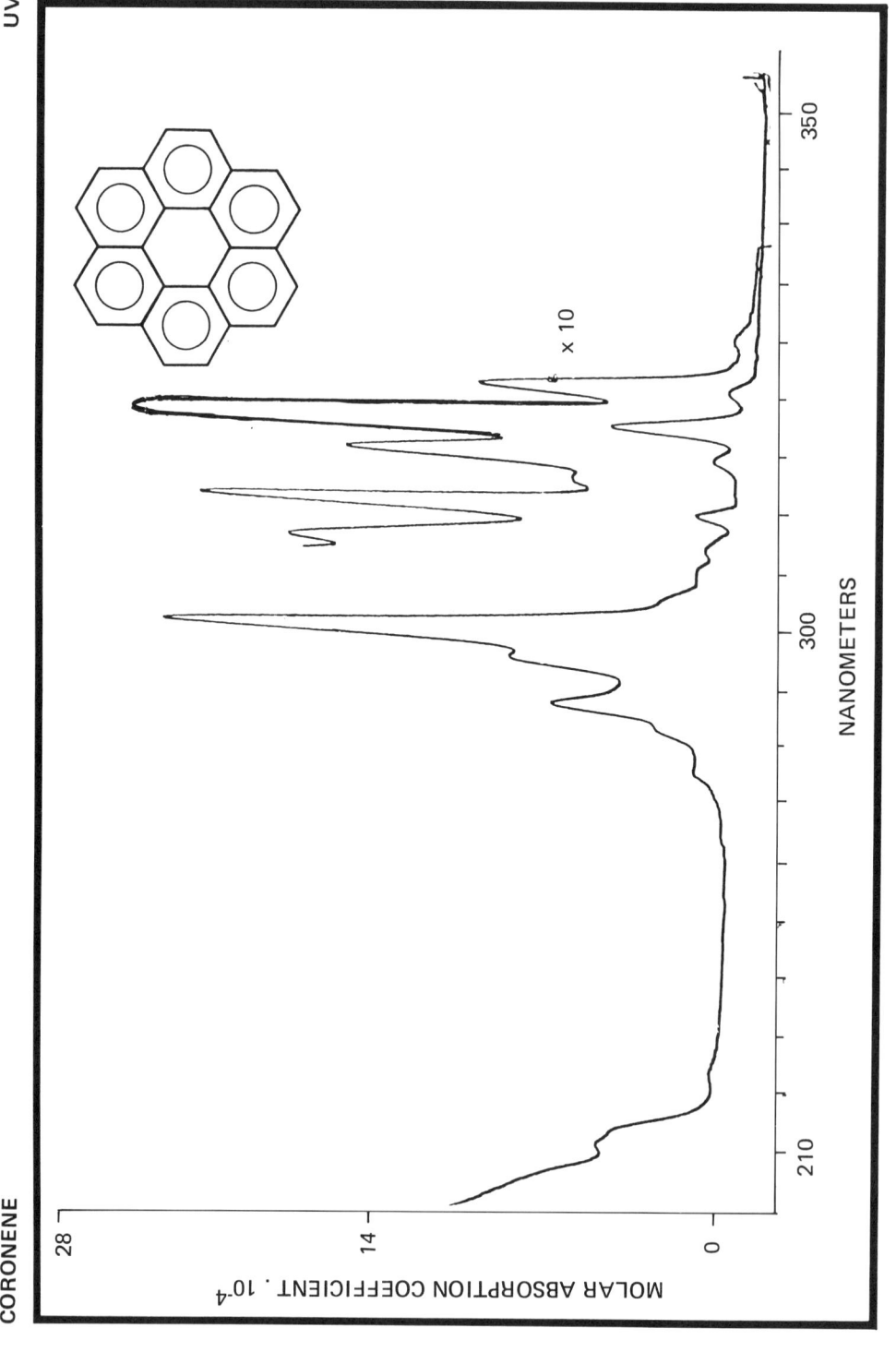

Wavelength (nm)	Molar absorption coefficient (l. mol⁻¹ cm⁻¹ × 10⁻⁴)	Wavelength (nm)	Molar absorption coefficient (l. mol⁻¹ cm⁻¹ × 10⁻⁴)
206.2	7.41	332.2	1.75
214.5	5.73	338.3	6.43
228.2	0.72	344.9	1.20
252.2	0.41	362.2	0.015
278.7	2.06	377.2	0.019
290.2	6.91	380.5	0.02
301.9	26.29	386.9	0.027
312.2	2.31	401.1	0.026
316.9	1.96	408.6	0.045
323.2	2.40		

Original spectrum determined by Biochem. Institut, Ahrensburg (D)

Spectrometer	: Perkin - Elmer 555	**Formula**	: $C_{24}H_{12}$
Solvent	: Cyclohexane	**M_r**	: 300.36 u
Concentration	: 23.9 mg/l	**CAS Nr.**	: 191 - 07 - 1
Cell Length	: 0.500 cm	**Purity**	: 0.998_3 g/g
Slit width	: 1 nm	**m.p.**	: 439°C

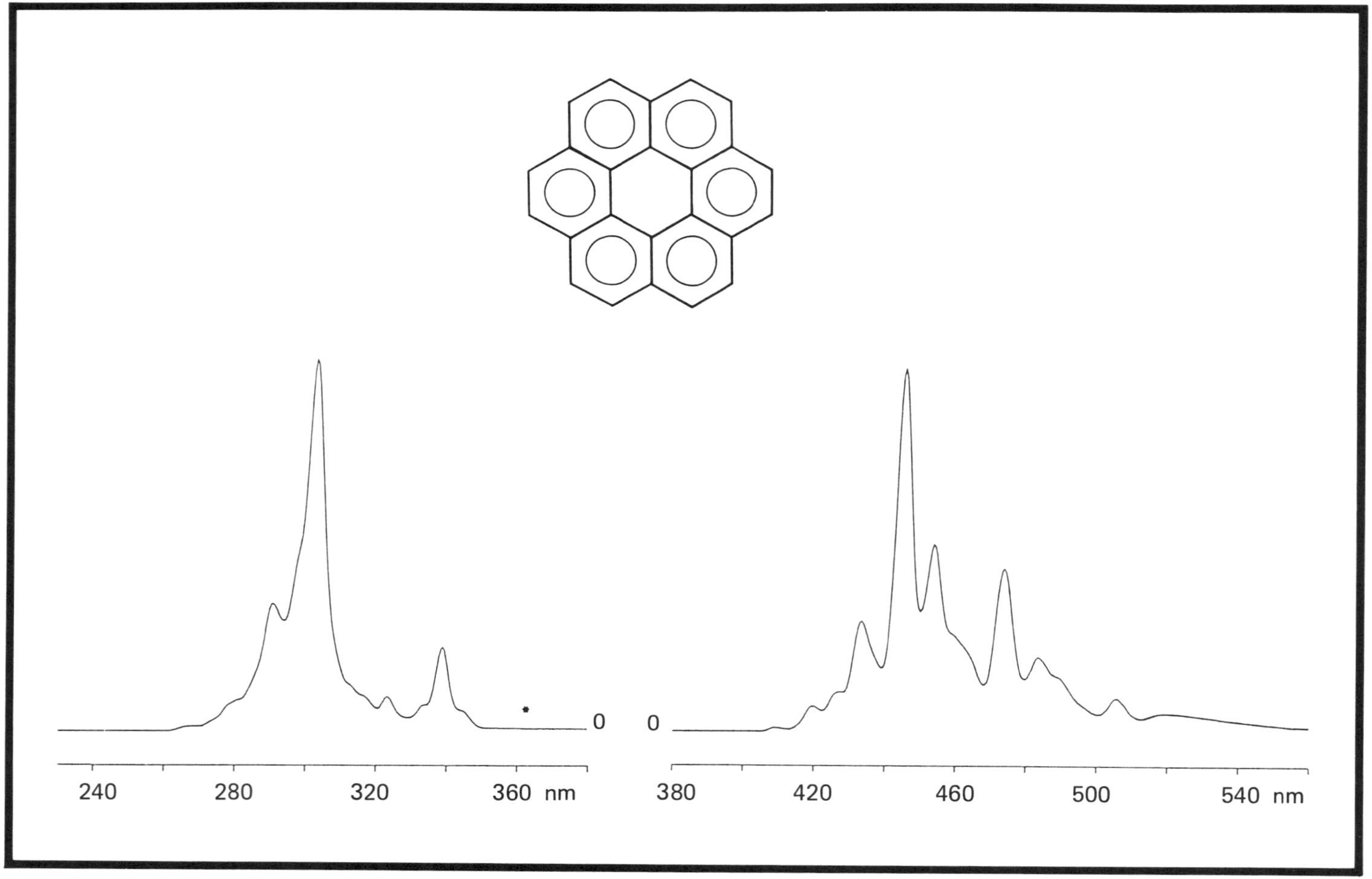
0
0
240
280
320
360 nm
380
420
460
500
540 nm

Wavelength (nm)	Relative intensity
419.5	8
427 (sh)	11.5
433	31
445	100
454	51
473.5	44
484	21
506	9

Original spectrum determined by Physico-chemical oceanography group, LA 348-CNRS, University of Bordeaux I (F)

Instrument	: Perkin-Elmer MPF-44	**Formula**	: $C_{24}H_{12}$
Solvent	: Cyclohexane	M_r	: 300.36 u
Concentration	: 150 µg/l	**CAS Nr.**	: 191-07-1
Spectrum	: **excitation** **emission**	**Purity**	: 0.998_3 g/g
Fixed wavelength	: 445 nm 302 nm	**m.p.**	: 437°C
Excitation slit	: 2 nm 6 nm		
Emission slit	: 8 nm 2 nm		

(* First excitation bands not recorded due to very low ϵ - value)

CORONENE

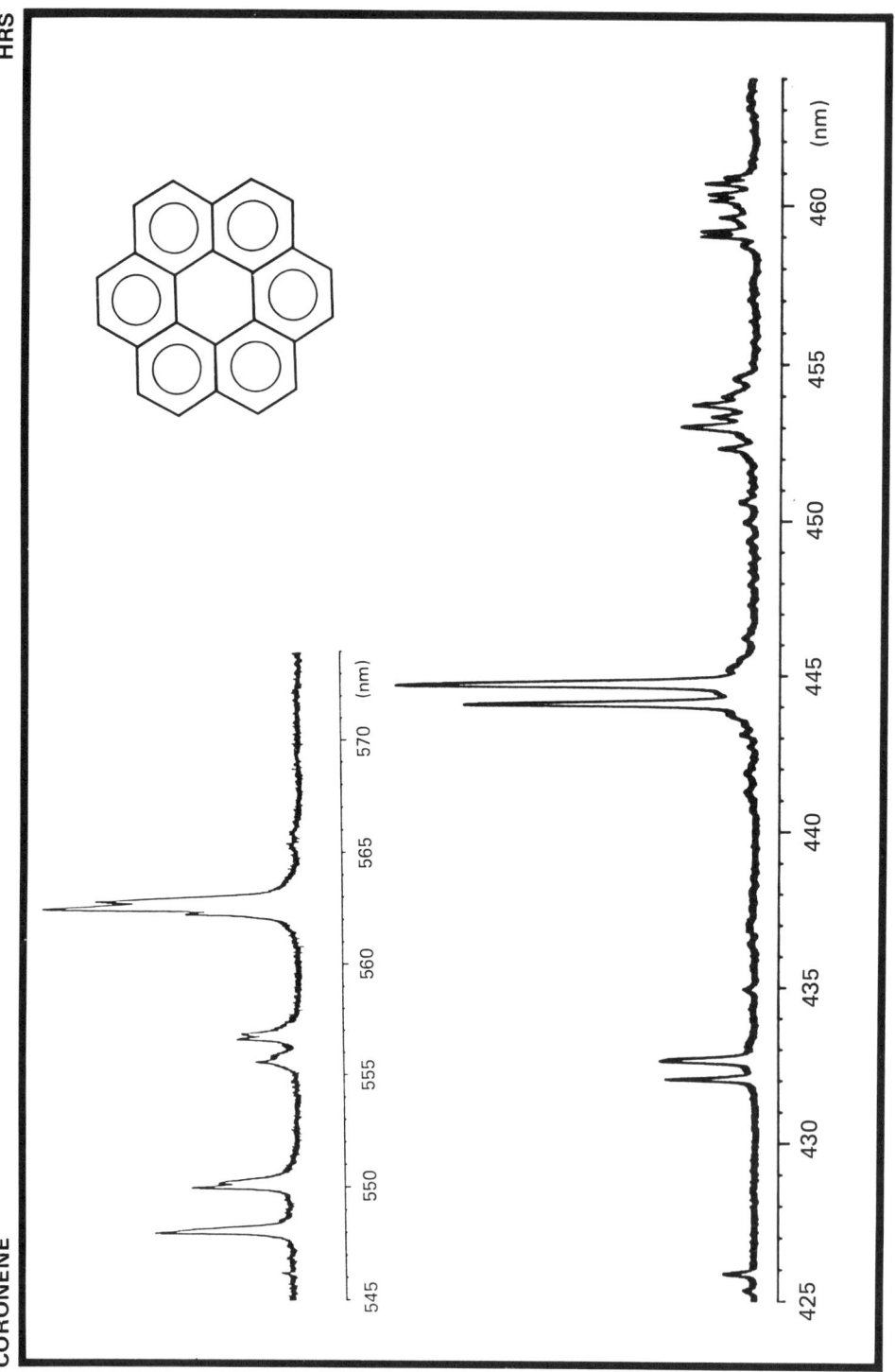

Fluorescence Wavelength (nm)	Intensity (%)	Phosphorescence Wavelength (nm)	Intensity (%)
431.8	26	547.9	58
432.4	27	549.8	44
444	81	550.1	34
444.6	100	562.1	46
		562.5	100
		562.7	80

Original spectrum determined by Physico-chemical oceanography group-University of Bordeaux I (F)

Source	: 45OW Xenon lamp	Formula	: $C_{24}H_{12}$
Excitation monochromator	: Jobin-Yvon H20	M_r	: 300.36 u
Emission monochromator	: Jobin-Yvon HR1000	CAS Nr.	: 191 - 07 - 1
Excitation wavelength (slits)	: 342 (9) nm	Purity	: 0.998_3 g/g
Emission slits	: 0.04 nm (0.08)	m.p.	: 439°C
Temperature	: 15 K		
Solvent	: n-octane		
Concentration	: 1.5 mg/l		

CORONENE

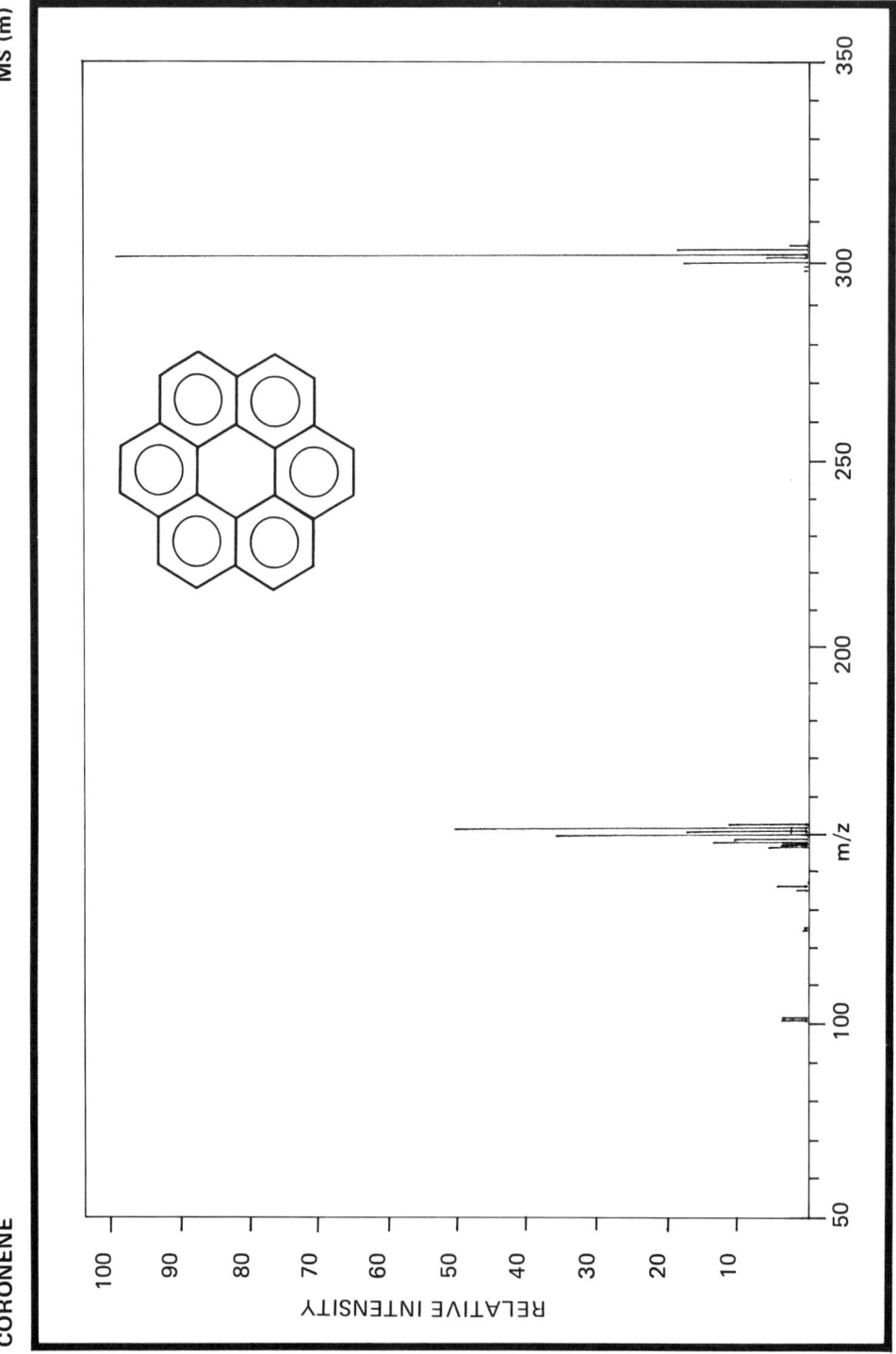

m/z	relative intensity		m/z	relative intensity
100	4.0		149	37.0
100.5	4.0		149.5	18.0
135	2.0		150	52.0
136	4.0		150.5	12.0
147	6.0		298	18.0
147.5	4.0		299	6.0
148	14.0		300	100.0
148.5	11.0		301	19.0
			302	2.6

Original spectrum determined by Biochem. Institut, Ahrensburg (D)

Spectrometer	: Varian MAT 111		**Formula**	: $C_{24}H_{12}$
Inlet System	: GC/MS		M_r	: 300.36 u
Source Temperature	: 200°C		m/z	: 300.09 u
Source Voltage	: 70 eV		**CAS Nr.**	: 191 - 07 - 1
			Purity	: 0.998_3 g/g
			m.p.	: 439°C

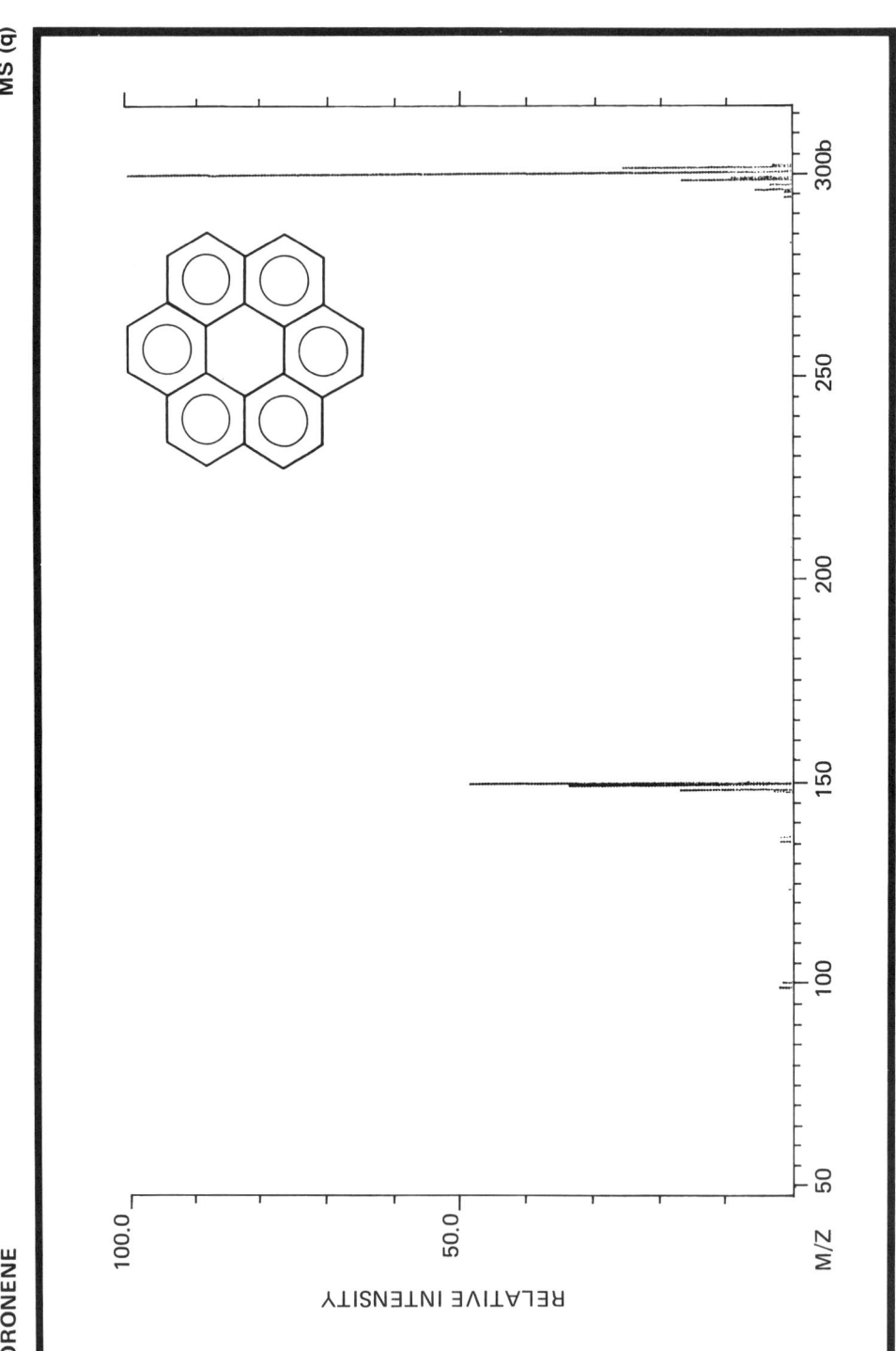

m/z	relative intensity	m/z	relative intensity
99	2.2	296	5.9
135	2.1	297	3.6
136	2.3	298	16.7
147	3.2	299	9.3
148	17.1	300	100.0
149	34.1	301	25.5
150	48.8	302	3.3

Original spectrum determined by ITC - TNO, Zeist (NL)

Spectrometer	: Finnigan 4021 - Quadrupole	**Formula**	: $C_{24}H_{12}$
Inlet System	: capill. GC/MS	**M_r**	: 300.36 u
Source Temperature	: 247°C	**m/z**	: 300.09 u
Source Voltage	: 70 eV	**CAS Nr.**	: 191 - 07 - 1
		Purity	: 0.998_3g/g
		m.p.	: 439°C

CORONENE

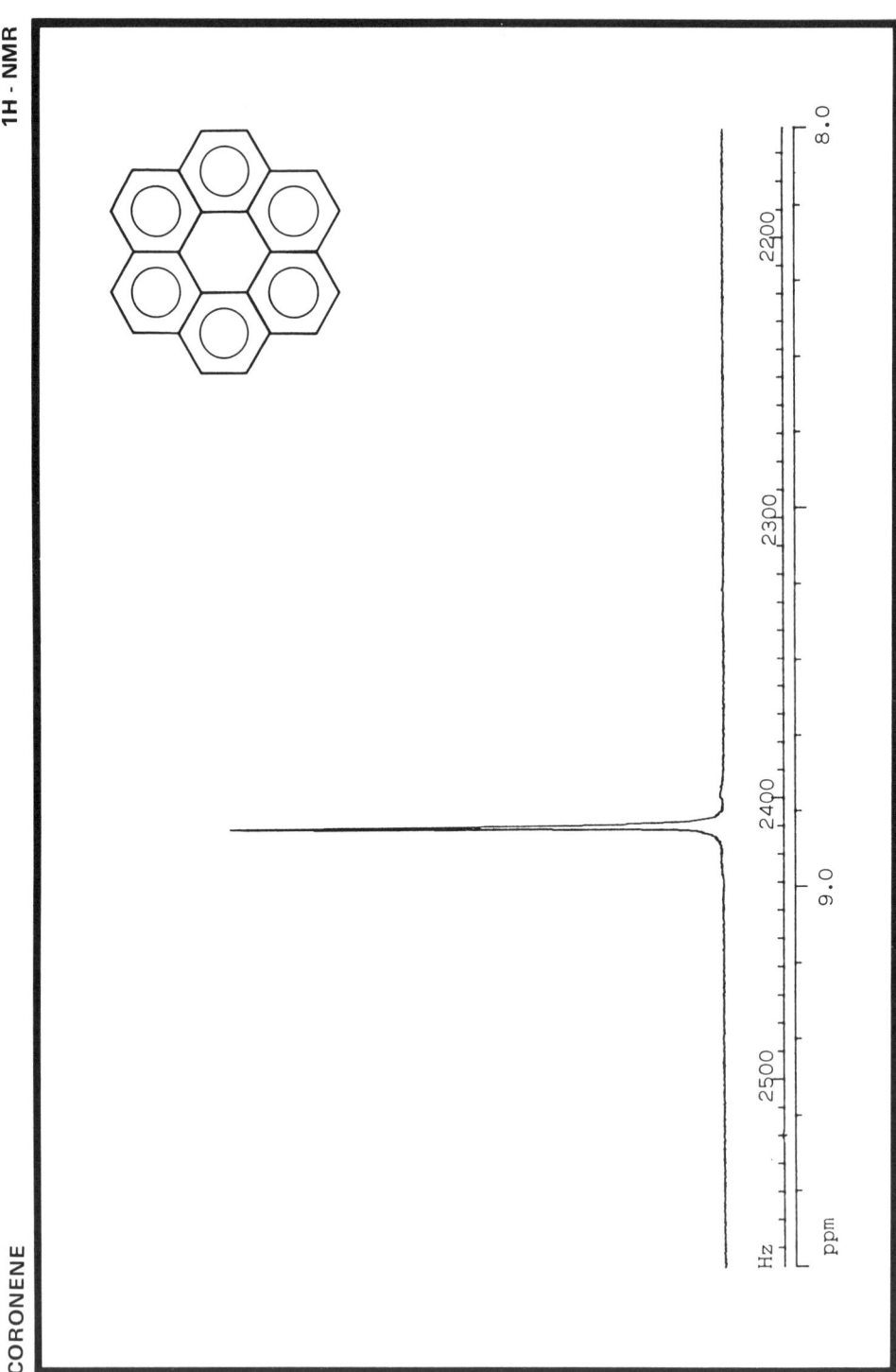

Proton No.	Chemical shift (ppm)	Coupling constants (Hz)
1	8.92	—

Original spectrum determined by Laboratory of the Goverment Chemist, London (UK)

Spectrometer	: JEOL GX - 270		Formula	: $C_{24}H_{12}$
Solvent	: $CDCl_3$		M_r	: 300.36 u
Concentration	: 6 mg/ml		CAS Nr.	: 191 - 07 - 1
			Purity	: 0.998_3 g/g
			m.p.	: 439°C

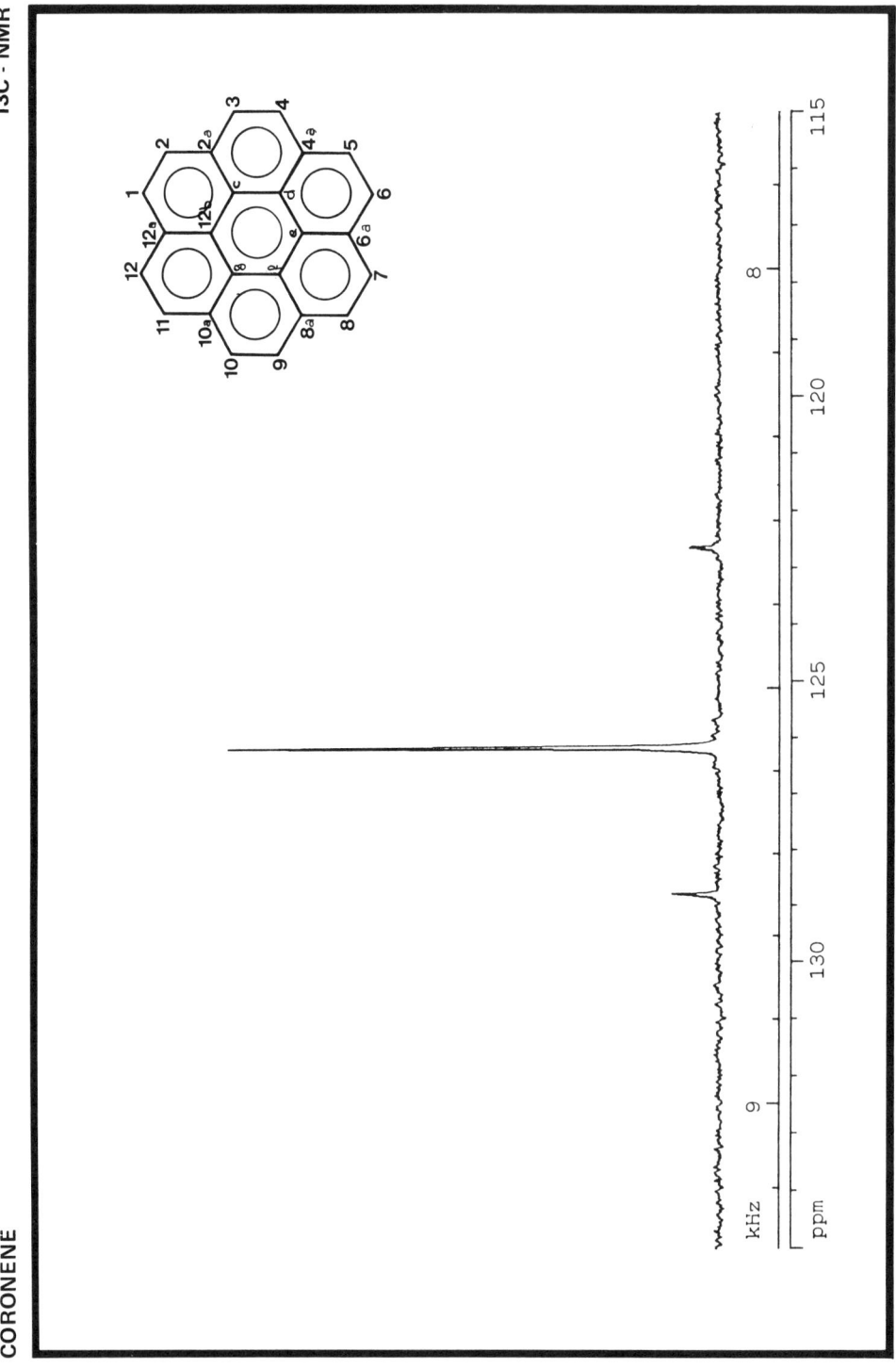

Signal	Intensity (%)	Chemical Shift (ppm)	Carbon No.
1	8.8 s	128.81	2a = 4a = 6a = 8a = 10a = 12a
2	100.0 d	126.20	1 = 2 = 12
3	5.4 s	122.67	12b-g

Original spectrum determined by Laboratory of the Goverment Chemist, London (UK)

Spectrometer	: JEOL GX - 270 (67.8 MHz)	Formula	: $C_{24}H_{12}$
Solvent	: $CDCl_3$	M_r	: 300.36 u
Concentration	: 6 mg/ml	CAS Nr.	: 191 - 07 - 1
Pulse (angle)	: 10 μs (40°)	Purity	: 0.998_3 g/g
Accumulations	: 20000	m.p.	: 439°C
Repeat time	: 2.47 s		

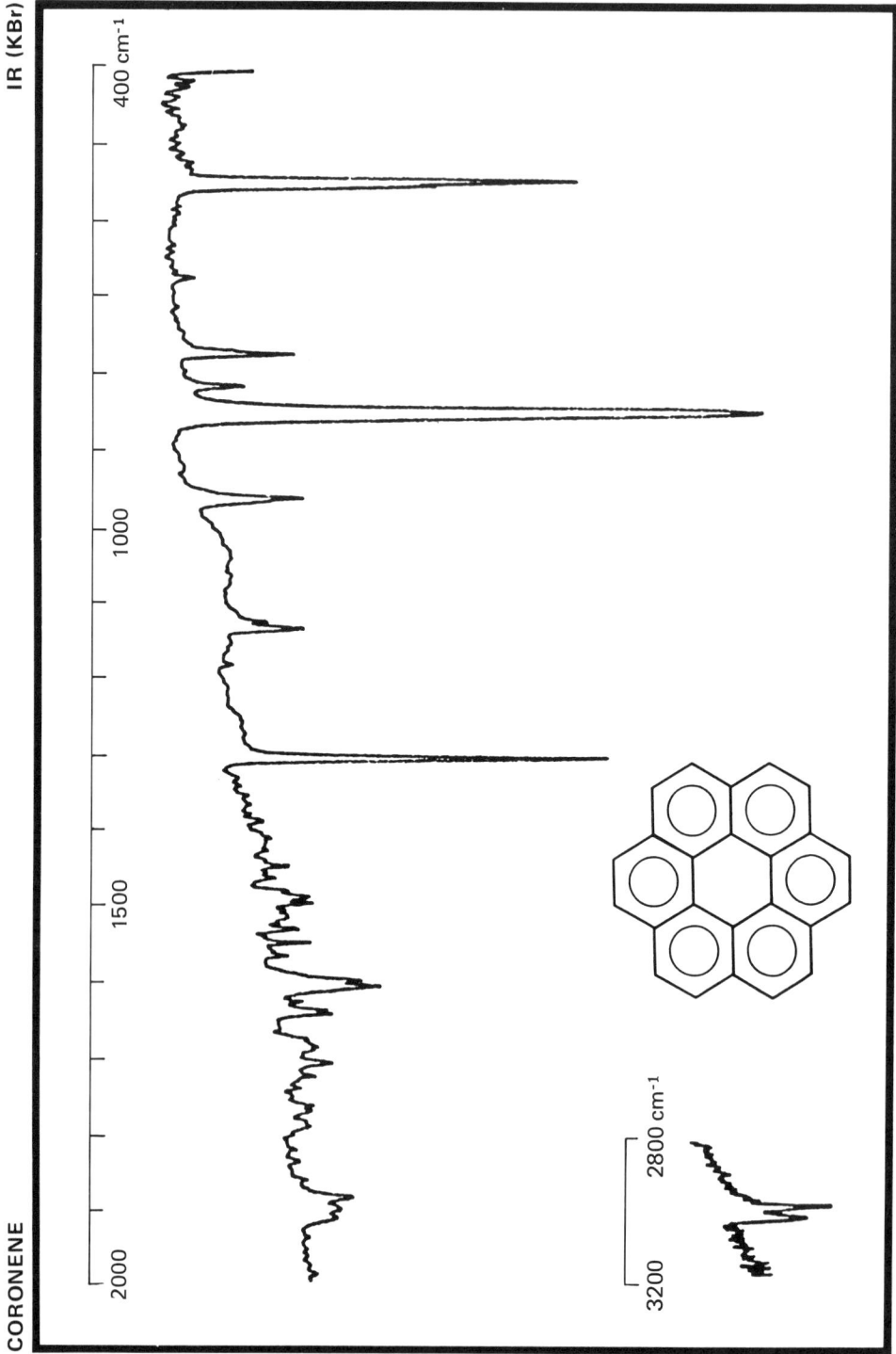

Frequency (cm⁻¹)	Assignment	Frequency (cm⁻¹)	Assignment
3054:	C - H stretch	959:	
3021:			
1617:	C=C stretch	851:	C - H wagging deformation
1609:		550:	ring deformation
		544:	
1314			
1136	C - C stretch		
1124			

Original spectrum determined by Biochem. Institut, Ahrensburg (D)

Spectrometer	: Nicolet 5 MX	Formula	: $C_{24}H_{12}$
Sample	: KBr disc (⌀5 mm, thickness 0.4 mm)	M_r	: 300.36 u
Reference	: Air	CAS Nr.	: 191 - 07 - 1
Resolution	: 1.7 cm⁻¹ (maximum)	Purity	: 0.998_3 g/g
		m.p.	: 439°C

CORONENE

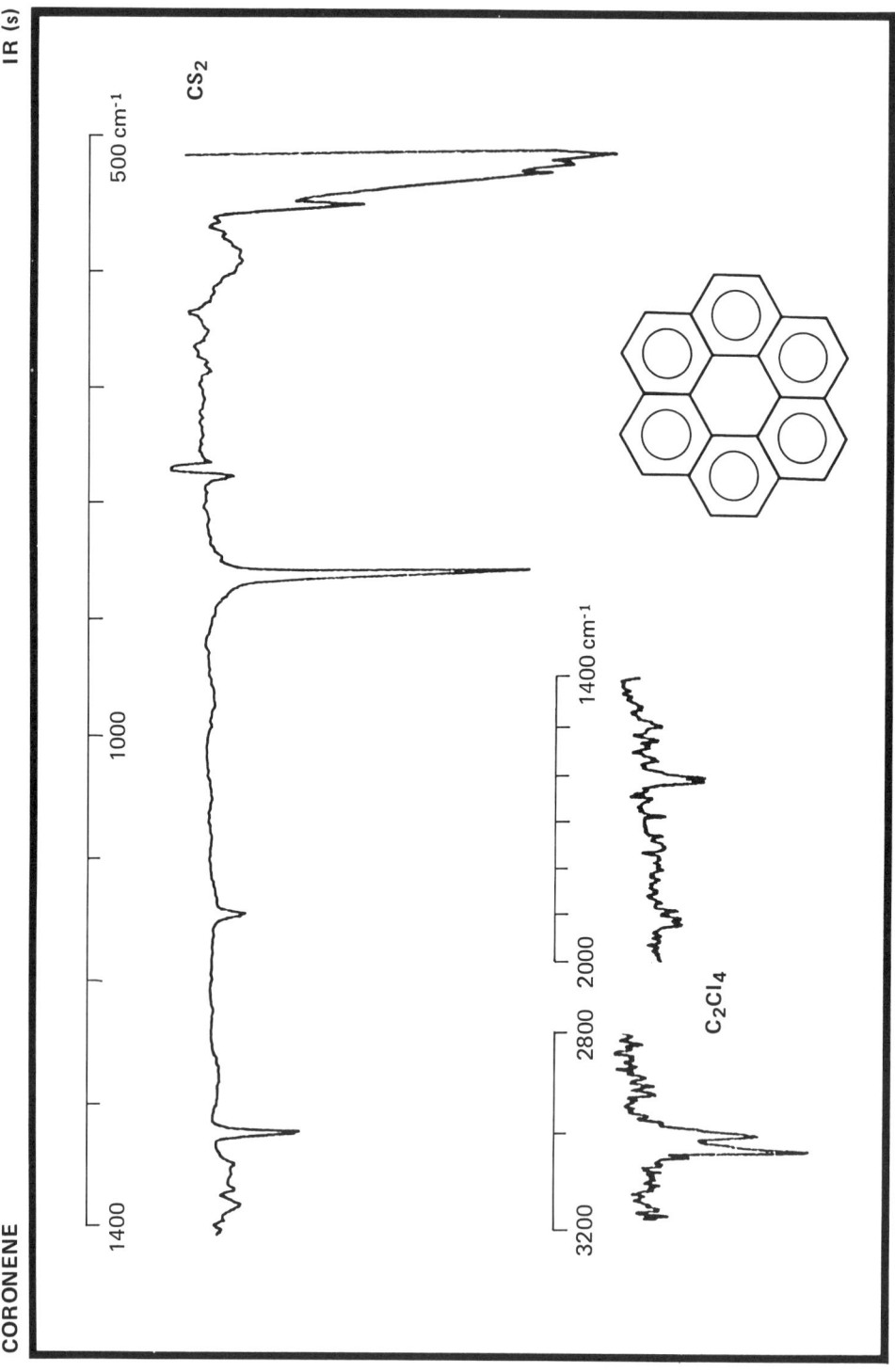

Frequency (cm⁻¹)	Assignment	Frequency (cm⁻¹)	Assignment
3057:	C - H stretch	855:	C - H wagging deformation
3027:			
1314		548:	ring deformation
		527:	
		513:	

Original spectrum determined by Biochem. Institut, Ahrensburg (D)

Spectrometer	: Nicolet 5 MX	**Formula**	: $C_{24}H_{12}$
Cell	: 0.2 mm (KBr)	M_r	: 300.36 u
Solvents	: C_2Cl_4 (3.200 - 1.400 cm⁻¹)	**CAS Nr.**	: 191 - 07 - 1
	CS_2 (1.400 - 500 cm⁻¹)	**Purity**	: 0.998_3 g/g
Resolution	: 1.7 cm⁻¹ (maximum)	**m.p.**	: 439°C

DIBENZO(a,e)FLUORANTHENE

Wavelength (nm)	Molar absorption coefficient (l. mol⁻¹ cm⁻¹ x 10⁻⁴)	Wavelength (nm)	Molar absorption coefficient (l. mol⁻¹ cm⁻¹ x 10⁻⁴)
216.9	4.6	289.6	3.8
242.6	5.8	315.4	2.0
253.8	5.4	330.5	2.7
264.6	5.45	363.5 (sh)	0.84
		379.2	1.2
271.5 (sh)	4.6	400.6	1.35

Original spectrum determined by JRC - DG XII, Ispra (CEC)

Spectrometer	: Perkin - Elmer 555
Solvent	: Cyclohexane
Concentrations	: 6.6 mg/l
Cell Length	: 1.000 cm
Slit width	: 1 nm

Formula	: $C_{24}H_{14}$
M_r	: 302.38 u
CAS Nr.	: 5385 - 75 - 1
Purity	: 0.998 g/g
m.p.	: 232°C

DIBENZO(a,e)FLUORANTHENE*

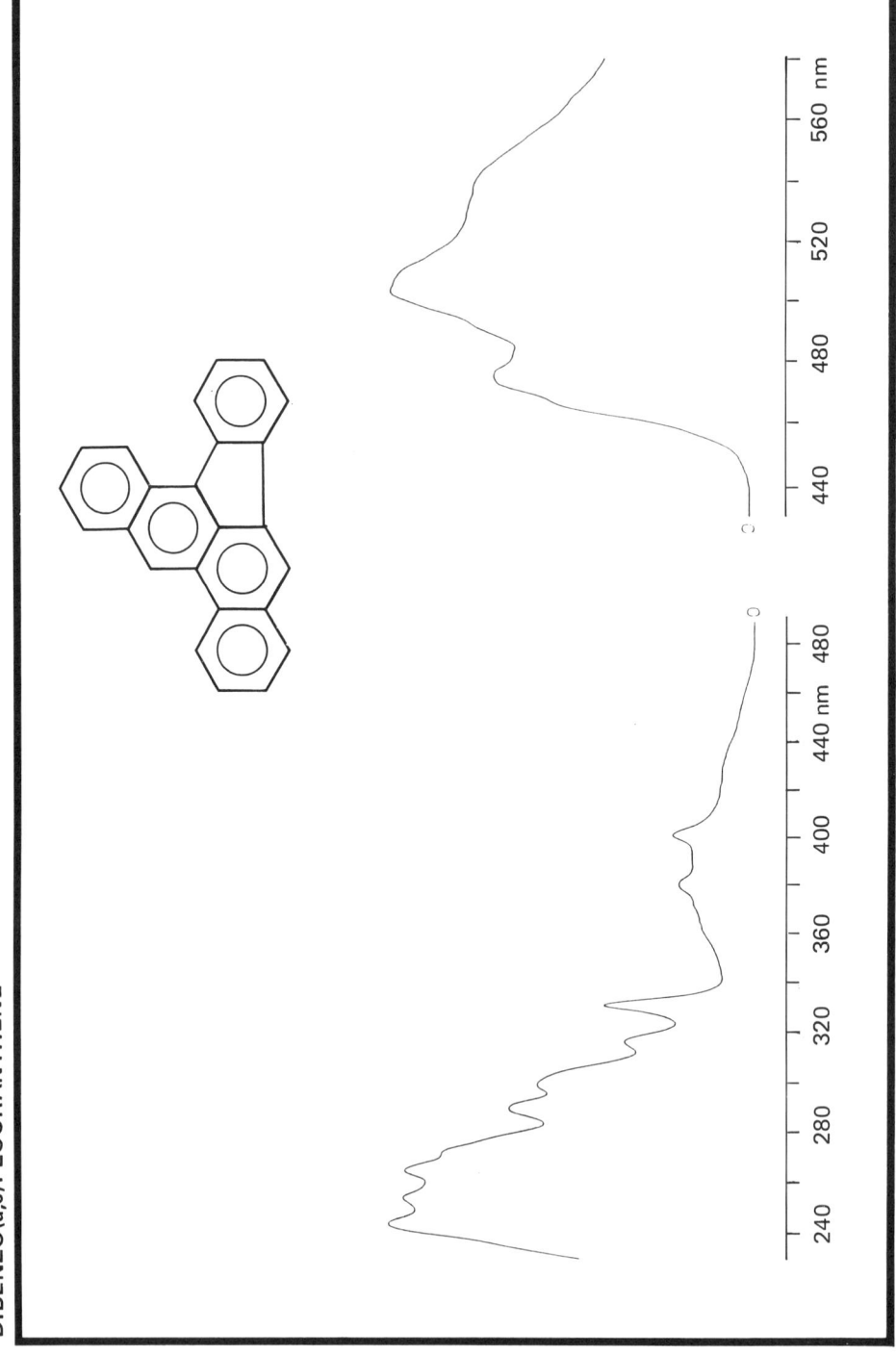

*IUPAC preferred name: DIBENZ(a,e)ACEANTHRYLENE

Wavelength (nm)	Relative intensity
465 (sh)	54
474	69
502	100
537 (sh)	75.5

Original spectrum produced by Physico-chemical oceanography group-University of Bordeaux I (F)

Instrument	: Perkin-Elmer MPF-44		Formula	: $C_{24}H_{14}$
Solvent	: Cyclohexane		M_r	: 302.38 u
Concentration	: 0.151 mg.l^{-1}		CAS Nr.	: 5385 - 75 - 1
Spectrum	: **excitation**	**emission**	Purity	: 0.998 g/g
Fixed wavelength	: 502 nm	300 nm	m.p.	: 232°C
Excitation slit	: 2 nm	8 nm		
Emission slit	: 8 nm	2 nm		

DIBENZO (a,e) FLUORANTHENE*

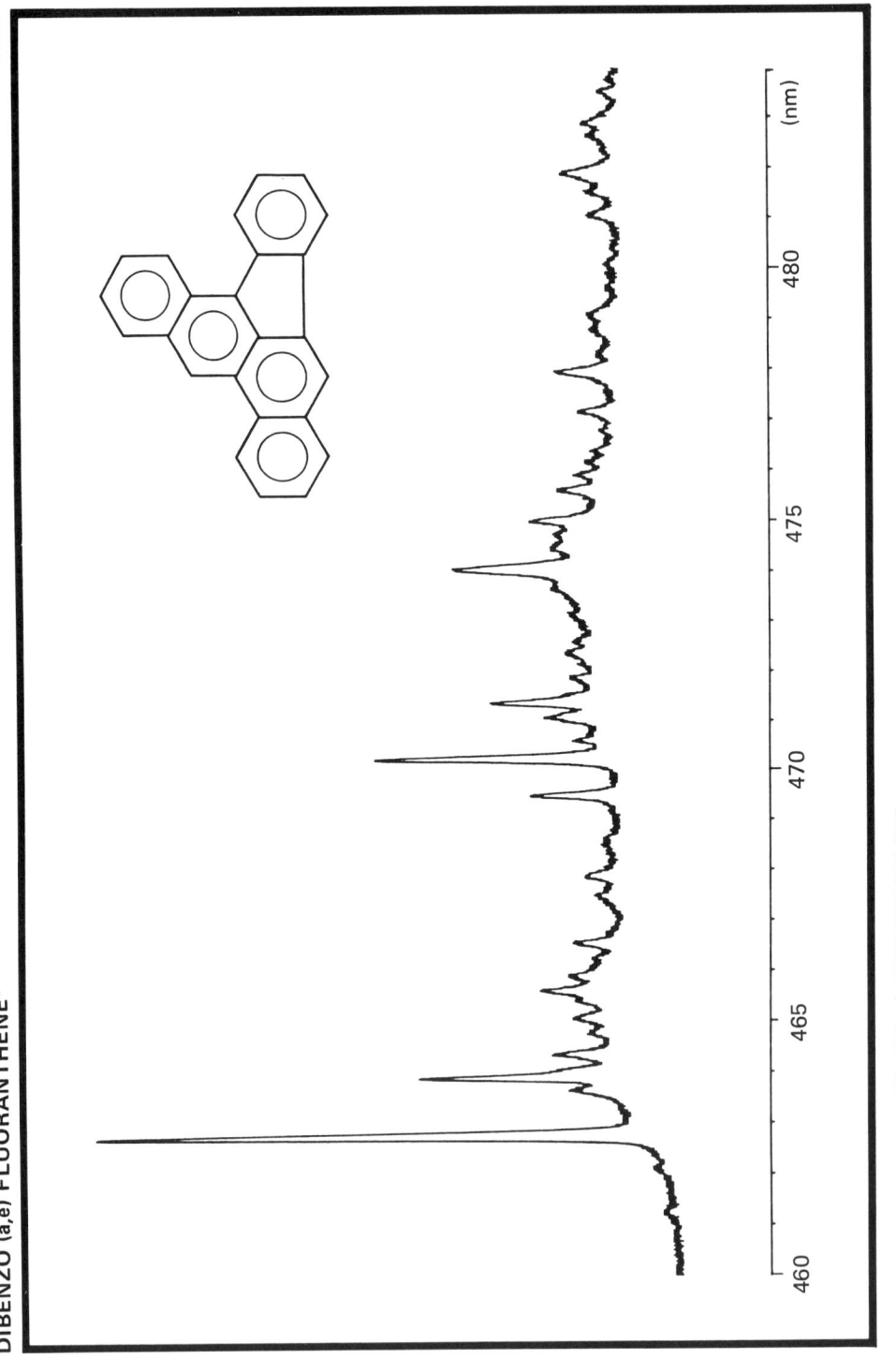

Fluorescence Wavelength (nm)	Intensity (%)
462.6	100
463.7	45
470.1	52

Original spectrum determined by Physico-chemical oceanography group-University of Bordeaux I (F)

Source	: 45OW Xenon lamp	Formula	: $C_{24}H_{14}$
Excitation monochromator	: Jobin-Yvon H20	M_r	: 302.38 u
Emission monochromator	: Jobin-Yvon HR1000	CAS Nr.	: 5385 - 75 - 1
Excitation wavelength (slits)	: 400 (9) nm	Purity	: 0.998 g/g
Emission slits	: 0.04 nm	m.p.	: 232°C
Temperature	: 15 K		
Solvent	: n-octane		
Concentration	: 0.604 mg.l^{-1}		

DIBENZO (a,e) FLUORANTHENE *

MS (m)

* IUPAC preferred name: DIBENZ (a,e) ACEANTHRYLENE

m/z	relative intensity	m/z	relative intensity
135.5	3.0	274	1.0
136	2.0	275	2.0
136.5	4.0	298	9.0
137.5	2.0	299	3.0
148	2.0	300	21.0
149	7.0	301	7.0
149.5	4.0	302	100.0
150	15.0	303	23.0
150.5	3.0	304	2.9
151	14.0		
151.5	4.0		

Original spectrum determined by Biochem. Institut, Ahrensburg (D)

Spectrometer	: Varian MAT 111	**Formula**	: $C_{24}H_{14}$
Inlet System	: Direct Inlet	**M$_r$**	: 302.38 u
Source Temperature	: 200°C	**m/z**	: 302.11 u
Source Voltage	: 70 eV	**CAS Nr.**	: 5385 - 75 - 1
		Purity	: 0.998 g/g
		m.p.	: 232°C

DIBENZO (a, e) FLUORANTHENE *

MS (q)

m/z	relative intensity	m/z	relative intensity
124	3.2	274	2.5
125	3.4	298	6.2
136	5.1	299	2.3
137	8.4	300	22.6
138	6.1	301	6.8
148	3.9	302	100.0
149	14.1	303	25.3
150	25.7	304	3.2
151	30.9		

Original spectrum determined by ITC - TNO, Zeist (NL)

Spectrometer	: Finnigan 4021 - Quadrupole
Inlet System	: capill. GC/MS
Source Temperature	: 247°C
Source Voltage	: 70 eV
Formula	: $C_{24}H_{14}$
M_r	: 302.38 u
m/z	: 302.11 u
CAS Nr.	: 5385 - 75 - 1
Purity	: 0.998 g/g
m.p.	: 232°C

DIBENZO (a,e) FLUORANTHENE*

13C - NMR

Signal	Chemical Shift (ppm)	Intensity (%)	Carbon No.
1	141.62	34 s	4c
2	138.25	31 s	8a
3	135.18	34 s	8b
4	134.52	36 s	14a
5	133.53	38 s	9a
6	131.51	23 s	4b
7	130.89	37 s	13a
8	130.77	25 s	13c
9	130.50	95 d	1
10	130.37	95 d	10
11	128.71	35 s	4a
12	128.33	91 d	6
13	127.43	98 d	12*
14	127.29	97 d	11
15	127.07	91 d	3*
16	126.37	83 d	7
17	125.91	34 s	13b
18	125.07	100 d	2
19	124.06	90 d	4
20	123.54	99 d	5
21	123.40	92 d	13
22	122.45	94 d	9
23	122.19	88 d	14
24	121.80	89 d	8

Original spectrum determined by Laboratory of the Goverment Chemist, London (UK)

Spectrometer	: JEOL GX - 270 (67.8 MHz)
Solvent	: CDCl$_3$
Concentration	: 10 mg/ml
Pulse (angle)	: 10 µs (40°)
Accumulations	: 32,000
Repeat time	: 2.47 s

Formula	: C$_{24}$H$_{14}$
M$_r$	: 302.38 u
CAS Nr.	: 5385 - 75 - 1
Purity	: 0.998 g/g
m.p.	: 232°C

* May be interchanged

DIBENZO (a,e) FLUORONTHENE*

1H - NMR

*IUPAC preferred name: DIBENZ (a,e) ACEANTHRYLENE

Proton No.	Chemical shift (ppm)	Coupling constants (Hz)	
1	8.21	$J(1,2) = 8.8$;	$J(1,3) = 1.1$
2	7.59	$J(2,3) = 7.3$;	$J(2,4) = 1.2$
3	7.71	$J(3,4) = 7.5$	
4	8.75		
5	8.37	$J(5,6) = 7.8$;	$J(5,7) = 0.4$
6	7.51	$J(6,7) = 7.5$;	$J(6,8) = 1.1$
7	7.42	$J(7,8) = 7.6$	
8	8.05		
9	8.17		
10	8.00	$J(10,11) = 8.3$;	$J(10,12) = 1.3$
11	7.62	$J(11,12) = 6.7$;	$J(11,13) = 0.1$
12	7.70	$J(12,13) = 8.4$	
13	8.78		
14	8.93		

Original spectrum determined by Laboratory of the Goverment Chemist, London (UK)

Spectrometer : JEOL GX - 270
Solvent : $CDCl_3$
Concentration : 10 mg/ml

Formula : $C_{24}H_{14}$
M_r : 302.38 u
CAS Nr. : 5385 - 75 - 1
Purity : 0.998 g/g
m.p. : 232°C

DIBENZ (a,e) FLUORANTHENE*

IR (KBr)

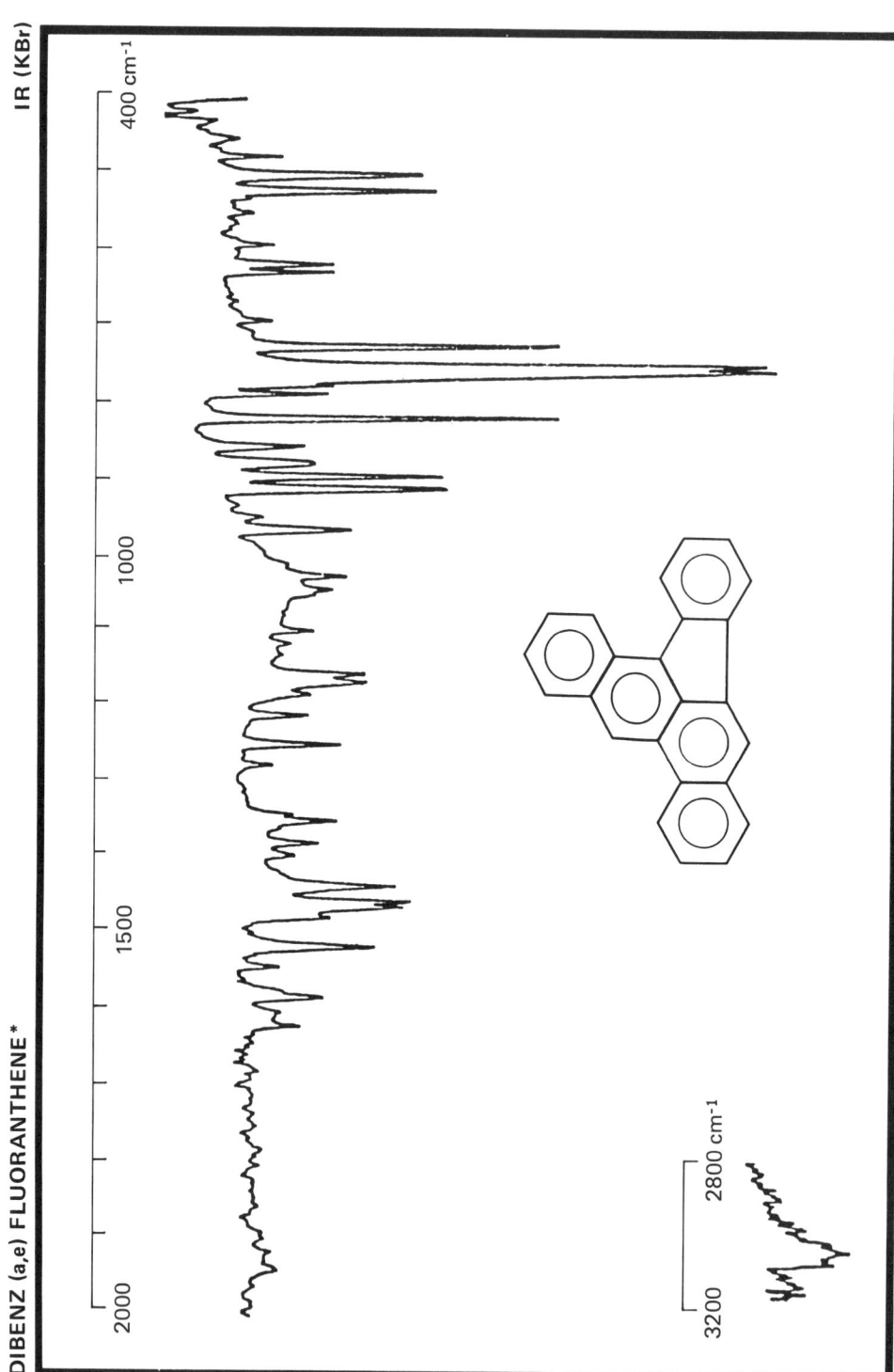

* IUPAC preferred name: DIBENZ (a,e) ACEANTHRYLENE

Frequency (cm⁻¹)	Assignment	Frequency (cm⁻¹)	Assignment
3048:	C - H stretch	949	
1516:	C=C stretch	897:	C - H wagging
1453:		880:	deformation
1431:		806:	
		747:	
1242	C - C stretch	739:	
1159		712	ring
1148		517:	deformation
		496:	

Original spectrum determined by Biochem. Institut, Ahrensburg (D)

Spectrometer	: Nicolet 5 MX	**Formula**	: $C_{24}H_{14}$
Sample	: KBr disc (φ5 mm, thickness 0.4 mm)	M_r	: 302.38 u
Reference	: Air	**CAS Nr.**	: 5385 - 75 - 1
Resolution	: 1.7 cm⁻¹ (maximum)	**Purity**	: 0.998 g/g
		m.p.	: 232°C

DIBENZ (a,e) FLUORANTHENE *

IR (s)

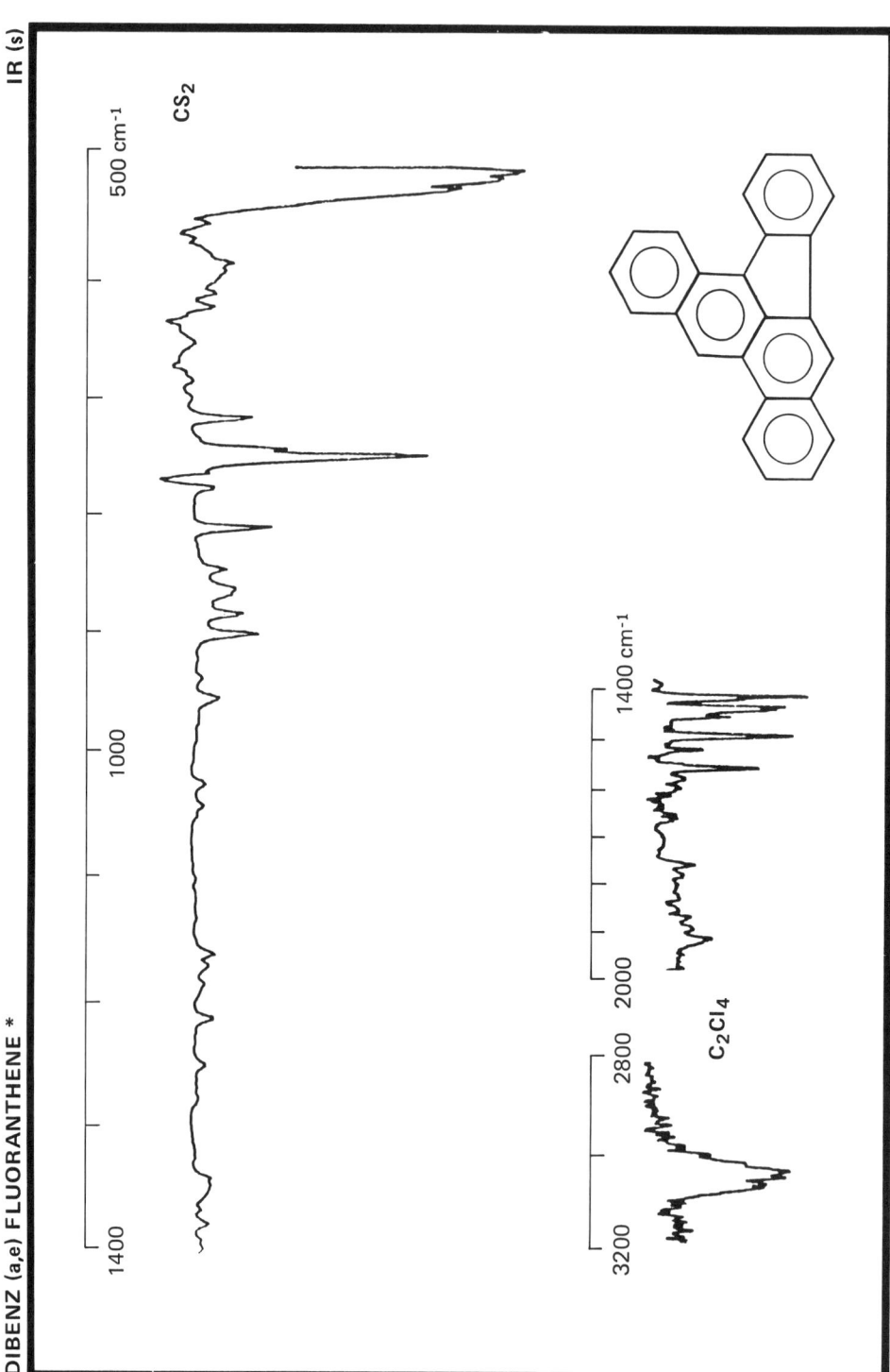

Frequency (cm⁻¹)	Assignment	Frequency (cm⁻¹)	Assignment
3077:	C - H stretch	893:	C - H
3050:		876:	wagging
1584:		855:	deformation
1516:	C=C stretch	839:	
1462:		804:	
1433:		747:	
		712:	ring
		527:	deformation
		513:	

Original spectrum determined by Biochem. Institut, Ahrensburg (D)

Spectrometer	: Nicolet 5 MX	**Formula**	: $C_{24}H_{14}$
Cell	: 0.2 mm (KBr)	M_r	: 302.38 u
Solvents	: C_2Cl_4 (3.200 - 1.400 cm⁻¹)	**CAS Nr.**	: 5385 - 75 - 1
	CS_2 (1.400 - 500 cm⁻¹)	**Purity**	: 0.998 g/g
Resolution	: 1.7 cm⁻¹ (maximum)	**m.p.**	: 232°C

DIBENZO(a,k)FLUORANTHENE*

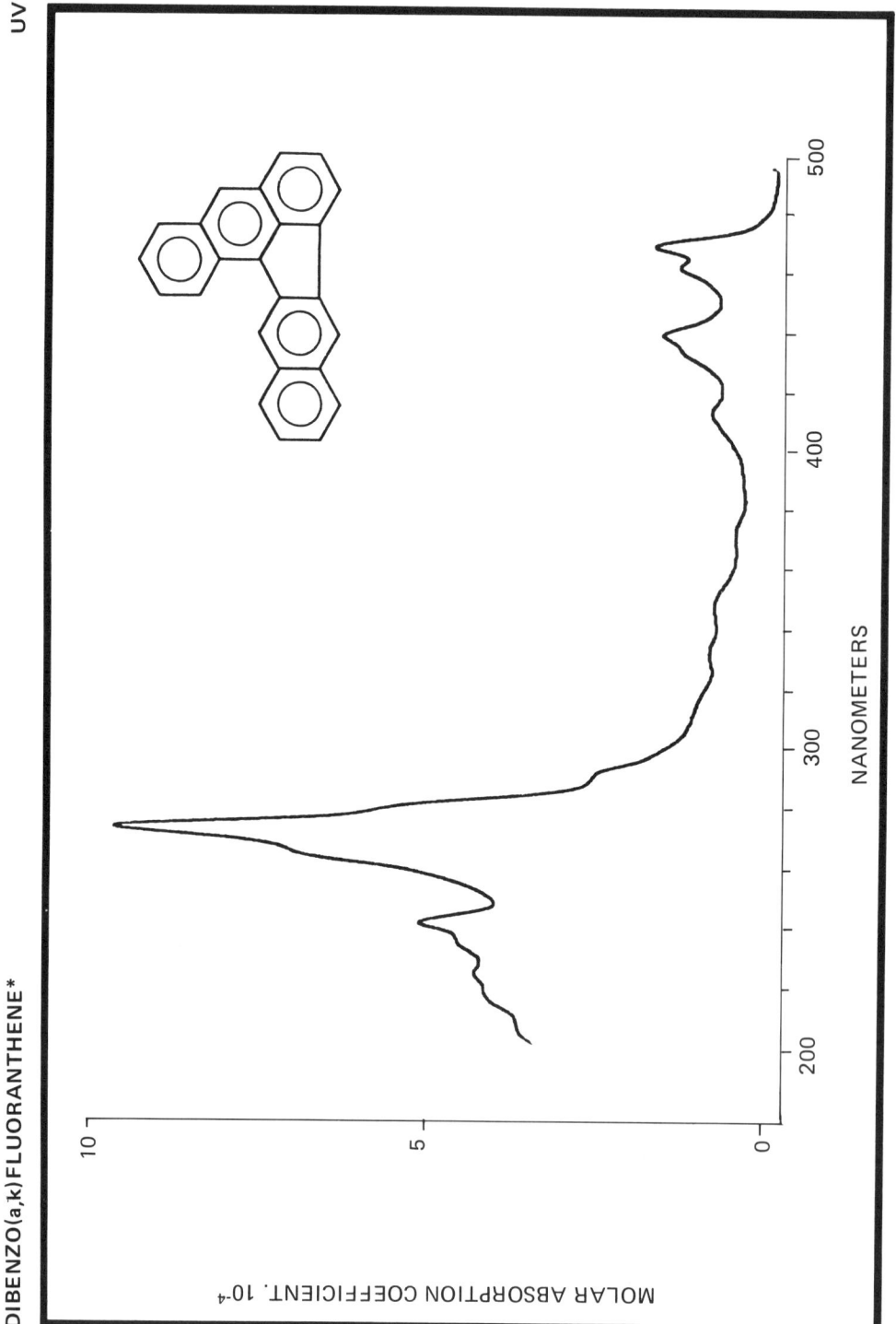

Wavelength (nm)	Molar absorption coefficient (l. mol⁻¹ cm⁻¹ × 10⁻⁴)	Wavelength (nm)	Molar absorption coefficient (l. mol⁻¹ cm⁻¹ × 10⁻⁴)
224.2	4.2	414.0	0.9
240.4	5.1	439.7	1.64
272.7	9.7	462.7	1.4
334.0	0.9	469.5	1.9
348.5	0.8		

Original spectrum determined by JRC Ispra (CEC)

Spectrometer	: Perkin - Elmer 555
Solvent	: Cyclohexane
Concentration	: 2.8 mg/l
Cell Length	: 1.000 cm
Slit width	: 1 nm
Formula	: $C_{24}H_{14}$
M_r	: 302.38 u
CAS Nr.	: 84030 - 79 - 5
Purity	: 0.993 g/g
m.p.	: 229°C

DIBENZO(a,k)FLUORANTHENE*

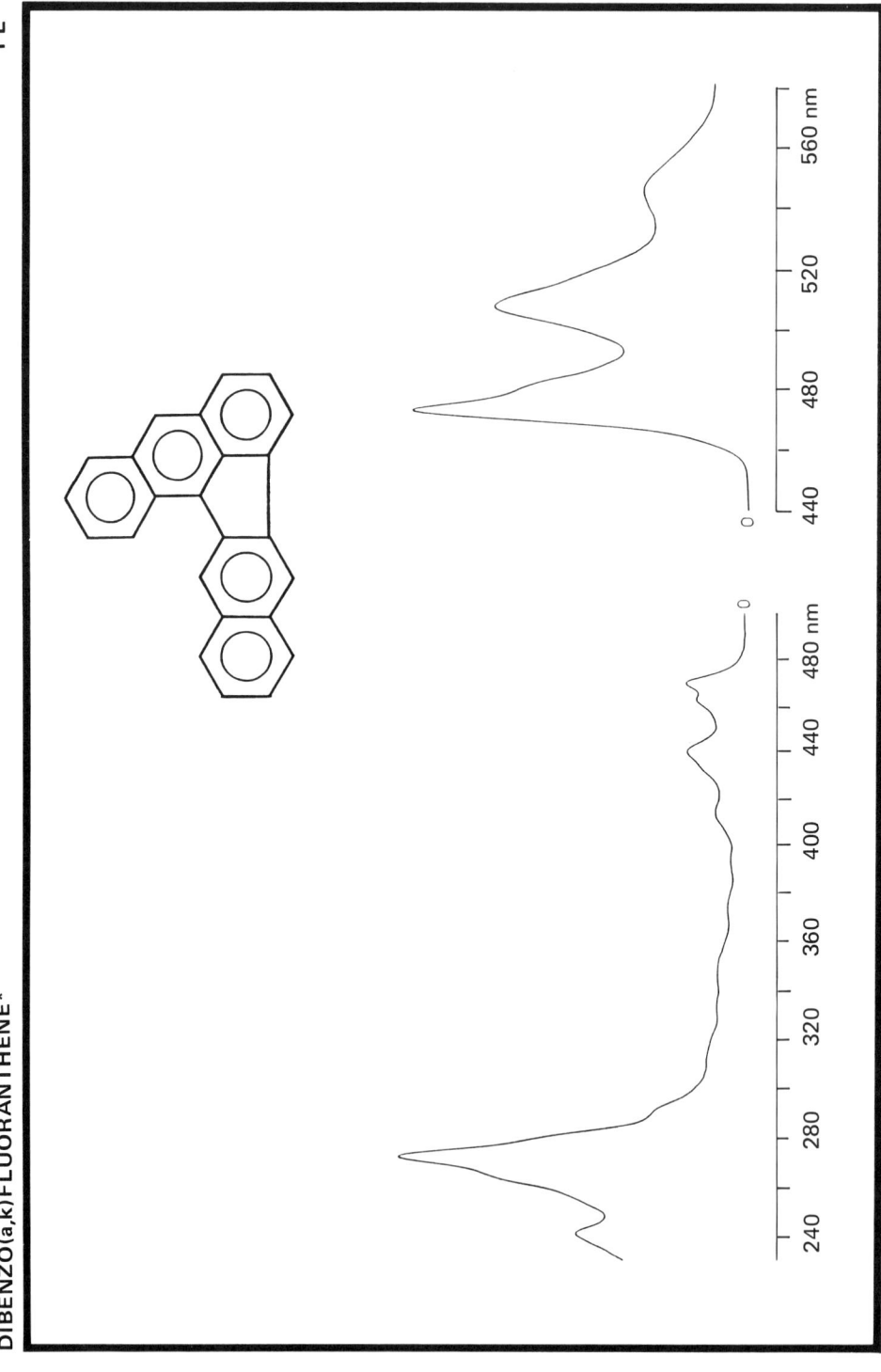

Wavelength (nm)	Relative intensity
472	100
479 (sh)	64
507	72.5
545	29.5

Original spectrum produced by Physico-chemical oceanography group-University of Bordeaux I (F)

Instrument	: Perkin-Elmer MPF-44		Formula	: $C_{24}H_{14}$
Solvent	: Cyclohexane		M_r	: 302.38 u
Concentration	: 0.151 mg.l^{-1}		CAS Nr.	: 84030 - 79 - 5
Spectrum	: **excitation**	**emission**	Purity	: 0.993 g/g
Fixed wavelength	: 507 nm	415 nm	m.p.	: 229°C
Excitation slit	: 2 nm	4 nm		
Emission slit	: 8 nm	2 nm		

DIBENZO (a,k) FLUORANTHENE*

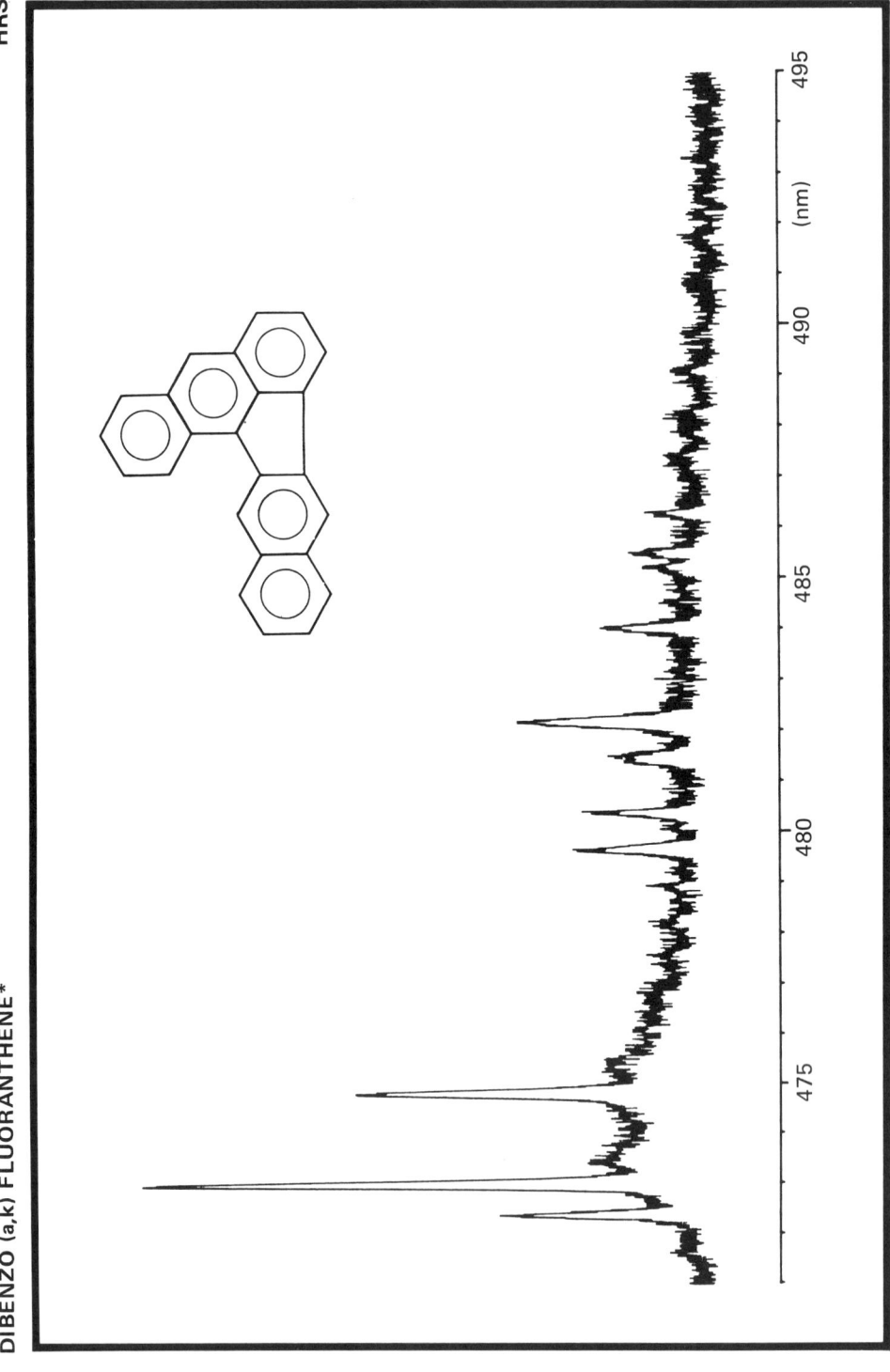

Fluorescence Wavelength (nm)	Intensity (%)
472.2	100
472.8	34
475	62
482	32

Original spectrum determined by Physico-chemical oceanography group-University of Bordeaux I (F)

Source	: 45OW Xenon lamp	Formula	: $C_{24}H_{14}$
Excitation monochromator	: Jobin-Yvon H20	M_r	: 302.38 u
Emission monochromator	: Jobin-Yvon HR1000	CAS Nr.	: 84030 - 79 - 5
Excitation wavelength (slits)	: 280 (9) nm	Purity	: 0.993 g/g
Emission slits	: 0.04 nm	m.p.	: 229°C
Temperature	: 15 K		
Solvent	: n-decane		
Concentration	: 0.604 mg l^{-1}		

DIBENZO(a,k)FLUORANTHENE*

MS (m)

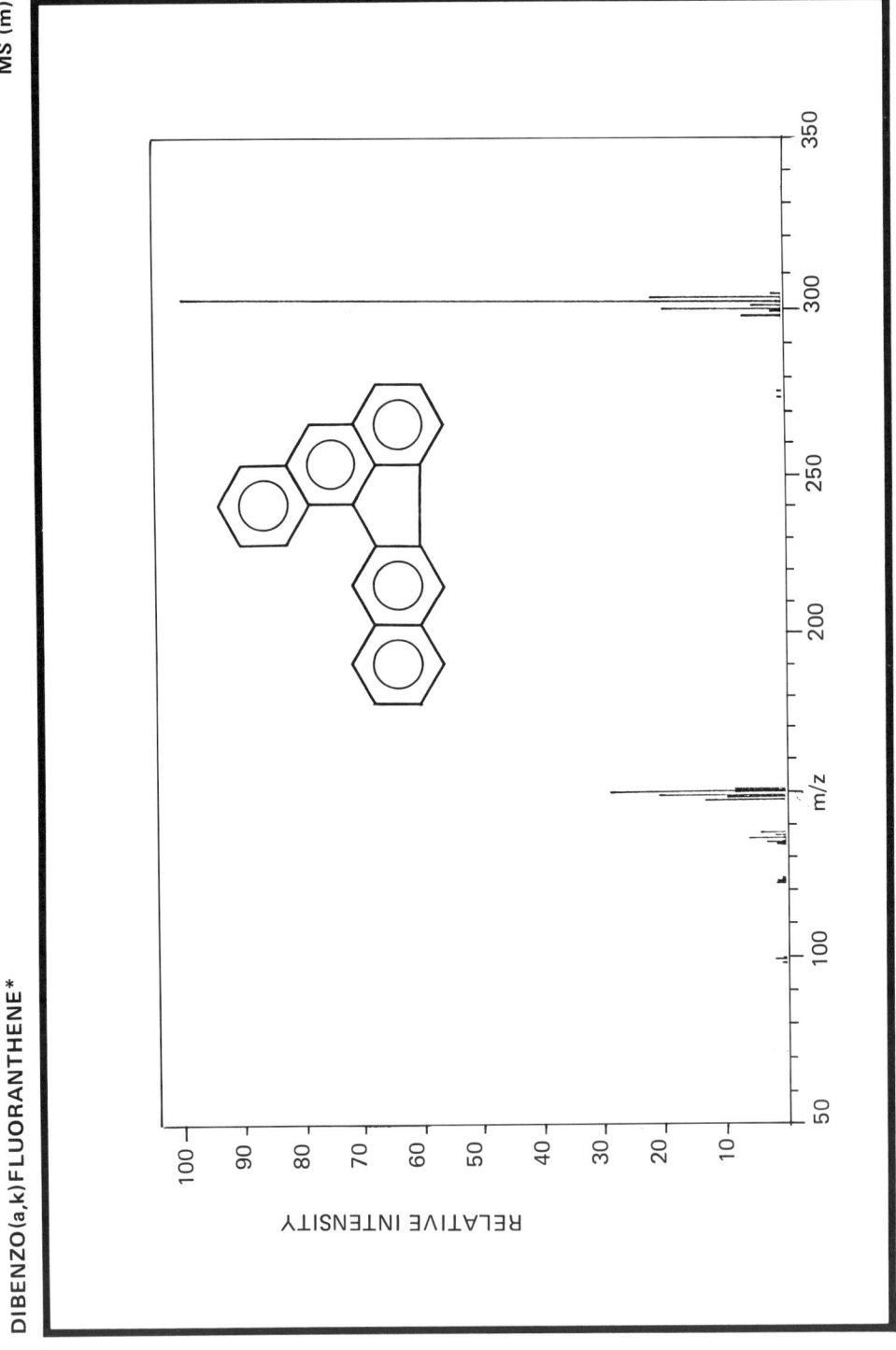

m/z	relative intensity	m/z	relative intensity
123.5	2	150.5	9
124	2	151	30
136	2	151.5	9
136.5	3	298	7
137	6	299	2
137.5	2	300	20
138	4	301	5
149	14	302	100
149.5	10	303	22
150	22	304	2.2

Original spectrum determined by Biochem. Institut, Ahrensburg (D)

Spectrometer	: Varian MAT 111
Inlet System	: capill. GC/MS
Source Temperature	: 200°C
Source Voltage	: 70 eV

Formula	: $C_{24}H_{14}$
M_r	: 302.38 u
m/z	: 302.11 u
CAS Nr.	: 84030 - 79 - 5
Purity	: 0.993 g/g
m.p.	: 229°C

DIBENZO(a,k)FLUORANTHENE*

m/z	relative intensity	m/z	relative intensity
100	3.6	274	2.3
124	5.6	298	6.1
125	5.7	299	2.7
136	8.4	300	20.9
137	14.6	301	6.3
138	9.2	302	100.0
148	6.6	303	25.3
149	26.4	304	3.0
150	49.1		
151	72.5		

Original spectrum determined by ITC - TNO, Zeist (NL)

Spectrometer	: Finnigan 4500 - Quadrupole
Inlet System	: capill. GC/MS
Source Temperature	: 400 K
Source Voltage	: 70 eV

Formula	: $C_{24}H_{14}$
M_r	: 302.38 u
m/z	: 302.11 u
CAS Nr.	: 189 - 55 - 9
Purity	: 0.997 g/g
m.p.	: 282°C

DIBENZO(a,k)FLUORANTHENE*

1H-NMR

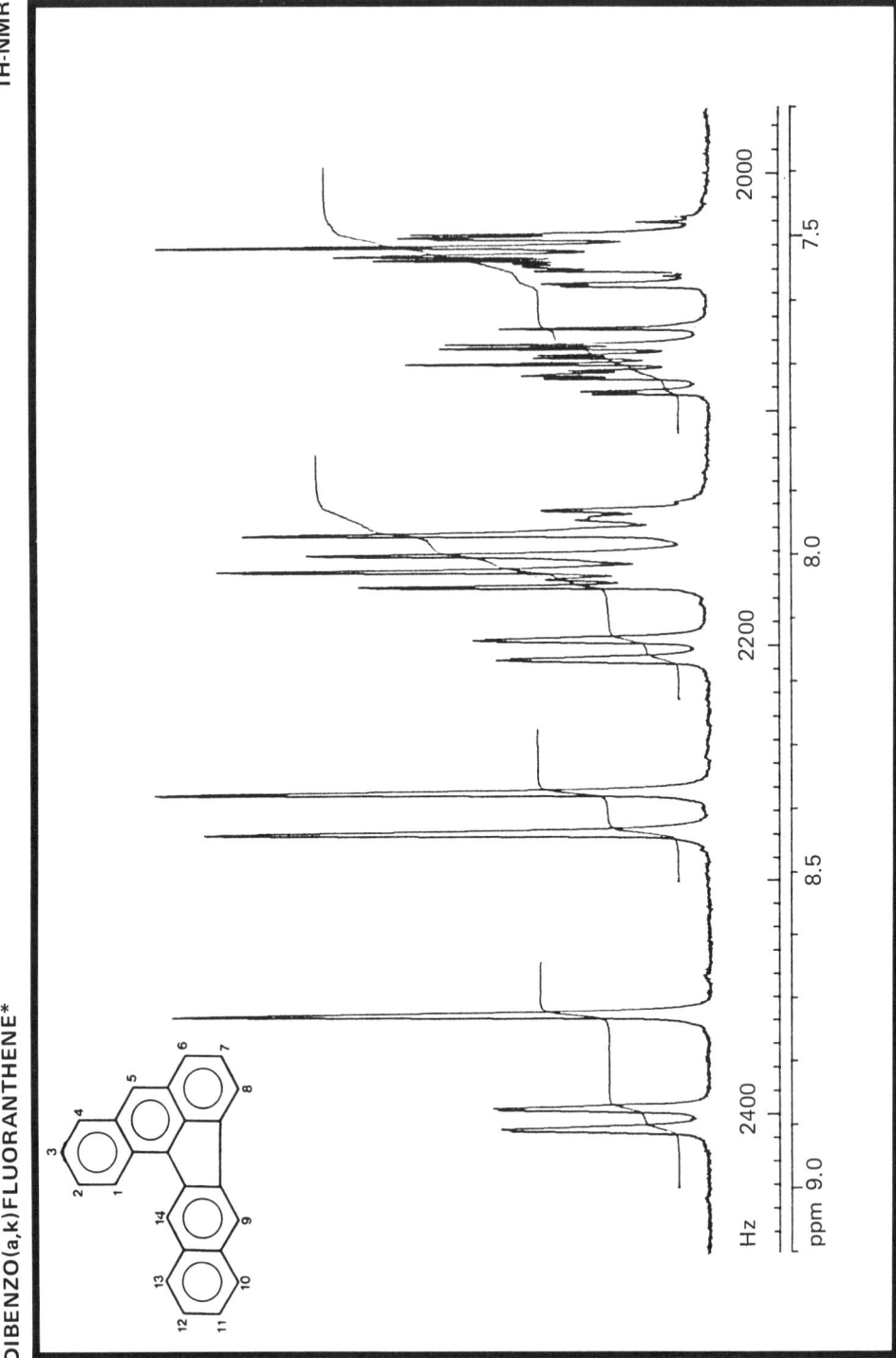

Proton No.	Chemical shift (ppm)	Coupling constants (Hz)	
1	8.88	J(1,2) = 8.8 J(1,3) = 1.2	
		J(1,4) = 0.6 J(1,5) = 0.6	
		J(2,3) = 6.6 J(2,4) = 1.3	
2	7.71	J(3,4) = 8.5	
3	7.55	J(4,5) = 0.7	
4	8.15		
5	8.44		
6	7.97	J(6,7) = 8.5 J(6,8) = 0.6	
7	7.67	J(7,8) = 6.7	
8	8.04		
9	8.37	J(9,14) = 0.5 ⎫	
10	7.95	⎬	
11	7.50	⎬ Not analysed	
12	7.51	⎬	
13	8.00	⎭	
14	8.73		

Original spectrum determined by Laboratory of the Goverment Chemist, London (UK)

Spectrometer	: JEOL GX - 270	Formula	: $C_{24}H_{14}$
Solvent	: $CDCl_3$	M_r	: 302.38 u
Concentration	: 55 mg/ml	CAS Nr.	: 84030 - 79 - 5
		Purity	: 0.993 g/g
		m.p.	: 229°C

DIBENZO(a,k)FLUORANTHENE*

13C-NMR

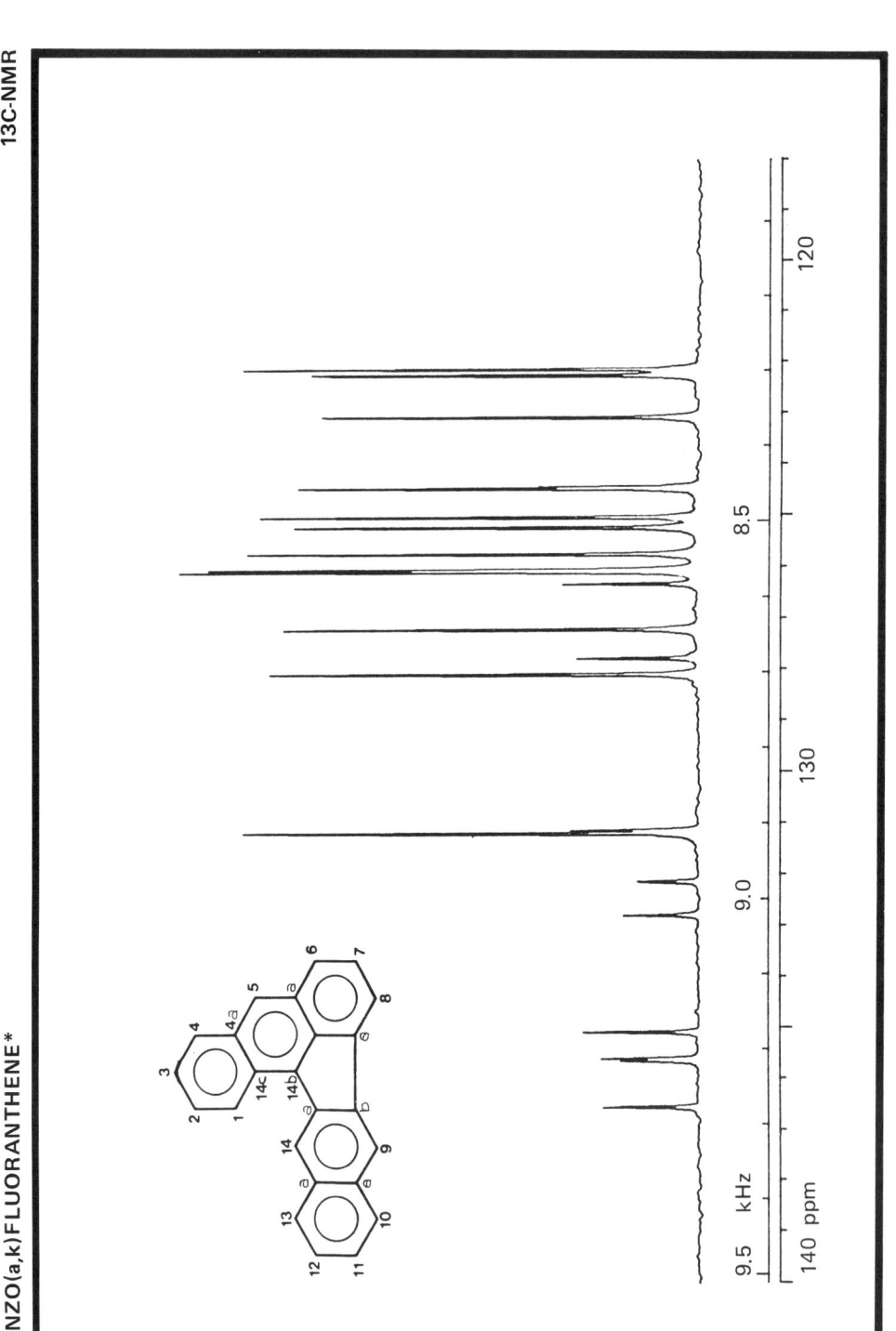

Signal	Intensity (%)	Chemical Shift (ppm)	Carbon No.
1	23 s	138.72	14a
2	25 s	137.66	8b
3	25 s	136.89	8a
4	34 s	134.63	4a
5	19 s	133.93	5b
6	34 s	133.85	13a
7	27 s	132.63	9a
8	16 s	131.38	14b
9	93 d	130.58	4
10	97 d	129.026	13
11	99 d	128.60	10
12	28 s	128.52	14c
13	32 s	128.38	5a
14	95 d	127.54	7
15	90 d	127.24	2
16	90 d	126.81	5
17	83 d	126.51	6
18	100 d	126.13	11*
19	97 d	126.04	12*
20	96 d	125.10	3
21	83 d	124.44	1
22	85 d	122.64	14
23	84 d	120.34	9
24	89 d	118.75	8

Original spectrum determined by Laboratory of the Goverment Chemist, London (UK)

Spectrometer	: JEOL GX - 270 (67.8 MHz)
Solvent	: CDCl$_3$
Concentration	: 55 mg/ml
Pulse (angle)	: 10 μs (40°C)
Accumulations	: 16.384
Repeat time	: 2.47 s
Formula	: C$_{24}$H$_{14}$
M$_r$	: 302.38 u
CAS Nr.	: 84030 - 79 - 5
Purity	: 0.993 g/g
m.p.	: 229°C

DIBENZO (a,k) FLUORANTHENE

IR (KBr)

Frequency (cm⁻¹)	Assignment	Frequency (cm⁻¹)	Assignment
3048:	C - H stretch	880:	
		872:	
		806:	C - H
1456:		779:	wagging
1441:	C=C stretch	762:	deformation
1019		745:	
953		733:	
		723:	
		615:	ring
		577:	deformation
		494:	
		471:	

Original spectrum determined by Biochem. Institut, Ahrensburg (D)

Spectrometer	: Nicolet 5 MX	**Formula**	: $C_{24}H_{14}$
Sample	: KBr disc	**M$_r$**	: 302.38 u
Reference	: Air	**CAS Nr.**	: 84030 - 79 - 5
		Purity	: 0.993 g/g
Resolution	: 1.7 cm⁻¹ (maximum)	**m.p.**	: 229°C

DIBENZO (a,k) FLUORANTHENE*

IR (s)

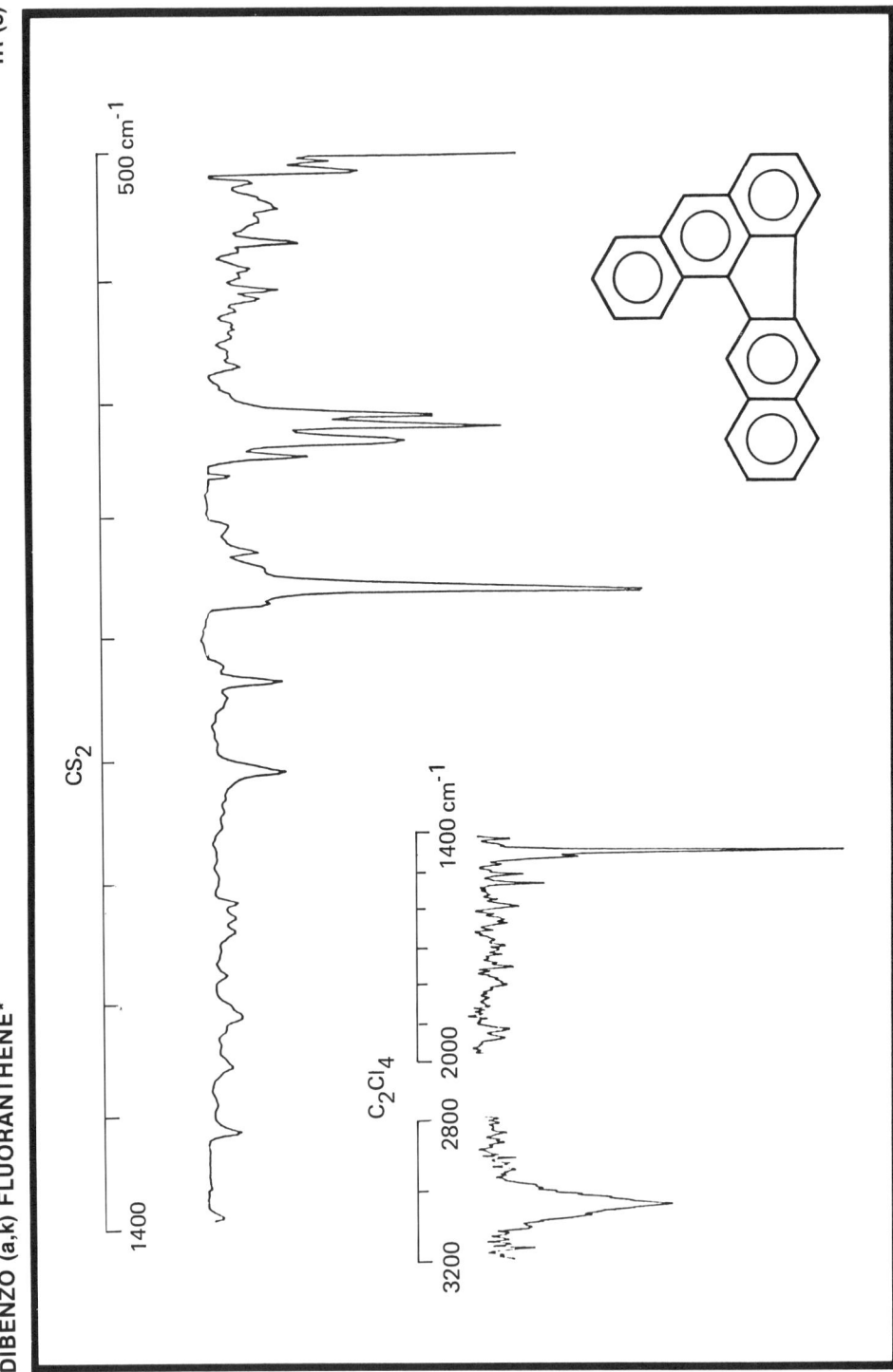

Frequency (cm⁻¹)	Assignment	Frequency (cm⁻¹)	Assignment
3056:	C - H stretch	947:	
		870:	C - H
1528:		760:	wagging
1454:	C=C stretch	745:	deformation
1441:		731:	
1020		723:	
		577:	ring
		515:	deformation
		507:	

Original spectrum determined by Biochem. Institut, Ahrensburg (D)

Spectrometer	: Nicolet 5 MX	**Formula**	: $C_{24}H_{14}$
Cell	: 0.2 mm (KBr)	**M$_r$**	: 302.38 u
Solvents	: C_2Cl_4 (3.200 - 1.400 cm⁻¹)	**CAS Nr.**	: 84030 - 79 - 5
	CS_2 (1.400 - 500 cm⁻¹)	**Purity**	: 0.993 g/g
Resolution	: 1.7 cm⁻¹ (maximum)	**m.p.**	: 229°C

DIBENZO(a,e)PYRENE*

13C-NMR

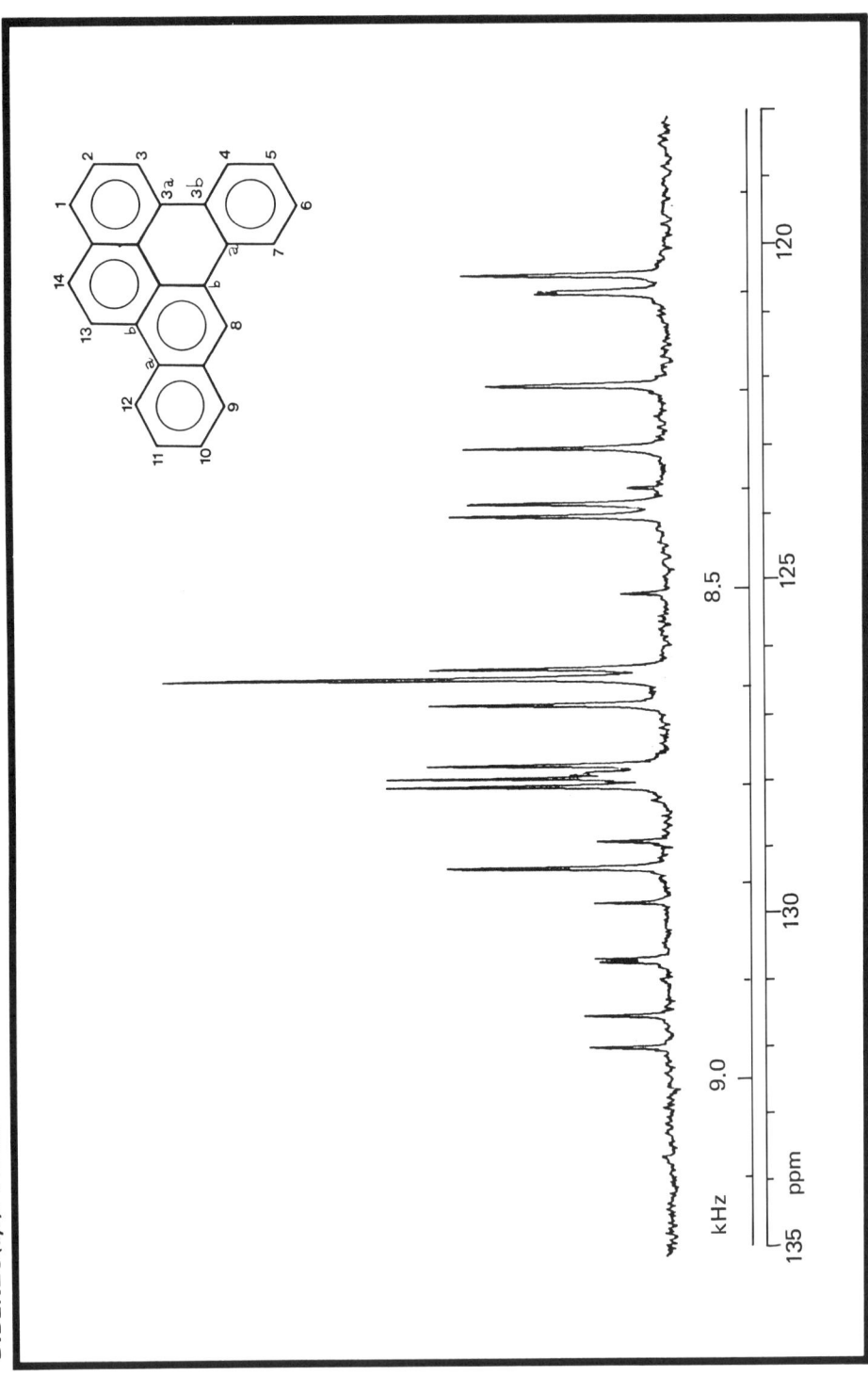

Signal	Intensity (%)	Chemical Shift (ppm)	Carbon No.
1	16	131.89	14a
2	17	131.42	8a
3	14	130.61	3b*
4	15	130.56	7a*
5	15	129.72	3a
6	44	129.1	9
7	14	128.79	12a
8	56	127.97	5+
9	56	127.84	6+
10	19	127.79	7b
11	17	127.75	12b
12	48	127.65	14
13	47	126.73	1
14	100	126.35	10 and 11
15	47	126.21	2
16	9	125.10	12d
17	43	123.93	7
18	39	123.76	4
19	8	123.52	12c
20	40	122.92	12
21	35	122.0	13
22	47	120.61	9
23	40	120.34	3

Original spectrum determined by Laboratory of the Goverment Chemist, London (UK)

Spectrometer : JEOL GX - 270 (67.8 MHz)
Solvent : CDCl$_3$
Concentration : saturated at 30°C
Pulse (angle) : 10 μs (40°C)
Accumulations : 24000
Repeat time : 2.47 s

Formula : C$_{24}$H$_{14}$
M$_r$: 302.38 u
CAS Nr. : 192 - 65 - 4
Purity : 0.997 g/g
m.p. : 244.4°C

* May be interchanged
+

DIBENZO (a,h) PYRENE*

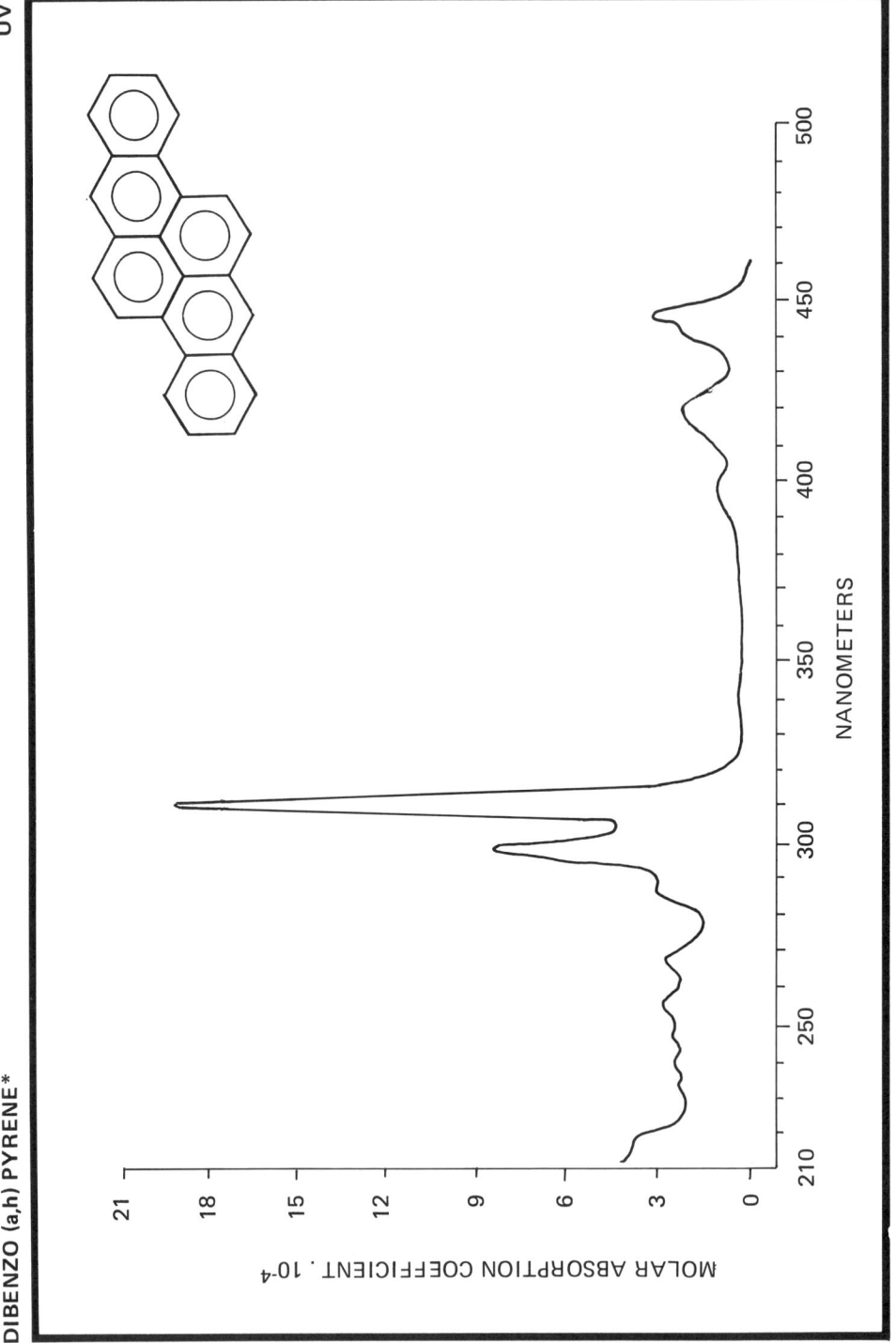

Wavelength (nm)	Molar absorption coefficient (l. mol⁻¹ cm⁻¹ × 10⁻⁴)	Wavelength (nm)	Molar absorption coefficient (l. mol⁻¹ cm⁻¹ × 10⁻⁴)
216.2	3.03	310.9	18.94
239.2	2.47	374.2	0.32
247.2	2.54	376.2	0.32
254.9	2.97	397.2	0.98
268.7	2.97	421.0	2.42
286.7 (sh)	3.21	446.7	3.56
298.2	8.85		

Original spectrum determined by JRC Ispra (CEC)

Spectrometer	: Perkin - Elmer 555		**Formula**	: $C_{24}H_{14}$
Solvent	: Cyclohexane		**M$_r$**	: 302.38 u
Concentration	: 5 mg.l⁻¹		**CAS Nr.**	: 189 - 64 - 0
Cell Length	: 1.000 cm		**Purity**	: 0.991$_5$ g/g
Slit width	: 1 nm		**m.p.**	: 317°C

DIBENZO (a,h) PYRENE

Wavelength (nm)	Relative intensity
449	100
479	60.5
512	18

Original spectrum produced by Physico-chemical oceanography group-University of Bordeaux I (F)

Instrument	: Perkin-Elmer MPF-44		**Formula**	: $C_{24}H_{14}$
Solvent	: Cyclohexane		M_r	: 302.38 u
Concentration	: 0.060 mg.l^{-1}		**CAS Nr.**	: 189 - 64 - 0
Spectrum	: **excitation**	**emission**	**Purity**	: 0.991_5 g/g
Fixed wavelength	: 479 nm	311 nm	**m.p.**	: 317°C
Excitation slit	: 2 nm	4 nm		
Emission slit	: 4 nm	2 nm		

DIBENZO (a,h) PYRENE*

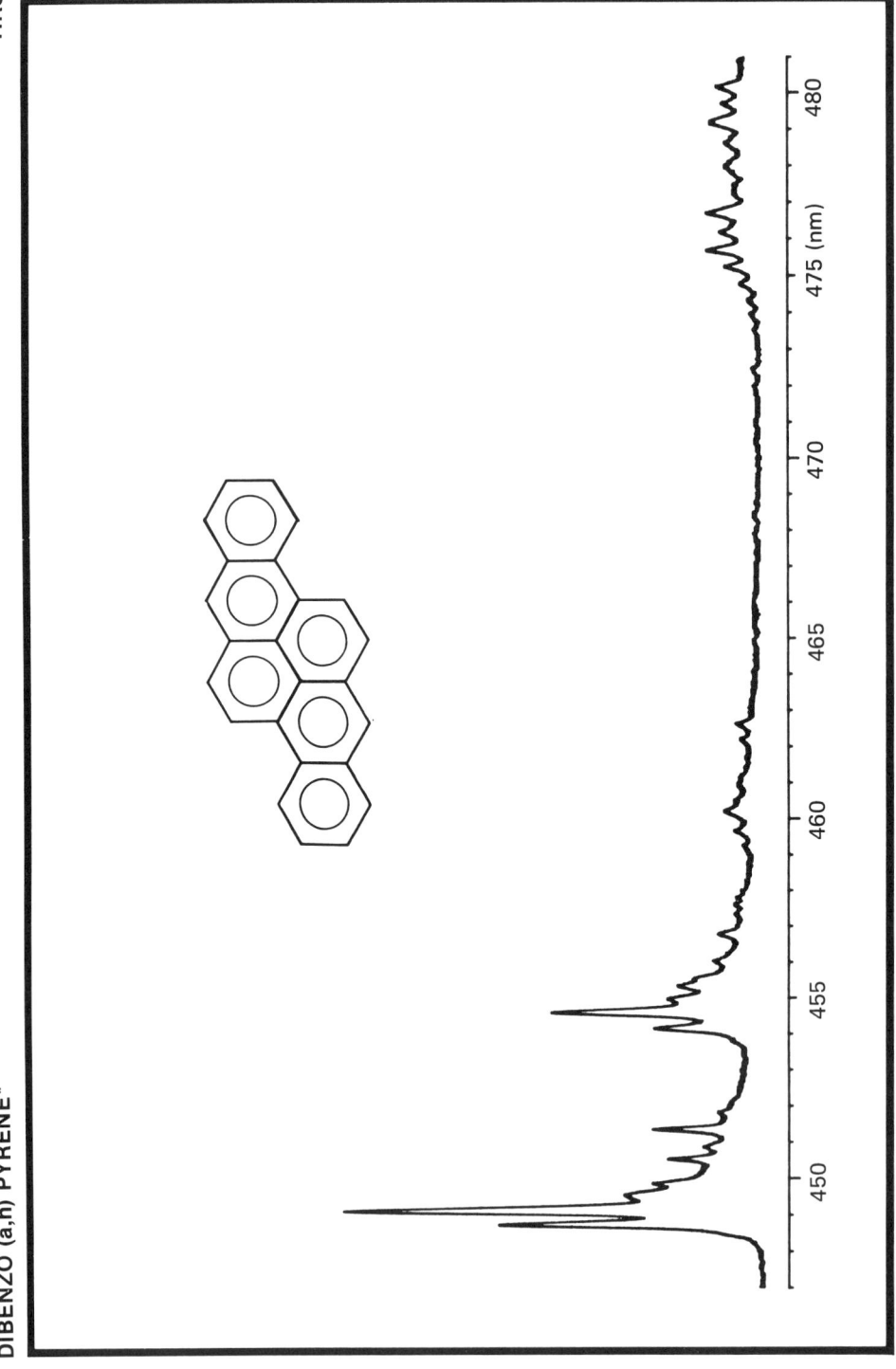

Fluorescence Wavelength (nm)	Intensity (%)
448.6	63
448.9	100
454.4	51

Original spectrum determined by Physico-chemical oceanography group-University of Bordeaux I (F)

Source	: 450W Xenon lamp
Excitation monochromator	: Jobin-Yvon H20
Emission monochromator	: Jobin-Yvon HR1000
Excitation wavelength (slits)	: 314 (9) nm
Emission slits	: 0.04 nm
Temperature	: 15 K
Solvent	: n-octane
Concentration	: 0.604 mg.l^{-1}

Formula	: $C_{24}H_{14}$
M_r	: 302.38 u
CAS Nr.	: 189 - 64 - 0
Purity	: 0.991$_5$ g/g
m.p.	: 317°C

DIBENZO (a,h) PYRENE *

MS (m)

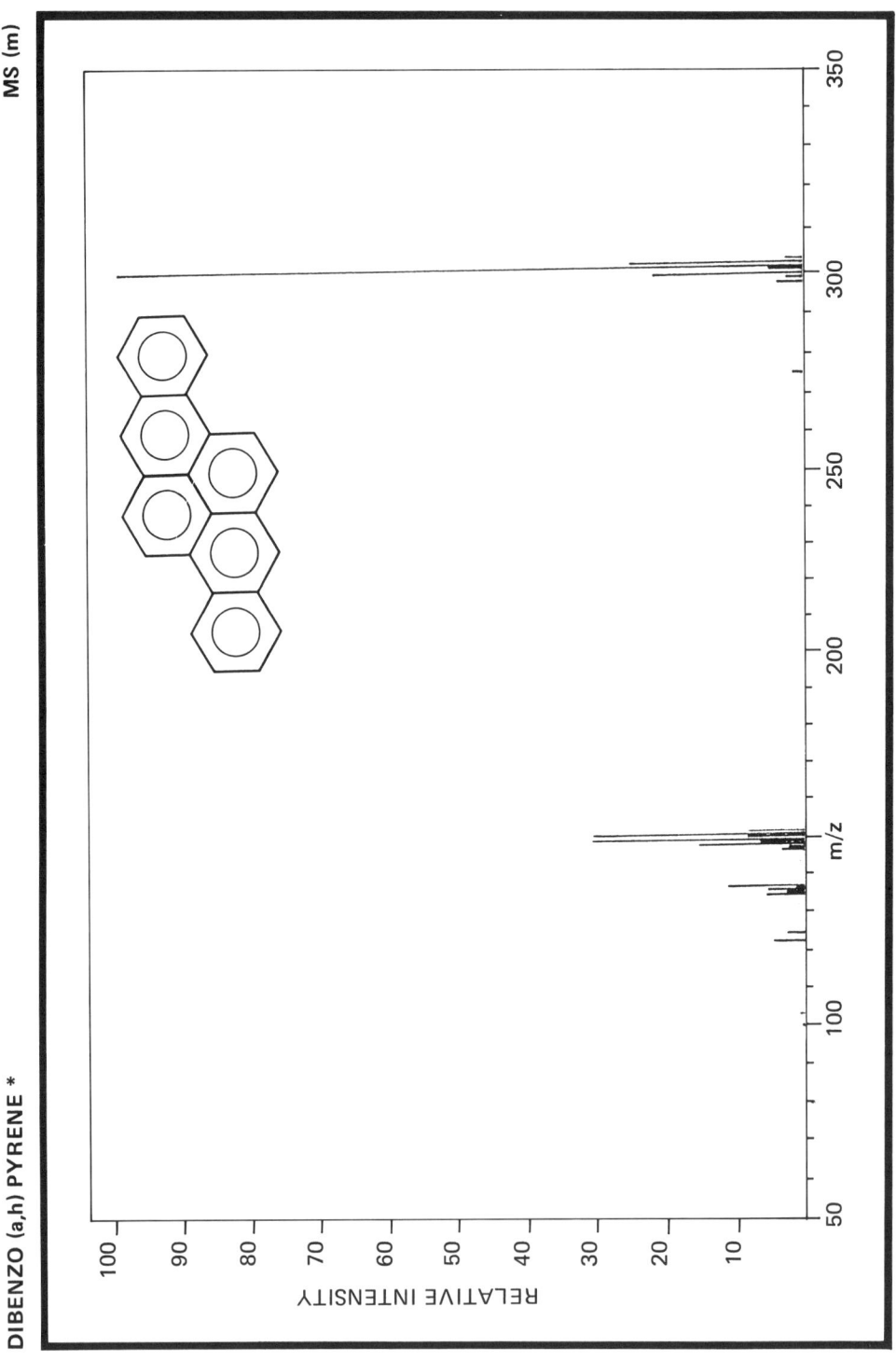

m/z	relative intensity	m/z	relative intensity
122	5.0	150	32.0
124	3.0	150.5	9.0
136	6.0	151	32.0
136.5	3.0	151.5	9.0
137	6.0	276	2.0
137.5	2.0	298	4.0
138	12.0	299	3.0
148	4.0	300	22.0
148.5	3.0	301	5.0
149	3.0	302	100.0
149.5	7.0	303	26.0
		304	3.0

Original spectrum determined by Biochem. Institut, Ahrensburg (D)

Spectrometer	: Varian MAT 111	Formula	: $C_{24}H_{14}$
Inlet System	: Direct Inlet	M_r	: 302.38 u
Source Temperature	: 200°C	m/z	: 302.11 u
Source Voltage	: 70 eV	CAS Nr.	: 189 - 64 - 0
		Purity	: 0.991_5 g/g
		m.p.	: 317°C

DIBENZO (a,h) PYRENE *

MS (q)

* IUPAC preferred name: DIBENZO (b,d,e,f) CHRYSENE

m/z	relative intensity	m/z	relative intensity
112	2.1	151	44.5
124	4.9	274	3.1
125	5.9	298	5.0
136	6.2	299	2.0
137	11.7	300	17.3
138	9.3	301	4.9
148	3.2	302	100.0
149	12.3	303	25.5
150	21.9	304	3.2

Original spectrum determined by ITC - TNO, Zeist (NL)

Spectrometer	: Finnigan 4021 - Quadrupole	**Formula**	: $C_{24}H_{14}$
Inlet System	: capill. GC/MS	M_r	: 302.38 u
Source Temperature	: 247°C	m/z	: 302.11 u
Source Voltage	: 70 eV	**CAS Nr.**	: 189 - 64 - 0
		Purity	: 0.991_5 g/g
		m.p.	: 317°C

DIBENZO (a,h) PYRENE*

1H - NMR

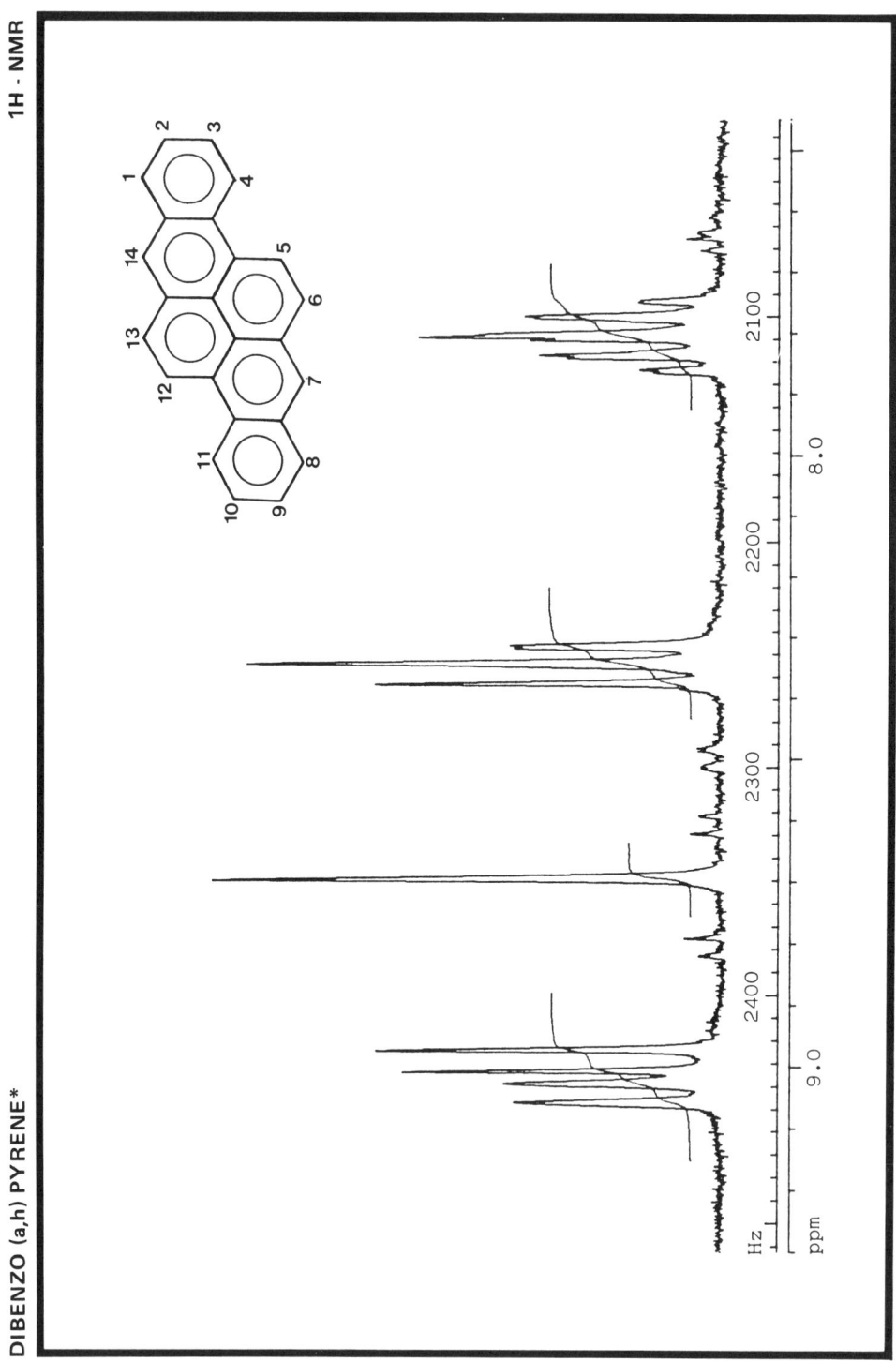

Proton No.	Chemical shift (ppm)	Coupling constants (Hz)
1 = 8	8.32	J(1,2) = 7.9; J(1,3) = 0.3
2 = 9	7.78	J(2,3) = 6.4; J(2,4) = 0.8
3 = 10	7.83	J(3,4) = 8.5
4 = 11	9.04	
5 = 12	8.99	J(5,6) = 9.4
6 = 13	8.36	
7 = 14	8.69	

Original spectrum determined by Laboratory of the Goverment Chemist, London (UK)

Spectrometer : JEOL GX - 270
Solvent : $CDCl_3$
Concentration : Ca. 7 mg/ml (saturat. sol.)

Formula : $C_{22}H_{14}$
M_r : 302.38 u
CAS Nr. : 189 - 64 - 0
Purity : 0.991_5 g/g
m.p. : 317°C

DIBENZO (a,h) PYRENE*

13C - NMR

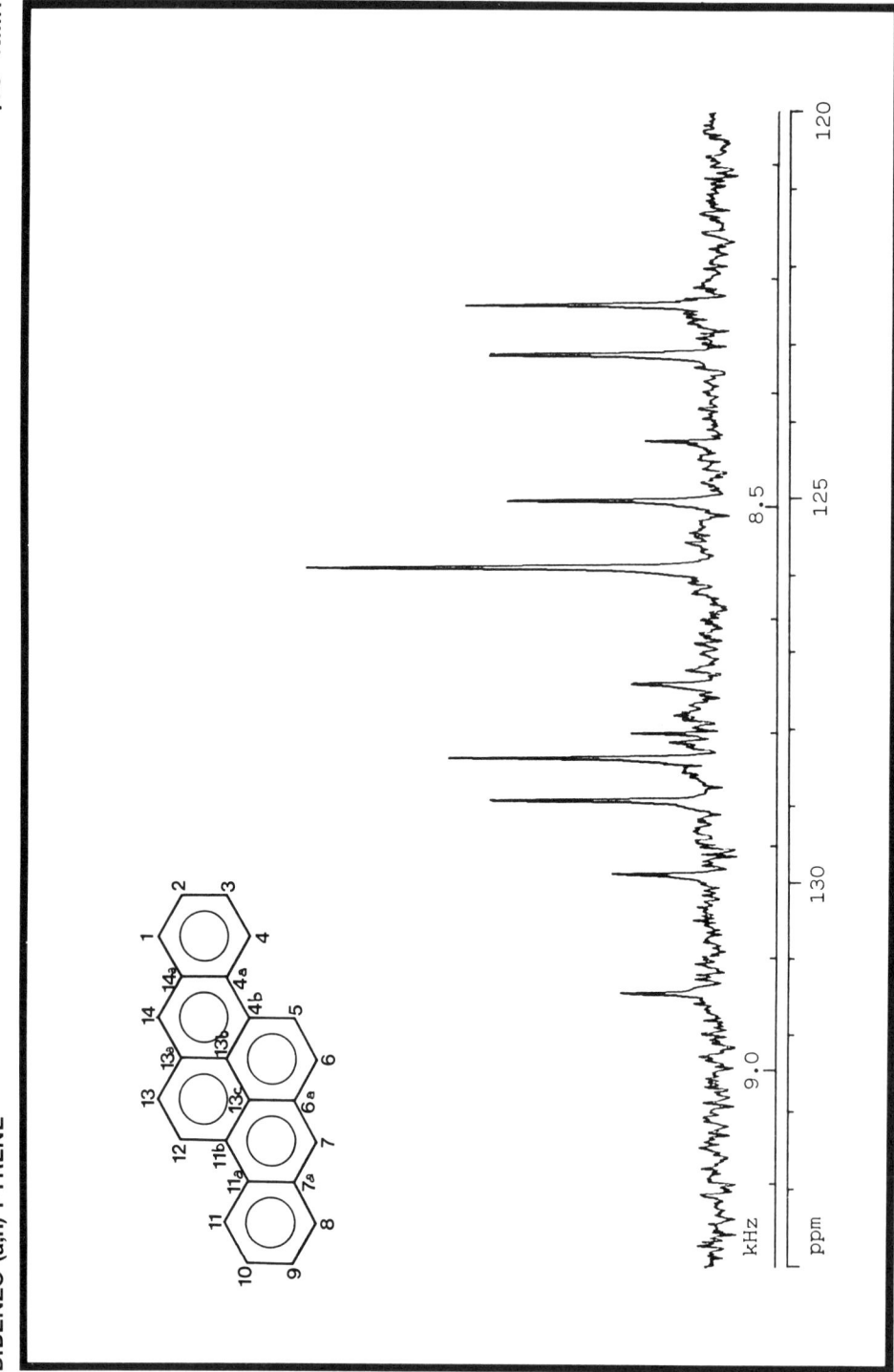

Signal	Intensity (%)	Chemical Shift (ppm)	Carbon No.
1	23.4 s	131.44	7a = 14a
2	25.5 s	129.87	6a = 13a
3	55.3 d	128.91	1 = 8
4	65.3 d	128.37	4a = 11a
5	21 s	128.05	6 = 13
6	21.0 s	127.42	4b = 11b
7	100 d	125.89	2 = 9 and 3 = 10
8	51.3 d	125.03	7 = 14
9	17.8 s	124.24	13b = 13c
10	55.7 d	123.13	4 = 11
11	61.4 d	122.49	5 = 12

Original spectrum determined by Laboratory of the Goverment Chemist, London (UK)

Spectrometer	: JEOL GX - 270 (67.8 MHz)		Formula	: $C_{24}H_{14}$
Solvent	: $CDCl_3$		M_r	: 302.38 u
Concentration	: 7 mg/ml (sat.)		CAS Nr.	: 189 - 64 - 0
Pulse (angle)	: 10 μs (40°)		Purity	: 0.991_5 g/g
Accumulations	: 60000		m.p.	: 317°C
Repeat time	: 2.47 s			

DIBENZO (a,h) PYRENE*

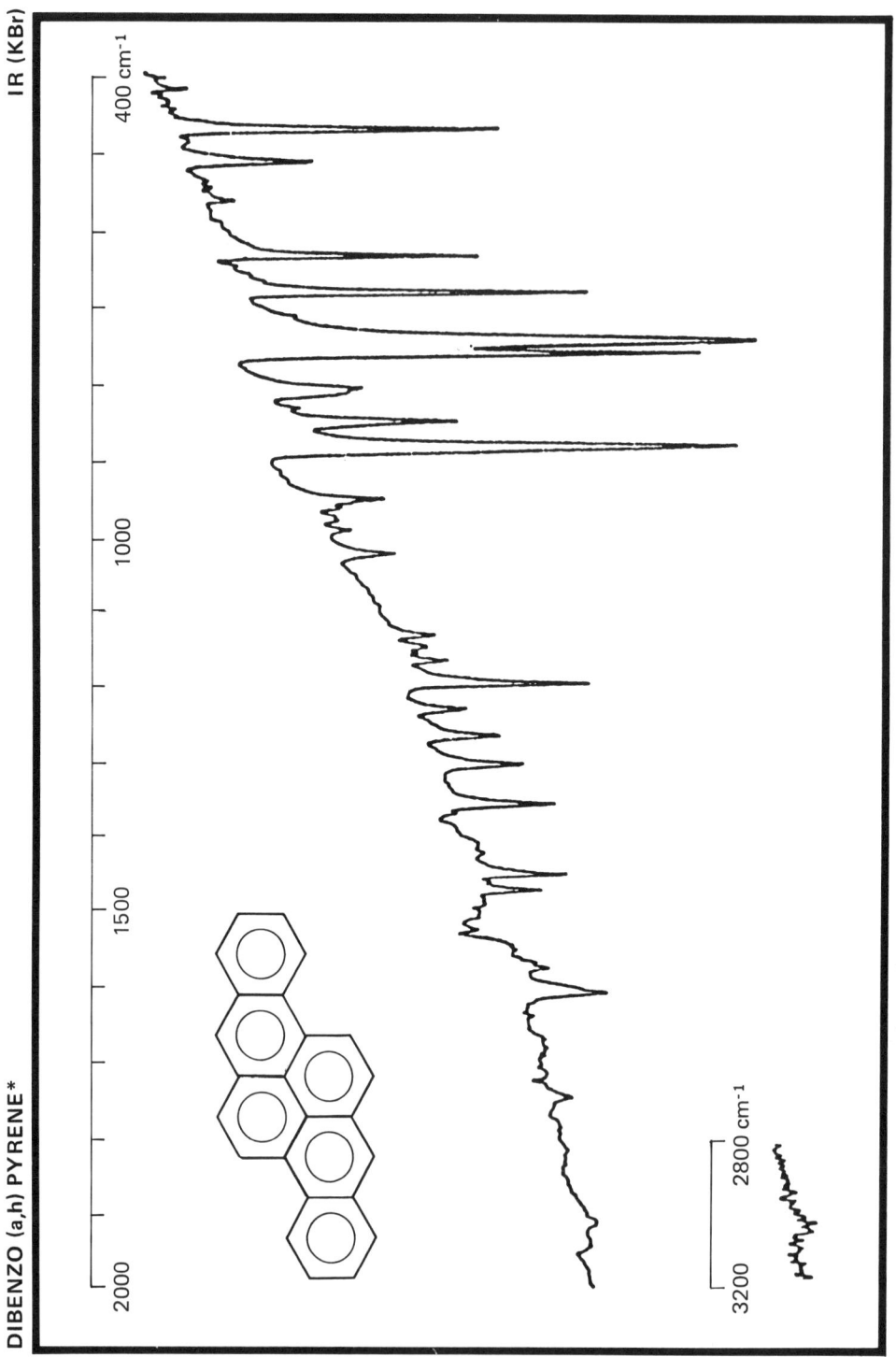

IR (KBr)

Frequency (cm⁻¹)	Assignment	Frequency (cm⁻¹)	Assignment
3055:	C - H stretch	945:	
1620:	C=C stretch	876:	C - H wagging deformation
		845:	
1481:		802:	
1456:		756:	
		741:	
1364:			
1312:		679:	ring deformation
1271:	C - C stretch	635:	
1202:			
1020:		513:	
		473:	

Original spectrum determined by Biochem. Institut, Ahrensburg (D)

Spectrometer	: Nicolet 5 MX	Formula	: $C_{24}H_{14}$
Sample	: KBr disc (φ5 mm, thickness 0.4 mm)	M_r	: 302.38 u
Reference	: Air	CAS Nr.	: 189 - 64 - 0
Resolution	: 1.7 cm⁻¹ (maximum)	Purity	: 0.991_5 g/g
		m.p.	: 317°C

DIBENZO (a,h) PYRENE*

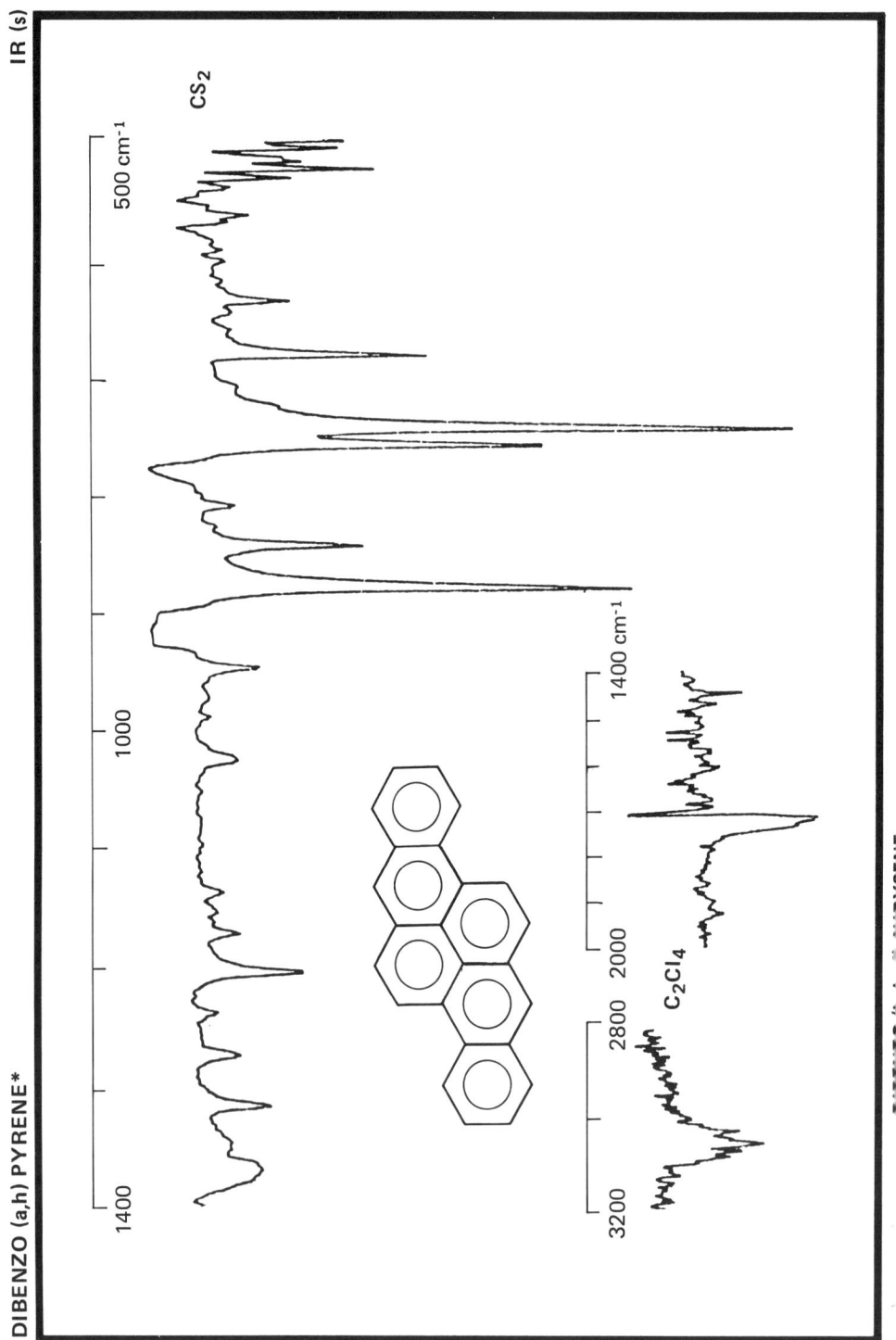

Frequency (cm⁻¹)	Assignment	Frequency (cm⁻¹)	Assignment
3056:	C - H stretch	878:	C - H wagging deformation
		843:	
1742:		756:	
1605:	C=C stretch	739:	
1450:		679:	ring deformation
1365:		525:	
1312:			
1200:	C - C stretch		

Original spectrum determined by Biochem. Institut, Ahrensburg (D)

Spectrometer	: Nicolet 5 MX	**Formula**	: $C_{24}H_{14}$
Cell	: 0.2 mm (KBr)	M_r	: 302.38 u
Solvents	: C_2Cl_4 (3.200 - 1.400 cm⁻¹)	**CAS Nr.**	: 189 - 64 - 0
	CS_2 (1.400 - 500 cm⁻¹)	**Purity**	: 0.991_5 g/g
Resolution	: 1.7 cm⁻¹ (maximum)	**m.p.**	: 317°C

DIBENZO (a,j) PYRENE*

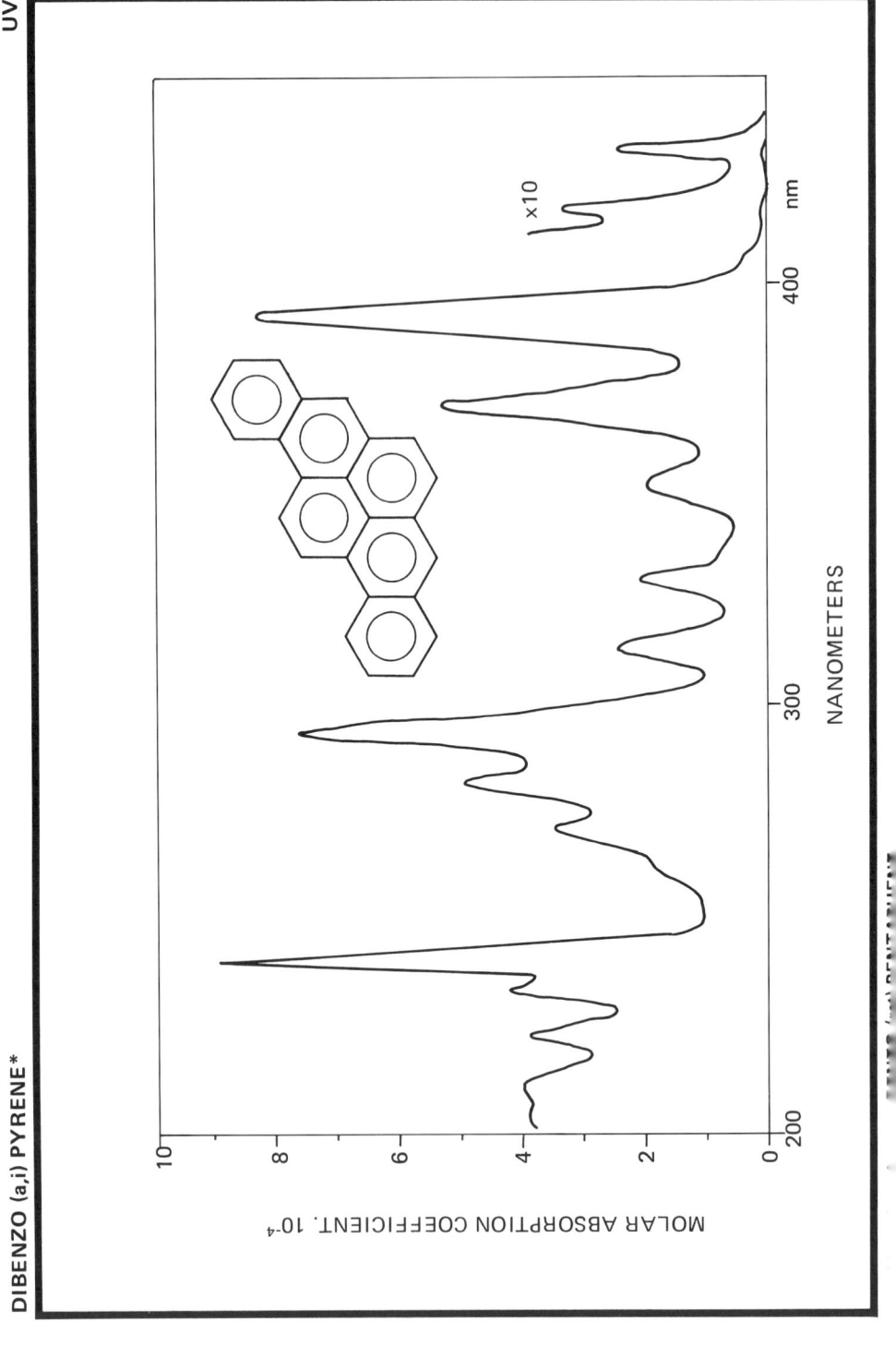

Wavelength (nm)	Molar absorption coefficient (l. mol⁻¹ cm⁻¹ × 10⁻⁴)	Wavelength (nm)	Molar absorption coefficient (l. mol⁻¹ cm⁻¹ × 10⁻⁴)
205.2	3.91	313.7	2.48
212.2	4.00	330.0	2.19
222.7	3.95	352.2	2.03
233.7	4.27	371.2	5.48
241.6	8.86	393.4	8.32
271.5	3.47	417.2	0.11
282.9	5.04	431.7	0.08
294.8	7.92		

Original spectrum determined by Biochem. Institut, Ahrensburg (D)

Spectrometer	: Perkin - Elmer 555	Formula	: $C_{24}H_{14}$
Solvent	: Cyclohexane	M_r	: 302.38 u
Concentration	: 12.5 mg/l	CAS Nr.	: 189 - 55 - 9
Cell Length	: 1.000 cm	Purity	: 0.996₇ g/g
Slit width	: 1 nm	m.p.	: 282°C

DIBENZO (a,i) PYRENE*

Wavelength (nm)	Relative intensity
432	100
447.5	41
459.5	80.5
477.5 (sh)	26
491.5	31

Original spectrum determined by Physico-chemical oceanography group-University of Bordeaux I (F)

Instrument	: Perkin-Elmer MPF-44		Formula	: $C_{24}H_{14}$
Solvent	: Cyclohexane		M_r	: 302.38 u
Concentration	: 0.076 mg/l		CAS Nr.	: 189 - 55 - 9
Spectrum	: **excitation**	**emission**	Purity	: 0.996_7 g/g
Fixed wavelength	: 459.5 nm	393 nm	m.p.	: 282°C
Excitation slit	: 2 nm	4 nm		
Emission slit	: 8 nm	2 nm		

(** First excitation bands not recorded due to very low ϵ - values)

DIBENZO (a, i) PYRENE*

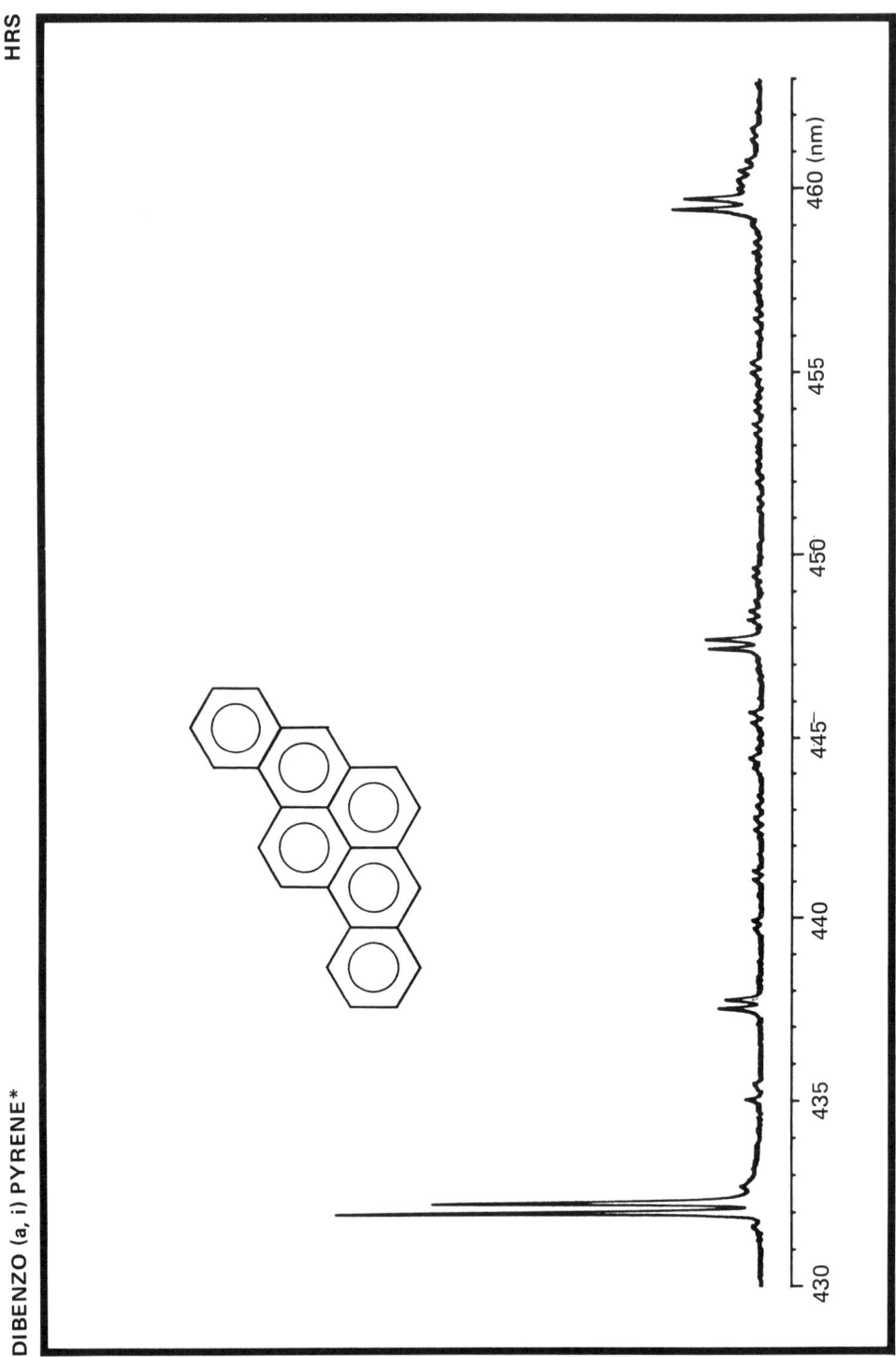

Fluorescence Wavelength (nm)	Intensity (%)
431.9	100
432.1	78
459.2	21

Original spectrum determined by Physico-chemical oceanography group-University of Bordeaux I (F)

Source	: 450W Xenon lamp	**Formula**	: $C_{24}H_{14}$
Excitation monochromator	: Jobin-Yvon H20	M_r	: 302.38 u
Emission monochromator	: Jobin-Yvon HR1000	**CAS Nr.**	: 189 - 55 - 9
Excitation wavelength (slits)	: 400 (9) nm	**Purity**	: 0.996_7 g/g
Emission slits	: 0.04 nm	**m.p.**	: 282°C
Temperature	: 15 K		
Solvent	: n-decane		
Concentration	: 0.604 mg.l^{-1}		

DIBENZO (a,j) PYRENE *

MS (m)

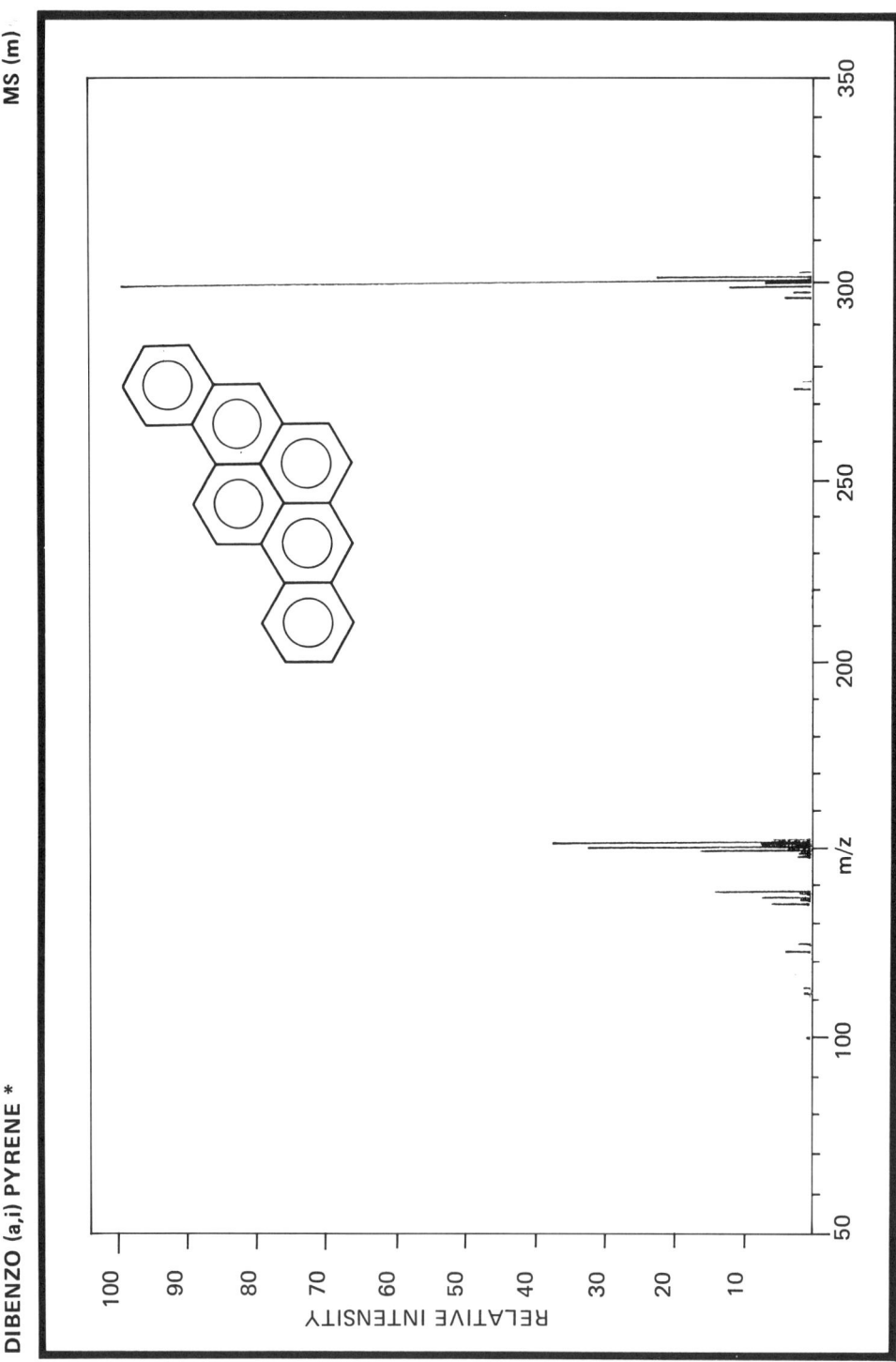

* IUPAC preferred name: BENZO (rst) PENTAPHENE

m/z	relative intensity	m/z	relative intensity
122	4.0	150	32.0
124	2.0	150.5	7.0
136	6.0	151	37.0
136.5	2.0	151.5	6.0
137	7.0	274	3.0
137	7.0	298	4.0
137.5	2.0	299	3.0
138	14.0	300	12.0
148	2.0	301	7.0
148.5	2.0	302	100.0
149	16.0	303	23.0
149.5	4.0	304	1.7

Original spectrum determined by Biochem. Institut, Ahrensburg (D)

Spectrometer	: Varian MAT 111	Formula	: $C_{24}H_{14}$
Inlet System	: GC/MS	M_r	: 302.38 u
Source Temperature	: 200°C	m/z	: 302.11 u
Source Voltage	: 70 eV	CAS Nr.	: 189 - 55 - 9
		Purity	: 0.996_7 g/g
		m.p.	: 282°C

DIBENZO (a,i) PYRENE *

MS (q)

*IUPAC preferred name: BENZO (rst) PENTAPHENE

m/z	relative intensity	m/z	relative intensity
124	3.3	151	36.3
125	4.1	274	2.6
136	4.3	298	4.5
137	8.6	300	15.7
138	8.0	301	4.7
148	3.0	302	100.0
149	10.2	303	25.7
150	18.0	304	3.1

Original spectrum determined by ITC - TNO, Zeist (NL)

Spectrometer	: Finnigan 4021 - Quadrupole	**Formula**	: $C_{24}H_{14}$
Inlet System	: capill. GC/MS	**M$_r$**	: 302.38 u
Source Temperature	: 247°C	**m/z**	: 302.11 u
Source Voltage	: 70 eV	**CAS Nr.**	: 189 - 55 - 9
		Purity	: 0.996$_7$ g/g
		m.p.	: 282°C

DIBENZO (a,i) PYRENE*

1H - NMR

*IUPAC preferred name: BENZO (rst) PENTAPHENE

Proton No.	Chemical shift (ppm)	Coupling constants (Hz)
1 = 12	9.05	J(1,2) = 8.7; J(3,1) = 1.0
2 = 11	7.83	J(2,3) = 6.8; J(2,4) = 1.1
3 = 10	7.77	J(3,4) = 8.3
4 = 9	8.22	
5 = 8	8.32	
6 = 7	7.80	
13 = 14	9.22	

Original spectrum determined by Laboratory of the Goverment Chemist, London (UK)

Spectrometer : JEOL GX - 270
Solvent : $CDCl_3$
Concentration : 8 mg/ml

Formula : $C_{24}H_{14}$
M_r : 302.38 u
CAS Nr. : 189 - 55 - 9
Purity : 0.996_7 g/g
m.p. : 282°C

DIBENZO (a,i) PYRENE*

13C - NMR

Signal	Intensity (%)	Chemical Shift (ppm)	Carbon No.
1	24.5 s	131.62	4a = 8a
2	24.2 s	130.34	5a = 7a
3	88.9 d	128.79	4 = 9
4	23.5 s	128.73	12a = 14b
5	91.3 d	128.55	6 = 7
6	18.1 s	128.11	12b = 14a
7	100.0 d	126.50	3 = 10
8	99.6 d	126.23	2 = 11
9	95.8 d	124.91	5 = 8
10	14.3 s	124.71	12c = 12d
11	84.3 d	123.05	1 = 12
12	79.8 d	122.30	13 = 14

Spectrometer	: JEOL GX - 270 (67.8 MHz)
Solvent	: $CDCl_3$
Concentration	: 8 mg/ml
Pulse (angle)	: 10 μs (40°)
Accumulations	: 40000
Repeat time	: 2.47 s
Formula	: $C_{24}H_{14}$
M_r	: 302.38 u
CAS Nr.	: 189 - 55 - 9
Purity	: 0.996_7 g/g
m.p.	: 282°C

Original spectrum determined by Laboratory of the Goverment Chemist, London (UK)

DIBENZO (a,i) PYRENE*

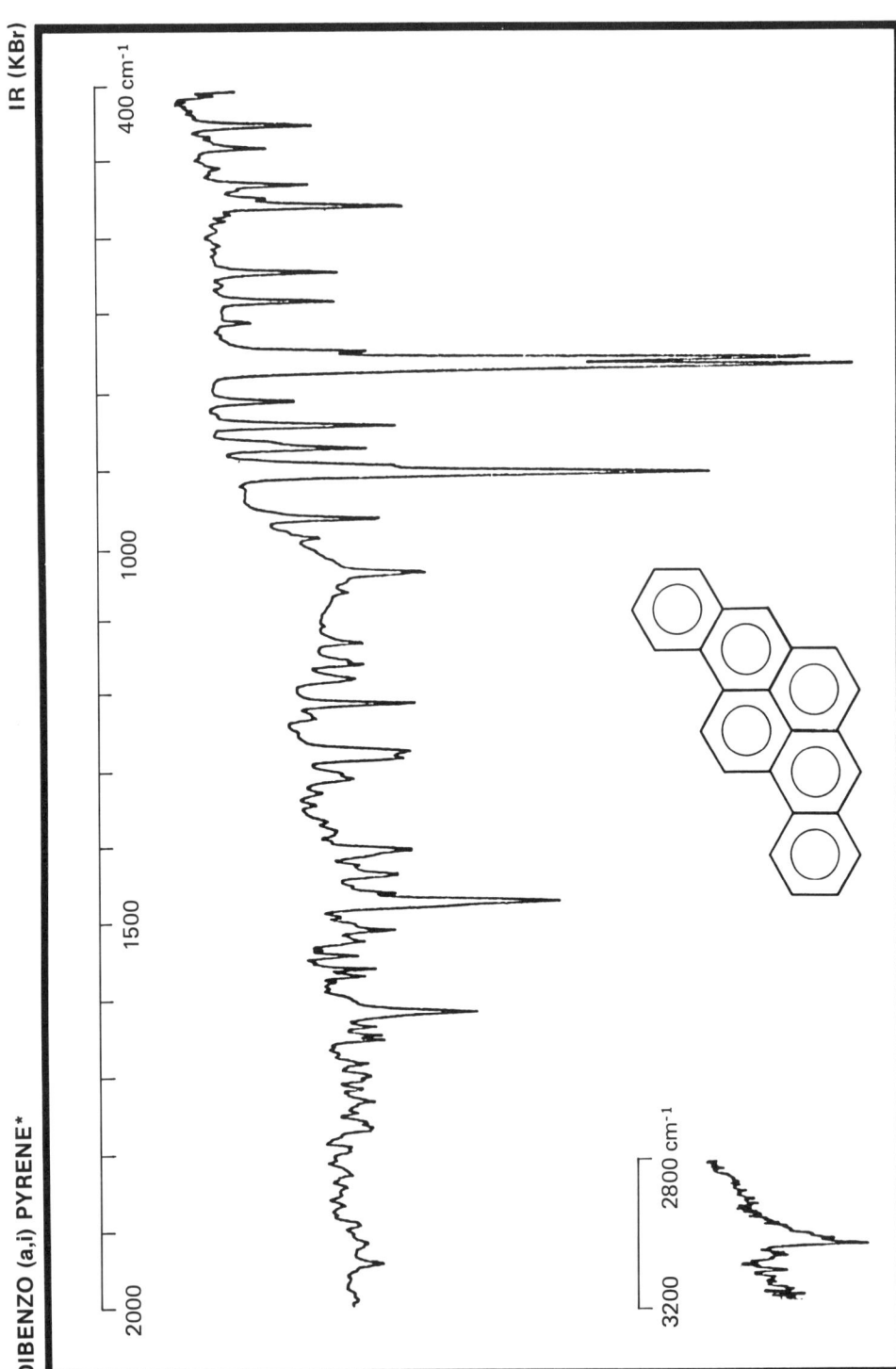

IR (KBr)

* IUPAC preferred name: BENZO (rst) PENTAPHENE

Frequency (cm⁻¹)	Assignment	Frequency (cm⁻¹)	Assignment
3052:	C - H stretch	949	
1617:		891:	C - H wagging deformation
		858:	
1470:	C=C stretch	829:	
1267	C - C stretch	754:	
1202		745:	
1024			
		669	ring deformation
		633	
		548:	
		519:	
		444:	

Original spectrum determined by Biochem. Institut, Ahrensburg (D)

Spectrometer	: Nicolet 5 MX	**Formula**	: $C_{24}H_{14}$
Sample	: KBr disc (ø5 mm, thickness 0.4 mm)	M_r	: 302.38 u
Reference	: Air	**CAS Nr.**	: 189 - 55 - 9
Resolution	: 1.7 cm⁻¹ (maximum)	**Purity**	: 0.996_7 g/g
		m.p.	: 282°C

DIBENZO (a,i) PYRENE*

IR (s)

CS₂

1400 cm⁻¹

C₂Cl₄

Frequency (cm⁻¹)	Assignment	Frequency (cm⁻¹)	Assignment
3057:	C - H stretch	885:	C - H wagging
3038:		750:	deformation
		741:	
1472:	C=C stretch		
1373:		525:	ring
1360		513:	deformation
1348			

Original spectrum determined by Biochem. Institut, Ahrensburg (D)

Spectrometer	: Nicolet 5 MX	**Formula**	: $C_{24}H_{14}$
Cell	: 0.2 mm (KBr)	M_r	: 302.38 u
Solvents	: C_2Cl_4 (3.200 - 1.400 cm⁻¹)	**CAS Nr.**	: 189 - 55 - 9
	CS_2 (1.400 - 500 cm⁻¹)	**Purity**	: 0.996_7 g/g
Resolution	: 1.7 cm⁻¹ (maximum)	**m.p.**	: 282°C

DIBENZO (a,l) PYRENE*

13C - NMR

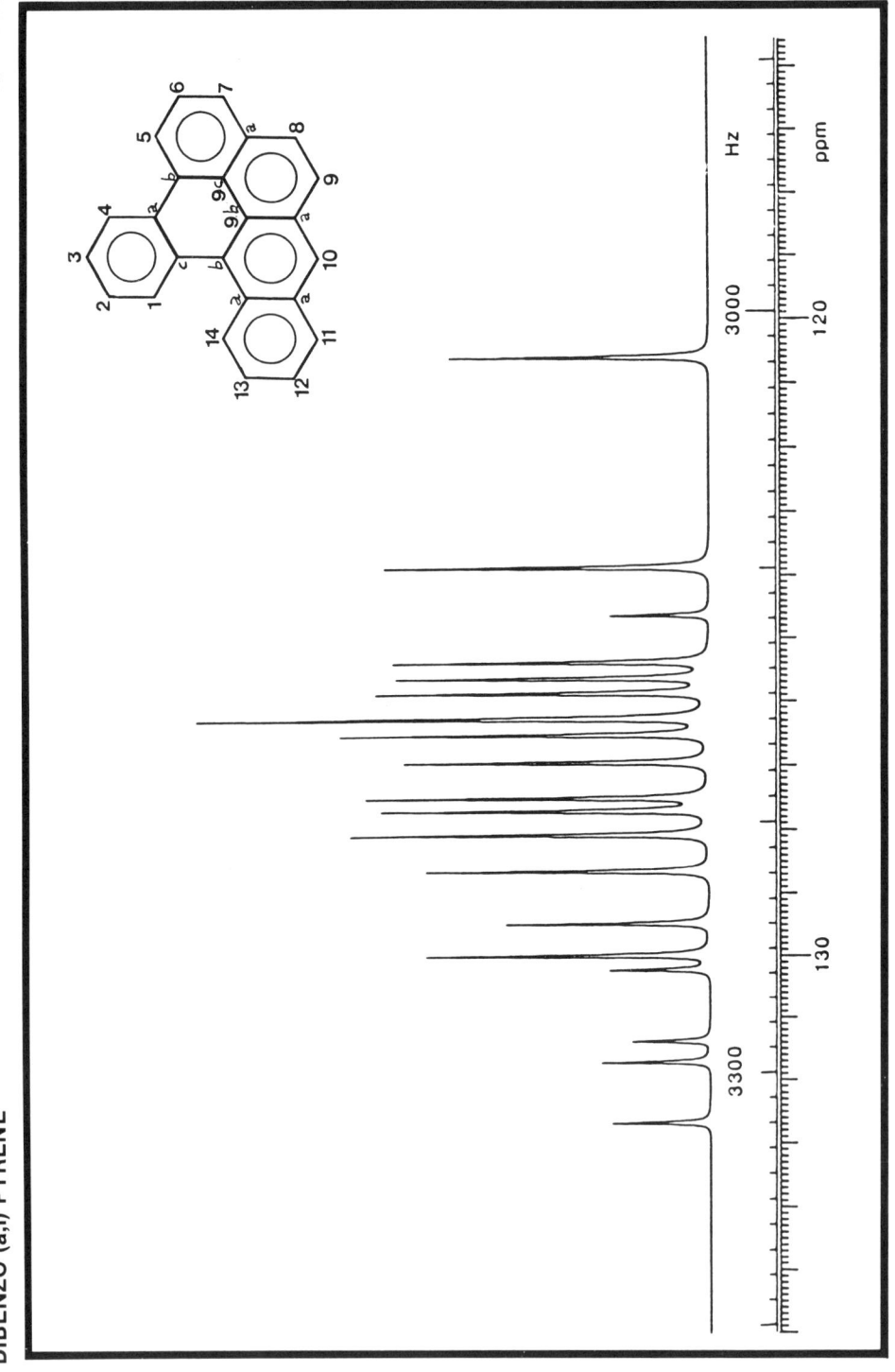

Signal	Chemical Shift (ppm)	Intensity (%)	Carbon No.
1	132.6	47	10a
2	131.6	50	7a
3	131.3	46	4a
4	130.1	49	14c
5	129.9	97	1
6	129.37	38	4b
7	129.36	52	9a
8	128.6	100	11
9	127.99	38	14a
10	127.98	91	14
11	127.6	91	9
12	127.4	87	10
13	126.8	87	3
14	126.4	81	6
15	126.3	83	2
16	126.2	43	14b
17	126.1	83	7
18	125.8	78	10
19	125.5	85	6
20	125.3	79	13
21	124.5	38	9c
22	123.8	100	4
23	123.8	40	9b
24	120.5	90	5

Original spectrum determined by Laboratory of the Goverment Chemist, London (UK)

Spectrometer	: JEOL GX - 270 (67.8 MHz)		Formula	: $C_{24}H_{14}$
Solvent	: $CDCl_3$		M_r	: 302.38 u
Concentration	: 45 mg/ml		CAS Nr.	: 191 - 30 - 0
Pulse (angle)	: 10 μs (40°)		Purity	: 0.998 g/g
Accumulations	: 16.384		m.p.	: 162.4°C
Repeat time	: 2.47 s			

NAPHTHO(2,3-k)FLUORANTHENE

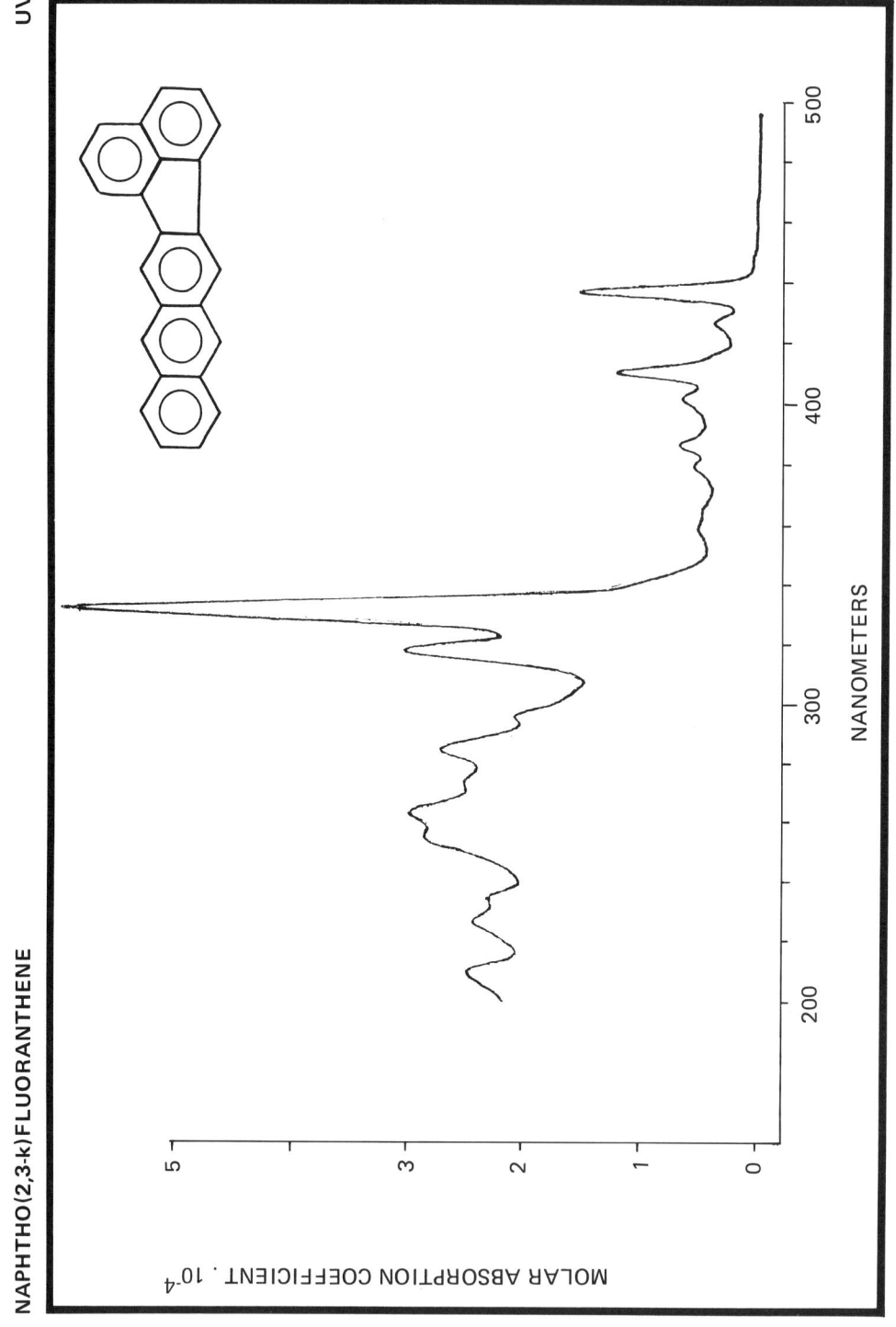

Wavelength (nm)	Molar absorption coefficient (l. mol⁻¹ cm⁻¹ x 10⁻⁴)	Wavelength (nm)	Molar absorption coefficient (l. mol⁻¹ cm⁻¹ x 10⁻⁴)
210	2.2	319.6	2.8
235	2.05	334.6	5.8
258.5 (sh)	2.54	369.2	0.3
265.2	2.8	390.2	0.52
286.6	2.6	405.0	0.5
297.6	2.3	413.3	1.1
		430.0	0.22
		437.7	1.41

Original spectrum determined by JRC Ispra (CEC)

Spectrometer	: Perkin - Elmer 555
Solvent	: Cyclohexane
Concentration	: 1.9 mg/l
Cell Length	: 1.000 cm
Slit width	: 1 nm

Formula	: $C_{24}H_{14}$
M_r	: 302.38 u
CAS Nr.	: 207 - 18 - 1
Purity	: 0.992 g/g
m.p.	: 299 - 300°C

NAPHTHO(2,3-K)FLUORANTHENE

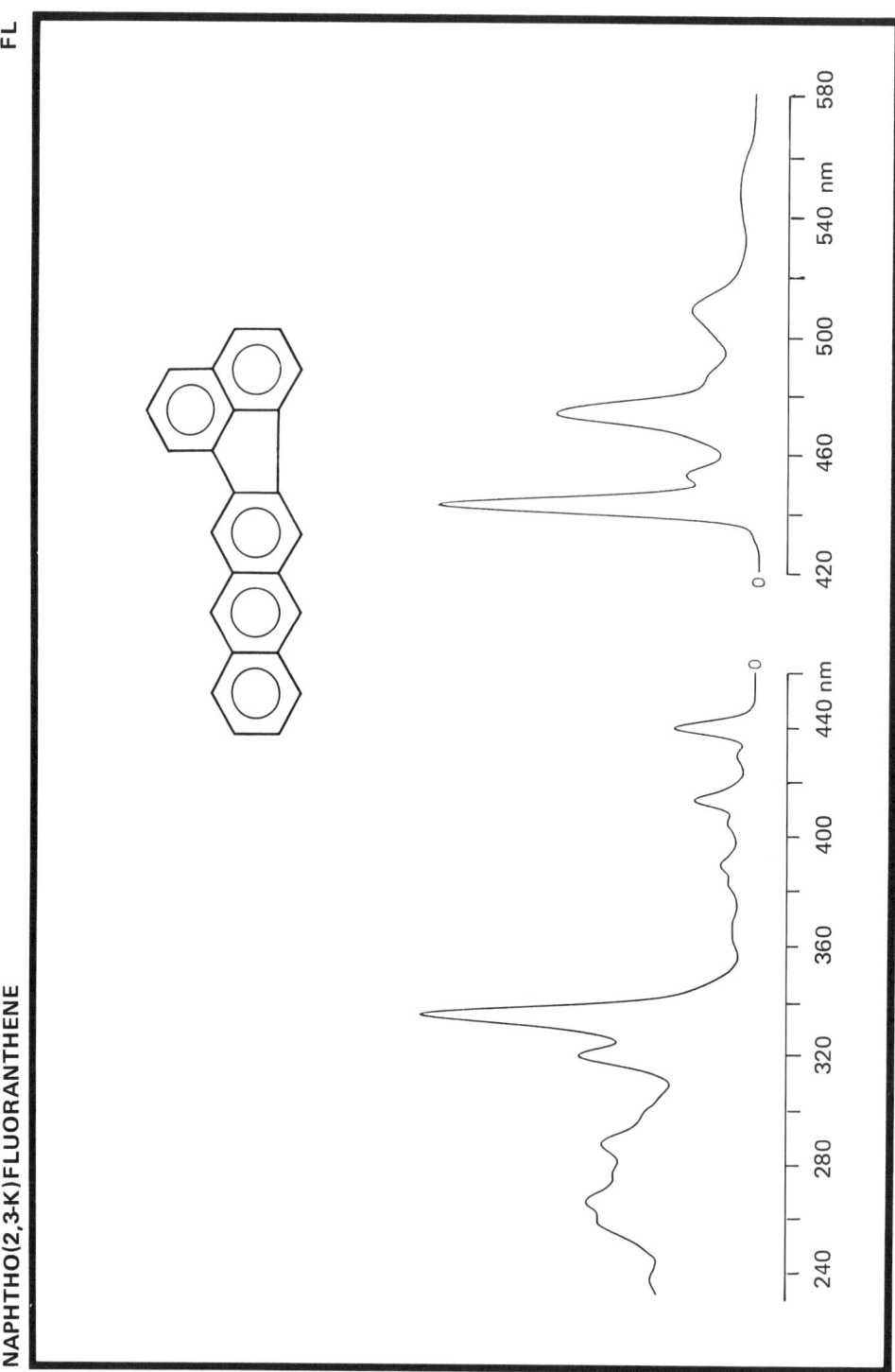

Wavelength (nm)	Relative intensity
440.5	100
451.5	21.5
472	60.5
485 (sh)	14.5
507	19.5

Original spectrum produced by Physico-chemical oceanography group-University of Bordeaux I (F)

Instrument	: Perkin-Elmer MPF-44	**Formula**	: $C_{24}H_{14}$
Solvent	: Cyclohexane	M_r	: 302.38 u
Concentration	: 0.108 mg.l^{-1}	**CAS Nr.**	: 207 - 18 - 1
Spectrum	: **excitation**	emission	**Purity**	: 0.992 g/g
Fixed wavelength	: 472 nm	334.5 nm	**m.p.**	: 299 - 300°C
Excitation slit	: 2 nm	4 nm		
Emission slit	: 8 nm	2 nm		

NAPHTHO (2,3-K) FLUORANTHENE

Fluorescence Wavelength (nm)	Intensity (%)
438.3	37
441.4	100
452.7	30

Original spectrum determined by Physico-chemical oceanography group-University of Bordeaux I (F)

Source	: 450W Xenon lamp	Formula	: $C_{24}H_{14}$
Excitation monochromator	: Jobin-Yvon H20	M_r	: 302.38 u
Emission monochromator	: Jobin-Yvon HR1000	CAS Nr.	: 207 - 18 - 1
Excitation wavelength (slits)	: 333 (9) nm	Purity	: 0.992 g/g
Emission slits	: 0.04 nm	m.p.	: 299-300°C
Temperature	: 15 K		
Solvent	: n-Decane		
Concentration	: 0.60 mg l^{-1}		

NAPHTHO(2,3-k)FLUORANTHENE

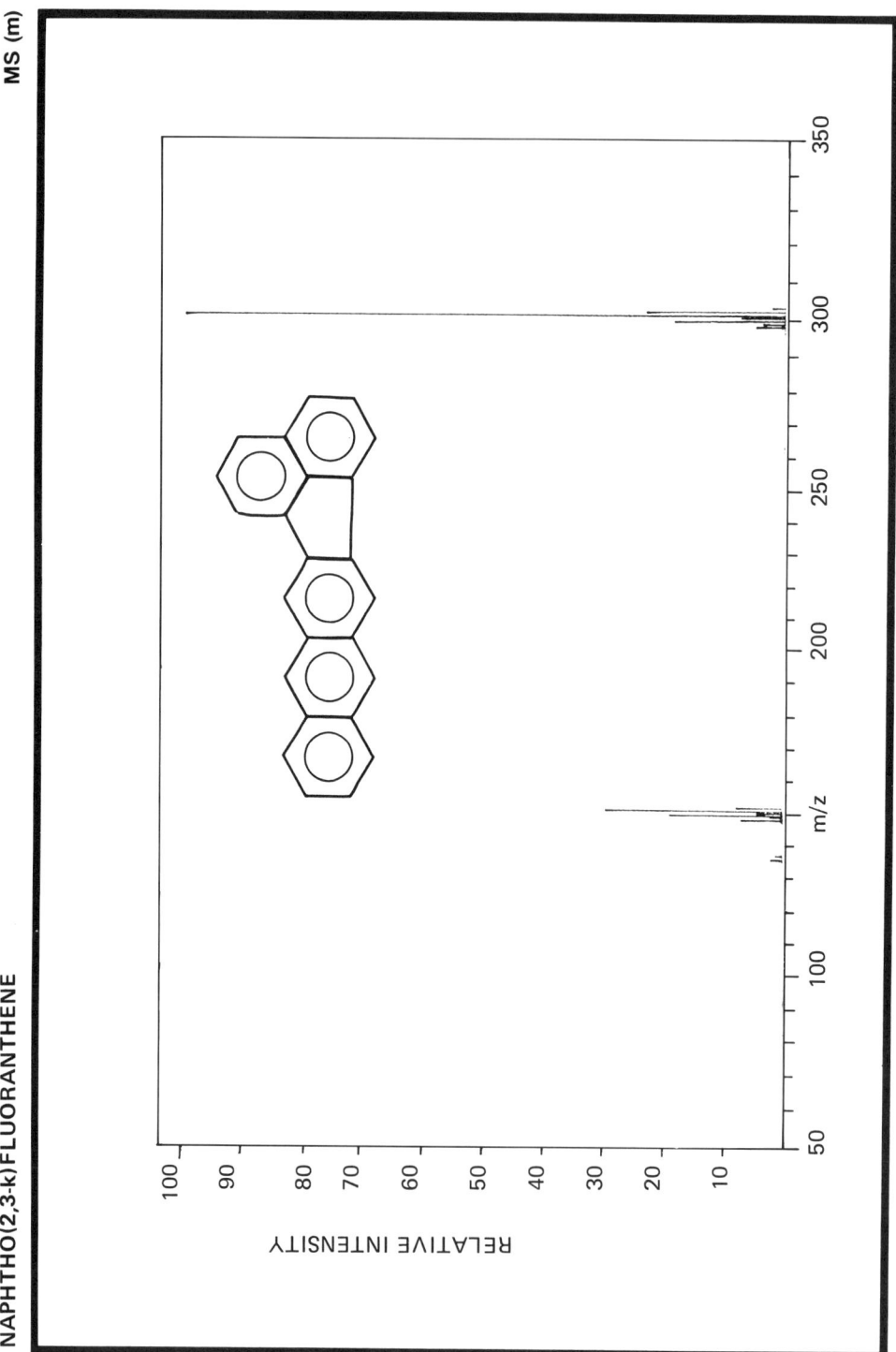

m/z	relative intensity	m/z	relative intensity
137	2	298	5
149	7	299	4
149.5	2	300	19
150	19	301	8
150.5	4	302	100
151	30	303	24
151.5	8	304	2.5

Original spectrum determined by Biochem. Institut, Ahrensburg (D)

Spectrometer	: Varian MAT 111
Inlet System	: capill. GC/MS
Source Temperature	: 200°C
Source Voltage	: 70 eV

Formula	: $C_{22}H_{14}$
M_r	: 302.38 u
m/z	: 302.11 u
CAS Nr.	: 207 - 18 - 1
Purity	: 0.992 g/g
m.p.	: 299 - 300°C

NAPHTHO(2,3-K)FLUORANTHENE

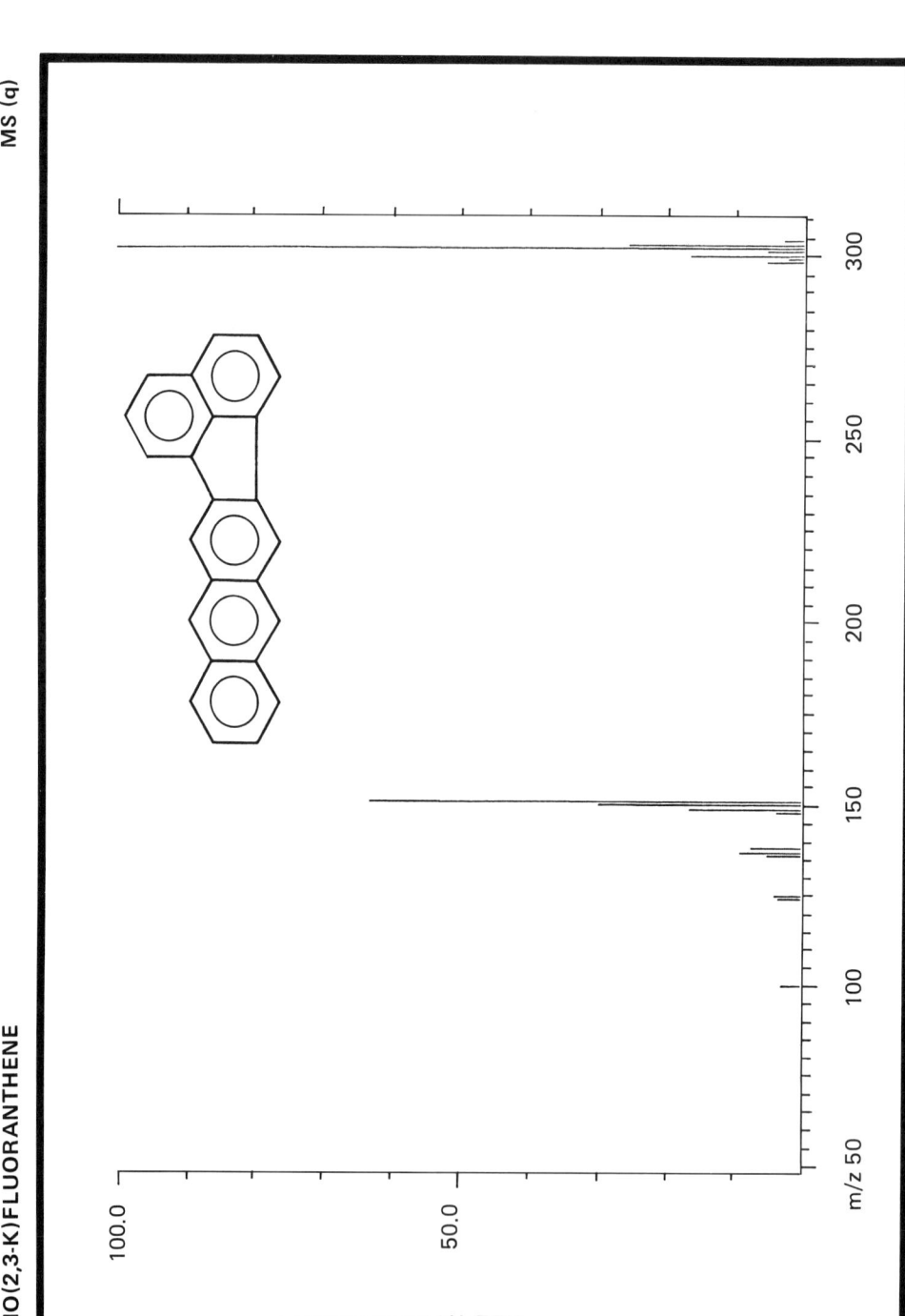

m/z	relative intensity	m/z	relative intensity
124	3.4	298	5.4
125	4.0	299	2.3
136	5.1	300	16.5
137	9.2	301	5.2
138	7.5	302	100.0
148	3.7	303	25.3
149	16.4	304	2.9
150	29.6		
151	63.0		

Original spectrum determined by Biochem. Institut, Ahrensburg (D)

Spectrometer	: Varian MAT 111
Inlet System	: Direct Inlet
Source Temperature	: 200°C
Source Voltage	: 70 eV

Formula	: $C_{22}H_{14}$
M_r	: 302.38 u
m/z	: 302.11 u
CAS Nr.	: 207 - 18 - 1
Purity	: 0.992 g/g
m.p.	: 299 - 300°C

NAPHTHO(2,3-K)FLUORANTHENE

1H-NMR

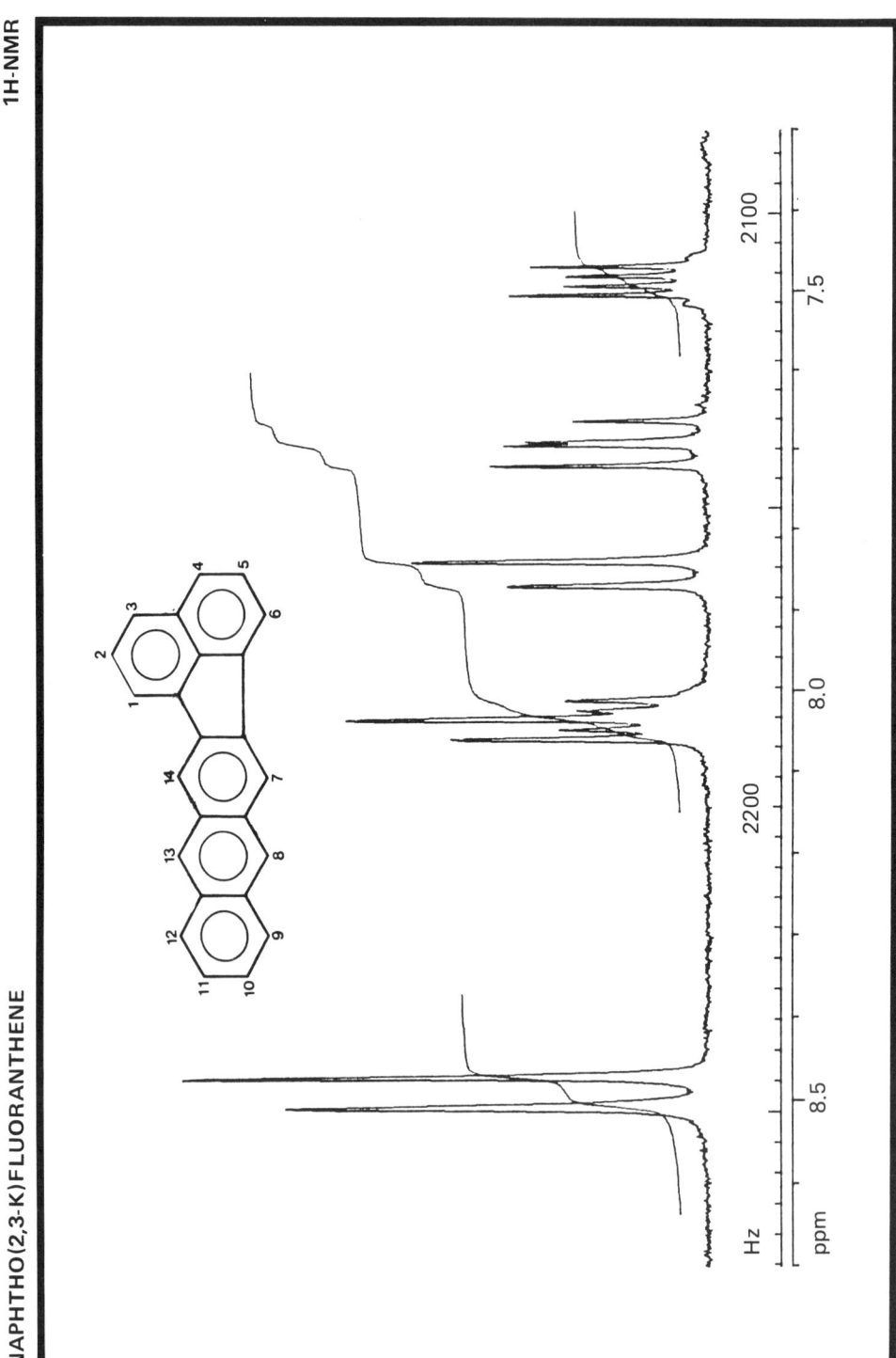

Proton No.	Chemical shift (ppm)	Coupling constants (Hz)
1 = 6	8.04	J(1,2) = J(5,6) = 6.8
2 = 5	7.69	J(2,3) = J(4,5) = 8.2
3 = 4	7.86	
7 = 14	8.47	
8 = 13	8.51	
9 = 12	8.03	J(9,10) = J(11,12) = 8.1
		J(9,11) = J(10,12) = 1.4
10 = 11	7.49	J(10,11) = 6.4

Original spectrum determined by Laboratory of the Goverment Chemist, London (UK)

Spectrometer	: JEOL GX - 270
Solvent	: CDCl$_3$
Concentration	: 3 mg/ml

Formula	: C$_{24}$H$_{14}$
M$_r$	: 302.38 u
CAS Nr.	: 207 - 18 - 1
Purity	: 0.992 g/g
m.p.	: 299 - 300°C

NAPHTHO (2,3-k)FLUORANTHENE

13C-NMR

Signal	Intensity (%)	Chemical Shift (ppm)	Carbon No.
1	24 s	137.68	6b = 14a
2	20 s	136.94	6a = 14b
3	8 s	136.52	14c
4	31 s	132.05	12b = 8a
5	29 s	131.72	7a = 13b
6	17 s	130.88	3a
7	97 d	128.31	2 = 5
8	97 d	128.20	9 = 12
9	97 d	127.21	8 = 13
10	100 d	125.99	3 = 4
11	86 d	125.58	10 = 11
12	85 d	120.17	7 = 14
13	98 d	118.71	1 = 6

Original spectrum determined by Laboratory of the Goverment Chemist, London (UK)

Spectrometer	: JEOL GX - 270 (67.8 MHz)		Formula	: $C_{24}H_{14}$
Solvent	: $CDCl_3$		M_r	: 302.38 u
Concentration	: 3 mg/ml		CAS Nr.	: 207 - 18 - 1
Pulse (angle)	: 10 μs (40°)		Purity	: 0.992 g/g
Accumulations	: 20000		m.p.	: 299 - 300°C
Repeat time	: 2.47 s			

NAPHTHO(2,3-K)FLUORANTHENE

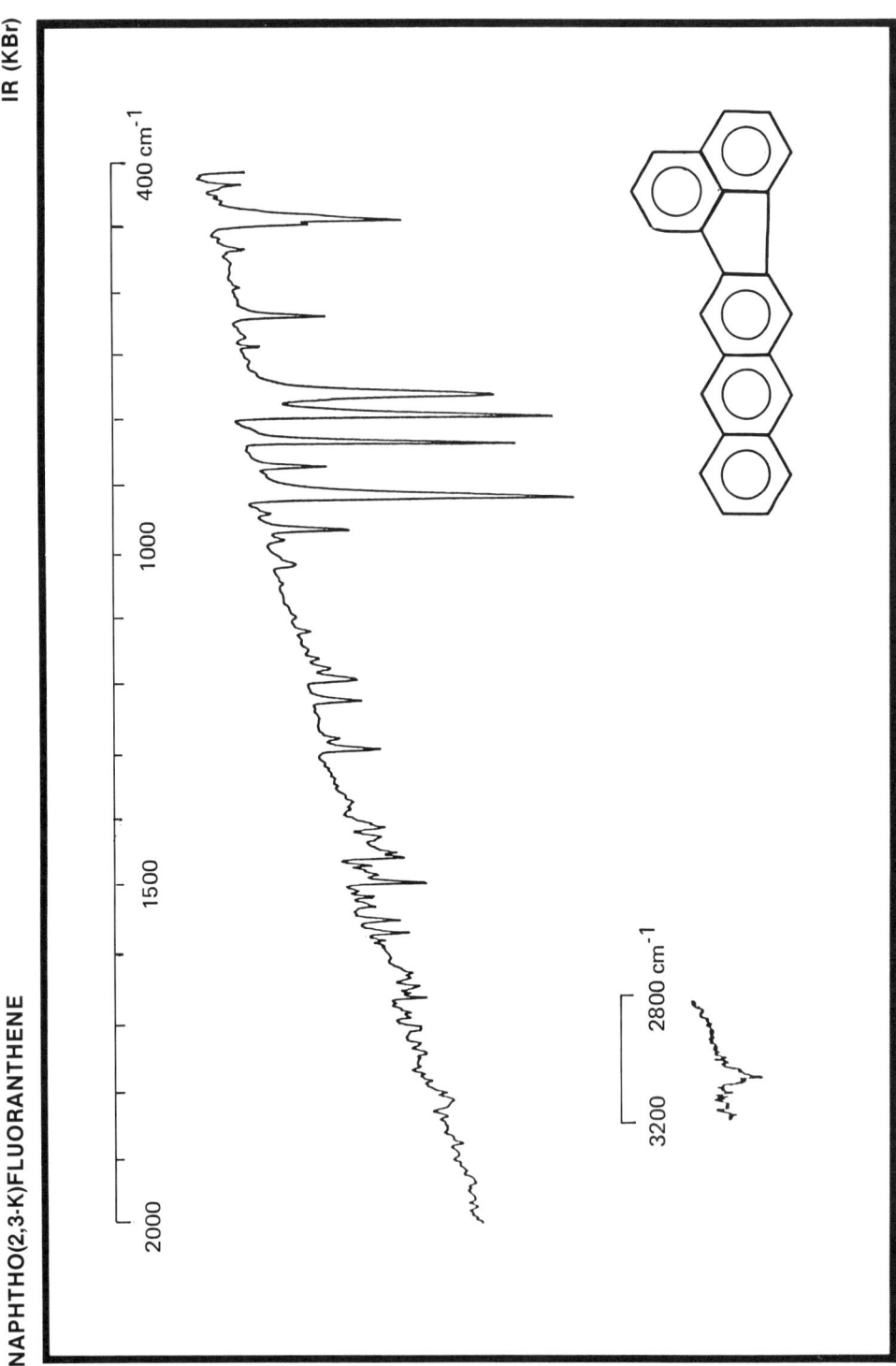

Frequency (cm⁻¹)	Assignment	Frequency (cm⁻¹)	Assignment
3052:	C - H stretch	955:	C - H wagging deformation
		903:	
1485:	C=C stretch	860:	
1283:		820:	
1211:	C - C stretch	775:	
1181:		741:	
		619:	
		478:	ring deformation

Original spectrum determined by Biochem. Institut, Ahrensburg (D)

Spectrometer	: Nicolet 5 MX	Formula	: $C_{24}H_{14}$
Sample	: KBr disc	M_r	: 302.38 u
Reference	: Air	CAS Nr.	: 207 - 18 - 1
Resolution	: 1.7 cm⁻¹ (maximum)	Purity	: 0.992 g/g
		m.p.	: 299 - 300°C

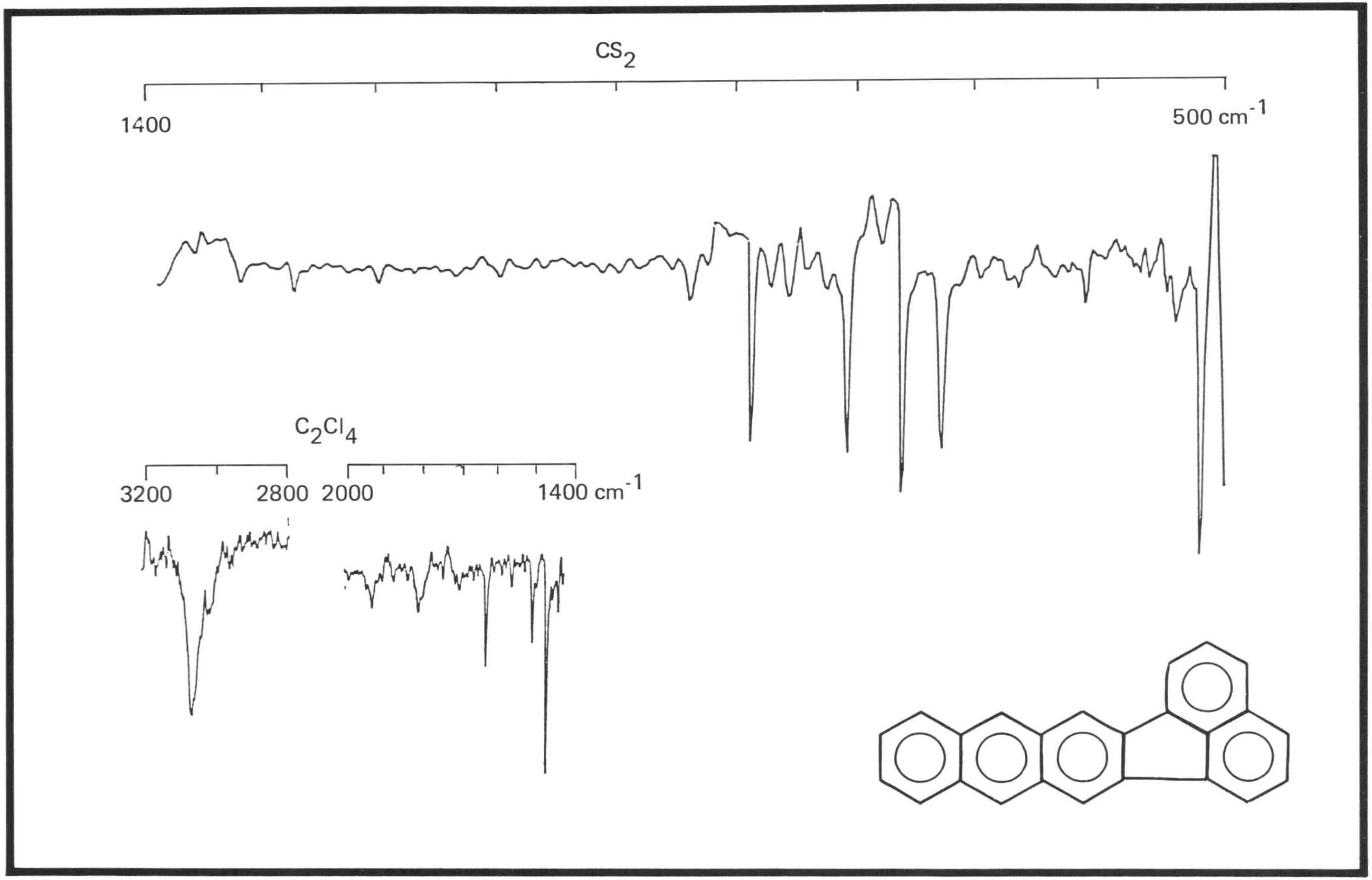

NAPHTHO(2,3-k)FLUORANTHENE

IR (s)

Frequency (cm⁻¹)	Assignment	Frequency (cm⁻¹)	Assignment
3056:		899:	C - H
3013:	C - H stretch	818:	wagging
3007:		774:	deformation
1613:		739:	
1485:	C=C stretch	521:	ring deformation
1449:			

Original spectrum determined by Biochem. Institut, Ahrensburg (D)

Spectrometer	: Nicolet 5 MX		**Formula**	: $C_{22}H_{14}$
Cell	: 0.2 mm (KBr)		**M$_r$**	: 302.38 u
Solvents	: C_2Cl_4 (3.200 - 1.400 cm⁻¹)		**CAS Nr.**	: 207 - 18 - 1
	CS_2 (1.400 - 500 cm⁻¹)		**Purity**	: 0.992 g/g
Resolution	: 1.7 cm⁻¹ (maximum)		**m.p.**	: 299 - 300°C

5. **References:**

A. Physicochemical Properties (Tables 2-4).

1. Casellato, F., Vecchi & Girelli, A. (1973), Ann. Chem. (Rome) 63, 467
2. Davis, H.G. & Gottlieb, S. (1963), Fuel, 42, 37
3. De Kruif, C.G. (1980), J. Chem. Thermodynamics 12, 243
4. Freitag, D., Ballhorn, L. Greyer H., Korte, F. (1985), Chemosphere, 14, 1589
5. Govers, H. Ruepert, C., Aiking, H. (1984), Chemosphere 13, 227
6. Grimmer, G. (1983) (ed.) in: Environmental Carcinogens, Polycyclic Aromatic Hydrocarbons, 36-37
   CRC Press Inc., Boca Raton, Florida (USA)
7. Hasset, J.J., Means, J.C., Banwart, W.L. Wood. S.G. (1980)
   Report No. EPA-60013-80-041, EPA, Athens, Gia.
8. Herndon, W.C. & Hosoya, H. (1984), Tetrahedron 40, 3987
9. Karcher, W., Fordham, R.J., Dubois, J.J. Glaude 13, 227
   P.G.J.M. & Ligthart, J.A.M. (1985), Spectral Atlas of Polycyclic Aromatic Compounds, D. Reidel Publ. Co., Dordrecht, Boston, Lancaster
10. Karikhoff, S.W. (1981), Chemosphere 10, 833
11. Krasnoshkeva, R., Gubergrits, M., Jacquignon, P. & Périn, F. (1984) in: Polynuclear Aromatic Hydrocarbons (M. Cooke & A.J. Dennis eds.) 763-69, Battelle Press, Columbus (Ohio)
12. Lane, D.A., Sakuma, T. Quan, E.S.K. (1980), in: Polynuclear Aromatic Hydrocarbons (A. Bjorseth, A.J. Dennis eds.) 199-214, Battelle Press, Columbus, Ohio
13. Lee, M.L., Novotny, M.V., Bartle, K.D. (1981), in Analytical Chemistry of Polycyclic Aromatic Compounds, Academic Press, New York, 210-218
14. Mackay, D. & Shiu, W.Y. (1977), J. Chem. Eng. Data, 22, 399
15. Mackay, D. & Shiu, W.Y. (1981), J. Phys. Chem. Ref. Data, 10, 1175
16. Miller, M.M., Wasik, S.P., Huang, G.L., Shiu, W.Y., Mackay, D. (1985), Environ. Sci. Technol. 19, 522
17. Murray, J.J., Potter, R.F. & Pupp, C. (1974), Can. J. Chem., 52, 557
18. Pearlman, R.S., Yalkowsky, S.H., Banerjee, S. (1984), J. Phys. Chem. Ref. Data, 13, 555
19. Sabljic. A. (1987), Environ. Sci. Technol., 21, 358
20. Vowles, P.D., Mantoura, R.F.C. (1987), Chemosphere, 16, 109
21. White, C.M. (1986), J. Chem. Eng. Data, 31, 198
22. Wise, S.A., Bonnet, W.J., Guenther, F.R., May, W.E. (1981), J. Chromatogr. Science, 19, 457 and: Sander, L.C., Wise, S.A. (1986) in: Advances in Chromatography, Vol. 25 (J. Giddings, E. Grushka, J. Cazes eds.) 139-218, Marcel Dekker Inc., New York, Basel
23. Zachara, J.M., Ainsworth, C.C., Cowan, C.E., Thomas B.L. (1987), Environ. Sci. Technol. 21, 397
24. Hites, R.A., Simonsick Jr., W.J. (1987), Calculated Molecular Properties of PAH, Elsevier, Amsterdam
25. Southworth, G.R., J.L. Kelles (1984), Bull. Environ. Contam. Toxicol. 32, 445
26. Leo, A., C. Hansch, D. Elkins (1971), Chem. Rev. 71, 525

B. Crystallography (Table 5).

30. **Abrahams, S.C.**, Robertson, J.M., White, J.G. (1949), Acta Cryst. *2, 238*
31. **Bannerjee, S.** & Guha, A.C. (1937), Z. Krist. A *96, 1070*
32. **Barnal, J.D.** & Crowfoot, D. (1935), J. Chem. Soc. *93*
33. **Briant, C.E.**, Edwards, R.L., Jones, D.W. & Mc Donald, W.S. (1984), Carcinogenesis, *5, 1041*
34. **Briant, C.E.**, Edwards, R.L., Jones, D.W., Mc Donald, W.S., (1984a) Carcinogenesis (London), *5, 104*
35. **Briant, C.E.** & Jones, D.W. (1984b) Carcinogenesis (London) *5, 363*
36. **Briant, C.E.** & Jones, D.W. (1985) Cancer Biochem. Biophys, *8, 129*
37. **Briant, C.E.**, Jones, D.W., Shaw, J.D. (1985) J. Mol. Struct. *130, 167*
38. **Briant, C.E.**, Jones, D.W., Hazell, R.G. (1986), Acta Cryst. C, Cryst. Struct. Commun., *C 42, 826*
39. **Burns, D.M.** & Iball, J. (1955), Proc. Roy. Soc. (London), *A 227, 200*
40. **Camerman, A.** & Trotter, J. (1964), Proc. Roy. Soc. (London), *A 279, 129*
41. **Champbell, R.B.**, Robertson, J.M., Trotter J. (1962), Acta Cryst. *15, 282*
42. **Charkrabarti S.C.** (1955), Proc. Natl. Inst. Sci. India *21A, 263*
43. **Cser, I.** (1974), Acta Chim. (Budapest), *80, 317*
44. **Dietrich, H.**, Bladauski, D., Grosse, M., Ruth, K., Rewicki, D. (1975), *108, 1807*
45. **Dumitz, J.D.**, Weissman, L. (1949), Acta Cryst. *2, 62*
46. **Ehrlich, H.W.** & Beevers, C.A. (1956), Acta Cryst. *9, 602*
47. **Friedlander, P.H.** & Sayre, D. (1956), Nature *178, 999*
48. **Harnik, E.**, Herbstein, F.H., Schmidt, G.M.J., (1951) Nature *168, 158*
49. **Herbstein, F.H.** & Schmidt, G.M.J. (1951), Nature *169, 323*
50. **Herbstein, F.H.** (1979), Acta Cryst., *B 35, 1661*
51. **Hirshfeld, F.L.**, Sandler, S., Schmidt, G.M.J. (1963), J. Chem. Soc. *2108*
52. **Hofer, L.J.E.** & Peebles, W.C. (1951), Anal. Chem. *23, 690*
53. **Iball, J.** (1963), Z. Krist. *95, 282*
54. **Iball, J.** (1938), Z. Krist. A *100, 234*
55. **Iball, J.**, Morgan, C.H., Zacharias, D.E. (1975), J. Chem. Soc., Perkin Trans. *2, 1271*
56. **Iball, J.**, Robertson, J.M. (1933), Nature *132, 750*
57. **Iball, J.** & Scrimgeour (1974), J. Chem. Soc. Perkin II. *1445*
58. **Iball, J.**, Scrimgeour, S.N., Young, D.W. (1976) Acta Cryst. *B, 32, 328*
59. **Iball, J.** & Young, D.W. (1958), Acta Cryst. *11, 476*
60. **Jones, D.W.** & Sowden. J.M. (1976), Cancer Biochem. Biophys. *4, 43-47*
61. **Jones, D.W.** & Sowden, J.M. (1978), Acta Cryst. *B 34, 3021*
62. **Jones, D.W.** & Sowden, J.M. (1979) Cancer Biochem. Biophys. *4, 43*
63. **Kitaigorodskii, A.I.** (1961), In Organic Chemical Crystallography, Consult. Bureau, New York, 1961
64. **Kurahashi, M.**, Fukuyo, M. Ihimida A. (1966), Bull. Chem. Soc. Japan *39, 2564*
65. **Lipscomb, W.N.**, Robertson, J.M., Rossman, M.G. (1959), J. Chem. Soc., *2601*
66. **Mason, R.** (1956), Naturwissenschaften, *43, 252*
67. **Mason, R.** (1960), Proc. Roy. Soc. (London) *256, 302*
68. **Mc Intosh, A.O.**, Robertson, J.M., Vand, V.C. Nature *169, 322*
69. **Peters, E.T.**, Armington, A.F., Rubin, B. (1966), J. Appl. Phys. *37, 226*
70. **Philips, D.C.** (1956), Acta Crystallogr. *9, 237*
71. **Philips, D.C.** Ahmed, F.R. & Barnes. W.H. (1960), Acta Cryst. *13, 365*
72. **Robertson, J.M.** (1950), J. Chim. Phys. *47, 41*
73. **Robertson, J.M.** & White, J.G. (1944), Nature, *154, 605*
74. **Robertson, J.M.** & White, J.G. (1945), J. Chem. Soc., *607*

75. Robertson, J.M. & White, J.G. (1967), J. Chem. Soc., *358*
76. Robinson, P.M. & Scott., H.G. (1966), Mol. Cryst. Liquid Cryst. *5, 405*
77. Sayre, D. & Friedlander, P.H. (1960), Nature *187, 139*
78. Schaffrin, R. & Trotter, J. (1970), J. Chem. Soc., *A, 1561*
79. Waser, J. & Chia, S.L. (1944), J. Aim. Chem. Soc. *66, 2034*
80. Wei, C.H. & Einstein, J.R. (1972), Acta Cryst. *B. 28, 1478*
81. White, J.G. (1948), J. Chem. Soc., *1398*
82. Wykoff, R.W.G., (1960) Crystal Structures, Vol. V, Interscience Publ. Inc., New York
83. Zacharias, D.E., Glusher, J.P., Fu, P.P. & Harvey, R.G. (1979), J. Am. Chem. Soc. *101, 4043*
84. Ferraris, G., Jones, D.W., Yerkess, J. (1972), J. Chem. Soc., Perkin Trans. II, *1628*
85. Walker, Briant, C.E., Jones, D.W., Shan, J.D. (1986), Acta Cryst. *C. 42, 1392*
86. Yerkess, J., Jones, D.W., Denne, W.A. (1969), Acta Cryst. *B. 52, 2649*

E. Spectral Measurements

87. Jacob, J., Karcher, W., Belliardo, J.J., and Wagstaffe, P.J. (1986): Polycyclic aromatic compounds of environmental and occupational importance. Their occurrence, toxicity and the development of high purity reference materials, Part II and Part I, Fresenius Z. Analyt. Chem., *323:1-10 and 317:101-114* (1984)
88. Garrigues, P., Lamotte, M., Ewald, M., Joussot-Dubien, J. (1981), C.R. Acad. Sci. Paris, *293, 567-571*
89. Garrigues, P., Ewald M. (1983), Anal. Chem., *55, 2155-2159*
90. Garrigues, P., Bourgeois, G., Veyres, A., Rima, J., Lamotte, M., Ewald, M. (1985), Anal. Chem., *57, 1068-1070*
91. Garrigues, P., De Sury, R., Bellocq, J., Ewald, M. (1985), Int. J. Environ. Anal. Chem., *21, 185-197*
92. Garrigues, P., De Sury, R., Bellocq, J., Ewald, M. (1985), Analysis, *13, 81-86*
93. Garrigues, P., De Vazelhes, R., Schmitter, J.M., Ewald, M. (1983), In: Polynuclear aromatic hydrocarbons: Formation, metabolism and measurement (M. Cooke and A.J. Dennis eds.), Batelle Press (Columbus, Ohio), *545-558*
94. Nakmihovsky, L.A. (1984) In: Polynuclear aromatic hydrocarbons: Formations, metabolism and measurement (M. Cooke and A.J. Dennis eds.), Batelle Press (Columbus, Ohio), *545-558*
95. Bax, A. (1982), "Two Dimensional Nuclear Magnetic Resonance in Liquids", (Delft University Press (Reidel Publ.), Delft, Holland
96. Castellano, S., Bothner-By, A.A. (1964), J. Chem. Phys. *41, 3863*
97. Bax, A., Morris, G.A. (1981), J. Magn. Reson., *42, 501*
98. Bax, A., (1983), J. Magn. Reson. *53, 517*

C. Occurrence

100 M.A. Acheson, R.M. Harrison, R. Perry, R.A. Wellings (1976), Water Res. *10, 207*
101 O.A. Afolabi, E.A. Adesolu, O.L. Oke (1983), J. Agric. Food Chem. *31, 1083*
102 Z. Aizenshtat, (1973), Geochim. cosmochim. Acta *37, 559*
103 T. Alsberg and U. Stenberg (1979), Chemosphere *8, 487*
104 M. Argirova (1975), Khig. Zdravcopaz. *18, 518*

105 E.L. Atlas, K.C. Donolly, C.S. Giam, A.R. Mc Farland (1985), Am. Ind. Hyg. Assoc. J., *46, 532*
106 **C.I. Ayres, R.E. Thornton (1965), Beitr. Tabakforsch.** *3, 285*
107 **W.E. Bachmann,** J.W. Cook, A. Dainsi, C.G., M. de Worms, G.A.D. Haslewood, C.L. Harvett, A.M. Robinson (1937) Proc. Roy. Soc. *B 123, 343*
108 **E.J. Bailey and N. Dunjal** (1958), Brit. J. Cancer *12, 348*
109 **P.C. Baumann,** W.D. Smith and M. Ribick (1982), In: "Polynuclear Aromatic Hydrocarbons: Physical and Biological Chemistry" (M. Cooke, A.J. Dennis and G.L. Fisher, eds.) Battelle Press, Columbus, Ohio and Springer-Verlag, Berlin, *93*
110 **D.F. Bender** (1968), Environ. Sci. Technol. *2, 204*
111 **R.L. Bennet,** K.T. Knapp, P.W. Jones, J.A.E. Wilkinson and P.E. Strup (1979), In: "Polynuclear Aromatic Hydrocarbons - 3rd Int. Sympos. on Chemistry and Biology-Carcinogenesis and Mutagenesis" (P.W. Jones and P. Leber, eds.), Ann Arbor Sci Publ. Inc., Ann Arbor, *419*
112 **F.M. Benoit,** G.L. Lebel, D.T. Williams (1979), Bull. Environ. Contam. Toxicol. *23, 774*
113 **J.G.T. Bergstrom,** G. Eklund and T. Trzcinzki (1982), In: "Polynuclear Aromatic Hydrocarbons: Physical and Biological Chemistry" (M. Cooke, A.J. Dennis and G.L. Fisher, eds.) Battelle-Press, Columbus, Ohio and Springer-Verlag, Berlin, *109*
114 **J. Bermejo,** O.M. Gayol (1974), Ion (Madrid) *34, 838*
115 **J.W. Betts** (1982), EUR 7866 EN
116 **A. Bjorseth** (1977), Anal. Chim. Acta, *94, 21*
117 **Bjorseth, A.** (1979), VDI-Bericht, *358*
118 **A. Bjorseth** (1979), In: "Polynuclear Aromatic Hydrocarbons - 3rd Int. Sympos. on Chemistry and Biology-Carcinogenesis and Mutagenesis" (P.W. Jones and P. Leber, eds.), Ann Arbor Sci. Publ. Inc., Ann Arbor, *371*
119 **A. Bjorseth,** O. Bjorseth, P.E. Fjeldstad (1978), Scandi J. Work Environ. Health, *4, 212*
120 **L. Blomberg,** T. Wanneman (1979) J. Chromatogr. *186, 159*
121 **M. Blumer,** (1962), Geochim. Acta, *26, 228*
122 **M. Blumer,** (1975), Chem. Geol. *16, 245*
123 **M. Blumer,** W. Blumer, T. Reich (1977), Environ. Sci. Technol. *11, 1082*
124 **C. Borra,** D. Wiesler, M. Novotny (1978), Anal. Chem. *59, 339*
125 **J. Borneff,** H. Kunte (1969), Arch. Hyg. Bakt. *101, 202*
126 **Borowitzky, H.,** G. Schomburg (1979), J. Chromatogr. *170, 99*
127 **Brorstroem-Lunden, E.,** A. Lindskog (1985), Environ. Int. *11, 183*
128 **M.A. Bresson,** S. Beyne, P. Masclet, G. Mouvier (1984) EUR 9436, *53-61*
129 **K. Bridbord and J.G. French** (1978), In: "Carcinogenesis, Vol. 3: Polynuclear Aromatic Hydrocarbons" (P.W. Jones and R.I. Freudenthal, eds.) Raven Press, New York, *451*
130 **E. Brizova,** S. Vozka, J. Cospek, M. Popl (1983), Sb. Vys. Sk. Chem. Technol. Praze. Anal. Chem. *418, 179*
131 **D. Brocco,** A. Cimmino and M. Possanzini (1973), J. Chromat. *84, 371*
132 **A. Brockhaus and R. Tomingas** (1976), Staub-Reinh. Luft *36, 96*
133 **B.R. Brown,** W.J. Firth III, L.W. Yielding (1980), Mutat
134 **M.V. Buchanan,** C.H. Ho, M.R. Guerin and B.R. Clark (1981), In: "Chemical Analysis and Biological Fate: Polynuclear Aromatic Hydrocarbons" (M. Cooke and A.J. Dennis, eds.) Battelle Press, Columbus, Ohio, *133*
135 **A.J. Buonicore** (1979), Environ. Sci. Technol. *13, 1340*
136 **P. Burchill,** A.A. Herod and R.G. James (1978), In: "Carcinogenesis Vol. 3: Polynuclear Aromatic Hydrocarbons" (P.W. Jones and R.I. Freudenthal, eds.) Raven Press, New York, *35*
137 **P. Burchill.** A.H. Herod, E. Pritchard (1983), Fuel, *62, 11*

138 N.P. Buu-Hoi (1958), Nature (London) *182, 1158*
139 N.P. Buu-Hoi (1964), Cancer Res. *24, 1511*
140 A. Candeli, G. Morozzi, A. Paolacci and L. Zoccolillo (1975), Atmos. Environ. *9, 843*
141 W. Carruthers, H.N.M. Stewart and D.A.M. Watkins (1967), Nature (London) *213, 691*
142 Z. Chen, N. Zhu, Z. Xu, T. Zhu, L. Zhao, X. Wang, Y. Long, S. Sun (1983), Huanjing Huaxue *2, 32*
143 J. Chmielowiec, J.E. Beshai and A.E. George (1980), Prepr. Am. Chem. Soc. Div. Petr. Chem. *25, 532*
144 L.V. Chubar (1971), Vop. Gig. Tr. Prof. Patol. *3, 88*
145 A.L. Colmsjö, C.E. Östmann (1980), Anal. Chem. *52, 2039*
146 A. Colmsjö, U. Stenberg (1979), Anal. Chem. *51, 145*
147 M.W. Cooke, J.M. Allen, R.E. Hall (1982), Proc. Int. Conf. Resid. Solid Fuels (J.A. Cooper, D. Malek eds.) *139-163*
148 Cosmacini, E., A. Bertagna (1986), AES *8, 43*
149 C.C. Craft, S. Norman (1966), J. Assoc. Off. Anal. Chem. *49, 695*
150 J.R. Cretney, H.K. Lee, G.J. Wright, W.H. Swallow, M.C. Taylor (1985), Environ. Sci. Technol. *19, 397*
151 D.G. De Angelis (1979), Proc. Ann. Meeting Air Tollent. Control Assoc. (72nd), paper *79/60.3*
152 M. Dong, I. Schmeltz, E. La Voie, D. Hoffmann (1978).
In: "Polynuclear Aromatic Hydrocarbonscarginogenesis Vol. 3" (P.W. Jones, R.I. Freudenthal eds.) *97-108*, Raven Press, New York, N.Y.
153 M. Dorbon, J.M. Schmitter, P. Garrigues, I. Ignatidis, M. Ewald, P. Arpino, G. Guichon (1984), Org. Geochem. J. *111*
154 Dreier, F., S. Siles, M. Buchs, F.O. Gulacar, A. Buchs (1985), Arch. Sci. *36, 215*
154a Elmenhorst, H., G. Reckzeh (1964) Beitr. Tabakforsch. *2, 180*
155 EPA. Report (1975), *560/3-75-002*
156 J.L. Epler, T.K. Rao and M.R. Guerin, (1979), Environ. Health Perspect. *30, 179*
157 T. Fazio and J.W. Howard, (1983), Polycyclic Aromatic Hydrocarbons in Foods. In: "Handbood of Polycyclic Aromatic Hydrocarbons" (A. Bjorseth, ed.), M. Dekker Inc., New York and Basel, *461*
158 L.R. Ferguson, W.A. Denny, D.G. Mac Phee (1985), Mutat. Res. *157, 29*
159 W. Flight, A. Mayer, P. Rasenack (1973), Chem. Ber. *6, 1401*
160 I. Florin, L. Rutberg, M. Curvall, C.R. Enzell (1980), Toxicology *18, 219*
161 K. Fretheim (1976), J. Agric. Food Chem. *24, 976*
162 M.A. Fox, S.W. Staley (1976), Anal. Chem. *48, 992*
163 R.B. Gammage (1983). In: "Handbook of Polycyclic Aromatic Hydrocarbons, Vol. I." (A. Bjorseth, T. Ramdahl eds.) *603-707*, Marcel Dekker Inc., New York, N.Y.
164 R.B. Gammage, A.R. Hawthorne, T. Vo. Dinh, D. Schuresko (1983), Alternat. Energy Sources (1980) *3, 209*
165 Garrigues, P., Dorbon M., Schmitter (1984), In: "Polynuclear Aromatic Hydrocarbons (M. Cooke, A.J. Dennis eds.) *451-461*, Battelle Press, Columbus, Ohio
166 Garrigues, M.P. Marniesse, S.A. Wise, J. Belog, M. Ewald (1987), Anal. Chem. *59, 1695*
167 T.L. Gibson, (1982), Atmosph. Environ. *16, 2037*
168 W. Giger, M. Blumer (1974), Anal. Chem. *46, 1663*
169 E. Gjessing, E. Lygren, L. Berglind, T. Gulbrandsen, R. Skaane (1984), Sci. Total Environ. *33, 245*
170 R. Gladen (1972), Chromatographia *5, 236*
171 J.A. Glaser, D.L. Foerst, G.D. Mc Kee, S.A. Quave, W.L. Budde (1981) Environ. Sci. Technol. *15, 1426*

172 P. Gorman, L. Shannon, M. Schrag, D. Fiscus (1976), Midwest Res. Inst. Rep. No. 38216 and 4033-c
173 W.E. Griest, B.A. Tomkins, J.L. Epler and T.K. Rao (1979), In: "Polynuclear Aromatic Hydrocarbons - Chemistry and Biology-Carcinogenesis and Mutagenesis" (P.W. Jones and P. Leber, eds.) Ann Arbor Sci. Publ. Inc., Ann Arbor, 395
174 G. Grimmer (ed.) (1983), In: "Berichte 1/79 Luftqualitätskriterien für ausgewählte polyzyklische aromatische kohlenwasserstoffe".
Umweltbundesamt. Erich Schmidt Verlag, Berlin (in Germany) (1979), or: G. Grimmer. Environmental Carginogens, Polycyclic Aromatic Hydrocarbons. CRC Press Inc. Boca Raton, Florida
175 G. Grimmer (1983), Pure Appl. Chem. *55, 2067*
176 G. Grimmer, H. Böhnke (1975), Cancer Letters *1, 75*
177 G. Grimmer, H. Böhnke (1975), J. Ass. Off. Anal. Chem. *58, 725*
178 G. Grimmer, H. Böhnke (1977), Z. Naturforsch. *32c, 703*
179 G. Grimmer, H. Böhnke and A. Glaser (1977), Erdöl, Kohle, Erdgas und Petrochem. *30, 411*
180 G. Grimmer, H. Böhnke and A. Glaser (1977), Zbl. Bakt. Hyg., L. Abt. Orig. B. *164, 218*
181 G. Grimmer, H. Böhnke and A. Glaser (1978), Erdöl, Kohle, Erdgas und Petrochem. *31, 272*
182 G. Grimmer, H. Böhnke and H.P. Harke (1977), Int. Arch. Occup. Environ. Health *40, 93*
183 G. Grimmer, H. Böhnke and H.P. Harke (1977), Int. Arch. Occup. Environ. Health *40, 83*
184 G. Grimmer, A. Hildebrandt (1965), Dtsch. Lebensm. Rundsch. *61, 237*
185 G. Grimmer, A. Hildebrandt (1967), Chem. Ind. (London) *2000*
186 G. Grimmer, A. Hildebrandt (1967), Z. Krebsforsch. *69, 223*
187 G. Grimmer, G. Hilge, W. Niemitz (1980), Vom Wasser *54, 255*
188 G. Grimmer, J. Jacob, G. Dettbarn, K.W. Naujack (1985), Fresenius Z. Anal. Chem. *322, 595*
189 G. Grimmer, J. Jacob, K.W. Naujack (1981), Fres. Z. Anal. Chem. *306, 347*
190 G. Grimmer, J. Jacob, K.W. Naujack (1983), Fres. Z. Anal. Chem. *314, 29*
191 G. Grimmer, J. Jacob, K.W. Naujack, G. Dettbarn (1981), Fres. Z. Anal. Chem. *309, 13*
192 G. Grimmer, J. Jacob, K.W. Naujack (1983), Anal. Chem. *55, 2398*
193 G. Grimmer, J. Jacob. K.W. Naujack, G. Dettbarn (1983), Anal. Chem. *55, 892*
194 G. Grimmer, K.W. Naujack (1979), Vom Wasser *53, 1*
195 G. Grimmer, K.W. Naujack (1986), J. Assoc. Off. Anal. Chem. *69, 537*
196 G. Grimmer, K.W. Naujack, D. Schneider (1980), In: "Polynuclear Aromatic Hydrocarbons: Chemistry and Biological Effects"
(A. Bjorseth and A.J. Dennis, eds.) Battelle Press, Columbus, Ohio, *107*
197 G. Grimmer, K.W. Naujack, D. Schneider (1982), Fres. Z. Anal. Chem. *475*
198 G. Grimmer, D. Schneider, G. Dettbarn (1981), Vom Wasser *56, 131*
199 K. Grob, J.A. Voellmin (1970), J. Chromatogr. Sci., *8, 218*
200 M.R. Guerin, J.L. Epler, W.H. Griest, B.R. Clark and T.K. Rao (1978), In: "Carcinogenesis Vol. 3: Polynuclear Aromatic Hydrocarbons" (P.W. Jones and R.I. Freudenthal, eds.) Raven Press, New York, *21*
201 W.R. Haag, J. Hoigne (1986), Environ. Sci. Technol. *20, 341*
202 T. Handa, T. Yamauchi, H. Ikeda (1984), Fire Sci. Technol. (Tokyo), *4, 111*
203 R.L. Hanson, R.E. Royer, R.L. Carpenter and G.J. Newton (1979), In: "Polynuclear Aromatic Hydrocarbons" (P.W. Jones and P. Leber, eds.) Ann Arbor Science Publ. Inc. Ann Arbor, *3*

204 M. Harrison, R. Perry, R.A. Wellings (1976). Environ. Sci. Technol *10, 1151*
205 J.J. Hasset, J.C. Means, W.L. Banwart, S.G. Wood (1980), EPA-Report *600/3-80-041*
206 D.A. Haugen, M.J. Peak, K.M. Suhrbier, V.C. Stamoudis (1982), Anal. Chem. *54, 32*
207 R.A. Hawley-Fedder, M.L. Parsons, F.W. Karasek (1948), J. Chromatogr. *315, 201/211*
208 M. Heit, Y.L. Tan, L.E. Toonkel (1981) - EML 390, Environ. Rep. I/213 - I/236
209 K. Hirano, K. Sakai, S. Kishimoto (1971), Mokuzai Gakkaishi *17, 79*
210 A. Hirose, D. Wiesler, M. Novotny (1984), Chromatographia *18, 239*
211 R.A. Hites, M.L. Yu and W.G. Thilly (1981), In: "Polynuclear Aromatic Hydrocarbons: Chemical Analysis and Biological Fate" (M. Cooke and A.J. Dennis, eds.) Battelle Press, Columbus, Ohio, *455*
212 D.C. Hitte, J.J. Stukel (1976) Am. Ind. Heallth Assoc. J., *199*
213 R.M. Hoff, K.W. Chan (1987), Environ. Sci. Technol. *21, 556*
214 D. Hoffmann, I. Schmeltz, S.S. Hecht, and E.L. Wynder (1978), Tobacco Carcinogenesis. In: "Polycyclic Hydrocarbons and Cancer", Vol. 1, Academic Press, New York, *85*
215 D. Hoffmann, E.L. Wynder (1960), Cancer *13*
216 D. Hoffmann, E.L. Wynder (1962), Natl. Cancer Inst. *9, 91*
217 D. Hoffmann, E.L. Wynder (1968), Chemical analysis and carcinogenic bioassays of organic particulate pollutants. In: "Air Pollution, Vol. II", 2nd Ed. (A.C. Stern, ed.) Academic Press, New York, *187*
218 D. Hoffmann, E.L. Wynder (1971), Cancer, *27, 848*
219 D. Hoffmann, E.L. Wynder (1976), Environmental respiratory carcinogenesis. In: "Chemical Carcinogens" (C.E. Searle, ed.) Am. Chem. Soc., Washington, ACS Monograph *173, 324*
220 D. Hoffmann, E.L. Wynder (1977), In: "Air Pollution" (A.C. Stern, ed.) Academic Press, New York, *361*
221 A.W. Horton, G.M. Christian (1974), J. Natl. Cancer Inst. *53, 1017*
222 T.W. Hughes, D.G. De Angelis (1982). In: "Proc. Int. Conf. Resid. Solid Fuels (J.A. Cooper, D. Malek eds.) *333-348*
223 Ignatiadis, I., M. Dorbon, P. Arpino (1985), Analysis, *13, 406*
224 F.L. Joe Gr., J. Salemme, T. Fazio (1986), J. Assoc. Off. Anal. Chem. *69, 218*
225 G.A. Junk and C.S. Ford (1980), Chemosphere *9, 187*
226 H. Kafer (1935). Chem. Ber. *68, 112*
227 A. Kamiya, Y. Ose (1987), Sci. Total Environ. *61, 37*
228 D. Keimig, S. Muff (1984), BNL-Report-51741
229 E. Katz, K. Ogan (1981), In: "Chemical Analysis and Biological Fale: Polynuclear Aromatic Hydrocarbons" (M. Cooke and A.J. Dennis, eds.) Battelle Press, Columbus, Ohio, *169*
230 J.R. Kershaw (1983), Fuel *62, 1430*
231 H.J. Klimisch, A. Beiss (1976), J. Chromatogr. *128, 177*
232 C.V. Knight, M.S. Graham (1983). In: "Polynuclear Aromatic Hydrocarbons" (M. Cooke, A.J. Dennis, eds.) *689-710*
Battelle Press, Columbus (Ohio)
233 L. Kolarovic and H. Traitle (1982), J. Chromatogr. *237, 263*
234 E. Kroeller (1964), Dt. Lebensmittel-Rundschau *60, 235*
235 E. Kroeller (1965), Dt. Lebensmittle-Rundschau *61, 150*
236 A.M. Krstulovic, D.M. Rosie and P.R. Brown (1977), Amer. Lab. *11*
237 D.A. Lane, H.K. Moe, M. Katz (1973), Anal. Chem. *45, 1776*
238 K.F. Lang, I. Eigen (1967), Fortschr. Chem. Forsch. *8, 91*

239 R.C. Lao, R.S. Thomas, H. Oja and L. Dubois (1973), Anal. Chem. *45, 908*
240 B. Larsson, G. Sahlberg (1982), In: "Polynuclear Aromatic Hydrocarbons: Physical and Biological Chemistry" (M. Cooke, A.J. Dennis and G.L. Fisher, eds.) Battelle Press, Columbus, Ohio and Springer-Verlag, Berlin, *417*
241 D.W. Later, M.L. Lee, K.D. Bartle, R.C. Kong and D.L. Vassilaros (1981). Anal. Chem. *53, 1612*
242 E.J. Lavoie, L. Tulley, V. Bedenko and D. Hoffmann (1980).
In: "Polynuclear Aromatic Hydrocarbons: Chemistry and Biological Effects" (A. Bjorseth and A.J. Dennis, eds.) Battelle Press, Columbus, Ohio, *1041*
243 E.J. Lavoie, K. Tulley-Freiler, V. Bedenko, Z. Girach, D. Hoffmann (1981), In: Polynuclear Aromatic Hydrocarbons, Chemical Analysis and Biological Fact. (M. Cooke, A.J. Dennis eds.), Battelle Press. Columbus, Ohio, *417*
244 J.F. Lawrence, D.F. Weber (1984), J. Agric. Food Chem. *32, 789/794*
245 F.S.C. Lee, T.J. Prater, F. Ferris (1979), In: "Polynuclear Aromatic Hydrocarbons" (P.W. Jones and P. Leber, eds.) Ann Arbor Sci. Publ. Inc., Ann Arbor, *83*
246 M.L. Lee, M. Novotny (1976), Anal. Chem. *48, 405*
247 M.L. Lee, M. Novotny and K.D. Bartle (1976), Anal. Chem. *48, 1566*
248 M.L. Lee, G.P. Prado, J.B. Howard and R.A. Hites (1977), Biomed. Mass Spect. *4, 182*
249 M.L. Lee, C. Willey, R.N. Castle and C.M. White. In: "Polynuclear Aromatic Hydrocarbons. Chemistry and Biological Effects"
(A. Bjorseth and A.J. Dennis, eds.) Battelle Press, Columbus, Ohio, *59* (1980)
250 M.L. Lee, D.L. Vassilaros, W.S. Pipkin, W.L. Sorensen (1979), Proc. 9th Mater. Res. Symp. NBS-Special Publication *519*
251 S. Lei, Y. Bian, S. Liu (1984), Huanjing Kexue *5, 33*
252 G. Lepperhoff (1981), Wiss. Umwelt *1, 1* (1982) and *2, 72*
253 J. Liao, R. Browner (1978), Anal. Chem. *50, 1683*
254 W. Lijinsky, P. Shubik (1964), Science *145, 53*
255 M.J. Lyons (1959), Brit. J. Cancer *13, 126*
256 M.J. Lyons and H. Johnston (1957), Brit. J. Cancer *11, 544*
257 P.R. Mackie, R. Hardy, K.J. Whittle, C. Bruce and A.S. McGill (1980).
In: "Chemical Analysis and Biological Fate: Polynuclear Aromatic Hydrocarbons" (M. Cooke and A.J. Dennis, eds.) Battelle Press, Columbus, Ohio, *379*
258 H. Mahar, N. Zimmermann (1976), Rep. EPA 600/2-76-149
259 D.C. Malins, M.M. Krahn, M.S. Myers, L.D. Rhodes, D.W. Brown, C.A. Krone, B.B. McCain, S.L. Chan (1985) Carcinogenesis (London) *6, 1463*
260 P. Masclet, M.A. Bresson, S. Beyne, G. Mouvier (1985), Analysis *13, 401*
261 H. Matsushima, T. Hanya (1979), Agric. Biol. Chem. *43, 1633*
262 A.S. McGill, R.R. Mackie, E. Parsons, C. Bruce and R. Hardy (1982).
In: "Polynuclear Aromatic Hydrocarbons: Physical and Biological Chemistry" (M. Cooke, A.J. Dennis and G.L. Fisher, eds.) Battelle Press, Columbus, Ohio and Springer-Verlag, Berlin, *491*
263 J.F. McKay, D.R. Lathame (1973), Anal. Chem. *45, 1050*
264 J. Michal (1976), Nehorlauost Polym. Mater. *129*
265 J.G. Milano, B. Fache, J.L. Vernet (1986), J. Rech. Oceanogr. *11, 50*
266 G. Moan, M. Chaigneau (1979), Analusis *7, 154*
267 A. Morgante (1976), Quad. Merceol. *15, 173*
268 A. Morgante (1979), Atti Acad. Sci. Ist. Bologna, *6, 2*
269 H.J. Moriske, I. Block, H. Rueden (1985), Forum Stadtehyg. *35, 113*
270 H.J. Moriske, I. Block, H. Schleibinger, H. Rueden (1985), Zentralbl. Bakteriol. Mikrobiol. Hyg. Abt. 1 Orig. B, *181, 240*

271 K. Mossandra, F. Poncelet, A. Fouassin and A. Mercier (1979). Food Cosmet. Toxicol. *17, 141*
272 S. Monarca, R. Conti, S.G. Scassellati, A. Savino (1979), Ig. Mod. *69, 332*
273 J.L. Mumford, D.B. Harris, K. Williams, J.C. Chuang, M. Cooke (1978), Environ. Sci. Technol. *21, 308*
274 G. Müller, G. Grimmer, H. Böhnke (1977), Naturw. *64, 427*
275 K. Nakayama (1962), Kagaku No Ryeoiki *16, 742*
276 D. Natusch (1978), Environ. Health Perspect. *22, 79*
277 J.M. Neff (1979), "Polycyclic Aromatic Hydrocarbons in the Aquatic Environment". Applied Science Publishers, Barking, U.K.
278 D.G. Nichols, J.G. Cleland, D.A. Green, F.O. Mixon, T.J. Hughes and H.W. Kolber (1979). EPA-Report 600/7-79-202
279 D.G. Nichols, S.K. Gangwal and C.M. Sparacius (1981), In: "Chemical Analysis and Biological Fate: Polynuclear Aromatic Hydrocarbons" (M. Cooke and A.J. Dennis, eds.) Battelle Press, Columbus, Ohio, *397*
280 T. Nielsen (1983), Anal. Chem. *55, 286*
281 T. Nielsen, B. Seitz, A.M. Hansen, K. Keiding, B. Westerberg (1983). In: "Polynuclear Aromatic Hydrocarbons" (M. Cooke, A.J. Dennis eds.) *961-970*, Battelle Press, Columbus, Ohio
282 M.G. Nishioka, B.A. Peterson, J. Lawtas (1982). In: "Polynuclear Aromatic Hydrocarbons (M. Cooke, A.J. Dennis, G.L. Fisher, eds.) *603-613*, Battelle Press, Columbus, Ohio
283 M. Novotny, M.L. Lee, K.D. Bartle (1976), Experience *32, 280*
284 J. Novrocik, M. Novrocikova, S. Fryeka (1983) Plasty Kauc. *20, 173*
285 M. Oehme (1985), Chemosphere *14, 1285*
286 B. Olufsen (1980), In: "Polynuclear Aromatic Hydrocarbons: Chemistry and Biological Effects" (A. Bjorseth and A.J. Dennis, eds.) Battelle Press, Columbus, Ohio, *333*
287 S. Olufsen, A. Bjorseth (1983). In: "Handbook of Polycyclic Aromatic Hydrocarbons, Vol. I" (A. Bjorseth, T. Ramdahl eds.) *257* Marcel Dekker Inc. New York N.Y.
288 F.L. Onuska, A.W. Wolkoff, M.E. Comba, R.H. Larose, M. Novotny, M.L. Lee (1976), Anal. Lett. *9, 451*
289 C.E. Östmann, A.E. Colmsjö, Y.U. Zebuhr (1986). In: "Polynuclear Aromatic Hydrocarbons" (M. Cooke, A.J. Dennis eds.) *729-744*, Battelle Press, Columbus, Ohio
290 G. Paksoy, A.F. Garnes (1985), Spektroskop. Derg. *210*
291 T. Panalaks (1976), J. Environ. Sci. Health Bull. *4 (B), 299*
292 D.M. Parees, A.J. Kamzelski (1982), J. Chromatogr. Sci. *20, 441*
293 E. Peake, K. Parker (1980). In: "Plynuclear Aromatic Hydrocarbons: Chemistry and Biological Effects" (A. Bjorseth and A.J. Dennis, eds.) *1025-1039*, Battelle Press, Columbus (Ohio)
294 T.C. Pederson, J.S. Siak (1982). In: "Polynuclear Aromatic Hydrocarbons" (M. Cooke, A.J. Dennis, G.L. Fisher eds.) *623-32*, Battelle Press, Columbus, Ohio
295 Z. Penton (1981), Varian Instrum. Appl. *15, 20*
296 J.A. Peters, T.W. Hughes, D.G. De Angelis (1982), Proc. Int. Conf. Resid. Solid Fuels (J.A. Cooper, D. Malek eds.) *199-209*
297 J.A. Peters, D.G. Deangelis, T.W. Hughes (1981), In: "Chemical Analysis and Biological Fate: Polynuclear Aromatic Hydrocarbons" (M. Cooke and A.J. Denis, eds.) Battelle Press, Columbus, Ohio, *571*
298 M.A. Poirier, B.S. Das (1984), Fuel *63, 361*
299 K. Potthast (1979), Fleischwirtschaft *59, 1515*

300 G. Prado, P.R. Westmoreland, B.M. Andon, J.A. Leary, K. Biemann, W.G. Thilly, J.P. Longwell, J.B. Howard (1981), In: "Chemical Analysis and Biological Fate: Polynuclear Aromatic Hydrocarbons" (M. Cooke and A.J. Dennis, eds.) Battelle Press, Columbus, Ohio, *189*
301 H. Pyysalo (1980), Nordic PAH-Project, Report Nr. 7, September 1980
302 A.H. Quasi, C.A. Nau (1975), J. Am. Ind. Hyg. Assoc. *36, 187*
303 T. Ramdahl, K. Urdal (1982), Anal. Chem. *54, 2256*
304 T. Ramdahl, (1985). In: "Handbook of Polycyclic Aromatic Hydrocarbons, Vol. 2", (A. Bjorseth, T. Ramdahl eds.) *75*, Marcel Dekker Inc. New York, N.Y.
305 T.H. Risby, S.S. Lestz (1983), Environ. Sci. Technol. *17, 621*
306 W.K. Robbins, T.D. Searl, D.H. Wasserstrom, G.T. Boyer (1980), ASTM Spec. Techn. Publ. *720*
307 G. Roesijda, J.W. Anderson, J.W. Blaylock (1978), J. Fish Res. Board Can. *35, 608*
308 H.S. Rosenkranz, E.C. McCoy, D.R. Sanders, M. Butler, D.K. Kiriazidis, R. Mermelstein (1980), Science *209, 1039*
309 C.E. Rostad, W.E. Pereira, M.F. Hult (1985). Chemosphere *14, 1023*
310 S.C. Ruckmick, R.J. Hortubisc (1985), J. Chromatogr. *331, 55*
311 E. Sawicki, S.P. McPherson, T.W. Stanley, J.E. Meeker and W.C. Elbert (1965), Int. J. Air Water Pollut. *9, 515*
312 E. Sawicki, J.W. Meeker and M.J. Morgan (1965), Int. J. Air Water Poll. *9, 291*
313 E. Sawicki, J.E. Meeker, M. Morgan (1965), Arch. Environ. Health *11, 773*
314 E.R. Schmid, G. Bachlechner, K. Varunuza, H. Klus (1985), Fresenius Z. Anal. Chem. *322, 213*
315 R. Schöntal (1975), Nature (London) *180, 606*
316 D. Schuetzle, T.L. Riley, T.J. Prater, T.M. Harvey, D.F. Hunt (1982), Anal. Chem. *54, 265*
317 W.D. Scott, R.H. James, C.E. Bates (1976) J. Am. Ind. Hyg. Assoc. *37, 335*
318 R.W. Serth, T.W. Hughes (1980), Environ. Sci. Technol. *14, 298*
319 R.F. Severson, M.E. Snook, F.J. Akin, O.T. Chortyk (1978).
In "Carcinogenesis Vol. 3: Polynuclear Aromatic Hydrocarbons" (P.W. Jones and R.I. Freudenthal, eds.) Raven Press, New York, *115*
320 G.R. Sirota, J.F. Uthe (1981), In: "Chemical Analysis and Biological Fate: Polynuclear Aromatic Hydrocarbons" (M. Cooke and A.J. Dennis, eds.) Battelle Press, Columbus, Ohio, *329*
321 W.M. Smith (1970). In: "Yearbook Am. Iron Steet Int. *163*
322 M.E. Snook, R.F. Severson, H.C. Higman, R.F. Arrendale, O.T. Chortyk (1976), Beitr. Tabakforsch. *8, 250*
323 M.E. Snook (1978), In: "Polynuclear Aromatic Hydrocarbons, Vol. 3" (P.W. Jones, R.I. Freudenthal eds.) *203-215*, Raven Press, New York, N.Y.
324 M.E. Snook, R.F. Severson (1978), Beitr. Tabakforsch. *9, 222*
325 M.E. Snook, R.F. Severson, H.C. Higman and O.T. Chortyk (1977), Beitr. Tabakforsch. *9, 79*
326 M.E. Snook, R.F. Severson, H.C. Higman, R.F. Arrendale and O.T. Chortyk (1979), In: "Polynuclear Aromatic Hydrocarbons. 3rd Int. Sympos. on Chemistry and Biology-Carcinogenesis and Mutagenesis" (P.W. Jones and P. Leber, eds.) Ann Arbor Sci. Publ. Inc., Ann Arbor, *231*
327 R.L. Stedman (1968), Chem. Rev. *68, 153*
328 U. Stenberg, T. Alsberg, L.B. Blomberg and I. Wannmann (1979).
In: "Polynuclear Aromatic Hydrocarbons. 3rd Internat. Sympos. on Chemistry and Biology-Carcinogenesis and Mutagenesis" (P.W. Jones and P. Leber, eds.), Ann Arbor Sci. Publ. Inc., Ann Arbor, *313*

329 I. Stoeber (1976) Vom Wasser 47, 219
330 Y. Sugimoto, Y. Miki, S. Yamadaya, M. Oba (1984) Nippon Kagaku Kaishi, 755
331 S. Sun, F. He. X. Wang (1985), Huanjing Kexue Xuebao 5, 219
332 K. Takami, H. Ishitani, Y. Kuge, S. Assada (1979), Nippon Kagaku Kaishi 2, 223
333 K. Tamakawa, Tsunoda, M. Degawa, H. Yoshiyuki (1983), Scendei-shi Eisei Shikeushoho, 204
334 Y.L. Tan, M. Heit (1981), In: "Polynuclear Aromatic Hydrocarbons: Chemistry and Biological Effects" (A. Bjorseth and A.J. Dennis, eds.), 561, Battelle Press, Columbus (Ohio)
335 H. Thieleman (1976), Acta Hydrochim. Hydrobiol. 4, 183
336 R.S. Thomas, R.C. Los, D.T. Wang, D. Robinson, T. Sakuma (1978).
In: "Polynuclear Aromatic Hydrocarbons, Vol. 3" (P.W. Jones, R.I. Freudenthal eds.) 9-19, Raven Pres, New York, N.Y.
337 K.E. Thrane, H. Stray (1986), Sci. Total Environ. 53, 111
338 K.E. Thrane, (1987), Atmosph. Environment 21, 617
339 A.D. Thruston Jr. (1978), J. Chromatogr. Sci. 16, 254
340 H. Tokiwa, K. Morita, H. Takeyoshi, K. Takahashi and Y. Ohnishi (1977), Mutat. Res. 48, 237
341 B.A. Tomkins, C.-H. Ho (1982) Anal. Chem. 54, 91
342 H.Y. Tong, F.W. Karasek (1984), Anal. Chem. 56, 2129
343 Tong, H.Y., D.L. Shore, F.W. Karasek, P. Helland, E. Jellum (1984), J. Chromatogr. 285, 423
344 H.Y. Tong, J.A. Sweetman, F.W. Karasek (1983), J. Chromatogr. 264, 231
345 R.S. Truesdale, J.G. Cleland (1982) Resid. Wood/Coal Combust. Spec. Conf. Proc. 115
346 B.L. Van Duuren (1958), J. Natl. Cancer Inst. 21, 1
347 B.L. Van Duuren (1962), Natl. Caner Inst. Monograph 9, 135
348 B.L. Van Duuren, J.A. Bilbao, C.A. Joseph (1960), J. Natl. Cancer Inst. 25, 33
349 B.L. Van Duuren, A. Sivak, L. Langseth, B.M. Goldschmidt, A. Segal (1968), Natl. Cancer Inst. Monograph. 28, 173
350 L. Van Vaeck, K.A. Van Cauwenberghe (1985) Environ. Sci. Technol. 19, 707
351 U. Varanasi, W.L. Reichert, J.E. Stein, D.W. Brown, H.R. Sanborn (1985), Environ. Sci. Technol. 19, 836
352 D.L. Vassilaros, D.A. Eastmond, W.R. West, G.M. Booth, M.L. Lee (1982), In: "Polynuclear Aromatic Hydrocarbons: Physical and Biological Chemistry" (M. Cooke, A.J. Dennis and G.L. Fisher, eds.) Battelle Press, Columbus, Ohio, 845
353 D.L. Vassilaros, P.W. Stoker, G.M. Booth, M.L. Lee (1982), Anal. Chem. 54, 108
354 T. Vo-Dinh, R.B. Gammage (1980). In: "Polynuclear Aromatic Hydrocarbons" (A. Bjorseth, A.J. Dennis eds.) 139 Battelle Press, Columbus, Ohio
355 N.B. Vogt, F. Brakstad, K. Thrane, S. Nordenson, J. Krane, E. Aamot, K. Kolset, K. Esbensen, E. Steines (1987), Environ. Sci. Technol. 21, 35
356 T.P. Wang, A. Brockhaus (1976), Mikrochim. Acta 2, 55
357 T. Wang, O. Meresz (1982), In: "Polynuclear Aromatic Hydrocarbons: Physical and Biological Chemistry" (M. Cooke, A.J. Dennis and G.L. Fisher, eds.) Battelle Press, Columbus, Ohio and Springer-Verlag, Berlin, 885
358 C. Warman (1985). In: "Handbook of Polycyclic Aromatic Hydrocarbons" (A. Bjorseth, T. Ramdahl eds.), 29, Marcel Dekker Inc., New York, N.Y.
359 J.H. Weisburger, L.A. Cohen and E.L. Wynder (1977), In: "Origins of Human Cancer" (H.H. Hiatt, J.D. Watson and J.A. Winstein, eds.) Book A. Cold Spring Harbor Lab., 567
360 J.M. Weiss, C.R. Downs (1923), Ind. Eng. Chem. 15, 1022

361 W.R. West, P.A. Smith, S.A. Wise, M.L. Lee (1986). Arch. Environ. Contam. Toxicol. *15, 241*
362 C.M. White (1983), Determination of Polycyclic Aromatic Hydrocarbons in Coal Derived Materials. In: "Handbook of Polycyclic Aromatic Hydrocarbons" (A. Bjorseth, ed.) M. Dekker Inc., New York and Basel, *525*
363 K. Wickstrom, H. Pyysalo, S. Plaami-Heikkila, J. Tuomine (1986) Z. Lebensm. Unters. Forschg. *183, 182*
364 B.W. Wilson, R.A. Pelroy, D.D. Mahlum, M.E. Frozier, D.W. Later, C.W. Wright (1984), Fuel *63, 46*
365 M. Wilk, H. Schwab (1968), Z. Naturforsch. *238, 431*
366 J.E. Wilkinson, P.E. Strup, P.W. Jones (1979). In: "Polynuclear Aromatic Hydrocarbons" (P.W. Jones, P. Leber eds.) *217-230*, Ann Arbor Science Publ.
367 P.T. Williams, K.D. Bartle, G.E. Andrews (1986). In: "Polynuclear Aromatic Hydrocarbons" (M. Cooke, A.J. Dennis eds.), *1011-1027*, Battelle Press, Columbus, Ohio
368 M. Windholz (ed.), The Merck Index, 9th Edition, *1250*, Rahway, N.J. Merck and Co.
369 E. Wolfram, J. Rottenann, H. Nickel (1974), Fresenius Z. Anal. Chem. *268, 19*
370 C.S. Woo, A.P. D'Silva, V.A. Fassell (1980), Anal. Chem. *52, 159*
371 A.W. Wood, R.L. Chang, M.T. Huang, W. Levin, R.E. Lehr, S. Kumar, D.R. Thakker, H. Yagi, D.M. Jerina, A.H. Conney (1980) Cancer Res. *40, 1985*
372 Wright, C.W., D.W. Later, R.A. Pelroy, B.W. Wilson (1985), J. High Resolut. Chromatogr. Commun. *8, 283*
373 Wright, C.W., D.W. Later, R.A. Pelroy, B.W. Wilson (1985), J. Appl. Toxicol. *5, 80*
374 E.L. Wynder, D. Hoffmann (1959), Cancer *12, 1194*
375 E.L. Wynder, D. Hoffmann (1964), Adv. Cancer Res. *8, 249*
376 A. Zhang, Y. Liu (1985), Huanjing Huaxue *4, 21*
377 C. Zhang, A. Li, Z. Shun (1985), Ranliao Huaxue Xuebao *13, 276*
378 C. Zhang, A. Li, Z. Shun, Y. Wan (1986), Fenxi Huaxue *14, 161*
379 Zunshi, H., R. Wang, T. Chen, Z. Hsu, Y. Gao, S. Cao, Y. Ma, G. Zhou (1986), Huanjing Huaxue *5, 12*
380 A. Hopia, H. Pyssalo, K. Wickstrom (1986), J. Am. Oil Chem. Soc. *63, 889*
381 T. Vo-Dinh, R.B. Gammage, P.R. Martinez (1981), Anal. Chem. *53, 253*
382 S.A. Wise, B.A. Benner, H. Liu, G.D. Byrd, A. Colmsjò (1988) Anal. Chem. *60, 630*

D. Biological Activity

400 Andervont, B.H., Shimkin, M.B. (1940), J. Natl. Cancer Inst. *1, 225*
401 Andrews, A.W., Thibault, L.H. and Lijinsky, W. (1978), Mutat. Res. *51, 311*
402 Arcos, J.C. and Argus, M.F. (1968), Adv. Cancer Res. *11, 305*
403 Arcos, J.C. and Argus, M.F. (1974), in: "Chemical Induction of Cancer", Vol. 2, Academic Press, New York
404 Bachmann, C.E., Cook, J.W., Dansi, A., De Worms, C.G.A., Haslewood, G.A.D., Hewett, C.L., Robinson, A.M. (1937), Proc. Roy. Soc. London B, *123, 343*
405 Badger, G.M., Cook, J.W., Kennaway, E.L., Kenneway, N.M., Martin, R.H. and Robinson, A.M. (1940), Proc. Roy. Soc. London *129, 439*
406 Badger, G.M., Cook, J.W., Hewett, C.L., Kennaway, E.L., Kennaway, N.M., Martin, R.H. (1942), Proc. Roy. Soc. London *131, 170*
407 Bailey, E.J. and Dunjal, N. (1958), Brit. J. Cancer *12, 348*
408 Baker, R.S.U., Bonin, A.M., Stupans, I., Holder, G.M. (1980), Mutat. Res. *71, 43*

409 **Barfknecht, I.R.,** Andon, B.M., Thilly, W.G., Hites, R.A. (1981) in: Polynuclear Aromatic Hydrocarbons (M. Cooke, A.J. Dennis eds.), *231-242* Battelle Press, Columbus (Ohio)
410 **Barry, G.,** Cook, J.W., Haslewood, A.D., Hewett, C.L., Hieger, I. and Kennaway, E.L., Proc. Roy. Soc. London *117, 318* (1935)
411 **Bartsch, H.,** Malaveille, C., Camus, A.-M., Martel-Planche, G., Brun, G., Hautefeuille, A., Sabadie, N., Barbin, A., Kuroki, T., Drevon, C., Piccoli, C., Montesano, R. (1980), Mutat. Res. *76, 1*
412 **Berenblum, I.** (1945), Cancer Res. *5, 561*
413 **Boyland, E.,** Burrows, H., J. Path. Bact. *41, 231* (1935)
414 **Boyland, E.,** Brues, A.M. (1937), Proc. Roy. Soc. B, *122, 429*
415 **Brown, B.R.,** Firth III, W.J., Yelding, L.W. (1980), Mutat. Res. *72, 373*
416 **Burrows, H.,** (1932), Proc. Roy. Soc. London *111, 238*
417 **Burrows, H.,** (1933), Am. J. Cancer *17, 1*
418 **Buu-Hoi, N.P.** (1958), Nature (London) *182, 1158*
419 **Buu-Hoi, N.P.** (1964), Cancer Res. *24, 1511*
420 **Cavalieri, E.,** Mailander, P., Pelfrene A. (1977), Z. Krebsforsch, Z. *89, 113*
421 **Cavalieri, E.,** Roth, R., Rogan, E., Grandjean, C., Athoff, J. (1978), in: "Carcinogenesis Vol. 3: Polynuclear Aromatic Hydrocarbons" (P.W. Jones and R.I. Freudenthal, eds.), Raven Press, New York, *273*
422 **Cavalieri, E.,** Sinha, D., Rogan, E. (1980) in: "Polynuclear Aromatic Hydrocarbons: Chemistry and Biological Effects" (A. Biorseth and A.J. Dennis, eds.) Battelle Press, Columbus, Ohio, *215*
423 **Chang, R.L.W.,** Levin, W., Wood, A.W., Kumar, S., Yagi, H., Jerina, D.M., Lehr, R.E., Conney, R.E. (1984), Cancer Res. *44, 5161*
424 **Coombs, M.M.,** Dixon, C., Kissonerghis, A.-M. Cancer Res. *36, 4524* (1976)
425 **Dipple, A.** (1976), Polynuclear Aromatic Carcinogens, in: "Chemical Carcinogens" (C.E. Searle, ed.) ACS Monograph 173, Am. Chem. Soc., Washington DC, *245*
426 **Dunleel, V.C.** (1979), J. Assoc. Off. Anal. Chem. *62, 874*
427 **Epler, J.L.,** Rao, T.K., Guerin, M.R. (1979), Environ. Health Perspect. *30, 179*
428 **Ferguson, L.R.,** Denny, W.A., MacPhee, D.G. (1985), Mutat. Res. *157, 29*
429 **Florin, I.,** Rutberg, L., Curvall, M., Enzell, C.R. (1980), Toxicology *18, 219*
430 **Furst, A.,** Van Breda, K.K., Dempsey, D.A. (1979), Proced. West Pharmacol. Society, *22, 269*
431 **Gelboin, H.V.,** Ts'o, P.O.P. (1978) in: "Polynuclear Hydrocarbons and Cancer", Academic Press, New York, *110*
432 **Glatt, H.,** Utesch, D., Oesch, F. (1984) in: "Polynuclear Aromatic Hydrocarbons (M. Cooke, A.J. Dennis, eds.) *475-484,* Battelle Press Columbus, Ohio
433 **Gorki, T.** (1969), Neoplasma, *16, 403*
434 **Hakim, S.A.E.** (1968), Indian, J. Cancer *5, 183*
435 **Hartwell, J.L.** (1951), US Public Health Services Publ. 149, Washington DC
436 **Harrey, R.G.,** Dunne, F.B. (1978), Nature *273, 566*
437 **Hermann, M.** (1981), Mutat. Res. *90, 399*
438 **Hirao, F.,** Yoshimoto, T., Namba, M. (1980), Taisha *17, 1337*
439 **Hoffmann, D.,** Wynder, E.L. (1966), Z. Krebsforsch, *68, 137*
440 **Ho, C.H.,** Clark, B.R., Guerrin, M.R., Barkenbus, B.D., Roa, T.K. and Epler, J.L. (1981), Mutat. Res. *85, 335*
441 **Hoffmann, D.,** G. Rathkamp, Nesnow, S., Wynder, E.L. (1972), J. Natl. Cancer Inst. *49, 1165*
442 **Homburger, F.,** Russfield, A.B., Baker, J.R., Treiger, A. (1962), Cancer Res. *22, 368*
443 **Horten, A.W.,** Christian, G.M. (1974), J. Natl. Cancer Inst. *53, 1017*

444 Hubermann, E., Sachs, L. (1974), Int. J. Cancer 13, 326
445 Huggins, C., Grand, L.C., Brillantes, F.B. (1961), Nature 189, 204
446 Huggins, C.B., Pataki, J. and Harvey, R.G. (1967), Proc. Natl. Acad. Sci. (USA) 58, 2253
447 IARC (1983) Monographs on the evaluation of the carcinogenic risk of chemical to humans. Polynuclear aromatic compounds, part 1: Chemical, Environmental and Experimental Data, Vol. 32, IARC, Lyon.
448 Ichinotsuho, D., Mower, H.F., Settliff, J., Mandel. M. (1977), Mutat. Res. 46, 53
449 Johnson, S. (1968), Brit. Cancer 22, 755
450 Kaden, D.A., Hites, R.A., Thilly, W.G. (1979), Cancer Res. 39, 415
451 Karcher, W., Dubois, J., Fordham, R.J. Glaude, Ph., Barale, R., Zucconi, D. (1984) in: "Polynuclear Aromatic Hydrocarbons (M. Cooke, A.J. Dennis, eds.), Battelle Press, Columbus 692
452 Karcher. W., Barale. R. unpublished results
453 Kennaway, E.L. (1924), J. Ind. Hyg. 5, 462
454 Kennaway, E.L., Br. Med. J. 1, 564 (1924)
455 Kirby, A.H.M. (1948), Biochem. J. 42, 1 V
456 Kitahara, Y., Okuda, H., Shudo, K., Okamoto, T., Nagao, M., Seino, Y., Sugimura, T. (1978), Chem. Pharm. Buthe 26, 1950
457 Kleinenberg, H.E. (1939), Arh. Biol. Nauk. 56, 39
458 Lacassagne, A., Buu-Hoi, N.P., Zajdela, F., Royer, R., Hubert-Habart, M. (1955), Bull. Cancer 42, 186
459 Laccasagne, A., Buu-Hoi, A., Daudel, R., Zajdela, F. (1956) in: Advances in Cancer Research (J.P. Greenstein, A. Haddow, eds.), Vol. 4, Academic Press, New York
460 Laccasagne, A., Buu-Hoi, N.P., Zajdela, F. (1958), C.R. Acad. Sci. (Paris) 245, 1477
461 Laccasagne, A., Buu-Hoi, N.P., Zajdela, F., Lavit-Lamy, D. (1963), C.R. Acad. Sci. (Paris), 256, 2728
462 Laccasagne, A., Buu-Hoi, N.P., Zajdela, F. (1968), Eur. J. Cancer 4, 123
463 Laccasagne, A., Buu-Hoi, N.P., Zajdela, F., Vingiello, F.A. (1959), Naturwissenschaften 55, 43
464 La Voie, E.J., Hecht, S.S., Bedenko, V., Hoffmann, D. (1972), Carcinogenesis 3, 841
465 La Voie, E.J., Bedenko, V., Hirota, N., Hecht, S.S., Hoffmann, D. (1979) in: "Polynuclear Aromatic Hydrocarbons: Chemistry and Biological Effects" (A. Bjorseth and A.J. Dennis, eds.) Ann Arbor Sci. Publ. Inc. Ann Arbor, 705
466 La Voie, E.J., Tulley, L., Bedenko, V., Hoffmann, D. (1980) in: "Polynuclear Aromatic Hydrocarbons: Chemistry and Biological Effects" (A. Bjorseth and A.J. Dennis, eds.) Battelle Press, Columbus, Ohio, 1041
467 La Voie, E.J., Tulley, L., Bedenko, V., Hoffmann, D (1981) Mutat. Res. 91, 167
468 La Voie, E.J., Tulley-Freiles, L., Bedenko, V., Girach, Z., Hoffmann, D. (1981) in: "Polynuclear Aromatic Hydrocabons (M. Cooke, A.J. Dennis, eds.) 417, 427, Battelle Press, Columbus, Ohio
469 La Voie. E.J., Coleman, D.T., Tonne, R.L., Hoffmann, D. (1983) in: "Polynuclear Aromatic Hydrocarbons (M. Cooke, A.J. Dennis, eds.), 785-798, Battelle Press, Columbus, Ohio
470 Levin, W., Wood, A.W., Wislocki, P.G., Kapitulnik, J., Yagi, H., Jerina, D.M. (1977), Cancer Res. 37, 3356
471 Levin, W., Buening, M.K., Wood, A.W., Chang, R.C., Thakker, D.R., Jerina, D.M., Connery, A.H. (1979), Cancer Res. 39, 3549
472 Lijinsky, W., Garcia, H., Saffiotti, U. (1970), J. Natl. Cancer Inst. 44, 641
473 Markovits, P., Papadopoulo, P., Levy, S., Becsan, O., Habart-Habart, M. (1976), Med. Biol. Environ. 4, 213

474 Masuda, Y. and Kagawa, R. (1972), Chem. Pharm. Bull. *20, 2736*
475 McCann, J., Choi, E., Yamasaki, E., Ames, B.N. (1975), Proc. Natl. Acad. Sci. USA *72, 979*
476 McCann, J., Choi, E., Yamasaki, E., Ames, B.N. (1975), Proc. Natl. Acad. Sci. USA *72, 5135*
477 Morris, H.P., Velat, C.A., Wagner, B.P., Dahlgard, M., Ray, F.E. (1960), J. Natl. Cancer Inst. *24, 149*
478 Mossandra, K., Poncelet, F., Fouassin, A., Mercier, A. (1979), Food Cosmet. Toxicol. *17, 141*
479 Mitchell, C.S., Klopman, G., Rosenkranz, H.S. (1986) in: "Polynuclear Aromatic Hydrocarbons (M. Cooke, A.J. Dennis, eds.) *614,* Battelle Press, Columbus (Ohio)
480 O'Gara, R.W., Kelly, M.G., Brown, J., Mantel, N. (1965), J. Natl. Cancer Inst. *35, 1027*
481 Okano, T., Horie, T., Motohashi, N. (1979) Gann *70, 749*
482 Penman, B.W., Kaden, D.A., Liber, H.L., Skopek, T.R., Thilly, W.G. (1980), Mutat. Res. *77, 271*
483 Pfeiffer, E.H. (1973), Zbl. Bakt. Hyg., I. Abt. Orig. B. *158, 69*
484 Pienta, R.J., Poiley, J.H., Lebherz, W.B. (1977), Int. J. Cancer *19, 642*
485 Popescu, N.C., Turenbull, D., Di Paolo, J.A. (1977), Int. J. Cancer *19, 642*
486 Pott, F., Brockhaus, A., F. Huth. (1973) Zbl. Bakt. Hyg., I. Abt. Orig. B. *157, 34*
487 Pott, F., Mohr, U., Brockhaus (1978). In: "Lufthygiene und Silikoseforschung" (H. Rothe, ed.) Girardet, Essen, *227*
488 Probst, G.S., McMahon, R.E., Hill, L.E., Thompson, C.Z., Epp, J.K., Neal, S.B. (1981), Environ. Mutagenesis *3, 11*
489 Rozinsky-Köcher, G., Basler, A., Röhrborn, G. (1979), Mutat. Res. *66, 65*
490 Salamone, M.F., Heddle, J.A., Katz, M. (1979), Environ Int. *2, 37*
491 Sardella, D.J., Boger, E., Ghoshal, P.K. (1981), in: "Chemical Analysis and Biological Fate: Polynuclear Aromatic Hydrocarbons" (M. Cooke and A.J. Dennis, eds.) Battelle Press, Columbus, Ohio, *529*
492 Scribner, J.O., (1973), J. Natl. Cancer, Inst. *50, 1717*
493 Shear, M.J. (1938), Am. J. Cancer *33, 499*
494 Shubik, P., Pietra, G., Della Porta, G. (1960), Cancer Res. *20, 100*
495 Shubik, P., Hartwell, J.L. (1969), Survey of compounds which have been tested for carcinogenic activity washington DC, Government Printing Office (suppl. 2), *149*
496 Shubik, P., (1972), Proc. Nat. Acad. Sci. USA, *69, 1052*
497 Slaga, T.J., Gleason, G.L., Mills, C., Ewald, L., Fu. P.P., H.M. Lee and R.G. Harvey. Cancer Res. *40, 1981* (1980)
498 Slaga, T.J., Iyer, R.P., Lyga, W., Secrist III, A., Daub, G.H. and Harvey, R.G. (1980) in: "Chemistry and Biological Effects" (A. Bjorseth and A.J. Dennis, eds.) Battelle Press, Columbus, Ohio, *753*
499 Stenbäck, F., Sellakumar, A. (1974), Z. Krebsforsch, *82, 175*
500 Stevenson, J.L., Von Haam, E. (1965), Amer. Ind. Hyg. Assoc. J. *26, 475*
501 Stiller, D., Katenkamp, D. (1980), Ergeb. Exp. Med. *35*
502 Strauss, E., Matevko, G.M. (1964), Cancer Res. *24, 1969*
503 Takahaski, T. (1980), Igaku no Ayumi *115, 874*
504 Teranishi, K., Harmada, K., Watana, E. (1975), Mutat. Res. *31, 97*
505 Thompson and Co, J.I. (1971). "Survey of compounds which have been tested for carcinogenic activity". Washington, D.C., Govt. Printing Office (Public Health Service) Publ. No. *149, 168*
506 Tokiwa, H., Morita, K., Takeyoshi, H., Takahashi, K. Onishi, Y. (1977), Mutat. Res. *48, 237*
507 Tong. C., Laspia, M.F., Telann, B., Williams, G.M. (1981), Environ. Mutat. *3, 477*

508 Van Duuren, B.L., Sivak, A., Langseth, L., Goldsohmidt, B.M., Segal. A. (1968), Natl. Cancer Inst. Monograph *28, 173*
509 Van Duuren, B.L., Sivak, A., Goldsmith, B.M., Katz, C., Melchionne, S. (1970), J. Natl. Cancer Inst. *44, 1167*
510 Voronjansky, G.S., Helinsky, A., Kensler, C.J. (1964), Nature (London) *203, 308*
511 Wallcave, L., Nagel, D.L., Smith, J.W., Waniska, R.D. (1975), Environ. Sci. Technol. *9, 143*
512 Waravdekar, S.S., Ranadive. K.J. (1958), J. Natl. Inst. *2, 1151*
513 Wodinsky, A., Helinsky, A., Kensler, C.J. (1964), Nature (London) *203, 308*
514 Wood, A.W., Chang, R.L., Levin, W., Ryan, D.E., Thomas, P.E., Lehr, R.E., Kulmar, S., Sardela, D.J., Boder, E., Yagi, H., Sayer, J.M., Jerina, D.M., Conney, A.H. (1981), Cancer Res. *41, 2589*
515 Wood, A.W., Levin, W., Chang, R.L., Huang, M.T., Ryan, D.E., Thomas, P.E., Lehr, R.E., Kumar, S., Koreeda, M., Ahagi, H., Ittah, Y., Dansette, P., Yagi, H., Jerina, D.M., Conney, A.H. (1980), Cancer Res. *40, 642*
516 Wynder, E.L., Hoffmann, D. (1959), Cancer *12, 1194*
517 Wynder, E.L., Hoffmann, D. (1963), Dtsch. Med. Wschr. *88, 623*
518 Wynder, E.L., Hoffmann, D. (1964), Adv. Cancer Res. *8, 249*
519 Yanyscheva, N.Y., Balenko, N.V. (1966), Gig. i Sanit. *31, 12*
520 Chouroulinkov, I., Genil, A., Guérin, M. (1967), Bull. Cancer *54, 67*
521 Habs, M., Schmähl, D., Misfeld, J. (1980), Geschwulstforsch. *50, 266*
522 Krahn, D.F., Heidelberger, C. (1977), Mutat. Res. *49, 27*

6. Index

Acenaphthene
- biological activity 45
- boiling point 16
- crystal structure 26
- fluorescence spectrum 90–91
- heat of vaporization 16
- Henry constant 20
- IR-spectrum 102–105
- length/breadth ratio 16
- mass spectrum 94–97
- melting point 16
- molecular connectivity 16
- molecular volume 21
- NMR-spectrum (^{1}H/^{13}C) 98–101
- occurrence 31
- octanol/water distribution coefficient 21
- retention index 16
- Shpol'skii spectrum 92–93
- surface area 21
- UV-spectrum 88–89
- vapour pressure 20
- water solubility 21

Acenaphthylene
- biological activity 45
- boiling point 16
- crystal structure 26
- heat of vaporization 16
- Henry constant 20
- IR-spectrum 84–87
- length/breadth ratio 16
- mass spectrum 76–79
- melting point 16
- molecular connectivity 16
- NMR-spectrum (^{1}H/^{13}C) 80–83
- occurrence 31
- resonance energy 16
- retention index 16
- UV spectrum 74–75

Acridine
- biological activity 49
- boiling point 24
- crystal structure 29
- IR-spectrum 134–137
- mass spectrum 126–129
- melting point 2
- molecular volume 24
- NMR-spectrum (^{1}H/^{13}C) 130–133
- occurrence 36
- octanol/water distribution coefficient 24
- Shpol'skii spectrum
- soil/water distribution coefficient 24
- surface area 24
- UV-spectrum 124–125
- water solubility 24

Anthracene
- bioaccumulation/biodegradation 25
- biological activity (Vol. I, p. 31)
- boiling point 16
- crystal structure 26
- fluorescence spectrum (Vol. I, p. 34–35)
- heat of fusion 20
- heat of vaporization 16
- Henry constant 20
- IR-spectrum (Vol. I, p. 46–49)
- length/breadth ratio 16
- mass spectrum (Vol. I, p. 38–41)
- melting point 16
- molecular connectivity 16
- molecular volume 21
- NMR-spectrum (^{1}H/^{13}C) (Vol. I, p. 42–45)
- occurrence (Vol. I, p. 30)
- octanol/water distribution coefficient 21
- resonance energy 16
- retention index 16
- Shpol'skii spectrum (Vol. I, p. 36–37)
- soil/water distribution coefficient 21
- surface area 21
- UV-spectrum (Vol. I, p. 32–33)
- vapour pressure 20
- water solubility 21

Anthanthrene
- BCR reference material 14
- biological activity (Vol. I, p. 609)
- boiling point 16
- fluorescence spectrum (Vol. I, p. 612–613)
- IR-spectrum (Vol. I, p. 624–625)
- length/breadth ratio 16
- mass spectrum (Vol. I, p. 616–619)
- melting point 16
- molecular connectivity 16
- NMR-spectrum (^{1}H/^{13}C) (Vol. I, p. 620–623)
- occurrence (Vol. I, p. 609)
- octanol/water distribution coefficient 22
- retention index 16
- Shpol'skii spectrum (Vol. I, p. 614–615)
- UV-spectrum (Vol. I, p. 610–611)

10-Azabenzo(a)pyrene
- BCR reference material 14
- biological activity (Vol. I, p. 11)
- fluorescence spectrum (Vol. I, p. 574–575)
- IR-spectrum (Vol. I, p. 586–589)
- mass spectrum (Vol. I, p. 576–581)
- melting point (Vol. I, p. 3)
- NMR-spectrum (^{1}H/^{13}C) (Vol. p. 582–585)
- occurrence (Vol. I, p. 10)
- Shpol'skii spectrum (Vol. I, p. 576–577)
- UV-spectrum (Vol. I, p. 572–573)

Benz(a)acridine
- BCR reference material 14
- biological activity 53
- boiling point 24
- fluorescence spectrum 244–245
- IR-spectrum 256–259
- mass spectrum 248–251
- melting point 2
- NMR-spectrum (^{1}H/^{13}C) 252–255
- occurrence 36
- Shpol'skii spectrum 246–247
- UV-spectrum 242–243

Benzo(b)acridine
- occurrence 36

Benz(c)acridine
- BCR reference material 14
- biological activity 53
- fluorescence spectrum 262–263
- IR-spectrum 274–277
- mass spectrum 266–269
- melting point 2
- NMR-spectrum (^{1}H/^{13}C) 270–273
- occurrence 36
- octanol/water distribution coefficient 24
- Shpol'skii spectrum 264–265
- UV-spectrum 260–261

Benz(a)anthracene
- BCR reference material 14
- bioaccumulation/biodegradation 25
- biological activity (Vol. I, p. 203)
- boiling point 16
- crystal structure 26
- entropy of sublimation 20
- fluorescence spectrum (Vol. I, p. 206–207)
- heat of fusion 20
- heat of sublimation 20
- heat of vaporization 16
- Henry constant 20
- IR-spectrum (Vol. I, p. 218–221)
- length/breadth ratio 16
- mass spectrum (Vol. I, p. 215–213)
- melting point 16
- molecular connectivity 16
- molecular volume 21
- NMR-spectrum (^{1}H/^{13}C) (Vol. I, p. 216–217)
- occurrence (Vol. I, p. 202)
- octanol/water distribution coefficient 21
- resonance energy 16
- retention index 16
- Shpol'skii spectrum (Vol. I, p. 208–209)
- surface area 21
- UV-spectrum (Vol. I, p. 204–205)
- vapour pressure 20
- water solubility 21

Benz(a)anthracene-trans-1,2-diol
- crystal structure

Benz(a)anthracene-trans-10,11-diol
- crystal structure 27

11H-Benzo(a)carbazole 50
- biological activity (Vol. I, p. 11)
- fluorescence spectrum (Vol. I, p. 132–133)
- IR-spectrum (Vol. I, p. 144–145)
- mass spectrum (Vol. I, p. 136–139)
- melting point (Vol. I, p. 3)
- NMR-spectrum (^{1}H/^{13}C) (Vol. I, p. 140–143)
- occurrence (Vol. I, p. 10)
- Shpol'skii spectrum (Vol. I, p. 134–135)
- UV-spectrum (Vol. I, p. 130–131)
- water solubility 24

5H-Benzo(b)carbazole
- biological activity (Vol. I, p. 11)
- occurrence (Vol. I, p. 10)

7H-Benzo(c)carbazole
- biological activity (Vol. I, p. 11)
- fluorescence spectrum (Vol. I, p. 148–149)
- IR-spectrum (Vol. I, p. 160–163)
- mass spectrum (Vol. I, p. 152–155)
- melting point (Vol. I, p. 3)
- NMR-spectrum (^{1}H/^{13}C) (Vol. I, p. 156–159)
- occurrence (Vol. I, p. 10)
- Shpol'skii spectrum (Vol. I, p. 150–151)
- UV-spectrum (Vol. I, p. 146–147)
- water solubility 24

Benzo(b)chrysene
- BCR reference material 14
- biological activity (Vol. I, p. 667)
- boiling point 16
- fluorescence spectrum (Vol. I, p. 670–671)
- heat of vaporization 16
- IR-spectrum (Vol. I, p. 682–683)
- length/breadth ratio 16
- mass spectrum (Vol. I, p. 674–677)
- melting point 16
- molecular connectivity 16
- NMR-spectrum (^{1}H/^{13}C) (Vol. I, p. 678–681)
- occurrence (Vol. I, p. 667)
- octanol/water distribution coefficient 22
- retention index 16
- Shpol'skii spectrum (Vol. I, p. 672–673)
- UV-spectrum (Vol. I, p. 668–669)

Benzo(c)chrysene
- BCR reference material 14
- biological activity (Vol. I, p. 667)
- fluorescence spectrum (Vol. I, p. 686–687)
- IR-spectrum (Vol. I, p. 698–701)
- mass spectrum (Vol. I, p. 690–693)
- melting point (Vol. I, p. 3)
- NMR-spectrum (^{1}H/^{13}C) (Vol. I, p. 694–697)
- phosphorescence spectrum (Vol. I, p. 688–689)

- Shpol'skii spectrum (Vol. I, p. 688–689)
- UV-spectrum (Vol. I, p. 684–685)

Benzo(g)chrysene
- crystal structure 27

Benzo(a)fluoranthene
- BCR reference material 14
- biological activity (Vol. I, p. 166)
- fluorescence spectrum (Vol. I, p. 460–461)
- IR-spectrum (Vol. I, p. 472–475)
- mass spectrum (Vol. I, p. 464–467)
- melting point (Vol. I, p. 3)
- NMR-spectra (^{1}H/^{13}C) (Vol. I, p. 468–471)
- occurrence (Vol. I, p. 165)
- Shpol'skii spectrum (Vol. I, p. 462–463)
- UV-spectrum (Vol. I, p. 458–459)

Benzo(b)fluoranthene
- BCR reference material 14
- biological activity (Vol. I, p. 166)
- boiling point 16
- fluorescence spectrum (Vol. I, p. 478–479)
- heat of vaporization 16
- IR-spectrum (Vol. I, p. 490–493)
- length/breadth ratio 16
- mass spectrum (Vol. I, p. 482–485)
- melting point 16
- molecular connectivity 16
- molecular volume 21
- NMR-spectrum (^{1}H/^{13}C) (Vol. I, p. 486–489)
- occurrence (Vol. I, p. 165)
- octanol/water distribution coefficient 21
- retention index 16
- phosphorescence spectrum (Vol. I, p. 480–481)
- Shpol'skii spectrum (Vol. I, p. 480–481)
- surface area 21
- UV-spectrum (Vol p. 476–477)
- water solubility 21

Benzo(ghi)fluoranthene
- BCR reference material 14
- biological activity (Vol. I, p. 166)
- boiling point 16
- crystal structure 26
- fluorescence spectrum (Vol. I, p. 170–171)
- IR-spectrum (Vol. I, p. 182–185)
- mass spectrum (Vol. I, p. 174–177)
- melting point 16
- molecular connectivity 16
- NMR-spectrum (^{1}H/^{13}C) (Vol. I, p. 178–181)
- retention index 16
- occurrence (Vol. I, p. 165)
- Shpol'skii spectrum (Vol. I, p. 172–173)
- UV-spectrum (Vol. I, p. 168–169)

Benzo(k)fluoranthene
- BCR reference material (Vol. I, p. 166)
- biological activity 14
- boiling point 16
- entropy of sublimation 20
- fluorescence spectrum (Vol. I, p. 514–515)
- heat of sublimation 20
- heat of vaporization 16
- Henry constant 20
- IR-spectrum (Vol. I, p. 526–529)
- mass spectrum (Vol. I, p. 518–521)
- melting point 16
- molecular connectivity 16
- molecular volume 21
- NMR-spectrum (^{1}H/^{13}C) (Vol. I, p. 522–525)
- occurrence (Vol. I, p. 165)
- octanol/water distribution coefficient 21
- retention index 16
- Shpol'skii spectrum (Vol. I, p. 516–517)
- surface area 21
- UV-spectrum (Vol. I, p. 512–513)
- vapour pressure 20
- water solubility 21

Benzo(j)fluoranthene
- BCR reference material 14
- biological activity (Vol. I, p. 166)
- boiling point 16
- fluorescence spectrum (Vol. I, p. 496–497)
- heat of vaporization 16
- IR-spectrum (Vol. I, p. 508–511)
- length/breadth ratio 16
- mass spectrum (Vol. I, p. 500–503)
- melting point 16
- molecular connectivity 16
- molecular volume 21
- NMR-spectrum (^{1}H/^{13}C) (Vol. I, p. 504–507)
- occurrence (Vol. I, p. 165)
- octanol/water distribution coefficient 21
- retention index 16
- Shpol'skii spectrum (Vol. I, p. 498–499)
- surface area 21
- UV-spectrum (Vol. I, p. 494–495)
- water solubility 21

Benzo(a)fluorene
- biological activity 46
- boiling point 16
- heat of vaporization 16
- length/breadth ratio 16
- molecular connectivity 16
- molecular volume 21
- occurrence 32
- octanol/water partition coefficient 21
- retention index 16
- soil/water distribution coefficient 21
- surface area 21
- water solubility 21

Benzo(b)fluorene
- biological activity 46

- boiling point 16
- fluorescence spectrum 176–177
- IR-spectrum 188–191
- length/breadth ratio 16
- mass spectrum 180–183
- melting point 16
- molecular connectivity 16
- molecular volume 21
- NMR-spectrum (^{1}H/^{13}C) 184–187
- occurrence 32
- octanol/water distribution coefficient 21
- retention index 16
- Shpol'skii spectrum 177–178
- surface area 21
- UV-spectrum 174–175
- water solubility 21

Benzo(c)fluorene
- biological activity 46
- boiling point 16
- Henry constant 20
- IR-spectrum 206–209
- length/breadth ratio 16
- mass spectrum 198–201
- melting point 16
- molecular connectivity 16
- molecular volume 21
- NMR-spectrum (^{1}H/^{13}C) 202–205
- occurrence 32
- octanol/water distribution coefficient 21
- resonance energy 16
- retention index 16
- Shpol'skii spectrum 196–197
- surface area 21
- UV-spectrum 192–193
- vapour pressure 20
- water solubility 21

Benzo(b)naphtho(1,2-d)thiophene
- BCR reference material 14
- biological activity (Vol. I, p. 111)
- fluorescence spectrum (Vol. I, p. 264–265)
- IR-spectrum (Vol. I, p. 276–279)
- mass spectrum (Vol. I, p. 268–271)
- melting point (Vol. I, p. 3)
- NMR-spectra (^{1}H/^{13}C) (Vol. I, p. 272–275)
- occurrence (Vol. I, p. 111)
- phosphorescence spectrum (Vol. I, p. 266–267)
- Shpol'skii spectrum (Vol. I, p. 266–267)
- UV-spectrum (Vol. I, p. 262–263)
- water solubility [Vol. I, p. 111)

Benzo(b)naphtho(2,1-d)thiophene
- BCR reference material 14
- biological activity (Vol. I, p. 111)
- fluorescence spectrum (Vol. I, p. 282–283)
- IR-spectrum (Vol. I, p. 294–297)
- mass spectrum (Vol. I, p. 286–289)
- melting point (Vol. I, p. 3)
- NMR-spectra (Vol. I, p. 290–293)
- occurrence (Vol. I, p. 111)
- Shpol'skii spectrum (Vol. I, p. 284–285)
- UV-spectrum (Vol. I, p. 280–281)

Benzo(b)naphtho(2,3-d)thiophene
- BCR reference material 14
- biological activity (Vol. I, p. 111)
- fluorescence spectrum (Vol. I, p. 300–301)
- IR-spectrum (Vol. I, p. 312–315)
- mass spectrum (Vol. I, p. 304–307)
- melting point (Vol. I, p. 3)
- MMR-spectra (^{1}H/^{13}C) (Vol. I, p. 308–311)
- occurrence (Vol. I, p. 111)
- Shpol'skii spectrum (Vol. I, p. 302–303)
- UV-spectrum (Vol. I, p. 298–299)

Benzo(ghi)perylene
- BCR reference material 14
- biological activity (Vol. I, p. 627)
- boiling point 16
- crystal structure 26
- entropy of sublimation 20
- fluorescence spectrum (Vol. I, p. 630–631)
- heat of vaporization 16
- Henry constant 20
- IR-spectrum (Vol. I, p. 642–645)
- length/breadth ratio 16
- mass spectrum (Vol. I, p. 634–637)
- melting point 16
- molecular connectivity 16
- molecular volume 21
- NMR-spectrum (^{1}H/^{13}C) (Vol. I, p. 638–641)
- occurrence (Vol. I, p. 626)
- octanol/water distribution coefficient 21
- resonance energy 16
- retention index 16
- Shpol'skii spectrum (Vol. I, p. 632–633)
- surface area 21
- UV-spectrum (Vol. I, p. 628–629)
- vapour pressure 20
- water solubility 21

Benzo(rst)pentaphene
  (see dibenzo(a,i)pyrene)

Benzo(c)phenanthrene
- BCR reference material 14
- biological activity (Vol. I, p. 223)
- crystal structure 26
- fluorescence spectrum (Vol. I, p. 226–227)
- heat of vaporization 16
- IR-spectrum (Vol. I, p. 238–241)
- length/breadth ratio 16
- mass spectrum (Vol. I, p. 230–233)
- melting point 16
- molecular connectivity 16

849

- NMR-spectrum (^{1}H/^{13}C) (Vol. I, p. 234–237)
- occurrence (Vol. I, p. 223)
- octanol/water distribution coefficient 21
- resonance energy 16
- retention index 16
- Shpol'skii spectrum (Vol. I, p. 228–229)
- UV-spectrum (Vol. I, p. 224–225)

Benzo(*a*)pyrene
- BCR reference material 14
- bioaccumulation/biodegradation 25
- biological activity (Vol. I, p. 532–533)
- boiling point 16
- crystal structure 26
- entropy of sublimation 20
- fluorescence spectrum (Vol. I, p. 536–537)
- heat of fusion 20
- heat of sublimation 20
- heat of vaporization 16
- Henry constant 20
- IR-spectrum (Vol. I, p. 548–551)
- length/breadth ratio 16
- mass spectrum (Vol. I, p. 540–543)
- melting point 16
- molecular connectivity 16
- molecular volume 21
- NMR-spectrum (^{1}H/^{13}C) (Vol. I, p. 544–547)
- occurrence (Vol. I, p. 531)
- octanol/water distribution coefficient 21
- resonance energy 16
- retention index 16
- Shpol'skii spectrum (Vol. I, p. 538–539)
- surface area 21
- UV-spectrum (Vol. I, p. 534–535)
- vapour pressure 20
- water solubility 21

Benzo(*e*)pyrene
- BCR reference material 14
- biological activity (Vol. I, p. 553)
- boiling point 16
- entropy of sublimation 20
- fluorescence spectrum (Vol. I, p. 556–557)
- heat of sublimation 20
- heat of vaporization 16
- Henry constant 20
- IR-spectrum (Vol. I, p. 568–571)
- length/breadth ratio 16
- mass spectrum (Vol. I, p. 560–563)
- melting point 16
- molecular connectivity 16
- molecular volume 21
- NMR-spectrum (^{1}H/^{13}C) (Vol. I, p. 564–567)
- occurrence (Vol. I, p. 553)
- octanol/water distribution coefficient 21
- resonance energy 16
- retention index 16

- phosphorescence spectrum (Vol. I, p. 558–559)
- Shpol'skii spectrum (Vol. I, p. 558–559)
- surface area 21
- UV-spectrum (Vol. I, p. 554–555)
- vapour pressure 20
- water solubility 21

Benzo(2,3)phenanthro(4,5-*bcd*)thiophene
- biological activity (Vol. I, p. 111)
- fluorescence spectrum (Vol. I, p. 592–593)
- IR-spectrum (Vol. I, p. 604–607)
- mass spectrum (Vol. I, p. 596–599)
- NMR-spectra (Vol. I, p. 600–603)
- occurrence (Vol. I, p. 111)
- Shpol'skii spectrum (Vol. I, p. 594–595)
- UV-spectrum (Vol. I, p. 590–591)

Benzo(*f*)quinolin
- boiling point 24
- molecular volume 24
- surface area 24
- water solubility 24

Benzo(*b*)thiophene
- boiling point 24
- molecular volume 24
- octanol/water partition coefficient 24
- surface area 24
- water solubility 24

Benzo(*b*)triphenylene
(see dibenz(*a,c*)anthracene)

Carbazole
- biological activity (Vol. I, p. 11)
- boiling point 24
- crystal structure 29
- fluorescence spectrum (Vol. I, p. 14–15)
- IR-spectrum (Vol. I, p. 26–29)
- mass spectrum (Vol. I, p. 18–21)
- melting point (Vol. I, p. 3)
- molecular volume 24
- NMR-spectrum (^{1}H/^{13}C) (Vol. I, p. 22–25)
- occurrence (Vol. 1, p. 10)
- octanol/water distribution coefficient 24
- Shpol'skii spectrum (Vol. I, p. 248–249)
- surface area 24
- UV-spectrum (Vol. I, p. 244–245)
- water solubility 24

Chrysene
- BCR reference material 14
- biological activity (Vol. I, p. 243)
- boiling point 16
- crystal structure 26
- fluorescence spectrum (Vol. I, p. 246–247)
- heat of fusion 20
- heat of sublimation 20
- heat of vaporization 16

- Henry constant 20
- IR-spectrum (Vol. I, p. 258–261)
- length/breadth ratio 16
- mass spectrum (Vol. I, p. 250–253)
- melting point 16
- molecular connectivity 16
- molecular volume 21
- NMR-spectrum (^{1}H/^{13}C) (Vol. I, p. 254–257)
- occurrence (Vol. I, p. 242)
- octanol/water distribution coefficient 21
- resonance energy 16
- retention index 16
- phosphorescence spectrum (Vol. I, p. 248–249)
- Shpol'skii spectrum (Vol. I, p. 248–249)
- surface area 21
- UV-spectrum (Vol. I, p. 244–245)
- vapour pressure 20
- water solubility 21

Coronene
- BCR reference material 14
- biological activity 45
- boiling point 16
- crystal structure 27
- entropy of sublimation 20
- fluorescence spectrum 720–721
- heat of sublimation 20
- Henry constant 20
- IR-spectrum 731–735
- length/breadth ratio 16
- mass spectrum 724–727
- melting point 16
- molecular volume 22
- NMR-spectrum (^{1}H/^{13}C) 728–731
- occurrence 34
- octanol/water distribution coefficient 22
- Shpol'skii spectrum 722–723
- surface area 22
- UV-spectrum 718–719
- vapour pressure 20
- water solubility 22

44-Cyclopenta(*def*)phenanthrene
- boiling point 16
- heat of vaporization 16
- length/breadth ratio 16
- melting point 16
- molecular connectivity 16
- retention index 16

Cyclopenta(*cd*)pyrene
- BCR reference material 14
- biological activity (Vol. I, p. 187)
- boiling point 16
- IR-spectrum (Vol. I, p. 198–201)
- length/breadth ratio 16
- mass spectrum (Vol. I, p. 190–193)

- melting point 16
- NMR-spectrum (^{1}H/^{13}C) (Vol. I, p. 194–197)
- occurrence (Vol. I, p. 187)
- retention index 16
- UV-spectrum (Vol. I, p. 188–189)

Dibenz(*a,e*)aceanthrylene
(see dibenzo(*a,e*)fluoranthene)

Dibenz(*a,c*)acridine
- BCR reference material 14
- biological activity 49
- fluorescence spectrum 630–631
- IR-spectrum 641–645
- mass spectrum 634–637
- melting point 2
- NMR-spectrum (^{1}H/^{13}C) 638–639
- occurrence 36
- phosphorescence spectrum 632–633
- Shpol'skii spectrum 632–633
- UV-spectrum 628–629

Dibenz(*a,h*)acridine
- BCR reference material 14
- biological activity 49
- crystal structure 29
- fluorescence spectrum 648–649
- IR-spectrum 660–663
- mass spectrum 652–655
- melting point 2
- NMR-spectrum (^{1}H/^{13}C) 656–659
- occurrence 36
- octanol/water distribution coefficient 24
- Shpol'skii spectrum 650–651
- UV-spectrum 646–647
- water solubility 24

Dibenz(*a,i*)acridine
- BCR reference material 14
- biological activity 49
- fluorescence spectrum 666–667
- IR-spectrum 678–681
- mass spectrum 670–673
- melting point 2
- NMR-spectra (^{1}H/^{13}C) 674–677
- occurrence 36
- Shpol'skii spectrum 668–669
- UV-spectrum 664–665

Dibenz(*a,j*)acridine
- BCR reference material 14
- biological activity 49
- crystal structure 29
- fluorescence spectrum 684–685
- IR-spectrum 696–699
- mass spectrum 688–691
- melting point 2
- NMR-spectrum (^{1}H/^{13}C) 692–695
- occurrence 36

- phosphorescence spectrum 686–687
- Shpol'skii spectrum 686–687
- UV-spectrum 682–383

Dibenz(c,h)acridine
- BCR reference material 14
- biological activity 49
- fluorescence spectrum 702–703
- IR-spectrum 714–717
- mass spectrum 706–709
- melting point 2
- NMR-spectra (^{1}H/^{13}C) 710–713
- occurrence 36
- phosphorescence spectrum 704–705
- Shpol'skii spectrum 704–705
- UV-spectrum 700–701

Dibenz(a,c)anthracene
- BCR reference material 14
- biological activity (Vol. I, p. 704)
- boiling point 16
- fluorescence spectrum (Vol. I, p. 708–709)
- heat of fusion 20
- heat of sublimation 20
- heat of vaporization 16
- Henry constant 20
- IR-spectrum (Vol. I, p. 720–723)
- length/breadth ratio 16
- mass spectrum (Vol. I, p. 712–715)
- melting point 16
- molecular connectivity 16
- NMR-spectrum (^{1}H/^{13}C) (Vol. I, p. 716–719)
- occurrence (Vol. I, p. 703)
- octanol/water distribution coefficient 22
- resonance energy 16
- retention index 16
- phosphorescence spectrum (Vol. I, p. 710–711)
- Shpol'skii spectrum (Vol. I, p. 710–711)
- UV-spectrum (Vol. I, p. 706–707)
- vapour pressure 20
- water solubility 22

Dibenz(a,h)anthracene
- BCR reference material 14
- biological activity (Vol. I, p. 704)
- boiling point 16
- fluorescence spectrum (Vol. I, p. 726–727)
- heat of fusion 20
- heat of sublimation 20
- heat of vaporization 16
- Henry constant 20
- IR-spectrum (Vol. I, p. 738–741)
- length/breadth ratio 16
- mass spectrum (Vol. I, p. 730–733)
- melting point 16
- molecular connectivity 16
- molecular volume 21
- NMR-spectrum (^{1}H/^{13}C) (Vol. I, p. 734–737)
- occurrence (Vol. I, p. 703)
- octanol/water distribution coefficient 22
- resonance energy 16
- retention index 16
- phosphorescence spectrum (Vol. I, p. 728–729)
- Shpol'skii spectrum (Vol. I, p. 728–729)
- soil/water distribution coefficient 22
- surface area 22
- UV-spectrum (Vol. I, p. 724–725)
- vapour pressure 20
- water solubility 22

Dibenz(a,j)anthracene
- BCR reference material 14
- biological activity (Vol. I, p. 704)
- boiling point 16
- crystal structure 26
- fluorescence spectrum (Vol. I, p. 744–745)
- IR-spectrum (Vol. I, p. 756–759)
- length/breadth ratio 16
- mass spectrum (Vol. I, p. 748–751)
- melting point 16
- molecular volume 16
- NMR-spectrum (^{1}H/^{13}C) (Vol. I, p. 752–753)
- occurrence (Vol. I, p. 703)
- octanol/water distribution coefficient 22
- retention index 16
- phosphorescence spectrum (Vol. I, p. 746–747)
- Shpol'skii spectrum (Vol. I, p. 746–747)
- surface area 22
- UV-spectrum (Vol. I, p. 742–743)
- water solubility 22

7H-Dibenzo(a,g)carbazole
- biological activity 50
- crystal structure 29
- occurrence 37
- water solubility 24

13H-Dibenzo(a,i)carbazole
- biological activity 50
- crystal structure 29
- fluorescence spectrum 518–519
- IR-spectrum 530–533
- mass spectrum 522–525
- melting point 2
- NMR spectrum (^{1}H/^{13}C) 526–529
- occurrence 37
- octanol/water distribution coefficient 24
- Shpol'skii spectrum 520–521
- UV-spectrum 516–517
- water solubility 24

Dibenzo(b,h)carbazole
- crystal structure 29

7H-Dibenzo(c,g)carbazole

- BCR reference material 14
- biological activity 50
- crystal structure 29
- fluorescence spectrum 536–537
- IR-spectrum 548–551
- mass spectrum 540–543
- melting point 2
- NMR-spectrum (^{1}H/^{13}C) 544–547
- occurrence 37
- Shpol'skii spectrum 538–539
- UV-spectrum 534–535
- water solubility 24

Dibenzo(*b,def*)chrysene
   (see dibenzo(*a,h*)pyrene)

Dibenzo(*def,mno*)chrysene
   (see anthanthrene)

Dibenzo(*def,p*)chrysene
   (see dibenzo(*a,h*)pyrene)

Dibenzo(*p,g*)chrysene
- crystal structure 27

Dibenzo(*fg,op*)naphthacene
   (see dibenzo(*e,l*)pyrene)

Dibenzo(*a,e*)fluoranthene
- BCR reference material 14
- biological activity 45
- fluorescence spectrum 738–739
- IR-spectrum 750–753
- mass spectrum 742–745
- melting point 2
- NMR-spectra (^{1}H/^{13}C) 746–749
- occurrence 34
- Shpol'skii spectrum 740–741
- UV-spectrum 736–737

Dibenzo(*a,k*)fluoranthene
- biological activity 45
- fluorescence spectrum 756–757
- IR-spectrum 768–771
- mass spectrum 760–763
- melting point 2
- NMR-spectra (^{1}H/^{13}C) 764–767
- occurrence 34
- Shpol'skii spectrum 758–759
- UV-spectrum 754–755

Dibenzo(*k,mno*)fluoranthene
- biological activity 45
- fluorescence spectrum 572–573
- IR-spectrum 584–587
- mass spectrum 576–579
- melting point 2
- NMR-spectra (^{1}H/^{13}C) 580–583
- occurrence 34
- Shpol'skii spectrum 574–575
- UV-spectrum 570–571

Dibenzofuran
- boiling point 24

- molecular volume 24
- octanol/water partition coefficient 24
- water solubility 24

Dibenzo(*c,g*)phenanthrene
- crystal structure 27

Dibenzo(*a,j*)perylene
- crystal structure 27

Dibenzo(*a,e*)pyrene
- BCR reference material 14
- biological activity 48
- boiling point 16
- ^{13}C-NMR-spectrum (assignment)
- fluorescence spectrum (Vol. I, p. 764–765)
- IR-spectrum (Vol. I, p. 776–777)
- length/breadth ratio 16
- mass spectrum (Vol. I, p. 768–771)
- melting point 16
- molecular connectivity 16
- NMR-spectra (^{1}H/^{13}C) (Vol. I, p. 772–775) 772–773
- occurrence (Vol. I, p. 760) 35
- retention index (LC) 16
- Shpol'skii spectrum (Vol. I, p. 766–767)
- UV-spectrum (Vol. I, p. 762–763)

Dibenzo(*a,h*)pyrene
- BCR spectrum material 14
- biological activity 48
- boiling point 16
- fluorescence spectrum 776–777
- IR-spectrum 788–791
- length/breadth ratio 16
- mass spectrum 780–783
- melting point 2
- molecular connectivity 16
- NMR-spectra (^{1}H/^{13}C) 784–787
- occurrence 35
- retention index (LC) 16
- Shpol'skii spectrum 778–779
- UV-spectrum 774–775

Dibenzo(*a,i*)pyrene
- BCR reference material 14
- biological activity 48
- boiling point 16
- fluorescence spectrum 794–795
- IR-spectrum 806–809
- length/breadth ratio 16
- mass spectrum 798–801
- melting point 2
- molecular connectivity 16
- NMR-spectra (^{1}H/^{13}C) 802–805
- occurrence 35
- retention index (LC) 16
- Shpol'skii spectrum 796–797
- UV-spectrum 792–793

Dibenzo(*a,l*)pyrene

- BCR reference material 14
- biological activity 48
- boiling point 16
- ^{13}C-NMR spectrum (assignment)
- fluorescence spectrum (Vol. I, p. 780–781)
- IR-spectrum (Vol. I, p. 792–795)
- length/breadth ratio 16
- mass spectrum (Vol. I, p. 784–787)
- melting point 16
- molecular connectivity 16
- NMR-spectrum (^{1}H/^{13}C) (Vol. I, p. 788–791) 810–811
- occurrence 35
- retention index (LC) 16
- Shpol'skii spectrum (Vol. I, p. 782–783)
- UV-spectrum (Vol. I, p. 778–779)

Dibenzo(e,l)pyrene
- biological activity 48
- occurrence 35

Dibenzothiophene
- boiling point 24
- crystal structure 29
- molecular volume 24
- octanol/water partition coefficient 24
- soil/water partition coefficient 24
- surface area 24
- water solubility 24

5,6-Dihydrodibenz(a,h)anthracene
- crystal structure 27

5,6-Dihydrodibenz(a,j)anthracene
- crystal structure 27

5,10-Dimethoxybenzo(j)fluoranthene
- crystal structure 27

9,10-Dimethylanthracene
- biological activity 52
- boiling point 17
- heat of vaporization 17
- length/breadth ratio 17
- molecular connectivity 17
- occurrence 38
- retention index 17
- water solubility 23

1,12-Dimethylbenz(a)anthracene
- boiling point 18
- crystal structure 28
- heat of vaporization 18
- retention index 18

3,9-Dimethylbenz(a)anthracene
- biological activity 43
- boiling point 18
- fluorescence spectrum 466–467
- IR-spectrum 478–481
- length/breadth ratio 18
- mass spectrum 470–473
- melting point 2

- occurrence 43
- NMR-spectrum (^{1}H/^{13}C) 474–477
- retention index 18
- Shpol'skii spectrum 468–469
- UV-spectrum 464–465

6,8-Dimethylbenz(a)anthracene
- boiling point 18
- fluorescence spectrum 484–485
- IR-spectrum 494–497
- length/breadth ratio 18
- mass spectrum 488–491
- melting point 2
- NMR-spectrum (1H) 492–493
- retention index (LC) 18
- Shpol'skii spectrum 486–487
- UV-spectrum 482–483

7,12-Dimethylbenz(a)anthracene
- biological activity 43
- boiling point 18
- crystal structure 28
- fluorescence spectrum 500–501
- heat of vaporization 18
- IR-spectrum 512–515
- length/breadth ratio 18
- mass spectrum 504–507
- melting point 2
- molecular connectivity 18
- molecular volume 23
- NMR-spectrum (^{1}H/^{13}C) 508–511
- occurrence 43
- octanol/water distribution coefficient 23
- retention index 18
- Shpol'skii spectrum 502–503
- soil/water distribution coefficient 23
- surface area 23
- UV-spectrum 498–499
- water solubility 23

9,10-Dimethylbenz(a)anthracene
- occurrence 43

1,12-Dimethylbenzo(c)phenanthrene
- crystal structure 28

5,6-Dimethylchrysene
- molecular volume 24
- surface area 24
- water solubility 24

1,2-Dimethylnaphthalene
- boiling point 17
- heat of vaporization 17
- melting point 17
- retention index 17

1,3-Dimethylnaphthalene
- boiling point 17
- heat of vaporization 17
- melting point 17
- molecular volume 23

- octanol/water partition coefficient 23
- retention index 17
- surface area 23
- water solubility 23

1,4-Dimethylnaphthalene
- boiling point 17
- heat of vaporization 17
- melting point 17
- retention index 17

1,5-Dimethylnaphthalene
- boiling point 17
- crystal structure 28
- heat of vaporization 17
- melting point 17
- molecular volume 23
- octanol/water partition coefficient 23
- retention index 17
- surface area 23
- water solubility 23

1,6-Dimethylnaphthalene
- boiling point 17
- heat of vaporization 17
- melting point 17
- retention index 17

1,7-Dimethylnaphthalene
- boiling point 17
- heat of vaporization 17
- melting point 17
- retention index 17

1,8-Dimethylnaphthalene
- boiling point 17
- heat of vaporization 17
- melting point 17
- retention index 17

2,3-Dimethylnaphthalene
- boiling point 17
- heat of vaporization 17
- melting point 17
- molecular volume 23
- octanol/water partition coefficient 23
- retention index (GC) 17
- surface area 23
- water solubility 23

2,6-Dimethylnaphthalene
- boiling point 17
- crystal structure 28
- heat of vaporization 17
- melting point 17
- molecular volume 23
- octanol/water distribution coefficient 23
- retention index (GC) 17
- surface area 23
- water solubility 23

2,7-Dimethylnaphthalene
- boiling point 17
- heat of vaporization 17
- melting point 17
- retention index (GC) 17

1,3-Dimethyltrphenylene
- boiling point 17

1,2-Dimethylphenanthrene
- crystal structure 28

1,8-Dimethylphenanthrene
- length/breadth ratio 17
- molecular connectivity 17
- retention index (LC) 17

2,7-Dimethylphenanthrene
- length/breadth ratio 17
- melting point 17
- molecular connectivity 17
- retention index (LC) 17

3,6-Dimethylphenanthrene
- length/breadth ratio 17
- melting point 17
- molecular connectivity 17
- retention index (GC/LC) 17

Fluoranthene
- BCR reference material 14
- biological activity (Vol. I, p. 71)
- boiling point 16
- crystal structure 26
- fluorescence spectrum (Vol. I, p. 74–75)
- heat of fusion 20
- heat of vaporization 16
- Henry constant 20
- IR-spectrum (Vol. I, p. 86–89)
- length/breadth ratio 16
- mass spectrum (Vol. I, p. 78–81)
- melting point 16
- molecular connectivity 16
- molecular volume 21
- NMR-spectrum (^{1}H/^{13}C) (Vol. I, p. 82–85)
- occurrence (Vol. I, p. 70)
- octanol/water distribution coefficient 21
- resonance energy 16
- retention index 16
- Shpol'skii spectrum (Vol. I, p. 76–77)
- surface area 21
- UV-spectrum (Vol. I, p. 72–73)
- vapour pressure 20
- water solubility 21

9H-Fluorene
- biological activity 46
- boiling point 16
- crystal structure 26
- fluorescence spectrum 108–109
- heat of vaporization 16
- Henry constant 20
- IR-spectrum 120–123

- length/breadth ratio 16
- mass spectrum 112–115
- melting point 16
- molecular connectivity 16
- molecular volume 21
- NMR-spectrum (^{1}H/^{13}C) 116–119
- occurrence 32
- octanol/water distribution coefficient 21
- retention index 16
- Shpol'skii spectrum 110–111
- surface area 21
- UV-spectrum 106–107
- vapour pressure 20
- water solubility 21

2,3,6,7,10,11-Hexamethyltriphenylene
- crystal structure 28

Indeno(4,3,2,1-*cdef*)chrysene
  (see dibenzo(*k,mno*)fluoranthene)
Indeno(1,2,3-*cd*)fluoranthene
- BCR reference material 14
- biological activity 45
- boiling point 16
- IR-spectrum 598–601
- length/breadth ratio 16
- mass spectrum 590–593
- melting point 16
- NMR-spectrum (^{1}H/^{13}C) 594–597
- occurrence 34
- retention index 16
- UV-spectrum 588–589
7H-Indeno(1,2,3-*jk*)fluorene
- crystal structure 26
11 H-Indeno(2,1-*a*)phenanthrene
- crystal structure 26
Indeno(1,2,3-*cd*)pyrene
- BCR reference material 14
- biological activity (Vol. I, p. 647)
- boiling point 16
- fluorescence spectrum (Vol. I, p. 650–651)
- heat of vaporization 16
- IR-spectrum (Vol. I, p. 662–665)
- length/breadth ratio 16
- mass spectrum (Vol. I, p. 654–657)
- melting point 16
- molecular volume 22
- NMR-spectrum (^{1}H/^{13}C) (Vol. I, p. 658–661)
- occurrence (Vol. I, p. 647)
- octanol/water distribution coefficient 22
- retention index 16
- Shpol'skii spectrum (Vol. I, p. 652–653)
- surface area 22
- UV-spectrum (Vol. I, p. 648–649)
- water solubility 22

1-Methylacenaphthylene
- boiling point 17
- heat of vaporization 17
- retention index (CC) 17
1-Methylanthracene
- biological activity 52
- boiling point 17
- heat of vaporization 17
- length/breadth ratio 17
- melting point 17
- molecular connectivity 17
- occurrence 38
- retention index 17
2-Methylanthracene
- biological activity 52
- boiling point 17
- fluorescence spectrum
- heat of vaporization 17
- length/breadth ratio 17
- melting point 17
- molecular connectivity 17
- molecular volume 23
- occurrence 38
- octanol/water distribution coefficient 23
- retention index 17
- surface area 23
- water solubility 23
9-Methylanthracene
- biological activity 52
- boiling point 17
- heat of vaporization 17
- length/breadth ratio 17
- melting point 17
- molecular connectivity 17
- molecular volume 23
- occurrence 38
- octanol/water distribution coefficient 23
- retention index 17
- surface area 23
- water solubility 23
1-Methylbenz(*a*)anthracene
- biological activity 53
- boiling point 18
- crystal structure 28
- fluorescence spectrum 280–281
- heat of vaporization 18
- IR-spectrum 292–295
- length/breadth ratio 18
- mass spectrum 284–287
- melting point 18
- molecular connectivity 18
- molecular volume 23
- NMR-spectrum (^{1}H/^{13}C) 288–291
- occurrence 42
- retention index 17

- Shpol'skii spectrum 282–283
- surface area 23
- UV-spectrum 278–279
- water solubility 23

2-Methylbenz(a)anthracene
- biological activity 53
- boiling point 18
- crystal structure 28
- fluorescence spectrum 298–299
- length/breadth ratio 18
- mass spectrum 302–303
- melting point 18
- molecular connectivity 18
- occurrence 42
- retention index 18
- Shpol'skii spectrum 300–301
- UV-spectrum 296–297

3-Methylbenz(a)anthracene
- biological activity 53
- boiling point 18
- fluorescence spectrum 306–307
- heat of vaporization 18
- IR-spectrum 314–317
- length/breadth ratio 18
- mass spectrum 310–313
- melting point 18
- molecular connectivity 18
- occurrence 42
- retention index 18
- Shpol'skii spectrum 308–309
- UV-spectrum 304–305

4-Methylbenz(a)anthracene
- biological activity 53
- boiling point 18
- fluorescence spectrum 320–321
- heat of vaporization 18
- IR-spectrum 328–331
- length/breadth ratio 18
- mass spectrum 324–327
- melting point 18
- molecular connectivity 18
- (NMR-spectrum (^{1}H/^{13}C))
- occurrence 42
- retention index 18
- Shpol'skii spectrum 322–323
- UV-spectrum 318–319

5-Methylbenz(a)anthracene
- biological activity 53
- boiling point 18
- crystal structure 28
- fluorescence spectrum 334–335
- heat of vaporization 18
- IR-spectrum 342–345
- length/breadth ratio 18
- mass spectrum 338–341

- melting point 18
- molecular connectivity 18
- occurrence 42
- retention index 18
- Shpol'skii spectrum 336–337
- UV-spectrum 332–333

6-Methylbenz(a)anthracene
- biological activity 53
- boiling point 18
- fluorescence spectrum 348–349
- heat of vaporization 18
- IR-spectrum 356–259
- length/breadth ratio 18
- mass spectrum 352–355
- melting point 18
- molecular connectivity 18
- occurrence 42
- retention inden 18
- Shpol'skii spectrum 350–351
- UV-spectrum 346–347

7-Methylbenz(a)anthracene
- biological activity 53
- boiling point 18
- crystal structure 28
- fluorescence spectrum 362–363
- heat of vaporization 18
- IR-spectrum 370–373
- length/breadth ratio 18
- mass spectrum 366–369
- melting point 18
- molecular connectivity 18
- molecular volume 23
- occurrence 42
- retention index 18
- Shpol'skii spectrum 364–365
- surface area 23
- UV-spectrum 360–361
- water solubility 23

8-Methylbenz(a)anthracene
- biological activity 53
- crystal structure 28
- fluorescence spectrum 376–377
- heat of vaporization 18
- IR-spectrum 384–387
- length/breadth ratio 18
- mass spectrum 380–383
- melting point 18
- molecular connectivity 18
- occurrence 42
- retention index 18
- Shpol'skii spectrum 378–379
- UV-spectrum 374–375

9-Methylbenz(a)anthracene
- biological activity 53
- boiling point 18

- fluorescence spectrum 390–391
- heat of vaporization 18
- IR-spectrum 398–401
- length/breadth ratio 18
- mass spectrum 394–397
- melting point 18
- molecular connectivity 18
- occurrence 42
- retention index 18
- Shpol'skii spectrum 392–393
- UV-spectrum 388–389

10-Methylbenz(a)anthracene
- biological activity 53
- fluorescence spectrum 404–405
- IR-spectrum 412–415
- length/breadth ratio 18
- mass spectrum 408–411
- melting point 18
- molecular connectivity 18
- occurrence 43
- retention index 18
- Shpol'skii spectrum 406–407
- UV-spectrum 402–403

11-Methylbenz(a)anthracene
- biological activity 53
- boiling point 18
- crystal structure 28
- fluorescence spectrum 418–419
- heat of vaporization 18
- IR-spectrum 426–429
- length/breadth ratio 18
- mass spectrum 422–425
- melting point 18
- molecular connectivity 18
- occurrence 43
- retention index 18
- Shpol'skii spectrum 420–421
- UV-spectrum 416–417

12-Methylbenz(a)anthracene
- biological activity 53
- boiling point 18
- crystal structure 28
- fluorescence spectrum 432–433
- heat of vaporization 18
- IR-spectrum 442–445
- length/breadth ratio 18
- mass spectrum 436–439
- melting point 18
- molecular connectivity 18
- molecular volume 23
- NMR-spectrum (1H) 440–441
- occurrence 43
- retention index 18
- Shpol'skii spectrum 434–435
- surface area 23

- UV-spectrum 430–431
- water solubility 23

11-Methylbenzo(a)fluorene
- boiling point 18
- heat of vaporization 18
- retention index 18

1-Methylbenzo(c)phenanthrene
- length/breadth ratio 18
- melting point 18
- retention index (LC) 18

2-Methylbenzo(c)phenanthrene
- length/breadth ratio 18
- melting point 18
- retention index (LC) 18

3-Methylbenzo(c)phenanthrene
- length/breadth ratio 18
- melting point 18
- retention index (LC) 18

4-Methylbenzo(c)phenanthrene
- length/breadth ratio 18
- melting point 18
- retention index (LC) 18

5-Methylbenzo(c)phenanthrene
- length/breadth ratio 18
- retention index (LC) 18

6-Methylbenzo(c)phenanthrene
- length/breadth ratio 18
- retention index (LC) 18

1-Methylbenzo(a)pyrene
- biological activity 54
- length/breadth ratio 19
- molecular connectivity 19
- retention index (LC) 19

2-Methylbenzo(a)pyrene
- biological activity 54
- length/breadth ratio 19
- molecular connectivity 19
- retention index (LC) 19

3-Methylbenzo(a)pyrene
- biological activity 54
- length/breadth ratio 19
- molecular connectivity 19
- retention index (LC) 19

4-Methylbenzo(a)pyrene
- biological activity 54
- length/breadth ratio 19
- molecular connectivity 19
- retention index (LC) 19

5-Methylbenzo(a)pyrene
- biological activity 54
- length/breadth ratio 19
- molecular connectivity 19
- retention index (LC) 19

6-Methylbenzo(a)pyrene
- biological activity 54

- length/breadth ratio 19
- molecular connectivity 19
- retention index (LC) 19

7-Methylbenzo(a)pyrene
- biological activity 54
- length/breadth ratio 19
- molecular connectivity 19
- retention index (LC) 19

8-Methylbenzo(a)pyrene
- biological activity 54
- length/breadth ratio 19
- molecular connectivity 19
- retention index (LC) 19

9-Methylbenzo(a)pyrene
- biological activity 54
- length/breadth ratio 19
- molecular connectivity 19
- retention index (LC) 19

10-Methylbenzo(a)pyrene
- biological activity 54
- length/breadth ratio 19
- molecular connectivity 19
- retention index 19

11-Methylbenzo(a)pyrene
- biological activity 54
- length/breadth ratio 19
- molecular connectivity 19
- retention index 19

12-Methylbenzo(a)pyrene
- biological activity 54

3-Methylcholanthrene
- biological activity 47
- boiling point 23
- crystal structure 26
- fluorescence spectrum 554–555
- heat of vaporization 23
- IR-spectrum 566–569
- mass spectrum 558–561
- melting point 16
- molecular connectivity 16
- NMR-spectrum ($^1H/^{13}C$) 562–565
- occurrence 33
- octanol/water distribution coefficient 23
- retention index 16
- Shpol'skii spectrum 556–557
- soil/water distribution coefficient 23
- surface area 23
- UV-spectrum 552–553
- water solubility 23

1-Methylchrysene
- biological activity (Vol. I, p. 351)
- boiling point 17
- fluorescence spectrum (Vol. I, p. 354–355)
- heat of vaporization 17
- IR-spectrum (Vol. I, p. 366–369)
- length/breadth ratio 17
- mass spectrum (Vol. I, p. 358–361)
- melting point 17
- molecular connectivity 17
- NMR-spectrum ($^1H/^{13}C$) (Vol. I, p. 362–365)
- occurrence (Vol. I, p. 350)
- phosphorescence spectrum (Vol. I, p. 356–357)
- retention index 17
- Shpol'skii spectrum (Vol. I, p. 356–357)
- UV-spectrum (Vol. I, p. 352–353)

2-Methylchrysene
- biological activity (Vol. I, p. 351)
- boiling point 17
- fluorescence spectrum (Vol. I, p. 372–373)
- heat of vaporization 17
- IR-spectrum (Vol. I, p. 384–387)
- length/breadth ratio 17
- mass spectrum (Vol. I, p. 376–379)
- melting point 17
- molecular connectivity
- NMR-spectrum ($^1H/^{13}C$) (Vol. I, p. 380–383)
- occurrence (Vol. I, p. 350)
- phosphorescence spectrum (Vol. I, p. 374–375)
- retention index 17
- Shpol'skii spectrum (Vol. I, p. 374–375)
- UV-spectrum (Vol. I, p. 370–371)

3-Methylchrysene
- biological activity (Vol. I, p. 351)
- boiling point 18
- fluorescence spectrum (Vol. I, p. 390–391)
- heat of vaporization 18
- IR-spectrum (Vol. I, p. 402–405)
- length/breadth ratio 18
- mass spectrum (Vol. I, p. 394–397)
- melting point 18
- molecular connectivity 18
- NMR-spectrum ($^1H/^{13}C$) (Vol. I, p. 398–401)
- occurrence (Vol. I, p. 350)
- phosphorescence spectrum (Vol. I, p. 392–393)
- retention index 18
- Shpol'skii spectrum (Vol. I, p. 392–393)
- UV-spectrum (Vol. I, p. 388–389)

4-Methylchrysene
- biological activity (Vol. I, p. 351)
- boiling point 18
- fluorescence spectrum (Vol. I, p. 408–409)
- heat of vaporization 18
- IR-spectrum (Vol. I, p. 420–423)
- length/breadth ratio 18
- mass spectrum (Vol. I, p. 412–415)
- melting point 18
- molecular connectivity 18

- NMR-spectrum (^{1}H/^{13}C) (Vol. I, p. 416–419)
- occurrence (Vol. I, p. 351)
- retention index 18
- Shpol'skii spectrum (Vol. I, p. 410–411)
- UV-spectrum (Vol. I, p. 406–407)

5-Methylchrysene
- biological activity (Vol. I, p. 351)
- boiling point 18
- fluorescence spectrum (Vol. I, p. 426–427)
- heat of vaporization 18
- IR-spectrum (Vol. I, p. 438–441)
- length/breadth ratio 18
- mass spectrum (Vol. I, p. 430–433)
- melting point 18
- molecular connectivity 18
- molecular volume 23
- NMR-spectrum (^{1}H/^{13}C) (Vol. I, p. 450–453)
- occurrence (Vol. I, p. 350)
- retention index 18
- Shpol'skii spectrum (Vol. I, p. 428–429)
- surface area 23
- UV-spectrum (Vol. I, p. 424–425)
- water solubility 23

6-Methylchrysene
- biological activity (Vol. p. 351)
- boiling point 18
- fluorescence spectrum (Vol. I, p. 444–445)
- heat of vaporization 18
- IR-spectrum (Vol. I, p. 454–457)
- length/breadth ratio 18
- mass spectrum (Vol. I, p. 448–449)
- melting point 18
- molecular connectivity 18
- molecular volume 23
- NMR-spectrum (^{1}H/^{13}C) (Vol. I, p. 450–453)
- occurrence (Vol. I, p. 350)
- phosphorescence spectrum (Vol. I, p. 446-447)
- retention index 18
- Shpol'skii spectrum (Vol. I, p. 446–447)
- surface area 23
- UV-spectrum (Vol. I, p. 442–443)
- water solubility 23

3-Methyl-1,2-dihydrobenz(*j*)aceanthrylene (see 3-Methylcholanthrene)

1-Methylnaphthalene
- biological activity 51
- boiling point 17
- heat of vaporization 17
- Henry constant 20
- length/breadth ratio 17
- melting point 17
- molecular connectivity 17
- molecular volume 23
- occurrence 39
- octanol/water distribution coefficient 23
- retention index 17
- soil/water distribution coefficient 23
- surface area 23
- vapour pressure 20
- water solubility 23

2-Methylnaphthalene
- biological activity 51
- boiling point 17
- heat of vaporization 17
- Henry constant 20
- length/breadth ratio 17
- melting point 17
- molecular connectivity 17
- molecular volume 23
- occurrence 39
- octanol/water distribution coefficient 23
- retention index 17
- soil/water distribution coefficient 23
- surface area 23
- vapour pressure 20
- water solubility 23

1-Methylphenanthrene
- biological activity 52
- boiling point 17
- heat of vaporization 17
- length/breadth ratio 17
- melting point 17
- molecular connectivity 17
- occurrence 41
- retention index 17

2-Methylphenanthrene
- biological activity 52
- boiling point 17
- heat of vaporization 17
- length/breadth ratio 17
- melting point 17
- molecular connectivity 17
- occurrence 41
- retention index 17

3-Methylphenanthrene
- biological activity 52
- boiling point 17
- heat of vaporization 17
- length/breadth ratio 17
- melting point 17
- molecular connectivity 17
- occurrence 41
- retention index 17

4-Methylphenanthrene
- boiling point 17
- heat of vaporization 17
- length/breadth ratio 17
- melting point 17
- molecular connectivity 17

- occurrence 41
- retention index 17

9-Methylphenanthrene
- biological activity 51
- boiling point 17
- heat of vaporization 17
- length/breadth ratio 17
- melting point 17
- molecular connectivity 17
- occurrence 41
- retention index 17

1-Methylpyrene
- boiling point 18
- heat of vaporization 18
- length/breadth ratio 18
- melting point 18
- molecular connectivity 18
- occurrence 44
- retention index 18

2-Methylpyrene
- boiling point 18
- heat of vaporization 18
- length/breadth ratio 18
- melting point 18
- molecular connectivity 18
- occurrence 44
- retention index 18

3-Methylpyrene
- occurrence 44

4-Methylpyrene
- boiling point 18
- heat of vaporization 18
- length/breadth ratio 18
- melting point 18
- molecular connectivity 18
- occurrence 44
- retention index 18

Methyltriphenylene
- boiling point 18
- heat of vaporization 18
- length/breadth ratio 18

Naphtacene
- boiling point 16
- fluorescence spectrum 230–231
- heat of sublimation 20
- heat of vaporization 16
- Henry constant 20
- IR-spectrum 238–241
- length/breadth ratio 16
- mass spectrum 234–237
- melting point 16
- molecular connectivity 16
- occurrence 31
- octanol/water distribution coefficient 21
- resonance energy 16
- retention index 16
- Shpol'skii spectrum 232–233
- UV-spectrum 228–229
- vapour pressure 20
- water solubility 21

Naphth(2-3-a)aceanthryene
(see dibenzo(a,k)fluoranthene)

Naphthalene
- biological activity 45
- boiling point 16
- crystal structure 26
- fluorescence spectrum 58–59
- heat of sublimation 20
- heat of vaporization 16
- Henry constant 20
- IR-spectrum 70–73
- length/breadth ratio 16
- mass spectrum 62–65
- melting point 16
- molecular connectivity 16
- molecular volume 21
- NMR-spectrum (^{1}H/^{13}C) 66–69
- occurrence 31
- octanol/water distribution coefficient 21
- resonance energy 16
- retention index 16
- Shpol'skii spectrum 60–61
- soil/water distribution coefficient 21
- surface area 21
- UV-spectrum 56–57
- vapour pressure 20
- water solubility 21

Napht(1,2,3,4-def)chrysene
(see dibenzo(a,c)pyrene)

Naphtho(2,3-k)fluoranthene
- biological activity 45
- fluorescence spectrum 814–815
- IR-spectrum 826–829
- mass spectrum 818–821
- melting point 2
- NMR-spectrum (^{1}H/^{13}C) 822–825
- occurrence 34
- Shpol'skii spectrum 816–817
- UV-spectrum 812–813

Ovalene
- crystal structure 27

Pentacene
- boiling point 16
- crystal structure 26
- heat of sublimation 20
- heat of vaporization 16
- IR-spectrum 626–627

- length/breadth ratio 16
- mass spectrum 622–625
- melting point 16
- molecular connectivity 16
- occurrence 34
- octanol/water distribution coefficient 22
- resonance energy 16
- retention index 16
- UV-spectrum 620–621
- vapour pressure 20
- water solubility 22

Perylene
- bioaccumulation/biodegradation 25
- biological activity 46
- boiling point 16
- crystal structure 26
- fluorescence spectrum 448–449
- heat of vaporization 16
- IR-spectrum 460–463
- length/breadth ratio 16
- mass spectrum 452–455
- melting point 16
- molecular connectivity 16
- molecular volume 21
- NMR-spectrum (^{1}H/^{13}C) 456–459
- occurrence 33
- octanol/water distribution coefficient 21
- resonance energy 16
- retention index 16
- Shpol'skii spectrum 450–451
- surface area 21
- UV-spectrum 446–447
- water solubility 21

Phenanthrene
- biological activity (Vol. I, p. 51)
- boiling point 16
- crystal structure 26
- fluorescence spectrum (Vol. I, p. 54–55)
- heat of fusion 20
- heat of sublimation 20
- heat of vaporization 16
- Henry constant 20
- IR-spectrum (Vol. I, p. 66–69)
- length/breadth ratio 16
- mass spectrum (Vol. I, p. 58–61)
- melting point 16
- molecular connectivity 16
- molecular volume 21
- NMR-spectrum (^{1}H/^{13}C) (Vol. I, p. 62–65)
- occurrence (Vol. I, p. 50)
- octanol/water distribution coefficient 21
- resonance energy 16
- retention index 16
- Shpol'skii spectrum (Vol. I, p. 56–57)
- soil/water distribution coefficient 21

- surface area 21
- UV-spectrum (Vol. I, p. 92–93)
- vapour pressure 20
- water solubility 21

Phenanthro(4,5-*bcd*)thiophene
- biological activity (Vol. I, p. 111)
- fluorescence spectrum (Vol. I, p. 114–115)
- IR-spectrum (Vol. I, p. 126–129)
- mass spectrum (Vol. I, p. 118–121)
- melting point (Vol. I, p. 113)
- NMR-spectrum (^{1}H/^{13}C) (Vol. I, p. 122–125)
- occurrence (Vol. I, p. 111)
- Shpol'skii spectrum (Vol. I, p. 116–117)
- UV-spectrum (Vol. I, p. 112–113)

Picene
- BCR reference material 14
- biological activity 45
- boiling point 16
- crystal structure 26
- fluorescence spectrum 604–605
- heat of vaporization 16
- Henry constant 20
- IR-spectrum 616–619
- length/breadth ratio 16
- mass spectrum 608–611
- melting point 16
- molecular connectivity 16
- NMR-spectrum (^{1}H/^{13}C) 612–615
- occurrence 34
- octanol/water distribution coefficient 22
- resonance energy 16
- retention index 16
- Shpol'skii spectrum 606–607
- UV-spectrum 602–603
- water solubility 22

Pyrene
- BCR reference material 14
- biological activity (Vol. I, p. 91)
- boiling point 16
- crystal structure 26
- fluorescence spectrum (Vol. I, p. 94–95)
- heat of vaporization 16
- Henry constant 20
- IR-spectrum (Vol. I, p. 106–107)
- length/breadth ratio 16
- mass spectrum (Vol. I, p. 98–101)
- melting point 16
- molecular connectivity 16
- molecular volume 21
- NMR-spectrum (1 H/13C) (Vol. I, p. 102–105)
- occurrence (Vol. I, p. 90)
- octanol/water distribution coefficient 21
- resonance energy 16
- retention index 16
- Shpol'skii spectrum (Vol. I, p. 96–97)

- soil/water distribution coefficient 21
- surface area 21
- UV-spectrum (Vol. I, p. 92–93)
- vapour pressure 20
- water solubility 21

1,3,6,11-Tetramethyltriphenylene
- crystal structure 28

5,7,12-Trimethylbenz(a)anthracene
- biological activity 53

1,4,5-Trimethylnaphthalene
- molecular volume 17
- octanol/water partition coefficient
- surface area
- water solubility

2,3,5-Trimethylnaphthalene
- boiling point 17
- heat of vaporization 17
- retention index (GC) 17

2,3,6-Trimethylnaphthalene
- boiling point 17
- heat of vaporization 17
- melting point 17
- retention index (GC) 17

1,2,7-Trimethylphenanthrene
- crystal structure 28

1,6,11-Trimethyltriphenylene
- boiling point 18
- crystal structure 28

Triphenylene
- BCR reference material 14
- biological activity 45
- boiling point 16
- crystal structure 26
- fluorescence spectrum 212–213
- heat of sublimation 20
- heat of vaporization 16
- Henry constant 20
- IR-spectrum 224–227
- length/breadth ratio 16
- mass spectrum 216–219
- melting point 16
- molecular connectivity 16
- molecular volume 21
- NMR-spectrum (^{1}H/^{13}C) 220–223
- occurrence 33
- octanol/water distribution coefficient 21
- resonance energy 16
- retention index 16
- Shpol'skii spectrum 214–215
- surface area 21
- UV-spectrum 210–211
- vapour pressure 20
- water solubility 21

863

7. Glossary

BCR	Community Bureau of Reference
b.p.	boliling point
CEC	Commission of the European Communities
CRM	certified reference material
ΔH	heat of vaporization
FL	fluorescence
GC	gas chromatography
HRS	high resolution Shpol'skii spectrometry
IARC	International Agency for Research on Cancer
IR	infra-red
IUPAC	International Union for Pure and Applied Chemistry
Koc	soil (organic fraction) / water distribution coefficient
Kow	octanol / water distribution coefficient
LC	Liquid chromatography
m.p.	melting point
Mr	molecular mass
MS	mass spectrometry
NMR	nuclear magnetic resonance
PAC	polycyclic aromatic compounds
PAH	polycyclic aromatic hydrocarbons
TMS	tetramethyl silane
UV	ultraviolett
X	molecular connectivity

JAN 1 1 1990